本书为武汉大学"70"后学者学术团队建设项目（人文社会科学）——"当代文化心理学研究"成果，得到"中央高校基本科研业务费专项资金"资助

文·化·心·理·学·精·品·译·丛

张春妹 主编　严　瑜　赵俊华 副主编

牛津中国心理学手册

Oxford Handbook of
Chinese Psychology

［美］迈克尔·哈里斯·邦德◎主编

上 卷 认知与学习

赵俊华　张春妹◎译
钟 年◎审校

人民出版社

责任编辑：洪 琼

图书在版编目(CIP)数据

牛津中国心理学手册(上、中、下卷)/[美]迈克尔·哈里斯·邦德 主编;赵俊华 等译. —
　北京:人民出版社,2019.11
　(文化心理学精品译丛)
ISBN 978－7－01－020985－2

Ⅰ.①牛…　Ⅱ.①迈…②赵…　Ⅲ.①心理学-中国-手册　Ⅳ.①B84－62

中国版本图书馆 CIP 数据核字(2019)第 124127 号

原书名:Oxford Handbook of Chinese Psychology

原作者:Harris Bond,Michael

原出版社:Oxford University Press

版权登记号:01-2014-2332

牛津中国心理学手册
NIUJIN ZHONGGUO XINLIXUE SHOUCE
(上、中、下卷)

[美]迈克尔·哈里斯·邦德　主编

赵俊华　张春妹　李 杰　刘 毅　严 瑜　译

钟 年　赵俊华　张春妹　审校

人民出版社 出版发行
(100706　北京市东城区隆福寺街 99 号)

北京汇林印务有限公司印刷　新华书店经销

2019 年 11 月第 1 版　2019 年 11 月北京第 1 次印刷
开本:787 毫米×1092 毫米 1/16　印张:60.5
字数:1300 千字

ISBN 978－7－01－020985－2　定价:299.00 元(全三卷)

邮购地址 100706　北京市东城区隆福寺街 99 号
人民东方图书销售中心　电话 (010)65250042　65289539

译丛总序一

黄光国

在武汉大学哲学学院副院长钟年教授领导下，张春妹副教授组织了该校心理学系一批年轻的有志学者，投入极大的心力，将当前国际文化心理学界五本重要的著作翻译成中文，希望我为这一套书写一篇"序言"。我在 2017 年年初正好要出版一本书，题为《儒家文化系统的主体辩证》，从科学哲学的观点，回顾台湾在"华人心理学本土化运动"中出现过的五种文化主体策略。过去三十余年间，台湾在发展"本土心理学"的过程中，许多参与此一运动的主要人士，曾经从不同视角，反复辩证发展华人文化主体的各种策略，正如 Wyer、赵志裕和康萤仪（2009）在他们所编的《认识文化：理论、研究与应用》一书中，邀请 24 位国际知名学者，来讨论跨文化研究的理论和方法一样。从我们发展"本土心理学"的"台湾经验"来看钟教授主译的这一套著作，更可以了解每本书对我们未来发展华人"文化心理学"的意义与贡献。首先我要提出一项实证研究的发现，来说明什么叫做"文化主体"。

Inglehart 和 Baker（2000）曾经在 65 个国家作了三波的"世界价值观调查"（World Values Survey，WVS），结果显示：在控制经济发展的效果之后，在历史上属于基督教、伊斯兰教和儒教的三大文化区，显现出截然不同的价值系统。这些社会在"传统/世俗—理性"（traditional versus secular-rational）和"生存/自我表现"（survival versus self-expression）的价值向度上有所不同。虽然大多数社会（包括西方）都朝向"世俗—理性"及"自我表现"的价值（即现代与后现代）的方向变动，但其速度并不相同，而且各文化区之间仍然保有其差异性。

他们的研究显示：如果将经济发展的因素排除掉，则世界各国可以区分成基督教（包括新教、天主教、东正教）、儒教和伊斯兰教三大文化区。因此他们怀疑："在可预见的未来，所谓现代化的力量是否会产生一种同质的世界文化（homogenized world culture）"（Inglehart & Baker，2000：49）。

这项研究虽然没有涵盖全界所有的文化，可是，从这项研究的发现来看：儒家文化是世界三大文化区之一，应当还是可以为人所接受的。然而，今天西方主流心理学教科书中绝大多数的理论和研究方法，都是从基督教个人主义文化区中的国家（尤其是美国）发展出来的。众所周知，儒家文化根本不是个人主义，而是关系主义的。以"个人主义"文化作为预设而发展出来的理论和研究方法,硬要套用在儒家文化之中,当然会发生格格不入的问题。举例言之,在这套书中,Michael Bond(2010)所编的《牛津中国心理学手册》包含41章,动员了83位中、外学者,涵盖领域包罗万象,几乎把过去数十年内有关中国人所做的心理学研究都网罗在内。

一位任教于西班牙巴塞罗那的华裔学者 Lee(2011)深入回顾这本书之后,一针见血地指出:"这本书没有清楚的结构,除非仔细阅读整本书的目录,否则读者很难看出这本书包含有哪些内容,并辨认出针对某一特定议题的章节"(p.271)。不仅如此,"整本书大多缺少理论,这些以议题取向的章节,对关于华人所做的经验研究发现,做了相当详尽的回顾与报告,然而,只有极少数的几章提出华人心理学的本土理论","尽管他们公开宣称要推动本土研究,他们的水平大都停留在支持/不支持西方的发现,并且用诸如集体主义、权力差距之类的文化向度来解释他们的发现"。尤有甚者,这本书中所引的研究大多以"中国和西方"二元对立的方式,来处理他们的研究发现,无法掌握现实世界中更为精致的复杂性(pp.271-272)。

以二元对立的"泛文化向度"(pan-cultural dimension)来研究中国文化,当然会造成这种奇怪的结果。以心理学者常用的一种研究策略来说,以往从事"个人主义/集体主义"之研究的心理学者,大多是以欧裔美国人的心理特征作为中心,在建构他们对于其他文化族群的图像。欧裔美国人居于"个人主义/集体主义"之向度上的一端,他们的文化及心理特征是全世界其他族群的参考坐标,后者在向度上分别占据不同位置,他们的文化面貌模糊,必须藉由和美国人的对比,才能够看清楚自己的心理特征。Fiske(2002)因此批评"个人主义/集体主义"的研究取向,并指出:个人主义是美国人界定其文化之特征的总和,集体主义则是美国人从对照他人(antithetical other)之意识型态的表征中抽象并形构出来的,是美国人依照"我们不是那样的人"想象出来的其他世界的文化(p.84)。

Oyserman 等人(2002:28)对跨文化研究中最常用的27种"个人主义/集体主义"量表做内容分析,结果显示:个人主义可以区分为七个成份:独立(independence)、争取个人目标(individual goal striving)、竞争(competition)、独特性(uniqueness)、自我的隐私(self-privacy)、自我的知识(self-knowledge)、直接沟通(direct communication);集体主义则包含八个成分:关联性(relatedness)、群体归属(group belonging)、义务(duty)、和谐(harmony)、寻求他人的建议(seeking advice from others)、脉络化(contextualization)、阶层性(hierarchy)、偏好群体工作(preference for group work),各种不同的量表都是从这些歧异的成分范畴中分别取样,其内容变化相当大,个人主义的成分和集体主义的成分并没有平行性,两者之间也不可能直接比较。

Oyserman 等人(2002)的分析,提供了具体的数据,说明早期心理学者所理解的"个人主义"和"集体主义",根本代表性质不同的两种行为范畴。集体主义的构念定义和量表内容有相当大的异质性(heterogeneity),这方面的文化差异可能反映出文化在人们和他人发生联结和关联方式上的多面相性(multifaceted nature)。他们在对以往的相关研究作过透彻回顾之后,指出:

美国及西方心理学试图以个人主义作为基础,来了解人性。这种做法令人质疑:我们是否有能力区分现行以个人主义作为了解人性之基础的方法,以及另一种有待发展的以集体主义作为基础的研究取向(pp.44-45)。

Schimmach、Oishi 和 Diener(2005)回顾并重新分析相关文献中的资料后,指出:个人主义的构念定义清晰,测量工具深具意义,是衡量文化差异一种有效而且重要的向度。然而,集体主义的意义却模糊多变,其测量工具的效度也难以决定。因此,他们认为:跨文化心理学者可能有重新评估集体主义的必要性。

更清楚地说,这种"泛文化向度"的研究策略,可以彰显出"个人主义"文化的主体性;对于被归类为"集体主义"的其他,则毫无文化主体性可言。因此,我认为要彰显任何一个文化(包括西方文化)的主体性,我们一定要改弦易辙,先建构普世性的"自我"及"关系"理论,以之作为架构,先在"文化系统"(cultural system)的层次上作分析(Hwang,2015a),如此则可以建构一系列"含摄文化的理论"(cultural-inclusive theories)(Hwang,2015b)。我们可以用我所建构的"自我的曼陀罗模型"为例,重新说明迈克·科尔在《文化心理学:历史与未来》一书中之主张(Cole,1998),借以说明"文化系统"研究策略的必要性。

"自我的曼陀罗模型"中的"自我"(self)处于两个双向箭头之中心:横向双箭头的一端指向"行动"(action)或"实践"(praxis),另一端则指向"知识"(knowledge)或"智慧"(wisdom);纵向双箭头向上的一端指向"人"(person),向下的一端指向"个体"(individual)。从文化心理学的角度来看,这五个概念都有特殊的涵义,都必须做进一步的分疏:

一、人/自我/性

在西方的学术传统里,个体、自我和人这三个概念有截然不同的意义,"个体"(individual)是一种生物学层次(biologistic)的概念,是把人(human being)当作是人类中的一个个体,其和宇宙中许多有生命的个体并没有两样。

"人"(person)是一种社会学层次(sociologistic)或文化层次的概念,这是把人看作是"社会中的施为者"(agent-in-society),他在社会秩序中会采取一定的立场,并策划一系列的行动,以达成某种特定的目标。每一个文化,对于个体该怎么做,才算扮演好各种不同的角色,都会作出不同的界定,并赋予一定的意义和价值,藉由各种社会化管道,传递给个人。

"自我"（self）是一种心理学层次（psychologistic）的概念。在图1的概念架构中，"自我"是经验汇聚的中枢（locus of experience），他在各种不同的情境脉络中，能够作出不同的行动，并可能对自己的行动进行反思。

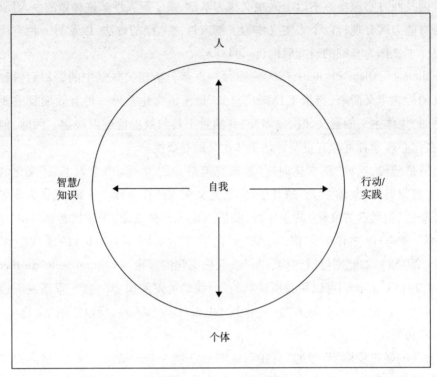

图1　自我的曼陀罗模型

二、超我/自我/本我

"人"、"自我"和"个体"的区分，是 Grace Harris（1989）所提出来的。她在深入回顾人类学的文献之后，指出：不论是在哪一个文化里，人格都包含有"人/自我/个体"三重结构。不同的文化可能使用不同的名字称呼这个结构体的不同组成，但其结构体却是一致的。即使是心理分析学派的创始人弗洛伊德也认为：人格是由"超我（super ego）/自我（ego）/本我（id）"所组成（Freud, 1899），它跟"人/自我/个体"是同构的（iso-morphic）。

对弗洛伊德而言，潜意识是意识的残余，是被压抑之废弃物的储藏库。可是，荣格却认为，潜意识才是母体，它是意识的基础。他将潜意识区分为两个层次：表层的个人潜意识（personal unconscious），具有个人的特性，其内容主要是"情结"，包含被压抑的欲望、被遗忘的经验以及阈下的知觉等。深层的集体潜意识（collective unconscious），则不是来自个人意识到的学习经验,它是得自遗传而先天地存在的。

"集体无意识"是指从原始时代以来,人类世世代代普遍性心理经验的长期积累,沉淀在每一个人的无意识深处;其内容不是个人的,而是集体的,是历史在"种族记忆"中的投影,普遍存在于每一个人身上。它影响着个体意识和个体无意识的形成,使个体的思维方式与行为方式中都隐含着民族文化的集体因素。个人潜意识曾经一度是意识,而集体潜意识却从来不曾在意识中出现过,它是客观的,跟宇宙一样的宽广,向整个世界开放(Jung,2014)。

集体无意识的存在,使现代人可以从个人意识的孤独中逃脱,回归到集体心理的汪洋大海。在荣格看来,比起集体心理的汪洋大海,个人心理只像是一层表面的浪花而已。

三、文化的默会学习

许多文化心理学的研究显示:我们固然可以说,集体潜意识是文化的储藏所;然而,文化是由默会的学习(implicit learning)而获致的。更清楚地说,语言是文化最重要的载体,个人在其生活世界中学习语言及其在各种情境中的使用方式时,他同时也不知不觉地学习到语言所承载的文化。苏联心理学家 Vygotsky(1896-1934)所提倡的自约起源法(genetic method)认为,研究人类心理的发展,不只应当包括个体起源的研究,而且应当兼顾物种起源(phylogenetic)的社会历史分析。

Vygotsky(1927/1978)认为,个体的发展是根植于社会、历史与文化的,在研究人类的心理历程时,必须同时关注整个社会与文化的历史条件和历史过程。个体发生史(ontogeny)关心的是,个人从出生到老死之间整个心智发展历程所涉及的改变。而文化则是整个社群在其历史过程中所创造之人为饰物(artifacts)的总和,它是一个社群所累积的人为饰物,也是人类(心智)发展的媒介(medium),是人所特有的(species-specific)。人类使用的各种工具,创造的各种艺术,运用的各式语言,都是人为饰物的不同类别。就这层意义而言,文化是"现在的历史"(history in the present)。作为心智之媒介的语言(medium),其发展以及它在世世代代的繁衍、生产与再生产,是人类独特的显著特征。

四、文化的过去

在物种起源史(phylogenesis)方面,Vygotsky 认为,人类与动物的分野在于高等心理功能的出现与发展。要了解人类与其他高等灵长类在物种发展史上的差异,就必须研究语言或文字的出现与使用,各种工具的创造、发明与使用,以及劳动形式的改变。此一部分的研究工作涉及整个人类历史与文化的发生发展。

在 Vygotsky 的影响之下，文化心理学者 Cole（1998）在他所著的《文化心理学》一书中认为，成人过去的文化经历与限制，将透过社会化的历程而转移到新生儿身上，成为新生儿在发展上的另一种文化条件。换言之，成人会根据其自身的文化经验所建构的世界，来创造与婴儿互动的环境。唯有拥有文化的人类能够回到"文化的过去"（culture past），并将它投射到未来；然后，再把这个概念上的未来带回现在，而构成新成员的社会文化条件。反过来说，文化的中介（cultural medium）使人类将自身的过去，投射到下一代的未来。这个观点使我们能够藉由文化来找到世代之间心理历程的连续性。

五、中华文化发展的历史

从这个角度来看，"文化的过去"，就是透过语言的媒介而传递给个人的。华人本土心理学者要想建构"含摄文化的理论"，必须要先了解中华文化发展的历史。在传说中，孔子曾经问礼于老子，其学说以"仁"为核心；孔子的弟子孟子全力阐扬"义"的概念，荀子则主张"礼"，构成"仁、义、礼"的伦理体系。法家思想以"法、术、势"为主要内容；稍后又有兵家思想。这一脉相承的文化传统代表了中华文化的辩证性发展，后起的思想对先行的学说有批判地继承，也有创造地发展。用老子的话来说，这就是："师道而后德，失德而后仁，失仁而后义，失义而后礼"（《道德经》），我们也可以进一步说，"先礼而后法，失法而后术，失术而后势"，连"势"都派不上用场，最后只好以兵戎相见。

春秋战国时期"道、儒、法、兵"这一脉相承的思想发展，代表中华文化由圣入凡、由出世到入世的世俗化历程。依这个顺序发展下来，就是华人所谓的"顺则凡"。而在道家思想中，则教导个人"复归于朴"，"复归于无极"，希望能够回到"与道同体"的境界，可以称之为"逆则仙"。

六、民族发展历程的重演

在"道、儒、法、兵"的文化传统影响之下，个人发展的历程，几乎是具体而微地重演了其民族发展的历程。甚至在一日之中的不同阶段，个人都可能重新经历"道、儒、法、兵"的不同境界。王阳明（1472—1528）讲过一段颇具启发性的话：

> 人一日间，古今世界都经过一番，只是人不见耳。夜气清明时，无视无听，无思无作，淡然平怀，就是羲皇世界。平旦时，神清气朗，雍雍穆穆，就是尧、舜世界；日中以前，礼岩交会，气象秩然，就是三代世界；日中以后，神气渐昏，往来杂扰，就是春秋战国世界；渐渐昏夜，万物寝息，景象寂寥，就是人消物尽世界。学者信得良知

过,不为气所乱,便常做个羲皇已上人。(《传习录下》)

王阳明所说的"羲皇世界"、"尧舜世界"、"三代世界"、"春秋战国世界"、"人消物尽世界",和"道、儒、法、兵、佛"五家思想所要处理的人生境界,大体是互相对应的。即使今日世界各地的华人社会纷纷转变成为工商业社会,仔细思考王阳明所讲的这段话,反倒令人觉得更为贴切。

用《知识与行动》一书的概念架构来看(黄光国,1995),文中那位"人",清晨起床后,"神清气爽",和家人相处,可能用源自于儒家的若干理念,经营出一幕"雍雍穆穆"的"尧舜世界"。在现代的工商业社会里,各式各样的组织不断地生生灭灭,大多数人也都必须置身于各种不同的组织之中。上班之后,在工作场合,有些华人组织的领导者可能用法家的理念来管理组织,企图缔造出他们的"三代世界"。而其组织成员不论在组织内、外,都可能使用兵家的计策行为,和他人勾心斗角,营造出一幕幕的"春秋战国世界"。下了班后,回到家,在"万物寝息,景象寂寥"的"人消物尽世界"里,他可能又"复归于朴",回归道家或佛家境界,"做个羲皇已上人"。

从迈克·科尔的《文化心理学》来看(Cole,1998),我所采取的文化主体策略,就是以西方科学哲学的知识论作为基础,将储藏于华人"集体潜意识"中的文化传统转化成客观的知识系统(system of objective knowledge)。举例言之,在《尽己与天良:破解韦伯的迷阵》一书中(黄光国,2015),两个普世性的理论模型作为架构,用诠释学的方法,分析先秦儒家诸子经典的文本,借以展现出儒家的"文化形态学"(morphostasis),用同样的方法,我们也可以分析儒家思想在不同历史阶段及不同地区的"文化衍生学"(morphogenesis)。

儒家的伦理与道德是支撑住华人生活世界的先验性形式架构(transcendental formal structure),不论个人在意识层面对它抱持何种态度,它永远透过人们的潜意识影响着华人生活中的言行举止。基于这样的见解,在一书中,我一面说明我如何建构"人情与面子"的理论模型,并以之作为架构分析儒家思想的内在结构,再对以往有关华人道德思维的研究后设理论分析,然后从伦理学的观点,判定儒家伦理的属性,接着以"关系主义"的预设为前提,建构出一系列微型理论,说明儒家社会中的社会交换、脸面概念、成就动机、组织行为、冲突策略,并用以整合相关的实证研究。从科学哲学的角度来看,这样建构出来的一系列理论,构成了"儒家关系主义"的"科学研究纲领"(scientific research programme)(Lakatos,1978/1990)或研究传统(Laudan,1977/1992)。

用中国传统的概念来说,"科学哲学"所探讨的问题是"道","研究方法"则仅涉及"术"的问题。

任何一个学术运动,一旦找到了自己的哲学基础,便是找到了自己的"道",这个学术运动便已迈向成熟阶段,而逐渐脱离其"运动"的性格,除非有人能找出更强而有力的哲学来取代它。

一个心理学者如果对中华文化传统有相应的理解,懂得如何建构"含摄文化的理论",则像 Matsumoto 和 Van de Vijver(2010)在其著作中所谈的各种《跨文化心理学研究方法》,或 Wyer,Chiu & Hong(2009)在其所编书中所提到的"双文化研究方法",都可以用来作为理论检验之用,借以彰显华人文化的主体性。反过来说,假如我们的心理学研究者对自己的文化缺乏相应的理解,只会套用西方的理论和研究方法,其结果必然是像 Lee(2011)所批评的《牛津中国心理学手册》那样(Bond,1998),是许多琐碎实证研究发现的累积;或者是像伯恩斯坦所著的《文化发展心理学》那样(Bornstein,2011),是西方学者建构其文化发展心理学理论时的一个比较对照点。

未来一个世代,中国社会科学界必然会以"儒、释、道"三教合一的文化作为基底,吸纳西方文明精华的科学哲学,"中学为体,西学为用",建构出自主的哲学社会科学传统。我相信:在这个过程里,钟年副院长领导武汉大学心理学系的教授们翻译的这五本著作,必然会起到十分积极的作用。且让我们拭目以待。

2016 年 12 月 12 日于台北

译丛总序二

赵志裕

创新源自联系,当孤立的旧概念连接到其他概念时,它往往能脱胎换骨,较从前更有活力和魅力。

文化心理学拥有强大的生命力,正因为它能连接传统与未来、东方与西方、世道与人心、科学与人文。能究天人之际,通古今之变,成一家之言,文化心理学应不逊于史学!

《文化心理学精品译丛》是武汉大学人文社会科学70后学者群,为了在中国推动文化心理学作出的重要贡献。这群青年学者,除了孜孜不倦地为文化心理学开疆辟土,致力从事在理论和实践上饶有创新意义的科研工作,还翻译了大量有价值的当代文献。收录在《文化心理学精品译丛》的名著包括《文化心理学:历史与未来》(Michael Cole著,洪建中、张春妹译)、《理解文化——理论、研究与应用》(Robert S. Wyer、赵志裕、康萤仪合编,王志云、谢天译)、《跨文化心理学研究方法》(David Matsumoto,Fons J.R. van de Vijver合著,姜兆萍、胡军生译)、《文化发展心理学》(Marc H. Bornstein著,张春妹、张文娟译)和《牛津中国心理学手册》(Michael Bond编,钟年、赵俊华、张春妹、李杰、刘毅、严瑜译)。

孔子述而不作,《春秋》却被尊为儒学五经之一,与《诗》、《书》、《易》、《礼》齐名。编述和选译其实也是表达学术灼见的途径。从《文化心理学精品译丛》选译的作品,可以清楚看到编者开阔的眼界和非凡的品位。《文化心理学:历史与未来》阐述文化与社会心态互相建构的历程,理清文化心理学的源起、成长和蜕变,并尝试为文化心理学建立它独特的学术身份。

《理解文化——理论、研究与应用》展示出文化心理学的丰富内容:在理论上百花齐放,诸子争鸣,在方法上多元创新,严谨细致,就像一席盛宴,珍馐百味、杂然前陈、琳琅满目。

《跨文化心理学研究方法》强调文化心理研究的科学性,系统地介绍跨文化调查中的方法。从测量工具的编制到取样采证、数据分析、效应评估,都有精确和详细的解说。

《文化发展心理学》细致地分析文化过程在多个心理学研究领域发生的作用,再检阅不同区域文化的心理特点,为文化心理学,绘制了一张纵横交错、美哉轮焉的文化阡陌图。

　　《牛津中国心理学手册》一书共三卷，介绍不同领域的心理学在华人社区的发展和成果，让华人学者体会到前贤在建构华人本土心理学的辛劳，并感受到建设本土心理学的道路漫长修远，吾人必须不断上下求索，自强不息。

　　要之，文化心理学是一门方兴未艾的科学。它的活力，来自它扎根本土，放眼世界，负笈中外，博通古今。它融会了人文与科学，能通达世道与人心。职是之故，登堂者需要仰赖学科中的精品典籍，咀嚼精英，吐出菁华，才能找到入室之路。《文化心理学精品译丛》能捕捉到文化心理学的神髓，勾划出这个领域的地貌，为学者提供指路明灯。

　　余光中教授曾用"含英吐华"一词形容梁实秋先生的译作。"含英吐华"也适用于描述《文化心理学精品译丛》。《文化心理学精品译丛》的译者细嚼的是英文，吐出的是华文；细嚼的是典籍中的精英，吐出的是典籍中的菁华；细嚼的是英美学术传统，吐出的是对华人本土文化心理学的启发。

　　含英吐华，壮哉美焉！

2016 年 7 月 1 日于香港

目　　录

引言　中国人心理学研究时代的到来

Michael Harris Bond

All things bear the shade on their backs

and the sun in their arms;

By the blending of breath

from the sun and the shade

equilibrium comes to the world.

（万物负阴而抱阳，冲气以为和。）

《道德经》第 42 章诗，老子著，R.N.Blakney 译，1955 年

　　就在我开始为《牛津中国心理学手册》作序时，时间来到了 2008 年 4 月 27 日。这本手册的初稿应该在本年度 5 月底完成，所以，现在似乎是一个恰当的时刻来表达我对这项学术工程的希望。当我起草总结并把用于出版的材料打包提交给牛津大学出版社时，我会在大约 10 个月之后再去评价他们的实现性。

　　我已经与三本有关中国人心理学的牛津出版物打过交道了。在 1986 年，我编辑了《中国人的心理学》，这本集册印了 12 次，连续出版了 20 年，卖出 10000 多本。1991 年，我写了一本普及版本的书作为对中国心理学的介绍，书名叫《难以捉摸的中国人》。该普及本印了 14 次，现在仍然在印刷出版。在 1996 年，我编辑了《中国心理学手册》，该集册以学术章节的形式整合了中国心理学 32 个领域的研究内容。这本书的精装本资料出于研究的需要曾经被重印过，在 2006 年拿出去印制之前，这些重印版一共卖了 2000 多本。

　　很明显，人们对有关中国人心理学的知识材料有相当大的需求，而且这种需求也将持续存在。这种好奇心得益于一系列因素：中国生生不息的历史被看成是一个有 4000 多年的文化传统贯穿史；地理上和人口统计上的中国之大；中国人的语言系统在书写和言语方面都存在差别；1972 年尼克松和毛泽东的会谈预示着中国逐渐进入世界舞台；随着邓小平开始实施社会主义市场改革，中国的经济充满了活力；在那些重要的全球性的管理层中，中国的核心作用脱颖而出，这将决定我们这个星球在 21 世纪的生存情况。

　　在中国所具有的这些事物中，有很多东西在文化传统上都和西方不同，就像

Boulding(1970)提醒的那样,这让西方人感觉大相径庭。但是这些差异如何在它的文化传承者心理上表现出来?继承文化传统的当代中国人遍及全球,尤其是在中国大陆、中国香港、中国台湾等,这些地方的人都声称拥有中国传统,他们也构成了当地政治实体的大多数。就是这些人,他们将在自己的日常生活中制定中国的梦想。还是这些人,他们将一起引领我们进入21世纪。他们是谁?

对于这个问题的回答将有助于增加我们都是谁的理解。很显然,当个体遇见一个来自其他文化中的人时,他们就会变得更能意识到自己的文化性。区别这个他文化中的人首先表现在外貌上,然后是行为上的,包括穿着、举止、语言、非语言行为、人际风格。它们通过否定我们惯常的期待而给我们的注意留下好的印象,这也激起了我们的好奇心。"文化"先是作为一种观念,然后成为一个词,它的出现大概就是为了抓拍人们对映入眼帘的人类差异的理解,进而我们把这些观察到的差异变成口头上的解释。

当然,这样的解释是空洞的,除非我们给出相应的科学证据。文化到底是什么?它是如何通过传统体系施展它的影响,塑造生于其中的个体生活,并使之社会化的?挖掘这种丰厚的文化影响,也是我们作为行为科学家很乐意做的事情。就让我们从最初碰到的那个文化迥异的人开始,携手走进这种文化的历程。这些早期的邂逅之遇和尝试了解的企图最先是由一群人类学家在20世纪末发起的,其中最著名的是E.B.Tayler。他们的努力成果体现在第二次世界大战以来在美国兴起的很多社会科学分支当中,并且一直延续到今天。作为盟国的领导者,美国在1945年赢得了那场战争,并且保持了社会制度的稳定,所以学术界和它的从业人员也在那场集体野蛮的破坏中幸存了下来。事实上,退伍军人权利法案为服役人员后来接受更高教育提供了机会,这些促进了美国高等教育的发展。自从那时,美国的知识分子传统和它用来立足的革命性希腊罗马传统共同打造了行为科学的话题。

在整个20世纪,心理学这门学科从欧洲到美国再次回到中心地位,这意味着人们尽可能地付出努力来理解文化以及它对人类社会化的影响。这种努力尝试起源于美国,由美国人作出,并且多半是为了美国,试图解决美国社会要求的统一种族多样的政治立场问题。而支撑这一变化局面的是一帮为数不多的、大部分接受过美国培训的、实践跨文化心理学的心理学家。这些心理学家当中有很多都在国外学习过相关技能,并且经常把他们学到的技能带回自己的国家,在一些尤为擅长的角落和缝隙中从事着心理过程的研究。

他们成为跨文化心理学家是必然的。如果这些心理学家只是局限于自己的文化实践,他们将不可避免地在试图出版自己的成果时受到评论者的挑战:"你的发现具有普遍性吗?""你所呈现的结果从科学的角度来考虑的话,在融进我们的理解之前,是否需要放进文化背景中接受检验?"这些问题很少被问及非西方文化传统中的美国或其他西方社会科学家。然而就在今天，到处存在的学术知识比以往任何时候都可能处于不出版就被淘汰的境地。为了出版和繁荣，它们必须要能够回答评论者可能提出的关于"文化起源效应"的挑战，这也是心理学家在销售时会涉及的现象。

这是一种有益的挑战。如果文化因素关系到心理学，那么行为科学家就必须从他们擅长的知识地带退行出来，看看它们如何事关、何时事关、为何事关。这不是一个容易的过程，它已经经历了许多阶段才使我们达到目前的理解水平，明白文化和它对心理结构及过程的影响（Bond，2009）。不管怎样，这种针对差异的研究已经开始了，首先是从简单的差异着手，不过这些差异也需要社会科学家给予解释。

凭借事后才智所见，这些最初的解释现在看来似乎过于简单化了，但是它们也非常不恰当地激起了对智力的持续性攻击，反对把智力应用于心理操作模式的"文化开启"工作中（Bond &van de Vijver，in press）。这个发现也引发了人们对文化的影响作出更好解释的需要。有关心理结构和过程的差异，最初公布的证据来自 20 世纪 60 年代工作在非洲的心理学家，但是在远东，这种转向非常缓慢，尤其是 20 世纪 70 年代的日本和中国台湾更是如此。之后，跨文化研究蜂拥而至，特别是中国香港在 20 世纪 80 年代成为一个提供心理数据用来比较的输出地。新加坡和中国内地最近也加入了此番讨论，所以我们发现，在中国心理学方面，当我们讲述心理学有关文化如何塑造人类行为的时候，我们正处于一个先锋带头的位置。

在我看来，用文化来思考心理学的未来，以及我们踌躇满志地通过包容性的文化因素来理解我们共享的人性，这些做法将导致中国心理学的复兴并被整合到我们的学科话语中。中国文化针对西方文化尤其是美国文化传统提供了必要的差异假设；心理学家已经研究或即将研究中国文化传统，并把它作为社会化的一面融入中国人的生活，他们已经做的或即将做的并不是为了任何其他不同文化传统里的成员；斯坦福大学校长 John Hennessy 断言，中国有 5 所大学即将加入世界顶尖的 25 所学术机构，我们也许可以自信地假设，只要把资源和人员放到他们应在的地方，中国的文化就会在跨文化心理学中成为未来发展的滩头堡。

带着这些想法，2007 年我找到世界上在他们的分支学科里做得最好的学者，为中国心理学手册起草了一个综合性的章节。我编辑了大约 35 章标题和预期作者的结果列表，同时去接洽牛津大学出版社，评估它是否继续对此类"中国之事"感兴趣。联系到的组稿编辑也欣然接受。后来，我增加了几名作者和他们的主题领域，并邀请所有的资深作者引荐其他有能力而且每一个看起来都适合的合著者。这本有 40 章内容的《牛津中国心理学手册》就是此种努力的结果。我希望它能够为我们的 21 世纪增添重要的知识资源。

> The myriad creature carry on their back the *yin*
> and hold in their arms the *yang*,

taking the *ch'i* in between harmony.

（万物负阴而抱阳，冲气以为和。）

《道德经》第 42 章诗，D.C.Lau 译，1989 年

参考文献

Bond, M.H. (2009). Circumnavigating the psychological globe: From yin and yang to starry, starry night. In A. Aksu-Koc & S. Beckman (eds), *Perspectives on human development, family and culture*. Cambridge, England: Cambridge University Press.

Bond, M.H.& van de Vijver, F. (in press). Making scientific sense of cultural differences in psychological outcomes: *Unpackaging the magnum mysterium*。In D. Matsumoto; F. van de Vijver (eds), Cross-cultural research methods. New York: Oxford University Press.

Boulding, K.E. (1970). *A primer on social dynamics: History as dialectics and development*. New York: Free Press.

第1章　中国心理学的前景[1]

Geoffrey H.Blowers

根据中国的传统,心理学的话题是和孔子、孟子、老子及其追随者长期的教育联系在一起的,而涌现于欧美的现代心理学学科仅仅在20世纪前20年才开始有所影响。中国的哲学家没有从事过任何关于身心问题的专门研究,也没有使用欧洲启蒙运动的科学工具来寻求身心问题的实证分析。从传统的观点来看,这种不重视的做法是基于这样的假设,心理扮演了一个很自然的评估角色,包括做出感觉区别的判断,就和一个人与他人交往时应做的鞠躬行为一样自然。这种理解左右了中国知识分子的观点,也解释了为什么在中国没有专门的心理学理论来解释心理,这似乎是一种没有必要对意识和无意识进行区分的思想(Mote,1971;Munro,1969;Petzold,1987)。

像来自19世纪欧洲的其他学科一样,新兴的现代心理学学科并未受到中国人的认可,中国人在接纳心理学时,把它视同其他的西方新奇事物(Reardon-Anderson,1991,p.6)。在实现当前享有的学术地位和大众流行话题之前,现代心理学在中国曾经遭受了巨大的政治运动冲击,这些冲击为之带来了非常强烈而复杂的影响。中国心理学,或者说心理学在中国是作为一个敏感的学科案例来看待的,尤其是它对意识形态的影响(Jing & Fu,2001)。

因为各种各样的原因,中国把心理学作为一门外来学科,它起源于欧洲和美国,并先后经由日本(Blowers,2000)、马克思主义者和苏维埃的传播。在中华人民共和国诞生后的第二个十年里,心理学才逐渐被毛泽东思想追随者所看好,只不过当时它仍然是一门不合法的资产阶级学科(Munro,1977)。过去的30年里,心理学又一次在中国展现出它扩展的学科领域和研究目标,并且变得更擅长吸收外来文化和中国文化新思想。

随手查阅一下不断增长的研究文献就可以认识到,"中国心理学"这个现代性的称谓导致该词用意模糊。这种模糊性根源于东西方心理学家如何看待他们的学科的方式上的多样性,同时也是对中国心理学目前状况的一个简要说明。在一些西方国家,心理学不再考虑使用一个统一一致的学科体系来进行规范。心理学也许应该被视作心理学研究(Koch,1993)。出于对本学科研究目标、对象和研究模式的信心危机,心理学里产生了分裂的或互不相关的研究活动。最有争议的是研究方法,对它的讨论集中在建立结果的有效性,决定其真实价值,是否能像社会学、政治学、文化学那样,不同的研究者很好地从这些角度报告其研究结果。

一部分原因出于对心理学这种发展状况的反应，一部分原因出于对它们的不了解。许多西方和一些中国心理学家继续寻找普遍性的概念来理解心理现象，并通过招募非西方被试来验证他们研究的可靠性。由此，在西方的研究中使用中国被试已经成为区分中国心理学的唯一必要标准。这种发展倾向也提出这样一个问题，中国心理学是什么？

什么是中国心理学？

从广义来看，中国心理学可以被理解为以欧洲起源为核心的学科，在实践中它随中国地理空间的不同也表现出不同的区域性特点，同时也因为特殊文化背景使自己带有明显的中国哲学传统。其中后一种情况与前一种区域化心理学相比就是所谓的本土心理学。但是这种比较就如 Danziger（2006a，2006b）所指出的那样具有误导性，比如，当把本土心理学当做心理学的一个领域时，这只是一个相对新的概念，它仅仅是在分类和标记上有所新意。尽管现代心理学的本土化以多样的方式来展示人类的主体性，但是它们都源自欧洲，包括德国的实验心理学、英国的生物进化论、法国的精神分析学。每一种学说都有它自己典型的研究传统，并且首先影响到美国的心理学。

每一种心理学理论都会在发展中被改造。实验心理学的出现使得美国心理学也带有很强的实验性研究传统，但是实验心理学最初的研究对象——个体意识——很快在美国的心理学研究中被丢弃。这种发展趋势造就了各种各样的心理学应用子领域，也出现了多种对实验科学进行解释的心理学观点，其中最引人瞩目就是行为主义。由此我们可以认为，在大多数现代时期里，心理学的本土化一直在发生，它是一种致力于把别处传进的心理学思想改造成具有当地特色的研究活动，其完整而复杂的解释过程包括定义心理学概念、界定学科研究范围、相关的学生交换、新院系设置、国际论坛和对话的举办等。

在这种心理学本土化进程中，中国并没有置身事外。在五四运动时期，它的心智文化就已经产生，来自（1）对包括心理学在内的欧美科学的广泛仿效，通过留学生，以及他们的读物、口译和译著，心理学开始了中国化；（2）需要保存那些被争议为独特的中国元素。这种接踵而来的争论不仅发生在学术界本身对心理学的部分解释，而且在受到共和国早期出版文化的推动中，它们也更为广泛地出现在大量的心理与文学刊物中。通过对这些成果的部分审视就可发现，它们以多样的观点把中国心理学引进一个受争论的空间，此种遗留问题至今还得去解决（见 Blowers，Cheung，& Han，2009）。

即使是谈到中国或中国人（华人）的心理学，我们也不得不弄清指的是中国大陆、中国台湾、中国香港、新加坡，还是别的地方。我们当然可以假设，这些地区的研究是作为一个整体的组成部分存在的,凭借它们所在的地理位置和参与者的中国人种划分,造就了事实上的本土化心理学,但是这将抹杀这些地区之间大量的历史和社会政治差别,把本土心理学的含义扩展到任何涉及中国人种被试的心理学研究范围。

知识的传播起始于它在现实中的支配地位差别,本土心理学的含义扩大化掩盖了这种真正的传播方式差异(例如,见,Moghaddam,1987,2006;Staeuble,2004,2006)。欧美心理学之所以能够在世界范围内处于支配地位,是因为它的众多产品几乎能出口到世界每一个角落。有研究者认为这种发展模式是成功的(比如 Sexton and Hogan,1992),而另一些研究者则态度谨慎或提出反对(比如 Ho,1988)。心理学知识在传播到其他地区时,其支配地位让它超越了原本的底线,不再强调或掩饰怎样领会知识和怎样作出反应之间的差异。其实在这当中,另外形式的本土心理学已经存在了(Danziger,2006a,2006b)。来自西方世界的心理学已经作为某种意义上的科学和学科相结合概念被广为传播,科学心理学被视作力图探索现象之间的因果规律,并以之适用于各个地方的人们。该学科倡导科学质疑与科学发现,把其他的心理学研究方法漠视为非科学的、不合理的。

心理学也给它的从业者授予专业身份证书。这种身份认证主要依托自己的培训机构、公认课程、期刊、专业团体、会议和听众参与来实施,尤其是训练有素的学生和其他专业心理学者的参与,但是心理学知识并没有直接影响到普通民众。该学科复杂的科学规律曾经被传播到世界许多地方,但主要是作为殖民主义副产品来对待的,其目的是培养一批有教养的殖民地国家精英来服务殖民者的利益(Staeuble,2006),这导致对心理学传播计划形成共识,而不是从传播活动中发现新知识。在这个传播活动中,心理学所声称的知识结构与殖民地人民自己理解的人类世界观、信仰和价值观相去甚远。

对中国来说,其他可以解释本土心理学含义的是心理学方法的使用。在中国特殊文化背景下,书法、针灸(Wang,1989;Xie,1988),甚至是汉语本身(Chen & Tzeng,1992)都成了西方心理学方法实践应用的领域。这种本土化研究的基本假设来自唯物主义实践论的理解,认为人们的健康观念、情感偏好等都是在实践中造就的,民众可以通过自有的文化活动来直观感受心理学的意义。

最近 30 年,杨国枢倡导的本土心理学运动表现非常突出(见 Lock,1981,and below)。第三世界许多地方的心理学家开始对西方心理学尤其是美国心理学的普适性提出质疑,认为这种心理学只是迎合了西方民众的需要和理解(Yang,1993,1995,1999,2006),但是在其他国家的人们,特别是亚洲人民,已经认识到这种整体移植是有问题的。与西方心理学研究方法有所不同,西方心理学的内容总是给人经得起科学检验的高大感,同时它又具备各种社会背景中的理论和实践多样性(例如,Harding,1988;Pickering,1992;Ztman,2000)。

从以上研究可以看出,对心理学研究内容的争辩一直在持续,可不可以使用传统的跨文化方法来研究具有独立文化的实践活动？因为这些实践活动是在它特有的文化背景中发生的,不同于一般意义上研究对象(比如 Berry,1989;Jahoda,1977)。为了研究这些具有独立文化背景的实践活动,相应的研究方法和信仰体系已经被提上中国本土心理学研究的议程,本土心理学者十分强调该研究的斗争性,他们经常争论心理的文化特征和普遍性特征到底谁对谁错(Lock,1981,p.184)。

当有人基于文化的观点提出一些基本的普遍性理论,并且发现这些理论明显不同于其他文化体系时,他其实根本不是在谈普遍性,因为他曾经接受过转译过来的经典心理学教育,并使用它来解释自己文化体制中的心理成分。

然而许多传统心理学者并不认同这种观点,认为本土心理学仅仅是一种个案。那些主张心理特征具有普适性的研究者已经开始忙于宣传他们自己的本土心理学,心理学本土化实际上彰显了以个体为中心的社会文化,它借助心理学的原创优势,聪明地维护着自己学科体系高人一等的合理性,甚至是把它比作欧洲的启蒙运动。

心理学传入中国

著作翻译。1899 年,出于对新兴学科的好奇和兴趣,中国出现了第一本心理学著作,它是由上海美国教会赞助,并由 Y.K.Yen(颜永京)翻译的莱文(Joseph Haven)的《心灵哲学》①。颜永京曾经在美国俄亥俄州的肯尼恩学院学习。在那里他学到了钟爱的心灵哲学,后来把它作为一门普通的道德教育课程在中国的教会学校进行教授(Kodama,1991)。Haven 的书涉及心灵科学的本质,包括对心灵能力的分析与归类,而且使用了那个时代心理学专业用语来表达。它的章节涵盖了意识、注意、概念(思维)、记忆、表象、综合(概括)、分析(推理)等内容。在最后一章,该书致力于解释心理的存在性、直觉的本质,以及对美丽和正确性的理解。书中还总结讨论了人的智慧、大脑、神经系统要比动物高级,它们影响到心理的功能。

颜永京使用这个教材与其说是为了学生理解心灵自身的工作方式,还不如说是为了培养可以激发正确行为方式的健康心灵概念。由此,心理学知识也巩固了中国课程教育中孔子思想价值的重要性。在这方面,它与 19 世纪后 20 年引进的许多西方教材一样,借助中学为体,西学为用的指导原则,促进了民族自强。其中汉语中的“体”是指“根本”,“用”只是“功用”。这个术语的使用是想说明,中国哲学和道德价值的基本结构具有文明的延续性,应该被坚持,对西方经验的采纳不能从根本上威胁中国文化的核心(Spence,1999)。

----

① 此处“颜永京”人名翻译确定,感谢武汉大学哲学学院教授储昭华和华中师范大学教授王世鹏的帮助。

作为被翻译的第一本心理学课本,它首先面临的心理学翻译困难就是如何在汉语中寻找合适的同等术语,不曲解其本意。由于没有前车之鉴,颜永京选择了三个以前没有使用到的汉字"心灵学"来表达,翻译回英语的意思就是"灵物学"——一种与现时代的心理学含义相去甚远的精神研究。他对这个汉字"灵"的选用,也许是从亚里士多德的《论灵魂》和贝恩的《精神》期刊中受到启发,也许是从 Haven 的书本中得到线索。实际上在中国文化中,行为是灵魂的派生,灵魂被认为是大脑和自然界最基本的成分,它已经穷尽了所有可能的心理概念解释(Zhao,1983)。

第二本在中国比较有名的西方心理学教材是 1907 年出版的海甫定(Harald Hoffding)所著的《心理学概论》。这本书的原版是 1882 年出版的丹麦语本[2],它广泛介绍了当时流行的心理学主题。海甫定在书中还提出这样的观点,作为一门新的实验科学,心理学应该使用主观方法,遵循心理物理学法则。到 1935 年为止,该书总共有 10 个版本的汉语译本,左右了当时的心理学主题。这本书的翻译者也许是借鉴了日本人对心理学的翻译,用"理"字代替了心灵学的"灵"字,并使用至今。按照目前的理解,把"心理学"术语翻译回去的话就是关于心的知识。心和理在中国都具有悠久的历史含义,从孟子时代开始,伦理纲常的实施也引发了人们对人性思考的对立性观点,从儒家学者的性本善到荀子的心向恶,无不包含心和理的解释(Creel,1954)。

心理扮演了一个很自然的评判角色。包括对感觉差异的解释,所有的评判都依照人们在与他人交往中应该做的行为标准。这种理解就像其他学者所指出的那样(比如 Munro,1969,1977;Petzold,1987),左右了中国人的心理观。不过,它也有助于解释,为什么中国传统上没有关于心理的复杂哲学和心理学体系,为什么没有必要对意识和无意识进行区分。西方心理学在中国的早期发展有两个标志:一个是出于功利的目的有选择地引入心理学著作,而不是为了一般性的哲学取向;另一个是因为翻译的困难重构心理学的含义。

在选择文字翻译时,由于没有汉语对等的概念,当时人们所做的决定显得有些武断,喜欢从汉语中借鉴语义相似的词汇来进行杜撰,但是这种借鉴而来的词汇语义特征和其本义相比绝不是一致的,不过此种文本的翻译方法也成为许多外来学科本土化进程的标志。从 19 世纪末到 20 世纪早期,中国的学术译作从一开始的慢慢出现,到后来的蜂拥而入,借鉴相似词汇语义进行翻译的做法也变得愈发明显。

最初的推动力

中法 1894 年和中日 1895 年的战争失败促使清政府开始学习早期日本进行的明治维新,对教育实行改革,当中涉及为义务教育规定一定的教育年限,弱化教育用来培养精英人才服务政府的功能,在北平建立一所帝国性大学,为更多中国人提供海外留学的机会。这些改革的一个深远影响就是建立了一系列的教师学校或师范大学,心理学成为这些学校或大学最为突出的课程,同时也大量依靠日本的教科书和教师来实施教学(Abe,1987;Blowers,2000)。

1912年中华民国建立后,高等教育进一步改观,这要归因于培育了汉语白话体的白话运动和1919年的五四学生运动,后者反对凡尔赛体系把原先德国在山东的权益转让给日本。这些运动导致对普及性教育的需求,需要引进更多的国外思想,编写接近日常生活的课本和教学材料(Lutz,1971)。由于这些发展,社会上出现了大量的期刊和杂志,它们介绍了西方各个领域的知识,包括心理学和精神分析学都受到关注和讨论。这些刊物主要有教育期刊、东方杂志和新青年,它们以更加通俗而非学术化的风格进行刊出。1921年,一个新创的中国心理学会成立,由张耀翔主编的《心理》杂志也开始发行。张耀翔在《心理》首刊为心理学规划了诸多目标,其中之一就是认为心理学是世界上最有用的科学,它不仅能够应用于教育,也能够服务于商业、医学、美术、法律、军事和日常生活等(Zhao,1992,p.48)。张耀翔鼓励读者和参与者聚焦三个领域的研究:首先,复兴国家历史文献中的古老思想;第二,学习来自其他国家的新材料;第三,努力发展新的理论,整合前两个领域的研究并通过实验来检验。在1922年和1940年之间,大约370本关于心理学的书籍出版了(Pan,Chen,Wang,& Chen,1980)。

早期制度发展

1917年,受到曾在莱比锡大学冯特门下学习过的民主改革家蔡元培的驱使,北平国立大学建立了首个图书馆(Petzold,1987),这个时期的许多知识分子曾在欧美留过学,许多本土产生的心理学家也来到美国接受培训。1920年位于南京的东南大学建立了第一个心理学系,之后的10年里,位于广东、上海、清华、厦门、天津的大学也成立了心理学系(Chou,1927a,1927b,1932)。1921年,中国心理学会正式成立。1928年,中国科学院的前身中央研究院建立了心理研究所。

这种发展并没有对中国的基本价值观造成任何威胁,因为它们只是被视作服务工具来使中国社会获得较大益处。在美国接受教育的学生回到中国时,一并带回了行为主义和机能主义。这两种心理学思想可能最适合说明西方科学追求实用主义的观点,即使是它们本质上的宿命论观点也没有对儒家心智学说造成挑战。但是精神分析学有所例外,中国的知识分子用几乎践踏的方式谨慎地审阅该理论的每一方面,因为他们想把它改造成可以在教育或其他领域进行应用的学说。一些对弗洛伊德的翻译受到了翻译者所推荐机构的层层审查,这样做只是为了表明他们是如何淡化泛性主义,并使弗洛伊德的观念更加适应中国文化的需要。比如恋母情结就被颠覆性地改造成了一个与本土价值观一致的社会理论(Blowers,1997;Zhang,1992)。

在 20 世纪 20 年代末和 30 年代早期,许多大学和教师学校都在使用翻译的教材和评论文章,教授学生关于弗洛伊德、华生、麦独孤、皮亚杰、勒温和苟勒的心理学思想(Bauer & Hwang,1982)。但是在这个时期几乎没有实验性研究工作,最明显的实践模式是心理测量的团体实施研究,强调解决教育测试问题。一名曾在 20 世纪 20 年代接受官方邀请来中国访问的旁观者这样写道,教育领域的心理测量实践使人们对教育产生了广泛的信心,并期望它能解决国家的许多社会、道德和政治问题(Monroe,1922,p.29)。人们已经注意到社会对心理测量的需求,包括教育要求的对所有年龄阶段的儿童进行测试,以及针对征募的成年新兵是否适合军队生活,或者能否从事别的服务进行测试。当然这也导致一些期刊和社团对心理测量有效性的严重怀疑。但是,比起对心理测量有效性的怀疑,那些曾经受聘于教育测试的心理学家和教育学家更加关注已经出版的调查报告、教室场景下的儿童测试和教师评估研究,并寄望对其进行公开论证。为了扩大测量用途,担负更多社会责任,20 世纪 30 年代的心理测量收入微薄。因为相关的社会科学职业还处于欠发展状态,那些具备测量新知识的学院毕业生几乎没有人能找到工作,这与别的社会科学形成鲜明对比,尤其是经济学和社会学,它们在洛克菲勒基金会提供的乡村重建研究资助下,获得了创始基金,促进了自身发展(Chiang,2001)。

尽管有这样一个学术开放时代,各种不同的观点可以被期刊文章进行广泛的讨论(Dikötter,2008),但是人们并不清楚是学科本身的东西还是其他成熟的社会管理政策对心理学产生了直接影响。中国心理学家的观点更多地体现在他们出版的期刊上,花在这上面的脑力劳动主要讨论心理学的特点是什么,心理学的本质和方法逻辑是什么,这些努力可以很好地解决中国特色的心理学问题。按照这样的本土化模式,心理学获得了良性发展,并沿着正确的轨道前进。但是,1949 年中华人民共和国成立后,这种进程被改变了,国家预设了一种更为狭窄的研究道路,实施了严格的政治说教。下一部分将会讨论这个问题。

中国大陆的心理学

重新定义学科。随着 1949 年中华人民共和国的建立,一个广泛的社会主义改革计划被引进心理学领域。在这个时间里,心理学普遍被认为是基于西方思想的,它必须经过修改,以更好适应新的社会和政治环境。与其他知识分子一样,心理学家不得不学习马克思主义哲学,他们的学科必须按照两个规律进行实践:心理现象是大脑的功能或产物,心理是外界客观现实的反映。这些都是从列宁的唯物主义和经验批判主义理论、毛泽东的《矛盾论》和《实践论》中获得的(Ching,1980)。苏维埃心理学是必须要学习的,西方心理学连同开办它的各家学校,都需要接受批判性的审查,指出其各种各样的弱点(Lee & Petzold,1987)。

总之,1949 年,西方心理学的教学与实践在中国大陆陷于停顿(Chin & Chin, 1969)。当时大多数被允许使用的心理学教材都是从俄国翻译过来的(Petzold,1984), 许多俄国教育家在 20 世纪 50 年代早期来到中国北京从事教学,他们倡导学习新的心理学基本知识。在那一时期,受维果茨基、鲁利亚、列昂捷夫研究工作的鼓舞,辩证唯物主义成为核心哲学指导着所有被允许的心理学。从这个立场出发,意识被认为是经由历史发展形成的心理产品,它反映的客观对象不能脱离其反映过程,通过反射行为,意识活动变为现实。这种解释和西方心理学的理想主义取向形成鲜明对比,西方心理学假设主观和客观是分离的,或者说心理表象和客观现实是分离的。

这种立场带来的一个影响就是使用自觉能动力为意识重新定义,意识被认为是由人们在社会实践活动中形成的,包括受争论的心理过程,都不能脱离它所存在的具体背景进行研究。意识拥有无法挑战的权力,支配着人类的行为,即使是前意识或无意识这样的竞争角色,也没法获得与之相应的地位。意识还可以自我反省,它可以意识到自己的改变。通过各种活动,意识增加了知识,这种过程被称为认识。1955 年重组后的中国心理学会秘书 Ding Zuan(Ting Tsang)在其文章中写道,心理学领域没有空间留给弗洛伊德神秘的性驱动理论(Ding,1956)。但是与之相矛盾的是,弗洛伊德理论分支中的心理疗法却获得了相应的地位,这只是因为巴普洛夫在其方法体系里对它进行了理论正当性辩护,把它作为针对语言刺激进行反应的条件反射信号。

尽管存在根据巴普洛夫的还原主义来推理所有心理学活动的倾向,中国的心理学家借助心理学会重新开放的机会,也在维护着他们自己的观点,这使得 1957 年短暂的百花齐放运动成为可能。在这一时期,心理学家质疑了大量还原论者的心理学观,批判它与现实的脱节(Zhao,Lin,& Zhang,1989),心理学应该展现实际有用的东西,这导致许多心理学家放弃了实验室的工作,转而寻求在工厂、医院和学校的应用。

早期的挫折。后来由于反右倾主义和批判运动,这个时期的开放性争论和质疑很快在 1958 年 8 月消失了。心理学被扣上资产阶级的伪科学帽子,许多心理学家受到了迫害,压制的政治理由是:心理学只关注行为的生物学基础,把各种变量进行实验性的隔离,心理学家对从社会背景中抽象出实体负有责任,这些做法让心理学显得过于学术化,不能参与进国家对阶级敌人的斗争。对于意识研究来说,心理学是有阶级性的,心理学家的活动被批判丧失了阶级本性,他们的话题没有考虑社会本质。这种反对思路否定了心理存在共同或普遍特征的可能性,它们曾经是心理学最值得研究的对象。

随着"大跃进"的失败,这些批判一年以后停止了。心理学家之间的讨论产生了一个整合的观点,心理学既是自然科学,也是社会科学(Cao,1959)。在 20 世纪 60 年代早期,发展与教育心理学成为最有活力的学科领域,在 1963 年举办的中国心理学会第一届年会上,与会者呈递的 203 篇文章中有超过 3/4 的文章属于发展与教育心理学范畴,其他的则分属于个性和临床心理学应用领域。

后期的挫折。心理学研究成果在这一时期的迅猛发展只是昙花一现。"文化大革命"爆发后,这个学科很快就受到来自学生和年轻干部们的攻击。为了跟随"文革"思想路线,这个国家的年轻人被鼓动从事无政府主义的活动来反对思想较前卫的人士。这些人曾经赞同给予知识分子一定程度的自主权,而这些知识分子现在却被认为会把这个国家引向失败,于是针对许多学术性学科的攻击也出现了。受党内一名领导人物姚文元的推动,心理学首当其冲。作为宣传部长,姚文元用笔名写了一篇社论刊登在《人民日报》上,社论中姚文元攻击了一篇关于儿童对颜色和形状偏好认识的文章,该文章出自陈力和汪安圣之手。多半是这个原因,在批判运动早期就激起了社会对心理学的爆发性声讨。心理实验从现实社会背景中抽象出人们生活实际的做法被认为带有不正当的研究目的(Blowers,1998)。因为姚的影响力,他的社论助长了对整个心理学科的攻击,使得心理学在 1966 年被强行禁止,国家不再准许出版心理学书籍和刊物,大学和研究机构的心理学教学活动也被停止。

复苏。"文化大革命"爆发 12 年之后的 1978 年,中共十一届三中全会召开了,心理学又一次受到尊重。这期间中国心理学会举办的首次会议重新选举潘淑作为会长,潘淑和他同一时代的高觉敷受邀撰写了中西方心理学历史(Gao,1985;Pan & Gao,1983)。本次会议还由陈力本人亲自主持,提供很多机会来谴责以前姚文元发起的不公正迫害(Blowers,1998;Chen-&,Wang,1981;Petzold,1987)。比起毛泽东时代,此次社会风气更为有利,心理学家被号召为国家现代化建设做出贡献,中国又一次变得善于接纳西方,各种派别的知识分子也开始被不断地鼓励到处交流访问。

展望。由于大学门槛的关闭,心理学在中国有持续 10 多年的教育空白。尽管这种智力发展的缺失影响了整整一代切实的或潜在的学生,但是由于中国政府态度的改变,这个空白已经获得加倍补偿,心理学取得了令人瞩目的发展(Clay,2002)。据说现在中国有超过 150 个心理学院系,承担着大约 130 个硕士点、30 个博士点的培养计划,每年有将近 10000 名本科生、2000 名硕士研究生,300 名博士研究生在学(Zhang,2007)。

通过规定研究期限的访学和互派活动,中国和西方心理学家的对话持续进行。自从 1980 年,中国就已经是国际心理学联合会的成员,2004 年还举办了国际心理学大会,吸引了 6000 多名来自海内外的参会者。其他的与心理健康和心理治疗相关的国际心理学会议也定期在中国举办。中国心理学会有超过 6000 名会员,他们中每一个都拥有至少一个心理学硕士学位,或者拥有跟心理学相关的研究经历(Zhang,2007,p.175)。中国政府已经认识到,随着市场经济的繁荣发展,心理学的服务对于解决当前中国面临的社会问题十分必要,尤其是在心理咨询(一个现在官方认可的工作类别)、人力资源和健康心理学领域(Clay,2002;Shanghai Mental Health Center,2008)。

但是中国心理学还需要一个合适的理论发展。从历史来看，有一样东西十分明确，当今许多西方心理学都热衷于心理学的应用价值，分析激进行为主义和精神分析理论所提出的证据就可看出，很少有能够拿来说明心理学固有决定论的形而上假设的。心理学的个人主义，包括人格和智力评估给出的论证被一些中国人接受。西方心理学专注于提供技能培训，帮助中国社会解决了大量关于儿童和成人发展、健康、工业问题。

这种实践方式有充分的理由促使中国在未来的研究中发展出一个中国特色的理论框架(Pan,1980)。至于这个愿望能否最终实现，它将依赖于教学单位提供的课程种类，研究规划中设置的问题类型，这和专业培训中考虑什么可以构建良好的实践做法一样，就如一名圈内心理学家最近注意到的：

> 中国现在需要的是高素质的心理学家来从事研究和教学。尽管心理学院系在中国非常多，只有少量的心理学家曾经在国际知名的心理学刊物上发表过文章。大多数中国心理学者从来没有机会参加国际会议，更不用说加入国际性研究团队了。

Han,2008

其他地区的心理学

制度发展。和中国大陆最近力推的高等教育快速扩张不同，中国台湾、中国香港等地的心理学研究一直未受中国大陆20世纪后半期那样的政治不确定因素干扰。在此之前，这些地区的心理学都是发端于一个卑微的、战前的、殖民地时代。在日本统治之下的中国台湾，台北帝国大学(现在的台湾大学)的文学院使用日语教授心理学。因为这种殖民传统，那些涉及西方心理学主题的成百上千的日语译作和第二手著作被赋予完全的使用权，而日本的心理学在20世纪30、40年代受格式塔心理学的统帅，结果造成中国台湾早期的心理实验研究更加关注知觉问题。

在英国的殖民统治之下，香港中文大学的艺术学院把心理学作为哲学的附属并使用英语来教学，这种情况一直延续到1967年建立社会科学学院，实行院系合并。中国台湾的心理学从文学院独立出来是发生在1949年，伴随着蒋介石发布"共和宣言"，并把国语作为教学中介，心理学在中国台湾成为一个单独的系，位居在科学院下面。中国台湾和中国香港之后的心理学系获得了突飞猛进的发展，很快，这些地区的其他心理学也从原有的体制中独立出来了(Blowers,1987;Fu,2002;Hsu,1987)。

*心理科学*在新加坡出现较晚。1952年，新加坡国立大学的社会服务学院开始教授心理学。1955年，心理学从该院独立并建系。从那以后，心理学系就成为两所由政府资助的南洋理工大学和新加坡管理大学不可分割的一部分。同样，一些提供大学预科班的新加坡科技专科学校和各种各样由私人开办的学校也建立了心理学系。心理学培

养方案也囊括了本科生和研究生教育。新加坡国立大学的心理学系已经成为心理学最为集中的研究单位,它的心理学研究工作聚焦于基本的心理加工过程,尤其强调这些加工过程如何在文化背景中完成的。考虑到拥有多样化的民族成分构成,包括华人、马莱人、印度人,新加坡也成为心理学研究的一个理想场所(Bishop,2008;Long,1987)。

研究投入。从 20 世纪 50 年代开始的经济增长使得中国香港、新加坡与英国之间,中国台湾和美国之间的联系更为紧密,教育课程也根据各自接近的国家传统进行调整。这种改变影响到所教的心理学类型和研究的心理学问题。第三世界普遍盛行的知识自由风气创造了很多与海外进行学术交流的机会,也培育了更加紧密的知识纽带,繁荣了心理学研究活动,其中最为称道的是 1972 年在中国香港建立的国际跨文化心理学协会,该组织致力于在不同文化中检验心理学每一方面的假设,同时使用西方被试样本(通常是美国人)作为跨文化比较的基线。

1986 年,Bond 汇集了来自社会心理学、精神病学、语言、个性等几个领域的研究数据,编辑成一卷《华人心理学》,成为以上努力的成果。不久之后,研究者又出版了一卷用英语写成的实验性研究摘要,这些研究使用了来自中国大陆、香港、台湾等地的中国被试(Ho,Spinks,Yeung,1989)。最近的卷本则是《中国心理学手册》(第二版)(Bond,1996),它显示了跨文化心理学研究努力的持续性影响。

Ho 等人(1989)编辑的实验研究摘要涵盖范围非常广阔,编者注解说,当中的很多文章写得很差,方法也不可靠,甚至是高估自己的观点或者理论严密性。他们把这种责任归咎于中国心理学家对西方研究的盲目模仿,事实上中国心理学家自己也没有采取足够的程序来保证同行间公平的审查和中文期刊编辑的责任。与此同时,该书编者也高度评价了 1980 年在台湾地区举办的中国化心理学会议。在这次会议上,研究者对持续使用西方模式来研究中国人心理过程发出了批评的声音(Yang & Wen,1982)。类似的看法在 Hsu 对台湾至 1982 年的心理学述评中也有表达(Hsu,1987)。他批评说,台湾可以倡导中国化政策,强调中国传统和文化,而台湾心理学家却坚定不移地固守经验主义立场、客观数据、概念的操作定义。因此,任何此类政策的实施将只会局限于改变心理学的内容,而不会革新其基本的概念和方法(p.135),尽管有迹象表明,这种方法可能正在改变(见 Lu,本卷)。

这种立场代表了一个广泛的看法,那就是心理学是一门科学,它类似于自然科学,即使它的研究主题和研究对象并不会独立于它们被建构的方式来进行研究。然而,这种观点曾经在西方受到严重挑战,心理学研究的未来如果想走本土化或其他形式的道路,将依赖于心理学团体回应该挑战的程度,下一节将会给予概述。

后现代转向

在最近的 30 年,西方心理学经历了一个自我批判的转向。早一代心理学家受库恩

《科学革命的结构》影响,曾经讨论了心理学学科到底是处在科学范式阶段,还是处在前科学范式阶段的问题。无论如何,心理学研究在做结论时所采用的规则一般没什么问题。这些规则被视作问题提出方式合理、数据有效、方法适合。以无偏见的观察、尝试和测验名义,要求心理学研究具有普遍确定性是有理由的。虽然从数据中进行的抽象总是显得根基不牢,容易突然发生变化,但是判断任何抽象概念是否真实的手段却奠定了基本的游戏规则。心理学是一门科学,它的进步依靠操作主义、假设检验和观察优先理论的引领。但是,越来越多的真理性见解被证明为不是一种知识基础,而是一种观点,作为社会交换的产物,成为沟通和联系系统的一部分。根据这个看法,可以得出这样的结论,所谓的科学知识也许更适合被当做科学文化范围内的社会历程产物(p.21),远非展现了一个学科固有的结构。科学语言和其他语言或叙事一道,使用各种修辞手法,说服我们关于这个世界的理解。同样,它们也利用作者的评价偏好、文学形式、历史风格和诞生的文化契机,使我们对其产生共鸣。

早先人们认为,客观事物独立于描述它们的方法,这观点如今只能通过掩盖它的形而上和意识形态承诺获得支持,比如,心理的一般属性具有确实性这个观点仅仅适用于无可挑战的西方独有人本论(Gergen,1992,p.24),并不是所有的文化都适合把认知过程归因于人类所有。普遍主义者的虚构促进了这样的想法,人是一个私有决策者,他只负责自己的命运。社会领域的调查提醒我们,我们的语言是一个交互的产物,而不是孤立的,准确地说,人们所谈论思想的方式仅是一种文化支持的说话方式。

面貌一新的西方心理学已经把重点从心理普遍性转向对它的论述和分析,强调知识基础的社会建构。这个转向受到两个重要观点的启发:第一,把一些方法强加给别人不再是正当合理的,因为和真理主张有关的方法无法得到保证,容易把人引入歧途。研究目标不再是宣告一个真理,而是解释一个观点,这种解释是观点假设要求的。第二,如果文化特异性成为研究的核心特征,对一般概念的研究将不得不(暂时性地)被放弃。已经有文献暗示,在文化水平寻求理解将先于任何跨文化理解的判断,尤其是轻率地把数据推广到包罗万象的理论,这种做法经常是不顺利的(Jahoda,1992,1994;Ongel & Smith,1994)。对背景的理解将不得不考虑塑造文化现象的社会、政治、历史力量,心理学家需要扮演文化评论家的角色,成为一个人类的而不是自然的科学家。

中国心理学的未来

尽管面临挑战,心理学的文化转向就像 Hsu's(1987)所预言那样将会盛行起来。随着基本文化的迫切需求,中国心理学家已经开始感兴趣于追求知识的行动促进功能,而不是对分析性自我反思的特殊形式进行详细阐述(Munro,1967,1977)。这个变化要归因于把心理学看成应用学科的倾向,只根据心理学的实用性来评价它,就如以下几个方面的体现:在教育领域作为一个师资培训的助手;在工业部门作为生产力的激励手段;在医学领域作为临床诊断的事先准备,尽管该领域的应用少之又少。

在心理学科某些领域,尤其是社会心理学,考虑到文化对社会历程的影响,追求本土化研究路线的理由非常强大(见 Chen & Farh;Hwang & Han;Ji, Lee, & Guo;Lu;Smith;均在本卷),但是在一些更为传统的向自然科学看齐的领域,例如实验心理学和认知心理学,中国心理学家依然坚持模仿西方相对应的东西,对实验性项目的资助不断地由中国自己或海外资金提供。在考虑如何资助时,学者们有共同兴趣的学术交流往往被包含在内,这样很可能会导致和西方心理学家合作,发展更多的研究,进而使更为传统的学科领域得到加强。这些财政考虑将会持续影响海内外的中国心理学家。

在不久的将来,一些因素很可能会影响到本土心理学脱颖而出的可能性。考虑到存在以应用性来判断学科价值的偏好做法,许多学生和年轻的学者在权衡他们的未来时,不是把专业发展当做终生承诺来进行知识探索,而是作为众多机会中一个工作。不仅如此,经过十多年的大学扩张,国内更多的心理学院系开始对外开放,心理学教学也经常作为其他学科的辅助,与海外大学相联合的学位培养计划也大量增长,这些现象导致各专业教学心理学的数量大大增加。

但是,并非所有的学者都决心从事那样的研究(Han,2008),这是因为学界存在用第二语言写作研究报告和论文的问题。心理学学科要想在国际社会取得进步,需要用第二语言进行研究报告和论文的写作,它对促进个体的学术进步作用也是一样的。这个需求导致研究压力的增加,因为一个人的英语水准要足够好到可以通过海外主要期刊编辑部的要求,但是,由于那样的学术性心理学写作被看作是个人最新猜想的展示,它对那些异常关心否定评价的人造成理解困难,对这个问题的典型解决办法就是把它看做非传统的写作方式,例如,在实验报告的格式方面,对技术细节的关注是以牺牲研究猜想和反思为代价的,他人在查看研究中的被试行为时,经常感觉变量模糊不清(Billig,1994)。该问题的解决办法也刺激了研究者,使得他们不再使用更自由的、推测性的方式来表达自己的文化及其影响。

但是,从这个立场出发,我们也可以看到出现的热情和承诺,驱动着一些研究者使用自己的汉语言来写关于文化的经验。以这样的方式来写作,经常会碰到需要借用源至西方心理学的术语,由此,之前提到的词汇语义非对等翻译问题又得面对。术语的借用对双方都起本土化作用,为了学习更多的可以区别中国的社会历程,西方心理学家也开始显示出把中文材料翻译成英语的兴趣。

中国文化视野下的心理学崭露头角的可能性也许会很小,针对这种情况,我们必须抵制跨文化心理学运动的影响,因为它阻碍了我们接受这个挑战。大多数现代主义者认为,心理学学科是一个渐进演化的自然科学,它也在不断地追求文化调查,引用文化差异的测量数据,但是这个测量标准主要来自北美大学生群体,它的可靠性依赖文化刻板印象,仅能解释北美大学生群体的差异,对于中国被试,它经常处于过时的状态,而中国心理学从定义上讲也几乎成为一个只招募中国被试与其他心理学研究相比较的东西,除此之外,它什么都不是。那样的研究活动增速很快,甚至是它的大部分文化内涵已经只限于全盘的文化抽象,比如"个体主义—集体主义",这种研究运动已经开始受到批判,从其追随者一直到该运动本身,都被重新评价(例如 Brewer & Chen,2007;Jahoda,1994;Ongel & Smith,1994;Smith,本卷),我们也希望对跨文化研究的重新评价能够鼓励研究者扩大审视和批判的广度。

　　另外,在西方的大专院校,心理学课程把评价心理学基础知识作为一个核心活动,文化批判和解释的立场仅仅变成可以接受的交流工具,中国心理学家很可能继续仿效他们相信的这些东西,沿袭仍处于支配地位的、西方主流心理学的实证主义模式。但是,这个关注中国和心理学的关系的短暂的历史偏移,已经显示出揭示这个学科的独特的中国视角不大可能在不久的将来出现,除非中国的心理学家成长的足够自信,来挑战他们自己长久坚持的关于从事心理学研究的方法假设,更有甚者,西方心理学家正变得压倒性地转向后现代主义,他们积极展望和鼓励中国心理学家继续使用类似的方法。

注　释

　　[1]多年以来,本研究工作一直受心理学系和香港大学会议与研究资助委员会的资金支持,同时感谢 Chan Wing-man 在编辑和翻译本章材料方面提供的帮助。

　　[2]这本书由王国维翻译成中文,使用了丹麦海甫定(Hoffding,H)著、英国龙特(Loundes)所译的《心理学概论》。

参考文献

Abe.B.(1987).Borrowing from Japan:China's first modern education system.In R.Hayboe(ed.),*China's education and tire industrialized world*(pp.57-80).Armonk,NY:Sharpe.

Bauer,W.& Hwang,S.C.(1982).*German impact on modern Chinese intellectual history*.Wiesbaden,Germany:Franz Steiner Verlag.

Berry,M.W.(1989).Imposed etics-emics-derived etics:The operationalising of a compelling idea.*International Journal of Psychology*,24,721-735.

Billig,M.(1994).Repopulating the depopulated pages of social psychology.*Theory and Psychology*,4,307-335.

Bishop,G.D.(2008).Psychology in Singapore.*APS Mbnitor*,21(5).At http://www.psychologicalscience.orglobserver/getArt1cle.cfm? id=2343.

Blowers,G.H.(1987).To know the heart:Psychology in Hong Kong.In G.H.Blowers.G.H.& Turtle,A.M.(eds),*Psychology moving East:The status of Western psychology in Asia and Oceania*(pp.139-162).

Boulder,CO:Western Press.

Blowers,G.H.(1997).Freud in China:The variable reception of psychoanalysis.*China Perspectives* 10, March/April,33-39.

Blowers,G.H.(1998).Chen Li:China's elder psychologist.*History of psychology*,1,315-330.

Blowers,G.H.(2000).Learning from others:Japan's role in bringing psychology to China.*American Psychologist*,55,1433-1436.

Blowers.G.,Cheung,B.T.,& Han,R.(2009).Emulation vs.indigenization in the reception of Western psychology in Republican China:An analysis of the content of Chinese psychology journals(1922-1937).*Journal of the History of the Behavioural Sciences*,45,21-33.

Bond,M.H.(ed.)(1986).*The psychology of the Chinese people*.Hong Kong:Oxford University Press.

Bond,M.H.(ed.)(1996).*The handbook of Chinese psychology*.Hong Kong:Oxford University Press.

Cao,R.C.(10 June 1959).Canjia Xinlixue xueshu taolun de tihui.(Experiences learned from the symposium on Psychology)*Renmin Rebao*,p.6(in Chinese).

Brewer,M..B.& Chen,Y.R.(2007).Where(who)are collectives in collectivism? Toward conceptual clarification of individualism and collectivism.*Psychological Review*,114,133-151.

Chen,H.C.& Tzeng,O.J.L.(eds)(1992).*Language processing in Chinese*.Amsterdam,The Netherlands: Elsevier.

Chen,L & Wang.A.S.(1981).Hold on to scientific explanation in psychology.In L.B.Brown(ed.).*Psychology in contemporary China*(pp.151-156).New York:Pergamon.

Chiang,Y.C.(2001).*Social engineering and the social sciences in China*,1919-1949.Cambridge. England:Cambridge University Press.

Olin,R.& Chin,A.L.S.(1969).*Psychological research in Communist China* 1949-1966.Cambridge,MA: MIT Press.

Ching,C.C.(Jing Qicheng)(1980).Psychology in the 'People's Republic of China.*American Psychologist*,35,1084-1089.

Chou,S.G.K.(1927a).Trends in Chinese psychological interest since 1912.*American Journal of Psychology*,38,487-488.

Chou,S.G.K(l927b).The present status of psychological in China.*American Journal of Psychology*,38, 664-666.

Chou,S.G.K.(1932).Psychological laboratories in China.*American Journal of Psychology*,44,372-374.

Clay,R.A.(2002).Psychology around the world:'Seizing an opportunity' for development:Chinese psychology moves from 'pseudo-science' to an increasingly accepted field.*Monitor on Psychology*,33,No.3, March.At http://www.apa.org.monitor/mar02/se.izing.hrml.

Creel,H.J.(1954).*Chinese thought from Confucius to Mao Tse Tung*.London:Eyre and Spottiswoode.

Danziger,K.(2006a).Universalism and indigenization in the history of modern psychology.In A.C.Brock (Ed.),*Internationalizing the history of psychology*(pp.208-225).New York:New York University Press.

Danziger,K.(2006b).Comment.*International Journal of Psychology*,41(4),269-275.

Dikötter,F.(2008).*The age of openness:China before Mao*.Hong Kong:Hong Kong University Press.

Ding,Z(Ting Tsang).(1956).Qaichan wuquoyishu toshan qiqi goshu xingji.(Developing a program in

Chinese medical psychology.*Zhunghua xienjen goshu zashi*,4,322-325.(in Chinese).

Fu,W.(2002).*The public image of psychologists in Hong Kong:An historical and cultural perspective.*Unpublished doctoral dissertation.University of Hong Kong.

Gao,J.F.(ed.)(1985).*Zhongguo Xinlixueshi*(History of psychology in China).Beijing:Renmin Jiaoyu Chubanshe.

Gergen,K.J.(1992).Towards a postmodern psychology.In S.Kvale(ed.),*Psychology and postmodernism*(pp.17-30).Thousand Oaks,CA:SAGE Publications.

Han,S.H.(2008).*Bloom and grow:My view of psychological research in China.*APS Monitor,21 January.At http://www.psychologicalscience.org/observer/getArticle.cfm? id=2284.

Harding, S. (1998). *Is science multicultural? Postcolonialisms, feminisms, and epistemologies.*Bloomington:IN:Indiana University Press.

Ho,D.Y.(1988).Asian psychology:A dialogue on indigenization and beyond.In A.C.Paranjpe,D.Y.F.Ho,& R.W.Rieber(eds.),Asian contributions to psychology(pp.53-77).New York:Praeger.

Ho,D.Y.,Spinks,J.A.,& Yeung,C.S.H.(1989).*Chinese patterns of behaviour:A sourcebook of psychological and psychiatric studies.*New York:Praeger.

Hsu,F.L.K.(1987).The history of psychology in Taiwan.In G.H.L Blowers & A.M.Turtle(eds),*Psychology moving East:The status of western psychology in Asia and Oceania* (pp.127-138).Boulder,CO:Westview Press.

Jahoda,G.(1977).In pursuit of the emic-etic distinction:Can we ever capture it? In Y.H.Poortinga(ed.),*Basic problem in cross-culture psychology*(55-63).Lisse,The Netherlands:Swets and Zeitlinger.

Jahoda,A.G.(1992).*Crossroads between culture and mind:Continuities and change in theories of human nature.*London Cambridge:Harvard University Press

Jahoda,A.G.(1994).Review of P.B.Smith and M.H.Bond's 'Social psychology across cultures', *The Psychologist*,7.

Jing,Q.,& Fu,X.(2001).Modern Chinese psychology:Its indigenous roots and international influences.*International Journal of Psychology*,36,408-418.

Koch,S.(1993).Psychology or The psychology studies? American psychologist,48,902-903.

Kodama,S.(1991).Life and work:Yan,Y.J.the first person to introduce Western psychology to China.*Psychologia:An International Journal of Psychology in the Orient*,34,213-226.

Kuhn,T.S.(1970).*The structure of scientific revolution.*Chicago,Ⅱ:University of Chicago Press.

Lee,H.W.,Petzold,M.(1987).Psychology in the People's Republic of China.In G.H.Blowers & A.M.Turtle(eds),*Psychology moving East:The status of Western psychology in Asia and Oceania*(pp.105-125).Boulder,CO:Sydney University press.

Lock,A.(1981).Indigenous psychology and human nature:A psychological perspective.In P.Heelas & A.Lock (eds),*Indigenous psychologies:The anthropology of the self*(pp.183-201).London,England:Academic Press.

Long,F.Y.(1987).Psychology in Singapore:Its roots,context and growth.In G.H.Blowers & A.M.Turtle(eds.),*Psychology moving East:The status of western psychology in Asia and Oceania*(pp.223-248).Boulder,CO:Westview Press.

Lutz,J.G.(1971).*China and the Christian colleges* 1850-1950.Ithaca,NY:Cornell University Press.

Moghaddam,F.M.(1987).Psychology in the three worlds:As reflected in the crisis in social psychology and the move toward indigenous Third World psychology.*American Psychologist*,42,912-920.

Monroe,P.(1922).A report on education in China.Institute of International Education:New York.

Mote,F.W.(1971).Intellectual foundations of China.New York:Knopf.

Munro,D.J.(1969).*The concept of man in early China*.Stanford,CA:Stanford University Press.

Munro,D.J.(1977).*The concept of man in contemporary China*. Ann Arbor.ML:The University of Michigan Press.

Ongel,U.,& Smith,P.B.(1994),Who are we and where we going? JCCP approaches its 100th issues. *Journal of Cross-Cultural Psychology*,25(1),25-53.

Pan,S.(1980).On the investigation of the basic theoretical problems of psychology.*Chinese Sociology and Anthropology*,12,24-42.

Pan,S.,Chen,L.,Wang,J.H.,& Chen,D.R.(1980).Weilian Fengte yu Zhongguo xinlixue(Wilhelm Wundt and Chinese psychology),*Xinli Xuebao*,12,367-376.(in Chinese).

Pan,S.,Gao,J.F.(eds.)(1983).*Zhongguo gudai xinlixue sixiangyanjiu* (The study of psychology in ancient China).Nanchang:Jiangxi Renmin Chubanshe(in Chinese).

Petzold,M.(1987).The social history of Chinese psychology.In M.G.Ash & W.R.Woodward(eds),*Psychology in twentieth-century thought and society* (pp.213-231).Cambridge,England:Cambridge University Press.

Pickering,A.(1992).*Science as practice and culture*.Chicago,IL:Chicago University Press.

Reardon-Anderson,J.(1991).*The study of change:chemistry in China* 1849-1949.Cambridge,England:Cambridge University Press.

Sexton,V.S.and Rogan,J.D.(1991).*International psychology:Views.from around the world*.Lincoln,NB:University of Nebraska Press.

Shanghai Mental Health Center, (2008). At: http://211.144.96.8:8080/submain.asp? maincolumnid=61 &subcolumnid=101.

Spence,J.(1999).*The search for modem China*.New York:Norton.

Staeuble,I.(2004).De-centering Western perspectives:Psychology and the disciplinary order in the First and Third World.In A.Brock,J.Louw,& W.van Room(eds),*Rediscovering the history of psychology:Essays inspired by the work of Kurt Danziger*.New York:Kluwer.

Staeuble,I(2006).Psychology in the Eurocentric order of the social sciences:Colonial constitution,cultural imperialist expansion and postcolonial critique.In A.Brock(ed.),*Internationalizing the history of psychology*(pp.183-287).New York:New York University Press.

Wang,J.S.(1989).*Zhonguo Qigong xinlixue* (Psychology of Chinese Qi gong).Beijing:Shehui Kexue Chubanshe.(in Chinese).

Xie,H.(1988).*Scientific basis of Qi gong*.Beijing:Beijing Institute of Technology Press.

Yang,K.S.& Wen,C.I.(eds)(1982).The Sinicization of social and behavioural science research in China.*Institute of Ethnology Academia Sinica Monograph Series*,B,10.

Yang,K.S.(ed.)(1993).*Bentu xinlixue yanjiu.*(indigenous psychological research in Chinese societies)

VoLl.Taipei:Gueiguan(in Chinese).

Yang,K.S.(1995).Chinese social orientation:An integrative analysis.In W.S.Tseng,T.Y.Lin,&Y.K.Yeh (eds),*Chinese societies and mental health* (pp.l9-39).Hong Ko.ng:Oxford University Press.

Yang,K.S.(1999).Towards an indigenous Chinese psychology:A selected review of methodological,theoretical,and empirical accomplishments.*Chinese Journal of Psychology*,41,181-211.

Yang,K.S.(2006).Indigenized conceptual and empirical analyses of selected Chinese characteristics.*International Journal of Psychology*,*41*,298-303.

Zhao,L.R.(1983).Youguan xinlinxue yi shudi yanjiu.(Pneumatology:A Chinese translation of Joseph Haven's'Mental Philosophy')*Xuebao*,*15*,380-388.(in Chinese).

Zhao,L.R.,Lin,F.,& Zhang,S.Y.(1989).*Xinli xueshi.*(History of psychology)Beijing,China:Tungyi Chubanshe(in Chinese).

Zhang,J.Y.(1992).*Psychoanalysis in China:Literary transformations* 1919-l949.Ithaca,NY:East Asia Program,Cornell University.

Zhang,K.(2007).Psychology in China and the Chinese Psychological Society.*Japanese Psychological Research*,49,172-177.

Zhao Liru(1992).Xhonggua Xiandai xinlixue de qi yuan he fa zhan(The origin and development of modern psychology in China)Xinlixue Dongtai(Current state of psychology).*Quarterly Journal of the Institute of Psychology*.Academia Sinica(in Chinese).

Ziman,J.M.(2000).*Real Science:What it is,and what it means.*Cambridge,England:Cambridge University Press.

第 2 章　华人心理学中的"中国的"指什么?"中国人"是谁?

Ying-yi Hong(康萤仪)　Yung Jui Yang　Chi-yue Chiu(赵志裕)

　　本章的阐述有两个目的:(1)引起华人心理学研究者对他们所关心的中国性假设进行批判性的审视。(2)建议华人心理学研究议题吸纳对中国人身份心理学的思考。为此,我们将回顾一下华人心理学这个术语的一些可能意义,讨论身份政治在这些意义指向中的地位是怎样的,它是如何影响有关华人心理学知识有效评估标准的选择的。通过研究述评,我们诚邀华人心理学研究者扩展他们目前的研究议题,在不断全球化的世界中,摆正华人心理学的应有位置,把这个迅速增长的研究领域作为心理科学不可缺少的一部分。

华人心理学的多重含义

　　我们从华人心理学的语义查询来开始本文的分析。"Chinese"既是一个名词,也是一个形容词。按照韦氏英英词典(Merriam-Webster Dictionary)的说法,作为一个名词,"Chinese"指(1)中国本地人或中国居民,(2)有中国(种族或文化的)血统的一个人,(3)中国人说的语言。作为一个形容词,它被用来描述关于、属于、之间、经由、依随、之内、来自、对于中国、中国人、中国文化和中国语言的任何东西。也就是说,华人心理学在心理学上可以是(1)有关中国人、中国文化和中国,(2)属于中国人、中国的,(3)源至中国和中国传统的,(4)由中国人实践、创造和使用的,(5)在中国内和中国人之间实践的,(6)使用中国化的刺激、研究材料、研究被试来建构的,(7)从中国输出的,(8)为了中国或中国人的利益或需求而创造的。有意思的是,这些措辞的用法可以在《中国心理学手册》中找到(Bond,1996)。

　　除此之外,"Chinese"根据它是怎样被翻译成汉语的,还有不同的其他意思,比如"中国人"和"华人"。这两种措辞的差别在于对国籍和文化身份的相对强调。心理学刊物在这两种措辞之间的选择,隐藏了一个令人不适的政治争论,即对于"中国人"身份拥有权的争议。Wei-ming Tu(1994)敏锐地指出了这两个措辞间的细微差别:华人不是以地理为中心的,因为它代表了一个共同的祖先和一个共享的文化背景,而中国人必然会唤起有政治立场的责任感和忠诚感,它是以国家为中心构造的人(p.25)。海外中国人也凭借他们的中国血统和文化背景,声称拥有华人的身份,但是没必要拥有中国人身份。与此观点一致,一个最近的研究(Yang, Wu, & Hong, 2008)显示,台湾大学生按照一个人的中国文化传统和种族血统,把华人身份作为一个文化的认同来定义,不同于中国台湾和中国大陆的地理/政治身份,而且,对于台湾大学生来说,台湾的中国人和大陆的中国人都是中国人。

为了"中国性"(Chineseness)定义能够超越华人和中国人,Tu(1994)提出了"文化中国"(Cultural China)这一替代概念,文化中国涉及三个代表性社会领域的互动:(1)中国大陆、中国台湾、中国香港和新加坡;(2)遍及世界的海外华人社区(散居在外的中国人);(3)由学者、学生、官方、新闻记者、贸易商提供的有关中国事务的国际社团(p.vii)。

如果文化中国被用来定义中国性,华人心理学将是一个有包容性的学科,人们可以通过它组织起相关的科学活动,理解文化中国视野下的心理学基础及其影响。我们赞同使用这个定义,而且可以预测的是,一个成功的华人心理学学科将可以容纳超越国界(局部性)的观点,不允许任何地区性的知识界限阻碍其研究思想获得创造性的扩展,我们还可以通过吸引国际学术群体来发展中国人的社会交往理论,努力勾画中国人的特征以获得全球性的认同(Chiu, 2007)。但是,接受这个有包容性的华人心理学定义很可能会面临许多障碍,其中一些如果没有理解中国人身份的政治复杂性,就不可能被克服。

身份政治和中国性定义

Tu 曾经提到的中国迷思(中央王国)造成的张力可以说明围绕中国人身份政治的权力斗争。中国迷思是指汉唐以来的一种错误连续感,就好像这些伟大的朝代仍然在为当代中国的文化和政治提供行得通的标准(Tu, 1994, p.4)。这个谜思已经创造了一种根基,让中国人感到作为黄帝子孙或龙的传人的自豪性,但是它也造成了心理上很难让中国政治或文化领域的领导者放弃她作为中央王国的优越感,容纳别的看起来缺少中心性的组织。不过在现实中,这些表面上看起来缺少中心性的组织,包括海外华人社团和有关中国的国际学术团体,已经在坚持不懈地为论述中国性发挥重要的影响。受此作用,中国或中国文化从来不是一个静态的结构,而是一幅动态的不断变化的风景画(Tu, 1994, p.4)。

关于离散中国人的论述在定义其中国人身份时透露出双重的忠诚性,这主要是出于其他方面的政治关切。离散中国人是指那些在地理上散居在外,又被感情、文化和历史凝聚在一起的海外华侨(McKeown,1999)。双重忠诚的出现是因为海外华侨一方面希望在他们定居的国家获得安全与机会,另一方面又能和其他国家的中国文化和中国人保持连心。由此,他们也经常面临双重效忠的危机,经常在居住国和祖国之间摇摆,从而出现竞争性的忠诚念想,或者偶尔还会对自己受到的同化现象展示出爱国性的抵抗(Cohen,1996)。

从中国国家立场来看,中国人身份的定义牵涉到国家的利益。作为强大的经济纽带,海外华侨是一股重要的经济力量。在中国积极参与全球经济的 20 世纪 80 年代之前,国家并不关心海外华侨是否变得与他们定居的国家人民一样(Ong,1999),不过,在 20 世纪 80 年代,当中国开始经济转型时,国家对中国离散群体的忠诚性从漠不关心转向了心态矛盾。一方面,中国十分看重海外华侨在国内的经济投资和他们丰富的跨国经历,珍惜他们对祖国母亲的情感依恋,把海外华侨看做嫁出去的怀乡女儿(Ong,1999)。另一方面,国内也普遍担心海外华侨带来资本主义的各色机会主义,害怕他们受到腐朽社会制度和生活方式的影响。

这些担心刺激了人们对新中国人身份的研究热情,同时也是为了应对和占据全球化力量。针对这个背景,学者们引入了儒家思想,就像 Aihwa Ong(1999,pp.40-41)所说的:

> 由于越来越多的中国人开始……崇尚新近出现的性解放、个人主义、流行时尚和消费性娱乐,学术精英们正在考虑把儒家思想作为一个道德力量,使之无可替代地承担起建设新文化的任务。这种儒家话语权的复兴和发展也使大陆和海外华人之间的文化及种族联系得到改观。海外华人被看做散居在外的中国人,他们和大陆的中国人一样,拥有共同的文化特质,可以进行永久的团结……当中国和海外华人社区之间的界限变得模糊不清的时候,儒家思想就能够焕发出新的生命力,以它富有成效的分歧包容性,聚集各个地域的海外华人资本,构建中国性的交织网络。

在这些有关中国人身份的新论证里,儒家思想从"文化大革命"中被描绘成的封建主义学说转变成了当代中国的现代化驱动力。这样的转变可以参见一些脑力工作(Chinese Culture Connection,1987;Redding,1993),也可部分地体现于中国台湾、中国香港、中国大陆的本土化中国心理学运动中(C.F.Yang,1993;K S.Yang,1993),例如,作为该运动的一个证据,家长式统治成为定义中国资本主义和领导者的一个特征(Farh & Cheng,2000;也见 Chen & Farh,本卷)。

华人心理学的含义

中国人的身份政治问题很明显影响了华人心理学的发展,它激起了人们对正统的中国人灵魂概念进行研究的热情,也借此反对来自西方心理学的被曲解化的概念模型或想象成分。中国人身份政治已成为判定华人心理学有效性的准则：任何相关的知识生成过程应该得出有效的华人心理学特征。根据什么才是构成华人心理学有效知识的想法，和华人心理学有关的主要知识传统（例如本土中国心理学、文化心理学、跨文化心理学）已经得到有力的探讨。这是一个合理化或科学化的问题，因为每一个传统都有它自己强有力的观点来证明该领域合适的（或合理的）主旨是什么，选取或排除中国被试的合适（或合理）标准是什么，谁有（正当的）权力代表华人心理学中的中国人（关于这个话题参见出版的中国社会心理学杂志相应章节，2000，Volume1，pp.125－158）。当然，所有想解决这些问题的努力将不可避免地把我们带回到两个相似的问题：华人心理学的"中国的"是什么？华人心理学中的"中国人"是谁？

我们认为，回答中国性的构成是什么，并不是一个定义上的问题，它可以通过单独的分析论证得到令人满意的解决。我们在华人心理学方面的研究方法偏好如何成为中国人身份政治研究的病垢（或牺牲品）？对这个问题的批判性反思可以帮助我们澄清当前华人心理学领域约定俗成的研究规范。因此，我们邀请华人心理学研究者回答两个难题：在"你的"华人心理学中，"中国人"是谁？你的华人心理学涉及的"中国的"是什么？他们对这些问题的回答将指导他们在探索华人心理学的过程中，进行相关研究问题的选择和设计，更重要的是，对这两个问题的回答也将使研究者能够更加敏锐地意识到身份政治所传递的华人心理学信息，最终解决一个利害攸关的问题：什么是华人心理学？

当从事这些反思性研究时，揭穿中国迷思的真相对我们来说非常有用，同时还需要提醒的是，中国人身份像其他文化身份一样，不是一些已经存在的超越时空、历史和文化的东西……她远未达到对以往研究进行提炼之后的永固不变状态，而是从属于连续变化的历史、文化和政治权力剧本（Hall，2003，p.236）。

小 结

概括起来，伴随着学术环境的全球化，大中华地区的科研机构越来越感觉到与全球学术群体进行联系并融入其中的诱惑与压力。在华人心理学全球化过程中，出现了新的中国人身份（例如文化的中国人、双重文化的中国人、四海为家的中国人、泛中国人）和华人心理学的变体（中国心理学、双重文化心理学、世界主义者心理学、泛中国人心理学），这也增强了华人心理学研究对中国性的意义进行协调的必要性。

华人心理学已经反映出科学心理学的倾向，例如，心理学的生物革命论提出在大脑中定位特色中国人模式的可能性（参见 Han & Northoff，2008；也见 Ali & Penney，本卷）。这些发展使华人心理学的特性进一步复杂化。当华人心理学的研究者通过对话汇聚出新的见解，并使学科探险活动迈向新的高度时，中国人身份问题继续在考问我们:是什么让这些探险活动具有了中国特性? 这些探险中的中国人是谁?

就如以上提到的,当许多华人心理学研究者专注于为华人心理学构思一个身份时,全球大量被赋予或感觉有权享有中国人身份的人正在设法应对同样的身份政治问题。这些中国人身份的共享者或利益相关者商议着中国人身份的含义,争辩着作为中国人应该包含或被排除的标准。如果华人心理学也是一门为了中国人的心理学,这个学科还没有充分考虑其成员的身份要求,也许是登山者本人才能在最后关头看到山的全貌:《中国心理学手册》(Bond,1996)甚至还没有一章关于中国人身份的阐述!

尽管科学不能决定中国性是什么,但是它可以被用来分析文化中国里的人们是怎样结合特定的历史、文化和政治背景,建构和协调自己的文化身份的(见,例如 Bond,1993;Bond & Mak,1996;Weinrich,Luk,& Bond,1996),那样的分析能够揭示中国人身份政治的社会心理性,由此也为批判性反思提供有用的材料(也见 Liu Li,& Yue 本卷)。由于本节篇幅有限,不允许我们全面回顾相关的文献,在下一节里,我们将把视野放在一个持续变化的、跨越国界的和全球化的背景中,聚焦几个实证研究现象,这些现象和上面讨论的中国人身份政治密切相关,它们包括双重身份管理、多元文化的心理学益处和应对全球化的心理反应。

多元文化华人社区里的身份政治社会心理学

双重身份管理

今天,许多中国人生活在多元文化社会里,这些个体面临的一个主要身份问题是双重身份管理,例如,在香港的中国人当中,有人也许会基于中国国家的身份鉴定,把中国人身份理解成一个政治的身份。对于这些个体来说,中国人的身份证明和他们效忠的居住城市相冲突,因为这个城市具有现代特殊性的后殖民文化。在这些个体当中,有些可能只选择宣誓效忠香港人身份。香港人身份超越中国人身份的选择已经被发现和香港人寻求港人身份特殊优先的倾向有关,它主要表现在对内地中国人表现出态度上的、语言上的和行为上的偏见(Lam,Chin,Lau,Chan,& Yim,2006;Tong,Hong,Lee,& Chiu,1999)。其他的香港中国人也许只选择宣誓效忠中国人身份,作出这种选择的人倾向于怀有中国居先的态度,乐意香港主权回归中国内地(DeGolyer,1994;Ho,Chau,Chiu,& Peng,2003)。但也有一些个体同时认可香港人身份和中国人身份,在不同场合之间转换使用两种身份,当面对一个西方人时就表现得更为中国化,当面对一名内地中国人时就表现得不太像内地中国人,例如,在一个研究中(Yang & Bond,1980),要求香港的中国被试完成一个态度调查问卷,其中一些被试面对的研究者是一名西方人,这批被试需要用英文来完成测查,另外一些被试面对的研究者是一名中国人,这批被试需要用中文来完成测查。在西方研究者条件下的被试对中国人的赞同态度强于中国研究者条件下的被试,这说明被试在西方人面前极力想证实他们的中国人身份,相反,在中国研究者条件下的被试对西方人的赞同态度强于西方研究者条件下的被试,这说明被试想试图把他们自己和大陆中国人区别开来(也见 Bond & Cheung,1984)。

有趣的是,相当一部分香港中国人设法把中国人解析为一个文化的类别,包括所有共享中国历史遗留传统的中国人,以及肩负中国未来幸福的中国人(Lam 等,2006;Lam,Lau,Chiu,Hong & Peng,1999)。这部分个体乐于接受香港中国人的身份,愿意同时对中国文化传统和他们居住的地区担负起双重的效忠(参见 Brewer,1999)。

类似的身份协调现象在北美的华裔美国人身上也有体现。一些华裔美国人感觉他们不能同时作为中国人和美国人——这两个身份令人感觉不能同时并存,这些个体倾向于认为其种族和国家身份之间存在的冲突性比较大(Benet-Martinez & Haritatos,2005;Benetez-Martinez,Leu,Lee,& Morris,2002;Kramer,Lau-Gesk,& Chiu,in press)。另外,当眼前环境里的线索提示这些个体关于他们的中国人身份时,他们会觉得自己并不完全是中国人,喜欢在场景中抑制原本该出现的中国人反应行为,例如,一旦看到一些中国文化的标志图时,他们不是倾向于从行为线索中作出情境化的推断——在中国人当中发现的一种特有的归因方式,同样,当环境线索启动起他们的美国人身份时,他们会感觉自己不完全是美国人,喜欢抑制原本该出现的美国人反应行为。当看到一些美国文化的标志图时,这些华裔美国人不是倾向于从行为线索中做出特质性的推断——欧美人特有的推理习惯(Benet-Martinez 等,2002;也见 No et al.,2008)。

在双重身份管理中,预测个体差异的主要因素是人们对个人品质和种族类别的预设。有人相信每个人都是一个特定类型的人,没有什么能改变一个人的核心特征。这些被称为实体论者(Dweck,Chiu,& Hong,1995)的个体喜欢把本质性的品质归属于某一社会类别的组成成员(Hong 等,2003),这样,对于实体论者来说,一个人的社会类别构成包含了特定的本质性定义和群体成员关系,反映了这个人深层的不可改变的特性。

相反,一些个体倾向于相信人的品质是可塑的。这些被称为渐变论者(Dweck 等,1995)的个体认为,群体是基于共享的历史经验和未来的想象而形成的,这样的话,人们能依靠努力获得一个特定文化群体的成员资格;他们能通过接受这个群体的共享目标,习得它最具决定性的经验,并成为该群体成员。根据这种观点,那些已经获得多个群体资格的个体能够舒舒适适地宣称自己在这些群体里的成员关系,所以,渐变个性论者不会感觉到一个人的群体身份是这个人深层的不可改变的个性品质的标识(Hong 等,2003)。

毫不奇怪,由于实体论者相信一个群体身份反映了不可改变的核心自我特征,他们比渐变论者更可能强烈地感觉到隶属于自己的身份选择,这在香港政治转型期间的身份政治就可见一斑。当香港不久将成为中华人民共和国的一个行政区时,也出现了身份政治问题：香港人的身份是应该并入到中国人身份中，还是应该保留和中国人明确有别的身份？在这一期间，认可实体论的个体发出声音，愿意使用自己的港人身份签证来构建个人身份的其他信息，并以此和内地的中国人进行交往，例如，选择香港人身份的实体论者特别有可能显示出和内地中国人的隔离性（与整合性相对）（Hong 等，2003）。

相反，那些认可渐变论的个体在这个政治转型期表现出不同的反应，他们不认为群体成员资格反映了深层的不可改变的特质。相反，他们把文化的身份看做是不固定的、变化的和历史的，相应地，这些个体从心理上来讲不会受制于他们的身份选择，也不会在面向大陆中国人时表现出受身份驱动的群际取向（Hong 等，2003）。

在美国，当谈到种族之间的联系时，种族本质的外行理论占据了公共讨论的舞台中央。相对一个历史的、变化的类别说，种族的外行性建构把种族作为一个固定的、具有本质区别性的类别，并且影响着华裔美国人的双重身份管理。当人们把同一种族的个体看做拥有相同的由生物学决定的且不可改变的品性时，他们也倾向于把种族界限看做不可逾越的。从这些人的视角来看，一个种族具有决定意义的本性是不能够被习得或改变，个体也无法跨越种族障碍：如果一个人不具备一个种族的本质特征，这个人也不能成为该种族的一员（Hong，Chao，& No，2009）。就像鱼儿从来不会变成鸟，作为文化混血儿的华裔美国人从来不会成为一名真正的美国人。由于对自己拥有的双重文化身份感觉不适，华裔美国人发现在两种文化身份之间进行转换非常困难，这也使他们在讨论自己的双重文化经历时颇为紧张，比如当这些华裔美国人进行双重经历讨论时，他们的皮肤电反应增强了（Chao，Chen，Roisman，& Hong，2007，Study2）。

华裔美国人在文化框架之间的僵硬转换也体现在他们对词汇判断任务的反应时上（Chao 等，2007，Study1），该任务要求被试辨别每一个呈现的字母串刺激是一个真词，还是一个假词。在这个任务里，如果字母串是一个单词，它会涉及一个核心的美国人价值观、一个核心的中国人价值观或者一个文化中立的词汇。另外，在出现字母串之前，被试先短暂接触到一张中国文化的标志性图片、一张美国文化的标志性图片或者一张文化中立的图片。结果显示，那些认可种族实体论的华裔美国人在看到中国文化标志图时，他们对美国人核心价值观词汇的反应时变慢了，当看到一张美国文化标志图时，他们对中国人核心价值观词汇的反应变慢了，由此表明，这些华裔美国人在美国人文化框架和中国人文化框架之间的转换出现了困难，而不相信种族实体论的华裔美国人则没有表现出此种反应模式。

除了两种文化之间的转换困难，坚信实体论的亚裔美国人也缺乏和美国人文化相一致的表现（No 等，2008），这也许是因为他们缺少跨越文化障碍的动机。此外，亚裔美国人关于种族实体论的信仰预测了他们加工种族或种族相关信息的方式：在一个编造的群体成员刺激材料中，要求被试检测皮肤颜色（一个种族的线索）和成员身份之间的共变关系，那些坚信种族实体论的亚裔美国人检测时间更快，他们更乐意使用种族概念来对人们进行归类(见 Hong 等,2009)。

总之,华人能够把中国人身份看成一个固定的、静态的和非历史的实体,作为一种选择,他们也能够把它看成一个不固定的、变化的和历史的概念。上面的研究述评显示,拥有这两种中国性观点的华人在管理他们的双重身份时,采用了不同的方式:相对于持有静态观的人,持有中国人身份不固定观的华人在宣称自己的中国人身份和居住地身份时,会感觉更加如意,能够舒舒畅畅地在两种文化框架之间进行转换,就像下一节将要讨论的,很惬意地拥有双重文化身份能给心理学带来重要益处。

文化多元的心理学益处

在文化多元的华人社区,当涉及身份政治问题时,人们也害怕接触外来文化将不可避免地导致对中国文化的侵蚀和玷污,以至于破坏中国人的身份。这种担忧成为很多人抵制跨文化学习的基础。在 20 世纪末,中国受到西方列强的军事和经济威慑,为了反击国内的西方霸权,中国明白了国家现代化的迫切需要。然而,这种对中国文化被西方侵蚀的关心一方面驱动了中国改革家接受现代化,另一方面也容许了西方文化在中国的传播。针对西方的精神污染影响,前邓小平时期的中华人民共和国关闭了它对外放开的大门,甚至是最近还有排斥,比如中国中央电视台的某节目主持人在他的一篇博客文章中谈到,星巴克咖啡在北京故宫的存在贬低了中国文化。这篇文章在中国激起了强烈的民族主义情绪,导致了星巴克咖啡最终从博物馆撤出。这种对文化污染和侵蚀的担忧也在后殖民主义的香港体现出来:香港的中国大学生信奉支持现代化的价值观(比如创造性、意志力),他们对接受西方道德价值观并不热心(比如个性化、民主政治)(Fu & Chiu,2007;也见 Bond & King,1985)。

尽管这些表面上无处不在的担忧使全球化笼罩上了阴影,但是学者们认为,全球化实际上不是在毁灭文化,而是让文化得到繁衍(见 Chiu & Hong,2006)。首先,接触两种文化的个体逐渐习得两种文化的内在知识后,他们能够有区别地应用两种文化的知识,以应对情境中变化的文化需求(Chiu & Hong, 2005;也见 Berger & Huntington, 2002),例如,香港中国人或华裔美国人凭借在中国和西方或美国文化中的生活经历,获得了两种文化的内在知识,当他们面对有中国文化知识的环境提醒时,其行为反应像个中国人,当他们面对有美国或西方文化知识的环境提醒时,其行为反应像个美国人或西方人。

一个重要的证据证明,对西方文化的接触增加了双重文化身份中国人的行为灵活性(Hong,Chiu,& Kung,1997;Hong,Morris,Chiu,Benet-Martinez,2000;Hong,Benet-Martinez,Chiu,& Morris,2003)),例如在一个实验中,通过启动方法让香港的中国人接触中国标志图(比如中国龙、长城),或者接触美国标志图(比如自由女神像、国会山),在接受中国标志图启动之后,被试更倾向于用一个典型的中国人方式来解释一个歧义事件

（接受美国标志图启动后则相反），他们更多人对事件作出了群体性的归因（中国人典型的归因方式），几乎没有人作出个体性的归因（美国人典型的归因模式）。类似的文化启动效应在华裔美国人身上也有所发现，甚至是跨越心理学不同领域的因变量测量都有此反映，比如自发的自我建构（Ross，Xun，& Wilson，2002），合作行为（Wong & Hong，2005），对值得关注的他人的记忆（Sui，Zhu，& Chiu，2007）。另外，这种文化启动效应也在一些研究中得到重复体现，包括对不同双文化华裔样本的研究（比如华裔加拿大人、华裔美国人、新加坡人），使用各种文化启动材料的研究（比如语言、实验者的文化身份；Ross 等，2002）。

　　这些针对文化线索的自发行为转换属于有意识识别的反应，不是对情境线索的不自主反应；只有当文化性知识适合当下的环境时，双重文化个体才会利用环境提示的文化知识来引导他们的反应，例如，只有当香港的中国被试被要求解释一个关于个体和群体之间异常紧张的事件，或者情境要求被试给予一个规范的而不是特质的反应时（Fu 等，2007），对中国文化进行的提示才会增加香港中国人做出更多群体性（相对个体性）的推断（Hong 等，2003）。类似的，只有在和朋友进行交往时（当中期望合作），线索化的中国文化才会增加香港中国人的合作行为，但是在和陌生人进行交往时（当中不期望合作），不会增加同陌生人的合作行为（Wong & Hong，2005）。

　　总之，对西方文化的接触并没有破坏中国的文化或者一个人的文化资源，反而增加了行为反应的灵活性。此外，这些发现还证明了文化加工的动态性质，文化既没有僵硬地决定人的行为，也没有让个体成为一个文化环境的被动接受者，个体能够灵活地根据文化情境类型转换他们的反应，使文化成为一个认知资源来优化自己的经历。

　　除了增加行为的灵活性，同西方文化的接触还能增强中国个体的创造性，尤其是当西方的知识传统被当做智慧资源时（Maddux，Leung，Chiu，& Galinsky，2009）。此外，在发现各种研究问题和评估各种问题的解决方案时，中西方文化也往往使用显著不同的识别方式和问题定义来进行描述，这样，对中西方两种文化的熟悉能够为看起来毫不相干的概念或来自不同文化的实践提供创新组合的机会（参考本卷书的个性章节），那样的概念组合加工曾经提高了创造性成绩和复杂性的整合水平（Wan & Chiu，2002；Leung & Chiu，出版中）。

　　因此，担忧同西方文化的接触会破坏中国文化似乎更多地被证明为不正确的。与西方文化进行接触很少导致中国文化受到侵蚀，相反，它为中国人民提供了增加反应灵活性和创造性表现的机会。不同于对中国文化的污染，和西方文化的接触也创造了中国文化的变种（文化融合），但是这并没有取代中国文化的原有形式。

全球化社会心理学和对外来文化的反应

　　如果全球化和对世界各种文化的接触没有毁坏中国文化，我们该如何解释中国人对文化污染和侵蚀的焦虑？全球化学者承认，全球化已经导致时间和空间的压缩；它汇聚了不同地理位置和历史时期的文化，其结果是，人们在同一全球化空间范围发现了东方和西方、传统和现代的象征标志。

东方和西方、传统和现代象征标志之间的视觉对比经常吸引到感知者的注意，引导他们去比较这些象征标志所代表的文化差别，其中一个支持性证据显示，当偶然接触到两种不相似文化的象征标志时，人们倾向于把自己的注意力引向两种文化之间的差异点（Chiu，Mallorie，Keh，& Law，2009）。当同时接触两种文化时，情境线索的出现将促发一个人保护传统文化完整性的动机，并唤起民族主义情绪（Chiu & Cheng，2007）。该情境线索的作用之一提醒了文化间或国际间存在的竞争性：当人们想起文化间或国际间的竞争时，可能会把外国和他们的文化看做是对自己文化完整性的威胁。另外一个该情境线索的作用是灭亡提醒：当被提醒到自己的灭亡时，人们会体验到极端的焦虑感，然后就会通过坚持和防卫自己的文化世界观来进行应对，因为这样做能给自己一种象征性的永生感觉——作为不朽文化的一部分。对文化污染和侵蚀的担忧构成诱发民族主义情绪的基础，助燃了针对外来文化的排外反应（Chao & Hong，2007；Chiu & Cheng，2007）。

概括起来，针对外来文化的民族主义和排外反应不是建立在现实性的恐惧根基上，它们来自对比性文化标志（全球化空间里的一种知觉特征，可以把感知者的注意力引向文化差异点）间的互动或共存，靠一个情境诱发的动机来保护自己文化传统的完整性。如此一来，这些针对外来文化的激情式反应经常是以想象为基础的，而不是以文化传播的现实威胁为基础。对文化威胁的感知，即使是它们源于感知者的想象，也能造成文化之间的紧张，伤害个体学习其他文化，最终阻碍他们对一个日益多元的文化世界灵活地做出适应性反应。

总　结

在本章的第一部分，我们回顾了华人心理学里的身份政治问题。在第二部分，我们评述了多元文化华人社区的身份政治社会心理学。尽管外行的中国人对于身份政治背后的心理加工和华人心理学描述的有所不同，但他们和华人心理学者一样，都面临身份问题。在全球化进程中，两个群体的人都需要面对竞争，同样，华人心理学学者和主流心理学学者也能够从对方学到鉴定人类行为和他们文化变种的一般性原则（见Smith，本卷）。全球化为跨越障碍、增强创造力、繁衍新文化提供了机会，华人心理学的全球化也为创新性概念扩展和新知识生成提供了机会。

不管怎样，身份政治问题随着全球化进程继续在加剧。在一个多元文化的华人社会里，空间和时间的压缩增强了文化之间的反差性感知；由情境唤醒的维护传统文化完整性的动机助燃了排外反应。在华人心理学中,为了发出真正的中国人声音,追求真正的华人心理学,抵制西方心理学的知识霸权,华人心理学有选择地接受了西方研究传统中适合自己的思想(见 Blowers,本卷),那样的选择经常会拒绝一个有包容性的中国性定义。

本章的目标不是评价华人心理学中定义中国性的不同策略是否有效,实际上,考虑到中国和西方心理学的不平等权力和地位,对西方理论和思想的选择性接受也许是必要的,它可以保证至少有一些中国人的声音能够在全球性的会场中被听到。因此,本章的目标是邀请华人心理学学者反思这个学科里身份政治的政治基础,根据其疑问讨论政治力量对形成中国性定义的作用,探索身份选择对心智后果的影响。

作者注释

本章的研究工作部分受到南洋商业学校对本文排名第一作者的资金支助(项目号:RCC6/2008/NBS)。和本文有关的通信请联系:Ying-yi Hong,Nanyang Business School,SMO,Nanyang Avenue,Singapore 639798;email:yyhong@ ntu.edu.sg。

参考文献

Benet-Martinez,V.& Haritatos,J.(2005).Bicultural Identity Integration(B II):Components and psycho-social antecedents.*Journal of Personality*,73,1015-1050.

Benet-Martinez,V.,Leu,J.,Lee,F.,& Morris,M.W.(2002).Negotiating biculturalism:Cultural frame switching in biculturals with oppositional versus compatible cultural identities.*Journal of Cross-Cultural Psychology*,33,492-516.

Berger,P.L.& Huntington,S.P.(eds)(2002).*Many globalizations:Cultural diversity in the contemporary world*.Oxford and New York:Oxford University Press.

Bond,M.H.(1993).*Between the'yin' and the'yang':The identity of the Hong Kong Chinese*.Professorial inaugural lecture,Chinese University of Hong Kong.

Bond,M.H.(1996).*Handbook of Chinese psychology*. Hong Kong:Oxford University Press.

Bond,M.H.& Cheung,M.K.(1984).Experimenter language choice and ethnic affirmation by Chinese trilinguals in Hong Kong.*International Journal of Intercultural Relations*,8, 347-356.

Bond,M.H.& King,A.Y.C.(1985).Coping with the threat of Westernization in Hong Kong.*International Journal of Intercultural Relations*,9,351-364.

Bond,M.H.& Mak,A.L.P.(1996).Deriving an inter-group topography from perceived values:Forging an identity in Hong Kong out of Chinese tradition and contemporary examples.*In Proceedings of the Conference on Mind*,*Machine and the Environment:Facing the challenges of the 21st century* (pp.255-266).Seoul,Korea:Korean Psychological Association.

Brewer,M.B.(1999).Multiple identities and identity transition:Implications for Hong Kong.*International*

Journal of Intercultural Relations, 23, 187-198.

Chao, M., Chen, J., Roisman, G., & Hong, Y. (2007). Essentializing race: Implications for bicultural individuals'cognition and physiological reactivity. *Psychological Science*, 18, 341-348.

Chao, M. & Hong, Y. (2007). Being a bicultural Chinese: A multilevel perspective to biculturalism. *Journal of Psychology in Chinese Societies*, 8, 141-157.

Cheng, C. Y., Sanchez-Burks, J., & Lee, F. (in press). Increasing innovation through identity integration. Psychological Science.

Chinese Culture Connection (1987). Chinese values and the search for culture-free dimensions of culture. *Journal of Cross-Cultural Psychology*, 18, 143-164.

Chiu, C. (2007). How can Asian social psychology succeed globally? *Asian Journal of Social Psychology*, 10, 41-44.

Chiu, C. & Cheng, S. Y. (2007). Toward a social psychology of culture and globalization: Some social cognitive consequences of activating two cultures simultaneously. *Social and Personality Psychology Compass*, l, 84-100.

Chiu, C. & Hong, Y. (2005). Cultural competence: Dynamic processes. In A. Elliot & C. S. Dweck (eds), *Handbook of motivation and competence* (pp.489-505). New York: Guilford.

Chiu, C-y. & Hong, Y. (2006). *Social psychology of culture*. New York: Psychology Press.

Chiu, C., Mallorie, L, Keh, H-T., & Law, W. (2009). Perceptions of culture in multicultural space: Joint presentation of images from two cultures increases ingroup attribution of culture-typical characteristics. *Journal of Cross-Cultural Psychology*, 40, 282-300.

Cohen, R. (1996). Diasporas and the nation-state: From victims to challengers. *International Affairs*, 72, 506-520.

DeGolyer, M. E. (1994). Politics, politicians, and political parties. In D. H. McMillen & S. W. Man (eds), *The other Hong Kong report* 1994 (pp.75-101). Hong Kong: The Chinese University Press.

Dweck, C. S., Cl-tiu, C., & Hong, Y. (1995). Implicit theories and their role in judgments and reactions: A world from two perspectives. *Psychological Inquiry*, 6, 267-285.

Farh, J. L., & Cheng, B. S. (2000). A cultural analysis of paternalistic leadership in Chinese organizations. In J. T. Li, A. S. Tsui, & E. Weldon (eds), *Management and organizations in the Chinese context* (pp.84-127). London: MacMillan.

Fu, H. & Chiu, C. (2007). Local culture's responses to globalization: Exemplary persons and their attendant values. *Journal of Cross-Cultural Psychology*, 38, 636-653.

Fu, H., Morris, M. W., Lee, S-L Chao, M., Chiu, C., & Hong, Y. (2007). Epistemic motives and cultural conformity: Need for closure, culture, and context as determinants of conflict judgments. *Journal of Personality and Social Psychology*, 92, 191-207.

Hall. S. (2003). Cultural identity and diaspora. In J. Evans & A. Mannur (eds), *Theorizing diaspora* (pp. 233-246). Malden, England: Blackwell.

Han, S., & Northoff, G. (2008). Culture-sensitive neural substrates of human cognition: A transcultural neuroimaging approach. *Nature Review Neuroscience*, 9, 646-654.

Ho, D. Y. F., Chau, A. W. L., Chiu, C-y., & Peng, S. Q. (2003). Ideological orientation and political transition in Hong Kong:Confidence in the future.*Political Psychology*,24,403-413.

Hong,Y.,Abrams,D.,& Ng,S.H.(1999).Social identifications during political transition:The Hong Kong 1997 experience.*International Journal of Intercultural Relations*,23,177-185.

Hong,Y.,Benet-Martinez,V.,Chiu,C.,& Morris,M.W.(2003).Boundaries of cultural influence:Construct activation as a mechanism for cultural differences in social perception.*Journal of Cross-Cultural Psychology*,34,453-464.

Hong,Y.,Chan,G.,Chiu,C.,Wong,R.Y.M.,Hansen,L G.,Lee,S-L Tong,Y.,& Fu.H.(2003).How are social identities linked to self-conception and intergroup orientation? The moderating effect of implicit theories.*Journal of Personality and Social Psychology*,85,1147-1160.

Hong,Y.,Chao,M.,& No,S.(2009).Dynamic interracial/intercultural processes:The role of lay theories of race.*Journal of Personality*,77,1283-1309.

Hong,Y.,Chiu,C.,& Kung,M.(1997).Bringing culture out in front:Effects of cultural meaning system activation on social cognition.In K.Leung,U.Kim,S.Yamaguchi,& Y.Kashima(eds),*Progress in Asia*11 *social psychology*,Vol.1(pp.139-150)Singapore:Wiley.

Hong,Y.,Morris,M.,Chiu,C.,&Benet,V.(2000).Multicultural minds:A dynamic constructivisrapproad1 to culture and cognition.*American Psychologist*,55,709-720.

Kramer,T.,Lau-Gesk,L.,& Chiu,C.(in press).Biculturalism and mixed emotions:Managing cultural and emotional duality.*Journal of Consumer Psychology*.

Lam,S.F.,Chiu,C.,Lau,I.Y.,Chan,W.,& Yim,P.(2006).Managing intergroup attitudes among Hong Kong adolescents:The effects of social category inclusiveness and time pressure.*Asian Journal of Social Psychology*,9,1-11.

Lam,S.,Lau,L,Chiu.C.,Hong,Y.,& Peng,S.(1999).Differential emphases on modernity and traditional values in social categorization.*International Journal of Intercultural Relations*,23,237-256.

Leung,A.K.& Chiu,C.(in press).Multicultural experiences,idea receptiveness,and creativity.*Journal of Cross-Cultural Psychology*.

Leung,A.K,Maddux,W.W.,Galinsky,A.D.,& Chiu,C.(2008).Multicultural experience enhances creativity.The when and how? *American Psychologist*,63,169-181.

Maddux,W.M.,Leung,A.K.,Chiu,C.,& Galinsky,A.(2009).Just the beginning of a more complete understanding of link between multicultural experience and creativity.*American Psychologist*,64,156-158.

McKeown,A.(1999).Conceptualizing Chinese diasporas,1842 to 1949. *Journal of Asian Studies*,58,306-337.

No,S.,Hong,Y.,Liao,H.,Lee,K.,Wood,D.,& Chao,M.(2008).Lay theory of race affects and moderates Asian Americans'responses toward American culture.*Journal of Personality and Social Psychology*,95,991-1004.

Ong,A.(1999).*Flexible citizenship:The cultural logics of transnationality*.Durham,NC:Duke University Press.

Redding,G.(1993).*The spirit of Chinese capitalism*.Berlin,Germany:De Gruyter.

Ross,M.,Xun,W.Q.E.,& Wilson,A.E.(2002).Language and the bicultural self.*Personality and Social Psychology Bulletin*,28,1040-1050.

Sui,J.,Zhu,Y.,& Chiu,C.(2007).Bicultural mind,self-construal,and recognition memory:Cultural priming effects on self-and mother-reference effect.*Journal of Experimental Social Psychology*,43,818-824.

Tadmor,C.T.,Tetlock,P.E.,& Peng,K.(2009).Acculturation strategies and integrative complexity:The cognitive implications of biculturalism.*Journal of Cross-Cultural Psychology*,40,105-139.

Yong,Y.,Hong,Y.,Lee,S.,& Chiu,C.(1999).Language as a carrier of social identity.*International Journal of Intercultural Relations*,13,281-296.

Tu,W.(1994).Cultural China:The periphery as the center.In W.M.Tu(ed.).*The living tree:The changing meaning of being Chinese today*.(p.1-34).Stanford,CA:Stanford University Press.

Wan,W.,& Chiu,C.(2002).Effects of novel conceptual combination on creativity.Journal of Creative Behavior,36,227-241.

Weinrich,P.,Luk,C.L.,& Bond,M.H.(1996).Ethnic stereotyping in a multicultural context:Acculturation,self-esteem and identity diffusion in Hong Kong Chinese University students.*Psychology and Developing Societies*,8,107-169.

Wong,R.Y-M.& Hong,Y.(2005).Dynamic influences of culture on cooperation in the Prisoner's Dilemma.*Psychological Science*,16,429-434.

Yang,C.F.(1993).How to root indigenous Chinese psychology:A critical review of current development.*Journal of Indigenous Psychological Research in Chinese Societies*,1,122-183.(in Chinese)

Yang,K.S.(1993).Why indigenous psychology for the Chinese? *Journal of Indigenous Psychological Research in Chinese Societies*,1,6-88.(in Chinese)

Yang,K.S.& Bond,M.H.(1980).Ethnic affirmation by Chinese bilinguals.Journal of Cross-cultural Psychology,11,411-425.

Yang,Y.J.,Wu,C.M.,& Hong,Y.(2008).The identifications of Taiwanese people.(unpublished data:University of Illinois at Urbana-Champaign.

第 3 章　文化大脑：基因、大脑和文化的相互作用

Farhan Ali and Trevor B.Penney

大脑也许是最复杂的表型（phenotype），但尽管如此，它却是可塑的，教养因素能够跨越基因和神经解剖学的水平限制，使大脑得以进化和发展。本章为我们提供一个概览，回顾最近在分子生物和基因方面的研究进展是如何被应用到跨文化心理学研究中的。当中特别讨论了基因和文化在塑造大脑及其功能过程中的交互性，尤其是提及中国心理学，探讨怎样开始构建一个含纳基因信息的跨文化心理学。

中国人民：一个短暂的基因遗传史

对不同种群和族群怎样联系的理解为我们提供了一个假设检验的背景，验证心理和行为方面的文化差异思想，而且，在揭示群际关系的研究里，我们可以得到一个粗略的时间测量，为人类种群文化和心理变化的速度提供可能的信息。传统上，我们对族群起源和族群关系的推断主要依赖考古学（比如 Bellwood，1997）和语言学分析（比如Greenberg，1966），尽管这些方法已经绘制出一个关于世界各地人类种群的有趣的关系图，但它们也存在一些缺点，比如依赖于零碎性化石记录、存在大量的借用词汇、加工处理使实际的群际关系蒙上阴影。

此外，当心理学家在讨论跨文化差异时，文化群组的概念经常是非常宽泛的，例如，现在这本被编辑的卷册叫《牛津中国心理学手册》，但是考虑到中国这个为人熟知的政治实体有 56 个官方确认的族群，说着 200 多种语言（Cavalli-Sforza，1998），我们也许会疑惑，任何涉及中国人的跨文化心理学，其最终目标是否是描述中国人民的心理，或者说，现代中国所处的地区有数千年的大量基因混合，揭示中国人或中国人民的种群历史是非常困难的。

不管怎样，因为所有的基因都有一个历史，人类学家和基因学家已经能够揭示种群的历史（Cavallic Sforza，1998）。在过去的十年，我们可以看到先进的基因技术被积极用于阐明现代中国种群组成的起源和关系。像比较语言学和考古学一样，人类遗传学也使用聚类技术来研究种群内部和种群之间的变量，重建树状种群族谱。但是，因为这些使用的数据是 DNA 序列，数据的解释在某种程度上缺少对主观因素影响的敏感性。接

下来,我们首先概览一些关于中国人民的起源假设,这些假设已经受到基因研究的挑战或证实,特别是最近的一些大规模研究得出的反对或支持例证,然后我们还将在中国人民的心理学背景下讨论这些发现的意义。

在人类遗传学出现之前,中国人种起源说有两个盛行很广的看法。首先,人们相信中国境内的现代智人(Homo sapiens)是从单地直立人(Homo erectus)进化而来的,这个观点主要基于在中国发现的头盖骨化石特征(reviewed in Etler,1996)。但是,基因分析为中国人的起源提供了一个更细微的画面,自从 Cann 等人(1987)发表一篇经典文章为全世界现代人类假定了一个相当近期的起源(大约 20 万年以前)后,许多后续的研究对中国境内的现代智人起源于"单地说"的看法提出了挑战,并给出有力证据来指出东亚的现代智人来自近期东非的移民迁徙(Jin & Su,2000)。

第二个广为流传的观点是北方和南方的中国人种群有明显的区别。尽管人们还在争议,这两个种群是来自同一人种,还是起源于不同的人种(Z.B.Zhang,1988),事实上,自古以来,中国人就被南北两个地域所谓的不同历史和气候分化为南北两个种群(Eberhard,1965)。这个观点受到随后使用各种基因标记的研究支持,比如根据特殊的 Y 染色体序列和线粒体 DNA 序列显示,北方中国人和南方中国人的确属于两个有别的基因群组(Chu 等,1998),更近的使用全组基因数据进行的大规模分析也证实存在南—北两个遗传梯度的中国人种(Li 等,2008)。可是,按照 Chu 等人(1998)的研究,与以前的假设相反,北方中国人起源于包括东南亚的南方种群(综述,见 F.Zhang,Su,Zhang,& Jin,2007)。

来自人类遗传学的发现启示了文化心理学的研究。第一,这些发现非常一致地认为,一个群组内的基因突变占据了超过 80%的人类全部基因变异(Li 等,2008)。照此来说,任何两种文化之间粗略的心理水平差异都不太可能单独用基因差异来进行令人信服的解释。当然,这个结论并没有排除群组间更精细的基因影响可能性(参看下面)。第二,在不同中国人种的种群族谱或种系发展中,一些南方中国人和别的东南亚人种在遗传学方面表现得更为接近,而不是和北方中国人更为接近(有关综述参见 Zhang,Su,Zhang,& Jin,2007)。此外,考虑到汉族在基因组成方面的巨大差异,最近的研究反对把所有的汉族当成一个群组(Yao,Kong,Bandelt,Kivisild,&Zhang,2002)。这样的证据对定义中国主要群体身份的汉族一统概念提出了挑战。

这个结果表明,如果吸纳基因研究作为补充,文化心理学家也许不能仅考虑个人自我报告的文化群体身份。当群体分组是基于特殊的基因标记时,基因分析为跨文化心理学家检验群际效应是否不同开创了可能性。根据这两种被试分组方法得出的差异结果,可能会清楚地显示来自遗传和自我报告的文化背景对认知和行为的作用程度。

大脑、基因和文化

基因组方法

在讨论各种被假定为中国人的文化群组关系时，以上内容主要回顾的是人类遗传学的证据。不过，这些证据很多都是使用了中性变异的基因标记，这意味着它们仅仅是基因的差别，不是功能性的差异，也不和群组间的表型差异直接相关。然而，功能性基因标记的分类很可能会使那些尝试解释群组间行为和心理差异的心理学家感到更为有趣。因此，在本节中，我们专注于遗传基因更为功能性的一面，突出它们跨文化的相似性和差异性。

此外，迅速挺进的分子遗传学领域已经为我们开辟了新的研究可能，从而能够展示一个更细微的关于基因、大脑和文化之间相互作用的描述。在我们给出的研究概述中，一些最近的大规模遗传学调查显示，当把等位基因和它们控制的大脑及认知表型相联系时，那些表面上有区别的文化成员不一定有差异。为了理解大脑和认知方面假定的文化差异，我们将讨论这些虚无结果的隐含意义。

把遗传基因和跨文化差异连接起来的做法充满了困难，这也激起了很多争议。事实上，许多心理学家出于科学的和政治的原因，担心那些试图把智力方面假定的种族差异和遗传差异关联起来的努力（Herrnstein &Murray，1996；Rushton，1995），例如，Herrnstein、Murray（1996）及 Rushton（1995）未能发现任何实验性证据来证明不同族群在智力、认知或大脑本身相关的等位基因频率上有确切的差异。

一个不太为人所知的研究报告声称，在巴布亚新几内亚一个操同种语言的群体成员内，研究者发现了一个特殊等位基因和一种文化实践之间的联系。该族群头领拥有一个高优势性的保护性等位基因来预防新几内亚震颤病（一种可传染的神经退行性疾病）（Mead 等，2003）。研究者把这个发现和族群成员普遍性的食人习惯联系起来，为了抵御来自食人行为的神经退行性疾病感染，该族群成员常常要经历被选择为携带等位基因个体的压力。不过，这个最初发现已经由于它所采用的方法学和统计学错误而受到批判（Kreitman & Rienzo，2004），所以它的发现价值在目前来说是无法确定的。

另外，更为最近的基因组研究通过比较不同的文化群体，质疑了和大脑及认知相关的功能性基因变异的程度（Barreiro，Laval，Quach，Patin，&Quintana-Murci，2008；Jakobsson 等，2008；Sabeti 等，2007；Voight，Kudaravalli，Wen，&Pritchard，2006；Williamson 等，2007）。在这些基因组研究中，一个关键的问题是怎样在功能性基因中识别假定的种群差异，这些差异受自然选择的驱动，而不仅仅是一个基因中性变异的结果。

许多分析方法已经被倡导用来克服这个问题，然而，这些最近的研究给出的关键信息很清晰地表明:在当前的人类种群中,几乎没有差异是受自然选择的功能性基因导致,甚至这些差异很少与大脑和认知的表型直接相关,例如,不同的人类种群(如欧洲人对东亚人)在头发、天然颜色和疾病流行方面具有不同的形态差异,尽管一些关于这些差异的候选基因已经被识别出来,但是 Sabeti 等人(2007)发现,它们当中没有一个是和大脑及认知表型相关。

不过,有两个研究报告显示(Voight 等,2006;Williamson 等,2007),在跨人种的比较中,至少有 13 个与感觉发展和早老性痴呆疾病有关的基因呈现出种群间的差异性,例如,非洲裔美国人有一个和大脑发展有关的基因 SV2B 呈现阳性选择,这意味着该基因的进化速度比其他中性基因预期的速度要快(Williamson 等,2007),而羟色胺转运体基因 SLC6A4 则在东亚和欧洲人身上展现出选择信号(Voight 等,2006)。但是,对于更多有阳性选择的候选基因来说,研究者发现其功能和大脑要么无关,要么还不为人所知。

大规模的基因组扫描有很多好处,它们抽取的样本几乎包含了整个人类的基因组,获得了大量的数据,为人类种群和文化的基因差异设置了一个无偏见的基准线,从而能够潜在地解释大脑相关的表型差异。但是,尽管在 2 万多个已知基因和更多处于未编码区域的基因中有超过 300 万之多的核苷酸差异,可是它们当中却只有很少一部分涉及大脑及认知表型的基因多态性被认为是功能性的,而且,这些候选基因中又有一些可能还是假阳性的,因此它又进一步减少了与跨文化差异相关的功能性基因的潜在数量。对于每一个有希望的剩余候选基因,从事功能研究的实验检验需要去证实基因组扫描结果和表型的相关性,例如,我们还不清楚在非洲裔美国人和其他种群之间,什么样的表型差异和大脑发展基因 SV2B 的选择性有关。只有进一步搞懂有关表型和 SV2B 多态性的联系,才能确定这些基因是否对假定的大脑和行为中的跨文化差异负有责任。

候选基因法

全组基因方法吸取了分子技术的研究进展,允许对人类基因组里的多态性进行大规模的快速筛选,但是这些统计分析缺少对功能性基因的描述。近来流行的一个补充方法是结合某些特定基因与特殊的大脑及认知表型相关性,对这些特定的基因进行更仔细的检查。此类研究不但在非人灵长类动物已经进行,而且在不同的人类种群中也已开展。

有一个令人感兴趣的基因是 ASPM(异常纺锤形小脑畸形症),它的突变造成人的大脑尺寸变小。这个基因在智人历史的进化非常快,使得人的大脑尺寸在过去的 100 万年里增量惊人(Evans 等,2004;Kouprina 等,2004;J.Z.Zhang,2003)。和别的灵长类动物一样,人类的大脑皮层大小也经历了巨大变化(Ali & Meier,2008)。早期的研究认为,ASPM 中一个特殊的遗传性变异具有明显的地域分布特点,它似乎和人类种群的大脑尺寸相关(Mekel-Bobrov et al.,2005)。但是,后来人们在研究这个基因和正常人大脑尺寸变化及智力测量的相关性时,没有发现它们之间存在功能性关系(Dobson-Ston 等,2007;Rushton & Vernon,2006;Timpson,Heron,Smith,& Enard,2007;Woods 等,2006)。

由于使用的是非常不精确的整个脑型,而不是大家认为的 ASPM 所在的大脑皮层区(Bond 等,2002),这些等同于零的发现显得尤为难懂,它们意味着 ASPM 基因影响的也许是表型,而不是大脑本身。有一个假设认为,ASPM 涉及一种语言的表型,特别是音调的知觉(Dediu & Ladd,2007)。Dediu 和 Ladd(2007)发现,两个种群的 ASPM 等位基因和种群中的被试使用音调语言或不使用音调语言存在高度相关,例如,普通话是一种最常用的带音调的中国方言,在说普通话的本族语者种群中,ASPM-D 等位基因的频率较低,而在说非音调语言的本族语者种群中,ASPM-D 等位基因的频率非常高。

ASPM 实例对于刚开始针对基因的跨文化心理学研究非常有启发意义。首先,它解释了生物多样性的进化研究数据怎样能指明人类的研究,尤其是在跨种群研究方面的应用。第二,它显示除了物理学意义上的大脑自身外,基因和表型之间的相关也能在心理表型水平上有所体现,而且,Dediu 和 Ladd(2007)的研究之所以有趣,是因为它提供了一个可选择的方法论来揭示基因型和表型跨文化的相关性。

Dediu 和 Ladd(2007)认为,研究者应该结合多种文化间的对比性,把基因和特殊的心理或行为表型关联起来。采用这种方法,研究者可以更好地控制可能遇到的与不同文化群体有关的其他影响效应,使我们的研究能单独聚焦于一个特殊的基因是否和一个特殊的心理表型有关系。值得注意的是,Dediu 和 Ladd(2007)的研究提出一个可测量的关于基因影响语言特征的假设,这个假设认为,ASPM-D 等位基因在支持言语音调的产生或理解上显得效果一般,有些东西需要通过实验来进行彻底检验,例如,训练那些拥有不同 ASPM 等位基因的言语者掌握有音调或无音调的人工语言,再结合大脑成像测量,这样的研究能够揭示基因是如何影响语言表型的。

总 结

文化心理学家通常使用简单的测量如自我报告来对群体成员进行心理研究,这对于认识人类学上的遗传差异,反对群体成员如中国人属于单一类别的看法至关重要。利用分子生物和基因分析的研究进展,最近的研究支持了这样的观点,未来跨文化心理学的研究能够从基因工具及其见解中获益。但是,基因在进化历史中的不固定性大大增加了理解基因、大脑、文化和行为关系的困难性。这个额外的困难程度让许多研究在探讨大脑和认知表型群体差异的基因基础时,未能发现强有力的证据支持。我们相信,同时在文化间和文化内检验基因与认知表型的复杂交互作用,可以为文化心理学提供一条有希望的探索途径。

参考文献

Ali, F., & Meier, R. (2008). Positive selection in ASPM is correlated with cerebral cortex evolution across primates but not with whole-brain size. *Molecular Biology and Evolution*, 25, 2247–2250.

Barreiro, L. B., Laval, G., Quach, H., Patin, E., & Quintana-Murci, L. (2008). Natural selection has driven population differentiation in modern humans. *Nature* Genetics, 40, 340–345.

Bellwood, P. (1997). *Prehistory of the Indo-Malaysian Archipelago*. Honolulu, HI: University of Hawaii Press.

Bond, J., Roberts, E., Mochida, G.H., Hampshire, D.J., Scott, S., Askhham, J.M. et al (2002). ASPM is a major determinant of cerebral cortical size. *Nature Genetics*, 32, 316–320.

Cann, R.L., Stoneking, M., & Wilson, A. (1987). Mitochondrial DNA and human evolution. *Nature*, 325, 31–36.

Cavalli-Sforza, L.L. (1998). Chinese Human Genome Diversity Project. *Proceedings of the National Academy of Sciences of the United States of America*, 95, 11501–11503.

Chu, J.Y., Huang, W., Kuang, S.Q., Wang, J.M., Xu, J.J., Chu, Z.T. et al (1998). Genetic relationship of populations in China. *Proceeding of the National Academy of Sciences of the United States of America*, 95, 11763–11768.

Dediu, D., & Ladd, D.R. (2007). Linguistic tone is related to the population frequency of the adaptive haplogroups of two brain size genes, ASPM and Microcephalin. *Proceeding of the National Academy of Sciences of the United States of America*, 104, 10944–10949.

Dobson-Stone, C., Gatt, J.M., Kuan, S.A., Grieve, S.M., Gordon, E., Williams, L.M., et al. (2007). Investigation of MCPH1 G37995C and ASPM A44871G polymorphisms and brain size in a healthy cohort. *NeuroImage*, 37, 394–400.

Eberhard, W. (1965). Chinese regional stereotypes. *Asian Survey*, 5, 596–608.

Etler, D.A. (1996). The fossil evidence for human evolution in Asia. *Annal Review of Anthropology*, 25, 275–301.

Evans, P.D., Anderson, J.R., Vallender, E.J., Gilbert, S.L., Malcom, C.M., Dorus, S. et al (2004). Adaptive evolution of ASPM: A Major Determinant of cerebral cortical size in humans. *Human Molecular Generics*, 13, 489–494.

Greenberg, J.H. (1966). *The Language of Africa* (2d edn). Bloomington, IN: Indiana University Press.

Herrnstein, R.J., & Murray, C. (1996). *The bell curve: Intelligence and class structure in American life.* New York: The Free Press.

Jakobsson, M., Scholz, S.W., Scheet, P., Gibbs, J.R., VanLiere, J.M., Fung, H.C. et al (2008). Genotype, haplotype and copy-number variation in worldwide human populations, *Nature*, 451, 998–1003.

Genet, N.R. (2000). Natives or immigrants: Modern human origin in East Asia. *Nature Review Genetics*, 1, 126–133.

Kouprina, N., Pavlicek, A., Mochida, G..H,, Salomon, G., Gersch, W., Yoon, Y.H., Collura, R. et al (2004). Accelerated evolution of the ASPM gene controlling brain size begins prior to human brain expansion.

PloS Biology,2,653-663.

Kreitman,M.;& Di Rienzo,A.(2004).Balancing claims for balancing selection.*Trends in Genetics*,20, 300-304

Li,J.Z.,Absher, D. M., Tang, H., Southwick, A. M., Casto, A. M., Ramachandran, S. et al (2008). Worldwide human relationship inferred from genome-wide patterns of variation.*Science*,319,1100-1104.

Mead,S.,Stumpf,M.P.,Whitfield,J.,Beck,J.A.,Poulter,M.,Campbell,T.et al(2003).Balancing selection at the prion protein gene consistent with prehistoric kurulike epidemics.*Science*,300,640-643.

Mekel-Bobrov,N., Gilbert, S. L., Evans, P. D., Vallender, E. J., Anderson, J. R., Hudson, R. R. et al (2005).Ongoing adaptive evolution of ASPM, a brain size determinant in *Homo sapiens. Science*, 309, 1720-1722.

Rushton,J.P.(1995).*Race,Evolution,and behavior:A life history perspective*.New Brunswick, NJ:Transaction Publishers.

Rushton,J.P.,Vernon, P.A.,&Bons,T.A. (2006).No evidence that polymorphisms of brain regulator genes Microcephalin and ASPM are associated with general mental ability,head circumference,or altruism.*Biology Letters*,3,157-160.

Varilly,P.,Fry,B.,Lohmueller,J.,Hostetter,E.,Cotsapas,C.,et al(2007).Genome-wide detection and characterization of positive selection in human populations.*Nature*,449,913-918.

Timpson,N.,Herot,J.,Smith,G.D.,& Enard,W.(1007).Comment on papers by Evans et al and Mekel-Bobrov et al on evidence for positive selection or MCPHI and ASPM.*Science*,317,1036.

Voight,B.F.,Kudaravalli,S.,Wen,X.Q.,&Pritchard,J.K.(2006).A map or recent positive selection in the human genome.*PloS Biology*,4.446-458.

Williamson,S.H.,Hubisz,M.J.,Clark,A.G.,Payseur,B.A.,Bustamante,C.D.,&Nielsen,R.(2007).Localizing recent adaptive evolution in the human genome.*PLoS Generics*,3,901-915.

Woods,R.P.,Freimer, N.B., De Young, J.A., Fears, S.C., Sicotte, N.L., Service, S.K. et al (2006). Normal variants of Microcephalin and ASPM do not account for brain size variability.*Human Molecular Genetics*,15,2025-2029.

Yao,Y.G.,Kong,Q.P.,Bandelt, H.,Kivisild,T.,&Zhang,Y.P.(2002).Phylogeographic differentiation of mitochondrial DNA in Han Chinese.*American Journal of Human Genetics*,70,635-651.

Zhang,F.,Su,B.,Zhang,Y.P.,& Jin,L.(2007).Genetic studies of human diversity in East Asia.*Philosophical Transactions of the Royal Society of London B-Biological Sciences*,362,987-995.

Zhang,J.Z.(2003).Evolution of the human ASPM gene,a major determinant of brain size.*Genetics*,165, 2063-2070.

Zhang,Z.B.(1988).An analysis of the physical characteristics of modern Chinese.*Acta Anthropologica Sinica*,7,314-323.

第4章　中国儿童的社会情绪发展

Chen Xinying(陈欣银)

从事发展性研究的人员发现,儿童的社会情绪功能存在相当大的个体差异(比如 Rothbart & Bates,2006;Rubin,Bukowski,& Parker,2006),其中一些孩子善于交际与合作,他们倾向于进行积极的社会互动,而另一些孩子会表现出敌意和挑衅行为,比如在社会活动中的破坏性侵略。此外,害羞或受社会限制的孩子会表现出战争及警惕行为,并且在面对具有挑战性的情况时呈现高焦虑感。有研究发现,在西方社会中,善于交际与合作跟社会、学校、同伴接纳、教师认定的能力、学业成就和情感幸福的心理调节指标存在联系,与此相反,破坏性侵略与同伴拒绝、辍学以及青少年犯罪有关,而害羞抑制会导致同伴关系困难以及诸如孤独、抑郁的内在性调节问题(见Dodge,Coie,& Lynam,2006;Coplan,Prakash,O'Neil,& Armer,2004;Rubin,Burgess,& Coplan,2002)。

社会情感发展很可能受社会文化背景的影响。文化可以通过促进或抑制过程来增强或减弱社会情绪功能的特征表现(比如 Weisz 等,1988)。此外,文化规范和价值也能为这些特征的社会性解释和评价提供指导,从而定义社会情绪特征的功能性意义,并最终塑造它们的发展模式(Benedict,1934;Chen & French,2008)。因此,社会情绪发展是一个复杂现象,它需要结合社会与文化的因素来进行理解。

在过去的20年里,中国儿童的社会情绪发展受到心理学、人类学及健康科学研究者不断增长的关注(比如 Camra 等,1998)。人们普遍认为,中国的社会文化条件对儿童早期行为、情感表达及规范、交往方式有广泛的影响(比如 Chen,2000;Stevenson,1991)。在各种背景因素中,与社会化和社会关系有关的文化信仰、规范和价值观和社会情绪发展存在高度相关。在这一章,我首先会讨论一些关于文化和社会情绪发展的理论问题及其概念框架。然后从跨文化的角度着重回顾早些年有关中国儿童性格、儿童青少年社会情感功能的研究。研究者最近还进行了几个研究,检验中国宏观水平的社会、经济和文化改变对社会化及儿童社会情绪功能的影响。这些研究发现将在接下来的一节里给予评述。本章最后将以讨论中国儿童社会情绪的研究方向作为结束。

文化与社会情绪发展:社会背景论者的观点

人们从几个主要观点探讨了文化在人类发展中的作用。在这些观点中,布朗芬布鲁纳的生态学理论(Bronfenbrenner & Morris,2006)关注的是文化作为社会生态环境的一部分,它是如何影响个体发展的。根据这一理论,那些被一个文化群体最大限度认可的信仰、价值观和实践对人类的发展起到重要作用。除了直接影响外,文化还可能通过有组织的各种社会场景比如社区服务、学校和日托安排影响人类的发展(Bronfenbrenner & Morris,2006;Super & Harkness,1986)。另外一个有代表性的主要观点是社会文化理论(Rogoff,2003;Vygotsky,1978),该理论强调了外部符号系统比如语言、概念、标志、符号以及它们的文化意义从社会或人际水平到个体内在水平的转移及内化。儿童在发展过程中掌握这些系统,并把它们作为心理工具来执行记忆、回忆等心理加工。实现内化的重要机制是合作或有指导的学习。在内化过程中,有经验的同伴或成人充当熟练的辅导者和文化代表,帮助儿童理解并解决认知或其他问题(Cole,1996;Wang & Chang,本卷)。

最近,Chen 和他的同事(比如 Chen & French,2008;Chen,Wang,& DeSouza,2006a)提出了关于文化和儿童社会情绪功能的社会背景论观点。这个观点反映了有关文化价值观和主要社会情绪特征的概念架构,还有社会评价和反应在交流中如何既受文化价值观的引导,又调控个体的行为和发展。

根据 Chen 等人的研究(2006a),作为社会领域中反应和调节的基本气质维度表现(Rothbart & Bates,2006),社会主动性和自我控制是解释社会情绪功能的个体差异和群体差异的两个不同系统(见图 4.1)。社会主动性是指发起和维持社会交往的倾向,它通过对有挑战性的社会情境进行反应来体现。在这些情境下,高社会主动性受儿童策略性的动机驱动,而内部焦虑或抑制则有可能阻碍自发的社会参与,并导致低水平的社会主动性(Asendorpf,1990)。自我控制代表对调节行为和情绪反应的管理能力,它与社会交往中维持行为的适当性有密切的关系。

图 4.1 一个有关社会情绪功能(内圈)和父母教养方式(外圈)的背景模型,涉及社会主动性、自我控制以及它们在西方自我取向和中国群体取向两种文化里的价值观。

在控制儿童青少年的社会主动性和行为规范上,中国和西方社会也许寄予了不同的价值观(比如 Chen 等,2006a)。西方的自我导向或个体主义文化非常看重自主和自信性社会技能的获得,这是一项重要的社会化目标,社会主动性被当做社会成熟的一个主要指标;警惕和抑制行为的出现经常被看做是社会无能(Greenfild, Suzuki, & Rothstein-Fisch,2006)。另一方面,尽管鼓励自律和控制,但文化上对自主决定、坚持己见和自由意志的强调允许个体维持自我需要与他人需要之间的平衡(Maccoby &

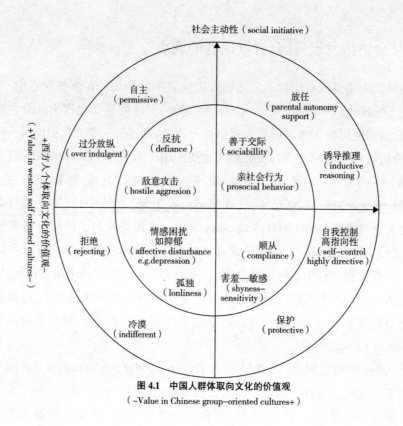

图 4.1 中国人群体取向文化的价值观
（–Value in Chinese group–oriented cultures+）

Martin,1983）。因此,行为控制被认为不是太重要的,尤其是当它与个人目标的达成相冲突时(Triandis,1995）。

在中国群体导向的社会中,社会主动性可能不那么被欣赏和看重,因为它不会促进群体和谐与凝聚(见 Leung & Au,本卷)。为了保持人际和群体间的和谐,个体需要努力抑制个人的欲望来迎合他人的需要和利益(Tarnis-LeMonda 等,2008；Triandis,1995)。因此,一个要求一致和绝对化的行为方式尤为强调自我控制；儿童青少年缺乏这种控制性会被看做是一个严重的问题(Ho,1986)。

社会主动性和自我控制的文化价值观可能对社会情绪功能特定方面的社会解释和评估产生直接影响,这些方面包括攻击—破坏(基于高社会主动性和低控制力)、羞怯—敏感(基于低社会主动性和对自我的限制性行为反应和情绪反应的高控制力)、善于交际和亲社会的合作行为(有效控制下的积极社会参与)、诸如抑郁的内化性症状(异常的情绪和感觉)。根据社会加工模型(Chen,Chung,& Hsiao,2009),同伴和成人可能会采用一种跟社会普遍性文化信仰系统相一致的行为方式来评价社会情绪特征。而且,在社会交往中,不同文化的同龄人和成人可能会对这些社会情绪特征做出不同的反应,并对表现出这些特征的儿童表达不同的态度(比如接受、拒绝)(Wang & Chang,

本卷)。反过来,社会评价和反应也有可能调节这些目标儿童的行为,最终影响他们的社会情绪发展。文化规范和价值为社会性加工打下了基础,其自身也在改变(Chen et al.,2009)。与此同时,通过展现社会影响的反应,以及参与建构关于社会评价和其他组织活动的文化规范,儿童积极地进行社会交往(Corsaro & Nelson,2003)。这样,社会加工本质上就是双向的和交易型的。

中国儿童的社会情绪功能:普遍性、意义和发展模式

中国儿童在成长早期可能会表现出不同的气质特征,这些特征构成了儿童期和青少年期社会情绪功能的主要发展源。受文化价值观影响的社会评价和态度在形成经验(例如同伴接受、情绪调节)和造就有特殊社会行为品质的中国儿童方面十分重要。

早期的社会情绪特征

在早期社会情绪特征中,中国儿童的情感表达与交流(Carna 等,1998;Freedman & Freedman,1969)、社交性(Chen,DeSouza,Chen,& Wang,2006)、冲动性(Ho,1986)和西方儿童有所不同,例如,Camras 和她的同事(1998)发现,在实验室环境下,中国婴幼儿会比北美婴幼儿的情绪抑制程度高。中国儿童相对低水平的情绪表达力似乎与他们最近几年的情感交流技巧和情感知识有关(比如 Wang,2003)。根据 Chen 等人(2006a)的研究,中西方儿童的早期差异可能是通过社会情境中的主动性和控制性维度发展而来。

社会主动性和自我控制。长久以来,研究者们注意到,和北美儿童相比,中国儿童对有挑战性的情境反应水平较高,这导致他们的社交主动性水平较低(比如 Kagan,Kearsley,& Zelazo,1978)。

在最近的一个行为抑制研究中,Chen 等人(1998)观察了 2 岁的中国和加拿大儿童在各种活动中的表现,包括亲子自由游戏和与陌生人交往,结果表明,中国幼儿和加拿大幼儿相比显得更为羞怯和警惕,对压力和挑战性情境的反应也比较激烈,尤其是中国幼儿更加不愿意离开自己的母亲,很少去探索周围的环境。当与陌生人交往时,中国幼儿花在接近陌生人和被邀请接触玩具的准备时间更多,这表明他们表现出较多的焦虑和害怕行为。

挑战性情境下的抑制行为被认为是具有生物学基础的气质特征(Kagan,1998)。一些最初的证据表明,中国和欧美的儿童及成人在羟色胺转运体基因多态性(SHTTL-PR)、皮质醇反应性和自主神经系统功能(如心率和紧张环境中心率的变化性)上存在差异(Kagan 等,1978;Tsai,Hong,& Cheng,2002)。研究者发现,这些生物/生理测量结果与西方儿童的行为抑制和焦虑有关(比如 Fox,Henderson,Marshall,Nichols,& Ghera,

2005；Kagan，1998；Lesch 等，1996）。然而，目前还没有研究证明中国儿童也存在这种相关。因此，任何在国家层面把生物因素和早期抑制相联系的结论都必须慎而为之。

中国和北美儿童在童年早期也显示出不同的自我控制水平（Ho，1986）。Chen 等人（2003）发现，在一个要求儿童将玩具放入收集箱的清理阶段，中国儿童比加拿大儿童在没有成人干预情况下更可能维持他们收拾玩具的行为，这表明中国儿童更遵守承诺和自我内控，而加拿大儿童倾向于通过情境比如父母的要求来控制他们的行为。此外，在一个延迟任务中，实验者告诉儿童，只有等她们返回房间时才能玩一包有吸引力的蜡笔。在等待研究者回来的过程中，中国幼儿比加拿大幼儿坚持的时间更长。符合这一结果的还有 Sabbagh，Xu，Carlson，Moses 和 Lee（2006）的研究，他们发现，在执行功能任务中，中国学前儿童对自我控制能力的评估要比美国同龄儿童好，而自控能力的评估与大脑前额叶皮层有关。

社会态度和反应。成人和儿童对社会情绪功能的态度可能会反映出文化的规范与价值观。Chen 等人（1998）发现，加拿大儿童的抑制行为与父母惩罚导向、失望和拒绝有关，而中国儿童的抑制行为与父母的温情和接纳态度有关。在一项儿童如何回应抑制行为的研究里，Chen 和 DeSouza 等人（2006）发现，当做出被动的和低能量的社交发起时，比起其他孩子，加拿大组抑制儿童会收到对方很少的积极反应，从而面对更多的同伴拒绝。但是，同样作出被动的和低能量的社交发起时，中国组抑制儿童比其他儿童更可能收到对方的积极反应和支持。这些结果表明了文化在决定针对儿童抑制行为的社会态度方面的作用。

文化价值观也反映在有关自我控制的社会期望和态度上。相较于加拿大父母，中国父母希望他们的孩子能有更高的自控力（Chen 等，2003），当孩子不能做到这点时，中国家长更可能更容易表现出消极态度，比如不满和担忧。同样，Kohnstam 等人（1998）发现，当研究者要求父母描述他们的孩子时，相较于西方国家的父母，中国的父母明显会用更多的篇幅来描述孩子的尽责性（粗心或勤奋），并且更关注他们孩子自控力的缺乏问题。在每日亲子互动的各个方面都可以看到对控制力的社会化期望，比如，很多中国家长会在孩子不到 1 岁时就对他们进行如厕训练，而 Chen 等人（2003）发现，大多数加拿大孩子尤其是男孩在 2 岁时才进行如厕训练，此时中国的幼儿已经完成了该训练。

童年和青少年期的社会情绪功能与调节

早期的气质类型、文化导向的父母教子态度、同伴的评价以及他们的交往很大程度上决定了儿童的社会情绪发展。在儿童期和青少年期主要的社会情绪功能中，研究者对亲社会与善交际行为、攻击—破坏、羞怯—敏感以及情感障碍的关系更感兴趣。在下面的章节里，我会着重呈现这些方面的社会情绪功能和它们对中国文化背景下的社会、学校及心理行为的重要意义。

亲社会合作行为。亲社会导向和社交能力代表了儿童社会能力的两个主要方面（比如 Chen,Li,Li,Li,& Liu,2000）。社交能力是指参与社会交往的能力,亲社会合作行为包括帮助、合作、关心或对他人负责,它可以渗入儿童的态度和行为,并在社会交往中增进对他人利益的考虑。

在中国文化下,亲社会合作行为受到积极鼓励,因为人们认为它有利于促进集体幸福感。根据传统儒家学说的观点,人类天生就具有怜悯感、同情心,或者叫"人性之心"（human-heartedness）、对他人的关心感,这些构成了"仁"（美德）的根本。人们相信对这些社会性关心感的培养与强化最终可以促进社会和谐（Luo,1996）。和这种想法一致的是,在中国的学校,儿童被要求接受道德教育,学习如何在集体中与他人相互合作,各种各样的由学生组织安排的集体活动也鼓励学生展示其亲社会行为。

和西方儿童相比,中国儿童倾向于展现更多的亲社会合作行为（比如 Orlick,Zhou,& Partington,1990;Rao & Stewart,1999）,例如,Orlick 等人（1990）发现,中国和加拿大儿童在合作性方面存在惊人的差异,幼儿园里具有合作性社会行为的中国儿童比例远远高于加拿大的 22%,类似的结果在 Navon 和 Ramsay（1989）的研究里也有报告,当涉及资源分配的社会性合作时,中国学龄前儿童相对同龄的美国儿童,他们显示出更多的合作性行为,更愿意重新分配材料,保证其他儿童能拥有同等的数量（见 also Au & Leung,本卷）。

中国儿童不仅在亲社会合作行为的流行率上与西方儿童不同,在理解亲社会合作行为和做出该行为动机上也与西方儿童不同。在西方文化中,亲社会行为通常被看做是一种依据对目标人物的喜爱程度来做决定的个人行为（Eisenberg,Fabes,& Spinrad,2006;Greenfield 等,2006）。在强调群体和谐和社会关系的社会中,有一种强大的压力迫使儿童将亲社会行为看做义不容辞的行为。Miller（1994）认为,在以群体为中心的社会里,个体会把响应他人的需要当作一种基本的承诺和责任,而西方社会的个体则试图在亲社会关注与个人选择及行动的自由之间保持一种平衡。跟 Miller（1994）的研究一致,Fung（1999,2006）发现,台湾父母在抚养儿童过程中经常使用羞愧训练来帮助儿童形成亲社会行为。Fung（2006）认为,羞愧练习依赖于强大的群体关注,因为羞愧的经验可能会导致自我检讨和忏悔,这反过来会促进规则和社会责任感的内化。针对亲社会行为的不同含义理解与动机,今后从跨文化的角度来检验它们之间的交互作用,这将是一个很有趣的研究方向。

中国儿童的亲社会行为与社会和学校的适应性调整有联系,甚至可以促进社会与学校的调整适应,比如,Chen 和 Li 等人（2000）发现,在中国,亲社会行为明显会促进同伴接纳、领导地位和学业成就。此外,亲社会取向可以作为儿童经历社会和心理困境的一种保护因素,亲社会儿童表现出的关爱和帮助行为可能会导致同伴们在社会与学业成就方面相互帮助（Eisenberg 等,2006）。同时,这些亲社会行为还有助于提高和他人社会关系的质量,反过来又可以改变儿童有关世界的感受和信仰(见 Leung,本卷)。

相较于亲社会行为,中国文化并不那么看重社交能力。尽管人们鼓励儿童与他人交往并维持关系,但人们相信,社会交往和活动必须以亲社会倾向为指导(Ho,1986;Luo,1996)。有报告显示,和西方儿童青少年相比,中国儿童青少年不太善于交际(比如 Chan & Eysenck,1981;Gong,1984)。此外,对中国儿童来说,社交能力并不能帮助他们适应学校和社会。在一个中国内的纵向研究中,Chen,Li 等人(2000)发现,社交能力能正向预测同龄群体的社交影响力或凸显性,但是不能预测社会接纳或偏好。另外,当控制了社交能力与亲社会行为的重叠部分时,社交能力既不能预测社会或学业成就,也不能积极预测以后的外化行为问题。

不过,人们也发现,中国儿童的社交能力显著促进了他们在人生过渡阶段的成年早期的社会归属与整合(Chen et aL,2002)。而且,社交能力与自我关注存在正相关,与诸如孤独感的内化症状呈负相关。主动的社会参与促进了人际支持系统的形成,结果造成善于社交的儿童能够利用这些支持系统,应对逆境下的情绪问题。因此,尽管社交行为并没有亲社会行为那么有价值,也不能预测社会地位和教育程度,但是好的社交能力和广泛的社会接触也许有益于中国儿童的心理调适(也见 Bond,Kwan,& Li,2000)。

攻击—破坏性。Bond(2004)认为,攻击性是由社会在解决资源分配时建立的标准来评判的,它和文化中对强制行为进行控制与规范的强调程度相关。中国社会的层级结构和对和谐社会的高度关注使得有必要建立起社会文化系统,阻止个体的反社会、攻击性和挑衅行为(Ekblad,1989)。像毒品、枪支这些能够被用来从事反社会行为的物品,一般对儿童青少年来说是不可获取的。实际上,中国的儿童青少年很少参与进极端形式的反社会行为,比如药物滥用、偷窃、谋杀和抢劫,来自大团伙或帮派形式的暴力及不良行为也很缺乏。从发展的观点来看,中国儿童早期就开始被要求学习怎样控制或压制他们的冲动、挫折及愤怒(Ho,1986;Yang,l986),也就是说,社会化实践能导致相当低的攻击性(Zhou 等,2007)。Empircally,Ekblad 和 Olweus(1986)的研究显示,中国儿童比西方儿童表现出更低的攻击性。Navon 和 Ramsay(1989)也发现,相较于美国儿童,中国儿童在占有性纠纷中表现出更低的攻击性。针对拥有中国或欧洲背景的加拿大学龄儿童,Chen 与 Tse(2008)发现,中国—加拿大组儿童比欧洲—加拿大组的同龄儿童表现出更低的攻击性和破坏性社会行为。

在西方文化中,尽管攻击性行为一般不被鼓励,但攻击性儿童和青少年可能会得到来自同龄人的社会支持,甚至有时会被看做是他们群体中的"明星"(例如 Cairns & Cairns,1994;Rodkin,Fanner,Pearl,& van Acker,2000),因此,攻击性儿童经常出现自我感觉偏差,高估自己的社会能力,不会去表露内在的心理问题(Asher,Parkh urst,Hymel,& Williams,1990)。与西方同龄人不同,中国的攻击性儿童会体验到广泛的社会和心理困境,比如社会地位低下、不良的同伴关系、消极的自我觉知、孤独和压抑的感觉(比如 Chen,Rubin,& Li,1995a;Chen et al.,2004)。具有攻击性的中国儿童的心理问题可能跟学校有规律的集体和公共活动有关。在这些活动中,儿童被要求以集体的一员来评价自己的行为是否达到了学校的标准,随着时间的流逝是否获得了进步,随后同伴和老师会对儿童的自我评价作出反馈。这种公共性的互动过程使得攻击性儿童很难形成飘忽不定的或有偏见的关于自己能力及社会地位的觉知(Oettingen,Little,Lindenberger,& Baltes,1994)。

羞怯—敏感。羞怯—敏感性是一种针对紧张性社会情境或社会评价表现出的谨慎的、拘谨的和焦虑性的反应(Rubin & Asendorpf,1993)。在西方文化里,由于人们希望儿童能不断地增强自信和自我定向性,害羞和敏感行为会被看做缺乏能力、不成熟和不正常的表现(Rubin 等,2002)。研究者发现,在西方尤其是北美,有害羞和敏感行为的孩子,他们很可能会体验到同伴关系和学业成就的困难(Asendorpf,1991;Coplan 等,2004;Garelle & Ladd,2003)。此外,当害羞和敏感性儿童意识到他们在社会环境中的困难时,他们很可能会对自己的社交能力、自信以及其他心理问题产生消极的自我觉知,比如社会不满情绪和抑郁(比如 Coplan 等,2004;Rubin,Chen,McDougall,Bowker,& McKinnon,1995)。纵向研究也发现,童年期的害羞会导致他们今后在教育程度和职业稳定方面的生活适应问题(比如 Caspi,Elder,& Ber 1988;Rubin 等,2002)。

在中国文化里,敏感、谨慎和抑制行为被看做是社会成熟和精明的迹象(Chen,2000)。害羞—敏感行为总是和美好品质联系在一起的,比如谦虚和谨慎。害羞—敏感的儿童经常被看做具有良好举止和理解力,这种文化的支持能帮助害羞的儿童获得社会更多交往机会,形成自信,从而实现积极的适应行为。在中国,有关害羞的实证研究发现,害羞—敏感的儿童更能被同伴接纳,老师也会认为他们能干,在学业领域他们也有不错的表现(Chen,Rubin,& Sun,1992;Chen,Rubin,& Li,1995b)。害羞的儿童在学校更能比其他儿童获得领导地位,受到杰出奖学金的奖励(比如 Chen 等,l995b)。此外,害羞儿童并不会感到孤独或压抑,也不会对他们的能力形成消极觉知(Chenet al.,l995a;Chen 等,2004)。最后,纵向研究结果表明,童年期的害羞—敏感性预示着青少年期的社会能力、学业成就和良好的心理健康(比如 Chen,Rubin,Li,& Li,1999),因此,害羞—敏感的中国儿童在今后的生活中也会适应良好。

应当指出的是,羞怯—抑制的概念与社会孤独、社会冷漠和不善交际这类代表社会退化的现象是不同的,比如"经常独处"或"宁愿独处"的孩子。社会冷漠与偏爱孤独或独处与集体主义倾向是不一致的。喜欢孤独和故意远离群体的孩子会被认为是自私的和反集体主义的,在集体主义导向的文化里,这种现象给人的感觉很可能会引起他人否定的回应。事实上,在中国人们已经发现,那些存在社会孤独或退化的儿童明显会被同伴拒绝并产生社会情绪问题,这个发现与西方文化中得到的结果很相似(Chang 等,2005;Chen,2008)。

　　最后,Cheny 与 Tse(2008)新近发现,加拿大的华裔儿童特别是女孩(包括出生于加拿大的和移民过去的)在学校中比具有欧洲背景的孩子更羞怯—敏感,这种差异和研究者对欧裔加拿大儿童和华裔加拿大儿童的评估结果一致,也包括对其他文化背景的儿童进行的评价(例如非华裔亚洲人、南美洲人)。类似的结果还有对亚裔美国成人和欧裔美国成人的研究(Lee,Okazaki,& Yoo,2006)。有趣的是,Chen 与 Tse(2008)发现,羞怯与社会问题有关,比如羞怯的欧裔加拿大儿童存在同伴拒绝和欺骗问题,但是这种关联在华裔加拿大儿童中并不显著或显著性较弱。

　　这个结果与在中国的发现相似(比如 Chen 等,1992)。但是,这些联系形成的过程并不一定相似,因为加拿大与中国学校的文化背景不同,很可能一些中国文化的实践经验帮助儿童发展了相关技能,可以应付害羞—敏感行为带来的不良后果,例如,中国儿童早期形成的调控技能可以让他们用一个相对能接受的方式来表达羞怯—敏感性(比如参加并行不悖的游戏活动:Asendorpf,1991),帮助他们减小因羞怯行为带来的消极影响。群体刻板印象的名声(如"中国人是害羞的")也能保护在加拿大生活的羞怯—敏感型华裔儿童免受跨种族同伴交往中产生的社会困境,从而降低他们的适应问题。

　　情感障碍。在传统中国文化下,中庸或抑制个人情绪反应及情感被看做是实现人际和内心和谐的必要条件(Bond,1993;Bond & Hwang,1986;Klinman,1980,1986)。根据 Solomon(1971)的研究,中国人把情绪和情感的表达,尤其是消极的情绪和情感表达,看做是对自己和家人的"危险"的或可耻的行为。这种现象可能在儿童和青少年身上更为明显,因为他们被期待应该更关心自己的社会和学业成就。那些诸如抑郁和孤独的内在情绪症状被认为是缺乏个人情感控制的标志,有时也被当做是医学的或政治思想的问题,尤其是当他们与个人内在问题联系起来时(Chn,2000)。

　　相较于北美同龄人,中国儿童和青少年拥有相同的或更高水平的情感障碍(Chen 等,1995a;Crystal 等,1994;Dong,Yang,& Ollendick,1995;Lee 等,2006),同时也有更多身体上的抱怨(Chen &Schwartzman,2001)。关于体症方面的抱怨,如头痛、胃痛、慢性疲劳和睡眠问题,有很强的心理基础,因为他们与压力和抑郁心情有关,而且,中国的文献和媒体也报告了中国青少年的高自杀率。根据 Li(2002)的研究,在 1998 年,中国平均每 100000 名青少年(15—24 岁)就有 10.63 个自杀,属于世界高自杀率之一,其中女性青少年的自杀率又高于男性(15.96 vs.8.67 每 100000 人),特别是在农村地区(也可见本卷,Stewart,Lee,& Tao)。

　　一些在中国进行的研究(比如 Chenetal 199a;Chen & Li,2000)表明,情感障碍影响社会和学校适应性。在这些研究中,抑郁症的前后时间发展具有适度的稳定状态(比如 $r=.40s$ 从 12 岁到 14 岁),这表明患有抑郁症的儿童后来还有可能遭受抑郁问题。此外,早期抑郁症预示着社会和学校的适应问题,包括社会孤独、低社会地位和低学业成就。这些发现说明,在中国和西方文化下,情感障碍存在相似的适应不良本质,这与在中国文化下个人情绪情感与社会关系和适应性不相干的说法相矛盾(Potter,1988)。

有多重因素导致了中国儿童及青少年的情感问题,其中亲子关系,尤其是母亲的接受和拒绝与抑郁症有非常大的联系。Lau 和 Kwok(2000)关于香港地区家庭环境对青少年的影响研究发现,亲子关系与大部分青少年抑郁症(如情绪化、缺乏积极体验、生理激怒)之间存在显著相关。同样,Chen,Lin 和 Li(2000)也发现,在排除其他恒定的影响效应后,来自母亲的温情对降低儿童后来的抑郁有单独的影响(也见 Stewart,Rao,Bond,McBride-Chang,Fielding,& Kennard,1998)。类似的,Chen,Rubin 和 Li(1997)发现,母亲接纳和学术成就对抑郁症具有交互相互影响作用,学业困难和被母亲拒绝的儿童很可能患抑郁症,然而低学业成就但被母亲接纳的儿童在后期不会出现抑郁。因此,母亲接纳是避免学业困难儿童产生抑郁症状的缓解因素。另外一个具有缓解作用的家庭因素是良好的婚姻关系(Chen & He,2004),来自高婚姻冲突家庭的孩子,其学业成就不良与后来的抑郁症存在相关,然而,在婚姻美满的家庭,孩子的学业困难与其后来的抑郁症不相关。

社会和文化变迁对儿童社会情绪发展的影响

从 19 世纪 80 年代起,尤其是近 15 年,中国社会发生了翻天覆地的变化。在这一时期,中国实施了迈向市场经济的全面改革,资本主义的许多方面都允许被采纳。市场体系在不同行业的大范围扩展导致个人和家庭收入上涨、人口大规模流动、政府对社会财富的控制性降低、经济竞争力和失业率快速增长(比如 Zhang,2000)。同时,诸如自由和自己做主的个人主义价值观也从西方社会传入中国(见 Kulich,本章)。社会结构的大变动和西方价值观的引进对社会信仰、实践以及儿童的社会情感功能产生了深远影响。

变革背景下的育儿观念和实践

在传统的中国社会,基本的社会化目标是帮助儿童形成有利于集体幸福的态度和行为,如相互依存的家庭、大集体取向、服从合法权威(Tamis-LeMonda 等,2008)。有研究认为,中国家长关心更多的是培养儿童保持适当的行为,较少鼓励儿童的独立和探索(Ho,1986),和西方的父母相比,中国的父母在养育孩子时更具有控制欲和权力独断性,缺少响应式的和充满深情的行为(比如 Chao,1994;Chen et al.,1998;Kelley,1992),而且较少采用讲道理、归纳总结的方式,更具专制和惩罚倾向(Chen 等,1998;Wu,1981,1996)。

不管怎样,在市场导向的社会中,中国父母传统的育儿信念、态度和实践正在发生改变。一些像个人意见表达、自我导向、自信之类的社会和行为品质都需要适应新的社会环境,这对家长来说,帮助孩子发展这些品质十分重要(Yu,2002)。Liu 等人(2005)发现,尽管中国的母亲在鼓励依赖上的得分高于加拿大母亲,在支持自主性上的得分低于加拿大母亲,但是两国母亲在鼓励自主上的得分都显著高于鼓励依赖。

Chen 和 Chen(出版中)最近在上海调查了两组同年龄小学儿童(1998 年调查和 2002 年调查)的父母在育儿态度方面的相似和不同之处。要求父母完成一个养育方式测量,主要评估了 4 个维度:父母的温情,如,"我与孩子有温暖美好的相处时光","在孩子悲伤或恐惧时安慰他","我喜欢与我的孩子一同玩耍";独断,如"我不允许我的孩子质疑我的决定","我相信体罚是形成纪律的最好办法";鼓励自主和独立,如"在很多事上我让我的孩子自己做决定","当孩子遇到困难时,我希望他们能尽可能的自己处理问题";成就鼓励,如"我鼓励孩子尽量做到他/她能做到的"。结果显示,两组儿童在学业成就鼓励方面没有差异,但是 2002 年受调查的儿童,其父母在父母温情得分上明显高于 1998 年受调查儿童的父母,在权力独断上的得分明显低于 1998 年受调查儿童的父母。2002 年受调查儿童的母亲在支持自主性上的得分高于 1998 年受调查儿童的母亲。这些结果表明,中国的父母逐渐认识到了良好的社会情绪和亲子情感沟通在促进儿童社会能力上的重要性。此外,父母们现在更倾向于看重独立性,开始鼓励他们的孩子学习主动做事的技能。

最后,Chen 和 Chen(in press)发现,在 1998 年和 2002 年接受调查的同年龄儿童中,父母对女孩子的自主性和独立性鼓励得分高于男孩子,也就是说与男孩子相比,父母更倾向于鼓励女孩子发展独立的行为。尽管在这个研究中,父母的教养态度在性别上的差异并没有出现从 1998 年到 2002 年的发展性变化,但是其结果仍然是很有趣的,因为它们与中西方社会传统的性别刻板印象不一致,在中国或西方社会,女孩子比男孩子少了很多公共性的社会化,没有男孩子独立(比如 Chen & He,2004;Ho,1986)。中国在过去 10 年里对女孩子自主性强调的增强可能一部分原因是因为 70 年代实施的独生子女政策。作为家庭的唯一希望(Fang,2004),父母们也许感到压力很大,从而改变他们的性别刻板态度,鼓励女儿发展独立的和自信的技能。

变革背景下儿童的情绪功能与调适

中国的全面改革已经改变了父母和其他代管者的社会信念与价值观。例如,自从中国教育部提出"教育改革纲要"以来(Yu,2002),许多学校为了促进社会技能的发展,已经改变了教育目标、政策和实践。各种各样的策略被用来帮助儿童获得社会技能,比如鼓励学生参加公共辩论,提出和实施他们自己的课外活动计划。相对于社会情绪功能的其他方面,羞怯—敏感性似乎特别容易受到中国宏观水平变化的影响(Chen,Wang,& DeSouza,2006)。羞怯—敏感行为会阻碍探索和自我表现,这与当代更具竞争性社会的要求不相容,同时,学校教育和其他活动对自主性和自信性的强调很可能会导致羞怯—敏感行为的适应价值降低,结果造成害羞的儿童不利于获得社会认可,进而引起他们社会和心理适应的困难(Hart et al.,2000)。

按照中国城市社会转型的不同时期,Chen,Cen,Li 和 He(2005)检验了羞怯、同伴关系和调适性的关系。关于羞怯和适应性的数据来自三组小学同龄儿童(1990 年接受调查的孩子,1998 年接受调查的孩子和 2002 年接受调查的孩子)。全面改革给 1990 年组的同龄儿童带来的影响有限,但 2002 年组同龄儿童的社会化是在不断增长的自我取向文化背景下发生的,1998 年组的同龄儿童成长在中期时间,他们也许拥有了混搭性的社会化经验。

结果分析显示,羞怯和调适性之间存在显著性的跨期间差异,在 1990 年组同龄儿童中,羞怯与同伴接纳、领导力、学术成就呈正相关;在 2002 年组同龄儿童中,羞怯与同伴接纳、学校适应呈负相关,与同伴拒绝及抑郁呈正相关;在 1998 年组同龄儿童中,羞怯、同伴关系、适应性之间既不存在相关,也不存在混合性相关。这个结果表明,中国的社会和历史转型对个人态度及行为的影响是一个不断行进的过程。在 21 世纪早期,随着国家更深入地专心发展市场经济,此时期羞怯—敏感性儿童也与 1990 年组同龄儿童不同,他们在老师看来显得能力不足、问题多多,易受同伴拒绝,存在许多学校问题和高水平的抑郁性。

Chen 等人的研究(2005)发现了一个有趣的现象,在 1998 年组同龄儿童中,害羞与同伴接纳和同伴拒绝都呈现正相关。社会计量分类分析显示,1990 年组的羞怯儿童更受欢迎,2002 年组的羞怯儿童更不受欢迎,1998 年组的羞怯儿童则有一个混合性的结果,他们既受同伴喜欢,同时又不被同伴喜欢。这些结果表明了同伴对羞怯—抑制儿童的矛盾态度,一定程度反映了与新兴经济压力相匹配的西方主动价值观的输入和传统中国自我控制价值观之间的冲突。

另一个有趣的发现是在 2002 年组中,羞怯与消极的同伴、老师和消极的自我态度与评价存在相关,但和诸如高助学金和学业成就这类学校表现没有联系。因此,宏观水平的社会变迁可能以稳定的不断积累的方式影响社会情绪功能的不同方面。这个发现支持了社会态度和关系作为一个主要的背景调节因素影响个体的发展这一看法(Chen & French,2008;Chen,French,& Schneider,2006;Silbereisen,2000)。

社会情绪功能及调适的城乡差异

中国大规模的社会和经济改革很大程度上局限于城市中心和都市,比如股票市场的开放。社会经济发展有大量的区域存在不同,比如城乡差异。一般来说,在中国农村的家庭大多过的是农业生活,和城市儿童相比,农村的儿童没有接触到那么多市场经济带来的影响。在许多农村地区,中国传统价值观如家庭责任感和自我控制被高度认可(Fuligni & Zhang,2004;Shen,2006)。农村父母采用的抚养孩子的实践与传统价值观一致,比如孝顺、尊老,为家庭自我牺牲(比如 Shen,2006)。农村儿童的社会交往过程很大程度上仍然受传统价值观的调节。

有几个研究发现,城乡儿童的社会经验及调适性存在差异。Guo,Yao 和 Yang (2005)通过教师评价和自我报告调查显示,农村儿童比城市儿童有更高的群体倾向,表现出更多的社会责任感且不太追求个体利益。Chen 及其同事(Chen & Chen, inpress;Chen,Wang,& Wang,2009)也发现,在 2004 年到 2006 年的农村儿童样本中,羞怯与社会、学校和心理调适指标有关,如领导力和老师给出的能力评价。所以,和其他 20 世纪 90 年代的城市同龄羞怯儿童一样,农村的羞怯儿童在旁人看来并没有问题,这些孩子仍会获得来自同伴和成人的支持,取得社会及学术领域的成功。当然还要指出的是,目前中国的许多农村地区正发生着日新月异的变化,城市和西方的价值观不断影响农村儿童的社会信念、实践和社会情绪发展。探讨农村儿童如何适应正在变化的社会经济环境,尤其当前中国政府正试图"发展农村"时,将是一个令人感兴趣的调查研究。

总结和进一步研究

中国儿童在早期可能会表现出明显不同的特征,这些早期表露的特征构成了发展社会情绪功能的主要气质基础,如亲社会行为、攻击性、羞怯和抑郁等社会情绪功能。通过社会化和社会交往过程,中国社会的文化规范和价值观涉入到社会情绪功能并决定着社会情绪功能的表现和意义。国家巨大的宏观水平变化无处不在地预示着儿童的社会情感发展。

在过去的二十年间,研究人员对中国儿童的社会情绪功能的发展越来越感兴趣。但是,这些研究主要是在中国大陆地区进行的,其研究结果能否推广到中国香港、中国台湾和新加坡这些受中国传统文化广泛影响社会? 对此的检验十分重要。此外,中国是一个由 56 个民族组成的国家,但是关于中国儿童的大多数研究都是以汉族为主的,少数民族的社会、经济、文化背景也许对少数民族儿童的行为和心理健康产生独特的影响。除了种族划分之外,社会阶级和其他人口统计学状况也是影响社会情绪发展的重要因素。中国社会的多样性为研究者们研究个人与环境因素如何影响人类发展提供了丰富的机会和挑战。希望研究者们今后在中国在国外都能做更多的发展性研究。

在本章,我主要谈论了社会情绪功能的两个基本维度:社会主动性和控制力,探讨了基于这些关键维度形成的社会行为,以及一些社会情绪发展的其他重要方面,如早期亲子关系、儿童及青少年的友谊、自我及社会理解。遗憾的是,就像目前一般性发展心理学有很少的研究一样,对这些领域的中国儿童的发展研究也知之甚少。在多样的中国文化背景下,基于目前的开创性研究但是同时扩展社会情绪功能的其他方面的知识,是至关重要的。

从社会背景论的视角来看(Chen & French,2008),社会和文化对个体行为的影响是一个动态的过程,在这个过程中,儿童对他们自己的发展发挥着积极作用。这个积极的作用可以反映在儿童参与社会交往的方式上,例如玩伴、场景和活动的选择,对社会影响的反应(Edwards,Guzman,Brown,& Kumru,2006)。中国儿童的社会交往过程如何在社会情绪发展中传递和建构文化? 这需要在未来给予进一步调查。

最后,对中国儿童社会情绪功能的研究已经建设性地采用了跨文化和文化内的两种策略。而且,研究者们已经开始探索文化因素通过社会化和社会交往参与到社会情绪发展中的过程(比如 Chen,DeSonza et al.,2006)。尽管如此,文化对个体行为和关系的影响是一个复杂的现象,它涉及个人和环境多水平的因素(Bond & van de Vijver,出版中)。为了在中国文化背景下更深入地理解基本的社会情绪发展过程,对这个领域进行不断的探索非常重要。

参考文献

Asendorpf,J.B.(1990).Beyond social withdrawal:Shyness,unsociability,and peer avoidance.*Human Development*,33,250-259.

Asendorpf,J.B.(1991).Development of inhibited children's coping with unfamiliarity.*Child Development*,62,1460-1474.

Asher,S.,Parkhurst,J.T.,Hymel,S.,& Williams,G.A.(1990).Peer rejection and loneliness in childhood.In S.R.Asher & J.D.Coie(eds),*Peer rejection in childhood*(pp.253-273).New York:Cambridge University Press.

Benedict,R.(1934).Anthropology and the abnormal.*Journal of General Psychology*,10,59-82.

Bond,M.H.(1993).Emotions and their expression in Chinese culture.*Journal of Nonverbal Behavior*,17,245-262.

Bond,M.H.(2004).Culture and aggression-From context to coercion.*Personality and Social Psychology Review*,8,62-78.

Bond,M.H.& Hwang,K.(1986).The social psychology of the Chinese people.In M.H.Bond(ed.),*The psychology of Chinese people*(pp.213-266).Hong Kong:Oxford University Press.

Bond,M.H.,Kwan,V.S.Y.,& Li,C.(2000).Decomposing a sense of superiority:The differential social impact of self-regard and regard-for-others.*Journal of Research in Personality*,34,537-553.

Bond,M.H.& van de Vijver,F.(in press).Making scientific sense of cultural differences in psychological outcomes:Unpackaging the *magnum mysterium*.In D.Matsumoto & F.Van de Vijver(eds),*Cross-cultural research methods*.New York:Oxford University Press.

Bronfenbrenner,U.& Morris,P.A.(2006).The bioecological model of human development In W.Damon(series ed.)& R.M.Lerner(vol.ed.),*Handbook of child psychology*:*Vol 1. Theoretical models of human development*(pp.793-828).New York:Wiley.

Cairns, R.B.& Cairns, B.D. (1994). *Lifelines and risks: Pathways of youth in our time.* New York: Cambridge University Press.

Camras, L.A., Oster, H., Campos, J., Campos, R., Ujiie, T., Miyake, K., Wang, L., & Meng, Z. (1998). Production of emotional facial expressions in European American, Japanese, and Chinese infants. *Developmental Psychology*, *34*, 616–628.

Caspi, A., Elder, G.H., Jr, & Bern, D.J. (1988). Moving away from the world: Life-course patterns of shy children. *Developmental Psychology*, *24*, 824–831.

Chan, J., & Eysenck, S.B.G. (1981). *National differences in personality: Hong Kong and England.* Paper presented at the joint IACCP-ICP Asian Regional Meeting, National Taiwan University, Taipei, Taiwan, August.

Chang, L., Lei, L., Li, K.K., Liu, H., Guo, B., Wang, Y. et al (2005). Peer acceptance and self-perceptions of verbal and bel1avioral aggression and withdrawal. *International Journal of Behavioral Development*, *29*, 49–57.

Chao, R.K. (1994). Beyond parental control and authoritarian parenting style: Understanding Chinese parenting through the cultural notion of training. *Child Development*, *65*, 1111–1119.

Chen, X. (2000). Social and emotional development in Chinese children and adolescents: A contextual cross-cultural perspective. In F.Columbus (ed.), *Advances in psychology research*, *Vol. I* (pp.229–251). Huntington, NY: Nova Science Publishers.

Chen, X. (2008). Shyness and unsociability in cultural context. In A.S.LoCoco, K.H.Rubio, & C.Zappulla (eds), *L'isolamento sociale durante l'irifanzia (Social withdrawal in childhood)* (pp.143–60). Milan, Italy: Unicopli.

Chen, X., Ceo, G., Li, D., & He, Y. (2005). Social functioning and adjustment in Chinese children: The imprint of historical time. *Child Development*, *76*, 182–195.

Chen, X.& Chen, H. (.in press). Children's social functioning and adjustment in the changing Chinese society. In R.K.Silhereisen & X.Chen (eds), *Social change and human development: Conce.pts and results.*

Chen, X., Chung, & Hsiao, C. (2009). Peer interactions, relationships and groups from a cross-cultural perspective. In K.H.Rubin, W.Bukowski, & B.Laursen (eds), *Handbook of peer interactions, relations/rips, and groups* (pp.432–451). New York, NY: Guilford.

Chen, X., DeSouza, A., Chen, H., & Wang, L. (2006). Reticent behavior and experiences in peer interactions in Canadian and Chinese children. *Developmental Psychology*, *42*, 656–665.

Chen, X.& French, D. (2008). Children's social competence in cultural context. *Annual Review of Psychology*, *59*, 591–616.

Chen, X., Hastings, P.> Rubin, K.H., Chen, H., Cen, G., & Stewart, S.L. (1998). Childrearing attitudes and behavioral inhibition in Chinese and Canadian toddlers: A cross-cultural study. *Developmental Psychology*, *34*, 677–686.

Chen, X.& He, H. (2004). The family in mainland China: Structure, organization, and significance for child development. In J.L.Roopnarine & U.P.Gielen (eds), *Families in global perspective* (pp.51–62). Boston, MA: Allyn and Bacon.

Chen, X., He, Y., De Oliveira, A.M., lo Coco, A., Zappulla, C., Kaspar, V., Schneider, B., Valdivia, I.A.,

Tse, C.H., & DeSouza, A. (2004). Loneliness and social adaptation in Brazilian, Canadian, Chinese and Italian children. *Journal of Child Psychology and Psychiatry*, 45, 1373-1384.

Chen, X. & Li, B. (2000). Depressed mood in Chinese children: Developmental significance for social and school adjustment. *International Journal of Behavioral Development*, 24, 472-479.

Chen, X., Li, D., Li, Z., Li, B., & Liu, M. (2000). Sociable and prosocial dimensions of social competence in Chinese children: Common and unique contributions to social, academic and psychological adjustment. *Developmental Psychology*, 36, 302-314.

Chen, X., Liu, M., & Li, D. (2000). Parental warmth, control and indulgence and their relations to adjustment in Chinese children: A longitudinal study. *Journal of Family Psydlology*, 14, 401-419.

Chen, X., Liu, M., Rubin, K.H., Ceo, G., Gao, X., & Li, D. (2002). Sociability and prosoc.ial orientation as predictors of youth adjustment: A seven-year longitudinal study in a Chinese sample. *International Journal of Behavioral Development*, 26, 128-136.

Chen, X., Rubin, K.H., & Li, B. (1995a). Depressed mood in Chinese children: Relations with school performance and family environment. *Journal of Consulting and Clinical Psychology*, 63, 938-947.

Chen, X.. Rubin, K. H., & Li, B. (1997). Maternal acceptance and social and school adjustment in Chinese children: A four-year longitudinal study. *Merrill-Palmer Quarterly*, 43, 663-681.

Chen, X., Rubin, K.H., Li, B., & Li. Z. (1999). Adolescent outcomes of social functioning in Chinese children. *International Journal of Behavioral Development*, 23, 199-223.

Chen, X., Rubin, K.H., & Li, Z. (1995b). Social functioning and adjustment in Chinese children: A longitudinal study. *Developmental Psychology*, 31, 531-539.

Chen, X., Rubin, K. H., Liu, M., Chen, H., Wang, L., and Li, D., Gao, X., Cen, G., Gu, H., & Li, B. (2003). *Compliance in Chinese and Canadian toddlers. International Journal of Behavioral Development*, 27, 428-436.

Chen, X., Rubin, K.H., & Sun, Y. (1992). Social reputation and peer relationships in Chinese and Canadian children: A cross-cultural study. *Child Development*, 63, 1336-1343.

Chen, X. & Swartzman, L. (2001). Health beliefs, attitudes and experiences in Asian cultures. In S.S. Kazarian & D.R. Evans (eds), *Handbook of cultural health psychology* (pp.389-410). New York: Academic Press.

Chen, X. & Tse, H.C. (2008). Social functioning and adjustment in Canadian-born children with Chinese and European backgrounds. *Developmental Psychology*, 44, 1184-1189.

Chen, X., Wang, L., & DeSouza, A. (2006). Temperan1ent and socio-emotional functioning in Chinese and North American children. In X. Chen, D. French, & B. Schneider (eds), *Peer relationships in cultural cor1text* (pp.123-147). New York: Cambridge University Press.

Chen, X., Wang, L., & Wang, Z. (2009). Shyness-sensitivity and social, school, and psychological adjustment in rural migrant and urban children in China. *Child Development*, 80, 1499-1513.

Cole, M. (1996). *Cultural psychology*. Cambridge, MA: Harvard University Press.

Coplan, R.J., Prakash, K., O'Neil, K., & Armer, M. (2004). Do you 'want' to play? Distinguishing between conflicted shyness and social disinterest in early childhood. *Developmental Psychology*, 40, 244-258.

Corsaro, W.A. & Nelson, E. (2003). Children's collective activities and peer culture in early literacy in American and Italian preschools.*Sociology of Education*,76,209-227.

Crystal,D.S.,Chen,C.,Fuligni,A.J.,Hsu,C.C.,Ko,H.J.,Kitamura,S.,& Kimura,S.(1994).Psychological maladjustment and academic achievement:A cross-cultural study of Japanese,Chinese,and American high school students.*Child Development*,65,738-753.

Dodse,K.A.,Coie,J.D.,& Lynam,D.(2006).Aggression and antisocial behavior in youth.In N.Eisenberg(ed.),*Handbook of child psychology*:*Vol.3. Social,emotional,and personality development*(pp.719-88).New York:Wiley.

Dong,Q.,Yang,B.,& Ollendick,T..H.(1994).Fears in Chinese children and adolescents and their relations to anxiety and depression.Journal of Child Psychology and Psychiatry,35,351-363.

Edwards,C.P.,Guzman,M.R.T.,Brown,L & Kumru,A.(2006).Children's social behaviors and peer interactions in diverse cultures.In X.Chen,D.French,& B.Schneider(eds),*Peer relationships in cultural context*(pp.23-51).New York:Cambridge University Press.

Eisenberg,N.,Fabes,R.A.,& Spinrad,T.L.(2006).Prosocial development.In N.Eisenberg(ed.),*Handbook of child psychology*:*Vol.3. Social,emotional,and personality development*(pp.646-718).New York:Wiley.

Ekblad,S.(1989).Stability in aggression and aggression control in a sample of primary school children in China.Acta Psychiatrica Scandinavia,80,160-164.

Ekblad,S.& Olweus,D.(1986).Applicability of Olweus´Aggression Inventory in a sample of Chinese primary school children.*Aggressive Behavior*,12,315-325.

Fong,V.L.(2004).*Only hope*:*Coming of age 1mder Cl1ina's one-child policy.* Stanford,Ck Stanford University Press.

Fox,H.A.,Henderson,R.A.,Marshall,P.J.,Nichols,K.E.,& Ghera,M.M.(2005).Behavioral inhibition:Linking biology and behavior within a developmental framework.*Annual Review of Psychology*,56,235-262.

Freedman,D.G.& Freedman,N.C.(1969).Behavioral differences between Chinese-American and European-American newborns.*Nature*,224,1227.

Fuligni,A.J.& Zhang,W.X.(2004).Attitudes toward family obligation among adolescents in contemporary urban and rural China.*Child Development*,74,180-192.

Fung,H.(1999).Becoming a moral child:The socialization of shame among young Chinese children.*Ethos*,27,180-209.

Fung,H.(2006).Affect and early moral socialization:Some insights and contributions from indigenous psychological studies in Taiwan.In U.Kim,K.S,Yang,& K.K.Hwang(eds).Indigenous and cultural psychology:Understanding people in context(pp.175-196).New York:Springer.

Gazelle,H.& Ladd,G.W.(2003).Anxious solitude and peer exclusion:A diathesis-stress model of internalizing trajectories in childhood.*Child Development*,74,257-178.

Gong,Y.(1984).Use of the Eysenck Personality Questionnaire in China. Personality and Individual Differences,5,431-438.

Greenfield,P.M.,Suzuki,L.K.,& Rothstein-Fisch,C.(2006).Cultural pathways through human development.In K.A.Renninger & I.E.Sigel(eds),*Handbook of child psychology*:*Vol.4. Child psychology in practice* (pp.655-699).New York:Wiley.

Guo,L.,Yao,Y.,& Yang,B.(2005).Adaptation of migrant children to the city:A case study at a migrant children school in Beijing.*Youth Study*,3,22-31.

Hart,C.H.,Yang,C.,Nelson,L.J.,Robinson,C.C.,Olson,J.A.,Nelson,D.A.,Porter,C.L.,Jin,S.,Olson,S.P.,& Wu,P.(2000).Peer acceptance in early childhood and subtypes of socially withdrawn behavior in China,Russia and the United States.*International Journal of Behavioral Development*,24,73-81.

Ho,D.Y.F.(1986).Chinese pattern o f socialization:A critical review.In M.1:1.Bond(ed.),*The psychology of the Chinese people*(pp.1-37).Hong Kong:Oxford University Press.

Kagan,J.(1998).Temperament and the reaction to unfamiliarity.*Child Development*,68,139-143.

Kagan,J,,Kearsley,R.B.,& Zdazo,P.R.(1978).*Infancy:Its place in human development*.Cambridge,MA:Harvard University Press.

Kelley,M.L.(1992).Cultural differences in child rearing:A comparison of immigrant Chinese and Caucasian American mothers.*Journal of Cross-Cultural Psychology*,23,444-455.

Kleinman,A.(1980).*Patients and healers ill the context of culture*.Berkeley,CA:University of California Press.

Kohnstamm,G.A.,Halverson.C.F.Jr,Mervielde,I.,& Havill,V.L.(1998).*Parental descriptions of child personality:Developmental a11tecedertts of the Big Five*? Mahwah,NJ:Erlbaum.

Lau,S.& Kwok,L.K.(2000).Relationship of family environment to adolescents′depression and self-concept.*Social Behavior and Personality*,28,41-50.

Lee,M.R.,Okazaki,S.,& Yoo,H.C.(2006).Frequency and intensity of social anxiety in Asian Americans and European Americans.*Cultural Diversity and Ethnic Minority Psychology*,12,291-305.

Lesch,K.P.,Bengel,D.,Heilis,A.,Sabol,S.Z.,Greenberg,B.D.,Petri,S.,Benjamin,J.,Muller,C.R.,Hamer,D.H.,& Murphy,D.L.(1996).Association of anxiety-related traits with a polymorphism in the serotonin transporter gene regulatory region.*Science*,274,1527-1531.

U,J.(2002).The importance of research on adolescent suicide in China.*China Youth Study*,22,46-50.

Liu,M.,Chen,X.,Rubin,K.H.,Zhe.ng,S.,Cui,L.,l.i,D.,Chen,H.,& Wang,L(2005).Autonon1y-vs.connectedness-oriented parenting behaviors in Chinese and Canadian mothers.*International Journal of Behavioral Development*,29,489-495.

Luo,G.(1996).*Chinese traditional social and moral ideas and rules*.Beijing,China:The University of Chinese People Press.(in Chinese)

Maccoby,E.E.,& Martin,C.N.(1983).Socialization in the context of the family:Parent-child interaction.In E.M.Hetherington(ed.),*Handbook of child psychology:VolA. Socialization,perso11ality and social development*(pp.1-102).New York:Wiley.

Miller,J.G.(1994).Cultural diversity in the morality of caring:Individually oriented versus duty-based interpersonal moral codes.*Cross-Cultural Research*,28,3-39.

Navon,R.& Ramsey,P.G,(1989).Possession and exchange of materials in Chinese and American preschools.*Journal of Research on Cht1dhood Education*,4,18-29.

Oettingen,G.,Little,T.D.,Lindenberger,U.,& Baltes,P.B.(1994).Causality,agency and control beliefs in East versus West Berlin children:A natural experiment in the control of context.*Journal of Personality and*

Social Psychology, 66, 579-595.

Orlick, T., Zbou, Q.Y., & Partington, J. (1990). Co-operation and conflict within Chinese and Canadian kindergarten settings. *Canadian Journal of Behavioural Science*, 22, 20-25.

Potter, S.H. (1988). The cultural construction of emotion in rural Chinese social life. *Ethos*, 16, 181-208.

Rao, N. & Stewart, S.M. (1999). Cultural influences on sharer and recipient behavior: Sharing in Chinese and Indian preschool children. *Journal of Cross-Cultural Psychology*, 30, 219-241.

Rodkin, P.C., farmer, T.W., Pearl, R., & van Acker, R. (2000). Heterogeneity of popular boys: Antisocial and prosocial configurations. *Developmental Psychology*, 36, 14-24.

Rogoff, B. (2003). *The cultural nature of human development*. New York: Oxford University Press.

Rothbart, M.K. & Bates, J.E. (2006). Temperament. In N.Eisenberg (ed.), *Handbook of child psychology: Vol.3, Social, emotional, and personality development* (pp.99-166). New York: Wiley.

Rubin, K.H., Bukowski, W., & Parker, J.G. (2006). Peer interactions, relationships, and groups. In N.Eisenberg (eel.), *Handbook of child psychology: Vol. 3. Social, emotional and personality development* (pp. 571-645). New York: Wiley.

Robin, K.H., Burgess, K.B., & Coplan, R.J. (2002). Social withdrawal and shyness. In P.K.Smith & C.H. Hart (eds), *Blackwell handbook of childhood social development* (pp.330-352), Malden, MA: Blackwell Publishers.

Rubin, K.H., Chen, X., McDougall, P., Bowker, A., ll, McKinnon, J. (1995). The Waterloo Longitudinal Project: Predicting adolescent internalizing and externalizing problems from early and late-childhood. *Development and Psychopathology*, 7, 751-764.

Sabbagh, M.A., Xu, F., Carlson, S.M., Moses, L.J., & Lee, K. (2006). The development of executive functioning and theory of mind: A comparison of Chinese and U.S.preschoolers. *Psychological Science*, 17, 74-81.

Shen, R. (2006). Problems and solutions for child education for migrant rural worker families. *Journal of China Agricultural University (Social Science Edition)*, 64, 96-100.

Silbereisen, R.K. (2000). German unification and adolescents'developmental timetables: Continuities and discontinuities. In L.A.Crockett, & R.K.Silbereisen (eds), *Negotiating adolescence in times of social change* (pp.104-22). Cambridge, England: Cambridge University Press.

Solomon, R.H. (1971). *Mao's revolution and the Chinese political culture*. Berkeley, CA: University of California Press.

Stevenson, H.W. (1991). The development of prosocial behavior in large-scale collective societies: China and Japan. In R.A.Hinde & J.Groebel (eds), *Cooperation and prosocial behaviour* (pp.89-105). Cambridge, UK: Cambridge University Press.

Stewart, S.M., Rao, N., Bond, M.H..McBride-Chang, C., Fielding, R., & Kennard, B. (1998). Chinese dimensions of parenting: Broadening western predictors and outcomes. *International Journal of Psychology*, 33, 345-358.

Super, C.M., & Harkness, S. (1986). The developmental niche: A conceptualization at the interface of child and culture. *International Journal of Behavioral Development*, 9, 545-569.

Tamis-LeMonda, C.S., Way, N., Hughes, D., Yoshikawa, H., Kalman, R.K., & Niwa, E. (2008). Parents' goals for children: The dynamic co-existence of collectivism and individualism in cultures and individuals. *So-*

cial Development, 17, 183−209.

Triandis, H.C. (1995). *Individualism and collectivism*. Boulder, CO: Westview Press.

Tsai, S.J., Hong, C.J., & Cheng, C.Y. (2002). Serotonin transporter genetic polymorphisms and harm a-voidance in the Chinese. *Psychiatric Genetics*, 12, 165−168.

Vygotsky, L.S. (1978). *Mind in society: The development of higher psychological processes*. Cambridge, MA: Harvard University Press.

Wang, Q. (2003). Emotion situation knowledge in American and Chinese preschool children and adults. *Cognition and Emotion*, 17, 725−746.

Weisz, J.R., Suwanlert, S., Chaiyasit, W., Weiss, B., Walter, B.R., & Anderson, W.W. (1988). Thai and American perspectives on over-and under-controlled child behavior problems: Exploring the threshold model among parents, teachers, and psychologists. *Journal of Consulting and Clinical Psychology*, 56, 601−609.

Wu, D.Y.H. (1981). Child abuse in Taiwan. In J.E.Korbin (ed.), *Child abuse and neglect: Cross-cultural perspectives* (pp.139−165). Los Angeles, CA: University of California Press.

Wu, D.Y.H. (1996). Chinese childhood socialization. In M.H.Bond (ed.), *The psychology of the Chinese people* (pp.143−154). Hong Kong: Oxford University Press.

Yang, K.S. (1986). Chinese personality and its change. In M.H.Bond (ed.), *The psychology of the Chinese people* (pp.106−170). Hong Kong: Oxford University Press.

Yu, R. (2002). On the reform of elementary school education in China. *Educational Exploration*, 129, 56−57.

Zhou, Q., Hofer, C., Eisenberg, N., Reiser, M., Spi.nrad, T.L., & Fabes, R.A. (2007). The developmental trajectories of attention focusing, attentional and behavioral persistence, and externalizing problems during school-age years. *Developmental Psychology*, 43, 369−385.

第 5 章　当今中国的父母养育和儿童社会化

Qian Wang　Lei Chang

在过去的几十年,中国与西方国家例如美国,在父母养育和儿童社会化方面表面上的特殊性,以及相似性,已经抓住了学者的好奇心并引发了研究者之间的争论(代表性的综述,参见 Chao & Tseng,2002;Ho,1986;Lau,1996;Wu,1996)。引用最近在三个主要的中国社会(中国大陆、香港和台湾)中的实证研究,我们试图在本章描绘当今中国父母养育和儿童社会化的艺术状态图。需要特别关注越来越多的关于中国大陆城市地区的独生子女的研究,因为他们构成了当今中国社会青年人口的主体。

回顾广泛的文献,我们寻求三个问题的答案,它们要么对于研究者们具有持久的兴趣,要么是崭新的问题。第一,西方描绘父母养育和儿童社会化的理论框架如何运用到中国这样一种一般认为是互依取向的文化,而西方文化,例如美国,一般认为是独立取向的(例如,Greenfield, Keller, Fuligni, & Maynard, 2003;Sorkhabi,2005)? 第二,什么是中国文化中父母养育和儿童社会化本土化的概念,这些概念在已有的西方框架中缺乏或者考察不足? 第三,典型的中国父母养育被描述为等级的、权威的,并且性别不平等的(见 Chao & Tseng,2002;Ho,1986;Lau,1996),在当今中国社会,经济、社会和文化正在发生巨大的快速变化,这种典型特点如何保持(见本卷的 Chan, Ng, & Hui;Chen;Kulich)? 我们对这些问题进行了总结,讨论了中国父母养育和儿童社会化研究正在出现的研究方向和未来的研究方向。

西方框架下细察当今中国的父母养育

不同研究者的理论描述,所用的术语,以及刻画父母养育和儿童社会化概念的操作性定义都会有很多明显不一致地方(总结西方文化下父母养育研究的关键成分,见 Barber, Stolz, & Olsen, 2006;Nelson, Nelson, Yang, & Jin, 2006;Stewart & Bond, 2002)。而且,数十年的西方文化下的研究已经证明了父母养育行为归类的意义,以及对儿童的影响,这可以用两个主要框架来很好的总结:鲍姆瑞德(Baumrind)的专制—权威型父母养育分类(Baumrind,1971;也见 Maccob & Martin,1983),和 Rohner 的父母接纳—拒绝理论(Rohner, Khaleque, & Cournoyer, 2007)。

权威型父母养育认为,父母对孩子是温暖、反应性和支持的,用说理和引导对待孩子,给孩子自主,鼓励孩子的民主参与,同时又保持适当的监控并设定合理的规则。这些父母养育成分传递了父母对孩子的接纳和关心,并且对孩子发展具有积极的结果。相反,专制型父母养育涉及父母用惩罚性约束技术而不是说理和引导,对孩子施加身体惩罚和强迫,并且对孩子有言语敌意和身体控制的行为。这些父母养育成分传递了父母的拒绝和缺乏关心,对孩子发展具有消极结果。如同上面总结的,各种证据都表明,所有这些在西方文化下证明的父母养育的各方面也在当今中国社会具有相似的意义和功能,尽管因为方法问题会有不同的证据。

西方框架对中国父母养育适用性的汇聚证据

西方父母养育实践在中国的含义。采用质性研究方法,Chang 及其同事(见 Chang,2006)在个别访谈中,给中国北京的父母样本呈现了来自于西方的测量权威型和专制型父母养育的项目。权威型养育包含了温暖、反应性、引导性说理、民主参与这些维度,而专制型养育包括了专制的指导、无说理、言语敌意、身体惩罚这些维度。所有项目被父母认为是有意义的、相关联的,表明西方的权威—专制型框架适用于中国父母养育行为。

这种适用性在量化研究中也很明显。Chang 及其同事(见 Chang,2006)考察了中国北京和上海的初中、高中学生及其母亲。使用上面提到的质性研究中反映权威型和专制型父母养育的项目,母亲在莱克李斯特量表上评估了她们的养育行为。对母亲反应的验证性因素分析表明因子结构是与在西方文化的发现结构一致。Wu 及其同事(2002)考察了北京和美国的一个城市的学前儿童的母亲。对两个群体做验证性因素分析,直接比较中国和美国母亲在西方测量权威型和专制型养育的项目上对儿童养育行为的评估。揭示出的因子结构在两个国家一致。

在对青少年的研究中也发现相似的证据。Supple 与同事(2004)调查了北京的青少年样本,年龄范围为 12—19 岁,采用基于西方框架反映了支持、自主给予、监管、惩罚和爱的收回等项目来评估他们的父母行为。对儿童项目反映的验证性因素分析揭示了这些父母养育因子结构与西方文化发现的结构相似。Wang,Pomerantz,和 Chen(2007)考察了中国北京和美国芝加哥的青少年早期的样本,在七年级开始和结束时测量,两次数据收集时,都是让孩子沿着心理控制、自主支持和行为控制维度来评估父母的行为,多数项目是来自西方测量。两个群体的验证性因素分析表明,父母养育维度具有跨国家和跨时间的测量对等性。这些研究结果放在一起,表明了从西方框架获得的养育行为的侧面在描绘中国父母养育时是有意义的、对等的。

西方父母养育行为的侧面在中国的功能上的相关。也有证据表明这些最初在西方文化确定的父母养育行为的侧面在中国具有相似的功能关联。在 Chang 及其同事(见

Chang，2006)的诸多量化研究中，权威型父母养育被一致地发现与儿童的学业成就、良好的自我概念和亲社会领导行为等正相关，而与儿童的社交退缩负相关。相反，专制型父母养育被一致发现与儿童学业成就、良好自我概念和亲社会领导行为负相关，而与儿童攻击行为正相关。这些结果与西方文化中发现的相似，并且十年前在北京用一个小学儿童和其父母的样本中做的研究重复了这些结果(Chen，Dong，& Zhou，1997)。专制型父母养育的几个特定维度对中国儿童发展的消极作用也与在西方文化中发现的相似。举个例子，严厉的父母养育，例如身体强制和心理控制，与更强的攻击行为相关，这在北京的学前儿童(Chang，Schwartz，Dodge，& McBride-Chang，2003；Nelson，Hart，Yang，Olsen，& Jin，2006)和香港的小学儿童(Chang，Lansford，Schwartz，& Farver，2004；Chang，Stewrt，McBride-Chang，& Au，2003)两个样本都如此。父母的身体管教和儿童更强的焦虑和攻击相关，在北京的各年龄儿童中，从儿童中期到青少年晚期，都如此(Lansford，Chang，Dodge，Malone，Oburu，Palmerus 等，2005)。

在 Supple 与同事(2004；也见 Peterson，Cobas，Bush，Supple，& Wilson，2004)用北京青少年样本的研究发现，父母支持、自主给予和监管与儿童更强的自尊、更积极的学业取向相关，与西方文化中发现的一致。而且，前面说的父母养育的三个方面与孩子对父母期望更强的顺从相关，这是以前研究较少考察的发展结果。相反，父母惩罚与不想要的儿童发展结果相关，例如妨碍性自尊，更少顺从父母期望，更少积极学业取向。与西方文化发现的相一致，Sheck(2007)用香港青少年早期的样本进行追踪研究，表明了父母心理控制的有害作用，例如心理控制与削弱的掌控感，更低生活满意度、更低自尊相关，但是与儿童现在和一年以后更强的无助感都相关。

跨文化相似性的进一步证据来自几个直接比较中国和美国的研究。对中国天津和美国更大的洛杉矶地区的七年级学生进行的一个研究中，Greenberger，Chen，Tally，和Dong(2000)发现，父母温暖和接纳预测了中国和美国青少年减弱的抑郁，在中国这个效应更强。另一个对北京和台北的七、八年级学生，以及美国南加利福尼亚的华裔和欧裔的七、八年级学生进行的研究中，Chen，Greenberger，Lester，Dong 和 Guo(1998)发现，亲子关系缺乏父母温暖和控制与青少年更多不良行为相关，不管其文化起源或者居住地区怎样。最近的一项研究中，Barber，Stolz，和 Olsen(2006)发现父母支持与更多社交发起和更弱的抑郁相关，而父母心理控制与更强的抑郁相关，父母行为控制与更少反社会行为相关，这在中国和美国，以及一些其他国家的城市学校青少年中均如此。

Wang，Pomerantz 和 Chen(2007)对北京和芝加哥青少年早期的孩子在七年级开始和结束时进行的研究超越了以前，既有追踪，又有跨文化。父母心理控制对儿童情绪功能的消极作用、父母自主支持对儿童情绪和学业功能的积极作用，以及父母行为控制对儿童学业功能的积极作用在中国和美国都得到跨时间的支持。有趣的是，心理控制和行为控制的效果在两个国家的效果量相似，自主支持的效果一般在美国更强。这些结果与这样的观念是一致的:在美国这样独立取向文化中,比起中国这样的依赖取向文化(例如,greenfield 等,2003),自主更为看重。总结,前述大量研究表明,来自西方框架的父母养育各个侧面总体来说对于中国儿童发展具有相似的作用。

西方框架对中国父母养育适用性的相异证据

也有少数研究显示前面提到的父母养育的一些侧面对于中国儿童(相对于西方对照组)发展具有不同作用。很明显,这种研究多数在美国的华裔移民儿童中开展的(例如, Chao, 2001; Dornbusch, Ritter, Leiderman, Roberts, & Fraleigh, 1987; Steinberg, Lamborn, Darling, Mounts, & Dornbusch,1994),并且权威型或者专制型养育对华裔美国儿童的学业成就没有作用。这不同于以往结果,认为对于欧裔美国儿童的学业成就,权威型养育具有有利作用而专制型养育具有损害作用。相反,对于儿童社会情绪功能,权威型养育的积极作用和专制型养育的消极作用在美国不同种族儿童是相似的,包括华裔(Steinberg,Mounts,Lamborn,& Dornbusch,1991)。

前述欧裔美国儿童和华裔美国儿童的权威型和专制型养育对学业成就的作用差异,并不完全归因于他们的文化起源差异,几个研究者强调了移民身份的作用,例如,移民身份对于华裔美国儿童可能突出了学业成就的功用(Sue & Okazaki,1990)以及学业失败的消极后果(Steinberg,Dornbusch,& Brown,1992)。这个因素可能对于华裔美国儿童的学业成就具有明显作用,并且导致了父母养育的作用不同于欧裔美国儿童。我们把这些研究者和其他研究者(例如 Phinney & Landin,1998)放在一起考虑,认识到他们在研究居住在西方国家里的中国移民父母和儿童时,存在着对移民身份和文化的混淆。

一些研究考察了西方框架的父母养育侧面对居住在中国社会中儿童的影响,其结果也发现了不同于西方文化样本的证据。例如,McBride-Chang 和 Chang(1998)发现在香港的中国青少年中,无论权威型还是专制型父母养育对儿童的学校表现都没有关系。然后,当在群体水平分析而不是在个体水平分析时,具有更高成就水平的学校中儿童父母,比起那些来自更低学业水平的学校儿童的父母,更为权威更少专制。因此,这些作者敏感的承认,认为权威型和专制型养育在预测中国儿童学业成就的适用性上是无效的还有些过早。在一个对中国香港、美国、澳大利亚青少年的跨文化研究中,Leung,Lau,Lam(1998)运用来自西方反映权威型、专制型养育的测量项目,并进一步把每个划分为一般维度和学业维度。他们发现,在中国香港,无论一般维度还是学业维度的父母权威都与儿童学校成就无关,而父母学业专制与儿童学校成就负相关,但是一般维度上的父母专制是与学业成就正相关。相反,在美国和澳大利亚,父母一般权威与儿童学校成就正相关,而一般专制和儿童学校成就负相关,与那些以前西方文化的研究结果一致。而且,在美国和澳大利亚,父母学业专制与儿童学校成就负相关,但是学业权威与儿童学校成就无关。

在 Supple 和同事(2004)对北京青少年的研究中,他们发现父母爱的收回(心理控制的一个主要成分)与儿童的某些发展结果无关,例如自尊、学业取向,以及对父母期望的顺从。这些研究结果与那些同时在中国和西方文化中进行的其他研究不同(例如,Barber 等,2006;Wang 等,2007)。Leung 等(1998)和 Supple 等(2004)两者都总结:来自西方框架的儿童养育行为的某些方面可能不适用于中国的父母养育。然而,更仔细地看,这些研究表明,得出这样的结论需要小心,因为运用的测量似乎多少缺乏其心理测量属性。例如,在 Leung 等(1998)的研究中,在把权威型和专制型父母养育进一步划分为一般维度和学业维度后,被测量的四个构念只包含不超过 4 个项目,而且克伦巴哈系数(表明测量内在一致性的)多数低于 0.60。在 Supple 和同事(2004)的研究中,测量父母爱的收回在删除了其他构念上交叉负荷的项目后,研究中只有 2 个项目。如同 Stewart 和 Bond(2002)认为的,当对一个给定的父母养育构念,采用西方测量用于非西方文化中时,很有必要把能涵盖更宽范围的项目包括进来,这些项目彼此紧密相关,在因子分析时是聚合的。缺乏这些标准可能会阻止我们得到任何如 Leung 等(1998)和 Supple 等(2004)的研究那样确定的结论。

当今反映本土概念的中国父母养育

管的概念

很显然,当有研究者在尽力考察来自西方框架里的父母养育关键侧面在中国社会中的意义和功能时,也有一些值得关注的研究在揭示中国文化背景下特定的父母养育侧面。这些侧面在之前西方文化背景下的研究中还没有被确定或者存在研究不足;其中一个就是 Chao 在 1994 年引入的管(培养)。管涵盖了中国父母养育孩子中的责任感。这个责任感的中心是父母"管理"和"培养"孩子,通过提供亲密的监管,坚定的指导,以及高要求,来帮助孩子发展成为功能良好的社会成员。Chao(1994)提出可以通过与管相关的儿童养育思想和实践来更好地理解中国父母养育,而不是通过来自西方框架的概念,例如权威型和专制型养育。相对于西方父母,管的思想和实践被预期受到中国父母更大的认可,并且相对于来自西方框架的养育侧面更能预测中国儿童的功能,特别是学业成就。

的确,研究发现,比起欧裔美国父母,在美国的移民华裔父母更大程度认可管相关的儿童养育观念——例如,"母亲应该为孩子的教育做任何事情并做很多牺牲"(Chao,1994;Chao,2000;Jose,Huntsinger,Huntsinger,& Liaw,2000)。然而,在中国台湾的中国父母和欧裔美国父母更少程度认可这种观念(Jose 等,2000);同样,在中国香港的中国父母比起英国的对照组也是如此(Person & Rao,2003)。而且,在中国香港的中国青少年没有发现父母的管的观念和儿童的学业成就相关(McBride-Chang & Chang,1998),无论中国香港还是英国也都没有发现母亲管的观念与他们的学前儿童的同伴能力相关(Person & Rao,2003)。

Stewart 和同事(1998;2002)做了一系列研究来考察父母的管与儿童总体健康的关系。基于 Chao(1994)的管的观念的问卷,他们测量了与管相关的父母养育实践,以及父母养育中的温暖和限制性控制,儿童知觉到的健康和生活满意度。这些测量都根据中国文化进行了改编。Stewart,Rao,Bond,McBride-Chang,Fielding,和 Kennard(1998)发现,父母管与香港青少年晚期的女孩的健康积极相关。管也与父母温暖正相关,但是与父母限制性控制无关,父母管与孩子健康的关系变得无关。

很有意思的是,也有证据表明中国父母与管相关的观念和实践与权威型和专制型养育都正相关(Chen & Luster,2002;Pearson & Rao,2003)。在 Stewart,Bond,Kennard,Ho 和 Zaman(2002)的研究中,运用上面提到的管的测量,给在中国香港、巴基斯坦和美国的青少年晚期女孩施测,支持了中国管的概念到其他文化中的"可输出型"。这些研究者发现,在所有三个文化群体中,管的测量具有可比较的内在一致性,父母管和父母温暖之间具有相似的正相关,并且父母管和孩子的健康都具有相似的正相关。

其他本土概念

在 Wu 和同事(2002)的研究中,对北京和美国城市地区学前儿童施测了父母养育实践测量,这些测量基于以前的研究被认为在中国特别重要,并且对中国父母进行了焦点访谈。这些父母养育实践包括鼓励谦虚,保护,母亲卷入,羞耻/爱的收回,以及指导。对这些父母养育实践测量进行的因素分析显示出有意义的因子结构并且在中国和美国是不变的。然而如期望的一样,中国母亲比美国父母更认可这些实践,除了母亲卷入之外,后两者差不多。

Lieber 和同事(2006)对香港和台湾的学前儿童父母施测了一个包括综合性项目的问卷,这些项目同时反映了中国(例如 Chao,1994;Fung,1999)和西方(例如 Baumrind,1971;Maccoby & Martin,1983)研究者所测量的父母养育的侧面。他们确定了四个关键的中国儿童养育信念的维度:培养,羞耻,自主,权威。培养是基于 Chao(1994)的管的观念,代表了父母养育侧面的关键侧面,被假设为所中国文化特有;同样地,羞耻,也被认为是中国父母一般用来作为有效社会化的工以教会儿童"对和错",并促使儿童持续的自我改进(Fung,1999)。自主和权威维度似乎都涉及父母促进儿童对环境的探索,自我表达和自尊。的确,这两个维度被认为紧密相关。而且,培养与权威和自主维度都正相关。

Chang 和同事使用了一个全新的"自下而上"的方法,研究中不把父母养育的侧面局限于以前文献,假定为特属于西方文化或者中国文化(见 Chang,2006;Wang & Chang,2008)。在研究中,他们对北京各年龄段儿童的父母进行了非结构性访谈,从访谈中抽取了这些来自不同教育水平和社会经济地位的父母们所关心的父母养育的方面。有趣的是,除了表达了与西方对照组一样多的对孩子心理和情绪健康的关心,被访谈的中国父母大多数都是只有一个孩子,还表达了大量的对孩子身体和物质健康的关心。而且,与观察的一致,中国父母养育聚焦于促进儿童的教育成就(见 Chao & Tseng,2002;Ho,1986;Lau,1996;Wu,1996),当这些访谈的中国父母谈到控制孩子,他们报告的对孩子的控制几乎无一例外都是在孩子的学业功课上。

基于这些中国父母养育的深刻见解,Chang 和同事发展了儿童养育实践项目,表达了父母对儿童身体和物质健康的关心,也抓住了父母对学业领域的控制。这些项目包括:"我们做任何我们可以做的事情来确保我们孩子的健康(身体温暖)","在我们经济能力范围内,我们会满足我们孩子的物质需要(物质温暖)","我们会身体惩罚孩子,假如他/她在学校做得不好(身体上的学业专制)",以及"假如他/她在学校做得不好,我们会拿走孩子的物质特权(物质上的学业专制)"。这些项目与改编自西方反映权威型和专制型父母养育的测量一起,施测于北京和上海的小学和初中学生母亲,也同时收集了这些儿童的许多发展结果。

验证性因素分析证明了父母身体—物质上温暖和父母身体—物质上学业专制的结构效度。这些结构与权威型和专制型父母养育以预期的方式相关联,例如,身体—物质上温暖与权威型养育正相关但是与专制型养育负相关,而身体—物质上学业专制与权威型养育负相关但是与专制型养育正相关。更重要的是,结构方程模型表明,父母养育的这两个额外的侧面对中国儿童的发展具有独特的贡献。在调节了权威型和专制型养育对儿童发展结果的关系后,父母身体—物质上温暖仍然显著预测了儿童更高的学业成就、更低的攻击,而其对儿童的积极自我概念的作用变得不显著。有意思的是,在考虑了身体—物质上温暖与权威型和专制型父母养育的共享变异后,其对儿童亲社会领导行为的正相关变为负。父母身体—物质上的学业专制与儿童学业成就、良好自我概念的负相关,以及与攻击和退缩行为的正相关,在考虑了权威型和专制型养育的作用之后仍然显著。然而,一旦考虑了权威型和专制型养育的共享变异的作用后,父母身体—物质上的学业专制与儿童的亲社会领导的负相关变得不显著。

总　结

总之,越来越多的研究正在揭示父母养育的有趣一面,而这不是以前西方文化的研究的焦点。值得注意的,尽管上面报告的研究中新的或者额外的养育方面可能是不确定的或者在西方文化中研究不足,他们可能并不完全不同于那些在西方文化中最初确定并广泛研究的父母养育的方面,他们也可能并不是中国文化独有的。例如,管被发现与父母温暖有相当紧密的相关,它对西方文化的可输出性已经被证实(Stewart 等,1998;Stewart 等,2002)。在 Wu 和同事的工作中(2002)他们发现,在中国受到特别强调的父母养育实践也多少与权威型和专制型养育相关,而且,这些中国的父母养育实践对美国的父母也是有意义的。Chang 和同事(见 Chang,2006;Wang Chang,2008)也发现权威型和专制型养育与在中国父母研究中确定的父母温暖和学业控制中的身体和物质维度具有显著相关。

这些“额外的”父母养育维度实际上已经获得一些西方研究者的关注(例如,Roe&Siegelman,1963;见 Wang & Chang,2008)。特别值得一提的是,这些父母养育在中国本土显示出的功能预测还相当有限。例如,管对儿童发展多个领域的作用,其证据还只是刚刚出现。由 Wu 等(2002)和 Lieber 等(2006)确定的父母养育实践和信念对儿童发展的作用,以及由 Chang 和同事(见 Chang,2006;Wang Chang,2008)确定的父母温暖和学业控制的身体和物质维度,都需要在中国和西方文化中进一步考察。

再谈中国父母养育的持久的主题

中国文化中父母与儿童的关系和互动一般被典型地描述为等级的和专制的、性别不平等的,以及学业聚焦的(见 Chao & Tseng,2002;Ho,1986;Lau,1996)。下面我们介绍一些最近的研究,来评价这些持久的主题的当今意义。

中国父母养育是专制的吗?

来自比较研究的混合的证据。Wu 和同事(2002)发现北京学前儿童的母亲相对于他们的美国对照组,更大程度赞同对儿童身体强制,并且更小程度赞同对儿童温暖和儿童的民主参与。Pearson 和 Rao(2003)发现,相对于英国的对照组,中国香港学前儿童的母亲报告他们从事更高水平的专制型养育和相似水平的权威型养育。在 Jose 和同事(2002)的观察研究中发现,中国台湾学前儿童的母亲比起他们的美国对照组,在与儿童互动时,更直接,但是更少温暖。

对青少年养育的研究也发现并不完全一致。Chen 和同事(1998)研究揭示了欧裔美国父母比中国北京和台湾父母的温暖水平更高,由父母的青少年子女报告。然而,Greenberger 和同事(2002)报告,中国天津的青少年比起美国青少年,报告的父母温暖水平更高。Wang 等(2007)研究揭示了北京的中国母亲比芝加哥的美国母亲具有更高水平的心理控制更低水平的自主支持,以及更低水平的行为控制,也是由他们的青少年早期子女报告。关于在日常生活中多种事务上做决定时父母给予孩子的自主性,例如,我看多少电视,我与谁交朋友,中国青少年早期的孩子比起他们美国对照组报告更少地拥有这种决定(Qin,Pomerantz,& Wang,2008)。也聚焦于日常生活事务,Feldman 和

Rosenthal(1991)发现中国香港青少年比起他们的美国和澳大利亚对照组,更期望在更大一些自己做决定。有趣的是,在那些同在香港的一个国际学校中的青少年中,这种亚裔后代(包括中国)的以后的自主期望相对于西方后代更为明显(Deeds,Stewart,Bond,& Westrick,1998)。

这些相对小量的比较研究明显不一致,其原因可能包括了不同研究中考察的特定概念的差异、所用的测量的差异、招募样本的特定特征。然而,很显著的是,把中国父母描述为等级的和专制的,这是缺乏聚合证据的。这种潜在的刻板印象可能通过其他视角可以得到更好的理解。

重新思考中国父母的专制主义。另外一个选择是关注文化内比较而不是跨文化比较。的确,当中国父母养育孩子的专制型和权威型信念和实践在彼此之间进行比较,而不是与那些西方对照组进行比较,有大量证据表明中国父母是相当权威的。例如,在Xu和同事(2005)的一个研究中,上海2岁儿童的中国母亲报告了他们的权威型和专制型养育实践,五点计分,1是完全不同意,5是完全同意。这个样本的专制型养育的平均评分是2.9分,刚好低于平均点3(既不同意也不不同意),权威型养育是4.3(相似的结果,见Chen等,1997;Pearson & Rao,2003),在Wang等(2007)的研究中,北京的孩子在一个五点量表上报告了他们的父母运用的心理控制和自主支持(1=完全不真实,5=非常真实)情况。这个样本的父母心理控制平均评分为2.8,在量表的2(=有点真实)和3(=有点真实)之间,父母自主支持是3.5,在量表的3(有点真实)和4(=很真实)之间(相似的结果,见barber等,2006)。而且,有证据表明相当多的中国儿童在日常生活事务上做决定,要么是孩子自己做决定,要么是与父母一起做决定,而不是父母单方面地为他们的孩子做决定(Qin等,2008;Xia,Xie,Zhou,DeFrain,Meredith,& Combs,2004)。

如前面提到的,Chang和同事报告了那些不是以前西方文化研究焦点的父母养育的额外的一些方面,例如,身体—物质上的温暖和身体—物质上的学业专制(见Chang,2006;Wang & Chang,2008)。这个工作提供了将中国父母养育刻板化为专制的第二个途径。结果发现,中国父母相当程度上(比如,在一个1=完全不赞同,5=完全赞同的量表上,高于4.0)认可儿童养育实践为身体—物质上温暖的,表明以前只是强调心理—情绪温暖的工作可能很大程度上低估了中国父母对孩子的温暖。而且,研究发现,中国父母的控制几乎无一例外的是对孩子的学业。这个结果与两个研究相一致,一个是养育研究者们认识到教育成就是中国父母养育孩子的主要关心点(例如,Chao & Tseng,2002;Ho,1986;Wu,1996),一个是动机研究者们认识到养育是中国孩子的教育成就的一个主要影响源(例如,Hau,Pomerantz,Ng,& Q.Wang,2008;Stevenson,Lee,C.Chen,Stigler,Hus,& Kitamura,1990)。

的确,Ng和同事(2008)发现,在中国香港的学前儿童的中国母亲更可能认为父母尽最大努力在学业上驱动孩子、帮助孩子是反映了父母的爱,而他们的美国对照组更可能把这看做父母的责任。Wang 和 Pomerantz(2008a)发现,在青少年早期,儿童学校成就的下降能预测中国父母而不是美国父母增加的心理控制。Cheung 和 Pomerantz(2008)发现,在中国父母那里而不是美国父母那里,心理控制与孩子学校学业卷入正相关。这些结果表明,中国父母的专制,倾向于围绕孩子的学校功课,更可能反映父母意图帮助他们的孩子学业成功而不是反映了他们缺乏爱和温暖。

然而,这种意图良好的养育很可能不幸逆火或起反作用(对于这种意图良好的养育在西方文化中如何逆火的解释,见 Grolnick,2003)。如前面提到的,Wang 和 Chang(2008)发现,父母身体—物质上的学业专制对中国儿童发展的很多方面具有消极作用,包括学业成就。Wang 和 Pomerantz(2008a)发现,中国父母心理控制的增加,这与他们孩子学校成就的降低相关,预测了接下来孩子学业更坏而不是改进。

中国父母养育性别不平等吗?

除了更强的父母控制和养育以孩子教育成就为中心,另外一个对中国父母养育和儿童社会化的普遍知觉关心性别差异性,由于父系社会传统和与之相关的儿子偏好,男性比女性更受到偏好(见 Ho,1986;Lau,1996)。然而,根据现存研究中普遍涉及的养育方面,很少有研究系统考察中国父母对男性后代和女性后代的区别对待。

少量已有关注到性别问题的研究很惊奇地发现,性别上养育差异是偏好女孩。Chang 和同事(2003)对中国南方城市的幼儿园孩子及其父母的研究中,男孩父亲比起女孩父亲,报告他们自己具有更高水平的严厉养育,而男孩和女孩的母亲报告她们自己严厉养育水平差不多。在 Chen 和同事(2000)的研究中,以上海的小学生为样本,男孩和女孩报告了相似水平的父亲和母亲的温暖和溺爱,而男孩报告了更高水平的父母控制。在 Wang 和 Pomerantz(2008b)对北京青少年早期孩子的研究中,男孩和女孩报告了相似水平的父母自主支持、行为控制、学校功课卷入,然而男孩报告更高水平的父母心理控制。Shek(2007)对香港的中国青少年的研究也发现,男孩比女孩报告父母更多心理控制。值得注意的是,尽管已有的大把研究显示出支持中国父母养育和儿童社会化一般是性别平等的,所以建议我们还是要小心做一个总括性结论,因为性别差异可能存在于养育的其他方面,例如鼓励孩子性别分化的活动和职业选择(Cheung,1996)。

总　结

总之,我们对相关研究的评价暗示了中国父母一般来说是相当温暖的,对孩子的权威、爱和关心特别表现在努力确保和促进孩子的身体健康和物质福利。当面对孩子的学业时,中国父母倾向于运用权威并施加更高控制,他们相信这种专制主义对孩子有利。中国父母也看起来一般是性别平等的,养育男孩和女孩是相当相似的。

未来的研究方向

基于已有文献的不断深入探究,我们对本章开始提出的三个问题有了以下回答。第一,有汇聚性证据表明西方父母养育的主要研究框架(例如,权威—专制型父母养育分类学和父母接纳—拒绝理论)运用到中国文化具有适用性。基于这些框架的多个养育侧面的测量也显示出不仅仅在中国样本中是具有意义的和对等的,而且也能预测中国儿童广泛的发展结果,预测方式与在西方文化中所发现的相似。第二,西方文化以前工作中不是焦点的很多养育侧面已经在中国文化中被确认为具有特别凸显的意义。有证据支持这些养育侧面也适用于西方文化。第三,深入考察最近的研究,中国父母被描绘为一般来说温暖的、权威和对男性女性后代性别平等的,然而面对孩子的学业问题,他们倾向于专制。这些结论有助于我们更好地规划出中国父母养育和儿童社会化的未来研究方向。

分析的不同水平

如同几个调查研究指出的,未来一个重要的方向是要区分分析的水平,在不同文化群体上比较儿童养育的信念和实践。跨文化比较聚焦于每个文化群体在特定养育侧面的平均分,这些研究代表了平均水平的分析("文化的位置效应"或者"水平取向的研究"见 Bond, 2009; Bond & van de Vijver, 2009)。不同文化群体在平均水平的差异反映了不同文化群体在考察的父母养育侧面的凸显性和规范;他们并不必然表示这些养育侧面在不同文化具有不同的意义或者功能。例如,相对于美国对照组来说,中国父母更少自主给予,但是这个平均水平的差异并不意味着父母自主给予对于中国儿童发展具有不同的功能意义。再举另外一个例子,相对于中国对照组来说,美国父母更少强调谦虚,但是这不意味着谦虚对美国儿童社会化具有的意义很小。

跨文化比较强调养育的特定侧面和儿童发展的特定侧面在每个文化群体中关联的存在性和强度大小,代表了在关系水平的分析("关联或者文化的调节效应"或者"结构取向的研究"见 Bond, 2009; Bond & van de Vijver, 2009)。在一个文化群体存在一定的关联,但是在另一个文化中缺乏或者强度更弱,可能意味着所研究的父母养育侧面在不同文化具有不同的功能。某种关联的强度在不同文化群体具有差异,可能多少表明所研究的养育侧面对研究中孩子发展的影响机制不同,例如,Wang 和 Pomerantz(2009)发现,父母自主支持对青少年早期情绪功能有益,中国和美国皆如此,只是中国的效果更弱。而且,父母自主支持在中国是完全受到孩子感受到的自主的中介,但是在美国只有部分中介。这个差异表明,在美国,父母自主支持和孩子情绪功能之间的联系,除了孩子感受到的自主具有基础中介作用之外,可能还有其他机制。

显然,比较中国和西方文化的父母养育和儿童社会化的研究中,儿童养育侧面来自西方框架,文化的位置效应长期以来一直是焦点,而把文化作为一个调节变量的研究正在出现(例如,Wang 等,2007)。未来的研究可能也需要同时根据文化的位置效应和调节效应来跨文化考察养育的中国本土化概念(这条线索的初步研究,可参见 Pearson & Rao,2003;Stewart et al.,2002)。而且,多元文化而不是双文化比较,可能在回答一些重要问题上特别有价值,例如养育的跨文化差异是否解释了儿童发展的跨文化差异(见 Pomerantz 等,2008)。

以动态和多维度的方法来审视文化

另外一个未来的方向是把文化看做动态系统,而不是把文化当成一个静态实体,其过去的遗产在社会进步中具有新的意义。跨文化比较应该沿着多元的变化着的文化维度。在一方面是东亚儒家学说和集体主义,另一方面是西方和个体主义(见 Oyserman,Coon,& Kemmelmeier,2002)之间的简单对照,可能云集了父母养育的研究,如本章综述的,显示了东方和西方既有共性又有差异性。的确,动态和多元的方法是拆分文化(Bond,2009;Bond & van de Vijver,2009)或者把文化看作为对养育和儿童发展的多个最近的影响。换一句话说,中国的养育和儿童社会化的模式不可能受到单一的不变的传统的影响,例如,儒家学说,它与独立、自主和性别平等这些概念无关。然而,包括了儒家的各种传统,被公认影响了中国社会生活的很多方面,也被如今当代中国社会正快速发生的巨大的经济、社会和文化变化所影响(见 Hwang & Han,本卷;Kulich,本卷;Ng,本卷)。

中国大陆,举个例子,已经发生了四个非凡的变化。第一个是西化,它首先以半殖民化的形式出现,接着以技术进步、全球化,以及经济、政治和社会变革的形式持续。第二个是引入的共产主义意识形态,在“文化大革命”达到顶峰,并试图根除儒家思想和其他中国文化传统。第三个是中国正在进行的快速的经济发展。连续二十多年两位数的 GDP 年增长。第四个是独生子女政策,出现于 20 世纪 70 年代晚期,已经产生了一代养育在缺兄弟姐妹的环境下的城市中国儿童。这四个明显的改变混合在一起已经变革了中国文化,形成一个看起来具有这样特点的文化:至少现在愿意拥抱新的,也开始遗忘旧的。

我们把当代中国父母描述成温暖的、权威的、性别平等的,对孩子的学业功课专制的,这种静态艺术的描述放在最近的文化背景下就不足为奇了。现代化和西方化以及独生子女政策可能导致中国父母更看重独立、自主和性别平等,也更看重教育的实用性;反过来,中国父母可能在进行一种他们相信有助于实现这些价值的儿童养育实践(专著解释,见 Fong,2004)。

值得注意的是,经济、社会和文化的变化可能在农村地区比城市地区发展得没那么快没那么剧烈。例如,独生子女政策似乎没有一致的严格的在农村地区执行。而且,大量的农村居民流动到城市作为劳动力,并且持续增加。这导致了特殊儿童群体,他们与他们的进城务工父母一般居住在城市的不良环境中,或者被留在农村与祖父母这样的替代照料者一起生活。现实情况是,我们明显缺乏对中国农村人口的养育和儿童发展的研究(需要更多这样的例外,见 Fuligni & Zhang,2004;Zhang & Fuligni,2006),或者对新出现的进城务工人群的研究。我们本章得出的结论,几乎无一例外的都是基于对城市地区的研究,是否对这些"被忽略的"人口依然适用还是一个未决的问题。

在抓住动态和多元文化时,去考察养育信念和实践可能是研究已显示的成人心理功能跨文化差异的前端因素,这可能会富有成果。例如,依恋风格的差异(例如 Schmitt,Alcalay,Allensworth,Allik,Ault,Austers et al.,2004),调节焦点的差异(综述见 Wyer,2009),以及应对策略的差异(综述见 Cheng,Lo,& Chio,本卷)已经在中国和西方文化的成人中得到确定。而且已经有研究开始将养育和这种心理功能联系起来,其跨文化差异已经在儿童很明显(例如 Ng,Pomerantz,& Lam,2007;Xu,Farver,Chang,Yu,& Zhang,2006)。

结 论

父母和孩子的关系和互动在当代中国社会(例如,中国大陆、香港和台湾的城市地区)一般来说是温暖的、权威的、性别平等的,父母温暖特别表现在父母对孩子的身体和物质福利的关心上。然而,当面对孩子的学校功课时,中国父母是相当专制和控制的,反映了教育成就的极限价值,以及父母假定对孩子负有最大责任来促进这种成就。

看起来如今典型的中国父母认可的社会化目标、儿童养育信念和养育实践,反映了传统中国和现代西方价值。值得注意的是,尽管在中国和西方父母对特定的目标、信念、实践有一些平均水平的差异,但是这些养育侧面对孩子发展的功能方面在中国和西方文化是相当相似的。具体来说,权威型养育,传递了父母对孩子的接纳和尊重孩子的自我感,对孩子发展的多个维度具有积极效果。相反,专制型养育,传递了父母对孩子的拒绝,破坏孩子的自我感,具有消极作用,即使只是偶尔的,例如,当孩子在学校表现不好时。

参考文献

Barber,B.K.,Stolz,H.E.,& Olsen,J.A.(2006).Parental support,psychological control,and behavioral control:Assessing relevance across time,culture,and method.*Monographs of the Society for Research in Child Development*,70,Serial No.282,1–137.

Baumrind, D. (1971). Current patterns of parental authority. *Developmental. Psychology Monograph*, 4, 1-103.

Bond, M.H. (2009). Circumnavigating the psychological globe: From *yin* and *yang* to starry, starry night. In A. Aksu-Koc & S. Beckman (eds), *Perspecrives on human development, family and culture*. Cambridge, England: Cambridge University Press.

Bond, M.H. & van de Vijver, F. (2009). Making scientific sense of cultural differences in psychological outcomes: Unpacking the *magnum mysteriurn*. In D. Matsumoto & F. van de Vijver (eds), *Cross-cultural research methods*. New York: Oxford University Press.

Chang, L. (2006). *Confucianism or confusion: Parenting only children in urban China*. Keynote address at the 19th biennial convention of the International Society for the Study of Behavioral Development Australia: Melbourne, July.

Chang, L, Lansford, J.E., Schwartz, D., & Farver, J.M. (2004). Marital quality, maternal depressed affect, harsh parenting, and child externalizing in Hong Kong Chinese families. *International Journal of Behavioral Development*, 28, 311-318.

Chang, L., Schwartz, D., Dodge, K.A., & McBride-Chang, C. (2003). Harsh parenting in relation to ch.ild emotion regulation and aggression. *Journal of Family Psychology*, 17, 598-606.

Chang, L., McBride-Chang, C. Stewart, S., & Au, E. (2003). Life satisfaction, self-concept, and family relations in Chinese adolescents and children. *International Journal of Behavioral Development*, 27, 182-190.

Chao, R.K. (1994). Beyond parental control and authoritarian parenting style: Understanding Chinese parenting through the cultural notion of training. *Child Development*, 65, 1111-1119.

Chao, R.K. (2000). The parenting of immigrant Chinese and European American mothers: Relations between parenting styles, socialization goals, and parental practices. *Journal of Applied Developmental Psychology*, 21, 233-248.

Chao, R.K. (2001). Extending research on the consequences of parenting style for Chinese Americans and European Americans. *Child Develapment*, 72, 1832-1843.

Chao, R.K. & Tseng, V. (2002). Parenting of Asians. In M.H. Bornstein (ed.), *Handbook of Parerrting: vol.4. Social Conditions and Applied Parenting* (pp.59-93). Mahwah, NJ: Lawrence Erlbaum.

Chen, C., Greenberger, E., Lester, J, Dong, Q., & Guo, M.-S. (1998). A cross-cultural study of family and peer correlates of adolescent misconduct. *Developmental Psychology*, 34, 770-781.

Chen, F.-M. & Luster, T. (2002). Factors related to parenting practices in Taiwan. *Early Child Development and Care*, 172, 413-430.

Chen, X., Dong, Q., & Zhou, H. (1997). Authoritative and authoritarian parenting practices and social and school performance in Chinese children. *International Journal of Behavioral Development*, 21, 855-873.

Chen, X., Liu, M., & Li, D. (2000). Parental warmth, control, and indulgence and their relations to adjustment in Chinese children: A longitudinal study. *Journal of Family Psychology*, 14, 401-419.

Cheung, C.S. & Pomerantz, E.M. (2008). *Changes in parents' involvement in children's schooling during early adolescence in the US and China: Implications for children's learning strategies*. Poster presented at the 20th biennial meeting of the international Society of the Study of Behavioral Development. Germany: Würzburg, July.

Cheung, F.M.C. (1996). Gender role development. In S. Lau (ed.), *Growing up the Chinese way: Chinese child and adolescent development* (pp.45-67). Hong Kong: The Chinese University Press.

Deeds, O., Stewart, S.M., Bond, M.H., & Westrick, J. (1998). Adolescents in between cultures: Values and autonomy expectations in an international school setting. *School Psychology International*, 19, 61-77.

Deutsch, F.M. (2006). Filial piety, patrilineality, and China's one-child policy. *Journal of Family Issues*, 27, 366-389.

Dornbusch, S.M., Ritter, P.L., Leiderman, P.H., Roberts, D.F., & Fraleigh, M.J. (1987). The relation of parenting style to adolescent school performance. *Child Development*, 58, 1244-1257.

Feldman, S.S. & Rosenthal, D.A. (1991). Age expectations of behavioral autonomy in Hong Kong, Australian, and American youth: The influences of family variables and adolescents' values. *International Journal of Psychology*, 26, 1-23.

Fong, V.L. (2002). China's one-child policy and the enpowerment of urban daughters. *American Anthropologist*, 104, 1098-1109.

Pong, V.L. (2004). *Only hope: Coming of age under China's one-child policy*. Stanford, CA: Stanford University Press.

Fuligni, A.J. & Zhang, W. (2004). Attitudes toward family obligation among adolescents in contemporary urban and rural China. *Child Development*, 74, 180-192.

Fang, H. (1999). Becoming a moral child: The socialization of shame among young Chinese children. *Ethos*, 27, 180-209.

Greenberger, E., Chen, C., Tally, S.R., & Dong, Q. (2000). Family, peer, and individual correlates of depressive symptomatology among US and Chinese adolescents. *Journal of Consulting and Clinical Psychology*, 68, 209-219.

Greenfield, P.M., Keller, H., Fuligni, A., & Maynard, A. (2003). Cultural. pathways through. universal development. *Annual Review of Psychology*, 54, 461-490.

Groluick, W.S. (2003). *The psychology of parental control: How well-meant parenting backfires*. Mahwah, NJ: Lawrence Erlbaum.

Ho, D.Y.F. (1986). Chinese patterns of socialization: A critical review. In M.H. Bond (ed.), *The psychology of the Chinese people* (pp.1-37). New York: Oxford University Press.

Jose, P.E., Huntsinger, C.S., Huntsinger, P.R., & Liaw F.-R. (2000). Parental values and practices relevant to young children's social development in Taiwan and the United States. *Journal of Cross-Cultural Psychology*, 31, 677-702.

Lansford, J.E., Chang, L., Dodge, K.A., Malone, P.S., Oburu, P., Palmerus, K. et al (2005). Physical discipline and children's adjustment: Cultural normativeness as a moderator. *Child Development*, 76, 1234-1246.

Lau, S. (1996). *Growing up the Chinese way: Chinese child and adolescent development*. Hong Kong: The Chinese University Press.

Leung, K., Lau, S., & Lam, W.-L. (1998). Parenting styles and academic achievement: A cross-cultural study. *Merrill-Palmer Quarterly*, 44, 157-172.

Lieber, E., Fung, H., & Leung, P.W. (2006). Chinese child-rearing beliefs: Key dimensions and contributions to the development of culture-appropriate assessment. *Asian Journal of Social Psychology*, 9, 140-147.

McBridge-Chang,C.,& Chang,L.(1998).Adolescent-parent relations in Hong Kong:Parenting styles,e-motional autonomy,and school adjustment.*Journal of Genetic Psychology*,159,421-436.

Maccoby,E.E.& Martin,J.A.(1983).Socialization in the context of the family:Parent-child interaction. In P.H.Mussen(series ed.)& E.M.Hetheringtoll(vol.ed.),*Handbook of child psychology*:*Vol.4*,*Socialization*, *personality*,*and social development*(4th edn,pp.1-101).New York:Wiley.

Nelson,D. A., Hart, C. H., Yang, C, Olsen, J. A., & Jin, S. (2006). Aversive parenting in China: Association with child physical and relational aggression.*Child Development*,77,554-572.

Nelson,D.A.,Nelson,L.J.,Hart,C.H.,Yang,C.,& Jin,S.(2006).Parenting and peer-group behavior in cultural context.In X.Chen,D.C.,French,& B.H.Schneider(eds),*Peer relationships in cultural context*(pp. 213-246).New York:Cambridge University Press.

Ng,F.-F.,Pomerantz,E.M.,& Lam S.F.(2008).*Chinese and American parents' beliefs about children's a-chievement:Indigenous Chinese notions and their implications for parents and children*.Symposium paper pres-ented at the 20th biennial meeting of the International Society of the Study of Behavioral Development.Germa-ny:Würzburg,July.

Oyserman,D.,Coon,H.M.,&Kemmelmeier,M.(2002).Rethinking individualism and collectivism:Eval-uation of theoretical assumptions and meta-analyses.*Psychological Bulletin*,128,3-72.

Pearson,E.& Rao,N.(2003).Socialization goals,parenting practices,and peer competence in Chinese and English preschoolers.*Early Child Development and Care*,175,131-146.

Peterson,G.W.,Cobas,J.A.,Bush,K.R.,Supple,A.,& Wilson,S.M.(2004).Parent-youth relationships and the self-esteem of Chinese adolescents:Collectivism versus individualism.*Marriage and Family Review*, 36,173-200.

Phinney,J.S.& Landin,J.(1998).Research paradigms for studying ethnic minority families within and across groups. In V. C. McLoyd, & L. Steinberg (eds), *Studying minority adolescents*: *Conceptual*, *methodological*,*and theoretical issues*(pp.89-109).Mahwah,NJ:Lawrence Erlbaum.

Pomerantz,E.M.,Ng,F.F.,& Wang,Q.(2008).Culture,parenting,and motivation:The case of East Asia and the United States.In M.L.Maehr,*Advances in motivation and achievement*(Vol.15,pp.209-240).Bingley, England:Emerald Group Publishing.

Qin,L,Pomerantz,E.M.,&Wang,Q.(2008).*Changes in early adolescents' decision-making autonomy in the US and China:Implications for their emotional functioning*.Poster presented at the biennial meeting of the Society for Research on Adolescence.USA:Chicago,March.

Roe,A.& Siegelman,M.(1963).A parent-child relations questionnaire.*Child Development*,34,355-369.

Rohner,R.P.,Khaleque,A.,& Cournoyer,D.E.(2007).*Introduction to parental acceptance-rejection theo-ry*,*methods*,*and evidence*.Retrieved November,2007 from University of Connecticut,Genter for the Study of Parental Acceptance and Rejection website:http://www.cspar.uconn.edu.

Rowe, D. C., Vazsonyi, A. T., & Flannery, D. J. (1994). No more than skin deep: Ethnic and racial similarity in developmental process.*Psychological Review*,*101*,396-413.

Schmitt,D.P.,Alcalay,L.,Allensworth,M.,Allik,J.,Aull,L.,Austers,I.et al(2004).Patterns and uni-versals of adult romantic attachment across 62 cultural regions:Are models of self and of other pancultural constructs? *Journal of Cross-Cultural Psychology*,35,367-402.

Shek, D.T.L. (2007). A longitudinal study of perceived parental psychological control and psychological. well-being in Chinese adolescents in Hong Kong. *Journal of Clinical Psychology*, 63, 1-22.

Sorkhabi, N. (2005). Applicability of Baumrind's parent typology to collective cultures: Analysis of cultural explanations of parent socialization effects. *International Journal of Behavioral Developmem*, 29, 552-563.

Steinberg, L., Dornbusch, S.M., & Brown, B.B. (1992). Ethnic differences in adolescent achievement: An ecological perspective. *American Psychologist*, 47, 723-729.

Steinberg, L, Lamborn, S.D., Darling, N., Mounts, N.S., & Dornbusch, S.M. (1994). Over-time changes in adjustment and competence among adolescents from authoritative, authoritarian, indulgenl, and neglectful families. *Child Development*, 65, 754-770.

Steinberg, L, Mounts, N.S., Lamborn, S.D., & Dornbusch, S.M. (1991). Authoritative parenting and adolescent adjustment across varied ecological niches. *Journal of Research on Adolescence*, 1, 19-36.

Stevenson, H.W., Lee, S.-Y., Chen, C., Stigler, J.W., Hu. C.-C., & Kitamura, S. (1990). Contexts of achievement: A study of American, Chinese, and Japanese children. *Monographs of the Society for Research in Child Development*, 55(1-2, Serial No.221).

Stewart, S.M. & Bond, M.H. (2002). A critical look at parenting research from the mainstream: Problems uncovered while adapting Western research to non-Western cultures. *Brirish Journal of Developmental Psychology*, 20, 379-392.

Stewart, S.M., Bond, M.H., Kennard, B.D., Ho, L M., & Zaman, R.M. (2002). Does the Chinese construct of *guan* export to the West? *International Journal of Psychology*, 37, 74-82.

Stewart, S.M., Rao, N., Bond, M.H., McBride-Chang, C., Fielding, R., & Kennard, B.D. (1998). Chinese dimensions of parenting: Broadening Western predictors and outcomes. *International Journal of Psychology*, 33, 345-358.

Sue, S. & Okazaki, S. (1990). Asian-American educational achievements: A phenomenon in search of an explanation. *American Psychologis*, 45, 913-920.

Supple, A.J., Peterson, G.W., & Bush, K.R. (2004). Assessing the validity of parenting measures in a sample of Chinese adolescents. *Journal of Family Psychology*, 18, 539-544.

Wang, Q. & Pomerantz, E.M. (2008a). *Transactions betweern early adolescents' achievement and parents' psychological control: A longitudinal investigation in China and the US*. Symposium paper presented at the 20th biennial meeting of International Society of the Study of Behavioral Development Germany: Wünburg, July.

Wang, Q. & Pomerantz, E.M. (2008b). *Chinese early adolescents' relationships with their parents: investigating gender diffrences in a contemporary urban sample*. Paper presented at the International Conference on Gender and Family in East Asia. Hong Kong.

Wang, Q. & Pomerantz, E.M. (2009). *How does parents' autonomy support contribute to early adolescents' emotional functioning*? An investigation in the US and China. Symposium poster presented at the biennial meeting of the Society for Research in Child Development.

Wang, Q., Pomerantz, E.M., Chen, H. (2007). The role of parents' control in early adolescents' psychological functioning: A longitudinal investigation in the United States and China. *Child Development*, 78, 1592-1610.

Wang,Y.& Chang,L.(2008).Multidimensional parental warmth and its relations to pupils'social development:A comparison between paternal and maternal parenting(in Chinese). *Journal of P sychology in Chinese Societies*,9,121-147.

Wu,D. Y. H. (1996). Chinese childhood socialization. In M. H. Bond (ed.), *Handbook of Chinese psychology*(pp.143-154).New Yor.k:Oxford University Press.

Wu,P.,Robinson, C. C.,Yang, C.,Hart, C.,Olsen, S. F.,Porter, C. L. 等 (2002). Similarities and differences in mothers' parenting of preschoolers in China and the United States.*International Journal of Behavioral Developmellt*,26,481-491.

Wyer,R.S.(2009).Culture and information processing:A conceptual integration. In R.S.Wyer, C.-Y. Chiu,& Y.-Y. Hong (eds) *Understanding culture:Theory, research and application*. New York:Psychology Press.

Xia,Y.R.,Xie,X.,Zhou,Z.,DeFrain,J.Meredith,W.H.,& Combs,R.(2004).Chinese adolescents' decision-making, parent-adolescent communication and relationships. *Marriage and Family Review*, 36, 119-145.

Xu,Y.,Farver,J.M.,Chang,1.,Yu,L.,Zhang,Z.(2006).Culture,family contexts,and children's coping strategies in peer interactions.In X.Chen,D.C.,French,& B.H.Schneider(eds),*Peer relationships in cultural context*(pp.264-280).New York:Cambridge University Press.

Xu,Y.,Farver,J.A.M.,Zhang,Z.,Zeng,Q.,Yu,L.,& Cai,B.(2005).Mainland Chinese parenting styles and parent-child interaction.*International Journal of Behavioral Development*,29,524-531.

Zhang,W.& Fuligni, A. (2006). Authority, autonomy, and family relationships among adolescents in urban and rural China.*Journal of Research on Adolescence*,16,527-537.

第6章 语言和大脑：来自中国的
计算和神经影像论证

Ping Li　Hua Shu(舒华)

对心理、认知和语言科学来说，现在是令人激动的时刻。根据一些说法，历史上对心灵本性和智力本质的理解也许只有通过寻找生命的起源和宇宙的演化来解释(Estes & Newell,1983)。在短短的几十年内，认知科学领域(从1956年算起；Gardner,1985)已经从大脑的计算机类比发展到心灵、大脑、行为和文化的整合，并且在多重、聚合手段和方法学的运用下受到多层次的分析。尤其特别是，认知科学和神经科学之间的交叉性为研究转型和思维革命提供了肥沃的土壤，其中产生的观点促进了基本的科学发现和快速的范式转变(Kuhn,1970)，而人类所特有的语言学习能力在这场科学运动中发挥了重要作用。

目前在语言表征和语言习得的认知神经机制方面已经累积了大量的知识。然而，这些知识中有很多是来源于对印欧语的研究(尤其是英语)。最近对亚洲语言的兴趣，尤其是汉语的兴趣，再度挑起了关于语言普遍性和语言特异性的古老争辩。乔姆斯基的语言理论(如Chomsky,1957)最能代表语言普遍性的观点。从源于20世纪50年代的认知革命开始，这一观点一直主导了语言学和心理语言学。与之形成鲜明对比的是，许多做跨语言研究的学者(如Bates & MacWhinney,1989)所拥护的语言特异性观点强调，语言的特殊性和差异性会影响语言习得、语言表征和语言使用的过程。

这种争论还远未结束。最近几年的计算和神经影像学研究为语言特殊经历如何塑造语言使用者的心理和行为这一问题提供了重要见解。这些研究给出的累积证据开始改变人们关于语言体验和语言行为的看法，更具体地说，它为人们提供了一种新的方式来思考语言、大脑和文化之间的关系。一方面，计算模型让我们能够在复杂、非线性的语言习得和表征情况下，展现学习者与学习环境相互作用的动态发展。另一方面，神经影像研究使我们能够更好地理解特定语言属性和语言经验是如何塑造说话者和语言学习者的认知神经系统的。

汉语为语言理论和理解语言行为的认知神经机制提供了特别重要的试验场[1]。世界上有四分之一的人所使用的汉语跟大多数印欧语都有很大不同。二者在正字法、语音、词汇和语法结构上也表现出明显不同的特点。在正字法层面上，汉语使用字符而不是字母符号。汉字是一种空间上的笔画结构，可以对应有意义的词素，而不是口语中的音素。在语音层面上，中国使用音调系统来辨别词汇项目。尽管现代汉语越来越多的依赖于双音节词，但是从传统上来看，单音节词在构成基本意义单元方面仍然占据主导地位，而且，即使在音调的区别上，同音异义字也无处不在。在语法层面，汉语并没有时态、数、性和格的不同，换句话说，句子成分的语法功能和关系跟句子的形态连接没有联系。学者们也开始具体地分析这些特性是如何影响语言行为的，这其中就包括了我们自己所做的跨语言比较研究（例如，Li，Bates，& MacWhinney，1993；Li，1996；Li & Bowerman，1998）。近期东亚语言心理学手册也展示了大量学者所做的这方面的跨语言的研究（参见 Li Tan，Bates，& Tzeng，2006 的综述）。

在这一章中，我们以自己最近做出的跨语言计算和神经研究为基础，重点关注当中提到的计算机制和神经特征。这些研究考察了以汉语为母语的人和第二语言学习者，他们在口语及书面语方面的习得、表征和加工过程是怎样的。我们的结果表明，针对汉语母语者及非母语者的语言习得和表征，语言特殊性、语言经验和学习特点的动态交互性直接影响了他们的加工过程与结果。这一研究也促进了人们对大脑、语言和认知关系的一般性理解。

计算研究

过去三十年间，语言科学取得了明显的进步，这很大程度上归功于使用了计算模型及其工具来研究儿童与成人对单词或句子的加工与习得。实证研究对学习环境的参数操纵和直接测量上存在着自由程度的限制，这一点对幼儿来说尤其如此。相比之下，计算模型为我们理解言语者和学习者如何处理一种语言或多种语言的具体过程提供了灵活且强大的工具，例如儿童所接触的词汇数量、比率或出现的频次，这些都是我们不能直接操控的。诸如数量、比率和频次这类的参数毫无疑问会对儿童语言习得的速度和准确性产生影响。在计算模型中，这些参数可以作为自变量，而且可以在实验设计中进行灵活控制，通过这样做，我们能够使用这些模型来检验一些特定的假设，看看一个给定的变量是否以及如何影响语言的加工过程（由此识别因果关系）。更重要的是，模型能够依据仿真结果进行预测，根据这些预测，我们可以设计和评估新的实证研究。最后，计算模型也允许对负责学习和加工的必要机制进行明确规范，这些机制至少包括联接（如声音和意义的联接）、竞争（如记忆提取的多意义竞争）和组织（如把多种成对的声音和意义组织成可理解的集群）。

借助这些强大且灵活的计算模型，我们能够针对整个学习进程中出现的语言学习者的动态改变和竞争性语言系统的动态交互进行建模。尤其是我们的研究尝试确定一个或多个词汇系统学习的计算机制和认知结构,描绘它们动态的相互作用,比如,儿童早期和中英双语者的词汇习得。为了达到这一目标,我们开发了 DevLex 模型,它是一个可以捕捉第一和第二语言学习中有关词汇发展的自组织模型。我们在本研究中专门使用的模型类别称为"神经网络模型"或"联结主义模型"。这些模型使用了大型神经元集群、并行分布式加工和非线性学习规则的概念(参见 Rumelhart, McClelland, & the PDP Group, 1986)。人类的大脑是由庞大的数以亿计的神经元构成的网络组成,这些神经网络经常是以并行的方式进行工作的。因此,神经网络模型比传统的认知科学模型更具有生物学上的主动性,比如多元加工单位、激活和连接权重,相对传统的非连续符号、规则和语言实际结构等,这些提法为人类的信息处理提供了更好的神经结构水平上的可信解释。关键的是,建立在这些结构基础上的计算模型非常适合构建能体现语言习得和表征的复杂且交互的加工模型[2]。

针对发展性词汇组织的建模

对于语言习得研究者来说,一个基本的疑惑就是,儿童在生命的最初几年是如何用看似轻松且快速的办法掌握了大量词汇。我们对儿童怎样做到形式—意义的最初映射(例如,学会将/kæt/的声音与白色有毛的动物联系在一起)已经了解了很多,但是相对来说,儿童在心理上如何将不同的映射项目组织成一个连贯的整体? 这个心理组织在发展过程中随时间是怎样改变的? 这些方面我们还知之甚少。虽然词汇可能是逐个学习的,但是这些词汇并不是随意放在一起输入儿童心理表征(即心理词典)的。一旦儿童学了大量有意义的词汇,他们就会开始将这些词汇组织成有意义的类别,这些类别将构成语言学家所说的名词、动词和形容词,然后再根据这些类别进一步组织成一个自然的集群,如把食物、衣服、玩具等归属到名词类别。实际上,看看任何正常发展儿童的早期词汇就可以明白,儿童的早期词汇仅仅几个月就可以形成清晰的意群,进入他们的词汇产生过程(例如,Bates 等,1994;Dale & Fenson,1996)。

什么样的计算机制能让儿童将词汇组织成有意义的表征? 对这个问题的解决才刚刚开始。我们的研究致力于把词汇表征作为一个结构化的整体来解开当中组织的计算机制。DevLex 模型明确提出了在词汇发展中如何采集词汇组织(Li, Farkas, & Mac-Whinney,2004;Li, Zhao, & MacWhinney,2007)。它使用一个无监管的自组织的神经网络结构(自组织映射,简写为 SOM, Kohonen,1982,2001)来获取有关单词意义和形式随时间而变的排字组织。

随着时间发展得到单词意义和单词形式。这个模型通过赫布(Hebbian)学习规则连接多重映射(SOMs)[3],这是为了模拟不同模式下的学习和不同模式间的连接,比如:理解和产生。

DevLex 结构在学习词汇上有很多明显的优势(参见 Li,2003;Li 等,2004,2007),其中最重要的是这个模型能够捕捉随时间而发展的结构，并且它能够展示心理词典根据系统学习扩展性词汇而改变的情况。图 6.1 展示了在词汇习得早期阶段，单语儿童有意义的词汇表征模式随时间而变化的一个例子。这个例子显示，在词汇习得早期阶段，当模型只学会了 50 个单词时，词汇构成主要是名词，但是当模型最终学了 500 个单词时，有关名词、动词和形容词的清晰类别和类别界限已经出现。在这二者之间，词汇量持续扩大，边界也随着系统学习更多的词汇而发生变化。

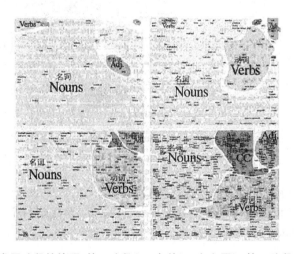

图 6.1　Devlex 不同发展阶段的快照：第一阶段（50 个单词，左上图），第三阶段（150 个单词，右上），第五阶段（150 个单词，左下），第十阶段（共 500 个单词，右下）。系列图展示了发展过程背后改变的本质，这是对数量不断扩大、意思不断丰富的词汇表征结果。在最后阶段，Devlex 明确分离出了四个主要的词汇类别（以及每个类别里的语义子类别）。由于每个示意图里涉及大量单词，个别单词不能在发展图中被清晰地看到。（转载自 Hernandez, Ll.& MacWhinney, 2005，得到 Elsevier 的许可）

　　DevLex 是如何从逐渐递增的名词、动词和形容词意义类别中获取词汇组织的发展过程的？我们的计算模型依靠使用两个简单且强大的学习原则来说明这个问题：人工神经网络中的自组织和赫本（Hebbjan）学习（Hebb, 1949；Kohonen, 1982；Miikkulainen, 1993）。它们已被用来检测词汇发展和表征过程中的连接、组织、竞争和适应机制（参见 Li, 2006；Li et aL, 2004, 2007，模型的技术描述）。该模型已经成功用于捕捉单语和双语词汇的发展。图 6.2 呈现了在同时性双语习得模拟情景下，学习汉语和英语词汇的模型示意图（参见 Li & Parkas, 2002；Zhao & Li, 2007）。

　　这一模型结构的建立大量考虑了目前联接主义语言模型的局限性，模型的灵感来源于在没有外部指导和正确反馈情况下出现的心理词典组织，也就是说，它是一个自我组织的过程，依靠无人监管的自组织加工来学习（Li, 2003；MacWhinney, 2001）。基于 SOM 的自组织可以通过大脑许多地方发现的脑形区位特征来驱动（Kohonen, 2001；Miik.kulainen, Bednar, Choe, & Sirosh, 2005）。这种逐渐形成的带有钝化边界的类别区分特征使模型成为研究语言学习机制的理想选择(Li,2003,2006)。过去这些年来,我们已经利用了这些特征将这一模型用来研究单语和双语情境下的许多问题。

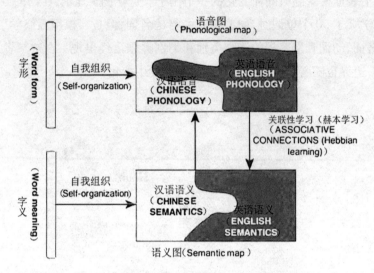

图6.2 Devlex 双语模型图。两个自组织示意图(SOM)的每一个都会收到词汇的输入,并把它们分别组织成语音的和语义的心理词典形式。两个示意图的关联是通过赫本(Hebbian)学习(即关联性学习)建立起来的。

如图 6.1 所示,我们的模型能够捕捉结构化表征随时间推移可能发生的演变。在早期,表征倾向于词汇相对随机的聚合,主要是表示实物的名词。渐渐地,一个更有组织的结构出现了,其语言类别主要是名词、动词、形容词和封闭词。有趣的是,不同语言之间词汇组织的发展轨迹并不相同,例如,讲英语儿童的早期词汇表现出一个明显的"名词偏好"(Gentner,1982),也就是说,名词比其他类别的词汇占优势。然而,这种名词偏好在诸如汉语和韩语这样的东亚语言里却比较微弱或者根本不存在(Choi,2000;Tardif,1996,2006)。我们的研究目的之一主要就是要阐明学习者与学习环境的动态交互性。考虑到此模型在儿童词汇习得中能够捕捉真实数据的特点,我们似乎有理由假设,模型应该可以说明跨语言的相似性和差异性是怎样在早期词汇发展中出现的。

我们模型有一个始终坚持的特点,那就是使用了语言和发展中的现实数据。该模型对词汇项目的习得和词汇组织的发展都是基于儿童—成人言语交互语料库(来源于CHILDES 数据库;MacWhinney,2000)。在图 6.2 中,模型的输入是基于双语学习情境下 CHILDES 父母的言语(母亲讲汉语,父亲讲英语;Yip & Matthews,2001)。该模型逐字输入句子,能够得到有意义的类别和群组,为每种语言建立独立的词汇表征。在其他情况下,我们结合 MacArthur-Bates 交际发展量表(CDI;Bates 等,1994;Dale & Penson,1996)来输入 CHITDES 父母的信息,这样我们就能够对儿童最初产生的 500—600 个单词进行建模。基于我们的输入和学习目标,CHILDES 和 CDI 为模型提供了处理真实学习情境而不是人工模拟的机会。下面我们将提供几个例子来说明我们的模型在跨语言背景下的能力。

针对词汇发展中跨语言差异的建模

已有实证研究指出,诸如父母输入和语言特殊词汇特点等因素可能是解释早期词汇发展中有关跨语言模式的关键,例如,Tardif(2006)指出,与成人英语相比,成人汉语中动词的使用较为普遍,而且,在儿童所直接接触的父母言语中,汉语动词比英语动词出现得更为频繁。这样,两组儿童的语言输入从一开始就有可能是不一样的。如果事实确实如此,我们可以在模型中引进汉语和英语的早期词汇,让模型学习识别语言输入的具体特征,看看它们怎样影响发展的时间进程。

为了证实儿童直接接触的父母言语具有差异这一假设,我们首先对 CHILDES 数据库进行了语料分析。针对 CHILDES 数据库收集的英语、汉语和粤语中有关儿童言语和相应照料者的言语,我们分别检验了它们在名词、动词、形容词和封闭词上的发展模式。这些收集到的数据被分成 8 个不同的年龄组,范围跨越从 13 个月到 60 个月。我们的分析跟语言输入影响儿童词汇发展的语言特殊性差异假设高度一致。从图 6.3 可以看出,在三种语言的不同发展阶段,儿童产生的名词、动词和形容词所占百分比差别很大,尤其是英语跟汉语或粤语间的比较。对于英语来说,其名词在早期阶段占主导,这反映在一直持续到 31—36 个月的名词相对动词的高比例。对于汉语和粤语来说,名词只在最早阶段的 13—18 个月出现得更为频繁,而在之后的阶段,名词相对动词的比例逐渐趋同。此外,这些跨语言的差异也反映在成人的言语中,英语成人表现出名词相对动词的高比率,而汉语成人使用的名词和动词更为平衡。

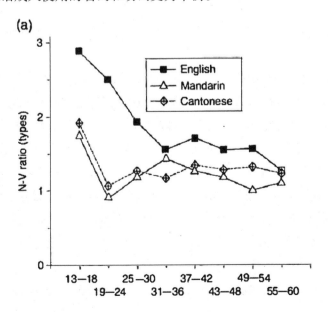

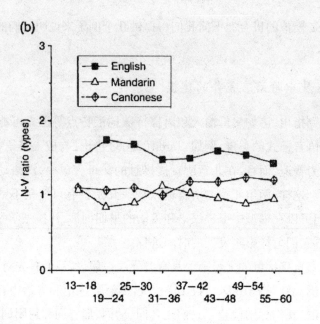

图6.3　英语、普通话、粤语三种情况下随年龄变化的名词—动词比率：（a）图代表儿童，（b）图代表成人（基于 Liu,Zhao,& Li,2008）。

注：名词—动词比例（N-V ratio）。

　　根据这一发现，我们进一步训练 DevLex 学习 CDI 中的早期词汇（Penson & Dale，1996 for English,and Tardif 等,2002 for Chinese）。我们在模型中分别输入 500 个英语词汇和 500 个普通话词汇。这些词汇然后按 DevLex 的标准程序被加工成语音、音素和语义的表征（参见 Li 等,2007;Zhao & Li,2007,2008）。这两套有相同模拟参数的网络分别单独运行，每个网络各自接收一种语言。在一个模拟过程中，来自训练词汇（汉语或英语）中的单词根据它们在 CHILDES 数据库有关父母言语中的出现频率一个接一个呈现给模型。图 6.4 显示了模型根据网络扩展出的词汇量产生出的三种主要语法类别。

　　这些结果和我们基于语料库的分析模式高度一致。首先,对于英语和汉语来说,在词汇学习的大部分阶段（由习得单词的总数来表示）,我们的模型正确产生的名词要比动词多,正确产生的动词要比形容词多。对两种语言来说,网络产生的全部词汇中,名词都占优势,这和之前讨论到的在早期中国词汇中动词占优的说法正好相反（Tardif,1996）,但是它与我们基于语料库分析的结果相一致。第二,英语和汉语词汇的构成存在明显差异。对比图 6.4a 和图 6.4b 可以看到,在大部分阶段,网络产生的英语名词要比汉语名词多,产生的汉语动词要比英语动词多。在英语中,名词总是在数量上对于动词,而在汉语中,名词多于动词的情况仅仅发生在后期阶段[4]。总之,我们的网络展示了英语比汉语更强的名词偏好[5]。

　　使用相同的模拟参数,我们的模型得到了词汇发展的不同模型,而且有很强的证据

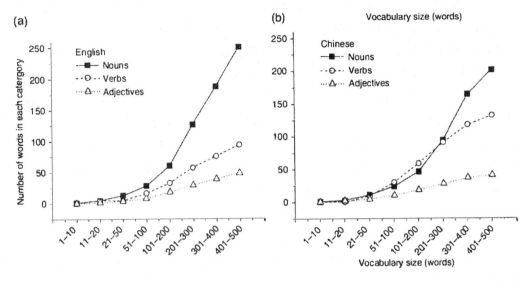

图 6.4 在不同发展阶段 Devlex-Ⅱ 所学会的名词、动词、形容词的平均数量。图（a）代表汉语，图（b）代表英语。这一结果是根据十个模拟实验的平均所得（参见 Zhao & Li.2008）。

注：每种类别的单词量（number of words in each category），词汇量（vocabulary size）。

表明，学习结果归功于模型的输入特点。在对每种语言 500 个输入单词进行事后分析时，我们发现，两种语言的动词和名词在很多维度上存在差异，这种差异在单词的长度和频率上表现尤为明显。和名词相比，汉语中大部分动词都很短，有 40% 的动词是单音节词。在英语中，名词和动词在单词长度上更为接近。因此，汉语单音节词较多的本质在动词中比在名词中反映更为明显[6]。针对单词出现的频率，比较 CHILDES 语料库中汉语和英语的父母言语，我们发现，相比英语，在汉语中动词的出现频率更高（详见 Zhao & Li，2008）。因此，汉语动词通常比名词更容易学会。从这些分析中我们推断，在获取早期词汇时，儿童（以及我们的网络）利用了词汇的语言学特征，而且，在这一过程中，和英语相比，汉语中的动词相对来说更有优势。总之，我们的模拟结果表明，在早期词汇发展阶段存在明显的跨文化差异，对模型输入特性的分析清楚地显示出这些差异的来源。

针对双语习得的建模

我们不仅能习得第一语言，也能习得第二语言甚至更多语言，这一能力长期以来对科学人士和一些非专业人士来说都是一个非常有吸引力的话题（见 Cheung，本卷）。近期的计算和神经影像研究已经开始去揭示大脑学习和表征两种或两种以上语言的机制是怎样的。计算研究对这一问题的见解特别深刻，这是因为它们具有灵活的参数变化和检验假设能力。在实证研究中，控制大量的变量几乎是不可能的（比如第一语言和第二语言各自的时间选择、比率、频率以及数量），而计算模型则为这些变量的处理提供了必要的工具。

　　我们的模型对促进双语习得和表征的基本问题理解有什么独特的地方？在上面的讨论中，我们训练两个单独的模型接受上述研究中提到的两种不同语言的输入，然后比较这两种模型，推断学习成果的差异来源。在这一部分，我们将讨论同时接受两种不同语言输入的双语模型（图 6.2 就是一个例子）。我们的模型到目前为止主要聚焦于学习进程中的时间效应（习得年龄）和第二语言输入的数量，尤其是和第一语言习得相比，第二语言习得过程中两种词汇系统的竞争是怎样的。传统上，第二语言习得（SLA）年龄问题吸引了更多的研究关注，而词汇表征问题也吸引了更多双语记忆研究的注意。我们的计算研究尝试把这些问题联系起来，也就是说，我们认为，双语词汇的心理表征依赖于习得年龄，或者习得年龄影响双语词汇表征。为了建立这样的联系，我们把 SLA 和双语加工看做一枚硬币的两面，特别是我们针对学习期间的表征演化提出了一个发展性的观点。

　　正如早前在图 6.2 中所展示的，该网络能够接受并自组织来自汉语和英语两方面的输入，而且得到两种语言的语义和语音表征。我们研究的更多兴趣在于，按照学习的历史，表征结是如何发展和改变的。为了获悉跨语言词汇分类的出现，我们操控了相对于第一语言学习的第二语言开始学习的时间。开始学习词汇的时间有以下三种情境：（1）同时学习，在这种情境下，汉语和英语两种目标词汇同时学习；（2）早期学习，在这种情境下，第二语言（汉语）在第一语言（英语）开始学习后接着学习；（3）后期学习，在这种情境下，第一语言（英语）已经得到巩固，之后才开始学习第二语言（汉语）。通过操纵相对于第一语言的第二语言开始学习的时间，我们的模型能够让我们清晰地看出一种语言词汇组织的巩固是怎样影响另一种语言的词汇表征的。我们假设，习得年龄不同，模型中两种词汇的表征结构也不同。

　　图 6.5 展示了三种语言学习情境的模拟结果快照。在同时性学习情境下，第一语言和第二语言的语音和语义水平词汇表征表现出明显的差异，这一结果跟 Li 和 Farkas's（2002）之前的研究结果相似，网络能为每种语言发展出一个有区别的表征，这显示同时性学习两种语言可以让系统在学习中很容易地分离两种词汇（另请参照 French & Janquet，2004）。

　　但是，在早期先后性习得案例中，结果并不是那么清晰。如果第二语言在早期引入到学习中，那么词汇组织方式和两种语言同时习得情况下是相似的（尽管不是完全相同），如图 6.5c 和图 6.5d 所显示的。差异表现在，和第一语言在地图上占有的词汇空间相比，第二语言单词所占的空间（汉语，每个地图上的深色区域）略小一些，而且，和同时性习得两种语言的语音图结果相比（图 6.5b），早期先后性学习第二语言的语音图更加分散和碎片化（图 6.5d）。最后，如果第二语言在晚期开始学习，词汇组织方式和同时习得情况下的结果相比明显不同（如图 6.5e 和图 6.5f 所示），第二语言的表征似乎是寄生在第一语言词汇表征中：第二语言的单词在整个地图上都是分散的没有形成任何大片的独立群组。

90

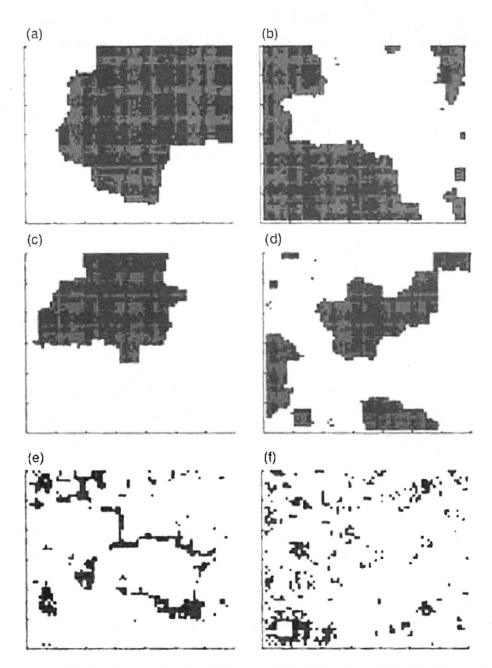

图 6.5　双语词汇表征的语义图和语音图例子。深色区域对应第二语言(汉语)单词:图(a,b)表示同时性学习;图(c,d)表示早期第二语言学习;图(e,f)表示晚期第二语言学习(参照 **Zhao & Li,2007**)。

　　为什么晚期开始学习第二语言和其他两种情况下的结果如此不同? 我们相信,这是由于学习历史导致的发展变化差异。在晚期学习情况下,当第二语言被引入时,学习系统已经把它的资源专门用来表征第一语言结构,而且第一语言表征已经得到了巩固,这样的话,第二语言仅能使用当前第一语言词汇已经建立的结构进行连接。这是因为,当网络的功能性连接已经定型时,它的重组织能力(可塑性)已经明显减弱了。与之相反,对于早期第二语言学习来说,网络仍然具有高度的可塑性,能够持续为第二语言重新组织词汇空间,而不是让第二语言词汇成为第一语言词典的依附,早期的学习允许增加第二语言词典也引起了它和第一语言词典的竞争。我们的模拟针对同时学习或先后学习第一第二语言词汇时出现的竞争、巩固和可塑性问题提出了进一步看法。这些发现让我们看到两种竞争的语言系统是如何相互作用的,这种交互作用对双语词汇的组织和表征产生了什么样的影响效应。

针对汉字习得的建模

为了将计算建模扩展应用到汉语拼写习得中,我们使用了一个自组织的连接主义模型来模拟学龄儿童的汉字习得特点(Xing,Shu,and Li,2002,2004;Yang 等,2006)。目前已经有几个计算模型用来处理汉字(例如,Chen & Peng,1994;and Perfetti,Liu,& Tan,2005),然而在我们的研究之前,还没有相关模型用来检测汉字习得。与计算研究缺乏的局面相反,已经有大量基于实验和语料库研究的关于汉语儿童如何学习汉字的知识(参见 Shu 等,2000)。

研究汉字习得的连接主义模型有两个目的:(1)检验自组织神经网络在拼写加工中的有效性;(2)更重要的是,评估结构主义模型在多大程度上能够告知我们汉语拼字法的复杂结构和加工属性。第二个目标最大的障碍在于能不能忠实地反映汉字复杂的拼写相似性表征。为了克服这一障碍,我们分析了一个大规模的汉字数据库——UCS汉字数据库(Standards Press,1994),并且检查了数据库中的 20902 个汉字的每一个的笔画、组成和结构。基于这项分析,我们的汉字表征系统包括了组成特征、形状、笔画、结构、部首位置和笔画数量,20902 个汉字按照 60 位向量表征进行编码,例如构成特征包括单一、分离、交叉和连接;部首位置包括上、下、左、右、中、内等(详见 Xing,Shu,& Li,2004,2007)。

为了模拟儿童的汉字习得,我们选择输入的汉字来源于学校语料库,该语料库由2570 个汉字组成,取自北京小学生使用的课本(Shu,Chen,Anderson,Wu,& Xuan,2003)。我们的模型接受了语料库中一年级、三年级、五年级三个批次的数据训练,每一批次大概包含 300 个汉字。训练的过程是成对匹配两张地图,一张图代表汉字的正字法表征,另一张图是该字的语音表征(例如,PatPho 的汉语表征;见 Li & MacWhinney,2002;Xing 等,2004)。一旦训练结束,就对模型进行新字(训练中没有出现过的汉字)的命名测试。用来测试的汉字在出现频率(高,低)、规则性(规则,不规则)和一致性(一致,不一致)上进行变化。

我们的模拟显示了几个有趣的模式。第一,模型为汉字发展出清晰的结构化表征,这说明,表征方法和自组织学习过程都是有效的。第二,模型中的新字测试在汉字习得中同时表现出频率效应和规则性效应。更重要的是这二者之间的交互性,规则性效应在高频汉字中仅仅处于边缘性显著,但在低频汉字和新字中都非常显著。图 6.6 显示了我们的模型在汉字命名中的规则性效应、频率效应和一致性效应。这些交互效应也在实证研究中得到明显反映(例如:Yang & Peng,1997),而我们的模型如实地捕获到了这些交互作用。我们又进一步分析了模型产生的命名错误,发现模型的规则性"意识"随着训练年级的增长而提高:在二年级水平,网络倾向于把新字读成完全不相干的汉字,而在四年级和六年级水平,网络更有可能读出这个汉字本身的发音,或者读成发音相似的汉字读音。这些发展模式和实证研究的观察结果有很好的吻合,例如由 Shu,Anderson 和 Wu 所报告的成果(2000)。

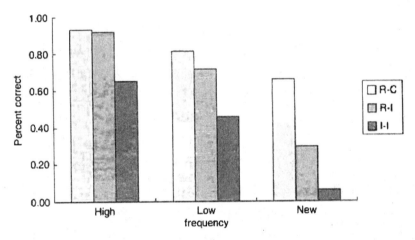

图 6.6　模型的汉字命名在规则性、出现频率和一致性之间的交互作用。(**R-C** 代表规则一致的,
R-I 代表规则不一致的,**I-I** 代表不规则不一致的)。相对于高频条目,规则性效应和一致性
效应在低频条目和低条目中表现更明显(见 **Xing,Shu,& Li**,2004)。

注:频率(frequency),正确率(percent correct)。

　　虽然这些模拟只是汉字习得建模的第一步,它们应该为语言正字法习得背后的计算机制研究树立一个好的起点。我们希望此类工作能够推进将来的单语和双语背景下语言学习的比较研究,尤其是目标语言特征的经验(例如,汉字和汉语词汇)可能影响语言使用者的学习过程和认知神经表征(见 Perfetti,Liu,Fiez,Nelson,Bolger,& Tan,2007)。考虑到两种目标语言的书写和言语特征在英语和汉语之间存在差异,在英语和西班牙语之间存在重叠,我们可以合理地推测,一个英语学习者将汉语作为第二语言来学习和将西班牙语作为第二语言学习的经验是明显不同的。将来在单语或双语背景下对特殊语言的特性进行计算研究,再看看它对语言习得的影响,这些可能会导致重要的发现。

神经影像学研究

计算建模极大地促进了对语言背后的神经机制的理解，而神经影像技术，尤其是功能性磁共振成像（fMRI）技术已经迅速彻底地改变了我们对语言、大脑和文化之间的关系认识。过去的十年间，依赖于 fMRI 方法的研究项目和出版物激增的现象是空前的。这一非侵入性的技术已经允许研究人员通过大脑的功能来窥视人类大脑的工作。具体地讲，fMRl 提供所谓的 BOLD（血氧水平依赖）信号来精确定位发生在不同大脑皮层区域的功能性活动。通过比较各种认知加工任务和基线任务的 BOLD 信号，研究者能够推断每个皮层区域针对给定任务所发挥的功能，例如，对单词和句子的韵律、语音和语义的加工。

尽管成熟的 fMRI 技术只是近年才被心理学家和语言学家所使用，但它很快在语言表征和语言习得的认知研究中找到了自己的位置。同样，这种技术也被成功地应用到汉语研究中，例如，讲汉语儿童中的阅读障碍和汉英双语表征（见 Chee，2006；Siok 等，2004；and Tan & Siok，2006）。接下来，我们将讨论来自我们实验室的最近几项研究。这些研究使用 fMRI 方法检验了汉语中的语言加工。

汉语中的名词和动词加工

大脑如何表征词汇的语言类别（例如名词和动词）？这在语言认知神经科学中一直是一个核心问题。这个问题和词汇组织的发展及词汇类别的出现直接相关。在英语中，已有研究显示，名词和动词引起不同的皮层反应，名词激活了后脑系统中的颞枕叶区域，而动词激活了前额叶和前颞叶区域（例如 Damasio & Tranel，1993；Martin，Haxby，Lalonde，Wiggs，& Ungerleider，1995；Pulvermilller，1999）。来自脑损伤病人的神经心理学数据首先显示了这种"动词—额叶"，"名词—后大脑系统"的分离性（例如，Bates，Chen，Tzeng，Li，& Opie，1991；Caramazza & Hillis，1991；Miceli，Silveri，Nocentini，& Caramazza，1988）。然而，最近更多的证据显示，这种观点过于简单化（例如，Pulvermiiller，1999；Tyler 等，2001）。研究者已经指出，假定的名词—动词分离性有许多问题，实验中的特殊任务和实际词汇刺激可能影响到是否能在大脑中发现一个清晰的名词—动词区别性。

汉语语言学家长期以来一直在争论汉语中能否发现清晰的名词—动词分离性（Kao，1990；Hu，1996）。在印欧语中，名词被标记为定、格、性和数，而动词被标记为体、数、时。汉语中没有相似的形态标记（除了有"体"这一标记），此外，许多名词能够自由出现在句子的谓语和动词所处的主体位置上，且不用进行形态上的变化。汉语中还有大量的分类模糊的词语——既可以作为名词也可以作为动词（比如英语中的"paint"）。

但是,不像英语和其他语言中的这类词语,这些分类模糊的词在句子中不论是作为名词还是作为动词,在使用时都不会发生形态上的改变。语言学家把这类词称作"双重身份的词",它们在发音和书写上完全相同,但是意义上只是存在相关[7]。尽管在其他语言中也可能有这种分类模糊的词,但是出现的并不频繁或者会发生形态变化。

那么有人可能会问,这些特定语言属性是怎样影响大脑表征的? 说不同语言的人是否有不同的名词或动词表征? 一种预测是,不像英语和其他印欧语系一样,汉语中的名词和动词表征不会出现不同的神经表征(由于以上提到的一些语言差异)。另一种预测,汉语中的名词和动词仍然在神经表征上存在差异(尽管语法上没有这么标记),这是由于两种类别的词汇一种表示物体,一种表示动作,它们在观念上和语言上都存在差异。

Li,Jin 和 Tan(2004)使用了 fMRI 研究检验了这些预测,结果证实了第一种预测。该研究让来自北京的汉语母语者读名词、动词、分类模糊单词清单,并在扫描器上做词汇决策。当他们做词汇决策任务时,获取他们的大脑功能图像(见 Li 等,2004 for technical details)。结果显示,和英语和其他印欧语不同,汉语中的名词和动词激活了同样的大脑区域,既有左半球也有右半球的广泛重叠区。在大脑激活模式上,名词、动词、分类模糊词没有显著的统计学差异。和基线相比,名词、动词、分类模糊词都引起了额下回、颞中区和小脑区的脑部活动。图 6.7 展示了三种词汇类别与基线水平相比平均的脑部激活情况。

如果加工名词和动词的皮层模式是由于语言使用者经验到的词汇和语法方面的特殊性,那么正如上文提出的,同时拥有汉语和英语经验的言者在双语大脑中是怎样表征名词和动词的? 汉语的名词和动词,还有英语的名词和动词,它们是像一种语言中的那样以同样的方式进行表征和加工,还是按照专门的语言模式进行专门化的表征和加工? 在接下来的研究中,我们利用一组来自香港的 3—5 岁开始学习英语的早期双语儿童,检验了名词和动词表征的神经模式。参与者被要求阅读英语和汉语的名词或动词列表。当被试在执行词汇决策任务时,获取他们的相关 fMRI 图像(详见 Chan 等,2008)。

结果显示,在双语者的两种语言中,名词和动词产生了不同的皮层反应模式。在汉语中,名词和动词激活了大量重叠的脑区,这些脑区分布在额叶、顶叶、枕叶以及小脑。这种模式和上面讨论的言语研究中的模式是一致的。然而,对于英语,名词和动词在很多皮层区域表现出显著性差异,包括左壳核、小脑、辅助运动区和右侧视觉皮层。这些区域与诸如言语清晰度协调的运动和感觉功能有关,它们的激活可能是动词所表示的动作引起的。

来自双语的 fMRI 研究发现和之前讨论的单语研究结果相一致,语言特殊性经验形成了语言表征的神经系统。通过对比,我们认为,双语者语言表征拥有共同神经系统的

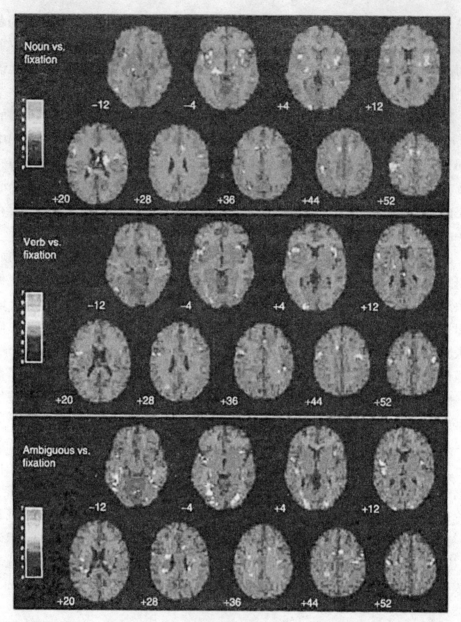

图6.7 三种词汇类别与基线水平相比平均的脑部激活。在大脑激活模式上,名词(noun)、动词(verb)、分类模糊词(ambiguous)没有显著的差异。转载自 Li 等,2004,得到 Elsevier 的许可。

提法和我们的结果不同,尽管这种提法受到大量学者的认同,他们也应用了神经成像技术来研究双语习得和第二语言习得并得出该看法(例如,Abutalebi & Green,2007;Chee 等,1999;Klein 等,1995;Kim 等,1997;Perani 等,1998)。我们的研究发现,双语者大脑中的表征形式是由特定的目标语言属性决定的,不同语言的表征形式可能和不同的神经有关联。当两种语言系统的关键属性有很大区别时,与其有关的神经系统也会显示很大的差别。

语言识别中的皮层竞争

认知神经科学的发展前沿很快从识别单个皮层区的功能转变到把大脑看做一个动态系统，负责协调神经网络进行信息加工或问题解决，尤其是认为了解这种动态交互性非常重要，因为它可以根据任务要求或问题的本质，产生相互补偿和竞争的皮层区。

接下来，我们将用一个母语汉语者的语言识别研究来阐明这种新的研究方向[8]。我们的研究显示，在单一任务中，语言的感知和辨别是由多个脑区网络共同工作的结果，每个区域的权重是根据相应的被加工线索的有效性来定的。此外，神经表征依赖于语言使用者的特定性语言经验，不过这涉及几个区域的系统协调而不是个别系统。

如前面名词和动词的例子所示，不同的语言倾向于强调语言系统的不同方面，这一研究发现让我们萌生了这样的看法，相同的语言线索（例如，形态、语法、语义）可能对说不同语言的人来说具有不同的效用。根据 Bates 和 MacWhinney 的竞争模型（1982，1987，1989），不同的语言线索在语言加工和语言习得过程中彼此竞争。有效性更高的线索更有可能在竞争中获胜，这样就能更快地得到加工而被更早地习得。对于词汇来说，至少有以下学习者可以利用的线索：音素（一种语言的语音指令），语音组合法（音位共现规律），韵律（如节奏、重音、音调），单词的语义内容。Ramus 和 Mehler（1999）把音素、语音组合法和韵律作为听者可以在辨别不同语言时使用的"前词汇线索"。这种前词汇线索和听者在语言辨别中肯定会使用的包含语义和概念表征的"词汇"知识不同。

在语言感知中，不同的前词汇和词汇线索是如何竞争及相互作用的？这已经是大量实证研究中的一个主题。然而，之前的语言辨别研究关注的是前词汇线索，没有考察过前词汇和词汇线索在语言加工过程中是如何竞争的。我们尤其感兴趣的是跟语言辨别有关的潜在神经机制，也就是说，线索竞争模式怎样转化为皮层竞争模式。

先前的神经成像研究已经证明，韵律和语音的加工相对词汇语义加工来说，它们是由分离的但又有一定重叠边界的脑区完成的（如，Bookheimer，2002；Price 2000；Vigneau 等，2006），例如，语音加工与大脑左半球的下颌、颞上和缘上区（BA44/22/40；布罗德曼区）的神经活动有关，而语调和声调的加工通常与大脑右半球的前颞上回（BA22）和额下回（眼盖处，BA44）有关。相比之下，在词汇语义加工中，颞叶发挥了更大的作用，包括大脑左半球的颞下回（BA20）和颞中回（BA21）。目前尚不清楚的是，在相同的加工任务中不同的脑区彼此间是如何相互作用和竞争的。

在我们所做的 fMRI 研究中，我们让来自北京的母语汉语者听合成的或自然的语言，这些语言材料来自熟悉的（L1，汉语；L2，英语）和不熟悉的语言（日语和意大利语）。要求被试判断两个相继呈现的句子刺激是否属于同一种语言（详见 Zhao 等，2008）。在参与者执行任务时，获取其解剖及功能影像。图 6.8 展示了由熟悉的语言（汉语和英语)和不熟悉的语言(日语和意大利语)所引起的脑部激活。

结果清晰地说明了前词汇线索和词汇线索是如何竞争的,以及这些竞争是如何在皮层活动中得到反映的。首先,当加工诸如意大利语和日语这样不熟悉的语言时,由于参与者不能理解词汇的语义信息,母语为汉语的听者仅仅依赖于包括韵律和语音信息的前词汇线索。因此,与语音和韵律加工相关的左额下回(以及颞上回,此处未显示)变得高度激活。相比之下,当加工的是熟悉的语言(汉语和英语)时,听者既可以利用前词汇知识也可以利用词汇语义知识。这时,与语义加工有关的左颞下回以及左额叶下回被激活。这种激活模式表明,与加工任务相关的补充性脑区得到了启用。

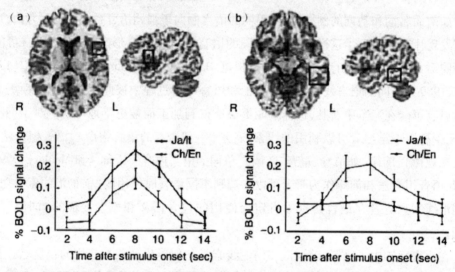

图 6.8　选中的脑区展示了在识别熟悉的(汉语/英语)和不熟悉的(意大利语/日语)语言刺激条件下,大脑的显著性激活差异。激活图和时程表明(a)不熟悉的语言比熟悉的语言在左额下回(IFG)引起了更强的激活,而(b)熟悉的语言比不熟悉的语言在左颞下回引起了更强的激活。误差条表示平均值的标准误差(转载自 Zhao 等,2008,得到 Elsevier 的许可)。

注:血氧水平信号变化(BOLD signal change),刺激呈现后时间(毫秒)[time after stimulus onset(sec)]。

其次,对比图 6.8a 和图 6.8b,我们还可看到,当词汇语义线索能够被利用且语义分析成为可能时(例如汉语—英语实例),和只能使用前词汇线索的情境相比,与语音和韵律加工相关的脑区激活更弱。考虑到在词汇辨别中,与前词汇线索相比,词汇语义有更高的线索有效性,这种更弱的激活显然是线索竞争的结果。最后,比较合成的和自然的语言结果,发现皮层活动往往是以"加法"的工作方式处理前词汇线索(使用的线索越多激活区域越多),而前词汇和词汇线索共同显示了上述提到的"竞争"模式。这种神经反应从"加法"到"竞争"的连续过程对于理解儿童—成人在语言习得上的差异有重大说明意义,因为儿童首先比较注意前词汇线索(韵律、节奏、音调和语调),然后再获得词汇的语义信息,而成人在学习第二语言时不得不同时处理前词汇和词汇线索。

汉语中的成语加工

提到汉语最突出的一个特点,不得不说的就是,汉语和现代语言的不同之处在于它深深地植根于中华民族两千年的文化传统。任何现代语言都不像汉语那样深刻地反映其社会文化历史。这种反映最明显的体现就是汉语使用了大量的扎根于中华民族过去历史和文化的成语。其中很多成语(例如,叶公好龙)都可能源于一个历史事件、一个神话故事、一个话剧或者一部小说中的一段故事[9]。这些成语隐含的比喻意义远远偏离了它的字面意义。这个特征和西方语言中的大部分习语特点有很大不同。

成语加工已经产生了有趣的实证研究结果,引起了成语加工是左半球起作用还是右半球起作用的理论争论。根据经典的 RH 理论(Burgess & Chiarello,1996),右半球在阅读成语中扮演着尤其重要的角色,这是因为右半球在理解现实意义及社会背景意义方面的作用。这个假设得到了早期神经心理学家的研究支持,例如,有些病人缺乏对成语比喻性意义的理解能力,而他们都有典型的右脑损伤(Van Lancker & Kempler,1987;Kempler 等,1999)。最近的神经影像研究却显示了与这个理论观点相反的证据:在成语比喻性意义的理解中,大脑两个半球的额下回和颞中回(Zempleni 等,2007)及背外侧前额叶皮层(Rizzo 等,2007)都有激活。也有研究发现,左半球在成语加工中可能发挥更大的作用(Papagno 等,2004;Cacciari 等,2006;Fogliata 等,2007;Mashal 等,2008)。

汉语中有大量的成语。这一特点为我们研究成语加工的神经机制提供了有利条件[10]。在我们的 fMRI 研究中,要求被试阅读四字成语并确认在成语中是否有斜体字(详见 Liu 等,2008)。这其中隐含有语义加工任务,参与者按两个不同的反应键表明"是"和"否"。实验使用了三种材料:(1)比喻性成语,例如"叶公好龙",对这个成语的比喻性意思的理解基于一定的社会文化和文学背景;(2)字面成语,比如"鹅毛大雪",比喻性意思可以从字面意思来理解;(3)规则短语,例如"飞机起飞",这个短语没有比喻性意思。图 6.9 根据 BOLD 信号变化的百分比展示了三类刺激引起的激活差异。

对于三类刺激,几个脑区显示了明显不同的模式。额下回显示高度参与了成语加工。在左额下回,比喻性成语的信号强度总体上显著大于字面成语和固定短语。根据研究计划进行比较,我们发现,比喻性成语的激活水平明显高于字面成语和规则短语,但字面成语和规则短语间的比较没有显示明显差异。此外,在右侧额下回,比喻性成语、字面成语和规则短语间,相关的总信号强度存在着明显不同的级别效果,这表明,这一区域可能在成语加工中发挥独特作用。根据计划进行比较,我们还发现,比喻性成语的激活强度明显比字面成语和规则短语大,字面成语的激活强度又明显比规则短语的激活强度大。总之,这种结果显示了成语加工的双侧神经基质,其中右侧额下回扮演了

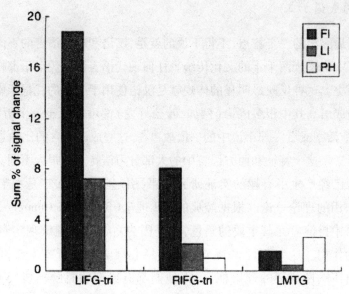

图6.9 三类刺激在三个脑区中信号强度变化的合计百分比（sum% of signal change）。LIFG-tri：左额下回（p.triangularis）；RIFG-tri：右侧额下回（p.triangularis）；LMTG：左侧颞中回。**FI**：比喻性成语；**LI**：字面成语；**PH**：规则短语。

最重要的角色。这可能是右侧额下回参与了对长时情境记忆的提取——因为在理解汉语比喻性成语的意思时，需要特别努力来组织并完成基于知识的故事理解（如成语的社会文化背景）。

总　结

　　在本章，我们概述了来自我们实验室的有关汉语计算和神经影像的研究。鉴于通过比较的观点来研究汉语的兴趣逐渐增加，在过去的10年里，我们做了很多工作来考察语言加工背后的动态神经基础。对这些不同种类的研究进行综述，目的在于从跨语言观点的角度确定负责语言习得、表征和加工的计算与神经机制。一方面，我们希望展示汉语为认知神经科学家提供了独特的研究语言的机会。另一方面，我们也希望这种尽管还是初步的研究能激起该领域新的进展，因为这个领域还有很多有趣的问题没有探索。

　　贯穿于我们各项研究的一个主题是语言学上的大脑具有非常高的可塑性，因此它对于特定语言的特征非常敏感。这一点对于语言习得和语言表征都适用，也包括单语和双语情况。我们的计算研究表明，在汉语和英语的名词与动词习得之间存在很明显的差异。我们的神经成像研究显示，针对名词和动词的表征，中国人和西方人存在大脑上的差异,说两种语言类型的双语者在反映他们经验中使用过的语言特殊性特征时,都显示出不同的大脑激活模式。

其他出版的研究提供的证据和我们有关语言特殊性和语言经验的主张是一致的(例如,Chen 等,2007；Tan & Siok,2006；Wang,Sereno,& Jongman,2006；Zhang & Wang,2007)。考虑到这些数据和最近沃尔夫假说(Whorfian,语言塑造思维)的复兴,我们是否可以认为这些数据为萨丕尔-沃尔夫假说(Sapir-Whorfhy)关于语言决定思维的观点提供了支持? 本研究并不是为了作出这样的论证,我们认为我们的数据在一个动态系统观背景下能得到最好的解释。根据动态系统的观点,正是语言环境、语言经验和有适应能力的大脑之间的复杂的非线性的交互作用,才决定了语言习得和语言表征的过程与结果。

我们的研究引出的一个特别关注点是语言学习过程中的交互动态性。尤其是,我们的 DevLex 模型促使人们开始理解早期的学习是怎样影响后来的发展。更为特别的是,早期的学习怎样导致言语者的认知神经结构,并影响或塑造他们后来的发展过程,比如,在第一语言词汇习得的例子中,早期习得的词汇会建立一个基本的语义框架或结构,而后来学习的词汇会利用这个结构,从而导致词汇激增(见 Li 等,2007)。在双语词汇表征的例子中,先前第一语言所建立的词汇结构经常会妨碍第二语言词汇的最佳学习和表征,尤其是当第一语言的结构已经达到某一巩固点,再去重新组织就会变得十分困难或不可能,如果此时出现了第二语言的学习,由于它根本性的结构差异,结果会影响第二语言词汇的表征。图 6.5 清楚地表明,学习可塑性的减少是如何导致第二语言的词汇表征空间被压缩、结构碎片化和词汇依附性问题。理解这种发展动态很重要,一旦它在模型中被具体化,它可以让我们很容易地看出其存在,比如 DevLex 模型,在这个模型中,学习结果和发展轨迹是由学习者和学习变量的合理所决定,如学习时间安排、输入特点和学习的资源及获取能力。

尽管我们是分开展示计算和神经影像学的研究发现的,但是将两类数据进行一些联系或比较是可能的,例如,在单语的例子中,我们的建模结果表明,在输入同样的学习参数情况下,模型会产生出不同的名词和动词的早期词汇剖面图,这取决于最初提供的是哪一种语言输入。在双语的例子中,词汇表征的本质也许会有根本性的不同,这种情况取决于第二语言是在早期被引入还是在晚期被习得。在我们的神经影像研究中,全部的双语者都是早期习得者,所以他们能够从最初就建立起一个英语词汇表征系统,而且强到足够和他们的第一语言心理词典相竞争。这样,他们神经反应的不同模式正好和习得年龄造成的计算模型差异相匹配。

如果晚期语言学习从根本上不同于早期语言学习,那又是什么导致了这样的差异? 基于目前可用的神经和计算研究证据,给出的一个假设就是感觉运动整合(参见讨论,Hernandez & Li,2007)。这一假设规定,感觉运动学习对于早期的语言和音乐技能学习具有优势,因为在早期的语言编码中,这类学习更直接利用声音的、听觉的和语音的信息,而不是语义和概念信息。

这种"早期—声音"和"后期—语义"的顺序可能对解释语言习得中的年龄相关效应具有重大意义。在我们语言辨别研究中,有关皮层竞争的发现阐明了这一问题——考虑到皮层受前词汇线索激活的加法模式,当词汇和前词汇线索都被加工时,皮层反应就会处于竞争模式。儿童很有可能在早期—声音阶段占有特别的优势,他们可以通过重点关注感觉运动的整合、致力于听觉和声音的加工、利用前词汇线索引起的逐渐增加的神经影响,建构早期前口语阶段的语言表征。也就是说,从婴儿一直到幼儿这一阶段,学习者是从最根基之处开始建构语言的。在习得词汇的语义内容之前,他们首先是习得和使用低水平的信息,如节奏、语调和其他韵律线索,然后是分段的音韵线索。相比之下,成年学习者面对的语言任务包括他们接触或经验到的前词汇和词汇线索、超分段和分段音韵线索、句法和语义线索,所有这些都会在学习中同时进行竞争。我们的发现说明,皮层水平的语言竞争在婴儿、儿童和成人之间也许是最为不同的,这对于新语言的学习同样如此。

最后,我们的研究表明,对语言习得和语言表征的研究不能也不应该忽略语言、认知、文化和大脑之间的复杂关系。现代认知科学和认知神经科学的研究已经在积极地探索这种关系。计算和神经影像方法为我们认识它们之间的关系提供了强大的工具,而汉语则为我们研究这种关系提供了独特的机会。

作者注释

这篇文章的准备工作得到美国国家科学基金会(#BCS-0642586)给予 Ping Li 的资金资助,中国自然科学基金(#60534080,#30625024)给予 Hua Shu 的资金资助,以及大学研究和教学项目海外学者基金(B07008)给予 PL 和 HS 的资助。我们也对 Igor Farkas, Youyi Liu, Brian MacWhinney, Li Hai Tan, Hongbing Xing, Jingjing Zhao 和 Xiaowei Zhao 提供的意见、讨论和多年来的合作表示感谢。

和本文有关的通信请联系 Ping Li, Department of Psychology, Pennsylvania State University, PA 16802, USA;邮箱:pul8@ psu.edu。本文是他为美国国家科学基金会完成的工作。文章中表达的观点仅代表作者观点,并不一定反映美国国家科学基金会的意见。

注　释

1　本章我们使用了广义的"汉语",用其指代汉语中所有的方言变种,包括普通话和粤语。

2　详细讨论连接模型超出了本章范围,但是我们在其他地方进行了介绍,读者可以去查阅。对更多的细节感兴趣的读者可以查阅 Anderson(1995),Dayhoff(1990),Ellis & Humphreys(1999),Rumelhart,McClelland,PDP Group(1986)。

3　一个"映射"可以看做一个独立的网络，这个映射可以处理特殊的语言类型，比如，语音、正字法或者词汇语义。在我们的案例中，一个"模型"通常包括几个通过赫本（Hebbian）学习规则连接在一起的映射。

4　在一个近期的构想中，Tardif(2006)没有为"动词偏好"进行争辩，而是提出汉语中的名词和动词显示出相同的增长模式，而边缘性动词优势可能只是在最早期的阶段出现。

5　有趣的是，仿真模型和我们所做的语料库分析不是完全相同的。在儿童直接接触的成人言语语料库数据中，汉语名词和动词所占的比例相当均衡，而在模型中，当模型处于 100—200 个单词学习水平时，动词占有微弱的优势，这可能是儿童和模型在早期词汇习得过程中利用了动词的与众不同的特性。

6　根据 Wang(1994)的说法，汉语中使用频率最高的 3000 个词中有 1337 个（45%）是单音节词汇，而根据 Sun 等(1996)的看法，中国政府用来评估学生词汇水平的 8822 个词语中有 22% 是单音节词汇。

7　根据一份评估（Guo,2001），汉语中的高频词汇大约有 17% 具有双重身份。另一份尤其针对名词和动词的评估显示，在不考虑频率的情况下，汉语有 13%—29%（取决于测试标准）的单音和双音节词既能做名词用也能做动词用（Hu,1996）。

8　在中国，有经验的听者很容易就能区分不同地区所说的七种主要方言。在美国以及世界上很多地区，人们通常能够区分南北方言。这种通过语音特征相似性识别方言的能力可以有效用来区别熟悉和不熟悉的语言，因为听者能够利用各种各样的语音和韵律线索，例如，中国人一听到日本人和意大利人在旅馆里说话时，就能区别是日语还是意大利语。语言辨别广义上指通过使用韵律、语音和词汇信息来区分不同语言或方言的过程。

9　"叶公好龙"的这一成语来源于汉·刘向(25-220 A.D.)所编的一本书中故事。这个故事说的是一个人声称自己喜欢龙。在他的房间里到处都是龙的画像和龙的雕塑。但是有一天，一个真龙来到他的房间时，他却吓得要死。这个四字成语自此以后就被用来比喻自称爱好某种事物，实际上并不是真正爱好，甚至是害怕。

10　根据我们估算，汉语中有超过一万个词汇可以被称为成语。

参考文献

Anderson, J.A.(1995). *An introduction to neural networks*. Cambridge, MA: MIT Press.

Abutalebi, J.& Green, D.(2007). Bilingual language production: The neurocognition of language representation and control. *Journal of Neurolinguistics*, 20, 242-275.

Bates, E., Chen, S., Tzeng, O., U, P., & Opie, M.(1991). The noun-verb problem in. Chinese aphasia. *Brain and Language*, 41, 203-233.

Bates, E.& MacWhinney, B.(1982). Functionalist approaches to grammar. In E. Wanner & L. Gleitman (eds), *Language acquisition: Tile state of the art*. New York: Cambridge University Press.

Bates, E.& MacWhinney, B.(1987). Competition, variation, and language learning. In B. MacWhinney (ed.), *Mechanism of language acquisition*. Hillsdale, NJ: Lawrence Erlbaum.

Bates, E.& MacWhinney, B.(1989). Functionalism and the Competition Model. In B.MacWhinney, & E. Bates(ed.), *The crosslinguistic study of sentence processing*. New York: Cambridge University Press.

Bates, E., Marchman, V., Thal, D., Penson, L., Dale, P. S., Reznick, J. S., Reilly, J., & Hartung, J. (1994). Developmental and stylistic variation in the composition of early vocabulary. *Journal of Child Language*, *21*, 85–123.

Bookheimer, S. (2002). Functional MRI of language: New approaches to understanding cortical organization of semantic processing. *Annual Review of Neuroscience*, *25*, 151–188.

Burgess, C. & Chiarello, C. (1996). Neurocognitive mechanisms underlying metaphor comprehension and other figurative language. *Metaphor and Symbol*. *11*, 67–84.

Cacciari, C., Reati, F., Colomboc, M.R., Padovani, R., Rizzo, S., Papagno, C. (2006). The comprehension of ambiguous idioms in aphasic patients. *Neuropsychologia*, *44*, 1305–1314.

Caramazza, A. & Hillis, A E. (1991). Lexical organization of nouns and verbs in the brain. *Nature*, *349*, 788–790.

Chan, A., Luke, K., Li, P., Li, G., Yip, V., Weekes, B., &Tan, L. (2008). Neural correlates of nouns and verbs in early bilinguals. *Annals of the New York Academy of Sciences*, *1145*, 30–40.

Chee, M.W.L. (2006). Language processing in bilinguals as revealed by functional imaging: a contemporary synthesis. In Li, P., Tan, L.H, Bates, E., & Tzeng, O. (2006). *Handbook of East Asian Psycholinguistics*. (VoL1: Chinese). Cambridge, UK: Cambridge University Press.

Chee, M.W.L., Tan, E.W.L., & Thiel, T. (1999). Mandarin ru1d English single word processing studied with fMRI. *Journal of Neuroscience*, *19*, 3050–3056.

Chen, L., Shu, H., Liu, Y., Zhao, J., & Li, P. (2007). ERP signatures of subject-verb agreement in L2 learning. *Bilingualism: Language and Cognition*, *10*, 161–174.

Chen, Y. & Peng, D. (1994). A connectionist model of recognition and naming of Chinese characters. In H.-W.Chang, J.-T.Huang, C.-W.Hue, & O.Tzeng(eds), *Advances in the study of Chinese language processing* (VoL1, pp.211–240). Taipei: National Taiwan University Press.

Choi, S. (2000). Caregiver input in English and Korean: Use of nouns and verbs in book-reading and toy-play contexts. *Journal of Child Language*, *27*, 69–96.

Chomsky, N. (1957). *Syntactic structures*. The Hague: Mouton & Co.

Dale, P. S. & Fensoo, L. (1996). Lexical development norms for young children. *Behavior Research Methods, Instruments, & Computers*, *28*, 125–127.

Damasio, A. & Tranel, D. (1993). Nouns and verbs are retrieved with differently distributed neural systems. *Proceedings of the National Academy of Sciences*, *90*, 4957–4960.

Dayhoff, J. (1990). *Neural network architectures*. New York: Van Nostrand Reinhold.

Ellis, R. & Humphreys, G. (1999). *Connectionist psychology. A text with readings*. East Sussex, UK: Psychology Press.

Estes, W.K. & Newell, A. (1983). *Report of the Research Briefing Panel on Cognitive Science and Artificial Intelligence*. Washington, DC: National Academy Press.

Fogliata, A., Rizzo, S., Reati, F.Miniussi, C., Oliveri, M., & Papagno, C. (2007). The time course of idiom processing. *Neuropsychologia*, *45*, 3215–3222.

French, R.M. & Jacquet, M. (2004). Understanding bilingual memory. *Trends in Cognitive Science*, *8*, 87–93.

Gardner, H. (1985). *The mind's new science: A history of the cognitive revolution.* New York: Basic Books.

Gentner, D. (1982). Why nouns are learned before verbs: Linguistic relativity versus natural partitioning. In S.A.Kuczaj (ed.), *Language development (Vol.2. Language.thought and culture)* (pp.301-334). Hillsdale, NJ: Lawrence Erlbawn Associates.

Gentner, D. & Goldin-Mcadow, S. (2003). *Language in mind: Advances in the study of language and thought.* Cambridge, MA: MIT Press.

Guo, R. (2001). Hanyu cilei huafen de Lunzhen (On the classification of lexical classes in Chinese). *Zhongguo Yuwen (Chinese Langnage)*, *6*, 494-507.

Hebb, D. (1949). *The organization of behavior: A neuropsychological theory.* New York, NY: Wiley.

Hemandez, A., Li, P., & MacWhinney, B. (2005). The emergence of competing modules in bilingualism. *Trends in Cognitive Sciences*, *9*, 220-225.

Hernandez, A. & Li, P. (2007). Age of acquisition: its neural and computational mechanisms. *Psychological Bulletin*, *133(4)*, 638-650.

Hu, M.Y. (1996). *Cilei wenti kaocha (A study of lexical categories).* Beijing, China: Beijing Language Institute Press.

Kao, M.K. (1990). Guanyu hanyu de cilei fenbie (On the differentiation of lexical classes in Chinese). In: M.K.Kao (ed.), *Kao MK yuyanxue lunwen ji (Linguistic Essays of Kao Ming Kai)*, pp.262-272. Beijing, China: Commercial Press.

Kempler, D., Van Lancker, D., Merchman, V., & Bates, E. (1999). Idiom comprehension in children and adults with unilateral brain damage. *Developmental Neuropsychology*, *15*, 327-349.

Kim, K., Relk: in, N., Lee, K., & Hirsh, J. (1997). Distinct cortical areas associated with native and second languages. *Nature*, *388*, 171-174.

Klein, D., Milner, B., Zatorre., R.J., Meyer, E., & Evans, A.C. (1995). The neural substrates underlying word generation: A bilingual functional-imaging study. *Proceedings of the National Academy of Sciences*, *92*, 2899-2903.

Kohonen, T. (1982). Self-organized formation of topologically correct feature maps. *Biological Cybernetics*, *43*, 59-69.

Kohonen, T. (2001). *Self-organizition maps (3rd edn)*, Berlin & New York: Springer.

Kuhn, T.S. (1970). *The structure of scientific revolutions.* Chicago, IL: University of Chicago Press.

Levinson, S.C., Kita, S., Huan, D.B.M., & Rasch, B.H.. (2002). Returning the tables: Language affects spatial reasoning. *Cognition*, *84*, 155-188.

Li, P. (1996). The temporal structure of spoken sentence comprehension in Chinese. *Perception and Psychophysics*, *58*, 571-586.

Li, P. (2003). Language acquisition in a self-organizing neural network model. In P.Quinlan (ed.), *Connectionist models of development: Developmental processes in real and artificial neural networks.* Hove & New York: Psychology Press.

Li, P. (2006). In search of meaning: The acquisition of semantic structure and morphological systems. In J. Luchjenbroers (ed.), *Cognitive linguistics investigations across languages, fields, and philosophical boundaries.* Amsterdam, Holland: John Benjamins, Inc.

Li,P.,Bates,E.,& MacWhinney,B.(1993).Processing a language without inflections:A reaction time study of sentence interpretation in Chinese.*Journal of Memory and Language*,*32*,169−192.

Li,P.& Bowe.rman,M.(1998).The acquisition of grammatical and lexical aspect in Chinese.*First Language*,*18*,311−350.

Li,P.& Farkas,I.(2002).A self-organizing connectionist model of bilingual processing.In R.Heredia & f.Altarriba(eds),Bilingual sentence processing.North-Holland:Elsevier Science Publisher.

Li,P.,Farkas,L,& MacWhlnney,B.(2004).Early lexical development in a self-organizing neural networks.*Neural Networks*,*17*,1345−1362.

Li,P.,Jin,Z.,& Tan,L.(2004).Neural representation of nouns and verbs in Chinese:An IMRI study.*NeuroImage*,*21*,1533−1541.

Li,P.& MacWhinney,B.(2002).PatPho:A phonological pattern generator for neural networks.Behavior Research Methods,*Instruments*,*and Computers.34*,408−415.

Li,P.,Tan,L.H.,Bates,E.,& Tzeng,O.(2006).*Handbook of East Asian Psycholinguistics*(Vol.in Chinese).Cambridge,UK:Cambridge University Press.

Li,P.,Zhao,X.,& MacWhinney,B.(2007).Dynamic self-organization and early lexical development in children.*Cognitive Science*,*31*,581−612.

Liu,S.,Zhao,X.,& Li,P.(2008).*Early lexical development:A corpus-based study of three languages.*In B.C.Love,K.McRae,& V.M.Sloutsky(eds),Proceedings of the 30th Annual Conference of the Cognitive Science Society.Austin,TX:Cognitive Science Society.

MacWhinney,B.(2000).The CHIWES project:Tools for analyzing talk.Hillsdale,NJ:Lawrence Erlbaum.

MacWhinney,B.(2001).Lexical.connectionism.In P.Broeder,& J.M.Murre(eds),*Models of acquisition:Inductive and deductive approaches*.Oxford,UK:Oxford University Press.

Marlin,A.,Haxby,J.V.,Lalonde,F.M.,Wiggs,C.L,& Ungerlcider,L.G.(1995).Discrete cortical regions associated with knowledge of color and knowledge of action.*Science.270*,102−105.

Mashal,N.,Faust,M.,Hendler,T.,& Tung-Beeman,M.(2008).Hemispheric differences in processing the literal interpretation of idioms:Converging evidence from behavioral and fMRI studies.*Cortex.*(in press).

Miceli,G.,Silveri,M.C.,Nocentini,U.,& Cararnazza,A.(1988).Patterns of dissociation in comprehension and production of nouns and verbs.*Aphasiology*,*2*,351−358.

Miild:u.lainen,R.(1993).*Subsymbolic natural language.processing:An integrated model of scripts,lexicon,and memory*.Cambridge MA:MIT Press.

Miikkulainen,R.,Bednar,T.,Choe,Y.,& Sirosh,J.(2005).*Computational maps in the visual cortex*.New York:Springer.

Papagno,C.,Tabossi,P.,Colombo,M.R.,Zampetti,P.(2004).Idiom comprehension in aphasic patie.nts.*Brain and Language*,*89*,226−234.

Perani,D.,Paulesu,E.,Sebastian-Galles,N.,Dupoux,E.,Dehaene,S.,Bettinardi,V.et al(1998).The bilingual brain:proficiency and age of acquisition of the second language.*Brain*,*121*,1841−1852.

Perfetti,C.A.,Liu,Y.,Fiez,J.,Nelson,J.,Bolger,D.J.,&Tan,L.H.(2007).Reading in two writing systems:Accommodation and assimilation of the brain's reading network.*Bilingualism:Language and Cognition*,*10*,131−146.

Perfetti,C.A.,Liu,Y.,& Tan,L.H.(2005).The Lexical Constituency Model:Some implications of research on Chinese for general theories of reading.*Psychological Review*,*112*(1),43–59.

Price,C.J.(2000).The anatomy of language:contributions from functional neuroimaging.*Journal of Anatomy*,*197*,335–359.

Pulvermüller,F.(1999).Words in the brain's language.*Behavioral and Brain Sciences*,*22*,253–336.

Ramus,F.& Mehler,J.(1999).Language identification with suprasegmental cues:A study based on speech resynthesis.*Journal of the Acoustical Society of America*,*105*,512–521.

Rizzo,S.,Sandrini,M.,& Papagno,C.(2007).The dorsolateral prefrontal cortex in idiom interpretation:An rTMS study.*Brain Research Bulletin*,*71*,523–528.

Rurnelhart,D.E.,MeClelland,J.L.& the PDP Research Group.(1986).*Parallel Distributed Processing,Explorations in the Microstructure of Cognition*(Vol.1).Cambridge,MA:The MIT Press.

Standards Press of China(1994).*Information Technology-UCS:Universal Multiple-Octet Coded Character Set*(Part 1:Architecture and Basic Multilingual Plane).Beijing.

Shu,H.,Anderson,R.,&Wu,N.(2000).Phonetic awareness:Knowledge on orthography-phonology relationship in character acquisition of Chinese children.*Journal of Educational Psychology*,*92*,56–62.

Shu,H.,Chen,X.,Anderson,R.,Wu,N.,& Xuan,Y.(2003).Properties of school Chinese:Implications for learning to read.*Child Development*,*74*,27–47.

Sink,W.T.,Perfetti,C.A.,Jin,Z.,& Tan,L.H.(2004).Biological abnormality of impaired reading is constrained by culture.*Nature*,*431*,71–76.

Sun,H.L.,Sun,D.J.,Huang,J.P.,Li.D.J.& Xing,H.B.(1996)."现代汉语研究语料库"概述.In Luo,Z.S.& Y.L.Yuan(eds),*Studies of Chinese language and characters in a computer era*(pp.283–294).Beijing,China:Tsinghua University Press.

Tao,L.H.& Sink,W.T.(2006).How the brain reads the Chinese language:Recent neuroimaging findings.In P.Li,L.H.Tan,E.Bates,& O.Tzeng(eds),*Handbook of East Asian Psycholinguistics*(Vol.1:Chinese).Cambridge,UK:Cambridge University Press.

Tardif,T.(1996).Nouns are not always learned before verbs:Evidence from Mandarin speakers′early vocabularies.*Developmental Psychology*,*32*,492–504.

Tardif,T.(2006).The importance of verbs in Chinese.In P.Li,L.H.Tan,E.Bates,& O.Tzeng(eds),*Handbook of East Asian Psycholinguistics*(VoL 1:Chinese).Cambridge,UK:Cambridge University Press.

Tardif,T.,Fletch,P.,Liang,W.L,& Zhang,Z.X.(2002).Nouns and verbs in children's early vocabularies:A cross-linguistic study of the MacArthur Communicative Developmental Inventory in English,Mandarin,and Cantonese.Poster presented at the *Joint Conference of international Association for the Study of Child Language and Society for Research in Communication Disorders*.Madison,WT,July 2002.

Tyler,L.K.,Russell,R.,Fadili,L & Moss,H.E.(2001).The neural representation of nouns and verbs:PET studies.*Brain*,*124*,1619–1634.

Van Lancker,D.& Kempler,D.(1987).Comprehension of familiar phrases by left but not by right hemisphere damaged patients.*Brain and language*,*32*,265–277.

Vigneau,M.,Beaucousin,V.,Herve,P.Y.,Duff au,R.,Crivello,F.,Houde,O.,Mazoyer,B.& Tzourio-Mazoyer,N.(2006).Meta-analyzing left hemisphere language areas:Phonology,semantics,and sentence processing.*NeuroImage*,*30*,1414-1432.

Wang, Y., Sereno, J., & Jongman, A. (2006). L2 acquisition and processing of Mandarin tones. In P. Li, L. H. Tan, E. Bates, & O. Tzeng (eds), *Handbook of East Asian Psycholinguistics* (Vol. 1: Chinese). Cambridge, UK: Cambridge University Press.

Wiggs, C. L., Weisberg, J., & Martin, A. (1999). Neural correlates of semantic and episodic memory retrieval.*Neuropsychologia*,*37*,103-118.

Xing, H., Shu, H., & Li, P. (2002). A self-organizing connectionist model of character acquisition in Chinese. In W. D. Gray & C. D. Schunn (eds), *Proceedings of the Twenty-Fourth Annual Conference of the Cognitive Science Society* (pp. 950-955). Mahwah, NJ: Lawrence Erlbaum.

Xing, H., Shu, H., & Li, P. (2004). The acquisition of Chinese characters: Corpus analyses and connectionist simulations.*Journal of Cognitive Science*,*5*,1-49.

Yang, H. & Peng, D. L. (1997). How are Chinese characters represented by children? The regularity and consistency effects in naming. In H. C. Chen (ed.). *The cognitive processing of Chinese and related Asian Languages*. Hong Kong: The Chinese University Press.

Yang, J., Zevin, J., Shu, H., McCandliss, B., & Li, P. (2006). A triangle model of Chinese reading. In R. Sun & N. Miyaki (eds), *Proceedings of the 28th Annual Conference of the Cognitive Science Society* (pp. 912-917). Mahwah, NJ: Lawrence Erlbaum.

Yip, V. & Matthews, S. (2000). Syntactic transfer in a Cantonese-English bilingual child. Bilingualism: *Language and Cognition*,*3*,193-208.

Zempleni, M., Haverkort, M., Renken, R., & Stowe, L. A. (2007). Evidence for bilateral involvement in idiom comprehension: An fMRI study.*NeuroImage*,*34*,1280-1291.

Zhang. Y. & Wang, Y. (2007). Neural plasticity in speech acquisition and learning. *Bilingualism: Language and Cognition*,*10*,147-160.

Zhao, J., Shu, H., Zhang, L., Wang, X., Gong, Q., & Li, P. (2008). Cortical competition during language discrimination.*NeuroImage*,*43*,624-633.

Zhao, X. & Li, P. (2007). ' Bilingual lexical representation in a self-organizing neural network. In D. S. McNamara & J. G. Trafton (eds), *Proceedings of the 29th Annual Conference of the Cognitive Science Society* (pp. 755-760). Austin, TX: Cognitive Science Society.

Zhao, X. & Li, P. (2008). Vocabulary development in English and Chinese: A comparative study with self-organizing neural networks. In B. C. Love, K. McRae, & V. M. Sloutsky (eds), *Proceedings of the 30th Annual Conference of the Cognitive Science Society*. Austin, TX: Cognitive Science Society.

第 7 章　中国儿童的语言和读写能力发展

Catherine McBride-Chang　Dan Lin　Yui-Chi Fong　Hua Shu(舒华)

有关中国儿童阅读的研究主要聚焦在读写能力的发展和受损两个方面。考虑到中文存在阅读和写作教学环境上的跨社会性不同,比如不同地方使用不同的语言和文字,本章首先回顾了中国人读写能力发展的基础。这些语言和文字的差异可以从贯穿于本章的实际例子中反映出来,如繁体和简体,国语、普通话或广东话之间的交替列举。在评价这些宏观水平的变量时,我们更强调那些与早期中文阅读习得和中文发展性阅读障碍有重要联系的认知/语言技能,包括语音加工、词素意识和视觉拼字法(见本卷,Ho)。

我们接下来会聚焦于和中国儿童读写成就有关的父母及家庭读写实践。特早的读写经验很可能为后来的读写发展铺就了道路,但是针对中国家庭环境怎样帮助实现这种发展目标的,相应的研究还比较少见。

在接下的一节里,我们还将回顾更多有关中文的特征,尤其是构成这些特征的成分,讨论这些构成知识怎样影响读写能力的发展,使儿童成为熟练的阅读者。

最后,我们将简要讨论下中国儿童的阅读理解,看看读写过程的发展最终怎样从学习阅读过渡到阅读学习,其中流畅的阅读理解标志着这一成就的实现,所以最后一节我们还将回顾这一发展过程的某些必要构成因素。

中文读写能力的基础

中国儿童学习阅读时处于各种不同的中文社会环境。其中一个惊人的跨社会差异是存在两种不同的中文字体:繁体和简体。繁体字在中国台湾和中国香港使用,而简体字在中国大陆和新加坡使用。1956 年,中国大陆政府决定把很多繁体字简化成易读易写的字体,所以很多汉字已经随着时间发生了很大,例如,繁体字"廣"通过除去整个的"黄"字而被简化为"广"字。

繁体汉字	简体汉字	英文翻译
廣	广	Broad
電	电	Electricity

续表

嗇	啬	Stingy
園	园	Garden
塵	尘	Dust
書	书	Book
備	备	Preparation
滿	满	Full
豐	丰	Abundant
義	义	Righteousness

图7.1　繁体及简体文本中的汉语汉字举例

图7.1给出了其他一些简化字及繁体字例子。这些例子证明了简化汉字使用了不同技术进行简化,例如,在例3中,简化汉字"啬"是由繁体形式的"嗇"除去一些笔画得到的。另一个简化的方法是语音借用,比如繁体汉字"園"被"园"所代替,因为汉字"元"和"袁"的读音相似(语音特征),但"元"的结构更简单。但有时候繁体字也会被新的、更简单的汉字彻底取代,比如例10中的"義"和"义"。

在中国内地,教师们倾向于不鼓励他们的学生使用繁体字,如果学生的写作使用了繁体字,有可能会被教师认为错误的(Cheung & Ng,2003)。几乎没有研究来探讨哪一种字体读起来更容易或更困难,在一个比较内地(湘潭)和香港儿童有关识字的各种认知技能研究里,内地的中国儿童在所有视觉技能测试上都比香港的中国儿童强(McBride-Chang,Chow,Zhong,Burgess,& Hayward,2005)。这一发现令人颇感意外,因为香港儿童在其他所有被测的技能中得分都比较高,比如语音意识、快速命名和识字本身。

鉴于这些结果,我们推测,比起繁体汉字,简体汉字也许对初级阅读者来说需要相当多的基本视觉注意和知觉投入,这主要是因为繁体字包含了更多可识别的笔画,也就是说,从基础的认知观点来看,繁体字比简体字包含更多来帮助新手阅读者对它们进行识别的各种视觉特征。考虑到这一结果和其他集中讨论繁体汉字及简体汉字相区别的研究(M.J.Chen & Yuen,1991),繁体字可能对于初级阅读者而言相比简体字更容易辨认或阅读,但同样是因为笔画的数量问题,它们写起来也很困难。简化字包含着较少的笔画,使得它们比繁体字更难被辨认。然而,在实践中,由于不同华人社会的读写训练环境不同,要想实证性地测查繁体和简体造成的可识别程度几乎是不可能的。

另一个不同华人社会里有关读写技能的环境差异是采用语音编码系统来教阅读。中国大陆和新加坡使用拼音系统,而中国台湾使用注音符号系统;中国香港不使用语音编码系统来教授汉字识别。图7.2展示了拼音和注音的一些例子。中国所使用的拼音系统是一种用于转录普通话言语的辅助字母。就拼音字母代表着独立的音素而言,这一系统被认为是字母的。相反,在注音系统中,符号代表音节的声母或韵母,也就是说,韵母中的元音和韵尾部分并不是被分开编码的。与此同时,这两种语音编码系统都为学生提供了编码的速记方法,或者更容易让人识别当中不太熟悉的字符和单词。多数中文课本都包含了最新出台的字符的语音表达,或者在汉字语音表达旁边附上词汇。

汉字	拼音	注音符号	英文翻译
電單車	diàndānchē	ㄉㄧㄢˋㄉㄢㄔㄜ	Motorcycle
兒子	érzi	ㄦˊㄗ·	Son
危險	wēixiǎn	ㄨㄟㄒㄧㄢˇ	Danger

图 7.2　拼音和注音符号的示例

(注意:发音标记,如"ˉ","ˊ",被用于表明每一个汉字的音调。有时音调会以数字而非标记的形式展示,例如 1 = "ˉ",2 = "ˊ",3 = "ˇ",4 = "ˋ"。比如说,拼音"diàndānchē"能被写成"dian4dan1che1"。)

对字母—阅读社会的读写发展感兴趣的研究者将语音编码视作阅读学习的一个必要环节,例如,知道 T 的发音为/t/能够帮助儿童识别 top 这个单词。在中文编码系统中,言语的声音信息以相当于词汇中字母或尾韵的语音符号进行标识。此外,在许多字母语言中不存在的词汇音调信息也被标识出来(见图 7.2)。

词汇音调是中文口语中的一个基本特征。词汇音调是指言语的音高,它被用来区别最小的词组,这些词组无法使用分节信息来区分(Yiu,van Hasselt,Williams,& Woo,1994)。由于普通话是中国大陆、新加坡和中国台湾最常见的教学语言,图 7.2 上展示的音调信息都可以反映普通话,也就是说,拼音和注音系统都可以且只能用于转录普通话。普通话有四个主要的音调(例,阴平,阳平,上声,去声),以及第五个"轻声"的音调。词汇音调在其他的汉语语言研究中得到了更详细的说明,但在这里应当重点说一下,汉语的语音转录不仅包括辅音和元音信息,还包括词汇音调信息。

与此对照,在中国香港并没有说明新汉字的编码系统,相反,儿童必须运用"看和说"规则来学习识字,这一规则主要是对汉字及其发音进行死记硬背。此外,和普通话相比,粤语具有更多变化的音调,大概有六到十二种(Cheung & Ng,2003),因此在香港,汉字发音总是与未被分析的汉字视觉图像直接联系的,尽管有些老师也许试图向学生说明很多汉字是可以分解的,例如一些复杂汉字中的语音能起到有效的声音线索的功能,但是这些个别的尝试往往是分散的和非系统的,因为香港教育局并未提出任何汉字分解的具体原则来推广这一方法(Cheung & Ng,2003)。

在整个华人社会,尽管对诸如利用还是不利用语言转录系统教授新汉字或词汇的方法研究较少,但是它们之间的差异也许对中国儿童的读写学习非常重要。不管怎样,之前的研究也清楚说明,和其他中文社会的儿童相比,香港语音编码系统的缺乏和差的语音意识与通达一种语言声音系统的敏感性有关（Holm & Dodd，1996；Huang &Hanley，1995）。在多数字母语言的研究中，这一较弱的语音意识往往跟更差的阅读技能相联系。然而，当我们回过头来考虑早期阅读发展的认知成分时，中文阅读的语音意识事态严重性到目前为止依然是一个受争论的话题。

除了社会间书写字体和语音编码系统的不同，阅读学习的一个更加基本的方面是书写字体所对应的语言。语言环境代表了存在于华人社会之中的一种基本差异。在中国大陆，普通话或国语是全国学校使用的教学语言。在中国的许多地区，例如北京，普通话实际上也是大多数居民在家或在学校里使用的唯一语言。在其他地区，例如上海，尽管另外形式的汉语语言或方言在家庭中被普遍使用，但普通话仍然是学校所用的教学语言。普通话也是中国台湾和新加坡的教学语言。相比之下，在中国香港，粤语不论在家庭还是在学校都被大多数儿童所使用。然而与此同时，即便是在香港，书面汉语仍然遵循普通话的语法和基本结构，这对香港的粤语使用者来说多少有点麻烦，因为当考虑到普通话与粤语的对照时，词汇和语法都可能出现口头的甚至书面的不同（比如Chow，McBride-Chang，Cheung，& Chow，2008）。这个问题的出现是因为随着自身的发展，当前的粤语已经在某种方面成为比普通话更日常使用的语言，它的口头和书面表达形式也变得与普通话有所不同了。

认知语言发展

大量的研究致力于阅读学习中认知技能的鉴定，这些技能对儿童在不同的拼写体中学习阅读相当重要。鉴别这些技能可以帮助我们认识阅读的发展，有时也可以预示有阅读障碍风险的儿童在掌握此类技能时面临的困难。因此，理解认知成分的重要性在于指导阅读学习的理论和实践应用。

对于阅读字母书写体来说，最受青睐的认知成分往往是语音加工技巧。语音加工技巧是运用音—声意识的能力，因为学习阅读一个字母通常会涉及一个相匹配的书面符号，即某个字母和其口语发音相对应，比如说，知道字母 B 发/b/的音能够帮助阅读bed 或 bone 这样的词汇。但是，汉语独特的拼写方法虽然让它在许多特征上的区别十分明显，但其书面符号与语音系统的对应却相当薄弱（Shu，Chen，Anderson，Wu，& Xuan，2003）。因此，仅仅对语音加工系统加以重视是不足以完全理解中文的阅读发展和损伤。后文中我们将回顾这些认知技能，从语音加工开始，例如语音意识和快速命名，再到词素意识以及视觉—拼字技巧。

大量关于中国儿童阅读发展（Ho & Bryant，1997；McBride-Chang& Kail，2002；Siok & Fletcher，2001）和损伤（Chung，McBride-Chang，Wong，Cheung，Penney；& Ho，2008；Ho & Ma，1999；Ho，Law，& Ng，2000）的研究表明，语音意识对一种语言声音系统的通达是

与汉字识别相关联的。不论是否使用语音编码系统来教授阅读,这一事实对于整个华人社会都是普遍存在的。

例如,Ho 和 Bryant(1997)证实,对于香港的中国儿童来说,即使从统计学上控制了母亲的受教育水平与儿童的智商分数,早期的语音敏感性与四年之后的汉语词汇阅读也存在相关。在另一项研究中,我们发现,即使控制了第一年汉语阅读的自动回归效应,香港中国儿童的音节意识[1]也纵向地预测了这些儿童日后的汉语词汇阅读技能(Chow,McBride-Chang,& Burgess,2005)。这一研究进一步展示了音节意识和汉字识别之间的双向联系,即便时期 1 的音节意识在统计上被控制住,时期 2 的音节意识也能够被汉字识别所解释。然而,我们也同时发现,即使是在中国内地这个用拼音系统来强调声母音素的地方,音素意识也不像音节意识那样与汉字词汇阅读高度相关(McBride-Chang,Bialystok,Chong,& Li,2004)。在中国内地(Shu,Peng,& McBride-Chang,2008)和中国香港(McBride-Chang,Tong,Shu,Wong,Leung,& Tardif,2008),我们也证明了词汇音调对汉语词汇阅读中语音敏感性的重要意义。

研究者也许会这样总结近期与汉语词汇阅读相关的语音意识研究,即指出它对早期阅读习得的特殊作用,认为那些重要的语音意识往往表达了更大的语言单元或习得单位(Ziegler & Go swami,2005),而不是把语音意识用于解释字母书写体的阅读发展。

快速命名至少部分地属于语音加工技巧(Wagner & Torgesen,1987),因为它包括指向符号的词汇通达。在快速命名任务中,当用一张纸呈现图片或符号时,要求儿童尽可能快地识别它们。大多数这类实验使用多次重复的方法来呈现这些图片或符号的子刺激,保证实验的误差最小化。这种测量通常只感兴趣于儿童对呈现刺激的识别速度。Denckla 和 Rudel(1976)是第一批揭示命名速度迟缓与英语词汇阅读能力存在高相关的研究者之一。他们指出,这种迟缓是阅读障碍的一个重要临床指标。此类现象在以中国学生为对象的研究中也有重复(比如 Ho & Ma,1999;Ho,Chan,Tsang,& Lee,2002)。实际上,在有阅读障碍和无阅读障碍的中国儿童研究中,无论是大陆的(Shu,McBride-Chang,Wu,& Liu,2006)还是香港的(Ho 等,2002),命名速度慢通常是被作为区别有阅读障碍儿童的最好的任务指标。从这些研究可以总结,考虑到快速命名的精确性本质,不管它测到什么还是没有测到什么,都可以体现出变化性。

在某些方面,涉及阅读本身的快速命名同样需要多种技能。Manis、Seidenberg 和 Doi(1999)指出,快速命名在许多方面解决了英文词汇识别的"任意性"问题。学习某些英文词汇的发音在某种程度上是基于对字母拼写的记忆,尤其是不规则发音的词汇,其发音无法由拼写预测,例如 psyche,know 或者 meant。

鉴于汉字书写形式与其发音的对应是不规则的,我们也许会认为中文阅读学习中的任意性比英文中的要高。快速命名也需要将独立的符号或图片与口头标签相对应,但是将它们大声读出来却属于另一类的任意性。事实上,一些研究者认为,正是因为汉语这种任意用新的口语标签来配对学习新的视觉符号的特性,它也许能成为鉴别中国儿童阅读障碍的良好标志(Ho,Chan,Tsang,Lee,& Chung,2006)。

在一项研究中(H.Li,Shu,McBride-Chang,& Xue,2009),我们确实发现成对的视觉—口语连接性学习是解释不规则词汇阅读的唯一变量,但不适用于解释规则性词汇阅读。

此外,当我们将这个连接性配对学习的测量包括进模型之后,快速命名成分不再和阅读显著相关了。因此,快速命名任务中的任意连接性有可能是一个鉴别阅读障碍风险的重要因素。不管我们怎样解释快速命名在汉语识词中的重要性,快速命名很明显是一个预测早期阅读和阅读障碍的重要指标。

除了语音加工变量之外,词素意识在过去的十到十五年间也曾是汉语阅读习得研究的一个重要课题。对于词素意识的定义变化性很大,部分原因是因为词素意识的特定方面也许涉及了口头语言、书面语言,或两者皆有,这种关联的程度也许会由于拼写形式的不同而有所不同。在我们自己的研究中,我们倾向于把词素意识看成一种意识,用于通达构成词汇结构的词素意义,而词素则是语言中最小的意义单元。然而,Shu 和 Anderson(1997)也在先前的研究中讨论了书面语言把语义部首的理解作为一种词素意识形式。在某些方面,遵照印欧语出现的定义方式来描述汉语的词素意识确实是困难的,因为汉语的书写系统非常独特。在本章里,我们将主要结合跟阅读习得有关的口头语言来略述一下词素意识的研究。有关书面文字的词素意识会在儿童对书面文字特征的理解章节里给予说明,因为语义部首意识对词素意识概念来说也是最基本的。

对比探讨汉—英的词素意识很有意思。在英文中,一个词素能以单独字母(例如 hills 中的 s 意味着这个单词是复数形式)、单个音节(例如 tree,frog)或多音节词(例如 ettuce)的形式来体现。与此相比,在汉语中,几乎每一种情况下,单个的词素都是由一个独立的汉字来表现的音节。因此,对于每一个中文表达,都有一个和语音、词素、拼写表达完全一致的一对一联系(音节对词素)。此外,在汉语中,多数词汇都包括两个或以上的词素,而这些词素往往通过词汇组合呈现出多种方式的结合,因此,水果、苹果和芒果这三个词汇享有共同的词素指代"果"。

英文中的词汇组合虽然常见,但却远远少于汉语,这一事实或许能够作为预测中国儿童阅读发展的一个线索(McBride-Chang,Shu,Zhou,Wat,& Wagner,2003)。随着儿童在口语和书面语方面习得更多独立的词素,他们也许会运用相应的知识来生成新的词汇,比如说,在英文中,我们能在 snowstorm(暴风雪)和 snowman(雪人)这样的词中找到 snow(雪),从这些词汇中辨认出 snow 能促进对它们的阅读。这一促进功能也许在拥有很多同音异形词的汉语里表现得更为明显。

结合阅读,我们考察了对中文词素遵循语言规则进行合理组合知识的了解程度(例如,在英文中,人们能说 snowman 而不能说 mansnow),结果发现对于词素的敏感性和同音异形词的敏感性两个方面的词素意识都与汉字识别有着特殊的联系（比如 McBride-Chang 等，2003）。词素意识也在其他研究中被表明与汉语词汇阅读有关（比如 X. Chen，Hao，Geva，Zhu，& Shu，2008；McBride-Chang，Cho，Liu，Wagner，Shu，Zhou，Cheuk，& Muse，2005）。此外，词素意识不论是在中国内地（比如 Shu 等，2006），还是在香港（Chtmg 等，2008），都可以有效鉴别儿童是否患有读写障碍。在另一项研究中，使用词素意识游戏来训练孩子的父母往往能够让儿童在十二周以后表现出更好的阅读能力，而那些没有使用这种方法训练的儿童却无此表现（Chow 等，2008）。因此，综合来说，在词汇组合形式中表现的词素意识，不论是被包含于还是独立于同音异形意识，都对汉语阅读十分重要。

最后，一些研究将视觉技能与汉语阅读联系了起来。鉴于汉字的复杂程度，研究者们很长一段时间一致认为，视觉技能对于早期的汉语习得是十分重要的。然而，考察这一推测的检验结果却不甚相同。当研究者将视觉和拼字技能结合起来时，此类技能的重要性就有了显著的提升，这是因为拼字法就其定义而言包括了所讨论的写作系统的知识，而书面知识往往预示着书面阅读。然而，当纯粹讨论视觉技能的时候，这一联系就显得不那么清晰了。

总的来说，关于视觉技能对于汉字识别的特殊贡献方面，获得的证据是相当混杂的，其中一些证明了存在这类联系（比如 Huang & Hanley，1995；Lee，Stigler，& Stevenson，1986；Siok & Fletcher，2001），而另一些则没有（比如 Hu & Catts，1998；Huang & Hanley，1997）。我们在中国内地和香港进行的一项研究中发现，早期的视觉技能对后期的汉字识别有纵向的影响（McBride-Chang et al.，2005），不过这一影响仅表现在阅读发展的最早时期。此外，当一些其他的被认为对阅读有重要影响的认知技能被一同考虑时，例如快速命名和语音意识，视觉技能和汉字阅读的联系也并不总是很稳定的。因此，即使汉字的确在视觉上比英文（比如 Chen，1996）或其他拼写语言更加复杂，纯粹的视觉分析技能，如形状识别或线条记忆，对于汉语阅读的重要性也是不太明朗的。相反，在这一点上，对于中国儿童的极早期阅读发展而言，最重要的认知技能似乎是快速命名和词素意识。然而，与汉语读写发展相关的认知技能研究领域仍然是相当新的，更多研究工作也许会在未来改变这一结论。

父母对培养言语和读写能力的重要性

鉴于认知技能对于阅读发展的重要性，我们必须认识到这些技能的发展环境同样也很重要。家庭是跟这一发展的最早年龄期直接贴近的环境，父母在为儿童搭建通往语言发展的舞台上扮演了很重要的角色，这一说法的依据既包括阅读和写作认知技能的习得，也包括儿童对待读写行为的态度，也就是说，父母为儿童提供了一个天然的背景,通过这一背景,儿童或多或少地接触并喜爱着读写技能(例如 Vygotsky,1978)。早在儿童能够阅读之前,他们的父母就经常帮助儿童掌握有关书写、课本和阅读的总体概念(例如 Clay,1979),支架式教学就是这些经历中一个重要体现。

通过使用支架式教学,母子互动在儿童的"最近发展区"(Vygotsky,1978)调解着语言和读写能力的发展。在童年早期,一同读书(Levy, Gong, Hessels, Evans, & Jared, 2006;Senechal,2006)和亲子合作写作(Aram & Levin 2001;Aram & Levin,2002;Aram & Levin,2004)之类的活动能够促进儿童的读写能力发展。虽然多数对于亲子互动与读写能力发展关系的研究是在西方文化背景下进行的,但一些近期的研究也发现,父母对于儿童早期的中文读写能力发展也是很重要的(例如 Chow & McBride-Chang,2003;Chow, McBride-Chang, Cheung, & Chow, 2008;Fung, Chow, & McBride-Chang, 2005;Lin, McBride-Chang, Aram, Levin, Cheung, Chow, & Tolchinsky,2009)。这些研究强调,父母与儿童分享故事书阅读甚至早期写作的做法对于儿童读写能力发展十分重要。

这些研究有一个最为清晰的结果,父母与儿童一起阅读时的互动策略非常重要。对话式阅读的思想起源于 Grover Whitehurst 及其同事在美国进行的一系列研究(比如 Zevenbergen & Whitehurst,2003),即在阅读时鼓励儿童与父母进行互动,讨论他们正在一起阅读的书。我们在中国香港的父母身上也应用了这一手法,训练他们与孩子共同讨论书中内容的方法。这种方法强调了有关故事问题的开放式提问,理想的问题不应当以单个的词汇作为答案,而是要求儿童去思考故事并给出解释性的详细回答。

开放式提问的焦点并不在于回答的准确性(例如,小兔子是什么颜色的,你看到多少胡萝卜,青蛙在哪里,等等)。事实上,对于中国父母尤其是那些渴求抓住每一个机会来教育自己孩子的父母,问这些是或否的答案似乎是非常自然的,然而,这一提问的技巧强调的是儿童对故事中事件、观点和思想的期待,这些期待也许能够引发对话。在运用这一技术时,"你觉得之后会发生什么?",或"如果你处在这个情景中,你会怎么做?"是更受鼓励的提问方法。

在来自中国香港的三个独立研究中,每周都有新书提供给所有参与研究的家庭,对于对话式阅读家庭和典型阅读家庭这些新书是在研究过程中提供,但是对于控制组家庭是在研究之后提供。得到训练并被鼓励使用对话式阅读技能的父母,其子女的得分既高于被鼓励使用典型阅读方法的家庭,也高于控制组家庭,这一现象在所有的研究中都持续了八到十二周之久(Chow & McBride-Chang,2003;Chow, McBride-Chang, Cheung, & Chow,2008;Fung, Chow, & McBride-Chang,2005)。此外,父母们往往很喜欢对话式阅读技巧,并认为它对儿童具有激励作用,也是有趣的。多数家庭报告说,他们在研究之后仍然沿用了这一方法与孩子一起阅读故事书。这些研究说明,中国父母在激励儿童的早期阅读兴趣和认知技能发展方面,是很重要的。

除了发现亲子阅读对儿童的语言发展具有帮助外,另一结果在跨文化研究领域已经受到广为关注,我们开始探寻亲子写作影响儿童语言发展的重要性程度。Lin 等人(2009)的研究是其中第一个着眼于年幼的中国儿童学习和阅读有关的母子联合写作技巧。这个针对香港中国儿童的研究分三个年级水平进行——幼儿园第二年(K2),幼儿园第三年(K3),以及一年级(P1)。二十二个由两个汉字组成的中文词被展示给儿童的母亲,刚开始是借助图片。要求母亲们帮助她们的孩子"以你认为合适的方式"写出这些词。通过使用这些指示语,我们希望能够检验所有家庭中进行写作的一些自然方法变量。二十二个被选择的词汇都是相对常见的,但对儿童来说他们都还不认识,也不会写。这些词在许多特征上也有所重叠,例如中文的蜜蜂和蜂蜜这两个词汇都被包括在这一列表当中,它们都包括一个同样的汉字,只不过这个字在两个词中的顺序是颠倒的。这样的选择给了母亲们各种机会来帮助儿童进行词汇间的比较和联系。所有成对实验的写作过程都被录像。

我们观察到母亲们在帮助儿童写作时,至少使用了六种策略。一种基本的策略是只要求儿童复写母亲所写的内容。一些母亲甚至会与儿童一起握住笔写。第二种母亲们使用的方法是口述笔画应当处于的位置,从而形成整个汉字和词。第三种方式运用了视觉化技术,在这种技术中,儿童被告知特定的汉字看起来像一个"图片化"的物体,比如说,车(車)这个汉字的一部分看起来像一个盒子。另一种书写技术是将汉字分解为部首或组成部分。许多汉字都有语义部首或语音部首,并且能够被单独识别,有时母亲们会要求孩子回忆一个特定部首的写法,例如吃字中的口字旁,并在继续写这个汉字和相关词之前练习书写这一部首。还有一个不那么常用的技能是识别词汇中的语音部首,这一做法使儿童集中于汉字的读音及其相应的语音部首。不像其他大多数字母语言,父母在集中关注儿童的写作时,更看重言语—声音方面的信息(比如 Aram & Levin,2004),这一策略在我们所提到的所有策略中是最少被使用的。最后,母亲们频繁地运用字词内和字词间的形态结构,比如说,在词汇层面,母亲们也许会指出为了书写蜂蜜,必须要使用在书写蜜蜂时用到的两个相同的字,不过要将两个汉字颠倒。在汉字层面,母亲们有时也会观察基于意义的汉字部首,比如说,在蜜蜂这个词中,汉字包括一个代表着虫的意义的部首。在这种情况下,母亲有时会解释说这个部首是用来表明蜜蜂是一种昆虫。

研究结果表明,母亲们的策略利用有着很强的发展性。中国母亲往往在 K2 阶段首先使用复写或笔画顺序技巧,在 K3 和 P1 阶段降低了对它们的使用,转而运用那些更加注重字词形态的策略来教 P1 阶段的儿童学习汉字。在这些年龄相关的倾向之外,母子配对所使用的策略与儿童独立阅读汉字的能力相关度非常高,尤其是复写策略被发现与阅读技能呈负相关,即使是在年龄和年级因素都被统计控制的情况下也是如此。此外,字词形态相关策略的重要性被发现与阅读技能呈正相关,这一相关与年龄和年级因素无关。尽管在作出任何总结性的关于亲子互动式写作和长期读写能力发展关系的描述之前,有必要实施更多的纵向研究和实验来检验它们之间的关系,这个研究还是以另外一种方法证实了父母在促进中国儿童早期读写技能方面非常重要。

基于父母因素对中国儿童语言发展的重要性认识,我们也许会好奇父母的读写相关实践是否具有跨华人社会的不同。H.Li 和 Rao(2000)在一项针对北京、香港和新加坡学前儿童的相关研究中检验了这一问题。他们让来自这些城市的父母完成一系列关于语言实践的问卷,并对他们的孩子进行了一组读写测验,结果发现,这三个城市的家庭语言环境有着惊人的不同,比如说,大概只有三分之一的北京家长报告说在家中教导他们的学龄前孩子书写汉字,而52%的中国香港家长和48%的新加坡家长是这样做的。然而,大多数北京家长(多于60%)和少于45%的中国香港、新加坡家长报告说至少每月都会给他们的孩子买汉语图书。该研究也发现,家长对语言实践的报告和孩子的测试表现有所相关,尤其是在控制了母亲的受教育水平以及儿童的年龄之后,父母最开始教授阅读时儿童的年龄成为能预测儿童汉字习得任务成绩的唯一变量。

汉字的分类和典型结构

在这样一个非常早期的汉语读写发展背景下,我们现在转而讨论一下更加具体详细的汉语书写系统。随着儿童的发展,他们对汉字结构的意识变得增强了,包括对单个汉字内结构和汉语词汇间结构的意识(比如 McBride-Chang & Chen,2003)。书面汉语的基本单位是汉字。综观中文语言和社会,汉语以每一音节对应许多同音异形词而著名,普通话中平均每个音节有五个,粤语中每个音节大约有四个同音异形词(比如 Chow 等,2008;Shu 等,2003)。这些同音异形词通常在写作中被澄清,因为许多同音异形词在文本中是以特别的汉字来表达的。

Perfetti 和 Zhang(1995)对《现代汉语词典》(1995)所做的研究表明,10%的当代所用的汉字是简体字。简体字不再被进一步分解为可区别的组成成分。其中有一些象征着指示物的形状,比如说,山实际上看起来像它所指示的对象。然而,很多这类汉字已经相当简化,不再明显看起来像图片代表物了,例如天、见和立。

大多数常见类型的汉字(现代汉字的80%)通常被称为复合字。复合字有两个功能独立的部分组成:一个语义部首和一个语音部首,比如说,在洋字(发音为/yang4/)中,左边的部首氵(水)指代着意义,而右边的羊指代着发音,因为其发音是/yang4/。这些语义和语音的部首在汉语中分别有 200 个和 800 个左右(Hoosain,1991)。语义部首往往对汉字意义做出一定指示,而语音部首有时会提示汉字的发音。然而,这些部首和汉字意义及发音之间的联系远未达到可靠的地步。

语音部首的可靠性已经受到广泛的研究,尤其是在普通话中。Shu 等人(2003)发现,39%的复合字是规则字,其中语音部首为这些汉字发音提供了可靠的信息,例如逗/dou4/,其语音部首为豆/dou4/。大约 26% 的复合字同语音的联系被描述为半规则的,比方说,桃/tao2/和语音部首兆/zhao4/共享同一个韵母,但在声母和声调上则不同,即属于部分相同的语音信息。此外,汉字坝/ba4/与其语音部首贝/bei4/具有不同的韵母发音,但声母和声调相同;这是另一种半规则汉字的例子。最后,汉字烂/lan4/也是半规则的,因为它与它的语音部首兰/lan2/共享一样的声母和韵母,却拥有不同的音调。按照 Shu 等人(2003)的研究,大约有 15% 的不规则汉字,它们的语音部首完全不能提供任何关于当前汉字读音的信息。当儿童意识到语音部首提供的信息对汉字读音有用时,使用语音部首知识也许能让他们在掌握汉语写作时更加轻松(比如 McBride-Chang & Chen,2003)。

和语音部首的情况一样,语义部首也能够被归类为易懂的、半懂的和语义难懂的;对于这些类别在儿童汉字书写中所占的比重分别是 58%、30% 和 9%(Shu 等,2003)。语义易懂的汉字中,语义部首指代着一个汉字的概念分类,例如带有语义部首女的姐字,或者直接指向这一汉字的意义,例如树字的语义部首木。半懂性汉字的语义部首间接暗示着汉字的意义,例如在猎字中存在一个代表着动物的部首犭。语义难懂汉字的部首不能为该字提供语义信息,例如猜字中代表动物的部首犭。

所有这些语义或语音部首能被进一步分为大约 648 个子成分(例如十,口)(Fu,1989)。汉语书写系统的最小单位是笔画。这些成分或子成分组合起来形成成百上千的汉字。这些成分的内部结构以及它们在汉字中的位置对于汉字识别来说十分重要,笔画相同形态不同则代表着不同的汉字,例如工、土、士和上。此外,同样成分的不同组合也可以形成不同的汉字,例如呆和杏。多数的部首在复合汉字中都有一个固定的位置,比如说,语音部首犭通常处在一个汉字的左边。

随着儿童学到更多的汉语书写系统,他们得以了解汉字和词汇结构的系统知识。虽然很多中国学龄儿童并没有被明确地教授有关汉字与其部首或部首位置的内在结构关系,他们也能逐渐通过经历学到这些结构关系,而且,他们还能相当有效地使用这些知识来学习新的汉字甚至假字(例如由语义部首和语音部首组成的无意义字)(McBride-Chang & Chen,2003)。这种学习的一些例子将在下文中给予回顾。

中国儿童怎样形成对汉字特征的理解

当儿童读写汉字时,他们提取的都是什么信息呢? 汉字的拼字知识涉及汉字中语义部首和语音部首的独特位置、结构和功能。儿童往往在幼年时期就发展了初步的书写或位置知识,然后随着他们阅读经验的增长逐渐掌握了更多专业化的拼字知识,例如部首的内部结构,位置的频率知识(Cheng & Huang,1995;J.Li,Pu,& Lin,2000;Peng & Li,1995;Shu & Anderson,1999)。在 Shu 和 Anderson's 的研究(1999)中,首先要求一、

二、四、六年级的中国儿童对真字、假字(有一个处于常见位置的部首)和两种类型的非字作出词汇判断。研究结果表明,即使是非常年幼的儿童也表现出牢固的位置知识,但是儿童对部首的内部结构意识发展得却相对较晚。

拼字知识对于儿童的汉字书写也是非常重要的。Qian(2002)在一个延迟复写任务中分析了一、二、四年级儿童的准确性和错误率。结果显示,一年级学生更多地犯与记忆相关的笔画错误,而四年级学生更少犯笔画错误,却犯了更多的部首错误。因此,年龄大的儿童由于经验增长而更倾向于根据部首知识来书写汉字,由此表明他们具有运用拼写知识的能力。

有些研究同样证实了语音知识在早期汉字识别中的重要性。运用学习—测验任务,Anderson,Li,Ku 和 Wu(2003)要求母语为中文普通话的四年级学生学习三种新汉字:(1)语音部首提供完整信息的汉字,即常规汉字(声母、韵母和声调都相同);(2)语音部首提供部分信息的汉字,即音调不同的汉字(相同的声母和韵母),或者声母不同的汉字(韵母和声调相同);(3)语音部首不提供信息的汉字,即不规则汉字。儿童发现,学习规则汉字最容易,学习不规则汉字最难;对语音部首提供部分信息的汉字学习难度处于中等。然而,即便是半规则汉字也在各类别之间表现出了不同:儿童在音调不同的半规则汉字上的表现要优于声母不同的汉字。这些结果暗示,儿童有效利用了半规则汉字中的部分信息,并且对不同程度的部分信息是敏感的。Anderson 等人(2003)进一步证实,即使是二级的年幼儿童也能很好地在阅读新的复合汉字时利用语音信息。此外,年长的和有能力的阅读者比起年幼的及能力差的阅读者更能很好地利用这些信息(Chan & Siegel,2001;Shu,Anderson,& Wu,2000)。实际上,在识别不同汉字的语音一致形式方面,对语音信息的敏感性至少从八年级到大学都是在一直增长(Shu,Zhou,& Wu,2000)。因此,中国儿童似乎在阅读发展的早期就开始发展语音意识,但他们对于汉字一致/不一致规则的意识发展得相对较晚。

对于汉字的另一个重要特征,即语义部首,在字母书写体中并没有可比的对应物。汉字这一指代某种意义的东西,如同上面所讨论的那样,有时被认为是词素意识的唯一指向点。Shuand 和 Anderson(1997)使用部首识别任务证明,三年级往上的儿童在词法易懂汉字上的表现比词法难懂汉字上的表现更好,尤其是对于低频汉字,这意味着易懂的部首信息在促进儿童早期阅读方面是有帮助的。实际上,Cheng 和 Huang(1995)也发现,即使是一年级的学生也往往根据语义部首将语义相关的汉字配对在一起。

语义部首的有效性也在汉字书写任务中有所证明。Meng,Shu 和 Zhou(2002)在小学四年级学生中检查了语义部首和语音部首对书写任务中的影响作用,结果显示,语义易懂性和语音规则性之间存在显著相关,儿童对规则汉字(例如"倒"字)中的书写表现优于不规则汉字(例如"跌"字)和语音复合汉字(例如"鳞"字),但是在不规则汉字和语音复合汉字情况中,对语义易懂汉字的书写要比语义难懂汉字的书写表现更好,这意味着语音和语义部首信息对于汉字书写而言都很重要。

对于语义部首的了解似乎在各层面都能够促进语言技能,例如,Shu 和 Anderson (2007)发现,在小学阶段的中国儿童中,优秀的阅读者对于语义部首和汉字意义的联系更为注意。此外,Ku 和 Anderson(2001)也发现,中国儿童的段落阅读能力与他们的语义部首知识有很强的相关。因此,语义部首的理解对于阅读理解或者低水平的阅读技能来说都非常重要。

阅读理解

虽然阅读理解是教育者和家庭的终极目标,但是有关这个领域和另外一个更容易测量的词汇读写领域之间的关系,研究者知之甚少。一致性的看法似乎认为,汉语的阅读理解应该表现出与其他语言相似的加工(比如 H.C.Chen,1996),就如同 Snow(2002)所略述的那样,阅读理解这一话题带来了文本特征、阅读活动以及读者特征之类的思考。读者特征可能包括本章节讨论的认知技能和词汇阅读这些东西,比如语音和词素意识,还有阅读速度。其他的特征和词汇识别相比,也许和文本阅读更为相关,这些特征包括工作记忆、推理、背景知识和元认知。

在这些成分之中,对于中国儿童的一些研究特别发现,工作记忆和元认知与阅读理解相关(比如 Chan & Law,2003;Leong,Tse,Lob,& Hau.2008;McBride-Chang & Chang,1995)。在两个针对中国内地(McBride-Chang & Chang,1995)和针对中国香港(Leong 等,2008)的小学儿童研究中,记忆技能被证明与阅读理解有着最强的相关关系。另一个针对香港六年级儿童的研究中,Chan 和 Law(2003)特别关注到两个方面的元认知,即信念和策略。他们发现,元认知信念与推理理解有着较强的相关,强调了这方面的元认知或者叫思考之思考对更高级阅读理解的重要性。在这个研究和之前的一个研究中(McBride-Chang & Chang,1995),词汇知识也同样是和阅读理解高相关的一个因素。

除了个别阅读的这些方面外,文本特征或许也是很重要的。文本特征有可能以某种方式影响了理解,甚至有可能发生在跨语言情况下,举例来说,汉语的词汇和句法让汉语文本阅读变得困难或容易的程度取决于当前的语境(H.C.Chen,1996)。除此之外,文本结构也应当适合读者。H.Li 和 Rao(2000)指出,和英语阅读儿童相比,中国儿童需要更多年的父母支架式教学来学会阅读文本,这只是因为学习汉字的过程需要持续那样久的时间。即便是一个相对高水平的中文阅读者,对许多汉字的识别依然存在困难,而且在没有经验丰富的成年人解释时,这些汉字并不是总能被识别并理解的。

Snow(2002)确认的阅读理解的第三个方面是相关阅读活动的本质,比如说,儿童在纯粹为享受而阅读和以考高分为目的的阅读是不一样的。儿童也许会把他们的阅读定格在一个更浅表的水平,比如记忆,这与深层水平不同,深层水平的阅读涉及一些文本分析(见同卷,Kember & Watkins)。可以假定,不同的阅读活动会鼓励读者运用不同的个体化读者特征,例如为更加浅表的阅读调用工作记忆,或为更深层的分析调用元认知监控。

对于不同文化中的青少年,他们自身喜欢阅读的程度和他们的同伴喜欢阅读或不喜欢阅读的程度都与他们实际的阅读理解存在联系(Chiu & McBride-Chang,2006)。因此,阅读理解的发展和其他所有的读写发展方面一样,都涉及个体特征的结合,例如工作记忆能力、词汇知识和元认知技能,以及环境方面的,比如儿童是否有喜欢阅读的同伴,或者文本类型和儿童阅读所处的环境。

结　论

虽然我们重点阐述的是中国儿童的读写发展,如广泛定义的那样,但是本章涵盖的大部分内容是关于字词识别的,而不是文本加工。针对儿童词汇水平和文本水平的研究比例失调并不是汉语的独特现象。事实上,阅读理解是以一种包罗万象的课题,由于涉及的成分太多,从它开始着手研究十分困难。

不管这些对跨世界语言的研究的评估是如何正确,关于汉语读写能力发展的研究很可能在这方面更容易被曲解,因为汉语拼写法十分独特,但是与字母阅读研究相比,汉语读写能力的研究少得多,尤其是针对儿童的。所以,这一领域还有许多内容亟待了解,即使是在词汇层面,可做之事也很多。

不过,我们迄今为止学到的关于汉语读写能力发展的知识仍是相当全面的。我们知道,这一发展有一些普遍性的东西,比如环境的重要性,特别是家庭环境对于早期读写能力发展的重要性。我们也了解到,汉语拼字法在许多方面都是很特殊的,它们包括不同的书写体,与这些书写体相对应的语言,以及词汇音调对于区分词汇的重要性。在一个更为特别的层面,汉语字词的特征也构成了一些挑战,包括汉语学习过程的认知技能重要性,从某种程度来说它们又是非常特殊的,所以,了解汉字中语音部首和语义部首所表达的角色、形式和位置尤其令人注目。总之,汉语读写能力的研究给心理学家们提供了令人兴奋的机会,让他们可以了解汉语文化许多最重要的方面,包括社会内部和社会之间发生的认知及社会性影响。

译者注释

　　1　音节意识是把词分割成音节后形成的相应语音意识。

参考文献

Anderson, R. C., Li, W., Ku, Y. M., Shu, H., & Wu, N. (2003). Use of partial information in learning to read Chinese Characters. *Journal of Educational Psychology*, 95, 52−57.

Aram, D. & Levin, l. (2001). Mother-child joint writing in low SES: Sociocultural factors, maternal mediation and emergent literacy. *Cognitive Development*, 16, 831−852.

Aram, D. & Levin, I. (2002). Mother-Child joint writing and storybook reading: Relations with literacy among low SES kindergartners. *Merrill Palmer Quarterly*, 48, 202−224.

Aram, D. & Levin, T. (2004). The role of maternal mediation of writing to kindergartners in. promoting literacy achievements in second grade: A longitudinal perspective. *Reading and Writing: An Interdisciplinary Journal*, 17, 387−409.

Chan, C. K. K. & Law, D. Y. K. (2003). Metacognitive beliefs and strategies in reading comprehension for Chinese children. In C. McBride-Chang, & H. C. Chen (eds), *Reading development in Chinese children* (pp. 171−182) West-port, CT: Praeger.

Chen, H. C. (1996). Chinese reading and comprehension: A cognitive psychology perspective. In M. H. Bond (ed.), *The. handbook of Chinese psychology* (pp.43−62). Hong Kong: Oxford University Press.

Chen, M.). & Yuen,). C.-X. (1991). Effects of pinyin and script type on verbal processing: Comparisons of China, Taiwan, and Hong Kong experience. *International Journal of Behavioral Development*, 14, 429−448.

Chen, X., Hao, M., Geva, E., Zhu, J., & Shu, H. (2008). The role of compound awareness in Chinese children's vocabulary acquisition and character reading. *Reading and Writing*.

Cheung, H. & Ng, K. H. (2003). Chinese reading development in some major Chinese societies: An introduction. In C. McBride-Chang & H.-C. Chen (eds), *Reading development in Chinese children*. Westport, CT: Greenwood.

Chiu, M. M. & McBride-Chang, C. (2006). Gender, context, and reading: A comparison of students in 41 countries. *Scientific Studies of Reading*, 10, 331−362.

Chow, B. W. Y. & McBride-Chang, C. (2003). Promoting language and literacy through parent-child reading. *Early Education and Development*, 14, 233−248.

Chow, B. W.-Y., McBride-Chang, C., & Burgess, S. (2005). Phonological processing skills and early reading abilities in Hong Kong Chinese kindergarteners Learning to read English as an L2. *Journal of Educational Psychology*, 97, 81−87.

Chow, B. W.-Y., McBride-Chang, C., Cheung, H., & Chow, C. (2008). Dialogic reading and morphology training in Chinese children: Effects on language and literacy. *Developmental Psychology*, 44, 233−244.

Chung, K. K. H., McBride-Chang, C., Wong, S. W. L., Cheung, H., Penney, T. B., & Ho, C. S.-H. (2008). The role of visual and auditory temporal processing for Chinese children with developmental dyslexia. *Annals of Dyslexia*, 58, 15−35.

Clay, M. M. (1979). *Reading: The patterning of complex behavior*. Auckland, New Zealand: Heinemann.

Denckla, M. B. & Rudel, R. G. (1976). Rapid 'automatized' naming (RAN): Dyslexia differentiated from other learning disabilities. *Neuropsychologia*, 14, 471−479.

Fu,Y.H.(1989).A bask research on structure and its component of Chinese character.In Y.Chen(ed.), *Informational analysis of used character in modem Chinese language*(pp.154-186).Shanghai,China:Shanghai Educational Press.

Fung,P.C.,Chow,W.Y.,& Mt Bride-Chang,C.(2005).The impact of a dialogic reading program on deaf and hard-of-hearing kindergarten and early-primary school-aged students in Hong Kong. *Journal of Deaf Studies and Deaf Education*,10,82-95.

Ho,C.S.-H.,Chan,D.W.,Tsang,S.-M.,Lee,S.-H.,& Chung,K.K.H.(2006).Word Leaning deficit among Chinese dyslexic children.*Journal of Child Language*,33,145-161.

Ho,C.S.-H.,Chan,D.W.-O.,Tsang,S.-M.,& Lee,S.-H.(2002).The cognitive profile and multiple deficit hypothesis in Chinese developmental dyslexia.*Developmental Psychology*,38,543-553.

Ho,C.S.-H.,Law,T.P.-S.,& Ng,P.M.(2000).The phonological deficit hypothesis in Chinese developmental dyslexia.*Reading and Writing:An Intererdisciplinary Journal*,7,171-188.

Ho,C.S.-H.& Ma,R.N.-L.(1999).Training in phonological strategies improves Chinese dyslexic children's character reading skills.*Journal of Research in Reading*,22,131-142.

Ho,C.S.-H.& Bryant,P.(1997).Learning to read Chinese beyond the logographic phase. *Reading Research Quarterly*,32,276-289.

Holm,A.& Dodd,B.(1996).The effect of first written language on the acquisition of English literacy. *Cognition*,59,119-147.

Hoosain,R.(1991).*Psycholinguistic implications for linguistic relativity:A case study of Chinese*. Hillsdale,NJ:Erlbaum.

Hu,C.F.& Catts,H.W.(1998).The role of phonological processing in early reading ability:What we can learn from Chinese.*Scientific Studies of Reading*;2,55-79.

Huang,H.S.& Hanley,J.R.(1995).Phonological awareness and visual skills in learning to read Chinese and English.*Cognition*,54,73-98.

Huang,H.S.& Hanley,J.R.(1997).A longitudinal study of phonological awareness,visual skills,and Chinese reading acquisition among first graders in Taiwan.*International journal of Behavioral Development*,20, 249-268.

Ku,Y.M.& Anderson,R.C.(2001).Chinese children's incidental learning of word meanings. *Contemporary Educational Psychology*,26,249-266.

Lee,S.-Y.,Stigler,J.W.,& Stevenson,H.W.(1986).Beginning reading in Chinese and English.In B.R. Foorman &A.W.Siegel(eds),*Acquisition of reading skills:Cultural constraints and cognitive universals*(pp. 93-115).Hillsdale,NJ:Erlbaum.

Leong,C.K.,Tse,S.K.,Lob,H.Y.,& Han,K.T.(2008).Text comprehension in Chinese children: Relative contribution of verbal working memory,pseudoword reading,rapid automatized naming,and onset-rime segmentation.*Journal of Educational Psychology*,100,135-149.

Levy,B.A.,Gong,Z.,Hessels,S.,Evans,M.A.,& Jared,D.(2006).Understanding print:Early reading development and the contributions of home literacy experience.*Journal of Experimental Child Psychology*,93, 63-93.

Li,J.,Fu X.L.,& Lin,Z.X.(2000).Study on the development of Chinese orthographic regularity in school children.*Acta Psychologica Sinica*,32,121-126. (in Chinese)

Li,H.& Rao,N. (2000). Parental influences on Chinese literacy development: A comparison of pre-schoolers in Beijing,Hong Kong and Singapore.*International Journal of Behavioral Development*,24,82-90.

Li,H.,Shu,H.,McBride-Chang,C.,& Xue,J. (2009).Paired associate learning in Chinese children with dyslexia.*Journal of Experimental Child Psychology*,103,135-151.

Lin,D.,McBride-Chang,C.,Aram,D.,Levin,I.,Cheung,R. Y. M.,Chow,Y. Y. Y.,& Tolchinsky,L. (2009).Maternal mediation of writing in Chinese children.*Language and Cognitive Processes*,24,1286-1311.

Manis,F.R.,Seidenberg,M.S.,& Doi,L.M. (1999).见 Dick RAN:Rapid naming and the longitudinal prediction of reading subskills in first and second graders.*Scientific Studies of Reading*,3,129-157.

McBride-Chang,C.,Bialystok,E.,Chong,K.,& Li,Y. P. (2004).Levels of phonological awareness in three cultures.*Journal of Experimental Child Psychology*,89,93-111.

McBride-Chang,C. & Chang,L. (1995). Memory, print exposure, and metacognition: Components of reading in Chinese children.*International Journal of Psychology*,30,607-616.

McBride-Chang,C.& Chen,H.C. (eds) (2003).*Reading development in Chinese children.*Westport,CT: Praeger.

McBride-Chang,C.,Cho,J.-R.,liu,R.,Wagner,R.K.,Shu,H.,Zhou,A.,Cheuk,C.S.-M.,& Muse,A. (2005). Changing models across cultures: Associations of phonological and morphological awareness to reading in Beijing,Hong Kong,Korea,and America.*Journal of Experimental Child Psychology*,92,140-160.

McBride-Chang, C., Chow, B. W.-Y., Zhong, Y.-P., Burgess, S., & Hayward, W. (2005). Chinese character acquisition and visual skills in two Chinese scripts. *Reading and Writing: An Interdisciplinary journal*,18,99-128.

McBride-Chang,C.& Kail,R. (2002).Cross-cultural similarities in the predictors of reading acquisition. *Child Development*,73,1392-1407.

McBride-Chang,C.,Shu,H.,Zhou,A.,Wat,C.-P.,& Wagner,R.K. (2003).Morphological awareness u-niquely predicts young children's Chinese character recognition. *Journal of Educational Psychology*, 95, 743-751.

McBride-Chang,C.,Tong,X.L.,Shu,H.,Wong,A.M.-Y.,Leung,K.-W.,& Tardif,T. (2008).Syllable, phoneme,and tone:Psycho linguistic units in early Chinese and English word recognition.*Scientific Studies of Reading*,12,1-24.

Meng,X.Z.,Shu,H.,& Zhou,X.L. (2000).Character structural awareness of children in character pro-duction processing.*Psychological Science*,23,260-264. (in Chinese)

Peng,D.L & Li,Y.P. (1995).*Orthographic information in identification of Chinese characters.*Paper pres-ented to the 7th International Conference on Cognitive Aspects of Chinese Language.University of Hong Kong, June.

Perfetti,C.A.& Zhang,S. (1995).Very early phonological activation in Chinese reading.*Journal of Exper-imental Psychology:Learning,Memory,and Cognition*,21,24-33.

Qian,Y. (2002).*The visual units in copying characters by Chinese children.*Master degree thesis.Beijing Normal University.

Senechal,M. (2006). Testing the borne literacy model: Parent involvement in kindergarten is differentially related to grade 4 reading comprehension, fluency, spelling, and reading for pleasure. *Scientific Studies of Reading*, 10, 59–87.

Shu, H. (2003). Chinese writing system and learning to read. *International journal of Psychology*, 38, 274–285.

Shu, H. & Anderson, R. C. (1997). Role of radical awareness in the character and word acquisition of Chinese children. *Reading Research Quarterly*, 32, 78–89.

Shu, H. & Anderson, R. C. (1999). Learning to read Chinese: The development of metalinguistic awareness. In J. Wang, A. W. Inhoff, & H.-C. Chen (eds), *Reading Chinese script A cognitive analysis* (pp. 1–18). Mahwah, NJ: Lawrence Erlbaum.

Shu, H., Bi, S. M., & Wu, N. N. (2003). The role of partial information a phonetic provides in learning and memorizing new characters. *Acta Psychologica Sinica*, 35, 9–16. (in Chinese)

Shu, H., Chen, X., Anderson, R. C., Wu, N., & Xuan, Y. (1003). Properties of school Chinese: Implications for learning to read. *Child Development*, 74, 27–47.

Shu, H., McBride-Chang, C., Wu, S., & Liu, H. Y. (2006). Understanding Chinese developmental dyslexia: Morphological awareness as a core cognitive construct. *Journal of Educational Psychology*, 98, 122–133.

Shu, H., Peng, H., & McBride-Chru1g, C. (2008). Phonological awareness in young Chinese children. *Developmental Science*, 11, 171–181.

Sbu, H., Zhou, X., & Wu, N. (2000). Utilizing phonological cues in Chinese characters: A development study. *Acta Psychologica Sinica*, 32, 164–169. (in Chinese)

Siok, W. T. & Fletcher, P. (2001). The role of phonological awareness and visual-orthographic skills in Chinese reading acquisition. *Developmental Psychology*, 37, 886–899.

Snow, C. (2002). *Reading for understanding: toward a research and development program in reading comprehension.* Berkeley, CA: RAND Corporation.

Vygotsky, L. S. (1978). *Mind in society: The development of higher psychological processes.* Cambridge, MA: Harvard U Diversity Press.

Wagner. R. K. & Torgesen, J. K. (1987). The nature of phonological processing and its causal role in the acquisition of reading skills. *Psychological Bulletin*, 101, 192–212.

Yiu, E. M., van Hassell, C. A., Williruns, S. R., and Woo, J. K. S. (1994). Speech intelligibility in tone language (Chinese) laryngectomy speakers. *European Journal of Disorders of Communication*, 29, 339–347.

Zevenbergen, A. & Whitehurst, G. (2003). Dialogic reading: A shared picture book. Reading intervention for preschoolers. In A. van Kleeck, S. Stahl, & E. Bauer (eds) *On reading books to children: Parents and teachers* (pp. 177–200). Mahwall, NJ: Erlbaum.

Ziegler, J. C. & Goswami, U. (2005). Reading acquisition, developmental dyslexia, md skilled reading across languages: A psycholinguistic grain size theory. *Psychological Bulletin*, 131, 3–29.

第8章 理解中国语言中的阅读障碍：从基础研究到干预

Connie Suk-Han Ho

阅读障碍也称发展性阅读障碍,在许多用字母拼写系统的国家中,对它的研究已经有一个世纪之多。总体而言,在西方国家的学校中,大约3%—5%的人患有阅读障碍,即在阅读和拼写中出现的严重而持久的困难,并不是由于任何明显的内在或外在原因所致。那些延期的不恰当的干预往往会导致患有此障碍的儿童出现学习、情绪和行为的问题。早期的观点认为,发展性阅读障碍仅仅是西方人面临的问题。尽管早先的调查和研究均显示,阅读障碍在中国人、日本人和韩国人等亚洲人身上影响很小(Kline,1977;Kuo,1978;Makita,1968),但是我们现在知道亚洲儿童也有阅读障碍(D.W.Chan,Ho,Tsang,Lee,& Chung,2007;Hirose & Hatta,1988;Stevenson,Stigler,Lucker,Hsu,& Kitamura,1982)。

以非字母拼写系统为主的中国语言拥有世界上最庞大的阅读人群,但仅仅在过去的十年到二十年间,我们才开始研究针对这种语言的阅读障碍。中国语言被描述成一种表象和语素音节文字系统,它在语言学、语音学、正字法规则(拼写正确的)、形态学方面拥有完全不同于其他字母语言的独特特征(参见 Him,Yap,& Yip,本卷;Mc Bride-Chang,Lin,Fong,& Shu,本卷)。因此,对于检验阅读障碍在文化或者语言普遍性及特殊性问题上,中国语言是一个很好的例子。

在本章中,我将首先概述关于字母语系阅读障碍的研究文献。然后介绍中国语言书写系统的特征,突出一些中国语言阅读障碍的研究项目,并且探索这些发现是怎样被运用于鉴别和干预中国儿童阅读障碍的。

字母语言中的阅读障碍

多证据同时显示,在字母语言中,阅读障碍的核心问题是字母和声音间的紧密联系,这种联系导致了语音加工困难(L.Bradley & Bryant,1978;Hulme & Snowling,1992;Mc-Bride-Chang 等,本卷;Olson,Rack,& Forsberg,1990;Shankweiler,Liberman,Mark.

Fowler,& Fischer,1979)。有阅读障碍的儿童通常在音素分割和无词阅读中表现较差。研究者相信,在学习字母语言时,需要掌握的抽象的字母—语音联合使得英语很难去学习,然而其他的非字母语言,比如中文和日语,基本无须依赖抽象的字母—音节或字母—词素联系去学习。但是 Gleitman(1985)提出,中国文字在开始学时较为容易,但完成学习较为困难,因为与字母语言读者相比,中国的孩子需要记住很多字母—语音匹配。

除了把语音困难作为发展性阅读障碍的核心问题,研究者发现一些阅读障碍儿童在快速命名和拼写加工时也有困难。研究显示,阅读障碍者在快速识别和检索视觉呈现的语言材料方面受到损伤(Ackerman & Dykman,1993;Badian,1995;Bowers & Wolf,1993;Denckla & Rudel,1976a,1976b)。命名速度缺陷或许是在拼写模式的抽取与归纳中相应的自动化加工受到损害。Bowers,Sunseth 和 Golden(1999)的研究支持了这一假设,他们坚持认为,过于精确而慢速的读者不具备有关拼写模式的知识。

在过去的阅读障碍研究中,拼写障碍是一个被忽视的因素。正字法信息的使用,例如字母顺序的频率,使读者能够从加工单个字母到加工字母序列,进而改变知觉的单元。一些研究结果表明,拼写欠缺是导致一些孩子阅读障碍的原因之一,比如 Hultquist(1997)报告指出,有阅读障碍的读者相比阅读水平控制组在几个拼写测试中明显表现较差。

中文书写系统的特征

中文最基本的形象单元是文字。在中国大陆大约有 3000 个常用的汉字(Foreign Languages Press Beijing,1989),在台湾大约有 4500 个常用的汉字(Liu,Chuang,& Wang,1975)。汉字由不同的笔画组成,笔画又组合形成部件,也可称作部首,它是基本的拼写单元。在中国汉字中,笔画的数量是它视觉复杂性的一个度量。2000 个常用汉字按中国香港和中国台湾使用的繁体字来计算,其平均笔画数是 11.2 画,按中国大陆用的简体汉字来计算,其平均笔画数是 9 画(M.Y.Chan,1982),汉字也因此被认为视觉上紧凑而复杂。

所有的汉字都是单音节的,因此,在汉字中有许多的同音异形异义词。为了避免这个问题,大部分的词汇都是多音节的,并且其中又有 2/3 是双音节的(Taylor & Taylor,1995)。但是,汉字不是像人们想象的均是表象文字,仅有一小部分中国汉字通过象形文字或者表象方式来传达意思(Hoosaio,1991)。根据 Kang(1993)的研究,大约 80%—90% 的汉字是意音混合,即每一个汉字包含一个语义部首和一个语音部件。

总体而言,汉字的语义部首表明了其语义类别。不同语义部首的语义含意有不同透明程度。一个含意明确的语义部首为字符意义提供了一个可靠的线索,比如说"妈"

中的"女"语义部首；含意不明的语义部首则相反，比如"增"中的"土"。语义部首一般出现在汉字固定的位置，或左或上。

英语单词的读音编码体现在所有的字母之中，汉字则仅有一部分，例如语音部件，体现了语音的编码或说明。这个从部分到整体的转换规则被称为拼写—语音一致原则（Ho & Bryant，1997），或者"语音原则"（Anderson，Li，Ku，Shu，& Wu，2003）。通过"直系派生"或"类比"，语音部件为意—音合成字提供了一个语音线索。汉字的音能够直接地从它的语音部件派生而来，比如说，"码"的音可以从"马"派生而来，或者间接地同其他带有相同部首的汉字进行类比得出，比如说"码"与"蚂"类比。前者类似英语中的规整效应，后者反映了一个一致性效应。

汉字中有不同程度的语义和语音规整/一致性。据统计分析，意音复合字的语音部件对其发音预测的准确性大约为40%（Shu，Chen，Anderson，Wu，& Xuan，2003；Zhou，1980；Zhu，1987）。如果把音调也考虑在内，这个数字下降到 23%—26% 之间（Fan，Gao，& Ao，1984；Shu 等，2003；Zhou，1980）。总之，相比语音部件，语义部首的功能性更加可信。

由于汉字拥有大量的拼写单元、同音异形异义字、位置不同的自由性、部件的语义和语音规则，这也导致它的拼写规则相当复杂。

很多这样的规则在学校并不会进行正式教授，这需要花费孩子很长时间去学到完整的汉字拼写知识。基于已有的研究发现，我们提出中文拼写知识发展模型（Ho，Yau，& Au，2003）。正如这个模型所示，中国儿童按照汉字外形知识、结构知识、部件信息知识、位置知识、功能知识、完整的拼写知识这样的先后顺序习得拼写知识。这几乎花费了儿童整个的初等学校教育的几年来掌握完整的中文拼写知识，而中国儿童的字母书写学习可以达到"巩固字母阶段"，形成稳固的拼写表征和自动化的整词拼写激活，这比掌握对应的中文书写要早（Eh.i，1980，1994，1998）。

除了作为单音节字，每个汉字也可以表达一个词素。词素是意义的最小单位。许多汉字是由不同的词素组成的，比如"足球""篮球""手球"等。因此中文读者可以通过构成词素获得整个词汇的意思。考虑到中文有许多同音异形异义词、同形异义词和复合词，词素觉知尤为重要（McBride-Chang，Wagner，Muse，Chow，& Shu，2005），汉语的表意符号和形态音节的属性具备一个很明显的优势，即同样的字迹可以被说不同方言的广大人群使用。

与日语和朝鲜语比较

有趣的是，汉字（大约 2000 个）也被用于其他两种语言中，那就是日语和韩语。大约一半的日本词汇是中—日单词。日本语言使用"kanji"（日本汉字）来书写，即平假名和片假名(两种形式的日语音节表)。大部分中—日单词和许多日本本地人都用到日本汉字。平假名用于书写经常用到的语法性词素,比如名词后面的后置词;片假名用于书写不太常用到的项目,比如来自国外的借用词。

日本汉字的阅读是复杂的。日本汉字的发音可能使用音读("Kun reading",即日本本地读法),也可能使用训读(On reading,即汉语读法),或者两者兼有。尽管这十分复杂,表象式的日本汉字仍然被保留,因为它们仍有用途。第一,日本汉字帮助区别日语中大量的同音异形异义字。第二,日本汉字传达意义信息很快,它们在文章中的呈现使得默读的效率更高。第三,对于中—日词素来说,日本汉字在组成复合词时更具有高产性和可读性。

韩语也有两种书写体:韩语字母表书写符(Hangul)和韩语汉字(Hancha)。每一个韩语字母表书写符代表一个音素,这就是字母。一个韩语字母通常与其他字母组合在一起构成一个音节块,因此韩语在阅读和书写中通常像个音节文字。所有的词汇都可以用韩语来书写,但是只有中—韩汉字可以用韩语汉字来写。与在中国一样,韩国学校也教授韩语汉字中的单字符、多字符复合词的语义和语音成分。

考虑到以上语言和中文的相似性与差异性,研究者提出,相比汉语,语音觉知对于英语和韩语阅读更重要,相比英语,词素觉知对于汉语和韩语阅读更重要(McBride-Chang 等,2005)。有日语阅读障碍的儿童已经发现存在语音缺陷,语音觉知对于学习日语的假名有重要作用(Seki,Kassai,Uchiyama,& Koeda,2007),但是,词素觉知在日语阅读中的作用尚未有报道。

中文里的阅读障碍

阅读相关的认知障碍

考虑到以上列举的汉语拥有不同语言学特征,中文阅读障碍个体在某些认知方面与字母语系阅读障碍者有所不同。

运用多维方法,我们辨识出汉语阅读障碍的 7 个子类型,包括总体缺陷、拼写障碍、语音记忆障碍、轻微困难和其他三种与快速命名障碍有关的亚类(Ho,Chan,Lee,Tsang,& Luan,2004)。Ho 等人(2004)的研究发现,快速命名障碍(占阅读障碍总体的 57%)和拼写障碍(占阅读障碍总体的 42%)是中文阅读障碍中主要与阅读相关的认知缺陷(Ho,Chan,Lee,Tsang,& Luan,2002)。中文阅读障碍儿童的快速命名缺陷也许反映出他们在发展稳定和牢固的字形表征方面存在问题,不能实现快速提取。

Ho 等人(2004)提出,拼写相关的困难也许是中文发展性阅读障碍问题的关键。拼写相关缺陷可以反映出中文阅读障碍者较差的正字法表征,以及他们在拼写和语音加工联系方面的薄弱性。正如上文所述,中文的拼写规则相当复杂,因此习得拼写技巧是许多中文阅读障碍儿童面临的一个困难。

除了拼写相关障碍,其他研究显示,词素或词法障碍是中文阅读障碍的另外一个突出特征。最近的研究发现,词素觉知对于预测中文阅读成功与否十分重要(Luan & Ho,in preparation;McBride-Chang 等,2005;Shu,McBride-Chang,Wu,& Liu,2006)。由于大量的中文同音异形异义词和合成词,词素觉知在学习阅读中文时,比起阅读其他字母语系更加重要(McBride-Chang 等,2005),甚至是在控制年龄、语音觉知、命名速度、加工速度和词汇量的影响效应后,我们发现对于幼儿园和二年级的儿童而言,词素觉知成了影响他们汉字阅读唯一显著性因素(McBride-Chang,Shu,Zhou,Wat,& Wagner,2003)。在词素产生和判断上,中文阅读障碍儿童很明显比同龄儿童表现更差(Shu,McBride-Chang,Wu,& Liu,2006)。

不同中国人具有不同的认知特征

阅读障碍儿童阅读不同的拼字法也许产生不同的认知特征。根据以上观点,字母语系阅读障碍读者存在的核心问题是语音加工困难,而中文阅读障碍读者的核心问题是词素觉知和拼写相关的困难。但是,在方言、书写形式和教学方法方面存在差异的中国人,其认知特征也可能有所不同。

我们做了一个关于北京和香港阅读障碍者认知特征的比较性研究(Luan & Ho,in preparation)。北京的孩子们说普通话(中国内地的官方语言),阅读简体中文,在 6 岁的时候通过拼音阅读汉字。另一方面,香港的孩子们说粤语,这是一种拥有大量音调的方言,主要分布在广东、广西东南部、香港和澳门,香港孩子阅读繁体中文,在 3 岁的时候通过看—说的方式学习阅读汉字。研究发现,词素觉知困难(占样本的 29.6%)、语音觉知困难(占样本的 27.6%)和快速命名困难(占样本的 27.6%)是来自北京的阅读障碍儿童的三种主要认知缺陷。同样地,在香港阅读障碍儿童中,快速命名(占样本的52%)、语素缺陷(占样本的 26.5%)和正字法缺陷(占样本的 24%)也是主要表现。

北京和香港阅读障碍儿童的认知特征最明显的差异表现在语音意识(27.6% vs.12%)和快速命名(27.6% vs.52%)两个方面。这一结果可能是由于这两个地方采用的教学方法有所不同。拼音是一种像英语一样强调字母—音素转换的字母系统。因此,语音意识的薄弱可能阻碍了北京阅读障碍儿童学习使用拼音来阅读汉字。另一方面,香港教师使用的"看与说"方法强调快速检索汉字名称。香港阅读障碍儿童的命名速度较慢,这表明提取和感应正字法的自动化加工程序出现了紊乱。良好的配对联想学习技巧和视觉刺激的自动识别与检索是"看—说"方法的关键。总之,不同的教学方法对阅读学习的要求不同,即使在同一语言系统中,阅读障碍的认知特征也不同。

汉语阅读障碍和其他发展性障碍的认知特征比较

如上所述,过去大多数研究的结果表明,就字母语言而言,语音缺陷是阅读障碍的独特原因。我们进行了一项研究,旨在调查与其他类型的发展障碍或学习障碍相比,汉语阅读障碍是否存在类似独特的、与阅读有关的认知缺陷(Ho, Chan, Leung, Lee, & Tsang, 2005)。中国患有不同类型的精神障碍或学习困难的儿童,包括阅读障碍(RD)、注意力缺陷/多动障碍(ADHD)、发育协调障碍(DCD)和边缘智力(BI),已经在读写、快速命名、语音、正字法和视觉加工技能方面进行了测试。

我们发现:(a)这些发展性障碍的共病率很高;(b)只有阅读障碍的一组在快速命名和正字法加工方面受损最严重,其表现明显差于其他单一障碍组;(c)只有注意力缺陷和只有发育协调障碍的儿童在识字与认知领域的成绩非常接近平均的正常范围;(d)RD+ADHD 组的认知特征与单纯 RD 组相似,而 RD+DCD 组的认知特征与单纯的 RD 或 DCD 组的某些特征相似。

基于这些发现,我们认为快速命名缺陷和正字法缺陷是汉语阅读障碍的独特标记性缺陷,这一发现不同于字母语言。这些不同的模式可能是由于汉语和字母语言的不同语言特征。在中国,各种发育障碍患者的高并发率突出了制定标准筛查程序的必要性,以便从业人员识别重叠的疾病。

有阅读障碍风险的中国学前儿童

一个强有力的证据显示,阅读障碍具有家族性和遗传性(Pennington, et al., 1991),研究者根据多种方法进行估算,当父母的一方患有阅读障碍时,其子女患上的风险比一般人群增加两倍到八倍(Gilger, 等, 1991)。我们知道,不恰当时机和不合适的干预常常导致阅读障碍儿童的学习、情感和行为问题。很明显,较早的鉴别和干预能够帮助这些孩子缓解问题。如果我们能够在学前阶段识别出处于患病风险的孩子,理解他们早期面临的困难,这将是十分有益的。

我们进行了一个持续三年的纵向研究,用来检测具有高家族风险和低家族风险的中国学前儿童是否在语言、语音、书写相关和其他阅读相关的认知技巧上有所不同(Ho, Leung, & Cheung)。根据目前的研究发现,我们认为,早期在清晰发音、口语、语音觉知、书写相关技能方面有困难的中国儿童,也许要考虑给予潜在性阅读困难的早期筛选,尤其是那些有家族风险的儿童,以便更好地理解家族性中文阅读障碍的原因和本质。目前我们正在从事一个有关语言和读写能力发展的行为遗传研究和一个有关阅读障碍的分子遗传研究。

这些基础性研究为基于证据的教育实践提供了一个坚实的基础。很多研究发现也告诉我们怎样发展测试工具来鉴别有阅读障碍的中国儿童,引导有效干预方法和课程材料的发展。

早期鉴别和早期干预的必要性

在描述我们研制的用于辨别和干预有中文阅读障碍的工具之前,我想重申一下对阅读障碍儿童进行早期辨别和早期干预的必要性。第一,中文阅读障碍这一问题比我们预想的要更普遍,至少在香港的中文学校是这样。我们曾经用一个有代表性的分层随机样本检测了香港阅读障碍的流行率(D.W.Chan,Ho,Tsang,Lee,& Chung,2007),发现当中有 9.7% 的人患有阅读障碍(轻度、中度、重度障碍分别占 6.6%、2.2%、1.3%)。当然,这个流行率也取决于划分标准的严格性。不过,该研究至少发现,阅读障碍这一问题在香港讲粤语的中国人群中是很普遍的,有严重中文读写障碍的儿童所占比例接近于学习字母语系的儿童患病率。

第二,阅读障碍问题持续存在。比如,有 74% 的阅读能力较差的三年级学生在九年级时依然阅读能力较差(Francis 等,1996)。这些持续性的障碍包括:语音记忆欠佳,比如回忆名字;排序困难,比如排列一周的每一天;拼写较差;外语学习困难。阅读障碍确实是一个终生面临的挑战!

考虑到阅读障碍的普遍性与长期存在性,早期的鉴别和干预显得十分重要。它们可以帮助提高干预的成功率,阻止阅读问题持续发展到更严重程度,避免情感和行为问题,或者预防由于低学业成绩带来的低自尊(W.S.Chan,2002;也可参见 Hau,本卷)。国外的研究经验也指出,如果老师对阅读障碍学生在校生活的帮助较晚(即在四年级的时候每天 2 小时,幼儿园每天 0.5 小时),比起早期帮助,学校则需要投入更多的教育时间(Hall & Linch,2007)。

鉴别阅读障碍的两阶段模型

由于阅读障碍的早期鉴别是重要的,我们打算怎样辨别儿童是否有阅读障碍呢?为此,我们提出一个高效的、能起作用两阶段模型来鉴别儿童的阅读障碍。第一个阶段是快速和经济的筛选阶段。这一阶段主要为家长和老师提供一些标准化的便于使用的行为清单,这些清单可以帮助家长和老师快速且低成本地辨别有阅读障碍风险的孩子,之后家长和老师可以对这些有风险的孩子给予初始的注意和帮助,如果他们在阅读方面的进步不太令人满意,他们的问题或许需要接受更好的测试进行鉴别,以便提供更合适的干预。

鉴别的第二个阶段是一个综合评估。通常由专业的心理学家给予标准化的心理测试,查明儿童患有障碍的程度和范围。这一阶段的评估目标是做出一个诊断,为集中干预收集诊断信息。我们已经为鉴别有中文阅读障碍的香港个体研制出了一些标准化的筛选和评估工具,比如行为清单和评估用成套测验。接下来的部分将对这些工具进行描述。

中国人的行为核查表

为筛选不同年龄阶段的香港个体的学习障碍,我们的研究团队研究出三种标准化的行为清单,也就是:香港学前儿童学习行为检查表(父母版)(Wong, Ho, Chung, Chan, Tsang, & Lee, 2006);香港特殊学习障碍行为检查表(小学生版)(Ho, Chan, Tsang, & Lee, 2000);香港成人读写检查表(Ho, Leung, Cheung, Leung, & Chou, 2007)。目前我们正为鉴别有阅读障碍的中国初中生研制新的检查表。

研制这些检查表的想法是为了调查一些信息(由家长来做的学前儿童检查表,由老师来做的小学儿童检查表,由个人来做的成人检查表),评价一些学习和阅读障碍行为指标出现的频率等级。行为指标是发展性的,也就是说,口语和运动问题也许是学前儿童阅读障碍的一个指标,但对成人来说则不是。另一方面,成人较差的组织技能也许更能作为一个学习障碍的说明指标,但对儿童来说则不是。因此,检查表中不同领域的项目适用于不同的年龄群体,比如说,在学前检查表里有 8 个领域的项目,主要涉及口语技巧、一般学习能力、书写表现、注意力、记忆力、排序能力、空间能力和运动协调能力。

值得注意的是,正常孩子和有阅读障碍孩子有相当一部分行为是重叠的。这两个群体的孩子在日常行为项目中有很多方面是相似的。因此,基于行为检查表得来的信息不是非常精准的。但是,这三个中文检查表也有数据显示具备令人满意的鉴别力,比如对一个人是否有阅读障碍的鉴别或预测准确度在 70%—85% 之间。这些行为检查表正被家长、老师和心理学家广泛应用于筛选香港的阅读障碍可能患者。

中文评估试题

关于确定阅读障碍的程序一直存在争议。将 IQ 分数—成就差异作为识别阅读障碍的主要判定方法受到了批评(例如 Vaughn & Klingner, 2007)。随着更多的研究发现,我们已经了解到,阅读困难患者往往表现出某些更特殊的认知缺陷,这些认知缺陷可以作为诊断标准之一,例如有音位障碍的字母阅读困难者。

我们的研究小组已经开发了两套标准化评估试题来诊断评估香港的中国中小学生阅读障碍,即香港特殊学习困难小学生阅读和写作测试,第二版(HKT-P(Ⅱ))(Ho, Chan, Chung, Tsang, Lee, & Cheng, 2007),和香港特殊学习困难的初中生阅读和写作测试(HKT-JS)(Chung, Ho, Chan, Tsang, & Lee, 2007)。这些评估工具的子测试的开发,是基于我们自己和其他人在上文回顾的关于汉语阅读障碍认知状况的研究结果。换句话说，我们建议除了阅读和拼写方面成就表现低外，中国阅读障碍儿童也表现出特殊性的认知困难，特别是在正字法加工和快速命名方面，诊断领域也应该列入诊断标准。

以小学生为对象来编制一套阅读障碍的测试题。这套试题由 12 个分测验构成，其中 3 个是读写能力测试，9 个是阅读相关的认知技能测试。因为词汇解码是儿童阅读障碍的核心问题，3 个读写能力分测试主要侧重词汇水平的加工，也就是汉字阅读、词汇听写和一分钟词汇阅读。研究证据显示，快速命名障碍和拼写障碍是中文阅读障碍者的主要认知缺陷（Ho 等，2004），所以本套试题有 4 个分测验来测量快速命名和拼写技能。

我们做的其他研究也显示，中国阅读障碍儿童在语音觉知和语音记忆方面比普通儿童有更大的困难（Ho,Law,& Ng,2000），因此，在这个小学生测试题中，有 5 个分测试来测量语音技能。以局部常模来衡量这些分测试，这套测试可以帮助我们将香港的中文阅读障碍儿童区分出来。除了作出诊断，测试结果有关儿童优缺点的信息也可以提示干预的领域。

在 2000 年我们出版第一套小学测试题时，并没有过多的报告关于词素知觉在中文阅读发展中扮演的重要角色，也没有包括任何有关词素觉知的测量。但是，在之后我们研发一套中等学校测试题的时候，增加了两个词素觉知分测试。除了原有的三个词汇水平的分测试，我们也在中学版中增加了阅读理解和写作相关的分测试，以测量青少年课文水平的读写加工能力。如今，这些标准化的中文成套测试题在香港已被专业心理学家广泛地用于诊断阅读障碍的评定。

中文三阶段反应—干预模型

为教育有阅读障碍的学生发展一套有证据支持的方法是一个挑战，这样的项目在中文阅读场景中比较少见。传统的方法在区分和帮助有阅读障碍的学生时，经常使用一个等候失败（wait-to-fail）发生的模式，而不是早期干预模型（RTI）。反应—干预模型方法在最近的几年里受到越来越多的注意，它的有效性也被北美的研究所确定（参考一个综述研究，in Haager,Klingner,& Vaughn,2007）。RTI 已经被认为是"最有希望的方法"来鉴别有阅读障碍的个体（R.Bradly,Danielson,& Hallahan,2002）。

这种方法通过监控学生的发展进程，以课程测量为依据，在所有学生参与的科目中采取适当的干预措施。那些课程学习没有一点进步的学生被视作需要接受更集中而特殊的干预，而那些对干预一直没有反应的学生应考虑存在学习障碍。

在一个正在进行的研究项目里，为了替代传统鉴别阅读障碍的理论模型，我们研制了一个针对中文的三阶段反应—干预模型，以此来鉴别和教育有阅读障碍的学生。这是一个基于证据的并着眼干预的模型。在这个模型中,第一阶段在整个班级,给所有接受普通教育的学生提供高质量的核心阅读教学,那些成绩低于基准测试的学生接受更集中的干预。第二阶段是小组补充教学,第三阶段是个体化的强化教学。不同阶段的干预进程依据学生对之前干预的反应表现而定。总体而言,第一层的教学满足了70%—80%的学习者的需要,余下20%—30%的学生会在第二阶段的干预中获得额外的帮助,大约5%—10%的学生也许需要在第三阶段的干预中获得更集中的帮助。

2006—2007年下学期,我们在香港三所小学中实施了本研究的第一阶段教学,2007—2008年试验了第二阶段的干预,同时又招募了一个没有接受干预的控制学校作为比较对象。

总共有573名来自一年级的学生参与了研究。我们把他们按照年龄和智力进行了跨校间的匹配。有关第一阶段干预的最初一些发现我们在本文中随后介绍。在第一阶段中有三个重要的因素:(1)一个基于科学研究发现的核心阅读课程,(2)以基准测试和进程监控来决定教学需求,(3)保证学生在阅读中接受高质量教学的教师专业发展。

中文核心阅读课程和教师培训

反应—干预模型仅仅为组织人力资源、分类学生和测量干预强度提供了一个基本框架。教什么的问题则很大程度上取决于阅读一种特定的语言需要什么样的关键技能。根据研究发现,对英语核心阅读教学的基本成分有了一致看法,那就是五大方面:语音觉知、拼读、流利性、词汇和课文理解(National Reading Panel,2000)。当准备发展中文核心阅读教学课程时,以上关于中文阅读障碍的认知特征研究也指出要教什么的问题,考虑到中文阅读中的语音觉知不像字母语言那样重要,特别是当香港教师主要用看—说方法而不是拼音方法来教儿童阅读汉字,拼写技能和词素觉知成了对预测中文阅读成功和失败有重要意义的两个教学成分。

在我们的中文阅读课程中,8个核心成分包括口语(词汇和口语表达)、词素觉知、拼写技能、认词技能、句法知识、阅读理解、流畅性和写作。每一部分我们都设计了一系列的从基本到更高水平的训练主题。拿拼写技能做个例子,训练主题包括汉字结构、语义部首功能、语义部首的不同形式和位置、声旁的功能。因为这是此类测试中的第一个项目,我们尽可能多地加入了其他中文研究发现的核心阅读成分。

这些核心成分的理论背景和教学策略培训安排在几个教师研讨会上,包括两周一次的教师备课会,教学材料由我们的研究团队提供。团队成员进行定期的课堂观察,保证教师能够理解课程和教学方法并在课堂上合理应用。

评估和进程监控

这个分阶段干预模型的评估功能有三个:(1)筛选需要更多关注的儿童;(2)招进

和退出决策的进程监控;(3)实施教学计划的评估。基准评估以每年三次为宜,帮助早期鉴别有阅读障碍风险的学生。对那些没有取得很好进步的学生,教师可以把阶段 1 的教学与阶段 2 或阶段 3 的干预结合起来,满足学生的学习需要。进程中的监控数据帮助教师调整他们的教学,保证学生的学业成长。

但是在香港,之前没有定期实施的基准评估来进行阅读障碍的筛选和评价,为此,我们为核心阅读成分设计了一些实验任务,以实现分阶段干预模型的第一和第二功能,这些实验任务在阶段 1 中一年执行 3 次。在教学每一个核心成分之后,由教师实施一些 5 分钟的课堂评估,确定教学效果,实现分阶段干预模型的第三个功能。

初步发现

为了确保核心教学成分选择的适当性,我们采用回归分析进行数据检验,结果显示:(1)口语、词素觉知和拼写技能对中文词汇的阅读和听写有明显的独特贡献;(2)在控制了人口统计学、词汇阅读、单词水平的认知—语言学测量之后,句法觉知对阅读理解、阅读流畅性和简单写作有明显的独特贡献。因此,口语、词素觉知、拼写技能和句法觉知是中文阅读相关的几个认知—语言学技能,对熟练掌握汉语有重要意义。

在一个综述性文章中,Marston(2005)指出,分阶段干预计划的有效性已经通过三种测量方式得以证明。首先,有效应反映在学生的成长测量中,比如学生的平均词汇量增长从每学期的 30(Tilly,2003)上升到 60(Vaughn,2003)。第二个表现是学生成绩的对比。实施干预的学校和没有实施干预的控制学校相比,学生的成绩在每一阶段干预项目上都有显著的差异。第三个表现是人员配置结果。比如 Tilly(2003)报告说,负责实施干预项目的特殊教育人员配置从幼儿园的 55% 减少到三年级的 19%。

当前的研究将学生的成绩对比作为项目有效性的测量方法。在我们实施第一阶段干预之后,接受干预项目的学校和控制学校相比,除了词素觉知,在所有的词汇水平和课文水平成分上都显示出明显的进步。我们也分析了三个实验学校中处于班级排名靠后的 61 名学生数据,结果显示,他们在拼写技能、词素觉知、句法知识、汉字阅读、流利性方面的进步明显高于那些同年级同伴。因此,第一阶段干预在提升孩子认知相关阅读技能和读写能力方面是有效的,特别对那些刚开始有阅读障碍的学生而言更有帮助。

根据这些发现,我们提出中文的"大六"核心阅读成分:口语(包括词汇和口语表达)、词素觉知、拼写技巧、句法知识、课文理解和流畅性。这六个核心成分覆盖了英语"大五"中的三个,也就是词汇、文章理解和流畅性。不相似的核心成分反映了阅读不同拼写语言的认知需求:语音训练对于学习阅读英语来说是必不可少的,而词素和拼写训练对于成功阅读中文来说意义非凡。

我们也发现,在中文篇章水平的加工中,句法知识是最重要的预测指标之一。众所周知,汉语句法缺乏形态变化,没有清晰的词汇边界,因此对词汇顺序和词汇切分的敏感察觉非常重要。

在说粤语和写中文之间,词汇和词序的运用有很大差异。正常的孩子可以通过语言和书写接触,习得这些难懂的、精细的句法规则,但是我们发现,中文阅读障碍者可能需要给予明确而系统的句法指导,才能提高他们的阅读理解水平,因此我们建议中文阅读课程将此作为核心成分之一。

结论和未来展望

本章观点认为,针对阅读障碍进行有计划有系统的研究,发展有效的基于证据的鉴别和干预方法,这对阅读障碍儿童来说十分有用。考虑到中文和字母语系不同的语言学特征,为了发展适合中国儿童的有效的鉴别和干预方法从事中文阅读障碍的基础研究非常必要。

当前的研究结果显示,中文阅读障碍者的核心问题源于词素和拼写相关问题,这与字母语阅读障碍者的语音加工困难不同。中文阅读障碍者的认知特征知识有助于我们发展与中文相称的评估工具和阅读课程。英语大五成分和中文大六成分之间的重叠性和差异性提示,阅读不同拼写的语言,既有语言普遍性需求成分,也有语言特殊性需求成分。

由于以上结论的研究数据主要来自香港,那里的孩子说粤语,通过看和说的方法学习阅读繁体中文,今后的干预研究可以扩展到其他说普通话、使用拼音阅读简体中文的中国人群,以验证中文大六成分的有效性。

作者注解

感谢香港 Jockey 俱乐部和香港素质教育基金的研究资助(grants # HKU7150/02H and # HKU7212/04H),他们的支持帮助我们完成了本章报告内容。本章报告的很多项目都是在香港特殊学习障碍研究团队和读写团队合作努力下完成的。

联系作者:中国香港薄扶林路(Pokfulam Road)香港大学心理学院。邮箱:shhoc@hkucc.hku.hk。

参考文献

Ackerman,P.T.& Dykman,R.A.(1993).Phonological processes,confrontational nanling, and immediate memory in dyslexia.*Journal of Learning Disabilities*,26,597-609.

Anderson,R C.,Li,W.,Ku,Y.-M.,Shu,H.,& Wu,N.(2003).Use of partial information in learning to read Chinese characters.*Journal of Educational Psychology*,95,52-57.

Badian,N.A.(1995).Predicting reading ability over the long-term:The changing roles of letter naming, phonological awareness and orthographic processing.*Annals of Dyslexia*,*XLV*,79-86.

Bowers,P.G.,Swtseth,K,& Golden,J.(1999).The route between rapid naming and reading progress. *Scientific Studies of Reading*,*3*,31-53.

Bowers,P.G.& Wolf,M.(1993).Theoretical links among naming speed,precise timing mechanisms and orthographic skill in dyslexia.*Reading and Writing*,*5*,69-85.

Bradley,L.& Bryant,P.(1978).Difficulties in auditory organization as a possible cause of reading backwardness.*Nature*,271,746-747.

Brarlley,R.,Danielson,L.,& Hallahan,D.P.(2002).*Identification of learning disabilities*:*Research to practice*.Mahwah,NJ:Lawrence Erlbaum Associates.

Chan,D.W.,Ho,C.S.-H.,Tsang,S.-M.,Lee,S.-H.,& Chung,K.K.-H.(2007).Prevalence,gender ratio and gender differences in reading-related cognitive abilities among Chinese children with dyslexia in Hong Kong.*Education Studies*,33,249-265.

Chan,M.Y.(1982).Statistics on the strokes of present-day Chinese script.*Chinese Linguistics*,1, 299-305.(in Chinese)

Chan,W.S.(2002).*The concomitar1ce of dyslexia and emotional/behavioral problems*:*A study on Hong Kong children*.Unpublished master's thesis,The University of Hong Kong.

Chung,K.,Ho,C.S.-H.,Chan,D.,Tsang,S.-M.,& Lee,S.-H.(2007).*The Hong Kong Test of Specific Learning Difficulties in Reading and Writing for Junior Secondary School Students*(*HKT-JS*).Hong Kong:Hong Kong Specific Learning Difficulties Research Team.

Denckla,M.B.& Rudel,R.(1976a).Naming of objects by dyslexics and other learning-disabled children. *Brain and Language*,3,1-15.

Denckla,M.B.& Rudel,R.(l976b).Rapid 'automatised' naming(RAN):Dyslexia differentiated from other learning disabilities.*Neuropsychologia*,14,471-479.

Ehri,L.C.(1980).The development of orthographic images.In U.Frith(ed.),*Cognitive processes in spelling* (pp.311-338).Loudon:Academic Press.

Ehri,L.C.(1994).Development of the ability to read words:Update.In R.B.Ruddell,M.R.Ruddell,& H. Singer(eds),*Theoretical models and processes of reading*(pp.323-358).Newark,DE:International Reading Association.

Ebri,L.C.(1998).Grapheme-phoneme knowledge is essential for learning to read words in English.In J. L.Metsala & L.C.Ehri(eds),*Word recognition in beginning literacy*(pp.3-40).Mahwah,NJ:Erlbaum.

Fan,K.Y.,Gao,J.Y.,& Ao,X.P.(1984).Pronunciation principles of the Chinese character and alphabetic writing scripts.*Chinese Character Reform*,3,23-27.

Foreign Languages Press Beijing.(1989).*Chinese characters*.Beijing,China:Foreign languages Press.

Francis,D.J.,Shaywitz,S.E.,Stuebing,K.K.,Shaywitz,B.A.,& Fletcher,J.M.(1996).Developmental lag versus deficit models of reading disability:A longitudinal,individual growth curves analysis.*Journal of Educational Psychology*,88,3-17.

Gilger,J.W.,Pennington,B.F.,& Defries,J,C.(1991).Risk for reading disability as a function of parental history in three family studies.*Rending and Writing*:*An Interdisciplinary Journal*,3,205-217.

Gleitman,L.R.(1985).Orthographic resources affect reading acquisition-if they are used.*RASE*:*Remedial and Special Education*,6,24-36.

Haager, D., Klingner, J., & Vaughn, S. (2007). *Evidence-based reading practices for response to intervention.*Baltimore, MD: Brookes.

Hall, S. & Linch, T. (2007, November). *Implementing response to intervention.* Paper presented at the Annual Conference of International Dyslexia Association, Dallas, TX.

Hindson, B., Byrne, B., Fielding-Barnsley, R., Newman, C., Hine, D. W., & Shankweiler, D. (2005). Assessment and early instruction of preschool children at risk for reading disability.*Journal of Educational Psychology*,97,687-704.

Hirose, T.& Hatta, T. (1988).Reading disabilities in modern Japanese children.*Journal of Research in Reading*,11,152-160.

Ho, C.S.H.& P.Bryant(1997).Phonological skills are important in learning to read Chinese.*Development Psychology*,33,943-951.

Ho, C.S.-H., Chan, D., Chung, K., Tsang, S.-M., lee, S.-H., & Cheng, R.W.-Y. (2007). *The Hong Kong Test of Specific Learning Difficulties in Reading and Writing for Primary School Students*,2nd edn (*HKT-P*(Ⅱ)).Hong Kong: Hong Kong Specific Learning Difficulties Research Team.

Ho, C.S.-H., Chan, D., Leung, P.W.-L., Lcc, S.-H., & Tsang, S.-M. (2005). Reading-related cognitive deficits in developmental dyslexia, attention deficit/hyperactivity disorder, and developmental coordination disorder among Chinese children.*Reading Research Quarterly*,40,318-337.

Ho, C.S.-H., Chan, D., Tsang, S.-M., & Lee, S.-H. (2000). *The Hong Kong Specific Learning Difficulties Behavior Checklist(for primary school pupils).*Hong Kong: Hong Kong Specific Learning Difficulties Research Team.

Ho, C.S.-H., Chan, D., Tsang.S.-M., & lee, S.-H. (2002).The cognitive profile and multiple-deficit hypothesis in Chinese developmental dyslexia.*Developmental Psychology*,38,543-553.

Ho, C.S.-H., Chan, D., Tsang, S.-M., Lee, S.-H., & Luan, V.H. (2004). Cognitive profiling and preliminary subtyping in Chinese developmental dyslexia.*Cognition*,91,43-75.

Ho, C.S.-H., Law, T.P.-S., & Ng, P.M.(2000).The phonological deficit hypothesis in Chinese developmental dyslexia.*Reading and Writing*,13,57-79.

Ho, C.S.-H., Leung, M.-T., & Cheung, H. (submitted).*Early difficulties of Chinese preschool children at familial risk for dyslexia: deficits in oral language,phonological processing skills,and print-related skills.* Manuscript submitted for publication.

Ho, C.S.-H., Leung, K.N.-K., Cheung, H., Leung, M.-T., & Chou, C.H.-N. (2007). *The Hong Kong Reading and Writing Behavior Checklist for Adults.*Hong Kong: The University of Hong Kong and The Chinese University of Hong Kong.

Ho, C.S.-1-L, Yau, P.W.-Y., & Au. A. (2003). Development of orthographic knowledge and its relationship with reading and spelling among Chinese kindergarten and primary school children.In C.McBride-Chang & H.-C.Chen,*Reading development in Chinese children*(pp.51-71).London: Praeger.

Hoosain, R. (1991). *Psycholinguistic implications for linguistic relativity: A case study of Chinese.* Hillsdale, NJ: Lawrence Erlbaum Associates.

Hulme, C.& Snowling, M.(1992).Phonological deficits in dyslexia: A 'sound' reappraisal of the verbal deficit hypothesis? In N.N.Singh & I.L Beale(eds), *Progress in learning disabilities* (pp.270-301).New York:Springer Verlag.

Hultquist, A. M. (1997). Orthographic processing abilities of adolescents with dyslexia. *Annals of Dyslexia*,47,89-114.

Kang,I.S.(1993).Analysis of semantics of semantic-phonetic compound characters in modern Chinese.In Y.Chen(ed.),*Information ar1alysis ofuso.ge of characters in modem Chinese*(pp.68-83).Shanghai,China: Shanghai Education Publisher.(in Chinese)

Kline,C.L.(1977).Orton Gillingham methodology:Where have all of the researchers gone? *Bulletin of the Orto 11 Society*,27,82-87.

Kuo,W.F.(1978).*Assessing and identifying the development and educational needs of the exceptional individual*.Paper presented at the World Congress on Future Special Education,Stirling,Scotland.

Liu,I.M.,Chuang,C.J.,& Wang,S.C.(1975).*Frequency count of 40,000 Chinese words*.Taiwan,Taipei: Lucky Books.

Luan,V.H.& Ho,C.S.-H.(in preparation).*Morphological and other reading-related cognitive deficits in Chinese dyslexic children:A regional comparison between Beijing and Hong Kong.*

Makita,K(1968).The rarity of reading disability in Japanese children.*American Journal of Orthopsychiatry*,38,599-614.

Marston,D.(2005).Tiers of intervention in responsiveness to intervention:Prevention outcomes and learning disabilities identification patterns.*Journal of Learning Disabilities*,38,539-544.

McBride-Chang,C.,Shu,H.,Zhou,A.,Wat,C.P.,& Wagner,R.K.(2003).Morphological awareness uniquely predicts young children's Chinese character recognition. *Journal of Educational Psychology*, *95*, 743-751.

McBride-Chang.C., Wagner, R. K., Muse, A., Chow, W. Y. B., & Shu. H.(2005). The role o f morphological awareness in children's vocabulary acquisition in English. *Applied Psycholinguistics*, 26, 415-435.

National Reading Panel(2000).*Teaching children to read:An evidence-based assessment of the scientific research literature on reading and its implications for reading instruction.* Washington.DC:National Institute of Child Health and Human Development.

Olson,R.K.,Rack,J.P.,& Forsberg,H.(1990,September).*Profiles of abilities in dyslexics and reading-level-matched controls*.Poster presented at the Rodin Remediation Academy meeting at Boulder,CO.

Penointon,B.F.,Gilger,J.W.,Pauls,D.,Smith,S.A.,Smith,S.D.,& DeFries,J.C.(1991).Evidence for major gene transmission of developmental dyslexia.*JAMA:The Journal of American Medical Association*,266, 1527-1534.

Shankweiler,D.,Liberman,L Y.,Mark,L.S.,Fowler,C.A,Ftscher,F.W.(1979).The speech code and learning to read.*Journal of Experimental Psychology:Human Learning and Memory*,5,531-545.

Shu, H., Chen, X., Anderson, R. C., Wu, N., & Xuan, Y. (2003). Properties of school Chinese: Implications for learning to read.*Child Development*,74,27-47.

Shu,H.,McBride-Chang,C.,Wu,S.,& Liu,H.(2006).Understanding Chinese developmental dyslexia: Morphological awareness as a core cognitive construct.*Journal of Educational Psychology*,98,122-133.

Stevenson, H. W., Stigler, J. W., Lucker, G. W., Hsu, C. C., & Kitamura, S. (1982). Reading disabilities: The case of Chinese, Japanese, and English. *Child Development*, 53, 1164–1181.

Taylor, L & Taylor, M. M. (1995). *Writing and literacy in Chinese, Korean and Japanese.* Philadelphia, PA: John Benjamins.

Tilly, W. D. (2003, December). *How many tiers are needed for successful prevention and early intervention? Heartland Area Education Agency's evolution from four to three tiers.* Presented at the National Research Center on Learning Disabilities Responsiveness-to-Intervention Symposium, Kansas City, MO.

Vaughn, S. (2003, December). *How many tiers are needed for response to intervention to achieve acceptable prevention outcomes.* Presented at the National Research Center on Learning Disabilities Responsiveness-to-Intervention Symposium, Kansas City, MO.

Vaughn, S. & Klingner, J. (2007). Overview of the three-tier model of reading intervention. In D. Haager,). Klingner, & S. Vaugh, S. (eds), *Evidence-based reading practices for response to intervention* (pp 3–19). Baltimore, MD: Brookes.

Wong, E. Y.-F., Ho, C. S.-H., Chung, K., Chan, D., Tsang, S.-M., & Lee, S.-H. (2006). *The Hong Kong Learning Behavior Checklist for Preschool Childre* 11 (*Parent Version*). Hong Kong: Hong Kong Specific Learning Difficulties Research Team.

Zhou, Y. K. (1980). *Precise guide to pronunciation with Chinese with Chinese phonological roots.* Jilin: Jilin People's Publishing Co. (in Chinese)

Zhu, Y. P. (1987). *Analysis of cuing functions of the phonetic in modem China.* Unpublished paper, East China Normal University. (in Chinese)

第9章 中国人的双语学习

Him Cheung Foong Ha Yap Virginia Yip

概 述

本章我们将从三个方面讨论中国人的双语学习。首先,我们感兴趣的是那些以汉语为优势语或非优势语的双语者,他们一般性的语言认知和语言认知神经是怎样的。在这一部分,我们重点了解双语加工如何影响其他方面的认知? 双语者的两种语言是共享同一计算认知或认知神经基础,还是分别基于两种不同的认知加工机制? 双语者的言语记忆是怎样组织的? 他们的两种语言是怎样交互影响的? 其次,我们将在不同的背景中调查儿童的汉语(普通话或广东话)和其他语言习得。最后,我们将在广泛的社会语言学背景下,从语用水平观察双语群体的语言使用,讨论社会文化因素对双语者言语行为的影响。

认知和认知神经加工

双语学习是一项复杂的任务,尤其是当两种语言相差较大时。中国的双语学习者面临着这样一个很实际的挑战,因为汉语与广受欢迎的第二语言——印—欧语相比,在语音、词法和书写形式等许多方面有着极大的不同。这些差异不可避免地影响到用汉语说话和阅读的人如何加工他们的第二语言。

汉 语

音节。在汉语中,能够表达意义的最小语音单位就是音节,几乎每一个音节都有一个意义。因此,在音节和意义之间有一个相近的——对应关系,这些音节通常与词素一起共同扩展。汉语的音节都是单一的,因为它们不允许出现辅音连缀,而且大部分都是开音节,以辅音作为尾音的相对较少,很大程度上都是不吐音的。事实上汉语音节不允许辅音连缀,并且只有少数的韵尾是吐音的,因此汉语的前元音给人感觉不是太明显,其结果就是音节显得有整体感,不容易分离成单个的音素。与英语为母语的儿童相比,这种整体感很容易让汉语为母语的儿童把音节误分析成音素(Cheung, Chan, Lai,

Wong,& Hills,2001；也见 McBride-Chang,Lin,Pong,& Shu,本卷）。

声调。汉语音节需要带有一种可区分的声调变化,这样就可以产生不同的意义。不同语言的声调数量有所不同,例如普通话有四种声调,而粤语有六种。像音素一样,声调是无法书写的。之前的一些研究证据还显示,声调不仅仅是韵律学的问题,还有语言认知方面的差异,例如 Gandour 等人（2003）的研究显示,与语音声调相联系的基音一般是由大脑的右半球进行加工的,但中国学习者与声调相联系的基音却是由左半球进行加工的。

像音素一样,声调也是能被明确感知的（Francis,Ciocca,& Ng,2003）。中国的婴儿通常在6—9个月之间就开始能重新组织声调刺激获得声调知觉,这相当于西方婴儿的元音知觉获得（Kuhl,1993；Mattock & Burnham,2006）。至少在两岁前,中国婴儿就能掌握部分声调（Lee,Chiu,& van Hasselt,2002）,在接下来的3—10岁之间声调掌握会呈现逐渐发展的趋势,直到儿童能像成人那样精确地感知声调（Ciocca & Lui,2003；Wong,Schwartz,& Jenkins,2005）。

形态。汉语的形态带有广泛复合性的特征,通过复合可以将词素组成有意义的词汇,并且从词素的组合中推断出词的意义。比如把"飞"和"机"组合成"飞机"这个词。这种形态的透明性使得儿童的词汇学习（即词汇）与他们对语素在构词法中的作用的认识或"形态意识"之间产生了特别强烈的关联性（McBride-Chang,Cho,Liu,Wagner,Shu,Zhou,Cheuk,& Muse,2005；McBride-Chang,Shu,Zhou,Wat,& Wagner,2003）。另一方面,从语法的角度来看,汉字的形态非常简单,因为它的语法变化很小。

书写。汉语书写的基本单位是汉字,这是一种空间标记的笔画结构,在语音上表现为一个完整的音节,并且大多数情况下拥有完整的语义。不像书面英语,在书写或印刷中只用字符空格,而不用单词空格,但汉字具有空间标志,在书写和印刷中使用单字空格。因为任何汉字都是可以发音的音节,并且大多数音节都词汇化的（也就是有意义的）,我们可以在意义（词素）、声音（音节）和写作（汉字）之间观察到规律性的一一对应关系,这些对应关系把汉语和世界其他大部分语言区别开来,并使其成为一个独立的语言系统。

汉字可以进一步划分成部首。部首具有两个宽泛的类型。一类是声音部首,自身有可发音的字符,它们都有一定的意义,但是作为部首,它们为主字提供了发音的声音信息,同时自身的意义却被消弭了。另一类是语义部首,语义部首并不必然是完整的字符,因此并不一定是可发音的,它们为主字提供意义上的信息。同样的笔画结构既可以作为声音部首,也可以作为语义部首,这取决于它所在的位置与主字其他成分之间的关系。研究结果显示,熟练的阅读者能够识别部首,并且在推断汉字的意义与读音时正确地运用这一信息（Cheung,Chan,& Chong,2007）。

中国人的双语与认知

考虑到以上描述的汉语特征,是什么影响到说汉语的人学习另一门语言时的认知加工呢? 一般而言,双语的使用可以促进说汉语的双语者认知加工能力和元认知能力。在早期的研究中,Ho(1987)认为,中英双语学习者比起他们的单语学习同伴有很大的优势,他们在一般认知发展方面具有更好的发散性思维或创造性思维。Hsieh 和 Tori(1993)发现,9—12 岁中英双语儿童的智商要比只说英语的同龄儿童高。其顺序认知能力也被证明具有优越性。

Ruan(2004)通过让一年级的中英双语者完成故事写作任务来考察元认知技能的运用,结果发现,他们的故事写作表现与创作故事过程的元认知表达相关,这要归因于他们两种语言的使用能力。Goetz(2003)比较了三、四年级单英语、单汉语以及中英双语儿童的心理理论表现。心理理论是根据观点采择测试和多项错误信念任务来进行评估的。在不考虑年龄主因的情况下,双语儿童要领先于其他两个单语组。研究者认为,双语者的更佳表现是由于他们具有更强的元语言[1]理解以及对社会语言学的互动作用更为敏感。总体上讲,双语者元认知与元语言认知能力的提高可能跟他们经常借助另外的语言来思考自己的语言有关。通过两种而不是一种语言,他们能够使自身进入一种复杂的认知计算状态,这一技能促进了观念的转换。

是单一的还是两个独立的系统?

单系统观点。中国双语者的两种语言是依赖单一的还是两个独立的认知神经系统呢? Weekes,Su,Yin 和 Zhang(2007)选择了以蒙古语为第一语言,汉语为第二语言的失语症患者来考察他们对书面词汇的理解和朗诵,其目的是为了调查书面语差异对失语症患者书面语加工的影响(蒙古语和汉语使用非常不同的书写符号),结果发现,失语症患者对这两种语言的书面词汇理解和朗诵差异很小,这说明没必要假设两个独立的认知系统或大脑区域来分别说明两种语言的加工过程。

通过使用一个跨语言的图词干扰任务,Guo 和 Peng(2006)研究了汉英双语者语言产生中对等翻译词的平行激活。在这一范例中,当要求被试口头表达目标语词汇时,会观察到与该词汇对等翻译的非目标语词汇也被激活了。Guo 和 Peng(2006)的研究证明,尽管汉语和英语的书写形式非常不同,平行激活也是存在的。这个发现与两种语言拥有一个单一的认知神经系统假设是一致的。

Li 和 Yip(1998)让汉语使用者与汉英双语者在句子语境中辨别汉语以及跨语言的同音异义词,句子语境在单语或双语情况下都减轻了对同音异义字的歧义识别困难,说明汉英双语者是基于同一神经系统对两种语言进行分布式的、并行式的加工,并非基于两个不同的认知系统。

Li(1996)要求汉英双语者识别汉语语音中的语码转换(英语)词。通过操作语音的可用性、结构性和上下文信息,结果发现,成功识别所需要的信息量与单一英语学习者识别英文目标词所需的信息量没有显著区别,换句话说,在双语情境中两种语言的代码转换并不需要额外的认知代价,因此,两种语言的加工似乎是基于同一神经系统。

Gandour等人(2007)运用功能磁共振成像(fMRI)技术研究汉英双语者对两种语言韵律特征的判断是和大脑相同的区域还是不同的区域相关。在编制句子实验材料中,韵律现象是句子设计的聚焦点,它被放到句子的开头或结尾,用以强调对比性,而涉及韵律的句型可能是一个陈述句或是一个疑问句,要求被试迅速判断两种语言的韵律位置与句型,结果显示,第一语言与第二语言的判断活动引起了额叶、颞叶和顶叶大量重叠性激活。在进行句型判断时,两种语言的活动区域并没有区别。对于句子的韵律,有一定语言间的激活区域差异,但是这只是句子韵律表现形式的跨语言差异造成的,因此可以认为,汉英双语者的两种语言活动是以一个单一的、统一的神经系统来调节的。

Li,Peng,Guo,Wei和Wang(2004)使用了事件相关电位(ERP)技术来研究汉英双语者对句尾字的加工和句子语境的关系。句尾字的词法或语义跟之前的句子背景有可能一致,也有可能不一致。句尾词和句子背景的语义整合可能发生在语言内,也可能发生在语言间。研究结果发现,对汉语和英语句尾词的ERP反应非常相似,两种语言包含了一个共同的语义理解过程。

分离系统观点。另一方面,已有的一些研究也有显示,汉英双语者的第一语言和第二语言加工可能依靠分离的认知神经系统。例如,Rusted(1988)认为,汉语和书面英语的加工模式有着本质的不同,因为这两种语言的书写系统对言语和意义的表征是不同的。她的研究发现,汉语比书面英语的意义通达更快,图片对汉语加工的干扰更多发生在语义判断阶段,对英语加工的干扰更多发生在反应选择阶段,比起英语阅读,汉语阅读和图片加工更类似。

在神经病学水平,Cheung,Chan,Chan和Lam(2006)认为,对正常的汉英双语者来说,英语书写的加工更多由左侧半球负责,而汉语书写的加工活动大脑两个半球都有涉及。对于患有左颞叶癫痫的双语者来说,部分英语阅读能力由右半球承担,从而导致了一个左半球阅读功能向右半球的单向转移。相比之下,患有右颞叶癫痫的双语者,其英语词汇阅读的加工仍位于左半球。这一被证实的加工模式实际上支持了这样一个观点,双语者的汉语和英语阅读具有不同程度的大脑单侧化表现。

Ding,Perry,Peng,Ma,Li,Xu,Luo,Xu和Yang(2003)通过使用fMRI研究显示,比起汉语词汇阅读,汉英双语者的英语词汇阅读更多和右半球的激活有关,这一点与Cheung等人(2006)的研究结论正好相反,这是因为两个研究使用的汉英双语者英语熟练程度不同,但是二者的研究数据都支持汉英双语者的两种语言加工是由分离的神经机制担负这一假设。Chee,Soon和Lee(2003)考察了汉英双语者完成词语重复任务的

fMRI 信号。重复是语言内或语言间的重复。当要求被试用两种语言而非一种语言重复词汇时,fMRI 的信号出现了相当大的变化,这一结果说明,在共享语义网络的顶端存在着语言特殊的神经成分,掌管各自的语言。

Liu 和 Perfetti(2003)及 Perfetti 和 Liu(2005)认为,汉英双语者的两种语言阅读有不同的加工时间进程和大脑激活区域。比如 Liu 和 Perfetti(2003)证实,阅读汉语时,词频效应的激活要比阅读英语时早,阅读英语高频词时,左枕叶被激活,而阅读汉字时,更多地产生了大脑双侧的激活。另一方面,英语低频词则更多与双侧的激活相关,这表明,汉英双语者的两种语言至少需要获得某些单独的、特定语言的神经回路支持,实际的神经结构似乎取决于第二语言的熟练水平。

双语者的言语记忆

双语者是如何组织与深层概念系统相联系的言语记忆的? 总结看来,之前的研究已经显示第一语言与第二语言的词汇存在沟通过程,或者是通过对等翻译词汇直接连接,或者是通过对等翻译词汇共享的深层意义这一间接中介路线进行连接。前一直接路径被认为是词汇连接模型,后者则被称作概念中介模型(Kroll & Stewart,1994)。更进一步说,第一语言与深层概念系统的连接强度一般比第二语言强,而第二语言则更多地与第一语言词汇而非深层概念系统产生连接。

换而言之,当给双语者呈现第一语言项目时,会引发深层概念快速而强烈的激活,而呈现第二语言项目时,在最初阶段似乎更多激活的是它们的第一语言翻译而非深层意义。这种现象叫做第一语言到第二语言的非对称性加工,它可以在词汇翻译任务中轻易地被观察到(Kroll & Stewart,1994)。从第一语言到第二语言的翻译,或叫做前向翻译,被认作是间接的受意义的调节,所以它受意义变量的影响,花费的时间较长,相反,从第二语言到第一语言的翻译,或叫做后向翻译,是直接通过从第二语言到第一语言词汇的路径,因此,它的速度快,不受意义变量的影响(Kroll & Stewrut,1994)。

这种非对称模型通常都适用于汉英双语者。Chen,Cheung 和 Lau(1997)在汉英双语者中重复了这一翻译任务上的非对称性加工效应。他们同时也指出别的一些变量会对词汇翻译以及类别匹配任务产生影响,比如反应产生时间、概念检索时间、第二语言熟练程度。Cheung 和 Chen(1998)及 Jiang(1999)后来也重复验证了这种非对称效应。

Cheung 和 Chen(1998)进一步指出,尽管第二语言与概念的连接通常较弱,并受到非对称模式的制约,但这一连接的实际强度受到第二语言项目熟悉程度的影响,熟悉的第二语言项目与深层意义的连接要比不熟悉的项目更紧密。一般说来,当双语者的第二语言熟悉程度提升时,就会有更多的第二语言项目变得熟悉,而二语词汇也就更能与深层概念系统产生连接,因此,第二语言熟悉程度与概念调节程度呈正相关,并与词汇连接呈负相关。可以预期,平衡的双语者表现出对第一语言与第二语言的概念中介具有相似的水平,最终大大减少两种语言的非对称程度。

跨语言迁移

汉英双语者的两种语言是如何相互影响的?第一语言对第二语言的影响可以用传统的语言迁移观点来看待(Odlin,1989)。

其基本思想认为,由于第一语言通常是优势语言,双语者只要有可能就会将他们第一语言的知识与加工策略扩展运用到第二语言的加工过程中。这样第一语言的知识与加工策略被认为迁移到了第二语言的加工过程中,其结果是在第二语言的输出中可以找到某些与第一语言相关的特征。

例如在双语阅读这一领域,Cheung和Lin(2005)认为,由于第一语言熟悉程度高,对第一语言系统的书面词汇识别是相当自动化的,相反,第二语言书面词汇识别系统的自动化与模块化程度要弱得多,因此,第二语言书面词汇识别受到多重影响,比如同时来自第一语言词汇识别系统和语言中枢系统的迁移,语言中枢系统提供了努力控制的、有意识的加工策略。当第二语言熟练性增加时,第二语言词汇识别系统变得更加自动化和模块化,来自第一语言词汇识别系统和语言中枢系统的迁移也不再发生了。

第二语言熟悉程度在第一语言向第二语言迁移过程中所发挥的效应不仅仅表现在词语识别方面,在其他语言行为领域也有所体现,例如,在汉语中,有生命的名词短语(即一个名词短语是否指代生命物)是预示句子可能出现名词短语语法的重要线索,但是在英语中,生命性并不是一个有用的语法线索,词汇顺序则比较重要,Liu,Bates和Li(1992)根据这一特点要求汉英双语被试对句子进行判断,研究结果显示,被试判断英语句子时,把生命性也作为一个线索,这可能是因为第一语言向第二语言迁移的结果,那些第二语言相对较弱的晚期双语学习者表现尤为明显,但是这种迁移方式对熟练的早期双语者影响不大。

使用启动范式,Basnight-Brown,Chen,Hua,Kostic,and 和 Feldman(2007)比较了英语单语者、塞尔维亚语—英语和汉英双语者对曲折动词(包括规则动词和不规则动词)的加工,结果发现,当启动词和目标词具有重叠特征时(如"draw"和"drawn"),塞尔维亚—英语双语者对目标动词的加工出现了一个易化效应,因为塞尔维亚语含有和英语类似的动词曲折变化规则,但是那样的启动效应并没有在非熟练中英双语者身上发现,这可能是因为汉语中的动词缺少曲折变化,造成了一定程度的负迁移效应,也就是说由于缺乏对动词曲折变化规则的敏感性,比起塞尔维亚语—英语双语者,汉英双语者没有从启动词和目标词的曲折变化规则相关中获益。

在汉英双语的语言交互影响方面,也许研究最广泛的就是和正字法差异有关的迁移效应(Jackson,Lu,& Ju,1994)。正如上文提到的,汉字字形在好几个方面都与字母系统有着显著区别:第一,书面汉语不表达音素,汉字编码系统的最小语音单位是音节。

第二,合体字可用的声音线索(如部首)仅能提供这个字如何发音的大概提示。有时候部首和它的主字享有共同的音节,但有时候它们可能只是有着相同的韵母、声母、音调,或是这些维度的任意组合。在考虑部首的这些维度在何种情况下有助于猜测汉字发音时,没有任何规律可言。第三,复合汉字也许包括能够为其主字提供类别信息的部首,可以独立发音。第四,汉字、音节和词素互相对应。第五,只有字才能通过空间进行标记,书写和打印时没有明确的词汇边界(也可见本卷中 McBride-Chang 等人的研究)。

对汉字书写系统的泛读经验如何影响第二语言的阅读和一般性加工?针对这一问题,Tan 等人(2003)使用 fMRl 技术调查了汉英双语者在阅读汉语词汇和英语词汇时,大脑激活方式有何不同。其中一个实验显示,阅读汉字时,涉及左、中额和后顶回的大脑区域表现出特别的激活,同样是这个区域,当汉英双语者被要求使用英语单词完成一个语音任务时,该区域也被高度激活,但是,英语单语者在阅读英语词汇时,这个通常应该被最大激活的区域却显示出低激活性。研究者总结说,双语者把这个用来阅读第一语言的区域也应用于阅读第二语言,这和跨语言迁移的观点一致。

Rayner,Li,Williams,Cave 和 Well(2007)考察了汉英双语者和英语单语者在阅读任务和其他视觉任务中的眼动方式差异。他们发现比起说英语的单语者,说汉语的被试在计数文本中的汉字、观察脸部和非语言场景时,表现出的注视行为更多更快,那样的差异是因为母语为汉语的被试具有阅读汉语的广泛经验。

最后,汉语双语者不仅在加工英语方面与英语单语者不同,而且对英语的评估也不同。在一项由 Aaronson 和 Ferres(1986)从事的很有意思的研究中,要求英语单语者和汉英双语者估计英语词汇对句子结构和意义的贡献有多大,结果显示,比起单语者,所有的双语者都认为,英语词汇对句子结构和意义有着同等的贡献,尤其特别的是,双语者会评估英语实词对句子结构更有用,功能词对句子意义更有用,这与英语单语者不同,其原因在于,汉语为第一语言的双语者,他们的语言经验包含了一个汉语和英语差异非常大的加工经验。

童年期的汉英双语习得

儿童在其生命中的第一年是如何习得两种语言的?如果这两种语言的差异性像汉语和英语一样,又会怎样习得?为了回答这个问题,我们将关注儿童期双语学习的研究,包括汉语(普通话或粤语)以及英语的获得。从历史的角度出发,我们将回溯有记录以来的最早的研究,并逐渐延伸至更多的近期研究案例。

一些早期的研究

最早的关于汉英双语发展的研究(Smith,1931,1935)是基于 8 个由母亲抚养的儿童的日记,记录时间涵盖从他们最大的一个孩子在中国出生一直到他们返回美国。这些孩子一出生就在传教士父母那里接触到英语,在佣人那里接触到普通话。在这一时期,人们普遍认为双语儿童会在语言上感到困惑,甚至出现心智障碍(Baker,2001,p.136)。与这一普遍观点一致,Smith 发现这些双语儿童的英语词汇要明显少于同龄的单英语儿童,同时经常出现语言混合,这被认为是一种混乱的迹象。与这种过时的观点不同,现代的思想观点指出,儿童时代双语的习得与认知及元语言优势存在关联(Bialystok,2001)。

在第一个粤—英双语发展的研究案例中,Light(1977)描述了她女儿 Claire 的语言,对此他称之为"Clairetalk"。这个孩子生长在以讲粤语为主的家庭,直到她 16 个月的时候去了美国。Light 归纳了新语言环境下 Claire 的粤语对英语的几点影响:在语音层面,粤语与英语主体地位的此消彼长,导致粤语声调体系"瓦解",比如(1)中非目标语英语的高平调被分配给当前所说的粤语第一人称代词"我"(粤语发音 ngo5,低升调)和"好"(粤语发音 hou2,高升调)字,而形容词级别的高平调"乖"(粤语发音 gwaai1)则变成了降调,这反映了英语句末语调模式的影响(Light,1977,p.265)。

(1)Ngōhōu gwài.

　　l very good.

　　I'm very good.

在语法层面,Light(1977,p.267)指出,"个"(粤语发音 go3)作为限定词被广泛使用于名词之前,如(2)[2]所提到的"书"(syu1)。

(2)Go3 Maa1mi4 tai2 go3 syu1. (Claire 1;8[3])

　　CL Mommy read CL book.

　　Mommy is reading.

这种"个",即 go3 的无目的泛用是接触英语冠词系统的结果。从 4 岁到 6 岁 6 个月,Claire 还出现了像(3)中的过度使用施与格"俾"(意思是"给",粤语发音 bei2),即"give/for"的现象。

(3)Keoi5 sai2 wun2 bei2 ngo5.

　　he wash bowls give me.

　　He washes the bowls for me.

以上两种表达问题是由于受到了英语的影响:bei2,即"for/give"的使用是作为等同于英语施与性前置介词"for"来使用的(成年广东人会使用 bong1,即"help")。非目标词词序出现了位置倒置,例如施与格介词短语"bei2 ngo5",即"for me",实际上在广东话中它应该出现在动词之前,例如"Keoi5 bong1 ngo5 sai2 wun2"。类似的受英语影响的介词短语后置情况在 Yip and Matthews(2007a)的研究里也有描述。

新加坡华人儿童的双语习得

在一个新加坡的研究案例里,Kwan-Terry(1986,1989,1991,1992)描述了她的孩子 Elvoo 从 3 岁 6 个月到 5 岁的粤—英双语发展状况。孩子的父母主要说粤语,但经常也混杂着英语,英语的输入主要来自孩子的姐姐和一名菲律宾女佣。从粤语到英语的迁移可以在几个语法领域观察到:what 后面的词汇按照粤语的词序进行前置(wh-in-situ),英语中疑问词 what 后面的词汇是不被允许前置的(Kwan-Terry,1986,p.23)。

(4)You are doing what? (Eivoo 3;6)

相反,当那个孩子开始把英语中 what 后的词汇前置时,他的粤语也受到了影响,产生了(5)中非目标语疑问词前置现象。

(5)Mat1je5 lei5 zung1ji3? (Eivoo 4;9)

　　what you like.

　　What do you like?

Elvoo 也产生了许多"with or not"英语问题。

(6)Let me see you have or not?

那样的句子是基于闽南正好相反的疑问词结构,又被英语强化,但是这种解释也许不对,因为 Elvoo 实际上不能说闽方言,比如 Hokk.ien(闽南语)或 Teochew(潮州话),这个语言形式也许是新加坡白话英语(SCE)的一个基本特征被孩子习得,而不是直接从孩子的汉语语法发展中迁移过来。

类似的,Kwan-Terry 指出,在英语中使用粤语句子助词后置的做法可能是接触了新加坡白话英语,因为只有这些白话新加坡英语所认同的助词在 Elvoo 的英语表达中出现后置(Kwan-Terry,1991,p.181)。

一个例子就是用来表达征求同意或支持的助词"可"(粤语发音 ho2):

(7)Patsy bad girl ho2.I don't like Patsy.(Elvoo 4;9)

Gupta(1994)对 4 名以新加坡白话英语作为第一语言的新加坡儿童进行了更为详细的纵向发展描述(1 岁 3 个月到 7 岁 8 个月),文中还用大量篇幅讨论了多语环境下社会因素对儿童语言习得的影响。她提到的受汉语结构影响的大量英语表达包括:what 后面的词汇顺序前置(wh-in-situ),类似(4);正好相反的疑问表达(with or not),类似(6)。其他的表达还有 Gupta(1994)曾经描述的特点,条件句中没有可见的连词或条件标记。

(8)Why I talk no sound one?

　　Why is there no sound when/if I talk? (YG 3;6)

在一项实验研究中,Chen(2003)考察了以新加坡白话英语和新加坡白话国语(SCM)为双语的学前儿童(2 岁 10 个月到 6 岁 6 个月)语言发展情况。在诱导性模仿任务中,让 3 岁左右的儿童使用祈使句方法来表达一些条件句,除了出现类似于(8)中本应该出现的连词或条件标记缺乏外,还出现了在主句中使用条件标记词而不是在从句中使用的现象,比如下面由实验者提供的句子模型:

(9)实验者:If you see Piglet,come and tell Pooh.

儿童:You have see Piglet,then you tell Pooh.(YJ 4;6)

这种表达方式是基于汉语的条件结构。在汉语中,一般用连词(比如国语中的"就",即"then")来引导主句。

中国香港儿童的双语习得

许多新加坡双语儿童表现出的双语迁移特点,在香港的粤—英双语儿童身上也获得证实。Yip 和 Matthews(2000,2007a)探讨了粤—英双语发展中双语系统的迁移和高度交互性。其研究数据来自香港双语儿童语料库中 6 个儿童(1 岁 5 个月到 4 岁 6 个月)的资料,存放在儿童语言数据交换系统(CHILDES;MacWhin.ney,2000)。这些儿童在单亲单语言家庭中长大,他们的父母或者是说粤语或者是说英语的本地人。在研究者自己的三名儿童案例中,用日记作为记录的补充。通过定性和定量的分析,研究发现,双语和单语发展的差异普遍是由三个英语语法领域的迁移造成:

(i)what 后面的词汇被放置在前面(*wh-in-situ*):

(10)You go to the what?(Timmy 2;5)

(ii)零宾语,及物动词的宾语被遗漏:

(11)You get,I eat...[爸爸把巧克力从架子上取下来](Timmy 2;02;03)

(iii)前置的名词关系句,关系从句被放在它所修饰的名词之前:

(12)Where's the Santa Claus give me the gun?(Timmy 2;07;05)[正确顺序应该是"the gun Santa Oaus gave me"]

Matthews 和 Yip(2002)以及 Yip 和 Matthews(2007b)基于类型一致和相应加工因素,讨论了英语中汉语关系从句的迁移问题。他们发现单语儿童并没有出现关系从句的使用错误,但是出现了别的基于句法结构的迁移,如 what 后面的词汇被前置(10)和零宾语(11)现象,只是其出现的频率较低。

粤语对英语的影响之所以比较强,是因为研究中的大多数儿童存在粤语对英语的优势性。跨语言的影响并不是单向的,在特定的"易受侵害"语法领域,英语也有作为非目标语的结构影响粤语的表达(MUller,2003,Yip & Matthews,2007a),比如动词之后的介词短语(13)和带 *bei*2(即"give")的双宾结构(14):

(13)*Keoi*5 *sik*6 *min*6-*min*6 *hai*2 *po*4*po*2 *go*2*dou*6 *aa*3.(Alicia 3;11;17)

She eat noodle-noodle at grandma there SFP

She's eating noodles at Grandma's.

（14）*Te*4*sou*1 *bei*2 *ngo*5 *cin*2 *aa*3.（Sophi.e,2;05;02）

　　Jesus give me money SFP

　　Jesus gave me money.

案例(14)中粤语的动词—间接宾语—直接宾语顺序[V-IO-DO]偏离了成人一般使用的顺序[V-DO-IO]。Chan(出版中)发现,非目标语的结构(14)在粤语单语儿童那里也出现了,她认为,语言输入信息的歧义性使得目标语的[V-DO-IO]结构天生地就存在理解的困难,由此成为单语和双语儿童"易受侵害"的语言领域。在双语被试的粤语中,这种[V-IO-DO]结构一直持续到6岁多,很明显是受到英语[V-IO-DO]实例的影响。在一个相关的研究中,Gu(出版中)借用同一类型儿童讨论了双宾和介宾结构的关系,这些双语儿童与单语儿童相比,他们显示出不同的语法结构发展道路。

总结这些关于中国香港儿童的语法发展研究发现,作为优势语的粤语对英语的影响是普遍存在和令人吃惊的,比如 what 后面的词汇被放置在前面(*wh-in-situ*)和前置的名词关系句,但是从英语到粤语的影响相当微弱,它主要影响粤语本就存在的结构误用频率。不管怎样,这个单向影响的事实支持了儿童语法发展之间的高度交互性。反过来,调查那些英语是优势语言的英—粤双语儿童,也许会反过来产生从英语到粤语的语法迁移结果。

许多双语和第一语言习得领域的研究聚焦于这样一个问题,双语儿童一开始是否是像 Volterra 和 Taesclmer(1978)假设的那样只有一个单一的语言系统？目前的证据显示,很早时候,双语儿童就能够把输入的信息划分到两个分离的系统(比如 De Houwer,1990;Genesee,Nicoladis,& Paradis,1995;Meisel,2001),余下的问题是,在习得语音、词汇和句法过程中,多早的时候能够分化成两个系统的？

在谈到语音系统什么时候完成分化时,研究者仍然存在分歧。语音系统既有2岁时的完全未分化,也有2岁时的部分或完全分化(Paradis,2001;Ue6 and Kehoe,2002)。实验证据显示,4到5个月的双语儿童已经可以从知觉上区分西班牙和加泰罗尼亚这两种节奏感相近的语言(Bosch & Sebastian-Galles,2001)。在语言产生方面,也有证据显示,法—英双语幼儿在大约12个月左右的咿呀学语阶段就发展出分化的系统(Poulin-Dubois & Goodz,2001)。Yip 和 Matthews(2003)认为,早期的语音分化是基于两种双语儿童的数据,这些儿童的音节终止性停顿显示出语言特殊性的特点,比如在粤语中不吐气,但是在英语中既可吐气,也可不吐气。

词汇分化方面的证据来自两种语言词汇重叠的程度。如果儿童拥有意义相同的对等翻译词,比如汽车概念可以用等价的德语词汇和英语词汇来表达,这被作为两个分离性心理词典的证据(Pearson & Fernandez,1995;Lanvers,1999)。Yip 和 Matthews(2008)发现,粤—英双语儿童最早从1岁3个月(Alicia)和1岁6个月(Sophie)就可以有规律地使用两个单词来表达同一个目标或概念,这个结果和每种语言内的对等性词汇应用一致:对等翻译词汇拥有两个分化的心理词典。随着优势性粤语词汇的发展,重叠性词汇也随之剧增,相应的支持心理词典分化的重叠性词汇证据也增多,但是对于弱势的英语,这一证据增加并不明显。

移民和收养的儿童

从说汉语的社会移民到说英语国家的儿童,或者反向移民的儿童,他们将有机会发展童年时代的双语机制。Li 和 Lee(2002)调查了英国出生的粤—英双语儿童的粤语发展情况,由于受英语优势环境和第一语言粤语学习不充分的影响,他们的粤语发展出现了延迟和停滞,比如,这些儿童显示出过度使用常规性量词"个"(粤语发音 go3),无法习得完整的量词系统,该情况和之前 Light(1977)的描述一样。

Jia(2006)讨论了移民后的中国儿童学习第二语言英语的情况,认为年轻的学习者更倾向于把优势语言从第一语言转向第二语言,同时却不去学习英语词法和句法,尤其特别的是,这些学习者经常无法完整地学会词法特征,比如复数和动词一致性,包括量词也是(Jia,2006,p.67)。Jia 和 Aaronson(2003)用纵向研究考察了抵达年龄在 5—16 岁的中国移民学习英语的问题,指出语言优势转换对于年轻学习者来说更容易实现,但是对于年长者来说,他们更倾向于保持原来的第一语言优势地位不变。

另外一类越来越吸引国际学术团体的儿童是那些被收养的孩子,他们在收养之前和收养之后的语言发展已经成为一个有趣的研究领域。最近几年,国际收养的数量一直在增加,中国成为美国收养儿童的首要来源地,许多被美国家庭收养的孩子在 2 岁或 3 岁之前离开了中国,开始学习"第二个第一语言"(Pollock,Price,& Fulmer,2003;Roberts,Pollock,Krakow,Price,& Wang,2005)。在英语单语家庭,很可能这些孩子的第一语言汉语逐渐消失,英语取代汉语的位置成为第一语言(Nicoladis & Grabois,2002)。在那些收养家庭里,如果在家里继续有规律地说汉语,然后在社区说英语,一些双语形式很可能伴随着两种语言的习得同时获得发展,由此,问题也出现了,这是属于双语者的种类构成呢? 还是属于儿童第二语言的习得情况呢?

总结和进一步研究

通过研究汉英双语的获得,能帮助我们解决诸如此类的问题:交互性发展、优势语言以及迁移的机制。进一步研究的问题包括:不同的优势语是如何塑造双语发展的? 各种因素的影响作用是什么? 如接触年龄、不平衡性、信息输入的中断或临时缺失? 双语和单语习得有哪些定性和定量的差异? 儿童同时性学习两种语言与继时性学习两种语言有哪些异同? 双语儿童的优势语与非优势语之间的差异,以及第一语言与童年期学习的第二语言的差异,这两种差异的相似程度是多少?

除了基于案例的纵向语料库研究,语言的感知、产生和理解这些未被探索的领域更需要实验数据的说明。比起不断增长的双语者心理词典和句法发展研究,语音在阶段性和跨阶段性方面的音调和韵律分化研究尤为缺乏,双语儿童的音调习得是汉语研究的一个领域,对它的研究有助于我们从整体上理解双语的发展(见 Cbu,2008,双语儿童的粤语音调发展探讨)。另一个独特的研究领域是双语语境,其中有待研究的是与汉语背景相关的双语儿童的语码混用模式(Lanza,1997),以及针对语码混用出现的结构性限制(Paradis,Nicoladis,& Genesee,2000)。

以上的语言研究对象仅限于儿童的英语、普通话或粤语习得。用汉语和其他非英语语言进行配对,研究这样的双语儿童,对于扩大经验性语料库、解决和语言接触及跨语言交互相关的理论问题有重要作用。如果能针对语言多样性背景,探讨汉语和其他亚洲语言如日语和朝鲜语等语言的配对性习得,可以更好地帮助我们理解童年期的双语运用机制。

社会语言学方面

基于社会视角的双语研究已经广泛存在,这些研究调查的问题涉及语言接触、语言态度和语言选择,它们隐含着社会水平的语言变迁,例如,双语有时候会引起语言优势性的转变,从而造成语言维持、语言消亡和语言复苏等潜在的问题。在中国的政府部门(官方语言)、媒体(新闻语言)、娱乐(名流语言)、教育(学校语言)以及朋友(同伴语言)等场所,普通话(标准普通话)的地位越来越重要,甚至是在家庭(家庭语言)这样的环境里,新生一代都有很强的倾向把普通话转换成优势语言。无论这种转换是需要官方的努力来继续维持,还是转而振兴地方语言或方言,都成为公众经常讨论的话题。

当今的香港为这样的话题提供了一个很好的例证。1997 年香港地区脱离英国的统治回归到中国之后,许多学校到 20 世纪 90 年代末都正式把授课语言从英语转换成母语的广东话。10 年之后,由于普通话优势的持续增长,并发出现了地方粤语方言地位下降的趋势,其中一部分学校又开始重新思考当时的决定,提出了一个感觉有点别扭的"三语两文"妥协政策。在中国其他地方,类似的涉及语言维持和语言振兴的问题也占据了语言政策决策者的头脑。

语码转换

受到广泛研究的语码转换是一种常见的双语交流现象,它一般指使用一种语言时进行了两种或两种以上语言系统之间的相互转化。在普遍讲英语的华人社区,例如新加坡、马来西亚、中国香港、中国台湾甚至是中国大陆,尤其是在大学生和专业人才中,许多人在说汉语句子时会夹杂着英语词汇、短语和从句。影响言语交流的各种因素包括话题、场景、对话者和目的,而对话者的言语流利性或对一种语言的精通性经常主导着对话的进行。文献中把这种占主导地位的语言称为基体语、基本语的或主方语,而缺少主导地位的语言被称为嵌入语、供体语或客方语(Myers-Scotton,1993)。

　　语码转换通常分为三大类别:附加语码转换、句间语码转换以及句内语码转换(Poplack,1980)。附加语码转换涉及从供体语言中(比方说英语)选择一个附加表达,比如语篇标记或句子状语,插入到其他主方语言完全独立的从句中(比方说粤语)。这些插入的附加表达有代表性地传递了说话人的情绪和立场,就像此句"*keoi5 m4 hai6 hou2 helpful gaa3*(他/她不是好用嘎),*you know*",这个粤语例子中值得注意的是句尾助词"嘎"(粤语发音 gaa3),它也代表了一个和英语附加表达"*you know*"相似的情绪效价,这正好支持了有关文献研究中的说法,语码转换中经常用两种语言重复相同的思想或信息,有时是为了澄清或强调(Gumperz,1982),有时是为了作为信号转向一个连续性叙事中新的更有意义部分(Tsitsipis,1988)。

　　根据句法的位置,附加语码转换有时会出现在不止一个地方,例如,除了以上讨论的句末位置外,"*you know*"也可能出现在句首位置:*You know*,*keoi5 m4 hai6 hou2 helpful gaa3*(You know,s/he's not very helpful,I tell you)。

　　与附加语码转换不同,句间语码转换在句法上更受限制。从句之间的转换出现在从句或句子的边界,或出现在口语语篇的表达边界,同时每一种语言的子句都忠实地遵循着各自的语言规则,如在粤语/英语表达中"keoi5 cam4 jat6 ceng2 ngo5,but I didn't feel like going(她/他昨天邀请了我,但是我不想去)",第一个子句严格遵守了粤语的语法,而第二个子句严格遵守了英语语法。

语码混用

　　句内语码转换,也称为语码混用,涉及从一种语言(供体语或嵌入语)中选择一个更小的句法构成成分,如词汇或短语,插入到另外的语言(主方语或基体语)。语码混用的研究认为,词汇项,如名词、动词(包括短语动词)、形容词、副词甚至是习惯用语都可以作为语码混用的项目,而语法项,如情态动词、助动词、代词、所有格和量词等一般不可以作为语码混用的项目。在这里值得注意的是,尽管 Joshi(1985)将介词划分为不可混用的语码,即"封闭类项目",等同于此处所说的语法类术语,但是在粤—英语双语者中,经常会在语码转换中发现介词(Chan,1998)。

　　在这方面可以饶有兴致地关注到,最近一些语法标记的发展,比如英语动词进行体的后缀-ing,已经悄然进入一些香港大学生的博客写作中(案例来自 Lee,Tse,& Yu,2008,p.10),见下面的(15)。

(15)*jan1 wai6 keoi5 tung4 ngo5 deoi3 mong6-ing*

　　　because s/he with I look.at.each.other-PROG

Because s/he and I were looking at each other.

这是一个有趣的发展,因为对于粤语双语者来说很常见,他们经常会从英语中借用整个动词短语,如下面(16)中所出现的"*were staring at each other*",一方面又部分地从英语中借用动词短语运用到粤语中,同时又维持着或增加粤语进行体方面的标记 gan2(粤语"紧"或"仅",意思是正在进行中),如(17)所示。

(16)*jat*1 *wai*6 *keoi*5 *tung*4 *ngo*5 were staring at each other

because s/he with I

Because s/he and I were staring at each other.

(17)*jan*1 *wai*6 *keoi*5 *tung*4 *ngo*5 *stare-gan*2 at each other

because s/he with 1-PROG

Because s/he and I were staring at each other.(强调作用)

值得注意的是,尽管在一个较为非正式的博客话语中出现了句法构成灵活使用的语码混用证据,但是后缀-ing 的使用在口语语篇中一般不被接受,这说明了语码混用对语法项目的限制,比如词缀,它只用在适合的地方。

语码转换点的语言分析也显示出一种"可交换成分的使用频率层级性"(Romaine,1995,p.124)。在一项关于希伯来文/西班牙文语码转换研究中,词项(尤其是名词)被认为是"一个唯一的经常被交换的成分"(Berk-Seligson,1986,pp.325-326;也见于 Scotton,1988,for Swahili/English)。当然,对于汉语作为基体语的语码混用,还缺乏关于频率的研究。但是名词的语码混用已经在实践中获得认可。实际上,词汇借用和外来语音词的本地化通常被视作一个连续体,在很大程度上受到使用频率的影响。

频率的层级性

就句法结构而言,Poplack(1980)发现完全从句是最频繁被转换的一个类别(句间语码转换);其次是话题—评论结构中的转换(句间和句内的切换常常含糊不清);然后是主要成分的转换,如名词短语和动词短语,即句内语码转换。这些研究结果明显指向一个使用频率的层级性,即"句法成分的等级越高,越有可能作为一个潜在的转换位置点"(Romaine,1995,p.124)。从心理语言学的观点出发,Clyne(1987,p.278)也有一个有趣的发现,在感知研究中,当转换发生在子句边界而不是其他地方时,对实际字(而不是意义)的回忆会更准确。

Poplack 的发现是基于对西班牙/英语语码转换的研究,至于粤语/英语语码转换,在上文中有一个句间语码转换的例子:*keoi*5 *cam*4*jat*6 *ceng*2 *ngo*5,but I didn't feel like going(她/他昨天邀请了我,但是我不想去)。句内语码转换(或语码混用)的例子,如名词短语[go2go3 little boy]([that little boy]),以及动词短语 bong1 ngo5[maai5 ten tickets]hou2 maa3(Help me[buy ten tickets],will you?)。而在接下这个例子里"bong1 ngo5［maai5 tickets］hou2 maa3",英语定冠词的缺乏引起一个问题,"票"所构成的转换成分(tickets)是否可以被理解为一个完整的名词短语? 既指"a ticket",也指"tickets",成为一个本土化的外来词。在这个例子里,话语者可能是想把"maai5 ticket"(买票)当做一个动名体,用来表达更多票的购买行为,比如"Help me buy tickets,will you?"

粤语和英语之间的语言特异性因素,如计数/数量差异的缺失与存在(至少在名词层面),不仅会导致结构歧义,而且还能提供语言优势的证据。在这个例子中,无论我们将当中的单词"ticket"解释为"a ticket"(缺少不定冠词)还是"ticket"(缺少复数标记-s),其构成成分都可以被解释为更符合粤语语法,而不是英语语法。

语码转换的频率层级不对称性可能只适用于那些平衡发展的或熟练的双语者,当转换牵涉句间从句结构时,无论是主方语还是嵌入语,其语码规则发生冲突的风险都比较小。但是,当语码转换属于句内语码转换时,由于转换点所在的主体语与和嵌入语可能遵循不同的语码规则,转换发生冲突的风险就比较大,就如上文提到的粤语/英语语码转换案例,两种语言对计数/集合名词的表达差异增加了语码规则在转换时发生冲突的风险。

语码转换模型

语码转换频率的层级性对于我们理解句法和词汇的交互作用有重要的意义,尤其是语码转换成分的位置点、类型和规格,这些标记包含着重要的含意,可以帮助我理解语言是如何被表征和加工的。在社会语言学研究领域,研究者提出了几个关于限制语码转换的模型,这些模型没有直接提出心理表征水平的认知问题,但是它们的益处在于,可以帮助我们研究哪些语言成分和规则是可以转换的,被转换的语码成分之间的关系是什么,影响转换成分之间相互结合或独立程度的因素是什么。接下来简要介绍一下其中一些模型,汇总一下它们声称的观点,同时根据来自粤语/英语语码转换的反例数据,指出一些它们的缺点。

首先是 Sankoff 和 Poplack's(1980)的背景无关的语法模型(context-free grammar model),该模型依照线性顺序和临近性原则提出两个主要的约束理论:第一个是我们熟知的自由语素约束(free morpheme constraint)。该观点认为,除非词素在语音上与绑定语素的语言整合在一起,否则一个绑定语素[4]和一个词汇语素之间不会出现转换。发生转换时,词素必然是来自嵌入语或客方语,但是在语音上需要遵循基体语的规则,实现本土化,例如下面一个粤/英说话方式描述,*keoi5 send zo2 fung1 seon3 mei6 aa3*(Has s/he sent off the letter yet?),这句话当中的英语词素"send"的发音［send］实际上已经被粤语的发音规则［sen1］所取代,但是这种受约束性无法说明例(15)中新出现的"-ing"借用,-ing 是一个绑定语素(例中为进行体后缀-ing),需要在语音上整合进当前的基体语,也就是说,在口语语篇中,作为从属于粤语的英语词素,需要使用粤语的高平调 1,

而不是英语句末的降调来表达情感。所以,在修订自由语素限制观点时,可能需要考虑,不论是词素,还是绑定语素,都可以来自嵌入语。

其他方面,比如语法层级高的词汇项目才更经常发生语码转换,也适用自由语素约束说。根据 Poplack(1980/2000)一本重版书中序言所说,自由词素约束论已经被更新并作了重新说明,新的说法叫作"暂时借用假设",该假设承认了这样一个事实,暂时借用(或外来词)与单一词在语码转换的受限性上有很清晰的区别,前者在转换到基体语时受基体语规则的限制,显示出语音和词素句法方面的本土化,而后者则保持了原有语言的特征。

Sankoff and Poplack 的第二个约束模型(1980)是等价约束(equivalence constraint)模型。按照这个观点,语码转换不能包括与嵌入语或基体语规则相冲突的成分,但是,粤/英语码转换中出现了大量的 A-not-A 形容词重叠用法,这是和英语的词素句法相冲突的,比如 Chan(1998,p.195)举的例子:

(18) *mri5 ting*1*jat*6*free-m-free a*3

你 tomorrow free-not-free lNT

Are you free tomorrow?

(19) *nei5 gam*1 *jat*6 *hou*2*ci*5 *high high dei*2 *gam*2

you today seem high(RED UP)a bit(ASP)PRT

You seem a bit high-spirited today.

(18)和(19)的语码转换很明显与等价约束观相冲突,但它可以用暂时借用假设来说明,"A-not-A"可以被当做一种暂时借用,也就是说,之前观点认为"free-m-free"(闲不闲)和"high high dei2"(高一点)是一种与英语词素的构词法相冲突的表达,现在可以被理解为语音和词素构词法的本土化借用,或者是 Poplack(2000)所说的"独立于其他语言的词汇项目",比如"free"词素使用了粤语高平调1,我们经常可以听到英语非熟练的本地粤语说话者说出"free-m-free"的表达。类似的,重复性词素"high high"在粤语中的发音也变成了高平调1,而且必须带有一个表达量小的词"dei2"(一点),这样就可以像 Poplack(2000)书中前言所说的那样,和粤语中的形容词重复规则保持一致。自由词素约束观的进一步完善(像暂时借用假设重新阐述的)使我们有可能重新分析一些明显与等价约束观相反的例子。

Woolford(1983)提出的层级模型(hierarchical model)是基于 Chomsky(1981)的管理和约束理论(government and binding theory)。这个生成模型遵循语言优势、先后顺序(线性顺序)和成分之间的相依关系几个原则,例如,在介词短语"in the kitchen"中,介词"in"被当做领头词,管理(或支配)它的补充词"the kitchen"。按照 Woolford 的模型,这两个成分之间是不能出现语码转换的,因为它们被绑定到一个共同的短语结构,短语中的一个成分(如"in")支配着其他成分(如"the kitchen")。但是,与之相反的例子也

在粤/英语码转换中发现,如来自 Chan(1998,p.196)的例子(20):

(20) *gaau3juk6 hok6jyun2 hai6* [*under gaau3juk6 si1cyu5*]

Education college COP under Education Department

The Education colleges are under the Education Department.

为什么层级模型或管理模型有时不再适用? Romaine(1986)给出几个可能性。一个可能是管理模型或其中的"支配"关系一开始就没有被正确表述(Romaine,1995,p.157)。最近几年,生成领域的概念转换导致了极简结构表达,不断产生重复声明词/领头词+补语这样的结构,从而失去了"支配"概念的可参考线索。基于最近的生成假设观点,相应的语码转换模型还没有出现,将来需要进一步研究这种极简结构表达,以便提出一个针对语码转换层级约束的恰当解释。

就上面(18)和(19)的反例来说,A-not-A 结构和形容词重复表达也许是一种必要条件,它可以用来规定一个层级约束,允许更多的语码转换点,同时也可以明确特定的转换点。由此,研究者需要考虑发展一个最佳的语码约束层级模型,使得它能够考虑到其他因素的影响,包括非词素构词法的注意事项,比如语音权重和使用频率。其中后者将根据借用和转换之间的差异来调整层级模型,吸纳暂时借用的理论假设。与之对应的研究也可能会让生成模型对其他语言使用问题更具有说明力,比如双语熟练的类型和程度。

Romaine(1986)考虑的另一种解释管理模型缺点的可能性是,语码转化点不是深层(或层级)结构的属性,而是表层结构的属性。由于后者不是由词汇的基本义生成,所以语码转换点也不能由管理理论或绑定语素理论来确定。Clyne(1987)使用来自荷兰/英语和德语/英语的语码转换证据来说明这个可能性。按照 Clyne(1987)的说法,双语者通过非特定性语言加工[5]来处理意义,然后把意义匹配到一个或其他语言。根据此观点,语码转换是一个表层结构现象,它不受规则支配和约束。这样,线性顺序的等价约束性(也就是 Clyne 声称的结构完整性约束)就可以用表层结构约束来解释。

最新的一个模型是由 Myers-Scotton(1993)提出的基体语框架模型(matrix language frame model)。这个模型使用岛屿的概念来表达基体语和嵌入语。此处的基体语就是把一个经常被激活的语言认作基体语。从根本上讲,在基体语岛内,语言构成遵照基体语的词序,在嵌入语岛内,语言构成遵照嵌入语言的词序。除此之外,也有基体语和嵌入语两岛组合的形式,当中的语言构成既有基体语的,也有嵌入语的,这些岛内的语言构成准守基体语的词素顺序。他们的系统词素——相当于产生句法的中心词或领头词——来自基体语,和基体语的系统词素规则保持一致。我们使用 Chan(1998,p.203)给出的例子(21)来说明以上问题:

(21) *Essex go2dou6 bei2 zo2* [*go3 conditional offer*]*NP ngo5*

Essex CL place give PERF CL conclitional offer me

Essex(The University of Essex：)gave me a conditional offer.

例(21)中基体语岛展示了粤语的双宾结构词序 NP-V-DO-IO,其中 NP 是名词短语 *city U*,V 是动词短语 *bei2*(给),DO 是直接宾语 *go3 conditional offer*(一个有条件的录取通知书),IO 是间接宾语 *ngo5*(我)。在这个基体语岛内,直接宾语由一个组合的基体语岛+嵌入语岛来表达,它包含了一个粤语量词 *go3*（一个）,一个英语形容词 *conditional*,一个英语名词 *offer*。关键是,这个混用的粤语和英语结构遵从了基体语的词序,即量词+形容词+名词,此外,当中的系统词素是粤语的量词 *go3*,代表了一个来自基体语岛的合乎语法规则的词素。值得注意的是,早先讨论的管理模型或层级模型无法解决像(21)那样的语码转换表达,因为它假设,转换不能出现在一个有支配关系的成分之间,而这个例子则支持基体语框架模型假设,它可以说明一个范围更广的语码转换表达。但是,Chan(1998,p.208)报告说,粤语提供了一些证据,系统词素应该来自基体语的规则有时也有反例,比如(22)：

(22)*I'm speaking of*[*go3* cost]$_{NP}$ *m4hai6* functionality.

　　CL cost NEG.COP functionality

　　I'm speaking of the cost,not the functionality.

在(22)中,如果我们假设基体语是英语,此时基体语框架理论将面临一个问题,因为它预测,系统词素 *go3* cost(the cost)在基体语和嵌入语组合岛内应该是一个英语功能词素,但实际上它却有一个来自嵌入语粤语的系统词素,也就是量词 *go3*,因此,这个基体语框架理论也是不充分的,它不能容忍基体语+嵌入语组合岛内的系统词素既可以来自基体语,也可以来自嵌入语。解决此问题的一个可能办法就是从一个更大的话语观来看待每种言语交换,在(22)情况中,用来表达语码转换的所有词素结构,也就是基体语,仍然看做是粤语,而不是英语。所以将来需要做更多基于话语的研究以解决此类问题。

按 Romaine 的话,未来关于语码转换的研究必须同时考虑语言学和语用学两个方面(1995,p.177)。这种宏观层面和微观层面的研究将有助于我们向着建构更综合的语码转换约束模型前进,从而更好地理解对语言转换的认知表征和加工。幸运的是,到目前为止,我们已经有大量的研究关注到汉语中语码转换的话语功能,例如 Bond & Lai,1986;Chan,1998,2003;Fu,1975;Gibbons,1987;Kawangamalu & Lee,1991;Lee,Tse,& Yu,2008;Li,1994,1998;Li,Milroy,& Pong,1992;Luke,1998。今后可能需要更多此类的研究,尤其是具有高度挑战性的交互性研究,把社会语用的注意事项加进语言转换模型。

总结论和未来的研究方向

双语使用绝不是一个简单的现象。当涉及汉语时,它变得更加复杂,因为世界上中文社区的地理分布非常广泛,这样我们就面临一个数量众多的第二语言种类,或者有时根据学习环境又称第一语言。以上的讨论清楚地表明,双语的加工过程和结果都依赖两种语言是如何被学习的,两种语言的具体特征是什么,以及影响迁移发生与否的语言相似性是怎样的。因此,双语最好被视作一个多因素参与的社会—政治—语言学现象,它们的加工过程和最终结果也许不能或不应该直接与本族语者标准的语言加工相比较。未来的研究应该注意双语发展的确切背景,在推导双语加工理论的工作假设时,不要从传统的单语加工模型进行推论,而是基于普遍存在的双语本身所具有的独特性。

注　释

1 元语言是用来分析和描写某种语言的语言或符号体系。如:词、句子、元音、辅音等都是用来描述语言概念的语言;又如用来解释一个词的词义的词语也是元语言。

2 采用的广东话样例使用由 Tang 等人(2002)发展的粤语拼音书写系统。

3 年龄通过由分号隔离的数字来表达,从顺序上分别是指年、月、日。

4 绑定语素又称黏着语素,例如英语中的前缀后缀,总是伴随其他语素出现,与其他语素一起构成单词。

5 非特定语言加工指的是在加工一种语言时,另一种语言也被激活。

参考文献

Aaronson, D.& Ferres, S.(1986). Sentence processing in Chinese-American bilinguals. *Journal of Memory and Language*, *25*, 136–162.

Annamalai, E.(1978). The anglicized Indian languages: a case of code-mixing. *International Journal of Dravidian Linguistics*, *7*, 239–247.

Baker, C.(2001). *Foundations of bilingual education and bilingualism*, *3rd edn*. London: Clevedon.

Basnight-. Brown, D.M., Chen, L., Hua. S., Kostic. A, & Feldman, L.B.(2007). Monolingual and bilingual recognition of regular and irregular English verbs: Sensitivity to form similarity varies with first language experience. *Journal of Memory and Language*, *57*, 65–80.

Berk-Seligson, S.(1986). Linguistic constraints on intrasentential code-switching: a study of Spanish/Hebrew bilingualism. *Language in Society*, 15, 313–346.

Bialystok, E.(2001). *Bilingualism in development Language*, *literacy and cognition*. Cambridge: Cambridge University Press.

Bond, M.H.& Lai, T.M.(1986). Embarrassment and code-switching. *Journal of Social Psychology*, 126, 179–186.

Bosch, L.& Sebastián-Gallés, N.(2001). Early language differentiation in bilingual infants. In Cenoz, J. &, F.Gene 见, (eds) *Trends ir1 bilingual acquisition* (pp.71–93). Amsterdam, The Netherlands: John Benjamins.

Chan, A. W. S. (in press). The development of *bei* double object constructions in bilingual and monolingual children.*International Journal of Bilingualism*.

Chan, B. H.-S. (1998). How does Cantonese-English code-switching work? 1n M. C. Pennington (ed.), *Language in Hong Kong at century's end* (pp.191−216). Hong Kong: Hong Kong University Press.

Chan, B. B.-S. (2003). *Aspects of the syntax, the pragmatics, and the production of code-switching: Cantonese and English*. New York: Peter Lang.

Cbee, M. W. L., Soon, C. S., & Lee, H. L. (2003). Common aud. segregated neuronal networks for different languages revealed using functional magnetic resonance adaptation. *Journal of Cognitive Neuroscience*, 15, 85−97.

Chen, E.-S. (2003). Language convergence and bilingual acquisition: The case of conditional constructions.*Annual Review of Language Acquisition*, 3, 89−137.

Chen, H. C., Cheung, H., & Lau, S. (1997). Development of Stroop interference in Chinese-English bilinguals. Psychological Research, 60, 270−283.

Cheung, H., Chan, M. M. N., and Chong, K. K.-Y. (2007). Use of orthographic knowledge in reading by Chinese-English bi-scriptal children.*Language Learning*, 57, 469−505.

Cheung, H. & Chen, H. C. (1998). Lexical and conceptual processing in Chinese-English bilinguals: Further evidence for asymmetry.*Memory and Cognition*, 26, 1002−1013.

Cheung, H., Chen, H.-C., Lai, C. Y., Wong, O. C., & Hills, M. (2001). The development of phonological awareness: Effects of spoken language experience and. orthography.*Cognition*, 81, 227−241.

Cheung, H. & Lin, A. M. Y. (2005). Differentiating between automatic and strategic control processes: Toward a model of cognitive mobilization in bilingual reading. *Psychologia: An International Journal of Psychology in the Orient*, 48, 39−53.

Cheung. M. C., Chan, A. S., Chan, Y. L., & Lam, J. M. K. (2006). Language lateralization of Chinese-English bilingual patients with temporal lobe epilepsy: A functional MRI study.*Neuropsychology*, 20, 589−597.

Chomsky, N. (1981). Lectures on government and binding. Dordrecht Foris.

Chu, P. C. K. (2008). *Tonal development of Cantonese in Cantonese-English bilingual children*. Unpublished MPhil thesis, Chinese University of Hong Kong.

Ciocca, V. & Lui, J. Y. K. (2003). The development of the perception of Cantonese lexical tones.*Journal of Multilingual Communication Disorders*, 1, 141−147.

Clyne, M. (1987). Constraints on code-switching: how universal are they? *Linguistics*, 25, 739−764.

De Houwer, A. (1990). *The acquisition of two languages from birth: A case study*. Cambridge, England: Cambridge University Press.

Ding, G., Perry. C., Peng. D., Ma, L., Li, D., Xu, S., Luo, Q., Xu, D., & Yang, J. (2003). Neural mechanisms underlying semantic and orthographic processing in Chinese-English bilinguals.*Neuroreport: For Rapid Communication of Neuroscience Research*, 14, 1557−1562.

Döpke, S. (ed.) (2000). *Cross-linguistic structures in simultaneous bilingualism*. Amsterdam, The Netherlands: John Benjamins.

Francis, A. L., Ciocca, V., & Ng, B. K. C. (2003). On the (non) categorical perception of lexical tones.*Perception and Psychophysics*, 65, 1029−1044.

Fu, G.S. (1975). *A Hong Kong perspective：English-language learning and the Hong Kong student*. Unpublished doctoral dissertation. University of Michigan.

Gandour, J., Dzemidzic, M., Wong, D., Lowe, M., Tong, Y., Hsieh, L., Satthamnuwong, N. & Lurito, J. (2003). Temporal integration of speech prosody is shaped by language experience：An fMRI study. *Brain and Language* 84, 318-336.

Gandour, J., Tong, Y., Talavage. T., Wong, D., Dzemidzic, M., Xu, Y., Li, X., & Lowe, M. (2006). Neural basis of first and second language processing of sentence-level linguistic prosody. *Human Brain Mapping*, 28, 94-108.

Gene 见, F., Nicoladis, E., & Paradis, J. (1995). Language differentiation in early bilingual development. *Journal of Child Language*, 22, 611-631.

Gibbons, J. (1987). *Code-mixing and code choice：A Hong Kong case study*. Clevedon, . England：Multilingual Matters.

Goetz, P. J. (2003). The effects of bilingualism on theory of mind development. *Bilingualism：Language and Cognition*, 6, 1-15.

Goffman, E. (1974). *Frame analysis*. New York：Harper & Row.

Gu, C.J.C. (in press). The acquisition of dative constructions in Cantonese-English bilingual children. *International Journal of Bilingualism*.

Guo, T. & Pen g. D. (2006). Event-related potential evidence for parallel activation of two languages. in bilingual speech production. *Neuroreport：An International Journal for the Rapid Communication of Research in Neuroscience*, 17, 1757-1760.

Gumperz, J.J. (1982). *Discourse strategies*. Cambridge, England：Cambridge University Press.

Gupta, A.F. (1994). *The Step-tongue：Children's English in Singapore*. Clevedon, England：Multilingual Matters.

Ho, D.Y.F. (1987). Bilingual effects on language and cognitive development：With special reference to Chinese-English bilinguals. *Bulletin of the Hong Kong Psychological Society*, 18, 61-69.

Hsieh, S. L. & Tori, C. D. (1993). Neuropsychological and cognitive effects of Chinese language instruction. *Perceptual and Motor Skills*, 77, 1071-1081.

Jackson, N. E., Ln, W. H., and Ju, D. S. (1994.). Reading Chinese and reading English：similarities, differences, and second language reading. In V.W. Berninger (ed.), *The varieties of orthographic knowledge I：Theoretical and developmental issues*. (pp.73-109). New York：Kluwer Academic Publishers.

Jia, G. (2006). Second language acquisition by native Chinese speakers. In P.Li, L.H.Tan, E.Bates, & O. Tzeng (eds), *The handbook of East Asian psycholinguistics* (pp.61-69). Cambridge, England：Cambridge University Press.

Jia, G. & Aaronson, D. (2003). A longitudinal study of Chinese children and adolescents learning English in the US. *Applied Psycholinguistics*, 24, 131-161.

Jiang, N. (1999). Testing processing explanations for the asymmetry in masked cross-language priming. *Bilingualism：Language and Cognition*, 2, 59-75.

Joshi, A.K. (1985). Processing of sentences with intra-sentential code-switching. In D. R. Dowty, L. Kartnnen, & A.M. Zwicky (eds), *Natural language parsing* (pp.190-205). Cambridge, UK：Cambridge University

Press.

Kamwangan1alu, N.M.& Lee, C.L(1991).Chinese-English code-mixing: A case of matrix language assignment.*World Englishes*, 10, 247-261.

Kroll, J.F.& Stewart, E. (1994). Category interference in translation and picture naming: Evidence for asymmetric connection between bilingual memory representations. *Journal of Memory and Language*, 33, 149-174.

Kuhl, P.K.(1993).lnnate predispositions and the effects of experience in speech perception: The native language magnet theory.In B.de Boysson-Bardies, S.de Scbonen, P.Jusczy.k, P.McNeilage, & J.Morton(eds), *Developmental neurocognition: Speech and face processing in the first year of life*(pp.259-274).Dordrecht, The Netherlands: Kluwer Academic Publishers.

Kwan-Terry, A.(1986).The acquisition of word order in English and Cantonese interrogative sentences: A Singapore case study.*RELC Journal*, 17, 14-39.

Kwan-Terry, A.(1989).The specification of stage by a child learning English and Cantonese simultaneously: A study of acquisition processes. In H. W. Dechert & M. Raupach (eds), *Interlingual processes* (pp. 33-48).Tübingen: Gunter Narr Verlag.

Kwan-Terry, A.(1991).Through the looking glass: A child's use of particles in Chinese and English and its implications on language transfer.In A.Kwan-Terry (ed.), *Child language development in Singapore and Malaysia*(pp.161-183).Singapore: Singapore University Press.

Kwan-Terry, A.(1992).Code-switching and code-mixing: The case of a child learning English and Chinese simultaneously.*Journal of Multilingual and Multicultural Development*, 13, 243-259.

Lanvers, U.(1999).Lexical growth patterns in a bilingual infant: The occurrence and significance of equivalents in the bilingual lexicon.*International Journal of Bilingual Education and Bilingualism*, 2, 30-52.

Lanza, E.(1997).*Language mixing in infant bilingualism: A sociolinguistic perspective.*Oxford, England: Clarendon.

Lee, K.Y.S., Chlu, S.N., & van Hasselt, C.A.(2002).Tone perception ability of Cantonese-speaking children.*Language and Speech*, 45, 387-406.

Lee, W.L., Tse, H.Y., & Yu, C.S. (2008). *The study of code-mixing in blogs among undergraduate students in Hong Kong.*Unpublished manuscript, Department of Linguistics and Modern Languages, Chinese University of Hong Kong.

Li, D.C.-S. (1994). *Why do Hong Kongers code-mix?* A linguistic perspective. Research Report No. 40. Department of English, City University of Hong Kong.

Li, P.(1996).Spoken word recognition of code-switched words by Chinese-English bilinguals.*Journal of Memory and Language*, 35, 757-774.

Li, R., Peng, D., Guo, T., Wei, J., & Wang, C.(2004).The similarity and difference of N400 elicited by Chinese and English.*Chinese Journal of Psychology*, 46, 91-111. (in Chinese)

Li, W.(1998).The'why'and'how'questions in the analysis of conversational code-switching.In P.Auer (ed.), *Codes witching in conversation: Language, interaction and identity*(pp.156-176).London: Routledge.

Li, W.& Lee.S.(2002).L1 Development in an L2 environment: The use of Cantonese classifiers and quantifiers by young British-born Chinese in Tyneside.*International Journal of Bilingual Education and Bilin-*

gualism, 4, 359-382.

Li, W., Milroy, L., & Pong, S. C. (1992). A two-step sociolinguistic analysis of code-switching and language choice. *International Journal of Applied Linguistics*, 2, 63-86.

Light, T. (1977). Clairetalk: A Cantonese-speaking child's confrontation with bilingualism. *Journal of Chinese Linguistics*, 5, 261-275.

Linguistic Society of Hong Kong (2002). *Guide to LSHK CantoneseRomanization of Chinese Characters* (2nd edn). Linguistic Society of Hong Kong, Hong Kong.

Liu, H., Bates, E., & Li, P. (1992). Sentence interpretation in bilingual speakers of English and Chinese. *Applied Psycholinguistics*, 13, 45 1-484.

Liu, Y. & Perfetti, C. A. (2003). The time course of brain activity in reading English and Chinese: An ERP study of Chinese bilinguals. *Human Brain Mapping*, 18, 167-175.

Lleó, C. & Kehoe, M. (2002). On the interaction of phonological systems in child bilingual acquisition. *International Journal of Bilingualism*, 6, 233-237.

Luke, K.K. (1998). Why two languages might be better than one: Motivations of language mixing in Hong Kong. In M.C. Pennington (ed.), *Language in Hong Kong at century's end* (pp. 145-160). Hong Kong: Hong Kong University Press.

MacWhinney, B. (2000). *The CHJLDES Project: Tools for Analyzing Talk.* (3rd edn) Manwah, N J: Erlbaurn.

Matthews, S. & Yip, V. (2002). Relative clauses in early bilingual development: transfer and universals. In A. Giacalone (ed.), *Typology and second language acquisition* (pp.39-81). Berlin: Mouton de Gruyter.

Mattock, K. & Burnham, D. (2006). Chinese and English infants' tone perception: Evidence for perceptual reorganization. *Infancy*, 10, 241-265.

McBride-Chang, C., Cho, J.-R., Lin, H., Wagner, R.K., Shu, H., Zhou, .A., Cheuk, C.S.-M., & Muse, A. (2005). Changing models across cultures: Associations of phonological and morphological awareness to reading in Beijing, Hong Kong, Korea, and America. *Journal of Experimental Child Psychology*, 92, 140-160.

McBride-Chang, C., Shu, H., Zhou, A., Wat, C.-P., & Wagner, R.K. (2003). Morphological awareness uniquely predicts young children's Chinese character recognition. *Journal of Educational Psychology*, 95, 743-751.

Meisel, J. (2001). The simultaneous acquisition of two first languages: Early differentiation and subsequent development of grammars. In J.Cenoz & F.Gene, (eds) *Trends in bilingual acquisition* (pp.11-41). Amsterdam, The Netherlands: John Benjamins.

Miiller, N. (1998). Transfer in bilingual first language acquisition. *Bilingualism, Language and Cognition*, 1, 151-71.

Miiller, N. (ed.) (2003). (*In*) *vulnerable domains in multilingualism.* Amsterdam, The Netherlands: john Benjamins.

Myers-Scotton, C. (1993). *Dueling languages. Grammatical structure in code-switching.* Oxford, England: Oxford University Press.

Nicoladis, E. & Grabois, H. (2002). Learning English and losing Chinese: A case study of a child adopted from China. *The International Journal of Bilingualism*, 6, 441-454.

Odlin, T. (1989). *Language transfer: Cross-linguistic influence in language Teaming*. Cambridge, England: Cambridge University Press.

Paradis, J., Nicoladis, E., & Gene 见, F. (2000). Early emergence of structural constraints on code-mixing: Evidence from French-English bilingual children. *Bilingualism: Language and Cognition*, 3, 245–261.

Pearson, B., Fernandez, S.C., & Oiler, D.K. (1995). Cross-language synonyms in the lexicons of bilingual infants: One language or two? *Journal of Child Language*, 22, 345–368.

Perfetti, C.A. & Liu. Y. (2005). Orthography to phonology and meaning: Comparisons across and within writing systems. *Reading and Writing*, 18, 193–210.

Pollock, K., Price, J., & Fulmer, K.C. (2003). Speech-language acquisition in children adopted from China: A longitudinal investigation of two children. *Journal of Multilingual Communication Disorders*, 1, 184–193.

Poplack, S. (1980). Sometimes I'll start a sentence in English terminó en español: Towards a typology of code-switching. *Linguistics*, 18, 581–516. Reprinted with a preface in *The Bilingualism Reader*, edited by W.Li (2000), London: Routledge.

Poulin-Dubois, D. & Goodz, N. (2001). Language differentiation in bilingual infants: Evidence from babbling. In J.Cenoz & F.Gene 见, (eds) Trends in bilingual acquisition, (pp.95–106). Amsterdam, The Netherlands: John Benjarnins.

Rayner, K., Li, X, Williams, C.C., Cave, K.R., & Well, A.D. (2007). Eye movements during information processing tasks: Individual differences and cultural effects. *Vision Research*, 47, 2714–2726.

Roberts, J., Pollock, K., Krakow, R., Price, J., & Wang, P. (2005). Language development in preschool-age children adopted from China. *Journal of Speech, Language and Hearing Research*, 48, 93–107.

Romaine, S. (1986). The notion of government as a constraint on language mixing: Some evidence from the code-mixed compound verb in Paojabi. In D.Tannen (ed.), *Linguistics and linguistics in context: The independence of theory, data and application* (pp.35–50). Washington, DC: Georgetown University Press.

Romaine, S. (1995). *Bilingualism*, 2nd edn. Oxford, England: Basil Blackwell.

Ruan, T. (2004). Bilingual Chinese/English first-graders developing metacognition about writing. *Literacy*, 38, 106–112.

Rusted, J. (1988). Orthographic effects for Chinese-English bilinguals in a picture-word interference task. *Current Psychology: Research and Reviews*, 7, 207–220.

Scotton, C.M. (1988). Code-switching and types of multilingual communities. In P.H.Lowenberg, (ed.), *Language spread and language policy: Issues, implications, and case studies*, (pp.61–82). Washington, DC: Georgetown University Press.

Sankoff, D. & Pop lack, S. (1981). A formal grammar for code-switching. *Papers in Linguistics*. 14, 3–46.

Smith, M.E. (1931). A study of five bilingual children from the same family. *Child Development*, 2, 184–7.

Smith, M.E, (1935). A study of the speech of eight bilingual children of the same family. *Child Development*, 6, 19–25.

Tan, L.H., Spinks, J.A., Feng, C.M., Siok, W.T., Perfetti, C.A., Xiong, J., Fox, P.T., & Gao, J.H. (2003). Neural systems of second language reading are shaped by native language. *Human Brain Mapping*, 18, 158–166.

Tang, S.-W., Fan, K., Lee, T. H.-T., Ltm, C., Luke, K.-K., Tung, P., & Cheung. K.-H. (eds) (2002). *Guide to LSHK Cantonese romanization of Chinese characters*, 2nd edn. Hong Kong: Linguistic Society of Hong Kong.

Tsitsipis, L. (1988). Language shift and narrative performance: on the structure and function of Arvanítika narratives. *Language in Society*, *17*, 61-88.

Volterra, V. & Taeschner, T. (1978). The acquisition of and development of language by bilingual children. journal of Child Language, 5, 311-326.

Weekes, B.S., Su, I.F., Yin, W., & Zhang, X. (2007). Oral reading in bilingual aphasia: Evidence from Mongolian and Chinese. *Bilingualism: Language and Cognition*, 10, 201-210.

Wong, P., Schwartz, R.G., & Jenkins, J.J. (2005). Perception and production of lexical tones by 3-year old, Mandarin speaking children. *Journal of Speech, Language, and Hearing Research*, 48, 1065-1079.

Woolford, E. (1983). Bilingual code-switching and syntactic theory. *Linguistic Inquiry*, 14, 520-536.

Yip, V. (1995). Interlanguage amt learnability: From Chinese to English. Amsterdam, The Netherlands: John Benjarnins.

Yip, V.& Matthews, S. (2000). Syntactic transfer in a Cantonese-English bilingual child. *Bilingualism: Language and Cognition*, 3, 193-208.

Yip, V.& Matthews, S. (2003). *Phonological hyper-differentiation in Cantonese-English bilingual children.* Paper presented at the Child Phonology Conference at the University of British Columbia, Vancouver, Canada, July.

Yip, V.& Matthews, S. (2007a). *The bilingual child: Language Contact and early bilingual development.* Cambridge, England: Cambridge University Press.

Yip, V.& Matthews, S. (2007b). Relative clauses in Cantonese-English bilingual children: Typological challenges and processing motivations. *Studies in Second Language Acquisition*, 29, 277-300.

Yip, V.& Matthews, S. (2008). *First words in Cantonese-English bilingual infants.* Poster presented at the 16th International Conference on Infant Studies, Vancouver, Canada.

Yuan, .B. (1997). Asymmetry of null subjects and null objects in Chinese speakers, L2 English. Studies in Second Language Acquisition, 19, 467-497.

第 10 章　中国儿童的数学学习:从家庭到学校

Yu-Jing Ni　Ming Ming Chiu　Zi-Juan Cheng

中国学生在许多国际数学评估中取得了不俗的成绩,如国际学生评估项目(PISA),以及第三次国际数学与科学教育成就研究(TIMSS),这也引起了来自中国及国际社会研究人员、教育学家,以及决策者们的极大兴趣。本章将借鉴发展心理学、建构主义心理学和社会心理学三个学科的研究思路,从三个层面——社会文化层面(宏观,如国家)、制度层面(中/微观,如家庭、学校)以及"纳米级"的个体层面来分析影响中国学生在数学方面取得成就的因素。

本章首先追溯中国儿童在接受学校数学教育之前的早期数学发展,接着将研究拓展至中国式数学教学生存与发展的社会文化背景层面。最后,我们将大致描绘出基于这些背景的中国学生的数学成就。通过不同层面的描述,有助于更深刻地理解中国学生所取得的数学成就及其背景。

在转入具体叙述之前,应解释一个非常重要的问题,即这里所涉及的中国学生指的是大陆、香港及台湾的城市学生,其中大部分学生来自香港、台北及大陆的北京、上海、长春、贵阳等城市。

中国儿童早期数的发展

有研究指出,中外儿童在接受正式的学校教育之前就已经在数学成就方面表现出了差异性(Ginsburg 等,2006;Stevenson 等,1990;Stigler, Lee, & Stevenson, 1987;Starkey & Klein, 2008)。中国学前儿童比来自美国的以英语为母语的同伴们在生成基数与序数名方面表现更为出色(Miller, Major, Shu, & Zhang, 2000)。他们在早期加法中能更好地理解十进制、分数以及十进制进位策略(Fuson & Kwon, 1991)。从幼儿园到三年级的中美孩子在解决简单加法问题时,中国儿童能更多地使用虚拟计算法,而美国儿童则大部分使用数手指。分解是中国儿童的首要后备策略,而手指数数是美国儿童的首要后备策略(Geary, Bow-Thomas, Liu, & Siegler, 1993, 1996)。

中国儿童在数学素养方面的出色表现源于语言(Miura 等,1994)和社会文化方面的因素(Ho & Fuson, 1998;Miller, Smith, Zhu, & Zhang, 1995;Saxton & Tawse, 1998;

Tawse & Saxton,1997）。汉语在 11 到 20 以及 10 到 100 之间的数字命名更为有规律，例如 11 与 20 之间的数字是由十位数与个位数组合而成的，因此，11 和 12 被念作"10—1"和"10—2"，而 20 而念作"2—10"，62 则念作"6—10—2"。相对而言，以英语为母语的儿童则要麻烦一些，他们必须要记住 11 到 19 之间的数字名，同时还必须要记住每个十位整数的名字，如"twenty""thirty"等（MiLLra 等，1994）。英语中数字名称是每隔十位为一个结构，如"twenty、thirty、forty"等，相反，汉语中 2—10、3—10、4—10、5—10 的表现形式更为清晰和简洁。汉语数字这种基于十进制命名形式的一致性可能有助于学生解决关于 10 位数的问题，如计数技能与进位能力。

但是，要想明确显示汉语数字命名方式是否有助于中国学生的数学出众表现却是困难的，因为没有任何一项研究能够对文化或家庭的影响进行控制（如父母期望、父母帮助与学前教育），这些混杂因素也有可能影响儿童数学能力的发展（Saxton & Tawse，1998；Tawse & Saxton,1997；Wang & Lin，2005）。Saxton 和 Tawse（1998）通过比较英语和日语为母语的儿童在数学方面的表现解决了这个问题（在日本和中国，数字命名系统具有相同的结构）。

在他们的研究里，研究者呈现给儿童 1 单位的到 10 单位的立方体，然后，在提示条件下，给儿童演示如何命名 2（呈现一个 2 单位立方体）和 13（呈现三个分别为 1、10、3 单位的立方体，其中包含基于 10 的计数，如按顺序数 1—10—3）；在非提示条件下，给儿童演示怎样命名 2 和 5（仅使用一个立方体，但单位不同，如呈现一个 2 单位立方体，或呈现一个 5 单位立方体）。在测试阶段，要求儿童进行数字命名，包括两位数字。结果显示，在非提示条件下，6 岁和 7 岁的日本儿童在面对两位数字时，比起同龄的母语为英语的儿童，更偏好使用标准的基于 10 的计数反应，而两位数最可能包含 10 单位立方体加上相应的其他立方体单位数字。但是，在提示条件下，这两组儿童作出的基于 10 的计数反应水平相当（Saxton & Towse，1998）。

Fuson，Smith 和 Lo Cicero（1997）及 Othman（2004）的研究也显示，对以英语和阿拉伯语为母语的儿童给予明确的指示能够提高他们基于 10 进制的运算能力。英语和阿拉伯语对十进制的数字命名形式都是无规则和不一致的。这些研究表明，成人指导在儿童数学学习中具有重要作用，因为这些指导充当了数字命名中类似语言规则的功能。

比起美国母亲在儿童早期教育中重视读写能力胜过计算能力的做法，中国母亲认为两者都必须是孩子在读一年级之前掌握的，因为这将影响到孩子的学习成绩（Hatano，1990；Stevenson & Lee，1990）。Kelly（2003）的研究显示，大多数美国母亲强调孩子在入学前应作好阅读准备，而中国母亲则对阅读与计算的准备都给予关注。此外，中国家长认为孩子在数学方面发展早在学前教育时就已经被确立，并对之后的基础教育产生影响。因此，他们认为，那些学前教育时期就落后的儿童在基础教育阶段会更落后。因此，亚洲父母，尤其是中国父母，从早期就开始施压孩子去学习数学，让幼儿园教学数学课程。

中国父母的期望对学前教育的课程教学产生了影响。为了迎合家长的需求,香港以及内地幼儿园的数学课程从小学教育中吸收数学课程内容(Starkey & Klein,2008;Cheng & Chan,2005)。许多城市,如香港、上海与北京,4—6 岁孩子的数学课程内容接近于 1—2 年级学生的内容。许多中国儿童甚至早在 2—3 岁就开始学习计算以及数的读写。

在 5 岁的时候,孩子们就被要求进行数学练习,包括有进位或没进位的加减法。成年人、幼儿园教师、家长与祖父母们都在充当儿童解决数学问题的教练(Cheng,Chan,Li,Ng,& Woo,2001)[中国是一个集体主义文化的国家,祖父母们通常住在孩子们附近,对孩子的照顾与早期教育远远超过西方人(Georgas 等,2001)]。例如,成年人在家或在幼儿园都指导儿童反复从 1 背到 100。此外,成年人还通常教孩子们通过数手指进行加减法。例如成年人要求孩子计算"7+5=?"时,采用的策略是将 7 默记在心里,然后打开五个手指不断往上数"8、9、10、11、12!"(Cheng & Chan,2005)。在正规学前班与幼儿园学习的中国城市儿童,在上一年级之前就能熟练地数数及进行 20 以内的加减法(Zhang,Li,& Tang,2004)。

虽然一些学前教育机构认为早期儿童教育不应该包括数学,但是另一些则为孩子准备了小学教育的数学课程(Clements,2001)。整个中国社会都接受后者的观点,并且用一种成人中心化的方式教导孩子数学知识与技能。从婴幼儿研究中得到的一些证据也支持这种方式,研究认为,学前儿童能自然地获得与运用整数,正如他们获得与运用语言一样(Gallistel & Gelman,1992;Geary,1994;Ni & Zhou,2005;Starkey & Klein,2008)。

"操作式数学课程"是 20 世纪出现在中国的儿童早期课程,它通过易于理解的方式向学前儿童教授数学,并为他们做好小学数学的准备(Cheng,2007,2008)。如蒙台梭利学校,通过数学具体化来体现可操作性课程(如使用 10×10 方格),当然这些操作式数学教学也与个体的数学概念相联系(如基数和序数,进位,算术运算),同时也使它们看起来有组织的,并且强调系统结构(如加、减,以及 10 进制系统的部分与整体结构)。其结果是学生们能够构建起关于逻辑数学体系的概念与操作方式,从而帮助他们学习中国小学里简单的逻辑数学(Cheng,2007,2008)。

以下面的例子为例:对儿童呈现几组四张脸孔并要求他们按照一定的属性进行分类。所呈现的四张脸孔包括三种属性:一张有帽子的脸与三张没有帽子的脸;两张笑脸与两张发怒的脸;三张圆脸与一张方脸。学前教育机构的教师们指导他们的学生观察并分析四张脸的属性与关系。然后,他们指导学生使用穿珠模拟脸孔之间的关系从而解决 4 以内的加法和减法问题,如 1+3=4,2+2=4,3+1=4;4-1=3,4-2=2,4-3=1。接下来,学生们在 10×10 方格中对 2、3 和 5 比 10 进行分类练习,从而促进理解这几个数字之间所形成的部分与整体的关系。

懂得数字之间的部分与整体关系,可以让学前儿童运用合成与分解的策略解决更多数字之间的加减法问题。例如考虑以 10 为单位分解 8+7 的策略可能有 8+7 = 8+ [2+5] = [8+2] +5 = 10+5 = 15。首先,教师引导学生把重点放在第一个加数(8 个点)并决定还需要增加多少个点才能补足网格上 10 个格子的一行(在这个例子中是 2+8 = 0)。第二步,教师告诉学生将 7 分成 2 个点以及 5 个点(7 = 2+5)。第三步,教师引导学生将 8 和 2 相加形成 10 个格子的一行(8+2 = 10)。第四步,学生们将剩下的 5 加到 10 这一行得到 15(10+5 = 15)。这样孩子们就可以独立完成其他总和大于 10 的加法(如 5+9)。这一操作方式有助于学生们获得对数学能力来说非常重要的分解技能(Cheng,2008)。

综上所述,相对于西方学前儿童,中国学前儿童不但得益于更高的父母期望及帮助,而且得益于语言优势及学前数学教育的支持,这使得中国学前儿童在许多数学领域比西方学前儿童更出色(Miller,Kelly,& Zhou,2005;Miller,Major,Shu,& Zhang,2000),同时还为今后的学习优势奠定了基础。

中国学校的数学教学

通过比较中美儿童的智商测试分数就会发现,课堂教学尤为重要。中美成年人的运算能力具有相似性,而中国儿童比美国儿童获得了更高的运算测试分数(Geary 等,1996;Stevenson 等,1985)。这些研究得到的结果,以及中国学生在国际评估中的优异表现,都表明了中国数学课程与教学能力确实提高了中国儿童的数学成就(Stigler & Hiebert,1999)。

中国大陆的数学课程强调两个基础(基础数学概念与基本数学技能),中国数学教学讲究精确的教授与反复的练习(Zhang 等,2004)。两个基础的观点更强调基础知识概念与技能而不是创造性的思维过程(Lenng,2001;Li & Ni,2007)。中国教育工作者们认为反复的练习有助于记忆,不断地接触则有助于帮助学生深层次的理解概念(Dhlin & Watkins,2000;更详细的社会—文化性分析认为这源于中国人的信念,见Wong,2004;Zhang 等,2004)。因此,中国数学课有四项学习目标:(1)对四则运算、分数、多项式和代数进行快速、准确的操作和运算;(2)能正确记忆数学定义、公式、规则和程序;(3)能理解逻辑分类及数学命题;(4)通过迁移把不同的解决方式灵活匹配到不同的问题类型(Zhang 等,2004)。

为了实施这些课程内容,教师们所精心准备的课程包括有力的课堂控制、连贯的指令及抽象化的数学(精确的讲授;Zhang 等,2004)。为了开展如此精确的教学,北京及台北的教师每天都花费超过 6 个小时的时间批改学生作业,和同事一起备课,工作量远远超过美国教师(Stevenson & Stigler,1992)。

教师们通常借助直接教学法维持对整个课堂的控制。当学生们参与学习活动时,直接教学法有助于教师通过控制课堂来维持班级纪律,尤其对于那些40—60人为一个班的中国班级而言(Huang & Leung,2004)。一方面儒家文化给予了教师专家的身份,另一方面传统的中国学生也更习惯于教师发挥主导作用。Stevenson 和 Stigler(1992)指出,中国教师有90%的时间是在引领课堂,而美国教师只有47%的时间这么做。

其次,精确的讲授可以将教学内容与课堂话语一致地连贯起来,从而引导学生实现每节课的学习目标(Wang & Murphy,2004)。中国教师的教学计划通过强调数学概念之间的关联来提高教学的连贯性。例如,一些针对美国伊利诺伊州和中国大陆贵阳的教师与学生开展的研究显示,中国教师帮助他们的学生详细分析了比例与分数的异同点,从而弄清它们之间的关系,而美国的教师却没有这么做(Cai,2005;Cai & Wong,2006)。

同时,当学生们犯错时,中国教师通常视之为学习的机会,通过对数学的掌握提出引导性问题来指导学生得到正确答案(Stevenson & Stigler,1992)。借助这种做法,中国教师鼓励那些经常犯错的学生要理解自己的错误并改正他,相比之下,美国数学教师通常拥有较少的数学知识,经常对学生的错误感到不安并试图回避这些错误(Ma,1999;Stevenson & Stigler,1992;Wang & Murphy,2004)。

Schleppenbach,Perry,Miller,Sims 和 Pang(2007)也比较了中美两国的基础教育,发现17年级与14年级的数学课上扩展性话语的频率与内容明显不同。扩展性话语是一种相对持续的交流,当学生回答由另一个学生或教师提出的问题出错时,教师会提后续问题而不是简单地评价学生的答案。这里有一个扩展性话语的案例(Schleppenbacb 等,2007):

教师:这个 $2xy = 5$ 的方程能否算是一个二元一次方程的例子?

学生 A:不是。

教师:为什么?

学生 A:对于一个二元一次方程而言,未知数的指数应该是一个。但是对这个方程式而言,$2xy$ 是一个集合,它的指数有两个。

教师:这一个独立单元有两个指数,因此它不属于二元一次方程。你是否同意?

学生 B:同意。

教师:你能否给出一个二元一次方程例子?

学生 B:$3x + 2y = 25$

Schleppenbach 等人(2007)发现,扩展性话语穿插于中国课堂的时间与频率要高于美国。

中国教师也会准备更多的连贯性教学步骤,如一位担任了20年中学数学教学的上海市高级（一级）教师所准备的四步法（Lopez-Real，Leung，& Marton，2004），使用一步接一步的任务与活动帮助学生以一种逻辑渐进的方式了解二元一次方程。

在第一次课上，教师介绍坐标，并确定在坐标平面上的一个唯一的点及其有序对(x,y)。为了强调精确的表述与程序，教师给了一些例子，要求学生描述坐标上点的顺序并进行比较，如[2,5]和 [5,2]。

在第二次课上，教师简单地回顾了第一次课的内容，然后要求学生进一步发展在平面坐标系上识别有序对的技能，如[1,2]。接着他在平面坐标系上画了一个正方形，并将它移动到不同方向，通过扩展性话语对学生的理解进行检查、评价与巩固，教师要求学生在正方形不断变换位置时能找到顶点的新坐标。

在第三次课上，教师提问一个人用 10 美元可以买到多少面值 1 美元和面值 2 美元的邮票。通过试验和错误反应，学生们找到了许多答案，如 4 张 1 美元面值的邮票加 3 张 2 美元面值的邮票，得出 $10＝[4×$1]+[3×$2]。教师帮助学生使用二元一次方程表达和解决问题，如 x[1] + y[2] = 10。接着他要求学生分析情境并总结他们的答案：一次方程必须包括两个未知数且每个未知数的指数是 1。之后，教师会忽略邮票的案例而专注于方程本身，提问当 x 和 y 的值是什么时满足 x + 2y = 10。经过尝试若干示例，学生们指出方程的解是无限的。教师最后总结出二元一次方程的解是无限的这一规则。

在第四次课的开头，教师强调了一般性的关系与抽象性来促进学生的学习：在上面的几次课中，我们学习了二元一次方程的概念以及……坐标。我们知道建立了一个坐标后，坐标里的一个点可以用一个有序对值来表现……因此这两个概念有什么关联吗？让我们以方程 2x-y = 3 为例进行了解（Lopez-Real 等，2004，p.404）。

这些设计良好且有序的数学课减少了歧义与混乱，在学习数学知识和技能时，有助于学生逐步实现对那些具有挑战性目标的记忆和理解（Dhlin & Watkins，2000；Wong，2004）。

与连贯的课堂导入相呼应的是，中国教师在导入中更多看重对数学概念进行抽象性的概括，而美国教师则更看重具体性的案例（Correa，Perry，Sims，Miller，& Fang，2008）。特别是在具体案例法的使用、学习策略预测和学习策略评价方面，中美两国的中学教师各有不同（Cai，2005；Cai & Lestet，2005），中国教师只是将具体案例作为课堂上学生获得主要数学概念的中介，如给出四杯不同量的水的图示是为了帮助学生理解平均数的概念，相对而言，美国教师使用具体案例是为了获得数据，如给出学生的高和臂长的数据是为了找到他们的平均身高和臂长。此外，中国教师更倾向于为学生提供代数化的预测，而美国教师则倾向于提供大概猜想—检查的策略。当学生们通过大概猜想碰巧得到了正确答案，美国教师会比中国教师给他们更高的分数，因为后者认为这缺乏归纳与概括。

因此，"两个基础"的课程教学目的，以及伴随着大量练习的精确讲授也许是中国数学教学更为有效的原因。两个基础的课程教学可能关注的是学生对关键数学概念、技能、策略的掌握，以及对数学问题的灵活运用等方面。同时，伴随着大量反复练习的精确课程讲授很好地实现了这两个基础，或许还有助于教师进行课堂管理，提高课程的连贯性以及帮助学生一步一步地总结数学关系。总之，这些因素可能帮助中国学生比外国学生学习到更多的数学运用。

中国学生数学成就的文化背景

正如上文中描述的，教学永远是一种文化活动。中国式数学教学根植于它的社会文化背景（见本章 McBride-Chang，Lin，Pong，& Shu；Kember & Watkins；Hau & Ho）。研究人员发现，美籍华裔在数学方面的表面要优于其他美籍亚裔及高加索裔（Huntsinger，Jose，Larson，Balsink，& Shalingram，2000），尽管这些华裔学生没有接受过中国学校的正式教育。而且，欧籍亚裔也比欧洲人要有出色表现。这些研究结果显示，学校教育工作的差异不能完全解释中外学生之间的数学成就差异。因此，接下来我们将进一步讨论更具一般性的社会文化因素。

基于教育主管部门的统一考试、集体主义观念，以及经济回报的因素，中国人有着支持学生获得高学业成就的传统。公元 606 年至 1905 年间举行的科举考试不仅为中国政府选拔了官员，同时也在一定程度上给予通过选拔的官员及其整个家族以财政、声望、权力和名望方面的回报，从而加强了集体主义的信念、价值观和行为标准（Suen & Yu，2006）。与欧洲人不同的是，中国人认为是教育，而不是强大的工会组织进行的薪酬谈判使他们达成经济上的成功（Addison & Schnabel，2003；Reitz & Yerman，2004）。在香港的教育性奖励工资制度中，一个高中教师 15 年内就能赚到一个体力劳动者一辈子才能赚到的薪水，而一个大学教授则只要不到 5 年的时间（McLelland，1991），其结果是中国的父母、学校和教师都极力支持学生取得学业成就，尤其是数学，被认为是许多职业的"敲门砖"（Wise，Lauress，Steel，& MacDonald.，1979）。

中国父母通过很高的期望、提供教育资源，以及辅导家庭作业支持孩子的数学学习。不像美国父母，中国父母更看重学习的结果而不是数学学习的能力（Stigler，Lee，& Stevenson，1990）。因此，中国父母鼓励孩子努力学习并期望他们脱颖而出（Hau & Salili，1996）。中国家长会进一步运用他们的集体主义信念以提升孩子的学习动机，如提醒孩子他们的成败会影响整个家庭的声誉（Chiu & Ho，2006），其结果是中国父母更多地是对孩子给予期望而不是赞许，并且比美国父母更有可能意识到孩子的学习问题（Stevenson，et al.，1990）。

中国父母也对孩子的教育进行大量的投资，如购买书籍、亲自辅导孩子等，以激励和提高他们的学业成就(Lam, Ho, & Wong, 2002)。在给定的家庭预算中,购买占比更多的教育资源加强了对孩子学习的家庭保障,含蓄地暗示高学业成就会带来更多的社会回报及激励(Chiu & Ho, 2006)。额外的教育资源使学生们有更多的学习机会,也使得他们提高了学业成就的资本(Chiu, 2007)。美籍华裔父母在孩子的学习上也花费更多的时间,并采取正式的教育方法,而美籍欧裔的父母则相对较少(Huntsinger 等, 2000)。中国父母比美国父母更喜欢监控孩子写家庭作业或者是直接帮助他们(Stevenson 等, 1990)。虽然父母更多辅导家庭作业不一定能保证孩子数学成就更高,但是这种益处更多的是激励性的而不是指导性的。

家长与社会的高期望值促使中国学校使用具有一定难度的课程,开展教师认证、集体备课,以及分享专家型教师的知识。处于集体主义文化中的学校通过国家统一课程、标准化教材实现社会对数学教学的高期望,而这些课程与练习的难度要超过美国教师所使用的(Geary 等, 1996; Leung, 1995; Mayer, 1986; Stigler 等, 1987)。大部分中国学校的教师需要通过培训以教授这些具有一定难度的课程,这种情况也大多存在于东亚国家(Akiba, LeTendre, & Scribner, 2007; Chiu & Khoo, 2005; OBCD, 2003)。

还有一种情况就是教师们经常在一块工作并分享他们的知识。集体备课在中国大陆的城市学校是常见现象(Ni & Li, 2009)。这种集体工作有助于教师理解教师手册、学生课本、课程标准,以及那些被认为有用的教学方法。学生课本与教师手册是由教育部正式批准的,被认为是有效的数学教材,而学校只能使用由教育部批准的课本(J.-H. Li, 2004)。此外,教育管理部门要求优秀老师们(如一级教师)在校内外同行举行公开课教学,以帮助其他教师学习和提高教学能力。

其结果是中国教师同一教学单元的课程计划彼此都是一样的,包括相似的教学目标、举出的案例、家庭作业问题,以及所呈现出的课堂结构。相比之下,美国教师,即使是同一所学校的教师之间的授课计划,差异也非常大(Cai, 2005; Cai & Wong, 2006)。在集体主义文化下(如中国内地与香港),高度集中的教育体系有助于通过组织和行政手段,迅速有效地普及那些受到社会与文化青睐的教学方式,正如 Stevenson 和 Stigler (1992, p.198)所描述的:

中国和日本教师所采用的方法对于干教师这一行的人来说不是什么新鲜事物或是舶来品,事实上美国教育家也经常推荐这些方法。中国和日本所呈现的那些令人信服的示例是由于他们得到了广泛与持续的应用,能够产生与众不同的效果。

家庭、学校和教师的高期望值,以及学生的配合,多种因素综合起来提高了学生的学习标准,激发了他们的学习动机,改善学习方法并提升了他们的数学成绩(Geary 等, 1996)。集体主义的家庭期望、具有难度的数学课程以及复杂的教学活动相互结合,有助于学生理解他们所必须掌握的难懂的数学,从而在国家统一组织的大学入学考试中取得好成绩(Davey, Lian, & Higgins, 2007; Wong, 1993),再加上他们的学习成败会到影响到家庭的集体主义观念,中国学生是在一种缺乏自信和害怕失败的心态中主动地努力学习(Lam 等,2002;Whang & Hancock,1994)。

西方教育家通常认为,内在动机能够有助于学习,比如使学生对数学感兴趣,而外在动机只能引发学生的焦虑并阻碍学习,相对而言,中国学生认为,除了内在动机,外在动机也有助于学习。这些外在动机,如考试、期望与社会地位等,已深深地植根于中国文化(J.Li,2003)。受到这些内在与外在动机的驱使,中国的学生们更喜欢写家庭作业并在这上面花费更多的时间,而美国和日本的学生则要少一些(Chen & Stevenson,1989;1995;Stigler,et aL,1990),中国学生更强烈的动机与多样的动机通常能帮助他们取得更高的数学成就(Beaton 等,1996;Chiu & Zeng,2008)。

中国学生所达成的数学成就情况

通过强调两个基础的课程以及采取高指导性方法的课堂教学,中国学生的数学烦恼也呈现出一定的特征(Cai & Cifarelli,2004):中国学生有极强的计算能力并能很好地解决常规问题,但是对于解决非常规问题却有更多的困难。一个常规性问题的例子是:"枫树县与奥兰治县的实际距离是 54 公里,在地图上两者的距离是 3 厘米,而奥兰治县与金湖县的距离是 12 厘米,请问金湖县与奥兰治县的实际距离是多少? 你是如何得到答案的?"一个包含多种答案的不规则问题如:"高中生明和方做兼职工作。明每天赚 15 元而方每天赚 10 元。明和方分别工作多少天则可以使他们赚的钱的总数是一样的? 你是如何得到你的答案的?"

中国学生在解决常规性问题时的表现要比美国学生好(Cai,2000)。国际上的比较研究结果也显示中国学生在实践性、不规则性的数学问题上的表现不如他们在解决常规问题上的表现(Fan & Zhu,2004)。

中国学生在处理数学应用题时表现出高水平的精确度与效率,特别是他们比美国学生更喜欢采用抽象和概括化的策略去解决问题,而当美国学生和中国学生都采取符号表征时,他们都能正确地解决数学问题(Cai & Hwang,2002;Cai & Lester,2005;Fan,& Zhu,2004),可能是抽象化的策略有助于中国学生解决问题。如前所述,中国教师极力要求学生们在表达数学思想时应正确、精确(Lopez-Real 等,2004),相较而言,美国教师则允许学生非正式地表达数学思想 (如用他们自己的语言,见 Cai,2005;Schleppenbach 等,2007)。

中国学生在解决数学问题时比美国学生更喜欢使用传统的方法,其结果是他们能获得高度精确的答案(Cai,2000;Wang & Lin,2005)。当被问道 7 个女孩分 2 块比萨和 3 个男孩分 1 块比萨,是每个女孩得到的比萨多还是每个男孩得到的多时,中国和美国六年级的学生采用了 8 种不同的解决方法。在那些采用了正确方法的学生中,有 90%

的中国学生采用了比较分数 1/3 和 2/7 的传统方法,而大概有 20% 的美国学生使用了不太精确和非传统的方法,如 3 个女孩分一块比萨,另外 4 个女孩分一块比萨,后面 4 个女孩每个人得到的比萨要比那 3 个男孩中每个人得到的要少。

中国学生比美国学生更具备概括问题的能力,或许是两个基础的课程教学与连续性的教学起的作用。当要求美国 7 年级 和 8 年级的学生与中国 6 年级的学生针对上面的比萨问题概括出 3 种不同的答案时,大概 40% 的中国学生概括出了超过 1 种的答案,但是只有 20% 的美国学生做到了。其次,中国学生优先采取抽象的表达方法,如 7/2 = 3.5 和 3/1 = 3,因为 3.5 个女孩分一块比萨而 3 个男孩分一块比萨,所以分一块比萨的男孩人数要少一些,这样每个人能得到的比萨就会多一些(Cai & Lester,2005)。

中国学生在解决数学问题时似乎不太愿意尝试冒险。遇到一个他们不懂的问题时,中国学生更倾向于空着,而美国学生通常无论如何都会写点什么(Cai & Cifarelli,2004)。目前还不清楚为什么中国学生在解决他们不懂的问题时不愿意试着写一个答案。一个可能的原因是与教师对数学本质的信念有关。Wong 和他的团队(N-Y.Wong,Lam,K.Wong.,Ma,& Han,2002)研究显示,中国教师倾向于将数学视为由数学家们发现的一整套规则和算法,他们认为学习数学就是掌握规则与算法,并且去解决相对应的问题。这些对于数学的概念或许导致教师在教学时忽略了数学思维的归纳、想象与假设检验这些东西(Wong,2002;Wong,等,2002)。这反过来影响了学生对数学的观念(如学习数学时最重要的是得到正确答案),因此也影响了他们学习的方法(如不愿意尝试冒险与缺乏创造性)。

数学概念是不是始作俑者,让中国教师比非中国教师(如美国教师)在课堂教学和评价中更可能阻止学生对答案的猜想,这完全是一个经验问题。另一个原因也许是受到儒家学说以及中国大陆学校道德教育的影响,学生们通常被教师教导不懂装懂是不诚实的,与之相关联的是教师们一般会对错误的答案倒扣分以杜绝学生猜测答案。

尽管上述提到的都是小样本,但是这些研究结果也显示出了中国学生在数学成就方面的局限性。一个问题是,这是否是一种针对中国学生在基本数学概念和计算方面高成绩(尤其依靠教师主导性教学和高师生比获得的)的利弊权衡。中国数学课堂上的教师主导与连贯性教学也许减轻了学生对数学问题的模糊,但同时也阻碍了学生的冒险性与创造性。这个看法也提醒我们,在国际性研究中谨慎理解中国和非中国学生数学成就差异的重要性。

中国大陆于 2006 年推行了新的数学课程(教育部,2002),注意到了中国学生在数学成就上的局限性。新的课程将在培养中国学生数学计算技能、进行数学解释与交流的技能,以及对数学的兴趣与爱好等方面采用更为权衡的课程与教学方法(Ni,Li,Cai,& Hau,2008)。中国大陆为中学生设立了丘成桐中学数学奖。在一次采访中,丘成桐被问道,既然中国学生已经在国际数学评估以及国际奥林匹克数学竞赛中取得了优异成绩,为何还要设立这样一个奖?丘教授是这样解释的,这一奖项能激励中国学生投身于有意义的数学问题,并且用更多的时间来独立完成该问题(比如需要几个月,而不是奥数所需的几个小时)。丘教授对中国数学教育的观点指出了中国学生新的发展领域。

总而言之,中国学生在数学成就方面的优势与劣势都是他们所经历的那种个体发展背景、教学方式背景或社会—文化背景的结果(在 10.1 的图中已经总结了)。此外,作为一个生态系统中的不同部分,这些影响因素之间的关系是自发形成的而不是强加的(Stigler & Hiebert,1999)。归根结底,中国学生的数学成就其实是中国文化熏染的产品。

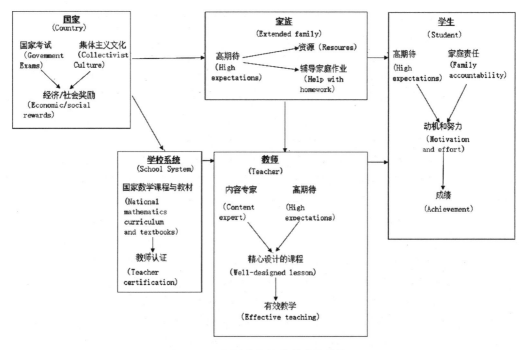

图 10.1　中国学生的数学成就结构图
(**Constituents of Chinese students' mathematics achievement**)

参考文献

Addison,J.T.& Schnabel,C.(2003).*International handbook of trade unions*.Northampton,MA:Edward Elgar.

Akiba,M.,LeTendre,G.K.,& Scribner,J.P.(2007).Teacher quality,opportunity gap,and national achievement in 46 countries.*Educational Researcher*,36,369-387.

Beaton,A.E.,Mullis,I.V.S.,Martin,M.O.,Gonzalez.E.J.,Kelly,D.L.,& Smith,T.A.(1996).

Mathematics achievement ill the middle school years: *Lea's Third International Matltematics and Science Study* (TIMSS).Chestnut Hill,MA：Boston College.

Cai,J.(2000). Mathematical thinking involved in US and Chinese students'solving process-constrained and process-open problems.*Mathematical Thinking and Learning*:*An International Journal*,2,309–340.

Cai,J.(2005).US and Chinese teachers' constructing,knowing,and evaluating representations to teach mathematics.*Mathematical Thinkong and Leaming*:*An International Journal*,7,135–169.

Cai,J.& Cifarelli,V.(2004).Thinking mathematically by Chinese learners.In L.Fan,N.-Y.Wong,J.Cai, & S.Li(eds),*How Chinese learn mathematics*:*Perspectives from insiders*(pp.71–106).River Edge,NJ：World Scientific.

Cai,J. & Hwang, S. (2002). Generalized and generative thinking in US and Chinese students' mathematical problem solving and problem posing.*Journal of Mathematical Behavior*,21,401–421.

Cai,J.& Lester J.(2005).Solution representations and pedagogical representations in Chinese and US. classrooms.*Journal of Mathematical Behavior*,24,22–237.

Cai,J.& Wong,T.(2006).US and Chinese teachers' conceptions and constructions of representations：A case of teaching ratio concept.*International Journal of Science and Matltematics Education*,4,145–186.

Chen,C.,& Stevenson,H.W.(1989).Homework：A cross-cultural examination.*Child Development*,60, 551–561.

Chen,C.& Stevenson,H.W.(1995).Motivation and mathematics achievement：A comparative study of A-sian-American,Caucasian-American,and East-Asian high school students.*Child Development*,66,1215–1234.

Cheng,Z.J.(2007).《操作材料对儿童理解加减法关系和选择计算策略的影响》,《教育学报》2007年第35卷,第93—111页。［The effects of teaching materials on children's understanding and choice of computational strategies in addition and subtraction.*Education Journal*,35,93–111.］(in Chinese)

Cheng,Z.J(2008):《学前数学操作式和多元化：幼儿学习评估》.［*Operational Mathematics in Pre-school*:*Children Learning Evaluation.*］ Hong Kong：Layout Tuning Limited.(in Chinese)

Cheng,Z.J.& Chan,L.K.S.(2005).Chinese number-naming advantages？ Analyses of Chinese preschool-ers' computational strategies and errors.*The Intemational Journal of Early Years Education*,13,179–192.

Cbiu,M.M.(2007).Families,economies,cultures and science achievement in 41 countries：Country, school,and student level analyses.*Journal of Family Pychology*,21,510–519.

Chiu,M.M.&Ho,S.C.(2006).Family effects on student achievement in Hong Kong.*Asian Pacific Journal of Education*,26,21–35.

Chiu,M. M. & Khoo, L. (2005). Effects of resources, inequality, and privilege bias on achievement Country,school,and student level analyses.*Ameriam Educational Research Journal*,42,575–603.

Chlu,M.M.& Zeng,X.(2008).Family and motivation effects on mathematics achievement.*Learning and Instrucdion*,18,321–336.

Clements,D.H.(2001).Mathematics in the preschool.*Teaching Children Mathematics*,7,270–276.

Correa,C.A.,Perry,M.,Sims,L.M.,Miller,K.F.,& Fang.G.(2008).Connected and culturally embedded beliefs：Chinese and US teachers talk about how their students best learn mathematics.*Teaching attd Teacher Education*,24,140–153.

Davey,G.,Lian,C.D.& Higgins,L.(2007).The university entrance examination system in China.*Journal* of Further and Higher Education, 31, 385-396.

Dhlin, B. & Watkins, D. A. (2000). The role of repetition in the processes of memorizing and understanding: A comparison of the views of Western and Chinese school students in Hong Kong. *British Journal of Educational Psychology*, 70, 65-84.

Fan, L & Zhu, Y. (2004). How have Chinese students performed in mathematics? A perspective from large-scale international mathematics comparisons. In L. Fan, N.-Y. Wong, J. Cai, & S. Li (eds), *How Chinese learn mathematics: Perspectives from insiders* (pp.3-26). River Edge, NJ: World Scientific.

Fuson, K. C. & Kwon, Y. (1991). Chinese-based regular and European irregular systems of number words: The disadvantages for English-speaking children. In K. Durkin & B. Shire (eds), *Language in mathematical education* (pp.211-226). Philadelphia, PN: Open Uuiversity Press.

Fuson, K. C., Smith, S. T., & Lo Cicero, A. M. (1997). Supporting Latino first graders' ten-structured thinking in urban classrooms. *Journal for Reseach in Mathematics Education*, 28, 738-766.

Gallistel, C. R. & Gelman, R. (1992). Preverbal and verbal counting and computation. *Cognition*, *44*, 43-74.

Geary, D. C. (1994). *Children's mathematical development*. Washington, DC: American Psychological Association.

Geary, D. C., Bow-Thomas, C. C., Liu, F., & Siegler, R. S. (1993). Even before formal instruction, Chinese children outperform American children in mental addition. *Cognitive Development*, 8, 517-529.

Geary, D. C., Bow-Thomas, C. C., Liu, F., & Siegler, R. S. (1996). Devdopme. nt of arithmetical competencies in Chinese and American children: Influences of age, language, and schooling. *Child Development*, 67, 2022-2044.

Georgas, J, Mylonas, K., Bafiti, T., Poortinga. Y. H., Christakopoulou, S., Kagitcibasi, C., et al. (2001). Functional relationships in the nuclear and extended family: A 16-culture study. *International Journal of Psychology*, 36, 289-300.

Ginsburg, H. P., Kaplan, R. G., Cannon, J., Cordero, M. I., Eisenband, J. G., Galanter, M., & Morgenlander, M. (2006). Helping early childhood educators to teach mathematics. In Z. Martha & L. Martinez-Beck, (eds), *Critical issues in early childhood professional development* (pp.171-202). Baltimore, MD: Paul H. Brookes Publishing Co.

Hatano, G. (1990). Toward the cultural psychology of mathematical cognition. Comment on Stevenson, H. W., & Lee, S.-Y. (1990). *Context of achievement: a study of American, Chinese, and Japanese children. Monographs of the Society for Research in Child Developmeut*, 55 (1-2, Serial No.221), 108-1l5.

Hau, K. T., & Salili, F. (1996). Achievement goals and causal attributions of Chinese students. In S. Lau (ed.), *Growing tip the Chinese way* (pp.121-145). Hong Kong: The Chinese University Press.

Ho. C. S-H. & Fuson, K. C. (1998). Children's knowledge of teen quantities as tens and ones: Comparisons of Chinese, British, and American kindergartners. *Journal of Educational Psychology*, 90, 1536-1544.

Huang, R & Leung, K. S. F. (2004). Cracking the paradox of Chinese learners: Looking into the mathematics classrooms in Hong Kong and Shanghai. In L Fan, N. Y. Wong, J. Cai, & S. Li (eds) *How Chinese learn mathematics: Perspectives from insiders* (pp.348-381). River Edge, NJ: World Scientific.

Huntsinger, C. S., Jose, P. E., Larson, S. L., Balsink, K. D., & Shalingram, C. (2000). Mathematics, vocabulary,aud reading development in Chinese American and European American children over the primary school years.Journal of Educational Psychology,92,745-760.

Kelly,M.K.(2003).Getting ready for school:A cross-cultural comparisons for entry into first grade in China and the United States.*Dissertation Abstracts International*,63(11-B),p.5550.

Lam,C.C.,Ho,E.S.C.,& Wong,N.Y.(2002).Parents' beliefs and practices in education in Confucian heritage cultures:The Hong Kong Case.*Journal of Southeast Asian Education*,3,99-114.

Leang,F. K. S. (1995). The mathematics classroom in Beijing, Hong Kong, and London. *Educational Studies in Mathematics*,29,297-325.

Leung,F.K.S.(2001).In Search of an East Asian Identity in Mathematics Education.*Educational Studies in Mathematics*,47,35-51.

Li,J.(2003).US and Chinese cultural beliefs about learning.*Journal of Educational Psychology*,95,258-267.

Li,J.-H. (2004). Thorough understanding of the textbook-A significant feature of Chinese teacher manuals.In L.,Fan,N-Y.Wong,J.Cai,& S.Li(eds),*How Chinese learn mathematics:Perspectives from iniders*(pp.262-279).River Edge,NJ:World Scientific.

Li,Q.& Ni,Y.J.(2007).《中国大陆新一轮基础教育教学课程改革及其争议》.《台湾数学教师期刊》2007 年第 11 卷,第 1—11 页。[Debates on the new mathematics curriculum for the compulsory education in Mainland China.Taiwan Journal of Mathematics Teacher,11,1-11.](in Chinese)

Lopez-Real,R.,Mok,A.C.,Leung,K.S.,& Marton,F.(2004).Identifying a pattern of teaching:An analysis of a Shanghai teacher's lessons. In L Fan, N.-Y. Wong, J. Cai, & S. Li (eds), *How Chinese learn mathematics:Perpectives from insiders*(pp.282-4l2).River Edge,NJ:World Scientific Publishing.

Ma,L.(1999).*Knowing and teaching elementary mathematics:Teachers' understanding o fundamental mathematics in China and the United States*.Mahwah,NJ:Erlbaum.

Moyer,R.(1986).Mathematics.In R. F. Dillon & R. J. Sternberg(eds).*Cognition and instruction*(pp.127-154).San Diego,CA:Academic Press.

McLelland,G.(1991).Attainment targets and related targets in schools.In N B.Crawford & E.K.P.Hui (eds),*The curriculum and behavior problems in Hong Kong:A response to the Education Commission Report No.4*(Education Papers No.11).Hong Kong:The University of Hong Kong',Faculty of Education.

Miller,K.F.,Kelly,M.,& Zhou,X.(2005).Learning mathematics in China and the United States:Cross-cultural insights into the nature and course of preschool mathematical development.In J,L.D.Campbell(ed.),*Handbook of mathematical cognition*.(pp.163-177).New York:Psychology Press.

Miller,K.F.,Major,S.M.,Shu,H.,& Zhang,H.(2000).Ordinal knowledge:Number names and number concepts in Chinese and English.*Canadian Journal of Experimental Psychology*,54,129-139.

Miller,K.F.,Smith,C.M.,Zhu,J.,& Zhang.H.(1995).Preschool origins of cross-national differences in mathematical competence:The role of number-naming systems.*Psychological Science*,6,56-60.

Ministry of Education (2002).《九 年 义 务 教 育 数 学 科 课程 标准》.[Curriculum Standards for Mathematics Curriculum of Nine-Year Compulsoxy Education.Beijing:Ministry of Education.](in Chinese)

Miura,I.T.,Okamoto,Y.,Kim,C.C.,Chang,C.-M.,Steere,M.,& Fayol,M.(1994).Comparisons of children's cognitive representation of number:China,France,Japan,Korea,Sweden,and the United States.*In-*

ternational Journal of Behavioral Development, 17, 401−411.

Ni, Y. J. & Li, Q. (2009). *Effects of Curriculum reform: Looking for evidence of change in classroom practice.* Paper presented at the Chinese-European Conference on Curriculum Development, The Hague, The Netherlands, March.

Ni, Y.J., Li, Q., Cai, J., & Hau, K.T. (2008). *Effects of a reformed curriculum on student learning outcomes in primary mathematics.* Paper present at the Annual Meeting of American Educational Research Association, New York, March.

Ni, Y.J. & Zhou, Y. (2005). Teaching and learning fraction and rational numbers: The origin and implications of whole number bias. *Educational Psychologist*, 40, 27−52.

Organization tor Economic Cooperation and Development(OECD) (2003). *Literacy skills for the world of tomorrow.* Paris: Author.

Othman, N.A. (2004). Language influence on Children's Cognitive Number Representation. *School Science and Mathematics*, 104, 105−111.

Reitz, J.G. & Verma, A. (2004). Immigration, race, and labor. *Industrial Relations*, 43, 835−854.

Saxton, S. & Towse, J. N. (1998). Linguistic relativity: The case of place value in multi-digit numbers. *Journal of Experimental Child Psychology*, 69, 66−79.

Schleppenbach, Perry, Miller, Sims & Fang(2007). Answer is only tbe beginning: extended discourse in Chinese and US Mathematics classrooms. *Journal of Educational Psychology*, 99, 380−396.

Slrin, S.R. (2005). Socioeconomic status and acadernmic achievement: A meta-analytic review of literature. *Review of Educational Research*, 75, 417−453.

Starkey, P. & Klein, A. (2008). Sociocultural influences on young children's mathematical knowledge. In O.N.Saracho & B.Spodek (eds), *Contemporary perspectives on mathematics in early childhood education* (pp. 45−66). Baltimore.MD: IAP, INC.

Stevenson, H. W., lee, S. Y., Chen, C., Lummis, M., Stigler, J. W., Liu, F., & Fang, G. (1990). Mathematics achievement of children in China and the United States. *Child Development*, 61, 1055−1066.

Stevenson, H.W. & Stigler, J.W. (1992). *The learning gap.* New York: Simon & Schuster.

Stevenson, H.W., Stigler, J.W., Lee, S.-Y., Lucker, G.W., Kitamura, S., & Hsu, C.C. (1985). Cognitive performance and academic achievement of Japanese, Chinese, and American children. *Child Development*, 56, 718−734.

Stigler, J.W. & Hiebert, J. (1999). *The teaching gap.* New York: Free Press.

Stigler, J.W., Lee, S.Y., & Stevenson, H.W. (1990). *Mathematical knowledge of Japanese, Chinese, and American eletnentary school children.* Reston, VA: National Council of Teachers of Mathematics.

Stigler, J.W., Lee, S., & Stevenson, H.W. (1987). Mathematics classrooms in Japan, Taiwan, and the United States. *Child Development*, 58, 1272−1285.

Suco, H.K. & Yu, L. (2006). Chronic consequences of high-stakes testing? Lessons from the Chinese civil service exam. *Comparative Education Review*, 50, 46−65.

Tawse, J. N. & Saxton, M. (1997). Linguistic influences on children's number concepts: methodological and theoretical considerations. *Journal of Experimental Child Psychology*, 66, 362−375.

Wang, J. & Lin, E. (2005). Comparative studies on US and Chinese mathematical learning and the implications for standards-based mathematics teaching reform.*Educational Researcher*,34,3-13.

Wang,T.& Murphy,J.(2004).An examination of coherence in a Chinese mathematics classroom.In L. Fan,N.Y.Wong,J.Cai,& S.Li(eds),*How Chinese learn mathernatics Perspectives from insiders*(pp.107-123). River Edge,NJ:World Scientific.

Whang,P.A.& Hancock,G.R.(1994).Motivation and mathematics achievement:Comparisons between Asian-American and non-Asian students.*Contemporary Educational Psychology*,19,302-322.

Wise,Lauress L.,Steel,L.,& MacDonald,C.(1979).*Origins and career consequences of sex differences ill high school mathematics achievement*.Palo Alto,CA:American Institute for Research.

Wong,N.-Y.(2004).The CRC learner's phenomenon:Its implications for mathematics education.In L. Fan,N.-Y.Wong,J.Cai,& S.Li(eds),*How Chinese learn mathen-ratics:Perspectives from insiders*(pp.503-534).River Edge,NJ:World Scientific.

Wong,N.-Y.(1993).Mathematics education in Hong Kong:Development in the last decade.In G.Bell (ed.),*Asian perspectives on mathematics education*(pp.56-69).Lismore,Australia:Northern Rivers Mathematical Association.

Wong,N.-Y.(2002).《数学观研究综述》,《数学教育学报》2002 年第 11 卷第 1 期,第 1—7 页。 [State of the art in conception of mathematics research.*Journal of Mathematics Education*,11,1-7.](in Chinese)

Wong,N.-Y.,Lam,C.C.,Wong,K.M.,Ma,Y.P.,& Han,J.W.(2002).《中国内地中学教师的数学观》,《课程教学教法》2002 年第 1 期,第 68—73 页。[Conceptions of mathematics by middle school teachers in mainland China.*Curriculum*,*Teaching Materials and Methods*,1,68-73.](in Chinese)

Zhang,D.,Li,S.,& Tang,R(2004).The"two basics":Mathematics teaching and learning in Mainland China.In L.Fan,N.-Y.Wong,J.Cai,& S.Li(eds),*How Chinese learn mathematics Perspectives from insiders* (pp.189-207).River Edge,NJ:World Scientific.

第 11 章　思维风格

Li-Jun Ji　Albert Lee　Tieyuan Guo

多少个世纪以来,古老的中国一直以茶叶、瓷器和丝绸的最大出口国而闻名于西方。中国的四大发明——指南针、火药、造纸和印刷——也被西方人誉为中国智慧的瑰宝,对全世界文明的技术进步具有巨大的贡献。然而,中国思想的进程却很难理解——"神秘的"是西方世界最爱用到的词汇来描述这个谜一样的进程。特别是自从 20 世纪以来,西方人表达出了严肃的好奇心和努力,希望理解中国哲学以及中国人在日常活动上所运用的认知策略。

本章我们将讨论许多中国人和欧洲北美人在思维风格上的重要差异。这里的"思维风格"是一个一般术语。准确地说,它表征了人们直觉上用来理解社会世界的本体论框架。换一句话说,这些框架可以被看做对现实建构的知觉"建筑块"(Jones & Nisbett,1972)。本章中,"欧裔北美人"这个词主要是指美国人和欧裔加拿大后代。我们有时候用"美国人"或者"北美人"作为简短形式。接下来的章节中,我们将描述中国人在加工信息时是怎样的偏好整体性思维(例如,注意完整的场域,接受对立性和非线性变化),而欧洲北美人更依赖分析性框架,强调使用形式逻辑和一对一的关系。然后,我们讨论理解中国人思维的一个重要概念:中庸,或者平均主义,它包括了追求中间立场的很多美德。我们也将考察另外一个中国人思维的标志性特征:事情会从一个极端到另一个极端变化的信念。最后,我们将简短总结一下中国哲学的主要流派(例如,儒家、道家和佛家)以及它们在形成现代中国思维中的作用。

整体性思维和分析性思维

对当代心理学家来说,最大的惊喜也许是人们对世界知觉和反应的方式并不必然相同。在这一点上,研究者们已经概念化了两个本质上彼此不同的框架,假设不管哪个框架缺席,很大程度上是在于人们所处的特定文化环境。大量跨文化研究已经表明,西方人倾向于用分析方法来面对日常挑战,而传统的中国人倾向于采用整体性方法应对日常需求(见 Nisbett,2003;Nisbett,Peng,Choi,& Norenzayan,2001 综述)。分析性思维的一个特点是倾向于从背景抽取一个客体或者现象的基本属性。受柏拉图哲学影响,分析性思维者相信社会信息应该基于内在的属性进行界定和组织。外围的细节被认为是我们从物质世界获得的"现实世界的影子",这使得它们成为理解真实形式的不可靠资源(Plato,360 BC/1956)。去背景化也是论证研究的基础。它关心思想、抽象陈述和普遍表征。这样,在分析性思维中,论证的真实性(例如,效度和合理性)要求从逻辑上评估其纯粹的结构和非背景性。

整体性思维与分析性思维完全相反。在这个框架中,没有事情孤立存在;事情是彼此相互联系在一起的,直接的或间接的。这样,关注完整的场域是这个思维模式的标志性特征。客体主要根据他们与背景的联系而界定,这里的知识倾向于以主题和关系的形式组织(也见 Ji, Zhang, & Nisbett, 2004; Morris & Peng, 1994; Peng & Nisbett, 1999)。简言之,在整体性思维者眼中,元素之间的动态性,而不是元素本身是分析的首要单元。

知　觉

整体性思维的倾向在不同文化之间具有差异,Ji, Zhang, & Nisbett(2000)对这个观点提供了实证支持。具体来说,他们让东亚人(主要是中国人)和在美国的欧裔美国学生完成一份框棒测验。在这个测验中,一个棒子放在一个框架结构里面。棒和框架都能独立于彼此旋转。参与者的任务是决定什么时候棒子是处于垂直水平,而不管这个围绕它的框的方向是怎样的。欧裔美国人比东亚人明显更少犯错。而且,这种表现上的文化差异并不归因于速度—准确性平衡问题,因为两个文化群体的反应时是具有可比性的。这个结果表明,欧亚样本更难于将客体从背景中剥离出来,意味着他们比美国对照组更具有场依赖性。

尽管我们的焦点是关于中国人思维的研究,跨文化文献的确显示,东亚人都更整体性,而美国人更为分析性。例如,Masuda 和 Nisbett(2001)给欧裔美国人和日本人呈现八个水下场景的生动图画,每个包含了一个当地的物体(例如,一条鱼),周围是其他海洋元素(例如,海草,礁石,或者其他难以觉察的生物)。在看了这些图画之后,被试在不被事先知道的情况下意外要求他们对看到了什么进行回忆测验。结果显示日本人比起美国人明显记住更多背景信息(例如,好多泡泡)和一些呆滞的物体(例如植物和贝壳)。然而,在回忆焦点性的鱼或者其他活的生物(例如其他鱼、青蛙)能力上,没有显示出文化差异。而且,对他们回忆的第一个事物的清单的考察显示,美国人倾向于以提到图画中更突显的客体来开始回忆,而日本人更可能以呆滞的和背景性的客体来开始。这些结果可得出结论:本体论框架不仅仅影响知觉,而且影响记忆。

分　类

中国人和欧裔美国人显示出系统差异的另外一个认知任务是分类(Chiu, 1972; Ji, Zhang, & Nisbett, 2004)。考虑到中国人倾向于用背景性和关系性细节来引导他们的思维,而西方人更倾向于基于客体基本属性来解释世界,这可能就不奇怪了。早期证据来自于 Chiu 的研究(1972),研究者要求中国和美国四、五年级学生对不同物体进行分类。结果发现,美国儿童更倾向于基于物理属性来分类(例如,把人物形象分组"因为他们都拿了枪")。相反,中国儿童倾向于基于客体在主题上如何彼此关联来做分类决定(例如,把任务形象分组"因为母亲照顾婴儿")。

Ji,Zhang & Nisbett(2004)用地理上更多样化的样本重复了 Chiu(1972)的研究,包括了美国的欧裔美国大学生,以及来自美国、中国大陆、中国台湾、中国香港和新加坡的中国大学生。中国学生用英语或者中文测试,而美国人用英语测试。给所有的被试呈现三个单词集(例如,猴子、熊猫和香蕉),并要求选择一个彼此最紧密相关的词语对。每组三单词集的设计方式可以有两种有意义的分组。例如,假如选择猴子和香蕉,这可能是基于主题关系的决定。然而,假如选择猴子和熊猫,那么这个结果可能是基于分类学范畴来分组。

Ji 等(2004)发现,不管测验在哪里进行的也不管测验语言是什么,中国学生显示更大的关系(主题)分组偏好,欧裔美国人更偏好类型(分类学)分组。欧裔美国人对类型分组的倾向可以看作为是他们对形式逻辑规则的文化嗜好,而中国人对关系分组的倾向说明了他们思维风格的整体性属性。

在一系列实验中,Norenzayan,Smith,Kim 和 Nisbett(2002)显示出,当要求对形象化的客体分类时,这些客体的物理相似性(例如,基于样例的分类)对东亚人发挥了更多的影响,而欧裔美国人倾向于做基于规则的分类。在每个测验中,要求欧裔美国人和东亚人(中国人和韩国人)对虚构的动物与另外一个或者两个动物配对:一个来自维纳斯一个来自土星。在基于规则的条件下,被试需要通过复杂规则来决定目标动物的成员属性。当物理相似性指向于一个答案而规则暗示另一个不同的答案时,东亚人比起欧裔美国人更可能把规则放在一边而偏好物理相似性,从而导致了更慢的反应时和更多的错误。

在接下来的研究中,Norenzayan 和同事(2002)要求被试把目标物分类到一套或者两套人工制造的客体。刺激物是这样建构的:选择一个类型表明使用了一种基于规则的分类风格,而选择另外一种类型表明了基于整体物理相似性的分类风格。结果表明,欧裔美国人更可能寻求目标物和刺激物共有的一种界定性特征来解决问题,而东亚人更可能评估目标物和刺激物之间的总体物理相似性。这些结果支持了这样的预测,基于样例的分类倾向在东亚人那里更强,而基于规则的分类偏好在欧裔美国人那里更强。这种文化差异在两个分类系统彼此相互干扰时特别明显。

归因风格

中国人和欧裔北美人思维风格的文化差异本身也表明了各自的因果归因方式。比如欧裔美国人出现了根本性归因偏差,表现出社会环境下有趣的偏误。本质上来说,当我们把某个人的行为过度归因于个人倾向而低估情境对行为的作用时,就会存在根本性的归因偏差。考虑到中国人依据与背景的关系分类客体的倾向,可以预期他们会比欧裔美国人显示出更弱的根本性归因偏差。

这个现象的确被 Morris 和 Peng(1994)展示出来了,他们发现,相对于欧裔美国人,中国被试更少内归因,而更多外归因,但是这只是表现在社会事件上(例如,一群鱼的泳姿),而不是物理事件上(例如,球的运动轨迹)。在接下来的研究中,研究者还发现,对同一个故事的报道,中文报纸记者相对于英文对照组对罪犯更少做意图归因。有趣的是,美国记者被发现具有"终极归因偏误",而中国记者没有。这个终极归因偏差涉及美国人对中国谋杀者比对美国谋杀者做更多的倾向性归因,这显示了群体内偏差。在一个相似的研究中,他们要求中国和欧裔美国研究生为一个特定的凶杀评估各种原因的重要性,该凶杀由多种媒体资源提供。中国人对情境因素看得更重而欧裔美国人对与个体倾向相关的解释赋予更高权重。中国被试还相信,假如情境因素不同,凶杀发生的可能性要小得多。

在一个考察美国和中国(香港)报纸上的运动类文章及社论中所含归因风格的研究中,Lee,Hallahan,Herzog(1996)发现,美国文章比中国文章所做的归因一般更具个人倾向。而且,美国运动类文章比美国社论明显包括更多个人倾向归因。相反,中国香港运动类文章比香港社论包含更多情境归因。总体来说,美国运动类文章做个人倾向归因最高,其次是美国社论,中国香港社论,最后是中国香港运动类文章。

这些结果不仅仅支持以前的发现,美国人偏好个人倾向归因,中国人更倾向于情境归因,而且它们对相关研究有所拓展,显示了当运用认知努力时,这些差异可以减弱。Lee 和同事(1996)认为,与运动类文章相反,社论处理更复杂的主题,更模糊,对多个解释更开放。而且,社论更常受可解释性和公众监视的影响。因为这些,社论作者比运动栏目作者在写作中更倾向于花费更多认知能量。结果,相对于运动类文章,美国社论更少的个人倾向性而中国社论表现出更少的情境性。

中国人中庸(折中)思维

中庸,或者平均主义,提倡在获得利益和维持人际和谐方面要适度和谦逊。与整体论相似,中庸式思维强调整体性看待整个画面。然而,中庸原则更聚焦于社交道德,旨在提供人们行为和态度的准则。根据中庸原则,人们应该从不同方面仔细考虑,避免走极端,以情境适宜的方式行为,保持人际和谐。这个概念对于理解中国人如何指导自己处理人际关系的方式至关重要。

解决冲突的中庸之道

当产生了社交冲突时,中庸建议一个人应该仔细考察情境并从多个角度审查他人的意见和兴趣。只有在这样深思之后才应该采取行动。这种方法被认为有助于达到合理解决,通常在人际冲突中通过合作和妥协策略来采取居中之道。

与家庭成员和朋友保持和睦,比起与那些不是在直接社交网络中的人们保持和睦,被认为更为重要(也见 Hwang & Han;Leung & Au,本卷)。这样,认可中庸思维应该与亲近的人们之间相对于与不亲近的人,会有更多的解决之道。与这个推理相一致,Wang 和同事(2008)发现中国大学生在解决与亲近的人的冲突时,相对于不亲近的人,更可能采取符合中庸思想的行为。

由于中庸原则的影响,可以预测中国人在解决人际冲突时比美国人更可能采取折中的方法。为了检验这个预测。Peng 和 Nisbett(1999)给中国和美国被试呈现母女冲突情境,如下面显示的,然后要求他们描述这种冲突是如何发生的,母亲和女儿应该如何做:

玛丽,菲比和朱莉都有女儿。每个妈妈都有一套指导她们努力养育女儿的价值。现在,女儿们长大了,很多她们自己母亲的价值她们都拒绝。

Peng 和 Nisbett 发现中国学生倾向于同时责备母亲和女儿引起了冲突并提出了解决问题的折中之道。相反,美国人倾向于只责备单个人,要么母亲,要么女儿,并相信错误的那个人应该改变,反映了解决人际冲突的非折中方法。

中庸思维不仅仅影响了人们如何应对人际冲突,而且影响了人们解决其他领域的冲突所采取的方法。在上面谈到的研究中,Peng 和 Nisbett(1999)也给欧裔美国被试和中国被试呈现了一个是娱乐还是做功课的心理内冲突。他们再一次发现中国学生更可能使用折中解决途径。

而且,在一个消费决策行为的研究中,Briley,Morris 和 Simonson(2000)给美国和中国香港的中国学生呈现了一系列消费产品类型,例如计算机和便携 CD 播放器,要求他们从每一个类别中选择一个产品。在每个类别中,给被试呈现了两个极端的选项(也就是,"在一个维度上最好而在另一个维度上最坏"的选项,比如,一个计算机 RAM 大但是硬盘小,另外一个计算机 RAM 小但是硬盘大)和一个折中的选项(也就是,在两个维度之间的折中,比如,计算机 RAM 中等大小硬盘也中等大小)。在一种条件下,被试做选择之前被要求写下关键原因为他们的选择做辩护。这个辩护操作旨在突出具有矛盾文化观念时是如何做选择的。研究者发现,在辩护条件下,香港中国人比美国人更可能选择折中选项,但是在选择之间不要求做辩护时,他们就没有显著差异了。

情绪调节

中庸原则不鼓励极端情绪的体验和表达,因为人们相信它们会破坏心理健康和社会和谐。相反,人们被鼓励持有和表达平和的或者适度的情绪(也见 Yik,本卷)。

与中庸原则相一致,实证研究显示对于在香港的中国人来说,想要的或者理想的情感状态是低唤醒积极状态,例如平静的、放松的、平和的。相反,对于欧裔美国人来说理想的情感是高唤醒积极状态,例如狂热的、兴奋的、兴高采烈的(Tsai,2007)。例如,当报告他们的理想情感时,欧裔美国人比香港中国人更看重高唤醒积极情感而更少重视低唤醒积极情感。华裔美国人居中,因为他们的双文化背景(Tsai,Knutson,& Fung,2006)。同样模式的结果也在欧裔美国儿童(年龄在 3—5 岁之间)和他们在台湾的中国对照组中被发现(Tsai,Louie,Chen,& Uchida,2007)。

人种志研究表明中国文化比北美文化更看重情绪适度和控制(Potter,1988)。在中国文化中,人们相信情绪适度和控制有利于个体也有利于社会(Bond,1993)。中国儿童,举个例子,在年轻的时候就被社会化要控制冲动(Ho,1994)。Tsai 和 Levenson(1997)提供了实证证据表明,华裔美国恋人比起他们的欧裔美国对照组在交流时显示出更多情绪节制。相似的,Soto,Levenson 和 Ebling(2005)发现华裔美国人比墨西哥美国人报告了明显更少的极端消极和极端积极情绪体验。

主观幸福感

如上面讨论的,人们受中庸思维的影响,倾向于从不同视角来考察日常情境。这样他们倾向于具有良好的人际技能,这导致中国文化环境下更成功的社会生活。结果,中庸思维者可能具有更高水平的总体生活满意度。Wu(2006)考察了在台湾的大学生的中庸思维和总体生活满意度的关系。为了评估一个人的中庸思维水平,他使用了 Wu和 Lin(2005)发展的中庸思维风格问卷对大学生施测。如预期的一样,Wu 发现中庸思维对总体生活满意度的积极作用,这又相继受社交能力和被试社会生活质量的中介作用。

然而,泛化这个结论可能需要小心(也见 Lu,本卷)。中庸思维和生活满意度的积极关系可能在西方背景下并不必然如此。Wu(2006)的研究是在中国背景下进行的,中庸思维在这里是普遍的也是受赞扬的。然而,在西方背景下,中庸思维及其相关实践并非主流,可能也并不适于西方社会文化背景。例如,一个人试图在冲突中妥协可能被认为是软弱的、犹豫不决的和无能的。这种声誉可能导致了社会生活的消极结果,以及接下来在自我评估和主观幸福感上的消极结果。

中国人变的信念

人们发展外行的(没有经验的,非内行的,或者内隐的)理论来理解事物如何随着时间发展(也见 Leung,本卷)。Ji 和同事(Ji 等,2001;Ji,2005)认为美国人和中国人具有不同的占优势的关于变的外行理论。中国的变的外行理论是非线性的,甚至循环的。对于多数中国人,事物总在变化,并且以循环的形式变化。而且,许多事物被认为是彼此相关联。相反,欧裔北美人倾向于持有变化的相对线性理论,也就是说,相信要么不变或者只是以线性形式变化(例如,处于静止的事物倾向于保持静止;运动的事物倾向于保持运动)。

在一系列研究中,Ji,Nisbett 和 Su(2001)发现,中国人比美国人更可能预期事情发展的变化、变化方向的变化,以及变化比例的变化。例如,当要求预期在幼儿园打架的两个孩子将来有一天变成爱人的可能性时,中国人比美国人报告更多的可能性。而且,预期会发生变化的人们被中国人相比美国人更会知觉为睿智的。这样看起来,在与欧裔北美人比较中,中国人更少做线性预期,而更多做非线性或者循环预期。跨文化间关于变的外行理论有很多运用,这里只提一点儿,如推理、信息加工、判断和决策,以及乐观主义。

运用于股票市场决策

这些看待变化的文化特定性方式的一个表现是人们在股票市场投资的行为。相对于北美人,中国人对股票价格做更多非线性预期(也就是说,预期下跌的股票价格会上涨,预期上涨的股票会下跌)。结果,中国被试比美国被试更可能持有或者购买下跌股票而售出上涨股票。这样一种关于投资者对亏损股票比盈利股票持有时间更长的倾向,被称为行为经济学的性情效应(disposition effect)(Odean,1998;Shefrin & Statman,1985)。

在实验室和网上进行的研究发现,中国人比北美人显示出更多的性情效应(Ji,Zhang,& Guo,2008)。当呈现了简单的股票市场行情,相对于加拿大人,中国人更少愿意卖出,而且更愿意购买下跌股票。但是当股票价格上涨,会发生相反的情形:中国人更少愿意购买,而且更愿意卖出。当呈现复杂的股票价格行情,加拿大人受最近价格趋势的影响最大:他们倾向于预期最近的趋势,然后作出售出决定而不考虑其他趋势模式。相反,中国人作出与主导趋势相反的预期,作出的决策既考虑最近的趋势也考虑早期趋势。这个结果在经验丰富的个体投资者身上得到重复。这些研究的结果与 Ji 等人(2001)的一致,比如美国被试比中国被试更可能依赖于直接的暂时的信息来形成预期,并且会预期这个趋势具有连续性。

运用于回归平均的估计

这些不同文化间的关于变的不同外行理论的另一个表现是,对回归平均评估的文化差异。过去的研究已表明,人们常常不能理解朝向平均数回归的现象,这是这样一个事实:在一个时间点上,任何测量的极端分数将会因为纯粹的统计学原因,可能在下一次测量时会有更少极端分数(或者更靠近平均数的分数)。当人们遇到回归现象时,他们倾向于自造虚假解释。因为北美人预期线性变化,也就毫不奇怪有证据证明,他们不能预期朝向平均数的回归。不论是给一个时间点上的极端测量,一系列极端测量,还是向一个极端点发展的趋势,北美人都倾向于对接下来的测量预期是相似的或者更极端的值。相反,中国人更可能预期随着时间推移的非线性变化:假如给向一个极端点发展的趋势,他们倾向于预测接下来的测量是更少极端值。相似的,假如给一个时间点上的极端结果或者一系列极端测量,中国人倾向于预测随后是不那么极端的结果。

这样,中国人被预期比美国人更可能会预期朝向平均数的回归。Ji,Spina,Ross,Zhang 和 Li(出版中)做了几个研究考察了预测和理解朝向平均回归的文化差异。他们发现,在诸如运动竞争、健康和天气这样的领域中的任务上,中国人比加拿大人更可能作出回归平均的预期。他们也论证了中国人比加拿大人更可能选择与回归一致的解释来解释朝向平均的回归(例如,相信一个人极端积极的表现不会是一个人能力的典型表现,而实在是一个偶然表现)。这个结果表明,不仅仅中国被试更多地以朝向平均回归的方式来思考,而且他们比加拿大被试更能理解这个现象背后的原理。

考察在理解回归平均上的文化差异是很重要的,因为不同的倾向会有明显不同的实践运用。当与回归一致的现象发生时,一个国际团队的成员们可能会有不同的解释(见 Thomas & Liao,本卷),例如,一个新的干预项目可能看起来是有效的,然而事实上,改进或者成功完全是由于机遇或者是随机因素。一个加拿大团队成员可能选择在项目上投资更多资源,而中国团队成员可能强调其他方面。同样的,一个加拿大人可能建议取消一个由于回归平均而看起来失败了的项目,而中国人可能不同意。鉴于冲突解决的群体内动态性,这些差异可能带来成员之间并不必要的冲突并导致决策执行不力(见,Leung & Au,本卷)。

运用于乐观主义

当生活向积极方向变化,或者当生活看起来变得更坏时,这个具有主导性的中国人变的外行理论可能使得个体预测更多的变化。这样,中国人可能在遭受困苦时仍然保持希望,而在经历好运时会保持警醒和谨慎。相反,欧裔北美人持有的主导性的线性变化理论可能导致他们预期事情将简单地按照他们现在的样子继续。我们因此预期,在面对消极情境时,中国人可能比北美人更乐观,而在积极情境中比北美人更悲观。两个证据支持了这些预期。

Ji 和同事(Ji,Zhang,Usborne,& Guan,2004)做了一个调查,考察在 SARS(严重的急性呼吸综合征)背景下乐观主义的文化差异。他们测量了在北京的中国学生和多伦多的欧裔加拿大人在 SARS 背景下的不现实的乐观主义。首先让被试估计相对于具有相似年龄和性别的一般人,他们自己被感染的概率,在一个从 1(比一般人更少可能)到

5(比一般人可能性更多得多)的量表上评分。尽管两个群体都展示出不现实的乐观主义(也就是说,报告他们自己比一般人更少可能感染上 SARS),比起加拿大人,这种乐观主义偏误在中国人身上更强。

　　然后,被试被要求估计自己被感染的概率,相对于北京(0.018%)和多伦多(0.005%)实际感染概率,中国人(1.97%)和加拿大人(10.28%)都过高估计他们被感染的概率,表明他们现在很悲观。的确,加拿大人比中国人更悲观,过高估计自己被感染的概率程度高得多。而且,尽管中国人比加拿大人报告了由 SARS 带来的不方便更多,但是他们也报告了更多的积极变化,反映了中国人对事件的辩证观。

　　Ji 和同事(见 Ji,Zhang,& Usborne,评审中)也做了三个实验室研究来考察积极或消极背景下乐观反应的跨文化差异。当要求列出在一个"目标—积极"或者"目标—消极"事件之后各种可能的结果事件,加拿大人比中国人更可能预期积极结果紧随积极事件而消极结果紧随消极事件。研究者们也发现乐观主义的文化差异多少依赖变的外行理论,这有助于我们理解乐观主义的根本性文化差异的机制。

变的信念的发展起源

　　以前的研究已经提供了确证性证据,中国人和北美人具有不同的关于变的外行理论:关于世界如何随着时间发展变化的内隐信念(也见 Leung,本卷)。为了进一步考察文化和变的外行理论之间的关系,必须从发展观来考察这个问题。具体来说,不同文化的儿童如何发展这些外行理论,并且什么时候预测的文化差异会开始出现?

　　Ji(2008)比较了中国和加拿大儿童在变的外行理论上的文化和发展差异。中国和加拿大儿童(年龄为 7、9、11 岁)基于一系列场景,对假设的人们的未来成就、关系、快乐和父母收入做预测。用在一个给定场景中的状态和儿童预测的状态之间的绝对差异来测量变化。总体来说,中国儿童比加拿大儿童预期更大的变化,表明他们比加拿大儿童更相信变化。而且,随着年龄增大,文化差异明显增加。相对于加拿大对照组,中国儿童在 7 岁时没有做更多变化预期,在 9 岁时做稍微更多变化预期,而在 11 岁时明显做更多变化预期。这对于以极端积极或者消极状态开始的问题和那些以中间状态开始的问题都是如此。

　　这个结果可归于中国和北美儿童不同的社会化过程(见 Wang & Chang,本卷)。具体来说,中国人的社会化聚焦于失败和成功的转化观、努力的重要性和自我完善,以及平和消极情绪体验。相反,北美人社会化强调儿童的成功和对自己的良好体验(特别是他们自己的能力),看重自我表达和自我理解。这些社会化的文化差异可能,导致了中国和北美儿童推理上的差异。Miller(1984)的研究发现,美国人和印度人之间对个人描述的文化差异随着年龄增长变得更大,与她的研究一起,Ji(2008)做的这个研究共同表明了文化影响推理过程有一定的发展轨迹,并且可能存在文化内涵化过程开始发挥明显影响的一段时期。

变的信念的延展性

文化心理学家被预期不仅仅描述文化差异,而且要解释这些差异。诠释文化的一种方式是寻找负责文化差异的那些对应的心理结构(Bond & van de Vijver, 2009)。在理解变的外行理论的文化差异方面,可能会问:存在一些对变化的文化差异有预测作用的背景因素吗? 假若有此,我们可以通过变化或者强调这些背景因素而让人们用不同的方式思考吗?

关于变的外行理论的文化相异性,一个可能的解释是关注过去的倾向的差异。具体来说,Ji 和同事(Ji, Guo, Zhang, & Messervey, 2009)发现,中国人比加拿大人在更大的范围上致力于过去的信息。在两个研究中,中国人和加拿大人阅读了一个关于偷窃发生的描述。然后,给他们呈现一个与这个偷窃相关的各种人所展示出的行为清单。这些行为或者是过去发生的或者是现在发生的。被试的任务是评估每个行为项目对于解决这个偷窃案的作用的重要性。中国被试比加拿大被试更看重过去发生的行为对解决这个案子具有更大的作用,表明了中国人认为过去对于解决这个案例更为重要。同样,在回忆任务中,中国被试比加拿大被试回忆更多的过去行为项目。另外一个研究中,被试在事情发生的两个星期之后,回忆上学的第一天,研究显示,中国被试对过去事情比加拿大被试回忆更多细节。总体来说,中国人比加拿大人注意更多的过去信息,这个结果具有明显的理论和现实意义。

已经确立了对过去的关注的文化差异,接下来的问题是,是否这种文化差异会导致关于变的不同信念。Guo 和 Ji(2008)做了几个研究显示出,在回忆过去之后,或者看了与过去相关的单词和图画之后,中国被试和加拿大被试都更可能预期发展趋势的反转而不是持续,表明关注过去可能使得人们更能意识到非线性变化并且因此作出更多非线性预期。这个结果通过考察关注过去这个中介因素而成功地诠释了文化。

尽管有关中国和北美的现存差异的实证工作很多,对这种差异的历史起源的理论思索仍然很有限。人们广泛相信,中国人和北美人思维习惯的系统性矛盾是受到他们独特的哲学传统的培育和强化。我们将简单讨论主要的中国知识传统,并将其与希腊哲学对照,来结束本章。

中国哲学

从一开始,中国哲学家和希腊哲学家就遵循非常不同的路线。这些理智传统在许多方面显著不同:关注的主题、一般目标、问题途径,甚至假设的基本原则(也就是说公理)。这种差异绝不是一个巧合。一种新异哲学思想的文化成功依赖于它与多种因素的相容,例如文化偏好[1]、生态环境和社会经济结构(更详细的综述,见 Berry,1976;Diamond,1997;Mu,1997;Nisbett,2003)。那么,就毫不奇怪,中国哲学和希腊哲学传统往两个不同的方向发展。中国历史上一直是农业文化,高度依赖合作和相互支持(Yang,1986)。结果,知识分子的讨论聚焦于如何限制个人愿望以换取和谐和有序的社会。事实上,传统中国的三个主要的思想流派——儒家、佛家、道家——全部围绕两个水平的和谐问题:个人之间的和谐以及人类和反复无常的伟大自然之间的和谐。

儒　家

儒家提供了相对清晰的关于自然规律的解释,以及一套毫不模糊的道德原则(Berger,2008;Fung,1983;Hansen,2000;Mu,1997)。这个传统的核心是这样一种意识:个人的存在是由社会矩阵中数不清的人际联系界定。这样,每个个体依附于由社会所赋予的不同社会角色,并且被期望要以社会适宜的形式履行每个角色相关的特定职责(Mu,1997;Munro,1985;Zhai,2006)。

平均主义与排中律。如前面讨论的,一个重要的概念,形成儒家框架的支柱,是平均主义(中庸),或者态度和行为必须绝不走极端的观念。的确,他们应该保持适度(中)并且在群体中与其他人没有什么分别(庸)。这个原则被广泛认为是儒家的最高理想(例如,Ivanhoe,2000;Liang,2001;Nivison,1997)。相应的中国人被鼓励在一个辩论中为双方争辩(例如,两个观点都是对的),或者在争端中赋予同样的责任(也就是说,没有某一方是完全过错方)。这与西方哲学家的排中律相矛盾,按照排中律,人们应该在冲突的观念中选择一个并且只能是一个,以消除模糊或者不一致。与中国传统不一样,它假定中间地带无价值。

佛　家

起源于印度,佛家吸收了大量的中国本土的文化和智慧元素,并最终融合成为一种中华文明代表性的哲学传统。

非持久性与非矛盾律。一般来说,佛家包含基本概念非持久性(无常),宇宙被视为处于恒定流动的状态,其中所有的现象都会持续不断地改变其形式和属性(Fung,1983;Nisbett,2003;Wei,1983)。换一句话,宇宙中的每个实体既是影响源,也是从每个方向来的外在影响。这表明了现象发生和停止并不必然沿着任何一致的、可预测的路径(Mote,1971)。

按照佛家教诲,理解人类与伟大自然之间的和谐需要个人接受现实的这种瞬息特征。我们知觉的世界只是不断变化的世界的快照。"当前"是幻影的和欺骗性的,因此应该在追求现实中被忽视。相反,人们被鼓励去采取宽阔的视角,思索遥远的过去和未来。这种暂时的视界伸展也意味着两个显然不兼容的现象(例如,"有一条河"V"没有一条河")可以同时为真。这种容忍多个事实或者矛盾的提议显然与西方哲学的非矛盾律相对。在亚里士多德的逻辑中,假如两个相互竞争的提议彼此不一致,那么至少一个一定是错误的。

道　家

与佛家相似,道家也赞成这样的观念:客体、观念或者现象在形式上和属性上是无定形的。然而,道家强调力量的复杂相互作用性和这些力量的平衡互换性。

*阴阳与同一律。*阴阳符号也许是道家最易知的标志。它代表了形成宇宙的两个力量,阴和阳。这两个表面上相对但是互补的力量,以循环的形式相互追寻另一方的尾巴,表明出一个现象一旦达到其极端,将开始向相对的方向回归(Fung,1983;Hansen,2000;Tan,1992)。在两个旋流中的两个点标志了这样的思想,事情只能以相对的形式和相关的方式存在(Nisbett,2003;Yang,1986;Yin,2005)。这个概念与西方哲学形成尖锐的对立,后者认为一个实体或者概念的内在属性被认为是确定的、不变的(也就是说本质)。结果,古老中国的伟大先贤们强调揭示真理中关系的作用,而古希腊杰出的思想家们相信真理只能在问题被孤立于背景时,通过一步一步分析才能得到理解(综述,见 Korzybyski,1994;Nisbett,2003)。

尾　声

想象在门帘上有一个影子。哲学家们关注这个帘子后面的真实客体,文化心理学家更感兴趣这个影子是如何被人们解释的。如前面所讨论的,中国人和西方人从他们不同的文化和社会环境中,已经获得了不同的知觉和认知策略,使得他们对同一个影子会做不同的解释。尽管探讨文化差异很重要并且兴趣本身是对的,未来的研究可能需要更多地将我们的文化知识运用于实践性的环境,例如国际协商、临床干预,以及教育系统,也需要贡献更多的努力去揭示文化和地理的关系及其差异性(例如,宗教、传统价值、地理特点),从而更好地理解文化和认知相互交织的关系。

注　释

1　"文化偏好",这里是一个一般术语,抓住了一个给定文化群体的心理和社会文化属性。例如,群体的道德优先,偏好,语言属性,或者交流模式。

参考文献

Berger, D.(2008).Relational and intrinsic moral roots:A brief contrast of Confucian and Hindu concepts of duty.*Dao*,7,157-163.

Berry,J.W.(1976).Human ecology and cognitive style:Comparative studies in cultural and psychological adaptation.Beverly Hills,CA:Sage.

Bond,M.H.(1993).Emotions and their expression in Chinese culture.*Journal of Nonverbal Behavior*,17,245-262.

Bond,M.H.& van de Vijver,F.(2009,forthcoming).Making scientific sense of cultural differences in psychological outcomes:Unpackaging the magnum mysterium.In D.Matsumoto & F.van de Vijver(eds),*Cross-cultural research methods*.New York:Oxford University Press.

Briley,D.A.,Morris,M.W.,& Simonson,I.(2000).Reasons as carriers of culture:Dynamic versus dispositional models of cultural influence on decision-making.*Journal of Consumer Research*,27,157-178.

Chiu,L.(1972).A cross-cultural comparison of cognitive styles in Chinese and American children.*International Journal of Psychology*,7,235-242.

Diamond,J.(1997).Guns,germs and steel:The fates of human societies.W.W.Norton & Company.

Fung,Y.L.冯友兰(1983).A history of Chinese philosophy(translated by Derk Bodde),Princeton,NJ:Princeton University Press.

Guo,T.&Ji,L.J.(under review).What do I expect in the future? Ask me about the past:*Cultural differences in temporal infonnation focus and trend predictions*.Unpublished manuscript,Queen's University,Canada.

Hansen,C.(2000).*A Daoist theory of Chinese thought:A philosophical interpretation*.New York:Oxford University Press.

Ivanhoe,P.J.(2000).*Confucian moral self-cultivation*.Indianapolis,IN:Hackett Publishing Company Inc.

Ji,L.J.(2008).The leopard cannot change his spots,or can he:Culture and the development of lay theories of change.*Per-sonality and Social Psychology Bulletin*,34,613-622.

Ji,L.J.(2005).Culture and.lay theories of change.In R.M.Sorrentino,D.Cohen,J.Olson,& M.Zanna (eds),Culture and social behaviour:*The tenth Ontario symposium*(pp.117-135).Hillsdale,NJ:Edbaum.

Ji,L.J.,Guo,T.,Zhang,Z.,& Messervey,D.(2009).Looking into the past:Cultural differences in perception and representation of past information.*Journal of Personality and Social Psychology*,96,761-769.

Ji,L.J.,Nisbett,R.E.,& Su,Y.(2001).Culture,change,and prediction.*Psychological Science*,12,450-456.

Ji,L.J.,Peng,K.,& Nisbett,R.E.(2000).Culture,control and perception of relationships in the environment.*Journal of Personality and Social Psychology*,78,943-955.

Ji,L.J.,Spina,R.,Ross,M.,Li,Y.,& Zhang,Z.(in press).Why best can't last:Cultural differences in anticipating regression toward the mean.*Asian Journal of Social Psychology*.

Ji,L.J.,Zhang,Z.,& Guo,T.(2008).To buy or to sell:Cultural differences in stock market decisions based on stock price trends.*Journal of Behavioral Decision Making*,21,399-413.

Ji.L.J.,Zhang,Z.,& Nisbett,R.E.(2004).It is culture,or is it language? Examination of language effects in cross-cultural research on categorization.*Journal of Personality and Social Psychology*,87,57-65.

Ji,L.J,Zhang,Z.,Usborne,E.,& Guan,Y.(2004).Optimism across cultures:In response to the SARS outbreak.*Asian Journal of Social Psychology*,7,25-34.

Ji,L.J.,Zhang,Z.,& Osborne,E.(under review).Culture and optimism in context.Unpublished manuscript, Queen's University.

Jones, E.E.& Nisbett, R.E.(1972). The actor and the observer: Divergent perceptions of the causes of the behavior. In E.E. Jones, D.E. Kanouse, H.H. Kelley, R.E. Nisbett, S. Valins and B. Weiner (eds), *Attribution: Perceiving the Causes of Behavior* (pp.79-94). Morristown, NJ: General Leaming Press.

Korzybyski, A. (1994). *Science and sanity: An introduction to non-Aristelian systems and general semantics.* Englewood Cliffs, NJ: Institute of General Semantics. (Original work published 1933).

Lee, F., Hallahan, M., & Herzog, T.(1996). Explaining real-life events: How culture and domain shape attributions. *Personality and Social Psychology Bulletin*, 22, 732-741.

Liang, H. 梁海明.(2001). 大学·中庸. 太原: 书海出版社。

Masuda, T.& Nisbett, R.E.(2001). Attending holistically versus analytically. Comparing the context sensitivity of Japanese and Americans. *Journal of Personality and Social Psychology*, 81, 992-934.

Miller, J.G.(1984). Culture and the development of everyday social explanation. *Journal of Personality & Social Psychology*, 46(5), 961-978.

Morris, M.W.& Peng, K.(1994). Culture and cause: American and Chinese attributions for social and physical events. *Journal of Personality and Social Psychology*, 67, 949-971.

Mote, F.W.(1971). The intellectual foundations of China. New York: Knopf.

Mu, Z. 牟宗三(1997):《中国哲学的特质》,上海:上海古籍出版社。

Munro, D.J.(1985). Individualism and holism: Studies in Confucian and Taoist values. Ann Arbor, MI: Center for Chinese Studies, University of Michigan.

Nisbett, R.E.(2003). *The geography of thought How Asians and Westerners think differently... and why.* New York: The Free Press.

Nisbett, R.E., Peng, K., Choi, I., & Norenzayan, A(2001). Culture and systems of thought: holistic versus analytic cognition. *Psychological review*, 108(2), 291-310.

Nivison, D.S.(1997). *The ways of Confucianism: Investigations in Chinese philosophy.* Chicago, IL: Open Court Publishing Company.

Norenzayan, A., Smith, E.E., Kim, B.J., & Nisbett, R.E.(2002). Cultural preferences for formal versus intuitive reasoning. *Cognitive Science: A Multidisciplinary Journal*, 26, 653-684.

Odean, T.(1998). Are investors reluctant to realize their losses? *Joumal of Finance*, 53, 1775-1798.

Peng, K.& Nisbett, R.(1999). Culture, dialectics, and reasoning about contradiction. *American Psychologist*, 54, 741-754.

Plato(360 BC/1956). The republic. In. E.H. Warmington & P.G. Rouse (eds), *Great dialogues of Plato* (pp.125-422). New York: Mentor.

Potter, S.H.(1988). The cultural construction of emotion in rural Chinese social life. *Ethos*, 16, 181-208.

Sheftin, H.& Statrnan, M.(1985). The disposition to sell winners too early and ride losers too long: Theory and evidence. *Journal of Finance*, 40(3), 777-790.

Soto, J.A., Levenson, R.W., & Ebling, R.(2005). Cultures of moderation and expression: emotional experience, behavior, and physiology in Chinese Americans and Mexican Americans. *Emotion*, 5, 154-165.

Tan. Y. 谭宇权(1992). 老子哲学评论. 台北: 文津出版社有限公司。

Tsai, J.L.(2007). Ideal affect: Cultural causes and behavioral consequences. *Perspectives on Psychological*

Science,2,242-260.

Tsai,J.L.,Knutson,B.K.,& Fung,H.H.(2006).Cultural variation in affect valuation.*Journal of Personality and Socinl Psyclrology*,90,288-307.

Tsal,J.,& Levenson,R.W.(1997).Cultural influences on emotional responding:Chinese American and European American dating couples during interpersonal conflict.Journal of Cross-Cultural Psychology,28,600-625.

Tsai,J.L.,Louie,J.,Chen,E.,& Uchida,Y.(2007).Learning what feelings to desire:Sodalizarion of ideal affect through children's storybooks.*Personality and Social Psychology Bulletin*,33,17-30.

Wang,F.,Wu,Q.,Liang,K.,Chen,J.,& Li,H.王飞雪、伍秋萍、梁凯怡、陈俊、李华香(2006):《中庸思维与冲突应对策略选择关系的研究》,《科学研究月刊》2006 年第 16 期,第 114—117 页。

Wei,Z.(1983):《佛学文物馆:典籍篇》,台北:长园图书出版社。

Wu,J.(2006).*Zhongyong makes my life better:The effect of Zhongyong thinking on life satisfaction.Journal of Psychology in Chinese Societies.Special Issue:Psychology in Health Services and Health Promotion*,7,163-176.

Wu,J.&.Lin,Y.吴佳辉、林以正(2005):《中庸思维量表的编制》,《本土心理学研究》2005 年第 24 期,第 247—300 页。

Yang,K.S.(1986).Chinese personality and its change.In M.H.Bond(ed.).*The psychology of the Chinese people*(pp.106-170).Hong Kong:Oxford University Press.

Yang,Z.& Chiu,C.Y.杨中芳、赵志裕(1997):《中庸概念初探》,第四届中国人的心理及行为科计研讨会,台北。

Yin,C.殷昆(2005):《老子为道》,兰州:甘肃文化出版社。

第 12 章　用中文学与教的方法

David Kember and David Watkins

人们普遍认为,中国学生倾向于采用死记硬背的方式进行学习。死记硬背的学习往往使用的是较为浅层次的学习方法,相比于深层次的学习方法,学习效果并不那么令人满意。这样的情况在高等教育中表现得更为明显。许多关于学习方法的研究已经表明,这种学习方法会导致较差的学习效果(Dart & Boulton-Lewis,1998;Marton,How1sell & Entwistle,1984;Prosser & Trigwell,1999;Richardson,1994,2000)。

Biggs(1987)提出 3P 模型:预示(Presage)、加工(Process)、产出(Product)———来解释学生的学习方法。预示变量包括两种类型:背景变量(比如,先前的知识和能力)和情景变量(比如,教学方法和环境设计)。这些变量被认为影响着学习方法中的动机、策略等因素,并且在模型中起到媒介性的作用。学习的方法,即模型中的加工部分,会影响模型中的最后产出部分,即学习效果与评价结果。

尽管人们对于死记硬背的学习方法存在一些消极的认知,但大量证据显示,在许多国家的中国学生都比西方学生表现出更高的学习成就,这一点在本书的下一章中也有所体现。于是,这里就出现了一种有趣的矛盾现象:一方面,大量的西方研究发现,中国学生死记硬背的学习方法会导致较差的学习效果;另一方面,中国学生又在实际中表现出远超西方学生的学习成就,人们将这种现象称为"中国学习者悖论"。这一悖论在大量文献中都曾被讨论过(Watkins & Biggs,1996),同时,针对中国人心理的研究在这方面也发现了一些其他的影响因素,这些影响因素可能会导致对于学习方法本质的重新评估。

深层与浅层的学习方法

有关特殊任务学习方法的特征最初被认为是具有二分本性的。Marton 和 Saljo(1976)声称,当要求学生阅读学术性的文本时,他们或者采用深层次的学习方法,通过理解作者在文本之下意图表达的内容来进行学习,或者采用浅层次的学习方法,通过记住文本内容中那些浅层次的特征来进行学习。关于深层和浅层的学习方法,(比如 Biggs,1987,p.15;Entwistle,1998,p.74)与 Kember 和 McNaught(2007,p.25)的描述一致。

深层次学习方法：

◆当学生对于某一主题或学术任务感兴趣时，他们往往会采用深层次的学习方法。

◆采用深层次的学习方法使得学生能够理解文章中的关键概念和内含的意义。

◆这种方法可以使学习者将诸多概念关联成一个有机的整体进行理解。学习者也可以将文中的段落与引言、结论有逻辑地关联起来。

◆人们可以将新知识与先前的知识和个人经验关联起来。

浅层次学习方法：

◆学习任务是被规定完成的任务，如果该任务不能完成，某项课程的学习将会无法通过。同时，该任务并不能引起学习者的兴趣。

◆学习者希望投入最少的时间和精力来完成该任务。

◆学习者不愿意付出努力去理解关键概念，相反，他们依赖记忆那些可能出现在测试和考试中的标准答案及关键事实信息来完成学习。

◆人们并不追求对主题的连贯性理解，所以材料往往被视作一系列不相关的事实信息。

◆学习者不会将概念和个人经验相关联，而只是将它们视作抽象的理论。因此，被记住的信息也往往会很快遗忘。

在最初的研究开始后，针对学习方法的研究大量涌现。在西方，大部分这方面的研究发生于 20 世纪 70、80 年代及 90 年代初（关于学习方法的西方研究综述详见 Marton，Hounsell，& Entwistle，1984；Prosser & Trigwell，1999；Richardson，2000）。这一时期的研究强调，学生采用深层次或浅层次的学习方法取决于他们对于学习任务的知觉和主导的教学与学习环境。大部分学生会综合两种学习方法，并视任务与课程采用不同的策略。通过问卷对全部或主要的学习方法进行测试，研究者发现，深层次的和浅层次的学习方法存在不相关的正交关系。

折中方法

"中国学习者悖论"的提出引发了一系列关于学习方法的研究，但研究大多在香港进行，中国内地的此类研究较少。日常生活中人们关于死记硬背式学习的印象被大量针对中国香港学生的学习方法调查所颠覆。最初的研究采用了中国香港一所大学的大样本，研究发现，采用深层次学习方法的学生在学习过程问卷（SPQ：Biggs，1987）中的得分高于澳大利亚样本（Kember & Gow，1991）。这一结果与其他教育机构的调查发现一致，详见 Biggs（1992）。

这一令人有些不可思议的调查结果激发了研究者探索解决中国学习者悖论的兴

趣。一些调查发现了与最初西方关于深层次与浅层次学习方法的构念不一致的证据。一项综合性的研究比较了问卷数据的因素结构和其他方面的因素结构，并且对学生进行了访谈，询问他们解决特定学术任务时采用的方法，结果表明，努力理解文本材料的过程可能也需要记忆的参与（Kember & Gow, 1989, 1990）。学生采用的学习方法会对材料进行系统性的分块加工，人们先是努力理解每一个新概念，之后记忆它们，记住之后再进行下一部分的学习。以下这段访谈内容的节选就很好地反映了这种"狭义的中间方法"：

> 我一部分一部分地阅读，并且关注每一个细节。如果我遇到了任何困难，我会在开始下一部分的学习前尽最大的努力解决问题……如果你不能够记住重要的观点，那么你将会被卡住。你必须记住，然后再进行下一部分——理解、记忆、再继续——理解、记忆、再继续。这就是我的学习方法。

后来一些其他的中间方法也被证实。Tang（1991）观察到，学生最初采用深层次的学习方法理解概念，之后记忆材料以期达到测试的要求。这些中间方法往往被这样一类学生采用，这些学生偏好寻求对于文本的理解，但又认识到考试通常要求他们复述出这些文本材料。因此，他们先是理解概念，之后再记忆这些材料，这类学生也往往能够在考试中取得好成绩。

Tang（1993）发现，香港学校的学生采用的改良了的浅层方法使得他们可以花费更少的努力去理解材料，并降低了记忆的负担。这种方法被称为"详尽的浅层次学习方法"。学生最初的意图是记忆材料，但经过多年的学校学习，他们发现他们需要在加工时做出一定的筛选以减少记忆负担。

Watkins（1996）分析了针对香港初中生的访谈内容，并发现学生的发展会经历三到四个阶段。在第一个阶段，他们希望自己能够复述学习内容，因此会采用死记硬背式的方法学习一切知识。之后，他们进入到第二阶段，在这一阶段，学生只记忆那些被他们认为更为重要的内容。在接下来的第三阶段，学生开始发现在记忆之前尝试理解材料可以帮助他们更好地学习。这些阶段的存在解释了学生学习方法的发展序列，学生们通过寻求对学习材料的更高程度的理解不断地完善学习方法，但同时也始终坚持以复述概念为主导的学习方法。

Marton, Dall'Alba 和 Kun（1996）区分了机械记忆和与理解相关联的记忆。理解出现在记忆之前和之后也会产生差异。当学习者先进行理解时，理解过程中会伴随着意识努力，帮助学习者记住已经理解了的内容。这种理解先于记忆的学习方法类似于Kember 和 Gow（1989, 1990）所论述的"狭义方法"，也与 Tang（1991）所定义的学生为了测试先理解、再记忆材料的方法相关。Dahlin 和 Watkins（2000）发现，90%香港的中国学生可以记住小学或初中时要求背诵的内容。学生们有许多机制可以使重复的过程超越机械记忆，达到对文本的理解。香港的中国学生采用的一种比较常用的方法是在重复时付出注意努力,这种方式可以产生对学习内容新的理解。这种学习方法可能源于中国人学习象形文字语言的过程,因为掌握字符的过程需要不断地重复。

中国学生所具有的这种采用注意努力伴随重复的学习方法使得他们把学习看做是一个需要付出努力的漫长过程,而西方学生则不然,他们认为学习是一个快速的、需要洞察力的过程(Dahlin & Watkins,2000)。这也与 Elliot 和 Chan(1998)的发现一致,香港的中国学生对于认识论的观念存在着一个叫做"学习需要付出大量努力观念"的维度(p.8)。

这项关于折中方法的发现为中国学习者悖论提供了一种重要的解释。西方学者最初将深层次学习与浅层次学习描绘成相互对立的,但事实上,至少有一些被观察到使用记忆方法学习材料的中国学生会尝试理解材料。不过,学生也会使用某个折中方法使得在记忆材料的过程中,达到对学习材料一定程度的理解。表层次学习方法的出现也许并不代表排除了对意义的追求,只是一种更优越策略的判断。如果学习者有能力在理解后记住已经理解了的材料,那么他们可以在考试中有比较好的表现。这些折中方法或者说混合方法就可以帮助中国学生在与其他国家的学生比较学习成绩时获得较高的排名,这一点也将在后面的段落提到。

中西方研究的综合

综合已有的中西方研究,学习方法应当被视作一个范围,这个范围的两极分别是深层次学习与浅层次学习。Kember(1996,2000a)提出,由于存在多种结合了记忆与理解的学习方法,学习方法应被描述成一个连续体。连续体上的位置是由学习者的意图和采用的策略决定的(见表 12.1)。

但是,关于连续体上的各类学习方法是否在所有文化中都存在,尚有待证实,其中的一些可能仅仅存在于亚洲或继承了儒家文化的国家。除了中国香港,在中国内地和日本也发现了学习者同时使用理解和记忆方法的证据(Marton 等,1996),所以这可能是普遍存在于亚洲学生中的情况。这说明中国学习者或者说亚洲学习者使用着与西方不同的学习方法。尽管没有明确的证据显示中国学习者采用的学习方法处于连续体上的具体位置,但是结合了记忆与理解的中心方法(理解和记忆)在亚洲可能更为普遍,Kember(1996)分析,这种学习方法源于对以象形文字为基础的语言的学习、学习第二语言或者成长于传统秩序的社会。

其他居于连续体中间位置的学习方法更可能在应付常见文本材料的学习和测试时使用。Entwistle 和 Entwistle(2003)的一项研究发现,靠近连续体深层次和浅层次两极位置的学习方法可能更多地存在于西方社会。研究者确定了西方学生考试复习所需要的理解范围,其中的一些内容既需要理解也需要记忆。Case 和 Marshall(2004)发现,南非和英国的建筑专业的学生会使用中间程序性的学习方法,这种方法的核心在于问题解决。在一些例子中,需要通过应用和学习问题解决的程序来达成理解,而另一些例子则被归类为表层程序,因为学生只需运用算法机械地解决问题即可。

修订版的学习程序问卷(Study Process Questionnaire, R-SPQ-2F: Biggs, Kember, & Leung, 2001)调查了大量来自澳大利亚和中国香港的大学生(Leung, Ginns, & Kember, 2008),并采用结构方程模型进行多组分析,结果显示两地区的学生在因素模型上等同,这意味着来自两个国家或地区的学生对 R-SPQ-2F 的作答适用于同样的概念框架。此项发现表明,学习方法连续体可能既适用于西方被试,也适用于中国被试。无论在香港还是悉尼的大学,深层次学习方法和浅层次学习方法呈负相关(香港 = −0.39,悉尼 = −0.63)。这种显著的负相关与学习方法连续体模型的理论构想是一致的,因为研究者认为,深层次方法与浅层方法应居于连续体的两端。

比较平均数发现,香港样本在深层次与浅层次方法上得分均高于悉尼样本,但在浅层次方法上与悉尼样本的差异大于深层次方法(d = 0.75 vs. d = 0.24)。这种差异表明,香港学生更倾向于结合使用两种方法,或者说采用折中型学习方法。

表 12.1 深层和浅层学习两极连续体学习方法

方法	意图	策略
浅层方法	没有理解的记忆	死记硬背式学习
折中方法 1	以记忆为主	策略性地达到有限性的理解作为记忆的辅助
理解和记忆	理解和记忆	重复和记忆以达成理解 追求理解,然后记忆
折中方法 2	以理解为主	为了考试或任务策略性地记忆,之后理解
深层方法	理解	追求理解

环境对于学习方法的影响

中国学生更倾向于使用较为浅层次的学习方法,这可能是一种对于教育环境的适应(Marton, Hounsell, & Entwistle, 1984; Prosser & Trigwell, 1999)。学生们常常有自己偏好的或者经常使用的学习方法,但这些方法会受到学生知觉到的教师分配的学习任务本质、测验题或者主流的教学环境影响。

上文曾提到的在香港大学生中进行的 SPQ 调查中也曾关注到环境的作用。在以年为单位测量的深层学习方法得分上,学生从刚刚入学到毕业,这一得分持续下降(Gow & Kember, 1990; Kember & Gow, 1991)。对于这一现象的最好解释是,随着学生对于课程学习的深入,他们知觉到的课程设计与主流的教学环境导致了他们对于深层次学习方法使用的减少。这一解释对被调查大学中的教学本质进行了准确的描述。尽管如此,类似的结果也在针对香港七所其他大学(Biggs,1992)和其他国家(Biggs,1987;Watkins & Hattie,1985)的跨学科大型调研中被发现。

课程设计和学习环境的这些显而易见的消极作用绝不仅体现在大学当中。事实上,因为东亚国家学生的压力太大,使得他们必须依靠一些可能使他们在考试中获得高分的学习方法。与此同时,评价体系还经常奖励那些记忆标准答案的学习策略。显然,这些策略不可能与西方那些启迪性的好的学习模式相一致。

部分亚洲学生的压力也源于许多亚洲国家或地区仍然存在着精英教育体系。以中国香港学校体系为例,写作教学非常具有选拔性和竞争性,在最后两年的初中学校教育中,只有 1/3 的该年龄层的学生可以拿到 6 等(Education and Manpower Bureau,2003)。在中国香港,有 7 所学校受到香港助学金委员会的资助,但只有约 17% 的适龄学生可以进入这些学校学习(University Grants Committee of Hong Kong,2006)。因此大学助学金委员会计划被认为是培养精英人才的高等教育体系。在许多知名大学中获得该助学金的比例也同样是相对较低的,这也对许多有志于在这些一流大学就读知名专业的学生施加了更多的压力。

而较大的班级规模也加剧了教师和学生的压力。在中国内地,小学和中学班级的平均人数是 50—60 人(Cortazzi & Jin,2001);在香港,班级规模一般会超过 40 人(Biggs & Watkins,1996),而政府也没有对此施加压力以减少班级人数。

另外一个因素是强制性的第二语言学习。在中国内地的绝大多数教育是以母语进行的。在香港,大多数学校使用广东话进行教学,但多数大学课程却使用英语,并经常要求英语阅读。Johnson 和 Ngor(1996)提出,语言方面的考虑使得那些不太擅长学习的学生依靠生存策略,他们可以通过抄袭问题材料中所包含的关键词的方式来回答问题。记忆是另外一种常见的生存策略,他们会记忆大量的材料,比如标准答案等。当人们观察到学生们使用这种生存策略时,很容易形成一种亚洲学生习惯采用死记硬背方法策略的印象,但细究其原因,这与西方学生使用浅层次学习方法的情况是有本质区别的。例如,针对某一英文概念,学生在通过母语讲解后其实已经理解了概念背后的含义,但如果该概念将在考试当中用到,学生们则会背诵标准答案。

另外,压力还源于传统上儒家文化社会对于教育的看法。Lee(1996)总结了孔子在教育方面的一些观点,Lee 相信,《论语》中所涉及的关于学习的观点足以写成一本以学习为主题的书籍。这种哲学思想已经成为一种关乎修身和学问的传统,以便为政府机构提供人才。另外,中国社会中家庭和社会的成就动机导致了来自父母期望的学术成就压力。在西方社会,成就动机通常被描述成个人导向的。尽管如此,Yang & Yu(1988)和 Yu(1996)相信,中国社会的成就动机更多的是社会导向的(SOAM)(参见

Hau & Ho,本章)。这种源于社会导向的压力在强大的"孝"的传统下被加强(Chen,本章;Ho,1996)。因此,学生就会努力学习以达到家庭成员和亲密社会人脉的期望。

这些社会导向相关的压力通常在通过教育达成社会发展的期望下被强化。一般情况下,在一个大家庭中,上一代会为了下一代能获得比他们更好的教育而作出经济上的牺牲。这既使得下一代感到自己必须在学习上最大限度地利用好父母所提供的机会,也让他们觉得自己必须足够优秀以获得那些具有名望且待遇优厚的工作,这样才能使整个家庭获得社会地位的提升和经济红利。

所有这些针对学习方法的环境的、文化的、体系的压力都导致了"中国学习者悖论"的发生。也就是说,这种现象是对知觉到的教学环境以及社会文化期望的回应。

西方学生尽管也会体验到这种来自环境的压力,但这种压力要小得多。仅有少数的西方教育体系仍然保持着精英结构,而大多数则已经成为大众性的甚至是普及性的高等教育(Trow,2006)。由于社会文化更倾向于个人主义,而非集体主义,西方学生很少体会到来自家庭的压力(Hofstede,2001;Kulich,见本章;Kwan & Hui,见本章)。成就动机在西方被定义成个人竞争的驱动力(Biggs,1987),同时在西方也缺乏传统中国文化框架中集体主义或社会性的因素(Yang & Yu,1988;Yu,1996;Hau & Ho,见本章)。不同文化群体对教育的尊重程度有所差异,但很少有社会将教育放在和中国社会一样重要的位置上(Ho,1996;Stevenson & Lee,1996)。

学生对教学、学习和知识的观念

学校教育的经验会影响学生对于教与学的概念以及他们的认识论观念。Kember(2001)分析了针对香港53名半工半读学生的访谈。这些学生当中有35名为初学者,正处于第一个在职学位的起始阶段,他们曾经希望能够参加全日制的本科学习,但是失败了。其余的16名学生正在进行更高级别的在职学位的学习,他们之前已经完成了一个全日制大学本科学位的学习。

研究者对访谈文本转录后进行了分析,向人们展示了学生们关于教学、学习与知识的观念。这些观念以逻辑上一致的方式与他们所设想的有内在联系的观念三段论相关。大多数学生持有的观念符合幼稚与世故的对照集,也有少数的中间案例,可能是取样的结果。

大部分初学者所持的观念三段论被称为"说教/复述"。他们相信,教师的角色就是传递或教授大量的知识,而他们作为学生的角色就是吸收那些被老师或决定考试的行政部门认为合适的知识。而评判教学过程效果好坏的标准,则是学生是否能够在考试或其他测试中复述出大量的知识。他们相信,知识是被行政部门定义的,而不论它们本身的对与错。当多项选择出现时,行政部门会最终决定哪一个是对的。

考试优秀的压力很容易导致简单的观念三段论,这在精英教育体系中是最为重要的成功,常见于东亚。由于考试对于前途太过重要,不论是学生还是老师都会把注意力集中于考试大纲要求的材料。这也就不可避免地导致教师为了考试而训练,而学生为了适应考试而学习标准答案。

目前尚没有可靠数据使我们得知在不同文化中占主导地位的观念三段论。但简单的认识论在精英教育体系中可能占到了主导地位。尽管如此,King 和 Kitchener(1994)使用七个阶段的分类表检验了美国大学生的认识论。大学一年级学生的平均分数在3.5 分左右,而三年级学生的平均分则达到 7 点量表上的 4.0 分。这表示,美国大学生仍处在一种"准反应"的阶段,因此许多人仍然持有一种类似于简单三段论的认识。

更有经验更世故的学生通常拥有一种不同的认识三段论,被称为"促进/转化"。他们的认识论观念更为复杂,所以学习变成一个建构的过程。为了帮助他们进行这种形式的学习,教师需要采用一种辅助性的立场。一些人可能会记得他们在本科学习阶段曾有一个从较为简单的认识方式到较为复杂认识方式的转变过程。关于这两种信念的比较见表 12.2。

这种关于认识的分类与西方研究中对学生的学习(Marton,Dall'Alba,& Beaty,1993)和教学(Kember,1997)的概念的研究一致。对这些概念的细密纹理分析发现存在多重概念,但是在每一种情况下,按照两个和表 12.2 相似的高阶取向对概念进行分组都是合理的,这也与针对香港高中生学习概念的研究结果一致(Marton,Watkins,& Tang,1997)。这些研究者将概念分为四类:依靠记忆(词语)、依靠记忆(意义)、理解(意义)、理解(现象)。这又一次将前两个分类与后两个分类区分开来。

表 12.2　针对具有简单及复杂认识论学生的比较

	说教/复述	促进/转化
教学	传递知识的说教过程 教师对学习的发生负责	教学是辅助学习的过程 学生为独立于教师指导的学习负责
学习	学生的任务是吸收由教师定义的材料 学习效果由学生复述材料的能力决定	策略性地达到有限的理解,作为记忆的辅助 结果是学生将知识转换为自己的语境并为自己的目的服务
知识	由行政部门定义 知识和理论有对的也有错的	由个体转化或建构 个体需基于证据和分析对多种可选择的理论进行判断

好的教学

对比不同的认识理论,研究者发现了一些有趣且明显的结果,不同的认识理论会导致有关良好教学的不同概念（Kember，Jenkins，& Ng，2003）。那些持有简单认识理论的人更加偏爱以教师为中心的教学方式。他们希望课程可以传递知识，所以他们更喜欢说教式的教学。与之相反，那些认同促进/转化认识论的人则更希望教师扮演辅助他们学习的促进者角色。所以，两种概念中关于好与坏的教学的看法是截然相反的（见图12.1）。

教学悖论

这里又出现了第二个悖论：大部分中文社会的学校学习环境都过分强调评价和以教师为中心的指导，同时又拥有大的班级规模，这些都不符合西方模式中所定义的最佳实践，但尽管如此，许多中国学生却能够取得杰出的成绩。这种现象是如何发生的呢？我们认为，对于强调教学本质的文化差异导致了对中国课堂中典型的教学实践价值的误解。

什么是教学？

无论在何种文化中，教师的主要角色似乎都是十分清晰的，他们的主要任务是教学。但"教学"这件事是否在每一个文化中都有相同的含义呢？Stigler 和 Hiebert（1999）的研究表明，在这一点上人们很少达成共识。在他们的一本知名著作《教学的鸿沟》中，作者描述了德国、日本和美国教育系统中教学法本质的流变。在分析过各国中学课堂的录像带后，他们"惊奇地发现，原来各种文化间的教学差异如此之大，而在各种文化之内他们的差异又如此之小"（p.10）。这似乎说明，各个文化都发展出了一套自己关于教学的脚本，Stigler 和 Hiebert 总结到，在日本，优秀的学习效果源于更好的脚本而非更好的实施脚本的演员。日本的教学脚本更加以学生为中心，且比美国和德国更关注高质量的学习效果。

后续的观察研究比较了中国香港、澳大利亚、捷克斯洛伐克、荷兰、瑞典和美国的典型的数学课程（Leung，2003）。根据专家小组的判断，相比于其他国家或地区的对照组，尽管中国香港的中国教师谈论得更多，但始终能够以更深刻和更有连贯性的方式覆盖主题，同时也更能使学生理解主题。Leung（2005）总结，相比于其他至少四个国家或地区的以学生为中心的课堂，被观察的以教师为中心的中国香港课堂有着更高质量的教与学（更多关于中国数学教师使用与西方不同的方法提高学生学习的证据见 Fan，Wong，Cai，& Li，2004）。

中国人关于教学的观点

两千五百年前，孔子提出教育是人们获取知识、能力和美德的重要方式，在个人的变化和提高当中起着实质性的作用。他坚持"有教无类"的教育观念，"他本人便不拒

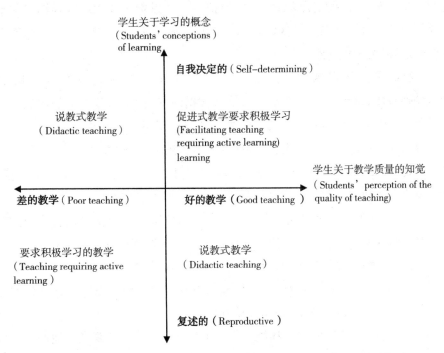

图 12.1　良好教学的概念比较(Contrasting conceptions of good teaching)

绝教授任何来学习的人,只要这些学生愿意带着礼仪性的学费,他以此践行了这种有教无类的观念"(论语,Ⅶ7,引自 Lee,1966,p.28)。今天许多香港教师似乎仍认同这一观点,在第二作者正在进行的一项研究中一些教师的话可以佐证这一点:

"教师的使命是教会学生如何做一个好人。我关注学生的行为,正如儒家学派所做的那样,道德观念是非常重要的。"

"老师可以为学生带来变化,而这些变化甚至可以影响他们的一生。我的老师就曾影响了我对待生活的态度,我也从他那里学到了儒家哲学。"

"我自己相信儒家的意识形态……我是他们的榜样。我也用一些著名运动员的故事来教会他们生活哲学。"

在香港,中国教师通常认为他们的角色是超出课堂之外的(I.Ho,2001)。在该领域内,一些研究发现与此一致:中国内地和香港的老师相信,他们的任务除了培养学生认知上的进步外,还要促进他们对待社会的积极态度和负责任的道德行为。

基于针对中国广东 18 个中学老师的深度访谈和课堂观察,Gao 和 Watkins(2001)总结出了一个这些教师提出的关于教学概念的模型。这个模型也被随后的一个超过700 位教师的实证研究所支持。该模型涉及两个更高的取向,塑造(知识传递和考试准备的分领域)和培养(能力发展,态度提升和行为指导的分领域)。Kember(1997)对大学教学的综述中定义了以教师为中心/内容导向和以学生为中心/学习导向,上面提到的两种取向与 Kember 的观点原理相同,但把后一种以学生为中心的导向扩展到了情感和道德领域。对培育态度与良好的公民意识的强调则与中国文化中"教书育人"(教育要培养好人)的价值一致。

在此我们需要认识到,尽管上述所提到的教育价值和目标在 Gao 和 Watkins(2001)的研究中,得到了 700 多位中国教师数据的支持,但这基本上是由教师的表现以及师生互动含蓄地传达和形成的。中国教师被期望不仅具有高超的教学技术,也能够在生活的各个方面成为道德楷模,即中文中所说的"为人师表"。

也有观点认为(Kember,1997),西方教师也普遍地具有这种关于教学的观点,而关注研究的大学教师可能并不具有这种观点。但 Ho(2001)比较了澳大利亚和中国香港的中学教师,发现澳大利亚教师认为他们的责任仅仅限于在教室中进行的教学和课程中。澳大利亚教师认为他们不需要对学生的个人或家庭问题甚至是未完成的家庭作业负责任,而中国香港教师则不这么看,与他们的广州同行类似,他们既需要歌唱田园牧歌,也要具有指导性的教学观点。这种田园牧歌式的教学观点也很少在最近美国关于有效教学的讨论当中被提及(cf.Berliner,2005)。

Cortazzi 和 Jin(2001)的研究描绘了一种类似于中国教师的观点。他们将教育比作"书与社会",将教师比作"朋友与父母"。他们同时认为,这种观点反映了中国人教育的整体观,教学不仅仅与认知有关,还和情感、道德有关,也包含着教育儿童了解他们在社会上所处的位置(见 Hwang & Han,本章)。这种观点没有在英国教师身上发现,所以这似乎说明了中国和西方的教育者对教学意义认识上的迥然不同。

但中国文化中对教师的尊重却可能导致一种对于教师和书本观点过度接受的倾向,同时许多华人社会当前的教育改革都倾向于鼓励更高的创造力与批判思维。这并不是一个容易的过程,因为课程改革需要改变学生、老师和家长根深蒂固的观念。

大学教师的观念

Kelly 和 Watkins(2002)报告了香港的一项关于高校的大学教师的研究。研究涉及四个部分:(1)研究使用开放式问题,针对香港 4 所高校的 27 位西方讲师和 54 位香港华人讲师进行研究。(2)针对来自三所香港高校的 24 位讲师进行焦点小组访谈。(3)针对来自与(1)相同大学的 7 个院系的 405 位大二、大三年级的中国本科生进行调查。(4)针对来自三所大学的 9 个院系的 11 位中国学生进行焦点小组讨论。

中国讲师和西方讲师都报告说他们教学的重点是培养学生独立的问题解决能力、批判思维及分析思维。尽管如此,当要求讲师们报告他们尝试达成目标的方式时,我们可以发现出明显的差异。西方讲师通常强调被研究者们称为"专业模式"的有效教学。他们通过对课程的精心准备以及使用好的教学方法来展示他们对学生的关心。下面这些对他们陈述的引用可以证明这种观点:

"最关键的是拥有和学习环境有关的专业方法。"(外籍讲师——访谈回答)

"所以在课堂中我会很关心,比如我会给他们课程笔记。我写下课程的笔记,它们是特殊的,表明了我对这一单元的兴趣……所以这就是我能够关心的程度。不管怎样,这就是我的关心,除此以外我是比较冷酷的。我从来不参加他们的聚会。当他们要和我一起照相时,我会说'你确定?'所以,对于我来说这些都是匿名的事情,我把他们放在相同的层次上。我不想知道他们的名字。"(外籍讲师——访谈回答)

"我对于我是否关心学生的评价取决于我是否认为我拥有专业的方法……这意味着他们知道他们被期待成为什么样,他们知道我将传递给他们,他们也知道我将通过公平测试的方式完成,而测试将是公平的。至于我是否关心他们,如果我这样说合适的话,那么我认为我并不关心他们。"(外籍讲师——访谈回答)

而中国讲师的回答则显示他们中的大多数想要与学生建立更私人的关系。通常,他们说,他们不仅通过采用良好的教学方法来关心学生,也会采用与他们建立关系的方式:

"他们(学生)需要关爱他们的老师。我想这在某种程度上是通过小组中或一对一基础上一个人的作为达成的……你向许多人讲了许多课,他们需要一个人给予他们私人的关怀。"(中国讲师——访谈回答)

有关师生关系对有效教学的促进,学生们也有着相同的看法:

"他和学生建立了比较亲近的关系,所以在课程中,学生们会更关注课程内容,并敢于提出问题。"(调查回答——学生)

"他关心学生的感受。在辅导课上,他会认真听学生所说的并给予反馈。另外,他有时还在课后与学生讨论。"(调查回答——学生)

在中国讲师中,这种良好的关系较为普遍,尽管如此:

"中国的教学方式不仅仅局限于知识……还有学生、学生的生活、学生的未来。他们会关心这些事情。但西方教师只关心学生在学习领域内的知识。他们的关注点在学科上。"(访谈回答——学生)

"这取决于他们是否真心愿意去了解香港学生……但如果一些讲师可以在讨论作业后与学生聊天,他们就可以更多地了解学生。一些西方讲师只知道我们是青年人。如果他们多投入一些努力,我想他们可以更多地了解香港学生。"(访谈回答——学生)

建构主义:一个在亚洲有效的西方理论?

当代的香港教育改革更多地支持以学生为中心的、建构主义的教学方法

(Education Commission of Hong Kong,2000)。建构主义方法强调,如果希望获得高质量的学习效果,那么学生需要主动去理解学习内容。但也有观点认为,建构主义的教学方法不适用于香港课堂,因为中国文化更多地强调以教师为中心的授课方法,并且老师们往往认为教育当局是不应被质疑的。事实上,在香港的研究也表明,被学生们描述为"教师主导的"课堂更可能鼓励更深层次的学习(Ma,1994;Chan & Watkins,1994)。

尽管如此,Biggs(1996)提出了强有力的反驳意见,他认为,尽管在较为具体的抽象层次上文化差异是很明显的,但关于良好教学的标准在更为广泛的层面上是普遍的。特别是,Biggs 指出了隐藏在中西课堂有效教学中的建构主义本质。所以,在两种文化背景下,良好教学的关注点都是"认知和/或社会建构主义"所主张的恰当的个体和社会学习活动。

Watkins 和 Biggs(1996,2001)报告了许多基于建构主义原则成功的教学改革案例,包括以问题为基础的学习(Stokes,2001)、概念改变干预(Chan,2001;A.Ho,2001)、计算机支持的合作学习(Chan,2001),以及基于"反思性实践者"原则的教师教育(So,2001;Tang,2001)。Ching(2001)在香港针对中国中学生的历史学习进行了研究,结果发现,相比于3等水平的控制组课堂,改变成认知建构主义教学方式的实验组课堂会导致更高层次的认知策略和学习效果。所以,基于传统的认知和社会建构主义原则的教与学似乎是适合香港课堂的。

大量来自大学的证据显示,学生对于建构主义和以学生为中心形式的学习适应良好。Kember(2000b)发起和进行了一项跨机构的被称为"行动学习计划"的项目,支持了在香港8所大学和学院进行的90项行为研究项目。在这些项目中,教师引入了多样的教与学的创新形式到他们的课程当中,除了说教式讲课几乎包括了所有方式。行动学习计划被评价为具有多元的方法和多元观点的取向。大量受访者相信他们的项目将会引起:

◆师生关系的改善

◆学生态度的改善

◆学生学习方法的改善

◆学生表现的改善

因为每一个项目都得到了广泛的评估,所以这些回答将通过评估数据来获知。这项研究证明,中国学生可以适应建构主义的学习方法,他们开始看到这种方法的优势,也从这种方法的实践中在学术上获益。

最近的研究表明香港学生更青睐批判建构主义式的学习环境,这种环境强调开放的讨论,学生和老师在课堂中几乎平等地对话。同时,这样的环境可能会导致更好的认知和情感上的学习效果(Wong,Watkins,& Wong,2006)。Fok 和 Watkins(2007)证明了这种批判式的建构主义方法在香港的经济课堂上所取得的成功实践,并导致了更多深层次学习策略的使用。

帮助学生改变观念和方法

在更早的关于学生对教与学的观念的章节中曾提到,那些持有关于学习、教学和知识的简单观念三阶段的人通常不愿意参与到课堂讨论和以学生活动为形式的学习中。尽管之前的章节证明了,学生能够克服初始的对于参与课程的陌生感,并最终愿意参与到这种学习活动中,但这种过程的发生必须伴随着他们在教与学观念上的转变。对于那些持有简单认识论的人来说,任何积极参与学习的活动都被视为不良的教学,所以,如果学生愿意参与到课堂中并做出贡献,认识转变是转变过程的前提或者说是伴随的过渡元素。

针对有经验的在职学生的访谈可以为关于学习认识的转变提供证据,他们被要求比较作为全日制本科学生时的学习经验与当下作为更高学位的在职学生的实践(Kember,2001)。这部分的访谈为人们理解学习的认识转变提供了丰富的证据,并被研究者进行了详细的分析。一段典型的叙述如下:

> "我认为在我进入第二年的大学学习后,我的学习方法发生了改变。"
>
> 问:"是从什么到了什么的转变呢?"
>
> "因为我来自香港的学校,我被训练着去记忆,复习,但不用思考很多。在前两年的大学学习中我依然试图使用同样的方法。那时我的成绩不够高,因为考试的导向不再是记忆一切。例如,讲师会给你一个带回家完成的考试。你知道吗?你把期末考试带回家,然后你有一周的时间完成期末考试。所以,一开始我认为这是非常简单的,你知道吗? ……但那实际上是非常难的。它比书写考试要难得多,因为没有正确答案。你要自己思考。因为我开始真的以为它会很简单。但事实上,你将意识到它是没有正确答案的。根本就没有正确答案。你必须去思考,分析,并且提出你自己的想法……在我本科课程的第三和第四年里,我学着去思考和提出我的想法。并且,我再也不用记忆了。我去理解正在发生的一切。记忆不再有用。"

Kember,2001,pp.213-214

尽管较早的经验确实引起了疑惑,但通过暴露在与既有的学习认识不相容的评估方式中,这位学生发生了概念转变。同时,样本中其他具有复杂认识论的有经验的研究生也经历了这样从较为简单的认识论转变的过程。由于考试压力和父母期望,进入大学后学生很普遍地将学习视为记忆考试标准答案的过程。这样的认识显然是与大学学习不相容的,也是需要改变的。大学教师们认识到,这种源于先前学校教育的期望是一种问题,并且需要解决:

"不幸的是,在香港教育中,他们(学生们)在小学和中学阶段没有被训练着去讨论和辩论。对于他们,放弃原有的学习模式并开始发现是很难的……在香港成长的学生常常受到恐吓,他们也在中学的学校训练中习惯于标准答案。'你只要给我标准答案,告诉我关于作者的一切,然后我就可以背熟并在考试时想出来。'有段时间,学生对于我不会给他们绝对的标准答案这件事非常害怕并且不满。所以,我花了很长的时间说服学生们,老师并不能告诉你一切或传递知识。应该依靠自己去独立思考、分析、发现并最终理解。"

Lo Wai Luen,香港中文大学,中文系讲师,

引自 Kember & McNaught,2007,p.40

这段引述说明,想要改变根深蒂固的观念绝非易事,尤其是当对某个问题的观念是个人角色的核心时,正如关于教与学的观念对于学生来说就是他们角色的核心。关于教学、学习、知识的简单认识论显然不符合大学教育的理想,想要改变多年学校教育形成的根深蒂固的这种观念显然是困难的,甚至是创伤性的。改变观念需要挑战认识论三段论中的一个或多个成分,而这需要从事与复杂认识论一致的实践。

尽管如此,这种实践投入也需要逐步进行,并且需要提供支持。当学生进入一个学习项目时,他们相信所有问题无论正确与否都应有标准答案。活动和评估在开始时应安排较为直接的任务,并随着项目的推进逐步到较为开放的任务:

"所以,我的教学将从开始较为结构化的取向推进到最后更加开放式的取向;老师开始时会提供答案,但最终将不再给出具体的答案。这正如我们的真实世界:问题没有确切的答案。开始,他们将从'得到了正确答案'中得到自信。这种自信将帮助他们逐步发现,原来并没有绝对具体的答案,但思考的逻辑和框架将使它们形成自己的观点、判断和预测。学习是要培养他们自己的思考,而不是找到标准答案。"

Andrew Chan,香港中文大学,市场专业讲师

引自 Kember & McNaught,2007,p.64

为了帮助学生转变认识三段论,Kember(2007)从成人教育文献中提取了关于发展自我指导学习的内容,并综合得出了五条关键原则:

1. 转变需要逐步进行,不能太生硬突然。

2. 转变应当从熟悉或已知的领域到未知的领域。

3. 对既有观念的挑战需要浸入相反的环境中,这种环境是指与既有观念不一致的教与学的类型。

4. 浸入相反的环境中需要使学生对既有的观念不满,可以通过向学生展示其他教与学的方式,并使他们感受到新方式会导致更好的学习效果来完成。

5. 这种转变过程是艰难的,甚至是创伤性的,在此过程中社会与智力支持必不

可少。

Kember et al.(2001,第 10 章)介绍了一个发生在香港的将这些原则运用于实践的案例。该书报告了一些课程,这些课程通过让学习者关注反思性实践者的方式挑战他们复述学术材料的学习观念。该书假定,该课程中学生的经验是重要的知识来源。开始时,课程使很大一部分学生产生了挫败感。但在老师和同学的支持下,大多数学生适应,并最终开始偏好反思式的学习,而不是从前的复述式学习。在这个过程中,他们也实现了自我指导。

结　论

基于西方心理学的理论框架,在一些西方观察者眼中,中国关于教与学的实践是落后和倒退的。但是,正如 Hau 和 Ho(本章)的研究所揭示的那样,中国学生和一部分来自东亚国家的学生在国际比较和其他比较研究中都有着超出西方对应群体的表现。更细致的基于中国背景进行的教与学的分析为这种悖论提供了解释,这也引起了西方世界对如何解释中国教与学取向进行重新思考。

在儒家文化社会中针对学生学习方法的研究显示,学习方法以不同的方式混合了记忆和理解。采用这种学习方法与高成就是一致的,因为这种方法既能够取得深层次方法的优秀智力成果,也能够在测试和考试中表现优秀并经常性地受到奖励。东亚这种中间方法的发现导致了西方对于学习方法本质的重新思考,通过这种交流也证明了真正的智力协同作用。

中国香港和内地的老师面对大班有强烈的压力,他们需要帮助学生在所有重要的公共考试中取得好的表现。因此,他们的教学中可能很少出现西方框架中的以学生为中心的方法,但老师们发展出了一套适应环境的方式,即通过提供连贯且有深度的解释的方式,使得学生们达到对主题的理解。同时,关于中国教师的证据也显示,他们具有很高程度的对于学生的精神关怀,特别是在教室之外。国际比较研究引起了西方国家的关注,也使他们不得不重新检视他们关于优秀教学实践的标准。

在中国内地和香港当下和未来的考虑是保留既有的教与学取向的优点,但同时加入以学生为中心或建构主义教学的元素。现在的教学方法可以很好地服务于知识的获取和应用,知识的获取与应用是会在国际比较中测量到的。人们很难建构有效的方法来测量智能,诸如批判思维、处理不明确情况的能力等,这些可以被合并到标准条件下许多国家的大样本测试中(King & Kitchener,1994)。尽管如此,知识经济需要创新和批判的思考者,这些品质需要在课堂中加以实践。建构主义的教与学模式促进了这种品质的发展,它们可以使学生参与到与老师、与同学的批判性对话中。由于中国学生非常具有成就导向,所以,只有在一般学校和大学的评价与高质量的学习效果相一致时,建构主义才能够成功(见 Biggs & Tang,2007)。

参考文献

Berliner,D. C. (2005). The near impossibility of testing for teaching quality. *Journal of Teacher Education*,56,205-213.

Biggs,J.& Tang,C.(2007). *Teaching for quality learning at 1miversity*,3rd edn.Buckingham,UK:Society for Research in Higher Education and the Open University Press.

Biggs,J.& Watkins,D.(1996).The Chinese learner in retrospect.In D.Watkins & J.B.Biggs(eds), *The Chinese learner:Cultural,psychological and contextual inf1uences*(pp.269-285).Melbourne and Hong Kong: Australian Council for Educational Research and the Comparative Education Research Centre,University of Hong Kong.

Biggs,J.(1987). *Student approaches to learning and studying*.Melbourne:Australian Council for Educational Research.

Biggs,J.(1992). *Why and how do Hong Kong students learn? Using the Learning and Study Process Questionnaires*.Hong Kong:Hong Kong University.

Biggs,J.,Kember,D.& Leung,D.Y.P.(2001).The revised two-factor Study Process Questionnaire:R-SPQ-2F.*British Journal of Educational Psychology*,71,133-149.

Biggs,J.B.(1996).Stages of expatriate involvement in educational development. Educational *Research Journal*,11(2),157-164.

Case,J.& Marshall,D.(2004).Between deep and surface:Procedural approaches to learning in engineering education contexts.*Studies in Higher education*,29,605-615.

Chan,C.K.K.(2001). Promoting learning and understanding through constructivist approaches for Chinese learners.In D.A.Watkins & J.B.Biggs(eds), *Teaching the Chinese learner:Psychological and pedagogical perspectives*(pp.l81-204).Hong Kong/Melbourne:Comparative Education Research Centre/Australian Council for Education.al Research.

Chan,Y.Y.G.& Watkins,D.(1994).Classroom environment and approaches to learning:An investigation of the actual and preferred perceptions of Hong Kong secondary school students.*Instructional Science*,22,233-246.

Citing,C.S.(2001). *The effects of constructivist teacching on students´learning in history*.Unpublished Master of Education thesis,University of Hong Kong.

Cortazzi,M.& Jin,L.(2001).Large classes in China:'Good'teachers and interaction.In D.A.Watkins & J.B.Biggs(eds), *Teaching the Chinese learner:Psychological and instructional perspectives* (pp.113-132). Hong Kong/Melbourne:Comparative Education Research Centre/Australian Council for Educational Research.

Dahlin,B.& Watkins,D.(2000).The role of repetition in the process of memorising and understanding: A comparison of the views of German and Chinese secondary school students in Hong Kong.*British Journal of Educational Psychology*,70,65-84.

Dart,B.& Boulton-Lewis,G.(eds).(1998).*Teaching and learning in higher education.* Melbourne:Australian Council for Educational Research.

Education and Manpower Bureau(2003). *Education statistics.* Hong Kong: Education and Manpower Bureau.

Education Commission of Hong Kong(2000). *Excel and grow: Education blueprint for the 21st century.* Hong Kong: Hong Kong Government Printer.

Elliot, B.& Chan, K.W.(1998, September). *Epistemological beliefs in learning to teach: Resolving conceptual and empirical issues.* Paper presented at the European Conference on Educational Research in Ljubljana, Slovenia.

Entwistle, N.& Entwistle, D.(2003). Preparing for examinations: The interplay of memorising and understanding, and the development of knowledge objects. *Higher Education Research and Development*, 22, 19−41.

Entwistle, N.(1998). Approaches to learning and forms of understanding. In B.Dart & G.Boulton-Lewis (eds). *Teaching and learning in higher education* (pp.72−101). Melbourne, Australian: Australian Council for Educational Research.

Fan, L., Wong, N.Y., Cai, J., & Li, S.(2004). *How Chinese learn mathematics: Perspectives from insiders.* Singapore: World Scientific.

Fok, A.& Watkins, D.(2006). Does a critical constructivist learning environment encourage a deeper approach to learning? *Asian Pacific Education Researcher*, 16, 1−10.

Gao, L.& Watkins, D. A.(2001). Identifying and assessing the conceptions of teaching of secondary school physics teachers in China. *British Journal of educational Psychology*, 71, 443−469.

Gow, L.& Kember, D.(1990). Does higher education promote independent learning? *Higher Education*, 19, 307−322.

Hess, R.D.& Azuma, M.(1991). Cultural support for schooling: Contrasts between Japan and the United States. *Educational Researcher*, 20, 2−8.

Ho, A.S.P.(2001). A conceptual change approach to university staff development. In D.A.Watkins & J.B.Biggs(eds), *Teaching the Chinese learner: Psychological and instructional perspectives* (pp.237−252). Hong Kong/Melbourne, Australia: Comparative Education Research Centre/Australian Council for Educational Research.

Ho, D.Y.F.(1996). Filial piety and its psychological consequences. In M.H.Bond(ed.), *The handbook of Chinese psychology* (pp.155−165). Hong Kong: Oxford University Press.

Ho, I.T.(2001). Are Chinese teachers authoritarian? In D.A.Watkins & J.B.Biggs(eds), *Teaching the Chinese learner: psychological and instructional perspectives* (pp.97−112). Hong Kong/Melbourne, australia: Comparative Education Research Centre/Australian Council for Educational Research.

Hofstede, G.H.(2001). *Culture's consequences: Comparing values, behaviors, institutions, and organizations across nations.* Thousand Oaks, CA: Sage.

Johnson, R.K.& Ngor, A.Y.S.(1996). Coping with second language texts: the development of lexically-based reading strategies. In D.Watkins & T-B.Biggs(eds). *The Chinese learner: Cultural psychological and contextual influences* (pp.123−140). Melbourne, Australia and Hong Kong: Australian Council for Educational Research and the Comparative Education Research Centre, University of Hong Kong.

Kelly, E.& Watkins, D.A.(2002, April). *A comparison of the goals and approaches to teaching of Expatri-*

ate and Chinese lecturers at universities in Hong Kong.Paper presented to Hong Kong branch of the Higher Education Research and Development Society of Australasia,City University of Hong Kong.

Kember,D.(1996).The intention to both memorise and understand:Another approach to learning? *Higher Education*,31,341-351.

Kember,D.(1997).A reconcepualisation of the research into university academics' conceptions of teaching.*Learning and Instruction*,7,255-275.

Kember,D.(2000a).Misconceptions about the learning approaches,motivation and study practices of Asian students.*Higher Education*,40,99-121.

Kember,D.(2000b).*Action learning and action research:Improving the quality of teaching and learning.* London:Kogan Page.

Kember,D.(2001).Beliefs about knowledge and the process of teaching and learning as a factor in adjusting to study in higher education.*Studies in Higher Education*,26,205-221.

Kember,D.(2007).*Reconsideri11g open and distance learning in the developing world:Meeting students' learning needs.*Abingdon,Oxford shire:Routledge.

Kember,D.et al(2001).*Reflective teaching and learning in the health professions.*Oxford,England:Blackwell Science.

Kember,D.& Gow,L.(1989).*Cultural specificity of approaches to study.*Paper presented at the 6th Annual Conference of the Hong Kong Educational Research Association,Hong Kong.

Kember,D.& Gow,L.(1990).Cultural specificity of approaches to study.*British Journal of Educational Psychology*,60,356-363.

Kember,D.& Gow,L.(1991).A challenge to the anecdotal stereotype of the Asian student.*Studies in Higher Education*,16,117-128.

Kember,D.& McNaught,C.(2007).*Enhancing university teaching:Lessons from research into award winning teachers.*Abingdon,England:Routledge.

Kember,D.,Jenkins,W.,and Ng,K.C.(2003).Adult students'perceptions of good teaching as a function of their conceptions of learning-Part 1. Influencing the development of self-determination.*Studies in Continuing Education*,25,240-251.

King,P.M.& Kitchener,K.S.(1994).*Developing reflective judgement:Understanding and promoting intellectual growth and critical thinking in adolescents and adults.*San Francisco,CA:Jossey-Bass.

Lee.,W.O.(1996).The cultural context for Chinese learners:Conceptions of learning.in the Confucian tradition.In D.Watkins & J.B.,Biggs(eds).*The Chinese learner:Cultural,psychological and contextual influences*(pp.25-41).Melbourne,Australia and Hong Kong:Australian Council for Educational Research and the Comparative Education Research Centre,University of Hong Kong.

Leung,D.Y.P.,Ginns,P.,& Kember,D.(2008).Examining the cultural specificity of approaches to learning in universities in Hong Kong and Sydney.*Journal of Cross-Cultural Psychology*,39(3),251-266.

Leung,F.K.S.(2005).Some characteristics of East Asian mathematics classrooms based on data from the TIMSS 1999 Video Study.*Educational Studies in Mathematics*,60,199-215.

Ma,K.H.(1994).*The relationship between achievement and attitude towards science,approaches to learning and classroom environment.*Unpublished Master of Education dissertation,University of Hong Kong.

Marton, F. & Säljö, R. (1976). On qualitative differences in learning, outcome and process 1. *British Journal of Educational Psychology*, 46, 4-11.

Marton, F., Dall'Alba, G., & Beaty, E. (1993). Conceptions of learning. International Journal of *Educational Research*, 19, 277-300.

Marton, F., Dall'Alba, G., & Kun, T. L. (1996). Memorising and understanding: the keys to the paradox? In D. Watkins &). B. Biggs(eds), *The Chinese learner: Cultural, psychological and contextual influences* (pp. 69-84). Melbourne, Australia and Hong Kong: Australian Council for Educational Research and the Comparative Education Research Centre, University of Hong Kong.

Marton, F., Hounsell, D., & Entwistle, N. (1984). *The experience of learning. Edinburgh.* Scotland: Scottish Academic Press.

Marton, F., Watkins, D., & Tang, C. (1997). Discontinuities and continuities in the experience of learning: an interview study of high-school students in Hong Kong. *Learning and Instruction*, 7, 21-48.

Prosser, M. & Trigwell, K. (1999). *Understanding learning and teaching: The experience in higher education.* Buckingham, England: Society for Research into Higher Education and Open University Press.

Richardson, J. T. E. (2000). *Researching student learning: Approaches to studying in campus-based and distance education.* Buckingham, England: Society for Research into Higher Education and Open University Press.

Richardson, J. T. E. (1994). Cultural specificity of approaches to studying in higher education: A literature survey. *Higher Education*, 27, 449-468.

So, W. M. (2003). *Perceptions of competition in Hong Kong schools.* Unpublished BEd Honours dissertation, University of Hong Kong.

Stevenson, H. W. & Lee, S. Y. (1996). The academic achievement of Chinese people. In M. H. Bond(ed.), *The handbook of Chinese psychology* (pp. 124-142). Hong Kong: Oxford University Press.

Stigler, J. & Hiebert, J. (1999). *The teaching gap.* New York: The Free Press.

Stokes, S. (2001). Problem-Based Learning in a Chinese context: faculty perceptions. In D. A. Watkins, & J. B. Biggs (eds), *Teaching the Chinese Learner: Psychological and pedagogical perspectives* (pp. 203-216). Hong Kong/Melbourne, Australia: Comparative Education Research Centre/Australian Council for Educational Research.

Tang, K. C. C. (1991). *Effects of different assessment methods on tertiary students' approaches to studying.* Unpublished Ph. D. Dissertation, University of Hong Kong.

Tang, T. (1993). Inside the classroom: The students' view. In J. B. Biggs & D. A. Watkins(eds), *Learning and teaching in Hong Kong: What is and what might be.* Hong Kong: Faculty of Education. Hong Kong.

Tang, T. K. W. (2001). The influence of teacher education on conceptions of teaching and learning. In D. A. Watkins & J. B. Biggs(eds), *Teaching the Chinese learner: Psychological and pedagogical perspectives* (pp. 219-236). Hong Kong/Melbourne, Australia: Comparative. Education Research Centre/Australian Comparative Educational Research.

Trow, M. (2006). Reflections on the transition from elite to mass to universal access: Forms and phases of higher education in modem societies since WW Ⅱ. In J. J. Forest & P. G. Altbach(eds), *International handbook of higher education* (pp. 243-280). Amsterdam, The Netherlands: Springer.

University Grants Committee of Hong Kong. (2006). Facts and figures 2005. Hong Kong: University

Grants Committee Secretariat. Retrieved August 16, 2006, from http://www. ugc. edu _ hk/english/documents/figw:es/.

Watkins, D.& Biggs, T.B.(1996)(eds). *The Chinese learner. Cultural, psychological and contextual influences*. Melbourne, Australia and Hong Kong: Australian Council for Educational Research and the Comparative Education Research Centre, University of Hong Kong.

Watkins, D.& Hattie, J.(1985). A longitudinal study of the approadles to learning of Australian tertiary students. *Human Learning*, 4, 127–141.

Watkins, D.(1996). Hong Kong secondary school learners: A developmental perspective. In D. Watkins & J.B. Biggs(eds), *The Chinese learner: Cultural, psychological and contextual influences*(pp. 107–119). Melbourne, Australia and Hong Kong: Australian Council for Educational Research and the Comparative Education Research Centre, University of Hong Kong.

Wong, W.L., Watkins, D., & Wong, N.Y.(2006). Cognitive and affective outcomes of person-environment fit to a critical constructivist learning environment: A Hong Kong investigation. *Constructivist Foundations*, 1, 49–55.

Yang, K.S.& Yu, A.B.(1988). *Social-and individual-oriented achievement motivation: Conceptualization and measurement*. Paper presented at the symposium on Chinese personality and social psychology, 24th International Congress of Psychology, Sydney, Australia.

Yu, A.B.(1996). Ultimate life concerns, self, and Chinese achievement motivation. In M.H. Bond(ed.), *The handbook of Chinese psychology*(pp.227–246). Hong Kong: Oxford University Press.

第 13 章　中国学生的动机和成就

Kit-Tai Hau　Irene T.Ho

在过去二十年里,不同文化群体学生的成就及相关动机特征吸引了研究者们极大的兴趣。人们发现,现有的动机理论在应用于不同文化情境时,既有相似性的一面,也有不相似的一面,这让研究者有机会对它们进行修订、调整和扩充理论,从而使它们变得更加精确、更加全面(Pintrich,2003)。我们认为,成就动机的复杂性只有放在不同的语境和文化环境中进行检验时才能被充分理解。

在各种被研究的文化群体中,中国和其他传承儒家文化的亚洲学生因其在国际成就比较中成绩突出而受到特别关注(比如 Beaton 等,1996;Lapoi.nte, Askew, & Mead, 1992;Lapointe, Mead, & Askew, 1992;Leung, 2002;Mullis 等, 1997;OECD, 2003;Stevenson & Lee, 1996;Sue & Okazaki, 1990)。由于学业的成功通常可以归功于个体和环境水平的很多教育因素,所以研究特殊文化与教育环境下的学生动机特征已经成为重要的汇聚点。

本章我们将首先回顾最近有关中国学生突出学业成就的研究证据,然后探讨在学生动机特征研究中出现的重要主题和争论(也可参见 Kember & Watkins,本卷)。

学业成就

国际间比较

Stevenson 和他的同事(Chen & Stevenson,1995;Stevenson & Lee,1996)最早通过系统的成就测试,证实了中国和其他亚洲学生从幼儿园到高中都表现出优异的成绩。在一个基于课程的数学考试中,中国学生和日本学生做得要比亚裔美国学生好,而这些亚裔美国学生又比白种美国学生做得好(Chen & Stevenson,1995)。

值得注意的是,比较不同国家及文化背景下学生的学习成就从来都不是一件容易的事,因为多样化的课程、语言系统和教育设置导致在成绩方面观察到的差异解释起来十分困难。所以,数学和科学经常成为国际间进行比较的目标,因为它们不仅是基础教育的核心科目,而且很少受语言的束缚,拥有自己的沟通"符号"。相应的研究例子包括教育成就评估国际协会(IEA)[第一次和第二次国际数学教育成就研究,第二次国际科学教育成就研究,第三次国际数学和科学教育成就研究(TIMSS)](Beaton 等,1996;Lapointe,Askew 等,1992;Lapointe,Mead 等,1992;Leung,2002;Mullis 等,1997)。在最近的研究中,尽管知道对学习成就差异的解释存在严重的限制和潜在的危险,教育研究者还是突破了原有的局限,由经济合作与发展组织(OECD)开展的国际学生评估计划(PISA),对来自不同国家说不同语言的学生口语能力进行评估和比较。该项研究针对用汉语阅读的中国学生、用英语阅读的美国学生、用日语阅读的日本学生和用法语阅读的法国学生,比较了他们之间的阅读能力。

尽管存在很多困难,但是从这些大规模的跨国研究中获得的发现在很大程度上为中国和其他亚洲学生的出色表现提供了汇聚一点的证据,例如,在第二次教育成就评估国际协会的研究中(Lapointe,Askew 等,1992;Lapointe,Mead 等,1992),来自中国大陆和台湾的 13 岁青少年的成绩居于榜首,而中国移民仍然一贯地领先于其他西方国家的各个族群。与此相似的是,在第三次国际数学和科学教育成就研究(Beaton 等,1996;Mullis 等,1997)中,来自中国香港、日本、韩国和新加坡的 4 年级与 8 年级学生的成绩领先于其他国家/城市的同龄学生(包括来自 26 个国家/城市的 4 年级学生,来自 41 个国家/城市的 8 年级学生)。这些中国和其他亚洲国家/城市都享有共同的儒家文化传统。

最近的一项大规模国际比较研究 PISA(国际学生评估计划)(OECD,2003)也得出了类似的结果,中国香港和韩国是位列前三的国家/城市(另一个是芬兰),当中有超过半数的学生位于"7 级"量表中的前 3 级。根据国家/地区的平均分排名,在 PISA 研究的 40 个国家/地区中,来自中国香港(分别在数学、阅读和科学中位列第 1、第 10 和第3)、韩国(第 3、第 2 和第 4)、日本(第 6,第 14 和第 2)和中国澳门(第 9、第 15 和第 7)的学生表现都很突出。

因此,不同的研究给出了一致性的证据,享有相同文化传统的中国和其他亚洲学生在学业成就上表现优异。尽管实际的教育成功并不是仅由几门学科高分来表示的,但这些分数总的来说也是教育成功的重要指标。另一方面,考试成绩也为相互比较提供了一个更客观的基础,它们明显可以决定或限制学生未来的教育及就业机会。对这些中国和其他亚洲学生出色学业成就的观察也促使研究者去寻求相应的解释。

经济学解释的不足

经济上的优势通过提供更多的学习资源,往往有助于个体获得更好的教育机会,我们首先从这个角度来寻求以上学业成就差异的解释。当然,拥有经济优势并不是一个有重要意义的决定性因素,因为中国和其他亚洲社会和西方国家相比,在世界 GDP 排名表上的等级并不高。根据 2007 年的数据显示,日本、韩国、中国澳门和新加坡在世界上 179 个国家/地区排名中分别位于 18、30、29 和 17(国际货币基金组织,2007),即使是 GDP 排名第 6 的中国香港,其对教育的财政支出和它的经济规模相比在高学业成就国家/地区中也是最低的(Leung,2002)。

此外,在教育环境方面,中国和其他亚洲社会的学校并没有比西方国家更胜一筹,就班级规模来说,它经常被作为衡量优质教育的重要指标,但是在第三次国际数学和科学教育成就研究中 4 个成绩最好的中国和亚洲国家里,大班制是其学校共有的特色,而与之相比的西方国家学校班级规模却小得多。

另一个需要注意的问题是,人们通常认为,父母拥有高社会经济地位(SES)有利于学生的学业成就,但是在国际学生评估计划(PISA)中,当把中国和亚洲学生的学业成就和对应的西方学生相比时,这个影响效应就显得非常小(OECD,2003)。以所有经济合作与发展组织(OECD)国家的平均数作为参考标准,社会经济地位对学生数学成就变异的解释量为 11.7%,社会经济地位每提高一个标准差(16.4 个单位),数学分数(标准误=0.40)就提高 33.7 个单位。但是对于中国和其他亚洲学生来说,社会经济地位对数学成就变异的解释量更小,数学成就从中获益也不多,例如在中国香港,社会经济地位对数学成就变异的解释量仅为 3.6%,它每增加一个标准差,数学分数只提高 22.6 个单位;在日本这两个数值分别是 4.4% 和 23.0 个单位;在韩国为 5.5% 和 26.4 个单位;在中国澳门为 1.0% 和 11.7 个单位。这些发现说明,来自低社会经济地位家庭的中国和亚洲学生和那些来自低社会经济地位家庭的西方学生相比,在教育上并没有处于更加不利的境地,换句话说,社会经济地位对于中国学生而言,它和学习成就的相关性并不如西方国家那么明显。

总之,在国家层面,中国和其他亚洲社会相对较低的 GDP 表明,经济状况和政府对教育的投资并不能解释中国和其他亚洲国家学生为什么能取得如此好的学业成就;在家庭层面,高社会经济地位对中国学生学业成就的积极影响效应小于它对西方国家学生的影响。

如果经济状况不论是在国家层面,还是在家庭层面,都不能表明会有更好的教育供给或机会,那么就需要为中国和其他亚洲学生的高成就特点寻找另外的解释。一些讨论已经就智力或日常经验的差异可能性进行了探讨,但是这些讨论似乎还没有提出令人信服的解释(参见综述:Chen & Stevenson,1995;Stevenson & Lee,1996;Sue & Okazaki,1990)。当遗传和经济因素都不能提供有说服力的解释时,研究者把他们的研究转向了社会文化和动机因素,这里我们总结一些针对中国学生的重要发现。

社会文化和动机解释

根据被试群体、被检测的心理结构或过程、采用的方法,有关中国学生的动机研究差异非常大。有些研究重点关注对特殊动机结构的深入分析,另一些研究去检验多种变量之间的关系,更多的实验则基于社会认知模型和结构进行分析。这些努力通常侧重于去理解中国学生的动机模式和水平跟其他文化群体相比有何不同,与成绩的相关怎样,它们讨论的中心则围绕儒家集体主义传统对比西方社会诘问式个人主义的影响问题(比如 Tweed & Lehman,2002)。

对于什么可以激发学生的课堂学习? Pintrich(2003)在他的研究回顾里按西方社会认知观点提出了 5 项基本原则:(1)适合的自我效能和能力信念激励学生;(2)适合的归因和控制信念激励学生;(3)更高水平的兴趣和内在动机激励学生;(4)更高水平的成就价值观激励学生;(5)成就目标激励和引导学生。由于大部分针对中国学生的动机实验研究都检测出相似或相关的结构,接下的回顾就根据这些主题来安排。我们先考察一下动机的价值观作用和动机来源,然后描述一下有关能力信念、归因和目标定向的研究发现。

学习成就的价值观

任何考察中国学生动机的研究都很可能提及儒家对学业成就高度重视的传统,这种传统体现在对学习活动的投入上,比如去上学、参加课外学习班、一般的学习(Fuligni & Stevenson,1995;Salili,1994,1996;Stevenson & Lee,1996),而这些活动都和一系列的重要态度紧密联系,比如努力提高家庭地位、为孩子提供最好的学习环境、强调努力和练习、相信坚持就是成功、鼓励高标准的优秀,所有的这些都为亚洲学生在学业成绩上的优异表现提供了基础(Eaton & Dembo,1997;Li,2002,2004,2005;Stevenson & Lee,1996)。

在西方情境中,学习任务的价值通常取决于兴趣、实用性、重要性或来自个人观点的付出代价,这意味着学生发现学习任务是否有价值是一种高度个人化的事情,它依赖于不同的发展轨迹(Eccles & Wigfield,1995;Wigfield & Eccles,1992,2002)。相比之下,在中国儒家文化中,关于中国学生谈到的学习成绩价值,相关的讨论都把它作为一种核心信念(Li,2002,2004,2005),而这一信念又受到该文化成员们的普遍赞同。

教育成就常常被强调为一种社会责任,尤其是对父母和家庭的责任(Hostede,1983;Li,2002,2004,2005;Tseng,2004;Wang & Li,2003)。实际上,父母往往对中国儿童的成就动机有重要的影响(见 Lin,Yue,& Li,本章,历史性的阐述),例如,Chow 和Chu(2007)发现,孝道,尤其是"自我牺牲式的服从"以及父母的教育价值观是影响香港中国学生成就动机的重要因素。此外,也有研究报告,教养方式影响中国学生的学习目标定向,就像这些学生,他们非常希望能成为可以带来好处的权威式人物(Cheng,2005;Yeung,2005)。Fuligni 和 Zhang(2004)通过研究 700 个中国城市与乡村的高中生发现,学习动机和责任感均与对家庭的支持、帮助和尊重相关联,很多时候这种责任感即使在他们移民到西方个人主义社会后仍然被保持着(如 Fulglli,Tseng,& Lam,1999)。

　　除了履行社会责任,在中国文化中,学习也被作为自我修养和自我完善的手段受到重视。实际上,和其他社会成就相比,学习是可让中国学生表现出个人主义和独立自我理念的更多发展的唯一的一个领域。Li(2006)曾经让 12—19 岁的中国青少年回答一些关于学习目标(未来成就的愿望)的开放式问题,结果发现,学生个性化的目标表达要显著多于社会性的目标表达。学生们最经常提到的是目标抱负、认知发展、社会贡献、社会经济提升以及道德发展。在另一项研究中(Li,2002),中国大学生在陈述他们的学习目的时,既有为个人谋求利益的(如个人成就),也有为他人谋求利益的(如社会贡献)。

　　Li 和他的同事(Li,2006;Wang & Li,2003)认为,中国学生在学习中显示出更强的自力更生意识,这体现的是自主性和竞争性自我,而不是关系型和相互依存的自我,自我发展被明确定义为一个重要的学业目标。然而,应该注意的是,与西方儿童把学习看做是一种能力提升和任务尝试的过程从而获得自我发展的观念不同,中国儿童把学习看做是一个强调付出勤奋和毅力的自我完善过程(Li,2004)。Li(2005)根据西方学生采用的智力取向和中国学生采用的美德取向区分了这两种学习目的的强调性。因此,中国学生对学习价值的认知具有双重强调性,一方面他们受到对父母、对家庭、对社会负责的责任感驱动,另一方面他们又清楚地认识到教育作为个人修养和完善的重要性。

　　在现代社会中,既怀揣集体主义又抱有个人主义的中国学生如何行走于学业道路?这需要做进一步的研究。然而,担负道德重托对于成为一个好学生来说,其重要性却是一贯的,这不但体现了自我修养的职责,也体现了对家庭和社会的责任(Li,2002,2004,2005,2006)。无论学业成就的重要性何在,中国老师可能比西方教师更倚仗学生具备对学业追求价值观的内在认同,而西方教师为了鼓励学生参与学习,经常需要付出额外的努力让学习活动变得有用、有意义和关系重大(Brophy,1999)。

内部或外部动机

　　西方教育者普遍同意,内部动机越高,越能导致学生投入更多的认知努力和获取更高的成就水平,内在动机往往是和兴趣等价的(Eccles,Wigfield, & Schiefele,1998;Pintrich & Schunk,2002;Schiefele,Krapp & Winteler,1992)。当然,西方学者所关注的并不是感兴趣的事情,而是试图了解兴趣是如何影响学习的,它是怎样发展的(Pintrich,2003)。

　　中国学生的兴趣和学习成绩似乎并没有直接的联系,虽然我们在个别层次上分析学生的动机时,发现高兴趣一般与更好的成绩有关系,但是在国家层次的分析上,却显示出不同的结果。根据第三次大规模的国际数学和科学教育成就研究,享有儒家文化的中国香港、新加坡,还有日本、韩国的学生,他们在数学上的表现优于西方学生,但是他们也显示出对这门科目相对消极的态度(Leung,2002)。兴趣对高成就来说似乎并没有多少贡献,不过在国际学生评估计划中(PISA)(OECD,2003),中国和其他亚洲学生的学校归属感与考试成绩的相关都高于平均水平,这说明在集体主义文化中,有关学校教育的内在价值观和信念比起个人兴趣对学业成就的影响作用更为突出。

d'Ailly(2004)的研究进一步验证了以上观点:英裔加拿大儿童,尤其是男孩,当他们思考自己对任务是出于擅长还是感兴趣时会投入更多的努力,而中国儿童则会置兴趣或自我效能于不顾,在所有的任务上都花费相等的努力。另一个研究发现(d'Ailly,2003),对于台湾的中国儿童而言,在面对困难任务时,内在动机和兴趣的作用反而不如外在的规则或价值观。所有这些研究明,在激发学生投入的过程中,外在动机对中国学生同样有效,而内在动机则不如在西方文化背景中表现得那么重要。

最近有关自我决定理论的研究已经将传统的内外动机说法扩展出一个更为分化的外部动机结构,包括(1)外部控制或他人强加的限制,如奖励和惩罚;(2)内部反射,反映出价值观初步的内化,或是寻求他人的认可,很大程度上仍然属于外部控制;(3)以价值或目标的自我认可进行认同,开始偏向于内部控制;(4)整合,代表着自我、价值或目标之间的一致性,具有较高内控性(Ryan & Deci,2000)。这一理论假设,动机方式越内化,越能带来更好的成绩,还有心理健康。言下之意是,即使动机的初始来源可能是外在的,有关价值和目标的内化加工也能导致更高水平的自我定向和动机。

外部动机概念的扩展超越了完全外控的含义,它比简单的内外两分法更能解释中国背景下的动机。尽管个人兴趣对中国学生的学习来说不是一股很强的动机力量,但这些学生仍能从内化的学习价值中得到自适性的激发。换句话说,内部和外部动机的区别变得模糊了,最初的外部力量可以被转化为内在的驱动力。实际上,从中国人当中就可发现,外部动机和内部动机经常是共同出现的,而不是对立的(Salili,Chiu,& Lai,2001),但是那些谋求外部动机的西方学生,如追求高分或取悦他人,他们经常对学习缺少内在动机。

自我决定有可能促进学习中的内在动机,有研究调查了它对中国学生的内在学习动机是否也有同样的影响效应。Iyengar和Lepper(1999)的两项研究证明,当他人为自己作出选择时,英裔美国儿童会表现出较少的内在兴趣,反之,当选择偏好是由自己信任的权威人物或同伴作出时,亚裔美国儿童则会表现出更多的内在兴趣。

针对台湾的中国儿童,d'Ailly(2003)进一步检验了以上现象,发现当其他变量保持不变时,那些觉得自己拥有更多自主权的儿童实际上在学校的成就较低,意识到自主权对付出努力与否并没有直接影响,这说明,来自权威人物的旨意也许被认为是控制,从而增加了西方儿童的自主权感觉,但是对处在儒家学习背景下的中国儿童来说,却被认为是关心和帮助(也可参见 Ho,2001)。实际上,这类研究发现和在西方做出的研究结果相一致(Deci,Schwartz,Sheinman,& Ryan,1981),教师是否采用一个更加支持自主权的激励方式似乎和学生的动机测量没有一点关系。

最近 Vansteenkiste,Zhou,Lens 和 Soeoens(2005)的研究对自主权作用提出了进一步的看法。他们证实,有关自主权的经验实际上对中国儿童来说更有利于优化学习。当把总体上的自主权测量分成积极自主和消极控制两个成分后,发现前者和适应性学习行为有积极相关,而后者却有相反的效应。这些现象说明,我们有必要在不同的文化背景里检验自主和独立、控制和遵照对学生的影响效应,进一步观察它们的结构本质。

综上所述,这些研究发现有力说明,中国学生高学业成就的背后是因为他们愿意付出学习努力,即使是兴趣低或处于外在压力情况下也是如此,这也归功于他们强烈的责任感和学习价值感。不过,就此把中国学生的努力归因于他们对权威的服从或外部社会压力导致是不准确的,也许内部动机和自主学习对学习的积极影响是非常普遍的,然而,构成或有助于内部动机的因素可能在不同的文化背景下有所不同。很明显,我们要超越简单二分的内外动机观来考察学习动机,更加精确地理解动机结构的文化意义和相互作用。

自我效能和能力信念

西方研究主要发现,如果学生相信他们能够做好,他们就会更可能受到激励、付出努力、坚持和表现得更好(Pintrich & Schunk,2002)。能力信念及其对成就行为的影响模式已经被研究者按照各种假设进行了探讨(Bandura,1997;Eccles 等,1998;Pintrich & Schunk,2002;Weinet,1986),在这些结构模式中,自我效能是最主要的一个。根据该理论(Bandura,1991),自我效能的重要来源是征服或成功的经验,当个体完成某个任务时,具有适应性的自我效能信念能自动调准任务需要的能力。过度悲观的效能感将会降低成功的期待,进而导致低动机,反之,能力的高估可能会使学生在面对反馈时阻碍他们改变其行为(Pintrich,2000a;Pintrich & Zusho,2002)。

尽管中国学生取得了优秀成绩,但是研究显示,他们的效能感实际上普遍低于与之相比的西方学生,例如,Salili 和她的同事(Salili,Lai,& Leung,2004)发现,香港中国学生的学业自我效能明显低于华裔加拿大人或欧裔加拿大人。类似的研究结果也出现在对英国和中国学生的比较(Rogers,1998),或者对美国的亚洲及非亚洲学生的比较(Eaton & Dembo,1997)。此外,中国香港与新加坡的学生,其中大部分人的身份是中国人或华人,他们在第三次国际数学和科学教育成就测试中,数学成绩表现得比西方学生更为优秀,但是对该学科的信心却明显不足(Leuug,2002)。

针对不同国家(地区)学生的自我概念研究也发现类似的结果,高学业成就的学生一般会有较高的自我概念(Marsh,Martin,& Hau,2006),但是在国家水平上的数据分析显示,学业成就较好的亚洲国家(地区)学生并没有表现出特别高的自我概念,例如,香港中国学生的自我概念就处于最低水平国家(地区)之列(Leung,2002)。

针对中国学生这种高成就、低效能的解释各有不同。首先,中国学校竞争激烈的考试制度使普通学生群体产生很多失败的经验。有了这一点,再加上人们对全体学生学业成功寄予的厚望,自然不利于其高效能感的发展。此外,这种较低的效能感报告也可能是因为谦逊及谦虚的美德价值所在,当被问及自己的能力时,学生们也许会有一定程度的自我谦虚(Eaton & Derribo,1997;Leung,2002;Salili 等,2004)。换言之,在个人主义文化经验下培养的学生,当他们强调学习中的个人成就时,就会对成功感到自豪,对失败感到低自我价值感。所以,高成就导致了更高的自我效能,反之亦然。相比之下,中国学生会保持对成功的谦逊,对失败感到内疚和羞愧,这是因为他们更强调学习是自己对家庭、对社会的责任(自我完善)(Li,2005),因此,他们对自我效能的报告往往更低,这与成绩无关(参见 NEO-PIR 责任性中有关能力的评级:McCrae,Costa,& Yik,1996)。相关的发现也显示,高自我效能会激起西方儿童投入更多的努力来完成任务,但中国儿童却会在所有跟自我效能感无关的任务上都花费同等的努力(d'Ailly,2004),这意味着即使是低能力的学生也会无视失败体验而继续努力。

总之,已有研究表明,中国学生与西方学生在能力信念方面至少存在两方面的差异。首先,学业成功被强调为一个人的责任履行,并且可以通过努力来实现,这些成功的体验跟西方背景中把它作为自我效能的重要来源有所不同。其次,自我效能在引发成功行为的重要性方面并不像西方那样突出,因为没有证据显示效能感和努力程度之间存在相关。所以,西方研究者更关心效能信念的修正(例如不要过分乐观或悲观),从而使它们对学生的激励效果更为理想(Stone,2000),但是这一点在中国文化背景下却似乎不太重要,中国学生不倾向于高估自己的能力,当他们下决心获得成功时,低能力信念实际上有可能促进而不是减少对成功的追求。

归因和控制信念

在学习情境中,学生不可避免地会遇到成功与失败,这时他们关于成功与失败的信念会影响到他们接下来的努力行为,例如,根据 Weiner 的动机归因理论(Weiner,1986,2004),如果将成功归因为稳定的、可控制的因素会有利于将来的成就,反之,如果将失败归因为稳定的不可控的因素会对动机产生相反的影响。在影响学业成就的各种原因中,能力与努力是最受关注的。

对西方学生的研究表明,他们比较看重能力,并且更喜欢把能力看做通向成功的依靠,这和个人主义文化中增强自我价值的意愿紧密相关(Covington,1992;Crocker & Wolfe,2001;Weiner,1986)。相应地,西方学生通常把学业成功归因于天生的能力或有一个好的老师(Stevenson,Chen,& Lee,1993;Stevenson & Stigler,1992),这些都是不太受控的因素。相反,中国学生则会把学习的成功与失败归因于内在的而不是外在的因素,有关证据也清晰地表明了努力归因的凸显性(Hau & Salili,1991,1996;Ho,Salili,mggs,& Hau,1999;Lau & Chan,2001)。这些不同的归因方式说明,对于部分中国学生而言,他们已经形成了高度适合的归因模式,对因果关系进行更高水平的内部定位,特别是把原因归结为更加可控的因素,这将有助于他们继续努力,即使面临失败也是如此。

根据有关中国学生能力概念的研究,我们也可以进一步给出他们自适性控制信念的证据。在西方文化背景中,能力被认为具有相对稳定和不可控制的特点(Weiner, 1986),中国学生通常将能力视为可以通过努力学习而得到塑造(Hau & Salili, 1991, 1996),这种对能力不断增长本性的信念让学生更加认识到,他们可以通过实践和学习来获取改善的机会,进而愿意付出更大的实现目标的努力(Dweck, 1999; Dweck & Elliot, 1983)。换言之,基于这一信念,能力对中国人而言变得可控且不稳定了,因此,如果把失败归因于能力时,就会削弱西方学生的动机与自尊,而中国学生却没有这样的效果。

除了从归因和能力理论方面进行研究外,其他一些有关中国学生对学习一般概念的调查也提到努力学习的重要性。在 Li(2006)对中国青少年的研究中,被试表达了对学习亲历而为的强烈意识,强调了勤奋、忍受困难、坚持不懈、专心、自律、积极主动的"学习美德"(p.485),以及其他和努力同义的心理品质。

成就目标定向

大量的研究证据表明,学生为特定成就情境设定的目标引导着他们的成就行为。在西方研究中,尽管最近研究者在成就目标理论中增加了一个回避冲突的维度,但考察成就目标的基本框架仍是掌握与成就二分法(见综述:Meece, Anderman, & Anderman, 2006; Pintrich, 2003)。掌握目标(关注任务掌握和技能发展)通常被认为比成就目标(强调能力的展示和超越他人)更适合,前者与积极影响、兴趣和学习投入联系更紧(Ames, 1992; Kaplan & Middleton, 2002; Midgley, Kaplan, & Middleton, 2001),而成就目标一旦受到挫折后就会被削弱,因为它与能力评估和自我相联系。所以,在面对失败或困难时,持有这些目标的学生为了保护自我价值而退缩的可能性更大(Grant & Dweck, 2003)。

针对中国学生成就目标的研究从跨文化差异的角度提出了重要见解。首先,这些研究得出的一致性结果显示,中国学生的掌握目标与成就目标存在着中高度的正相关,二者都对成就起到积极影响(Chan, Lai, Leung, & Moore, 2005; Ee & Moore, 2004; Ho & Hau, 2008; Ho, Hau, & Salili, 2007; Salili & Lai, 2003)。这跟西方标准的目标理论不相符,西方理论认为,这两种成就目标本质上是二歧性的,并且强调成就目标具有负面影响。

一项纵向研究对 1807 名香港学生进行了三年多的追踪调查(Salili & Lai, 2003),提出了颇具说服力的证据。在不考虑性别、学校类型或能力的前提下,该研究发现,更多的中国学生采用的是成就目标而不是掌握目标,这说明在他们的学习中存在着高度竞争取向,而在西方背景中却无此特点或让人觉得不舒服,不过,它也筑就了这些学生的高成就。

此外,人们对掌握/成就两维度是否适合中国学生的学习目标提出了质疑,因为这些维度是根据个人主义动机模型来表述的。最近的研究显示,在集体主义中国背景下,学习目标的社会取向(努力满足归属感或得到认可的需要)也是一个重要的结构维度,这在西方的理论中并没有给予明确解释,例如,香港的中国学生比较看重学业成就的社会目的(Tao & Hong,2000),新加坡华人学生也显示出社会取向的目标,这种目标既与掌握目标存在积极相关,也与成就目标存在积极相关(Chang & Wong,2008)。

因此,在西方个人主义文化背景下,学生从事学业任务的意图是增强他们的能力(掌握)或证明自己的能力(成绩),教育者则试图培养他们重视掌握目标,因为这种取向对自我价值的影响较小,所以它的适应性更强,尤其是在面对挫折时更是这样。尽管最近的多元化目标观点认为,成就取向的目标作用也许不像之前假设的那样不利于适应(Harackiewicz,Baron,Pintrich,Elliot,& Thrash,2002;Pintrich,2000b),但这个看法并没有被广泛接受(Kaplan & Middleton,2002;Midgley 等,2001)。与之相反的是,多元化目标现象似乎总是存在于那些拥有高成就背景的中国学生中(如社会目标的重要性探讨,Yu,1996),他们试图在一个竞争性的学习环境里既掌握材料,又超过其他同伴,同时也努力获得重要他人的认可。

在中国文化背景中,成就目标的凸显性并没有导致多少负面效应。首先,当个体在一个竞争性学习环境中努力奋斗时,成就目标实际上也是非常适合的。其次,中国学生把成就的实现归因于顽强的努力,这种看法显然会减弱成就和能力评价之间的联系。当成就被认为是一种道德责任,或者坚信只要付出足够的努力就可以做你想做的时,问题的关键就变成了有没有付出充分的努力,而不是去证明自己的能力。这样,失败行为也可能导致内疚和羞愧,并最终转化为驱动力,促使个体更加努力做事。

综合分析

个别化研究经常只关注一个或几个觉得比较重要的方面,但实际上,把所有相关的变量放在一起操作时也会产生一定效应。在以上研究中测查的社会认知变量可以总结为三个主要的成就动机成分:价值感知、预期信念和目标定向(Eccles & Wigfield,2002)。价值观是付出努力的原因,而对成功的预期促使个体继续坚持,二者共同决定了目标的类型和学生学习时采用的策略。

在这一部分,我们将根据价值、期望和目标三个方面,对来自西方文化和中国文化环境下的学生动机研究所发现的不同观点进行总结。有关西方和中国学生的动机特征差异已经根据大概的个人主义和集体主义(Hofstede,1983)、苏格拉底诘问式—儒家文化(Tweed & Lehman,2003)、智能—美德(Li,2005)等二分法开展了广泛讨论。虽然标称不同,但是仔细分析它们所代表的东西,实际上可以汇总成价值观和信念、社会关系、行为上的临床表现,这些特征在两种文化群体中存在差异性。正如以上研究述评所显示,这些文化特征在中国与西方学生从事的教育活动中有清晰的体现。当然,在联系到教育活动(价值)、完成这些活动的信念(期望)和成就定向(目标)时,以上特征也存在意义上的不同。

西方情境

在西方苏格拉底式个人主义文化背景中,独立自我是动机分析的焦点。不管学习追求是否是为了某种高度个体化的价值事件,成就的概念主要以个体的收获来界定,比如自我实现。成就动机很大程度上和自我价值或自我提升有关。值得学习的任务应该是个人感兴趣的或相关的东西,同时自我效能感和自我决定是持续努力的重要影响因素,更进一步说,对结果的归因往往侧重于个人的能力贡献。

由于在个人主义文化中,个体差异受到高度尊重,学生们在学校里学习时带有不同的愿望、价值观和兴趣,这些东西不一定和正式的学校教育相一致,因为在这里,某种程度的外部强加的目标、规则和活动是不可避免的。然而,对那些能坚持付出任何努力的学生来说,这种激励源主要取决于自我、内部动机的环境也是令人合意的。依靠服从来实现成功经常是无效的,甚至会导致抵抗,这意味着,教师需要花费大量的努力来协商个体需要和群体需要之间的矛盾。从怎样增强学习价值的感知来说,为了提高学习价值对学生的实用性,教师需要让学习变得有意义且目的明确,他们还需要提供多种选择,使学习任务让人感觉新颖有趣,进而加强它们的兴趣价值(Brophy,1999;Morrone & Pintrich,2006;Pintrich,2003),否则,学生将难以发现努力学习的理由。

即使学校的成功促进了学生对学业成就价值的认识,怎样保持动机仍然是一个问题,尤其是面对阻碍和挫折时更是如此,这时对成功期望的提高就变得尤为重要。在个人主义文化里,成功一般被归功于个体因素,这一过程包含着自我导向的积极性特征,所以,效能感和控制感在整个过程中对结果的积极期待都很重要。在西方提倡的动机策略中,大多数都与积极期待的增强有关(Morrone & Pintrich,2006),例如,根据个别学生的能力提供合适的任务,使任务具有挑战性但又不会太难,减少竞争以避免学生在面临失败时产生对自己能力的否定,强调缺乏努力或无效策略是失败的原因来保护自我价值。这些都是为了减少消极自我概念的发展可能性,或者防止低能力感。此外,让学生有机会参与进教学决策也是值得做的,比如,为更大程度地自我决定提供机会,以此增加控制感和内部动机。

最后,由于能力是个人价值的重要标志,而且它很大程度上被认为是天生的、相对不可控的和稳定的,所以在西方课堂上,强调掌握目标而不是成就目标非常重要。成就目标和竞争环境有关,也跟他人比较有联系,这对于一个人的能力来说,当他面对消极反馈或挑战时,将会产生明显的消极影响。

中国情境

在儒家集体主义文化中,对动机的动力学分析涉及相依自我高于西方情境的程度。获取优秀学业不仅仅是个人的事情,还涉及对个人、家庭和社会责任的履行。这种强烈的道德色彩使教育成就变成一种美德追求,这也逐渐损害了个人兴趣的重要性,降低了自我效能作为必要条件让学生努力学习的价值(也可参见 Yu,1996)。而且,由于社会关系的等级性是一种根深蒂固的社会特征,教师定向的学习总能在儒家传统中被接受,学生自我决定的缺乏在中国课堂上不怎么算一个问题。此外,对成就结果的努力归因占据了支配性地位,努力能改变能力成为一种信念,失败的原因并不是低能力问题。

如此一来,中国学校运作的环境带有高度统一的价值观和对学习成就的期望,当中很少需要让学生信服学习的价值。由于文化符号牢牢规定了成就的重要性和实用性,兴趣和价值不再受到重点关注,换句话说,即使任务是多么的无趣,学生也将乐意接受并完成它,这就好似他们的责任要求那样做,Li(2002)把它称为"心与理智对学习的需要"。在这一情境支持下,学习的内在动机就不再是肩负成就达成的必要条件了,外部强加的目的和要求一般足以激励学生。事实上,中国教师并不倾向于花费更多精力来迎合个体在抱负和兴趣方面的差异,他们会尽量利用学生好赶时髦的积极性和努力,促进学生获得更高的成就。

和西方学生一样,中国学生也不可避免地会在学习中遇到挫折与挑战。实际上,失败的经历在中国的学校里出现的频率更高,因为这里的学习经常是竞争性的,教学设计没有必要考虑学生能力的多样性,这种失败也经常公开易见。按照西方的理论,这样的学习环境对学生的能力和成功期望应该产生明显的消极感。

不过,尽管这些研究认为中国学生普遍具有较低的效能感或自我概念,但是这并不能阻止他们做得好。除了追求成功的愿望外,努力归因和能力可塑的信念也抵消了低自我效能带来的消极影响,即使面对失败,也会推动学生继续努力、坚持不懈。同样,由于努力也是相对可控的,努力学习的观念有可能在学习中产生必要的控制感,这样的话,中国学生仍旧可以在学习中感到自我导向,即使自我决定或选择的空间非常小也可以如此。实际上学生也常常乐于接受来自权威人物的指导,因为这样代表着关心和鼓励,而不是消极的控制(Ho,2001)。

对成绩、掌握和社会目标的同时接受反映出中国学生成就动机影响因素的多源性。作为中国学校教育的一个固化因素,竞争性学习环境自然而然地培育出对成绩目标的强调。但是,我们应该注意到,当学生的想法是要准备实现目标时,成绩动机实际上也可以激起努力,而不是阻止参与。于是,集体主义价值观的影响导致社会目标成为动机结构必不可少的一部分。教育成功被看做是集体的事情,它不仅需要学生很负责地参与,也需要家庭和老师的强烈支持,这也获得一个额外的好处,它可以帮助中国学生面对重重困难时坚持不懈。最后,也是理所当然的,掌握目标构建了学业技能,如果把这一目标合并到成就目标结构中,也会有助于中国学生提高他们的成绩。

综上所述,现代中西方文化里的学校教育系统和相关活动表面上看十分相似,但是它们潜在的学校教育价值观和信念却有不同,这也导致不同水平的努力和坚持,并产生了大不一样的结果。在学生个体水平毋庸置疑的是,内部动机、任务价值、效能感、控制感和掌握取向水平越高,越能预测更好的成就结果,这在不同文化具有普遍适用性。但是,当中国学生作为一个群体时,他们似乎更乐意接受文化的好处,让自己能更好地应对现代学校教育的现实性,也就是说,学业科目经常不再是内部兴趣或即刻价值所指的东西,挑战和挫折导致对自己能力的消极体验成为必然,某种程度的竞争也不再可以避免。

面对这些现实,儒家集体主义价值观和信念似乎造成了明显的差异。在让中国学生克服重重困难适应学习方面,这种文化有两个特征尤为突出。首先,赋予教育成就高价值作为强大驱动力:有志者事竟成。然后是对努力所持有的坚定的信念:如果你付出足够的努力你就会达到目标。

进一步的研究

我们一开始回顾了一些记载中国学生杰出学业成就的证据,同时也包括亚洲其他享有儒家文化传统的群体成就表现。然后我们试图从中理解社会文化和动机因素对学业成就的贡献。这些研究发现明确认为,信念和心理过程反映了文化的有效影响。通过对多个国家群体和心理结构的检测,相关的研究在过去的十年取得了很大进展,也提出了多样化的研究方法(见 Hau & Ho,2008)。我们在总结本章时,也强调了几个当前的研究倾向,这些研究倾向有可能继续帮助我们理解学习上的文化效应,发展更普遍适用的动机理论。

构建更多特殊性的结构

研究表明,那些所谓的相互对立的动机加工在中国文化背景下却是共同发挥作用的。在不同文化背景下,心理结构可能具有不同的意义和内涵,或者是同一心理过程产生出不同的效应,例如,在西方情境中,动机的内部/外部性质被定义一个连续体(如自我决定理论,Ryan & Deci,2000),动机的提升涉及把外在的目标转化为更内在的目标(如比较高的自我决定性),这是因为内部动机与更高的成就相关联。但是,对中国学生的研究却清楚地表明,那些在西方自主观念中被称作兴趣或自我决定之类的内部动机,在中国学生的成就情境中却显得作用不太明显。也许在集体主义儒家文化下,外部价值观和标准的内化是普遍存在的,本质内容和非本质内容之间,或者内在东西和外在东西之间的区别性已经不太清晰或缺乏重要性。

另一个例子是有关掌握目标和成就目标的差别。西方研究人员和教育者常常将二者对立起来,学习中的掌握性目标理所当然地被看好,因为它可以作为一个预测高成就的先知。但是,相关研究也清楚地表明,成就目标和掌握目标的联合力量最能适应中国的学习环境。

还有一个例子是关于努力与能力概念的。在西方背景下,这两个概念区别非常明显,其中能力是稳定且不可控的,而努力是可变且可控的。相反,有明确证据显示,中国人认为努力和能力是一致的,因为更多的努力会导致更高的能力,所以,这二者都是相当不稳定且可控的。

鉴于这些确凿的证据,要想发展更具有普遍适用性的动机理论,就必须超越简单二分的方法(如内部对外部、掌握对成绩、控制对自主等),引申出在意义上更特殊更精确的结构维度。近期的一些研究已经朝着这个方向发展,例如,一项针对集体主义文化中自主性所扮演角色的调查中,Rudy 和同事(Rudy,Sheldon,A wong,& Tan,2007)证明了需要区分"包容性自主"("我和我的家庭"是这种动机主题)与"个人相对自主"("我"是这一动机主题)。他们的研究结果显示,前者与集体主义华裔加拿大人和新加坡人的幸福呈正相关,但是对欧裔加拿大人却不是这样。

另一个例子涉及需要对成就目标的概念给予更多区分。在 Grant 和 Dweck(2003)的系列研究中发现,当面对挑战时,和能力挂钩的成绩目标(成绩被当作能力的测量)预示着退步或表现不佳,然而标准的成绩目标(想做得比别人好)却不存在这一问题,后者被发现实际上与更高水平的感知能力相联系。这些研究结果很好地解释了先前所分析的成就目标作用,它对西方与中国学生的影响效果明显有差异,所以在两种文化背景中,有可能存在不同类型的成就目标。所以对动机结构维度或成分进行更精确的细述,将有助于研究人员做出更准确的跨文化群体比较。与此同时,它们也帮助我们更清楚地看到为什么某些大概的结构在不同文化背景下存在相异的效果。

尤为重要的是,目前对自我的测量和意义表达更为清晰,这关乎跨文化研究中的结构问题。在过去的十年,有关研究让我们认清,自我概念就像在自我效能、自我决定、自我调控中的那样,在动机加工中也处于核心地位。自我在个人主义文化中主要指向独立自我,而在集体主义文化中,同一概念则包含了更多的相依自我成分。在现有述评提供的案例中,自我建构可以在不同的文化背景中解释不同的动机影响效应。

近期的研究进一步认为,自我建构或许存在区域性差异,即使在同一文化群体中也可能表现不同(见 Kwan,Hui,& McGee,本卷)。Wang and Li(2003)引用了多项研究来证明,学习或许是中国学生唯一能展示更多更精确个人主义或独立自我感的领域,因为它强调了自力更生和个体责任。这种个人主义取向与中国人长期以来在社会与家庭关系中展现的集体主义取向形成了鲜明的对比。领域特殊的动机态度可能起源于学生对特殊领域的独特反应,比如社会文化、发展和环境方面的刺激因素。这些研究指出,在回应各种环境因素刺激时,动机加工也呈现出动态化和情境化的本质特点,所以,此类影响因素的复杂性应该在相关的研究中给予考虑。

更广泛的视角

研究者对中国和其他亚洲学生的动机之所以感兴趣,部分原因是因为他们的优异成就,所以这样的研究可以帮助我们识别特殊的动机描述,这些描述跟现实的学习效果有很强的联系,也被认为是非常有价值的。之前的许多研究只是强调有限的动机结构,或者只关注几个结构之间的关系,而没有把它们和实际的成就结果联系起来,但是后者对我们理解特殊的加工本质却是有帮助的,所以,更为直接地检验动机和成就之间的关系将会令人感觉值得。鉴于有大量的动机加工交互作用影响到成就,我们需要在更广范围内对动机结构和成果测量进行研究,这将有助于形成更清晰更令人信服的动机——成就关系大图,展示它们在跨文化背景中是怎样的不同。最近这种类型的调查出现在国际学生评估计划中(详见 Marsh,Han,Artelt,Baumert,& Peschar,2006)。该研究通过大量国家间的比较,在更广范围内检验了动机相关变量和许多成就结果之间的关系。

值得注意的是,在之前的调查中,学习成果指标很大程度上局限于考试分数。在探讨中国学生的学习动机时,研究者认为,这些中国学生获得的高成就也是付出代价的,就比如说他们在一个竞争性的学习环境里不断地被督促(见 Stevenson & Lee,1996)。尽管他们存在高成绩,但是在某些特定的科目上也表现出低兴趣、低自我概念,或者缺少自信,这表明,高成绩的产生可能是以牺牲其他方面的发展为代价的(Leung,2002;Salili 等,2004)。如果我们想对教育中的动机加工作用和本质做出更为全面的理解,在研究中除了纳入考试成绩之外,还要考虑更广泛的重要教育成果,这将是十分有价值的。

其他方法学问题

设计有效的研究和工具来比较不同的文化群体,这一直都是一个挑战。关于这方面有几个问题值得我们注意。许多研究在比较中国学生和其他学生的动机结构时,直接使用态度工具来进行比较。于是,这就存在和程序有关的本质性问题,因为翻译过程中的用词选择和最后润色,文化群体之间的差异可能被人为地创造出来了,例如我们几乎不可能在 5 点量表中保证"4"级在其他文化中也代表同样的意义(参见 Schwarz &

Oyserman,2001,问卷结构导致的偏差）。

　　一种解决的方法是减少对直接比较的依赖,转而依靠更多基于变量之间关系模式比较(如相关性)的文化差异检验,这能让我们检测出中国和非中国学生在自主权和兴趣上的差异关系,而不是去比较这些变量各自的意思(参见 Bond 给牛顿力学信仰者的建议,跨文化研究,出版中)。另一个办法是多设计一些实验性的或纵向性的精致研究,以便更好地描述变量之间的因果关系,而且除了收集学生自己的自我报告外,还要收集父母的报告,并对有关结构的观察数据进行交叉式验证。

　　从不同的文化研究中发现可比的样本,选择符合心理测量学要求的、有效的、可信的测量工具也是问题的关键。正如其他心理学领域的研究那样,有些研究者强调了发展具有生态学效度和"主位"(emic)式动机测量工具的重要性,这更能充分反映特殊文化的具体特点(见 Smith,本卷)。尽管这种观点是合理的,而且那样的工具有时也是必需的,但是心理测量学意义上的"客位"(etic)式工具仍然有非常大的价值,它们能够用于大范围的文化和教育情境,使更多的跨文化群体直接比较成为可能。

　　在国际学生评估计划中(OECD,2003),研究者采用的 SAL(学生的学习)工具就被认为是"客位"的手段,它测量到目前为止可能是最大数量的学生和国家(在 2000 年的评估中,来自 32 个国家的 10000 多名学生接受了测试)。这个工具由一些广泛的动机和策略结构组成(52 个项目,14 个量表),这些工具包括动机、控制/记诵/精加工策略、努力/坚持、自我效能、期望管理、阅读/数学方面的兴趣、合作/竞争学习和阅读/数学/学业方面的自我概念。Marsh 等人(2006)评估并总结了 SAL 量表跨文化群体的适用性,他们认为,"基于相称的材料设计、合适的样本、精心的标准化管理程序,该量表对跨文化的普遍性[就工具来说]具有很强的说明性"(p.353)。所以,SAL 已成为一种有效的工具,为探索跨文化群体中的结构关系提供了丰富的数据。

　　另一项近期的研究案例是由 Mcinerney 和 Ali(2006)完成的,他们大范围调查了来自美国、非洲、澳大利亚(英国人、移民和土著人群体)、中国香港、纳瓦霍(美国印第安部落)的高中学生,检验了多维成就目标量表的因素结构,结果发现,这些量表结构存在一个稳定的多维多层的相关模式,支持了稳固的理论结构,这些理论结构对于研究多样的文化群体来说非常必要。因此,根据因素结构等同性和心理测量学要求的特性,对动机测量的跨文化适用性进行研究尤为重要,太多强调"主位"式工具,也可能阻碍跨文化的比较。

总结性评论

　　自 20 世纪 90 年代以来,有关学生成就动机的研究之所以激增,主要是因为两股力量的推进。一方面,在现代世界许多地方,教育者都在积极寻求解决教育问题的办法,其中教育参与不足和成就下滑引起极大的关注。中国和其他亚洲学生虽然在学习条件上明显不利,但是他们的突出成就激起了人们对所谓"中国学习者悖论"的研究兴趣(Watkins & Biggs,1996),相关的研究也确实为之提供了重要的见解。另一方面,越来越多的心理学研究强调把个人与环境的交互性作为人类行为的决定性因素,作为环境影响的重要一面,文化因素在研究中受到了极大关注,由此也增强了人们对跨文化研究的兴趣。这类研究也将针对源自西方背景的理论如何适用于其他文化产生深刻见解,所以它们有助于发展更加精确的理论。

最后值得注意的是,随着现代化与地球村的发展,文化间的影响与日俱增,中国社会的许多方面正在发生快速的经济和社会变革。但是从某种程度上来看,社会中传统的集体主义——儒家文化信条还在以它们以往所表现的那样,继续对学校教育施加影响。

作者注释

通信方式:Professor Kit-Tai Hau,Faculty of Education,The Chinese University of Hong Kong,Sbatin,N. T.,Hong Kong(Email:kthau@cuhk.edu.hk).

参考文献

Ames, C. (1992). Classroom: Goals, structures, and student motivation. *Journal of Educational Psychology*,84,261-271.

Bandura,A.(1997).*Self-efficacy:The exercise of control*.New York:Freeman.

Beaton,A.E., Mullis, L V.S., Martin, M.O., Gonzalez, E.J., Kelly, D.L., & Smith, T.A.(1996). *Mathematics achievement in the middle school years:IEA's Third International Mathematics and Science Study* (*TIMSS*).Chestnut Hill,MA:TIMSS International Study Center,Boston College.

Bond,M.H.(in press).Circumnavigating the psychological globe:From yin and yang to starry, starry night… In A.Aksu-Koc & S.Beckman(eds),*Perspectives on human development,family ar1d culture*.Cambridge,England:Cambridge University Press.

Brophy,J.(1999).Toward a model of the value aspects of motivation in education:Developing appreciation for particular learning domains and activities.*Educational Psychologist*,34,75-85.

Chan,K W.,Lai,P.Y.,Leung,M.T.,& Moore,P.J.(2005).Students'goal orientations, study strategies and achievement:A closer look in Hong Kong Chinese cultural context.T*he Asia-Pacific Educarior1Researcher*, 14,1-26.

Chang,W.C.& Wong,K.(2008).Socially oriented achievement goals of Chinese university students in Singapore:Structure and relationships with achievement motives,goals and affective outcomes.*International Journal of Psychology*,43,880-885.

Chen, C.& Stevenson, H.W. (1995). Motivation and mathematics achievement: A comparative study of Asian-American, Caucasian-American, and East Asian high school students. *Child Development*, 66, 1215-1234.

Cheng, R.W. (2007). Effects of social goals on student achievement motivation: The role of self-construal (Doctoral dissertation, The University of Hong Kong, 2005), *Dissertation Abstract International Section A: Huma11ities and Social Sciences*, 67(8-A), 2876.

Chow, S.S.& Chu, M.H. (2007). The impact of filial piety and parental involvement on academic achievement motivation in Chinese secondary school students. *Asian Journal of Counselling*, 14, 91-124.

Covington, M.V. (1992). *Making the grade: A self-worth perspective on motivation and school reform.* New York: Cambridge University Press.

Crocker, J.& Wolfe, C. (2001). Contingencies of self-worth. *Psychological Review*, 108, 593-623.

d'Ailly, H. (2003). Children's autonomy and perceived control in learning: A model of motivation and achievement in Taiwan. *Journal of Educational Psychology*, 95, 84-96.

d'Ailly, H. (2004). The role of choice in children's learning: A distinctive cultural and gender difference in efficacy, interest, and effort. *Canadian Journal of Behavioural Science*, 36, 17-29.

Deci, E. L., Schwartz, A. J., Sheinman, L, & Ryan, R. M. (1981). An instrument to assess adults'orientations toward control versus autonomy with children: Reflections on intrinsic motivation and perceived competence. *Journal of Educational Psychology*, 73, 642-650.

Dweck, C.S. (1999). *Self-theories: Their role in motivation, personality, and development.* New York: Psychology Press.

Dweck, C.S.& Elliot, E.S. (1983). Achievement motivation. In P. Mussen & E. M. Hetherington (eds), Handbook of child psychology (pp.643-691). New York Wiley.

Eaton, M.J.& Dembo, M.H. (1997). Differences in the motivational beliefs of Asian American and non-Asian students. *Journal of Educational Psychology*, 89, 433-440.

Eccles, J.& Wigfield, A. (1995). In the mind of the actor: The structure of adolescents'achievement task values and expectancy-related beliefs. *Personality and Social Psychology Bulletin*, 21, 215-225.

Eccles, J.S.& Wigfield, A. (2002). Motivational beliefs, values, and goals. *Annual Review of Psychology*, 53, 109-132.

Eccles, J., Wigfield, A., & Schiefele, U. (1998). Motivation to succeed. In W.Damon (series ed.) & N.Eisenberg (vol. ed.), *Handbook of child psychology: Vol. 3. Social, emotional, and personality development* (5th edn, pp.1017-1095). New York: Wiley.

Ee, J.& Moore, P. J. (2004). Motivation, strategies and achievement: A comparison of teachers and students in high, average and low achieving classes. In J.Ee, A.S.C.Chang, & O.S.Tan (eds), *Thinking about thinking* (pp.142-160). Singapore: McGraw-Hill Education.

Fuligni, A.T.& Stevenson, H.W. (1995). Time use and mathematics achievement among American, Chinese, and Japanese high school students. *Child Development*, 66, 830-842.

Fuligni, A.J., Tseng, V., & Lam, M. (1999). Attitudes toward family obligations among American adolescents with Asian, Latin American, and European backgrounds. *Child Development*, 70, 1030-1044.

Fuligni, A.J.& Zhang, W. (2004). Attitudes toward family obligation among adolescents in contemporary urban and rural China. *Child Development*; 74, 180-192.

Grant, H.& Dweck, C.S. (2003). Clarifying achievement goals and their impact. *Journal of Personality and Social Psychology*, 85, 541-553.

Harackiewicz, J., Barron, K., Pintrich, P.R., Elliot, A., & Thrash, T. (2002). Revision of achievement goal theory: Necessary and illuminating. *Journal of Educational Psychology*, 94, 638-645.

Hau, K.T.& Ho, I.T. (2008). Editorial: Insights from research on Asian students' achievement motivation. *International Journal of Psychology*, 43, 865-869.

Hau, K.T.& Salili, F. (1991). Structure and semantic differential placement of specific causes: Academic causal attributions by Chinese students in Hong Kong. *International Journal of Psychology*, 26, 175-193.

Hau, K.T.& Salili, F. (1996). Prediction of academic performance among Chinese students: Effort can compensate for lack of ability. *Organizational Behavior and Human Decision Processes*, 65, 83-94.

Ho, I.T. (2001). Are Chinese teachers authoritarian? In D.A. Watkins & J.B. Biggs (eds), *Teaching the Chinese Learner: Psychological and pedagogical perspectives* (99-114). Hong Kong, China: CERC/Melbourne, Australia: ACER.

Ho, I.T.& Hau, K.T. (2008). Academic achievement in the Chinese context: The role of goals, strategies, and effort. *International Journal of Psychology*, 43, 892-897.

Ho, I. T., Hau, K. T., & Salili, F. (2007). Expectancy and value as predictors of Chinese students' achievement goal orientation. In F. Salili & R. Hoosain (eds), *Culture, learning, and motivation: A multicultural perspective* (pp.69-90). Charlotte, NC: Information Age.

Ho, I.T., Salili, F., Biggs, J.B., & Lau, K.T. (1999). The relationship among causal attributions, learning strategies and level of achievement: A Hong Kong Chinese study. Asia Pacific Journal of Education, 19, 44-58.

Hofstede, G. (1983). Dimensions of national cultures in fifty countries and three regions. In J.B. Deregowski, S. Dziurawiec, & R.C. Annis (eds), *Expiscations in cross-cultural psychology* (pp. 335-355). Lisse, The Netherlands: Swets & Zeitlanger.

International Monetary Fund. (2007). *World economic outlook database*. Washington, DC: The author. (List of countries by GDP (PPP) per capita retrieved June 3, 2007-06-03 from Wikipedia: http://en.wikipedia.org/wiki/List_of_countries_by_GDP _(PPP)_per_capita).

Iyengar, S.S., & Lepper, M.R. (1999). Rethinking the value of choice: A cultural perspective on intrinsic motivation. Journal of Personality and Social Psychology, 76, 349-366.

Kaplan, A.& Middleton, M. (2002). Should childhood be a journey or a race? A reply to Harackiewicz et al. *Journal of Educational Psychology*, 94, 646-648.

Lapointe, A.E., Askew, J.M., & Mead, N.A. (1992). *Learning science*. Princeton, MJ: Educational Testing Service.

Lapointe, A.E., Mead, N.A., & Askew, j.M. (1992). *Learning mathematics*. Princeton, NJ: Educational Testing Service.

Lau, K. L. & Chan, D. W. (2001). Motivational characteristics of under-achievers in Hong Kong. *Educational Psychology*, 22, 417-430.

Leu.ng, F.K.S. (2002). Behind the high achievement of East Asian students. *Educational Research and Evaluation*, 8, 87-108.

Li,J.(2002).A cultural model of learning：Chinese 'heart and mind for wanting to learn'.*Journal of Cross-Cultural Psychology*,33,248-269.

Li,J.(2004).Learning as a task or a virtue：U.S.and the Chinese preschoolers explain learning.*Developmental Psychology*,40,595-605.

Li,J.(2005).Mind or virtue：Western and Chinese beliefs about learning.New Directions in *Psychological Science*,14,190-194.

Li,J.(2006).Self in learning：Chinese adolescents' goals and sense of agency.*Child Development*,77,482-501.

Marsh,H.W.,Martin,A.J.,& Hau,K.T.(2006).A Multiple Method Perspective on Self-concept Research in Educational Psychology：A Construct Validity Approach.In M.Eid & E.Diener(eds),*Handbook of multimethod measurement in psychology*(pp.441-456).Washington,DC：American Psychological Association.

Marsh,H.W.,Hau,K.T.,Artelt；C.,Baumert,J.,& Peschar,J.L.(2006).OECD's brief self-report measure of educational psychology's most useful affective constructs：Cross-cultural,psychometric comparisons across 25 countries.*International Journal of Testing*,6,311-360.

McCrae,R.R.,Costa,P.T.Jr,& Yik,M.S.M.(1996).Universal aspects of Chinese personality structure. In M.H.Bond(ed.).*The handbook of Chinese psychology*(pp.189-207).Hong Kong：Oxford.

Mcinerney,D.M.& Ali,J.(2006).Multidimensional and hierarchical assessment of school motivation：Cross-cultural validation.Educational Psychology：An International Journal of Experimental Educational Psychology,26,595-612.

Meece,J.L,Anderman,E.M.,& Anderman,L.H.(2006).Classroom goal structure,student motivation, and academic achievement.*Annual Review of Psychology*,57,487-503.

Midgley,C.,Kaplan,A.,& Middleton,M.(2001).Performance-approach goals：Good for what,for whom, under what circumstances,and at what cost? *Journal of Educational Psychology*,93,77-86.

Morrone,A.S.& Pintrich,P.R.(2006).Achievement motivation.In G.G.Bear & K.M.Minke(eds), *Children's needs* Ⅲ：*Development, prevention, and intervention*(pp.431-442).Bethesda,MD：National Association of School Psychologists.

Mullis,I.V.S.,Martin,M.O.,Beaton,A.E.,Gonzalez,E.J.,Kelly,D.L.,& Smith,T.A.(1997). *Mathematics achievement in the primary school years：LEA's Third International Mathematics and Science Study* (*TIMSS*).Chestnut Hill,MA：Boston College.

Organization for Economic Co-operation and Development(OECD).(2003).*Literacy skills for the world of tomorrow further results from PISA* 2000.Paris：Author.

Pintrich,P.R.(2000a).The role of goal orientation in self-regulated learning.In M.Boekaerts,P.R.Pintrich,& M.Zeidner(eds),*Handbook of self-regulation*(pp.451-502).San Diego,CA：Academic Press.

Pintrich,P.R.(2000b).Multiple goals,multiple pathways：The role of goal orientation in learning and achievement.*Journal of Educational Psychology*,92,544-555.

Pintrich,P.(2003).A motivational science perspective on the role of student motivation in learning and teaching context.*Journal of Educational Psychology*,95,667-686.

Pintrich,P.R.& Schunk,D.H.(2002).*Motivation in education：Theory, research, and applications*(2nd edn).Upper Saddle River,NJ：Prentice Hall.

Pintrich, P.R. & Zusho, A. (2002). The development of academic self-regulation: The role of cognitive and motivational factors. In A. Wigfield & J. Eccles (eds), *Development of achievement motivation* (pp. 249 – 284). San Diego, CA: Academic Press.

Rogers, C. (1998). Motivational indicators in the United Kingdom and the People's Republic of China. *Educational Psychology*, 18, 275 – 291.

Rudy, D., Sheldon, K.M., A wong, T., & Tan, H.H. (2007). Autonomy, culture, and well-being: The benefits of inclusive autonomy. *Journal of Research in Personality*, 41, 983 – 1007.

Ryan, R.M. & Deci, E.L. (2000). Self-determination theory and the facilitation of intrinsic motivation, social development, and well-being. *American Psychologist*, 55, 68 – 78.

Salili, P. (1994). Age, sex, and cultural differenceses in the meaning and dimensions of achievement. *Personality and Social Psychology Bulletin*, 20, 635 – 648.

Salili, F. (1996). Achievement motivation: A cross-cultural comparison of British and Chinese students. *Educational Psychology*, 16, 271 – 279.

Salili, F., Chiu, C.Y., & Lai, S. (2001). The influence of culture and context on students'motivational orientation and performance. In F. Salili, C.Y. Cltiu, & Y.Y. Hong (eds), Student motivation: The culture and context of learning (pp. 221 – 247). New York: Kluwer Academic/Plenum Publishers.

Saili, F. & Lai, M.K. (2003). Learning and motivation of Chinese students in Hong Kong: A longitudinal study of contextual influences on students'achievement orientation and performance. *Psychology in the Schools*, 40, 51 – 70.

Salili, F., Lai, M.K., & Leung, S.S.K. (2004). The consequences of pressure on adolescent students to perform well in school. *Hong Kong Journal of Paediatrics*, 9, 329 – 336.

Schiefcle, U., Krapp. A., & Winteler, A. (1992). Interest as a predictor of academic achievement: A meta-analysis of researd1. In K.A. Renninger, S. Hidi, & A. Krapp (eds), *The role of interest in learning and development* (pp. 183 – 212). Hillsdale, NJ: Erlbaum.

Schwarz, N. & Oyserman, D. (2001). Asking questions about behavior: Cognition, communication and questionnaire construction. *American Journal. of Evaluation*, 22, 127 – 160.

Stevenson, H.W., Chen, C., & Lee, S.-Y. (1993). Mathematics achievement of Chinese, Japanese, and American children: Ten years late. *Science*, 259, 53 – 58.

Stevenson, H. W., & l. ee, 5. -Y. (1996). The academic achievement of Chinese students. In M. Bond (ed.), *The handbook of Chinese psychology* (pp. 124 – 142). Hong Kong: Oxford University Press.

Stevenson, H.W., & Stigler, J.W. (1992). *The learning gap: Why our schools are failing and what we can learn from Japanese and Chinese education.* New York: Simon & Schuster.

Stone, N. (2000). Exploring the relationship between calibration and self-regulated learning. *Educational Psychology Review*, 12, 437 – 475.

Sue, S. & Okazaki, S. (1990). Asian-American educational achievements: A phenomenon in search of an explanation. *American Psychologist*, 45, 913 – 920.

Tao, V. & Hong, Y. Y. (2000). A meaning system approach to Chinese students' achievement goals. *Journal of Psychology in Chinese Societies*, 1, 13 – 38.

Tseng, V. (2004). Family interdependence and academic adjustment in college: Youth from immigrant and U.S.-born families. *Child Development*, 75, 966–983.

Tweed, R. G. & Lehman. D. R. (2002). Learning considered within a cultural context: Confucian and Socratic approaches. *American Psychologist*, 57, 89–99.

Varuteenkiste, M., Zhou, M., & Soenens, B. (2005). Experiences of autonomy and control among Chinese learners: Vitalizing or immobilizing. *Journal of Educational Psychology*, 97, 468–483.

Wang, Q. & U, J. (2003). Chinese children's self-concepts in the domains of learning and social relations. *Psychology in the Schools*, 40, 85–101.

Watkins, D. A. & Biggs, J. B. (1996). *The Chinese learner: Cultural, psychological. and contextual influences*. Hong Kong, China: CERC/Melbourne, Australia: ACER.

Weiner, B. (1986). *An attributional theory of motivation and emotion*. New York: Springer-Verlag.

Weiner, B. (2004). Attribution theory revisited: Transforming cultural plurality into theoretical unity. In D. M. Mdnerney & S. V. Etten (eds), *Research on sociocultural influences on motivation and learning: Big theories revisited* (Vol. 4, pp. 13–29). Greenwich, CT: Information Age.

Wigfield, A. & Eccles, J. (1992). The development of achievement task values: A theoretical analysis. *Developmental Review*, 12, 265–310.

Wigfield, A. & Eccles, J. (2002). *Development of achievement motivation*. San Diego, CA: Academic Press.

Yeung, W. M. L. (2008). Relationships between parenting styles, goal orientations and academic achievement in the Chinese cultural context(Doctoral dissertation, University of Southern California, 2005), *Dissertation Abstract International Section A: Hmnanilies and Social Sciences*, 68(90–A), 3736.

Yu, A.-B. (1996). Ultimate life concerns, self, and Chinese achievement motivation. In M. Bond(ed.), *The handbook of Chinese psychology*(pp. 227–246). Hong Kong: Oxford University Press.

索　引

243

注　释

1　索引中保留的页码出自英文原版书。

译 后 记

武汉大学哲学学院心理系于 2012 年 6 月获得武汉大学"70 后"学术团队建设项目第三批立项，聚焦于"当代文化心理学"，确立了全系的特色建设方向，2013 年确定这一套精品译丛。作为团队项目负责人，张春妹在第一届文化心理学高峰论坛会议论文集中写了一篇短文介绍了团队建设项目对于文化心理学方向选择的由来，这是由世界心理学发展态势、中国心理学现状、武汉大学心理学所依靠的人文资源特色等综合因素决定，是天时地利人和造就的我们系选择并获得学校支持进行文化心理学研究。如今，整整六年过去了，这一套译丛终于即将面世。与此同时，我们的社会心理学会文化心理学专业委员会于 2013 年正式成立，中国心理学会文化心理学专业委员会也在 2018 年开始筹备，我们似乎迎来了中国心理学对文化心理学的重视，文化心理学开启了新局面。

虽然《牛津中国心理学手册》为 2010 年版，经过漫长的翻译、统稿、校对，三卷本一起出版时，已经距离英文版出版有 9 年了，对于心理学论文写作常常要求近 10 年甚至近 5 年的最新文献来说，这本书似乎有点"陈旧"了。但是，在这过去的 9 年里，我国心理学研究对于文化的视角并未得到发展。而本书所关注的主题的全面性和思考的深度，对于未来研究方向的指引，依然具有极为重要的参考价值。特别是对我们如何在中国发展自己的心理学，重视本土文化的视角，具有很大的启示作用，让我们这些从 20 世纪 80 年代以来一直学习西方心理学的人，具有更大的文化自觉性，不能低估文化作为哲学对于我们的心理、行为的影响。而西方心理学所有的研究都是在个人主义的根本假设之上的，其研究结论不可能完全照搬，并作为普遍真理来指导我们中国人的教育、管理等实践。

此《牛津中国心理学手册》被我们称为精品译丛之一，可以说是当之无愧的。相对于一般的教科书，它更为深刻，更适合于作为研究手册。讨论问题的视角也广阔，真正具有大的社会文化视野，具有真切的现实生活关怀。这里涉及的主题也依然是现代研究中的经典视角。比如，在第 2 章，华人心理学涉及华人身份的认定，这既是研究对象界定的需要，又是广大华人的现实心理反映，理论视角上涉及实体论、建构论，涉及文化框架转移，这些如今依然是研究的热点。再如，第 12 章让我们意识到，奉为经典的父母教养理论一般都从权威型、专制型、溺爱型等视角考量，而中国特色的"管"与这些教养行为在内涵、对于孩子的影响上到底有何特殊之处，还是需要进一步研究的本土问题。本书的每一章在阅读时，你都会为其视角的广度、理论的深度、对现实生活的观照、对我们中国人自身的深切关注而折服,总会有心动或深受启发的感觉。

需要说明的是,《牛津中国心理学手册》原书内容丰富、体系庞大,为了方便大家阅读,我们拆分为上、中、下三卷本,根据主体内容,分别命名为认知与学习、自我与健康、社会与管理,显然并不能涵盖各卷中所有内容,但是大致对应了目前心理学研究的主要基础领域和应用方向。另外,正文中常常会有参考文献的"参见本卷",其实可能并非这一卷,而是原英文中所指此版本。在每一章的作者名字的翻译上,我们以英文名字为主,对作者中文名字用括号表示,以保证本书内容很多地方会引用本书参考文献之处,让读者可以方便地查找到具体是本书的哪一个章节。

本书是《牛津中国心理学手册》的中文翻译版上卷部分,内容主要涉及中国人心理学研究的回顾与展望,以及在中国社会文化背景下,人们的社会性表现,由此表现出的语言学习、数学学习、思维和学习动机等心理特点。前三章可以综合为中国心理学的基本概念、历史、思潮以及相关研究思路。第4章和第5章围绕中国的社会文化背景,讨论了中国儿童的社会性情绪和社会性发展问题,为我们展示了不同社会的文化价值观对社会性情绪控制的影响,以及中国父母养育态度的变革对于儿童社会性发展目标的定位,还有相应的跨文化和文化内研究策略。第6章至第13章论述了中国人的学习心理,包括中国人的大脑和语言关系研究方法,在汉字文化背景下,中国儿童的语言学习方式、父母教育方式、中西方思维风格、中文学校环境的教学特点以及中国学生的学习动机等,各种文化环境因素如何影响他们的读写能力、双语学习、数学成就、学习知识的观念和学习成就。在对比西方学生的学习动机时,会深刻体会到中国学生所持有的学习动机的积极一面。

本书翻译过程中,赵俊华负责翻译了引言、第1章、第2章、第3章、第4章、第6章、第7章、第8章、第9章、第10章、第12章、第13章、索引,包括各章节的注释翻译和全书参考文献的整理。张春妹负责翻译了第5章、第11章。另外,2011级本科生王娇阳、隋雨亭分别对第8章、第7章的翻译工作提供了协助,2014级硕士生黄旭晨和2015级硕士冯玲分别对第4章、第13章的翻译提供了协助,2018级硕士生王艳协助对第1章、第2章、第3章、第6章、第9章及索引进行了校对,最后赵俊华负责统稿,对全书格式、图表等做了统一处理。张春妹作为《文化心理学精品译丛》主编,对三卷翻译工作提出了具体要求和统一指导,并对全书进行了仔细的校对工作。钟年教授做了最后的通读、定稿工作。

在译著即将出版之际,特别感谢人民出版社长期以来对我们翻译工作的信任和支持,感谢本译著的责任编辑洪琼先生付出的辛勤劳动。

译 者

2019年5月

本书为武汉大学"70"后学者学术团队建设项目（人文社会科学）——"当代文化心理学研究"成果，得到"中央高校基本科研业务费专项资金"资助

目　　录

第 14 章　中国人的情绪有多独特？

Michelle Yik

在 1996 年，James Russell 和我在第一版《牛津中国人心理学手册》上发表了一篇全面的关于中国人情绪（emotion）的文献综述（Russell & Yik, 1996）。当时，能收集到的研究的数目之少，相关主题的讨论范围之小，令人大失所望。我们提出了问题并对将来的研究主题给出了建议。十多年过去了，在这一章里，我将回顾过去十年来理论和实证研究的进展，主要是为了解决这个问题：中国人情绪具有什么样的普适性和独特性？

过去十年的研究围绕许多主题进行，在这一章中，我主要关注其中四个主题。首先，我试图探讨，中国人的情绪是如何被描述和建构的。与此相关，我展开讨论了情绪环形结构模型对情绪研究的贡献；其次，我综述了中国被试自我意识情绪的研究，包括害羞、内疚、自豪等；再次，我总结了情绪反应相关研究，包括面部表情和生理变化；最后，我考察了情绪的社会化。

情绪的结构

对中国人情绪词汇的分析有助于揭示中国人对切身体验进行分类时所使用的概念。与此同时，对情绪词汇隐含结构的分析有助于揭示情感体验之下的基础内容。

所有人类群体都有用来描述人的词库（Dixon, 1977），中国人也不例外。民族志（ethnographic）研究认为中国文化鼓励人们克制情绪（Bond, 1993），而实证研究则表明中文中的情绪词极其丰富。在界定情绪词的范围时所遇到的困难符合原型理论的主张，该理论认为情绪是原型组织的，情绪与非情绪之间的边界是模糊的（Russell, 1991）。即使不考虑关于界定情绪词的争论，如何描述不同情绪概念之间的关系还是一个尚在进行研究的基本问题。在研究中，不同的写作者基于不同的理论假设以不同系列的情绪术语展开其工作。

将一种文化中的概念输出到另一种文化中被称为跨文化研究的"强加式客位"（imposed-etic）方法（Berry, 1969）。例如，一个研究者将英文的幸福感量表翻译成中文，在中文被试群体中施测，用以考察中国人的幸福感水平。这种研究的前提条件是，幸福感结构具有普适性。在这一部分,我考查幸福感量表及其他情绪量表在刻画中国人情绪体验上的有效性。更通俗地说,我力图探索中国人中情感体验的日常概念,并考察这些日常感受的共变因素可能存在的机制。

引入测量方法的途径(Imported approach)

王力、李中权、柳恒超和杜卫(2007)翻译了正性和负性情感检核表(the Positive Affect and Negative Affect Schedule,PANAS)(Watson,Clark,& Tellegen,1998)并在1163个中国大学生中施测。研究者要求被试写出在过去数周内经历每种情绪的频率。经探索性和验证性因子分析,结果充分支持了PANAS的结构效度。研究显示正性情感(Positive Affect,PA)与负性情感(Negative Affect,NA)得分之间没有相关性。而Yik和Russel(2003)采用Green、Goldman和Salovey(1993)使用的多重反应形式(multi-response formats)程序,考察了瞬时情感的正性与负性情感之间的关系。他们发现,在两个香港中国人的大样本中正负性情绪的相关水平分别在-0.61和-0.56(在其他语言群体中也有类似的结果,Yik,Russell,Ahn,Fernande Dols & Suzuki,2002)。在香港中国人中,正性情感感受可以消解负性情感感受。这些结果与Bagozzi、Wong和Yi(1999)的结果形成了鲜明的对比。

Babbozzi等人进行了一项三种语言的研究,自美国、中国大陆、韩国被调查者中收集的相关性结果表明,性别、文化对正负性情感相关性存在交互作用。在中国被试中,正负性情感之间具有强烈的正相关,较之于男性,在女性中的这种相关性更强。作者提出文化上的假设,认为中国人更能够容忍对立性,因此也比较耐受相反两极的感受,所以在正负两极情绪之间存在着强烈的正相关(而在美国被试中正负性情绪之间存在强烈的负相关)。而且,因为女性具有更多与情绪感受有关的知识与经验,这种正相关在女性比男性中更强。

受到Bogozzi等(1999)的文化假说的启发,研究者们考察了中国内地和香港被试中正负性情感之间的关系(例如Schimmack,Oishi & Diener,2002;Scollon,Diener,Oishi & Biswas-Diener,2005)。令人吃惊的是,虽然从不同的中国被试中得来的结果存在分歧,不过这些研究都没有发现性别效应。为了进一步阐明文化在情绪体验中所扮演的角色,还需进行文化内的研究,对正性情感与负性情感之间的相关性仔细地进行分析。

在Russell和Carroll(1999)提出的意见中,精确考察正负性情感之间的关系需要同时考虑到多种因素,其中评测的时间范围尤其重要。情绪评分基于被试所报告的长期时间范围内情绪感受的,包括"一般而言"的强度和"在过去的一月中的频率"(例如Wang et al.,2007),并不排除在长期时间范围内一时有积极感受一时有消极感受的可能性。比如,一个情绪化的个体,可能在一个月中经历多次情绪起伏,从而可能报告的正性和负性情感都是高水平的,导致正性情感和负性情感间的正相关。

然而，当测量某一时刻的情绪时，会发现正负情绪间呈现稳定的负相关（见 Yik，2007，2009a）。某时某刻，当一个人开心时，他不会悲伤（就像当一个人在某时某刻感到热时不会同时感到冷）。那么，当作为工具的语言相同，被试群体也相同时，我认为结果中的矛盾［比如在 Wang 的研究（2007）与 Yik 和 Russell 的研究（2003）的矛盾］部分是因为所测量情绪的时程是不一样的。需要进行进一步的研究考察不同因素（参见 Yik，2009b）在情绪的现象学报告中所起的作用。

本土化途径（Indigenous approach）

迄今为止的数据表明，在英语人群中确立的情绪，经翻译后在中国被试中也能被测量到并呈现出相同的结构。在这种意义上，正性和负性情感可以概括中国人体验到的各种情感，提示情绪存在普适性结构。然而，中国样本存在正负性情感结构这一事实并不意味着该结构是描述或结构化中国人情绪体验的最自然方式。

这一争论和一些跨文化心理学家的建议有关。他们指出，为了形成一幅完整描述中国人情感的地图，研究者应该采取中国特色方式（也就是，主位方法），因此他们应该寻找本土的中文词来描述情绪。Hamid 和 Cheng（1996）研发了中国人情感量表（Chinese Affect Scale，CAS），率先本土化中国人情绪的描述性地图。一开始，他们在香港中国人中进行自由列举任务，从中采集了 124 个概念词，经多变量分析后，CAS 最终由十种正性情感和十种负性情感组成，在描述特质和状态情感中均有效。正性情感涵盖不同唤醒水平的愉悦感受；负性情感涵盖不同唤醒水平的不快感受。这一本土编制的量表展现了良好的会聚效度和辨别效度，对情绪诱发程序敏感，对生活中一天内的阶段性情绪改变也敏感。

以词汇性假设（Goldberg，1981）为指导，钟杰和钱铭怡（2005）选取两本汉语词典进行情绪词研究。通过专家判别及原型评估，他们选取了 786 个词汇，并进一步缩减词库，最终获得 100 个情绪词。1000 多名中国学生用这 100 个词在 5 点李克特评分量表上描述他们"一般"情绪体验。因素分析呈现 4 个因子，分别为烦躁、愉快和兴奋、痛苦和悲哀、愤恨，以此提供了对中国人情绪的综合描述性地图。尽管三种负性情绪因子之间的相关高达 0.70，作者们仍认为这种正交的四因子模型比环形结构模型更好地描述了中国人情绪。

两种途径相结合

上述研究集中于自下而上的路径，其情绪词要么翻译自英文，要么采集于中国人的书写材料，对情绪评分进行探索性因素分析，报告的因子数目从 2 个到 4 个不等。

而另一些研究者利用自上而下的路径来刻画中国人情绪体验的基本结构。Russell（1983）采用极精简的 28 个情绪相关词库（仅从英语情绪词翻译而来），以说汉语的加拿大居民为被试,以分类排序任务间接考察情绪结构的相似性。多维度尺度分析呈现出一个环形结构模型,其中情绪相关词大致环绕着相应的轴(愉悦—不快、唤醒—睡意)排列。尽管初始研究显得简陋,不过后续采用多种方法进行的研究证实了这种环形结构模型的稳定性。例如,有一项以香港中国人为被试,利用相片呈现面部表情,完全绕过情绪词的使用,也得到了相同的结果。

过去的数十年来,研究者们提出了各种维度模型用以勾画英文自陈式情绪感受的共变特征,主要包括:Russells 的环形结构模型(1980)、Thayer 的能量—紧张唤醒模型(1996)、Larsen 和 Diener 的愉悦和激活的 8 对组合模型(1992)以及 Waston 和 Tellegen 的正性—负性情感模型(1985)等。正如这些模型中主要维度的名称所显示的,这些模型似乎均捕捉到类似的情绪现象,整合的时机已成熟。一种方案是所有维度匹配在主维度间呈 45 度夹角的两维度空间中(Larsen & Diener,1992;Russell,1979;Yik, Russell & Barrett,1999;Waston & Tellegen,1985)。Yik 和 Russell(2003)通过翻译引入情感维度的方法,在香港中国人的两个独立样本中检验了这一整合假设,发现四种维度模型在此整合空间中相互映射(该空间在其他语言人群中的普适性参见 Yik, Russell, Ahn, Fernandez Dols & Suzuki,2002)。

为获得一个更细粒度的测量空间,Yik(2009c)利用三个香港中国人大样本,尝试开创并交叉验证了一个 12 环节的环形结构模型,也就是中国人情感环形结构模型(The Chinese Circumplex Model of Affect)。除通过翻译引入情绪词之外,她还增加了利用自由列举任务获得的本土概念词,已填补环形测量空间中可能存在的空白。这个 12 环节模型在不同样本中利用不同的唤起方法进行的研究中获得了有力的证实。它具有一定水平的精确性,可以对情感做出更好的评估,因此提供了一个更加强大的平台用以拓展情感的法则关系(例如 Yik,2009d;Zeng & Yik,2009)。尽管在此模型中,情感被分解为十二个环节,但模型仍旧较为简洁,因为在此环形结构中,这十二个环节可简化为两种维度(愉悦度和唤醒度)。

图 14.1 呈现了中国人情感的环形结构模型(the Chinese Circumplex Model of Affect,CCMA),其中的情绪词被翻译成英文。右侧为愉悦状态,左侧为不快状态。上半部为激活状态,下半部为去激活状态。每一种特定的情感状态由不同水平的愉悦度和唤醒度所组成。多个情绪维度沿圆周呈环形排列。这一关于情感状态的环形结构已得到实验研究的有力支持(Remington,Fabirigar & Visser,2000;Yik, Russell & Barrett,1999)。

综上所述,在探寻自陈式感受情绪的维度时,中国人至少呈现出两个维度,非常类似于其他语言环境中的结果,和各种文化各种语言的普遍模式相一致(Russell,1991)。从迄今观察到的普遍趋势推想,中国人的情感空间广泛分布于愉悦—不愉悦、激活—去激活两个维度中,这一结构看上去是泛文化存在的。然而,并不能据此认为只用这两种维度就能够说明中国人的情绪体验。我认为,对于中国人情绪结构的描述,这两种维度必要但并不充分。在描述中国人情绪体验时,还没有对引入取向和本土取向模型进行比较研究。进一步研究需在不同模型间进行接合系数分析,以阐明它们之间的关系,并且可能比较它们预测校标变量(如行为、动机、信念等变量)的有效性。

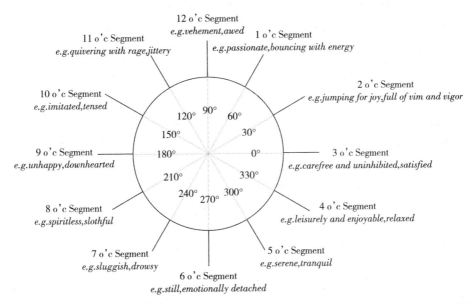

图 14.1 中国人情感环形结构模型(the Chinese Circumplex Model of Affect, CCMA)。图示呈现了12 点时钟的假定位置示意图

1 点位置:例如热情的(passionate),活跃的(bouncing with energy);2 点位置:雀跃的(jumping for joy),生龙活虎的(full of vim and vigor);3 点位置:无忧无虑的(carefree and uninhibited),满足的(satisfied);4 点位置:例如悠然自得的(leisurely and enjoyable),放松的(relaxed);5 点位置:宁静安详的(serene),平静的(tranquil);6 点位置:静止的(still),不带感情的(emotionally detached);7 点位置:反应迟钝的(sluggish),昏昏欲睡的(drowsy);8 点位置:无精打采的(spiritless),懒散的(slothful);9 点位置:不快乐的(unhappy),垂头丧气的(downhearted);10 点位置:易怒的(irritated),紧张的(tensed);11 点位置:气得发抖的(quivering with rage),战战兢兢的(jittery);12 点位置:激动的(vehement),敬畏的(awed)

环形结构模型在研究理想情感中的应用

文化的作用一直在吸引着研究者。近来,Tsai 和她的同事认为理想情感(ideal affect)类型的差异体现了文化的差异,个体重视愉悦的体验,在相互依存的文化(如香港中国人文化)中的个体更加渴望经历去激活的情感(平静)(deactivated affect: calmness),而在强调独立的文化(如美国文化)中的个体更渴望经历激活的情感(兴奋)(activated affect: *excitement*)。作者们主要采用八情感评估量表(eight Affect Valuation Index scales, AVI),该量表挑选了环形结构模型中的八分位上的特征情感(Tsai et al., 2006)。不幸的是,这些量表的维度结构从未被明确地检验过,而研究中的分析主要局限于对高唤醒积极情感(High-Arousal Positive, HAP)和低唤醒积极情感(Low-Arousal

Positive,LAP)的分析(位于图 14.1 所示环形结构中的 45 度和 315 度)。

对理想情感量表的环形结构进行检验可能对理想情感的研究更有益,Jiang 和 Yik (2009)从一个小规模研究开始,检验了利用环形结构模型捕捉理想情感结构中的可行性。在 203 个香港中国人组成的被试样本中,研究结果充分支持并整合了 AVI 量表的 CCMA 模型。与 Tsai 等人(2006)发现香港中国人希望体验到平静(低唤醒愉悦的体验)的结果不同,Jiang 和 Yik 发现中国人被试希望感觉到精力充沛(*energetic and peppy*)(中度唤醒的愉快体验)。为处理样本中"一般人"的理想情感的问题,研究者可以依据 12 点位置,每一点计算所有被试样本得分的平均。于是这 12 个的分数可以被用来估计一般人渴望体验的情感在 CCMA 上的角度。其原理基于这 12 点量级沿圆周的起落符合余弦规律(见 Wiggins,1979;Yik,Russell,& Steiger,2010)。例如,寻求某特定部分的情感也意味着避免位于与该部分呈 180 度位置的情感,即寻求平静意味着避免感到紧张,寻求兴奋意味着避免感到沮丧。很明显,对于理想情感的性质尚需将来进一步地研究。

自我意识情绪

自我意识情绪指的是一类基于个体自身行为产生的情绪,其中包括羞耻、内疚、自豪等原型。这些情绪源于将个人的某些特性或某行为的结果与某标准加以比较(Stipek,1998)。当这种比较的结果是良好的,会产生*自豪*,而当这种比较的结果比较糟糕时,会产生*羞耻*或*内疚*。内疚与社会准则的内化以及内在道德感(良心)的影响有关,而羞耻则因为未达到某种标准而担心社会排斥有关(Fung,1999;Ho,Fu,& Ng,2004)。

羞耻的高认知(Hypercognition of shame)

虽然羞耻(shame)出现于所有人类文化中(Casimir & Schnegg,2003),但已有研究表明,在其产生的情境、主观体验及行为趋向上存在大量的跨文化差异。比如,羞耻在东亚人群中较之于北美对照组人群更普遍(Benedict,1946;Chu,1972;Kitayama,Markus,& Matsumoto,1995)。在关于情绪概念的研究中,Levy(1973)提出一种语言会为某一种情绪提供大量的概念(高认知)而围绕其他情绪仅有少量概念(低认知)。由此种理念出发,相对于英语,羞耻在汉语中表现为高认知。

在汉语中,羞耻相关的词汇量丰富,如,Wu 和 Schwartz(1992)列出了 110 个(羞耻相关的)汉语情绪原型词,Li、Wang 和 Fischer(2004)列出了 113 个羞耻情绪原型词。而有了这么多羞耻情绪相关的概念,中国人精神中的羞耻概念是如何组织的呢?

Shaver 及其同事(Shaver et al.,1992;Shaver,Murdaya & Fraley,2001)最早开始依原

型取向考察了汉语、印尼语、英语、意大利语使用者情绪概念组织。以相同的分类任务为基础,所有四种语言的使用者对情绪概念的组织是相似的,积极和消极情绪位于上位水平;开心、愤怒、悲伤、恐惧、爱位于基本层次,在除了中国被试以外的其他被试中,自我意识情绪集中于其他情绪分类(范畴)之下,中国被试在基本层次中增加了 Shame 这一分类,包括 Shame 相关的一些概念,如羞愧、惭愧、羞耻等。这些汉语词表现了不同种类的 Shame 体验,很难在英语中找到对等的翻译的。标准的汉英词典将这些概念词均被翻译成"shame"或是"shame"结合另外一种情绪。

　　Li 等人(2004)受到 Shaver 对中国情绪词的探索性研究的启发,采用相同的方法测试了居住在北美的中国民众的羞耻概念的结构。他们从词典中找到 144 个情绪词,然后访谈了以普通话为母语的个体,结果认为其中的 113 个是重要的情绪概念词。对这 113 个情绪词的评级相似性进行分层聚类分析,结果显示为两个上位类别。第一个上位类别为"羞耻状态",用来描述个体自身在某个让人羞耻的事件中的各种真实体验(也见于 Kam & Bond,2008)。内疚由十三个情绪概念词界定,是"羞耻状态"这一上位类别之下的一种基本类别。第二种上位类别是"对羞耻的反应",被用来描述对他人不得体行为的反应[见 Singelis,Bond,Sharkey, & Lai,1999,"他人诱发的窘迫"(other-induced embarrassment)]。这一类别看上去有些奇怪,因为对羞耻的反应并不和让人羞耻的事件直接相关,尽管如此,被试列出的词语中有 43% 属于此类别,意味着至少在中国话中,对羞耻行为的反应在中国人精神中占有重要的地位。这种"反应"类别是中国民众所独有的吗? 无论对于跨文化研究还是文化内研究,这一领域都有望取得丰硕成果。

　　中国文化和其他亚洲文化一样,一直被认为是一种"耻感文化"(shame culture),而美国被认为是一种"内疚文化"(guilt culture)(Benedict, 1946;Chu, 1972;Leighton & Kluckhohn,1947;Schneider,1977;Schoenhals,1993)。羞耻与内疚的这种对立在近期的文献是如何表现的呢? 羞耻与内疚之间的关系如何? 在迄今为止的研究报告中,结果并不支持羞耻与内疚间的对立性,而和近期实验研究一样,发现内疚与羞耻间存在密切联系。Li(2002)研究了内疚与羞耻各自在中国学生面对学业失败时所发挥的作用,结果发现两种情绪间没有差别。Tangney、Miller、Flicker 和 Barlow(1996)考察了美国本科生中的羞耻和内疚,结果也发现,二者在道德水平、责任感、补偿的动机水平上并无差异。尽管 Ho、Pu 和 Ng(2004)提供了一个区分羞耻和内疚的理论视点,但据我回顾相关的实验研究,找不到支持羞耻—内疚二元对立的证据。

不同文化中的社会适宜情绪

　　Frijda 和 Mesquita(1995)提出文化对情绪体验的影响依赖于情绪对于个人的意义以及这种情绪在文化中的价值。一种文化中美味的食物(如鸡爪或干酪)可能在另一种文化中让人恶心。与此类似,一种情绪(如自豪)在某种文化中是适宜的,而在另一种文化中可能被认为是不恰当的。不同文化间,情绪的适宜程度及期待程度存在差异。

不同文化传统中的人们对情绪的思考乃至对情绪的体验都各有差异。具体来说,亚里士多德文化传统("西方")的人们往往具有独立自我建构,包括使自己区别于他人的内在归因。其(人生)使命是独立于他人之外以及追寻个人目标。接受孔子(儒家)文化传统的人们("东方")倾向于认可互依自我建构,以相信自我不可能从社会背景中被单独分离出来为特征。其自我中包含着人际关系层次。人们因为他人的事务调整自己的情绪及思想。其理想在于保持与他人的和谐以及履行个人的社会责任(见本书第17章,Kwan,Hui,& McGee;第29章,Leung & Au)。

有假设认为自我建构和调节焦点(趋近 vs 回避)之间具有密切的联系,这些联系蕴藏于不同类型情绪的体验过程(规范)中,Lee、Aaker 和 Gardner(2000)认为,那些互依自我建构者是预防导向的,关注那些能避免干扰人际和谐及人际关系的信息。他们重视那些负面信息(也见于 Sommers,1984)。因此,在相互依赖的文化中,提示社会规范被破坏或者社会义务未得到完成的情绪,如内疚等显得重要。与此相反,独立自我建构的人们是提升导向的,他们关注那些与完成自己意愿或者表达自己特性相关的信息。他们重视正面的信息。因此,那些提示成功实现个人目标的情绪(例如自豪)在独立的文化中显得重要(也见于 Wyer & Hong,本书第36章)。

在一项大规模的跨文化研究中,Eid 和 Diener(2001)利用潜类别模型考察了在集体主义国家(如中国)和个人主义国家(如美国)中八种不同情绪体验的规范,其规范被定义为该情绪被认为是恰当的或可取的,他们发现集体主义文化和个人主义文化中最大的区别在于内疚体验和自豪体验规范上。中国民众非常重视内疚,而美国民众很重视自豪(pride)。另一方面,Stipek(1998)研究了让美国和中国学生感到骄傲的事件,她发现在中国学生被试中,除了个人成果之外,获得对其他人有益的成果可以让个体感到自豪(也见于 Sommers,1984)。中国人将这种自我意识情绪扩展到他们的近亲,这反映了个人与他人之间可塑的界限以及优势文化传统对此界限的影响(Bond,1993;也参阅陆洛编写的本书第20章)。

有趣的是,对于理想情感(一些人们希望能体验到的情感)的研究表明,较之于欧裔美国人,香港中国人和亚裔美国人都更渴望体验到平静(低唤醒的愉悦状态)(Tsai et al.,2006)。欧裔美国人和亚裔美国人渴望体验兴奋(高唤醒积极情绪)。

比较这两种解释,我们必须确认,在同一个领域这两种观点不应该互相矛盾。关于情绪体验规范的研究中,其重要变量为八种离散情绪(四种愉悦的和四种非愉悦的);理想情感研究则利用图 14.1 中环形结构模型假设的八种不同维度。情绪体验规范研究测量人们认为恰当或可取的情绪;理想情感研究思考的是人们理想中想要体验到的情绪。这两类研究探寻的是同一种心理空间吗?在一种文化中,人们渴望体验该文化中被认为是恰当的情绪吗?(Eid 和 Diener 在他们的第一个脚注中报告"适宜性(appropriateness)"和"渴望(desirability)经历"相关系数达 0.77。)最后,这两个研究中采用的是不同的中国人群体,分别来源于中国内地和中国香港。显然,对于文化影响下的情绪体验规范和理想情感之间的复杂关系仍需要更多的研究加以阐明(例如 Jiang & Yik,2009)。

情绪反应

从非专业人士的角度来看,识别情绪相对简单。然而,今天的科学分析认为理解某人的情绪仍旧是本世纪让人烦恼的一件事情(Mauss & Robinson,2009),情绪理论家已经发展出多种工具来测量人的情绪反应,包括主观体验、生理反应和行为。在本段,我将综述关于中国人面部表情和生理反应的最新研究。

本土面部刺激材料的开发

某些作者强调基本情绪具有泛文化的面部表情,能被广泛的识别(Ekman et al.,1987;Izard,1977),另有些作者则支持文化特异性假设,认为一种文化中的人们在情绪表达和再认上具有独特的方式(Klineberg,1938),在过去十年中,对于表情识别的研究热情一直持续(Markham & Wang,1996;Yik,Meng, & Russell,1998;Yik & Russell,1999)。特别吸引人的是已有在中国被试中工作的研究者投入相当的努力去开发本土的情绪刺激材料,比如面部表情原型(见 Bai,Ma, & Huang,2005;Wang & Markham,1999)。

国际情绪图片系统(IAPS;Lang,Bradely, & Cuthbert,2001)由 823 幅图片组成覆盖 9 个不同的领域。它在跨文化研究中被广泛使用。为检测这种图片在中国人中是否具有跨文化的适用性,胡少华、魏宁和郭文滔(2005)进行了一个大样本的规范性(标准性)研究,研究中,让中国被试们评价每一幅图片的愉悦度和唤醒度,评估结果与美国标准非常相似,因此,得出 IAPS 适用于中国被试的结论。

以 IAPS 为其范本,白露等研究者(2005)开发了中国人情绪图片系统(Chinese Affective Picture System,CAPS)这一本土系统,该系统由 852 张中国人面孔,场景及动物(如大熊猫)等组成,对图片的情绪评估包括愉悦度、唤醒度、优势度,其内部效度已建立。此系统提供了在中国被试中进行情绪识别研究的本土材料。

以上研究在主题上以面部表情发展为基础,另一些研究群体从基本情绪(Ekman et al.,1987)出发,Wang 及其同事率先开展了开发开心、愤怒、悲伤、恐惧、惊奇及厌恶等情绪表情的研究。Wang 和 Markham(1999;也见于 Wang,Hoosain,Lee,Meng,Fu, & Yang,2006)创建了一组体现六种基本情绪的中国人面部表情,包括 400 张图片,其中

62 张可以稳定地表达六种情绪之一。

情绪识别

面部表情识别在多大程度上是普遍的,或是在某种特定文化中具特异性?从达尔文开始,这一问题既吸引情绪心理学家又让他们烦恼,如同文化对情绪识别的影响一样。较一致的结果表明,首先,尽管文化发生变化,各种情绪识别的准确率在不同文化中均高于随机水平。其次,不同文化的人们在识别面部表情能力方面存在差异。

文化对情绪识别的影响激励了一系列关于群体内优势效应的研究,当编码者(相片内的主题)和解码者(看相片的被试)属于同一文化群体时,会出现较高的识别率(Elfenbein & Ambady,2002)。这一发现与 Klineberg(1938)的假设一致:"如果相片展示的是[中国特异性的]内容时,中国被试比美国被试更容易判断出来。"(p.520)当使用白种人(Caucasian)面部表情材料(如 IAPS),北美被试识别准确率往往比亚洲被试高(见 Yik & Russell,1999)。"如果使用中国人面部表情,中国被试在面部表情识别上的表现是否优于美国被试?"这一问题仍旧没有得到回答。

Yik 及其同事(1998)使用孟昭兰、阎军和孟宪东(1985)的十三张不同诱发情绪状态下的中国小孩自发表情图片在三种语言使用者中进行了研究。与基于群体内优势的预期相反,香港华人被试的识别率要低于加拿大对照组被试,日语被试的识别率介于香港华人和加拿大人之间。将本土图片与艾克曼的图片一起呈现给中国及澳大利亚 4 岁、6 岁和 8 岁儿童时,在这两种文化的群体中,均发现中国人面部表情比白种人面部表情更易识别(Markham & Wang,1996)。这一发现与 Elfenbein 和 Ambady(2003)的研究报告相矛盾,后者发现无论哪种文化被试中,中国人面孔均比白人面孔难识别。

综合这两个研究,研究结果似乎表明,如果把源自内地图片呈现给内地被试而非香港被试看时,会表现出群体内优势效应。这一结果,尽管不太确定,却极具吸引力,它符合 Elfenbein 和 Ambady 的文化熟悉性假设。作者们比较了中国居民、居住在美国的中国人、华裔美国人以及无亚洲血统的美国人的面孔表情识别能力,结果显示,当呈现图片中的表情来自被试经常接触的群体文化时,被试有更高的表情识别精确率和识别速度。因此这种高情绪识别是因为"熟悉度培育精度"(familiarity breed accuracy)的效应,而非群体内效应(另外一种意见可见 Matsumoto,1992)。也许因为见过更多中国民众的表情,中国被试才在相应的情绪图片辨认上具有优势。

综上所述,过去十年中,越来越多研究研发中国本土面部表情材料,为文化内研究添砖加瓦。面部表情研究主要局限于表情识别研究,其结果支持了表情的普遍性假设,但也有一些文化差异的迹象。不过,这些差异有多大以及差异的原因仍有待探索。群体内优势或者文化熟悉假说无疑启动了理解情绪识别差异的前奏。

当前,有研究对比世界各处的华人与欧裔美国人间的反应差异,对这些假设进行检验。未来研究可利用在中国各省份的中国人验证这些假设,这样可以控制民族背景(见于 Beaupre & Hess,2005)。最后很重要的是,此处介绍的研究关注的是在实验室里如何给表情贴上情绪标签,其结果并未说明日常生活中情绪是如何表达和识别的(见 Yik & Russell,1999)。

生理和行为反应(responses)

詹姆斯(1884)是最早将不同的情绪状态与自主神经系统特异性反应相联系的研究者。其假设对后续情绪理论极为重要,比如有观点认为自主神经系统(Autonomic Nervous System,ANS)的任意活动形式都是某种个体情绪状态的直接反映(Mauss & Robinson,2009)。在一项研究中,Tsai 及其同事(Tsai & Levenson,1997;Tsai,Levenson,& McCoy,2006)观察了由在关于冲突的对话中诱发的情绪反应,除了被试对情绪的主观报告之外,研究还测量了相伴随的生理变化和行为反应。研究团队发现,相对于自我陈述和行为反应,生理反应较少受到文化的影响。Soto、Levenson 和 Ebling(2005)在华裔美国人和墨西哥美国人中观察了由厌恶性听觉惊跳刺激诱发的情绪反应,结果发现华人被试报告的情绪体验少于墨西哥裔的被试,符合认为中国人情绪更内敛的民族志学理论(Bond,1993;Kleinberg,1938;Potter,1988)的解释。但无论是情绪反应(面部表情、上半部的躯体运动)还是生理指标(如手指温度、皮肤电导水平、血压、指部脉搏),两组被试间均无显著差异。

总之,针对民族志学关于文化影响情绪体验的观点,此处列举的文献意见不一。文化对惊恐刺激诱发情绪反应的影响(Lee & Levenson,1992)以及文化对电影诱发情绪的影响(Tsai,Levenson,& Carstensen,2000)均不显著,与此相一致,在情绪诱发的生理反应方面均没有发现文化差异的影响。也许,自主神经系统兴奋性只表明了当时情绪的唤醒水平而不是特定的情绪状态(Cannon,1931;Duffy,1957;Schachter & Smger,1962)。也许将来对自主神经系统兴奋水平更细致的测量会发现特定的情绪,但想获得确定的结论尚需更多的研究。

躯体化

在中国社会,人们认为情绪与生理状况有关。躯体化是指个体在处于某种情绪状态时,以躯体感受或躯体症状来代替情绪,据说这是中国人对情绪状态的常见反应。有些作者认为这一现象说明在中国缺乏用于描述情绪的词汇,虽然,Russell 和 Yik(1996)已经从其他方面进行解释,仍有其他作者认为躯体化提示着心理化过程的缺乏(Kleinman & Kleinman,1985;Tseng,1975)。Wu(1982)认为中国人文化特异性的情绪表达方式依赖于情境。如 Ots(1990)所认为,"中国人文化上被训练聆听'身体内部'的声音(p.26)"。

　　Tsai,Simeonova 和 Watanabe(2004)检验了这一文化特异性假说,他们比较了华裔美国人和欧洲美国人中用于表达情绪体验的词语(两组被试都使用英语),结果显示,在谈论自己情绪体验时,华裔被试比欧裔被试用到了更多躯体相关的词(如头晕)和社交性词语(如朋友)。Mak 和 Zane(2004)利用居住于洛杉矶的1700多名华裔美国人的代表性社区样本,发现对躯体症状(如眩晕、一阵阵发冷或发热)的报告与被试在美国居住的时间无关,而与其报告的消极情绪(负性情绪)如焦虑或抑郁相关。

　　这两个研究中的华人被试不同程度地接触过美国文化,出现了不同的结果。其中之一依靠深度访谈和对谈话稿的质性分析,与美国文化的接触程度限制在两种水平。另一项则依靠量化调查研究的方法,在考察文化的效应时,与美国文化的接触时间被处理为一个连续变量。这两项研究间的分歧明确地为将来的跨文化研究提供了一种路径,即在中国版图内考察中国文化(价值观、信念、规范)影响的水平与躯体化水平之间的相互影响。

情绪的社会化

　　儿童早期的社会化任务之一就是学会"按照社会需要和认可的方式表达和调节他们的情绪"(Eisenberg,Cumberland, & Spinrad,1998,p.242),大多数儿童在3—4岁的时候已具备对情绪的基本理解,这些也留在他们最早的童年记忆中(Wang,2008)。研究表明,在儿童成长过程中,童年早期的母婴关系影响着其情绪体验。这些体验直接影响儿童的自传记忆和情绪化表达(Camras,Chen,Bakeman,Norris, & Cain,2006;Wang,2008)。虽然已有一定数目的研究考察了父母情绪的社会化,但少有研究对儿童学习情绪的机制进行探索(Tsai,Louie,Chen, & Uchida,2007)。在此部分,我考察了情绪社会化的两种途径,分别称作母子互动和故事书。

母子互动

　　自传记忆(autobiographical memory),一种对童年事件的回忆,指的是对人生中重要的个人经历的特定持久记忆。它包含着对个人有重要意义事件的记忆(Nelson & Fivush,2004),它对于自我认同的形成以及心理幸福感至关重要(Fivush,1998)。研究已发现自传记忆具有能提高情绪唤醒的特点(McGaugh,2003)。先于自传记忆的事件是什么呢? 作者们在美国和中国儿童中开创了一项探索性研究,去考察了此类先行事件之一,也就是情绪知识。

　　情绪知识促进对有意义事件信息的组织和理解,有助于自传记忆的形成。Wang(2008)首次进行了一项纵向研究,检测情绪知识对欧裔美国儿童、美国的华人移民儿童及中国儿童自传记忆的促进作用。孩子们在 3 岁、3 岁半和 4 岁三个时间点各接受一次访谈,在每次访谈时,他们需要描述在过去两个月中发生的两件事情。他们的自传记忆的特征和情绪语言被编码,情绪知识通过他们提供的会激起开心、悲伤、恐惧和生气的情形的次数来体现。与中国儿童相比,欧裔美国儿童整体上能更好地理解情绪状况。他们回忆事件时给出更明确的细节,使用更多的情绪词汇。所有三组随着时间增长记忆均明确增强。情绪知识对报告自传记忆的能力具有独特的贡献,这种效应鲜明体现在所有三种文化群体中以及所有年龄群当中。

与此相仿,Wang(200la)发现美国成人的报告长且具体,情绪丰富;最早的记忆可以追溯到 3 岁和 3 岁半,而中国成人的报告相对简短,集中于机体活动和情绪中性事件,最早的记忆可以追溯到 4 岁。Wang(2008)的研究提供了情绪知识和自传记忆之间关系的强有力证据。该如何解释这种在儿童和成人中均存在的文化差异呢? 童年叙事提供了一种可能。Fivush 和 Wang 研究了母子关于过去事件的对话,发现中国母子双方会比美国母子使用更多的负性情绪词。也许对负性情绪的讨论是为了教育小孩以文化认可的方式表达情感。在 Wang(200lb)的话语分析中,中国妈妈表现出一种关注儿童恰当的行为而较少解释情绪体验的情绪性评价风格。与之成为鲜明的对比,美国母亲们采用的是一种情绪性解释的方式,强调对情绪的理解和解释情绪的原因。这样一种对话似乎服务于将情绪知识传给儿童们的文化性任务。在 3—6 岁的儿童判别二十个短故事中情绪表现的任务中,美国儿童表现出更高的情绪理解。

总之,关于自传记忆的研究明显支持情绪知识及母子互动的重要性。在文化学习过程中,情绪知识和自传记忆之间的关系强弱在不同文化间存在差异,虽然儿童的表现均随着时间进步。性别之间不存在显著性的差异。非常有趣的是,之前所有的研究都关注于社会化过程中母亲的作用。更广泛视野下的文化传递者,如父亲和老师,应该被纳入将来的研究中。而对中介变量的探讨将有助于对文化差异性的解释(Bond & Van de Vijver,2011)。仅仅呈现差异是不够的,现在到了应该解释差异产生原因的时间了。

故事书

到目前为止,研究似乎认为文化主要通过母子或家庭叙事对情绪体验产生影响。家长或母亲肯定在情绪社会化中具有重要作用。Camras 及其同事发现,与中国民众相比,欧裔美国母亲们会报告更多的正性情绪的表达(Camras,Kolmodin, & Chen,2008);在一项情绪诱导研究中,他们的小孩笑得更多(Camras et al.,2006)。另外家长会让他们的孩子们接触其他的文化活动或媒体。儿童阅读那些由家长或老师挑选的书(Miller,Wiley,Fung, & Liang,1997),通过这些他们习得,比如说,哪一种情绪是他们文化中重视的或期待的情绪。

Tsai、Louie、Chen 和 Uchida(2007)考察了这种通过书籍来进行儿童理想情感社会化的待选途径。他们发现欧裔美国学前儿童相对于中国台湾同龄儿童更喜欢让人兴奋的活动,感觉兴奋的笑容更快乐。他们比较了美国和中国台湾最畅销的故事书,与中国台湾畅销书相比,美国畅销书描写的表情更兴奋、笑容更狂野,更能调动积极性。

受不同文化群体中理想情感(ideal affect)存在文化差异的启发(Tsai et al.,2006),Tsai 等人(2007)将儿童与故事书的接触作为社会化理想情感的途径进行了考察,发现文化差异可以扩展至美国和中国台湾的学龄前儿童。现存于文化环境中的活动、产品及习俗支撑的思想观念在社会上传播,构成了文化(见 Kroeber & Kluckhohn,1952;Markus,Uchida,Omoregie,Townsend, & Kitayama,2006)。将来的研究应探索其他的社会化活动,比如家长与儿童、教师与儿童之间的互动。

结 论

中国人无疑在某些方面

a 像所有其他人一样

b 像部分其他人一样

c 不像任何人。[1]

那些想理解情绪普遍性的研究者为了研究经常会转向中国。那些想理解情绪文化特异性的研究者也会为了研究转向中国。在过去十年里,中国人情绪研究极大地得益于从不同视角出发,并在澄清中国人情绪研究中取得巨大进步的研究者们。他们已经从研究自己国家中的中国大学生发展到研究不同年龄和不同居住地的中国人群体。这一领域见证了比较研究的范围扩展到中国人(中国大陆、中国香港、中国台湾)、生活在美国的中国人、亚洲血统的白种人和非亚洲血统的白种人。以我个人观点,这一扩展已经成为朝向范式转变的巨大突破。这一转变将会随着更广泛的样本和年龄群而进一步加快速度。

此处,我尝试总结了迄今为止由普遍性情绪理论与文化特异性情绪理论之间的争论贡献的研究结果。考虑到本章综述的四个方面,可能有一个诱人的结论:研究证据似乎提示中国人和其他群体之间的相似性多于差异性。我认为,作出这样的结论为时尚早,理由如下:首先,普遍研究趋势似乎倾向于认为,在总体水平上,中国人与来自其他文化中的人们具相似性,但似乎研究分析越细致,发现的差异越多;其次,在这些领域中我的结论也就是收集的证据。文化差异性通常在依据假定接触中国文化多少(如:欧裔美国人、中国人、中国移民)分组的研究中得到支持。文化往往是基于假设而没有被测量。文化似乎是一个非常有内涵的概念,被认为影响着许多不同情绪,从平静、开心、兴奋到羞耻和内疚。为了进一步告诉我们,中国人情绪中哪些是具有普遍性的,哪些是独有的,未来研究需要确认这种文化影响的具体性质并进行理论联系(见于 Bond &Van de Vijver,2011)。这些并不是无关问题,其答案代表着一个基本但仍处在研究中的议题,它阐明情绪心理学的终极问题。

作者注释

RGC General Research Fund(Project No.644508)支持了此章节的准备工作,我对 Stephen Choy、Jessica Jiang、Bobo Lau、Sky Ng、Virginia Unkefer 和 Kevin Zeng 表示感谢,感谢他们在完成这一章节时给我的帮助(也想谢谢 Steven、Stephanie 和 Christopher,他们早早地去睡觉以使我得以进行我关于中国人情绪的多个项目,他们也教了我一个关于日常感受的操作性词表)。最后,我将此章节献给 Jim Russell,他十年来的辛勤指导成就了我的研究。

有关本章的问题请联系 Michelle Yik,香港科技大学(Hong Kong University of Science and Technology),社会科学部(Division of Social Science),Clear Water Bay,Kowloon,Hong Kong S.A.R.,China.Email:Michelle.Yik@ust.hk。

章节注释

1　感谢 Kluckhohn 和 Murray(1953),我将他们的原始研究在此处用于中国人。

参考文献

Bagozzi,R.P.,Wong,N.,& Yi,Y.(1999).The role of culture and gender in the relationship between positive and negative affect.*Cognition and Emotion*,13,641-672.

Bai,L.,Ma,H.,& Huang,Y.(2005).The development of Native Chinese Affective Picture System-A pretest in 46 college students.*Chinese Mental Health journal*,19,719-722.(in Chinese)

[白露、马慧、黄宇霞、罗跃嘉(2005):《中国情绪图片系统的编制——在 46 名中国大学生中的试用》,《中国心理卫生杂志》2005 年第 19 期,第 719-722 页。]

Beaupre,M.G. & Hess,U.(2005).Cross-cultural emotion recognition among Canadian ethnic groups.*Journal of Cross-Cultural Psychology*,36,355-370.

Bedford,0.A.(2004).The individual experience of guilt and shame in Chinese culture.*Culture & Psychology*,10,29-52.

Benedict,R.(1946).*The chrysanthemum and the sword*.Boston,MA;Houghton-Mifflin.

Berry,J.W.(1969).On cross-cultural comparability.*International Journal of Psychology*,4,1 19-128.

Bond,M.H.(1993).Emotion and their expression in Chinese culture.*Journal of Nonverbal Behavior*,17,245-262.

Bond,M.H.(2009).Circumnavigating the psychological globe:From yin and yang to starry,starry night.In S.Bekman & A.Aksu-Koc(eds),*Perspectives on human development ,family ,and culture*(pp.31-49).Cambridge,UK;Cambridge University Press.

Bond,M.R. & Van de Vijver,F.J.R.(2011).Making scientific sense of cultural differences in psychological outcomes：Unpackaging the *Magnum Mysterium*. In D.Matsumoto & F.T.R.Van de Vijver(eds) , *Cross-cultural research methods*, New York：Cambridge University Press.

Camras, L A., Chen, Y., Bakenman, R., Norris, K., & Cain, T. R (2006). Culture, ethnicity, and children's facial expressions：A study of European American, Mainland Chinese, Chinese American, and adopted Chinese girls. *Emotion*, 6, 103−114.

Camras, L.A., Kolmodin, K., & Chen, Y.(2008). Mothers'self-reported emotional expression in Mainland Chinese, Chinese American and European American families. *International Journal of Behavioral Development*, 32, 459−463.

Canon, W.B.(1927). The James-Lange theory of emotions：A critical examination and an alternative theory. *The American Journal of Psychology*, 39, 106−124.

Casimir, M.J. & Schnegg, M.(2003). Shame across cultures：The evolution, ontogeny, and function of a 'moral emotion'. In H.Keller, Y.H.Poortinga, & A.Scholmerich(eds) , Between culture and biology：*Perspectives on ontogenic development*(pp.270−300). Cambridge, UK：Cambridge University Press.

Chan, D.W.(1985). Perception and judgment of facial expressions among the Chinese. *International Journal of Psychology*, 20, 681−692.

Chu, C.L.(1972). On the shame orientation of the Chinese from the interrelationship among society, individual, and culture. In I.Y.Lee & K S.Yang(eds) , *Symposium on the character of the Chinese：An interdisciplinary approach*(pp.85−125). Taipei, Taiwan：Institute of Ethnology, Academia Sinica.(in Chinese)

朱岑楼(1972):《从社火个人与文化的关系论中国人性格的耻感去向》,见李亦园、杨国枢主编:《中国人的性格——多科间的合作》,台北:"中央研究院"民族学研究所,台北:桂冠图书公司。

Dixon, R.M.W.(1977). Where have all the adjectives gone? *Studies in Language*, 1, 19−80.

Duffy, E.(1957). The psychological significance of the concept of arousal or activation. *Psychological Review*, 64, 265−275.

Eid, M. & Diener, E. (2001). Norms for experiencing emotions in different cultures：Inter-and intranational differences. *Journal of Personality and Social Psychology*, 81, 869−885.

Eisenberg, N., Cumberland, A., & Spinrad, T.L.(1998). Parental socialization of emotion. *Psychological Inquiry*, 9, 241−273.

Ekman, P., Friesen, W.V., O'Sullivan, M., Chan, A., Diacoyanni-Tarlatzis, I., Heider, K., Krause, R., Le Compte, W.A., Pitcairn, T., Ricci Bitti, P.E., Scherer, K., Tomita, M., & Tzavaras, A.(1987). Universals and cultural differences in the judgments of facial expressions of emotion. *Journal of Personality and Social Psychology*, 53, 712−717.

Elfenbein, H.A. & Ambady, N.(2002). Is there an in-group advantage in emotion recognition? *Psychological Bulletin*, 128, 243−249.

Elfenbein, H.A. & Ambady, N.(2003). When familiarity breeds accuracy：Cultural exposure and facial emotion recognition. *Journal of Personality and Social Psychology*, 85, 276−290.

Fivush, R.(1998). Children's recollections of traumatic and nontraumatic events. *Development and Psychopathology*, 10, 699−716.

Fivush, R. & Wang, Q.(2005). Emotion talk in mother-child conversations of the shared past：The effects of culture, gender, and event valence. *Journal of Cognition and Development*, 6, 489−506.

Frijda, N.H. & Mesquita, B. (1995). The social roles and functions of emotions. In S. Kitayama & H. R. Markus (eds), *Emotion and culture: Empirical studies of mutual influence* (pp.51–87). Washington, DC: American Psychological Association.

Fung, H. (1999). Becoming a moral child: The socialization of shame among young Chinese children. *Ethos*, 27, 180–209.

Goldberg, L (1981), Language and individual differences: The search for universal in personality lexicons. *Review of Personality and Social Psychology*, 2, 141–165.

Green, D.P., Goldman, S.L., Salovey, P. (1993). Measurement error masks bipolarity in affect ratings. *Journal of Personality and Social Psychology*, 64, 1029–1041.

Hamid, P.N. & Cheng, S.T. (1996). The development and validation of an index of emotional disposition and mood state: The Chinese Affect Scale. *Educational and Psychological Measurement*, 56, 995–1014.

Ho, D.Y.F., Fu, W., & Ng, S.M. (2004). Guilt, shame, and embarrassment: Revelations of face and self. *Culture and Psychology*, 10, 64–84.

Hu, S., Wei, N., & Guo, W. (2005). Cross-cultural study of affective reactions of Chinese and American healthy adults. *Chinese Journal of Clinical Psychology*, 13, 265–276. (in Chinese)

［胡少华、魏宁、郭文滔等（2005）:《中国和美国健康成人情感反应差异的跨文化研究》,《中国临床心理学杂志》2050 年第 13 期, 第 265—276 页。］

Izard, C.E. (1977). *Human emotions*, New York: Plenum Press.

James, W. (1884.). What is an emotion? *Mind*, 9, 188–205.

Jiang, D. & Yik, M. (2009, May). *What affective feelings do Chinese want to feel?* Poster session presented at the 2009 APS Annual Convention, San Francisco, CA.

Kam, C.C.S. & Bond, M.H. (2008). The role of emotions and behavioral responses in mediating the impact of face loss on relationship deterioration: Are Chinese more face-sensitive than Americans? *Asian Journal of Social Psychology*, 11, 175–184.

Kitayama, S., Markus, H.R., & Matsumoto, H. (1995). Culture, self, and emotion: A cultural perspective on 'self-conscious' emotions. In J. Tangley & K. W. Fischer (eds), *Self-conscious emotions: The psychology of shame, guilt, embarrassment, and pride* (pp.439–464), New York: Guilford.

Kleinman, A. & Kleinman, J. (1985). Somatization: The interconnections in Chinese society among culture, depressive experiences, and the meanings of pain. In A. Kleinman & B. Good (eds), *Culture and depression: Studies in the anthropology and cross-cultural psychiatry of affect and disorder* (pp.429–490). Berkeley, CA: University of California Press.

Klineberg, O. (1938). Emotional expression in Chinese literature. *Journal of Abnormal and Social Psychology*, 33, 517–520.

Kluckhohn, C. & Murray, H.A. (1953). Personality in nature, society and culture. New York: Alfred A. Knopf.

Kroeber, A.L. & Kluckhohn, C. (1952). *Culture: A critical review of concepts and definitions*. Cambridge, MA: Peabody Museum of Archaeology & Ethnology.

Lang, P.J., Bradeley, M.M., & Cuthbert, B.N. (2001). *International Affective Picture System (IAPS): Instruction Manual and Affective Ratings. Technical report A–5*. Gainesville, FL: The Center for Research in Psychophysiology, University of Florida.

Larsen, R.J. & Diener, E. (1992). Promises and problems with the circumplex model of emotion. In M.S. Clark (ed.), *Review of Personality and Social Psychology: Emotion* (Volume 13, pp. 25–59). Newbury Park, CA: Sage.

Lee, A.Y., Aaker, J.L., & Gardner, W.L. (2000). The pleasures and pains of distinct self-construals: 'the role of interdependence in regulatory focus. *Journal of Personality and Social Psychology*, 78, 1122–1134.

Lee, K.J. & Levenson, R.W. (1992, October). *Ethnic differences in emotional reactivity to an unanticipated startle.* Paper presented at the meeting of the Society for Psychophysiological Research, San Diego, CA.

Leighton, D. & Kluckhohn, C. (1947). *Children of the people: The Navaho individual and his development.* Cambridge, MA: Harvard University Press.

Levy, R.I. (1973). *Tahitians: Mind and experience in the Society Islands.* Chicago, IL.: University of Chicago Press.

Li, J. (2002). A cultural model of learning: Chinese 'heart and mind for wanting to learn'. *Journal of Cross-Cultural Psychology*, 33, 248–269.

Li, J., Wang, L., & Fischer, K.W. (2004). The organization of Chinese shame concepts. *Cognition and Emotion*, 18, 767–797.

Mak, W.W.S. & Zane, N.W.S. (2004). The phenomenon of somatization among community Chinese Americans. *Social Psychiatry and Psychiatric Epidemiology*, 39, 967–974.

Markham, R. & Wang L. (1996). Recognition of emotion by Chinese and Australian children. *Journal of Cross-Cultural Psychology*, 27, 616–643.

Markus, H.R. & Kitayama, S. (1991). Culture and the self: Implications for cognition, emotion, and motivation. *Psychological Review*, 98, 224–2–53.

Markus, H.R., Uchida, Y., Omoregie, H Townsend, S., & Kitayama, S. (2006). Going for the gold: Models of agency in Japanese and American contexts. *Psychological Science*, 17, 103–112.

Matsumoto, D. (1992). American-Japanese cultural differences in the recognition of universal facial expressions. *Journal of Cross-Cultural Psychology*, 23, 72–84.

Mauss, I.B. & Robinson, M.D. (2009). Measures of emotion: A review. *Cognition and Emotion*, 23, 209–237.

McGaugh, J.I., (2003). *Memory and emotion: The making of lasting memories.* New York: Columbia University Press.

Meng, Z., Y an, J., & Meng, X (1985). A preliminary study on facial expression patterns of infants. *Acta Psychologica Sinica*, 1, 55–61. (in Chinese)

［孟昭兰、阎军、孟宪东(1985):《确定婴儿面部表情模式的初步尝试》,《心理学报》1985 年第 1 期,第 55—61 页。］

Miller, P.J..Wiley, A.R., Fung, H., & Liang, C.H. (1997). Personal storytelling as a medium of socialization in Chinese and American families. *Child Development*, 68, 557–568.

Nelson, K. & Fivush, R (2004). The emergence of autobiographical memory: A social cultural developmental theory.*Psychological Review*,111,486-511.

Ots,T.(1990).The angry liver,the anxious heart,and the melancholy spleen:The phenomenology of perceptions in Chinese culture.*Culture,Medicine,and Psychiatry*,14,21-58.

Potter,S.H.(1988).The cultural construction of emotion in rural Chinese social life.*Ethos*,16,181-208.

R,emington,N.A.,Fabrigar,L R.,& Visser,P.S.(2000).Re-examining the circumplex model of affect.*Journal of Personality and Social Psychology*,79,286-300.

Russell,J,A.(1979).Affective space is bipolar.*Journal of Personality and Social Psychology*,37,345-356.

Russell,J.A.(1980).A circumplex model of affect.*Journal of Personality and Social Psychology*,39,1161-1178.

Russell,J.A.(1983).Pancultural aspects of the human concept organization of emotions.*Journal of Personality and Social Psychology*,45,1281-1288.

Russell,J.A.(1991).Culture and the categorization of emotions.*Psychological Bulletin*,110,426-450.

Russell,J.A. & Carroll,J.M.(1999).On the bipolarity of positive and negative affect.*Psychological Bulletin*,125,3-30.

Russell,J.A.,Lewicka,M.,& Nut,T.(1989).A cross-cultural study of a circumplex model of affect.*Journal of Personality and Social Psychology*,57,848-856.

Russell,J.A. & Yik,M.(1996).*Emotion among the Chinese.* In M.H.Bond(ed.),The handbook of Chinese psychology(pp.166-188),Hong Kong:Oxford University Press.

Schachter,S. & Singer,J.E.(1962).Cognitive,social,and physiological determinants of emotional state.*Psychological Review*,69,379-399.

Schimmack,U.,Oishi,S.,& Diener,E.(2002).Cultural influences on the relation between pleasant emotions and unpleasant emotions:Asian dialectic philosophies or individualism-collectivism? *Cognition and Emotion*,16,705-719.

Schneider,C.D.(1977).*Shame,exposure,and privacy.*Boston,MA:Beacon.

Schoenhals,M.(1993).*The paradox of power in a People's Republic of China middle school.*Armonk,NY:Sharpe.

Scollon,C.N.,Diener,E.,Oishi,S.,& Biswas-Diener,R(2005).An experience sampling and cross-cultural investigation of the relation between pleasant and unpleasant affect.*Cognition and Emotion*,19,27-52.

Shaver,P.R.,Murdaya,U.,& Fraley,R.C.(2001).Structure of the Indonesian emotion lexicon.*Asian Journal of Social Psychology*,4,201-224.

Shaver,P.R.,Wu,S.,& Schwartz,J.C.(1992).Cross-cultural similarities and differences in emotion and its representation:A prototype approach.In M.S.Clark(ed.),*Review of Personality and Social Psychology*(Vol.13,Emotion,pp.175-212).Newbury Park,CA:Sage.

Singelis,T.M.,Bond,M.H.,Sharkey,W.F. & Lai,C.S.Y.(1999).Unpacking culture's influence on self-esteem and embarrassability:The role of self-construals.*Journal of Cross-Cultural Psychology*,30,315-341.

Soto,J,A.,Levenson,R.W.,& Ebling,R.(2005).Cultures of moderation and expression:Emotional.experience,behavior,and physiology in Chinese Americans and Mexican Americans.*Emotion*,5,154-165.

Sommers,S.(1984).Adults evaluating their emotions:A cross-cultural perspective.In C.Z.Malatesta & C.

Izard(eds), *Emotion in adult development*(pp.319-338).Beverly Hills,CA:Sage.

Stipek,D.(1998).Differences between Americans and Chinese in the circumstances evoking pride, shame,and guilt.*Journal of Cross-Cultural Psychology*,29,616-629.

Tangney,J.P. & Fischer,K.W.(1995).*Self-conscious emotions:The psychology of shame,guilt,embar-rassment,and pride*.New York Guilford.

Tangney,J.P.,Miller,R.,Flicker,L., & Barlow,D.H.(1996).Are shame,guilt,and embarrassment dis-tinct emotions? *Journal of Personality and Social Psychology*,70,1256-1269.

Thayer,R.E.(1996).*The origin of everyday moods:Managing energy,tension,and stress*.New York:Oxford University Press.

Tsai,J.L.,Knutson,B., & Fung,H.H.(2006).Cultural variation in affect valuation.*Journal of Personality and Social Psychology*,90,288-307.

Tsai,J.L & Levenson,R.W.(1997).Cultural influences on emotional responding:Chinese American and European American dating couples during interpersonal conflict.*Journal of Cross-Cultural Psychology*,28,600-625.

Tsai,J.L.,Levenson,R.W., & Carstensen,L L.(2000).Autonomic,subjective,and expressive responses to emotional films in older and younger Chinese Americans and European Americans.*Psychology and Ageing*,15,684-693.

Tsai,J.L.,Levenson,R W., & McCoy,K.(2006).Cultural and temperamental variation in emotional re-sponse.*Emotion*,6,484-497.

Tsai,J.L.,Louie,J.Y.,Chen,E.E., & Uchida,Y.(2007).Learning what feelings to desire:Socialization of ideal affect through children's storybooks.*Personality and Social Psychology Bulletin*,33,17-30.

Tsai,J.L.,Simeonova,D.I., & Watanabe,J.T.(2004).Somatic and social:Chinese Americans talk about emotion.*Personality and Social Psychology Bulletin*,30,1226-1238.

Tseng,W.S.(1975).The nature or somatic complaints among psychiatric patients:The Chinese case.*Comprehensive Psychiatry*,16,237-245.

Wang,K.,Hoosain,R.,Lee,T.M.C.,Meng,Y.,Pu,J., & Yang,R.(2006).Perception of six basic emo-tional facial expressions by the Chinese.*Journal of Cross-Cultural Psychology*,37,623-629.

Wang,L.,Li,Z.,Liu,H., & Du,W.(2007).Factor structure of general dimension scales of PANAS-X in Chinese people.*Chinese Journal of Clinical Psychology*,15,563-568.(in Chinese)

［王力、李中权、柳恒超、杜卫(2007):《PANAS-X 总维度量表在中国人群中的因素结构》,《中国临床心理学杂志》2007 年第 15 卷第 6 期,第 563—568 页］

Wang,L. & Markham,R(1999).The development of a series of photographs of Chinese facial expressions of emotion.*Journal of Cross-Cultural Psychology*,30,397-410.

Wang,Q.(2001a).Culture effects on adults´earliest childhood recollection and self-description:Implica-tions for the relation between memory and the self.*Journal of Personality and Social Psychology*,81,220-233.

Wang,Q.(2001b).'Did you have fun?':American and Chinese mother-child conversations about shared emotional experiences.*Cognitive Development*,16,693-715.

Wang,Q.(2003).Emotion situation knowledge in American and Chinese preschool children and adults.*Cognition and Emotion*,17,725-746.

Wang, Q. (2008). Emotion knowledge and autobiographical memory across the preschool years: A cross-cultural longitudinal investigation. *Cognition*, 108, 117-135.

Watson, D., Clark, L.A., & Tellegen, A. (1988). Development and validation of brief measures of positive and negative affect: Tile PANAS Scale. *Journal of Personality and Social Psychology*, 54, 1063-1070.

Watson, D. & Tellegen, A. (1985). Toward a consensual structure of mood. *Psychological Bulletin*, 98, 219-235.

Wiggins, J.S. (1979). A psychological taxonomy of trait-descriptive terms: The interpersonal domain. *Journal of Personality and Social Psychology*, 37, 395-412.

Wu, D.Y.H. (1982). Psychotherapy and emotion in traditional Chinese medicine. In A.J. Marsella & G.M. White (eds), *Cultural conceptions of mental health and therapy* (pp.285-301). Dordrecht, Holland: D. Reidel.

Yik, M. (2007). Culture, gender, and the bipolarity of momentary affect. *Cognition and Emotion*, 21, 664-680.

Yik, M. (2009a). The bipolarity of momentary affect: Reply to Schimmack. *Cognition and Emotion*, 23, 605-610.

Yik, M. (2009b). *The structure of affect in a stressful moment.* Poster session presented at the 2009 APS Annual Convention, San Francisco, CA.

Yik, M. (2009c). Studying affect among the Chinese: The circular way. *Journal of Personality Assessment*, 91, 416-428.

Yik, M. (2009d). *What's interpersonal about the Chinese circumplex model of affect?* Poster session presented at the Association for Research in Personality, Evanston, IL.

Yik, M., Meng, Z., & Russell, J. A. (1998). Adults' freely produced emotion labels for babies' spontaneous facial expressions. *Cognition and Emotion*, 12, 723-730.

Yik, M. & Russell, J. A. (1999). Interpretation of faces: A cross-cultural study of a prediction from Fridlund's theory. *Cognition and Emotion*, 13, 93-104.

Yik, M. & . Russell, T.A. (2003). Chinese Affect Circumplex: I. Structure of recalled momentary affect. *Asian Journal of Social Psychology*, 6, 185-200.

Yik, M., Russell, J.A., Ahn, C.K., Fernandez Dols, J.M., & Suzuki, N. (2002). Relating the Fjve-Factor Model of personality to a circumplex model of affect: A five language study. In R.R. McCrae & J. Allik (eds), *The Five-Factor Model of personality across cultures* (pp.79-104), New York: Kluwer Academic/Plenum.

Yik, M., Russell, J.A., & Barertt, I.F. (1999). Structure of self-reported current affect: Integration and beyond. *Journal of Personality and Social Psychology*, 77, 600-619.

Yik, M., Rossell, J.A., & Steiger, J.H. (2010). *A 12-point circumplex model of core affect.* Manuscript submitted for publication.

Zeng, K.J. & Yik, M. (2009). *Testing relativity in the perception of emotion within the circumplex model* Poster session presented at the 2009 APS Annual Convention, San Francisco, CA.

Zhong, J. & Qian, M. (2005). A study of development and validation of Chinese Mood Adjective Check List. *Chinese Journal of Clinical Psychology*, 13, 8-13. (in Chinese)

［钟杰、钱铭怡(2005):《中文情绪形容词检测表的编制与信效度研究》,《中国临床心理学杂志》2005 年第 13 期,第 8—13 页。］

第 15 章 中国人的信念

梁觉(Kwok Leung)

在上一版《牛津中国心理学手册》,我写了一篇关于中国人信念的文献综述。研究信念很重要,因为除了价值观、规范、人格之外,信念是影响社会行为的重要原因(Bond,2009)。本章综合后继文献更新了上一版内容。进行这一综述的主要目标有两个:一是重温我们已知的关于中国文化中信念的内容,二是确认在此重要问题上能取得丰硕成果的研究方向。与之前综述一样,我排除了人格特质,因为其中所含的信念混杂着其他成分。对此问题有兴趣的读者可以阅读本书中张妙清、张建新和张树辉书写的相关章节以及其他文章(McCrae,Costa, & Yik,1996;Yang,1986)。

信念的类型学(typology)

依 Katz(1960)和 Bar-Tal(1990)的观点,信念涉及个人关于事物及事物或概念之间关系的观点。这些观点可以是因果或者相关关系性质的(描述因果和相关关系的),可能包含任何内容。一种信念可以被判断为正确或错误。需要注意的是信念有别于价值观,因为价值观主要是指某个构想的重要性或可取性(比如和平是重要的或是好的)。信念也和规范有区别,因为规范指的是对某种行为或者行动的偏好模式(如,你应该好好努力)。"努力工作带来成功"就是一种信念,注意,"努力工作"的重要性和可取性,是价值观,而"你应该努力工作"这种陈述则体现一种规范,信念概念与这两者不同。

Schwartz(1992)认为价值观的功能是帮助个体处理人类生存的三种基本需要:个人的需要、社会互动和谐的需要、群体生存和幸福的需要。Leung 和 Bond(1992)认为这种功能结构也适用于信念,即信念也帮助个体处理人类生存的三种需要。从这种功能结构出发,信念依其功能可以分为三大类:心理信念与个人特征相联系;社会信念是关于社会互动和社会群体的信念;环境信念是与物理世界或超自然有关的信念。这些信念被认为能帮助人们在整个人生中有效地与他人互动,在物理和社会环境中茁壮成长。下文即按这分类对中国社会中的重要信念进行组织,展开介绍。

中国传统信念

中国文化的悠久历史孕育了丰富多彩的中国传统信念,但是,这些丰富的信念中几乎没有多少被心理学家加以探索。为了详尽一点,此处简要回顾几个对将来的心理学研究尤为重要的传统信念。

心理信念

人皆仁爱的儒家观点对中国社会活动和社会结构具有重要的影响。比如,儒学强调教育无论社会阶层和社会背景,反映了一种基本信念,即所有个体具有发展的潜能。中国人重视努力(将在下一段进行讨论),与儒家修身和自我完善的信念相关。以顺应自然之道作为理想的道家信念与乐观主义和应对行为有关(见郑思雅、罗传意和赵骞雯编写的本书第24章)。

欲念乃不幸之源的佛教信念与自我管理和反物质主义有关,这些可能在心理治疗方面具有重要的意义(Wallace & Shapiro,2006;也见于廖慧心和梁永亮编写的本书第27章)。有趣的是,Tsai、Knutson 和 Fung(2006)发现中国人比美国人更看重低唤醒的情感(如平静),这种差异可能和佛教信念有关(Tsai,Miao, & Seppala,2007)。关于中国传统信念体系并无太多心理学研究,需要开展更多的工作去探索这些信念是怎么影响中国人社会行为的。

社会信念

在儒家思想中,人们有能力提高道德修为以及自控力。传统中国社会的社会政治组织正是以此为基础组织起来的,强调个人的道德而弱化法律的规范作用(Pye,1984)。这种关于个人道德的信念常常被用来解释中国传统社会为什么缺乏系统、客观的法律体系(Ju,1947)。实际上,在社会生活中,中国人习惯去拒绝僵硬的法规而更偏爱灵活的做法。比如 Pugh 和 Redding(1985)发现,与英国公司相比,中国香港公司较少使用规则和程序来管理其工作行为。Jiang、Lambert 和 Wang(2007)发现,秉持强调个人自控的涉及法律与惩治的儒家信念的中国大学生更倾向在社会和犯罪控制中采用非正式的方式。这种对于个体道德的信念也可以解释为什么中国权威人物倾向于拒绝外部机构对他们的行为和表现进行监控。他们认为这种监控冒犯了其道德面子和可信赖性。

顺应自然的道家信念也一样影响社会互动。这种哲学导向会导致一个有趣的结果,即规则和道德观念等因此不再被重视(Sun,1991),这实际上与儒家学说相矛盾。在道家思想中,最有效的管理是通过"无为"实现的(Pye,1984)。更好地理解这一信念可以帮助我们更好地理解中国社会的政治和管理行为。中国人同时受到道家和儒家的影响,我们还不大知道这两种传统思想是怎么互动的以及这两种思想对中国人社会、政治等具有怎样的影响。

环境信念

风水指的是建筑和家具彼此间和与物理环境间的相对位置施加给人们的影响,它是在传统及当代中国均广泛流传的一种复杂的超自然信念(Pye,1984)。为避免厄运或增添好运,一些人会请来风水师,听取风水师关于他们家居、商铺、工厂、办公室等处装饰的意见。已有研究围绕这种世纪之久的中国古老信念开展。Masuda 和 Nisbett(2001)认为与西方分析性思维相对的东方整体性思维风格与东亚风水信念的流行有关。这一风水信念强调环境的重要性。Tsang(2004)发现关注风水有助于中国商人应对不确定性导致的焦虑。风水师提供的不止于关于风水的建议,还部分扮演了咨询师和顾问的角色。

然而,风水信念在年轻的中国人中逐渐淡化,Lee 和 Bishop(2001)发现,新加坡华人在心理问题的病因理解和处理上仅在一定程度上支持风水信念。Lee 和 Bishop(2001)将这归因于英语教育在新加坡处于优势地位。对现代化过程的研究将可能有助于阐明这些信念在华人社群中随时间和人口变量分布的规律(如 Yang,1996)。上述这些信念并未得到心理学家的重视,但是它们也许对于理解中国人的行为具有重要意义,应该在将来的研究中加以探索。下面我们对一些已有更多实证研究关注的信念展开综述。

心理信念

控制源(locus of control)

控制源是在中国社会中被广泛研究的一种信念。内控(Internal Control)指的是相信强化过程由个人控制的信念,而外控指的是相信强化过程远在外部力量控制的信念,如命运、幸运以及机遇(Rotter,1966)。因为中国人中的集体主义导向以及儒/佛/道传统的影响,已被广泛接受的观点认为中国人比西方人具有更强的外控信念(如 Bond,1986)。然而,仔细回顾已有的文献之后,就会发现这一结论过于简单化了。

许多研究支持中国人较之西方人更加外控这一传播很广的观点。以罗特的内外控制源量表(Rotter's Internal-external Control of Reinforcement Scale, I-E scale)为工具,Hsieh、Shybut 和 Lotsof(1969)发现,中国香港人比美国出生的华人更趋于外控,而美国出生的华人又较英裔美国人更趋于外控。Hamid(1994)发现中国香港大学生较新西兰学生更趋于外控。Spector 等人（2002）发现中国香港人、中国大陆人和中国台湾人在工作控制点量表（Work Locus of Control Scale）中外控的得分比北美、欧洲被试更高。Chia、Moore、Lam、Chuang 和 Cheng（1995）发现与中国台湾被试相比，美国大学生报告更高的内向控制点得分。然而，有一个经常被引用以支持中国人更外控的研究结果并不明确，M.S.Tseng（1972）使用罗特 I-E 量表，发现在美国的亚洲人具有比美国白人更高的外控信念，但是，不清楚其被试中是否包含中国被试，所以不确定这一研究结果是否有关。

另一方面，有些研究引发了对中国人更外控这一刻板印象的怀疑。Tsui（1978）发现，以罗特的内外控量表为工具，中国台湾大学生与美国大学生在内控得分上无差异，与 Parsons 和 Schneider（1974）的报告一样。Liu 和 Yussen（2005）以修订后的控制、动因及手段—目的访谈的形式比较了中国大陆和美国小学生，没有发现支持中国学生更加外控的证据。Smith、Trompenaars 和 Dugan（1995）收集了在 45 个国家或地区的商业雇员中使用罗特的内外控量表得来的数据，这一多文化大样本数据使其研究结果更加可信，其研究发现中国内地人、中国香港人在内控性上与许多西方国家（荷兰、比利时、澳大利亚等）相似，而确实比从其他国家（如美国、瑞典）来的被试要高。Smith 等人（1995）对于观察到的国别差异未进行统计学检验，但结果仍明确表明，中国人并不一定比所有西方人更外控。

利用更复杂的控制点概念进行的研究指向一种可能性，即中国人的外控特性具有场景特异性。Levenson（1974）指出控制点包括三方面：内控（general internality）指强化过程被个人因素控制，权威（powerful others）指相信强化过程被其他有权力的人所控制，机遇（chance）指的是强化过程被随机因素所控制。在一项中国台湾和美国大学生的比较研究中，Lao（1977）发现，在内控方面，中国女性要比美国女性更外控，而在权威方面，两种性别的中国人较之美国被试均更内控，在机遇方面，两组被试无显著差异。与此结果相对，Chia 等人（1995）发现美国大学生较之台湾中国人学生，有更高的内控性而机遇层面上得分更低。在权威上两组被试无差异。Leung（2001）报告在机遇和权威层面，澳大利亚华人留学生和移民有较高的外控点，但在内控点方面两组间无差异。总之，多个研究并没有获得一致的模式。

Chan（1989）采用罗特的内外控量表对中国香港大学生进行调查并与 Parsons 和 Schneider（1974）在八个国家或地区中进行调查的结果相比较。Parsons 和 Schneider（1974）将内外控量表项目分为五个领域：幸运（luck-fate）、尊敬（respect）、学术（academics）、领导力—成功（leadership-success）及政治（politics）。结果显示，香港中国人被试确实在尊敬、专业及领导力—成功上比一些西方国家被试（美国、西德、法国、意大利）更为内控，只在幸运方面较西方被试更加外控。Chen（1989）进一步观察到，比较美国 20 世纪 60 年代和 70 年代的研究中的内外控得分，美国人随着时间变得越来越外控。

Spector、Sanchez、Siu、Salgado 和 Ma（2004）认为发现中国人比西方人更外控的原因之一是西方工具忽略了中国人控制环境因素的活动。为解决这一潜在的偏差，他们开发了一个量表测量社会工具控制（socioinstrumental control），指的是，为达到目的使用社交方式来影响环境。比如量表中的一项："如果你学会怎样与他人相处，你就能够在工作中达到自己的目的。"与预期相一致，中国香港和内地的中国人在社会工具控制上高于美国人，但在工作控制点上得分较低。有趣的是，无论在美国人还是中国人当中，高的社会工具控制均与积极的工作态度正相关。与社会工具控制规范相一致，Chia、Cheng 和 Chuang（1998）以 Shapiro 控制问卷为工具发现，美国被试报告更高的整体控制以及更高的来自于自我的控制，而中国台湾被试报告更高的来自于他人、家庭、政府的控制，所有这些都来自于他人的间接控制。总之，针对中国人比西方人更外控的一般结论并没有得到研究的一致支持，提示可能存在对控制概念的过度简化。中国人的外控性（externality）似乎具有情境特异性（context-specific），下文综述了一些研究较多的情境。

外控性和行为表现（performance outcome）

受到儒家思想的影响，中国社会中谦虚是一种重要的行为规范（例如 W.S.Tseng，1972），与此一致，Dobbins 和 Cheng（1991）发现，与上司的评价相比，中国台湾雇员对自己表现的积极评价更少，这种现象与在美国观察到的现象相反。谦虚规范与消极后果外控信念相矛盾。实际上，与谦虚规范相一致，中国人倾向于对消极结果负责。McCormick 和 Shi（1999）发现，与中国大陆教师相比，澳大利亚教师更可能将他们的职业压力归因于远离自我的原因，如教育部等，而较少归因于近端原因（如自己或者上级）。

Anderson（1999）发现，与美国学生相比，中国大陆学生为人际或非人际失败承担更多责任，而较少因人际成功得到好评。Rogers（1998）发现，与英国被试相比，中国大陆中学生较少将胜利归因到能力，而更倾向于把失败归因于自己努力不够。Chin（1986）利用学业成绩责任问卷（Intellectual Achievement Responsibility，IAR）调查了中国台湾和美国七到八年级学生，IAR 包含了 34 道必选题，每道题或者描述一次成功体验或者描述一次失败经历，同时呈现对这次经历的两种解释，一种解释将此事件归因于内部因素，而另一种则归因于外部因素。美国儿童解释成功比解释失败情况选择更多内部归因，而中国儿童与之相反。

Crittenden（1991）采用归因风格问卷（the Attributional Style Questionnaire，ASQ）对中国台湾和美国大学生进行了调查，该问卷向被调查者呈现六个涉及人际关系的交往事件以及六个成绩事件，让被调查者假想这些事件真实发生在自己身上，对这些事件进行因果解释。结果显示，与美国大学生相比，中国台湾大学生更多地将其成绩事件归因于外部原因，在解释形式上更谦逊，换句话说，中国台湾学生更倾向于为成功做出外向归因,而对失败做出内向归因。而对于那些交往事件,在两组被调查者中的外向归因无差别,而中国台湾女性较之于其美国对照组更加谦逊。

Lee 和 Seligman(1997)使用 ASQ 在美国人、华裔美国人和中国大陆人三个群体中进行调查。结果显示,相对于两个美国人群体,中国大陆被试更倾向于对积极事件和消极事件都进行外部归因。为了和 Crittenden(1991)的研究结果比较,这些数据被转换成可以反映整体内控性和自谦(self-effacement)的两个分数,尽管无法对这些转换来的数据进行统计检验,不过仍然可以发现,与 Crittenden(1991)的结果相一致,中国人比另外两个美国人群体在归因上更外向,同时表现得更谦虚。

谦虚规范和中国人对成功外向归因而对失败内向归因的倾向存在关联,与此一致,Bond、Leung 和 Wan(1982)发现,在成败归因时遵循谦虚规范的香港人确实也更受其他中国人喜爱。与印象管理解释(impression management interpretation)一致,Wan 和 Bond(1982)发现香港华人公开场合为自己表现作出自谦归因,而在私下则做出自我增强(self enhancement)的归因解释,至少在幸运的归因类别上是如此表现。Kemp(1994)也发现,香港中学生匿名时会比在身份确定时报告更高水平自我概念。

看上去很明显,结果性质会限制中国人的内控信念,而且中国人并没有表现出全盘的外控信念。在我此次综述中有两个有趣的主题值得注意。首先,一方面中国人较少进行自利(self-serving)归因,另一方面有研究表明,中国人会进行有利于群体(group-serving)的归因即他们会将群体优秀表现进行内部归因,而对群体表现差进行外部归因(Ma,2003)。Ng 和 Zhu(2001)也发现,与香港人和北京人相比,新西兰人对社会行为更多内向归因,不过只发生在在个人活动时,而在集体活动时不会这样。

其次,想想自谦归因的心理结果挺有趣的。自谦归因在中国文化背景中会比较讨人喜欢,激发个体为任务完成而努力奋斗,不过它也会承担一些心理成本。Anderson(1999)呈现了一些证据,说明中国人的自谦归因风格和他们比美国人更孤独、更抑郁相关。Rogers(1998)发现,在英国初中生中,对成功进行能力归因和对失败进行努力归因与自尊正相关,在中国初中生中有类似相关性,但相关程度减弱了。Man 和 Hamid(1998)发现,中国香港实习教师中,较之于低自尊被调查者,高自尊被调查者对于班级管理失败更倾向于外部归因。这些发现提示自谦归因可能降低中国人自尊,而这对中国人整体幸福感和行为表现的净效应是未来研究非常有趣的主题。

学业背景中的努力(effort)和能力(ability)归因

Stevenson 及其合作者一致地发现,与美国人相比,中国人更相信学业成绩更多与努力相关。比如,Stevenson、Lee、Chen、Stigler、Hsu 和 Kitamma(1990)发现,在解释学业成绩时,与美国家长相比,中国台湾小学生父母更强调努力的重要性而不太重视天赋能力。Watkins 和 Cheng(1995)发现,当请中国香港大学生解释其学业表现时,超过 80%

的学生以努力来作为学业成绩的原因。努力的重要性在不同水平学生中以及老师中均得到证实(Hau & Sahli,1996)。Hess、Chang 和 McDevitt(1987)比较了白种美国人、华裔美国人以及中国人三个群体中母亲对她们孩子数学成绩的归因。和预期一致,在解释其孩子为什么没有进步时,白种人最多归因于能力,其次是华裔美国人,再次是中国人。以类似模式,中国母亲最多归因于不够努力,其次是华裔美国人,再其次是白人。在要求儿童解释其糟糕表现时,也出现类似归因模式。Kinlaw、Kurtz-Castes 和 Goldman-Fraser(2001)发现,与欧裔美国人相比,华裔美国人在解释学业成功的理由时,给努力打分更高,而给能力打分更低。努力的重要性也体现在学业成绩以外的领域。Ho(2004)发现,与澳大利亚教师相比,中国香港的中国人教师较少对于学生不良行为进行能力归因,而更多归因于家庭。

Chen 和 Uttal(1988)认为,重视努力扎根于中国哲学尤其是儒家学说推崇的人可塑性(malleability)信念。这一哲学观点在中国人心中已根深蒂固。就像谚语所说"天才源于勤奋,知识在于积累"(Tong,Zhao, & Yang,1985)。Bond(1991)用"崇尚努力"(cult of effort)指代中国社会对努力的重视。Chen 和 Uttal(1988)总结说"依照中国人观点,内在能力可能决定一个人获得知识的速度,但最终水平则取决于努力"(p.354)。

一个关于社会公理(指关于物质、社会、精神世界的整体信念)的全球研究证实了中国人对努力的重视(Leung et al.,2002;Leung & Bond,2004)。该研究确认了个人水平上五个维度的结构,后续在全世界四十个文化群体的研究中得到证实。其中的一个维度是多劳多得(reward for application),这种信念是说,努力、知识、认真规划以及其他资源的投资会带来好结果。一般来说,与西方人相比,香港、台湾以及大陆的中国人更赞同多劳多得,尤其是大陆人和台湾人。既然努力是一种内在归因,那么,在努力发挥重要作用的领域,中国人并不比西方人更外向归因。事实上,Munro(1977)总结说,"用这样一种信念来描述中国人姿态更为精确:内因(正确思考,愿望)能对改变物质世界产生重要影响"(p.18),在学业背景中,在失败情形下以及努力和学业成就的联系中,中国人实际上比西方人更内向归因。

控制、心理适应(adjustment)与社会行为

许多研究表明,与美国的研究相类似,在中国人中,外控与适应不良和心理健康状况有关。比如,Kuo、Gray 和 Lin(1979)发现,据个人效能量表(the Personal Efficacy Scale)测量,更外控的华裔美国人表现出更高水平的精神病性障碍、抑郁以及出现更多问题,如低自尊、忧虑、头痛及其他心理生理症状。Chien(1984)发现,以 Nowicki-Strickland 控制点量表测量,中国台湾小学生中内控者个人适应和社会适应更好。Van Haaften、Yu 和 Van de Vijver(2004)报告,在中国,以控制圈量表(Spheres of Control

Scale)测得的外控与心理韧性低(resilience)(抑郁、应激、边缘化)相关。黄坚厚(1979)报告以 Nowicki-Strickland 控制量表测得的高内控台湾小学生自我接纳和情绪成熟度的得分更高。Chan(1989)的研究表明,以罗特内外控量表测量,外控香港中国人大学生用一般健康问卷(General Health Questionnaire)测出适应问题更多。Leung、Salili 和 Baber(1986)发现,以 Nowicki-Strickland 控制点量表测量,香港青少年中外控者适应问题和健康问题更多。Lau 和 Leung(1992b)同样以 Nowicki-Strickland 控制点量表测量,也发现中国外控青少年自我概念水平更低,过失行为更多,与学校和家长的关系更糟。Liu、Tein、Zhao 和 Sandler(2005)用 Nowicki-Strickland 控制点量表测量,发现在中国农村青年中外控与自杀意念相关。Gan、Shang 和 Zhang(2007)报告罗特内外控量表测得的外控可预测中国大学生的倦怠,利用背痛控制点量表(the Back Pain Locus of Control Scale),Cheng 和 Leung(2000)发现,在香港,尽管内控点不能预测疼痛强度。但和伤残感呈负相关。总之,外控对心理调适和健康的负面影响似乎在美国和中国社会都普遍存在。

与此相反,控制信念和社会行为之间的关系似乎表现出文化差异。Hamid(1994)发现不管是在中国香港还是新西兰,大学生在控制和社会互动数量之间的关系具有相似性。当自我监控水平高时,外控者比内控者社会互动更多,但当自我监控水平低时,情况相反。然而当分析互动过程中自我暴露水平时,跨文化差异出现了。新西兰学生中,内控者较之外控者自我暴露水平更高,而在中国被试中情况相反。

Aryee、Lo 和 Kang(1999)发现,与西方发现相反,在中国香港,工作场景中学徒表现出的内部工作控制点与学徒启动的指导关系以及所接受的指导无关。Hamid 和 Cheng(1995)发现,与西方发现相反,在中国香港,控制点与在反环境污染请愿书上签名的意愿无关。Spector 等人(2004)发现,中国人的外在工作控制点与人际冲突成负相关,而在美国为正相关。

总之,在中国人中,控制点与社会行为关系复杂。在展现更积极的社会行为方面,内控者并不一定比外控者更胜一筹。显然,需要进一步研究中国人中控制信念和不同类型社会行为之间的关系。

其他控制结构(control constructs)

控制点构念最初是在美国确立并使用,所以有可能它并不能捕捉到中国人心中所有重要的控制信念(见于本书第 20 章中陆洛提到的幸福感概念有相似问题)。实际上,有证据表明在某些情况下,区分内外控并不适用于中国人。Luk 和 Bond(1992)发现,当对香港大学生给出的疾病原因进行因素分析时,内因和外因被归入同一因子。如 Luk 和 Bond(1992)提出的,中国人在归因风格上,可能倾向于一种互动的观点,至少在疾病原因这方面是如此。

之前提及的社会公理全球调查也支持这一见解（Leung et al.,2002；Leung & Bond,2004）。命运控制（fate control）是被确定的五个公理维度之一,宣称生活事件被外在力量所操控,但人们有办法去预知并改变外部力量的消极影响,这样,在命运控制这一观点中内外控的区别模糊不清,因为其中宿命论的部分显然在本质上是外控,但命运能被积极干预而改善的信念却包含了内控信念。

合并内控与外控并不独见于中国,因为这个结构效度在许多文化（包括西方）中得以证实。相对于社会背景中的人们,区分内控和外控对于研究者来说可能更重要。要求人们区分时,人们可以对那些内控和外控间针锋相对的问题做出回答,但当他们自然地评估社会,不依靠研究者提供的结构时,内外控之间的界限变得模糊。与 Luk 和 Bond（1992）关于内外互动的观点相一致,较之于西方群体,大陆、台湾和香港的中国人,尤其是大陆和台湾的中国人,命运控制得分更高。我们对命运控制的结果所知不多,这是一个新鲜有趣的前沿研究问题,可能会完善内控外控差异引导的研究。

自我概念

中国文化被描述为群体取向,人们常常会以群体而非个人作为社会的基本单元（例如 Hsu,1981）。Hsu（197lb）基于对中国传统文化思想的分析,提出,社会关系和角色构成了中国文化中自我的核心。与此推论相一致,杨中芳（1991）评价道,如果利用西方工具来测量中国社会中的自我,可能会因为测量工具而导致不能捕捉中国社会自我中的社会成分。这一论证具有高度的表面效度,但尚缺乏明确实证支持（也见于本书第 17 章,Kwan,Hui, & McGee）。

Triandis、McCusker 和 Hui（1990）发现,中国大陆被试比美国被试具有更突出的集体主义自我。具体来说,当要求完成 20 句"我是——"开头的陈述时,中国内地人在集体主义类别（比如:我是某群体的一员）中的反应数目几乎是美国参与者的 3 倍。问题是,香港中国人反应与美国人相近,这就难以确定美国和中国内地被试之间的差异归结于文化、政治还是经济差异。然而,使用与 Triandis 等人（1990）相同的程序,Ip 和 Bond（1995）的结果支持中国人自我概念的社会属性。中国香港大学生比美国大学生更频繁使用自我描述和社会角色。

至少有两项研究对中国文化中的自我本质上更社会化这一结论提出了质疑。使用与 Triandis 等人（1990）相同的程序,Bond 和 Cheung（1983）发现中国香港大学生的陈述中实际上比美国大学生更少落入集体主义分类当中。Yu.Chang 和 Wu（1993）在中国台湾大学生中采用相同的程序进行调查,发现其 90% 自我描述中具有个人主义属性,非常少提及社会属性。Yu 等人（1993）总结称,似乎并无研究证据支持杨中芳（1991）的观点。值得注意的是 Bond 和 Cheung（1983）以及 Yu 等人（1993）均使用了开放式的问题,从参与者中获得其自我描述,其结果并未被个人取向工具所影响。总而言之,关于中国人自我概念具有更多集体主义元素的假设似乎过于简单化。Ip 和 Bond(1995)认为编码框架的性质可能影响所获得的结果。这一复杂的问题尚未解决,应在未来研究中系统考察。

在教育领域存在另一条研究路线去论证自我概念的多维度结构,包括体能、身体外表、学业能力、与同伴关系、与父母关系以及与学校的关系等多方面(如 Marsh,Relich,& Smith,1983)。这一自我结构的复杂观点,似乎适用于中国人,而且已经在香港(Kemp,1994;Leung & Lau,1989)与北京(Watkins & Dong,1994)中学生中得到证实。然而,中国人自我可能具有在西方观察不到的成分。比如,Yeung 和 Wong(2004)发现作为典型的多语言人群,香港教师口述的自我概念可以分为不同成分,而在只使用一种语言的人(在西方人中很普遍)中没有这种现象。此主题还未得到很多关注,为将来研究提供了一个可能丰富多产的研究领域。

关于自我概念的信念

许多研究已表明,中国人比美国人较少积极看待自己(也见于 Kwan,Hui,& McGee,本书第 17 章)。Bond 和 Cheung(1983)分析了中国香港和美国大学生关于自我的自发陈述,发现与美国人相比,香港大学生的叙述中积极成分较少。Ip 和 Bond(1995)发现了相似结果。Smith 和 Mao(1985)采用儿童竞争感量表(Perceived Competence Scale for Children,PCSC)对中国台湾和美国小学生进行了调查。PCSC 可触及竞争感的三个不同方面:认知(或学业)、社会及身体,以及孩子们的总体自尊。Stigler 等人(1985)发现这四个分量表的因子结构在两个文化群体中高度相似,中国儿童在认知、身体、总体自尊三个分量表中得分较低。Turner 和 Mo(1984)报告中国台湾小学生在自我意象上得分比美国小学生低。White 和 Chan(1983)发现,华裔美国研究生和专业人士认为自己比白种美国人更不活跃、更少吸引力、更不敏锐,也更不漂亮。Paschal 和 Kuo(1973)发现中国台湾大学生较之美国大学生报告了较低水平自尊。Huang(1971)发现在美国的中国大学生自尊水平比美国大学生低。

包含其他西方群体的研究表现出相似的文化差异。Kemp(1994)以 Marsh 等人(1983)开发的自我描述问卷(Self Description Questionnaire)为工具,发现在自我概念的所有方面,中国香港中学生均比其澳大利亚对照组要低。Chen、Willy 和 Franz(1997)以自我描述问卷为工具,发现中国大陆儿童比荷兰儿童报告更低的自我概念。Watkins 和 Dong(1994)发现北京中学生比其澳大利亚对照组报告更低的一般自我概念。有趣的是,中国儿童在自我概念的某些方面,如身体外貌及数学上打分比澳大利亚组高。与预期不一致,王爱民和任桂英(2004)发现,使用中国人自我概念量表,中国北京儿童比美国儿童自我概念分数更高。总之,尽管存在一些不一致的发现,我们可以说,与西方对照组相比,中国人往往报告更低水平自我概念。

中国人具有比西方人较低自我概念的原因还不完全明确。邦德和黄光国(1986)将此现象归因于中国社会重视的谦虚规范,认为"在缺少进一步研究的情况下,不能假设中国人的低自尊与其他文化中的低自尊在社会功能上具有同等意义(不能假设中国人的低自尊与其他文化中的低自尊在社会功能上具有同等意义。)"(p.236)。考虑到中国人对努力的重视,也可能存在另外一种解释,即与西方人相比,中国人积极自我概念确实较少。研究表明,与美国人相比,中国人更容易将失败归因于缺少努力而不是其他外部因素。而在美国和澳大利亚的研究表明,这种将失败归因于努力水平与低自我概念相关(见综述:Marsh, 1984; Marsh, Cairns, Relich, Barnes, & Debus, 1984)。Huang、Hwang 和 Ko(1983)也发现,当将失败归因于内部原因时,中国台湾大学生抑郁水平更高。与此相似,Chung 和 Hwang(1981)发现,在中国台湾,将失败归因于稳定内部因素与低自尊和低水平幸福感相关。这些发现表明,中国人自我概念较低可能与更多将消极结果归因于内部因素有关。不幸的是,这种可能性尚未得到直接验证。

第三种可能的解释与中国的本土化概念"缘"有关,它指的是人际结果被命运或超自然力所决定的信念。杨国枢(1982)指出,因为"缘"是对于人际结果的外部解释,具有良好人际关系的个体用"缘"归因时能维护人际关系不好的那些人的面子。应该注意的是,这一观点与来自于美国的研究结果恰恰相反,在美国呈现出一种典型的自我防御特点,即更容易将失败而非成功归因于外在原因(Zucherman,1979)。对于消极人际后果,杨国枢(1982)和 Lee(1982)认为,缘的归因是一种防御机制,保护个体免受消极人际结果(如离婚)伴随的消极情绪。实际上,将消极人际结果归因于缘的过程等同于西方文化中经常观察到的自我防御。在面对消极后果时,从自我增强功能的角度来看,"缘"类似于西方 的"坏运气"。

为评估缘归因的这种自我防御功能,Huang 等(1983)将中国台湾大学生被试分为高抑郁和低抑郁组,发现高抑郁组在面临消极的人际后果时确实更少归因为缘。与缘给他人留面子的功能相一致,Huang 等(1983)发现两组被试在积极后果上比在消极后果上更多归因为缘。

这些研究结果表明,关于缘的信念使中国人将积极人际结果归因于外部原因,以此降低了他们的自尊水平。实际上,Huang 等人(1983)发现,对于积极人际后果持外部归因的个体确实表现出高水平抑郁。因此,关于缘的信念可能是一把双刃剑,它作为一种防御对抗消极的结果,但在面对积极后果时,它留面子的功能可能是以自尊为代价的。以此,缘作为一种个人缓冲力量发挥作用,对于事事中庸(moderation)的中国人具有至关重要的意义。这一可能颇有吸引力,应在未来研究中加以探讨。

自尊相关因素

在中国,自我概念与许多变量之间关系与美国的发现一样。通常模式是,积极自我概念与良好心理调适相关。比如,在中国香港青少年中,积极自尊与低水平焦虑、社交障碍及抑郁(Chan & Lee,1993)、高水平心理幸福感(Leung & Leung,1992;Yang,2002)、过失行为较少(Leung & Lau,1989)、与父母及与学校的关系较好(Cheung & Lau,1985;Lau & Leung,1992a)相关。Chang(1982)发现,在中国台湾,积极自我概念与更满意的人际关系相关。

　　然而,也有证据表明自尊的前驱事件在不同文化中可能存在差异。Marsh、Hau、Sung 和 Yu(2007)发现,与西方结果不同,对于中国儿童,肥胖与整体自尊并不相关,而与健康自我概念正相关。与此相仿,Lau、Lee、Ransdell、Yu 和 Sung(2004)报告真实—理想身材差距在中国香港儿童中不能够预测整体自我概念和整体自尊。换句话说,较之于西方儿童,中国儿童的自我概念似乎较少受到肥胖和身体意象的影响。这一系列研究并未受到重视,可能会导致对西方自尊理论的重大修正。

社会信念(Social Beliefs)

集体主义信念

　　中国文化以集体主义(collectivist)为特征(例如 Bond & Hwang,1986;Hofstede,1980;Hsu,1981)。有一些研究关注与集体主义相关的中国人信念,得到了许多结论。第一,中国人集体主义的基本信念是,来自同一内群体的人们相互联系,他们的幸福依赖于他们集体的努力。如果每个人都遵守群体规范,为群体利益行动,群体会和谐兴盛。这一解读已有实验结果支持。例如,Leung 和 Bond(1984)发现,与美国人相比,香港中国人将更大份额的群体奖励分给了内群体成员。Earley(1989)发现中国人比美国人表现出更少的社会惰化(即减少对集体任务投入的倾向)。

　　第二,中国人的集体主义使他们相信通过个人关系或者人际联系是办事的有效方式(例如 King,1991;Hwang,1987,2000)。比如,在台湾,关系影响团队成员的工作效率(Chou,Cheng,Huang, & Cheng,2006)。Hu、Hsu 和 Cheng(2004)发现,人们把更多奖励分配给与他们关系好的人。关系似乎能产生对目标人的信任,从而导致针对目标人的积极行为,而这些积极行为又有同等回报(Chou et al.,2006;Peng,2001)。

　　第三,中国人往往认为外群体的个人更不可靠和更不值得信任。比如,Leung(1988)发现,香港中国人比美国人更容易起诉陌生人。Li(1992)发现,与美国人相比,台湾中国人认为陌生人更不可爱,更不像是同类人,更不公平。然而,Zhang 和 Bond(1993)发现,在对亲人的信任水平上,美国人、香港中国人和中国内地人不存在差异,但中国内地学生对朋友和陌生人表现出的信任均超过美国和香港中国人学生的水平。也许中国人对外群体成员的负面信念的倾向并不明确,尚待进一步研究。

第四,Triandis 等(1990)发现,与其他的国家相比,中国大陆人觉得中国比其他国家更同质,而美国人中没有可比性结果。Triandis 等(1990)认为,这些发现支持这种观点:集体主义中国人认为群体是分析社会的基本单元,因而感到内群体比外群体更同质。Verkuyten 和 Kwa(1996)在一项关于在荷兰少数中国青年的研究中,也发现了内群体同质性效应(in-group homogeneity effect)较之外群体同质性(out-group homogeneity effect)更高。与此相反,Lee 和 Ottati(1993)发现,无论是中国大陆人还是美国人,都会感到外国群体较本国群体同质性更高。在 Triandis 等(1990)的研究中,同质性指的是行为标准和规范,而在 Lee 和 Ottati(1993)的研究中,同质性的测量范围更广,包括衣着、外貌等成分。因此,并不确定这些研究结果出现分歧的原因,需要进一步研究考察中国人内群体同质性的相关信念。

最后,Triandis 等(1990)发现,与一般刻板印象相反,与美国人相比,中国内地人和香港中国人更多认为群体缺乏有效性(effectiveness)。不过,Triandis 等(1993)报告,根据比较个人和群体有效性的独立因子得分,与香港中国人和中国内地人相比,美国人显然更倾向于独立。因为其项目中包含与朋友相关的条目,对其结果的解释需要谨慎。如前,围绕中国人关于个体和群体有效性的信念需要更多研究进一步阐明。

与权力距离相关的信念

中国社会结构具有等级制的特点(例如 Bond & Hwang, 1986;Hsu, 1981;King & Bond,1985),展现出巨大的权力距离(power distance)。据 King 和 Bond(1985)所说,这种导向下的基本信念使得组织集体的理想方式是等级分明,等级中每种角色的责任明确。因此,中国社会中典型的领导风格是家长制,理想化的仁慈(Cheng,Chou,Wu,Huang, & Farh,2004),对这一重要的复杂信念了解并不多,需待将来进一步研究(见Chen & Farh,本书第 35 章)。

环境信念

初级和次级控制

Rothbaum、Weisz 和 Snyder(1982)指出,在西方,实现个人目标和愿望的主要方式是尝试改变客观环境,这种方式被称为"初级控制"(primary control)。Wersz、Rothbaum 和 Blackburn(1984)进一步提出了另外一种控制类型,次级控制(secondary control),在东方更为常见。因为对集体中相互依存与和谐的重视,东亚人表现出一种改变自己以适应环境的倾向。Peng 和 Lachman(1993)采用了初级和次级控制量表对美国人和华裔美国人进行了研究,与预期一致,与华裔美国人相比,美国参与者在初级控制中得分高而在次级控制中得分低。有趣的是,在两组参与者中,初级控制均与积极心理调适相关。然而,Spector 等(2004)发现,在工作场合,中国内地人和美国人表现出相同水平的次级控制,均较香港中国人的次级控制水平高。尽管如此,次级控制与许多变量的关系在香港中国人与美国人之间是相似的。尽管关于初级和次级控制过程的研究已经进行了相当一段时间,此领域的发现仍无定论,尚待进一步研究。

关于不确定事件的信念

Wright 及其同事(1978)考察了包括香港中国人在内的三个东南亚群体与英国被试之间在概率思维上的文化差异。他们的主要发现是,英国被试倾向于采用不确定性的概率观点,在评价事情发生的可能性时更为精确,相反,在东南亚被试中,包括香港中国人,倾向于认为这个世界完全确定或完全不确定,较少地对不确定事件采用概率判断。他们的结论与一个美国团队的决策分析一致,这个团队来自于密歇根大学,与中国团队在控制黄浦江污染上展开合作(Pollock & Chen,1986)。他们注意到,他们的中国同行对不确定性缺少关注,对于决策任务相关的所有重要信息都假定为完全确定的。对陌生和非自然的事情才有必要考虑概率。这种决策动力学上的戏剧性差异给跨文化团队管理提了个醒。

然而,在缺少相关数据的情况下,并不清楚在中国人中不确定性的低分化观点会对中国人的社会行为有什么样的影响。这种非概率的世界观可能与儒、道及佛家思想有关,导致中国文化中对直觉的过度使用(Chou,1981),依赖直觉实际上常见于中国商人尤其是企业家(Redding,1978)。另一种可能性在于,对世界的概率观有利于理性决策,使用事实和数据,支持权力距离小的社会逻辑。相反,一种非概率的世界观会消除客观事实和数据的重要性,以此使直觉变得重要,权威专断变得可以接受。不幸的是,在过去十年中,这一领域未得到多的关注,期待在将来的研究中能阐明其中的动力过程。

宗教信念

Leung 和 Bond(2004)组织的社会公理项目确定了宗教性(religiosity)维度,指的是对至高无上力量以及对宗教民众和团体、宗教习俗和活动的积极后果等的信念。从全世界许多国家得来的数据看,中国人有着中等程度的宗教信念。Leung 等人(2007)发现宗教性与价值观存在明确的中等程度相关。比如,它与传统、仁慈、遵从价值观成正相关,与享乐、成就和权力等价值观呈负相关。这些相关提示中国人的宗教信念对某些社会行为可能具有重要意义(例如 Bond,Leung,Au,Tong, & Chemonges-Nielson,2004)。这一主题需要将来研究进行探索。

中国文化本土信念

除了缘之外,以上研究首先关注的是中国及西方社会中普遍存在的信念。本节将综述一些本土的信念。

心理信念:死亡的信念

Hui、Chan 和 Chan(1989)向香港华人青少年呈现了一组关于死亡的表述,有 30 句话根据结果抽取出 5 个因子。第一个因子是佛家和道家信念(Buddhist and Taoist be-lief),是一个关于转世的本土信念集合。第二个因子是公正世界信念(just-world belief),强调善和恶的不同归宿。第三个因子被称为自然信仰(naturalistic belief),认为生命随死亡而终结。第四个被称为灵魂不朽信念(immortal-soul belief),强调死亡后灵魂仍存在。最后,第五个因子是新教信念(Protestant belief),一种西方化信念,认为基督徒将升天堂,没有信仰的人将被惩罚。Hui 等(1989)在另一个香港中国人青少年样本中也报告了同样的因子结构。

有趣的是,本土信念(佛/道信念)以及西方化的信念(基督教信仰)共存,因此 Hui 等人(1989)认为香港中国人同时受到传统和西方信念系统的影响。然而过去十年中这类研究并未继续下去,我们不知道中国人的死亡信念是否随着现代化过程而发生改变(见石丹理编写的本书第 21 章)。

健康信念

健康模型表明,关于某种疾病严重程度的信念与感知到的感染该疾病的概率相关(例如 Rosenstock,Strecher, & Becker,1988)。此模型在中国人中已得到验证(如 Wang,Borland, & Whelan,2005;Wong & Tang,2005)。不过,也有一些中国人特有的健康信念得到确证。其中研究最多的信念可能是一些中国人在经历心理病理问题时的躯体化(somatization)倾向。台湾和香港中国人表现出一种将多种心身问题与身体原因相联系的倾向(综述见 Cheung,1986;Parker,Gladstone, & Kwan,2001)。在这种躯体化现象下的信念,即某些心身问题被认为仅仅由身体因素导致的(Luk & Bond,1992),这被认为是一种对心理调查(psychological investigation)的不成熟防御(Chan,1997)。较新的研究认为中国人的这种躯体化倾向与外部取向型思维有关,这种思维本身与不关注情绪状态的倾向有关(Ryder et al.,2008),有趣的是,Parker、Chan 和 Eisenbruch(2005)发现,在悉尼的中国人适应了澳大利亚文化后报告的躯体化倾向较低。然而 Mak 和 Zane(2004)发现,文化适应与华裔美国人中的躯体化倾向并不相关。接触西方文化是否能减少中国人的躯体化倾向这一问题仍需确定。

在一些中国古代著作中,男性精液被视为一种力量和能量的来源,因此频繁性交或射精被认为与体能降低相关(Van Gulik,1961)。月经也被认为是不干净的。在对香港医学生的一项调查中,Chan(1986)报告说,被调查者都很认同这两种传统信念。尽管经过现代医学训练,超过 90% 的参与者仍然认为以下陈述在某种程度上是正确的:(1)频繁射精会降低体能;(2)频繁手淫对健康有伤害;(3)频繁性交对身体有害;(4)健康的阴道本质上是不干净的,不是无菌的。

近期研究证实了这些传统信念的持续影响。Yeung、Tang 和 Lee(2005)发现,还没来月经的女孩大部分不太期待初潮,她们预期的情绪反应比已经来了月经的女孩更消极(Tang,Yeung,& Lee,2004)。Cain 等(2003)发现,华裔美国女性较之白种美国人和非裔美国人更不重视性。骆伯巍等人(2002)发现手淫的中学生报告更多负性情绪。Hong、Pan、Ng 和 Lee(1994)报告,上海大学生普遍对手淫持负面态度。总之,尽管现代医药知识增多,人们仍坚守传统的性相关信念。它在现代中国人的整体信念系统、性行为及社会行为中发挥什么作用,仍有待明确。

社会信念:关于互惠和报应的信念

在儒学和佛家影响之下,中国人发展了本土的报应信念:报(如 Hsu,197la;Hwang,1987;Yang,1957)。报包括积极和消极事件,也因此包括了互惠(reciprocity)和报应(retribution)。关于积极结果,报要求人们不欠他人人情,不管有形的还是无形的,都要尽力回报。在报后面隐藏的信念是如果个体不回报别人的帮助,他们的关系会变糟,也很难维持社会和谐(Hsa,1971a)。与此观点一致,Cheung 和 Gui(2006)发现,上海人在帮助他人找工作后,会期待获益者的回报。在香港,照顾其丈夫的老年妇女和照顾年长父母的女儿也是受到责任感驱动,这一责任感也源于他们对报的感觉(Holroyd,2001;2005)。

关于坏结果,中国人通常认为,对恶人的惩罚并不一定来自受害者,超自然力量可能会惩罚恶人,伸张正义。比如,Chiu(1991)分析了关于不平之事的常用中国谚语,将它们分为 7 类。其中一类明显是本土信念,认为报应会发生在作恶者后代身上。作恶可能给作恶者的后代带来灾难或让作恶者拥有不肖子孙。Yeo 等(2005)报告,在澳大利亚的中国人认为报是癌症病因之一,疾病被看成对患者或其祖先的报应。同样的,有小孩面临癌症风险的澳大利亚华人,会将报应看作可能诱发癌症的错误基因存在的原因(Eisenbruch et al.,2004)。这些有趣的发现提示,应当进一步研究报这种信念、价值观和行为规范的集合对中国人社会行为的影响。

关于道德和社会影响的信念

在儒家思想中,道德(德)被认为可得到人遵从,并被赋予更高权威(Pye,1984;

Yang & Tseng,1988）。这一信念,可称为道德力量信念,还未得到实验证实,但一些间接证据提示它在当代中国社会的重要性。在大陆一项关于领导行为的研究中,凌文辁及其同事（Ling,Chen, & Wang,1987;Ling,Chia, & Fang,2000）在两种传统的领导力维度（工作绩效和团队维系）之外,还确定了第三个独立维度,这个新的维度被称为个人品质,包括展现出诚实、正直、守信等美德行为,这一道德维度后来被认为是中国家长式领导模式中的核心成分（Cheng et al.,2004）,可以激发下属多种积极反应（Cheng,Li, & Farh,2000）。因此,关于家长制领导的研究证实,高道德感确实和积极的社会影响和群体表现有关联。

结　论

这一章第一版（Leung,1996）和现在这版之间超过十年时间。在前一版手册中,我总结说,关于中国人的信念系统缺乏清晰的理论和数据。目前综述表明,在一些领域取得了惊人进步的同时,我们关于中国人信念及它们怎么影响社会行为的知识仍存在许多空白。组织这章时将信念分为三类方式,这种分类对组织这一领域中各种发现仍是一种有用的方案。最后,我指出了未来研究的许多方向,希望以此促使心理学家进行更多实证工作填补这一重要心理学领域的空白。

参考文献

Anderson,C.A.(1999).Attributional style,depression,and loneliness:A cross-cultural comparison of A-merican and Chinese students.*Personality and Social Psychology Bulletin*,25,482–499.

Aryee,S.,Lo,S., & Kang,I.L.(1999).Antecedents of early career stage mentoring among Chinese em-ployees.*Journal of Organizational Behavior*,20,563–576.

Bal-Tal,D.(1990).*Group beliefs:A conception for analyzing group structure,processes,and behavior.*New York:Springer-Verlag.

Bond,M.H.(ed.)(1986).*The psychology of the Chinese people.*Hong Kong:Oxford University Press.

Bond,M.H.(1991).Cultural influences on modes of impression management:Implications for the cultur-ally diverse organization.In R.A.Giacalone & P.Rosenfield(eds),*Applied impression management:How image-marketing affects managerial decisions*(pp.195–218).Newbury Park,California:Sage.

Bond,M..H.(1996).Chinese values.In M.B.Bond(ed.), *The hand book of Chinese psychology*(pp.208–226),Hong Kong:Oxford University Press.

Bond,M.H.(2009).Believing in beliefs:A scientific but personal quest In K.Leung & M.H.Bond(eds), *Psychological aspects of social axioms:Understanding global belief systems* (pp.319 – 341),New York:Springer SBM.

Bond,M.H. & Cheung,T.S.(1983).College students'spontaneous self-concept:The effect of culture among respondents from Hong Kong, Japan, and the United States. *Journal of Cross-Cultural Psychology*, 14, 153-171.

Bond, M.H. & Hwang, K.K. (1986). The social psychology of Chinese people. In M.H. Bond (ed.), *The psychology of the Chinese people* (pp.213-266), Hong Kong: Oxford University Press.

Bond, M.H., Leung, K., Au. A., Tong, K.K., & Chemonges-Nielson, Z. (2004). Combining social axioms with values in predicting social behaviors. *European Journal of Personality*, 18, 177-191.

Bond, M.B., Leung, K., & Wan, K.C. (1982). The social impact of self-effacing attributions: The Chinese case. *Journal of Social Psychology*, 13, 186-200.

Cain, V.S., Johannes, C.B., Avis, N.E., Mohr, B., Schocken, M., Skurnick, J., et al. (2003). Sexual functioning and practices in a multi-ethnic study of midlife women: Baseline results from SWAN. *Journal of Sex Research*, 40, 266-276.

Chan, D.W. (1986). Sex misinformation and misconceptions among Chinese medical students in Hong Kong. *Medical Education*, 20, 390-398.

Chan, D.W. (1989). Dimensionality and adjustment: Correlates of locus of control among Hong Kong Chinese. *Journal of Personality Assessment*, 53, 145-160.

Chan, D. W. & Lee, B. H. C. (1993). Dimensions of self-esteem and psychological symptoms among Chinese adolescents in Hong Kong. *Journal of Youth and Adolescence*, 22, 425-440.

Chan, D.W. (1997). Defensive styles and psychological symptoms among Chinese adolescents in Hong Kong. *Social Psychiatry and Psychiatric Epidemiology*, 32, 269-276.

Chang, C. F. (1982). Interpersonal relations and self concept, attribution traits in college freshmen. *Journal of Education and Psychology*, 5, 1-46. (in Chinese)

Chen, C.S. & Uttal, D.H. (1988). Cultural values, parents' beliefs, and children's achievement in the United States and China. *Human Development*, 31, 351-358.

Chen, G., Willy, P., & Franz, M. (1997). A comparative study on self-concept of Chinese and Dutch children with high or average IQ. *Psychological Science* (China), 20, 19-22. (in Chinese)

[陈国鹏, Willy, P., & Franz, M. (1997):《中国和荷兰高智商与一般智商儿童自我概念比较研究》,《心理科学》1997 年第 20 期,第 19—22 页。]

Cheng, B.S., Chou, L.F., Wu, T.Y., Huang, M.P., & Farh, J.L (2004). Paternalistic leadership and subordinate responses: Establishing a leadership model in Chinese organizations. *Asian Journal of Social Psychology*, 7, 89-117.

Cheng, B.S., Li, L.F., & Farh, J.L. (2000). A triad model of paternalistic leadership: The constructs and measurement. *Indigenous Psychological Research in Chinese Societies*, 14, 3-64. (in Chinese)

[郑伯埙、周丽芳、樊景立 (2000):《家长式领导:三元模式的建构与测量》,《本土心理学研究》2000 年第 14 期,第 3—64 页]

Cheng, S.K. & Leung, F. (2000). Catastrophizing, locus of control, pain, and disability in Chinese chronic low back pain patients. *Psychology and Health*, 15, 721-730.

Cheung, C. & Gui, Y. (2006). Job referral in China: The advantages of strong ties. *Human Relations*, 59, 847-872.

Cheung, F.M.C. (1986). Psychopathology among Chinese people. In M.H. Bond (ed.), *The psychology of the Chinese people*(pp.171-212),Hong Kong:Oxford University Press.

Cheung,P.C. & Lau,S.(1985).Self-esteem:Its relationship to the family and school environments among Chinese adolescents.*Youth and Society*,16,438-456.

Chia,R.C.,Moore,J.L.,Lam,K.N.,Chuang,C.J., & Cheng,B.(1995).Locus of control and gender roles:A comparison of Taiwanese and American students. *Journal of Social Behavior and Personality*, 10, 379-393.

Chia,R.C.,Cheng,B.S., & Chuang,C.J.(1998).Differentiation in the source of internal control for Chinese.*Journal of Social Behavior and Personality*,13,565-578.

Chien,M.(1979).*Chinese national character and Chinese culture from the viewpoint of Chinese history.* Hong Kong:Chinese University of Hong Kong Press.(in Chinese)

Chien,M.F.(1984).The effect of teacher leadership style on adjustment of elementary school children. *Bulletin of Educational Psychology*,17,99-120. (in Chinese)

［简茂发(1984):《国小教师教导态度与学童生活适应之关系》,《教育心理学报》1984 年第 17 期,第 99—120 页］

Chiu,C.Y.(1991).Responses to injustice in popular Chinese sayings and among Hong Kong Chinese students.*Journal of Social Psychology*,131,655-665.

Chiu,L.H.(1986).Locus of control in intellectual situations in American and Chinese school children. *International Journal of Psychology*,21,167-176.

Chou,L.F.,Cheng,B.S.,Huang,M.P., & Cheng,H.Y.(2006).*Guanxi* networks and members′effectiveness in Chinese work teams:Mediating effects of trust networks.*Asian Journal of Social Psychology*,9,79-95.

Chou,Y.S.(1981).*Crisis and outlook of the Chinese culture.*Taipei:Shih Bao Publishing Company.(in Chinese)

Chung,Y.C. & Hwang,K.K.(1981).Attribution of performance and characteristics of learned helplessness in junior high school students.*Acta Psychologica Taiwanica*,23,155-164.(in Chinese)

Crittenden,K.(1991).Asian self-effacement or feminine modesty? Attributional patterns of women university students in Taiwan.*Gender and Society*,5,98-117.

Earley,P.C.(1989).Social loafing and collectivism:A comparison of the United States and the People's Republic of China.*Administrative Science Quarterly*,34,565-581.

Eisenbruch,M.,Yeo,S.S.,Meiser,B.,Goldstein,D.,Tucker,K., & Barlow-Stewart,K.(2004). Optimising clinical-practice in cancer genetics with cultural competence:Lessons to be learned from ethnographic research with Chinese-Australians.*Social Science and Medicine*,59,235-248.

Farh,J.L.,Dobbins,G.H., & Cheng,B.S.(1991).Cultural relativity in action:A comparison of self-ratings made by Chinese and U.S.workers.*Personnel Psychology*,44,129-147.

Gan,Y.,Shang,J., & Zhang,Y.(2007).Coping flexibility and locus of control as predictors of burnout among Chinese college students.*Social Behavior and Personality*,35,1087-1098.

Hamid,P.N.(1994).Self-monitoring,locus of control,and social encounters of Chinese and New Zealand students.*Journal of Cross-Cultural Psychology*,25,353-368.

Hamid,P.N. & Cheng,S.T.(1995).Predicting antipollution behavior:The role of molar behavioral intentions,past behavior,and locus of control*Environment and Behavior*,27,679-698.

Hau, K.T. & Salili, F. (1996). Motivational effects of teachers' ability versus effort feedback on Chinese students' learning. *Social Psychology of Education*, 1, 69-85.

Hess, R.D., Chang, C.M., & McDevitt, T.M. (1987). Cultural variations in family beliefs about children's performance in mathematics: Comparisons among People's Republic of China, Chinese-American, and Caucasian-American families. *Journal of Educational Psychology*, 79, 179-188.

Ho, I.T. (2004). A comparison of Australian and Chinese teachers' attributions for studentproblem behaviors. *Educational Psychology*, 24, 375-391.

Hofstede, G. (1980). *Culture's consequences. Beverly Hills*, CA: Sage.

Holroyd, E. (2001). Hong Kong Chinese daughters' intergenerational caregiving obligations: A cultural model approach. *Social Science and Medicine*, 53, 1125-1134.

Holroyd, E. (2005). Developing a cultural model of caregiving obligations for elderly Chinese wives. *Western Journal of Nursing Research*, 27, 437-456.

Hong, J.H., Fan, M.S., Ng, M.L., & Lee, L.K.C. (1994). Sexual attitudes and behavior of Chinese university students in Shanghai. *Journal of Sex Education and Therapy*, 20, 177-286.

Hsieh, Y.W., Shybut, J., & Lotsof, E. (1969). Internal versus external control and ethnic group membership. *Journal of Consulting and Clinical Psychology*, 33, 122-124.

Hsu, E.L.K. (197la). Eros, affect and *pao*. In F.L.K. Hsu (ed.), *Kinship and culture* (pp. 439-475). Chicago, IL: Aldine.

Hsu, F.L.K. (1971b). Psychological homeostasis and *jen*: Conceptual tools for advancing psychological anthropology. *American Anthropologist*, 73, 23-44.

Hsu, F.L.K. (1981). *Americans and Chinese: Passage to differences*. Honolulu, I - II: University of Hawaii press.

Hu, H.H., Hsu, W.L., & Cheng, B.S. (2004). Reward allocation decisions of Chinese managers: Influence of employee categorization and allocation context. *Asian Journal of Social Psychology*, 7, 221-232.

Huang, H.C., Hwang, K.K., & Ko, Y.H. (1983). Life stress, attribution style, social support and depression among university students. *Acta Psychologica Taiwanica*, 25, 31-47. (in Chinese)

Huang, L.J. (1971). Sex role stereotypes and self-concepts among American and Chinese students. *Journal of Comparative Family Studies*, 2, 215-234.

Hui, C.H., Chan, I.S.Y., & Chan, J. (1989). Death cognition among Chinese teenagers: Beliefs about consequences of death. *Journal of Research in Personality*, 23, 99-117.

Hung, Y.Y. (1974). Socio-cultural environment and locus of control. *Acta Psychologica Taiwanica*, 16, 187-198. (in Chinese)

Hwang, C.H. (1979). A study of the internal-external control of Chinese school pupils. *Bulletin of Educational Psychology*, 12, 1-14. (in Chinese)

[黄坚厚(1979):《国小及国中学生内外控信念之研究》,《教育心理学报》1979 年第 12 期,第 1—14 页]

Hwang, K.K. (1987). Face and favor: The Chinese power game. *American Journal of Sociology*, 92, 944-974.

Hwang, K.K. (2000). Chinese relationalism: Theoretical construction and methodological considerations.

*Journal for the Theory of Social Behaviour.*30,155-178.

Ip,G.W.M. & Bond,M.H.(1995).Culture,values,and the spontaneous self-concept.*Asian Journal of Psychology*,1,30-36.

Jiang,S.,Lambert,E.G., & Wang,J.(2007).Capital punishment views in China and the United States: A preliminary study among college students.*International Journal of Offender Therapy and Comparative Criminology*,51,84-97.

Ju,T.Z.(1947).*Chinese law and Chinese society.*Beijing,China:Min Mian Publishing Company.(in Chinese)

［瞿同祖(1947):《中国法律与中国社会》,商务印书馆。）

Katz, D. (1960).The functional approach to the study of attitudes. *Public Opinion Quarterly*, 24, 163-204.

Kemp,S.(1994).*An investigation into the self-concept of junior secondary students in Hong Kong.*Unpublished master's thesis,University of Hong Kong.

King,A.Y.C. & Bond,M.H.(1985).The Confucian paradigm of man:A sociological view.In W.S.Tseng & D.Y.H.Wu(eds),*Chinese culture and mental health*(pp.29-45).New York:Academic Press.

King, A. Y. C. (1991). *Kuan-hsi* and network building: A sociological interpretation. *Daedalus*, 120, 63-84.

Kinlaw,C.R.,Kurtz-Costes,B., & Goldman-Fraser,J.(2001).Mothers'achievement beliefs and behaviors and their children's school readiness:A cultural comparison.*Journal of Applied Development Psychology*,22, 493-506.

Kuo,W.H.,Gray,R., & Lin,N.(1979).Locus of control and symptoms of psychological distress among Chinese Americans.*International Journal of Social Psychiatry*,25,176-187.

Lao,R..C.(1977).Levenson's IPC(internal-external control)scale:A comparison of Chinese and American students.*Journal of Cross-Cultural Psychology*,9,113-124.

Lau,P.W.C.,I.ee,A.,Ransdell,L.,Yu,C.W., & Sung,R.Y.T.(2004).The association between global self-esteem,physical self-concept and actual vs ideal body size rating in Chinese primary school children.*International Journal of Obesity*,28,314-319.

Lau,S. & Leung,K.(1992a).Relations with parents and school and Chinese adolescents'self-concept, delinquency,and academic performance.*British journal of Educational Psychology*,62,193-202.

Lau,S. & Leung,K.(1992b).Self-concept,delinquency,relations with parents and school and Chinese adolescents'perception of personal control.*Personality and Individual Differences*,13,615-622.

Lee,B.O. & Bishop,G.D.(2001).Chinese clients'belief systems about psychological problems in Singapore.*Counselling Psychology Quarterly*,14,219-240.

Lee R.P.L(1982).Social science and indigenous concepts:With'Yuen'in medical care as an example. In K.S.Yang & C.L Wen(eds),*The Sinicization of social and behavioral science research in China*(pp. 361-380).Taipei,Taiwan:Institute of Ethnology Academia Sinica.(in Chinese)

Lee,Y.T. & Ottati,V.(1993).Determinants of in-group and out-group perceptions of heterogeneity:An investigation of Sino-American stereotypes.*Journal of Cross-Cultural Psychology*,24,498-318.

Lee,Y.T. & Seligman,M.E.P.(1997).Are Americans more optimistic than Mainland Chinese? *Person-*

ality and Social Psychology Bulletin,23,32-40.

Leung, C. (2001). The psychological adaptation of overseas and migrant students in Australia. *International Journal of Psychology*,36,251-259.

Leung,J.P. & Leung,K.(1992).Life satisfaction,self-concept,and relationship with parents in adolescence.*Journal of Youth and Adolescence*,2I,653-665.

Leung, K. (1988).Some determinants of conflict avoidance. *Journal of Cross-Cultural Psychology*,19,125-1-36.

Leung,K.,Au,A.,Huang,X.,Kurman,J.,Niit,T., & Niit,K.K.(2007).Social axioms and values:A cross-cultural examination.*European Journal of Personality*,21,91-111.

Leung,K. & Bond,M.H.(1984).The impact of cultural collectivism on reward allocation.*Journal of Personality and Social Psychology*,47,793-804.

Leung K & Bond,M.H.(1992).*A psychological study of social axioms*.Research grant proposal,Chinese University of Hong Kong.

Leung, K. & Bond,M.H.(2004).Social axioms:A model for social beliefs in multicultural perspective.In M.P.Zanna.(ed.),*Advances in experimental social psychology*(Vol.36,pp.119-197).San Diego,CA:Elsevier Academic Press.

Leung,K.,Bond,M.H.,de Carrasquel,S.R.,Munoz,C.,Hernandez,M.,Murakami.,F.,et al(2002). Social axioms:The search for universal dimensions of general beliefs about how the world functions.*Journal of Cross-Cultural Psychology*,33,286-302.

Leung,K. & Lau,S.(1989).Effects of self-concept and perceived disapproval on delinquent behavior in school children.*Journal of Youth and Adolescence*,18,345-359.

Leung,P.W.,Salili,F., & Baber,F.M.(1986).Common adolescent problems in Hong Kong:Their relationship with self-esteem,locus of control,intelligence and family environment.*Psychologia*,29,91-101.

Levenson,H.(1974).Activism and powerful others:distinction within the concept of internal-external control.*Journal of Personality Assessment*,38,377-383.

Li,M.C.(1992)Cultural difference and in-group favoritism:A comparison of Chinese and American college students.*Bulletin of the Institute of Ethnology*,*Academia Sinica*,73,153-190.(in Chinese)

Ling,W.,Chen,L., & Wang,D.(1987).The construction of the CPM scale for leadership assessment. *Acta Psychologica Sinica*.19,199-207.(in Chinese)

［凌文辁、陈龙、王登(1987):《CPM 领导行为评价量表的建构》,《心理学报》1987 年第 19 期,第199—207 页。］

Ling,W.,Chia.,R., & Fang,L(2000).Chinese implicit leadership theory.*Journal of Social Psychology*,140,729-739.

Liu,X.,Tein,J.Y.,Zhao,Z., & Sandler,I.N.(2005).Suicidality and correlates among rural adolescents of China.*Journal of Adolescent Health*,37,443-451.

Liu,Y. & Yussen,S.R.(2005).A comparison of perceived control beliefs between Chinese and American students.*International Journal of Behavioral Development*,29,14-23.

Luk,C.L. & Bond,M.H.(1992).Chinese lay beliefs about the causes and cures of psychological problems.*Journal of Social and Clinical Psychology*,11,140-157.

Luo, B., Gao, Y., Ye, L., & Chen J. (2002). Sex development of teenagers in East China. *Chinese Mental Health Journal*, 16, 124–126. (in Chinese)

［骆伯魏、高亚兵、叶丽红、陈家麟(2002)：《青少年学生性生理、性心理发展现状研究》,《中国心理卫生杂志》2002 年第 16 期, 第 124—126 页。］

Ma, W. (2003). Self-serving versus group-serving tendencies in causal attributions of Chinese people. *Japanese Journal of Social Psychology*, 19, 135–143.

Man, K. & Hamid, P.N. (1998). The relationship between attachment prototypes, self-esteem, loneliness and causal attributions in Chinese trainee teachers. *Personality and Individual Differences*, 24, 357–371.

Mak, W.W.S., & Zane, N.W.S. (2004). The phenomenon of somatization among Community Chinese Americans. *Social Psychiatry and Psychiatric Epidemiology*, 39, 967–974.

Marsh, H.W., Relich, J.D., & Smith, I.D. (1983). Multidimensional self-concepts: The construct validity of interpretations based upon the SDQ. *Journal of Personality and Social Psychology*, 45, 173–187.

Marsh, H.W. (1984). Relations among dimensions of self-attribution, dimensions of self-concept, and academic achievements. *Journal of Educational Psychology*, 76, 1291–1308.

Marsh, If.W., Cairns, L., Relich, J., Barnes, J., & Debus, R.L. (1984). The relationship between dimensions of self-attribution and dimensions of self-concept. *Journal of Educational Psychology*, 76, 3–32.

Marsh, H.W., Hau, K.T., Sung, R.Y.T., & Yu, C.W. (2007). Childhood obesity, gender, actual-ideal body image discrepancies, and physical self-concept in Hong Kong children: Cultural differences in the value of moderation. *Developmental Psychology*, 43, 647–062.

Masuda, T. & Nisbett, R.E. (2001). Attending holistically versus analytically: Comparing the context sensitivity of Japanese and Americans. *Journal of Personality and Social Psychology*, 81, 922–934.

McCormick, k J. & Shi, G. (1999). Teachers' attributions of responsibility for their occupational stress in the People's Republic of China and Australia. *British Journal of Educational Psychology*, 69, 393–407.

McCrae, R.R., Costa, P.T.Jr., & Yik, M.S.M. (1996). Universal aspects of Chinese personality structure. In MH Bond(ed.), *The handbook of Chinese psychology*(pp.189–207), Hong Kong: Oxford University Press.

Munro, D.J. (1977). *The concept of man in contemporary China*. Ann Arbor, MJ: University of Michigan Press.

Ng, S.H. & Zhu, Y. (2001). Attributing causality and remembering events in individual-and group-acting situations: A Beijing, Hong Kong, and Wellington comparison. *Asian Journal of Social Psychology*, 4, 3.9–52.

Parker, G., Gladstone, G., & Kuan, T.C. (2001). Depression in the planet's largest ethnic group: The Chinese. *American Journal of Psychiatry*, 158, 857–864.

Parker, G., Chan, B., Tully, L., & Eisenbruch, M. (2005). Depression in the Chinese: The impact of acculturation. *Psychological Medicine*, 35, 1475–1483.

Parsons, O.A. & Schneider, J.M. (1974). Locus of control in university students from Eastern and Western societies. *Journal of Consulting and Clinical Psychology*, 42, 456–461.

Paschal, B.J. & Kuo, Y.Y. (1973). Anxiety and self-concept among American and Chinese college students. *College Student Journal* 7, 7–13.

Peng, S. (2001). *Guanzi*-management and legal approaches to establish and enhance interpersonal trust. *Journal of Psychology in Chinese Societies*, 2, 51–76.

Peng, Y. & Lachman, M.E. (1993, August). Primary and secondary control: Age and cultural differences. *Paper presented at the 101st Annual Convention of the American Psychological Association*, Toronto, Canada.

Pollock, S.M. & Chen, K. (1986). Strive to conquer the Black Stink: Decision analysis in the People's Republic of China. *Interface*, 16, 31-37.

Pugh, D.S. & Redding, S.G. (1985, January). A comparative study of the structure and context' of Chinese businesses in Hong Kong. Paper presented at *the Association of Teachers of Management Research Conference*, Ashridge, England.

Pye, L. (1984). *China: An introduction* (3rd ed.). Boston, MA: Little, Brown and Company.

Redding, S.G. (1978). Bridging the culture gap. *Asian Business and Investment*, 4, 45-52.

Rogers, C. (1998). Motivational indicators in the United Kingdom and the People's Republic of China. *Educational Psychology*, 18, 275-291.

Rosenstock, I.M., Strecher, V.J., & Becker, M.H. (1988). Social learning theory and the Health Belief Model *Health Education Quarterly*, 15, 175-183.

Rothbaum, F., Weisz, J.R., & Snyder, S.S. (1982). Changing the world and changing the self: A two-process model of perceived control. *Journal of Personality and Social Psychology*, 42, 5-37.

Rotter, J. (1966). Generalized expectancies for internal versus external control of reinforcement. *Psychological Monographs*, 80, 1-28.

Ryder, A G., Yang, j., Zhu, X., Yao, S., Yi, J., Heine, S.J., e.t al. (2008). The cultural shaping of depression: Somatic symptoms in China, psychological symptoms in North America? *Journal of Abnormal Psychology*, 117, 300-313.

Schwartz, S.H. (1992). Universals in the content and structure of values: Theoretical advances and empirical tests in 20 countries. In M. Zanna (ed), *Advances in experimental social psychology* (Vol. 25, pp. 1-65), New York: Academic Press.

Smith, P.B., Trompenaars, F., & Dugan, S. (1995). The Rotter locus of control scale in 43 countries: A test of cultural relativity. *International Journal of Psychology*, 30, 377-400.

Spector, P.E., Cooper, C.L., Sanchez, J.I., O'Driscoll, M., Sparks, K., Bernin, P. et aL (2002). Locus of control and well-being at work: How generalizable ate Western findings? *Academy of Management Journal*, 45, 453-466.

Spector, P.E., Sanchez, J.I., Siu, O. L, Salgado, J., & Ma, J. (2004). Eastern versus Western control beliefs at work: An investigation of secondary control, socioinstrumental control, and work locus of control in China and the US. *Applied Psychology: An International Review*, 53, 38-60.

Stevenson, H.W., Lee, S.Y., Chen, C.S., Stigler, J.W., Hsu, C.C., & Kitamura, S. (1990). Contexts of achievement. *Monographs of the Society for Research in Child Development*, 55, 1-120.

Stigler, J.W., Smith, S., & Mao, L.W. (1985). The self-perception of competence by Chinese children. *Child Development*, 56, 1259-1270.

Sun, L.K. (1991). Contemporary Chinese culture: Structure and emotionality. *The Australian Journal of Chinese Affairs*, 26, 1-41.

Tang, C.S., Yeung, D.Y.L., & Lee, A.M. (2004). A comparison of premenarcheal expectations and postmenarcheal experiences in Chinese early adolescents. *Journal of Early Adolescence*, 24, 180-195.

Tong, N., Zhao, R., & Yang, X. (1985). An investigation into the current ideology of middle school students. *Chinese Education*, 17, 6–21.

Triandis, H. C., McCusker, C., & Hui, C. H. (1990). Multimethod probes of individualism and collectivism. *Journal of Personality and Social Psychology*, 59, 1006–1020.

Triandis, H.C., McCusker, C., Betancourt, H., Iwao, S., Leung, K., Salazar, J.M., et al. (1993). An etic-emic analysis of individualism and collectivism. *Journal of Cross-Cultural Psychology*, 24, 366–383.

Tsai, J. L., Knuston, B., & Fung, H. H. (2006). Cultural variation in affect valuation. Journal of Personality and Social Psychology, 90, 288–307.

Tsai, J.L., Miao, F.F., & Seppala, E. (2007). Good feelings in Christianity and Buddhism: Religious differences in ideal affect. *Personality and Social Psychology Bulletin*, 33, 409–421.

Tsang, E.W.K. (2004). Toward a scientific inquiry into superstitious business decision-making. *Organization Studies*, 25, 923–946.

Tseng, M.S. (1972). Attitudes towards the disabled: A cross-cultural study. *Journal of Social Psychology*, 87, 311–312.

Tseng, W.S. (1972). On Chinese national character from the viewpoint of personality development. In Y. Y. Li & K.S. Yang (eds), *The character of the Chinese: An interdisciplinary approach* (pp. 227–250). Taipei, Taiwan: Institute of Ethnology, Academic Sinica. (in Chinese)

[曾文星(1972):《从人格发展看中国人的性格》,见李亦园、杨国枢主编:《中国人的性格——多科间的合作》,台北:"中央研究院"民族学研究所。]

Tsui, C.L.C. (1978). Culture and control orientation: A study of internal-external locus of control in Chinese and American-Chinese women (Doctoral dissertation, University of California, Berkeley, 1977). *Dissertation Abstracts International*, 39, 770A.

Turner, S. M. & Mo, L. (1984). Chinese adolescents' self-concept as measured by the Offer Self-Image Questionnaire. *Journal of Youth and Adolescence*, 13, 131–143.

Van Gulik, R.H. (1961). *Sexual life in ancient China*. E, J. Leiden: Brill.

Van Haaften, E.H., Yu, Z., & Van de Vijve.r, F.J.R. (2004). Human resilience in a degrading environment: A case study in China. *Asian Journal of Social Psychology*, 7, 205–219.

Verkuyten, M. & Kwa, G. A. (1996). Ethnic self-identification, ethic involvement, and group differentiation among Chinese youth in the Netherlands. *Journal of Social Psychology*, 126, 35–48.

Wallace, B. A. & Shapiro, S. L (2006). Mental balance and well-being: Building bridges between Buddhism and Western psychology. *American Psychologist*, 61, 690–701.

Wan, K.C. & Bond, M.H. (1982). Chinese attributions for success and failure under public and anonymous conditions of rating. *Acta Psychologica Taiwanica*, 24, 23–3. 1. (in Chinese)

Wang, A. & Ren, G. (2004). A comparative study of self-concept in Chinese and American children. *Chinese Mental health Journal*, 18, 294–299. (in Chinese)

[王爱民、任桂英(2004):《中美两国儿童自我概念的比较研究——评定工具对研究结果的影响》,《中国心理健康杂志》2004 年第 18 期,第 294—299 页。]

Wang, S.H.Q., Borland, R., & Whelan, A. (2005). Determinants of intention to quit: Confirmation and extension of Western theories in male Chinese smokers. *Psychology and Health*, 20, 35–51.

Watkins, D. & Cheng, C. (1995). The revised causal dimension scale: A confirmatory factor analysis with Hong Kong subjects. *British Journal of Educational Psychology*, 65, 249-252.

Watkins, D. & Dong, Q. (1994). Assessing the self-esteem of Chinese school children. *Educational Psychology*, 14, 129-137.

Weisz, J.R., Rothbaum, F.M., & Blackburn, T.C. (1984). Standing out and standing in: The psychology of control in America and Japan. *American Psychologist*, 39, 955-969.

White, W.G. & Chan, E. (1983). A comparison of self-concept of Chinese and White graduate students and professionals. *Journal of Non-White Concerns in Personnel and Guidance*, 11, 138-141.

Wong, C.Y. & Tang, C.S.K. (2005). Practice of habitual and volitional health behaviors to prevent severe acute respiratory syndrome among Chinese adolescents in Hong Kong. *Journal of Adolescent Health*, 36, 193-200.

Wright, G.N., Phillips, L.D., Whalley, P.C., Choo, G.T., Ng, K.O., Tan, I. et al. (1978). Cultural variation in probabilistic thinking. *International Journal of Psychology*, 15, 239-257.

Yang, C.F. (1991). A review of studies on self in Hong Kong and Taiwan: Reflections and future prospects. In C.F.Yang & H.S.R.Kao (eds), *Chinese and Chinese heart* (pp.15-92). Taipei, Taiwan: Yuan Lin Publishing Company. (in Chinese)

［杨中芳(1991):《试论中国人的"自己"理论与研究方向》,见杨中芳、高尚仁:《中国人·中国心》,台北:远流图书公司。］

Yang, H. (2002). Subjective well-being and self-concept of elementary school teachers. *Chinese Mental Health Journal*, 16, 322-330. (in Chinese)

［杨宏飞(2002):《301 名小学教师主观幸福感与自我概念测评》,《中国心理卫生杂志》2002 年第 16 期,第 322—330 页。］

Yang, K.S. (1982). *Yuan and its functions in modern Chinese life*. In Proceedings of the Conference on Traditional Culture and Modern Life (pp.103-128). Taipei, Taiwan: Committee on the Renaissance of Chinese Culture. (in Chinese)

［杨国枢(1982):《缘及其在现代生活中的作用》,见《传统文化与现代生活研讨会论文集》,台北:中华文化复兴运动推行委员会。］

Yang, K.S. (1986). Chinese personality and its change. In M.H.Bond (ed.), *The psychology of the Chinese people* (pp.106-170), Hong Kong: Oxford University Press.

Yang, K.S. (1996). Psychological transformation of the Chinese people as a result of societal modernization. In M.H.Bond (ed.), *The handbook of Chinese psychology* (pp.479-498), Hong Kong: Oxford University Press.

Yang, K.S. & Tseng, S.C. (1988). *Management theories of the Chinese people*. Taipei, Taiwan: Guei Guen Publishing Company. (in Chinese)

［杨国枢、曾仕强主编(1988):《中国人的管理观》,台北:桂冠图书公司。］

Yang, L.S. (1957). The concept of *pao* as a basis for social relations in China. In J.K.Fairbank (ed.), *Chinese thought and institutions* (pp.291-309). Chicago, IL: University of Chicago Press.

Yeo, S.S., Meiser, B., Barlow-Stewart, K., Goldstein, D., Tucker, K., & Eisenbruch, M. (2005). Understanding community beliefs of Chinese-Australians about cancer: Initial insights using an ethnographic approach.*Psycho-Oncology*,14,174-186.

Yeung,A.S. & Wong,E.K.P.(2004).Domain specificity of trilingual teachers' verbal self-concepts.*Journal of Educational Psychology*,96,360-368.

Yeung,D. Y. L., Tang, C. S. & Lee, A. M. (2005). Psychosocial and cultural factors influencing expectations of menarche:A study on Chinese premenarcheal teenage girls.*Journal of Adolescent Research*,20,118-135.

Yu,A.B.,Chang,Y.J., & Wu,C.W.(1993).The content and categorization of the self-concept of college students in Taiwan:A cognitive viewpoint. In Y. K. Huang (ed.), *Humanhood, meaning, and societies* (pp. 261-304).Taipei,Taiwan:Institute of Ethnology,Academia Sinica.(in Chinese)

Zhang,J.X. & Bond, M.H. (1993).Target-based interpersonal trust:Cross-cultural comparison and its cognitive model.*Acta Psychologica Sinica*,2,164-172. (in Chinese)

［张建新, & Bond,M.H.(1993):《指向具体人物对象的人际信任:跨文化比较及其认知模型》,《心理学报》1993 年第 2 期,第 164—172 页。］

Zuckerman,M.(1979).Attribution of success and failure revisited,or the motivationalbias is alive and well in attribution theory.*Journal of Personality*,47,245-287.

第 16 章 "中国人"价值观的多重框架：从传统到现代及以后

Steve J.Kulich（顾力行）　张　睿

前言：中国文化比较的背景

据可查资料，诸多近代研究持之以恒地痴迷于注解独一无二的"中国人"及中国文化，例如 Mackarras（1991，1999）和 Spence（1998）的研究。其中某些差异归因于"中国人价值观"（Chinesevalues）。西方观察者早年即注意到并试图描述这些"中国特色"（Chinese characteristics）（Russell，1922；Smith，1890/1984），后来接受国际教育的数代中国人也加入这一队伍，通过对比阐释富饶多姿的中华文明（例如 1915 年辜鸿铭的《中国人的精神》，1934 年胡适的《中国的文艺复兴》和 1935 年林语堂的《吾国与吾民》及 2000 年的再版）。不管是当代"中国观察者"还是现代化进程中的中国公民，每一种文化"视角"的见解和意义依然会唤起这两方的兴趣。每种早期著作在近年多次再版，足以为证（和 Benedict 在 1946 年对日本人的解读研究《菊与刀》反复再版有相似之处）。但是，如同 Spence 提到的："对中国和中国人的测评通常是粗略或不准确的；投入其中的想象力和刻板印象与知识的灵活应用一样多（1998，p.xvii）。"社会心理学家们同样对科学澄清中国文化价值观的独特性或类似性甚为好奇，并投身于相关研究中。

中国人价值观的心理学研究历史悠久。最初，一些小规模的多民族对比研究收集了华人样本（例如 Morris，1956；Hofstede，2001），继之，一些研究从本土和主位（emic）视角深入思考"中国人"（K S.Yang，1982，2006；ChineseCulture Connection，1987），再继续探索将中国人价值观整合入国际客位（etic）框架（Ho，1998a；在 Schwartz，1992，1994a，2005 的研究中包括了华人样本）。杨国枢（Yang，1986；1996）和邦德（Bond，1996）完整记录了这些早期尝试的历史，而本文会继续关注那些持续努力地充分区分、包容性思考或者普遍体现中国人价值观变迁的本土多元文化研究。

随着社会科学的发展，价值观研究质量不断提高。邦德（Bond，1996）曾注意到并预测了这样一种趋势：在这一领域，"样本越来越有可比性，工具越来越全面，分析越来越精细，研究越来越是全文化的"（p.208）。本篇文章会和邦德（出处同上）之前的版本略有出入，因为我们现在认为，为了从客位中之主位（emic-in-etic）角度更好地理解更具普适性的心理学（例如 Berry & Kim,1993；K.S.Yang,2000），一些描述性主位研究可以关联并融入到他所说的"更融会贯通,理论上更宏大的工作"中［参阅 Kulich,2009a,类似 1979 年 Enriquez 的跨本土途径或者 Leung(2009)的协同途径］。所以,本章目标是将"中国人价值观"研究放在全球价值观研究的行进浪潮中,评估它的贡献。王超华（Chaohua Wang）曾经写道,"在外国镜子中,现代中国文化发展仍然只是依稀可见"（Wang CH,2005,p.10）。所以本文进一步的目标就是全面汇总之前综述未曾提及或者忽略的中国大陆价值观的大量新研究。

我们首先简要回顾下价值观研究的学术历史,解释价值观的定义、水平和框架。然后,鉴于价值观研究在其所在国际情境中对"中国人价值观"存在各种不同设想,我们会分析近期价值观研究的途径。在多种多样的情境中产生了像中国人价值观这样包容性很强的主题,我们会讨论我们认为对应这些情境的三种途径:(1)大中华地区的中国本土心理学;(2)海外散居华人中的传播学研究（communication research）;(3)中国大陆在其应对空前改变时累积的贡献。在结尾,我们会强调"中国人价值观"持续性研究面临的一些挑战性领域,尤其是关系到相对于全球化改变的稳定性。

价值观作为国际比较的基础

跨文化接触的分析提示,无论什么时候,一个完整社会文化系统中的人们（通常以直觉上对相同性的相互认同程度为基础）遇到一个明显不同的系统,知觉到"他者"（otherness）,关于"我们价值观与他们价值观的对比"的探索往往就开始了（Kulich,2009b,邦德在本书前言中重申了这一点）。因而可见,人文或社会科学早期工作力图澄清、分类或者比较"文化价值观"（cultural values）（Kulich,2009c）。

可能是现在已知的传统社会学家首先开始系统观察人的差异性。进入韦伯（Weberian）"理想类型"（ideal types）分类中的例子有涂尔干（Durkheim）(1887/ 1933)的有机团结对机械团结（organic vs.mechanical solidarity）以及 Tonnies(1957)的*礼俗社会*（*Gemeinschaft*）与*法理社会*（*Gesellschaft*）关系。虽然这些关于价值观的开拓性辨析在很大程度上局限于西方欧洲社会初始工业化的时代,不过他们激发了对更大范围文化差别的持续研究兴趣。比如,Franz Boas(1928/2004)及其门徒 Margaret Mead、Ruth Benedict(1946)、Clyde Kluckhohn(1951,1956)和 Florence Rockwood Kluckhohn(Kluckhohn & Strodbeck,1961)等人的文化人类学研究,也可见于同时出现的 Talcott Parsons 和 Edward Shils(1951)以及 Robert Bales(1953)的美国结构主义社会学。这些研究文集首次提出了"价值取向"（values orientations）的概念（Spates,1983,p.31）。

我们发现,类似设想也影响了前述早期中国文学家们（辜、胡、林）的著作,同样也影响了海外学习的中国人进行的本土和比较研究中发挥作用,值得一提的是

Malinowski(1944)对费孝通(1939,1948/1992;Fei & Chang,1945)的影响、Kardiner 和 Linton(1939;Linton,1945)对许烺光(1948,1953,1961,1968,1970,1981)的影响以及 Schramm(1953,1964)对朱古德温(Godwin Chu)(1978;Chu & Hsu,1979,1983;Chu & Ju,1993;Chaffee et al.,1994;Chu et al.,1995)的影响。把社会和文化概念看做放大的人格("国民性")指导了早期研究,至今仍清晰可见于沙连香(1992,2000)被大量引用的著作中。

西方传统心理学致力于在统计学上测量价值观,最初也是受到人格研究的影响,这种测量成形于 Allport-Vernon 价值观研究(the Allport-Vernon Study of Values,SOV)(1931),于 Lindzey(1951,1960)增订之后进一步更新。Morris 更具哲学性的生活方式量表(Ways to Live Survey)(1956)第一次包括了中国文化样本。随着 Kluckhohn 和 Strodtbeck(1961)推出的价值取向模型(the Value Orientations Model,VOM)和罗克奇(又译李克奇)价值观调查(the Rokeach Values Survey,RVS,1973),方法学上有所进步。以下研究中首次出现了大范围跨文化样本:霍夫斯泰德(Hofstede,1980)价值观研究模块(Values Studies Module)(VSM-82,VSM-94 和现在最新的 VSM-08)、世界价值观调查(the World Values Survey)(Inglehart,1977a,1990;他的团队现在已经进行了 5 波大规模调查,1981—1982,1990—1991,1995—1998,1999—2000,2005—2006;参阅 Inglehart & Welzel,2005)、Kahle 及其同事的价值观列表(List of Values,LOV)(Kallle,1983,Beatty et al.,1985)或者确认消费者价值观的价值观和生活方式问卷(Values and Life Style,VALS,Kallle,Beatty & Homer,1986)以及在斯沃茨(又译斯瓦茨)价值观调查(the Schwartz Values Survey,SVS,Schwartz,1992)以及针对受教育较少或较少个人主义社会的类似工具——描述价值观问卷(the Portrait Values Questionnaire,PVQ,Schwartz et al.2001;the PVQ40 in Schwaltz,2005b)中更加整合的普遍价值观结构。提及这些研究是因为,其中每一种都以不同的严谨程度用于中国人的一些研究,虽然没有充分总结或整合相关研究结果及意义。

提到这一系列研究也是因为,中国大陆开放度不均衡,目前的学者们可能由于不太了解该领域新进展,有时仍然使用旧工具(例如 Xie,1987 和 B.Xu & Yang,1999 的研究使用 Morris 的生活方式调查;许燕和王砾瑟在 2001 年对香港和北京学生进行比较性研究中以及许燕等人 2004 年研究中使用 Allport 等人 1960 年的 SOV 来分析由于 SARS 爆发带来的价值观变迁)。更新的国际性工具很少出现在中国大陆的价值观研究中,而且,即便确实使用了(Bond & Chi,1997 和 Tin & Xin,2003 的研究是个例外),也呈现出越来越本土化的形式(详见下面的"中国大陆内部的研究")。不管是以哪个学者的工作为参考,因为一些我们下面会提及的原因,价值观研究依然盛行于中国社会。

用于理解文化价值观的西方概念

价值观的定义

虽然近些年针对各种文化概念化存在大规模理论与方法学争论(参阅 Borofsky, Barth, Shweder, Rodseth, & Stolzenberg, 2001; Heine, Lehman, Peng, & Greenholtz, 2002; Kitayarna, 2002),不过,仍然浮现出价值观结构的核心主体研究。几种有影响力的定义持续引导着大多数价值观研究(即使在中国也是这样,例如 Jin & Xin, 2003):

> 价值观是一种外显的或内隐的、对于什么是值得的意识与观点,是个体或群体的显著特征,影响着人们对于行为方式及其导致的事物最终状态的选择

克拉克洪,1951,p.395

> 价值观是一种持久的信念,即对个人或社会而言,某种特定的行为模式或存在的终极状态比与之相对或相反的行为模式或存在的终极状态更为可取。

Rokeach,1973,p.5

> 价值观是:(a)概念或信念;(b)关于值得的终极状态或行为,(c)它超越特定情况,(d)指导行为与事件的选择或评估,(e)按相对重要性排序。

Schwartz & Bilsky,1987,p.551

> 我把价值观定义为值得的抽象的(跨情境的)目标,在重要性上有所不同,充当个人或其他社会实体生活中的指导原则。

Schwartz,1994,p.21

这些提法在 20 世纪后半期被广泛用来评估多种多样的研究主体,包含广泛的多民族比较样本(例如 Hofstede, 1980, 2001),发展出了更多综合理论(Schwartz, 1992)。虽然一些社会科学分支对价值观的兴趣可能有所衰退,不过 Hitlin 和 Pivilian(2004)的大综述起了一个有意思的名字《价值观:复兴一个沉寂的概念(*Values: reviving a dormant concept*)》,它通过强调斯沃茨的普遍价值观模型引发了新一轮研究兴趣。虽然霍夫斯泰德(Hofstede)的五维模型(Five-D model)可能广泛应用于许多领域,而且在这些领域内凸显出了文化差异(现在有超过 6000 次引用),然而,社会心理学家们受到第一本特别献给价值观心理学研究的著作的鼓舞(Seligman, Olson, & Zanna, 1996),再加上邦德(1996)在上一版牛津中国心理学手册的强调,还是越来越多地采用斯沃茨先验性工作作为理论基础(例如 Davidov, Schmidt & Schwartz, 2008)。

在这些定义中,不仅要重点注意价值观是什么,还有价值观不是什么。价值观研究的历史性挑战与当前挑战是我们尝试澄清的难题。Kluckhohn(1951, p.390)告诫道:

> 阅读了各种学习领域关于这一主题既模糊又分散的海量文献,就发现价值观

被看做态度、动机、目标、可测量的量、行为的本质领域、负载情感的习俗或传统以及诸如个人、群体、物体、事件之间的联系。

价值观可能被说成是核心态度、情操、偏好、精神专注点和效价,M.Brewster Smith(1969,p.98)也对这种"类似于价值观的概念扩散"颇为痛惜。Rohan(2000,巧妙地题名为《任意名字的玫瑰?(*A rose by any name?*)》)提到,"价值观理论和研究状态正在变糟,因为一些非心理学家和类似心理学家正在滥用和过度使用'价值观'这个词"(p.255)。于是,从历史上和操作上来说,这都是一个非常难以处理的学术局面。

不过,从上述定义看来,他们都倾向于把价值观看作是反映群体功能的个人认知结构,表现为与众不同的动机目标,一些合并了价值观的构想比另一些构想的争议要少。第一,个人价值观是对文化的主动内化和个体化建构,所以并不等同或者简化为道德品质(Inkeles & Levinson,1954/1969)、文化规范或者共同珍重的活动(Hsu,1961,1981)。第二,价值观处于抽象意义上更高一个水平,高于对某一具体问题或社会目标的态度,虽然后者可能是价值观的表现(例如 Maio & Olson,2000)。第三,价值观与价值取向(Kluckhohn & Strodtbeck,1961)和普遍信仰(例如社会公理,Leung et al.,2002;Leung & Bond,2004)不同,因为价值观是可以评估的,不只限于对两个实体如何相关的陈述。

价值观研究者面临的挑战

在价值观研究科学途径的发展过程中,许多作者也列出了一系列认识论上的陷阱和设计上的危险(例如 Hitlin & Piliavin,2004,pp.360-362;Kahle & Xie,2008,p.576;Spates,1983;Stewart,1995,p.1)。这里我们重申并扩展一些主要问题,作为价值观研究者的一份警示备忘录:

·群体实体性(原文为 entativity,疑为 Entitativity,故翻译为实体性)和本质化(essentializing):过度泛化对群体的刻板印象,把"他们"当做一致的实体或者表现出一些固有的本质特征(Jussim,2009)。认知心理学中记录了一种观点"天真的科学家具有无意的偏见"(例如,外群体同质性),研究者们不一定可以免于例外。不过,价值观研究目标不是以非本质主义(non-essentialist)的角度来看待所有群体,而是传递"对情境、历史和文化因素在造成群体和群体差异性时所起作用的一种理解"(出处同上,p.18),并且决定什么时候归因这些特性才合适。

·种族中心化(ethnocentrizing)或者提倡"标准化":下意识推动文化优越性,将"我们的"价值观置于"你们的"之上或者通过布道式劝诫强加于人,使用价值观作为文化合理性借口,例如"价值观合理性假设(thevalue justification hypothesis)"(Kristiansen & Hotte,1996)、"反冲假设(thebacklash hypothesis)"(Faludi,1991)、陌生恐惧防御(the xenophobic defense)(Biernat et al.,1996)或者其他形式的"道德剥削(moral exploitation）"（Kristiansen & Hotte,1996,p.83）。

·过度简化或者极化:沿两元维度和还原主义/极简主义的框架将复杂数据划分界限。[从 Parsons 和 Shils（1951）、E.T.Hall（1976）、Inkeles 和 Levinson（1954/1969）到 Hofstede（1980,2001）的比较文化学者因为这么做而被反复指责。]如何在更加现实的选择范围中（Kluckhohn, & Strodtbeck,1961;Condon & Yousef,1975）或是一个综合环状领域里看待价值观（例如 Schwartz,1992,1994）呢?

·过度区分:本质化、最大化群体之间的差异,污名化外群体,引起偏见（Biernat et al.,1996;Rokeach,1968）或者神秘化"他者"（例如东方化）可能产生的一种结果。

·突出相似性:假定共同度、同质性（常常是外交或政治活动的特性）;突出西方意识形态或者全球统一性["They want the same things we want（他们想要我们想要的东西）",Ball-Rokeach,1985]。

·理想化（idealization）:使价值观充满积极性（Kahle & Xie,2008,p.579;Seligman & Katz,1996,p.73）,而没有现实地看到缺点或者"消极"价值观的影响（Fung et al.,2003）;抬高文化的一统性和连续性（例如提倡社会化"好的""和谐的"价值观的教育项目）;过分强调共享意识形态的积极效应,不管它是由新儒家理想引导的"和平世界"美景还是全球自由贸易。

·线性化或者框架化:一个线性发展观就是,传统或者被保留或者进入现代化;没有意识到,正在迅速改变的社会里,价值观优先顺序还未理出头绪（Kluckhohn & Strodtbeck,1961）,甚或是以现代中有传统、集体中有个人的混合矩阵形式出现（Tu,2000;K.S.Yang,1998）。

·合并（conflation）:"全推到价值观上（pinning it all on values）"应归结于没有仔细定义上面提到的诸多心理结构（Hitlin & Piliavin,2004）或者没有小心注意分析水平相关问题（"生态谬误（ecological fallacy）":Hofstede,2001,p.16）

·物化:对价值观的一种概念化,从文化的独块体（monolithic）观点出发,而没有考虑动态或者时间维度;将价值观孤立于其他心理结构之上,忽略相关因素的复杂联系。

·客体化:因为对主观性的偏见而回避价值观研究的复杂性（Hechter,2000）;因为狭隘的理论化排除可能的抽象要素;无法说明在核心文化领域中释义内容的意义和情境多样性（McGuire,1983）。

·范式优先（Paradigmatic prioritizing）:从过去的专业术语变更为目前更诱人的意识形态上合乎时宜或者政治上正确的概念;逐步地驳斥或者贬低价值观研究是过去的遗迹（Hechter,1993,p.ix）,而不是确认它在越来越多元化的全球背景中的必要性。

在价值观研究中整合主位和客位观点

在这一章,我们力图采取一种有限"兼收并蓄"途径（例如 Leung,2009）。完全实证化和标准化价值观具有一定风险,可能会使价值观丧失一些在具体情境下可能更深刻的动态含义(参阅 Seligman & Katz,1996)。而尝试描述式、论证式或者定性地引出感知到的价值观,也具有一定的风险,可能会突出很多不可能被跨文化比较的内容。

引导本章的价值观定义既包括可比较的客位领域或者维度,同时又容许地区变化和"浓重的"文化描述。中国人认为在其"文化核心"中处于中心位置的一些价值观项目,可能并不像有时假设的那样为这种文化系统所独有(如同邦德指出的,2007,pp. 242,243;2009)。但是,中国人自己,从街头到学者,仍然认为西方人并不充分理解他们价值观被赋予的含义或者背后的运作方式。其中一些价值观对于大多数中国人如何定义他们自己为一个文化实体具有内在本质性,必须被考虑到。

我们确实发现,许多中国学者,不管他们是在社会心理学领域,特别是正在推动的本土心理学,还是在传播学科,往往耗费巨能投身于定义、描述、测量、映射、比较和连接这些"中国人价值观"(见本书第 28 章 Hwang & Han;第 20 章 Lu;第 32 章 Shi-xu & Feng-bing)。因此,我们继续以敏锐的目光,看一看这种中国性如何表现在更加广义的价值观框架中,同时注意概念和测量上不一致之处以及中国人口日趋流动和现代化的现实给研究带来的挑战。

研究"中国人"的途径

关于中国文化持久统一和独特性的观点

学者越来越多地讨论一种可能性:中国社区的全球化多样性很有可能会打破以往确认的"中国性"独块体(monolith)(例如 Bond,2007)。尽管如此,仍然存在普遍的观点,在进行跨文化测量时,"中国人"可能总被看做是和其他文化群体相对的一个独特实体。

我们注意到,中国人价值观研究出现越来越多各学科间的融合,像中国研究、文化间传播和文化或跨文化心理学(参阅 Kulich,2007a,2007b)。这些研究正在验证 Kroeber 和 Kluckhohn(1952,p.174)在其影响深远的早期书稿中的论述:

> 文化比较千万不可用一种武断的或者预想的普世价值系统过分简化,而必须是多重的,首先以其自身特有价值系统以及因而产生的自身特质结构来理解每一种文化。之后,文化比较才可能会越来越可靠地揭示价值观、意义和特征在什么程度上是比较中的文化所共有的,又在什么程度上是独一无二的。

这确实是中国人价值观研究对跨文化价值观研究的贡献。说明一下,我们仅仅简要介绍下中国大陆以外学者的工作,因为英文阅读群体可以接触到大多数此类文献,而用更多篇幅介绍过去十年中国大陆内的发展,这些几乎都是以中文出版的。

中国大陆以外华人社会中的工作

华人社会内部的本土研究　可能有人认为中国人价值观的心理学主流研究发源于"海外(offshore)"华人社区并得以持续发展。一些研究继续使用西方开发的工具(如同杨国枢最初研究,1972),而也有许多关于中国文化的学术研究走向更情境化的途径。这些年来,由杨国枢和黄光国发起的华人本土心理学运动已经出版了大量专著、数以百计的期刊论文和几部百科全书似的卷册,其中许多都和中国文化中特定价值观相关领域有关。虽然这些研究是用中文发起的,例如,有两卷明确题名为"中国人价值观"(Wen,1989;K.S.Yang,1994),不过杨国枢(Yang,1986,1996)和邦德(Bond,1996)也曾用英文记录这些工作。虽是台湾研究者带头开始了这次本土化运动,它仍在香港特别行政区和大陆激起不同反应强度的阵阵涟漪(Yang,2004,pp.11-24)。感兴趣的读者可以参考有影响的大陆研究者(例如Sha,1992,2000;Zhai,1999,2005;Zhai & Qu,2001)和其他受益于这场教育和学术交叉渗透的学者(又见于Peng,2001;Zhang & Yang,1998)的著作。

王丛桂(2005)对所有这些价值观研究进行了最新的总结,认为本土学者必须一直将工作定位在具体情境和跨情境价值观的基础问题之间。这里强调了研究中国人价值观的两个重要意义:第一,探讨这些价值观的主观意义,这些主观意义位于中国文化功能的中心,却在客观途径中被忽视了。第二,在努力进入发达世界行列的社会中生活的人们面临着的价值观延续和改变。接下来,我们会综述被广泛研究的中国人主位概念和改进的现代性假设。

从主位视角来看,中国人价值观本土研究中本土学者提出的关键概念详见表16.1,表格第二栏是引用的代表性心理学研究。

表 16.1　关于中国人特定核心价值观的重要研究文献

中国人核心文化价值取向	社会/本土心理学研究	海外华人社区研究
集体(collectivism & the interdependent self)	Ho, Chan, Peng & Ng, 2001; Ho & Chiu, 1994; K. S. Yang, 2006; C. F. Yang, 2006	个人主义 vs 集体主义 Cai, 2005; X. Lu, 1998
面子,脸(face, face-saving, face-giving)	Ho, 1976, 1994; K.K.Hwang, 1987, 2005; 又见于本书 Hwang & Han 书写的章节	Chang & Holt, 1994b; G. Chen, 2004b; Jia, 1997 - 1998, 2001, 2003, 2006b; 参阅下面关系的注释
孝(filial piety)	K. S. Yang, 1988a, 1988b; Ho, 1994, 1996, 1998; Ho & Peng, 1999; K. K. Hwang, 1999; Yeh, 2003; Yeh & Bedford, 2003, 2004	Huang, 1988, 1999; Q. Xiao, 2002

续表

中国人核心文化价值取向	社会/本土心理学研究	海外华人社区研究
关系 (social networking, mutual obligations, interrelationships)	Ho & Peng, 1998; Ho, 1998; Ho, Chan, & Zhang, 2001; Hwang, 1997 – 1998; See also Chen & Farh; 本书中 Hwang & Han 书写的章节	Chang & Holt,. 1991a; Jia. 2006a; Ma, 2004; 参阅面子的注释
儒家教育观 (Confucian educational value orientation)	Ho, 2002; Ho, Peng, & Chan, 2001a, 2001b; Ho, Ng, Peng, & Chan, 2002; Lin, 2003; 又见本书 Hau & Ho 书写的第 13 章; 本书中 Ni, Chiu, & Cheng 书写的第 10 章	Chen & Chung, 1994
成就 (achievement)	Yu, 1996, 2005; Yang & Lu, 2005	
道德 (morality)	authoritarian moralism, Ho, 1994; Hoshmand & Ho, 1995; Fung, 2006; 又见本书 Hwang & Han 书写的第 28 章	
人情 (interpersonal sentiment)	Ho, 1999; C. F. Yang, 1999; C. F. Yang & Peng, 2005; 又见于 Chan, Ng, & Hui 书写的第 30 章	Jia, 2006a, 2006b
仁 (human-heartedness)	Hwang(2007)提出的模型	Xiao, 1996
礼 (rites or decorum)	又见于本书 Hwang & Han 书写的第 28 章	X. Xiao, 2002
客气 (politeness)	又见于本书 Shi & Feng 书写的第 32 章	Feng, 2004
和谐 (harmony)	L. L. Huang, 2005; 又见于 Leung & Au 书写的第 29 章	H. Chang, 2001a; G. Chen, 2001, 2002; S. Huang, 2000, Edmondson & Chen, 2008 special issue, including Chen, 2008b; Jia, 2008
缘 (fatalism, predestined relations, destiny)	K. S. Yang & Ho, 1988; K. S. Yang, 2005; 又见于本书 Leung 书写的第 15 章	H. Chang, 2002; Chang & Holt, 1991b; Chang, Holt, & Lin, 2004; L. Chen, 2002a
家 (族主义) (family, clan, familism. parenting)	Ho, Peng, & Lai, 2001; Fung, Lieber, & Leung, 2003, Yang & Yeh, 2005; 又见于本书 Wang & Chang 书写的第 5 章	参阅"面子—关系"的注释
羞 (shame and embarrassment)	Bedford, 2004; Ho, Fu, & Ng, 2004; Fung, Lieber, & Leung, 2003, Fung, 2006; 又见于 Yik, 本书第 14 章	
忍 (endurance)	Li & Yang, 2005	
报应 (reciprocity or retribution/ reward of good and evil)	Z. X. Zhang, 2006; Zhang & Yang, 1998	Chang & Holt. 1994a; Holt & Chang, 2004

续表

中国人核心文化价值取向	社会/本土心理学研究	海外华人社区研究
气（inner power, energy）		Chung, 2004；Liu, 2008；Chung, 2008；Yao, 2008；Starosta, 2008
中（centrality）		Xiao, 2003
矛盾（paradoxical contradictions）	又见 Ji, Lee, & Guo，本书第 11 章	Yu, 1997–1998, Chen, Ryan, 2000
上司（hierarchical relations, defer to superiors）	又见 Chen & Farh，本书第 35 章	Chen & Chung, 2002；Chung, 1997
风水（the art of spatial arrangement）	又见 Leung，本书第 15 章	G. Chen, 2004a
占卜（divination）		Chuang, 2004

编自多方来源的文献，特别是用到了 Bond（1996）的心理学研究以及 G.M.Chen（2007, pp.306-308）的传播学研究。

这些心理学研究的重要性在于，他们用实证方法在非西方人群，也就是中国人中测试、挑战或者扩充了西方提出的价值取向。例如，Ho 和 Chiu（1994）依据 Kagitcibasi 和 Berry（1989）提议，Schwartz（1992）呼应的三个指导方针扩展了个人主义和集体主义框架，建立了分类的两个基本体系。这三个指导方针是：两个对比项目是多维度的，不是两极对立的，每一种都对社会组织具有不同意义。Ho 和 Chiu 的第一个分类体系是个人主义和集体主义的成分（Components of Individualism and Collectivism, CIC），具有 18 种成分，可以进一步合并为五大类，即价值观（values）、自主性/遵从（automomy/conformity）、责任心（responsibility）、成就（achievement）和自立/互依（self-reliance/interdependent）。第二个体系是社会组织成分（CSO, Components of Social Organization），包括 8 个成分，将社会组织分成两大类：整合的（the integrative）和非整合的（non-integrative）。这两个体系可以为任一社会或文化中的价值观要素提供综合分类标准，可以用作量表，将一种文化归为更加个人主义还是更加集体主义的系统。

因为每个华人社会都正在快速发展和转型，所以既要重视详述中国性的主位领域，也要重视分析传统中国价值观如何随着现代性而改变。虽然随着 20 世纪 80 年代经典现代化理论（classical modernization theory）的衰退，对"人的现代化（the modernization of man）"的兴趣变小，不过台湾本土心理学家杨国枢及其同事们还在继续研究中国个人传统性/现代性（traditionality/modernity, T/M）。数十年之久的研究构建和校验了 T/M 工具（MS-CIT 和 MS-CIM），以令人激赏的实证证据记录了人格变化（Yang, 1986, 1996），而且，也许更为重要的是，复苏了亚洲在这一主题上的兴趣（2003 年 *Asian Journal of Social Psychology* 专用一期特刊介绍个人 T/M；关于新加坡华人的数据，参见 Chang, Wong, & Koh, 2003）。

值得注意的是这项工作的两大重要贡献（尽管黄光国在著作中批判其理论基础）

（Hwang，2003a，2003b）。MS-CIT 和 MS-CIM 测量显示传统性和现代性在经验上共存，支持了杨国枢（1988）的有限趋同假说（a limited convergence hypothesis）。该假说假定，在所有当代社会中，现代心理特征只会部分地汇聚，传统心理特征也只会部分发散，与现代性理论家的意见一致（Eisenstadt，2001；Tu，2000）。这条研究路线也可以作为全球化和文化适应心理学的借鉴和结合点，具有远大前景（正如本章结尾所说）。例如，个人主义的 T 在统计上独立于 M，和个人主义/集体主义的多种测量所观察到的不相上下；传统—现代双文化自我的模型呼应了最近将全球时代自我概念化为多重文化动态汇合的心理学尝试（Arnett，2002；Hermans & Kempen，1998；Hong，Morris，Chiu，& Benet-Martinez，2000）。

正如人们所预期的，涉及传统性，儒学解释在这些价值观研究的基础上具有重要地位，尤其是在黄光国（比如 Huwang，2007）的著作中。儒家学说当然在一些华人社会更具影响力（要注意的是大陆曾经力图清除这些"封建影响"），不过它也仅仅是多种多样的中国文化的一个方面。也许有人认为大多数具有中国血统的人都对传统的核心"中国人价值观"深有体会，不过中国人生活环境的多样性也意味着，这样一套中国人价值观应当如何组织或者优先性如何，可能存在着不同看法。有意思的是，1987 年华夏文化协会中国人价值观调查（Chinese Values Survey）获得了来自儒家思想的 22 个价值观，而 20 世纪 90 年代中期从上海年轻人中采用主位途径，收集了具价值负荷的谚语，而这些多频自生的谚语样本中并没有出现以上 22 个价值观中的任何一个。

大部分"定居海外"的传播学者也在从事本土化研究。有趣的是：当他们力图挑战和扩充西方观念或理论时选择了哪组"独特的中国人价值观"呢？

从外部——华人离散族裔开展的研究自然，像个人主义和集体主义这样的经典价值观维度也接收到充满新情感和见解的评价（例如 Cai，2005；X.Lu，1998）。Xia（2006）综合介绍了在中国价值观和交流类型之间的联系，而 G.M.Chen（2007）明确总结了这项工作，并大量记录了这些类型的研究。上面提到的（表 16.1，右栏，有所增加）就是那些他命名为"中国文化限定概念的研究"（the study of Chinese culture-bounded concepts）（出处同上，pp.306-308）。

显而易见，两个或更多文化系统无论何时开始互动，由于某种本土用词可能极富文化内涵而且意味深长，以至于翻译成其他外来词汇难免减弱或者丧失了它的内在含义。在上面的表格中，我们尽量给出每种中国术语最好的近似词，并且列出了和此概念相关的重要研究。

关键本土价值观主题的总结和比较 对本土心理学家来说，"首要的五个（top five）"焦点似乎是首先测试集体主义（collectivism）、面子、孝（和它对本土权力阶层的影响）、关系以及儒家价值观和道德的影响（像仁、义、礼）。具体包括一些嵌入在评价面子/关系（参阅 Hwang，2007；Hwang & Han，本书第 28 章）或评价成功/成就（见 Hau

& Ho,本书第 13 章)中的东西。对传播学学者来说,顺序和焦点多少有些不同。这"五大方面"("big five")一直是关于面子、关系、和谐、缘和有关冲突管理或回避的价值观这些方面的研究,而传播学学者正如所预期的那样,给予价值观—行为的关系更多的交流取向(communicative orientation)。

如同 Chen(2007,p.307)提到的,"关系和面子是最常被研究的"中国文化影响(又见于 Hwang,1997-1998;2007),大量文献进一步探索了以下领域的比较研究和中国期望:

1. 人际关系或友谊(Anderson,Martin, & Zhong,1998;Chang & Holt,1996,1996b;Chen,1998a;X.Lu,1998;Ma,1992;Ma & Chuang,2002;Myers & Zhong,2004;Myers,Zhong, & Guan,1998;Myers,Zhong, & Mitchell,1995;M.Wang,2004;又见 Chan,Ng, & Hui,本书第 30 章);

2. 家庭交流的动力学(G.Chen,1992;Huang,1999,2000;Huang & Jia,2000;Sandel,2002,2004;Sandel,Cho,Miller, & Wang,2006;Sandel,Liang, & Chao,2006;Zhong,2005;Zhong,Myers, & Buerkel,2004;又见 Wang & Chang,本书第 5 章);

3. 企业交流(corporate communication)(Chen & Chung,1994;G.Chen,2006;Liu & Chen,2002;Liu,Chen, & Liu,2006;X.A.Lu,2005;Wang & Chang,1999;Yu,2000,2002;又见 Shi-xu & Feng-bing,以及 Chen & Farh,本书第 35 章)。

但是 Chen(2001,2007,p.308)认为,面子和看重社交网络的中国人价值观背后可能是形成中国文化最重要的价值观:和谐(harmony)。目前中国大陆提倡这种价值观,作为整合社会与缓和现代化的重要传统美德。Chen 认为和谐是中国人行为之轮的轴心,由两条轮辐即面子和关系支撑(出处同上)。

不管是黄光国(1987,1997-1998,2007,pp.262,265-269)还是 Chen(2001,2007)都认为仁(benevolence,humanism)、义(righteousness)、礼(propriety,rites)等传统儒学影响形成了社会关系、面子和利益协商以及冲突管理的核心。黄光国(出处同上)还提出有人情味儿("感情规则",human-heartedness)是维系所有社会纽带的必要机制(Hwang,1987,2007,p.263)。但是两人都承认,在微妙的有时看似矛盾的中国人际"游戏"世界中,权力的赋权即使是潜在的也是非常重要的主题。

然而,文化价值观在多重水平上运作。Kluver 认为学者们应当扩展研究范围,不仅要包括人际价值观,还要包括在更大社会背景下运行的中国人传统价值观。价值观外化于以下的文化产物中,例如政治文化、民族主义、社会冲突敏感性和解决办法、媒体倾向、中国互联网使用中的隐私、组织结构、尊重知识分子或者重视精英言论(参阅 Kluver,1997,1999,2001,2004)。上述的一些传播学研究已经涉及这些问题,其他相关研究可以在已发表的参考文献中找到(参阅 Chen,2008;Miike,2009;Miike & Chen,2006;Powers,2000)。

虽然表 16.1 展示了心理学家和传播学学者一些不同的关注点，不过，在最近几年，这些领域的范围因为相互激励而日趋融合，日渐开阔。20 世纪 90 年代，裔散华人学者因为文化差异和交流障碍的亲身体验，激发了一种重现和重申文化根基的渴望，研究了更多传统价值观和负载文化的术语。这些研究提供了对于历史、哲学和宗教遗产的情境意义(situated meaning)的重要观察，对任一社会中的炎黄子孙来说，这些遗产解释了维持同一性、文化连续性和集体纽带的更深层次的含义。也使我们更加意识到，如何解释和推断客位维度(etic dimensions)在跨文化研究中的意义。心理学家感兴趣的也许是，这些研究描述性地将主位价值观和具体沟通行为或期望相链接，这种方式解决了价值观研究经常被提及的一个弱点(例如 Bond，2009；Hechter，2000；Kristiansen & Hotte，1996，p.79)。

很少得到分析的是，依赖于个人出发点的主位话题覆盖的主题和类型是否存在变化，还有这些变化如何与给定社会中不同学术标准、群体状态或群体间关系相互作用。例如，一些依赖更客位途径的跨文化心理学家，往往把儒学概念(例如孝顺：Chen，Bond & Tang，2007；儒家价值观：Fu & Chiu，2007；Lam，Lau，Chiu，Hong， & Peng，1999)归入普适主义框架中，于是很难把他们的工作明确归类。"文化印记"(cultural imprinting)的元分析可能有助于解释方法、内容和哲学取向的一些变异数。中国大陆读者评论说，虽然一些部分清晰地反映出那些他们理解为中国人的内容，但是对那些价值观的解释并不是他们在其所处历史背景中乐于认同的方式。

中国大陆的研究工作

重启价值观社会科学研究 如何去研究一个曾用数十年来切断和批判它的"封建"文化根基的中国社会呢？杨国枢(Yang，1996，p.107)特别提到造成几十年来"无实证研究"的一些因素。中国大陆思想政治现实导致我们暂停并反思关于"中国人价值观"的社会心理学假设，由于可以理解的原因，直到最近才开始研究这些问题。有一部分人，包括作者可能过于强调(Kulich，2004)，中国人价值观的大多数研究(和非常珍贵的早期少数研究)都是描述性的，部分是因为这些研究大部分用中文写作(参阅 Yang，1996，p.107)；而且分散在大量的期刊、专著或书籍中。

另一项因素是中国大陆缓慢而稳定的图书馆资源可获得性。自从 1996 年首次建立中国基础知识设施工程，即中国知网(Chinese National Knowledge Infrastructure，CNKI)，只在近几年才更有可能获得丰富资源。而且，在渗透了一种整体的哲学和思想意识的途径(覆以马克思主义正统的儒家后遗症)，学术研究追求知识广博、广泛假设和想法整合的学术环境下，对不明确的更多宽容影响了社会科学研究和写作。结果，许多文章雄辩地提出想法，而引用或实证支持很有限(最近才出现了分级或引用期刊系统)。

在某种程度上,这些情况反映了"文化大革命"后改革开放和现在 WTO 现代化的综合速度,社会科学仅仅是在近些年才开始采用文献引用(遵守知识产权)、理论综述、验证假设和严格统计设计等国际标准。于是,我们注意到,在本章分析的几乎每一个主题的 CNKI 文献综述中,2000 年以后可查文章数目显著增加。

相似地,直到最近,中国心理学研究普遍目标在于描述性或分析性概述而不是实证研究。许多研究或者报告或者力图改编西方价值观的文献(例如 Ning,1996a)或者纠缠于关于价值观本质和具体价值观项目的定义、分类和特征等的文化解释(例如 Liu & Zhong,1997;Sherr,2005;Wei,2006)。一些人考虑价值观和其他相关显著心理结构的联系,例如认知选择或决策、社会系统中受到的主观约束或被试的需要(Ma,1999;Shen,2005;Y.Y.Yang,1998b)。

一些类型的文章,甚至一些量化或比较研究,具有社会目的,追求推动政治议程(例如 Meng,2002),或者关注"价值观教育"(values education)以维持中国人核心素质(例如 Zhang & Lv,2004;Zhao & Bi,2004)。其他研究通过将中国历史和西方发展过程对比(和学习),力图分析、平衡和应用多元价值观假设,讨论价值观澄清途径和价值观随着时代的变迁(例如 S.G.Yang,2004)。许多研究认为价值观澄清和心理健康密切相关(例如 Shi 的研究中的学生样本,1997,使用 INDCOL 和 SCL－90,N = 200;Zeng,2004);从大学生中获取的结果表明在当时中国背景下,集体主义取向的学生心理更健康(Shi,1997)。许多作者都提到大部分价值观是积极乐观的,也有一些自私和消极的价值观(Yao & He,2007),建议促进亲社会价值观的形成(但是没有明确说明是哪一些),以增强学生对这一社会转型期的积极人生观(Huang & Zhang,1998;又见 Bond & Chi,1997)。

在中国大陆发展实证价值观研究——从综述开始尽管如此,价值观研究的更多实证领域也正在发展中。既有内省(往里看)的形式,也有比较(往远处看)的形式。赖传祥(1994)可能是第一个思考价值观改变的人,他的分析聚焦在现代化如何造成经济、政治和文化价值观转型。西南师范大学的黄希庭和他的学生张进辅在 1989 年和 1994 年出版了他们第一项关于价值观的研究。刘永芳和钟毅平(1997)写了第一篇综述,虽然引用的文献数目稀少而且大部分是中文和哲学的。

杨宜音(1998a)大大地扩充了以往综述的内容,在中国本土心理学的基础上特别增加了西方文化和跨文化心理学研究。她为中国大陆学者提供了第一篇大综述,介绍了 Parsons、Kluckhohn、Morris、Rokeach、Robinson、Traindis、Gudykunst、Bond 和 Schwartz 的传统价值观研究和其他中国学者比如杨中芳、黄光国、Francis L.K.Hsu、Godwin Chu 以及李银河和黄希庭的工作,为进一步的研究提出了广泛的价值观应用方向。

接着出现了更多的综述,像马俊峰从国内途径(1999),翟学伟按历史时间顺序分类突出主位价值观(集中在人情、面子和关系;1999,pp.118－126)。翟学伟和屈勇

(2001)后来的综述和应用研究考察了 8 个人口学变量,发现年龄和职业是文化特殊性价值观差异的主要预测变量。戴茂堂和江畅(2001)接着出版了一本描述性专著,关于传统中国价值观及其在当代的改变。陈新汉(2002)写了一篇关于转型时期的中国价值观研究综述,另一篇欧阳晓明(2002)的综述,更多地从社会学和社会心理学观点出发。Kulich 和 Zhu(2004)尝试将"中国研究"视角引入英语教学项目,将跨文化心理学和文化间交流结合起来,以提升"自身文化(own culture)"意识,并开始了关于中国人价值观的主位研究,报告了他们最初的结果(Kulich,Zhang & Zhu,2006),该结果显示了价值观具有和身份(identity)相似的层次(Zhang & Kulich,2008)。

从综述到新的实证调查 虽然最初开始于大陆外,不过,第一个最严密的实证研究是在中国机构下进行的合作研究。也就是由北京中央教育科学研究所 CIER(Central Institute for Educational Research,Beijing)资助的邦德和 Chi(1997)的研究。研究采用斯沃茨 SVS 经主位方式扩展的版本(增加了 4 个被认为在中国很重要的项目:成就、爱国、竞争和政治兴趣)和道德教育调查(Moral Education Survey)(测量亲社会和反社会行为)。收集了来自全国 11 个地区代表性初中和高中(年龄在 11 岁到 17 岁之间)(N=1841)学生的数据。将被试反应进行因素分析,数据最符合 7 因素方案(社会和谐、亲社会、权力、刺激、成就、幸福和独立)。

根据理论意义区域,使用最小空间分析(参阅 Schwarz & Bilsky,1987)重新分析结果,7 项因子可以落入斯沃茨价值观的 10 个领域,不过有一些合并(例如安全、享乐主义、权力、刺激—成就、自我导向、普遍性—仁慈—遵从、传统)。"在以前中国成人样本中没有发现这种合并(Schwartz,1992)。所以,这里它的出现可能是因为青少年中这些亲社会价值观区域还没有分化。"(Bond & Chi,1997,p.261)虽然研究中价值观只解释了测量的道德行为的一部分变异数(出处同上,p.263),然而随着新的理论基础的量化研究出现,将价值观和社会行为联系起来,分析价值观变迁的意义,思考其趋势已经在大陆获得越来越多的关注。

张进辅和张昭苑(2001)首次努力去测试文化特殊性内容,他们预选了 70 个谚语与俗语,从中国不同地区的 13 所大学招募了 700 名学生,让他们对这 70 个词语进行李克特评分。和 Kulich(1997)的发现一样,这些学生更少赞同更传统的价值观,其中有 21 个俗语被很明确地否定了。肖水源和杨德森(2002)力图建立一种传统价值观的理论和测量用于心理治疗。在综述了一些西方文献和中国哲学概念之后,他们提出了 4 项传统到现代的维度[无为与有为、义和利、理(道)和欲,以及利他和利己],不过看上去这些维度还没有被测试过。

第一篇综合了基础牢固的客位研究和严谨的主位研究的中文综述是金盛华和辛志勇的文章(2003),是目前大陆价值观研究中引用最多的文章。因为他们同时覆盖了质性理论研究和量化实证研究,所以,他们能够应用它,通过他们的中国人价值取向问卷

(Questionnaire of Value Orientations forChinese，QVOC)，进行一系列精心设计的研究，启动了中国价值观研究的新阶段。这项调查含有 40 个项目 8 个维度(金钱权力、正义公理、学习工作、公共服务、法律规范、家庭、爱情和公共利益)，这种测量类似斯沃茨(1992)使用的先验方式，虽然因为操作性定义不清，存在价值观合并有态度、观点和行为的现象。

得到国家资助之后，它也用于分析各省、各民族、性别、年龄、婚姻状况、职业和教育背景的大范围样本(青年专业人员：Jin & Li，2003；中学生：Jin，Suo，Ng，& Shi，2003；农民：Jin，Wang et al.，2003；工人和农民：Jin & Li，2004；工人：Jin & Liu，2005；青少年：Jin & Li，2007)。在每一种情况下考察社会改革和改变对这些亚群体的影响。以农民为基础的研究沿着年龄、教育和婚姻状况变量，在江苏、福建、山东、辽宁、内蒙古和陕西省等多个地区开展。结果发现了一些省份的差异，还发现，即便农民和工人报道有普遍类似的价值观，在正义公理、婚姻—家庭和公共利益的价值观领域仍然有统计学上的差别。

构建具中国人特征的价值观量表　到 2005 年，金盛华和刘蓓报道他们一系列对大学生工作价值观的研究(通过 25 次访谈、60 次公开问卷，然后 813 份调查问卷)。研究分别进行探索因子分析和验证性因素分析，建立了内在工作价值观的 4 因素结构方程(家庭维护、地位追求、成就实现、社会促进)和一个 6 因素工具工作价值观模型(轻松稳定、兴趣性格、规范道德、薪酬声望、职业发展以及福利待遇)。后来，辛志勇和金盛华(2005)又更新这个模型为一个包含了个人性、社会性及超然性目标和这些目标的实现手段以及规矩/规则的价值观系统。他们采用实验室实验研究了 10 个不同地方的大学生。这个研究注意到在信念和行为之间有些不一致的地方(Xin & Jin，2005，pp. 22–27)。他们也进一步通过访谈、语句完成和基于计算机的内隐联想测验推进这个课题(Xin & Jin，2006，pp.85–92)。这些技术方法帮助他们生动地描绘了一种价值观层次，说明他们的参与者在概念和个人两个水平上如何看待价值观(和他们 2005 年的研究一致)。

这个研究有趣的地方在于，它如何使用主位数据扩展了 Rokeach 的理论观念，提示在中国情境下，不仅仅只有两种经典的工具性价值观和终极价值观，而实际上是有三种：更实用主义的终极目标(目标取向的价值观)、工具性(功能手段的价值观：那些目标如何能实现)和新的维度：规则(评价)价值观(张进辅在 1998 年也提出了这一点)。这种自我管理维度可能由于更加互依的群体取向情境出现在一个社会主义或者具有儒家传统的文化中吗？

根据优先选择的情况，个人价值观项目按照以下层次列出(评分最高的在最上面)：

A　在目标取向价值观下，有 3 种类型(具有相对同等重要性)

1　个人动机(个体目标)：自身修为、工作成就、荣誉地位、金钱物质

2 社会动机(关系目标):合格公民、友谊爱情、婚姻家庭

3 超常动机(超然性目标):回归自然(道家理想)、贡献国家(儒家/共产党员理想)、人类福祉

B 功能—手段价值观(更加工具性类型)

知识努力、人格品质、智慧机遇

C 规则价值观(评价)

道德良心、法律、公众舆论

这个清单和顺序提供了中国大学生当前取向上的有趣见解(例如,终极价值观远不及斯沃茨的那么普遍,比如没有测量和平世界、美好世界)。金盛华的团队继续在各种社会经济水平验证他的理论。

然而,QVOC 调查表至今仍然是版权专有的,看上去其他研究者仍然无法使用、比较或批判。但他们关于目标价值观、手段价值观和规则价值观的理论假说(和 Zhang,1998 的一样)被广泛引用(例如 Wang & Zhang's,2006 应用这个理论研究知识价值观)。如果金盛华的主位概念和斯沃茨或其他普遍性理论联系起来可能会有进一步进展。

接下来涌现了更多文献综述与研究。黄希庭和郑涌(2005)提出了他们认为显著见于中国年轻人的 10 个类型/领域价值观,而朱青松和陈维政(2006)关注中国和海外员工、管理者的工作价值观,国家资助的重大项目也继续进行。另一系列研究使用了中国公民人文素质调查问卷(Questionnaire on Chinese Citizen's HumanQualities,QCCHC)(Chen,2006a,2006b;Deng,2006;Li,2006;Xu & Ding,2006),但是这个工具遵照奥尔波特的思想将价值观定位为 6 种首选的行为类型:道德素质、法律意识、公民意识、经济利益、审美素质和环境意识(在无神论思想下取代"one with the cosmos"的宗教信仰)(译者注:原文中六个一级维度分别是:道德素质、法律素质、文化素质、科学素质、审美素质和环保素质)。中国研究就像是将"价值观"和其他心理概念合并在一起(例如对婚姻和爱情的兴趣:Deng,2006;对美的情感态度:Li,2006;对科学和利用空闲时间的态度:Xu & Ding,2006;Xu & Zhou,2006)。而且,大部分这种研究只有基本的描述性统计数据。

叶松庆(2006)主持了另一项国家基金支持的"青少年价值观课题",在安徽省 8 个城市和乡村募集了大量中学生样本。调查的项目又将价值观和态度、道德问题合并在一起,混合搭配了价值观、意识形态、道德、生活态度、学习、爱情等项目(例如 Ye,2007a;2007b),虽然某一部分确实使用了经翻译的罗克奇(又译做李克奇)价值观量表(the Rokeach Values Survey)。然而,有些翻译存在明显的问题(pleasure 被当作享乐,Zhao et al.,2007),再一次显露了从客位到主位词语意义的等价性这个重要问题。在中国人价值观研究中应对这些"浓厚文化"特性(Geertz,1973)仍然是问题重重。

虽然比金盛华和辛志勇的工作要早,张进辅同样提出了价值观的 3 个领域,开发了

3个40项目的量表来测量他所说的"人生价值目标"、"人生价值手段"和"人生价值评价"（J.Zhang,1998）。这些维度的一些项目来自国外研究,不过他根据自己的理念增加了主位内容。目前这些维度看上去对跨文化比较作用很有限,大陆很多研究都有一种与世隔绝的倾向,在大陆,张进辅的导师黄希庭提倡人格和心理学研究的"中国化（Chinanization）"（Huang,2007;他更喜欢这个词而不是杨国枢的Sinicization,1982）。

重点是要追随发展"具有中国特色"的社会主义、经济和现代化的政治历史性号召。历史学家Fitzgerald（1999）解释这种持续（尤其是在大陆）的潮流说,确实存在特别的"中国特色"或者独一无二的"中国背景"。"这些说法基于一句老话:普遍原则和历史过程总是以本土形式呈现（These claims are founded on the old dictumthat universal principles and historical processes always assume indigenous forms）。"（p.29）黄希庭（2007）认为这种关注并不仅是民族主义狂热,而是要揭示与关注个人主义的主流心理学之间存在的固有差别。中国文化哲学上赞同"天人合一",在人际关系上的和谐,以及人和自然之间的和谐。越来越多的大陆学者力图为他们在价值观上的见解建立实证基础。他们通过实施严谨标准的方法建构捕捉中国人特有价值观的量表,这些共同努力显然不会是昙花一现,而会继续繁荣发展。

一些新量表具有非常好的内部一致性（所有都具有超过0.89的α系数）,研究结果（Zhang,1998,研究采"生命价值观目标量表"）也符合其他研究使用斯沃茨方法得到的结果（例如Kulich,Zhang,& Zhu,2006）。数据显示,在中国大学生中,更指向个人的目标在增加（事业成功、纯真爱情、身体健康、知识渊博、心情舒畅、真诚友谊）,更少具社会意义的目标更少（国家强盛、家庭和睦、美满婚姻与世界和平）（Zhang,1998）。

使用合适的方法学日益引起关注,一些大陆研究者正在解决这个短板。值得一提的是黄希庭的团队对罗克奇价值观量表（the RokeachValues Survey）的改编（例Dou & Huang,2006）,采用了大样本内进行排序评定（N=3796）。采用因素分析和非计量多维尺度分析,他们提取了6个因素:生活舒服、兴奋的生活、幸福、雄心壮志、诚实正直以及自尊。考虑到用于离散数据的统计方法有限性,他们接着使用以离散选择模型方法为基础的rank-ordered logit model估计,重新分析了同一批数据（Huang,Dou & Zheng,2008）,发现大学生最重要的终极价值观是阖家安宁、幸福、快乐、自由和自尊;最重要的工具性价值偏好是诚实的、有能力的、负责任和胸怀宽广。这些结果提示着传统文化特点的回归。

丰富普遍价值的抽象意义　一个文明古国正面临技术日益精巧、人们越来越相互依存的世界,为了处理这种复杂情况,中国大陆学者可能正寻找方法,从概念上扩展斯沃茨（1992）提出的在某种文化中显得太"单薄"或者贫乏的一些普遍价值观。例如,Schwartz称作"阖家安宁（family security）"的普遍价值,被张进辅（1998）扩充到多个项目,像"家庭和睦"、"美满婚姻"、"发家致富"、"造福子孙"以及"子女有为"。这些家庭相关的俗语超出了阖家安宁价值观的范围,可能服务于不同动机目标。这种方法表明,类似 Schwartz 的这种普世价值框架,非但没有限制当前的研究,还可能提供一种开放式框架,用来比较基础价值观(具体选定反映特定目标的价值观)和寓意丰富的本土价值观,澄清后者可能蕴含的多重动机基础(例如,把大五人格和价值观相连接,见 Roccas,Sagiv,Schwartz,& Knafo,2002;又见 Bond & Chi,1997)。

Kulich 等人(2006)从主位到客位(emic-to-etic)的初期研究工作也支持扩展"核心文化(core culture)"概念。一些研究者认为,在西方研究框架中产生的内容有可能存在个人主义偏向(参阅 Huang,2004),集体主义文化的本土研究可能有助于在文化上均衡价值观研究,尤其是如果能进行翻译和相关研究,以便将本土研究更清晰地和包含性框架连接起来。Bond 和 Chi(1997)发现,增加了"4 个本土关注的价值观和其他价值观结合在一起,形成了之前研究曾发现的结构"(p.261)。对一个多元大国来说,邦德和 Chi 测量的"爱国"可能会有力地将公民约束在一个国民身份中,所以他们把爱国主义条目增添入社会和谐(Social Harmony)因子一类,归于更大的普遍性—仁慈—遵从(Universal-Benevolence-Conformity)领域。另一个本土输入价值观同样和已有结构合并,证实了斯沃茨工具似乎提供了价值领域的一个综合测量方法,可以通过整合主位内容得到提升。

比较研究途径 中国大陆文章越来越多进行跨文化比较价值取向(例如,一般价值观比较,Wan,1994;中美特定价值观比较:成功价值观,Hu,2006;学习价值观,Li & Cole,2005;经济价值观,Zhou et al.,2005)或扩展至种族间研究(例如 Hou & Zhang,2006;Li & Jiang,2007),尽管大部分研究往往是分析、描述性的,没有实验设计(注意有一个国际合作研究例外,Bond & Mak,1996)。通常采用集体主义—个人主义(特别是 Hofstede 在此维度上的版本,1980,2001)作为主要的解释因素(参阅 Wan,1994;Wu,2003;Tang & Chen,2007 和关于自我建构的 Yang,1998b)。和西方一样,大学生仍是研究最多的社会群体(参阅 Ma,He,& Guo,2008)。

张进辅和赵永萍(2006)主持了一项关于重庆父母和孩子之间代际差异的研究,发现在学校里价值观在年龄和年级上有差异。具体地说,在自我、家庭、独立、隐私、平等、知识和责任上存在父母—孩子价值观的代沟(Zhang & Zhao,2006,p.1225,类似趋势也可以在黄希庭、金盛华和其他人的研究中看到)。韩向明、王福兰和刘荣明(1998)力图考察社会转型时期乡村价值观改变。他们调查了山西省 141 名农民(1998,pp.70-77),使用他们提出 6 个不同价值取向上的 24 个问题(封建伦理观念、中国传统道德价值观、共产主义道德理想、社会主义初级阶段道德价值观、西方当代个体价值观以及个人病态追求)。虽然这些分类带有意识形态寓意,不过结果仍然发现了性别、年龄、教育背景以及职业上面的差异,结果部分反映了山西省,这个毛泽东领导的共产主义部队在战争时期的革命根据地,其独特的经济、政治和历史背景。

　　与国外研究一样,新研究正在进入应用领域。凌文辁、方俐洛和白利刚(1999)以及俞宗火等人(Yu,et al.,2004)的研究考察了职业价值观,他们认为职业价值观引导职业行为和工作结果。张进辅的团队考察了生育价值观(Zhang,Tong, & Bi,2005,译者注:参考文献列表中缺少该文献,应为张进辅、童琦、毕重增在2005年的研究)。他们基于开放式访谈,前期研究概述、专家咨询、小样本测试,提出了一个关于生育价值观的理论假设,构建了一个先验的调查问卷。使用结构方程模型(N = 692,大致上一半男性一半女性),他们发现生育价值观是多水平多维度的结构(9个因素,3个总分类下)。对大陆读者而言,他们严谨的实证方法学和他们的发现一样具有启发性。

　　通过复杂现代化扩展的价值观研究　较新的现代化理论(Inglebart,1997b;Inglehart & Baker,2000;Yang,2003)认为“现代化不是线性的”(Inglehart,1997b,p.5),而且传统性和现代性可能在实际上是“两个分离的独立的多维度心理症候(two separate, independent multidimensional psychological syndromes)”(Yang,2003,p.266)。照此而言,他们可能同时存在,作为“并行的心理特质,在……(具体到一个人生活领域的)时间、空间上一起出现并发挥作用”(出处同上,p.236)(又见 R.Zhang,2006,J.Shen,2007)。我们认为,价值观领域共存的二元性(一种阴/阳类型的价值观矩阵)表明,Kluckhohn 关于价值观优选性的第五个假设(Kluckhohn & Strodtbeck,1961,p.10;Kulich,2009a)在快速变革社会中并不清楚。个人甚或文化事业单位,一方面力图驾驭现代/后现代浪潮,而同时又感到不确定和不安全,产生了对抗需要,退回到我们所熟知的熟悉文化价值观以获取安慰或维持更偏好的文化稳定性。

　　中国大陆有可能成为知识创造社会中这种动态的切实例证吗?从历史观点来说,自从1978年改革开放政策启动之后中国恰恰处于这样一个位置。分析家一致同意,20世纪90年代中期以来的改变是引人注目而且几乎是呈指数增长的。中国几乎持续维持两位数的经济增长速度,大量城乡建设,伴随着越来越高的社会开放水平,尤其是通过互联网革新产生的信息接触。于是,中国大陆显然是推进台湾本土心理学家发起的 T/M 研究的富饶之地。

　　事实上,在某种程度上受到大陆一篇综述的激励(Y.Y.Yang,2001),此类研究已经有了显著的发展(例如 Zhang,Zheng, & Wang,2003)。例如,郭星华(2001)力图考察在城市居民中的道德价值观变迁,假定存在和传统中国价值观相反的态度。他发现那些传统价值观较少的人对当代现实社会较少不满(年龄、收入和教育水平也有影响)。

　　通过“改变中的社会”重振价值观研究　有关现象是“对峙或改变中需要价值观澄清”(Kulich,2009b),在这里,文化参与者意识到的越多,或者和“他者(Other)”遭遇越多,为了以更安全的姿态接受某种水平的变化,他们越需要开始重新评估他们一直持有的文化价值观和根基是什么(K.S.Yang,2004)。防御和成长之间的制约与平衡似乎是一个普遍的主旋律(Pyszczynski,Greenberg, & Goldenberg,2003),而不管什么时候一个国家或人民置身于一个快速变革的阶段,它都变成了一个重要的社会利益问题。我们提出"改变中的价值观澄清"这一假设,认为快速社会改变的环境很可能会引发人们相应地讨论关于传统文化价值观是腐蚀或丧失还是需要复苏。

根据在传统中国价值观这一主题进行的引证分析,我们发现这些论述正在发生(Wang,Yan,& Yu,2008)。在中国大陆 CNKI 引文数据库检索到的 94 篇文章中,所有都明显和中国文化、传统或传统价值观方面相关。许多都是辩论式的讨论,关于中国伟大文化遗产中什么方面值得保持,什么必须保持或者什么作为补充会对现代实际生活有好处的。出版物的趋势也符合提出的假设,在 1994 年以前只有 6 篇此类文章发表,1994—1999 年 14 篇,2000—2004 年 33 篇,最近 3 年又有 23 篇。保留传统还是采用西方价值观(例如 Wang,2006),以及在现代性中借鉴传统性(例如 Tu & Huang,2005)已经成为热门学术话题,保持了长时期的学术关注(Bond & King,1985)。

这种模式当然反映出旨在复兴新式儒家思想和"中国性"的政府和教育政策(Tu,1995),为越来越物欲横流的社会中的价值真空带来了实质内容。翟学伟和屈勇(2004)进行了一项实证心理学研究,考察了传统和现代化(N = 694),确实发现,虽然(1)出现了许多新的价值观视角,不过(2)传统核心没有消失(例如类似面子、关系儒家伦理),仍被积极看待,但是(3)价值取向目前是模糊不清的:许多被调查者不太清楚他们的价值观选择。教育和宗教并不像年龄和职业身份对价值观发展产生影响。如李志和张旭东(2001)所说,越来越多价值观冲突说明:文化趋同并没有发生,而是多种现代化正在出现(Tu,2000;R.Zhang,2006)。

中国大陆正在研究的特定领域"主位"价值观　除了关于更广泛中国价值观系统的一般研究之外,特定领域价值观继续受到了大量关注:幸福(见本书 Lu 写的一章)、孝道(见本书 Hwang & Han 写的一章)、工作价值观(见 Chen & Farh,本书)、教育价值观(见 Kember & Watkins,本书)和性别价值观(见 Tang,本书)。德国汉学家 Wolfgang Bauer 有一本被高度引用的著作 *China and the search for happiness*(1971/1976),与此一致,中国大陆出现了 60 多项研究关于幸福的出版物中,大部分开始于 2000 年(中国"步入"国际化的一年:加入 WTO、首次成功申办奥林匹克运动会,发射了"神舟一号",中国足球第一次冲入世界杯,经济持续繁荣)。我们认为,幸福,作为更宽泛的情绪状态,应当被认为是追求或获得重要价值观的结果而不是价值观本身(既然它可以通过成功追求许多不同的价值观实现,参阅 Schwartz,1992,脚注 2,p.60)。然而,也有充分的理由把它纳入价值观(注意,它作为一个因素出现在 Bond & Chi,1997 的研究中),在中国大陆具有高涨的兴趣赋予它价值观的重要身份。这些研究的质量和关注点各不相同,一些总结了幸福的中国传统观点(发现了 4 篇),综合比较西方幸福和中国幸福(7篇),一些概括了今日社会中的幸福感(5篇),一些讨论了特定群体的幸福感;大部分专门关注大学生对幸福感的观点(18 篇),一些提出了幸福感的适用模型(7 篇)。

和主观幸福感(subjective well-being,SWB)相关的价值观研究也是研究者感兴趣的领域。像李志和彭晓玲(Li and Peng,2000)的研究,把幸福感和进取、自信和知足相联系,李志和张旭东(Li and Zhang,2001)分析了影响大学生幸福的7个因子,李志、杨泽文和游滨(Li,Yang,and You,2002)的研究比较了男性和女性,还有张新福和游敏惠(Zhang and You,2000)的研究比较城乡学生幸福感水平,都开拓了新领域。翁立平(Weng,2008)将 Kulich(1997)对出现在自选熟语中的价值观分析进行了 SVS 相关扩展,提示此种概念可能也叫做"乐观"(参阅 Weng & Kulich,2009)。

既然孝顺也包括在中国人价值观调查(the Chinese Value Survey)(Chinese Culture-Connection,1987)的40种价值里面,它也继续作为传统中国性的一个指标被研究,同时也存在争议,因为它影响了寡欲的文化表达(如女贤良、儿子服从父亲),还有一些仍然影响深远的部分,例如对长辈的尊敬/恭顺(见 Ho,1996;以及 Hwang & Han,本书第28章)。最近 Yuan 和 Qian(2008)综述发现,中国大陆期刊中关于这一主题有36篇文章。研究趋势从描述性研究到以数据为基础的研究,随着现代化增加,在这一主题上的兴趣也有指数性增长。这一趋势在许多传统价值观主题上都能看到,讨论集中在多少丧失于现代化和全球影响,多少应当予以保留。

相反,工作价值观的分析推动了更多国际化心态的快速发展。早在黄希庭、张进辅和李红(Huang,Zhang,and Li,1994)和宁维卫(Ning,1996b)的研究已经应用了 Super(1957,1970)、Herzberg(1966)、Hofstede(1980)、Ros、Schwartz 和 Sukis(1999)所引导的西方研究,最近又出现在郑洁和阎力(Zheng and Yan,2005)以及金泽勤和李祚山(Z.Q. Jin andz.s.Li,2007)等有开创性的综述中。

本土理论建设　几位学者正计划发展具有背景敏感性的理论(参阅 Ling et al.,1999;Meng,2007;Xu,2005;Yu et al.,2004)。在较早的主位研究中,凌文辁、方俐洛和白利刚(Ling,Fang,and Bai,1999)致力于开发他们自己的22条目"本地化霍氏(localized Holland)"量表,抽提出3个职业价值观因素,也就是保健因素、声望地位因素和发展因素(408名大学生)。许欣欣以大样本数据(Xu,2005,N = 3183)为基础,仔细对比城市和乡村、沿海和内地18岁以上的中国大陆居民的数据,注意到在职业声望评价、择业取向和流动接受性上的变迁。这次研究首次发现:(1)精英阶层的分化带动了中国社会关系的改变和社会结构的重组;(2)这些改变加快了社会流动性,继而导致人们市场取向日益增强(更多被调查者开始把企业家精神当作成功的指标);而且(3)所有这些因素带来中国文化价值观的改变(从国民人格来看)。这次研究再一次强化了这种观点,那就是,中国已经从局部或者特定的经济活动领域进入巨大社会变革时期,在它的苏醒中产生了心理学改变。关于职业价值观的研究也迅猛增加,追踪这些改变(见 Xin,2006)。

俞宗火等人(Yu et al.,2004)进一步用23条目的职业价值观量表验证了凌文辁等人(1999)的工作(也可以参考 Super, Holland 和其他国际研究者),量表在研究生中施测(N = 103)。再一次出现了保健因素和声望地位因素(1999 年 3 个因子中的两个),但是在这个测试群体中发现了两个新的因子:工作场合的人际关系和自我实现,自我实现的评分最高,虽然男性对声望地位的评分也很高(Yu et al., 2004, p.40)。作者总结说,这种因子结构更符合马斯洛人类需求层次理论。

孟续铎(2006)也扩展了凌文铨等人(1999)的研究,将"职业兴趣量表(Career Interest Inventory)"本地化,测试了中国青年职业价值观的结构。他在 43 个项目的调查结果发现了 8 个因子:

- 工作软环境与个人发展成就
- 社会声望与地位
- 工作硬环境与职业安全
- 工作内在价值
- 成长机会与贡献
- 有职有权
- 福利与保障
- 自由与经济报酬

这些因素看上去既对应斯沃茨 7 个个人水平领域(2006),也对应 7 个文化水平领域(2007)。如果下一步再通过客位价值调查分析重合程度,最终这种本土研究可能会有效地 增强现有理论,如同中国文化小组(Chinese Culture Connection)(1987)对儒家工作动力(Confucius work dynamism)的确认,后来被并入霍夫斯泰德(Hofstede, 2001)模型作为长期取向(虽然也有人批判这种添加:参阅 Feng, 2003,原文为 fang, 2003)。Leung(2009)专门从事跨文化管理研究,他表达了类似观点:整合途径,尽管本土研究者仍较少采用,不过对于产生"创新的文化普适性理论(p.4)"是必不可少的。

在相关理论工作中,辛志勇(2006)致力于生成中国工作价值观的 6 维度结构,他针对大学生进行了严谨的开放式调查来开发问卷,通过对大学生和工人的探索性因子分析分析了调查结果,然后检查了不同样本的外在效度。他的研究分离出了以下结构:

- 自我发展
- 安全和物质利益
- 家庭取向
- 奉献感和集体主义
- 尊严和声望
- 社会关系

这些展现出关于价值观变迁的各种分析通常报告的趋势和其他发现相符。Faure

和 Fang(2008)分析了 8 对在商业和社会背景下看似矛盾的价值观：

· 关系 vs. 专业主义

· 面子重要性 vs. 自我表现和率直

· 节俭 vs. 物质主义和铺张消费

· 家庭和群体取向 vs. 个性化

· 反感法规 vs. 尊重法律实务

· 尊重礼仪、年资和层级 vs. 尊重简单、创造力和能力

· 长期 vs. 短期取向

· 传统教条 vs. 现代途径

他们总结说,(和我们以上总结一样),当代中国经历的文化改变不是线性的,而是包括了对悖论的冲突管理,始终锚定在传统的阴—阳途径上。在各种中国人群体中更多应用能够展示这种"场"或"矩阵"途径(matrix approach)的模型,能够显著推进普适性理论在具体情境中的扩展(即斯沃茨的改编版本可能标出某种价值观富集区域或者凸显"浓厚价值"群体)。

在普适性框架中的中国人:整合客位和主位领域　在中国大陆或其他华人社区研究都涌现的普遍趋势表明,研究者们正尝试在其背景中以其自有术语认真考虑主位数据。但这些研究的弱点也在于此:研究本地化,通常关注以学生为本的焦点问题,国际读者不能了解他们的研究(大陆的绝大多数研究都是用中文写的),概念孤立(有一些是主位领域专有的),还有与普适性理论关系不大。所以,在正式尝试更加全球化的整合理论之前,中国人到底在什么地方适合价值观的普适性框架? 我们选择斯沃茨的系统框架来寻找线索。正如邦德(1996,p.218)提示的:

> 看上去,斯沃茨的价值观调查[SVS]会成为一种标准测量方式,凭借它来检查其他价值观工具……[为了提供]世界文化的价值观地图,一幅根据实证锚定对价值观相似性和差异性讨论的地图。这是跨文化社会科学的重要进展。

这个声明特别真实,因为斯沃茨及其合作者已经仔细囊括本章讨论的每个华人地区的代表性样本。来自中国香港的 SVS 数据分析分别收集了 1988 年和 1996 年教师样本以及 1988 年、1996 年和 2002 年的学生样本(这些数据收入每一篇包括香港作为实体的斯沃茨理论论著中,例如 Schwartz,1992,1994,2005a)。中国台湾样本来自台北 1988 年和 1993 年的教师以及 1994 年的学生(全部集中在后续文章中)。新加坡的华人样本包括 1991 年的教师以及 1991 年和 1997 年的学生。中国大陆样本包括上海(1988)、广州(1989)、河北(1989)(合并在大多数文章中)的教师以及上海(1988 和 1995)的学生。每一项研究都构成数据库的重要部分,充实了施瓦茨 10 项个人水平价值观的环状模型。

更进一步,根据严谨的程序,在文化水平上再分析最初统计学上显示出具有跨文化

等质性含义的 45 项价值观(最近的分析中,现在是 57 个可能选项中的 46 项),证实了他目前的 3 个理论维度上的 7 领域文化水平模型(例如 Schwartz,1994,1996,2004,2005b)。这种文化水平的工作接近于邦德对世界价值观地图的期望,超出了霍夫斯泰德(1980,2001)通过实证记录在价值观个人与文化水平之间的必然差别而建立的基础,具有专门的数据分析程序以及针对每一程序的理论模型。

另外,施瓦茨及其合作者注意到,在某些文化背景下,价值观术语可能太抽象或者距离人们日常现实生活太远。为了迎合这些需要,他及其合作者开发了更具描述性的描述价值观量表(Portrait Values Questionnaire,PVQ)(Schwartz et al.,2001;Schwartz,2005b)。这种价值观的独立测量在个人和文化两个水平上将他的理论模型实体化。这是一种对未成熟或偏远地区受教育较少的参与者有用的测量方法,它也对世界各地的老人和受教育人群有效。PVQ 有 6 个中国版本之多,但公开发表的研究中,没有任一地区的中国人群在测量时使用了完整的 PVQ(部分使用的文献参见 Chan et al.,2004;Lam et al.,2004)。

斯瓦茨 SVS 研究样本,连同他处综述的根据这些样本得到的实证结果(例如 Schwartz,1994),确实显露出中国社区之间的差异,这要求我们在谈到"中国人的价值观"之前,停下来好好想一想我们指的是什么。邦德(1996)提出"4 个华人社会呈现出迥然不同的轮廓"(p.217)。中国人不像想象的那样同质。不过斯沃茨(1992;个人回应)坚持认为,在 77 个国家之间比较得到的更宏大的世界图像(Schwartz,2008)中,所有的中国人样本都特别强调文化层次和文化控制,不太强调文化平均主义和自治,不过他也提到了在样本之间存在变异。

应当指出的是,综上所有研究几乎都是在个人水平考察价值观,应与文化水平的分析相区别(Smith,2002)。在对中国人的价值观进行主位和客位比较为思考提供素材的过程中,存在犯"生态学谬论(ecological fallacy)"错误的风险(参阅 Smith,Bond,Kagitcibasi,2006,第 3 章)。霍夫斯泰德(Hofstede,2001)和斯沃茨认为,文化相对难以改变,但人们期望看到在个人水平上更可变的价值观轮廓。斯沃茨等(Schwartz & Barcli,2001)展示了一个富有成效的解决方案,就是依靠全文化标准基线来解释样本资料。

希望有更多研究在累积的斯沃茨数据集上进行,方向上既描绘具体中国背景中的差异(像 Littrell & Montgomery 正在进行的工作),也绘制在横断面和沿时间序列两方面样本中的变化轨迹。而且,主位和客位研究不一定是彼此对立的(Leung,2008b)。这些类型的研究途径和理论发展为心理学展现了美好的前景:心理学建立在饱经验证的客位基础上,并探索选择性地将其应用于情境化的主位系统。我们需要更多这种客位到主位和主位到客位交互的数据收集和理论改进。

中国人价值观研究总结和未来问题

研究方法和范围的局限

价值观研究的社会科学事业为解释中国人民的世纪之谜作了什么贡献？我们的综述通过关注中国知识社会对大部分来自跨文化心理学的价值观研究的反应,总结了他们为弄清楚"中国人的价值观"的各种尝试,区分了3种所处情景,在这些情景下开展了探索或反思,并从普适性价值框架中区分出来或者与之相联系。我们首先给出了已被广泛接受的价值结构定义,提出警告,综述主流研究,列出主位内容,思考其是否能与客位上更广义的框架整合。

我们认为将中国人的价值观情境化和鼓励本地概念化的优点胜过可能带来的不一致和混乱的缺点。大部分内容都用于评估中国大陆越来越多的价值观研究,这是以前没有系统总结过的宝贵资源。总的来说,尽管研究兴趣分散,研究发现各自为政,不过中国人价值观的整合正在理论和实证两方面逐渐形成。扩展研究范围,增加合作会毫无疑问会促进这种羽翼未丰的整合更紧密联系并回馈目前框架。

像中国人的价值观这样广阔的综述主题势必要求我们填补一些我们认为重要的空白,也留待他人未来探索。我们选择性地关注了强调一般概念价值观的研究,掠过了特定领域的价值观研究,那些目前超出我们的分析能力。我们也避免讨论关于测量或研究水平的话题(见 Smith et al.,2006,Chapter 3),因为这和我们综述的更加单文化取向的主位研究关系较少。

覆盖到的组织研究也很有限,因为这种数据通常是在不同水平分析(例如 Kirkman,Lowe,& Gibson,2006)。推荐一个相似的大综述,关于受 Hofstede 维度影响或应用其维度的中国研究:Min,Deng,Zhang,& Wang,2008,未来综述可以更多注意价值观在中国商业(见 Chen & Farh,本书第 35 章)和消费者环境(见 Wyer & Hong,本书第 36 章)中的应用。许多最近研究也将 Schwartz 的模型应用到中国商业环境,不管是关于领导力、伦理、促进中国员工适应国际企业还是其他跨文化管理的应用(参阅 Hughes,2007;Littrell,2002;Montgomery,2006)。关于消费者价值观的全面研究正在进行中(见 Wu,2005)。

随着对价值观变迁日益增加的影响,许多研究正在关注以下价值观的改变:家庭价值观(Yan et al.,2004;Zhu,1998)、婚姻价值观(例如 Fan & Hu,1997;Luo,2004)、性别价值观(例如女学生:Gong & Xing,1994;受过教育的女性:Zhu,1995)、消费价值观(例如 Zhou & Peng,2003;见综述 Deng,Tang, & Zhang's,2008),或者媒体或互联网在产生新的或取代更传统的价值观中的积极和消极影响(见 Wang,Chen, & Zhang's,2008,对

2001 年以来中国大陆三十多个研究的大综述)。需要有更多工作来记录和发展每一个
领域。

扩展未来研究的领域

然而,根据已经提及的研究,为未来研究提供建议也很重要,最好是在越来越全球
化的世界中思考中国人的价值观。为此,我们利用同类研究的不同观点和我们自己的
主张,主要的目的是激励更多关于中国情境下文化复杂性、多样性和全球分化的研究。

首先,我们希望这篇综述充分地说明了在广泛分布的人群中研究"中国人价值观"
的复杂性,以及这些价值观与其所在各种社会历史与地理政治情况之间的错综复杂的
联系。在每一种社会环境中,研究通常从西方测量的地区性应用开始,然后本土化水平
逐步增加,只不过这个过程在大陆以外社区开始得更早一些。找到方法对在香港或台
湾进行的研究和提出的因子(K.S.Yang 报告的内容,1996,pp.481-485)以及上面强调
的大陆研究进行元分析,可能对共性和情境或时间变异两方面都有重要启示(例如比
较以下因素结构和载荷:Hwang's 1995;Zhang's,1998;或者 Xin & Jin's,2005,2006)。来
自这个宏大文化宝库的某些"中国人价值观"在不同位置中国人群中的应用或重新解
释驱使人们在全球背景中寻求一个共识:"核心"中国人价值观究竟是什么。从心理学
视角来看,不管是在研究者水平还是在普通群众水平,中国"群体实体性(entativity,译
者注:疑为 entitativity)"的感知可能的确被全球化过程强化而不是削弱了。

全球化扩展并改变了想象中的世界或群体的建构方式(Appadurai,1996),可能超
出了之前民族主义的"虚拟共同体(imagined communities)"划定的地理或政治界限
(Anderson,1983)。它也可能加剧群体间比较甚或开展竞争的程度,一种在传统社会认
同理论(social identity theory)认为会最大化群体间差异的过程(针对默认的西方世界背
景)。同样还可以说,东亚—北美比较的普及常常使注意力偏离了每一种社会背景的
内部差异。仍需更进一步理解在文化的中国性论述和它在不同地域上的具体表现之间
的联系会走向哪里。

既然上述回顾了越来越多的证据说明传统和现代价值观的共存,第二个问题就是
这种混合采取的具体形式。这需要整合价值观研究和文化适应以及文化间交流的数十
年研究,后者已经接受了双文化/多文化自我的可能性(例如 Hermans & Kempen,1998;
Hong et al.,2000)。例如,假定文化影响在不同有界区域间传播,文化适应不一定需要
有实际搬迁。另外,没有受到将文化适应误解为单方向影响这一陈旧谬论的影响,混合
的出现形式不局限于只在非西方世界,或者说不是文化限定现象。为了考察关于本地
价值观和身份混杂的"全球文化适应"过程(Chen,Benet-Martinez,& Bond,2008),全球
化的心理学(Arnett,2002;Chiu & Cheng,2007;Jensen,2003)应当和文化适应的心理学
联合起来研究。

其次,混合的具体形式可能取决于全球力量渗透地方文化系统和地方文化系统反应的程度。广义上来说来,有两种类型的全球影响:直接影响和间接影响。全球化过程带来的地区社会经济面貌的改变被认为是直接的,因为他们直接对本地的意义体系施加影响或者选择力量(从演化意义上)。与直接影响相比,间接影响主要通过全球媒体的产品输送,这两种影响可以结合或相互作用来影响一个人的价值观系统。关于价值观改变的一个合理假设是,当这两种力量都在适当位置时,应当容易观察到价值观的改变。的确,以上综述的一些大陆研究在文化改变方面似乎也有这种暗示,他们报告最显著改变之一是在经济相关的领域,而这是全球化力量最能产生影响的领域。另一方面,仅仅建立在媒体上的体验提供了这种机会:测试可能的自我(Markus & Nurius,1986)在促进本土认同超出国界的"虚拟共同体"中的作用。

从统计学观点来看,价值观既可以从意义上,也可以从变异数的角度进行跨群体比较。从理论观点来看,从方法分析到观察价值观一致程度的变异分析也是有意义的。如果假定全球化能够减弱本地文化调节或影响其成员行为的能力,全球化不仅应该和更重要的价值观有关联,还应该和更多种价值观有关联(Schwartz & Sagie,2000)。一致性较少的领域很可能是在传统价值观,这一结果现在似乎正发生在中国大陆。关于代际差异或宗教差异的研究可以从合并测量价值观一致性中获益。Q 方法论(例如Green,Deschamps, & Paez,2005)或者 Hayashi 方法(Chu,Hayish,Akuto,1995,p.3)可以用来寻求鉴别在越来越多样化的中国背景中共享的价值观集群。

价值观和行为议题(behaviors issue)的联系可能仍是最重要的争论话题(例如Bardi & Schwartz,2003)。争论来源于一个基本问题:如果价值观被概念化为人生的指导原则,为什么他们有时不能预测据说以此价值观为基础的行为? 这想必促使一些研究者去探索其他个体差异性变量,例如社会公理(例如 Bond,Leung,Au,Tong, & Che-monges-Nielson,2004),来更好地预测社会行为。在大规模跨文化研究上,(自我报告的)价值观作为对文化的解释范例与行为测量相比,存在相对小到中度的跨文化差异(Kitayama,2002;Oyserman,Coon, & Kemmelmeier,2002;参阅 Rozin,2003)。我们认为,对价值观和行为不符的另一种有竞争力的解释,是知觉到的规范(Shteynberg,Gelfand & Kim,2009;Wan,Chiu,Peng & Tam,2007),它可能削弱某种价值观和行为的联系(Bardi & Schwartz,2003)。大部分人做什么的认识(或者叫共享现实)可能会越过个人价值观引导个人行为,尤其是存在感知到规范的压力时。

关于这篇综述,价值—行为问题对当前蓬勃发展的现代化社会有什么意义呢? 关于这个话题的研究匮乏,甚至在本土心理学中相对被忽略了,并不适用一个直截了当的答案。不管怎样,根据之前确定的直接和间接影响之间的显著差异,我们注意到未来研究值得验证的一些假设。例如,已经表明参考文化(culture-referrenced)价值观和规范支配(norm-goveved)的行为更有关系,而个人价值观和不受规范支配的行为更有关系

(Fischer,2006)。平移至社会变革的背景下,这提示两个可能情况:首先,单纯通过大众传播媒体获得的新的个人价值观(也就是间接影响)可能在较少被文化标准影响的行为领域中比在其他领域中更有影响力。这个假设可以在消费者或市场研究得到验证,因为这里有相对显著的个人主义倾向。相反,除非全球化过程渗透到了影响行为的机制开始调整的地方,文化价值观可能仍然保持他们的力量,驱使具有不同个人价值观的人们采取规范行为(参阅 Leung,2008a)。在后一种情况下,新的价值观可能取代旧的价值观作为文化水平的规范(例如,"赚钱光荣")。与此观点相符,大陆表现出明显的企业家取向以及对 Schwartz 的文化价值地图中主流价值观的高度认可。

考虑到中国大陆正集中在幸福感和本土心理学上的研究兴趣,未来另一个方向是,阐明转型社会中认可的对个人幸福感有益或不利的价值观类型。例如,"文化契合(cultural fit)"假设认为个体在其个人价值观符合文化价值观的时候心理功能更好(Li & Bond,in press;Sagiv & Schwartz,2000)。当社会奖励系统迅速转移到诸如物质财富之类朝向外部的价值观时,一般认为追求这些价值观会破坏幸福感(Kasser & Ryan,1993;Li & Bond,in press;Vansteenkiste,Duriez,Simons, & Soenens,2006),那么如果人们将自己的价值观向社会期望看齐,他们会感觉良好吗? 或者,人们为了应对外部现实的变迁会主动保留一些传统价值观以求得内心平静(幸福中满足的部分)? 这有可能解释为什么在年轻时或者处于早期职业生涯的现代化追随者往往在日后生活中转回认同更传统的价值观吗? 毕生价值观变迁仍有待研究。在价值观研究、发展心理学和全球化之间的交互作用方面,有许多重要问题要解决。

与此相关的是,在 SVS 中享乐价值观领域时而出现的挑战。在一些样本中的评分可能反映出一些问题:具有消极的内涵(尤其是 SVS"自我放纵"条目)、翻译问题或者不受社会欢迎。在中国人样本中,价值观项目里,享受生活和快感(而不是自我放纵)在享乐(hedonism)领域中的位置通常彼此靠近(偶尔在权力和享乐的混合领域)。Schwartz 和 Bardi(2001)7 项个人层次价值观的全文化层次顺序是,享乐位于偏好的中间偏低范围,排在权力、传统和刺激之前。未来研究可以澄清中国人如何评价享受、娱乐和快感,以及与全文化层次的基线相比,纵情享乐的积极和消极内涵如何影响了享乐的排序(参阅 Littrell & Montgomery)。也许,前述关注主位幸福概念的大陆研究趋势预示着最终会与 Schwartz 的享乐项目协调一致。

最后,我们注意到,中国人的价值观研究(也许是所有价值观研究)弱点在于,普遍强调积极价值观,而忽略那些可能被认为是消极的但在实际上对选择、反应和行动发挥显著潜在动力作用的价值观(Fung,Lieber, & Leung,2003)。从有机体的观点来看,人们是主动的成长型有机体,会将新信息整合入现存的自我概念中(Deci & Ryan,2000),价值观的效价从积极到消极的来回摇摆取决于他们被内化的程度。

换句话说,如果人们持有某种价值观时没有感受到自主,而是体验到了外在或摄入的压力,那么这种价值观就可能会带来消极体验(Chirkov,Ryan,Kim,& Kaplan,2003)。根据这个观点,大部分价值观如果没有整合好,都可能具有消极内涵。为了促进内化和优化心理整合,Kagitcibasi(2005)提出了一个自主相关的自我模型,模型非常好地切合了目前关于中国子女养育中正在演变的教养方式的最新结果,该结果发现教养方式的特征是既有规则引导(order setting)也有温暖(warmth)或自主支持(autonomy support)(例如 Zhou,2008)。

沿着相似的脉络,我们认为施沃茨文化价值观框架中的社会嵌入性(embeddedness)维度在中国背景(或是其他亚洲背景或儒家背景)中可能没有被充分解释。Zhang(2006)注意到两种处理人际冲突的本土化方式:(1)适用于存在社会距离的"尊重"(尊尊)规则和(2)在密切和亲密关系中的"感情"(亲亲)规则(又见 Hwang & Han,本书第 28 章)。这种二元性有可能从结构上补充注释理性自主和情感自主这对领域的理论吗? 如果从不同程度内化的角度上来看这种嵌入性上的二元性是有意义的,同一水平的价值观更容易被内化(Chirkov et al.,2003)。提出这种分离可能有助于区分位于 SVS 的等级/社会嵌入性边界区域的价值观项目,也符合其他研究者发现的特征,即,社会嵌入性有两种形式,关系嵌入性和群体嵌入性(Brewer & Chen,2007)。需要进行研究设计来验证这一架设,注解哪一种价值观项目和社会团体/角色/面子指导的嵌入性(外群体社会关系)聚集,哪一种和个人的/情感的/家庭的嵌入性(近或内群体/承诺关系)相聚集。广阔的中国地区研究可能正是澄清这种假设的试验阵地。

未来研究有望继续深入探讨"中国人价值观",以及那些概念和领域如何与他们所处全球背景中的相似构念相关。如同 C.H.Wang(2005,p.10)所说,

这种理解不仅仅是"领域研究"问题。在过去 10 年间,中国知识分子中的辩论带有历来最强的全球色彩;可以认为,他们不只是尝试思考自己国家的问题,也在思考世界作为一个整体面临的问题。所以,记录他们的贡献也是一种提供和参与跨国界知识交流的方式。

这篇综述的目的在于激励学者们进行此类话题的知识交流和碰撞:什么是"中国人的价值观"? 如何研究它们? 我们需要更新的研究继续深入理解,解释并比较富有变化的"中国人"价值观,并将这种价值观整合到多种情境下的批判性普适性系统中。

作者注释

本章的原始资料收集、翻译和撰写是在上海外国语大学五年重点学科发展研究计划基金(a five-year SISU Key Disciplinary Development Research Project grant)(No.KX161010,2007—2012)对上海外国语大学跨文化研究中心(the SISU InterculturalInstitute,SII)的资助以及国际资源交换项目对第一作者的资助基金(REI#CHN-Kul-2-96:上海地区中国价值观研究项目[SCVP]和 REI#CHN-Kul-5-08/5:

识别转型期中国价值观变化的新研究方法)下完成的。**特别感谢 SII 研究助理 Chi Ruobing、He Jia 和 Ma Sang。**

参考文献

Allport, G.W. & Vernon, P.E. (1931). *Study of values: A scale for measuring title dominant interests in personality.* Boston, MA: Houghton Mifflin.

Allport, G.S., Vernon.P.E., & Lindzey, G. (1951). *A study of values.* Boston, MA: Houghton, Mifflin.

Allport, G.S., Vernon. P.E., & Lindzey, G. (1960). *Study of values* [SOV]. *A scale for measuring the dominant-interests in personality* (3rd edn) (manual). Boston, MA: Houghton, Mifflin.

Anderson, B. (1983). *Imagined communities: Reflections on the origin and spread of nationalism.* London: Verso.

Anderson, C.M., Martin, M.M., & Zhong, M. (1998). Motives for communicating with family and friends: A Chinese study. *Howard journal of Communications*, 9, 109-123.

Appadurai, A. (1996). *Modernity at large: Cultural dimensions of globalization.* Minneapolis. MN: University of Minnesota Press.

Arnett, J, J. (2002). The psychology of globalization. *American Psychologist*, 57, 774-783.

Ball-Rokeach, S.J. (1985). The origins of individual media system dependency: A sociological framework. *Communication Research*, 12, 4-85-510.

Bardi, A. & Schwartz, S.H (2003). Value and behaviour: Strength and structure of relations. *Personality and Social Psychology Bulletin*, 29, 1207-1220.

Bauer, W.L. (1976). *China and the search for happiness: Recurring themes in four thousand years of Chinese cultural history* (Michael Shaw, Trans. of China und die Hoffnung auf Glueck: Paradiese, Utopien, Ideal-vorstellungen). New York: Seabury Press. (Original work published 1971 in German)

Beatty, S.E., Kahle, L.R., Homer, P.M., & Misra, S. (1985). Alternative measurement approaches to consumer values: The list of values and the Rokeach value survey. *Psychology and Marketing*, 2, 181-200.

Bedford, O.A. (2004). The individual experience of guilt and shame in Chinese culture. *Culture & Psychology*, 10, 29-52.

Benedict, R. (1946). *The chrysanthemum and the sword: Patterns of Japanese culture.* Boston, MA: Houghton Mifflin.

Berry, J.W. & Kim, U. (1993). The way ahead: From indigenous psychologies to a universal psychology. In U. Kim & J.W. Berry (eds), *Indigenous psychologies: Research and experience in cultural context* (pp. 277-280). Newbury Park, CA: Sage.

Biernat, M., Vescio, T.K., Theno, S.A., & Crandall, C.S. (1996). Values and prejudice: Toward understanding the impact of American values on outgroup attitudes. In C. Seligman, J, M. Olson, & M.P. Zanna (eds), *The psychology of values: The Ontario symposium* (Vol. 8, pp. 153 - 189). Mahwah, NJ: Lawrence Erlbaum Associates.

Boas, F. (2004). *Anthropology and modern life.* New York Norton. (Original work published 1928)

Bond, M.H. (1988). Finding universal dimensions of individual variation in multi-cultural studies of *value.Journal of Personality and Social Psychology*,55,1009-1.015.

Bond,M.H.(1996).Chinese values.Ln M.H.Bond(ed.),*The handbook of Chinese psychology*(pp. 208-226).Hong Kong:Oxford University Press.

Bond.M.H.(2007).Fashioning a new psychology of the Chinese people:Insights from developments in cross-cultural psychology.In S.J,Kulich & M.H.Prosser(eels).*Intercultural perspectives on Chinese communication*,*Intercultural research*,Vol.1(pp.233-251).Shanghai:Shanghai Foreign Language Education Press.

Bond,M.H.(2009).Going beyond Chinese Values:An insider's retrospections.1n S.J.Kulich & M.H. Prosser(eds),*Values frameworks at the theoretical crossroads of culture*,*Intercultural research*,Vol.2(in press).Shanghai,China:Shanghai Foreign Language Education Press.

Bond,M.H. & Chi,V.M.Y.(1997).Values and moral behavior in Mainland China.*Psychologia*,40, 251-264.

Bond,M.H. & King,A.Y.C.(1985).Coping with the threat of Westernization in Hong Kong.*International Journal of Intercultural Relation*,9,351-364.

Bond,M.H.,Leung,K,Au,A.,Tong,K.-K., & Chemonges-Nielson,Z.(2004).Combining social axioms with values in predicting social behaviours.*European Journal of Personality*,18,177-191.

Bond,M.H. & Mak,A.L.P.(1996).Deriving an inter-group topography from perceived values:Forging an identity in Hong Kong out of Chinese tradition and contemporary examples. In Proceedings of the conference on mind,machine and the environment:Facing the challenges of the 21st century(pp.255-266). Seoul,Korea:Korean Psychological Association.

Borofsk y,R.,Barth,F.,Shweder,R.A.,Rodseth,L., & Stolzenberg,N.M.(2001).When:A conversation about culture.American Anthropologist,103,432-446.

Brewer,M.B. & Chen,Y.(2007).Where(who)are collectives in collectivism? Toward conceptual clarification of individualism and collectivism.Psychological Review,114,133-151.

Cai,B.(2005).Are Chinese collectivists twenty years later:A second look at the individualism and collectivism construct? *Aurco*,11,67-80.

Chaffee,S.H.,Chu,G.C.,Ju,Y.A.,Pan,Z.D.(1994).To see ourselves:Comparing traditional Chinese and American values.*Boulder*,CO:Westview.

Chan,S.K.-C,Bond,M.H.,Spencer-Oatey,H., & Rojo-Laurilla,M.(2004).Culture and rapport promotion in service encounters:Protecting the ties that bind.*Journal of Asian Pacific Communication*,14, 245-260.

Chang.H.-C.(200la).Harmony as performance:The turbulence under Chinese interpersonal communication.*Discourse Studies*,3,155-179.

Chang.H.-C.(2001 b).Learning speaking skills from our ancient philosophers:Transformation of Taiwanese culture as observed from popular books.*Journal of Asian Pacific Communication*,11,109-133.

Chang,H.-C.(2002).The concept of yuan and Chinese conflict resolution.In G.M.Chen & R.Ma(eds), *Chinese conflict management and resolution*(pp.19-38).Westport,CT:Greenwood.

Chang,H.-C. & Holt,G.R.(1991a).More than relationship:Chinese interaction and the principle of Guan-hsi.*Communication Quarterly*,39,251-271.

Chang,H.-C. & Holt,G.R.(1991b).The concept of yuan and Chinese interpersonal relationships.In S.

Ting-Toomey & F.Korzenny (eds) , *Cross-cultural interpersonal communication* (pp.28 - 57) . Newbury Park , CA : Sage.

Chang , H.-C. & Holt , G.R. (1994a) . Debt-repaying mechanism in Chinese relationships : An exploration of the folk concepts of pao and human emotional debt. *Research on Language and Social Interaction* , 27 , 351-387.

Chang , H.-C. & Holt , G.R. (1994b) . A Chinese perspective on face as inter-relational concern. In S.Ting-Toomey & D.Cushman(eds) , *Tire challenge of facework* (pp.95 - 132) . Albany , NY : State U Diversity of New York Press.

Chang , H.-C. & Holt , G.R. (1996a) . An exploration of interpersonal relationship in two Taiwanese computer firms. *Human Relations* , 49 , 1489-1517.

Chang , H.-C. & Holt , G.R. (1996b) . The changing Chinese interpersonal world : Popular themes in interpersonal communication books in modem Taiwan. *Communication Quarterly.* 44 , 85-106.

Chang , H.-C. , Holt , G.R. , & Lin , H.D. (2004) . Yuan and Chinese communication behaviors. In G.M. Chen(ed.) , *Theories and principles of Chinese communication* (pp.451-481) . Taipei , Taiwan : WuNan.

Chang , W.C. , Wong , W.K , & Koh , J.B.K (2003) . Chinese values in Singapore : Traditional and modern. *Asian Journal of SociaL Psychology* , 6 , 5-29.

Chen , G.M. (1992) . Change of Chinese family value orientations in the United States. *Journal of Overseas Chinese Studies* , 2 , 111-121.

Chen , G.M. (1998) . A Chinese model of human relationship development. In B.L.Hoffer & H.H.Koo (eds) , *Cross-cultural communication Eastru1d West in the 90's* (pp.45 - 53) . San Antonio , TX : institute for Cross-Cultural Research.

Chen , G.M. (2001) . Toward transcultural understanding : A harmony theory of Chinese communication. In V.H.Milhouse , M.K.Asante , & P.O.Nwosu (eels) , *Transcultural realities : interdisciplinary perspectives on cross-cultural relations* (pp.55-70) . Thousand Oaks , CA : Sage.

Chen , G.M. (2002) . The impact of harmony on Chinese conflict management. ln G.M.Chen & R.Ma (eds) , *Chinese conflict management and resolution* (pp.3-19) . Westport , CT : Ablex.

Chen , G.M. (2004a) . Feng shui and Chinese communication behaviors. In G.M.Chen(ed.) , *Theories and principles of Chinese communication* (pp.483-502) . Taipei , Taiwan : WuNan.

Chen , G.M. (2004b) . The two faces of Chinese communication. *Human Communication : A Journal of the Pacific and Asian Communication Association* , 7 , 25-36.

Chen , G.M. (2006) . Asian communication studies : What and where to now. *Review of Communication* , 6 , 295-311.

Chen , G.M. (2007) . Intercultural communication studies by ACCS scholars on the Chinese. In S.J.Kulich & M.H.Prosser(eds) , *Intercultural perspectives on Chinese communication.* Intercultural Research Vol.1 (pp. 302-337) . Shanghai , China : Shanghai Foreign Language Education Press.

Chen , G.M. (2008a) . Intercultural communication studies by ACCS scholars on the Chinese : An updated bibliography. *China Media Research* , 4(2) , 102-113.

Chen , G.M. (2008b) . Towards transcultural understanding : A harmony theory ofC hinese communication. *China Media Research* 4(4) , 1-13.

Chen,G.M. & Chung,J.(1994).The impact of Confucianism on organizational communication.*Communication Quarterly*,42,93-105.

Chen,G.M. & Chung,J.(1997).The five Asian dragons:Management behaviors and organizational communication.In L.A.Samovar & R.E.Porter(eds), *Intercultural communication:A reader*(pp.317-328). Belmont,CA:Wadsworth.

Chen,G.M. & Chung,J.(2002).Superiority and seniority:A case analysis of decision making in a Taiwanese religious group.*Intercultural Communication Studies*,11,41-56.

Chen,G.M.,Ryan,K., & Chen.C.(2000).The determinants of conflict management among Chinese and Americans.*Intercultural Communication Studies*,9,163-175.

Chen,L.(2002).*Romantic relationship and the concept of' yuan' :A study of Chinese inBong Kong.*Paper presented at International Communication Association Annual Conference,Seoul,Korea,July.

Chen,L.(2006).Western theory and nonwestern practice:Friendship/ dialectics for Chinese in Hong Kong.*China Media Research*,2(1),21-31.

Chen,S.X.,Benet-Martinez,V., & Bond,M.H.(2008).Bicultural identity,bilingualism,and psychological adjustment in multicultural societies:Immigration-based and globalization-based acculturation. *Journal of Personality*,76,803-838.

Chen,S.X.,Bond,M.H., & Tang,D.(2007).Decomposing filial piety into filial attitudes and filial enactments.*Asian Journal of Social Psychology*,10,213-223.

Chen,X.H(2002).On the Chinese value study in the transitional period.*Tendency of Psychology*,7, 16-20.(in Chinese)

［陈新汉(2002):《论转型时期中国价值观研究》,《哲学动态》2002 年第 7 期,第 16—20 页。］

Chen,X.R.(2006a).A survey on high school students´moral value orientations and life experience. *Shanghai Education Research*,8,4-7.(in Chinese)

［陈小容(2006a):《中学生道德价值取向与生活体验状态的调查分析》,《上海教育科研》2006 年 第 8 期,第 4—7 页。］

Chen,X.R.(2006b).An investigation of current status on moral values among Chinese teachers and students.*Chinese Journal of Moral Education*,1(3),50-56.(in Chinese)

［陈小容(2006b):《中国师生道德价值观现状调查报告》,《中国德育》2006 年第 3 期,第 50— 56 页。］

Chinese Culture Connection(1987).Chinese values and the search for culture-free dimensions of culture. *Journal of Cross-Cultural Psychology*,18,143-164.

Chirkov,V.,Ryan,R.M.,Kim,Y., & Kaplan,U.(2003).Differentiating autonomy from individualism and independence:A self-determination theory perspective on internalization of cultural orientations and well-being.*Journal of Personality and Social Psychology*,84,97-110.

Chiu,C.-Y. & Cheng,S.Y.Y.(2007).Toward a social psychology of culture and globalization:Some social cognitive consequences of activating two cultures simultaneously.*Social and Personality Psychology Compass* 1,84-100.

Chu,G.C.(ed).(1978).*Popular media in China:Shaping new cultural patterns.*Honolulu.HI:University Press of Hawaii.

Chu,G.C. & Hsu,F.L.K.(eds)(1979).*Moving a mountain*:*Cultural change in China*.Honolulu,HI:University Press of Hawaii.

Chu,G.C. & Hsu,F.L.K.(eds)(1983).*China's new social fabric*.New York:Kegan Paul International.

Chu,G.C. & Ju,Y.N.(1993).*The great wall in ruins*:*Communication and cultural change in China*.Albany,NY:State University of New York Press.

Chu,G.C.,Hayashi,C., & Akuto,H.(1995).Comparative analysis of Chinese and Japanese cultural values.*Behaviormetrika*,22,1-35.

Chuang,R.(2004).Zhan bui and Chinese communication behaviors.In G.M.Chen(ed.),*Theories and principles of Chinese communication*(pp.503-515).Taipei,Taiwan:WuNan.

Chung,J.(1997).*Cultural impacts on non-assertiveness of East Asian subordinates*.Management Development Forum1,2,53-72.

Chung,J.(2004).The qi communication theory and language strategy.In G.M.Chen(ed.),*Theories and principles of Chinese communication*(pp.517-539).Taipei,Taiwan:WuNan.

Chung,J.(2008).The chi/qi/ki of organizational communication:The process of generating energy flow with dialectics.*China Media Research*,4(3).92-100.

Condon,J.C. & Yousef,F.(1975).An introduction to intercultural communication.*Indianapolis*,IN:Bobbs-Merrill.

Dai,M.T. & Jiang,Y.(2001).*Traditional values and contemporary China*.Wuhan:Hubei People's Press.(in Chinese)

[戴茂堂、江畅(2001):《传统价值观念与当代中国》,湖北武汉:湖北人民出版社。]

Davidov,E.,Schmidt,P., & Schwartz,S.H.(2008).Bringing values back in:The adequacy of the European Social Survey to measure values in 20 countries.*Public Opinion Quarterly* 72,420-4-45.

Deci,E.L. & Ryan,R.M.(2000).The'what'and the'why'of goal pursuits:Human needs and the self-determination of behaviour.*Psychological Inquiry*,11,227-268.

Deng,D.Y.,Tang,L.F., & Zhang,L.(2008).University student's consuming values.Unpublished manuscript,SISU Intercultural Institute,Shanghai International Studies University.

Deng,Q.(2006).Research on marriage and love value orientations of present Chinese young people.*Inner Mongolia Social Sciences*,27(4),99-102.(in Chinese)

[邓倩(2006):《当代中国青年婚恋价值取向的调查分析》,《内蒙古社会科学(汉文版)》2006年第4期,第99—102页。]

Dou,G. & Huang,X.T.(2006).The latent structure of ipsative data of contemporary Chinese college students'value.*Psychological Science*,29,1.331-1335.(in Chinese)

[窦刚、黄希庭(2006):《当代大学生自比型价值观数据的潜在结构》,《心理科学》2006年第29期,第1331—1335页。]

Durkheim,E.(1933).*The division of labor in society*.New York:Macmillan(Original work published 1887).

Edmundson,J.J.Z, & Chen,G.M.(eds)(2008).Construction of harmonious society:A communication perspective[Special issue].*China Media Research*,4(4).

Enriquez,V.G.(1979).Towards cross-cultural knowledge through cross-indigenous methods and perspectives. In J. L. M. Binnie-Dawson, G. H. Blowers, & R. Hoosain (eds), *Perspectives in Asian cross-cultural psychology*(pp.29~41). Lisse: Swets & Zeitlinger, BV.

Eisenstadt, S.N. (2001). The civilizational dimension of modernity: Modernity as a distinct civilization. *International Sociology*, 16, 320~340.

Faludi, S. (1991). *Backlash: The undeclared war against American women.* New York: Anchor.

Fan, H. & Hu, Y. (1997). The changes of Chinese women's marriage values since the Opening-up Policy. *Journal of Women's University of China*, 4, 39~42. (in Chinese)

［范海燕、胡泳(1997):《改革开放以来中国妇女婚姻观念的变迁》,《中华女子学院学报》1997 年第 4 期,第 39—42 页。]

Faure, G.O. & Fang, T. (2008). Changing Chinese values: Keeping up with paradoxes. *International Business Review*, 17, 194~207.

Fei, X.T. (1939). *Peasant life in China: A field study of country life in the Yangtze Valley.* Preface by Bronislaw Malinowski. London: G. Routledge and New York: Dutton.

Fei, X.T. (1992) *From the soil: The foundations of Chinese society.* (Gary G. Hamilton & Wang Zheng Trans. of Xaingtu Zhongguo[Rural China]. Shanghai: Guancha). Berkeley, CA: University of California Press. (Original work published 1948)

Fei, X. T. & Chang Chih-yi ［Zhang Ziyi］ (1945). *Earthbound China: A study of rural economy in Yunnan.* Chicago, IL: University of Chicago Press.

Feng, H. R. (2004). Keqi and Chinese communication behaviors. In G. M. Chen (ed), *Theories and principles of Chinese communication*(pp.435~450). Taipei, Taiwan: WuNan.

Feng, T. (2003). A critique of Hofstede's fifth national cultural dimension. *International Journal of Cross-Cultural Management*, 3, 347~368.

Fischer, R. (2006). Congruence and functions of personal and cultural values: Do my values reflect my culture's values? *Personality and Social Psychology Bulletin*, 32, 1419~1431.

Fitzgerald, F. (1999). The unfinished history of China's future. *Thesis Eleven*, 57, 17~31.

Fu, J.H.-Y., & Chiu, C.-Y. (2007). Local culture's responses to globalization: Exemplary persons and their attendant values. *Journal of Cross-Cultural Psychology*, 38, 636~653.

Fung, H. (2006). Affect and early moral socialization: Some insights and contributions from indigenous psychological studies in Taiwan. In U. Kim, K.S. Yang, & K.K. Hwang(eds), *Indigenous and cultural psychology: Understanding people in context*(pp.175~196). New York: Springer Science+Business Media, LLC.

Fung, H., Lieber, E., & Leung, P.W. L. (2003). Parental beliefs about shame and moral socialization in Taiwan, Hong Kong, and the United States. In K.S. Yang, K.K. Hwang, P.B. Pedersen, & I. Daibo (eds), *Progress in Asian social psychology: Conceptual and empirical contributions* (pp. 83 - 109). Westport, CT: Praeger Publishers.

Geertz, C. (1973). *The interpretation of cultures: Selected essays.* New York: Basic Books.

Garrott, J.R. (1995). Chinese cultural values: New angles, added insights. *International Journal of Intercultural Relations*, 19, 21 1~225.

Gong, H.X.. & Xing, (1994). Research on value orientations towards life of female students in teaching colleges. *Journal of Zhejiang Normal University*(Social science Edition), 3, 113~118. (in Chinese)

[龚惠香、邢怡琴(1994):《高师女生人生价值取向的调查》,《浙江师范大学学报(社会科学版)》1994 年第 3 期,第 113—118 页。]

Gorer,J.(1948).*The American people:A study in national character.*New York:W.W.Norton.

Green,E.G.T.,Deschamps,J.-C., & Paez,D.(2005).Variation of individualism and collectivism within and between 20 countries:A typological analysis.*Journal of Cross-Cultural Psychology*,36,321–339.

Guo,X.H.(2001).The change of moral values in Chinese urban residents.*Jianghai Journal for Study*,3,32–38.(in Chinese)

[郭星华(2001):《中国城市居民道德价值观念的变迁》,《江海学刊》2001 年第 3 期,第 32—38 页。]

Hall,E.T.(1976).*Beyond culture.Garden City*,NY:Anchor.

Han,X.M.,Wang,F.L., & Liu,R.M.(1998).A research on moral value orientation of peasants in Shanxi in the social transitional period.*Journal of Shanxi University.*3,70–77.(in Chinese)

[韩向明、王福兰、刘荣明(1998):《社会体制转型时期山西农民道德价值观研究》,《山西大学学报(哲学社会科学版)》1998 年第 3 期,第 70—77 页。]

Hechter,M.(1993).Acknowledgements.In M.Hechter,L.Nadel, & R.E.Michod(eds).*The origin of values*(pp.31–46).New York:Aldine/Walter de Gruyter.

Hechter,M.(2000).Agenda for sociology at the start of the twenty-first century.*Annual Review of Sociology*,26,697–698.

Heine,S.J.,Lehman,D.R.,Peng,K., & Greenholtz,J.(2002).What's wrong with cross-cultural comparison of subjective Likert scales? The reference-group effect.*Journal of Personality and Social Psychology*,82,903–918.

Hermans,H.J.M. & Kempen,H.J.G.(1998).Moving cultures:The perilous problems of cultural dichotomies in a globalizing society.*American Psychologist*,53,1111–1120.

Herzberg,F(1966).*Work and the nature of man.*New York:Thomas Y.Crowell.

Hitlin,S. & Piliavin,J.A.(2004).Values:Reviving a dormant concept.*Annual Review of Sociology*,30,359–393.

Ho,D.Y.F.(1976).On the concept of face.*American Journal of Sociology*,81,867–884.

Ho,D.Y.F.(1994a).Face dynamics:From conceptualization to measurement.In S.Ting-Toomey(ed.),*The challenge of facework:Cross-cultural and interpersonal issues*(pp.269–286).Albany,NY:State University of New York Press.

Ho,D.Y.F.(1994b).Filial piety,authoritarian moralism,and cognitive conservatism.Genetic,*Social and General Psychology Monographs*,120,347–365.

Ho,D.Y.F.(1996).Filial piety and its psychological consequences.In M.H.Bond(ed.),*The handbook of Chinese psychology*(pp.155–165).Hong Kong:Oxford University Press.

Ho,D.Y.F.(1998a).Filial piety and filicide in Chinese family relationships:The legend of Shun and other stories.In U.P.Giden & A.L.Comunian(eds),*The family and family therapy in international perspective*(pp.134–149).Trieste,Italy:Edizioni LINT.

Ho,D.Y.F.(1998b).Indigenous perspectives.*Journal of Cross-Cultural Psychology*,29,88–103.

Ho,D.Y.F.(1999).Interpersonal feelings and jen ching.*Indigenous psychological research in Chinese so-*

cieties,12,181-187. (in Chinese)

Ho,D.Y.F. (2002). Myths and realities in Confucian-heritage education. In D.W.K.Chan & W.Y.Wu (eds), *Thinking qualities initiative conference proceedings 2000 and 2001* (pp.3-19). Hong Kong:Centre for Educational Development,Hong Kong Baptist University;Hong Kong Society for the Advancement of Learning and Teaching of Thinking.

Ho,D.Y.F. & Peng,S. (1998). Methodological relationalism and its applications in Eastern and Western cultures. *Sociological Research*,4,34-43. (in Chinese)

［何友晖、彭泗清(1998):《方法论的关系论及其在中西文化中的应用》,《社会学研究》1998 年第 5 期,第 34—43 页。］

Ho,D.Y.F. & Peng,S. (1999). Filial piety and filicide, *WAY*,90,34-36. (in Chinese)

Ho,D.Y.F.,Chan,S.F.,Peng,S.Q., & Ng,A.K. (2001). The dialogic self: Converging East-West constructions. *Culture & Psychology*,7,393-408.

Ho,D.Y.F.,Chan,S.F., & Zhang,Z.X. (2001). Metarelational analysis:An answer to 'What's Asian about Asian social psychology?' *Journal of Psychology in Chinese Societies*,2,7-26.

Ho, D. Y. F. & Chiu, C.-Y. (1994). Component ideas of individualism, collectivism, and social organization:An application in the study of Chinese culture.In U.Kim,H.C.Triandis,C.Kagitcibasi,S.C.Cboi, & G.Goon (eds), *Individualism and collectivism:Theory,method,and application* (pp.137-156). Thousand Oaks,CA:Sage.

Ho,D.Y.F.,Peng,S.Q., & Lai,A.C. (2001). Parenting in Mainland China:Culture,ideology,and policy. *International Society for the Study of Behavioral Development Newsletter*,38,7-9.

Ho,D.Y.F.,Peng,S.Q., & Chan,S.P. (2001a). Authority and learning in Confucian-heritage education: A relational methodological analysis.In F.Salili, C.-Y.Chiu, & Y.-Y.Hong (eds), *Multiple competencies and self-regulated learning:Implications for multicultural education* (pp.29-47). Greenwich, CT:Information Age Publishing.

Ho,D.Y.F.,Peng,S.Q., & Chan,S.F. (2001b). An investigative research in teaching and learning.In F. Salili,C.-Y.Chiu, & Y.-Y.Hong(eds), *Multiple competencies and self-regulated learning:Implications for multicultural education* (pp.215-244). Greenwich,CT:Information Age Publishing.

Ho,D.Y.F.,Ng,A.K.,Peng,S.Q., & Chan,S.F (2002). *Authority relations in Confucian-heritage education:Knowledge is a dangerous thing*. Unpublished manuscript, University of Hong Kong.

Ho,D.Y.F.,Fu,W., & Ng,S.M. (2004). Guilt,shame,and embarrassment:Revelations of face and self. *Culture & Psychology*,10,1. 59-178.

Hofstede, G. (1980). *Culture's consequences:International differences in work-related values*. Newbury Park,CA:Sage.

Hofstede, G. (2001). *Culture's consequences:Comparing values,behaviors,institutions,and organizations across nations*(2nd ed.). Thousand Oaks,CA:Sage.

Holland,J.L. (1985). *A theory of vocational personalities and work environments*. Englewood Cliffs, NJ: Prentice-Hall.

Holt,R. & Chang,H.-C. (2004). Bao and Chinese interpersonal communication.In G.M.Chen(ed.), *Theories and principles of Chinese communication*(pp.409-434). Taipei,Taiwan:WuNan.

Hong, Y.-Y., Morris, M.W., Clun, C.-Y., & Benet-Martinez, V. (2000). Multicultural minds: A dynamic constructivist approach to culture and cognition. *American Psychologist*, 55, 709-720.

Hoshmand, L. T. & Ho, D. Y. F. (1995). Moral dimensions of selfhood: Chinese traditions and cultural change. *World Psychology*, 1, 47-69.

Hou, A.B. & Zhang, J.F. (2006). A psychological perspective on ethnic values. *Journal of the Central University for Nationalities* (Philosophical and Social Science Edition), 33, 37-42.

Hsu, F.L.K. (1948). U*nder the ancestor's shadow: Chinese culture and personality*. New York: Columbia University Press.

Hsu.. F.L.K. (1953). *Americans and Chinese: Two ways of life*. New York: H.Schuman.

Hsu, F. L. K. (1961). *Psychological anthropology: Approaches to culture and personality*. Homewood, IL: Dorsey Press.

Hsu, F.L.K. (1968). *Clan, caste and club*. New York: Van Nostrand, Reinhold Co.

Hsu, F.L.K. (1970). *Americans and Chinese: Purpose and fulfillment in great civilizations*. Garden City, NY: Natural History Press.

Hsu, F. L. K. (1981). *Americans and Chinese: Passages to differences*. Honolulu, HI: The University of Hawaii Press.

Hu, C. (2006). A comparative study of Chinese and American success value. *Journal of Ningbo University* (Liberal Arts Edition), 3, 112-117.

Hu, S. (1934). *The Chinese renaissance: the Haskell lectures*, 1933. Chicago, IL: University of Chicago Press.

Huang, T.H. (1988). The practice of filial piety in contemporary society. In K.S.Yang (ed.), *Chinese Psychology* (pp.25-38). Taipei Laurel Publishing InC. (in Chinese)

［黄坚厚 (1988):《现代生活中孝的实践》,见杨国枢:《中国人的心理》,台北:桂冠图书公司。]

Huang, L L. (2005). Interpersonal harmony and interpersonal conflict In K.S.Yang, K.K.Hwang, & C.F. Yang (eds), *Chinese indigenous psychology* (pp.521-566). Hong Kong: Yuan Lion. (in Chinese)

［黄囇莉:《人际和谐与人际冲突》,见杨国枢、黄光国、杨中芳:《华人本土心理学》,台北:远流图书公司。]

Huang, S. (1999). Filial piety is the root of all virtues: Cross-cultural conflicts and intercultural acceptance in Lee's two movies. *Popular Culture Review*, 10, 53-67.

Huang, S. (2000). Ten thousand businesses would thrive in a harmonious family: Chinese conflict resolution styles in cross-cultural families. *Intercultural Communication Studies*, 9, 129-144.

Huang, S. & Jia, W. (2000). The cultural connotation and communicative function of China's kinship terms. *American Communication Journal*, 3, 43-61.

Huang, X.T. (2004). Reflections on Chinanization of personality studies. *Journal of Southwest China Normal University*, 30(6), 5-9. (in Chinese)

［黄希庭 (2004):《再谈人格研究的中国化》,《西南师范大学学报 (人文社会科学版)》2004 年第 6 期,第 5—9 页。]

Huang, X.T. (2007). Chinanized psychology research and the construction of harmonious society. *Advances in Psychological Science*, 2, 193-195. (in Chinese)

［黄希庭(2007):《构建和谐社会呼唤中国化人格与社会心理学研究》,《心理科学进展》2007 年第 2 期,第 193—195 页。］

Huang,X.T.,Dou,G.,& Zheng,Y.(2008).Discrete choice methods estimation of contemporary Chinese college students´values.*Psychological Science*,31,675-680.(in Chinese)

［黄希庭、窦刚、郑涌(2008):《当代大学生价值观的离散选择模型分析》,《心理科学》2008 年第 31 期,第 675—680 页。］

Huang,X.T.,& Yang,X.(1998).Constructing a scale of self-worth for young students.*Psychological Science*,21,289-293.(in Chinese)

［黄希庭、杨雄(1998):《青年学生自我价值感量表的编制》,《心理科学》1998 年第 21 期,第 289—293 页。］

Huang,X.T.,& Zheng,Y.(2005).*Research on contemporary values of Chinese youth.* Beijing,China:People's Education Press(in Chinese).

［黄希庭、郑涌(2005):《当代中国青年价值观研究》,北京:人民教育出版社。］

Huang,X.T.,Zhang,J.F.,& li,H.(1994).*Values and education of contemporary Chinese youth.* Chengdu,China:Sichuan Education Press.(in Chinese)

［黄希庭、张进辅、李红(1994):《当代中国青年价值观与教育》,成都:四川教育出版社。］

Huang,X.T.,Zhang,J.F.,& Zhang,S.L.(1989).A survey on young students values in five cities.*Psychological Journal*,22,274-283.(In Chinese).

［黄希庭、张进辅、张蜀林(1989):《我国五城市青少年学生价值观的调查》,《心理学报》1989 年第 22 期,第 274—283 页。］

Hughes,N.(2007).*Changing faces:Highly skilled Chinese workers and the cultural adaptation required to work at a foreign multinational corporation.* Unpublished doctoral dissertation,the Fielding Graduate University,Santa Barbara,California.

Hwang,K.K.(1987).Face and favor:The Chinese power game.*American Journal of Sociology*,92,944-974.

Hwang,K.K.(1995).The modem transformation of Confucian values:Theoretical analyses and empirical research.*Indigenous Psychological Research in Chinese Societies*,3,276-338.(in Chinese)

Hwang,K.K.(1997-8).Guanxi and mientze:Conflict resolution in Chinese society.*Intercultural Communication Studies*,7,17-37.

Hwang,K.K.(1999).Filial piety and loyalty:Two types of social identification in Confucianism.*Asian Journal of Social Psychology*,2,163-183.

Hwang,K.K.(2003a).Critique of the methodology of empirical research on individual modernity in Taiwan.*Asian Journal of Social Psychology*,6,241-262.

Hwang,K.K.(2003b).In search of a new paradigm for cultural psychology.*Asian Journal of Social Psychology*,6,287-291.

Hwang,K.K.(2005).Face in Chinese society.ln K.S.Yang,K.K.Hwang,& C.F.Yang(eds),*Chinese indigenous psychology*(pp.365-405).Hong Kong:Yuan Liou.(in Chinese)

［黄光国(2005):《华人社会中的脸面观》,见杨国枢、黄光国、杨中芳:《华人本土心理学》,台北:远流图书公司。］

Hwang, K. K. (2007). The development of indigenous social psychology in Confucian society. In S. J. Kulich & M. H. Prosser(eds), *Intercultural perspectives on Chinese communication : Intercultural Research Vol.1*. Shanghai, China : Shanghai Foreign Language Education Press.

Inglehart, R. (1977a). *Modernization and postmodernization : Cultural, economic, and political change in 43 societies*. Princeton, NJ : Princeton University Press.

Inglehart, R. (1977b). *The silent revolution : Changing values and political styles in advanced industrial society*. Princeton, NJ : Princeton University Press.

Inglehart, R. et al. (1990). *World values survey, 1981 – 1983. Computer file and codebook* (2nd edn). An nArbor, Ml : University of Michigan, Inter-University Consortium for Political and Social Research.

Inglehart, R. & Baker, W. E. (2000). Modernization, cultural change and the persistence of traditional values. *American Sociological Review*, 6, 19–51.

Inglehart, R. & Wetzel, C. (2005), *Modernization, cultural change and democracy*. Cambridge, England : Cambridge University Press.

Inkeles, A. & Levinson, D. J. (1969). National character : The study of modal personality and socio-cultural systems. In G. Lindzey & E. Aronson(eds), *Handbook of social psychology* (Vol.4, pp.418–506). New York, NY : McGraw-Hill. (original work published in 1954)

Jensen, L. A. (2003). Coming of age in a multicultural world : Globalization and adolescent cultural identity formation. *Applied Developmental Science*, 7, 189–196.

Jia. W. (1997–8). Facework as a Chinese conflict-preventive mechanism : A cultural/ discourse analysis. *Intercultural Communication Studies*, 7, 43–61.

Jia, W. (2001). *The remaking of the Chinese character and identity in the 21st century : The Chinese face practices*. Westport, Cf : Ablex.

Jia, W. (2003). Chinese conceptualizations of face : Personhood, communication and emotions. In L. A. Samovar & R. E. Porter(eds), *Intercultural communication : A reader* (10th edn) (pp.53–61). Belmont, CA : Wadsworth.

Jia, W. (2006a). The wei (positioning)-ming (naming)-lianmian (face)-guanxi (relationship)-renqing (humanized feelings) complex : in contemporary Chinese culture. In. P. D. Hershock & R. T. Ames(eds), *Confucian cultures of authority* (pp.49–64). Albany, NY : SUNY Press.

Jia, W. (2006b). The wei (positioning)-ming (naming)-lianmian (face) continuum in contemporary Chinese culture. In L. A. Samovar, R. E. Porter, & E. R. McDaniel(eds), *Intercultural communication : A reader* (11th ed., pp.114–122). Belmont, CA : Wadsworth.

Jia, W. (2008). Chinese perspective on harmony : An evaluation of the harmony and peace paradigm. *China Media Research*, 4(4), 25–30.

Jin, S. H. & Li, H. (2003). Value orientation of present Chinese professionals. *Studies of Psychology and Behavior*, 1(2), 100–104. (in Chinese)

[金盛华、李慧(2003):《专业人员价值取向的现状研究》,《心理与行为研究》2003 年第 2 期,第 100—104 页。]

Jin, S. H. & Li, X. (2004). Comparison of value orientation between contemporary peasant/farmers and workers. *Chinese Journal of Applied Psychology*, 10(3), 28–32. (in Chinese)

［金盛华、李雪(2004):《当代工人、农民价值取向现状比较》,《应用心理学》2004 年第 3 期,第 28—32 页。］

Jin,Z.Q. & Li,Z.S.(2007).A summary of adolescent work values study.*Journal of Career Education*,6, 41-47(in Chinese).

［金泽勤、祚山(2007):《青少年职业价值观研究概述》,《职业教育研究》2007 年第 6 期,第 41—47 页。］

Jin,S.H. & Liu,B.(2005).The value orientation of contemporary Chinese workers:Status and characteristics.*Psychological Science*,28,244-247. (in Chinese)

［金盛华、刘蓓(2005):《当代中国工人价值取向:状况与特点》,《心理科学》2005 年第 28 期,第 244—247 页。］

Jin,S.H. & Xin,Z.Y.(2003).The status quo of Chinese values study and its trends.*Journal of Beijing,Normal University*,177(3),56-64. (in Chinese)

［金盛华、辛志勇(2003):《中国人价值观研究的现状及发展趋势》,《北京师范大学学报(社会科学版)》2003 年第 3 期,第 56—64 页。］

Jin,S.H.,Sun,N.,Shi,Q.M., & Tian,L.L.(2003).Research on the characteristics of contemporary middle school students'values.*Psychological Exploration*,2,30-34. (in Chinese)

［金盛华、孙娜、史清敏、田丽丽(2003):《当代中学生价值取向现状的调查研究》,《心理学探新》2003 年第 2 期,第 30—34 页。］

Jin,S.H.,Wang,H.T.,Tian,L L.,Shi,Q.M.,Lin,B.,Li,H., & Sun,N.(2003).A study of value orientation of contemporary peasants/farmers.*Chinese Journal of Applied Psychology*,9,20-25. (in Chinese)

［金盛华、王怀堂、田丽丽、史清敏、刘蓓、李慧、孙娜(2003):《当代农民价值取向现状的调查研究》,《应用心理学》2003 年第 9 期,第 20—25 页。］

Jussim,L.(2009).*Stereotypes in D. Matsumoto (ed.)*, *Cambridge dictionary of psychology*. New York: Cambridge University Press.

Kagitcibasi.C., & Berry,J.W.(1989).Cross-cultural psychology:Current research and trends.*Annual Review of Psychology*,40,493-531.

Kagitcibasi.C.(2005).Autonomy and relatedness in cultural context:Implication for self and family.*Journal of Cross-Cultural Psychology*,36,403-422.

Kahle,L.R.(ed.)(1983).*Social values and social change:Adaptation to life in America*.New York:Praeger.

Kahle,L. R.,Beatty,S.E., & Homer,P.(1986).Alternative measurement approaches to consumer values:The List of Values(LOV) and Value and Life Style (VALS).*Journal of Consumer Research*,13,405-409.

Kahle,L.R. & Xie,G.X.(2008).Social values and consumer behavior:Research from the list of values. In C.P. Haugtvedt, P.M. Herr, & F.R. Kardes(eds), *Handbook of consumer psychology* (pp.573-588). Mahwah,NJ:Psychology Press.

Kardiner,A & Linton.R.(1939).*The individual and his society*.New York Columbia University Press.

Kasser,T. & Ryan,R.M.(1993).A dark side of the American dream:Correlates of financial success as a central life aspiration.*Journal of Personality and Social Psychology*,65,410-422.

Kitayama, S. (2002). Culture and basic psychological processes: Toward a system view of culture: Comment on Oyserman et al(2002). *Psychological Bulletin*, 128, 89-96.

Kirkman, B.L., Lowe, K.B., & Gibson, C.B. (2006). A quarter century of Culture's Consequences. A review of empirical research incorporating Hofstede's cultural values framework. *Journal of International Business Studies*, 37, 285-320.

Kluckhohn, C.K.M. (1951). Values and value orientations in the theory of action. In T. Parsons & E. Shils (eds), *Toward a general theory of action*(pp.388-433). Cambridge, MA. Harvard University Press.

Klockhohn, C. K. M. (1956). Universal values and education. In R. Kluckhohn (ed.), *Culture and behavior: The collected essays of Clyde Kluckhohn*. Glencoe, IL: The Free Press.

Kluckhohn, F.R., & Strodtbeck, F. (1961). *Variations in value orientations*. Evanston, IL: Row, Peterson & Co.

Kluver, R. (2001). Political culture and political conflict in China. In G. Chen & R. Ma (eds), *Chinese conflict management and resolution*(pp.223-240). Westport, CT: Greenwood Publishing.

Kluver, R. (1999). Elite based discourse in Chinese civil society. In R. Kluver & J. Powers (eds), *Civic discourse, civil society, and the Chinese world*. Stamford, CT: Ahlex.

Kluver, R. (1997). Political identity and national myth: Toward an intercultural understanding of political legitimacy. In A. Gonzales & D. Tanno (eds), *Politics, culture, and communication: International and intercultural communication annual 20*(pp.48-75). Newbury Park, CA: Sage Publications.

Kluver, R. (2004). *The internet in China: A symposium. In The International Institute of Asian Studies Newsletter*, 33. Retrieved March 12, 2009, from http://www.iias.nl/iiasn/33/index.htrnl.

Kristiansen, C.M. & Hotte, A.M. (1996). Morality and the self: Implications for the when and how of value-attitude-behavior relations. In C. Seligman, J.M. Olson, & M.P. Zanna(eds), *The psychology of values: The Ontario symposium*(Vol.8, pp.77-105). Mahwah, NJ: Erlbaum.

Kroeber, A.I.. & Kluckholn, C. K. M (1952). *Culture: A critical review of concepts and definitions*. Cambridge, MA: Harvard University Press.

Ku, B.M. (2006). *The spirit of the Chinese people*. Beijing: Foreign Language Teaching & Research Press. (Original work published 1915, Peking: Peking Daily News)

Kolich, S.J. (1997). *Apt aphorisms: The search for Chinese values in Self-selected sayings*. Paper presented at the 3rd annual conference on East-West Communication: Challenges for the New Century, the David C. Lam Institute for East-West Studies, HKBU, Hong Kong, November.

Kulich, S.J. (2007a). Introduction: Linking intercultural communication with China. studies-Language and relationship perspectives. *In* S.J. Kolich & M.H. Prosser(eds), *Intercultural perspectives of Chinese communication, Intercultural research*, Vol.1 (pp.3-21). Shanghai, China: Shanghai Foreign Language Education Press.

Kulich, S.J. (2007b). Expanding the Chinese intercultural paradigm with social science research: Toward a multi-level model of cultural analysis. In S. J. Kulich & M. H. Prosser (eds), *Intercultural perspectives on Chinese communication, Intercultural research*, Vol.1 (pp.203-251). Shanghai, China: Shanghai Foreign Language Education Press.

Kulich, S.J. (2008). Getting the big picture on Chinese values: Developing approaches to study the shifting core of Chinese culture. *Intercultural Communication Studies*, XVII(2), 15-30.

Kulich,S.J.(2009a).*Applying cross-cultural values research to ' the Chinese ' :A critical integration of etic and emic approaches.*Unpublished doctoral dissertation,Humboldt University of Berlin,Germany.

Kulich,S.J.(2009b in press).Values studies:The origins and development of cross-cultural comparisons. In S.J.Kulich & M.H.Prosser(eds).*Values frameworks lit the theoretical crossroads of culture,Intercultural research*,VoL 2).Shanghai,China:Shanghai Foreign Language Education Press.

Kulich,S.J.(2009c in press).Values studies:History and concepts.In S.W.Littlejohn & K.A.Foss(eds), The encyclopedia of communication theory.Newbury Park,CA:Sage Publications.

Kulich,S.J. & Zhu,M.(2004).Getting to the core of culture-Introducing the Shanghai Chinese Values Project(SCVP).In Y.F.Wu & Q.H.Feng(eds),*Foreign language and culture studies*,Vol.4(pp.805-832). Shanghai,China:Shanghai Foreign Language Education Press.

Kulich,S.J.,Zhang S.T., & Zhu,M.(2006).Global impacts on Chinese education,identity and values-Implications for intercultural training.*International Management Review*,2,41-59.

Lai,C.X.(1994).The modern shift of traditional Chinese values.*Jianhan Luntan.*7,36.(in Chinese)
［赖传祥（1994）:《中国传统价值观的现代转型》,《江汉论坛》1994 年第 7 期,第 36 页。］

Lam,S.-F.,Lau, I. Y., Chiu C.-Y., Hong, Y.-Y., & Peng, S. Q. (1999). Differential emphases on modernity and Confucian values in social categorization:The case of Hong Kong adolescents in political transition.*International Journal of Intercultural Relations*,23,237-256.

Lam,T.H.,Stewart,S.M.,Yip,P.S.F.,Leuna,G.M.,Ho,L.M.,Ho,S.Y., & Lee,P.W.H.(2004).Suicidality and cultural values among Hong Kong adolescents.*Social Science & Medicine*,58,487-498.

Leung.K.(2008a).Chinese culture,modernization,and international business.*International Business Review*,17,184-187.

Leung,K.(2008b).Never the twain shall meet? Integrating Chinese and Western management research. *Management and Organization Review*,5,12. 1-129.

Leung,K. & Bond,M.H.(2004).Social axioms:A model for social beliefs in multicultural perspective.In M.P.Zanna(ed.),*Advances in Experimental Social Psychology.*VoL 36(pp.119-197).New York:Academic Press.

Leung,K.,Bond,M.H.,Carrasquel,S.R.,Munoz,C.,Hernandez,M.,Murakami,F.,Yamaguchi,S.,Bierbrauer,G., & Singelis,T.M.(2002).Social axioms:The searchfor m1iversal dimensions of general beliefs about how the world functions.*Journal of Cross-Cultural Psychology*,33,286-302.

Li,J.(2006).A survey on aesthetic value of performance artists in West China.*Arts Exploration,Journal of Guangxi Arts College*,20(6),124-126.(in Chinese)
［李杰(2006):《中国西部地区演艺工作者审美价值观调查分析》,《艺术探索》2006 年第 6 期,第 124—126 页。］

Li,B.M. & Cole,G.(2003).A comparison of different learning ideas of Chinese and American college students.*Comparative Education Review*,7,37-45.(in Chinese)
［李冰梅、格兰德·克尔夫人(2003):《中美大学生学习观念比较与启示》,《比较教育研究》2003 年第 7 期,第 37—45 页。］

Li,L. & Jiang,Y.N.(2007).The cross-culture study of value orientation between the Han,the Miao and the Dong college students.*Journal of Kaili University*,25,86-88.(in Chinese)

[李玲、蒋玉娜(2007):《汉族、苗族和侗族大学生价值取向比较——以凯里学院的个案调查为例》,《凯里学院学报》2007 年第 25 期,第 86—88 页。]

Li,M.L & Yang, K.S. (2005). The psychology and behavior of ren (endurance). In K.S.Yang, K.K. Hwang, & C.F.Yang(eds), *Chinese indigenous psychology* (pp.599–629). Hong Kong: Yuan Liou. (in Chinese)

[李敏龙、杨国枢:《忍的心理与行为》,见杨国枢、黄光国、杨中芳:《华人本土心理学》,台北:远流图书公司。]

Li,W.M. & Bond, M.H. (in press). Does individual secularism promote happiness? The moderating role of societal secularism. *Journal of Cross-Cultural Psychology.*

Li,Z. & Zhang, X.D. (2001). Investigation on the view of happiness of urban only-child college students. *Journal of Chongqing University*, 2,82–85. (in Chinese)

[李志、张旭东(2001):《城市独生子女大学生幸福观的调查研究》,《重庆大学学报(社会科学版)》2001 年第 2 期,第 82—85 页。]

Li,Z., Yang,Z.W., & You, B. (2002). Research on the features of nowadays female college students´ view of happiness and education strategy. *Journal of Chongqing University of Posts and Telecommunications*, 9, 85–88. (in Chinese)

[李志、杨泽文、游滨:《当代女大学生幸福观特点及教育对策研究》,《重庆邮电学院学报(社会科学版)》2002 年第 9 期,第 85—88 页。]

Li,Z. & Peng, X.L. (2000). Comparative research on the college students´ happiness ideas of initiative type and contentment type. *Journal of Chongqing University*, 3,106–109. (in Chinese)

[李志、彭晓玲(2000):《进取型与知足型大学生幸福观的比较研究》,《重庆大学学报(社会科学版)》2000 年第 3 期,第 106—109 页。]

Lin,W.Y. (2003). The role of social and personal factors in the Chinese view of education. *In* K.S.Yang, K.K.Hwang,P.B.Pedersen, & l.Daibo (eds), *Progress in Asian social psychology: Conceptual and empirical contribution* (pp.111–132). Westport, CT: Praeger.

Lin.Y.T. (2000). *My country and my people.* Beijing: Foreign Language Teaching & Research Press. (Original work published 1935, New York: John Day Company)

Ling,W.Q., Fang, L.L., & Bai, L.G. (1999). A study on the vocational values of Chinese college students. *Acta Psychologica Sinica.* 31,342–348. (in Chinese)

[凌文辁、方俐洛、白利刚(1999):《我国大学生的职业价值观研究》,《心理学报》1999 年第 31 期,第 342—348 页。]

Linton,R. (1945). *The cultural background of personality.* New York: Appleton-Century-Crofts.

Littrell,R.F. (2002). Desirable leadership behaviours of multi-cultural managers in China. *Journal of Management Development*, 21,5–74.

Littrell,R.F., & Montgomery,E. (in progress). *Psychometric properties of the SVS in Mainland China-An analysis and cross-cultural comparison.* Unpublished study underway, Centre for Cross-Cultural Comparisons, Auckland, New Zealand.

Liu,S. & Chen, G.M. (2002). Collaboration over avoidance: Conflict management strategies in state-owned enterprises in China. In G.M.Chen & R.Ma (eds), *Chinese conflict management and resolution* (pp.

163-182). Westport, CT: Ablex.

Liu, S., Chen, G. M., & Lin, Q. (2006). Through the lenses of organizational culture: A comparison of state-owned enterprises and joint ventures in China. *China Media Research*, 2(2), 15-24.

Liu, Y. F. & Zhong, Y. P. (1997). The psychological conception of values and analysis of its psychological activities. *Journal of Xiangtan Normal University*, 5, 84-87. (in Chinese)

［刘永芳、钟毅平(1997):《价值观的心理学涵义及其心理内容分析》,《湘潭师范学院学报》1997年第5期,第84—87页。］

Liu, Y. M. (2008). Naturalistic chi(qi)-based philosophy as a foundation of chi(qi) theory of communication. *China Media Research*, 4(3), 83-91.

Lu, L. & Yang, K. S. (2006). Emergence and composition of the traditional-modern bicultural self of people in contemporary Taiwanese societies. *Asian Journal of Social Psychology*, 9, 167-175.

Lu, X. (1998). An interface between individualistic and collectivistic orientations in Chinese cultural values and social relations. *The Howard Journal of Communications*, 9, 91-107.

Lu, X. A. (2005). Business decision-making in the public and private sectors. *China today: An encyclopedia of life in the People's Republic* (pp.57-60). Westport, CT: Greenwood.

Luo, S. H. (2004). Statistical research on the transformation of marriage values. *Sociology Study*, 2, 37-47. (in Chinese)

Ma, J. F. (1999). Chinese value study: Features and problems. *Journal of Literature, History and Philosophy*, 5, 12-15. (in Chinese)

Ma, R. (1992). The role of unofficial intermediaries in interpersonal conflicts in the Chinese culture. *Communication Quarterly*, 40, 269-278.

Ma, R. (2004). Guanxi and Chinese communication behaviors. In G. M. Chen (ed.), *Theories and principles of Chinese communication* (pp.363-377). Taipei, Taiwan: WuNan.

Ma. R. & Chuang, R. (2002). Karaoke as a form of communication in the public and interpersonal contexts of Taiwan. In X. Lu, W. Jia., & D. R. Heisey (eds), *Chinese communication studies: Contexts and comparisons*. Westport, CT: Ablex.

Ma, S., He, J., & Guo, Y. P. (2008). *Literature review on contemporary Chinese college student's values*. Unpublished manuscript, SISU Intercultural Institute, Shanghai International Studies University.

Mackerras, C. P. (1991/1999) *Western images of China* (2nd ed.). Hong Kong: Oxford University Press.

Maio, G. R. & Olson, J. M. (2000). What is a 'value-expressive' attitude? In G. R. Maio and J. M. Olson (eds), *Why we evaluate: Functions of attitudes* (pp.97-131). Mahwah, NJ: Lawrence Erlbaum.

Malinowski, B. (1944). *A scientific theory of culture*. New York: Galaxy Books.

Markus, H. & Nurius, P. (1986). Possible selves. *American Psychologist*, 41, 954-969.

McGuire, W. J. (1983). A contextualist theory of knowledge: fs implications for innovation and reform in psychological research. In L. Berkowitz (ed.), *Advances in experimental social psychology*, Vol.16 (pp.2-47). San Deigo, CA: Academic Press.

Meng, D. f. (2002). On the political value orientation of graduate students. *Journal of Hebei Youth Administration Cadres College*, 56, 21-23. (in Chinese)

［孟东方(2002):《现状·特征·对策——高校研究生政治价值观调查与思考》,《河北青年管理

干部学院学报》2002 年第 56 期,第 21—23 页。]

Meng, X. D. (2006) The Investigation on work values of the college graduating students in Beijing. *Population and Economy*, 1, 41–47. (in Chinese)

[孟续铎(2006):《2006 年北京地区大学应届毕业生职业价值观调查研究》,《人口与经济》2006 年第 1 期,第 41—47 页。]

Miike, Y. (2009). 'Cherishing the old to know the new': A bibliography of Asian communication studies. *China Media Research*, 5(1), 95–103.

Miike, Y. & Chen, G. M.. (2006). Perspectives on Asian cultures and communication: An updated bibliography. *China Media Research*, 2(1), 98–106.

Min, T. X., Deng, D. Y., Zhang, L., & Wang, X. M. (2008). Hofstede's influence and applications in China. In S. J. Kulich (ed.), *Intercultural values and core culture studies: A student sourcebook: Volume 2 (Chinese studies)* (pp.111–156). Shanghai, China: The SISU Intercultural Institute.

Montgomery, E. (2006). *Eire on the lake: Chinese urban micro-business owner-managers: Values and perspectives on international development ethics.* Unpublished doctoral dissertation, Fielding Graduate University, Santa Barbara, California.

Morris, C. W. (1956). *Varieties of human value.* Chicago, IL: University of Chicago Press.

Muenchmeier, R. (2007). Studying youth in Germany: The 13th Shell youth study. In Hegasy, S. & Kasdu, E. (eds), *Changing values among youth: Examples from the Arab World and Germany. ZMO-Studien 22* (pp.153–154). Berlin: Klaus Schwarz Verlag.

Myers, S. A. & Zhong, M. (2004). Perceived Chinese instructor use of affinity-seeking strategies and Chinese college student motivation. *Journal of Intercultural Communication Research*, 33, 119–130.

Myers, S. A., Zhong, M., & Guan, S. (1998). Instructor immediacy in the Chinese college classroom. *Communication Studies*, 49, 240–254.

Myers, S. A., Zhong, M., & Mitchell, W. (1995). The use of interpersonal communication motives in conflict resolution among romantic partners. *Ohio Speech Journal* 33, 1–20.

Ning, W. W. (1996a). Values: new perspectives in psychology. *Journal of Southwest China Normal University.* 2, 70–76. (in Chinese)

[宁维卫(1996a):《价值观:心理学的新认知》,《西南大学学报(社会科学版)》1996 年第 2 期,第 70—76 页。]

Ning, W. W. (1996b). Study on urban Chinese youth's work values. *Journal of Chengdu University*, 4, 10–12. (in Chinese)

[宁维卫(1996b):《中国城市青年职业价值观研究》,《成都大学学报》1996 年第 4 期,第 10—12 页。]

Oyserman, D., Coon, H. M., & Kemmelmier, M. (2002). Rethinking individualism and collectivism: Evaluation of theoretical assumptions and meta-analysis. *Psychological Bulletin*, 128, 3–72.

Ouyang, X. M. (2002). A review and comment on the studies about the Chinese social behavior orientation, *Journal of Jiujiang Teacher's College (Philosophy and Social Science Edition)*, 2, 48–51. (in Chinese)

[欧阳晓明(2002):《中国人的社会行为取向研究的回顾与评析》,《九江师专学报》2002 年第 2 期,第 48—51 页。]

Parsons, T. & Shlis, E. (eds) (1951). *Toward a general theory of action* Cambridge, MA: Harvard University Press.

Parsons, T., Bales, R. F., & Shils, E. (1953). *Working papers in the theory of action*. Glencoe, IL: Free Press.

Peng, S. Q. (2001). Guanxi-management and legal approaches to establish and enhance interpersonal trust, *Journal of Psychology in Chinese Societies*, 2, 51-76.

Powers, J. (2000). *Bibliography on Chinese communication theory and research*. Retrieved on March 12, 2009, from http://www.hklfu.edu.hk/~jpowers/ references.htm.

Pyszczynski, T., Greenberg, J., & Goldenberg, J.L. (2003). Freedom versus fear: On the defence, growth, and expansion of the self. In M.R.Leary & J.P.Tangney (eds), *Handbook of self and identity* (pp.314-343). New York: Guilford Press.

Roccas, S., Sagiv, L., Schwartz, S.H., & Knafo, A. (2002). The big five personality factors and personal values. *Personality and Social Psychology Bulletin*, 28, 789-801.

Rohan, M. f. (2000). A rose by any name? The values construct. *Personality and Social Psychology Review*, 4, 255-277.

Rozin, P. (2003). Five potential principles for understanding cultural differences in relation to individual differences. *Journal of Research in Personality*, 37, 273-283.

Rokeach, M. (1968). *Beliefs, attitudes and values*. San Francisco, CA: fossey-. Bass.

Rokeach, M. (1973). The nature of human values. New York: free Press.

Rokeach, M., Smith, P.W., & Evans, R.L (1960). Two kinds of prejudice or one? In M.Rokeach (ed.), *The open and closed mind* (pp.132-168). New York: Basic. Books.

Rokeach, M. & Rothman, G. (1965). The principle of belief congruence and the congruity principle as models of cognitive interaction. *Psychological Review*, 72, 128-142.

Rokeach, M. & Mezei, L. (1966). Race and shared belief as factors in social choice, *Science*, LSI, 167-172.

Ros, M., Schwartz, S.H., & Surkis, S. (1999). Basic individual values, work values, and the meaning of work. *Applied Psychology: An International Review*, 48, 49-71.

Russell, B.A.W. (1922). *Tl1eproblem of China*. London: George Allen & Unwin.

Sagiv, L. & Schwartz, S.H. (2000). Value priorities and subjective well-being: Direct relations and congruity effects. *European Journal of Social Psychology*, 30, 177-198.

Sandel, T.L. (2002). Kinship address: Socializing young children in Taiwan. *Western Journal of Communication*, 66, 257-280.

Sandel, T. L. (2004). Narrated relationships: Mothers-in-law and daughters-in-law justifying conflicts in Taiwan's Chhan-chng. *Research on Language and Social Interaction*, 37, 36S-398.

Sandel, T., L., Cho, G..E., Miller. P.J., & Wang, S.H. (2006). What it means to be a grandmother: A cross-cultural study of Taiwanese and Euro-American grandmothers' beliefs. *Journal of Family Communcit1tion*, 6, 255-278.

Sandel, T.L., Liang, C.H., & Chao, W.Y. (2006). Language shift and language accommodation across family generations in Taiwan. *Journal of Multilingual and Multicultural Development* 27, 126-147.

Schramm, W. (ed.) (1953). *The process and effects of mass communication.* Urbana, IL: University of Illinois Press.

Schramm, W. (1964). *Mass media and national development.* Stanford, CA: Stanford University Press.

Schwartz, S.H. (1992). Universals in the content and structure of values: Theoreticaladvances and empirical tests in 20 countries. *Advances in experimental social psychology*, Vol.25, (pp.1-65). New York: Academic Press.

Schwartz, S.H. (1994a). Are there universals in the content and structure of values? *Journal of Social Issues*, 50, 19-45.

Schwartz, S. H. (1994b). Beyond individualism/collectivism: New cultural dimensions of values. In U. Kim, H. C. Triandis, C; Kagitcibasi. S.-C. Choi, & G. Yoon (eels), *Individualism and collulivism: Theory, method, and applications* (pp.88-119). Thousand Oaks, CA Sage.

Schwartz, S.H. (1996). Value priorities and behavior: Applying a theory of integrated value system. In C. Seligman, J, M. Olson, & M. P. Zanna (eds), *The psychology of values: The Ontario symposium*, Vol 8 (pp. 1-24). Hillsdale, NJ: Erlbaum.

Schwartz, S.H. (1999). A theory of culture values and some implications for work. *Applied Psychology: An International Review*, 48, 23-47.

Schwartz, S.H. (2005a). Basic human values: Their content and structure across cultures. In A.Tamayo & J, K Porto (eds), *Valores e comporramento nas organizationes* [*Values and behavior in orgnnizations*] (pp. 21-55). Petropolis, Brazil: Vozes. (in Portuguese)

Schwartz, S.H. (2005b). Robustness and fruitfulness of a theory of universals in individual human values. In A.Tamayo & f.B.Porto(eds), *Valores e comportamento nas organizationes* [*Values and behavior in organizations*] (pp.56-95). Petropolis, Brazil: Vozes. (in Portuguese)

Schwartz, S.H. (2006a). A theory of cultural value orientations: Explication and applications. *Comparative Sociology*, 5, 137-182.

Schwartz, S.H. (2006b). Value orientations: Measurement, antecedents and consequences across nations. In R.Jowell, C.Roberts, R. Fitzgerald, & G. Eva (eds), *Measuring attitudes cross-nationally-Lessons from the European Soda/ Survey.* London: Sage.

Schwartz, S. H. (2008). *Cultural value orientations: Nature and implications of national differences.* Moscow: Moscow State University Higher School of Economics Press.

Schwartz, S.H. & Barcli, A. (2001). Values hierarchies across cultures: Taking a similarities perspective. *Journal of Cross-Cultural Psychology*, 32, 268-290.

Schwartz, S.H. & Bilsky, W. (1987). Toward a universal psychological structure of human values. *Journal of Personality and Social Psychology*, 53, 550-562.

Schwartz, S.H. & Sagie, G. (2000). Value consensus and importance: A cross-national study. *Journal of Cross-Cultural Psychology*, 31, 465-497.

Schwartz, S.H. & Sagiv, L. (1995). Identifying culture specifics in the content and structure of values. *Journal of Cross-Cultural Psychology*, 26, 92-116.

Schwartz, S.H., Melech, G., Lehmann, A., Burgess, S., & Harris, M. (2001). Extending the cross-cultural validity of the theory of basic human values with a different method of measurement. *Journal of Cross-Cultural*

Psychology,32,519-542.

Seligman,C. & Katz,A.N.(1996).The dynamics of value systems.In C.Seligman,J.M.Olson, & M.P. Zanna(eds),*The Ontario symposium:The psychology of values*(Vol 8,pp.53-75).Mahwah,NT:Lawrence Erlbaum Associates,Inc.

Seligman,C.,Olson,J.M., & Zanna,M.P.(eds)(1996).*The Ontario symposium:The psychology of values*(Vol.B).Mahwah,NJ:Lawrence Erlbaum Associates,Inc.

Sha,L.X.(ed.)(1992).*National character of China.Beijing:Renmnin University Press.*(Overseas edition 2000,Hong Kong:Joint Publishing House)

［沙连香(1992):《中国民族性》,北京:中国人民大学出版社。］

Sha,L.X.(ed.)(2000).*One hundred years of the Chinese:Person and personality.*Beijing:Xinhua Press. (Overseas edition 2003. Hong Kong:Joint Publishing Bouse)

Shen,J.J.(2005).*On the psychological meaning of values and its nature.* Journal of Xinyu College,1, 99-102.(in Chinese)

［沈建建(2005):《论价值观的心理学涵义及其本质》,《新余高专学报》2005年第1期,第99—102页。］

Shen,J.(2007).*Ranges of traditionality and modernity:A study on Chinese values of Shanghai college students in the global context.* Unpublished master's thesis,Shangbai International Studies University, Shanghai,China.

Shi,C.H.(1997).Research on university students′value orientation and psychological health.*China Psychology Health*,5,291.(in Chinese)

Shi,X.(2005).*A cultural approach to discourse.*Houndsmills,UK:Palgrave Press-Macmillan.

Shteynberg,G.,Gelfand,M.J., & Kim,K.(2009).Peering into the'magnum mysterium'of culture:The explanatory power of descriptive norms.*Journal of Cross-Cultural Psychology.*40,46-69.

Smith,A.H.(1984).*Chinese characteristics.*New York:Revell.(Original work published 1890,Shanghai: North China Herald)

Smith,M.B.(1969).*Social psychology and human values:Selected essays.*Chicago,IL:Aldine.

Smith,P.B.(2002).Levels of analysis in cross-cultural psychology.In W.J.Lonner,D.L.Dinenl,S.A. Hayes, & D.N.Sattler(eds),*Online readings in psychology and culture*(Unit 2,Chapter 7)(http://www. wwu.edu/-culture),Center for Cross-Cultural Research,Western Washington University,Bellingham,Washington USA.

Smith,P.B.,Bond,M.H., & Kagitcibasi C.(2006).*Understanding social psychology across cultures: Living and working in a changing world.*London:Sage.

Spates,J.L.(1983).*The sociology of values..Annual Review of Sociology*,9,27-49.

Spence,J.D.(1998).*The Chan's great continent:China in western minds.*New York:W.W.Norton.

Starosta,W.(2008).Thoughts on qi.*China Media Research*,4(3),107-109.

Stewart,S.(1995).The ethics of values and the value of ethics:Should we be studying business values in Hong Kong? In Stewart,S. & Donleavy,G.(eds),*Whose business values? Some Asian and cross-cultural perspective*(pp.1-18).Hong Kong:Hong Kong University Press.

Super,D.E.(1949).*Appraising vocational fitness.*New York:Harper.

Super,D.E.(1957).*The psychology of careers:An introduction to vocational development.*New York: Harper & Row.

Super,D.E.(1970).*Manual for the work values inventory.*.Boston,MA:Houghton Mifflin.

Tang,P. & Chen,Z.L.(2007).A statistical study on Chinese undergraduates'values of individualism/collectivism.*Journal of Sichuan College of Education*,5,11-15.(in Chinese)

[汤平、陈正伦(2007):《本科生个人主义·集体主义价值观调查研究》,《四川教育学院学报》2007 年第 5 期,第 11—15 页。]

Toonies,F.(1957).*Community and association*(C.P.Loomis,Trans.).New York:Harper Torchbooks(Original work published 1887).

Tu,W.M.(ed.).(1995).*The living tree:The changing meaning of being Chinese today.*Palo Alto,CA: Stanford University Press.

Tu,W.M.(2000).Multiple modernities:A preliminary inquiry into the implications of East Asian modernity.In L E.Harrison & S.P.Huntington(eds),*Culture matters:How values shape human process*(pp.256- 267).New York:Basic Books.

Tu,W.M. & Huang,W.S.(2005),The modern meaning of traditional Chinese values:A dialogue between Du Weiming and Huang Wansheng(excerpt).*Seeking Truth.*32(4),28-34.(in Chinese)

[杜维明、黄万盛:《中国传统价值观的现代意义——杜维明、黄万盛对话录(节选)》,《求是学刊》2005 年第 4 期,第 28—34 页。]

Vansteenkiste,M.,Duriez,B.,Simons,J., & Soenens,B.(2006).Materialistic values and well-being among business students:Further evidence of their detrimental effect.*Journal of Applied Social Psychology*,36, 2892-2908.

Wan,C.Chiu,C.-Y.,Tam,K.-P.,Lee,S.-L,Lau,l.Y.-M., & Peng,S.(2007).Perceived cultural importance and actual self-importance of values in cultural identification.*Journal of Personaliry and Social Psychology*,92,337-354.

Wan,M.G.(1994).Values and intercultural studies.*Social Sciences Abroad*,7,7-10.

Wang,C.H.(2005).Introduction:Minds of the nineties.In C.H.Wang(ed.),*One China,many paths*(pp. 9-16).London:Verso.

Wang,C.K.(2005).Chinese values research.In K.S.Yang,K.K.Hwang, & C.F.Yang(eds),*Chinese indigenous psychology*(pp.633-664).Hong Kong:Yuan Liou.(in Chinese)

[王丛桂(2005):《华人价值观研究》,见杨国枢、黄光国、杨中芳:《华人本土心理学》,台北:远流图书公司。]

Wang,K.,Yan,Q., & Yu,W.(2008).*Literature review of traditional Chinese values.*Unpublished manuscript,SISU Intercultural Institute,Shanghai International Studies University.

Wang,P. & Zhang,K.Y.(2006).An experimental study of college students'knowledge values.*Psychological Exploration*,99,58-64.(in Chinese)

[王萍、张宽裕(2006):《大学生知识价值观的实证研究》,《心理学探新》2006 年第 99 期,第 58—64 页。]

Wang,X.M.,Chen,J., & Zhang,L(2008).*Internet-related value studies in China:Zooming in on the impact of the internet on the value orientation of college students.*Unpublished manuscript,SISU Intercultural Institute, Shanghai International Studies University.

Wang, M. (2004). *An ethnographic study of friendship in China: Do old values still hold true?* Paper presented at National Communication association annual convention, Chicago, IL, November.

Wang, S.H.-Y. & Chang, H.-C. (1999). Chinese professionals'perceptions of interpersonal communication in corporate America: A multidimensional scaling analysis. *Howard Journal of Communication*, 10, 297–315.

Wei, Y. (2006). Definitions, features and structural character of value judgment*Chinese Journal of Clinical Rehabilitation*, 18, 161–163. (in Chinese)

［魏源(2006):《价值观的概念、特点及其结构特征》,《中国临床康复》2006 年第 18 期,第 161—163 页。］

Wen, Q.Y. (1989). *Chinese People's Values.* Taiwan, Taipei: Dongda Publishing Co.

Weng, L.P. (2008). Revisiting Chinese values through self-generated proverbs and sayings. *Intercultural Communication Studies*, 17, 107–121.

Weng, L.P. & Kulich, S.J. (2009). Toward developing a master list of value-laden Chinese proverbs and sayings. *China Media Research*, 5(1), 68–80.

Wu, L.H. (2003). On individualism and collectivism in cross-cultural psychology. *Journal of Human First Teacher's College*, 1, 73–75. (in Chinese)

［吴兰花(2003):《跨文化心理学中个人主义和集体主义研究概述》,《湖南第一师范学报》2003 年第 1 期,第 73—75 页。］

Wu. Y. (2005). The research toward modal(social stratification of Chinese consumers) of China-Vals. *Nankai Business Review*, 8, 9–15. (in Chinese)

［吴垠(2005):《关于中国消费者分群范式(China-Vals)的研究》,《南开管理评论》2005 年第 8 期,第 9—15 页。］

Xia, Y. (2006). Cultural values, communication styles, and the use of mobile communication in China. *China Media Research*, 2(2), 64-7-3.

Xiao, Q.Z. (2002). *Filial piety in Chinese culture.* Taipei, Taiwan: Wunan Book Inc. (in Chinese)

Xiao, S.Y. & Yang, D.S. (2002). Chinese traditional value and its measurement: Theoretical assumptions. *Chinese Journal of Behavioral Medical Science*, 11, 347–349.

［肖水源、杨德森(2002):《中国传统价值观及其测量:理论构想》,《中国行为医学科学》2002 年第 11 期,第 347—349 页。］

Xiao, X. (1996). From the hierarchical ren to egalitarianism: A case study of cross-cultural rhetorical mediation. *Quarterly Journal of Speech*, 82, 38–54.

Xiao, X. (2002). Li: A dynamic cultural mechanism of social interaction and conflict management. In G. M. Chen & R. Ma(eds), *Chinese conflict management and resolution*(pp.39–49). Westport, CT: Ablex.

Xiao, X. (2003). Zhong(centrality): an everlasting subject of Chinese discourse. *Intercultural Communication Studies*, 12, 127–149.

Xie, H.L. (1987). Chinese university student'sevaluation of ways to live. *Beijing Normal University Journal* (*Social Science Edition*), 2, 89–96. (in Chinese)

Xin, Z.Y. & Jin, S.H. (2005). College students'value orientation and values education in the new era. *Educational Research*, 10, 22–27. (in Chinese)

[辛志勇、金盛华(2005):《新时期大学生价值取向与价值观教育》,《教育研究》2005 年第 10 期,第 22—27 页。]

Xin,Z.Y. & Jin,S.H.(2006).College students'concept and structure of values.*Journal of Higher Education*,27,85-92.(in Chinese)

[辛志勇、金盛华(2006):《大学生的价值观概念与价值观结构》,《高等教育研究》2006 年第 27 期,第 85—92 页。]

Xu,X.X.(2005).Society,market and values:Signs of the whole change-Second research on changes in Chinese social structure as seen from occupational prestige and job preferences.*Sociological Research*,23,82-119(In Chinese).

[许欣欣(2005):《社会、市场、价值观:整体变迁的征兆——从职业评价与择业取向看中国社会结构变迁再研究》,《社会学研究》2005 年第 23 期,第 82—119 页。]

Xu,Y. & Wang,L.S.(2001).Comparative study on values of college students in Beijing and Hong Kong.*Psychological Exploration*,21,40-45.(in Chinese).

[许燕、王砾瑟(2001):《北京和香港大学生价值观的比较研究》,《心理学探新》2001 年第 21 期,第 40—45 页。]

Xu,Y.,Liu,J.,Jiang,J.,Wang,F.,Zheng,Y.Z., & Fu,T.(2004).Influences of SARS outbreak on Values of college students.*Psychological Exploration*,24,35-39.(in Chinese)

[许燕、刘嘉、蒋奖、王芳、郑跃忠、付涛(2004):《SARS 突发病害与大学生价值观的变化历程》,《心理学探新》2004 年第 3 期,第 35—39 页。]

Xu,B. & Yang,Y.Y.(1999).*A glance at life values of college students.*Retrieved March 6,2008,from http://www.sociology.cass.cn/shxw/shxlx/p02004 04 I 3583455783534. pdf.(in Chinese)

Xu,Z. & Ding,Y.H.(2006).The comparative analysis of aesthetic value and leisu.revalue of Chinese primary and middle school teachers.*Modern Primary and Middle School Education*,9,7-10.(in Chinese)

Xu,Z. & Zhou,M.M.(2006).The comparative analysis of aesthetic value and leisure value of Chinese university teachers.*Journal of Changchun University of Technology*,27,36-3-9.(in Chinese)

[徐祯、周鸣鸣(2006):《中国高校师生审美价值观与闲暇价值观比较分析》,《长春工业大学学报(高教研究版)》2006 年第 1 期,第 36—38、47 页。]

Yan,J.W.,Luo,W.,Jin,Y.B., & Xu,Y.(2004).The transformation of family values and its effects on population and society based on a survey conducted in Ningbo.*Journal of Ningbo Institute of Education*,1,60-63.(in Chinese)

[严建变、罗维、金一波(2004):《家庭观念的变革及其人口、社会效应——以宁波为例的实证分析》,《宁波教育学院学报》2004 年第 1 期,第 60—63 页。]

Yang,C.F.(1999).The conceptualization of interpersonal relationship and sentiment.*Indigenous Psychological Research in Chinese Societies*,11,105-179.(in Chinese)

[杨中芳(1999):《人际关系与人际情感的构念化》,《华人本土心理学研究》1999 年第 11 期,第 105—179 页。]

Yang,C.F.(2006).The Chinese conception of the self:Toward a person-making perspective.In U.Kim, K.S.Yang, & K.K.Hwang(eds), *Indigenous and cultural psychology:Understanding people in context*(pp. 327-356).New York:Springer Science+Business Media,LLC.

Yang,C.F. & Peng,S.Q. (2005). Renqing and guanxi in interpersonal interaction. In K.S. Yang, K.K. Hwang, & C.F. Yang(eds), *Chinese indigenous psychology*(pp.483-519). Hong Kong: Yuan Liou. (in Chinese)

[杨中芳、彭泗清(2005):《人际交往中的人情与关系》,见杨国枢、黄光国、杨中芳:《华人本土心理学》,台北:远流图书公司。]

Yang,K.S. (1972). Expressed values of Chinese college students. in Y. Y. Li & K. S. Yang (eds), *Symposium on the character of the Chinese: An interdisciplinary approach*(pp. 257-312). Taipei, Taiwan: Institute of Ethnology, Academia Sinica. (in Chinese)

[杨国枢(1972):《中国大学生的人生观》,见李亦园、杨国枢主编:《中国人的性格——多科间的合作》,台湾:"中央研究院"民族学研究所。]

Yang,K.S. (1982). The Sinicization of psychological research in Chinese society: Directions and issues. In K.S.Yang & C.I.Wen(eds), *The Sinicization of social and behavioral science research in Chinese societies*(pp. 153-187). Taipei, Taiwan: Institute of Ethnology, Academia Sinica. (in Chinese)

Yang,K.S. (1986). Chinese personality and its change. In M-H. Bond(ed.), *The psychology of the Chinese people*(pp.106-170). Hong Kong: Oxford University Press.

Yang,K.S. (1988a). Chinese filial piety: A conceptual analysis. In K S. Yang(ed), *The metamorphosis of the Chinese people*(pp.31-M). Taipei, Taiwan. Laureate Publishing Co.

Yang,K.S. (1988b). The concept of Chinese filial piety. In K. S. Yang(ed.), *Chinese Psychology*(pp. 39-73). Taipei, Taiwan: Laurel Publishing Inc. (in Chinese)

[杨国枢(1988b):《中国人孝道的概念分析》,见杨国枢:《中国人的心理》,台北:桂冠出版社。]

Yang,K.S. (1988c). Will societal modernization eventually eliminate cross-cultural psychological differences? In M.H.Bond(ed), *The cross-cultural challenge to social psychology*(pp.67-85). Beverly Hills, CA: Sage.

Yang,K.S. (ed.) (1994). *The values of Chinese people: Social science perspectives.* Taipei, Taiwan: Laurel Publishing Co. (in Chinese)

[杨国枢(1994):《中国人的价值观:社会科学观点》,台北:桂冠图书公司。]

Yang,K.S. (1996). Psychological transformation of the Chinese people as a result of societal modernization. In M.H.Bond(ed.). *The handbook of Chinese psychology*(pp.479-498). Hong Kong: Oxford University Press.

Yang,K.S. (1998). Chinese responses to modernization: A psychological analysis. *Asian journal of Social Psychology*, 1, 75-97.

Yang,K.S. (2000). Monocultural and cross-cultural indigenous approaches: The royal road to the development of a balanced global human psychology. *Asian journal of Social Psychology*, 3, 241-264.

Yang,K.S. (2003). Methodological and theoretical issues on psychological traditionality and modernity research in an Asian society: In response to Kwang-Kuo Hwang and beyond. *Asian journal of Social Psychology*, 6, 263-285.

Yang,K.S. (2004). The psychology and behavior of the Chinese people: Indigenous research. Beijing, China: Chinese People's University Press. (in Chinese)

[杨国枢(2004):《中国人的心理与行为:本土化研究》,北京:中国人民大学出版社。]

Yang, K.S. (2005). Yuan in interpersonal relationships. In K.S. Yang, K.K. Hwang, & C.F. Yang (eds), *Chinese indigenous psychology* (pp.567-597). Hong Kong:Yuan lion. (in Chinese)

[杨国枢(2005):《人际关系中的缘观》,见杨国枢、黄光国、杨中芳:《华人本土心理学》,台北:远流图书公司。]

Yang, K.S. (2006). Indigenous personality research:The Chinese case. In U. Kim, K.S. Yang, & K.K. Hwang(eds), *Indigenous and cultural psychology:Understanding people in context* (pp.285-314). New York: Springer Science+Business Media, LLC.

Yang, K.S. & Ho, D.Y.F. (1988). The role of yuan in Chinese social life:A conceptual and empirical analysis. In A.C. Parangpe, D.Y.F. Ho, & R W. Rieber(eds), *Asian contributions to psychology* (pp.263-281). New York:Praeger.

Yang, K S. & Lu, L. (2005). Social-and individual-oriented self-actualizers:Conceptual analysis and empirical assessment of their psychological characteristics. *Indigenous Psychological Research in Chinese Societies*, 23, 71-143. (in Chinese)

[杨国枢、陆洛(2005):《社会取向和个人取向自我实现者的心理特征:概念分析与实证研究》,《本土心理学研究》2005 年第 23 期,第 71—143 页。]

Yang, K.S. & Ye, M.H. (2005). Familism and pan-familism. In K.S. Yang, K.K. Hwang, & C.F. Yang (eds), *Chinese indigenous psychology* (pp.249-292). Hong Kong:Yuan Liou. (in Chinese)

[杨国枢、叶明华(2005):《家族主义与泛家族主义》,见杨国枢、黄光国、杨中芳:《华人本土心理学》,台北:远流图书公司。]

Yang, S.G. (2004). From moral relativism to core values:Psychological considerations about the reorientation.of school moral education. *Educational Research*, 1, 32-37. (in Chinese)

[杨韶刚(2004):《从道德相对主义到核心价值观——学校道德教育转向的心理学思考》,《教育研究》2004 年第 1 期,第 32—37 页。]

Yang, Y.Y. (1998a). Values in social psychology. *Social Sciences in China*, 2, 82-93. (in Chinese)

[杨宜音(1998a):《社会心理领域的价值观研究述要》,《中国社会科学》1998 年第 2 期,第 82—93 页。]

Yang, Y.Y. (1998b). Self and other conceptions:A culture value orientation perspective. *Social Sciences Abroad*, 6, 24-28. (in Chinese)

[杨宜音 1998b):《自我及其边界:文化价值取向角度的研究进展》,《国外社会科学》1998 年第 6 期,第 24—28 页。]

Yang, Y.Y. (2001). Social change and psychological change:A review of Kuo-Shu Yang's research on Chinese individual modernity. *Journal of Social Psychology*, 3, 36-49. (in Chinese)

Yao, B.X. & He., Y.Q. (2007). On the present situation, problems and tendency in the study of university students' outlook on life. *Journal Liaoning Normal University*, 1, 56-60. (in Chinese)

[姚本先、何元庆(2007):《国内外大学生人生观研究的现状、问题及趋向》,《辽宁师范大学学报(社会科学版)》2007 年第 1 期,第 56—60 页。]

Yao, G.J. & Huang, X.T. (2006). The nature of cross-cultural psychology. *Journal of Western China Normal University*, 1, 104-108. (in Chinese)

[尧国靖、黄希庭(2006):《跨文化心理学的性质》,《西华师范大学学报(哲学社会科学版)》2006

年第 1 期,第 104—108 页。]

Yao,T.I.(2008).The dialectic relations among Li(noumenon),Chi(energy)and Shih(position)in organizational communication.*China Media Research*,4(3),101–106.

Ye,S.Q.(2006).Contemporary adolescent value shifts:Characteristics and influential factors.*Youth Studies*,2006,12,1–9.(in Chinese)

[叶松庆(2006):《当代未成年人价值观的演变特点与影响因素——对安徽省 2426 名未成年人的调查分析》,《青年研究》2006 年第 12 期,第 1—9 页。]

Ye,S.Q.(2007a).Values of female middle school students:Status quo and characteristics.*Journal of Guangxi Youth Leaders College*,1,11–14.(in Chinese)

[叶松庆(2007a):《当代女中学生的价值观现状与特点——安徽省 8 城市 1012 名女中学生的调查与分析》,《广西青年干部学院学报》2007 年第 1 期,第 11—14 页。]

Ye,S.Q.(2007b).Adolescents´outlook on morality in today:Investigation and possible countermeasures.*Journal of Shandong Youth Administrative Cadres College*,3,20–25.(in Chinese)

[叶松庆(2007b):《当代未成年人的道德观问题调查与对策分析》,《山东青年政治学院学报》2007 年第 3 期,第 20—25 页。]

Yeh,K.H.(2003).The beneficial and harmful effects of filial piety:An integrative analysis.In K.S.Yang,K.K.Hwang,P.B.Pedersen, & I.Daibo(eds),*Progress in Asian social psychology:Conceptual and empirical contributions*(pp.67–82).Westport,CT:Praeger Publishers.

Yeb,K.H. & Bedford,O.(2003).A test of the dual filial piety model.*Asian Journal of Social Psychology*,6,215–228.

Yeh,K.H. & Bedford,O.(2004).Filial belief and parent-child conflict.*International journal of Psychology*,29,132–144.

Yu,A.B.(1996).Ultimate life concerns,self,and Chinese achievement motivation.In M.H.Bond(eel),*The handbook of Chinese psychology*(pp.227–246).Hong Kong:Oxford University Press.

Yu,A.B.(2005).Achievement motivation and the concept of achievement:A Chinese cultural psychological investigation.In K.S.Yang,K.K.Hwang, & C.F.Yang(eds),*Chinese indigenous psychology*(pp.663–711).Hong Kong:Yuan.Liou.(in Chinese)

[余安邦(2005):《成就动机与成就观念:华人文化心理的探索》,见杨国枢、黄光国、杨中芳:《华人本土心理学》,台北:远流图书公司。]

Yu,X.(1997–8).The Chinese native perspective on Mao-dun(conflict)and Mao-dun(resolution)strategies:A qualitative investigation.*Intercultural Communication Studies*,7,63–82.

Yu.X.(2000).Examining the impact of cultural values and cultural assumptions on motivational factors in the Chinese organizational context:A cross-cultural perspective.In D.R.Heisey(ed.),*Chinese perspectives in rhetoric and communication*(pp.119–138).Stamford,CT:Ablex.

Yu,X.(2002).Conflict resolution strategies in state-owned enterprises in China.In G.M.Chen & R.Ma(eds),*Chinese conflict management and resolution*(pp.183–201).Westport,CT:Ablex.

Yu,Z.H.,Teng,H.C.,Dai,H.Q., & Hu,Z.J.(2004).A study on the vocational values of Chinese postgraduate students.*Chinese Journal of Applied Psychology*.10(3),37–40.(in Chinese)

[俞宗火、滕洪昌、戴海崎、胡竹菁(2004):《当代硕士研究生职业价值观研究》,《应用心理学》

2004 年第 3 期,第 37—40 页。]

Yuan, A. & Qian, P. (2008). *Current values studies from the perspective of 'filial piety' in Mainland China.* Unpublished manuscript SISU Intercultural Institute, Shanghai International Studies University.

Zeng, Y. D. (2004). On the impact of values conflict on psychological health. *Journal of Western Chongqing University*, 4, 91-92. (in Chinese)

[曾屹丹(2004):《价值观冲突对心理健康的影响》,《渝西学院学报(社会科学版)》2004 年第 4 期,第 91—92 页。]

Zhai, X. W. (1999). The value orientations of Chinese: Types, shifts and other issues. *Journal of Nanjing University(Philosophy, Humanities and Social Sciences)*, 4, 118-126. (in Chinese)

[翟学伟(1999):《中国人的价值取向:类型、转型及其问题》,《南京大学学报》1999 年第 4 期,第 118-126 页。]

Zhai, X. W. (2005). *Renqing, mianzi, and the reproduction of power.* Beijing, China: Beijing University Press. (in Chinese)

[翟学伟(2005):《人情面子与权力的再生产》,北京:北京大学出版社。]

Zhai, X. W. & Qu, Y. (2001). The Chinese values: consistency and conflict between tradition and modernity. *Jiangsu Sociological Study*, 4, 136-142. (in Chinese)

[翟学伟、屈勇(2001):《中国人的价值观:传统与现代的一致与冲突》,《江苏社会科学》2001 年第 4 期,第 136—142 页。]

Zhang, P. Y. & Lv, C. Z. (2004). Psychological thoughts about value education. *Truth Seeking*, 2, 82-85. (in Chinese)

[张佩云、吕彩忠(2004):《关于价值观教育的心理学思考》,《求实》2004 年第 2 期,第 82—85 页。]

Zhang, J. F. (1998). An investigation of characteristics of life values of college Students in China. *Psychological Development and Education*, 2, 26-31. (in Chinese)

[张进辅(1998):《我国大学生人生价值观特点的调查研究》,《心理发展与教育》1998 年第 2 期,第 26—31 页。]

Zhang, J. F. & Zhang, Z. Y. (2001). A study on the traditional life values in Chinese college students. *Journal of Southwest China Normal University(Philosophy & Social Sciences Edition)*, 27, 44-49. (in Chinese)

[张进辅、张昭苑(2001):《中国大学生传统人生价值观的调查研究》,《西南师范大学学报(人文社会科学版)》2001 年第 27 期,第 44—49 页。]

Zhang, J. F. & Zhao, Y. P. (2006). A study on the difference of values between middle school students and their parents in Chongqing. *Psychological Science*, 29, 1222-1225. (in Chinese)

[张进辅、赵永萍(2006):《重庆市中学生与其父母价值观的差异研究》,《心理科学》2006 年第 29 期,第 1222—1225 页。]

Zhang, R. (2006). *Multiple modernities: A comparative study on styles of managing interpersonal conflicts between American and Chinese university students.* Unpublished master's thesis, Shanghai International Studies University, Shanghai, People's Republic of China.

Zhang, S. T. & Kulich, S. T. (2008). Analyzing Chinese identity today: New insights into identity rankings of young adults in urban China. In D. Y. F. Wu (ed.) , *Discourses of cultural China in the globalizing age* (pp. 205-232). Hong Kong : Hong Kong University Press.

Zhang, X. , Zheng, X. , & Wang, L. (2003). Comparative research on individual modernity of adolescents between town and countryside in China. *Asian journal of Social Psychology* , 6 , 61-73.

Zhang, X. F. & You M. H. (2000). Exploring the college students' view of happiness. *Journal of Chongqing Post College (Social Science)* , 1 , 54-59. (in Chinese)

　　［张新福、游敏惠（2000）:《青年大学生幸福观特点探析》,《重庆邮电学院学报（社会科学版）》2000 年第 1 期,第 54—59 页。］

Zhang, Z. X. (2006). Chinese conceptions of justice and reward allocation. In U. Kim, K. S. Yang, & K. K. Hwang(eds) , *Indigenous and cultural psychology : Understanding people in context* (pp.403-420). New York : Springer Science+Business Media, LLC.

Zhang, Z. X. & Yang, C. F. (1998). Beyond distributive justice : The reasonableness norm in Chinese reward allocation, *Asian Journal of Social Psychology* , 1 , 253-269.

Zhao, J. , Rong, M Ye, R. G. , & Li, X. (2007). Idealization existing with popularizaction, inheritance existing with transformation : A survey on the contemporary adolescent values in Anhui Province. *Journal of Shanxi College for Youth Administrators* , 2 , 26-29. (in Chinese)

　　［叶荣国、荣梅、赵婧、李霞（2007）:《理想化与世俗化并存,继承性与流变性共生——安徽省未成年人价值观现状的调查研究》,《山西青年管理干部学院学报》2007 年第 2 期,第 26—29 页。］

Zhao, Y. F. & Bi, Z. Z. (2004). On psychological study of education values. *Journal of Southwest China Normal University* , 2 , 44-47. (in Chinese)

　　［赵玉芳、毕重增（2004）:《教育价值观的心理学思考》,《西南师范大学学报（人文社会科学版）》2004 年第 2 期,第 44—47 页。］

Zheng, J. & Yan, L. (2005). A summary of work values study. *Human Resource Development of China* , 11 , 11-16. (in Chinese)

　　［郑洁、阎力（2005）:《职业价值观研究综述》,《中国人力资源开发》2005 年第 11 期,第 11—16 页。］

Zhong, M. (2005). The only-child declaration : A content analysis of published stories by China's only-children. *Intercultural Communication Studies* , 14 , 9-27.

Zhong, M. , Myers, S. , & Buerkel, R. (2004). Communication and intergenerational differences between Chinese fathers and sons. *Journal of Intercultural Communication Research* , 33 , 15-27.

Zhou, C. X. & Peng, G. M. (2003). The analysis of the media impacts on consumption values of contemporary undergraduates. *Statistics & Decision* 6 , 62-64. (in Chinese)

　　［周春霞、彭光芒（2003）:《大学生消费观的大众传媒影响因素分析》,《统计与决策》2003 年第 6 期,第 62—64 页。］

Zhou, H. , Zeng, X. Y. , & Zhao, H. P. (2005). Research comparatively on the economic value of the western and the eastern college students in contemporary China. *Journal of Hebei Institute of Architectural Science and Technology (Social Science Edition)* , 12 , 127-129. (in Chinese)

　　［周虹、曾宪玉、赵华朋（2005）:《当代中国东西部大学生经济价值观比较研究》,《河北建筑科技学院学报（社科版）》2005 年第 12 期,第 127—129 页。］

Zhou, Z.R. (2008). *The relationship between parenting and individual depression-Social withdrawal as a mediator.* Unpublished master's thesis, Shanghai International Studies University, Shanghai, People's Republic of China.

Zhu, L.Y. (1995) Sociological Analysis on values of present day high educated women: Research and analysis of a sample of high educated women. *Journal of Huazhong University of Science and Technology (Edition of Social Sciences)*, 1, 107–110. (in Chinese)

[朱玲怡、田凯(1995):《当代高知女性价值观的社会学分析——对部分高知女性的调查与思考》,《华中科技大学学报(社会科学版)》1995 年第 1 期,第 107—110 页。]

Zhu, Q.S. & Chen, W.Z. (2006). A survey of the concept of value among Chinese employees and managers in the economic transformation. *Journal of Sichuan University (Social Science Edition)*. 142, 19–23. (in Chinese)

[朱青松、陈维政(2006):《转型期的中国员工、管理者价值观研究述要》,《四川大学学报(哲学社会科学版)》2006 年第 142 期,第 19—23 页。]

Zhu, X.Y. (1998). A comparison of the marriage and family values between Chinese and American women. *Collection of Women's Studies*, 2 32–35. (in Chinese)

[朱晓映(1998):《中美妇女婚姻与家庭观念比较》,《妇女研究论丛》1998 年第 2 期,第 32—35 页。]

第 17 章　关于中国人的自我，我们知道些什么

——以自尊、自我效能、自我增强来说明

Virginia S.Y.Kwan　许展明（Chin-Ming Hui）　James A.McGee

古老的希腊谚语"了解自己"（know thyself）提出了一个人类最基本的问题。生物学、心理学、哲学、人类学及神学等多种学科的研究者一直致力于更进一步理解自我的本质。自从自我首次出现在心理学领域，它就成为了西方心理学研究最多的主题。

然而，在东方，这一主题发展为一个传统研究的过程相对缓慢，比如，《中国心理学手册（第一版）》（Bond，1996）中没有以中国人自我为主题的章节。这并不令人吃惊，因为亚洲文化中自我研究相对缺乏。这种情况出现的原因很多：可能原因之一是亚洲（典型的集体主义）文化中的自我概念有所不同。这种概念的转变不仅影响到自我研究的主题，也影响了对自我相关心理学研究的相对重视。

因此，本章论述的焦点是"对中国人的自我，我们知道些什么？"。首先，为说明这一问题，我们循自下而上的途径回顾中国背景下与自我相关的研究文献；其次，我们利用文献中出现的次数来确定一下自我研究中反复出现的主题。自我过程相关研究主题有很多，在本章中我们能关注的只是一小部分。我们讨论三个被广泛研究的核心自我过程：自尊（self-esteem）、自我效能（self-efficacy）及自我增强（self-enhancement）。最后，我们确定一些新出现的主题，探讨自我研究的未来方向。我们的目标是促成对中国人自我过程和自我价值的持久研究兴趣和热情。

自　尊

自尊，我们感觉自己有多好，是在西方研究最多的心理学概念（见于 Baumeister，Campbel，Krueger，& Vohs，2003；Kwan & Mandisodza，2007）。因为许多中国心理学家是在西方接受的训练，自然而然地，自尊也是在中国文化中被研究得最多的自我过程。考虑到文献中自尊研究的普遍性及相关研究问题的广泛性，我们将通过对三个主要问题的说明来探讨自尊：1）中国人自尊高还是低？ 2）中国人培养自尊的条件是什么？ 3）自尊在中国文化中的重要性怎样？

为说明这三个问题，我们综述了可以找到的在 2007 年 8 月以前发表在同行评议杂

志上的相关文章。收入本综述的文章在 Psycho INFO 心理科学数据库中需要满足以下条件:以"self-esteem(自尊)"为关键词并含有下述关键词之一,"China(中国)"、"Chinese(中国人)"、"Hong Kong(中国香港)"、"Taiwan(中国台湾)"、"Taiwanese(中国台湾人)"、"Singapore(新加坡)"或"Singaporean(新加坡人)"。另外,我们主要关注关于非临床人群自尊的文章。所有 134 篇文章中有 15 篇无法找到,我们对剩下 119 篇进行了后续分析,下面我们总结从这些文章中所了解到的内容。

中国人具有高自尊吗?

有二十个研究在中国人和至少一个其他文化群体间进行了跨文化比较。其中 13 篇比较了中国人与西方人的自尊水平,其中大多数(13 篇中有 9 篇)发现,中国人比西方人整体自尊水平较低(如 Chung & Mallery, 1999; Singelis, Bond, Sharkey, & Lai, 1999),在决策(如 Mann et al, 1998)、言语技巧、父母关系、诚实等方面的自尊及学业自尊(Rogers, 1998)的方面自尊水平较低。这些研究提示中国人与西方人相比具有较低的自尊。

关于中国人低自尊的普遍发现,有两个例外:第一个是,与西方对照组相比,中国人报告了更高水平的数学学业自尊(Rogers, 1998; Watkins, Akande, Cheng, & Regmi, 1996)。一个可能的解释是这种高自尊源于中国学生的学业表现。的确,与西方学生相比,中国学生往往取得更好的学业成绩(Stevenson & Lee, 1996)。另一种可能性是中国文化非常看重学业表现,这种文化需要可能导致高水平学业自尊(参见 Hau,本书第 13 章)。

第二个例外是中国人比西方对照具有更高水平的自我悦纳(self-liking)。自我悦纳是自尊的情感维度,源于我们对社会交换中他人评价的解释(Tafarodi & Swann, 1996)。虽然它并不完全建立在对他人的感知上,它仍是自尊的社会调节因素(Tafarodi & Swann, 2001)。自我悦纳的社会性可能在集体主义的中国文化中尤其重要,可能成为未来研究一个卓有成效的方向。

接下来,我们回顾在中国移民或旅居者与西方本土居民间进行的自尊水平比较研究。有证据显示,华裔美国人比欧裔美国人自尊水平低(如 Huntsinger & Tose, 2006),但我们发现的大多数研究表明中国移民报告了和所在国居民水平相当的自尊。比如俄国人(Galchenko & van de Vijver, 2007)、英国白人(Chan, 2000)以及墨西哥裔美国人(Kiang, Yip, Gonzales-Backen, Witkow, & Fuligni, 2006)。这些发现与之前的研究一致表明,个体自尊会趋近其主体文化特征。比如,加拿大的日本交换生表现出自尊水平的增高,而加拿大去日本的交换生则表现出自尊水平的降低(Heine & Lehman, 2004),这种旅居者和移民自我概念的变迁可能是文化适应也可能是自我选择的效应,或者两者都有(见于 Kitayama, Ishii, Ishii, Imada, Takemura, & Ramaswamy, 2006)。

中国人具有较其他亚洲群体更高的自尊水平吗？有五项研究围绕这一问题展开。其中两项发现中国人比越南人（Nesdale，2002）和日本人（Bond & Cheung，1983）报告更高水平的整体自尊。其余的研究发现，在俄罗斯，中国与韩国的交换生具有相当的整体自尊水平（Galchenko & v de Vijver，2007），中国人、韩国人和亚裔美国人的整体自尊水平相当（Kang，Shaver，Sue，Min，& Jing，2003），中国香港人、中国台湾人和日本人在作个人决策时也表现出相近的自尊水平（Mann et al.，1998）。这些研究认为中国人至少具有与其他亚洲人相似或更高一些的自尊水平。

培养中国人自尊的条件是什么？

以综述文献为基础，我们认为有两大类因素与自尊程度存在密切联系：人格特征、教养和依恋类型。特别强调一下，我们对这些因素的评述是基于原始文献作者的结论。几乎所有的中国人自尊研究均使用自我报告量表，属于相关研究设计，因此，在衡量前驱事件与结果之间的因果关系时，我们应持以谨慎的态度。

人格 高自尊中国人通常具有哪些人格特征呢？以大五人格模型为基础，高自尊与外向性正相关，而与神经质负相关（Zhang，C.M.，Zou，& Xiang，2006；Galcbenko & van de Vijver，2007；Huntsinger & Jose，2006；Luk & Bond，1992；Luk & Yuen，1997）。另外，自尊与责任感（conscientiousness）及相关品质中度相关，如勤奋（application）（努力工作）及智力（Luk & Bond，1992；Luk & Yuen，1997；Yik & Bond，1993）。有些研究还发现自尊与开放性（openness to experiences）呈微弱正相关（C.M.Zhang et a，2006），华人自尊与大五人格模型之间的联系与在西方样本中进行的研究结果一致（Aluja，Rolland，Garcia，& Rossier，2007）。

教养和依恋类型（parenting and attachment styles） 20 余项公开发表的研究发现了早期教养对自尊的影响，比如父母情感关爱（parental warmth）（Bush，Peterson，Cobas，& Supple，2002；Peterson，Co bas，Bush，Supple，& Wilson，2005）、缺少权威型教养方式（Bush etal.，2002；Peterson et al.，2005；Shek，Lee，Lee，& Chow，2006）、低水平的亲子冲突（Shek，1997，1998b）等。与父母情感关爱一样（Stewart，Bond，Kennard，Ho，& Zaman，2002），安全型依恋类型也可以预测高自尊（Man & Hamid，1998）。

自尊在中国文化中有何重要性？

为解答这一问题，我们回顾了自尊与三种类型的适应（adjustment）过程之间的显性相关，这三种适应过程分别是内心适应（intrapsychic adjustment）、人际适应（interpersonal adjustment）和生产力（productivity）。

内心适应 50 多个研究围绕此主题展开，结果一致认为自尊意味着积极的内心适应，高自尊与积极情绪（Hamid & Cheng，1996），积极身体意象（Davis & Katzman，

1997),生活质量(B.W.C.Leung,Moneta, & McBride-Chang,2005),生活满意度(Kwan,Bond, & Singelis,1997;Stewar et al.,2002)和工作满意度(Aryee & Luk,1996)成正相关。

另一方面,缺少自尊与心理疾病问题如抑郁和躁狂(S.K.Cheng, & Lam,1997;L.Lu, & Wu,1998),绝望(C.K.Cheung & Kwok,1996)、自杀意念(Gin & Zhang,1998)相关。这种自尊与内部调节之间的关系在不同的年龄群体内是一致的(L.Zhang,2005),在患者群体,如疗养院(L.Y.K.Lee,Lee, & Woo,2005)和产后妇女(Wang,Chen,Chin, & Lee,2005)中也是如此。考虑到这种与内心适应过程的正向联系,研究者经常将自尊作为一个心理健康的预测指标(见于 Shek,1998a,1998b)。

人际适应 有 28 个研究考察了人际经验与自尊的关系。这些研究认为高自尊者会比低自尊者更看重人际关系,也更享受与人交往的乐趣。高自尊者的人际关系具有下面这些积极特性:1)高自尊者重视并且忠于人际和恋爱关系(Cho & Cross,1995;Chou,2000;Lin & Rusbult,1995);2)他们在关系中感受到的积极沟通更多;3)高自尊个体更能享受友谊和浪漫关系(Lin & Rusbult,1995);4)更重要的是,高自尊个体更有能力建立成熟的亲密关系(Lai,Chan,Cheung, & Law,2001)。

生产力(productivity) 学业和职业成就是研究最多的生产力指标。自尊对两者均有益。首先,高自尊与高学业成就相关(如 Shek,1997;C.C.W.Yu,Chan,Cheng,Sung, & Hau,2006)。其次,自尊与职业满意度、职业承诺、职业表现相关(Aryee & Debrah,1993;Z.X.Chen,Aryee, & Lee,2005)。

我们对中国人自尊知道些什么

关于中国人自尊的首次研究发表于 1970 年(Chu,1970)。正如我们综述所展现的,在过去三十年,中国人自尊研究越来越普遍。出现了一些一致的结果:中国人的自尊水平较西方人低,但与亚洲其他地区的自尊水平相仿;如本文所述,自尊似乎有利于心理健康和生产力。

迄今为止,我们综述的文章都是发表在英文期刊上的,不过,关于自尊价值的本土研究也取得了类似的结果。将来的研究应考虑这些本土的自尊研究。蔡华俭等人(Cai,Wu & Brown,2009)对 69 篇 1990 年至 2007 年发表在中国期刊的中国人自尊研究进行了元分析(N=77362),结果显示自尊与主观幸福感正相关,而与抑郁和焦虑负相关,这些发现提示像西方人一样,中国人的自尊指向积极适应。

然而,问题仍然存在:对于中国人来说,自尊究竟是什么? 中文里并没有和"自尊"相对应的概念。从词汇学角度看,但凡在文化中非常重要的概念(如人格和价值观)都在语言中有所体现(例如 John,Angleiter, & Ostendorf,1988;Renner,2003)。因而,使用引入的工具测量自尊不足为奇,即便此工具测量的概念在其他文化中更为重要。

在 119 个研究自尊的研究中,有 78 个使用了 Rosenberg 自尊量表(Rosenberg Self Esteem Scale,RSES)(Rosenberg,1965);使用第二多的自尊量表是成人自尊源调查问卷(Adult Sources of Self-esteem Inventory)(Fleming & Elovson,1988),这种量表仅在 6 个研究中被采用;第三位是 Coopersmith 自尊调查问卷(the Coopersmith Self-esteem Inventory)(Coopersmith,1967),它在 5 个研究中被采用。所有这些量表测量包含多领域多维度的整体自尊。

与在西方的情况一致,RSES 的使用非常普遍(Kwan & Mandisodza,2007)。然而,用 RSES 这种量表来研究中国人并非没有问题。比如,在 RSES 的十个题项中有一项"I wish I could have more respect for myself",在中国人研究中引发了歧义,因为中国被试对此有多种解释(参见 S.T.Cheng & Harrud,1995;Hamid & Cheng,1995)。有些将其解释为与缺少自我尊重相关,而另一些则将其解释为需要更多自我价值。事实上,当研究者发现它的得分与整个量表相关性很低甚至呈负相关时,有时会从整个量表里去除这一项。

在华人群体中使用 RSES 的另一个潜在问题是,正向或负向措辞的条目可能对于中国人和西方人有着不同的含义。依惯例,研究者通过汇总五个正向措辞项目的平均得分以及五个负向措辞项目的反向计分平均分来得到自尊的总分。这种计分方法的前提是以正性题项和负性题项分别处在一个连续体中的两极。然而,这种计分方法对像中国被试这样的辩证思维者可能是个问题,他们往往更可能认可同一观点的正负两面。比如,没有辩证思维而赞同一个正性陈述如"整体上,我对自己很满意"的个体往往不会认同"我有时明确地感到自己无用",而辩证思维者则可能同时认可这两项。事实上,近期研究(K,Peng,& Chiu,2008;Schmitt & Ali,2005;Spencer-Rodgers,Peng,Wang,& Hou,2004)表明中国人倾向于同时赞同 RSES 中正向和负向措辞条目。这带来了一个有趣的问题,即辩证思维方式是怎样与中国人自我概念相互作用并进而影响对他们心理健康的评估。

大多数中国人自尊研究采用对自尊的外显测量(如 Rosenberg Self-esteem Scale)。然而内隐自尊是自我关注(self-regard)值得注意的另一个方面。自尊,部分源于人们的直觉和本能,有些时候会违背理性和逻辑(Brown,1998)。部分感受可能隐藏极深,以至于内省时无法触及,也不能通过自我报告来证实。最近,研究者开发了测量针对自我的内隐态度的方法。其中最常用的是内隐联想测试(Implicit Association Test,IAT)(Greenwald & Farnham,2000),该方法将自我相关与他人相关的概念词和褒义或贬义词配对,测量对配对词语的反应时。另一种常用的内隐测试是姓名字母测试(Nutti,1987),这种测试方法基于这样的理念:即高自尊的人会对自己名字的字母持有积极态度。内隐测量方法受到西方心理学家的极大欢迎,但这些测量方法的效度仍存在争议。

文献显现出自尊的内隐和显性测量存在着分歧,两种类型自尊之间仅存在较弱相关（见于 Besson,Swann, & Pennebaker,2000；Betts,Sakuma, & Pelham,1999）。也就是说,那些内隐测试显示的高自尊者可能在显性测试中表现为低自尊,反之亦然。近期研究表明在亚洲人样本中也存在这一分离现象。尽管在外显自尊测试中存在差异,日本和中国大陆被试表现出与美国被试相当的内隐自尊水平（Yamaguchi et al.,2007）。总而言之,这些发现需要进一步研究以考察这两种自尊的确切性质。

考察中国文化中自尊的本土化方面是未来另一重要方向。与社会认同理论（Social identity Theory）一致（Tajfel & Turner,1979；Turner,1982）,人们从其个人成就、人际关系以及集体身份中获得自尊。在中国背景下,人际和集体方面可能发挥着重要的作用（L. Lu & Gilmour,2004,2007；Yang,1986）。已有证据发现集体自尊在预测中国人幸福感方面具有显著作用,而与美国人相比,中国人的个人自尊对幸福感的预测力更低（Kang et al.,2003；Kwan et al.,1997；L.Zhang,2005）。未来中国人自尊研究应纳入对人际和集体方面的研究,将这些因素与个人因素加以区分。

自我效能

研究者通常把自尊作为一个稳定的个人变量,与此同时,另一些研究者对中国人自我概念的可塑性感兴趣,热衷于研究自我效能。为发掘此主题相关成果,我们围绕自我效能进行了如前相似的文献检索,检索到了 96 篇文章,以下总结这些研究的共同发现。

班杜拉将自我效能定义为个人关于控制力的信念,这种控制力既包括对自身功能水平的控制,也包括对影响他们生活的事件的控制能力。与西方人相比（如澳大利亚人、美国人、加拿大人、德国人）,中国人以及中国移民往往具有较低的一般自我效能（S.X.Chen,Chan,Bond, & Stewart,2006；C.Leung,2001；Moore & C.Leung,2001；Schwarzer,Bassler,Kwiatek,Schroder, & J.X.Zhang,1997；Stewart et al.,2005）,当中国香港人与美国人进行比较时也出现相似的结果。

尽管中国人自我效能是一个相对较新的研究主题,自我效能对个体的好处仍然迅速显见于近期研究。研究发现,不管是一般自我效能还是特定领域自我效能都有这种好处。

已有研究探讨了一般自我效能感与三个主题（动力、成就、幸福感）之间的关系。一般自我效能感预示对各种情况的能动控制,比如心理健康控制源（Wu,Tang, & Kwok,2004）以及对迷信观念较少的易感性（Sachs,2004b）。更进一步,一般自我效能感与个人成就高度正相关（J.S.Y.Lee & Akhtar,2007；Yan & Tang,2003）。而成功可能反过来促成更高的一般自我效能。已有证据表明,测量到的经济成就及保障与社会经济地位（socio economic status,SES）都与中国年轻人自我效能感高度正相关（Tong & Song,2004）。

一般自我效能还能提升心理幸福感（Mak & Nesdale，2001）以及生活满意度。心理幸福感相关指标包括自尊（Mak & Nesdale，2001）、心理和生理健康（Schaubroeck，Lam，& Xie，2000；Sin，Lu，& Spector，2007）、生活质量（Hampton，2000）。另外，一般自我效能感与适应不良的指标负相关，包括心理苦恼（Wu et al.，2004）、焦虑和抑郁（S.X.Chen et al.，2006；S.K.Cheung & Sun，1999）以及自杀意念（Lam et al.，2005）。而且，一般自我效能感还与倦怠呈负相关（J.S.Y.Lee & Akhtar，2007；Tarn，2000；Tang，Au，Schwarzer，& Schmitz，2001），也许是通过缓冲工作痛苦对幸福感的不利影响来发挥作用（Siu，Spector，Cooper，& Lu，2005；Siu et al.，2007）。

然而，值得注意的是，中国人一般自我效能感与幸福感之间的相关性可能没有西方人那么显著。S.X.Chen 等人（2006）发现，美国人自我效能与抑郁状态之间的相关性要比中国人更强。需要更多的跨文化研究去阐明文化对自我效能与个人和社会适应之间相关性的这种调节效应。

自我效能可能存在着领域特异性效应。领域特异性自我效能可能对任务表现有促进作用。例如，已有研究发现领域自我效能可预测在该领域的表现，包括学习成绩（Sachs，2004a）、记忆（Suen，Morris，& McDougall，2004）、职业绩效（S.S.K.Lam，Chen，& Schaubroeck，2002）等。低水平绩效自我效能和社会自我效能均与心理苦恼相关（Moore & Letmg，2001；Qian，Wang，& Chen，2002）。基于效能感的信心缓冲了痛苦的负面效应，继而可能增加工作绩效（Chou & Chi，200 1；C.Q.Lu，Siu，& Cooper，2005；Wong，Lam，& Kwok，2003）。

自我效能与健康行为（health related behaviors）之间的关系是自我效能研究中研究得最广泛的主题之一。自我效能促进那些预防疾病的健康行为，比如锻炼（Chou，Macfarlane，Chi，& Cheng，2006），肿瘤的自我检查（Su，Ma，Seals，Tan，& Hausman，2006），遵守医嘱（Molassiotis et al.，2002）。而且，自我效能还与有损健康的行为的减少有关，如吸烟（Fang et al.，2006）、高脂肪饮食（Lion & Contento，2001）、有风险的性行为（Li et al.，2004）等。拒绝自我效能可减少由同伴影响的吸烟（Chang et al.，2006）、饮酒（Yeh，Chiang，& Huang，2006）及药物滥用（R.L.Yu & Ko，2006）。自我效能影响大量诸如此类的行为，部分因为效能感使人严格控制风险行为。有研究发现健康相关效能感与害怕感染传染病呈负相关，这一事实说明了这一点。

自我效能的这些效应具有重要的现实意义，可以用以制定干预政策，解决广泛的健康和社会问题。在自我效能研究中有一个有趣的新方向，是将各个时间点的测量结果进行合并。一些近期研究开始评估在行为从开始计划、执行、维持到终止所经历的一段时间内自我效能的变化（例如 Ling & Horwath，1999；Tung，Gillett，& Pattillo，2005）。不同阶段自我效能的变化具有重要的理论意义，可帮助我们更好地理解自我效能在塑造行为中的基本作用。

我们回顾研究,比较了中国移民和旅居者与主体文化的自我效能水平,发现研究结果不尽相同。有些研究表明中国人得分低于本土居民,比如中国海外或移民学生具有比澳大利亚学生、北欧移民学生更低的自我效能水平(C.Leung 2001;Moore & C.Leung,2001)。另外,与新西兰的本土居民相比,香港移民往往具有较低的一般自我效能(Nesdale,2002)。

而另外一些研究则提示中国人可能拥有大致相当或更高的自我效能。比如,中国移民玩彩票的自我效能与加拿大居民并无差异(Walker,Courney,& Deng,2006),一般自我效能与马来人并无差异(Awang,O'Neil,& Hocevar,2003)。最后,一项健康自我效能研究表明中国人自我效能低于希腊人而高于意大利和越南人(Swerissen et al.,2006)。

这些不一致的研究发现可能反映了自我效能研究中的不同领域。然而,这些不一致的发现令人回想起中国人与其他文化群体之间比较自尊的结果。也许从自尊和自我效能研究中得到的结论都混杂了另外一种自我过程,即自我增强(self enhancement)。如果中国人具有自我增强的倾向,或反之,具有自我贬抑的倾向,那么他们对自尊及自我效能的自我报告可能反映这种倾向并出现正向或负向的偏移(见于 Farh & Dobbins,1989)。此外,自我增强或自我贬抑可能具有领域特异性,这更加考验我们评估这些概念的能力。

自我增强(self-enhancement)偏差

是否普遍存在着积极自我关注(self-regard)的驱力? 这一问题近年来一直存在争议。有些研究者怀疑集体主义的东亚人是否存在这种驱力(见于 Heine,Kitayanla,& Hamamura,2007;Sedkikides,Gaertner,& Vevea,2007)。来自个人主义和集体主义的人可能争取积极关注的程度不同。如果是这样,问题将不仅仅是中国人有自我增强或没有自我增强,我们还需要考察中国人在什么时候以及会在哪个领域自我增强。因此,我们采用与综述自尊和自我效能时相似的方法检索了自我增强相关的文献,发现了 21 篇文章。

最早的文章发表于 1991 年。这提示在以中国人为样本的研究中,自我增强还是个新主题,仍然有待关注。围绕此主题所做的工作有限,各有不同,关注了中国人普遍的和领域特异性的自我增强到了何种程度。

中国人有自我增强吗?

已有证据表明在不同中国人群中存在着自我增强。比如,台湾工人给自己工作表现打的分数比监工打的分数要高(Farh,Dobbins,& Cheng,1991)。也有证据表明中国大学生以及中小学生存在自我增强。中国大学生在填写 Marlowe-Crowne 社会赞许量表（Marlowe-Crowne Social Desirability Scale）时表示，与其他人比较，他们做更多自己需要的事和更少自己不愿意做的事（Lin，Xiao，& Yang，2003）。与其他同龄人相比，香港小学儿童更倾向于夸大自己在多个领域的竞争力。至于小学生，传统价值观（如 合作、有礼貌、努力学习）以及学业成就是自我增强的领域。大一点的初中学生除在上述领域外，自我增强还出现在身体外表、攻击性以及受欢迎程度上。男孩和女孩情形类似。然而，也有证据表明中国人存在自我贬抑，如 Farh 等（1991）研究发现，与台湾工人相反，中国大陆工人给自己打分不及其监工所给分数。总之，这些结果提示中国人并不是一律地自我增强或自我贬抑。

中国人的自我增强较其他文化群体更强还是更弱？中国人自我增强弱于非东亚群体。比如，以色列人在学业成就上自我增强要超过新加坡人（Kurman，2001；Kurman & Sriram，1997），但尽管有此差别，两样本中均找到自我增强的证据。

中国香港人在人格知觉的多个领域中的自我增强明显少于北美人（如加拿大人）（Yik，Bond，& Paulhus，1998）。一般说来，43%的香港中国人有自我增强，而加拿大人中有 56% 自我增强，提示不管是西方人还是中国人自我增强均存在个体差异。谦虚的个性品质可能在此过程中起作用。

中国人的自我增强有何特征？

中国人的利于群体偏向多于自利偏向，看上去他们在增强自我概念中集体的一面。例如，M.C.Leung（1996）调查了两所香港小学中四年级和七年级学生，发现了群体导向自我增强的证据。与教师对能力的评分相比，儿童不承认存在排名靠后的同伴，以此方式报告偏向他们自己社团的评分。与此类似，Weijun（2003）发现中国成年人虽然也存在自利（self-serving）的倾向，但更倾向于以利于群体（group-serving）而非以自利方式自我增强。

在某些特质领域，中国人表现出更多的自我增强，例如，台湾中国人在集体主义特质方面较之个人主义特质方面有更多的自我增强（Gaertner，Sedikides，& Chang，2008）。中国人中普遍存在较高水平的互依型自我建构（interdependent self-construal），这也许能解释这一发现。与此解释相一致，Kurman（2001）发现能动特质（agentic trait）的自我增强与独立型自我建构（independent self-construal）相关，共生性的自我增强与中国、新加坡、以色列三国共有的互依型自我建构相关（Kurman，2001）。

个人主义代表着极度积极的自我观点。Xie、Roy 和 Chen（2006）发现自恋与垂直个人主义（vertical individualism）相关，也就是个人有多重视等级以及在多大程度上感受到自我之间的分离（也见于 Triandis，1995）。在该研究中，垂直个人主义得分高的被试给自己的认知能力的评分要高于集体主义得分高的被试，即使两组的实际能力并无差别。

然而,当面对可以轻易自我增强的机会,中国人却不这么做。Kurman 和 Sriram (1997)考察了自我评价在不同概括水平上的自我增强效应。这些作者预期一个高度概括性自我报告标准(如自我报告综合学业表现)会带来更多的自我关联(self-relevant)和主观自我评价(subjective self-evaluation),因此比那些更具体的标准(如自我报告等级)更有可能促进自我增强。结果发现,以色列学生表现出这种趋势,而新加坡学生并不是这样。当要求他们进行更多主观自我评价时,只有以色列学生表现出更高水平的自我增强,新加坡学生可能面临自我表现时谦虚的文化规范(自谦),这妨碍他们利用机会进行自我增强。同时,他们也可能接收到对其学业成就的更频繁和公开的反馈,这使他们较少可能进行自我增强(Oettingen, Little, Lindenberger, & Baltes,1994)。

总而言之,这些研究虽然数量有限,不过都提示中国人有些时候有自我增强,但是其程度远低于西方人。不过,在某特定领域的自我增强倾向可能取决于该领域在其所处文化中的相对重要性。当我们撰写这一章时,Gaertner、Sedikides 和 Chang(2008)发表了一篇论文,其研究考察了台湾人在哪些特质领域存在自我增强,发现台湾人的自我增强体现在集体特质领域,比如让步、自我牺牲,而非个人特质领域,比如独立、独特等。这提示文化不仅影响个人的整体自我增强水平,也影响特殊领域的自我增强。

另一个问题是人们是怎么感知自我增强者。自我增强是对自己的一种积极评价,必然会在自己和他人间进行比较。在近期的一个研究中,Bond、Kwan 和 Li(2000)考察了对高度自我关注(high self-regard)和低他人关注(low other-regard)的社会知觉。高度自我关注的个体被他人知觉为更果断和更开放,而对他人关注较低的个体则被认为不太讨人喜欢,不太热心,不够克己。

在自我关注和他人关注之外,个人价值也是在自我增强的研究中需要考虑的另一个重要因素。近期有些研究表明,自我增强与适应之间的关系依赖于个人拥有的优点(Kwan,John,Kenny,Bond, & Robins,2004;Kwan,John,Robins, & Kuang,2008)。如果自我增强者多才多艺,人们也许仍旧喜欢他们,然而优点少的自我增强者就会境遇不利(Kwan,Kuang, & Zhao,2008)。为彻底理解自我增强的意义,我们希望研究者考虑以下问题:(1)个人是如何感知自己的,(2)个人是怎么感知他人的,(3)其他人是怎么感知个人的,例如,个体的社会价值。未来研究者应考察社会知觉的不同方面在中国背景下彼此之间的动态交互影响及其广阔内涵。

我们需要考虑的另一个动态是,中国人的自我概念是否随着社会文化风气变化。迄今为止,似乎没有研究针对这一问题。然而,有一些间接证据表明中国人的自我增强在变强。例如,最近两个研究表明中国年青学生比相应的美国对照组学生要更加自恋(Fukunisbi et al.,1996;Kwan,Kuang, & Hui,2009)。这种现象可能的原因之一是中国的年轻一代大部分是独子。为控制人口的迅猛增长,中国政府从 1979 年开始实行独生子女政策。这个政策及之前的政策（仅仅鼓励减小家庭的规模）已经成功地将生育率（每个女性生育的平均数）从过去的 5 降到现在的 1.8（Bristow，2007）。如果不是政府政策允许一些例外情况（如住在农村地区、来自少数民族等），效果会更加理想。显然，在这种独生子女政策下出生的小孩从其父母及祖父母那受到极大的关注，有些还作为唯一继承人接收了巨额遗产。高水平的自恋也许是这一举措的结果（也见于 Wang & Chang，本书上卷第 5 章）。

在这种政策下出生的中国小孩有一个流行的称呼："小皇帝"一代。有实证研究支持这一流行的观念。前期研究发现，在中国，与同龄人相比，独生子女家庭的个人被其同伴认为更加以自我为中心（Jiao，Ji，& Jing，1986）。独生儿童的高水平自我为中心与在西方的发现一致（Curtis & Cowell，1993；Erying & Sobelman，1996）。也有证据表明"小皇帝"队列的成员出现了更多生理健康问题，包括肥胖、二型糖尿病等（T.O.Cheng，2005）。

另一方面，这些"小皇帝"似乎从其自恋中得到好处，他们比那些有兄弟姐妹的小孩表现出更少的焦虑（如 Dong，Yang，& Ollendick，1994；Hesketh，Qu，& Tomkins，2003），而且，独生子女在学业上胜过有兄弟姐妹的儿童（Falbo & Poston，1993；Poston & Falbo，1990），然而，仍旧不清楚独生子女表面上的学业成就是基于他们更好的自我独立能力还是因为他们得到了父母更多的关注。即使是在集体主义的中国文化中，积极看待自己也同时具有适应和适应不良的后果。进一步研究应在更广阔的生命阶段里考察这些问题。

中国年轻一代自恋水平升高，这一现象值得引起家长和教育者更多关注。确认在中国导致自恋的因素，考察与个人主义文化相比，在集体主义中自恋是如何影响社会表现的，这会是有价值的研究路线。另外，在不同年龄组中进行人格发展的纵向研究可能有助于了解社会—文化因素在多大程度上塑造人格改变。

讨 论

我们对中国人自我了解多少呢？本文综述了三个引人注意的研究发现。首先，我们发现在中国人和西方人之间，在自尊水平、自我效能水平及自我增强偏差上存在显著差异。其次，上述三个自我过程之间在华裔移民与西方当地人之间的差异要小于东亚文化内的中国居民与西方人的差异，说明社会文化因素在中国人自我的顺应性方面发挥着重要的作用。再次，中国人自我概念对心理健康、人际关系及生产力有着重要的意义。

那么中国人自我研究的方向在哪里呢？对中国人自我的探寻始于 20 世纪 70 年代，而从 90 年代开始，这类研究的发展迅猛。我们预期在 21 世纪，关于自我的研究会继续活跃，下面，我们将指出一些有希望的研究方向。

一个重要的方向是比较和对比华人亚文化，如中国大陆、中国香港、中国台湾、新加坡、华裔美国人。这种研究可能解释在不同华人亚文化中社会政治环境是如何影响自我的建立和表现的。不同的亚群体可能会对应不同的自我概念，有些更家庭导向，另外一些对社区和慈善更投入，还有些则更个人主义、资本主义以及可能更享乐主义。针对华裔散居族裔的研究将可能会在这方面取得显著发现。

最初我们希望基于现有文献对中国人自我的这一问题进行说明，然而我们发现包含多于一个华人亚群的研究太少了。而在这很少的文献中，其研究关注的也是东西方差异。在比较华人亚群体时加入西方群体，会使华人亚群之间的差异变得不明显。研究者应记住，自我概念差别的意义取决于参与比较的群体。

未来研究的另一个重要方向是考察全球化对中国人自我概念的影响。如果因为人们能够负担国际旅游和信息交换的成本，世界正在逐渐汇聚，趋于一致，那么文化间差异可能会开始消散。最极端的形式，全球化可能最终创建一种元文化。在不远的未来，集体主义文化可能会变得更加个人主义——尽管这种假设受到一些质疑（如 lnglehart & Baker，2000），现代化和全球化的副产品包括大家庭成员的减少，分工更加细致，频繁迁徙的需要增加等。所有这些因素都可能影响互依性的意义以及人们在与他人的关系中如何看待自我（见 L.Lu & Yang，2006）。

中国正处在巨大的社会和经济变革时期，基于这样一个事实，另一个具有挑战性、也很吸引人的方向就是去研究中国人人格的变化（例如 Kohn，Li，Wang，& Yue，2007）。中国社会的巨变有可能极大影响社会成员的自我概念。在最基础的水平，这样的变化已导致了国家内部亚群体的分化，使得社会学家从一个群体得来的研究结果更难推及至另一个群体，比如，快速城市化是中国近期发展的重要部分，许多年轻的中国人离开自己出生的农村到正在扩张的城市中去找工作。心理学家经常选用城市人口被试，而其中主要是城市大学生，但大多数中国人仍居住在乡村，自我过程及其相互关系在不同的中国区域可能存在着稳定的差异，这种国家内的差异已经在其他文化的研究被证实了。例如，Vandello 和 Cohen（1999）发现在美国自我建构存在明显的地域差异。最南方区域表现出最强的集体主义，而平原区则表现出最强的个人主义。同样重要的是，自我建构的这种地域差异可以预测社会相关因素：个人主义预测富裕，集体主义预测高人口密度，个人主义预测更强的种族和性别平等（也见于 Kitayan1a et al.，2006，对日本的国家内差异有类似的讨论）。因此未来的研究应解决自我过程的研究缺少中国乡村的问题，探讨中国国内自我过程的地域差异，使研究者能够比较中国各个区域。

中国也在建立更加资本化的经济上取得了巨大的发展。在此过程中，许多中国产业迅速发展，中国中产阶级可支配收入也增加起来。这种变化也对中国人的自我观产生影响。Stephens、Markus 和 Townsend（2007）的研究考察了从众（conformity）和社会经济地位(social economic status)。在一系列实验中,他们发现美国工人阶级更倾向于做出与他人相似的选择。而中产阶级美国人如父母中至少有一人受过大学教育会做出与他人不同的选择。如今如果在中国重复类似的实验,也许我们会发现,发展中的中国中产阶级会表现出同样的倾向以让自己与众不同。不过呢,中国人自我的传统集体主义性质很可能会阻碍或减弱社会经济地位增高的效应。

总之,我们认为,对心理学家来说,这是一个研究中国人自我的振奋人心的时代,但也是需要心理学家和其他社会学者空前合作的时间。为探讨美国自我建构的地域差异,Vadello 和 Cohen(1999)使用了在全美大选调查中个人主义指标的数据,以相同的途径,Stephens 等在一项关于选择的研究中使用 SES,一种经常被社会学家所采用的工具,去预测从众行为。对有兴趣研究中国人自我的研究者而言,这样去利用传统意义上属于政治学家和社会学家的理论和数据,可以作为一种典范。人们置身于迅速的社会政治变迁的时候,这种变迁很可能对自我产生强烈影响。在这样的环境下,研究自我过程的心理学家有希望从多学科的合作和多文化数据库中获益。

章节注释

1 对自尊的研究包括以自尊(self-esteem)为关键词的研究,也可以以自我关注(self-regard)、自我悦纳(self-liking)或者其他同义词为关键词。因为这一主题下有大量的研究,我们综述的范围仅限于以自尊为关键词的研究。有些以自尊为关键词的文章讨论了自我悦纳和自我关注,我们的综述中也包括了这些文章。不过我们对这些概念的检索并不完整。

2 关于这些发现,研究者讨论了多种解释。在本章的自我增强部分,我们将对这些解释中的一些概念进行讨论。

参考文献

Aluja, A., Rolland, T.P., Garcia, L.F., & Rossier, J.(2007).Dimensionality of the Rosenberg self-esteem scale and its relationships with the three-a11d the five-factor personality models.*Journal ofPersonality Assessment*,88,246-249.

Aryee, S. & Debrah. Y.A.(1993).A cross-cultural application of a career planning model.*Journal of Organizational Behavior*,14,119-127.

Aryee, S. & Luk, V.(1996).Work and nonwork influences on the career satisfaction ofdual earner cooples.*Journal of Vocational Behavior*,49,38-52.

Awang, H.R., O'Neil, H.F.Jr, & Hocevar, D.(2003).Ethnicity, effort, self-efficacy, worry, and statistics achievement in Malaysia:A construct validation of the state-trait motivation model.*Educational Assessment*,8,341-364.

Bandttra, A.(1977).Self-efficacy:Toward a unifying theory of bebavioral change.*Psychological Review*,

84,191-215.

Bandura,A.(1993).Perceived self-efficacy in cognitive development and functioning.Educational Psychologist,28,117-148.

Baumeister,R.P.,Campbell,J.D.,Krueger,J.L, & Vobs,K.D.(2003).Does high self-esteem cause better performance,interpersonal success,happiness,or healthier lifestyles? *Psychological Science in the Public Interest*,4,1-44.

Bond,M.H.(ed.), *The psychology of the Chinese people*.Hong Kong:Oxford University Press.

Bond,M.H. & Cheung,T.S.(1983).College students'spontaneous self-concept:The effect of culture among respondents in Hong Kong,Tapan,and the United States.*Journal of Cross-Cultural Psychology*,14,153-171.

Bond,M.H.,Kwan,V.S.Y., & Li,C.(2000).Decomposing a sense of superiority:The differential social impact ofself-regard and regard-for-others.*Journal ofResearch in Personality*,34,537-553.

Bosson,J.K.,Swann,W.B., & Pennebaker,J.W.(2000).Stalking the perfect measure of implicit self-esteem:The blind men and the elephant revisited? *Journal of Personality and Social Psychology*,79,631-643.

Bristow,M.(2007,September 20).Has China's one-child policyw orked? BBC News.Retrieved May 29,2008,from http://news.bbc.co.ukl2/bi/asia · paciftc/7000931.stm.

Brown,J.D.(1998).*The self* New York:McGraw-Hill.

Bush,K.R.,Peterson,G.W.,Cobas,J.A., & Supple,A.J(2002).Adolescents'perceptions of parental behaviors as predictors of adolescent self-esteem in mainland China.*Sociological Inquiry*,72,503-526.

Cai,D.,Giles,H., & Noels,K.(1998).Elderly perceptions of communication with older and younger adults in China:implications for mental health.*Journal of Applied Communication Research*,26,32-51.

Cai,H.,Wu,Q., & Brown,J.(2009).Is self-esteem a universal need? Evidence from the People's Republic of China.*Asian Journal of Social Psychology*,12(2),104-120.

Chan,Y.M.(2000).Self-esteem:A cross-cultural comparison of British-Chinese,White British.and Hong Kong Chinese children.Educational Psychology,20,59-74.

Chang,F.C.,Lee,C.M.,Lai,H.R.,Chiang,J.T.,Lee,P.H., & Chen,W.J.(2006).Social influences and self-efficacy as predictors of youth smoking initiation and cessation:A 3-year longitudinal study of vocational high school students in Taiwan.*Addiction*,101,1645-1655.

Chen,S.X.,Bond,M.H.,Chan,B.,Tang,D., & Buchtel,E.E.(in press).Reconceptualizing modesty:Is it a trait or a self-presentation tactic? *Journal of Cross-Cultural Psychology*.

Chen,S.X.,Chan,W.,Bond,M.H., & Stewart,S.M.(2006).The effects of self-efficacy and relationship harmony on depression across cultures:Applying level-oriented and structure-oriented analyses. *Journal of Cross-Cultural Psychology*,37,643-658.

Chen,Z.X.,Aryee,S., & Lee,C.(2005).Test of a mediation model of perceived organizational support. *Journal of Vocational Behavior*,66,457-470.

Cheng,S.K. & Lam,D.J.(1997).Relationships among life stress,problem solving,self-esteem,and dysphonia in Hong Kong adolescents:Test of a model.*Journal of Social and Clinical Psychology*, 16,343-355.

Cheng,S.T. & Hamid,P.N.(1995).An error in the use oftranslated scale..:The Rosenberg Self-esteem Scale for Chinese.*Perceptual and Motor Skills*,81,431-434.

Cheng, T. O. (2005). One-child policy and increased mechanization are additional risk factors for increased coronary artery disease in modern China. *International Journal ofCardiology* , 100 , 333.

Cheung, C.K. & Kwok, S.T. (1996). Conservative orientation as a determinant of hopelessness. *Journal of Social Psychology* , 136 , 333-347.

Cheung, S. K. & Sun, S. Y. K. (1999). Assessment of optimistic self-beliefs: Further validation ofthe Chinese version of the general self-efficacy scale. *Psychological Reports* , 85 , 1221-1224.

Cho, W. & Cross, S.E. (1995). Taiwanese love styles and their association with self-esteem and relationship quality. *Genetic, Social, and General Psychology Monographs* , 121 , 283-309.

Chou, K.L. (2000). Intimacy and psychosocial adjustment in Hong Kong Chinese adolescents. *Journal of Genetic Psychology* , 161 , 141-151.

Chou, K.L. & Chi, L (2001). Social comparison inChinese older adults. *Aging and Mental Health* , 5 , 242-252.

Chou, K.L. , Macfarlane, D. , Chi, L, & Cheng, Y.H. (2006). Physical exercise in Chinese older Adults: A trans theoretical model. *Journal ofApplied Behavioral Research* , 11 , 114-131.

Chu, C.P. (1970). A study of lhe effects of maternal employment for the preschool children in Taiwan. *Acta Psyclrologica Taiwanica* , 12 , 80-100. (in Chinese)

Chung, T. & Mallery, P. (1999). Social comparison, individualism-collectivism, and self-esteem in China and the United States. *Current Psychology: Developmental, Learning, Personality, Social* , 18 , 340-352.

Costa, P.T. & McCrae, R.R. (1992). Four ways five factors are basic. *Persoernality and Individual Diffences* , 13 , 653-665.

Coopersmith, S. (1967). Self-esteem inventory. Palo Alto, CA: Consulting Psychologists Press.

Curtis, J.M. & Cowell, D.R. (1993). Relation of birth order and scores on measures of pathological narcissism. *Psychological Reports* , 72 , 311-315.

Davis, C. & Katzman, M. (1997). Charting new territory: Body esteem, weight satisfaction, depression, and self-esteem among Chinese males and females in Hong Kong. *Sex-Roles* , 36 , 449-459.

Dong, Q. , Yang, B. , & Ollendick, T.H. (1994). Pear in Chinese children and adolescents and their relations to anxiety and depression. *Journal of Child Psychology and Psychiatry* , 35 , 351-363.

Eyring, W.E. & Sobelman, S. (1996). Narcissism and birth order. *Psychological Reports* , 78 , 403-406.

Falbo, T. & Poston, D.L. , Jr. (1993). The academic, personality, and physical outcomes of only children in China. *Child Development* , 64 , 18-35.

Fang, C.Y. , Ma, G.X. , Miller, S.M. , Tan, Y. , Su, X. , & Shive, S. (2006). A brief smoking cessation intervention for Chinese and Korean American smokers. *Preventive Medicine: An International Journal Devoted to Practice and Theory* , 43 , 321-324.

Farh, J. L. & Dobbins, G. H. (1989). Effects of self-esteem on leniency bias in self-reports of performance: A structural equation model analysis. *Personnel Psychology* , 42 , 835-850.

Farh, J.L. , Dobbins, G.H. , & Cheng, B.S. (1991). Cultural relativity in action: A comparison of self-ratings made by Chinese and U.S.workers. *Personnel Psychology* , 44 , 129-147.

Fleming, J- & Elovson, A. (1988). *The adult sources of self-esteem-inventory.* Northridge, CA: State University of California at Northridge.

Fukurushi,l.,Nakagawa,T.,Nakamura,H.,Li,K.,Hua,Z.Q., & Kratz,T.S.(1996).Relationships between type A behavior,narcissism,and maternal closeness for college students in Japan,the United States of America,and the People's Republic of China.*Psychological Reports*,78,939-944.

Gaertner,L.Sedikides,C., & Chang,K.(2008).On pancultural self-enhancement:Well-adjusted Taiwanese self-enhance on personality-valued traits.*Journal of Cross-Cultural Psychology*,39,463-477.

Galchenko,I. & van de Vijver,F.J.R.(2007).The role of perceived cultural distance in the acculturation of exchange students in Russia.*International Journal of Intercultural Relations*,31,181-197.

Greenwald,A.G. & Farnham,S.D.(2000).Using the implicit association test to measure self-esteem and self-concept.*Journal of Personality and Social Psychology*,79,1022-1038.

Hamid,P.N. & Cheng,S.T.(1995).To drop or not to drop an ambiguousitem:A reply to Shek.*Perceptual and Motor Skills*,81,988-990.

Hamid,P.N. & Cheng;S.T.(1996).The development and validation of an index of emotion disposition and mood state:The Chinese affect scale.*Educational and Psychological Measurement*,56,995-1014.

Hampton,N.Z.(2000).Self-efficacy and quality of life in people with spinal cord injuries in China.*Rehabilitation Counseling Bulletin*.43,66-74.

Heine,S.J. & Lehman,D.R.(2004.).Move the body,change the self Acculturative effects on the self-concept.*In* M.Schaller & C.Crandall(eds),*Psychological foundations of culture*(pp.305-331).Mahwah,Nj:Erlbaum.

Heine,S.J.,Kitayarna,S., & Hamamura,T.(2007).Which studies test the question of pancultural self-enhancement? A Teply to Sedikides,Gaertner; & Vevea,in press.*Asian Journal ofSocial Psychology*,10,198-200.

Hesketh,T.,Qu,J.D., & Tomkins,A.(2003).Health effects of family size:cross-sectional survey in Chinese adolescents.*Archives of Disease in Childhood*,88,467-471.

Hetts,J.J,Sakuma,M., & Pelham,B.W.(1999).Two roads to positive regard:Implicit and explicit self-evaluation and *culture.JournalofExperimentalSocialPsychology*,35,512-559.

Ho,S.M.Y.,Kwong-Lo,R.S.Y.,Mak,C.W.Y., & Wong,J.S.(2005).Fear of severe acute respiratory syndrome(SARS)among health care workers.*Journal of ConsultingandClinicalPsychology*,7.3,344-349.

Huntsinger,C.S. & jose,P.E.(2006).A longitudinal investigation of personality and social adjustment among Chinese American and European American adolescents.*Child Development*,77,1309-1324.

Inglehart,R. & Baker,W.E.(2000).Modernization,cultural change and the persistence of traditional values.*American Sociological Review*,65,19-51.

Jiao,S.,Ji,G., & ling,Q.(1986).Comparative study of cognitive development of Guangzhou ouly and non-only children.*Acta Psychologica Sinica*,24,12-19.(in Chinese)

[焦书兰、纪桂萍、荆其诚(1986):《独生与非独生儿童认知发展的比较研究(广州市)》,《心理学报》1986 年第 24 期,第 12—19 页。]

Jin,S. & Zhang,J.(1998).The effects of physical and psychological well-being on suicidal ideation.*Journal ofClinical Psychology*,54,401-413.

John,O.P.,Angleitoer,A., & Ostendorf,F.(1988).The lexical approach to personality. a historical review of trait taxonomic research.*European Journal ofPersonality*,2,1,71-203.

Kang, S. M., Shaver, P. R., Sue, S., Min, K. H., & Jing, H. (2003). Culture-specific patterns in the prediction of life satisfaction: Roles of emotion, relationship quality, and self-esteem. *Personality and Social Psychology Bulletin*, 29, 1596-1608.

Kiang, L., Yip, T., Gonzales-Backen, M., Witkow, M., & Fuligni, A. J. (2006). Ethnic identity and the daily psychological well-being of adolescents from Mexican and Chinese backgrounds. *Child Development*, 77, 1338-1350.

Kim, Y. H., Peog, S., & Chiu, C. Y. (2008). Explaining se. lf-esteem differences between Chinese and North Americans: Dialectical self (vs. self-consistency) or lack of positive self-regard? *Self and Identity*, 7, 113-128.

Kitayarna, S., Ishii, K., Ishii, K., lmada, T., Takemura, K., & Ramaswamy, J. (2006). Voluntary settlement and the spirit of independence: Evidence from Japan's 'Northern Frontier.' *Journal of Personality and Social Psychology*, 9, 369-384.

Kohn, M. L., Li, L., Wang, W., & Yue, Y. (2007). Social structure and personality during the transformation of urban China: A preliminary report of an ongoing research project. *Comparative Sociology*, 6, 389-429.

Kwan, V. S. Y., Bond, M. H., & Singeli, T. M. (1997). Pancultural e.'Cplanations for life satisfaction: Adding relationship harmony to self-esteem. *Journal ofPersonality and Social Psychology*, 73, 1038-1051.

Kwan, V. S. Y., fohn, O. P., Kenny, D. A., Bond, M. H., & Robins, R. W. (2004). Reconceptualizing individual differences in self-enhancement bias: An interpersonal approach. *Psychological Review*, III, 94-111.

Kwan, V. S. Y., John, O. P., Robins, R. W., & Kuang, L. L. (2008). Conceptualizing and assessing self-enhancement bias: A componential approach. *Journal of Personality and Social Psychology*, 94, 1062-1077.

Kwan, V. S. Y., Kuang, L. L, & Hui, N. (2009). Identifying the sources of self-esteem: The mixed medley of benevolence, merit, and bias. *Selfand Identity*, 8, 176-195.

Kwan, V. S. Y., Kuang, L. L, & Zhao, B. (2008). In search of the optimal ego: When self-enhancement bias helps and hurts adjustment. H. Wayrnent & J. Bauer (eds), *Quieting the ego: Psychological benefits of transcendirzg ego* (pp. 43-52). Washington, DC: American Psychological Association.

Kwan, V. S. Y. & Mandisodza, A. N. (2007). Self-esteem: On the relation between coneeptualization and measurement. In C. Sedikides & S. Spencer (eds), *Frontiers in social psychology: The self* (pp. 259-282). Philadelphls, PA: Psychology Press.

Kurman, J. (2001). Self-enhancement: Is it restricted to individualistic cultures? *Personality and Socail Psychology Bulletin*, 27, 1705-1716.

Kurman, J. & Sriram, N. S. (1997). Self-enhancement, generality of self-evaluation, and affectivity in Israel and Singapore. *Journal of Cross-Cultural Psychology*, 28, 421-441.

Lai, J. C. L, Chan, f. Y. Y., Cheung, R. W. L., & Law, S. Y. W. (2001). Psyd1osocial development and self-esteem among traditional-aged university students in Hong Kong. *Journal of College Student Development*, 42, 68-78.

Lam, S. S. K, Chen, X. P., & Sroaubroek, J. (2002). Participative decision making and employee performancein different cultures: The moderating effects of allocentrism/idiocentrism and efficacy. *Academy ofManagement Journal*, 45, 905-914.

Lam, W. W. T., Fielding, R., Chow, L., Chan, M., Leung, G. M., & Ho, E. Y. Y. (2005). The Chinese medical interview satisfaction scale-revised (C-MISS-R) : Development and validation. *Quality of Life Research : An International Journal of Quality of Life Aspects of Treatment, Care, and Rehabilitation*, 14, 1187-1192.

Lee, I.S.Y. & Akhtar, S. (2007) . Job burnout among nursein Hong Kong : Implications for human resource practices and interventions. *Asia Pacific Journal of Human Resources*, 45, 63-84.

Lee, L. Y. K., Lee, D. T. F., & Woo, J. (2007) . Effect oftai chi on stateself-esteem and health-related quality oflife in older Chinese residential care home residents. *Journal ofClinical Nursing*, 16, 1580-1582.

Leung, B.W.C., Moneta, G.B., & McBride-Chang, C. (2005) . Think positively and feel positively : Optimism and life satisfaction in late life. *Internatiot1al Journal of Aging and Human Development*, 61, 335-365.

Leung, C. (2001) . The psychological adaptation of overseas and migrant students in Australia. *International Journal of Psychology*, 36, 251-259.

Leung, M.C. (1996) . Social networks and self enhancement in Chinesechildren : A comparison of self reports and peer reports of group membership. *Social Development*, 5, 146-157.

Li, X., Fang, X., Lin, D., Mao, R., Wang, J., Cottrell, L. et al. (2004) . HN/STD risk behaviors and perceptions among rural to urban migrants in China. *AIDS Education and Prevention*, 16, 538-556.

Lin, Y.H.W. & Rusbult, C.E. (1995) . Commitment to dating relationships and cross-sex friendships in America and China. *Journal of Social and Personal Relationships*, 12, 7-26.

Ling, A.M.C. & Horwath, C. (1999) . Self-efficacy and consumption of fruit and vegetables : Validation of a summated scale. *American Journal of Health Promotion* 13, 290-298.

Liou, D. & Contento, L.R. (2001) . Usefulness of psychosocial theory variables in explaining fat-related dietary behavior inChinese Americans : Association with degree of acculturation. *Journal of Nutrition Education*, 33, 322-331.

Liu, C., Xiao, J., & Yang, Z. (2003) . A compromise between self-enhancement and honesty : Chinese self-evaluations on social desirability scales. *Psychological Reports*, 92, 291-298.

Lu, C.Q., Siu, Q.L., & Cooper, C.L. (2005) . Managers' occupational stress in China : The role of self-efficacy. *Personality and Individual Differences*, 38, 569-578.

Lu, L. & Gilmour, R. (2004) . Culture and conceptions of happiness : Individual-oriented and social-oriented SWB. *Journal of Happiness Studies*, 5, 269-291.

Lu, L. & Gilmour, R. (2007) . Developing a new measure ofindependent and interdependent views of the self. *Journal of Research in Personality*, 41, 249-257.

Lu, L. & Wu, H.L. (1998) . Gender-role traits and depression : Self-esteem and control as mediators. *Counseling Psychology Quarterly*, 11, 95-107.

Lu, L. & Yang, K.S. (2006) . Emergence and composition of the traditional-modern bicultural self of people in contemporary Taiwanese societies. *Asian Journal ofSocial Psychology*, 9, 167-175.

Luk, C. L. & Bond, M. H. (1992) . Explaining Chinese self-esteem in terms of the self-concept. *Psychologia : An International Journal ofPsychology in the Orient*, 35, 147-154.

Luk, C.L. & Yuen, J.L.C. (1997) . The role of self-concepts oftech. uical sdlool students in their learning of a second language. *Psychologia : An International Journal of Psychology in the Orient*, 40, 227-232.

Mak, A.S. & Nesdale, D. (2001) . Migrant distress : The role of perceived racial discrimination and coping resources.*Journal of Applied Social Psychology*,31,2632-2647.

Man,K.O. & Hamid,P.N.(1998).The relationship between attachment prototypes, self-esteem, loneliness and causal attributions in Chinese trainee teachers.*Personality and Individual Dijferet1ces*,24, 357-371.

Mann,L.,Radford,M.,Burnett,P.,Ford,S.,Bond,M.H.,Leung,K. et al.(1998).Cross-cultural differences in self reported decision-making style and confidence.*International Journal of Psychology*,33, 325-335.

Molassiotis,A.,Nilias-Lopez,V.,Chung,W.Y.R.,Lam,S.W.C.,Li,C.K.P., & Lau,T.F.J.(2002). Factors associated with adherence to antiretroviral medication in HN-infected patients.*International Journal of STD and AIDS*,13,301-310.

Moore,S.M. & leweg,C.(2001).Romantic beliefs,styles, and relationships among young people from Chinese, Southern European, and Anglo-Australian backgrounds. *Asian Journal of Social Psychology*,4, 53-68.

Nesdale,D.(2002).Accultnration attitudes and the ethnic and host-country identification of immigrants. *Journal of Applied Social Psychology*, 32,1488-1507.

Nuttin,f.M.(1987) Affective consequences of mere ownership:The.:name letter effect in twelve European languages.*European Journal of Social Psychology*,17,381-402.

Oettingen,G.,Little,T.D.,Lindenberger,U., & Baltes,P.B.(1994).Causality, agency and control beliefs in East versus West Berlin d1ildren:A natural experiment in the control of context.*journal ofPersonality and Social Psychology*,66,579-595.

Peng,K. & Nisbett,R.E.(1999).Culture,dialectics,and reasoning about contradiction.*American Psychologist*,54,741-754.

Peterson,G.W.,Cobas,J.A.,Bush,K.R.,Supple,A., & Wilson,S.M.(2005).Parent-youth relationships and the self-esteem of Chinese adolescents:Collectivism versus individualism.*Marriage and Family Review*, 36,173-200.

Poston,D.L,Jr, & Falbo,T.(1990).Academic performance and personality traits of Chinese children. 'Ollies' versus others.*American Journal of Sociology*,96,433-451.

Qian,M.,Wang,A., & Chen,Z.(2002).A comparison ofclassmate and self-evaluation ofdysphoric and nondysphoric Chinese students.*Cognition and Emotion*,16,565-576.

Renner,W.(2003).Human values:A lexical perspective.*Personalitya11d Individual Differences*,34, 127-141.

Rogers,C.(1998).Motivational indicators i:n the United Kingdom and the People's Republic of China. *Educational Psychology*, 18,275-291.

Rosenberg,M.(1965).*Society and the adolescent self-image*.Princeton,NJ:Princeton University Press.

Sachs,J.(2004a).Correlates of academic ability among part-time graduate students of education in Hong Kong.*Psychologia:An International Journal of Psychology in the Orient*,47,44-56.

Sachs,J.(2004b).SuperstitioJJ and self-efficacy in Chinese postgraduate students.*Psychological Reports*, 95,485-486.

Schaubroeck,J.,Lam,S.S.K., & Xie,J.L.(2000).Collective efficacy versus self-efficacy in coping responses to stressors and control：A cross-cultural study.*Journal of Applied Psychology*,85,512-525.

Schmitt,D.P. & Allik,J.(2005).Simultaneous administration of the Rosenberg self-esteem scale in 53 nations：Exploring the universal and culture-specific features of global self-esteem.*Journal of Personality and Social Psychology*,8.9,623-642.

Schwarzer,R.,Bassler,J.,Kwiatek,P.,Schroder,K., & Zhang,J.X.(1997).The assessment of optimistic self-beliefs：Comparison of German,Spanish,and Chinese versions of the general self-efficacy scale.*Applied Psychology：An International Review*,46,69-88.

Sed.kikides,C.,Gaertner,l., & Vevea,).L.(2007).Inclusion of theory-relevant moderators yields the same conclusions as Sedikides,Gaertner,and Vevea(2005)：A meta-analytical reply to Heine,Kilayama,and Hamamura(2007).*Asian Journal ofSocial Psychology*,10,59-67.

Shek,D.T.L.(1997).The relation of parent-adolescent conflict to adolescent psychological well-being, school adjustment,and problem behavior.*Social Behavior and Personality*, 25,277-290.

Sbek,D.T.L.(1998a).A longitudinal study ofHong Kong adolescents' and parents' perceptions of family functioning and well-being.*Journal of Genetic Psychology*,159,389-403.

Shek,D.T.L.(l998b).A longitudinal study of the relations between parent-adolescent conflict and adolescent psychological well-being.*Journal of Genetic Psychology*,159,53-67.

Shek,D.T.L.,Lee,T.Y.,Lee,B.M., & Cbow,).(2006).Perceived parental control and psychological well-being in Chinese adolescents in Hong Kong.*International Journal ofAdolescent Medicine and Health*,18, 535-545.

Singelis,T.M.,Bond,M.H.,Sharkey,W.F., & Lai,C.S.Y.(1999).Unpackaging culture's influence on self-esteem and embarrass ability：The role of self-construals. *Journal ofCross-Cultural Psychology*, 30, 315-341.

Siu,O.L.,Lu,C.Q., & Spector,P.E.(2007).Employees' well-being in greater China：The direct and moderating effects of general self-efficacy.*Applied Psychology：An InternationalReview*, 56,288-301.

Siu,O.L.,Specto-r,P.E.,Cooper,C.L., & Lu,C.Q.(2005).Work stress,self-efficacy,Chinese work values,and work well-being in Hong Kong and Beijing.*International Journal ofStressManagement*,12,274-288.

Spencer-Rodgers,J.,Peng,K.,Wang,L., & Hou,Y.(2004).Dialectical self-esteem and East-West differences in psychological well-being.*Personality and Sodal Psychology Bulletin*,30,1416-1432.

Stephens,N.M.,Markus,H.R., & Townsend,S.S.M.(2007).Choice as an acl of meaning：The case of social class.*Journal of Personality and Social Psychology*,93,814-830.

Stevenson,H.W. & Lee, S.Y.(1996).The academic achievement of Chinese students.In M.H.Bond (ed.),*The handbook of Chinese psychology*(pp.124-142).Hong Kong：Oxford.

Stewart,S.M.,Bond, M.H.,Kennard,B.D.,Ho,L M., & Zaman,R.M.(2002).Does the construct of guan export to the West? *InternationalJournal of Psychology*,37,74-82.

Stewart,S.M.,Kennard,.B.D.,Lee,P.W.H.,Mayes,T.,Hughes,C., & Emslie,G.(2005).Hopelessness and suicidal ideation anlong adolescents in two cultures.*Journal of Child Psychology and Psychiatry*,46, 364-372.

Su,X.,Ma, G.X.,Seals, B.,Tan, Y., & Hausman, A.(2006).Breast cancer earlydetection among Chinese women in the Philadelphia area.*Journal ofWomen's Health*,15,507-519.

Sue, S. & Okazaki, S. (1990). Asian-American educational achievements: A phenomenon in search of a n explanation. *American Psychologist*, 45, 913-920.

Suen, L.J.W., Morris, D.L., & McDougall, G.f.Jr. (2004). Memory functions of Taiwanese American older adults. *Western journal of Nursing Research*, 26, 222-241.

Swerissen, H., Belfrage, J., Weeks, A., jordan, L., Walker, C., Furler, et al. (2006). A randomized control trial ofa self-management program for people with a chronic illness from Vietnamese, Chinese, Italian and Greek backgrounds. *Patient Education and Counseling*, 64, 360-368.

Tafarodi, R.W. & Swann, W.B.Jr. (1996). Two-dimensional self-esteem: Theory and measurement. *Personality and Individual Differences*, 31, 653-673.

Tajfel, H. & Turner, J.C. (1979). An integrative theory of intergroup conflict. In W.G.Austin & S.Worchel (eds), *The social psycl1ology ofintergroup relations* (pp.33-47), Monterey, CA: Brooks/Cole.

Tam, S.F. (2000). The effects of a computer skill training programme adopting social comparison and self-efficacy enhancement strategies on self-concept and skill outcome in trainees with physical disabilities. *Disability and Rehabilitation: An International*, *Multidisciplinary Journal*, 22, 655-664.

Tang, C.S.K., Au, W.T., Schwarzer, R., & Schmitz, G. (2001). Mentalhealth outcomes of job stress an1ong Chinese teachers: Role ofstress resource factors and burnout. *Journal ofOrganizationalBehavior*, .22, 887-901.

Tao, K.T. (l998). An overview of only child family mental health inChina. *Psychiatryand Clinical Neuroscience*, 52(Suppl.), S206-S211.

Tong, Y. & Song, S. (2004). A study on general self-efficacy and subjective well-being of low SES college students in a Chinese university. *College Student Journal*, 38, 637-642.

Triandis, A.C. (1995). *Individualism and collectivism*. Boulder, CO: Westview.

Tung, W.C., Gileltt, .P.A., & Pattillo, R.E. (2005). Applying the trans theoretical model to physical activity in family caregivers in Taiwan. *Public Health Nursing*, 22, 299-310.

Turner, J.C. (1982). Towards a cognitive redefinition of social group. In H.Tajfel (ed.), *Social identity and intergroup relations* (pp.15-40). Cambridge, UK: Cambridge University Press.

Vandello, J.A. & Cohen, C. (1999). Patterns of individualism and collectivism across the United States. *Journal of Personality and Social Psychology*, 77, 279-292.

Walker, G.J., Courneya, K S., & Deng, f. (2006). Ethnicity, gender, and the theory of planned behavior: The case of playing the lottery *Journal of Leisure Research*, 38, 224-248.

Wang, S.Y., Chen, C.H., Chin, C.C., & Lee, .S.L. (2005). Impact of postpartum depression on tbe mother-infant couple. *Birth Issues in Perinatal Care*, 32, 39-44.

Watkins, D., Akande, A., Cheng, C., & Regmi, M. (1996). Culture and gender differences in the self-esteem of college students: A four-country comparison. *Social Behavior and Personality*, 24, 321-328.

Weijun, M. (2003). Self-serving versus group-serving tendencies in causal attributions of Chinese people. *Japanese Journal ofSocial Psychology*, 19, 135-143.

Wong, D.F.K, Lam, D.0. B., & Kwok, S.Y.C.L. (2003). Stresses and me.ntal health of fathers with younger children in Hong Kong: Implications for social work practices. *International Social Work*, 46, l03-119.

Wu, A.M.S., Tang, C.S.K., Kwok, T.C.Y. (2004). Self-efficacy, health locus of control, psychological distress in elderly Chinese women with chronic illnesses.*Aging and Mental Health*,8,21-28.

Xie,J.L.,Roy,J.P. & Chen,Z.(2006).Cultural and individual differences in self-rating behavior:An extension and refinement of the cultural relativity hypothesis.*Journal of Organizational Behavior*,27,341-364.

Yamaguchi,Greenwald,Banaj.i ct al.,Yamaguchi,S.,Greenwald,A.G.,Banaji,M.R.,Murakami,F.,Chen,D.,Shiomura,K.,Kobayashi,C.,Cai,H., & Krendl,A.(2007).Apparent universality of positive implicit self-esteem.*Psychological Science*,18,498-500.

Yan,E.C.W. & Tang,C.S.K.(2003).The role of individual,interpersonal,and organizational factors in mitigating burnout among elderly Chinese volunteers. International *Journal of Geriatric Psychiatry*,18,795-802.

Yang,K.S.(1986).Chinese personality and its change.In M.H.Bond(eel),*The psychology of the Chinese people*(pp.106-170).Hong Kong:Oxford University Press.

Yeh,M.Y.,Chiang,I.C., & Huang,S.Y.(2006).Gender differences in predictors of drinking behavior in adolescents.*AddictiveBehaviors*, 31,1929-1938.

Yik,M.S.M. & Bond,M.H.(1993). Exploring the dimensions of Chinese person perceptionwith indigenous and imported constructs:Creating a culturally balanced scale.*The International Journal of Psychology*, 28,75-95.

Yik,M.S.,Bond,M.H., & Paulhus,D.L.(1998).Do Chinese self-enhance or self-efface? It's a matter of domain.*Personality and Social Psychology Bulletin* 24,399-406.

Yu,C.C.W.,Chan,S.,Cheng,F.,Sung,R.Y.T., & Hau,K.T.(2006). Are physical activity and academic perfonnance compatible? Academic achievement,conduct,physical activity and self-esteem of Hong Kong Chinese primary school children.*Educational Studies*,32,331-341.

Yn,R.L. & Ko,H.C.(2006).Cognitive determinants ofMDMA use among college students in Southern Taiwan.*Addictive Behaviors*,31,2199-2211.

Zhang,C.M.,Zou,H., & Xiang,X.P.(2006).The relationship between self-esteem and personality of high school students.*Chinese Mental Health Journal*20,588-591. (in Chinese)

[张春妹、邹泓、向小平(2006):《中学生的自尊与人格特质的相关性》,《中国心理卫生杂志》2006年第 20 期,第 588—591 页。]

Zhang,L.(2005).Prediction of Chinese life satisfaction:Contribution of collective self-esteem.*International Journal of Psychology*,40,189-200.

第 18 章　从本土人格到跨文化人格：
中国人个性测量表

张妙清　张建新　张树辉

与跨文化心理学研究趋势一样,中国人人格测评的发展也以早期西方理论和测量的引入拉开序幕。人格测评最初是由临床和咨询机构的年轻心理学专业人士以及医师使用,用于辅助诊断和治疗决策,后来又被用于组织机构的人事选拔和培训。

翻译和改编测验

20 世纪 70 年代,中国香港和中国台湾翻译使用了明尼苏达多相人格调查表(the Minnesota Multiphasic Personality Inventory,MMPI)和艾森克人格问卷(the Eysenck Personality Questionnaire,EPQ)等主要工具。随着 1978 年中国大陆对西方心理学的开放,客观心理测评在中国达到了一个科学应用的全盛时期。人们认为,客观化测评科学方法的应用增强了这个羽翼尚未丰满专业的心理学的地位(Cheung,1996)。

科学心理学研究在中国复苏之后的起始阶段,受到西方人格理论和测量方法的巨大影响。心理学家们在研究中采用西方心理学测验的比例迅速增加,与此相同,人们在人力资源管理、健康筛查、临床测评、发育测评和司法鉴定领域也都开始应用这些测验方法(Zhang,1988)。因为当时本土工具很少,心理学家多依靠引进的西方成熟人格测验(Cheung,2004;Cheung,Leung et al.,1996)。一般来说,这些西方心理学测量工具在中国人群中使用时表现出了可靠的信度和效度。然而,这些强加式客位(imposed-etic)工具的条目、维度和解释上的文化差异也是显而易见的(Cheung,2004)。

EPQ 的成人和青少年版本最初在香港由陈晶翻译为中文(Eysenck & Chan,1982)。在大陆,北京大学的陈仲庚在获得艾森克允许后翻译了 90 条目的 EPQ 版本。后来北京大学的钱铭怡及其合作者改编并修订了 48 条目的版本。这些版本在不同华人样本中均发现分量表平均分水平上存在跨文化差异。例如,华人样本中外向性(extraversion)的均分要显著低于英国人样本,但是在精神质(psychoticism)评分上则相反(Barrett & Eysenck,1984)。总体而言,除针对精神质的多许条目外,EPQ 的维度具有良好的普遍性(Cheung,2004)。

MMPI 是世界上最广泛使用的人格测验，所以在 20 世纪 70 年代心理学学科复兴的时候，它成为了中国科学院心理研究所决定翻译的量表之一。宋维真教授采用了最初由香港的张妙清（Fanny Cheung）翻译的中文繁体字版本。为了将中文版本标准化，香港中文大学和心理所之间建立了一个合作研究项目。

这是中国首次为人格测验建立大范围代表性全国常模。中国香港和内地组织了工作坊，培训心理学家使用 MMPI，推进它在精神病院、院外门诊和司法机构的常规性应用。1989 年英文版 MMPI-2 出版之后，中科院心理所的张建新继续和张妙清合作，对MMPI-2 的中文版本进行标准化，建立了全国常模。

在 MMPI 国际同行支持下，MMPI 和 MMPI-2 中文版都进行了高标准的翻译和改编。中国内地和香港报告了关于 MMPI 和 MMPI-2 的改编和临床有效化的周密研究（Cheung & Song, 1989；Chenng, Song, & Zhang, 1996；Cheung, Zhang, & Song, 2003；Cheung, Zhao & Wu, 1 992）。中国常模样本在实际数据研究经验基础之上建立了新的中国低频率量表（Chinese Infrequency scale）（Cheung, Song & Butcher, 1991）。香港中文大学出版社（the Chinese University Press）获得了明尼苏达大学出版社（the University of Minnesota Press）的授权；在 2003 年出版 MMPI-2 中文版（Cheung, Zhang, & Song, 2003），中科院心理所获得了上述两个出版社在中国内地的联合授权许可。这是中国签订的第一个西方人格测试版权合约。

另一个被用于研究、且被翻译成中文的西方流行人格测量是 NEO 人格调查表（NEO PI-R）（Costa & McCrae, 1992），它以人格五因素模型（the Five-Factor Model, FFM）为基础。早期中文版本是 Michael Bond 和 Michelle Yik（McCrae, Yik, Trapnell, Bond & Paulhus, 1998）在香港翻译的，接着张建新和谢东等在中国内地进行了修订（Leung, Cheung, Zhang, Song, & Xie, 1997）。另一个 NEO 改编版本是由戴晓阳等（Dai, Yao, Cao & Yang, 2004）翻译的。到今天为止，尚没有关于 NEO PI-R 的标准化研究或者中国常模。在华人被试中使用 NEO PI-R 的研究显示整体吻合 FFM；不过，研究者并没有完整发现开放性因素的原初结构，其他的亚洲研究同样也难以验证这个因素（见Cheung, 2004；Cheung et al., 2008；Leung et al., 1997）。

NEO PI-R 主要用于人格五因素模型（FFM）理论部分的研究，但同时在中国还进行了基于 2000 名精神病患者的大范围临床研究（Yang, McCrae, Costa, Dai, Yao, Cai, & Gao, 1999）。研究获得了这些患者对应六种诊断分类的亚群体人格描述，这六类分类包括物质滥用引发的精神障碍、精神分裂症、双相情绪障碍（躁狂和抑郁发作）、重症抑郁和神经症。然而，Yang、Bagby 和 Ryder（2000）指出，反应风格偏差（response-style bias）可能影响 NEO PI-R 量表对于精神病患者亚群体的有效性，他们特别强调了引入效度量表（validity scales）的必要性。

引入西方成熟人格测验为中国心理学家提供了丰富的科学证据，用于支持它们的实际应用。但,与此同时,人们也观察到引进测验在问卷条目、规模和因素结构等层面上存在文化差异,这些差异为解释测试结果带来一些问题。文化关联性(cultural relevance)的问题促使人们尝试开发本土测量,用于测评和研究与中国文化相关的特定心理结构。这些尝试类似于之前开展的华人心理学本土化运动(参阅本书 Hwang & Han)。

测验引进的"运输和测验"功能在跨文化心理学中引发了广泛讨论(Cheung, Cheung, Wada, & Zhang, 2003)。最初的关注集中于翻译和改编测验的方法学问题(Cheung, Cheung, Wada, & Zhang, 2003)。跨文化心理学新进展为该领域的研究导入了有用的方法学和统计工具,例如,关于改编测试的 ITC(International Test Commission,国际测验委员会)指导原则手册(www.mtestcom.org; Hambleton, Merenda, & Spielberg, 2005; vande Vijver & Hambleton, 1996);Butcher 及其合作者根据他们在 MMPI 和 MMPI-2 的国际化应用中取得的经验,为人格客观测验的跨文化改编总结出一个综合系统,其目的在于建立测验的跨义化等值性(equivalence)(Butcher, Masch, Tsai, & Nezami, 2006)。中文版 MMPI 和 MMPI-2 在翻译和改编时,均采纳了上述这些方法学上的考虑,也因而建立了一系列相关效度研究的程序(Butcher, Cheung, & Lim, 2003; Cheung, 1985; Cheung, Zhang & Song, 2003)。因此 MMPI-2 中文版被看做是在测验款文化翻译和改编中的一个良好操作范例。

尽管测验改编在方法学上有所进步,但跨文化心理学提出的另一个问题,则更具理论和意识形态的意义。占据主导地位的西方心理学客位(etic)研究强调所有人类中的"核心相似性"(core similarities),但却忽略了行为模式的文化关联性和地域化概念的意义(Sue, 1983)。引进的西方测评方法代表的是一种强加式客位方法,在这种方法中,西方的概念结构被假定是全球普适的,而被强加在地方文化之上。这种方法在意识形态上被认为是一种削弱民族认同和意识的文化帝国主义形式。如同 Yik 和 Bond(1993)指出的,即使观察到的行为模式经过精心设计可以契合这种强加模型,但根据西方理论,这种强加式客位测量也会"切断社会知觉世界"("cut social-perception world")。跨文化心理学家已经开始质疑,所引进的测验是否能够充分预测不同文化中的相关标准(Church, 2001)。很可能存在其他对地域文化很重要的、具有文化特异性或者主位(emic)意义的人格结构,但是它们却没有被引进的测量方式涉及和覆盖,或者没有在一个能在地域文化背景中充分理解人格的分类系统中加以诠释(Cheung et al., 2001, 2008)。

中国文化中本土人格测量的发展

20 世纪 70 年代,杨国枢在台湾推进了华人心理学的本土化运动,倡议聚焦于华人社会中重要的人格结构，包括传统化—现代化、面子、和谐、缘（命定的关系 predestined relationship）（Hwang，2000；Leung，本书第 5 章；Yang，1997）。本土化运动为社会心理学的研究研发了大量相关量表，例如黄光国关于面子的研究（见本书第 28 章）。

在 20 世纪 80 年代，中国心理学家在尝试提供文化相关人格测评工具的过程中，开始研发本土测量方法，用以研究中国人的人格及其潜在结构。张妙清及其同事综述了这些早期的尝试（Cheung，2004；Cheung，Cheung，Zhang，& Wada，2003；Cheung，Cheung，& Zhang，2004b）。

柯永河的柯氏性格量表（Ko's Mental Health Questionnaire，KMHQ）（Ko，1977，1981，1997）是台湾学者第一次尝试研发应用于中国文化背景下临床测评的多维度人格测验。柯永河最初以他的临床经验为基础，从 MMPI 中改编一些条目，增加了其他量表来测量符合他提出的一般心理健康理论模型的健康人格特质。在柯永河退休前，KMHQ 经历了多次改编，不同版本拥有不同数目的条目和量表。KMHQ 大多出版于台湾的中文书籍或中文期刊。因为他更多关注于心理健康的模型，柯永河在 KMHQ 中没有增加任何文化特殊性（emic）的人格结构，而这正是台湾本土化心理学运动中其他中国心理学家广泛研究的课题（Cheung & Leung，1998）。

在香港和台湾，另一个由心理学家尝试研发的早期本土测量是多维特质人格量表（Multi-Trait Personality Inventory）（MTPI；Cheung，Conger，Hau，Lew & Lau，1992）①。吕俊甫和他的团队梳理了有关中国文化和中国人人格的文献，与华人学生面谈，并且考察了在中国大陆、中国香港、中国台湾和美国的华人群体的人格特质上可能存在的连续性，最终确认了 122 条双向条目。不同群体的华人共有的这些核心特质包括了针对中国人人格本土成分的条目，它们反映了儒家教育和传统价值观。随着吕俊甫的退休，MTPI 就没有更进一步地研究了。

研发本土人格测量最系统的尝试是由香港中文大学和中国科学院心理研究所的心理学家团队启动的中国人个性测量表（the Chinese Personality Assessment Inventory，CPAI）。研究团队在改编中文版 MMPI 的合作基础上建立，并于 20 世纪 80 年代后期投入 CPAI 的开发，他们在 1992 年推出了该测验的第一个标准版本（Cheung et al.，1996），于 2001 年又出版了第二版（Cheung，Cheung，& Zhang，2004b；Cheung，Cheung，Zhanget al.，2008）。本章第二部分会更详细讨论 CPAI。

其他对华人社会中人格测评的本土化最近的方法采用了心理词汇途径（psycho-lexical approach），从字典中考察人格描述术语（personality descriptor），如，陈仲庚和王登峰（1984）、黄希庭和张蜀林（1992）和王登峰、方林和衍涛（1995）的研究。例如，中国人人格量表（the Chinese Personality Scale），也叫做青年中国人格量表（the QingNian

---

① 译者注：原文参考文献列表中没有该文献，后期增补。

ZhongGuo Personality Scale, QZPS)(Wang & Cui, 2003)。量表最初从字典以及教材、报纸、杂志和小说中选择形容词,从中抽取了七个本土人格因素和15个次级因素。然后写出条目来与这些因素吻合。这些因素解释的共享方差是30.09%。七大因素是外向性、善良、行事风格、才干、情绪性、人际关系和处事态度。从 QZPS 的 180 个条目和NEO PI-R 的 240 个条目而来的联合因素分析,剔除 166 条目之后获得了 7 因素结构,可以解释 28.13%的变异(Wang, Cui, & Zhou, 2005)。王登峰及其同事们发表了大量关于 QZPS 的研究,努力确定中国人人格的七因素结构。

这些本土化测量更多关注理论研究,较少积极开展将测量方式应用于测评所必需的研究项目。因为本土心理学相对狭窄的观角,这些本土测量的研究总是强调他们的构想或者可能的因素结构的独特性(Zhang & Zhou, 2006)。张建新和周明洁认为提出因素的数目和因素文化特异性的本质取决于研究者的取向和方法学,而且这种情景测评的敏感性可以部分解释人格问卷的不同以及不同的因素结构。

跨文化心理学家最初关注的跨文化人格测评更主要的问题仍有待解决(Church, 2001)。一方面,一些本土人格构想(personality construct)和测量可以发挥在特定文化背景中进行人格测量的作用,另一方面,也有必要考虑他们对基本理解人类行为的贡献以及他们在引入的人格测量之外的应用或者渐进效度(incremental validity)。Church(2001)认为,中国人个性测量表(Chinese Personality Assessment Inventory, CPAI)的创编者开发的研究项目最有力地展示了本土衍生人格测量的渐进效度。

中国人个性测量表(Chinese Personality Assessment Inventory, CPAI)

CPAI 的研发是香港中文大学和中科院心理所的心理学家共同努力的结果。为了响应对跨文化人格测评的强加式客位途径的批判,这一团队考虑研发一项本土化测量方法,可以适用于占据世界人口至少四分之一的中国人群。该团队根据 MMPI 中文版的改编和标准化所获得的经验,尝试构建一套涵盖中国人正常人格特征及异常诊断测评的本土化工具。

他们自下而上地从多个来源抽提人格建构和行为条目。CPAI 采用跨文化心理学中的主—客位(etic-emic)结合的途径,既包括普适性的,也包括了本土性的人格构想。CPAI 依据多种来源的大范围日常生活经验来确定人格构想,包括描述人物的小说、媒体和民俗概念,还特别注意了前期调查以及已发表的心理学文献中提出的、在实证基础上抽象出来的文化相关构想。对于基于临床的人格构想,CPAI 参考了当地专业人士的临床经验和之前 MMPI 中文版的应用经验。使用了效度量表(validity scale)来增强测评的精确度(accuracy)。CPAI 以中国内地和香港成年人为代表性全国常模,在此基础上进行了标准化(关于 CPAI 的发展,更详细的描述参阅 Cheung et al., 1996)。中国大陆、香港和台湾大学生的大样本研究验证了因素结构在不同华人社群中的一致性

(Cheung et al.,2001)。最初的 CPAI 包括负荷四个因素的 22 个常用人格量表、两个因素的 12 个临床量表和 3 个效度量表。

为了考察跨文化的相关性,这个团队考察了 CPAI 和五因素模型 NEO PI-R 测量之间的一致性和差异(Costa, & McCrae,1992),NEO PI-R 被公认为测评了普适性的人格维度。在中国和新加坡两地的样本中,CPAI 和 NEO PI-R 的联合因素分析(joint factor analysis)均显示,CPAI 中的人际关系性因素(Interpersonal Relatedness,IR)并不包容在任一大五因素(the Big Five Factors)之中(Cheung,Cheung,Leung,Ward, & Leong,2003;Cheung,Leung et al.,2001),而 CPAI 量表中也没有任一因素包容 NEO PI-R 中的开放性因素(the Openness to Experience)。

为了测试开放性是否和中国人人格的分类学(taxonomy)相关,六个本土研发的开放性相关量表被加入修订版 CPAI-2 中(Cheung,Cheung, & Zhang,2004b;Cheung et al.,2008)。修订版本在 2001 年被重新标准化,代表性样本为来自中国内地和香港的 1911 名 18 岁至 70 岁的成人。CPAI-2 包括 18 个人格量表、12 个临床量表和 3 个效度量表。然而,尽管增加了和开放性相关的量表,使用主轴因素分析(principal axis factoring analysis)方法,从 28 个常用量表中仍然只抽提出了与初始 CPAI 相同的 4 因素方案:领导能量(又称社会影响力,socialpotency/expansiveness)、可靠性(dependability)、容纳性(accommodation)和人际关系性(interpersonal relatedness),可以解释 48.4% 的共享变异(使用 EPA 可以解释 55.4%)。从 12 个临床量表中抽提了两个因素(情绪问题和行为问题),共解释 58.8% 的共享变异(使用 EPA 可以解释 65.6%)。

新增的四个开放性量表(关于自我取向的兴趣和开放性的智力)可由在领导能量因素下的外向性和领导性给予最好的解释,而其他两个社会取向的开放性量表则与 CPAI-2 容纳性因素和人际关系性因素相匹配。这一结果提示,在中国文化下的开放性构想不仅包括与西方研究相似的个人对待想法和兴趣的开放性,而且还包括与其他人的社会关系的开放性(Cheung et al.,2008)。在 NEO-FFI(NEO PI-R 的简短版本)和 CPAI-2 的联合因素分析之后,再次发现了人格的六因素模型(Cheung,Cheung,Zhang et al.,2008)。该因素结构可以解释为五因素模型和 IR(人际关系性)因素的合并。

2005 年,研究者又根据 CPAI－2 的框架研发出了 CPAI 针对青少年的版本(CPAI-A,Cheung,Fan,Cheung, & Leung,2008)。使用同样的主—客位结合的方法,与中国青少年相关的人格构想来自于多种来源的民间概念,涉及中国大陆、中国香港和中国台湾三方参与者,增加了专门与青少年有关的量表,而 CPAI-2 中那些被认为对这个年龄群体没那么重要的量表被删除。CPAI-A 最初在香港被标准化,使用 2689 个年龄在 12—18 岁之间的代表性样本。CPAI-A 包括 25 个常用人格量表的 4 因素(领导能量、情感稳定性、人际关系性和可靠性),和 14 个临床量表的两个因素(情感问题和行为问题)。有研究报告了性别差异和这些差异的发展性趋势(Fan,Cheung,Cheung, &

Leung,2008）。

周明洁（2007）根据常模样本对 CPAI 和 CPAI-2 中同一条目的反应,考察了快速社会变革对人格的影响。常模中,中国现代化和经济发展相关改变模式提供了考察中国人人格结构稳定性的框架。四个常用人格因素无论在年龄还是时间上都保持稳定,这些人格量表包括普适性特质,例如理智—情感、进取心、责任感、自卑—自信以及乐观—悲观,也包括本土特质,如有面子、亲情（family orientation）和阿 Q 精神。周明洁认为这些维度可能反映了中国人人格更加核心的结构。

另一方面,在 CPAI-2 中更容易受社会和生活改变影响的常见人格量表则包括一些普适性特质,例如领导性、务实性、情绪性和内—外控制点、严谨性和节俭—奢侈。这些人格维度对环境影响更敏感,可能反映了与社会变化存在更显著交互作用的人格结构水平。需要更进一步的研究解释人格稳定性的基础,而周明洁提出的模型为考察与在文化环境下更依赖情境的人际关系性因素相关的维度提供了令人感兴趣的框架。

CPAI 的效度检验（validation）

一个本土人格测量方式的应用依赖于阐释它时所依据的研究数据库。CPAI/CPAI-2 测验的编制者们和其他跨文化及中国心理学研究者们深入开展了关于其效度的研究计划。研究者们已经发现,CPAI、CPAI-2 和 CPAI-A 测量的中国人人格特质与各种外部变量有关,其中包括了与基础心理现象、精神健康和应用机构关注的结果相关变量。Cheung 等人（2001）报告了早期 CPAI 本土因素在预测中国文化中社会关系的不同成分上的渐进效度研究,包括孝顺、信任、人际影响手段和交流类型等。接下来的综述聚焦于关于 CPAI/CPAI-2/CPAI-A 的社会相关本土人格因素/量表和临床量表以及他们对各种结果变量（outcome variables）的贡献。

生活满意度（life satisfaction）

研究发现,普适性特质（比如乐观和自我接受）与主观幸福感和自尊有关,除此之外,一些本土维度与中国人的生活满意度有关。在 CPAI-2 的常模中,本土衍生的亲情（family orientation）与和谐性维度同生活满意度的指标正相关,而面子和防御性（阿 Q 精神）同生活满意度负相关（Cheung & Cheung,2002,July）。在一次华人大学生样本中,也发现这四个本土维度以及人际触觉（social sensitivity）同生活满意度相关（Chen, Cheung,Bond, & Leung,2006）。Ho、Cheung 和 Cheung（2008）使用 CPAI-A 在华人青少年样本测查,发现人际关系性因子中亲情、和谐性、人际触觉、宽容（graciousness）、人情同生活满意度正相关。亲情与和谐导致生活满意度的额外变异超出 CPAI-2 中的情绪化、自卑、乐观和外向性这些普适性维度。

这些研究发现符合这种观点：中国社会是集体主义社会，人际关系在生活满意度中发挥重要作用。在中国人中，与家庭关系密切、敏锐感知他人感受和幸福感、维持和谐、看重互惠的社会关系都与生活满意度相关。而且，在华人青少年中的研究结果提示，这些特质的社会化早在青少年心理发展时期就已经发生了，因为关系相关特质和生活满意度之间的联系甚至存在于高中生之中。另一方面，顾面子（face concern）和阿Q精神（防御）以及中国文化中其他凸显的社交行为趋向与生活满意度负相关，因为它们干扰了人们获取顺畅有益的人际关系。

关系性人格特质如何影响生活满意度和幸福感呢？Ho等（2008）发现人格对华人青少年生活满意度有直接和间接效应。人格特质可能会让人们更容易发生或者防止人们发生负性生活事件，继而影响主观幸福感。Ho（2008）进一步发现，香港青少年的人际关系性人格因素在暴力接触史和劳教结果之间的关系中发挥中介作用。一项研究使用CPAI-2考察生活满意度和宽恕（forgiveness）相关性，探讨了另一种可能的解释（Fu，Watkins, & Hui，2004）。研究发现，在华人大学生和教师中，人情与和谐维度显著预测了宽恕，而原谅的倾向和包括生活满意度在内的各种心理健康指标相关，这个结果提示，人情与和谐性可能部分通过宽恕意愿影响生活满意度。可能在中国社会回避冲突的社会准则下，强调人情与和谐可以产生中国式的冲突解决办法，例如宽恕，而这对主观幸福感很重要。进一步研究可以考察，在宽恕、冲突管理（conflict management）、人情、和谐与生活满意度之间存在的关系模式，这类研究会促进我们理解中国本土人格特质对幸福感和人际关系的贡献。

社会信念（Social beliefs）

Chen、Bond和Cheung（2005）发现，CPAI-2中的几个本土维度与社会公理（social axioms）或关于世界的信念有关。他们将CPAI-2量表与社会公理量表（the SocialAxiom Survey）（一个测量5个社会观念的普遍因素的问卷）相关联（Leung & Bond，2004）。具体说来，社会犬儒主义（social cynicism）与人际触觉、和谐性、老实（veraciousness）、宽容和亲情负相关，与面子和防御正相关。社会犬儒主义代表着一种对人性的消极观点和对人们的普遍不信任态度。它与CPAI-2本土维度的关系提示，这种消极观点不容于那些会促进社会联系和交往的中国人特性，例如和谐与敏锐感知他人感受（being sensitive to others' feelings）。另一方面，非常顾面子和防御的人们可能会消极看待人性，以此作为保护自尊的一种方式，他们将失败归因为他人的错误作为，从而导致对人的不信任。另一种社会信念劳有所得（reward for application），与人情、人际触觉、和谐、亲情、仁慈和诚实正相关。劳有所得的初始概念强调，奖励（正性结果）来自于个人资源（例如知识、努力和辛勤工作）的投资。在中国文化背景下，维持良好的人际关系需要社交技巧，可以被认为是可能带来正性奖励的努力甚至投资。尽管如此，这个研究中,两两变量之间的相关性大多相对较小,这一结果表明,社会信念和这些本土人格维度有关但又迥然不同。需要进行更多研究进一步考察在社会信念和本土人格维度之间关系的动态变化。

性别认同(Gender identity)

和其他西方人格测量方法一样,CPAI-2 和 CPAI-A 中的一些维度平均分也存在性别差异。除了关于领导能量(social potency)和可靠性因素的普适性人格特质,CPAI-2 常模中的女性在一些本土维度(包括面子、和谐、人际触觉)上的得分也较高(Cheung et al.,2004b)。在 CPAI-A 的本土人格维度中观察到更多的性别差异,女孩在大多数测量人际关系性因素的维度上得分更高(Fan et al.,2008)。

这些性别差异可以理解为与性别角色认同有关。张莉和冯江平(2005)基于 1000 位中国大学生样本,考察了贝姆性别角色调查表(the Bem Sex Role Inventory)测量的性别认同和 CPAI-2 测量的人格特质之间的联系。他们发现双性化(androgynous)和男性化(masculine)的本科生在所有领导能量方面的得分都高于女性化的本科生(例如新颖性、领导力、理智取向)。在人际关系性因素的维度,双性化本科生在 CPAI-2 的人情、和谐、人际触觉和面子维度的得分高于男性化本科生,而与女性化本科生相似。然而,双性化和男性化大学生在宽容维度的得分都低于女性化大学生。而且,双性化大学生比女性化大学生呈现更多的自我取向,但是比男性化大学生有更多社会取向。另一方面,双性化大学生比女性化和男性化大学生在防御性上的得分都要高。这些发现提示,在中国社会,双性化性别认同的人们可能在人际关系上存在女性化取向,而同时具有功利性和理性的男性化取向。

CPAI 量表的应用

人格测量在应用机构的使用依托于资料完备的研究数据库。通过在工业组织、教育以及临床机构的应用,CPAI 的不同版本都建立了数据库。

领导力(Leadership)

有研究者依据工作年资比较了香港某所大学中 400 多名 MBA 学生的 CPAI-2 轮廓图(Cheung,Fan, & To,2008)。那些高级别管理层的学生在责任感、自我接受(self-acceptance)、开拓性(enterprise)、冒险性(adventurousness)以及领导性上得分较高。MBA 学生整体上在亲情和人情方面的得分高于 CPAI-2 常模。作者讨论了这种关系取向在对中国领导者具有角色期待的背景下的意义。为了在中国社会的商业机构中发挥良好的功能,中国领导者需要考虑关系准则,重视互惠支持。而且,中国文化不仅看重领导者的工作表现,还看重他们家庭责任的表现,家庭工作两不误(Redding & Wong, 1986)。华人社会中工作家庭界限的研究表明,人们认为工作和家庭相互依存。家庭经济保障是工作承诺的强有力动机(Halpern & Cheung,2008;Yang,Chen,Choi, & Zou, 2000)。

另一项研究针对中国内地和香港职务水平上的高级管理者(来自商业组织的首席执行官 CEO 和总经理)进行,研究发现,根据 Quinn(1988)的行为复杂模型(model of behavioral complexity),CPAI-2 维度可以预测领导行为(Cheung et al.,2008),包括其中的六个部分,即领导改变(leadershipchange)、生产结果(producing results)、管理过程(managing process)、与人相处(relating to people)、道德品质(moral character)和个人效能(individual effectiveness)。该结果与西方使用一般人格测量的研究结果一致,CPAI 中领导能量(social potency)因素是所有六项自我评分的显著预测因子,该结果证实了这种观点:领导能量是一个结合了开放性、外向性和领导力的混合因素。可靠性是除与人相处之外的所有领导行为的预测因子,和西方研究中责任心的结果一致。另外,本土人际关系性因素预测了管理过程、与人相处、道德品质和个人效能的自我评分。它也是下属评价领导者与人相处能力的显著预测因子。进一步对个人维度的分析揭示,人情、人际触觉与和谐同行为复杂性(例如在领导行为的多个维度上得分高)与效能相关,这一结果呼应了之前 MBA 学生的研究结果(人际问题对华人领导力的重要性)。在西方社会复制这一研究会有助于揭示,该结果是否特别存在于中国人领导力方面(参阅本书 Chen & Farh)。

工作绩效(work performance)

研究者在不同应用机构中考察了 CPAI 和 CPAI-2 维度同工作绩效之间的联系。Kwong 和 Cheung(2003)在连锁酒店中使用 CPAI 对管理人员施测,发现和谐和领导力维度与上级评价的人际情境行为(interpersonal contextual behaviors)显著相关,而诚实与上级评价的个人情境行为(personal contextual behaviors)显著相关。Cheung、Chan 和 Cheung(2007,July)在连锁酒店内对前台服务人员使用 CPAI-2 施测。他们发现,一些可靠性因子维度(责任心、严谨、情绪性)与和谐显著预测了被上级评价的工作绩效。Chan(2005)考察了 CPAI-2 在预测一所大学中教学表现的效度。社区大学中课程导师的样本用 CPAI-2 施测。他们量表的得分与来自学生的教学评价评分相关。据发现,在人情因素上的高分值与教学态度上的高度评价相关,而和谐上的高分值与学生感知到的动机、表现、教学态度和互动有关。这三个研究都涉及他人对工作绩效的评分。这些发现汇聚在一起证实,本土人际关系性因素维度在预测工作绩效上的应用具有超出普适性人格特质之外的贡献,尤其是当工作职责涉及社会交往时。

在一个关于谈判的研究中,Liu、Friedman 和 Chi(2005)发现,对管理学中国研究生来说,CPAI-2 中面子、和谐和人情维度可预测中国 MBA 学生的谈判行为,而大五模型外向性和宜人性预测美国 MBA 学生的谈判行为。在工作职责涉及成功谈判的程度上,这些发现提示,本土特质在中国文化背景中的工作绩效上发挥重要的作用。Sun 和 Bond(2000)也发现,在预测中国管理者将好言相劝用作人际影响手段时,CPAI 中面子、和谐和人情维度解释了 NEO-FFI 维度无法解释的额外变异数。

临床效度(Clinical validity)

为了在临床评估中建立聚合效度(convergent validity),研究者们将 CPAI 和临床机构最广泛使用的人格测量方法之一 MMPI-2 进行了比较。Cheung、Cheung 和 Zhang(2004a)在一组中国大学生样本中使用 CPAI 和 MMPI-2 施测,考察了相应的 CPAI 临床量表同 MMPI 量表之间的相关模式。总的来说,这两套量表中,测量相似类型心理病理学的量表之间的相关性要高于那些测量不相似或者无关类型心理病理学的量表之间的相关性。在 CPAI 临床量表和 MMPI 内容量表(content scales)之间的一致性要高于 CPAI 临床量表和 MMPI 临床量表之间的一致性,因为后者是在美国标准的分类和常模的实证经验上诞生的。尽管二者在整体上相互一致,然而发现的以上差异提示,各种临床特点的表现存在潜在的文化差异。

CPAI 和 CPAI-2 的效度也得以在临床样本中进行探讨。Cheung、Kwong 和 Zhang(2003)在一组因严重暴力犯罪收押的罪犯样本中使用 CPAI 施测。病理性防御、反社会行为、躯体化(负性)和性适应问题(负性)方面显著地区分了罪犯与匹配的正常对照组。另外,七项常见人格维度(即外向性、悲观、圆滑、人情、灵活性、冒险性和传统主义)也显著区分了在押犯和正常对照组。

同一文章报告的第二个研究中,CPAI 在北京的两个精神病院的患者样本中施测。在临床维度中,病态依赖、脱离现实、抑郁、性适应性问题、反社会行为和躯体化显著区分了精神病患者和匹配的正常对照组。这些精神病患者在几项本土常见人格维度上得分也比对照组低,包括人情、面子和亲情。

Cheung(2007)报告了一个大范围研究,使用 CPAI-2 考察了从中国内地和香港十家医院中募集的五类已确诊精神病患者的人格侧写。与常模相比,精神分裂症患者在脱离现实、猜疑、抑郁、反社会行为和躯体化上得分较高。双相障碍患者在躁狂发作时在轻度兴奋、需要关注、病态依赖和焦虑上得分较高,而在抑郁发作期间在抑郁、需要关注、自卑和脱离现实方得分较高。神经症(neurotic disorders)(包括广泛性焦虑障碍、强迫—冲动障碍和其他神经症)患者在焦虑、抑郁和身体症状上获得的分值增高。重症抑郁患者在抑郁、身体症状和脱离现实的得分比常模高。

根据这次临床研究得到的数据,Cheung、Cheung 和 Leung(2008)探讨了 CPAI-2 在区分物质使用障碍的男性患者、常模中匹配的中国男性以及匹配的没有物质滥用的其他精神病患者时的用途。如同假设提出的，病态依赖维度显著地将物质使用障碍患者和其他两组匹配对照组区分开。两个其他维度（悲观和抑郁）也将物质使用障碍患者和正常对照组区分开。另外，反社会行为显著地区分了这一临床群体和其他没有物质滥用的精神病患者。除了临床维度，CPAI-2 描述这些患者具有可靠性低、情绪不稳定、社会功能失调和人际关系困难等特点。尤其是，本土维度中亲情（familyorientation）与和谐性的低分值伴随阿 Q 精神的高分值反映了在社会功能失调方面的问题。这些 CPAI-2 普适性和本土性人格维度有助于鉴别可能对治疗有意义的顽固人格特质。

临床量表条目中与文化更相关的内容也为评估中国背景下的情绪困扰提供了有用的测量工具。例如，Chang、Lansford、Schwartz 和 Farver（2004）在一群香港小学生中使用 CPAI-2 抑郁量表来研究母亲的抑郁同孩子攻击水平之间的联系。他们发现母亲抑郁对孩子攻击性具有直接影响，也会通过严厉教养方式对孩子攻击性产生间接影响。李宏利和张雷（2007）研究了一组更小的孩子（平均年龄 4.78 岁），研究发现，在父亲判断儿童与自己的类似性这种情况下，父母抑郁通过严厉教养方式对孩子攻击性具有显著的间接影响。

这些研究支持 CPAI/CPAI-2 量表应用于临床，在评估中国文化背景下具体临床疾病时提供渐进效度。因为具有中国常模和文化相关条目，CPAI-2 成为一项科学评估中国社会中心理病理学的实用工具。

从本土人格到跨文化人格

为了解答跨文化心理学家对本土人格测量渐进效度的质疑，CPAI 被拿来与其他重要的引进测量工具相比较，并翻译为英文版本应用于其他文化群体（Cheung et al.，2001；Cheung，Cheung，Leung et al.，2003；Lin & Church，2004）。甚至在那些非华人的样本中，本土人际关系性（interpersonal relatedness，IR）维度也不能被融入大五模型，而且这些样本具有人际关系性这一独特维度的 CPAI 因素结构也和中国常模一致。CPAI-2 被翻译成英文、韩文和日文。使用这些其他语言版本的因素分析研究也显示，人际关系性因素可以在其他文化群体（包括亚裔美国人、韩国人、日本人和新加坡的不同种族）中提取出来（Cheung，2006；Cheung，Cheung，Howard，& Lim，2006），因而 CPAI-2 被重新命名为跨文化（中国人）个性测量表［Cross-cultural（Chinese）Personality Assessment Inventory］。

我们开发 CPAI 的最初目的是为中国心理学家提供满足应用需要的文化上相关的工具。我们从改编引入的测量和在测验开发中遵循国际准则的经验中获益，创造了一项抓住中国人人格重要维度的工具。CPAI 的跨文化研究为提供中国人人格的普适性和文化特异性维度提供了机遇。我们并无意将 CPAI-2 的因素结构强加在其他文化上,不过,和复杂的工具性关系(instrumental relationships)相关的 IR 因素甚至出现在非华人样本,这一事实突显了西方人格理论和测试的缺陷。主流的西方人格理论倾向于关注个人的内心部分,而忽略了重要的人际领域。

CPAI-2 的跨文化研究为心理学家提出了一项挑战,重新考察人格结构的普适性与文化特异性之间的争议,以及相关的主位与客位途径的对立(etic vs. emic)。Bond(1988)在他开发中国人价值观调查(the Chinese Value Survey,CVS)时第一个采用主—客位相结合(combined emic-etic)途径,测试了 CVS 在 9 种不同文化中跨文化的相关性,同时包括了普适性维度和本土维度,这就提供了一个系统的全文化测量,增强了文化敏感度,推动了同时进行跨文化比较的研究。Van der Vijver 和 Leung(1997)将这种结合主位和客位维度的途径推崇为是一种在跨文化研究中开辟新理论基础的有力方式。将本土性和普适性维度结合起来使跨文化心理学中的更多动态交流成为可能,这种交流克服了跨文化心理学中"西方知识帝国主义(intellectual imperialism)"的顾虑(Cheung & Leung,1998,p.246)。

CPAI-2 在其开发过程中通过采用主—客位相结合的途径,提供了"一种对本土文化背景敏感的测量方式,容许对主位或者强加主位特质的意义进行跨文化比较,扩展了在更广阔文化背景下对本土特质的解释"(Cheung,2006,p.102)。CPAI 的研究发表在国际期刊上,给跨文化心理学家提供了一个跨越多种文化理解人格基础结构的构想。

这种方法学的途径现在被认为是在非西方文化中开发本土人格测量的最好实践活动之一,并且作为参考模型为南非人格问卷(the South African Personality Inventory)(SAPI;Meiring,van der Vijver,Rathmann, & de Bruin,2008,July)这一鸿篇巨制所引用。SAPI 是一套系统的人格问卷,具有 11 种语言版本,提供了公平合理的文化上有效的遍及众多南非文化和语言全部群体的人格测量。

尽管 CPAI 研究的初衷是用于实践,不过它仍引导我们走向更理论化的道路,将这个本土工具呈现的文化现实(cultural reality)与以外借工具和外借理论为基础的强加式现实(imposed reality)进行比较(Cheung,2004)。它也说明,主—客位结合的途径适用于从更综合的跨文化视角来研究人格,促使我们反思研究中国人心理学的更广阔意义。

作者注释

本章内的 CPAI 研究部分由 the Hong Kong Government Research Grants Council Earmarked Grant Projects(#CUHK4333/00H, #CUHK4326/01H, #CUHK4333/00H, #CUHK 4259/03H, #CUHK 4715/06H),以及 Direct Grants of the Chinese University of Hong Kong(#2020662,#2020745,#2020871)资助。

参考文献

Bond, M.H. (1988). Finding universal dimensions for individual variation in multicultural studies of values: The Rokeachand Chinese Value Surveys. *Journal of Personality and Social Psychology*, 55, 1009-1015.

Butcher, J. N., Cheung, F. M., & Lim, J. (2003). Use of the MMPI-2 with Asian populations. *Psychological Assessment*, 15, 248-256.

Butcher, T.N., Mosch, S.C., Tsai, J.. & Nezami, E. (2006). Cross cultural applications of the MMPl-2. In J.N.Butcher (ed.). *MMPI-2: The practitioner's guide* (pp.505-537). Washington, DC: American Psychological Association.

Chan, B. (2005). From West to East The impact of culture on personality and group dynamics. *Cross-Cultural Management*, 12, 31-45.

Chang, L., Lansford, J. E., Schwartz, D., & Farver, J. M. (2004). Marital quality, maternal depressed affect, harshparenting, and child externalising in the Hong Kong Chinese families. *International Journal of Behavioral Development*, 28, 311-318.

Chen, S.X., Bond, M.H., & Cheung, F.M. (2005). Personality correlates of social axioms: Are beliefs nested withinpersonality? *Personality and Individual Differences*, 40, 509-519.

Chen, S.X., Cheung, F.M., & Bond, M.H. (2005). Decomposing the construct of ambivalence over emotional expressionin a Chinese cultural context. *European Journal of Personality*, 19, 185-204.

Chen, S.X., Cheung, F.M., Bond, M.H., & Leung, J.P. (2006). Going beyond self-esteem to predict life satisfaction: The Chinese case. *Asian Journal of Social Psychology*, 9, 24-35.

Chen, Z.G. & Wang, D.F. (1984). *Desirability, meaningfulness and familiarity ratings of 670 personality-trait adjectives*. Unpublished manuscript, Psychology Department, Peking University. (in Chinese)
[陈仲庚、王登峰(1984):《670 个中文人格特质描述性形容词的好恶度、意义度、熟悉度的研究》, 北京大学心理学系研究资料。]

Cheung, F. M. (1985). Cross-cultural considerations for the translation and adaptation ofthe Chinese MMPl in Hong Kong. In J N.Butcher & C.D.Spielberger (eds), *Advances in personality assessment*, Volume 4 (pp.131-158). Hillsdale, NJ: Erlbaum.

Cheung, F.M. (1996). The assessment of psychopathology in Chinese societies. In M.H.Bond (eel). *Handbook of Chinesepsychology* (pp.393-411). Hong Kong: Oxford University Press.

Cheung, F.M. (2004). Use of Western-and indigenously-developed personality tests in Asia. *Applied Psychology: An International Review*, 53, 173-191.

Cheung, F.M. (2006). A combined emic-etic approach to cross-cultural personality test development: The case of the CPAl. ln W. Ting, M. R. Rosenzweig, G. d' Ydewalle, H. Zhang, H. C. Chen, & K. Zhang (eds). *Progress in psychologicalscience around the world*, Volume 2: Social and Applied Issues. Congress Proceedings: XVIIIInternational Congress of Psychology, Beijing, 2004 (pp.91-103). Hove, UK: Psychology Press.

Cheung, F.M. (2007). Indigenous personality correlates from the CPAl-2 profiles of Chinese psychiatric patients. *World Cultural Psychiatry Research Review*, 2, 114-117.

Cheung, F.M., Cheung, S.F., & Leung, F. (2008). Clinical validity of the Cross-Cultural (Chinese) Personality AssessmentInventory（CPAl-2）in the assessment of substance use disorders among Chinese mean. *Psychological Assessment*,20,103-113.

Cheung,F.M.,Cheung,S.F.,Leung,K.,Ward,C.,& Leong,P.（2003）.The English version of the Chinese Personality Assessment Inventory（CPAI）.*Journal of Cross-Cultural Psychology*,34,433-452.

Cheung,F.M.,Cheung,S.F.,Wada,S.,& Zhang,J.X.（2003）.Indigenous measures of personality assessment in Asiancountries:A review.*Psychological Assessment*,15,280-289.

Cheung,F.M.,Cheung,S.F.,& Zhang,J.X.（2004a）.Convergent validity of the Chinese Personality Assessment Inventoryand the Minnesota Multiphasic Personality lnventory-2:Preliminary findings with a normative sample.*Journal of Personality Assessment*,82,92-103.

Cheung,F.M.,Cheung,S.F.,& Zhang,J.X.（2004b）.What is"Chinese"personality? -subgroup differences in the ChinesePersonality Assessment Inventory（CPAl-2）.*Acta Psychologica Sinica.*,36,491-499.

Cheung,F.M.,Cheung,S.F.,Zhang,J.X.,Leung,K.,Leong,F.T.L.,& Yeh,K.H.（2008）.Relevance of openness as apersonality dimension in Chinese culture.*Journal of Cross-Cultural Psychology*,39,81-108.

Cheung,F.M.,Fan,W.Q.,Cheung,S.F.,& Leung,K.（2008）.Standardization of the Gross-cultural［Chinese］PersonalityAssessment Inventory for adolescents in Hong Kong:A combined emic-etic approach to personality assessment.*Acta Psychologica Sinica*,40,839-852.（in Chinese）

［张妙清、范为桥、张树辉、梁觉（2008）:《跨文化（中国人）个性测量表青少年版（CPAI-A）的香港标准化研究——兼顾文化共通性与特殊性的人格测量》,《心理学报》2008 年第 40 期,第 839—852 页。］

Cheung,F.M.,Fan,W.Q.,& To,C.（2008）.The Chinese Personality Assessment Inventory as a culturally relevantpersonality measure in applied settings.*Social and Personality Psychology Compass*,2,74-89.

Cheung,F.M.& Leung,K.（1998）.Indigenous personality measures:Chinese examples.*Journal of Cross-Cultural Psychology*,29,233-248.

Cheung,F.M.,Leung,K.,Fan,R.,Song,W.Z.,Zhang,J.X,& Zhang,J P.（1996）.Development of the Chinese Personality Assessment Inventory（CPAI）.*Journal of Cross-cultural Psychology*,27,18 1-199.

Cheung,F.M.,Leung,K.,Zhang,J.X.,Sun,H.F.,Gan,Y.Q.,Song,W.Z.,& Xie,D.,（2001）.Indigenous Chinesepersonality constructs:Is the Five Factor Model complete? *Journal of Cross-Cultural Psychology*,32,407-433.

Cheung,F.M.& Song,W.Z.（1989）.A review on the clinical applications of the Chinese MMPI.*Psychological Assessment*,1,230-237.

Cheung,F.M.,Song,W.Z.,& Butcher,J.N.（1991）.An infrequency scale for the Chinese MMPI.*Psychological Assessment*,3,648-653.

Cheung,F.M.,Song,W.Z.,& Zhang,J.X.（1996）.The Chinese MMPI-2:Research and applications in Hong Kong andthe People's Republic of China. In J. N. Butcher（ed.）,*International adaptations of the MMPI-2:A handbook of researchand applications*（pp.137-161）.Minneapolis,MN:University of Minnesota Press.

Cheung,F.M.,Zhang,J.X,& Song,W.Z.（2003）.*Manual of the Minnesota Multiphasic Personality lnventory2（MMPI-2）Chinese edition*.Hong Kong:The Chinese University Press.

Cheung,F.M.,Zhao,J.C., & Wu,C.Y.(1992).Chinese MMPl profiles among neurotic patients.*Psychological Assessment*,4,214-218.

Cheung,P.C.,Conger,A.J.,Hau,K.T.,Lew,WJF., & Lau,S.(1992).Development of the multitrait personality-inventory(MTPI)-Comparison among 4 Chinese populations. *Journal of personality assesment*,3,528-551.

Cheung,S.F.,Chan,W., & Cheung,F.M.(2007,July).*Applying the item response theory to personality assessment inorganizational setting:A case study of the CPAI-2 in the hotel industry.*Paper presented at the 7th Conference of AsianAssociation of Social Psychology,Kota Kinabalu,Malaysia.

Cheung,S.F. & Cheung,F.M.(2002,July).*The Chinese Personality Assessment lnventory-2(CPAI-2),life satisfaction,andsignificant life events.*Paper presented at the Symposium on"Validation of the Chinese Personality Assessment Inventory"at the 25th International Congress of Applied Psychology,Singapore.

Cheung,S.F.,Cheung,P.M.,Howard,R., & Lim,Y.H.(2006).Personality across ethnic divide in Singapore:Are"Chinesetraits"uniquely Chinese? *Personality and Individual Differences*,41,467-477.

Church,A.T.(2001).Personality measurement in cross-cultural perspective.*Journal of Personality*,69,979-1006.

Costa,P.T.,Jr & McCrae,R.R.(1992).*Revised NEO Personality Inventory(NEO PI-R)and NEO Five-Factor Inventory(NEO-FFI)professional manual.*Odessa,FL:Psychological Assessment Resources,Inc.

Dai,X.Y.,Yao,S.Q.,Cai,T.S., & Yang,J.(2004).Reliability and validity of the NEO-PI-R in Mainland China,*Chinese Mental Health Journal* 18,171-174.(ln Chinese)

[戴晓阳、姚树桥、蔡太生、杨坚(2004):《NEO 个性问卷修订本在中国的应用研究》,《中国心理卫生杂志》2004 年第 18 期,第 171—174 页。]

Eysenck,S.G. & Chan,J.(1982).A comparative study of personality in adults and children:Hong Kong vs.England.*Personality and Individual Differences*,3,153-160.

Fan,W.,Cheung,F.M,Cheung,S.F., & Leung,K.(2008).Gender difference of personality traits among Hong Kongsecondary school students and their development analyses.*Acta Psychologica Sinica*,40,1002-1012.(in Chinese)

[范为桥、张妙清、张树辉、梁觉(2008):《香港中学生人格特质的性别差异及其发展性分析》,《心理学报》2008 年第 40 期,第 1002—1012 页。]

Fu,H.,Watkins,D., & Hui,E.,K.P.(2004).Personality correlates of the disposition towards interpersonal forgiveness:A Chinese perspective.*International Journal of Psychology*,39,305-3 l 6.

Halpern,D.F. & Cheung,F.M.(2008).*Women at the top:Powerful leaders tell us how to combine work and family.*Chichester,West Sussex:Wiley-Blackwell.

Hambleton,R.,Merenda,P., & Spielberger,C.(eds.).(2005).*Adapting educational and psychological tests for cross-culturalassessment.*Mahwah,NJ:Erlbaum.

Ho,M.Y.(2008).*Adjustment of adolescents who are exposed to violence:Factors associated with resilience.*Unpublishedmaster's thesis,The Chinese University of Hong Kong,Hong Kong.

Ho,M.Y.,Cheong,F.M., & Cheung,S.F.(2008).Personality and life events as predictors of adolescents'life satisfaction:Do life events mediate the link between personality and life satisfaction? *Social Indicators Research*,89,457-471.

Huang, X. T. & Zhang, S. L. (1992). Desirability, meaningfulness and familiarity ratings of 562 personality-trait adjectives, *Psychological Science*, 5, 17–22. (in Chinese)

[黄希庭、张蜀林(1992):《562个人格特质形容词的好恶度、意义度和熟悉度的测定》,《心理科学》1992年第5期,第17—22页。]

Hwang, K.K. (2000). Chinese relationalism: Theoretical construction and methodological considerations. *Journal for theTheory of Social Behaviour*, 30, 155–178.

International Test Commission. *ITC guidelines for adapting tests*. Retrieved January3, 2008 from http://www. intestcom. org/itc _ projects. htm # ITCper cent20Guidelines per cent20on per cent20Adapting percent20Tests.

Ko, Y.H. (1977). *Ko's Mental Health Questionnaire Manual* Taipei, Taiwan: Chinese Behavioral Science Press. (ln Chinese)

[柯永河(1977):《柯氏性格量表手册》,台北:中国行为科学社。]

Ko, Y.H. (1981). *Ko"s Mental Health Questionnaire: Revised Manual* Taipei, Taiwan: Chinese Behavioral Science Press. (In Chinese)

[柯永河(1981):《修订之柯氏性格量表手册》,台北,中国行为科学社。]

Ko, Y.H. (1997). Ko"s Mental Health Questionnaire Revised (KMHQ 1996). *Ce yan nian kan* [*Journal of Assessment*], 44, 3–28. Taipei, Taiwan: Chinese Behavioral Science Press. (In Chinese)

[柯永河(1997):《修订之柯氏性格量表手册(KMHQ 1996)内容,信效度常模及其使用说明》,《中国测验学会测验年刊》,1997年第44卷第1期,第3—28页。]

Leung, K., Cheung, F. M., Zhang, J. X., Song, W. Z., & Xie, D. (1997). The five factor model of personality in China. In K. Leung, Y. Kashima, U. Kim, & S. Yamaguchi (eds), *Progress in Asian social psychology* (Vol.I, pp.231–244). Singapore: Wiley.

Li, H. & Chang, L. (2007). Paternal harsh parenting in relation to paternal versus child characteristics: The moderatingeffect of paternal resemblance belief. *Acta Psychologica Sinica*, 39, 495–501.

Lin, E.J. & Church, A.T. (2004). Are indigenous Chinese personality dimensions culture-specific? An investigation ofthe Chinese Personality Assessment Inventory in Chinese American and European American samples. *Journal ofCross-Cultural Psychology*, 35, 586–605.

Liu, L A., Friedman, R.A., & Chi, S.C. (2005). Ren Qing versus the "BigFive": The role of culturally sensitive measuresof individual difference in distributive negotiations. *Management and Organizational Review*, 1, 225–247.

Marsella, A.J., Dubanoski, J., Hamada, W.C., & Morse, H. (2000). The measurement of personality across cultures: Historical, conceptual, and methodological issues and considerations. *American Behavioral Scientist*, 44, 41–62.

McCrae, R.R., Yik, M.S.M., Trapnell, P.D., Bond, M.H., & Paullhus, D.L. (1998). Interpreting personality profiles acrosscultures: Bilingual, acculturation, and peer rating studies of Chinese undergraduates. *Journal of Personality and Social Psychology*, 74, 1041–1055.

Meiring, D., van der Vijver, F., Rotjlma. nn, I., & de Bruin, D. (2008, July) *Uncovering the Personality Structure of the 11 Languages Groups in South Africa: SAPI Project*. Paper presented a t the Symposium on "Testing and assessment inemerging and developing countries II: Challenges and recent advances", the 29th International Congress of Psychology,Berlin,Germany.

Redding,G. & Wong,G.Y.Y.(1986).The psychology of Chinese organizational behaviour.In M.H.Bond (ed.),*The psychology of the Chinese people*(pp.267–295).Hong Kong:Oxford University Press.

Sun,H.F. & Bond,M.H.(2000).Choice of influence tactics:Effects of the target person's behavioral patterns,status andthe personality influencer.ln J,T.Li,A.S.Tusk, & E.Weldon(eds),*Management and organizations in the Chinesecontext*(pp.283–302).London:MacMillan.

Van de Vijver, F. & Hambleton, R.(1996).Translating tests:Some practical guidelines.*European Psychologist*,1,89–99.

Van de Vijver, F. & Leung, K.(1997).*Methods and data analysis for cross-cultural research.*Thousand Oaks,CA:Sage.

Wang, D. F. & Cui, H.(2003).The constructing process and the preliminary results of Chinese Personality Scale(QZPS).*Acta Psychologica Sinica*,35,125–136.(in Chinese)

［王登峰、崔红(2003):《中国人人格量表(QZPS)的编制过程与初步结果》,《心理学报》2003 年第 35 期,第 125—136 页。］

Wang,D.F.,Cui,H., & Zhou,F.(2005).Measuring the personality of Chinese:QZPS versus NEO Pl-R.*Asian Journal of Social Psychology*,8,97–1 22.

Wang,D.P.,Fang,L., & Zuo,Y.T.(1995).A psycho-lexical study on Chinese personality from natural language.*Acta Psychologica Sinica*,27,400–4. 06.(in Chinese)

［王登峰、方林、左衍涛(1995):《中国人人格的词汇研究》,《心理学报》1995 年第 27 期,第 400—406 页。］

Yang,J.,Bagby,R.M., & Ryder,A.G.(2000).Response style and the revised NEO Personality Inventory:Validity scalesand spousal ratings in a Chinese psychiatric sample.*Assessment*,7,389–402.

Yang,J.,McCrae,R.R.,Costa,P.T.lr.,Dai,X.Y.,Yao,S.Q.,Cai,T.S., & Gao,B.L.(1 999).Cross-cultural personality assessment in psychiatric populations:The NEO–PI–R in the People's Republic of China.*Psychological Assessment*,11,359–368.

Yang,K.S.(1986).Chinese personality and its change.*In* M.H.Bond(ed.),*The psycchology ofthe Chinese people*(pp.106–170).Hong Kong:Oxford University Press.

Yang,K.S.(1997).Theories and research in Chinese personality:An indigenous approach.In H.S.R.Kao & D.Sinha(eds),*Asian perspectives on psychology*(pp.236–262).Thousand Oaks,CA:Sage.

Yik,M.S. & Bond,M.H.(1993).Exploring the dimensions of Chinese person perception with indigenous and imported constructs:Creating a culturally balanced scale.*International Journal of Psychology*,28,75–95.

Zhang, H.(1988).Psychological measurement in China. *International Journal of Psychology*, 23, 101–117.

Zhang,J.X. & Zhou,M.J.(2006).Searching for a personality structure of Chinese:A theoretical hypothesis of a six factormodel of personality traits.*Advances in Psychological Science*,14,574–585.(in Chinese)

［张建新、周明洁(2006):《中国人人格结构探索——人格特质六因素假说》,《心理科学进展》2006 年第 14 期,第 574—585 页。］

Zhang,L. & Feng,J.P.(2005).Study on the personality characteristic-s of androgyny undergraduate.*Chinese Journal ofClinical Psychology*,13,434–436.(in Chinese)

［张莉、冯江平（2005）:《大学生双性化人格特征研究》,《中国临床心理学杂志》2005 年第 13 期,第 434—436 页。］

Zhou,M.J.(2007).*Social development and changes in Chinese personality*.Unpublished doctoral dissertation,Institute of Psychology,Chinese Academy of Sciences,Beijing,China

［周明洁:《社会发展与中国人人格变迁》,中国科学院研究生院博士论文,2007 年。］

第 19 章　熊猫之地的心理学和老化

Helene H.Fung　Sheung-Tak Cheng

　　心理学和老化(aging)是一个相当大的学术研究领域。它描述并考察人生后半段的发展性改变,研究涉及生理、认知和情绪到人格和社会关系等诸多领域。本章集中讨论中国社会的老化可能和西方,也就是北美和欧洲社会的不同之处。在本章中,我们综述了中国社会(主要是在香港,也包括澳门、台湾和大陆)关于心理学和老化的文献。我们综述的实证研究结果包括在自我和他人觉知、人际关系和认知上的年龄差异以及具有文化特异性的概念,比如孝顺和人情(关系取向)。我们举例说明以下事实:(1)中国社会的老化过程大体上与西方社会(大部分是美国和德国)观察到的一致;(2)老化过程在不同文化中表现不同;(3)同样的老化过程在不同文化中带来了不同的结果;最后(4)老化过程在不同文化中呈现出不同的发展方向。

背　景

　　我们首先提供关于亚洲(尤其是中国)人口老化的背景信息来展开讨论。我们特别强调,相对于西方社会而言,人口老化给中国社会带来了特殊机遇和挑战。东亚和东南亚的一些国家属于世界上位于老化最迅速的社会(Cheng,Chan, & Phillips,2008)。这一地区包括许多华人社会或者深受中国文化影响的社会,包括中国香港、中国澳门、新加坡和中国内地。

　　在这些国家和地区中,人口老化主要的原因是寿命延长以及出生率的急剧下降。例如中国香港和中国澳门,在这里,人们曾有的最长寿命是 82 岁和 80 岁,而出生率世界最低,都在 0.9 左右。新加坡,预期寿命在 79 岁,在过去 10 年出生率也急剧下跌,从 1.7 左右降到了 1.3。在中国内地,由于汉族实行独生子女政策,从 20 世纪 90 年代中期开始,出生率大概稳定在 1.8 左右。但是对于中国这么大的国家,出生率低于 2.1 的自然替代率,其影响是极其深远的。

　　预计到 2030 年,中国也会经历人口下跌,主要的原因是年轻人数目减少。从 2005 年开始 45—50 年间,这四个社会的老年人总数会增加 243%,而世界平均水平是 113%。在香港和内地,65 岁以上老年人的数目将分别达到 290 万人和 3.34 亿人。因为许多亚洲群体(尤其是华人社会)的规模,亚洲会是未来十年全球老化的主要驱力,中国会在这个全球人口变迁中发挥重要作用(参阅 Cheng et al.,2008;Cheng & Heller,2009;United Nations Population Division,n.d)。因此,本章理当关注这个熊猫之地中的人们后半生的发展。

除了人口学变迁,中国社会(特别是中国大陆)也正在经历飞速的社会和文化转型。这些转型对老化也有影响。城市化和多代家庭的瓦解导致越来越多的老年人和配偶并没有和孩子住在一起(Cheng et al.,2008),同样有更多老年人住在养老机构(Cheng & Chan,2003)。中国大陆独生子女政策导致老年人群体很少期望孩子们赡养自己。老年人对孝顺的期望值以及年轻人对父母的义务感逐步降低,这种现象也越来越多见于其他社会(诸如香港和台湾)(参见 Cheng & Chan,2006)。

其他改变包括,在不久的未来,老年人有更好的经济保障,接受了更高的教育,这些人不一定和目前在第二次世界大战之前出生的老年人具有相同的价值观。覆盖 65 个国家和 75% 世界人口的多次世界价值观调查(The multiple-wave World Values Survey)(Inglehart & Baker,2000)表明,虽然伴随宗教及根深蒂固的价值观体系(例如佛教)而产生的价值观差异持续存在于世界各地,不过,除了在最落后的国家,新一代人越来越少认同传统价值观。

除了承认价值观可能随着每一辈老年人而改变,也应当指出"中国社会"这一用词是一个总称,它包括不同社会,这些社会具有相同的文化根基,却有不同的经济发展和政治结构,而这两者共同塑造了社会价值观(Inglehart & Baker,2000)。所以,事实上有相当多的中国"文化",不仅存在于不同社会中,而且也存在于同一社会的不同历史时期。携此警示,我们综述了关于心理学和老化的文献,比较了中国人和西方人的老化过程。

老化过程几乎没有跨文化差异

在某些研究领域中,我们总体上发现老化相关过程具有文化相似性。我们首先综述这些领域。关于老化的主流理论之一,社会情绪选择理论(social emotion selection theory)(Carstensen, Isaacowitz, & Charles, 1999;Fung & Carstensen, 2004)指出,目标往往是在时间背景下设定的.在这个目标集群中,具体目标的相对重要性会根据时间知觉而改变。当人们知觉未来无限长时,未来导向的目标,例如寻求信息或者开阔视野,显得更为重要,个体追求那些使长期结果最优化的目标。相反,当知觉到时间终点(endings)时,目标群会被重新设定。这时,具有情绪意义的目标,也就是和感受相关的目标,比如平衡情绪状态或者感觉到被他人需要,会在最大限度上被优先选择,因为这些目标可以更快获得回报。许多情境,从毕业到地理搬迁,都会启动时间"终点"。步入老年虽然是更加缓慢的过程,但也会越来越认识到时间不多了。

因为实际年龄和知觉到的生命剩余时间呈负相关,所以理论预测,动机取向存在系统的年龄差异。重要的是,理论上解释这些年龄差异的假设机制并不是传统意义上的发展改变,而是在时间水平上与老化相关的偏移。所以,在此意义上,如果其他情况能够在一定程度上让一个人知觉到生命剩余时间在减少,从理论上说,类似体验会和更加缓慢的持续变老的体验以同样的方式导致动机的转变。

评估目标的方法之一是向人们提供取舍,在这个过程中,特定的选择增加或减少实现特定目标的可能性。为了直接测量时间观(time perspective)对社交目标的影响,研究者开发了一个实验程序。在这个程序下,研究者要求参与者想象他们只有 30 分钟的自由时间,然后需要选择与三类预期社交伙伴中的一位相处,这三类社交伙伴分别是刚刚读过的一本书的作者、一位最近认识的人、你与之有很多共同点的或者关系紧密的家庭成员(Fredrickson & Carstensen,1990)。研究者从表现出的社交偏好中推断目标。认知分类任务显示,书的作者在获得信息的维度评分高,相识的人在未来可能性的评分高,家庭成员在潜在情绪(emotional potential)上的评分高(Carstensen & Fredrickson,1998;Fredrickson & Carstensen,1990)。选择家庭成员,情绪上亲密的社交伙伴,表明优先选择具有情绪意义的目标,而选择其他两项中的一项被看做是优先选择获得知识或者未来可能性,也就是未来导向目标。多年以来,研究已经发展出了其他系列的社交伙伴选择程序(Fung & Carstensen,2004),不过这些研究的结果基本和最初的假设相似。

使用这种程序,我们发现,不管是在美国文化还是中国文化(中国香港、中国大陆和中国台湾人)中,老年人都优先选择情感亲密的社交伙伴而不是无关紧要的社交伙伴,而年轻人不是这样(美国人:Fredrickson & Carstensen,1990;香港中国人:Fung,Carstensen, & Lutz,1999;台湾中国人和大陆中国人:Fung,Lai, & Ng,2001)。而且,和预期一致,通过有效地操控时间知觉,实验改变了社交伙伴选择上的年龄差异:当美国和中国香港年轻人感觉到时间有限时,他们也表现出强烈的与情感亲密的社交伙伴相处的偏好(Fredrickson & Carstensen,1990;Fung et al.,1999)。而当美国老人感知到时间延长时,这种偏好就消失了(Fung et al.,1999)。通过统计学上控制时间观的个体差异,也有效消除了台湾中国人和中国大陆人在社交伙伴选择上的年龄差别(Fung,Lai et al.,2001)。

Fung 和 Carstensen(2004)进一步交叉验证了时间观对社交目标的作用。他们在许多系统改变时间知觉的实验条件下,考察了美国年轻人和老年人自我报告的目标,区分了和时间有关的限制条件和与时间无关的限制条件,比如经济困难。研究发现正是和时间有关的限制条件产生了这种效应。不管是什么年龄,与感知到和时间无关的限制或者没有感知到受限的人们相比,感知到时间限制的人们更愿意寻求对他们具有情绪意义的社交伙伴,并不仅仅是为了寻求情感支持。

与此发现一致,有些研究结果表明,在理论上启动终点的自然情况下,年轻人也关注具有情感意义的目标。例如,Carstensen 和 Fredrickson(1998)发现,在预期社交伙伴的分类任务中,携带 HIV 病毒和具有 AIDS 症状的美国年轻人在情感维度的权重和老年人一样多。而且,有癌症病史的年轻香港人比没有癌症病史的同龄人在社交网络中拥有更多情感亲密的社交伙伴,更需要实现情绪目标(Kin & Fung,2004)。和非帮派成员的同龄人相比,卷入帮派的香港青少年报告了更加有限的时间观和更高比例的情感亲密的社交伙伴(Liu & Fung,2005)。甚至情绪社交的终结也会增强情绪目标的重要性。美国毕业高中生比没有毕业的学生自我报告对亲密朋友投入了更强的情感(Fredrickson,1995)。

如果足够多的个体在他们知觉到未来时间有限时关注情绪意义目标,那么接下来统计上讲,与预期寿命较长的群体相比,预期寿命较短的群体也更可能表现出优先选择这种目标的社交模式。事实上,Fung,Lai 和 Ng(2001)发现,中国大陆人们预期寿命比台湾要短 7 年,人们更可能感知到时间是有限的。和同年龄段的台湾人相比,中国大陆人更倾向于优先选择情感亲密的社交伙伴。

重要的是,在统计学控制时间观之后,这种社交偏好上的文化差异变得不再显著,这说明实际上是时间观的差异造成了观察到的文化差异。同样地,非裔美国人,比同龄的欧裔美国人具有更短的统计学预期寿命,他们的社交网络也有相对更少的边缘型社交伙伴,而具有同样数量的情感亲密的社交伙伴(Fung,Carstensen, & Lang,2001)。

虽然文化上(或者宏观水平)的相关结果没受到太多关注,不过也有一些证据表明,时间指标的社会政治事件以与个人终点相似的方式影响动机。Fung、Carstensen 和 Lutz(1999)考察了在香港从英国回归中国的 1 年前,2 月前和 1 年之后人们社交偏好的年龄差异。这种交接终结了英国对香港的一百五十多年统治,在香港被普遍看作一个时间标志,此后的生活充满不确定性。在交接前的数月内,一些政治漫画甚至将香港描述成一列冲向封闭隧道的火车或是一盒 1997 年 6 月 30 日(回归日)到期的罐头(参阅 Fung et al.,1999)。

把这个交接日解释为一个宏观水平的社会政治终点,我们预测,如同我们之前对时间的操控,和这个终点有关的有限时间知觉也会影响社交偏好。确实,在交接前 1 年,香港老年人而不是年轻人偏好选择情感亲密的社交伙伴。然而,交接前 2 个月,当社会政治终点非常明显时,两个年龄人群都偏好情感亲密的社交伙伴。在交接后 1 年,这个过渡期结束了,社交偏好上典型的年龄差异又重现了。年轻的香港人不再优先选择情感亲密的社交伙伴,可以推测因为他们已经翻过了这页历史,又开始关注未来。老年人可能因为他们在个体水平上有限的时间观会继续优先选择情感亲密的社交伙伴。

另外,围绕两个近年宏观事件,美国 2001 年"9·11"事件和中国香港 SARS 事件,Fung 和 Carstensen(2006)复制了这一发现。两项研究都是在香港进行的。

在香港人看来,"9·11"袭击是一次距离遥远的危机。虽然危机的影响是世界范围内的,但不管是他们自己还是他们社交圈内的人都没有亲身经历这次危机。相反,SARS 是直接影响到香港人民的一次危机。如果在这两种宏观事件中,年龄相关的社交偏好都以同样方式改变,我们就会有更有力的证据下结论说,年龄差异可能具有跨越情境的普适性——只要这种情境启动了对时间终点的觉知。

的确如此,这些研究发现,在每一次事件之前,香港人的社交偏好都表现出典型的年龄差异:与年轻人相比,老年人更可能优先选择情感亲密的社交伙伴,而在这些事件过程中,年龄差异消失了,每个年龄段的人们大多数都表现出对情感亲密社交伙伴的偏好。在每次事件之后,典型的社交偏好上的年龄差异又重现了。所有这些自然研究结果存在惊人的相似性,有力地说明了老化,1997 年的交接、"9·11"袭击和 SARS 对社交目标的影响全都可以归因于同一个原因:当环境中存在启动生命限度的线索时,人们会优先选择情绪上亲密和有意义的目标。这种现象发生在不同的年龄、历史背景和文化中。

在面临时间限制时,优先选择具有情绪意义的目标对老化过程具有许多意义。例如,可能是人们随着年龄增长更加宽容的一个原因。最近,Cheng 和 Yim(2008)将香港的年轻人和老年人随机分配到三个条件下:时间延长组的、时间缩短组和无限时间观。比如,知觉时间延长的人们想象他们会比预期寿命多活 20 年。然后,参与者阅读一个自己被朋友严重冒犯的假设情境,然后给出对朋友的宽恕评分。结果显示,老年人比年轻人更宽容。不分年龄,知觉到时间缩短的人比在无限时间条件下的人更宽容,也比知觉到时间延长的人们更宽容。可能是这样的:随着老化,逐步增加的有限时间观导致人们优先选择具有情绪意义目标的。因为这增加了情绪调节的动机,老年人为了重获幸福感,更愿意给予宽恕,更愿意去修复这种可能在老年阶段提供持续支持的重要关系。

老化过程的跨文化差异

相同的过程,不同的表现

社会情绪选择理论对社会关系领域的老化也有启示作用。西方(美国和德国)文献明确报道了社交网络特征(social network characteristics,SNC)具有年龄差异的特定模式,例如 Ajrouch、Antonucci 和 Janevic(2001);Carstensen(1992);Fung、Carstensen 和 Lang(2001);Lang 和 Carstensen(1994;2002)的研究:年龄增长和更少的边缘型社交伙伴(peripheral social partners)有关,而情感亲密社交伙伴(emotionally close social partners)的数目在不同年龄间维持相对稳定。社会情绪选择理论(Carstensen et al.,1999)从动机上解释了这种社交网络特征上的年龄差异。它认为社会交往目标根据未来时间观而改变。年轻人将他们未来的时间看做相对无限,为了完成未来导向的目标,他们优先选择和更多元化的社交伙伴交往。于是他们的社交网络包括大量边缘型社交伙伴。

然而,当个体逐渐变老,他们对自己的未来知觉越来越有限。他们将注意力从长期的未来导向目标转移到短期的情绪目标。结果,他们往往和最能给他们带来具有情绪意义体验的社交伙伴交往。于是,他们的社交网络主要由情感亲密的社交伙伴构成,比如家庭成员和亲密朋友,而边缘型社交伙伴更少一些(Carstensen, Gross, & Fung, 1997; Lang & Carstensen, 1994)。Yeung、Fung 和 Lang(2008)认为,人们在未来时间有限时追求情绪上有意义的社会关系到什么程度,那么,什么被认为是情绪上有意义的,这里的个体差异可能导致成年期社会关系的不同模式。

自我建构也许能很好地阐释了在社交情景中情绪意义的内涵。根据自我建构理论(the self-construal theory)(Markus & Kitayama, 1991),具有独立自我建构的人们认为自我是独一无二的、与他人分离的,而那些具有互依自我建构(interdependent self-construal)的人们认为自我是内嵌于群体的、与他人相互联系的(也参阅本卷 Kwan、Hui 和 McGee 的研究)。前述大多数社交网络特征的老化研究都在西方文化(例如北美和德国)中进行。这些西方文化中的个体常常比东亚人更独立,互依性更低(Hofstede, 1980; Markus & Kitayan1a, 1991; Oyserman et al., 2002; Triandis, 1995)。这种差异会随着老化而加剧(Fung & Ng, 2006)。东亚人(比如中国人)更重视互依性,他们的社交网络可能呈现出不同的老化模式。

具体来说,中国文化更强调互依性,这可能使中国人比西方人更可能和更多的更多元化的社交伙伴维持交往,甚至在他们变老的时候仍是如此。中国人应该好好照顾家庭成员和亲戚,来履行家庭和社会义务(家庭主义,familism: Szkalay, Strohl, Fu, & Lao, 1994; Yang, 1988),和社交伙伴甚至是边缘型社交伙伴维持互惠关系(人情:关系取向:Cheung et al, 2001; Yeung, Fung, & Lang, 2007; Zhang & Yang, 1998)。因此,当他们变老的时候,中国人在他们的社交网络中还是可能比西方人维持更多的情感亲密社交伙伴以及边缘型社交伙伴。

为了检验这一假设,Yeung、Fung 和 Lang(2008)在香港成人(18—91 岁)样本中考察了社交网络特点。年龄和情感亲密社交伙伴的数目呈正相关,和边缘型社交伙伴的数目呈负相关。更重要的是,互依自我建构调节这种年龄差异。西方文献,如 Fung 等人(2001); Lang 和 Carstensen(1994)的研究一样,通常发现情感亲密的社交伙伴的数目在各年龄段保持稳定,这种稳定性只出现在低水平互依自我建构的香港人中。相反,中等和高度互依自我建构的香港人中,年龄和情感亲密社交伙伴的数目呈正相关。

年龄和边缘型社交伙伴数目的关系也存在类似趋势。虽然整体上年龄和边缘型社交伙伴的数目呈负相关,但是,这种相关只有在低水平和中等水平的互依自我建构的人群中才显著。事实上,在高度互依自我建构的人群中,这种相关性降低了。

在另一项研究中,Fung、Stoeber、Yeung 和 Lang(2008)发现,即便不同文化中情感亲密和边缘型社交伙伴的年龄差异相似,在特定社会关系上的年龄差异也可能存在跨文化差异。在这项研究中,德国柏林居民与中国香港居民的年龄(20—91 岁)、性别、家庭状况(婚否,是否有孩子)和受教育水平相匹配。结果显示,在两种文化中,年龄都和边缘型社交伙伴的数目负相关,和情感亲密的社交伙伴不相关。

虽然如此,在特定社会关系上的年龄差异存在文化差异。在中国香港人中,年龄和核心家庭成员的比例正相关,而和熟人的比例负相关。相反,在德国人中,年龄和核心家庭成员的比例负相关,而和熟人比例正相关。虽然在两种文化中,年龄都和亲戚的比例正相关,和朋友的比例负相关,但是这种关系在中国香港人中比在德国人中更强一些。研究者从中国香港人比德国人更偏爱家庭的角度解释这些发现(Bardis,1959;Brewer & Chen,2007;Szalay et al.,1994;Yeung,Fung, & Lang,2007)。两种文化群体都随着老化从他们的社交网络中放弃了边缘型社会伙伴,不过和德国人相比,中国人可能是更多关注基于家庭的社交网络,而更多地放弃了社交网络中的非家庭成员。

上述的研究关注居住在社区的老年人的社会关系。最近研究表明,在养老院中,文化因素也在维持亲密关系和建立新的/次要的纽带中发挥作用,但是结果却出人意料。在一项质性研究中,中国老年人在进入养老院 1 周后接受面谈,大约 6 个月后再次面谈(Lee,Woo, & Mackenzie,2002)。参与者主要关心的不是如何保持自理,像美国疗养院研究通常发现的那样,而是如何适应疗养院的规定和安于现状。他们不敢表达自己的需要,因为这样做像是把个人需要至于集体需要,也就是疗养院社区之上。更糟糕的是,因为不得不搬进疗养院被认为是家庭/个人的耻辱,为了掩盖他们的孩子不能或者不愿意在家照顾他们的事实,许多居住者与亲人、朋友和邻居断绝了长期联系。

因此,在集体主义社会,居民往往会在疗养院内过着与世隔绝的生活,将自己在情感上和过去的社会联系隔离。更近一些的研究(Cheng,2009a)访问了养老院居民,发现平均社交网络规模只有 2.58 个人,远远小于西方报告的数目。只有五分之一的人报告了养老院中的社交关系,大部分是和其中一名员工。关于他们和孩子的联系,许多人都认为,孩子对他们的生活已经不再重要了。通常,保持定期联系的孩子探视他们的频率每月不到一次。事实上,根据 Lee 等人(2002)所说,疗养院管理层为了让居住者和家庭脱离联系,在这里安定下来,并不鼓励这种探视。Cheng(2009a)发现,多种文化和体制/组织因素共同拉大了入住养老院的老年人和家庭成员之间的距离,阻止了在养老院内部的社会交往。这些因素超出了本章综述的范围,不过它们突出了文化因素如何在不同情境中决定社会交往动机的重要性。

除了直接影响老年人生活之外,传统中国价值观[如孝顺和繁殖感(generativity)]也和现代化进程相互作用,对老化产生影响。在中国社会中传统上,老人被年轻一代照顾,很少有政府干预。事实上,Cheng 和 Chan(2006)认为,儒家思想影响下的孝顺期望独特之处在于,孩子的孝顺奉献(filial *devotion*)并不基于父母需求,与西方社会中基于需求的孝顺责任(filial responsibility)不同。然而,尽管中国传统如此,孝顺态度和行为在最近数十年内逐步减少,老年人比年轻人自己更快地抛弃了某种孝顺期望(参阅综述 Cheng & Chan,2006)。

这种改变源于转型期的一些社会因素,即:a. 大家庭被核心家小庭取代,最终和年老父母共同居住减少;b. 家庭价值的减少,个人主义的上升,甚至在中国大陆也是如此;c. 老年人地位丧失,减少了向年轻人要求尊重的能力;d. 年轻人为打工从乡村走出到城市,在中国大陆甚至台湾都很常见;e. 女性经济独立,不仅对看护的参与减少,而且还可以摆脱看护任务(Aboderin,2004;Cheng & Chan,2006;Cheng et al.,2008;Cheng & Heller,2009)。于是,年轻人应当完全服从父母期望和传宗接代的传统观念开始失去约束力了。孩子们普遍感到照顾父母的义务变少,尤其是和工作需要冲突的时候。对成年儿子和儿媳的依靠明确地在减少,许多传统意义上属于媳妇的责任现在变成了女儿的责任。在中国,独生子女政策迅速改变了重男轻女的态度。虽然老年人经济上可能并不富裕,他们也较少期望从孩子们那里获取经济支持(参阅综述 Cheng & Chan,2006)。这种态度的转变在中国城市比乡村更明显(Treas & Wang,1993;也参阅本书 Wang & Chang 第5章)。

依据这种背景,Cheng 和 Chan(2006)考察了香港老年人中存在的"孝顺落差(filial discrepancy)"现象。孝顺落差指在父母期待和孩子们的孝顺行为之间的差异。孝顺落差涵盖日常照顾(保持联系、实际帮助和经济贡献)、尊重(重要问题的服从、日常琐事的包容和在他人面前的尊敬)以及疾病护理(生病带去看医生、个人护理和倾听问题)。据老年人报告,孩子进行的疾病护理最少。这个因素和缺乏尊重是唯一两个决定孝顺落差的因素。然而,在控制了能力有限、经济紧张和孝顺落差的多变量模型中,只有尊重始终预测心理幸福感。不管老人评价最亲近的孩子还是其他没那么亲近的孩子时,这些发现都是相似的。而且,没有证据表明中国人过于孝顺的表现不利于父母幸福感,这和西方发现相反,支持了孝顺奉献的观点。

这些发现凸显了当今社会中孝顺期望的最重要表现。出于超出了本章范围的各种原因,对日常照顾、经济贡献和绝对顺从的期望大大减弱了。然而,老年人仍然希望他们的孩子尊重他们,在他们生病时表现出照顾的态度。在当代中国社会中,孩子的这些行为被看作是对父母情感和实际的支持。

沿着另一条研究思路,Cheng 及其同事(Cheng,2009b;Cheng,Chan, & Chan,2008)探讨了生命晚期繁殖感的社会环境,例如照顾下一代。在 Erikson(1982)的繁殖感理论框架中,繁殖感是一种通向自我完善(ego integrity)的人生阶段性决定,换句话说,是对幸福生活的肯定。

世界各地许多社会共有的一个社会文化环境是老年公民失去了繁殖作用（productive role）（Heller，1993）。或者 Rosow（1985）称作的"无用之用（roleless role）"。以此推测，Cheng 和他的同事们认为如果一个人的繁殖行动（generative actions）不能得到年轻一代的尊重，那么就不可能维持对下一代的主观关心（subjective concern）。这种年轻人的感谢决定了繁殖行动是否可能提高老年人幸福感。在一项纵向调查中（Cheng，2009b），在基线时间和 12 个月之后测量了中国老年人对繁殖的关心、行动、感知到的尊重和心理幸福感。行动和幸福感之间的联系在这两个时间点都被感知到的尊重完全中介，支持了预期结果。更重要的是，感知不到尊重会预测老年人一年后对繁殖的关心降低，甚至在控制了对繁殖关心的基线值之后仍是如此。所以，当年轻人不欢迎老年人的贡献时，后者对前者的关心也逐渐减弱了。

鉴于自尊需要是普遍存在的（参阅 Steverink & Lindenberg，2006），今时今日这种对老年人贡献的不欢迎态度在世界各地都很普遍，那么生命晚期繁殖感发展的持续下降似乎是普遍的趋势，而身体健康水平的下降可能导致繁殖活动难以进行，维持了这一趋势。这次研究提示，即使内在价值引导个体去追求繁殖感，如果环境不支持，那么繁殖感作为一种目标也会被削弱而不是增强。也就是说，繁殖感目标如果不能实现就会衰退。

相同的过程，不同的结果

社会情绪选择理论对老化的第 3 个意义体现在基础认知过程领域，例如注意和记忆。该理论主张，当知觉到时间越来越有限时，老年人优先选择情绪意义的目标。于是，他们在认知加工过程中，他们优先处理积极刺激，而不是消极和中性刺激（Carstensen & Mikels，2005），以此来调节情绪。这种年龄有关的现象叫做"积极效应（positivity effect）"。

例如，Mather 和 Carstensen（2003）使用点探测任务在美国老年人中发现了积极效应。在两个实验里，他们给年轻人和老年人呈现一对面孔，一个是正性的（高兴）或者负性（悲伤或愤怒）情绪面孔，一张是中性的。点探测出现在面孔之后。他们发现，如果点出现在中性刺激那一边，老年人的反应要比点出现在负性面孔那一边要快。年轻人没有出现这一偏差。后来，Isaacowit 及其同事用眼动追踪技术发现了积极效应（Isaacowitz，Wadlinger，Goren，& Wilson，2006a；2006b）。他们给年轻人和老年人呈现成对的人造面孔。每一对包括无表情和有表情（高兴、悲伤、愤怒或者恐惧）的同一张面孔。他们发现，老年人的注意更偏好高兴面孔，远离愤怒（Isaacowitz et al.，2006a）和悲伤面孔（Isaacowitz et al.，2006b）。年轻人只对恐惧面孔表现出了注意偏好。

相似地，美国样本中也发现了记忆的积极效应。在记忆方面的积极效应可以说与诸多文献报告的"消极优势（negativity dominance）"相反（Baumeister，Bratslavsky，

Finkenauer, & Vohs, 2001；Rozin & Royzrnan, 2001）。"消极优势"主要是说，消极刺激往往比积极或者中性刺激对认知具有更强烈的效应。这是因为对负性信息的警惕性在人类演化历史上具有适应功能，有利于避开捕食者和其他危险。关于记忆的年龄差异的实证研究在年轻人中普遍发现了消极优势，但是在老年人中，有时发现这种消极优势水平较低，也就是消极减弱效应（negativity reduction effect）（例如 Charles et al., 2003，实验 2；Knight, Maines, & Robinson, 2002），另一些研究发现老年人优先处理积极刺激，也就是积极增强效应（例如 Charles et al., 2003，实验 1；Mather & Knight, 2005；Mikels, Larkin, Reuter-Lorenz, & Carstensen 2005）。

Fung 和她的同事们（Fung et al., 2008；Lu et al., 2007）认为，积极效应可能并不普遍存在于东亚文化。跨文化研究连续发现，北美文化更加独立，也就是重视个人自主性和唯一性，为了维持与增强乐观和自尊，可能和积极信息尤为合拍（Frey & Stahlberg, 1986），（Herzog et al., 1998）。相反，东亚文化，重视人际关系和互依性（Markus & Kitayama, 1991；Triandis, 1985），可能发现在避免犯错和未来的社交问题上，消极信息和积极信息相比，如果不是更有用，至少也一样有用（Kitayama & Karasawa, 1995）。

例如，描述"幸福"的概念时，美国人只描述积极特征，而日本人既表述积极特征也表述消极特征（例如社会分裂）。在另一项研究中，Markus、Uchida、Omoregie、Townsend 和 Kitayama（2006）发现，美国运动员主要从积极特点的角度解释奥林匹克运动会上的表现，而日本运动员从积极和消极两方面来解释。身处东亚文化的人们发现消极信息和积极信息一样有用，在这方面来说，他们也许不会表现出积极效应，也许随着老化而来的积极效应较少。

为了验证这一预期结果，Fungg、Isaacowitz、Lu、Wadlinger、Goren 和 Wilson（2008）对比了香港年轻人（18—23 岁）和老年人（60—84 岁）的注意（attention），采用与 Isaacowitz（2006a, b）相同程序和刺激，使用眼动追踪技术。与预期一致，和前面提到的在美国人中发现的积极效应相反，在高兴面孔条件下，中国香港老年人把目光从正性刺激上移开了。

同样的跨文化差异也出现在记忆研究中。一项研究对比了香港年轻人和老年人对积极、消极和中性刺激的记忆（Fung & Tang, 2005）。在老年人中发现了消极优势。这个研究通过更换政府电视保健公告的背景音乐，引发积极、消极或者中性情绪。在记忆再认中唯一的差异出现在消极和中性版本之间，老年人对播放消极版本时呈现的信息表现出了比在中性版本时更好的再认记忆。年轻人没有表现出这种差别。

然而 Fung 和 Tang（2005）的研究方法和之前西方研究不同（例如 Charles et al., 2003；Mathar & Knight, 2005），降低了研究结果的可比性。为进一步测试积极效应是否存在于香港老年人中，Lu 等人（2007）考察了在对积极、消极和中性图像的回忆和再认记忆上的年龄差别，使用了与在美国人中发现最强积极效应的研究相同的刺激和方法

（Charles et al.，2003，实验 1）。结果表明，不管是回忆还是再认记忆，老年香港人都对正性图像表现出比中性图像更强的记忆，也就是积极增强效应，但是他们对负性图像的记忆水平和对中性图像一样，也就是缺少消极减弱效应。

而且，互依自我建构调节了记忆。不管是回忆还是再认记忆，具有低水平互依自我建构的中国香港老年人都显示出了积极增强效应和消极减弱效应，和以前研究中的美国人一样（例如 Charles et al.，2003）。然而，有较高水平互依自我建购的香港老年人只表现出了积极增强效应而没有消极减弱效应。年轻的香港人不管互依水平如何，都表现出了对消极图像超出积极和中性图像的记忆偏向。

在香港老年人中消极减弱效应的缺乏在离散情绪（discrete emotion）的研究中更加明显。Lu 等人（2007）在上述的眼动研究（Pung，Isaacowitz，Lu，Wadlinger et al.，2008）中考察了对情绪（喜、怒、悲、恐）和中性面孔的再认记忆。结果表明，年轻人对高兴面孔比对其他类型面孔记得更好，中年香港人记高兴面孔比记中性面孔好，记恐惧面孔也比中性面孔好。老年人记高兴面孔比记中性面孔好，记恐惧和愤怒面孔也比中性面孔好。换句话说，三个年龄段的人群都表现出了积极增强效应，消极减弱效应沿年龄段呈现线形下降，减少甚至逆转。

虽然直接和积极心理学的标志性假设相反，但对负性刺激的注意对中国社会老年人可能确实具有适应性。我们最近一篇文章使用了一个*折扣*（discounting）的概念，我们认为，在生命晚期，衰退和丧失是正常的、可以预期的有时是不可逆转的时候，计划一个"更糟糕"的未来是具有适应性的。我们探讨了折扣对香港 60 岁以上成年人幸福感的影响。参与者在身体和社交方面上给现在和未来的自己进行评分，评分在相隔 12 个月的两个时间点进行。结果显示，在控制了第二个时间点时的身体症状和当前自我之后，虽然未来自我和第一次时间时的幸福感正相关，但是它也预测第二个时间点上的较低的幸福感。换句话说，假定在时间点 2 的当前自我相同，那么在 12 个月之前曾计划更糟糕未来的人们实际上比更乐观的人们享有更强的幸福感。这些发现提示，对未来的负性表征和正常老化相关的衰退和丧失同时发生，这是用来缓冲衰退和丧失实际发生时产生的效应。

在不同文化中的不同发展方向

在上面的部分，我们使用自己的研究例证详细说明了老化过程在中国和西方社会之间是相似的，跨文化差异也确实存在，但只体现在老化的具体表现和结果上。这一部分，我们会表述老化发展过程随文化不同而具有不同的方向。这些过程发生在人格领域。

许多年来，人们假定人格发展在不同文化中遵循完全相同的方式。的确，人格上年龄差异的代表性模式在不同文化中大体都是相同的，从德国、意大利、葡萄牙、克罗地亚、南韩,(McCrae et al.,1999)、英国、西班牙、捷克、土耳其(McCrae et al.,2000)、俄罗斯、爱沙尼亚、日本(Costa et al.,2000)到中华人民共和国(Labouvie-Vief, Diehl, Tarnowski, & Shen,2000;Yang,McCrae, & Costa,1998)。通常认为这些发现证明了人格发展是普遍性的。然而研究者总是在五因素模型(the Five-Factor Model)的框架内获得这些跨文化发现——神经质(neuroticism)、外向性(extraversion)、宜人性(agreeableness)、开放性(openness to experience)和责任心(conscientiousness)的范围内获得的——通常被称作"大五(Big Five)"。仍有可能存在这种情况:在其他人格部分,例如张妙清、张建新和张树辉在本卷中讨论的那些人格部分上,年龄差异存在跨文化差别。

最近的文化心理学文献(Cheung et al., 1996, 2001; Cheung, Cheung, Wada, & Zhang,2003;Cheung, Kwong, & Zhang,2003)确实表明,在几个中国样本中,同时使用引入的西方测量方式和中国研发的本土测量方式进行人格测量时,发现了六个因素——也就是在大五的基础上增加了关系取向。当这种扩展的测量再次在西方验证,几个美国样本中也发现了关系取向因素(Cheung et al.,2001;Cheung, Cheung, Leung, Ward, & Leong,2003;Lin & Church,2004)。

从概念上讲,关系取向和大五的区别是,几乎没有理论根据质疑大五的重要性在不同文化中存在差别(参阅 Bond & Forgas,1984),而的确有跨文化证据提示关系取向在中国人中比在北美人中更重要。例如,中国香港人比北美人通常是更相互依赖的,也就是更愿意认为自己内嵌于社会群体(参阅 Oyserman, Coon, & Kemmelmeier,2002 进行的元分析综述)。关系和谐比自尊对中国香港人的幸福感更重要一些,而对北美人则相反(Kwan, Bond, & Singelis,1997)。相似地,在老化的文献中,多数美国研究,例如 Bailey 和 McLaren(2005)发现身体活动提高了老年人的自尊,在中国老年人中没有发现这一联系(Poon & Fung,2008)。替代这一结果的是,身体活动(不管定义为家务、锻炼还是文娱活动)都和关系满意度正相关。而且,人格的词汇法途径(lexical approach)基于这样的假设:在自然语言中发现的人格词汇代表着"语言社群中的人们发现在彼此日常交往中特别重要、特别有用的人格特性[people in the language community have found particularly important and useful in their daily interactions with each other (John, 1990,p.67)]"。关系取向因素在中国被首次确认,这一事实有力地说明在这种文化中它是更加"重要且有用的"。

在整个人生中,来自每种文化的个体一直根据自己文化中"重要且有用的"的东西来"调整与塑造(attune and elaborate)"自我认知(Heine et al.,1999,p.767)。从此意义上,我们根据文化重视的价值观预测,人格发展存在跨文化差异。具体来说,强调独立性的文化中,随着老化,人们应当变得更加自治和自足,而在强调互依性的文化中,随着老化,人们应当变得更加关心人际关系的重要性和社会融合(social embeddedness)。为了验证这一假设,Fung 和 Ng(2006)在加拿大和中国香港的年轻人(18—29 岁)和老年人（50—88 岁）中考察了大五和人际取向的年龄差别。结果揭示大五的年龄差异在不同文化中没有区别，而在人际取向的某些成分只在中国香港人中存在年龄差异，而在加拿大人中却没有差异。具体来说，中国香港老年人比年轻人具有更高水平的人情（关系取向）和低水平的灵活性（违背常理和传统），加拿大人没有显示出这些人格发展。

这些发现可以被解释为，随着老化，人格可能根据文化价值观而改变（Helson, Jones, & Kwan, 2002）。为了测试老年人是否确实比年轻人更有可能拥护和内化价值观，我们（Ho, Fung, & Tam, 2007）考察了香港年轻人（18—23 岁）和老年人（54 —89 岁）中的个人和文化价值观。价值观用斯沃茨价值观问卷（the Schwartz Value Questionnaire）（1992）测量，它包括聚集在 10 种价值观类型下的 56 个价值观（参阅本书 Kulich 书写的章节）。为了测量个人价值观（personal values），我们请参与者对每一个自我价值的重要性评分。为了测量文化价值观，我们采用了主体间重要性方法（intersubjective importance approach）（Wan et al., 2007），让参与者依照在他们的文化（这里代表中国文化价值观）中大多数人们会怎么样评价，对每一个价值观评分。

我们首先从十种价值类型上考察了文化价值观上的年龄差异。除了权力和传统之外，老年参与者在其他所有类型的文化价值观上都比年轻参与者报告了较高的水平，提示随着老化人们更可能拥护文化价值观。接下来，我们考察了老年人是否在内化价值观的程度上高于年轻人。我们计算了每个参与者在所有 56 个价值上在个人和文化价值观之间的相关系数。我们发现了在相关系数上的年龄差异，老年参与者在个人和文化价值观上比年轻人有更高的一致性。我们还计算了每一个参与者在个人和文化价值观上的均值差异，然后比较年龄差异。在老年人中个人和文化价值观之间的差距比在年轻人中要小一些。

为了进一步研究老年人个人和文化价值观比年轻人更一致的原因，我们考察了个人价值观上的年龄差异。老年人比年轻人更加拥护更公共（communal）的所有个人价值观（即普遍性、仁慈、传统、遵从、安全）。他们也比年轻人对五种性质上更个人（agentic）的个人价值中的四种认可度更低（即成就、享乐、刺激、自我导向）。综合来看，这些发现提示，香港人随着老化从更加个人的价值观转向更公共的价值观，导致在个人和文化价值观之间的联系更加紧密。换句话说，我们有了初步的证据支持理论假设，人们随着老化内化文化价值观。

为了测试价值观是否真的为人格发展设定了方向，Fung、Ho、Tam 和 Tsai（2009）在一个 20—90 岁欧裔美国人和华裔美国人的大范围样本中考察了人格和价值观上的年龄差异。他们验证了 Fung 和 Ng（2006）的发现，在华裔美国人而不是欧裔美国人中，年龄和人情（关系取向）正相关。而且，他们还发现价值观调节这种年龄差异，年龄和人情之间的关系在更看重传统的欧裔美国人中变成正相关。相反，在更看重享乐（追求个人快感）的华裔美国人中年龄和人情之间的正相关变弱了。这些发现表明，随着老化,来自每一种文化的人们都按照他们看重的价值观来发展自己的人格,继而也可能受到他们认为其所处文化看重什么的影响。

关于文化价值观在个人发展中的作用,进一步的证据来自一项关于美国和中国香港人中乐观人格的年龄差异研究(You,Fung, & Isaacowitz,2009)。之前跨文化研究提示乐观和自我增强倾向(self-enhancing tendencies)密切相关,这种倾向在欧美人中比在东亚人中更受认可(Chang,2002;Chang,Sanna, & Yang,2003;也参阅 Kwan,Hui, & Mc-Gee,本书第 17 章)。尤瑾等人(2009)考察了不同年龄段的乐观主义,发现美国人整体上比中国香港人更乐观。这种文化差异随着老化被放大。美国老年人比年轻人更乐观;而中国香港老年人比年轻人更不乐观。这些发现再一次表明个人发展方向可能由每种文化中更值得拥有和更合适的对象来决定。美国人,生活在一个把乐观看做是值得拥有的,随着老化他们更乐观。相反,中国人生活在一种并不看重乐观的文化里,他们随着老化更不乐观。

总结、注意事项和未来方向

总之,以上综述的实证研究发现表明,在这个熊猫的故乡(即中国社会),老化可能和西方(即欧美社会)相同,也可能不同,这取决于具体分析水平。在理论水平上,也就是说,当我们在考察潜在机制的时候,社会情绪选择理论(Carstensen et al.,1999;Fung & Carstensen,2004)看上去是适用于不同文化,至少在社会目标、社会关系和认知(注意和记忆)领域是如此。不管年龄和文化,不管是地理变迁还是历史背景,人们在知觉到时间有限时,都会优先选择那些调节情绪,从生活中获取情绪意义的目标。

然而,对同样一个目标,中国人也许不像美国人一样认为它具有情绪意义。即便是各种文化中人们全都随着老化优先选择情绪意义目标,优先选择的行为表现可能是不同的。例如,德国人和中国香港人都随着老化追求情感亲密的社交伙伴,但是中国香港人是通过增加社交网络中核心家庭成员比例来做的,而德国人是通过减少核心家庭成员的比例(Fung,Stobter et al.,2008)。类似情况,随着老化,美国人和中国香港人都逐渐更多地选择性注意在外部环境中更有情绪意义的东西,然而美国老年人是更偏好积极刺激,而中国香港老年人偏离积极刺激。

有趣的是,这些在目标的行为表现上的跨文化差别对特定文化背景具有适应性。选择性注意消极刺激在临床文献中通常是抑郁的诊断工具,而 Cheng、Fung 和 Chan(2009)出乎意料地发现,预计未来更糟糕的中国老年人在 12 个月后比那些作出更乐观预期的老年人更幸福。这说明关注消极刺激可能对中国老年人具有适应性,可以让他们在老化相关的衰退和丧失真正来临的时候,缓冲衰退和丧失带来的效应(也参阅本书 Stewart,Lee, & Tao)。

关于老化,最明显的跨文化差异是在人格领域。年龄和人情(关系取向)的正相关存在于中国香港人和华裔美国人中,但不存在于加拿大人或欧裔美国人中(Fung & Ng,2006)。尽管如此,这些文化差异也是可塑的。年龄和人情的关系在更看重传统的欧裔美国人(寻求群体接纳)中呈正相关。相反,年龄和人情的正相关性在看重享乐的华裔美国人(寻求个人快感)中很低。

对老化研究的意义

总之,在中国社会研究老化一共带给我们关于成人发展的两点思考:首先,老化不是通过一系列特定的行为来定义的。换句话说,没有老化的标准方式。老化的许多模式都表现出可塑性,取决于自我建构以及/或者个人的价值观。例如,通常在西方研究中,情感亲密的社交伙伴的数目在不同年龄段是稳定的,但只在较低互依自我的香港人中如此(例如 Fung,Lang et al.,2001;Lang & Carstensen,1994)。在中等和高等水平互依自我建构的人,年龄和情感亲密社交伙伴呈正相关(Yeung et al.,2008)。年龄和边缘型社交伙伴数目的负相关,可以说是社会老年学主流研究中最可靠的发现(例如 Ajrouch,Antonucci,& Janevic,2001;Carstensen,1992;Fung,Lang et al.,2001;Lang & Carstensen,1994;2002),只出现在低水平和中等水平互依自我建构的香港人中,在高等互依自我建构水平的香港人中却不是这样(Yeung et al.,2008)。

相似地,记忆的消极减弱效应,也就是对消极信息相对中性信息显示出较弱的记忆(e.g.Charles et al.,2003),也只在低水平互依自我的中国老年人中发现。高水平互依自我的中国老年人记积极和消极信息一样好(Lu et al.,2007)。最后,综上所述,年龄和人格的某些成分,例如人情,根据个人价值观而存在差异(Fung,Ho et al.,2009)。所有这些发现都提示,假定老化过程是沿着一种孤立的静态的预先设定的轨道行进,这种假设很可能不正确。老化可能随着文化背景以及个人意愿和欲求而不同。

另外,在中国社会研究老化揭示了老化过程中以前不为人知的某些方面。例如,中国人中人情具有年龄差异的研究结果质疑了对人格发展的普适性假定(McCrae et al.,1999),而且提示我们,应当超出五因素模型框架之外来考察人格发展。研究中国养老院居民的社会关系(Lee et al.,2002)也让我们警惕,搬到疗养院可能被看作个人/家庭的耻辱,迫使居住者切断和朋友、邻居的联系,来掩盖他们搬到养老院的事实。最后,同样重要的是,Cheng(2009b)关于中国老年人繁殖感的研究提醒我们注意,在研究隔代支持的时候,同时站在施受双方的角度考虑问题非常重要。如果老年人的繁殖行动不被年轻一代重视,老年人对下一代的主观关心就会减少。

未来研究应当更进一步考察具有文化独特异性的结构,例如亲情(familism)、人情和孝道(filial piety),可能如何调节老化过程。例如,Yeung 和 Fung(2008)观察到来自家庭成员的情感支持有助于提升老年人的生活满意度,来自家庭的工具性支持与亲情水平较高的老年人生活满意度正相关，而这种相关并不存在于亲情水平较低的老年人中。这可能是因为接受工具性支持对自己和他人来说都意味着生活困难，从而威胁到生活满意度。而工具性支持的这种沉重性质在不太把自己和家庭分开的那些老年人中似乎没那么严重。这些人的自我更广阔，包括他们的家庭成员，可能把来自家庭成员的工具性支持看做是他们自己的，因而不会危及他们的生活满意度。

而且，以上综述反复出现的主题是，当老化的文化差异发生时，通常是和价值观上已知的文化差异相符合。这些发现促使我们提出，整个成人阶段的发展可能是生命全程社会化过程的一部分：每一种文化中，个体随着逐步成长，学习成为文化中更典型的成员。来自不同文化背景的人们学习不同方式来成为自己文化中更好成员，与此同时，老化上的文化差异（即老化和文化的交互作用）就产生了。在人类发展的研究中，这个过程叫做"社会化（socialization）（Bronfenbrenner，1979）"或者"文化学习（cultural learning）（Vygotsky，1934/1962）"，在移民研究中叫做"文化适应（acculturation）"（Berry，1997；Miller，2007；Navas，Rojas，Garcia，& Pumares，2007）。这个过程还符合毕生发展理论（lifespan developmental theories）（例如 Baltes & Baltes，1990；Brandtstadter & Greve，1994；Carstensen et al.，1999；Heckhausen & Schulz，1995）。该理论提出，随着人们老去，他们以使幸福感最大化的方式来塑造世界。不过我们还认为，人们是在各自的文化范围和定义下这样做的。进一步研究应当检验这一理论模型。

最后，未来研究应当切实考察一些老化过程为什么以及如何随文化不同而不同，而其他老化过程不是这样。例如 Park、Nisbett 和 Hedden（1999）认为，在老化和认知之间的联系以可预期的方式因不同文化而不同。认知能力相对多地建立在知识基础上，随着老化可能显出更大的文化差异。因为随着时间流逝，个体获得了更多文化特异性的知识。相反，更依赖于基本认知资源的认知能力可能随着老化表现出的文化差异较小。这也是因为基本认知资源往往在人们变老的时候是跨文化一致衰减的，这就减少了文化差异在相关功能上出现的可能性。既然认知功能是许多老化过程的根源，这个模型在范围上可以被泛化到成人发展除认知能力以外的领域。进一步研究应当探讨这种可能性。

总之，我们承认，因为在老化和文化的交互作用方面的文献有限，我们引用的实证研究大多是基于横断面的研究，而且研究只局限于有限几种文化中，尽管这些文化是心理学发展发挥关键作用的文化。我们需要更广泛的文化中的纵向研究来检验之前提出的假设。然而，尽管只有这些初步证据，也确实能够启发未来研究。老化在不同文化存在差异，尤其是在人格、社会关系和认知方面。这些文化差异是可以被预测的。如果在已知价值观存在文化差异（即文化主效应）的方向去寻找老化上的文化差异（即文化和老龄化的交互），很可能会有更多收获。

注　释

本章由 Helene Fung 的 the Hong Kong Research Grants Council Earmarked Research Grants（CU-HK4256/03H，CUHK4652/0SH）和 a Chinese University of Hong Kong Direct Grant 以及 Sheung-Tak Cheng 的 the Hong Kong Research Grants Council Earmarked Research Grants（CityUl 2 17/ 02H）和 a City University Strategic Grant to Sheung-Tak Cheng 提供资助。

通信作者：Helene Fung，Department of Psychology，The Chinese University of Hong Kong，Room.

328 Sino B uilding，Chung Chi College，Shatin，New Territories，Hong Kong。

电子邮箱：hhlfung@ psy.cuhk.edu.hk。

章节注释

1　顺便说，熊猫，中国的象征，也是该领域首要期刊 *Psychology and Aging* 首位字母缩写。

参考文献

Aboderin，I.（2004）.Modernization and ageing the01y revisited：Current explanations of recent developing world andhistorical Western shifts in material family support for older people.Ageing & Society，24，29-50.

Ajrouch，K.J.，Antonucci，T.C.，& Janevic，M.R.（200 1）.Social networks among Blacks and Whites：The interaction between raceand age.Journal of Gerontology：Social Sciences，56B.S112-S118.

Baltes，P.B. & Baltes，M.M.（1 990）.Psychological perspectives on successful aging：The model of selective optimization with compensation.ln P.B.Baltes & M.M.Margret（eds），Successful aging：Perspectives from the behavioral sciences.（pp.1-34）.New York：Cambridge University Press.

Bardis，P.D.（1959）.Attitudes toward the family among college students and their parents.Sociology & Social Research.43，352-358.

Baumeister，R.F.，Bratslavsky，E.，Finkenauer，C.，& Vohs，K.D.（2001）.Bad is stronger than good.Review of GeneralPsychology，5，323-370.

Berry，J.W.（1997）.Immigration，acculturation，and adaptation.Applied Psychology：An International Review，46，5-68.

Bond，M.H. & Forgas，J.（1984）.Linking person perception to behavior intention across cultures：The role of cultural collectivism.Journal of Cross-Cultural Psychology，15，337-352.

Brandtstadter，J.（1999）.The selfin action and development：Cultural，biosocial，and ontogenetic bases ofintentionalself-development.In J.Brandtstadter & R.M.Lerner（eds），Action and self-development：Theory and research throughthe life span（pp.37-66）.Thousand Oaks，CA：Sage.

Brandtstadter，J. & Greve，W.（1994）.The aging self：Stabilizing and protective process.Developmental Review.14，52-80.

Brandtstadter, J. & Rothermund, K. (2002). The life-course dynamics of goal pursuit and goal adjustment: A two-processframework.Developmental Review,22,117−150.

Brewer,M.B. & Chen,Y.R.(2007).Where(Who) are collectives in collectivism? Toward conceptual clarification ofindividualism and collectivism.Psychological Review.114,133−151.

Bronfenbrenner,U.(1979).The ecology of human development: Experiments by nature and design.Cambridge,MA: Harvard University Press.

Carstensen,L.L(1992).Social and emotional patterns in adulthood: Support for socioemotional selectivity theory.Psychology and Aging,7,331−338.

Carstensen,L.L & Fredrickson,B.(1998).Influence of HIV status and age on cognitive representations of others.Health Psychology,17,494−503.

Carstensen,L.L.,Gross,J.J., & Fung,H.H.(1997).The social context of emotional experience.In K.W. Schaie & M.P.Lawton(eds), Annual Review of Gerontology and Geriatrics.(vol.17,pp.325−354).New York: Springer.

Carstensen, L. L., lsaacowitz, D., & Charles, S. T. (1999). Taking time seriously: A theory of socioemotional selectivity.American Psychologist,54,165−181.

Carstensen,l.L. & Mikels,J.A.(2005).At the intersection of emotion and cognition: Aging and the positivity effect.Current Directions in Psychological Science.14,117−121.

Chang, E.C.(2002).Optimism-pessimism and stress appraisal: Testing a cognitive interactive model of psychological adjustment in adults.Cognitive Therapy and Research,26,675−690.

Chang,R C.,Sanna,L.J., & Yang,K.M.(2003).Optimism,pessimism,affectivity,and psychological adjustment in US andKorea: A test of a mediation mode.Personality and Individual Differences,34,1 195−1208.

Charles,S.T.,Mather,M., & Carstensen,L.L.(2003).Aging and emotional memory: The forgettable nature of negativeimages for older adults.Journal of Experimental Psychology: General,132,310−324.

Cheng,S.-T.(2009a).The social network of nursing home residents in Hong Kong.Aging & Society,29, 163−178.

Cheng,S.-T.(2009b).Generativity in later life: Perceived respect from younger generations as a determinant of goaldisengagement and psychological well-being.Journal of Gerontology: Psychological Sciences,64B, 45−54.

Cheng,S.-T. & Chan,A.C.M.(2003).Regulating quality of care in nursing homes in Hong Kong: A social-ecologicalanalysis.Law & Policy,25,403−423.

Cheng,S.-T. & Chan,A.C.M.(2006).Filial piety and psychological well-being in well older Chinese. journal of Gerontology: Psychological Sciences,61B,262−269.

Cheng,S.-T.,Chan,W., & Chan,A.C.M.(2008).Older people's realization of generativity in a changing society: The caseof Hong Kong.Ageing & Society,28,609−627.

Cheng,S.-T.,Chan,A.C.M., & Phillips,D.R.(2009).Ageing trends in Asia and the Pacific.ln United NationsDepartment of Economic and Social Affairs(ed.), Regional dimensions of the ageing situation(pp. 35−69).New York: United Nations.

Cheng,S.-T.,Fun g.H.H., & Chan,A.C.M.(2008).Self-perception and psychological well-being: The benefits of foreseeing aworse future.Psychology and Aging,24,623−633.

Cheng, S.-T. & Heller, K. (2009). Global aging: Challenges for community psychology. American Journal of Community Psychology, 44, 161-173.

Cheng, S.-T. & Yim, Y.-K. (2008). Age differences in forgiveness: The role of future time perspective. Psychology and Aging, 23, 676-680.

Cheung, F.M, Cheung, S.F., Wada, S., & Zhang, J.X. (2003). Indigenous measures of personality assessment in Asiancountries: A review. Psychological Assessment, 15, 280-289.

Cheung, F.M, Cheung, S. F., Leung, K., Ward, C., & Leong, F. (2003). The English version of the Chinese Personality AssessmentInventory. Journal of Cross Cultural Psychology, 34, 433-452.

Cheung, P. M., Kwong, J., & Zhang, J. X. (2003). Clinical validation of the Chinese Personality Assessment Inventory(CPAI). Psychological Assessment, 15, 89-100.

Cheung, F.M., Leung, K., Fan, R.M., Song, W.Z., Zhang, J.P. (1996). Development of the Chinese. Personality Assessment Inventory. Journal of Cross Cultural Psychology, 27, 181-199.

Cheung, F.M., Leung, K., Zhang, J.X., Sun, H.F., Gan, Y.Q., Song, W.Z., & Xie, D. (2001). Indigenous Chinesepersonality constructs: Is the five-factor model complete.? Journal of Cross-Cultural Psychology, 32, 407-433.

Costa, P.T., McCrae, R.R., Martin, T.A., Oryol, V.E., Senin, I.G., Rukavisbnikov, A.A., Shimonaka, Y., Nakazato, K., Gondo, Y., Takayama, M., Allik, J., Kallasmaa, T., & Realo, A. (2000). Personality development from adolescence through adulthood: Further cross-cultural comparisons of age differences. ln V. J., Molfese & D.L. Molfese (eds), Temperament and Personality development across the life span (pp. 235-252). Mahwah, NJ: Lawrence Erlbaum Associates.

Erikson, E.H. (1982). The life cyclecompleted: A review. New York: Norton.

Frey, D. & Stahlberg, D. (1986). Selection of information after receiving more or less reliable self-threatening information. Personality and Social Psychology Bulletin, 12, 431-441.

Fredrickson, B.L. & Carstensen, L.L. (1990). Choosing social partners: How age and anticipated endings make peoplemore selective. Psychology and Aging, 5, 335-347.

Fredrickson, B. L. (1995). Socioemotional behavior at the end of college life. Journal of Social and Personal Relationships, 12, 261-276.

Fung, H.H. & Carstensen, L.L (2004). Motivational changes in response to blocked goals and foreshortened time: Testing alternatives for socioemotional selectivity theory. Psychology and Aging, 19, 68-78.

Fung, H.H. & Carstensen, L.L. (2006). Goals change when life's fragility is primed: Lessons learned from older adults, the September 11th Attacks and SARS. Social Cognition, 24, 248-278.

Fung, H.H., Carstensen, L.L, & Lutz, M.A. (1999). Influence of time on social preferences: Implications for lifespan development. Psychology and Aging, 14, 595-604.

Fung, H.H., Carstensen, L.L., & Lang, F.R. (2001). Age-related patterns in social networks among European Americansand African Americans: Implications for socioemotional selectivity across the life span. International Journal of Agingand Human Development, 52, 185-206.

Fung, H.H., Ho, Y.W., Tam, K.-P., & Tsai, J. (2009). Value moderates age differences in personality: The example ofrelationship orientation. Manuscript under review.

Fnng, H.L., Isaacowitz, D.M., Lu, A.Y., Wadlinger, H.A., Goren, D., & Wilson, H, R. (2008). Age-related positivityenhancement is not universal: Older Hong Kong Chinese look away from positive stimuli. Psychology and Aging, 23, 440-446.

Fung, H.H., Lai, P., & Ng, R. (2001). Age differences in social preferences among Taiwanese and Mainland Chinese: The role of perceived time. Psychology and Aging, 16, 351-356.

Fw1g, H.H., Siu, C.M.Y., Choy, W.C.W., & McBrid-Chang, C. (2005). Meaning of grandparenthood: Do concernsabout time and mortality matter? Ageing International, 30, 123-146.

Fung, H.H. & Ng, S.K. (2006). Age differences in the sixth personality factor: Age differences in interpersonal relatednessamong Canadians and Hong Kong Chinese. Psychology and Aging, 21, 8 10-814.

Fung, H.H., Stobter, F.S., Yeung, D.Y. & Lang, F.R. (2008). Cultural specificity of socioemotional selectivity: Age differences in social network composition among Germans and Hong Kong Chinese. Journal of Gerontology: Psychological Sciences, 63B, 156-164.

Fung, H.H. & Tang, L.Y.T. (2005). Age differences in memory for emotional messages: Do older people alwaysremember the positive better? Aging International, 30, 244-261.

Glenn, V.O., Ottenbacger, K.J., & Markides, K.S. (2004). Onset of frailty in older adults and protective role of positiveaffect. Psychology and Aging, 19, 402-408.

Gruhn, D., Smith, J., & Baltes, P.B. (2005). No aging bias favoring memory for positive material: evidence from aheterogeneity-homogeneity list paradigm using emotionally toned words. Psychology and Aging, 20, 579-588.

Heckhausen, J. & Schulz, R. (1995). A lifespan theory of control. Psychological Review, 102, 284-304.

Heine, S.J., Lehman, D.R., Markus, H.R., & Kitayama, S. (1999). Is there a universal need for positive sell: regard? Psychological Review, 106, 766-794.

Helson, R., Jones, C., & Kwao, V.S.Y. (2002). Personality change over 40 years of adulthood: Hierarchical linearmodeling analyses of two longitudinal samples. Journal ofPersonality and Social Psychology, 83, 752-766.

Heller, K. (1993). Prevention activities for older adults: Social structures and personal competencies that maintain usefulsocial roles. Journal of Counseling & Development, 72, 124-130.

Helson, R., Jones, C., & Kwan, V.S.Y. (2002). Personality change over 40 years of adulthood: Hierarchical linear modeling analyses of two longitudinal samples. Journa of Personality and Social Psychology, 83, 752-766.

Herzog, A.R., Franks, M.M., Markus, H.R., & Holmberg, D. (1998). Activities and well-being in older age: Effects of self-concept and educational attainment. Psychology and Aging, 13, 179-185.

Hofstede, G. (1980). Culture consequences: International differences in work-related values. Beverly Hills, CA: Sage.

Heckhausen, J. & Schulz, R. (1995). A lifespan theory of control. Psychological Review 102, 284-304.

Inglehart, R. & Baker, W.E. (2000). Modernization, cultural change, and the persistence of traditional values. American Sociological Review, 65, 19-31.

Issacowitz, D.M., Wadlinger, A.A., Goren, D., & Wilson, H.R. (2006a). Selective preference in visual fixation away fromnegative images in old age? Au eye-tracking study. Psychology and Aging, 21, 40-48.

Issacowitz, D.M., Wadlinger, H.A., Goren, D., & Wilson, H.R. (2006b). Is there an age-related positivity effect in visualattention? A comparison of two methodologies.Emotion,6,511-516.

John,O.P.(1990).The'Big Five'factor taxonomy:Dimensions of personality in the natural language and inquestionnaires.In L.A.Pervin(ed.),Handbook ofpersonality:Theory and research.(pp.66-100).New York: Guilford Press.

Kin,A.M.Y. & Fung,H.H.(2004).Goals and social network composition among young adults with and without ahistory of cancer.Journal of Psychology in Chinese Societies,5,97-111.

Kitayama,S. & Karasawa,M.(1995).Self:A cultural psychological perspective.Japanese Journal of Experimental Social Psychology,35,133-163.

Knight,B.G.,Maines,M.L., & Robinson,G.S.(2002).The effects of sad mood on memory in older adults:A test of themood congruence effect Psychology and Aging,17,653-661.

Kwan,V.S.Y.,Bond,M.H., & Singelis,T.M.(1997).Pancultural explanations for life satisfaction: Adding relationship harmony to self-esteem.Journal of Personality and Social Psychology,73,1038-1051.

Labouvie-Vief,G.,Diehl,M.,Tarnowski,A., & Shcn,J.-L.(2000).Age differences in adult personality: Findings from the United States and China.Journal of Gerontology:Psychological Sciences,55B,4-17.

Lang,F.R.(2000).Endings and continuity of social relationships:Maximizing intrinsic benefits within personal networks when feeling near to death? Journal of Social and Personal Relationships,17,157-184.

Lang,F.R. & Carstensen,L.L.(1994).Close emotional relationships in late life:Further support for proactive aging in thesocial domain.Psychology and Aging,9,315-324.

Lang,F.R. & Carstensen,L.L.(2002).Time counts:Future time perspective,goals,and social relationships.Psychology and Aging,17,1 15-139.

Lee,D.T.F.,Woo,J., & Mackenzie,A.E.(2002).The cultural context of adjusting to nursing home life: Chinese elders' perspectives.Gerontologist,42,667-675.

Lin,.E.J.-L. & Churclt,A.T.(2004).Are indigenous Chinese personality dimensions culture-specific? An investigation ofthe Chinese Personality Assessment Inventory in Chinese-American and European-American samples.Journal of Cross-Cultural Psychology,35,586-605.

Liu,C.K.M. & Fung,H.H.(2005).Gang members' social network composition and psychological well-being:Extending socioemotional selectivity theory to the study of gang involvement.Journal of Psychology in Chinese Societies,6,89-108.

Lu,A.Y.,Wadlinger,H.A.,Fung,H.H., & lsaacowitz,D.M.(2007).Testing the positivity effect among Hong Kong Chinese.In Q.Kenedy & H.H.Fung(chairs),American-Chinese differences in socioemotional aspects of aging.Symposium conducted at 115th convention of American Psychological Association,San Francisco,U.S.A.,August.

Markus,H.R. & Kitayama,S.(1991).Culture and the self:Implications for cognition,emotion,and motivation.Psychological Review,98,224-253.

Markus,H.R.,Uchida,Y.,Omregie,H.,Townsend,S.S.M., & Kitayama,S.(2006).Going for the gold: Models of agencyin Japanese and Americans.Psychological Science,17,103-112.

Mather,M. & Carstensen,L.L.(2003).Aging and attentional biases for emotional faces.Psychological Science,14,409-415.

Mather,M. & Knight,M.(2005).Goal-directed memory:The role of cognitive control in older adults' emotional memory.Psychology and Aging.Special Issue：Emotion-Cognition interactions and the Aging Mind，20，554-570.

McCrae，R.R.，Costa，P.T.Jr.，Ostendorf，F.，Angleitner，A.，Caprara，G..V.，Barbaranelli，C.，Lima，M.P.D.，Simoes，A.，Marnsic，I.，Bratko，D.，Chae，J.-H.，& Piedmont，R.L（1999）.Age differences in personality across the adult·life span：parallels in five cultures.Developmental Psychology，35，466-477.

McCrae，R.R.，Costa，P.T.Jr.，Ostendorf，F.，Augleitner，A.，Hrebickova，M.，A via，M.D.，Sanz，J.，Sanchez-Bernardos，M.L.，Kusdil，M.E.，Woodfield，R.，Saunders，P.R.，& Smith，P.B.（2000）.Nature over nurture：Temperament，personality，and life span development.Journal of Personality and Social Psychology，78，173-186.

Mikels，J.A.，Larkin，G.R.，Reuter，L，Patricia，A.，& Cartensen，L.L.（2005）.Divergent trajectories in the aging mind：Changes in working memory for affective versus visual information with age.Psychology and Aging.Special Issue：Emotion-Cognition Interactions and the Aging Mind，20，542-553.

Miller，M.J.（2007）.A bilinear multidimensional measurement model of Asian American acculturation and enculturation：Implications for counseling interventions.Journal of Counseling Psychology，54，1 18-131.

Navas，M.，Rojas，A.J.，Garcia，M.，& Pumares，P.（2007）.Acculturation strategies and attitudes according to the relative acculturation extended model（RAEM）：The perspectives of natives versus immigrants.International journal of Intercultural Relations，31，67-86.

Oyserman，D.，Coon，H.M.，& Kemmelmeier，M.（2002）.Rethinking individualism and collectivism：Evaluation oftheoretical assumptions and meta-analyses.Psychological Bulletin，128，3-72.

Poon，C.Y.M. & Pung，H.H.（2008）.Physical activity and psychological well-being amongHong Kong Chinese older adults：Exploring the moderating role of self-construals. International Journal of Aging and Human Development，66，1-19.

Rosow，I.（1985）.Status and role change through the life cycle.In R.Binstock & E.Sbanas（eds），Handbook of aging andthe social sciences（pp.62-93）.New York：Van Nostrand Reinhold.

Rozin，P. & Royzman，E.B.（2001）.Negativity bias，negativity dominance，and contagion.Personality and Social Psychology Review，5，296-320.

Schwartz，S.H.（1992）.Universals in the content and structure of values：Theoretical advances and empirical tests in 20 countries.ln M.P.Zanna（eel），Advances in experimental social psychology（Vol.25，pp.1-65）.New York：Academic Press.

Sedikides，C.，Gaertner，L.，Toguchl，Y.（2003）.Pancultural self-enhancement.Journal of Personality and Social Psychology，84，60-79.

Szalay，L.B.，Strohl，J.B.，Fu L.，& Lao，P.S.（1994）.American and Chinese perceptions and belief systems：A People's Republic of China-Taiwanese comparison.New York：Plenum Press.

Steve rink，N. & Lindenberg，S.（2006）.Which social needs are important for subjective well-being? What happens to themwith aging? Psychology and Aging，21，281-290.

Treas，J. & Wang，W.（1993）.Of deeds and contracts：Filial piety perceived in contemporary Shanghai.In V.L.Bengtson & W.A.Achenbaum.（eds），The changing contract across generations（pp.87-93）.New York：Aldine De Gruyter.

Triandis，H.C.（1989）.The self and social behavior in differing cultural contexts.Psychological Review，

96,506-520.

Triandis,H.C.(1995).Individualism and collectivism.Boulder,CO:Westview Press.

Uchida,Y.(2007).Happiness in east and west:Themes and variations.Paper presented at the meeting of Expandinghorizons of cultural psychology:Advances in research and teaching,Stanford University,CA.,August.

United Nations Population Division.(n.d.).World population prospects:The 2006 revision population database.Retrieved June 1,2007 from http://esa.un.org/unpp/.

Vygotsky,L.S.(1934/1962).Thought and language.Cambridge,MA:MIT Press.

Wan,C.,Chiu,C,Y.,Peng,S., & Tam,K.P.(2007).Measuring cultures through intersubjective cultural norms:Implications for predicting relative identification with two or more cultures.Journal of Cross Cultural Psychology,38,213-226.

Wan,C.,Chiu,C.Y.,Tam,K.P.,Lee,S.L.,Lau,I., & Peng,S.(2007).Perceived cultural importance and actual self- importance ofvalues in cultural identification.Journal ofPersonality and Social Psychology,92,337-354.

Yang,C.F.(1988).Familism and development:An examination of the role of family in contemporary China mainland,Hong Kong and Taiwan.In D.Sinha & H.S.R.Kao(eds),Social values and development:Asian perspectives(pp.93-1 23).Thousand Oaks,CA:Sage.

Yang,J.,McCrae,R.R. & Costa,P.T.Jr.(1998).Adult age differences in personality traits in the United States and the People's Republic of China.Journal of Gerontology:Psychological Sciences,53B,375-383.

Yeung,D.Y.,Fung,H.H., & Lang,F.R.(2007).Gender differences in social network characteristics and psychological well-being among Hong Kong Chinese:The role of future time perspective and adherence to Renqing.Aging & Mental Health,11,45-56.

Yeung,D.Y.,Fung,H.H., & Lang,F.R.(2008).Self-construal moderates age differences in social network characteristics.Psychology and Aging,23,222-226.

Yeung,T.Y. & Fung,H.H.(2007).Social support and life satisfaction among Hong Kong Chinese older adults:Family first? European Journal of Aging,4,219-227.

You,J.,Fung,H.H., & Isaacomitz,D.M.(2009).Age differences in dispositionaloptimism:A Cross-Cultural Study.European Journal of Aging.6,247-252.

Zhang,Z. & Yang,C.F.(1998).Beyond distributive justice:The reasonableness norm in Chinese reward allocation.Asian Journal of Social Psychology,1,253-269.

第 20 章　中国人的幸福感

陆洛(Luo Lu)

对大部分人来说,幸福(happiness)通常来自令人愉快的美好体验,那是一种转瞬即逝的感受,如同在炎热的天气享受一勺冰激凌,或者在漫长的一日工作之后听一曲莫扎特。然而,人们不仅是想要短时地感受幸福,他们还想充满信心,好好生活,并完成他们认为有价值的并且值得去做的事情。千百年来,哲学家们和普通人群一直在思考什么样的生活值得过。

在西方,幸福一直是哲学研究的中心主题,热烈的辩论追溯至希腊的大师们。对亚里士多德来说,幸福(术语*eudainmonia*)要通过发挥人所有潜能的善行才能获得。这种幸福的概念奠定了通向幸福感(well-being)的现代人文主义(*eudainmonic*,又译实现论,幸福主义)的途径,强调在生活中的意义,自我觉察和培育一个全能的人(Ryan & Deci,2001),一般称为"心理幸福感(psychological well-being)"(参阅 Ryff,1989)。另一个希腊哲学传统,享乐主义(*hedonism*,又译快乐论,快乐主义),诞生了通向幸福的另一途径,享乐方式,强调快感原则(Ryan & Deci,2001)。虽然一些早期的享乐主义者关心身体上的及时享受,不过调整后的享乐主义也重视心灵和精神的愉悦,强调对快感的慎重选择以确保长期的幸福感(Christopher,1999)。幸福感的现代观念包括每一种传统思想的成分。

因此,如上所述,幸福感(well-being)首先应该能够反映一切让生活有价值的东西。事实上,它已经是其他众多人文社会学科探究的主题,从理论的、政治的、经济的和心理学的角度被定义(参阅 Argyle,2001;Diener,1984;Veenhoven,1984,对幸福感研究的历史性发展作了精彩的综述)。本章中,我会引用大多数目前学者和研究者使用的这些经典术语(参阅 Argyle,2001;Diener,1984),交替使用主观幸福感(subjective well-being,SWB)与幸福(happiness)。重申一点,主观幸福感并不只是享乐主义,它包括对正积极生活着的评价(Diener,2000;Diener & Tov,2011)。

过去几十年取得了重大的突破,科学已经开始解开幸福感作为短暂精神状态的这层神秘面纱,揭示了幸福感是一种可以被研究和理解的常见而又积极的精神状态。SWB 现在是新兴"积极心理学"最重要的研究领域之一(Seligman & Csikszentmihaly,2000)。这个主题甚至有它专门的期刊,在 2000 年正式推出了 *The Journal of Happiness*

Studies 杂志。经过 40 多年的齐心协力,在心理学研究者之间形成了一种共识。首要的一点,SWB 最重要的独特属性之一是它的积极本质。幸福现在通常被定义为正性情感超过负性情感,对生活满意,由人们对他们生活、情绪和认知的综合评价构成(Argyle,Martin, & Crossland,1989;Diener,1984)。

其次,幸福感最好概念化为特质而不是短暂的情绪状态(Veenhoven,1994)。Cummins(2000)提出,幸福是一种心境而不是一种情绪。情绪是转瞬即逝的而心境更加稳定。Cummins 为了追踪澳大利亚人的幸福感,每年进行一次全国范围调查,随机选取了 2000 名被试,进行了 18 次,结果发现幸福感水平只有 3% 的变动。我们在台湾中国人被试中发现了类似的现象。使用我们的标准测量工具——中国人幸福感量表(the Chinese Happiness Inventory),我们注意到幸福感的水平在 1993 年到 2007 年之间只有 4% 的变动,关于幸福感更强有力的证据来自于对台湾 581 名随机邀请的成人研究,结果发现,2 年半时间的幸福感稳定系数为 0.43(Lu,1999)。这可以和 Veenhoven(1994)对幸福感纵向研究的元分析比较,也就是说,幸福感在短期内是相当稳定的,而在长期就是一般稳定的,对幸运或者不幸敏感。

再次,SWB 研究已经从早期寻找“客观”外在指标的社会调查(例如 Andrews & Withey,1976;Campbell,1976)或者量表开发的工作(例如 Andrews & Withey,1976),进展到尝试解释幸福感的心理学机制(例如 Cummins,1995,2000;Diener,Suh,Lucas, & Sruith,1999;Headey & Wearing,1989),这在很大程度上受助于多变量统计学分析技术的进步。数十年的研究显示人口统计学变量或者“客观”外部指标的影响非常小,虽然一般来说“年轻、受过良好教育和薪水较高”代表对幸福的人的个人侧写(Diener 等,1999)。根据中国人幸福感数据库(the Chinese Happiness Inventory Database)(N = 24601,收集了 1993—2007 年间的数据),我们发现类似的结果:女性、年轻、已婚或者单身(和孀居或者离婚相反)、受教育程度较高和收入较高是在台湾受教育群体中和幸福感有关的人口学因素(Lu,2008)。

最后,最近大范围跨文化比较涌现了新奇却又令人困惑的研究发现,受此启发与鼓舞(Diener,Diener, & Diener,1995;Veenhoven,1995),“文化”问题正成为焦点。研究重复观察到大量关于幸福感的民族差异,甚至在控制了收入的效应后仍是如此。具体说来,西方社会的成员比东方的人们一般更快乐一些,而且文化上个人主义是在民族水平上幸福感最强的关联因素。在 20 世纪 90 年代早期的 44 个民族的比较性研究中,Veenhoven(2000)报告中国人幸福感水平在 2.92(在 1—4 之间评分)。最高分值的民族是荷兰(3.39),最低的是保加利亚(2.33)。这次比较中,中国在 44 个民族中排名第 30 位,虽然作者承认,因为贫困的农村人群在研究样本中数目较少,中国报告的结果也许过于乐观。

尽管取得了令人鼓舞的进展,不过仍然存在一个棘手的问题:典型的心理学研究往往在起源、思想和工具上都是西方的。一方面,基于西方的研究可能在很多重要方面限定于文化。即便研究是跨文化的,也通常会涉及以下问题:应用的测量方法来自于西方文化传统,而且比较来自不同国家的结果时是在先验的西方理论框架内比较。因此,存在一种扭曲非西方文化从而表现出心理等价性的危险(Brislin, Lonner, & Thorndike, 1973)。

对幸福感的研究来说,这个问题是更为紧迫的。Christopher(1999)深入了解了幸福感研究的哲学基础,并得出结论,无论是享乐论的幸福还是实现论的幸福都具有欧美文化根源。具体来说,幸福或幸福感是基于本体论的自由的"我"的自我概念,而这是成为好人/理想的人的标准方案。相比之下,儒家传统中的幸福以人的社会义务和社会嵌入为中心。

几个世纪以来,中国人一直被敦促过美好生活和被社会化去追求多数人的利益(the greater good)而不是自私的幸福(Ng, Ho, Wong & Smith, 2003)。Ng 等人(2003)更进一步认为幸福感的任何观念都是文化嵌入的,并取决于不同的文化社区如何定义和践行"well"和"being"。"*happiness(幸福)*"这个词直到最近才进入汉语口语词汇,中国学生比美国的对照人群更不熟悉幸福的概念(Diener, Suh, Smith, 和 Shao, 1995)。

因此,当幸福感的心理学研究在中国社会迅速流行的同时,对这一主题的文化意识和文化敏感仍有待提升和培养,这点有些麻烦。我在台湾主要学术数据库中系统搜索了 1992 年到 2007 年间关于幸福感的研究。在 17 篇期刊论文和 141 篇学位论文中,几乎所有都引用了西方文献中提出的理论框架/构念,几乎所有都只是尝试验证西方架构的理论或者复制已确定的关系(又见 Yang, 1986,在大约 20 年前批评了台湾人格研究)。几乎没有研究者仔细考虑文化在幸福感体验中的作用,尤其对中国人幸福感的作用。

真正平衡的 SWB 心理学应当是由多种文化观点提供信息,包括基督教的、儒学的、佛教的、印度教的、伊斯兰教的、巴哈教的及其他观点。在过去十年,我们的一系列研究致力于将中国人和西方文化传统对比,从他们如何构想幸福感概念,结果限制了对幸福的主观体验这一角度出发。在本章中,我的立场是,幸福的文化概念(*cultural conceptions*)是主观幸福感的关键部分。我认为把文化和 SWB 作为一个相互构成的动态(dynamic of mutual constitutions)来分析会最有成效。我将采用文化心理学的方法,具体描绘我们自己本土的中国人研究,详细阐述两个与 SWB 有关的主题:(1)中国人的幸福概念;(2)幸福的文化心理学相关因素。最后,我会强调下在 SWB 这方面对比鲜明的文化成分日趋共存的现象。本章并不想对幸福感进行系统的综述,已经有多位经验丰富的学者完成了这个工作(例如 Argyle, 2001; Diener, 1984; Kahneman, Diener & Schwarz, 1999; Ryan & Deci, 2001; Veenhoven, 1984)。我会使用我们自己的本土中国人研究来说明关于 SWB 的与文化相关的主题:会从始至终强调"文化"这一关键概念。

幸福的文化概念

出于对科学方法坚定不移的认同，西方心理学家普遍把"什么是幸福？"这个问题留给哲学家去辩论，而去研究感知到的幸福和它的相关因素。大多数群众将幸福感看做积极性质的短暂情绪状态，而科学家，特别是心理学家，现在将幸福感概念化，更像是一种相对较稳定的心境状态。如此说来，从这些方面达成了对幸福可操作性的共识：（1）正性情感，（2）生活满意度，（3）没有负性情感。

然而，这样一种操作性定义至多是尝试鉴别幸福体验的组成部分/成分，几乎不能解释它的本质和意义，或者在多种文化传统中人们所持有的关于幸福的观念。例如，幸福感似乎对个人主义者是更明显的概念（World Values Study Group，1994）。在世界价值观调查 2（the World Value Survey Ⅱ）中，那些说自己从未考虑过是否幸福或是否满意的人们在集体主义民族中占有比例更高。相似地，与集体主义国家相比，在个人主义国家的大学生认为幸福对于他们明显更重要一些（Diener et al.，1995）。因此，一个人赋予幸福感的价值存在跨文化差异；集体主义者可能强调个人"幸福"之上的责任和义务（Triandis，1995）。

一些研究者批评说，在目前关于 SWB 的主流研究中，理论不够成熟，没有心理学深度（Ryan 和 Deci，2001；Ryff，1989）。过去四十年，幸福感的实证研究已经获得了主流科学心理学的认可，并且不断繁荣兴旺，但是大量的文献并没有推进理论成熟度的水平。比较了相隔 15 年的两篇大综述（Diener，1984；Diener 等，1999），我们有更多自信说，我们现在知道更多 SWB 的相关因素，但是我们并没有更明确这个人类终极体验的核心本质。

如果我们要进一步理解人类幸福感，"什么是幸福"这个困难问题是不可回避的。打破这个僵局也有希望使我们能更有效地指导科研工作。为此，我们从有点不同而又互补的角度进行了两个系列的研究：（1）普通群众对幸福定义的民族心理分析，（2）中国和西方文化传统塑造的幸福观的文化分析。

什么是幸福？民族心理分析途径

因为意义和概念是由文化塑造的（Bruner，1990），所以，有必要探索在某种文化传统解释意义和价值的世界中人们对幸福的看法。如前所述，幸福这个词直到最近才在中国语言中出现。福或福气可能是中国古代思想中和幸福最接近的等价词。福最早出现在商代的甲骨文，向受敬拜的神表达人们的心愿和祈祷（Bauer，1976）。这些心愿和祈祷是什么呢？甲骨文的解释和出土的奢侈祭礼指向中华文明萌芽时期幸福的双重基本概念：来自超自然力量的庇佑和源自人类社会的愉悦。

后来，在《尚书》中，福字更清晰地定义为在平凡生活中的"寿、富、康宁、修好德和考终命"（Wu，1991）。另一本重要的古代著作《礼记》，修正了一下，说"福者，备也。备者，百顺之名也"。大略上，中国人对幸福的概念可以追溯到文明的早期，而且随着这一伟大文化的演化一直保持着其中一些核心观念。在民间智慧中，中国人的幸福似乎包括物质丰富、身体健康、有德行的平静生活以及从死亡焦虑中获得解脱。

中国古代社会是一个双层架构系统。在社会金字塔的顶层，社会精英统辖其余的人，拥有权利和威望；这一阶层的理念通过伟大哲学家和学者的著作和教导得以记录和传播；数目众多的劳动人民在它的底层，被规定要遵从或者被灌输这些理念，同时也在上述的民间创作中传递给他们这些理念。不可否认，伟大的哲学界千百年来深刻地塑造了中国文化和中国人民的精神（见 Hwang & Han，本书第 28 章；Ji，Lee，& Guo，本书第 11 章），儒道佛三家学说构成了正统中国文化的支柱，每一家都对人的幸福感持有独特的观点。我们探索儒道佛关于人类幸福的哲学思考的系统工作具体可见于各种期刊论文（Lu，1998；2001；2008；Lu & Shill，1997；Lu，Gilmour，& Kao，2001）。不过，为了描绘文化背景，我在下面简述一下，便于接下来展示关于幸福感的中国民族心理学。

首先要注意中国哲学界并没有过多考虑幸福的本质，而是将幸福看做是最佳功能（Optimal functioning）和好好生活（right living）的同义词。换句话说，幸福本身不值得哲学思考，对获得幸福的行动方案才值得思考，像这样的话语传递了文化上认可的美好人生的概念。

在儒家传统中，这样的美好生活或者有德行的生活是通过"知识、仁和群体和谐"获得的（Wu，1992，p.31）。儒家哲学强调家庭或者宗族的集体主义福祉（进一步扩展至社会和整个人类）而不是个人福利。在这种集体主义或者社会取向下，中国文化强调和群体分享个人成果。对社会有贡献是终极幸福，而追求幸福的享乐主义被认为是没有价值甚至是可耻的。简而言之，对儒家学者来说，幸福不再是一系列的生活条件，而是生命个体的心理状态或者精神世界。幸福不是短暂的狭隘的感官愉悦，而是永久的具有深远意义的理性世界。儒家学者将幸福感看作精神的而非物质的，道德的而非环境的，是自我认定的而不是由他人评判的。

道家（Taoist）反对将幸福看做一种物质满足的产物，也反对儒家观点将幸福看做一种为达到道德正直的自我修养。在道家，幸福或者满足是个人去除所有的人类贪欲，通过顺应自然、无为，平静地接受命运，以平和心智面对生活。这样做了，一个人可能达到和宇宙融合的终极幸福，称作天人合一。因此，道家的幸福感不是一种快乐的情绪感受，而是一种自我超越的认知领悟和精神胜利。

虽然佛教不是本土的中国哲学，最早在汉朝（大约公元 60 年）从印度传入，但是从唐朝以来（公元 618—907 年），佛教融入了许多中国哲学思考和文化传统，融入了中国人的生活方式。佛教认为生命中没有绝对的永久的幸福,既然世间万物生而受苦,只有涅槃(nirvana)才能提供救赎(salvation)(Chiang,1996)。佛教中的幸福只能在涅槃之后的"西方极乐世界"才能找到,这保证了超脱此生终日受苦的永恒快乐。身体锻炼、冥想、行善、消除所有欲望都是提升精神达到涅槃和永恒幸福的方式。佛教并不承认存在世俗的短暂的幸福。

　　对学者而言,儒道佛是三种完全不同甚至相反的哲学系统。然而对一般人而言,三者一直本土化地相互交融,并且人们很善用三者来应对生活。人们可以在与其他人交往时奉行儒家,在与自然遭遇时奉行道家,在面对生活变迁和死亡时奉行佛教。这是"中国人实用主义(Chinese pragmatism)"的终极成就(Quah,1995)。平心而论,受儒学教导影响,中国人对幸福的观念更多地是一种"社会的和谐"而不是一种"个人的幸福",强调集体利益而不强调个人享乐。另外,有道家和佛教的影响,中国人幸福感的观念强调心智培育和精神开化而不是物质上的富裕和世俗上的成功。

　　带着这种对包括儒道佛的中国"伟大传统"以及民族"布尔乔亚传统(bourgeois traditions)"的理解,我开展了一项主题分析(thematic analysis)研究,考察中国学生对幸福感的自发解释(Lu,2001)。这种具有中国人特点的视角和大多数 SWB 研究中充满的主流西方文化视角是截然不同的。这种尝试也第一次试图缩小在 SWB 学者理论和普通群众对幸福的鲜活经验和内心观念之间的差距。虽然是探索性质的研究,结果也清晰地勾画了中国人幸福感的心理空间。然后,我们继续沿用这种问询方式,分析了在欧裔美国文化包含的幸福感概念以及美国学生对他们幸福感的自发解释,将之和我们以前收集的中国人数据进行对比(Lu 和 Gilimmr,2004a)。

　　为了之后在中国和美国民间观点之间进行对比,特将这些实证研究概述如下。142位中国台湾本科生就一个简单的问题"什么是幸福"写一段不限格式的短文。使用主题分析,学生们的回复以下列方式分类:a)满意和满足感的精神状态;b)各种形式的正性感受/情绪;c)和谐的稳态,包括内心的、人际的和社会领域;d)个人成就和乐观态度;e)免于疾患。

　　中国学生一般认为幸福感是一种存在的和谐状态,强调以下是幸福的必要条件:a)个人是满意或者满足的;b)个人是自己幸福感的原动力(agent);c)精神富有比物质满足更重要;d)个体对未来持有积极的前景展望。

　　中国台湾学生自发解释的另一个独特属性是他们强调在幸福和不幸之间的辩证联系。他们认为,这两种截然不同的存在或状态被锁定在相互依赖的永不停息的循环中:每一个依赖于另一个形成对比和意义。而且,这两个对立面之间的联系也是动态的持续变化的:每一个都依赖于另一方。台湾学生声称生活中幸福和不幸应当保持平衡,呼应了阴阳平衡的上古智慧。一些人进一步认为幸福只在不幸的背景下才能出现,是周期往复的,不可能维持为一种稳定的状态。

　　中国台湾学生也有他们偏爱的获得幸福感的方式,集中在培育和发展以下能力:探索、满足和心怀感恩、给予和与人分享或者服务他人以及修身(self-cultivation)。

　　然后,我们邀请了 97 位美国白人学生对同样的问题"什么是幸福"写一段不限格式的话。采用主题分析,我们发现美国学生从 7 个方面定义幸福:a) 满意和满足的精神状态;b) 各种形式的正性感受/情绪;c) 个人成就和实现个人控制的结果;d) 自立的结果;e) 免于疾患;f) 朝向有意义地与人相处的精神状态;g) 生命的最终价值。

　　通读了中国台湾和美国学生对幸福丰富生动的阐释,我们很容易看出他们报告中既有相同点也有不同点。因此,我们将中国人和美国人对幸福感的民间观点在东西方文化传统要求的每一主题上进行直接对比,特别是 SWB 的实质与途径这两方面存在的微妙差别,下面我小结一下。

　　第一,对中国人来说,幸福主要被概念化为个人内心的和谐稳态,同样也是个体及其周围环境之间的和谐稳态。然而,美国人对幸福的解释中不存在诸如"和谐(harmony)"、"平衡(balance)"和"契合(fit)"这类话语。美国人的解释情绪上是有活力的、乐观的、明确无误的、积极的,而中国人的解释是严肃的、保守的和平稳的。和谐稳态(homeostasis)的中国概念似乎认为幸福的核心意义是获得和维持由内至外良好状态的动态过程。一位中国台湾学生的观点相当有代表性:"幸福是内在的幸福感和满足感,以及与外部世界和谐相处的感受。它也是信任、安全和稳定"。

　　稳态的中国概念具有哲学深度,牢牢扎根于古代*阴阳*哲学,它强调人的心灵和身体动态平衡的状态,在个人及其所在社会、精神和自然环境中的动态平衡。在天、地和人之间的和谐也是被道家提倡的终极幸福。简而言之,将幸福看作一种和谐稳态是一种深深嵌入文化环境中的独特的中国式观点,和直接追求积极情绪来获得幸福感的西方观点形成鲜明对比(请参阅本书第 11 章 Ji,Lee & Guo)。

　　第二,也许和第一点相关,幸福感的中国概念清楚地强调了在享乐满足之上的精神富足,而只有两个美国学生提及幸福感的精神成分,而且只是在宗教背景下才提及。美国人普遍看重具体成就、自主(self-autonomy)和对自我的积极评价,而中国人普遍看重理智(mind work)、修身和获取他人对自我的积极评价。

　　中国人对精神富足的看重强调了这样的观点,幸福感不仅仅单纯反映客观世界。无论佛教还是道家都充分阐释了心灵力量是通向永恒幸福的通行证。儒家哲学也强调理智来抑制自私欲望和非理性需求,以修德行和为集体服务。所有这些传统中国教育都特别看重精神富足,看轻甚至否认物质满足、身体舒适和享乐式快感在幸福感体验中的作用。一位台湾学生表达了关于幸福的这种严肃观点:"只有精神丰富了,心灵才能平和稳定,然后才有可能幸福。幸福感是一种内在的感觉,并不存在于外部物质世界。"虽然这种将幸福看做一种关注精神的个人心灵状态的观点并不限于中国文化传统,但是西方近代并不强调这个。确切地说,西方更多关注于在努力寻求物质满意和个人成就方面的幸福感观念。

第三,中国人的幸福概念清楚反映了一种辩证观,而关于幸福和不幸之间的互补关系,只有少数几个美国学生略有提及。对中国人来说,幸福和不幸甚至是彼此存在的背景,而对于美国人,他们的关系只有在不高兴时才会浮现出来。如前所述,阴阳哲学以清晰的辩证观来看待幸福—不幸关系。从宇宙到人生的任何事情都是无限循环的变化过程,好与坏,乐和苦,幸与不幸。这种宇宙观的最佳说法是一句中国俗语"福兮祸之所倚,祸兮福之所伏"(Lu,1998)。看来幸福的辩证观是 SWB 的东方概念的独特属性,如同我们关于中国文化的研究所示,也如同其他研究所示——例如,日本人对幸福的"犹豫的习惯(habit of hesitation)"(Minami,1971)。

总的来说,关于中国人和美国人幸福感的民间观点的实证证据支持我们的理论观点:文化塑造了富有心理学意义的含义和概念,例如 SWB。我们在数据中既看到了相似性也看到了差别,这些为文化心理学的宣言,即"一种心智,多种心态"("one mind, many mentalities")提供了证据(Shweder, Goodnow, Hatano, LeVine, Markus, & Miller, 1998, p.87)。目前在 SWB 这方面,实证证据普遍支持我们的观点:在中国和西方文化中幸福感的概念和获取幸福途径具有截然不同的特性。对中国人来说,幸福的民间观点强调满足角色义务和获得辩证平衡;而对于美国人,幸福感的民间观点强调个人负责和个人目标的直接追求。

因此,在不同文化中人们对幸福的理解和体验也不同。所以像在世界价值观调查(the World Values Survey)中,简单地问中国人和美国人一个问题"你有多幸福?"可能是有严重缺陷的研究方法。答案的不同强度可能只是表明正在追求不同的目标,例如履行社会责任和个人成就两个相对的目标。这意味着没有真正获得可比性结果。我们心理学家应当开始考察文化上不同的追求幸福的过程,如同 Kwan、Bond 和 Singelis (1997),或者 Kitayama 和 Markus(2000)的工作。根据由中国人和美国人对幸福的民间观点提供的丰富文字材料,现在可以尝试对 SWB 的文化观念进行更系统和完整的理论分析,发展 SWB 的通用文化理论来指导和巩固进一步的实证研究。

个人取向和社会取向的 SWB 观念

再次重申,我们的立场是,幸福的文化概念是 SWB 的关键部分,一种迄今为止被广泛忽略的研究幸福感的取向。我们对文化和人类行为的观点与文化心理学路径一致,目标是考察文化和心理交互作用的方式(Markus & Kitayama, 1998; Shweder, 1991)。文化的视角假定心理学过程——这里是 SWB 的本质和体验——完全建立在文化之上。所以,文化和 SWB 一起作为相互构成的动态进行分析会更富成效(Kitayama & Markus, 2000),因为幸福感或者美好生活的任何观念都是具有文化内涵的。

　　依照文化心理学的立场,我们不应该将 SWB 的西方观念附加在其他文化上;相应地,应当解析和系统描绘特定文化背景下的 SWB 本土概念。在中国,这正是我们完成的工作:系统考察蕴含在传统儒道佛三家的 SWB 相关概念和想法(Lu,1998,2001,2008),它们表现在民间创作中,践行于社会习惯中(Lu,2001),反映在人们对幸福成因(Lu & Shih,1997)和定义(Lu,2001)的自由解释中。

　　相应地,SWB 的主流西方观念自身是本土文化观念之一。需要探索它的文化背景、默契的理解、隐含的假设、无形的承诺以及人们生动的体验,并和其他本土文化抽提出的概念进行对比。我们接下来(Lu & Gilmour,2004a)的研究发现,美国学生对幸福的自由解释中展现出的有趣的文化言论。正如 Kitayama 和 Markus(2000)指出的,well-being 是一个合作项目(collaborative project),意思是指,well 或者体验 well-being 意味着什么,其本质具有文化特异性形式(Shweder,1998)。借用 Sub(2000,p.63)的隐喻,"自我是文化和主观幸福感之间的连字符",通过参加社会机构和日常生活而来的自我建构可能是我们理解幸福在各种文化系统中意义的关键所在。

　　下面我们会对比这两种 SWB 的文化系统:欧美个人取向和东亚社会取向的 SWB 文化观念。全文已公开发表(Lu 和 Gilmour,2006),这里仅作简短总结。要注意我们的分析是在理论水平进行的,采用了文化对比的视角,基于这样的前提:幸福感的追求源自于自我,它以一种文化指定的方式携带着文化使命。这一理论主张在前述民族心理实证研究结果中得到验证支持和丰富的阐释。如前所述,幸福或者 SWB 在它的现代观念里并不仅仅反映享乐,它还包括生活顺心如意的意思。于是,我会认为中国人和西方关于 well-being 的观念会存在差别,和他们关于幸福或者 SWB 的差别同样明显,而且是以相似的方式存在差别。

　　我们对中国人幸福文化观念成分的描绘工作可以进一步推广到居住在其他东亚国家的人们,例如日本、韩国和新加坡。这些东亚国家的人们具有相似的集体主义文化,所以根本上像中国人一样受儒家传统影响,以至于获得了"儒家文化圈"的名称(Confucian circle)(Berger,1988,p.4)。"布尔乔亚的儒学(Bourgeois Confucianism)",这种东亚人深信并努力践行的价值观和信仰系统集成了儒家和道家思想,刻画了他们世俗心态的特征,将他们与在欧美世界的人们截然分开(参阅本书第 16 章 Kulich;第 15 章 Leung)。东亚佛教或许是另一条将这些人们维系在一起的共同主线,不过它的影响仍有待研究(参阅本书第 11 章 Ji、Lee 和 Guo)。

　　SWB 的西方欧美理论牢牢建立在自我的高度个人主义的观念上,将一个人看做是一个有界限的、连贯一致的、稳定的、自治的自由实体,和社会环境是相对的。而且,西方的社会习俗、机构和媒体全都极力促进培养人的主观能动(agentic)性,强调自由意志和个人理性(Markus & Kitayama,1998)。

　　嵌于这样的历史和文化背景下,SWB 的欧美文化观念的一个显著特征就是个人负责(*personal accountability*),从本质上宣称幸福是每个人的不可剥夺的自然权利;而且一个人应当为获取自己的幸福负责。幸福被看做个人成就,而西方文化也着迷于获取个人幸福(Lasch,1979)。

SWB 的欧美文化观念的另一个显著特征是*直接追求*(*explicit pursuit*),本质上是说,人们应当积极追求幸福,他们对幸福的追求不应遭到破坏,是正当的,应当在许多方面受人包容。一方面,积极明确地追求幸福是活出独立人生的最好途径之一,它要不断地奋斗去掌握和控制外部环境,去确认和意识自我潜能,为个人目标奋斗并赢取目标。另一方面,西方社会具有民主和社会平等的基础构造,维护个人权利及其追求的体制,和鼓励个人奋斗、奖励个人成绩的社会规范,在西方具有充分的追求幸福的机会和自由,并得到了社会支持。

总之,自由个人在社会机构和社会规范这些社会性支持的祝福下不断追求幸福,这最充分地描绘了环绕着个人取向 SWB 的欧美文化观念,由两个特性构成:*个人负责*和*直接追求*。

和西方观点形成鲜明对比,东亚对自我的观点是有连接的、流体的、可塑的、对他人负有义务的。而且,东方社会规范、机构和媒体协同培植一种生命的关系型方式,看重角色实体化(role instantiation)、审时度势和持久的和谐的内群体成员(Markus & Kitayama,1998)。

在这种特别的历史文化背景中,SWB 的东亚文化观念具有*角色责任*(*role obligations*),主张幸福感应当建立在完成社会角色义务的基础上,通过严格自我修行来实现。这样做保障了群体利益和社会和谐。因此,在相互依赖的社交关系中履行角色责任,建立并维持和谐人际关系,努力增加集体(比如家庭)利益与财富,甚至以个人利益为代价,这些是核心主题。这种 SWB 观点符合基于责任的儒家道德学说,与欧美基于权利的学说相对立(Hwang,2001)。

SWB 的亚洲社会取向文化观念的另一典型特点是*辩证均衡*(*dialectical balance*)。"幸福"和"不幸"被看做一枚硬币的两面。人们不应过度追求幸福;而是应当追求更深层次的内部稳态和外部的圆融。这种特征性的东方保守态度可以追溯至古代*阴阳*哲学,它的立场是,从宇宙至人生,所有事物都置身于无穷变化的循环中,在好与坏、乐与苦、幸与不幸之间循环往复。

总之,自我修行的个人和他人合作,为社会勤勉地履行他/她追寻幸福、和谐和正直(integrity)的道德职责,这是对 SWB 东亚文化核心观念的最佳描绘。我们把这种观点命名为 SWB 的社会取向文化观念,由两种特征构成:*角色责任*和*辩证均衡*。

迄今为止,我们已经尽量说明幸福在东亚和西方文化中具有迥然不同的结构。现在下一步理当进行一项公正平衡的跨文化测量深入挖掘这些 SWB 观念。于是,我们同时采用归纳和演绎两种方法,在连续两个有中美两国参与者的研究中开发并评估了

SWB 的个人取向和社会取向文化观念量表（the Individual-oriented and Social-oriented cultural conceptions of SWBscales，ISSWB）（Lu & Gilmour，2006）。这项 51 条目的测量显示了良好的内部一致性、时间可靠性，具有会聚和区别效度。

进一步的分析显示，中国人比美国人持有更强的社会取向 SWB，而美国人比中国人持有更强的个人取向 SWB。中国人内部也有一些文化内的差异。例如，中国台湾人在社会取向 SWB 上比中国大陆得分更高。然而，这两个中国人群在他们个人取向 SWB 上得分没有差别。

总体来说，证据支持 ISSWB 量表用于未来的单一文化和跨文化研究。更重要的是，将个人取向和社会取向 SWB 文化观念作为在心理学水平上的文化维度进行测量，这种能力提供了一个基础，让我们启动联合研究，努力探寻心理和文化之间的错综复杂的联系。ISSWB 的 51 个条目见于本章的附录。

我们关于 SWB 的通用（generic）文化理论的核心问题如下所述。文化可能是建构幸福观念进而塑造其成员主观体验的主要力量。特别是，被社会化进入不同文化系统的人可能具有对幸福的多种观点，包括定义、本质和为 SWB 奋斗的方法和途径。文化也限制了对不同 SWB 观念的偏好，例如个人取向对社会取向，最终为其成员指定了 SWB 的不同来源和实现条件（Chiasson，Dube，& Blondin，1996；Fumbarn & Cheng，2000；Lu & Shih，1997）。

文化也通过对自我的塑造影响 SWB（参阅本书 Kwan，H ui，& McGee）。不同的自我观念（例如独立自我和互依自我）作为调节机制影响个体对自己幸福感的判断。这些自我调节机制引导个体注意和处理那些文化重视的环境信息（Diener & Diener，1995；Kwan et al.，1997；Lu & Gilmour，2004b）。这样的机制也决定了人们在追求 SWB 时的思考、感受和作为（Suh，2000）。

下面将总结我们关于获取幸福感的心理机制或途径的实证研究，研究采用了一种个体差异的方式。根据以上理论提供的信息，我们最近的研究明确关注文化影响，对比于主要关注人格和认知因素的西方主流 SWB 研究。

幸福的文化相关因素

由我们的 SWB 文化理论作指导，一种途径是去观察个人主义和集体主义社会生活的人们获取 SWB 的不同方式。假设是这样的：首先，文化选择、激活、阐述、维持并且增强自我的一种明确的观点，而不是另一种；于是，独立自我和互依自我在个体水平上代表文化；他们影响和指导个体的行为，反映了潜在的核心文化。

在人际领域，具有较强独立自我的人们往往更相信积极主动的初级控制，而具有较强互依自我的人们更容易强调次级控制和关系和谐。延伸 Weisz、Rothbaum 和

Blackburn(1984)对初级和次级控制的概念,具有初级控制信念的人们往往会努力通过影响目前社交状况来增加奖励,例如,增加在人际关系上的努力,而具有次级控制信念的人们通常通过适应目前社交状况的方式来增加奖励,例如降低失败关系的重要性。这些自我调节机制指导人们每天的社交行为,由此产生的对这些互动的感受会影响他们整体 SWB。

接下来,两个调查了中英两国人的跨文化研究总体上验证支持了这个 SWB 全文化多路径(pan-cultural multiple-pathway)模型(Lu 等,2001;Lu 和 Gilmour,2004b)。在这两个研究中,我们都发现独立自我是初级(积极)控制信念强有力的决定因素,而互依自我是次级控制与和谐信念强有力的决定因素。而且,关于社会互动的观念确实影响到对社会互动的体验,因此次级控制信念具有普遍消极影响而不管是初级控制还是和谐信念都具有积极影响。最后,社会互动体验构成 SWB 的一部分,不管是用一般幸福感还是用更基于认知判断的生活满意度作为指标都是如此。

因此,研究显示,在两个显著不同的文化群体之间,获取 SWB 的不同途径是相互独立且普遍存在的。两种自我观念是 SWB 的协同决定因素,通过信念系统和社交关系的中介变量发挥作用。换句话说,扎根文化的自我观点和关系信念是文化和 SWB 之间的重要中介因子。早期研究中也有确凿证据提示关系和谐与自尊都是文化和生活满意度之间的中介因子(Kwan 等,1997)。这些研究工作突出了探索个人主义(例如独立自我、自尊)和集体主义(例如互依自我、和谐)两种文化传统内的多重中介因子对理解幸福感主观体验所具有的价值。

另一个双文化个体水平的分析也显示,与文化上集体主义紧密相关的价值观,诸如"社会整合(social integration)"和"仁(human-heartedness)",会给中国人而不是英国人带来更大的幸福感(Lu et al.,2001)。最近中国台湾女教师的研究发现相似的自我调节效应:只有与自我观念(独立自我—互依自我)和谐一致的领域满意度(domain satisfaction)才能预测更多积极情感和更少消极情感(Han,2003)。所有证据都提示文化通过多重中介因子和复杂机制影响 SWB。

在个人水平,对世界的一般信念(例如社会公理,Leung & Bond,2004)也可以预测香港华人本科生的生活满意度。具体说来,Lai、Bond 和 Hui(2006)认为较高水平的社会犬儒主义(social cynicism)会预测较低的生活满意度,因为对社交世界愤世嫉俗的人们开始了一个对人际交往没有好处的自证预言(self-fulfilling prophecy)。这种负性的社交反馈造成了低水平自尊,进一步中介了社会犬儒观念对生活满意度的效应。纵向研究证实了这一连串事件。对于关系取向的互依的中国人(Hwang,2001;Kitayama & Markus,2000),与西方人相比,社交关系的失败很可能对主观幸福感具有更灾难化的效应。我们最好要考虑在不同的文化背景中,关于世界的信念对生活满意度其他中介因子的作用。另一项香港成年人的研究发现,个人对亲密关系的追求解释 SWB 的最大的单独变异数,多达 14%(McAuley,Bond,和 Ng,2004)。再次突出了关系对中国人 SWB 的首要地位。

最近,我们注意到,在人们个人心理文化和所居住的较大文化环境之间的一致程度对 SWB 也很关键,这种假设叫做"文化契合"("cultural fit")观点(Lu,2006)。和 Kitay-ama 及 Markus(2000)认为幸福感是文化上的"合作项目(collaborative project)"的观点一致,我认为如果较大的文化传统是个人主义的,具有和谐一致的独立自我与积极控制信念的人可能更容易获得 SWB;如果相反,更大的文化传统是集体主义的,具有相应的互依自我与和谐信念的人可能更容易获得 SWB。

我们在来自台湾、大陆的三组不同的中国人样本中测试了这个假设(N = 581)。又一次发现独立和互依自我、积极控制与和谐观念作为个人水平文化的测量方式,都与 SWB 有关。具体来说,独立自我、积极控制与和谐观念在中国大陆人和中国台湾人中都与较高的幸福感有关。而且,我发现在集体主义文化系统内不同教育程度的人表现也有差异。具体来说,更符合集体主义文化的人们比那些不太符合的人们在 SWB 方面普遍情况更好一些。

"前进(Getting ahead)"比"落后(lagging behind)"更有利。我认为,在社会变革成为当代中国社会特征的背景下,需要理解什么构成"前进"或者"落后",以及他们对 SWB 的有差别的效应。多方证据都提示中国人民在个人主义价值观和态度上已经赶上甚至超过他们的西方同人,例如独立自我架构和积极控制信念(Lu,2003;Lu & Gil-mour,2004b;Lu,Kao,Chang,Wu, & Zhang,2008;Lu & Yang,2006;Yang,1988,1996)。这种"心理现代化(psychological modernizing)"的趋势在受过良好教育的年轻城市居民中尤为突出(Lu & Kao,2002;Lu et al.,2008)。看上去,当前文化融合和社会现代化的社会背景可能为中国人民提供了更强的动力去发展更加确定的自我表达和对周围环境更积极的控制(参阅本书第 4 章 Chen;第 5 章 Wang & Chang)。

合理地推论,顺应这种现代化的历史和社会潮流而不是与之对抗,才会提升个人的幸福感。更具体地说,"前进"对当代中国意味着朝向心理现代化发展偏移,作为引入西方来源的价值观和信念的结果;而"落后"意味着固守传统中国文化价值观和信念。在我们的研究中"前进"(表现为持有比社会中平均水平更高的独立自我)比"落后"(表现为持有比社会平均水平更少的独立自我)具有清楚的优势。从而支持了"文化契合"的观点,在考察文化和 SWB 之间的联系时要考虑更广阔的社会环境。

不同文化基础的共存和整合

在我们关于 SWB 的文化心理学研究中,有一种情况经常出现:看上去截然不同的文化系统实际上在个人水平同时存在。从一种跨文化对比的视角出发,这种发现最初是令人困惑,富有挑战性的,但是最终变得具有启发性和突破性。双文化观点(bicultural concepts)的引入带来了转机(见 Yang,1996)。最近,Lu 和 Yang(2006)第一次尝试系统性理论化和概念化分析,描述当代中国人民的传统—现代双文化自我的出现、组成和可能的改变。两人探索了这种双文化自我的文化和社会根基,描述了构成它的组成部分,分析了各部分的相互联系,并且预测了它的改变趋势。接着选择性回顾了和中国双文化自我有关的实证研究,包括关于心理传统性和现代性,自我观念、自尊、自我评价和自我实现等主题。如前所述,SWB 的概念直接发源于自我的概念,而且 SWB 的主观体验是自我过程的最终产物,双文化 SWB 更有可能是如此。

关于自我,Lu(2003)提出了"复合自我(composite self)"的概念,来特指当代中国人民中正在演变的一种自我系统。"复合自我"系统复杂地整合了传统中国人的"在关系中的自我(互依自我)"和"独立自主的自我(独立自我)"的西方概念。对当代中国人,被忽略甚至是压抑了的独立自我可能在某种生活领域(例如工作)中得到培育、发展、展现甚至得到重视。支持独立自我和互依自我共存和融合的态度有助于处理在强大的传统性和必需的现代性之间的明显冲突,对当代中国社会中的人们可能是最有利的结果,对其他亚洲社会也可能如此(相似观点见 Kagistiba,2005)。

这种复合自我具有关于独立性和互依性的不同信念,可能被认为表达了人的两种基本需要:独特性和关联性(uniqueness and relatedness),与 Bakan's(1966)能动性(Agency)和交际性(Communion)的观点相似。台湾全岛代表性样本调查提供了新证据,表明年轻人社会化过程中独立性和互依性获得同等程度的高度重视(Lu,2009)。而且,和台湾人一样,在大陆人中也记录了自我观念的这种双文化(biculturalism)形式(Lu,2009)。所以,在当代中国社会中,已经奠定了个人水平的双文化基础。

独立性和互依性共存作为自我概念的观点和 Marar(2004)对"幸福悖论(happiness paradox)"的理论分析有相似之处。Marar 提出,现代社会中的个体接触到两套相互矛盾的价值观。一套和个人取向的自我有关,强调自我表达、成功和实现自己的目标。满足这些需要要求个体远离人群,做自己和破除传承规则。另一套是和外在标准有关,强调责任和义务。满足这些社会取向需要要求个体转向人群,寻求他人赞许和坚持社会准则。于是,个体面临着自我实现和他人赞许的两难困境,他将这定义为"幸福悖论"。

关于 SWB,我们一致发现,在跨文化分析中不管是独立自我还是互依自我都有显著的作用,而且我们还注意到,独立自我而不是互依自我有时更好地预测幸福(Lu 等,2001;Lu & Gilmour,2004b)。不管是中国人和美国学生,个人取向和社会取向的 SWB 文化观点都是同时并存的(Lu & Gilmour,2004b)。跨文化分析还发现了文化的主效应,中国人比美国人具有更强的社会取向 SWB,而美国人表现出比中国人更强的个人取向 SWB。单文化分析表明中国人实际上对 SWB 的个人取向和社会取向观念持有同样强度的信念。

这种混合的"双文化 SWB"(SWB bicultural)更可能是来自于上面提到的中国复合自我或者双文化自我。虽然如此,仍需要更系统和精细分析来观察这种文化融合的确切过程和动态变化以及它的功能价值。从社会改变和心理转型的角度来看,因为总体上中国人正在逐步变得个人取向(Lu & Yang,2006;Lu et al.,2008),我们可以预期,个人取向 SWB 文化观念会越来越强地占据中国人的心灵,获取幸福的个人取向途径会更明显地表现在中国人主观幸福感体验中。

最后提醒一下,我们确信,如果我们要更好地理解当代中国人的心态和行为,既需要倡导文化心理学途径也需要社会改变的视角。文化心理学观点有助于突出中国人幸福观念的文化根基和生活中追求幸福的习惯方式;社会改变视角在一个静止系统里引入动量,突出了人接触社会环境的复杂动态变化。具体假设可以混合这两种理论角度,然后进行科学检验。作为中国心理学家,我们坚定地相信,我们要去理解当代中国人在追求更加平衡、有效的幸福生活过程中,如何努力调整、调节、折中、集成和整合这些相互对立的文化基础,为此,我们具有学术兴趣,同样也担负有道义上的责任。

ISSWB 量表中的条目

个人取向的 SWB—个人负责(ISWB-PA)

Individual-oriented SWB-personal accountability(ISWB-PA)
1. 追求幸福的权利是与生俱来的
2. 每个人都有追求幸福的权利
3. 追求幸福是人人享有的权利
4. 幸福是人生最重要的意义
5. 幸福是人生最崇高的目标
6. 没有任何事比拥有幸福更重要
7. 幸福是个人的成就
8. 幸福是个人的胜利
9. 幸福是对个人努力的奖赏
10. 每个人必须对自己的幸福或不幸福负责
11. 幸福不会从天而降,必须自己努力
12. 不幸福的人只是自己不够努力
13. 没有人必须为你的不幸福负责
14. 自己的不幸是自己造成的
15. 幸与不幸操之在己,与旁人无关

个人取向 SWB—直接追求

Individual-oriented SWB-explicit pursuit（ISWB-EP）

1. 追求幸福不必脑腆
2. 幸福就是朝向自己的目标努力
3. 个人应勇于追求自己的幸福
4. 即使困难重重,仍要坚持追求幸福
5. 尽管追求幸福需要付出代价,仍不应退缩
6. 社会应鼓励个人追求幸福
7. 社会应提供公平的机会,让个人追求幸福
8. 社会应提供充分的机会,让个人追求幸福
9. 学校应从小培养追求个人幸福的价值观
10. 社会应包容个人追求幸福

社会取向 SWB—角色责任

Social-oriented SWB-role obligations（SSWB-RO）

1. 家人平安才是幸福
2. 家庭幸福是个人幸福的前提条件
3. 家人的幸福就是我的幸福
4. 幸福就是与好朋友分享
5. 能让朋友快乐就是幸福
6. 能和亲友共享的幸福才是真正的幸福
7. 幸福就是先天下之忧而忧,后天下之乐而乐
8. 幸福就是牺牲小我,完成大我
9. 能带给别人快乐就是最大的幸福
10. 幸福是个人修养的结果
11. 幸福就是恪尽个人的社会职责
12. 能够克制自己的欲望才会幸福
13. 知足常乐是幸福的准则
14. 要幸福就要凡事能看得开

社会取向 SWB—辩证均衡

Social-oriented SWB-dialectical balance（SSWB-DB）

1. 幸与不幸只是一线之隔

2. 幸与不幸是一体的两面

3. 我相信祸福相依

4. 福过灾生,乐极悲至

5. 乐极生悲,否极泰来

6. 福与祸为邻

7. 幸福是个人身、心、灵的均衡状态

8. 幸福就是知足常乐

9. 幸福就是能完全的自在

10. 幸福就是人际关系的和谐

11. 幸福就是个人能在社会中安身立命

12. 幸福就是人与大自然的和谐相处

作者注释

本章报告的我们自己的系列研究受多种基金资助,包括 the TaiwaneseMinistry of Education(89-H-FAO 1-2-4-2),台湾 the National Science Council(NSC93-2752-H-030-00 1-PAE,NSC94-2752-H-008-002-PAE,NSC95-2752-H-008-002-PAE,NSC96-2752-H-002-0 1 9-PAE)。

参考文献

Andrews,F.M. & Withey,S.B.(1976).Social indicators of well-being;New York:Plenum.

Argyle,M.(2001).The psychology of happiness(2nd edn).London:Routledge.

Argyle,M.,Martin,M., & Crossland,J.(1989).Happiness as a function of personality and social encounters.In J.P.Forgas & J.M.Innes(eds),Recent advances in social psychology:An international perspective (pp.189-203).North Holland,The Netherlands:Elsevier.

Bakan,D.(1966).The duality of human existence.Boston,MA:Beacon Press.

Bauer,W.(1976).China and the search for happiness:Recurring themes in four thousand years of Chinese cultural history.New York:The Seabury Press.

Berger,P.L.(1988).An East Asian development model? In P.L.Berger & H.-H.M.Hsiao(eds),in search of an East Asian development:model(pp.3-11).New Brunswick,NJ:Transaction I.nc.

Brislio,.R.W.,Lonner,W.J. & Thorndike,R.M.(1973).Cross-cultural research methods.New York:John Wiley.

Bruner,J.(1990).Acts of meaning.Cambridge,MA:Harvard University Press.

Campbell,A.(1976).Subjective measures of well-being.American Psychologist,31,117-124.

Chiang,C.M.(1996).The philosophy of happiness:A history of Chinese life philosophy.In Taipei;Hong Yie Publication Co.(in Chinese)

Chiasson,N.,Dube,L., & Blondin,J.(1996).Happiness:A look into the folk psychology of four cultural groups.Journal of Cross-Cultural Psychology,27,673-691.

Christopher,J.C.(1999).Situating psychological well-being:Exploring the cultural roots of its theory and research.Journal of Counselling and Development,77,141-152.

Cummins,R.A.(1995).On the trail of the gold standard for subjective well-being.Social Indicators Research,35,179-200.

Cummins,R.A.(2000).Objective and subjective quality of life:An interactive model.Social Indicators Research,52,55-72.

Diener,E.(1984).Subjective well-being.Psychological Bulletin,95,54. 2-575.

Diener,E.(2000).Subjective well-being:The science of happiness and a proposal for a national index.American Psychologist,55,34-43.

Diener,E. & Diener,M.(1995).Cross-cultural correlates of life satisfaction and self-esteem.Journal of Personality and Social Psychology,68,653-663.

Diener,E.,Diener,M, & Diener,C.(1995).Factors predicting subjective well-being of nations.Journal of Personality and Social Psychology,69,851-864.

Diener,E.,Suh,E.M.,Lucas,R.E., & Smith,H.L.(1999).Subjective well-being:Three decades of progress.Psychological Bulletin,125,276-302.

Diener, E., Suh, M., Smith, H., & Shao, L. (1995). National and cultural differences in reportedsubjective well-being:Why do they occur? Social Indicators Research,31. ,103-157.

Diener,E. & Tov,W.(2011).National accounts of well-being.In K.Land(ed.),Encyclopedia of social indicators and quality of life studies.New York:Springer,137-157.

Furnham,A. & Cheng,H.(2000).Lay theories of happiness.Journal of Happiness Studies,1,227-246.

Han,K.H.(2003).The affective consequences of different self-construals and satisfaction with different life domains:A study of Taiwanese female teachers in kindergarten.The Formosa Journal of Mental Healtl1,16,1-22.

Headey,B. & Wearing,A.(1989).Personality,life events,and subjective well-being:Toward a dynamic equilibrium model.Journal of Persornality and Social Psychology,57,731-739.

Hwang,K.K.(2001).Morality:East and West.In N.J.Smelser & P.B.Baltes(eds),International encyclopedia of the social and behavioral sciences(pp.10039-1. 0043).Oxford,UK:Pergamon.

Kagitcibasi,C.(2005).Autonomy and relatedness in cultural context:Implications for self and family.Journal of Cross Cultural Psychology,36,403-422.

Kahnernan,D.,Diener,E., & Scbwal' Z;N.(eds)(1999).Well-being:The foundation of hedonic psychology.New York:Russell Sage Foundation.

Kitayama,S. & Markus,H.R.(2000).The pursuit of happiness and the realization of sympathy:Cultural patterns of self,social relations,and well-being.In E.Diener & E.M.Sul(eds),Culture and subjective well-being(pp.113-162).Cambridge,MA:The MIT Press.

Kwan, V. S. Y., Bond, M. H., & Singelis, T. M. (1997). Pancultural explanations for life satisfaction:Adding relationship harmony to self-esteem.Journal of Personality and Social Psychology,73,1038-1051.

Lai,J.H.-W.,Bond,M.H., & Hui,N.H.-H.(2006).The role of social axioms in predicting life satisfaction：A longitudinal study in Hong Kong.Journal of Happiness Studies,8,517-535.

Lasch,G.(1979).The culture of narcissism：American life in an age of diminishing expectations.New York：Norton.

Leung,K. & Bond,M.H.(2004).Social axioms：A model for social beliefs in multicultural perspective.Advanced Experimental Social Psychology,36,119-197.

Lu,L.(1998).The meaning,measure,and correlates of happiness among Chinese people.Proceedings of the National Science Council；Part C,8,115-137.

Lu,L.(1999).Personal and environmental causes of happiness：A longitudinal analysis.Journal of Social Psychology,139,79-90.

Lu,L.(2001).Understanding happiness：A look into the Chinese folk psychology.Journal of Happiness Studies,2,407-432.

Lu,L.(2003).Defining the self-other relation：The emergence of a composite self.Indigenous Psychological Research in Chinese Societies,20,139-207.

Lu,L.(2006).Cultural fit：Individual and societal discrepancies in values,beliefs and SWB.Journal of Social Psychology,146,203-221.

Lu,L.(2008).The Chinese conception and experiences of subjective well-being.Discovery of Applied Psychology,1,19-30.

Lu,L.(2009).'I or we'：Family socialization values in a national probability sample in Taiwan.Asian Journal of Social Psychology,12,145-150.

Lu,L. & Gilmour,R.(2004a).Culture and conceptions of happiness：Individual oriented andsocial oriented SWB.Journal of Happiness Studies,5,269-291.

Lu,L. & Gilmour,R.(2004b).Culture,self and ways to achieve SWB：A cross-cultural analysis.Journal of Psychology in Chinese Societies,5,51-79.

Lu,L. & Gilmour,R.(2006).Individual-oriented and socially-oriented cultural conceptions of subjective well-being：Conceptual analysis and scale development.Asian journal of Social Psychology,9,36-49.

Lu,L.,Gilmour,R.,& Kao,S.F.(2001).Culture values and happiness：An East-West dialogue.Journal of Social Psychology,141,477-493.

Lu,L.,Gilmour,R.,Kao,S.F.,Wong,T.H.,Hu,C.H.,Chern,J.G.,Huang,S.W.,& Shih,f.B.(2001).Two ways to achieve happiness：When the East meets the West.Personality and Individual Differences,30,1161-1174.

Lu,L & Kao,S.F.(2002).Traditional and modern characteristics across the generations：Similarities and discrepancies.Journal of Social Psychology,142,45-59.

Lu,L.,Kao,S.P.,Chang,T.T.,Wu,H.P.,& Zhang,J.(2008).The individual-and social-oriented Chinese bicultural self：A sub-cultural analysis contrasting mainland Chinese and Taiwanese.Social Behavior and Personality,36,337-346.

Lu,L. & Shih,J.B.(1997).Sources of happiness：A qualitative approach.Journal of Social Psychology,137,181-187.

Lu,L. & Yang,K.S.(2006).The emergence and composition of the traditional-modem bicultural self of people in contemporary Taiwanese societies.Asian Journal of Social Psychology,9,167-175.

Marar,Z.(2004).The happiness paradox.London,England:Reaktion.

Markus,H.R. & Kitayama,S.(1998).The cultural psychology of personality.Journal of Cross-Cultural Psychology,29,63-87.

McAuley,P.C.,Bond,M.H., & Ng,I.W.C.(2004).Antecedents of subjective well-being in working Hong Kong adults.Journal of Psychology in Chinese Societies,5,25-49.

Minami,H.(1971).Psychology of the Japanese people.Toronto,Canada:University of Toronto Press.

Ng,A.K.,Ho,D.Y.F.,Wong,S.S & Smith,I.(2003).In search of the good life:A cultural odyssey in the East and West.Genetic,Social,and General Psychology Monographs,129,317-363.

Quah,S.H.(1995).Socio-culture factors and productivity:The case of Singapore.In K.K.Hwang(ed.), Easternization:Socio-culture impact on productivity(pp.266-333).Tokyo:Asian Productivity Organization.

Ryan,R.M. & Deci,E.L.(2001).On happiness and human potentials:A review of research on hedonic and eudaimonic well-being.Annual Review of Psychology,52,141-166.

Ryff,C.D.(1989).Happiness is everything,or is it? Exploration on the meaning of psychological well-being.Journal of Personality and Social Psychology,57,1069-1081.

Seligman, M. & Csikszentmibaly, M. (2000). Positive psychology: An introduction. American Psychologist,55,5-14.

Shweder,R.A.(1991).Thinking through cultures:Expeditions in cultural psychology.Cambridge,MA: Harvard University Press.

Shweder,R.A.(1998).Welcome to middle age! (and other cultural fictions).Chicago,IL:University of Chicago Press.

Shweder,R.A.,Goodnow,J.,Hatano,G.,LeVine,R.,Markus,H., & Miller.P.(1998).Thecultural psychology of development:One mind,many mentalities.In W.Damon(ed.),Handbook of child psychology:Theoretical models of human development(vol.I,pp.865-937).New York:Wiley.

Suh,E.M.(2000).Self,tile hyphen between culture and subjective well-being.In E.Diener & E.M.Sul (eds),Culture and subjective well-being(pp.63-86).Cambridge,MA:The MIT Press.

Triandis,H.C.(1995).Individualism and collectivism.Boulder,CO:Westview.

Veenhoven,R.(1984).Conditions ofhappirtess.Dordrecbt,The Netherlands:D.Reidel.

Veenhoven,R.(1994).Is happiness a trait? Tests of the theory that a better society does not make people any happier.Social Indicators Research,32,101-160.

Veenboven,R.(1995).The cross-national pattern of happiness:Test of predictions implied in three theories of happiness.Social Indicators Research,34,33-68.

Veenhoven,R.(2000).Freedom and happiness:A comparative study in forty-four nations in the early 1990s.In E.Diener & E.M.Sui(eds),Culture and subjective well-being(pp.257-288).Cambridge,MA:The MIT Press.

Weisz,J.R.,Rothbaum,P.M., & Blackburn,T.C.(1984).Standing out and standing in:The psychology of control in America and Japan.American Psychologist,39,955-969.

World Value Study Group(1994).World Values Survey,1981-1984 and 1990-1993.Inter-University Consortium for Political and Social Research(ICPSR)version(computer file).Ann Arbor:Institute for Social Research,University of Michigan.

Wu,f.H.(1992).Sources of inner happiness.Taipei,Taiwan:Tong Da Books.(in Chinese)

Wu,Y.(1991).The new transcription of'shang shu'.Taipei,Taiwan:Shan Min Books.(in Chinese)

Yang,K.S.(1986).Chinese personality and its change. in M.H.Bond(ed.),The psychology of the Chinese people(pp.106-170).Hong Kong:Oxford University Press.

Yang,K.S.(1988).Will society modernization eventually eliminate cross-cultural psychological differences? In M.H.Bond(ed.),The cross-culture challenge to social psychology(pp.67-85).Newbury Park,CA:Sage.

Yang,K.S.(1996).Psychological transformation of the Chinese people as a result of societal modernization.In M.H.Bond(ed.),The handbook of Chinese psychology(pp.479-498).Hong Kong:Oxford University Press.

第 21 章　中国人的精神性:批判性综述

石丹理(Daniel T.L.Shek)

纵览文献,不同研究者提出了各种各样的精神性(spirituality)定义。根据对 31 种宗教性(religiousness)定义和 40 种精神性定义的内容分析,Scott(1997)报告称,这些概念分布在 9 个内容领域,没有一个定义包含大部分不同领域概念。这些内容领域包括:(1)与社会联系或关系相关的体验;(2)形成高水平社会联系的过程;(3)对神圣和世俗事物的反应;(4)信念或思想;(5)传统制度结构;(6)快乐的存在;(7)信仰神灵或更高存在(higher being);(8)个人超然性;(9)有关存在的问题。

文献中也存在广义和狭义的精神性定义。广义定义的一个例子是:Myers、Sweeney和 Witmer(2000)将精神性定义为"……个人的私有的信念,这种信念超越生活的物质部分,引发了深层的接近无限的整体性、联结感和开放性"(p.265)。从这个概念出发,精神性包括:a)对超我力量的信仰;b)和无限有关的行为,例如祈祷;c)生命的意义和目的;d)希望和乐观;e)爱情和同情;f)道德伦理准则;g)超然体验。Lewis(2001)给出了另一个广义定义,他认为精神性是在和上帝、自我、社区和环境的关系中得到肯定的生命,会培育整体性并欢庆整体性。在这种背景下,精神性需要包括意义、目的和希望、超越、完整性和价值感、宗教参与、爱他人并为他人服务、培养幸福感、宽恕和被宽恕、为死亡和临终做准备。另一方面,Ho 和 Ho(2007)给了一个狭义的定义,认为一般精神性存在三种态度,包括寻求存在或超自然问题的答案,涉及生命各方面的基本价值,以及自我反思行为。

本章尝试描述并批判性回顾考察中国人民精神性的研究。我们采用了一个广义系统的精神性的概念。综合所有文献发现,在精神性的广义概念中通常包括 7 个成分:生命的意义和目的(Govier,2000;Ho & Ho,2007;Narayanasamy,1999);生命局限性的意义及相应反应,例如疼痛、死亡和濒死(Ho & Ho,2007);寻找神灵或永恒,包括宗教性(Myers et al.,2000;Pargament,1999);希望(hope)和无望(hopelessness)(Anandarajah & Hight,2001;Highfield & Cason,1983;Thompson,2002);宽恕(Myers et al.,2000)和康复(restoration of health)(Govier,2000)。由于其他章节讨论过中国人的信念和价值观,本章不会专门谈及这些内容。

在讨论精神性的以上几个部分时,系统考察了几个问题:第一,描述评估中国人民精神性的方法;第二,概述精神性和与之相关的社会人口统计学相关因素;第三,概述关于精神性和发展结果(developmental outcomes)之间关系的研究结果,尤其是在中国青少年中的研究发现;第四,综述了家庭过程和中国人精神性之间关系的目前研究。最后一部分谈论了中国人精神性相关研究概念上的、方法学的和实践中的局限。这篇综述将会考察针对居住在中国(包括香港、台湾和大陆)及海外的中国人民的相关研究。

生命意义和生活目标

测评方法和相关问题

中国人民生命意义和生活目标测评主要使用了两种方法。第一种方法是,通过问卷中包含的问题或项目来评估生命意义。在青年人的生命观研究中(The Hong Kong Federation of Youth Groups,1997,2000),问了3个关于青年人生命愿望的问题,例如被调查者对生命中6种事物的重要性进行排序,包括财富、家庭、健康、朋友、社会地位和心灵平和。在社会发展计划指标(Social Development Project Indicators)中(例如 Lau,Lee,Wan, & Wong,2005),用一个问题来评估回应者对幸福生活最重要成分的感知,包括健康、心灵平和、金钱、子女孝顺、自由、爱、婚姻家庭、职业、物质享受、服务社会和其他。

第二种方法是使用心理量表来评估生命意义或生活目的结构。最常使用的测量方法是生活目标问卷中文版(the Chinese version of the Purpose in Life Questionnaire,CPIL:Shek,1986,1988),它测量了生活目标的等级。横断和纵向研究表明 CPIL 有效可靠,在中国青少年和成年人中具有稳定的因子结构(Shek,1986,1988,1992,1994,1999a,b & c)。另一个生命意义的常用测量是存在幸福感量表中文版(the Chinese version of the Existential Well-Being Scale,EXIST)。存在幸福感量表是精神幸福感量表(Spiritual Well-Being Scale)的一部分,由 Paloutzian 和 Ellison(1982)创建,评估生活方向和满意度。有横向和纵向研究支持这一测量方式在中国青少年中的信度和效度(Shek,1993,2003a,2003c,2005a;Shek et al.,2001)。

除了上述常在青少年中使用的生命意义的测量方式之外,在一些青少年总体发展的测量方式中也包括测量生活目标的分量表。在中国积极青年发展量表(Chinese Positive Youth Development Scale)(Shek,Siu,and Lee,2007)中,有分量表评估了 15 项积极青年发展结构。在测量精神性的分量表中,包括了 7 个和 CPIL 相似的项目。在人生观量表(the Outlook on Life Scale,Lau & Lau,1996)中,用 4 个项目来形成分量表,评估被调查者如何看待他们的生活方式,包括(1)生命是否是无意义的;(2)生活是否值得过;(3)生活是否充满了乐趣与欢乐;(4)是否过着积极的生活。在 Yuen 等(2006)开发的个人—社会发展自我效能感量表（the Person-Social Development Self-Efficacy Inventory，PSD-SEI）中，有一个兴趣和生活目标的分量表，评估中国青少年中生活目标的存在和实现目标的计划。Chan（1995）开发了生存理由量表（Reasons for Living Inventory），评估青少年活下去的理由，发现了构成量表的 5 个维度（积极价值观和自我效能、乐观、家庭顾虑、社会否定顾虑和对自杀的恐惧）。

最后，中国人逆境信念量表（the Chinese Beliefs about Adversity Scale，CBA）（Shek，2004）被开发用来评估中国人民在面临困境时如何理解他们的生活。量表有 9 个项目（例如吃得苦中苦，方为人上人：苦难成就人）。有研究结果显示这个量表具有令人满意的心理测量性质（Shek，2005a，Shek et al.，2001）。

生命意义简介和社会人口学相关因素

香港青年协会（the Hong Kong Federation of Youth Groups）（1997，2000）主持的两项社会调查表明，家庭和健康对中国青少年来说是最重要的生活目标。在研究香港青年动态时，香港青年协会总结道，根据被调查者对嵌入在长问卷中的一个条目的反应，香港青年人的生命观总体来说本质上是积极的。Chan（1995）考察了香港的中国青少年生存理由。他发现，最高评价的生存理由是与应对信念和家庭顾虑有关的（例如想和朋友一起长大，如果抛弃父母对父母不公平）。另一方面，有研究表明中国青少年在生活目标问卷（the Purpose in Life Questionnaire）上的评分相对低于美国青少年的评分（Shek，1986，1993；Shek，Hong & Cheung，1987）。Shek 和 Mak（1987）的研究结果表明有显著比例的被调查者表现出了缺乏生活目标的征象。

关于青少年中生命意义的社会人口学相关因素的研究结果普遍有些模棱两可，因素影响的程度小（例如 Chou，2000；Shek & Mak，1987）。关于在中国青少年中生命意义的性别差异，虽然 Shek（1986，1989b）报告中国男孩的 CPIL 得分比女孩高，不过其他研究中没有发现性别差异（Shek，1993，1999b）。关于生活目标的年龄差异，Shek（1986）发现年龄在中学生中和生活目标正相关，而 Shek（1993）却发现在年龄和 CPIL 之间没有联系。在经济条件恶劣的地区，虽然 Shek 等人（2001）的结果表明接受救济的青少年存在的幸福感和没有接受救济的青少年没有区别，但是 Shek（2003b）的研究结果却显示，在接受救济家庭中，根据父母和青少年的评分，较大的经济压力普遍与青少年的存在幸福感较低有关。简而言之，关于中国青少年生命意义的社会人口学相关因素的情况并不明朗。

生活目标和发展结果

有研究发现低水平生活目标与青少年（Shek，1992，1993，1995a，1998d，1999c）和中年人（Shek，1994）中较高水平的心理症状之间存在并发且纵向的相关性。也有研究发现,生命意义和问题行为负相关,包括物质滥用(NarcoticsDivision,1994)、行为不良(Shek,1997a;Shek,Ma, & Cheung,1994)和高风险行为倾向(Shek,Siu, & Lee,2007)。根据 Schwartz 价值观量表,Bond 和 Chi(1997)发现社会和谐因子和普遍性—仁慈—遵从因子(生命意义是结构的一部分)和亲社会行为正相关,和反社会行为负相关。

另一方面,生命意义上的高水平和自我报告的积极精神状态测量正相关,包括自我力量和自我形象(Shek,1992)、自尊(Shek,1993)、生活满意度(1999c)、存在幸福感(Shek,2001a,2003b,2004,2005a)、亲社会行为(Shek,Ma, & Cheung,1994)和中国青少年中的青年积极发展(Shek et al.,2007)。生活目标和香港中年父母的生活满意度正相关(Shek,1994)。青少年生命意义也和心理韧性(resilience)正相关(Shek,2001b;Shek,Lam,Lam, & Tang,2004;Shek et al.,2003a & b)。

家庭过程和生活目标

有一些跨文化研究表明,父母养育的质量与 CPIL(Shek, 1989a, 1993, 1995b, 1997a;Shek,Chan, & Lee, 1997)和存在幸福感量表(Shek, 2002c, 2002e, Shek et al., 2001)反映出的青少年生命意义正相关。也有纵向研究发现感知到的养育特征和青少年生命意义正相关(Shek,1999c,2003a)。根据社区招募父母的反应,Shek(1999a)进一步指出,感知到的养育行为和青少年心理幸福感有关系,这种联系在感到生活目标较弱的青少年中更强一些,而在有较高生活目标的青少年中更弱一些,这表明较多感受到生命目标可能缓冲了消极养育行为对青少年幸福感的影响。

除了评估养育方式,研究还显示,在中国青少年中,亲子冲突和生命意义负相关(Shek,1997c,2002c;Shek et al.,1997)。同样地,纵向研究发现,根据父母和青少年子女的评分,双方汇报的亲子冲突并发并纵向地与生活目标相关。这个发现提示,在亲子冲突和青少年心理幸福感之间的联系本质上是双向的,也就,较低的幸福感激发了冲突,而冲突又产生低幸福感。

根据几项父亲和母亲养育方式的质性和量化研究,包括青少年对父母养育方式的感知和满意度,感知到的亲子冲突、感知到的亲子交流频率和相关感受以及感知到的亲子关系质量,Shek(1999b)指出,父亲和母亲的养育方式特征普遍与青少年生活目标有同时和纵向的正相关。通过少有的纵向设计,他呈现了在时间点 1 的父子关系质量可以预测时间点 2 的青少年的生活目标,而时间点 1 的母子关系质量不能。在时间点 1 的青少年目标可以预测时间点 2 的母子关系而不能预测父子关系质量。相对于母子关系质量,父子关系质量普遍表现出对青少年生活目标更有力的影响。

根据对香港经济困难青少年的研究,Shek(2005c)报道了感知到的亲子关系质量(通过感知到的养育方式、来自父母的支持和帮助、与父母的冲突和关系质量来表示)

和青少年生存幸福感正相关。纵向相关分析表明,时间点 1 的父子关系质量可以预测时间点 2 的青少年的生存幸福感,时间点 1 的母子关系质量预测青少年时间点 2 的物质滥用和行为不良。相反,青少年适应不能预测经过一段时间后感知到的亲子关系质量的任何改变。

最后,由一些研究发现婚姻质量(Shek,2000)和家庭功能与子女的生命意义之间存在同时性相关(Shek,2000)。也有研究表明随着时间推移,生命意义持续和家庭功能相关(Shek,1998a,1998d,2005b)。

中国人对死亡和濒死的态度和反应

测评方法和相关问题

考察中国人民对生命和死亡的态度主要使用中文翻译过来的工具。过去的研究常使用中文版 Templer 死亡焦虑量表(Templer's Death Anxiety Scale)(Cheung & Ho,2004;Wu,Tang,& Kwok,2002)。Wong(2004)用多重态度自杀倾向量表(Multi-Attitude Suicide Tendency Scale)的中文版考察了中国青少年对生命和死亡的态度。虽然结果支持了量表的信度和会聚效度(convergentvalidity),验证性因素分析却否定了最初的四因子结构。Cheung 和 Ho(2004)使用 18 项目的死亡幻想修订量表(Revised Death Fantasy Scale)(积极隐喻和消极隐喻因子),评估了在中国人中的死亡隐喻。不管是积极还是消极的隐喻都和 Templer 死亡焦虑量表显著相关。Lin(2003)使用 Springfield 宗教性核验表(Springfield Religiosity Schedule)、情绪支持指标(Emotional SupportIndex)、存在幸福感量表和死亡态度描绘量表(修订版)(Death Attitudes Profile Revised)的英文和中文两个版本,对美国和居住在台北的中国参与者进行调查,发现在这两组参与者中五个维度的死亡态度是可靠的。

许多质性研究方法也用来考察中国人对死亡的态度和反应,包括开放式问题(Yang & Chen,2006)以及绘画技术(drawing techniques)和言语评论分析(analysis of verbal commentary)(Yang & Chen,2002)。也有质性研究采用调查(Bowman & Singer,2001)和案例研究方法(Kagawa-Singer & Blackball,2001)考察中国老年人关于生命终点决策(end-of-life decisions)的看法。

对死亡和濒死的态度和反应简介以及社会人口学相关因素

有一些著作描述了中国人民如何处理和生命死亡相关的问题。例如,Loewe(1982)考察了在汉代生命和死亡的宗教仪式和意义;Kutcher(1999)考察了民国晚期的丧葬仪式。不管怎样,此类综述基本上是历史研究,没有从活生生的调查对象中收集数据。

这一领域也进行了以儿童的回应为基础的研究。使用个人建构心理学(personal construct psychology)的概念和方法学,Yang 和 Chen(2006)确定了儿童中对死亡的 26 种态度,表示其中最常体验到的是 6 种类别(内在因果关系、消极情绪状态、外部因果关系、不存在、消极身体状态和存在)。与之前美国样本的研究发现相比,中国儿童更可能是把死亡看做是个人无法选择的事件,不太会把死亡和道德、心理或自然意义(natural meaning)联系起来。他们还发现了在不同宗教信仰参与者中死亡概念的差别。Yang 和 Chen(2002)的一项研究在儿童中考察了死亡意义,报告说,不管是形而上学的(metaphysical)还是生物上(biological)的死亡都是突出的主题,心理学(psychological)死亡概念出现得最少。虽然存在年龄差异(生物学死亡概念在小一点的儿童中更常见,而形而上学死亡概念在大一些的儿童中更突出),在性别、健康状况、宗教信仰、是否参加葬礼、是否经历过亲人或宠物死亡方面进行分组后,没有发现显著的组间差异。作者总结说,这些发现打开了"一扇中国儿童死亡概念独有的窗口"(p.143)。

在这一主题领域进行了以青少年为基础的研究。根据中国大学生的回应,Tang、Wu 和 Yan(2002)报告了年龄和死亡焦虑负相关,女性与男性相比报告了更多的死亡焦虑。Florian 和 Snowden(1989)考察了 6 个种族的大学生在个人死亡恐惧和尊重生命上的差异。虽然在白人/高加索人学生中存在个人死亡恐惧和积极看待生命相关,但对中国学生来说不存在这种联系。Shih、Gau、Yaw、Pong 和 Lin(2006)使用自我报告的开放式问卷来考察护理专业学生在身体死亡的恐惧、来生命运和感知到护士提供的帮助上的观点。大多数人报告了和身体、心理痛苦相关的恐惧,82%的学生相信人们具有灵魂。被调查者期望护士能够帮助濒死患者获得心灵安宁。

Wu、Tang 和 Kwok(2002)根据香港中国老年人对死亡焦虑量表(the Death Anxiety Scale)的反应作出总结,香港老年人报告了较低水平的死亡焦虑。死亡焦虑和年龄负相关,而与性别、个人收入、婚姻和就业状况或者宗教身份无关。Craine(1996)报告说,中国人不比非中国被试有更高的死亡焦虑,中国人把死亡看做是正常现象。

在疾病晚期情况,Woo(1999)评价说,"关于中国患者和他们的家庭如何感知死亡和濒死所知甚少"(p.72)。Mak(2002)根据疾病晚期接受临终护理的中国患者的反应,考察了"好"死的特征。在这个研究中确定了构成"好死"的 7 个成分,包括意识到即将死去(死亡意识)、保持希望(希望)、从苦难中解脱(舒适)、体验到个人控制(控制)、发展和维持社会联系(连通性)、准备分离(准备)和接受死亡时间安排(结束)。

另外,结果表明,四种情况促进患者接受死亡定时,包括实现社会角色和完成家庭责任、知觉到死亡是好的和自然的、具有宗教信仰、体验到过了有意义的一生。在另一篇相关的文章里,Mak(2001)提到,虽然大约 1/3 的患者开放性地谈论死亡和癌症,然而还有 1/3 的患者没有提到"死亡"这个词,最后 1/3 甚至没有提到他们患有癌症。她总结说,死亡在香港仍然是社会禁忌。Leung、Wu、Lue 和 Tang(2004)尝试理解台湾老年人生活质量(quality of life,QOL)的成分。根据小组访谈的结果,发现产生了 15 个 QOL 领域,其中宗教和死亡是两个相关的领域(参阅本书第 20 章)。

这一领域还进行了一些跨文化研究。根据重要被调查者的反应和焦点小组讨论,Braun 和 Nichols(1997)围绕以下一些议题考察了四个亚裔美国人群体中对濒死过程和悲伤反应的文化差异:传统哲学、葬礼、殡葬传统、自杀、安乐死、预立遗嘱、器官捐献、随着时间发生的改变以及对健康工作者的建议。根据分析,他们确认了华裔美国人以儒家、道家和佛教为基础的哲学意识形态。

Yick 和 Gupta(2002)以与华裔美国人共事的社工毕业生、牧师、宗教领袖和服务人员等 3 个焦点人群为基础,综述了传统中国文化价值观和标准,考察了仪式和活动的类型(包括葬礼活动、土葬前仪式、土葬后仪式、服丧限制)及其与死亡、濒死和丧失的中国文化维度相关的意义。他们发现,进行死亡和殡葬仪式具有以下一些理由:要面子、孝顺、获取祖先的祝福、保佑和运气、安抚精神和维持华人身份。与盎格鲁澳大利亚人相比,中国人更不可能喜欢安乐死、医疗死亡证明以及向自我和亲人如实告知绝症(Waddell & McNamara,1997)。

死亡态度和观点的心理社会相关因素

Wu 等(2002)表示死亡焦虑与心理苦恼和最近的应激源相关,而和身体疾病无关。Tang、Wu 和 Yan(2002)报告说,低水平的自我效能和外在健康控制点与高水平死亡焦虑有关,而在内在的健康控制源和死亡恐惧之间只有微弱的联系。

Lin(2003)以 3 个个人因素(精神性、情感支持和宗教性)作为独立变量,以对死亡态度的五个维度(死亡恐惧、死亡回避、中立的死亡接受、趋近导向的死亡接受、逃避导向的死亡接受)作为因变量。她发现,在美国人中,精神性影响了死亡恐惧和死亡回避,而精神性和宗教性影响了趋近导向的死亡接受和逃避导向的死亡接受。另一方面,在中国人,精神性影响死亡恐惧,宗教性影响趋近导向的死亡接受。尽管有这些文化差异,总体来说,精神性影响死亡态度的负性维度(恐惧死亡和死亡回避),宗教性影响接受死亡的正向维度。

Hui、Bond 和 Ng(2006—2007)提出,对世界的一般信念是对抗死亡焦虑的有效防御机制。以 133 个中国大学生的样本为基础,利用结构方程建模分析表明,死亡观念与命运控制感和死亡焦虑正相关,而与社会犬儒主义(social cynicism)和劳有所得(reward for application)负相关。虽然死亡焦虑和命运控制感正相关,但是和宗教性负相关。结果也表明,相信命运控制感部分中介了在死亡观念和死亡焦虑之间的联系。

宗教性、宗教信仰和宗教活动

测评方法和相关问题

在文献中,通常根据单个条目或者几个条目评估宗教卷入(religious involvement)。Mui 和 Kang(2006)使用一个条目来评估宗教性(religiosity),这里宗教性被看做在人的一生中感知到的宗教的重要性。Hui、Watkins、Wong 和 Sun(2006)通过两个条目评估宗教卷入。包括一个关于宗教归属(religious affiliation)的条目和另一个关于参加宗教活动频率的条目。Zhang 和 Jin(1996)使用两个共同条目(感知到的接近上帝或其他神,参加宗教活动的频率)和两个不同的条目(在美国学生中是餐前祷告和宗教捐助;中国学生中是宗教对人生如何重要和相信来世)来测量美国和中国人的宗教性。Zhang 和 Thomas(1994)使用六个条目来评估宗教性。另外,用面谈来考察宗教偏好和祖先祭拜的动机(Smith,1989)。最后,还有人用英文问卷(McClenon,1988)考察中国人的超常体验(anomalous experiences)。值得一提的是,这些研究中很少考察宗教性测量方法的心理测量特性,所以不太清楚测量的结构在中国文化设定中是否是稳定一致的。

Leung 等人(2002)进行了两个研究,考察一般世界信念或社会公理的全文化维度(pancultural dimensions),采用文献综述、中国香港人访谈和内容分析来确定社会公理。探索性因子分析表明,量表存在五个维度:社会犬儒主义、社会复杂性、多劳多得、精神性和命运控制感。除了命运控制感之外,不同的维度可以在委内瑞拉、日本、美国和德国得到重复。关于精神性的测量(超自然力量和宗教信仰的作用),包括以下条目:(1)宗教信仰帮助人理解生命意义;(2)宗教信仰使人们成为好公民;(3)宗教信仰促进良好精神健康;(4)有至高无上的力量控制宇宙;(5)宗教人群更容易保持道德标准,(6)宗教产生逃避主义;(7)鬼魂或者灵魂是人的幻想(反向计分);(8)宗教信仰导致不科学思维(反向计分)。精神性因子被重新贴上宗教性的标签,并在40多种文化群体中表现出内在一致的结构。

宗教信仰和活动简介及其社会人口学相关因素

香港一项关于年轻人对迷信和命运的观点的研究中,发现了几个现象(香港青年协会,1993)。第一,虽然算命活动在香港年轻人中很常见,但是几乎没有人依照相关指示行动。第二,年轻人很少参与关于超自然的活动。第三,大部分年轻人相信命运(predestination)。第四,宗教信仰与生活控制和生命意义有关。然而,应该谨慎对待以上发现,因为不清楚是否进行了显著性的统计检验。

在香港青年动态的研究中,香港青年协会(2008)用了几个问题来了解中国香港青少年的生命观。针对"宗教对我的生活很重要",36.1%同意,62.1%不同意,还有1.9%无法确定。另外,在被调查者中,16.0%的人同意他们的生命观是消极的,83.6%不同意,还有0.4%不确定。

Smith(1989)考察了当代香港的祭祖活动(ancestor practices)。他报告了在宗教偏好和国内祖先敬奉活动之间的显著联系,总结说,敬奉祖先本质上是更社会性而不是宗教的。关于台湾人民的宗教信仰,Harrell(1977)访谈了台湾村民,确定了4种类型的信仰者,包括知识分子(intellectual believers)、真理信仰者、实用信仰者和无信仰者,虽然没有明确陈述这些理想类型的相对频数。

在一个中国大学生样本中,Nelson、Badger和Wu(2004)发现大约有40%的被调查者认为宗教不重要,37%不确定他们的宗教/精神信仰。Song和Jin(2004)根据在大学生(N = 1100)中进行的精神信仰研究,发现,社会信仰(例如政治信仰)排在第一位,接着是实用信仰(例如家庭崇拜)和超自然信仰(例如宗教信仰)。

Yao(2007)考察了从1995年到2005年间,中国城市中宗教信仰和活动的改变。根据不同城市中国人的反应,他发现,5.3%曾参加过宗教活动,但有51.8%认为自己没有宗教信仰,32.9%认为自己是坚定的无神论者。他还报告了在这十年间宗教信仰和活动的改变:a)相信灵魂或鬼魂,从1.5%上升到8.9%;b)相信耶稣,从2.2%上升到5.8%;c)相信上天的力量,从3.8%到26.7%;d)相信祖先保佑,从4.6%上升到23.8%;e)相信命运,从26.2%到45.2%。McClenon(1988)根据中国学生的回应考察了超常体验(似曾相识、和死人交流等)。他发现中国学生报告有反常体验的水平相当于或者高于西方群体。他认为,因为学生没有宗教活动,所以类似体验本质上是普遍存在的。

Leung和Bond(2004)根据从40个文化群体中收集的数据,发现宗教性的成分和社会公理调查(the Social Axioms Survey)中的命运控制因素在不同文化中都是相似的。虽然,中国人的平均宗教性得分没有特别高,但是中国人命运控制均分更高一些。

Zhang和Thomas(1994)考察了中国大陆、中国台湾和美国的青少年对重要他人的遵从性(conformity)。他们的发现未能支持由现代化理论引出的假设:在中国大陆与宗教人物的遵从性最强。美国年轻人在和宗教人物的遵从性上得分最高,中国年轻人得分最低。与美国人相比,中国人在宗教参与和宗教性水平也较低。

Tsang(2004)采用问卷方法学调查了风水师服务的应用情况,对风水师和相关商业人士进行了半结构式访谈。他们发现,迷信在中国社会的商业决策中发挥重要的作用。商业人群往往看重风水的价值,虽然他们也认为不应当在迷信基础上作商业决定。

根据从华裔加拿大人收集到的量化数据,Molzahn、Starzomski、McDonald和O'Loughlin(2005)发现,多种信念混杂影响器官捐献,不过参与者不能描述他们信念系统源自何处。

宗教信仰和活动的心理社会相关因素

宗教信仰和活动与应激、应对、工作行为和自杀观念相关。Mui 和 Kang(2006)显示宗教性和文化适应压力负相关。Song 和 Yue(2006)发现与超自然信仰有关的主要和次要因素可以正向预测同情、求助、幻想和合理化的应对方式。Chou 和 Chen(2005)报告不同类型的信仰(虔诚神论者、整合信仰者、无神论者、未发展的信仰者)与人格、心理社会发展和亲社会行为有关,与其他信仰类型相比,整合信仰类型表现出更多积极的人格特质(表现在外向性、开放性、宜人性和尽责性得分较高,而神经质得分较低)、外向行为(表现在高水平的财务责任、同情心和志愿精神)和心理社会发展(根据源自Erikson 人格理论的心理社会发展测量)。

Kao 和 Ng(1988)认为在草根传统和民间文学中的宗教和准宗教教导影响中国人的工作行为,例如在工作机构中不再强调自我的重要性,强调社会和谐的重要性。Zhang 和 Jin(1996)报告说,在美国学生中宗教性和自杀观念之间存在负相关,而中国学生中宗教性和自杀观念之间是正相关。

Bond 等(2004)的研究表明宗教性作为社会公理的一个维度和 Schwartz(1992)中的自我提升、保持和自我超越维度有关,另外,宗教性和传统职业兴趣负相关,但和社会职业兴趣以及作为冲突解决办法的和解正相关(Bond,Leung,Au,Tong, & Chernonges-Nielson,2004)。Lai、Bond 和 Hui(2007)的研究表明低水平社会犬儒主义预测生活满意度,而宗教性不能预测。根据施沃茨价值观量表(Schwartz Value Survey),Bond 和 Chi(1997)发现普遍性—仁慈—遵从因子(回归自然作为结构的一部分)和亲社会行为正相关,而与反社会行为负相关。

宽恕作为精神性质

这篇综述为什么把宽恕作为精神性的一个维度,有两个原因:第一,宽恕是一种在不同宗教中具有深厚根基的价值观(McCullough & Worthington,1999)。例如,基督教中,宽恕清楚地反映在主祷文(the Lord's Prayer)中:"免我们的债,如同我们免了人的债(Forgive us our sins,as we forgive those who sin against us)。"(Luke 11:4-5)。在不同的中国哲学中,包括儒佛道,宽恕也是相关教导的中心成分(Fu,Watkins, & Hui,2004)。第二,宽恕向侵犯者表现仁慈、同情和爱,因而咨询师、心理治疗师和精神导师将宽恕看作是导致个人适应不良的因素以及干预的预后指标(West,2001)。

测评方法和相关问题

已经翻译成中文的宽恕测量方法,例如概念化宽恕问卷(the Conceptual Forgiveness

Questions)(Hui & Ho,2004)、Enright 宽恕问卷(Enright Forgiveness Inventory)(Hui & Ho,2004)、Mullet 宽恕量表(Mullet Forgiveness Scale)(Fuet al.,2004;Hui et al.,2006)、报复量表(Vengeance Scale)(Siu & Shek,2005)、Wade 宽恕量表(Wade Forgiveness Scale)(Chen,Zhu & Liu,2006)、宽恕倾向量表(Tendency to Forgive Scale)(Hu,Zhang, Jia,& Zhong,2005)和宽恕目标量表(Objective Scaleof Forgiveness)(Huang,1997),已经在中国人群中应用。另外,Hui 等(2006)还开发了本土的 23 个条目的中国人宽恕概念量表。

关于目前宽恕测量的维度的研究结果有:Hui 等(2006)发现中国人宽恕概念量表(the Chinese Concepts of Forgiveness Scale)有 6 个因子;Hui 等(2006)报告,翻译过来的 30 个条目宽恕态度的测量有两个因子;Fu 等(2004)报告说,在大学生和教师对中文 Mullet 问卷(Chinese MulletQuestionnaire)的反应中,只有一个解释因子(报复—宽恕),这个观察结果和以前的文献不一致,曾有研究发现在这个量表下有两个因子,报复因子和宽恕因子。

宽恕简介及其社会人口学相关因素

Hui 等(2006)的研究发现,具有宗教信仰的低年级学生更容易宽恕,具有宗教信仰的女学生和女教师更可能把宽恕看做是同情,而 Fu 等(2004)的研究没有发现性别或教师群体(大学教师对其他教师)差异。不过,整体来说,关于宽恕的社会人口学相关因素的研究发现仍然很少。

宽恕的心理社会相关因素

关于宽恕的心理学相关因素,Hui 等(2006)的研究显示,宗教背景预测宽恕观念,宗教活动预测对宽恕的态度和活动。Fu 等(2004)发现,宽恕与人际取向而不是个体属性(自尊和焦虑)更有关系。胡三嫚等人(2005)报告说,报复动机、对侵犯的沉思和移情程度都是宽恕行为的负性预测因子,受伤害感与报复动机和报复行为正相关。Siu和 Shek(2005)研究显示,高水平的报复行为与社交问题解决和家庭幸福感相关。

根据自中国香港和美国招募的学生的回应,Hui 和 Bond 发现在两组样本中,没面子可以正向预测对冒犯者的回敬动机。另外,在两个样本中,没面子和宽恕负相关,维持关系的动机和宽恕正相关。另一方面,在中国学生中,报复动机和宽恕负相关,没面子和维持关系的动机负相关,在美国学生中未发现这些显著的联系。这些研究发现提示,在宽恕"那些冒犯我们的人"时既存在文化普适性也有文化特异性因素。

其他相关研究

针对中国人的另外 3 个研究值得注意。第一个研究,Fu 等(2004)进行了深度访谈,探索中国人的宽恕观念。结果显示,被调查者能够给出个人和文化例子来支持这个概念和中国社会有关主张。稳定群体和谐被当做是宽恕的主要理由;人格或宗教影响不被认为是宽恕的重要源由。第二项,Wall 和 Blum(1991)根据许多社区调解员的回应,发现有 27 种调解技巧,包括获取宽恕,在所有调解策略中排在第 11 位。最后,Hui 和 Ho(2004)通过质性和量化的方法评估了宽恕训练程序。虽然根据测试前和测试后评分,在参与者的自尊和希望上没有显著的提高,不过参与者表现出了更好的宽恕观念和应用宽恕的积极态度。他们总结说,"推动宽恕成为一种课堂指导项目是可行的。"(p.477)

希望和无望

虽然关于精神性概念有不同的观点,定义这个概念时提出了不同的成分,不过,希望感被普遍认为是精神性的重要成分。Highfield 和 Cason(1983)提出,存在四种类型的精神需要,包括生命意义和目标需要、接受爱的需要、给予爱的需要、希望和创造的需要。Thompson(2002)概括了五种类型的精神痛苦,包括精神痛、精神错乱、精神过失、精神丧失和精神绝望(失去希望)。Anandarajah 和 Hight(2001)在他们提出的精神性测评框架中,提出应当测量希望和希望的来源。

测评方法和相关问题

除了翻译成中文的量表,例如无望量表(the Hopelessness Scale)(Chou,2006;Shek,1993;Shek & Lee,2005)、儿童希望量表(Children's Hope Scale)(Hui & Ho,2004)和 Herth 希望指数(Herth Hope Index)(Hsu,Lu,Tsou & Lin,2003),还开发了希望(对未来的信念)的本土测量(例如 Shek,Siu, & Lee,2007)。Shek(1993)使用修改过的贝克无望量表(Beck Hopelessness Scale),发现中文无望量表有效、可靠,因子结构稳定,抽取了 3 个有意义的因子:无望(hopelessness)、对未来不确定(uncertainty about the future)和未来期望(future expectations)。Stewart 等(2006)采用验证性因素分析来考察美国和中国香港学生中儿童的无望结构,因子结构在这两组不同的学生中是相似的。Shek 等(2007)的研究发现,中国积极青年发展量表中的相信未来(belief in the future)的分量表得分能够辨别青少年有没有情绪和行为问题。

希望和无望简介及其社会人口学相关因素

根据大样本的香港二年级学生对中文无望量表的回应,Shek 和 Lee(2005)总结说,大约 1/5 的中国青少年表现出了无望的征兆。最近进行的一项香港和上海青少年心理幸福感的比较性研究中,Shek、Han 和 Lee(2006)总结说香港青少年比上海青少年无望感得分更高。

也有发现提示无望和社会人口学特性相关。关于年龄,不管是横断面(Shek,2005a;Shek & Lee,2005)还是纵向(Shek,2012)来看,青少年年龄都和无望感正相关。也有研究发现表明,父母教育水平和青少年孩子的无望感负相关(Shek,2005a)。最后,有研究表明在不完整家庭中长大的青少年的无望感比在完整家庭中长大的要高(Shek,2007;Shek & Lee,2007;Shek,2012)。这一系列结果提示,无望感部分和个人在社会结构中的位置有关,虽然不同研究者为这些不同的影响作出的解释也各不相同。

希望和无望的心理相关因素

有研究发现,无望和病理症状有关(例如 Shek,1993,1999a)。无望被确认为是自杀观念的重要预测因子:Stewart 等(2006)研究发现,与中国香港自杀尝试相比,在美国无望和自杀尝试的联系更少;Ran 等(2007)研究显示,临床面谈测量的无望是自杀尝试的重要预测因子;Chou(2006)研究表明,抑郁和自杀观念的联系由无望、孤独和自我评价的健康状况中介。另一方面,无望和积极精神健康的测量指标负相关,包括生活目标、自尊、生活满意度和存在幸福感(Shek,1993,1999a;Shek et al.,2007)。

家庭过程和希望/无望

有大量研究表明中国文化中不同家庭过程和青少年无望有关。关于教养方式,Shek 和 Lee(2005)的研究表明虽然父母的行为控制和青少年无望负相关,但是父母心理控制和青少年无望正相关。Shek(2007)进一步发现,相对于在第 1 时间点青少年父母之一或者双方没有被知觉到具有高度心理控制的情况,知觉到父母双方都表现出高水平心理控制的时候,第 2 时间点青少年无望感更高一些。除此之外,Shek(1999b,1999c)采用纵向数据,发现在感知到的养育质量和青少年无望之间存在双向的影响。显然,父母对青少年无望表现的反应采用较差的教养方式,很可能加剧他们孩子的无望感。

不管是横断面还是纵向研究发现都表明,不同测量方式得到的感知到较好的亲子关系,包括亲子冲突的水平(Shek,1998a,1998b,1998c,1999b,1999c)、父母和孩子之间的相互信任、容易和父母交流和对父母控制的满意度(Shek,2005d,2006c),都和青少年无望有关。研究发现还提示,在经翻译和本土开发工具测量到的消极家庭作用和青少年无望之间存在双向的关系(Shek,1999a,1999b,1999c,2000,2001a,2001b)。

其他相关研究

Lu(2001)根据 142 名台湾本科生对"什么是幸福?"的回应,发现积极观念(即希望感)和精神富足是幸福的核心成分(又见 Lu,本书第 20 章)。Sun 和 Lau(2006)尝试在不同华人环境中考察中国人未来信念及其与积极青年发展项目的关联,他们概述了未来信念的概念基础作为一种构想预示积极青年发展,提出了对后续课程开发的启示。他们注意到,目前大多数研究都是针对无望,而相对较少的研究以希望概念为基础。

中国人的精神性和康复/健康促进

测评方法和相关问题

由于精神功能被认为是健康和康复环境中生活质量的重要部分,因而已经有人尝试测量社会服务机构的中国客户和患者的精神性。以世界卫生组织的全人健康概念为基础,研究者开发了世界卫生组织生活质量量表香港中文版(the World Health Organization Quality of Life Scale-Hong Kong Chinese version, WHOQOL-BREF-HK)的问卷版本(Leung, Tay, Cheng, & Lin, 1997)和访谈版本(Leung, Wong, Tay, Chu, & Ng, 2005)。这个量表评估了生活质量的四个领域(身体健康和独立水平、心理幸福感、社会关系和环境质量),量表中有一个条目评估生活目标(精神性)。研究结果支持这个量表的信效度(Leung et al., 2005; Molassiotis, Callaghan, Twinn, & Lam, 2001)。

根据身心灵模型,Ng、Yau、Chan 和 Ho(2005)开发了一个 56 条目的身心灵幸福感调查(BodyMind-Spirit Well-Being Inventory, BMSWBI),有 13 个条目的精神性分量表。13 个条目的因素分析抽提了 3 个因子,包括宁静(满足、释怀、平静和和谐)、迷茫(丧失生活方向、不理解生活困境)和韧性(感激、从困境中获取力量),也报告了支持相关测量的信效度的研究发现。

Leung 等(2005)根据传统中医的健康概念,提出了一个以*阴阳*平衡为基础的模型,包括身体和精神的和谐、人与自然的和谐、人与社会的和谐及 7 种情绪。根据包括专家综述和因素分析在内的一系列步骤,发现 50 个条目的中华生存质量量表(Chinese Quality of Life Instrument, ChQOL)拥有可接受的心理测量性质和结构效度,包括和 WHOQOL-100 量表的精神性部分正相关。

中国文化中精神性和康复/健康促进模型

除了记录中国宗教信仰系统的描述性研究(Davis, 1996; Fan, 2003; Snyder, 2006; Zhuo, 2003),研究者们还尝试考察不同中国宗教系统如何理解健康。例如,Yip(2004)考察了道家及其对华人社群精神健康的影响。他将道家精神健康观念从几个概念来描述,包括超越自我和世俗、动态"返回(revertism)"即回归自然(*道*)和融合自然法则(integration with the law of nature)(*道*)和更高水平的转化以及超然。他也强调在西方和道家精神健康观念的几个不同点,包括西方自我发展对道家自我超越、西方自我修养对道家的融合自然法则、西方不断的自我努力对道家的无为以及西方个人解释对道家无限的参照系。

Chan、Ho 和 Chow(2001)提出身心灵模型,其中以整体方式来建构健康,疾病被看做在*阴阳*之间失去平衡。他们进一步提出一些技术,例如气功、宽恕、释怀、从痛苦中受益和成长,都是恢复健康的途径,他们还呈现了研究结果,表明东方治疗成分的重要性。Sinnott(2001)讨论了中药和佛教冥想作为补充治疗系统的作用,"可能加入身心疗愈的标准西方系统"(p.241)。Barnes(1998)描述传统中国治疗活动在美国如何通过由宗教语言和本土活动转型到更容易被理解的心理语言,以此进行文化适应,

有观点认为西方健康模型和治疗不完全适用于中国人民。Tse、Chong 和 Fok(2003)针对中国人的绝症和临终决策,认为,爆出坏消息的标准临终关怀途径可能也可以用于中国人,不过需要一些改动。Payne、Chapman、Holloway、Seymour 和 Chau(2005)同样也赞成针对中国人进行文化敏感性活动。Tang(2000)考察了在家里去世对患有绝症的台湾人的意义,结果表明,台湾中国人更愿意在家里走完余生,提示了这种偏好对中国人活动的意义。

根据两个案例(一个华裔美国人家庭),Kagawa-Singer 和 Blackhall(2001)强调了在生命终点相关议题上的文化差异,讨论了忽略解决该问题的技术和策略可能会带来的后果。根据他们的分析,作者提出了 ABCDE 模型:患者和家庭的态度(attitudes of patients and families)、信念(beliefs)、背景(context)、决策风格(decision-making styles)和环境(environment),这可以指导从业人员来确定应用文化影响的合适水平。

Bowman 和 Singer(2001)根据一次质性调查结果的分析,研究了在中国老年人中关于生命终结决策的观点。他们发现生命终结决策建立在希望、痛苦和负担、未来、情绪和谐、生命周期、对医生的期望和家庭的基础上,注意到被调查者拒绝指导。根据这些发现,他们认为应该从儒、佛、道的传统上来理解对生命终结决策的态度。

针对康复/健康促进中精神性成分的干预

Chui、Donoghue 和 Chenoweth(2005)应用基础理论途径来考察中国文化对华裔澳大利亚癌症患者的影响,研究表明患者使用了五种文化特异性策略,包括传统中药、关于食疗的传统中国观念、气功、风水和祭祖,所有这些都可以认为是包括在*阴阳*和气功的和谐哲学中。Xu、Towers、Li 和 Collet(2006)进行了一项质性研究,考察中国癌症患者和 TCM 专业人士的体验,发现参与者认为 TCM 癌症治疗是优先选择,而且是安全的。Tang 等(2007)采用以传统中医和正念训练为基础的调节方法,考察了集中调节训练和系统调节训练对大学生的有效性。和对照组相比,实验组的学生表现出的焦虑和疲倦较少,情绪更好,在应激相关的皮质醇上有显著的降低,免疫反应增强。然而,Smith(2006)考察了在中国占星术提出的本命年和传统中医之间的联系。与之前研究

发现相反,他们没有发现华裔美国人对被认为与本命年有关的疾病和传统中医更敏感。

也有研究发现传统宗教信仰可能影响健康结果。根据在长期护理中心居住的中国居民的发现,Chan 和 Kayser-Jones(2005)报告交流障碍、不喜欢西餐和文化信仰与习俗(包括宗教信仰)是影响中国居民成功居留的因素。Kwok 和 Sullivan(2006)发现华裔澳大利亚妇女深受传统中国哲学影响,包括宿命论。Mok、Martinson 和 Wong(2004)报告了宗教信仰给患者应对痛苦的力量,文化世界观有助于产生意义。Mok、Lai 和 Zhang(2003)也发现,在肾衰竭患者应对过程中,生命意义是一个重要动力,帮助患者确认疾病对个人的意义。

一些治疗程序将基督教成分融入中国文化背景下的治疗过程。Luk 和 Shek(2006a)考察了在曾经确诊过的精神患者参加香港精神病康复计划后的改变和相关因素,该计划采用在基督教原则指导下的自助团体(self-helpgroup,SHG)途径。实验组采用准实验设计法,测量参与者在身体、心理、社会和精神领域上的功能。结果显示,参加具有全人关怀成分的 SHG 的人比控制组有更多朋友,社交满意度也更高。参加持续时间、宗教卷入和群体卷入是与计划参与者预后相关的 3 个关键因素。根据凯利方格技术(repertory grid technique)的结果,Luk 和 Shek(2006b)进一步发现,参与者参加这个计划之后,在身体、心理、社交和精神维度上都感觉到积极的改变。最后,对采用基督教成员模式的精神病性康复计划的 20 个参与者进行质性研究,发现参与者在个人、社交和精神性领域感知到积极改变,感到精神信仰帮助他们面对生命的挑战(Luk & Shek,2008)。

Ng 和 Shek(2001)考察了海洛因成瘾的中国男子在基督教药物康复计划不同阶段的心理学,包括转变前阶段(pre-conversion stage)(N = 26)、转变后阶段(postconver-sionstage)(N = 20)、过渡教习所阶段(halfway-house stage)(N = 19)和同伴引领者阶段(peer-leaders stage)(N = 21)。结果显示抑郁和无望的症状减少,而贯穿康复计划的不同阶段生活目标上升了。分析也表明皈依宗教的参与者精神健康有了显著改善。

概念上、方法学和实践中出现的问题

这里,应当注意几乎没有关于中国人精神性的科学研究。2009 年 3 月,使用"spirituality"和"Chinese"作为搜索关键词,在 PsycINFO 中检索,只出现了 41 条引文。翻阅一下《中国心理学手册》(Bond,1986,1996)也显示,除了在价值观、终极生命关怀和信念这些领域,在中国人精神性领域几乎没有进行研究。这个观察结果和 Shek,Chan 和 Lee(2005)的发现一致,他们认为考察中国人更加整体的生存质量(包括精神性)的研究非常少。而且,目前这篇综述表明,这一领域的相关研究是相当不系统的,和既往可能有关的研究没有联系。

概念上的疑难问题

精神性和中国人精神性的不同概念　在目前文献中,最首要的局限是,精神性和中国人的精神性以不同的方式定义。如上所述,存在大量定义,目前大部分研究都以精神性的西方构念为基础,例如生命意义、宗教性和死亡焦虑的概念。很明显,如何构建精神性基本上决定了中国人精神性研究的方向。

根据 Pargament(1999)的观点,宗教是“以与神圣有关的方式寻求意义”,而精神性是“对神圣的寻求”(pp.11-12),值得注意的是,不同中国宗教构思的“sacred(神圣)”也不同。道家重视道(logos),成佛是佛教的重心,不同的神灵(例如黄大仙、车公、谭公)和超自然力(例如风水、气)是各种形式的民间宗教的基础。而且,值得注意的是,在不同中国哲学中以不同方式趋近生命意义。在儒家思想中,如果人通过正当作为献身于提升集体幸福,生命就是有意义的。在佛家思想中,生命意义只有当一个人超越物质世界的幻象才能获得。在道家思想中,生命意义只有从一个人与宇宙的和谐角度来理解。不幸的是,几乎没有心理学研究以可检验的形式来触及这些议题和概念。

最近,也有研究表明中国大陆的宗教情形发生了改变(Zhuo,2003),例如基督教徒的社会背景正在改变(Chen & Huang,2004),民间宗教在中国南部的迅速复兴(Law,2005),地方宗教活动的再现(Liu,2003)和中国年轻人中宗教性的广泛传播(Ji,2006)。对这些出现的趋势也需要进行研究。

没有充分涵盖在西方和中国的精神性概念之间的趋同和不同　文献调查表明,在西方精神性概念(例如生命意义、死亡焦虑、生命观)和中国精神性概念,例如佛家思想中的命运(缘)(Yang & Ho,1988),道家思想中的*和谐*、民间信仰中的宿命论(*梦*),两者之间的相似点和不同点在文献中都没有充分涉及。假定我们能够找到共有比较平台,就可以进一步询问中国人的精神性是否和西方人相似。虽然有研究表明精神性的不同部分,例如宽恕(Fu et al.,2004)、超常体验(McClenon,1988)和宗教性(Leung et al.,2002)在中国人和西方人中是相似的,但也有研究发现精神性的概念作为广义的构念在西方文化和中国文化中不同(例如 Yip,2004),而且精神性测试的因子结构有时在不同文化中也不一致(例如 Fu et al.,2004;Wong,2004)。而且,一些研究表明精神性在中国和西方文化中和行为的关系不同(例如,功能上的差别)(例如 Zhang & Jin,1996)。

缺乏中国人精神性的科学模型　这篇综述发现,缺少中国人精神性的前因、伴随因素和后果的科学模型。这种模型对指导中国人精神性的研究是不可或缺的。虽然西方理论,例如 Frankl 关于生命意义的理论(Frankl,1967)被用作理解中国人精神性的概念模型,但是还有几个概念上的空缺(Shek,2012)。

首先,在精神性和发展结果之间的双向影响,例如,文献很少研究生活目标和精神健康之间的关系。从逻辑上来讲,精神性的这些成分和其他心理领域之间可能存在相互影响。其次,进一步研究应当采用生态学方法(Shek,Chan,& Lee,2005),考察个人因素(例如经济困难)、家庭因素(例如家庭信念、行为控制和心理控制)和社会因素(例如认同中国迷信观念)与中国人精神性之间的相关性如何。

方法学局限和相关问题

量化研究占优势　文献的第一个局限是,大部分中国人精神性的测量方法本质上是量化的,包括生命意义(Shek,1988)、对死亡的态度(Cheung & Ho,2004)、宗教性(Zhang & Thomas,1994)、无望(Shek & Lee,2005)和宽恕(Hui & Ho,2004),通常凭借自西方引入的问卷。实证主义途径代表在社会科学研究的主流研究范式,然而有观点指出它的弱点,要求更多使用质性方法(例如 Ho & Ho,2007)。事实上,有质性研究采用例如绘画、开放式问题和访谈等技术来评估精神性(例如 Mak,2001;Yang & Chen,2002,2006)。同样,研究者应当考虑使用质性研究方法来补充中国人精神性的研究。

质性研究低质量　根据 Patton(1990)的观点,质性研究有几个独到之处,包括自然问询、归纳分析、整体视角、质性数据、个人接触和洞察力、动态系统、独特的案例取向、移情中立和设计弹性(design flexibility)。虽然概念上要求使用质性方法来评估中国人的精神性,不过关于中国人精神性的文献却存在两个弊病。第一个弊病,虽然一些研究者赞同中国人精神性的质性研究,但他们没能具体说明他们认可的研究范式。显然,后实证主义(主张批判现实主义)下的质性研究在本质上同构成主义和后现代主义(主张相对主义)的研究不同。前者认为,可以用理性标准来判断质性研究的质量。后者却认为没有理性标准评判质性研究的质量。

第二个弊病是,质性研究者并不经常评估中国人精神性研究的精确性。Shek、Tang 和 Han(2005)认为质性研究者应当用 12 条标准来评估研究精确性。这些标准包括:明确陈述研究哲学基础、确定研究参与者的数量和性质的理由、详细描述资料收集的过程、讨论研究者的偏差和意识形态关注、描述针对偏差采取的步骤或者说明偏差应当或者不能被消除、测评研究一致性的测量方式、研究方法的三角测量(triangulation)、研究发现的同行和成员审查、进行跟踪审核(audit trails)、严格衡量可供选择的解释、解释阴性研究发现和考虑研究局限性。建议未来关于中国人精神性的质性研究应当从这 12 条标准出发进行评估,来提高科学有效性和完整性。

引入的测量方式占据主流　除了几次尝试以外(例如,中国人逆境信念量表:Shek,2004),评估中国人精神性的工具大部分从西方测量中翻译过来。社会科学家并不鲜见使用"进口的"西方构想以及相应的测量方式来研究中国人的行为和现象,不过,重要的是要反思这些引入概念是否能够充分捕捉与中国人精神性有关的现象。

本质上,应当解决的问题是"主位的"(内部人)或者"客位的"(外人)途径是否应当用来考察中国人精神性(又见 Hong、Yang、& Chiu,本书第 2 章;Hwang,第 28 章;

Smith,第 40 章)。跟随以上需要考察中国人精神性本土概念的观点,如果能够设计关于中国人精神性的本土中文测量方法会更有助益。不幸的是,正如 Shek 等(2005)指出的,关于心理社会测评工具的中文文献单薄,需要加强。当然,我们应当意识到关于需要开发本土中国测评工具的主张可能没那么强。例如,在人格测评领域,Yik 和 Bond(1993)报告说,根据引入的和本土的词汇法测量的香港华人人格知觉差别不大,他们总结说,"引入的测评可能是有区别地削减了现象世界,但是仍然能让科学家有效地预测行为……本研究的结果基于科学立场向开发当地测评工具的必需投入提出了质疑"(p.75)。

然而,只有比较了恰当的本土和引入的测评之后才可能得出这个结论。在罕见的此类开创性研究中,很可能已经发现了区别(见 Bond,1988;Cheung,Zhang,& Cheung,本书)。

效度检验的问题　不管精神性的中文测评是引入的还是本土开发的,一个重要的必要条件是,测评应当要经过效度检验。不幸的是,不是所有研究者都意识到了这个必要性,例如香港青年协会(The Hong Kong Federation of Youth Groups,2008)。

在尝试校验中国人精神性测量工具的研究中,存在几点局限性。首先,通常没有测量中国人精神性研究的量化测评中测试—重测信度和质性研究中评分者内及评分者间信度;其次,在单独的校验研究中很少建立会聚效度和区分效度。而且,虽然因素分析通常用来检验翻译过来的或者本土开发的测量工具的结构效度,但是这个程序有几点局限性。一是,虽然因素分析结果容易显现,但不常评估因子稳定性(例如 Fu et al.,2004)。二是,经常用探索性而不是验证性因素分析。虽然,探索性因素分析可以对条目下的维度给出探索性观点,但是相关结果并不确定,因为不常给出拟合优度的指标;这些结果应当在可能之处辅以验证性因素分析。

最后,分析和解释问题在目前研究中并不罕见。例如,虽然碎石检验提示 MULLET 宽恕问卷中文版(the Chinese Mullet Forgiveness Questionnaire)(Fu et al.,2004)存在两个因子,但是因为第二个因子对研究者来说"没有概念意义",所以没有进一步解释就被放弃了(p.310)。Ng 等(2005)的研究,56 个条目的身心灵幸福感调查(Body-Mind-Spirit Wellbeing inventory)中,因为每一个分量表中的条目进行了单独的因素分析(例如精神性维度的 13 个条目进行了因素分析),所以,研究结果不可能支持研究者宣称的 4 维度结构(身体痛苦、日常功能、情感和精神性)。

缺少纵向研究　本综述发现,目前大多数中国人精神性研究都是横断面研究。虽然横断面研究,例如宗教性的心理社会相关因素调查和基于绘画和叙事的质性研究,有助于理解某一单独时间点中国人的精神性,但是如果研究者希望探索中国人精神性的前因后果,这些设计就不充分了。例如,Lin(2003)用横断面设计考察了精神性对死亡态度的影响。研究结果的局限性在于死亡态度也可能影响精神性和宗教性,而不是相

反。采用交叉滞后分析(cross-lagged panel analysis)的纵向研究会有助于澄清影响更可能发生的方向。同样地,Zhang和Jin(1996)研究了宗教性对自杀观念的影响。然而在宗教性和自杀观念之间的关系的横断面研究发现也可能解释为自杀观念(作为精神健康欠佳的指标)对宗教性的影响。显然,虽然横断面研究能帮助识别生命意义的相关因素,但是不能清楚地建立其中的因果关系。这样,纵向研究设计在考察精神性和其他因素之间的因果关系时,代表着一种更加敏感的方式。

中国人精神性研究结果的普遍性　本综述发现,在中国人精神性的领域中,几乎没有几个比较性研究。如果一项研究声称有普遍有效性,它必须适用于不同时间不同地点的不同参与者。一般说来,中国人精神性的比较研究应当在两个水平进行。第一,基于中国人的研究结果可以和来自非华人群体的结果进行比较。这种跨文化的比较很重要,因为他们可以针对涉及中国人精神性的关系的普遍性及相对性的程度提供一些想法。第二,因为中国是一个大国,具有宗教差异性,涉及已知有56个少数民族的不同种族群体,针对中国各部分人民的研究也很重要,即在中国不同背景内部进行比较性研究。目前还没有此类研究。

常见的方法学缺点　在中国人精神性的科学研究中,存在几个常见的方法学缺点。第一,和其他量化心理学的领域相同,研究者很少根据随机样本来收集数据。这种做法显然破坏了相关发现的普遍性。第二,在使用显著性统计检验的研究中,研究者不经常报告显著性发现的相对效果量,而大多数期刊越来越多地要求这么做。第三,对报告相关或差异性的多重检验研究来说,通常没有解决第一类错误过大的问题。最后,在进行多变量分析的研究中,研究者很少考察多变量统计分析的稳定性。

实践中的局限和问题

如本综述所表明的,和中国精神性相关的技术,例如气功、太极和传统中医被用来治疗丧亲之痛和疾病,例如癌症。然而,这些应用有两大缺陷。第一,很少规定此类技术的标准程序,除了类似针灸的传统中医。显然,没有对程序的清晰说明,对帮助从业人员重复类似研究结果来说,即便不是不可能,也会存在困难。第二,没有系统性评估包括中国人精神性成分的治疗。在治疗有需求的人们时,如果没有严格的评估,中国人精神性成分的应用可能会带来更多危险而不是收益。

除了在治疗背景中尝试应用中国人精神性成分,应当理解可能如何增强中国人精神性,例如通过提升生活目标以及减少死亡相关焦虑。实际上,Koenig(2006)认为宗教是一种有效的应对资源。不幸的是,中国心理学在此领域几乎没有系统性尝试。Hui和Ho(2004)进行的一次尝试是具有代表性的例外,他们发现,参与者在参加提升宽恕的一个项目之后,获得了更好的宽恕观念,对宽恕具有更积极态度。

另一个例子是,由香港5所大学的学术人员开发的全人社会项目(Holistic Social-

Programs,Project P.A.T.H.S.)开展的名为积极青少年训练(Positive Adolescent Training Training)的计划(Shek,2006a;Shek & Ma,2006)。在这个计划中,开展了一些训练单元,力图提升中国青少年的精神性,包括寻求生命意义和对生死的态度。通过不同的测评策略,包括客观结果评估、主观结果评估和质性评估,初步测评发现,该项目在中国香港青少年中能够促进对生命意义的寻求(例如 Shek,2006b,2008;Shek & Sun,2007a,2007b,in press;Shek,Lee,Siu, & Ma,2007)。

结论和未来方向

本综述可以得出几个结论。第一,和西方研究相比,中国人精神性的文献单薄。具体到生活目的,除了主要由本综述作者进行的香港的一些研究,大陆和台湾的公开发表的研究几乎没有。第二,虽然有一些对中国人精神性的测评,但是大部分是从西方引入的,本土开发的测评很少。第三,虽然一些研究扼要描述了中国人精神性的不同部分,但是相关发现没有定论。尤其是,在一些测评中社会调查使用单一条目或问题,例如生活目标和宗教性,严肃质疑这些发现的有效性。第四,虽然已经发现了一些中国人精神性的社会人口学、心理学的和家庭的相关因素,但是这些发现并不确定。第五,讨论了在目前研究中的概念化、方法学和实践中的局限和问题。关于这些局限性,建议未来研究可以从这几个方向进行:第一,应当进行研究考察西方和中国精神性概念的趋同和不同。第二,应当建构中国人精神性的理论模型。第三,应当进行关于中国精神性的更加严格的质性研究和建构经过校验的本土测评工具。第四,亟须追求中国精神性的纵向研究。第五,应当尝试进行具有实践意义的中国人精神性研究。

注　释

本章工作受 the Wofoo Foundation Limited 的资助。感谢 Britta Lee 在文献综述过程中的协助。通信作者: Daniel T.L.Shek,Department of Applied Social Sciences,TheHong Kong Polytechnic University,Hung Hom,Kowloon,Hong Kong,PRC(email address:daniel.shek@ polyu.edu.hk)。

参考文献

Anandarajah,G. & Hight,E.(2001).Spirituality and medical practice:Using the HOPE questions as a practical tool for spiritual assessment.*American Family Physician*,63,81-88.

Barnes,L.(1998).The psychologizing of Chinese healing practices in the United States.*Culture,Medicine and Psychiatry*,22,413-443.

Bond,M.H.(1986).*The psychology of the Chinese people*.New York:Oxford University Press.

Bond,M.H.(1996).The handbook of Chinese psychology.New York:Oxford University Press.

Bond,M.H.(1988).Finding universal dimensions of individual variation in multi-cultural studies of values:the Rokcach and Chinese value surveys.*Journal of Personality and Social Psychology*,55,1009-1015.

Bond,M.H. & Chi,Y.M.Y.(1997).Values and moral behavior in mainland China.*Psychologia*,40,251-264.

Bond,M.1-L,Leung,K.,Au,A.,Tong,K.K., & Chemonges-Nielson,Z.(2004).Combining social axioms with values in predicting social behaviors.*European Journal of Personality*,18,177-191.

Bowman,K.W. & Singer,P.A.(2001).Chinese seniors´perspectives on end-of-life decisions.*Social Science and Medicine*,53,455-464.

Braun,K.L. & Nichols,R.(1997).Death and dying in four Asian American cultures:A descriptive study.*Death Studies*,21,327-359.

Chan,C.,Ho,P.S.Y., & Chow,E.(2001).A body-mind-spirit model in health:An Eastern approach.*Social Work in Health Care*,34,261-282.

Chan,D.W.(1995).Reasons for living among Chinese adolescents in Hong Kong.*Suicide and Life-threatening Behavior*,25,347-357.

Chan,J. & Kayser-Janes,J.(2005).The experience of dying for Chinese nursing home residents:Cultural considerations.*Journal of Gerontological Nursing*,31,26-3-2.

Chen,C.F. & Huang,T.H.(2004).The emergence of a new type of Christians in China today.*Review of Religious Research*,46,183-200.

Chen,X.H.S.,Cheung,F.M.,Bond,M H., & Leung,J.P.(2006).Going beyond self-esteem to predict life satisfaction:The Chinese case.*Asian Journal of Social Psychology*,9,24-35.

Chen,Z.Y.,Zhu,N.N., & Liu,H.Y.(2006).Psychometric features of the Wade Forgiveness Scale and Transgression-Related Interpersonal Motivation Scale-12-Item Form in Chinese college students.*Chinese Mental Health Journal* 20,617-620.

Cheung,W.S. & Ho,S.M.Y.(2004).The use of death metaphors to understand personal meaning of death among Hong Kong Chinese undergraduates.*Death Studies*,28,47-62.

Chou,K.L.(2000).Intimacy and psychosocial adjustment in Hong Kong Chinese adolescents.*Journal of Genetic Psychology*,161,141-151.

Chou,K.L.(2006).Reciprocal relationship between suicidal ideation and depression in Hong Kong elderly Chinese.*International Journal of Geriatric Psychiatry*,21,594-596.

Chou,T.S. & Chen,M.C.(2005).An exploratory investigation of differences in personality traits and faith maturity among major religions in Taiwan.*Chinese Journal of Psychology*,47,311-327.

Chui,Y.Y.,Donoghue,J., & Chenoweth,L.(2005).Responses to advanced cancer:Chinese-Australians.*Journal of Advanced Nursing*,52,498-507.

Craine,M.A.(1996).A cross-cultural study of beliefs,attitudes and values in Chinese-born American and non-Chinese frail homebound elderly.*Journal of Long Term Home Health Care*,15,9-18.

Davis,S.(1996).The cosmobiological balance of the emotional and spiritual worlds:Phenomenological structuralism in traditional Chinese medical thought.*Culture,Medicit1e and Psychiatry*,20,83-123.

Fan,L.Z.(2003).Popular religion in contemporary China.*Social Compass*,50,449-457.

Florian, V. & Snowden, L.R.(1989).Fear of personal death and positive life regard:A study of different ethnic and religious-affiliated American college students.*Journal of Cross-Cultural Psychology*,20,64–79.

Frankl, V.E.(1967).*Psychotherapy and existentialism:Selected papers on logotherapy.*New York:Simons and Schuster.

Fu, H., Watkins, D., & Hui, E. K. P. (2004). Personality correlates of the disposition towards interpersonal forgiveness:A Chinese perspective.*International Journal of Psychology*,39,305–316.

Govier, I.(2000).Spiritual care in nursing:A systematic approach.*Nursing Standard*,14,32–36.

Harrell, S.(1977).Modes of belief in Chinese folk religion.*Journal for the Scientific Study of Religion*, 16.55–65.

Highfield, M.F. & Cason, C.(1983).Spiritual needs of patients:Are they recognized? *Cancer Nursing*, 6,187–192.

Ho, D.Y.F. & Ho, R.T.H.(2007).Measuring spirituality and spiritual emptiness:Toward ecumenicity and transcultural applicability.*Review of General Psychology*,11,62–74.

Hsu, T.H., Lu, M.S., Tsou, T.S., & Lin, C.C.(2003).The relationship between pain, uncertainty, and hope in Taiwanese lung cancer patients.Journal of Pain and Symptoms Management,26,835–842.

Hu, S.M., Zhang, A.Q., Ja, Y.J., & Zhong, H.(2005).A study on interpersonal forgiveness and revenge of undergraduates.*Chinese Journal of Clinical Psychology*,13,55–57.

[胡三嫚、张爱卿、贾艳杰、钟华(2005):《大学生人际宽恕与报复心理研究》,《中国临床心理学杂志》2005 年第 1 期,第 55—57 页。]

Huang, S.T.T.(1997).Social convention understanding and restitutional forgiveness.*Chinese Journal of Psychology*,39,119–136.

Hui, E. K. P. & Ho, D. K. Y. (2004). Forgiveness in the context of developmental guidance:Implementation and evaluation.B*ritish Journal of Guidance and Counseling*,32,477–492.

Hui, E.K.P., Watkins, D., Wong, T.N.Y., & Sun, R.C.F.(2006).Religion and forgiveness from a Hong Kong Chinese perspective.*Pastoral Psychology*,55,183–195.

Hui, V.K.Y. & Bond, M.H.(in press).Forgiving a harm doer as a function of the target's face loss and motivations:How does Chinese culture make a difference? *Journal of Social and Personal Relationships.*

Hui, V.K.Y., Bond, M.H., & Ng, T.S.W.(2006–7).General beliefs about the world as defensive mechanisms against death anxiety.*Omega*,54,199–214.

Ji, Z. (2006). Non-institutional religious re-composition anlong Chinese youth. *Social Compass*, 53, 535–549.

Kagawa-Singer, M. & Blackball, L.J.(2001).Negotiating cross-cultural issues at the end of life:' You got to go where he lives' .*Journal of the American Medical Association*,286,2993–3001.

Kao, H.S.R. & Ng, S.H.(1988).Mininlal ' self' and Chinese work behaviour:Psychology of the grass roots.In D.Sinha & H.S.R.Kao(eds.), *Social values and development:Asian perspectives*(pp.254–272).New Delhi:Sage.

Koenig, H.G.(2006).Religion, spirituality and aging.*Aging and Mental Health*,10,1–3.

Kutcher, N.(1999).*Mourning in late imperial China.*Cambridge:Cambridge University Press.

Kwok, C. & Sullivan, G.(2006).Influence of traditional Chinese beliefs on cancer screening behavior among Chinese-Australian women.*Journal of Advanced Nursing*.54,691-699.

Lai,J. H. W., Bond, M. H., & Hui, N. H. H. (2007). The role of social axioms in predicting life satisfaction:A longitudinal study in Hong Kong.*Journal of Happiness Studies*,8,517-535.

Lau,S. & Lau,W.(1996).Outlook on life:How adolescents and children view the lifestyle of parents,adults and self.*Journal of Adolescence*,19,293-296.

Lau,S.K.,Lee,M.K.,Wan,P.S., & Wong,S.L.(2005).*Indicators of social development*: *Hong Kong 2004*.Hong Kong:Hong Kong Institute of Asia-Pacific Studies,The Chinese University of Hong Kong.

Law,P.L.(2005).The revival of folk religion and gender relationships in rural China:A preliminary observation.*Asian Folk Studies*,64,89-109.

Leung,K. & Bond,M.H.(2004).Social axioms:A model for social beliefs in multicultural perspective.In M.P.Zarula(ed.),*Advances in experimental social psychology*(vol.36,pp.119-197).San Diego,CA:Elsevier Academic Press.

Leung,K.,Bond,M.H.,de Carrasquel,S.R.,Munoz,C.,Hernandez,M.,Murakami,F.,Yamaguchi,S., Bierbrauer,G., & Singelis,T.M.(2002).Social axioms:The search for universal dimensions of general beliefs about how the world functions.*Journal of Cross-Cultural Psychology*,33,286-302.

Leung,K.F.,Tay,M.,Cheng,S., & Lin,F.(1997).*Hong Kong Chinese version of the World Health Organization Quality of Life-Abbreviated version*.Hong Kong:Hong Kong Hospital Authority.

Leung,K.F.,Wong,W.W.,Tay,M.S.M.,Chu,M.M..L., & Ng,S.S.W.(2005).Development and validation of the interview version of the Hong Kong Chinese WHOQOL-BREF.*Quality of Life Research*,14, 1413-1419.

Leung,K.K.,Wu,E.C.,Lue,B.H., & Tang,L.Y.(2004).The use of focus groups in evaluating quality of life components among elderly Chinese people.*Quality of Life Research*,13,179-190.

Lewis,M. M.(2001).Spirituality,counseling,and elderly:An introduction to the spiritual life review. *Journal of Adult Development*,8,231-240.

Lin,A.H.M.H.(2003).Factors related to attitudes toward death among American and Chinese older adults.*Omega-Journal of Death and Dying*,47,3-23.

Liu,T.S.(2003).A nameless but active religion:An anthropologist's view of local religion in Hong Kong and Macao.*The China Quarterly*,174,373-394.

Loewe,M.(1982).*Chinese ideas of life and death*.London:Allen and Unwin.

Lu,L.(2001).Understanding happiness:A look into the Chinese folk psychology.*Journal of Happiness Studies*,2,407-432.

Luk,A.L. & Shek,D.T.L.(2006a).Changes in Chinese discharged chronic mental patients attending a psychiatric rehabilitation program with holistic care elements:A quasi-experimental study.*TSW Holistic Health & Medicine*,1,71-83.

Luk,A.L. & Shek,D.T.L.(2006b).Perceived personal changes in Chinese ex-mental patients attending a holistic psychiatric rehabilitation program.*Social Behavior and Personality*,34,939-954.

Luk,A.L. & Shek,D.T.L.(2008).The experiences and perceived changes of Chinese ex-mental patients attending a holistic psychiatric rehabilitation program:A Qualitative study.Journal of Psychiatric and Mental*Health Nursing*,15:447-457.

Mak,M. H. J. (2001). Awareness of dying: An experience of Chinese patients with terminal cancer. *Omega*,43,259-279.

Mak,M.H.J.(2002).Accepting the timing of one's death:An experience of Chinese hospice patients.*Omega*,45,245-260.

McClenon,J.(1988).A survey of Chinese anomalous experiences and comparison with Western representative national samples.*Journal for the Scientific Study of Religion*,27,421-426.

McCullough,M.E. & Worthington,E.L.(1999),Religion and the forgiving personality.*Journal of Personality*,67,1141-1164.

Mok,F,Lai.C. & Zhang,Z.X(2003).Coping with chronic renal failure in Hong Kong.*International Journal of Nursing Studies*,41,205-213.

Mok,E.,Martinson,I., & Wong,T.K.S.(2004).Individual empowerment among Chinese cancer patients in Hong Kong.*Western Journal of Nursing Research*,26,59-75.

Molassiotis,A.,Callaghan,P.,Twinn,S.F., & Lam.S.W.(2001).Correlates of quality of life in symptomatic HIV patients living in Hong Kong.*AIDS Care*,13,319-334.

Molzahn,A. E., Starzomski, R., McDonald, M., & O'Loughlin, C. (2005). Chinese Canadian beliefs toward organ donation.*Qualitative Health Research*,15,82-98.

Mui,A.C. & Kang,S.Y.(2006).Acculturation stress and depression among Asian immigrant elders. *Social Work*,51,243-255.

Myers,J.E.,Sweeney T.J., & Witmer,J.M.(2000).The wheel of wellness counseling for wellness:A holistic model for treatment planning.*Journal of Counseling and Development*,78,251-266.

Narayanasamy,A.(1999).A review of spirituality as applied to nursing.*International Journal of Nursing Studies*,36,117-125.

Narcotics Division.(1994).*Report on survey of young drug abusers.*Hong Kong:Narcotics Division,Government Secretariat,Hong Kong Government.

Nelson,L.J.,Badger,S., & Wu,B.(2004).The influence of culture in emerging adulthood:Perspectives of Chinese college students.*International Journal of Behavioral Development*,28,26-36.

Ng,H.Y. & Shek,D.T.L.(2001).Religion and therapy:Religious conversion and the mental health of chronic heroin-addicted persons.*Journal of Religion and Health*,40,399-410.

Ng,S.M.,Yau,J,K.Y.,Chan,C.L.W.,Chan,C.H.Y., & Ho,D.Y.F.(2005).The measurement of body-mind-spirit well-being:Toward multidimensionality and transcultural applicability.*Social Work in Health Care*,41,33-52.

Paloutzian,R.F. & Ellison,C.W.(1982).Loneliness,spiritual well-being and the quality of life.In L.A. Peplau & D.Perlman(eds.),*Loneliness:A sourcebook of current theory,research and therapy*(pp.224-237). New York:Wiley.

Pargament,K.I.(1999).The psychology of religion and spirituality? Yes and no.*The International Journal for the Psychology of Religion*,9,3-16.

Patton,M.Q.(1990).*Qualitative evaluation and research methods.*Newbury Park,CA:Sage.

Payne,S.,Chapman,A.,Holloway,M.,Seymour,J.B., & Chau,R.(2005).Chinese community views: Promoting cultural competence in palliative care.*Journal of Palliative Care*,21,111-116.

Ran, M. S., Xiang, M. Z., U, f., Huang, J., Chen, E. Y. H., Chan, C. L W., & Conwell, Y. (2007). Correlates of lifetime suicide attempts among individuals with affective disorders in a Chinese rural community. *Archives of Suicide Research*, 11, 119–127.

Schwartz, S. H. (1992). The universal content and structure of values: Theoretical advances and empirical tests in 20 countries. In M. Zanna (eds.), *Advances in experimental social psychology* (vol 25, pp. 1–65). New York: Academic Press.

Scott, A. B. (1997). *Categorizing definitions of religion and spirituality in the psychological literature: A content analytic approach.* Unpublished manuscript. Cited in Hill, P. C., Pargamnet, K. l., Hood, R. W., Jr., McCullough, M. E., Swye.rs, J. P., Larson, D. B., & Zinnbauer, B. J. (2000). Conceptualizing religion and spirituality: Points of commonality, points of departure. *Journal for the Theory of Social Behavior*. 30, 51–77.

Shek, D. T. L. (1986). The Purpose in Life questionnaire in a Chinese context: Some psychometric and normative data. *Chinese Journal of Psychology*, 28, 51–60.

Shek, D. T. L. (1988). Reliability and factorial structure of the Chinese version of the Purpose in Life Questionnaire. *Journal of Clinical Psychology*, 44, 384–392.

Shek, D. T. L. (1989a). Perceptions of parental treatment styles and psychological well-being in Chinese adolescents. *Journal of Genetic Psychology*, 150, 403–415.

Shek, D. T. L. (1989b). Sex differences in the psychological well-being of Chinese adolescents. *Journal of Psychology*, 123, 405–412.

Shek, D. T. L. (1992). Meaning in life and psychological well-being: An empirical study using the Chinese version of the Purpose in Life Questionnaire. *Journal of Genetic Psychology*, 153, 185–200.

Shek, D. T. L. (1993). Meaning in life and psychological well-being in Chinese college students. *The International Form for Logotherapy*, 16, 35–42.

Shek, D. T. L. (1994). Meaning in life and adjustment amongst midlife parents in Hong Kong. *The International Forum for Logotherapy*, 17, 102–107.

Shek, D. T. L. (1995a). Mental health of Chinese adolescents in different Chinese societies. *International Journal of Adolescent Medicine and Health*, 8, 1 17–155.

Shek, D. T. L. (1995b). The relation of family environments to adolescent psychological well-being, school adjustment and problem behavior: What can we learn from the Chinese culture? *International Journal of Adolescent Medicine and Health*, 8, 199–218.

Shek, D. T. L. (1997a). Family environment and adolescent psychological well-being, school adjustment, and problem behavior: A pioneer study in a Chinese context. *Journal of Genetic Psychology*, 158, 113–128.

Shek, D. T. L. (1997b). The relation of family functioning to adolescent psychological well-being, school adjustment, and problem behavior. *Journal of Genetic Psychology*, 158, 467–479.

Shek, D. T. L. (1997c). The relation of parent-adolescent conflict to adolescent psychological well-being, school adjustment, and problem behavior. *Social Behavior and Personality*, 25, 277–290.

Shek, D. T. L (1998a). A longitudinal study of Hong Kong adolescents' and parents' perceptions of family functioning and well-being. *Journal of Genetic Psychology*, 159, 389–403.

Shek, D. T. L. (1998b). A longitudinal study of the relations between parent-adolescent conflict and adolescent psychological well-being. *Journal of Genetic Psychology*, 159, 53–67.

Shek, D.T.L. (1998c). A longitudinal study of the relations of family functioning to adolescent psychological well-being. *Journal of Youth Studies*, 1, 195–209.

Shek, D.T.L. (1998d). Adolescent positive mental health and psychological symptoms: A longitudinal study in a Chinese context. *Psychologia*, 41, 217–225.

Shek, D.T.L. (1999a). Meaning in life and adjustment amongst early adolescents in Hong Kong. *International Forum for Logotherapy*, 22, 36–43.

Shek, D.T.L. (1999b). Paternal and maternal influences on the psychological well-being of Chinese adolescents. *Genetic, Social and General Psychology Monographs*, 125, 269–296.

Shek, D.T.L (1999c). Parenting characteristics and adolescent psychological well-being: A longitudinal study in a Chinese context. *Genetic, Social and General Psychology Monographs*, 125, 27–44.

Shek, D.T.L. (2000). Parental marital quality and well-being, parent-child relational quality, and Chinese adolescent adjustment. *American Journal of Family Therapy*, 28, 147–162.

Shek, D.T.L. (2001a). Meaning in life and sense of mastery in Chinese adolescents with economic disadvantage. *Psychological Reports*, 88, 711–712.

Shek, D.T.L. (2001b). Resilience in adolescence: Western models and local findings. in Chinese YMCA (ed.), *Centennial Conference on counseling in China, Taiwan and Hong Kong* (pp. 3–21). Hong Kong: The Chinese YMCA of Hong Kong.

Shek, D.T.L (2002a). Assessment of family functioning in Chinese adolescents: The Chinese Family Assessment Instrument. In N.N.Singh, T.H.Ollendick, & A.N.Singh (eds.), *International perspectives on child and adolescent mental health* (vol.2, pp.297–316). Amsterdam, The Netherlands: Elsevier.

Shek, D.T.L (2002b). Family functioning and psychological well-being, school adjustment, and problem behavior in Chinese adolescents with and without economic disadvantage. *Journal of Genetic Psychology*, 163, 497–502.

Shek, D.T.L. (2002c). Interpersonal support and conflict and adjustment of Chinese adolescents with and without economic disadvantage. In S.P.Shohov (ed.), *Advances in psychology research* (vol.18, pp.63–82). New York: Nova Science Publishers.

Shek, D.T.L. (2002d). Psychometric properties of the Chinese version of the Family Awareness Scale. *Journal of Social Psychology*, 142, 61–72.

Shek, D.T.L. (2002e). The relation of parental qualities to psychological well-being, school adjustment, and problem behavior in Chinese adolescents with economic disadvantage. *American Journal of Family Therapy*, 30, 215–230.

Shek, D.T.L (2003a). A longitudinal study of parenting and adolescent adjustment in Chinese adolescents with economic disadvantage. *International Journal of Adolescent Medicine and Health*, 15, 39–49.

Shek, D.T.L. (2003b). Economic stress, psychological well-being and problem behavior in Chinese adolescents with economic disadvantage. *Journal of Youth and Adolescence*, 32, 259–266.

Shek, D.T.L. (2003c). Fan1ily functioning and psychological well-being, school adjustment, and substance abuse in Chinese adolescents: Are findings based on multiple studies consistent? In S.P.Shohov (ed.), *Advances in psychology research* (vol.20, pp.163–184). New York: Nova Science Publishers.

Shek, D.T.L. (2004). Chinese cultural beliefs about adversity: Its relationship to psychological well-being, school adjustment and problem behavior in Hong Kong adolescents with and without economic disadvantage. *Childhood*, 11, 63–80.

Shek, D.T.L. (2005a). A longitudinal study of Chinese cultural beliefs about adversity, psychological well-being, delinquency and substance abuse in Chinese adolescents with economic disadvantage. *Social Indicators Research*, 71, 385–409.

Shek, D.T.L. (2005b). A longitudinal study of perceived family functioning and adolescent adjustment in Chinese adolescents with economic disadvantage. *Journal of Family Issues*, 26, 518–543.

Shek, D. T. L. (2005c). Paternal and maternal influences on the psychological well-being, substance abuse, and delinquency of Chinese adolescents experiencing economic disadvantage. *Journal of Clinical Psychology*, 61, 219–234.

Shek, D.T.L. (2005d). Perceived parental control processes, parent-child relational qualities, and psychological well-being in Chinese adolescents with and without economic disadvantage. *Journal of Genetic Psychology*, 166, 171–188.

Shek, D.T.L. (2006a). Construction of a positive youth development project in Hong Kong. *International Journal of Adolescent Medicine and Health*, 18, 299–302.

Shek, D.T.L. (2006b). Effectiveness of the Tier 1 Program of the Project P.A.T.H.S.: Preliminary objective and subjective outcome evaluation findings. *The Scientific World Journal*, 6, 1466–1474.

Shek, D.T.L. (2006c). Perceived parent-child relational qualities and parental behavioral and psychological control in Chinese adolescents in Hong Kong. *Adolescence*, 41, 563–581.

Shek, D.T.L. (2007). A longitudinal study of perceived parental psychological control and psychological well-being in Chinese adolescents in Hong Kong. *Journal of Clinical Psychology*, 63, 1–22.

Shek, D.T.L. (ed). (2008). Special issue: Evaluation of Project. P.A.T.H.S. in Hong Kong. *The Scientific World Journal: TSW Holistic Health & Medicine*, 8, 1–94.

Shek, D.T.L (2012). Life meaning and purpose in life among Chinese adolescents: What can we learn from Chinese studies in Hong Kong? In P. Wong (ed.), *Human quest for meaning*. Hillsdale, NJ: Erlbaum.

Shek, D.T.L, Chan, L.K., & Lee, T.Y (1997). Parenting styles, parent-adolescent conflict and psychological well-being of adolescents with low academic achievement in Hong Kong. *International Journal of Adolescent Medicine and Health*, 9, 233–247.

Shek, D.T.L., Chan, Y.K., & Lee, P. (eds.) (2005). *Social Indicators Research Series (vol. 25): Quality of life research in Chinese, Western and global contexts*. Amsterdam, The Netherlands: Springer.

Shek, D.T.L., Han, X.Y., & Lee, B.M. (2006). Perceived parenting patterns and parent-child relational qualities in adolescents in Hong Kong and Shanghai. *Chinese Journal of Sociology*, 26, 137–157.

Shek, D.T.L., Hong, E.W., & Cheung, M.Y.P. (1987). The Purpose in Life Questionnaire in a Chinese Context. *Journal of Psychology*, 121, 77–83.

Shek, D.T.L., Lam, M.C., Lan1, C.M., & Ta11g, V. (2004). Perceptions of present, ideal, and future lives among Chinese adolescents experiencing economic disadvantage. *Adolescence*, 39, 779–792.

Shek, D.T.L., Lam, M.C., Lam, C.M., Tang, V., Tsoi, K.W., & Tsang, S. (2003). Meaning of life and adjustment among Chinese adolescents with and without economic disadvantage. In T. A-Prester (ed.), *Psychology of adolescents* (pp. 167–183). New York: Nova Science Publishers.

Shek, D.T.L. & Lee, T.Y. (2005). Hopelessness in Chinese adolescents in Hong Kong: Demographic and family correlates. *International Journal of Adolescent Medicine and Health*, 17, 279-290.

Shek, D.T.L & Lee, T.Y. (2007). Perceived parental control processes, parent-child relational qualities and psychological well-being of Chinese adolescents in intact and non-intact families in Hong Kong. *International Journal of Adolescent Medicine and Health*, 19, 167-175.

Shek, D.T.L, Lee, T.Y., Siu, A.M.H., & Ma, H.K. (2007). Convergence of subjective outcome and objective outcome evaluation findings: Insights based on the Project P.A.T.H.S. *The Scientific World Journal*, 7, 258-267.

Shek, D.T.L. & Ma, H.K. (2006). Design of a positive youth development program in Hong Kong. *International Journal of Adolescent Medicine and Health*, 18, 315-327.

Shek, D.T.L, Ma, H.K., & Cheung, P.C. (1994). Meaning in life and adolescent antisocial and pro-social behavior in a Chinese context. *Psychologia*, 37, 211-218.

Shek, D.T.L. & Mak, J.W.K. (1987). *Psychological well-being of working parents in Hong Kong: Mental health, stress and coping responses*. Hong Kong: Hang Kong Christian Service.

Shek, D.T.L., Siu, A., & Lee, T.Y. (2007). The Chinese Positive Youth Development Scale: A validation study. *Research on Social Work Practice*, 17, 380-391.

Shek, D.T.L. & Sun, R.C.F. (2007). Subjective outcome evaluation of the Project PATHS: Qualitative findings based on the experiences of program implementers. *The Scientific World Journal*, 7, 1024-1035.

Shek, D.T.L. & Sun, R.C.F. (in press). Development, implementation and evaluation of a holistic positive youth development program: Project P.A.T.H.S. in Hong Kong. *International Journal of Disability and Human Development*.

Shek, D.T.L., Tang, V.M.Y., & Han, X.Y. (2005). Evaluation of evaluation studies using qualitative research methods in the social work literature (1990-2003): Evidence that constitutes a wake-up call. *Research on Social Work Practice*, 15, 180-194.

Shek, D.T.L., Tang, V., Lam, C.M., Lam, M.C., Tsoi, K.W., & Tsang, K.M. (2003). The relationship between Chinese cultural beli. efs about adversity and psyd1ological adjustment in Chinese families with economic disadvantage. *American Journal of Family Therapy*, 31, 427-443.

Shek, D.T.L., Tsoi, K.W., Lau, P.S.Y., Tsang, S.K.M., Lam, M.C., & Lam, C.M. (2001). Psychological well-being, school adjustment and problem behavior in Chinese adolescents: Do parental qualities matter? *International Journal of Adolescent Medicine and Health*, 13, 231-243.

Shih, F.J., Gau, M.L., Lin, Y.S., Pong, S.J., & Lin, H.R. (2006). *Nursing Ethics*, 13, 360-375.

Sinnott, J.D. (2001). 'A time for the condor and the eagle to fly together': Relations between spirit and adult development in healing techniques in several cultures. *Journal of Adult Development*, 8, 241-247.

Siu, A.M.H. & Shek, D.T.L (2005). Relations between social problem solving and indicators of interpersonal and family well-being among Chinese adolescents in Hong Kong. *Social Indicators Research*, 71, 517-539.

Smith, G. (2006). The five elements and Chinese-American mortality. *Health Psychology*, 25, 124-129.

Smith, H.N. (1989). Ancestor practices in contemporary Hong Kong: Religious ritual or social custom? *The Asia journal of Theology*, 3, 31-45.

Snyder,S.(2006).Chinese traditions and ecology:Survey article.*Worldviews*,10,100-134.

Song,X.C. & Jin,S.B.(2004).A research on the present situation of spiritual belief of university students.*Psychological Science*,27,1010-1012.

Song,X.C. & Yue,G.A.(2006).A research of 861 university students on the correlation between spiritual belief and coping style.*Chinese Mental Health Journal*,20,104-106.

Stewart,S.M.,Felice,E.,Claassen,C.,Kennard,B.D.,Lee,P.W.H., & Emslie.G.J.(2006).Adolescent suicide attempters in Hong Kong and the United States.*Social Scie11ce and Medicine*,63,296-306.

Sun,R.C.F. & Lau,P.S.Y.(2006).Beliefs in the future as a positive-youth development construct:Conceptual bases and implications for curriculum development.*International Journal of Adolescent Medicine and Health*,18,409-416.

Tang,Y.Y.,Ma.Y.H.,Wang,J.H.,Fan,Y.X.,Feng,S.G.,Lu Q.L.et al.(2007).Short-tem1 meditation training improves attention and self-regulation.*PNAS Proceedings of the National Academy of Sciences of the United States of America*,104,17152-17156.

Tang,S.T.(2000).Meanings of dying at borne for Chinese patients in Taiwan with terminal illness:A literature review.*Cancer Nursing*,23,367-370.

Tang,C.S.K.,Wu,A.M.S., & Yan,E.C.W.(2002).Psychosocial correlates of death anxiety among Chinese college students.*Death Studies*,26,491-499.

The Hong Kong Federation of Youth Groups.(1993).*Young people's perception of superstition and destiny.* Hong Kong:The Hong Kong Federation of Youth Groups.

The Hong Kong Federation of Youth Groups.(1997).*Young people's outlook on life.*Hong Kong:The Hong Kong Federation of Youth Groups.

The Hong Kong Federation of Youth Groups.(2000).*Young people's outlook on life*(Ⅱ).Hong Kong:The Hong Kong Federation of Youth Groups.

The Hong Kong Federation of Youth Groups.(2008).Y*outh trends in Hong Kong 2004-2006.* Hong Kong:The Hong Kong Federation of Youth Groups.

Thompson,L(2002).Mental health and spiritual care.*Nursing Standard*,17,33-38.

Tsang,E.W.K.(2004).Toward a scientific inquiry into superstitious business decision making.*Organization Studies*,25,923-946.

Tse,C.Y.,Chong,A., & Pok,S.Y.(2003).Breaking bad news:A Chinese perspective.*Palliative Medicine*,17,339-343.

Waddell,C. & McNamara,B.(1997).The stereotypical fallacy:A comparison of Anglo and Chinese Australians' thoughts about L1cing death.*Mortality*,2,149-161.

Wall,J.A.,Jr & Blum,M.(1991).Community mediation in the People's Repubic of China.*Journal of Conflict Resolution*,35,3-20.

West,W.(2001)Issues relating to the use of forgiveness in counseling and psychotherapy.*British Journal of Guidance and Counseling*.29,415-423.

Wong,W.S.(2004).Attitudes toward life and death among Chinese adolescents:The Chinese version of the Multi-Attitude Suicide Tendency Scale.*Death Studies*.28,91-110.

Woo,K.Y.(1999).Care for Chinese palliative patients.*Journal of Palliative Care*,15,70-74.

Wu, A.M.S., Tang, C.S.K., & Kwok, T.C.Y. (2002). Death anxiety among Chinese elderly people in Hong Kong. *Journal of Aging and Health*, 14, 42-56.

Yang, K.S. & Ho, D.Y.F. (1988). The role of *yuan* in Chinese social life: A conceptual and empirical a-nalysis. In R.W.Rieber, A.C.Paranjpe, & D.Y.F.Ho(eds.), *Asian contributions to psychology*(pp.263-281). New York: Praeger.

Xu, W., Towers, A.D., Li, P., & Collet, J.P. (2006). Traditional Chinese medicine in cancer care: Per-spectives and experiences of patients and professionals in China. *European Journal of Cancer Care*, 15, 397-403.

Yang, S.C. & Chen, S.F. (2002). A phenomenographic approach to the meaning of death: A Chinese per-spective. *Death Studies*, 26, 143-175.

Yang, S.C. & Chen, S.F. (2006). Content analysis of free-response narratives to personal meanings of death among Chinese children and adolescents. *Death Studies*, 30, 217-241.

Yao, X.Z. (2007). Religious belief and practice in urban China 1995-2005. *Journal of Contemporary Re-ligion*, 22, 169-185.

Yick, A.G. & Gupta, R. (2002). Chinese cultural dimensions of death, dying and bereavement: Focus group findings. *Journal of Cultural Diversity*, 9, 32-42.

Yik, M.S.M. & Bond, M.H. (1993). Exploring the dimensions of Chinese person perception with indige-nous and imported constructs: Creating a culturally balanced scale. *International Journal of Psychology*, 28, 75-95.

Yip K.S. (2004). Taoism and its impact on mental health of the Chinese communities. *International Jour-nal of Social Psychiatry*, 50, 25-42.

Yuen, M., Hui, E.K.P., Lau, P.S.Y., Gysbers, N.C., Leung, T.K.M., Chan, R.M.C., & Shea, P.M..K. (2006). Assessing the personal-social development of Hong Kong Chinese adolescents. *International Journal for the Advancement of Counseling*, 28, 317-330.

Zhang, J. & Jin, S.H. (1996). Determinants of suicide ideation: A comparative of Chinese and American college students. *Adolescence*, 31, 451-467.

Zhang, J. & Thomas, D.L (1994). Modernization theory revisited: A cross-cultural study of adolescent con-formity to significant others in mainland China, Taiwan and the USA. *Adolescence*, 29, 885-903.

Zhuo, X.P. (2003). Research on religions in the People's Republic of China. *Social Compass*, 50, 441-448.

第 22 章　中国人的精神障碍

Sunita Mahtani Stewart

李永浩（Peter W.H.Lee）　陶蓉蓉（Rongrong Tao）

　　仅仅用单独一章的篇幅总结中国精神病学新进展是一项艰巨任务。过去十五年涌现出越来越精细复杂的研究。本章作者选择了几个领域，涵盖了与跨文化心理学学生特别相关的几个领域。不过我们乐于承认，许多有价值的课题没有得到充分考虑，甚至有些一点都没有包括进来。我们希望本章不只是描述一些重要发现，更要在理解目前中国社会变化的更广泛框架内思考和讨论这些发现。本章首先讨论了中国建立和应用的诊断体系，重点放在与 DSM-Ⅳ 和 ICD-10 的概念相似性和差异比较。随后综述了中国人的精神障碍，具体讨论了具有文化特异性表现的几个疾病或现象，包括抑郁、进食障碍和自杀。接下来，综述了治疗和预后。然后，在本章结尾部分，我们讨论了中国精神疾病的污名与求助行为。

诊断框架

　　中国精神障碍分类（The Chinese Classification of Mental Disorders，CCMD），这个收录了中国认可精神疾病的疾病分类系统，目前已经过第三次修订（中国精神病学会，2001）。西方之外很少存在这样的系统。此次修订吸收了广泛使用的诊断系统，如 DSM-Ⅳ 和 ICD-10 的结构，并尝试尽可能与这两类诊断系统相容，从而最大限度地让国际从业和研究人员接触此标准。然而，它也被用来描述在中国以外可能没有的表现，并排除在中国被认为是无关紧要的诊断类别（Y.F.Chen，2002）。该系统的指导原则是聚焦于病因学并注重清晰描述构成病症的症状（S.Lee，2001a）。

　　在陈彦方对第三次修订的说明里（Y.F.Chen，2002），明确阐述了对简洁实用的重视，以及既容许与国际体系比较也"符合中国社会需要"的结构。尊重中国规范，避免污名化，避免对生活选择的过度医疗化，这些原则也引导这个系统（Charland，2007；李选，2001）。此次修订根据对中国大陆超过 1500 名成人和 750 名青少年精神疾病患者的系统观测，并借鉴了在 41 个住院及门诊部门的 114 名精神科医生的工作（Y.F.Chen，2002 年）。关于 CCMD-3 和 DSM-Ⅳ/ ICD-10 之间的分类标准之间的一些具体差异的讨论,参见 S.Lee(2001)的描述。

CCMD-3 排除了人格障碍类别,因为这些障碍的许多方面被看做社会行为,要么在特定中国社会文化动态下很常见的,要么被视为"道德抉择"。例如,病理性赌博是不包括在内,因为它被认为是不良生活选择,而不是医学问题(李选,2001a)。

此外,CCMD-3 中没有边缘型人格障碍(borderline personality disorder,BPD)的诊断是因为,在中国文化中,努力避免被遗弃是非常常见的,对此类行为以及冲动性的治疗可能导致对常见行为模式的污名化(Charland,2007)。不过,也有人不赞同这个决定。F.Leung 及其同事(Zhong & Leung,2007;S.Leung & Leung,2009)认为中国人也存在 BPD,CCMD-3 描述的一种冲动性人格障碍(impulsive personality disorder)与 DSM 诊断系统描述的 BPD 有一致的地方。他们进一步指出,中国临床医生反对在诊断类别内纳入 BPD,依据的是临床观点,而不是实证证据(Zhong & Leung 2007)。虽然中国人群的 BPD 研究匮乏,不过,新出现的实证研究发现,根据 DSM-Ⅳ 中 BPD 标准开发的测量工具在中国人群中具有与西方样本相似的结构因素(S.Leung & Leung 2009;J.Yang,McCrae,Costa et al.,2000;J.Yang,Bagby,Costa et al.,2002)。有人建议 CCMD 的未来版本应当包括 BPD,作为人格障碍的诊断类别之一(Zhong & Leung,2007)。

跨文化精神病学的学生还对 Sing Lee 的著作颇感兴趣。Sing Lee 追踪了一些诊断同当前和过去社会文化影响的关系,探究了心理苦恼(distress)的症状化表达和分类系统的发展。S.Lee(1998)等人指出,精神疾病诊断的分类方案特别容易受到社会文化的影响,本身可能服务于"各方的多元目的(diverse purposes for different parties)"(S.Lee & Kleinman,2007,p.846)。S.Lee(2002)也指出追求普适性分类系统所面临的挑战。系统既要包含全球类别也要包括在地方环境中凸显的类别,除此之外,还需要能够满足在精神科医生匮乏地区精神疾病高发率所造成的日益增加的公共卫生需求。S.Lee 指出,诊断影响人们如何看待自己的疾病经历,疾病分类的过度复杂化和专业术语带来的污名可能成为治疗的障碍。

CCMD-3 中的几类病症,包括神经衰弱、气功所致精神障碍、恐缩症以及旅途精神病,是中国或亚洲文化所特有的。Neurasthenia 或者叫神经衰弱也许是最著名的中国精神障碍类型。这个诊断,于 19 世纪在美国首次被形容为"Neurasthenia",现在已经消失在 DSM-Ⅳ 中,被认为是一种"文化限定综合征"(culture-bound syndrome),但仍保留在 ICD-10。在最新版本的 CCMD-3 中,神经衰弱被归为神经症性障碍(Neurotic Disorders)的分类下,它要求至少持续性出现以下症候群中的任意三个:身体或精神疲劳无力、烦躁不安或担忧、兴奋、"神经痛"和睡眠障碍。还需要排除情绪障碍和焦虑障碍,这是为了与其他国际分类系统接轨的新调整。

气功或走火入魔所致的精神障碍是 CCMD-3 包含的一种本土症状类别。气功是包括运动和调节呼吸的一种治疗方法。它的目的是管理据说与呼吸有关、由呼吸保持的能量场。从锻炼和有关放松的应激管理到精神和道德发展等多方面来讲,它的本意是有益的。气功普遍被用作传统中医机构的一种医疗技术。然而,也有人注意到,它还包括精神障碍的症状,如躯体不适感、肌动活动、忧虑、流泪、烦躁不安、妄想、身份紊乱、幻觉、狂躁、抑郁,以及奇异行为、暴力行为和自杀行为(S.Lee,2001a)。S.Lee 报告说,在大多数情况下,这些症状持续时间短,只需要极少的医疗关注,通常中止练习后就能缓解。患者偶尔也会短期服用处方镇静剂。

恐缩症(Koro)或缩阳是 CCMD-3 包含的另一种本土症状类别。患病男性认为自己的阴茎在萎缩或回缩,甚至在消失,而且他们认为这种现象可能会导致死亡,因为它反映了危险的机体阴阳平衡紊乱(Mattelaer & Jilek,2007)。在多个华人(和其他亚洲)社群都曾有恐缩症的流行病报道。根据报道,通常情况下缩阳发作是急性短暂的一过性事件,最常发生在 24 岁以下的年轻男性(Cheng,1997)。

旅途精神病(Traveling psychosis)最早出现在 CCMD2-R,当前 CCMD-3 的早期版本。它的特点是,长途旅行期间或旅行后不久出现短暂精神病性症状。该症状之前会存在与旅游相关的心理和生理上的压力,随着休息,旅行结束后一周内缓解。这些症状会导致严重的社会功能受损,并经常威胁社会秩序。若同时患有其他严重精神或医学疾病或物质滥用时则不予诊断。

精神病理学的精算方法(Actuarial approaches to psychopathology)只在一定程度上与精神病学的诊断重叠,所以在这里不会详细介绍。不过,值得注意的是,由Achenbach 开发的工具儿童行为核查表(the Child Behavior Checklist)、青少年自我报告表(the Youth Self-Report Form)与教师报告表(the Teachers' Report Form),在许多文化包括华人样本中得到广泛验证(例如 lvanova,Achenbach,Dtunenci et al.,2007;lvanova,Achenbach,Rescorla et al.,2007;P.W.L.Leung et al.,2006;Rescorla et al.,2007)。这些量表不仅从青少年的本身也从观察者那里获得可比较的信息,为记录儿童行为提供了一个标准化工具。

中国精神障碍患病率(prevalence)

在 20 世纪 80 年代末至 90 年代,中国早期流行病学研究报告了与西方相比极低水平的精神病理学(例如 C.N.Chen et al.,1993;Hwu,Yeh, & Chang,1989;W.X.Zhang,Shen, & li,1998)。1996 年至今,最近在中国人群中有两个大范围精神疾病诊断性调查,使用世界卫生组织复合性国际诊断访谈表(the WHO Composite International Diagnostic Interview)或 DSM-Ⅳ结构式访谈调查进行(S.Lee,Tsang,Zhang et al.,2007;Shi et al.,2005)。中国的世界精神卫生调查计划(The Chinese World Mental Health Survey Initiative)(S.Lee,Tsang,Zhang et al.,2007)利用世界卫生组织复合性国际诊断访

谈（Kessler & Ustun，2004）与 WHO 世界精神卫生调查行动计划（Demyttenaere et al.，2004）联合进行。在北京和上海进行了五千多成年人的多阶段抽样。任一障碍的终生患病率为 13.2%，其中酗酒（4.7%），重度抑郁症（3.5%）和特殊恐怖症（2.6%）是最常见的。任一疾病的预期终生风险（lifetime risk）为 18%。这一数值仍低于美国的文献报道，在美国，预期终生风险约为 46%（Kessler，Bergland，Demler，Jin，& Walters，2005）。情绪障碍、焦虑障碍、冲动控制和物质滥用的发病年龄大于美国人。尽管如此，这些数字也高于之前报道的比率，年轻人（年龄 18—34 岁）的发病率比老年人高 4—7 倍。特别是情绪障碍，与那些 1967 年前出生的人相比，1967 年后出生的人终生风险要高 20.8 倍。

在最近超过 15000 人的浙江省流行病学调查中也发现了类似的患病率。调查使用 DSM-Ⅳ 结构性临床访谈（Sbi et al.，2005）（First，Spitzer，Gibbon，& Williams，1996），发现任一特定疾病的终生患病率为 13.4%，农村样本比城市样本稍高。重性抑郁障碍（Major depressive disorder）（4.3% 和酒精滥用（alcohol abuse）（2.9%）是有记录的最常见疾病，同样在农村比市区发病率更高。

对既往调查中精神疾病比率较低的解释有中国文化的"保护性"作用，如家庭凝聚力，青春期延长和物质滥用水平低（C.N.Chen et al.，1993；Shen et al.，2006）。Chan，Hung 和 Yip（2001）也同样认为，中国人价值观重视从众（conformity），纪律（discipline）和自控（self-control），使得华人社群的行为障碍患病率较低。S.Lee 及其同事们（S.Lee，Lee，Chiu，& Kleinman，2005）讨论了新近调查中大陆精神障碍增加的几种原因。他们推测，新近研究因为方法学上的改进有可能反映历次调查中被误读的真实患病率。也有可能是年轻一代具有更开放的态度，少受污名影响，从而比在以往调查中的老一代更有可能报告精神疾病。此外，也可能是全球化与中国急剧的社会经济变化导致了过去十年内精神障碍的增加（Chan et al.，2001；S.Lee et al.，2005，S.Lee，Tsang，Zhang et al.，2007）。发展带来新的应激，类似"旅途精神病（traveling psychosis）"的障碍证实了这一点，许多为了赚钱在拥挤不堪的火车中奔波千里之外的内地乡村农民罹患此类障碍（Chan 等，2001）。看上去，新近调查发现的中国人精神障碍比率更高，可能既反映了方法学的改进也反映了精神障碍发生率的实际增长。这种增长可能是由于心理压力增加，这是中国现代化建设的必然结果。

具有文化特异性表现的诊断分类和现象

抑　郁

中国人与西方群体相比，抑郁比率相对较低，这一直受到国际精神病流行病学家的关注。这种差异可能的原因是,中国患者可能在表达抑郁的形式上与西方抑郁症患者的特征不同(参阅 Ryder, Yang, & Heini, 2002 进行的深入讨论)。具体而言,研究指出,华人群体强调躯体症状(e.g.Parker, Gladstone, & Chee, 2001),相比之下,西方群体中"心理"症状,如负罪感(feelings of guilt)、自我否定、自杀意念与抑郁情绪更常见((Marsella, Sartorius, Jablensky, & Fenton, 1985)。Kleinman(1982)观察到,华人患者很少有抑郁情绪的主诉。然而,神经衰弱是一种常见的诊断,其特点是疲惫,睡眠问题和精力难以集中。虽然这些患者未报告自发情绪症状,不过,如果特别问起,他们确实承认存在抑郁情绪,而且使用抗抑郁药物会改善症状。

抑郁的"躯体化"具有多种定义,有不同的模型来解释这种现象(Kirmayer, 2001; Ryder et al., 2002)。患者只体验到躯体症状,未觉察到心理症状时,患者就只会报告躯体症状("压抑"假设),同时体验到并报告躯体和心理症状,这与健康和疾病模型一致,即"二元论对整体论(dualistic versus holistic)"模型;或患者同时体验到了两种症状,心理症状表现突出,但在寻求帮助时强调更为社会所接受的躯体症状,即"污名回避(stigma avoidance)"模型。

事实上,研究躯体症状的实证调查很少既包括华人样本也包括西方样本。有关华人表现身体上症状的倾向性,此类报道并没有特别依据与对照组的对比差异。实际上,关注和展示躯体症状在世界各地都相当常见(Kinnayer, 2001),其比率在不同文化中有所不同,也取决于躯体化的定义(Simon, von Korff, Piccinelli, Fullerton, & Ormel, 1999)。最近 Ryder 等人的一项调查(Ryder et al.2008),不仅包括跨文化临床样本(来自中国大陆的长沙和加拿大多伦多的欧裔加拿大人),而且还使用了三种不同的症状评估方法。患者自发地报告自己的症状,还在结构化临床访谈和自陈症状问卷中报告症状。他们还报告以下内容:a)他们的污名体验;b)他们清晰体验并流畅表达情绪状态的倾向以及他们关注这些状态的倾向。这些额外的测量使调查人员可能"解读"文化,即探讨不同文化的差别在躯体症状报告水平中的中介作用这一假设。

研究者发现,中国患者在自发报告和访谈中更多报告躯体症状,而欧裔加拿大人在所有三种方法中均报告更多的心理症状。此外,"外向型思维(externally-oriented thinking)",或患者不关注内部状态的倾向,在躯体症状表达之间的文化差异中具有中介作用。作者提出,这些差异不应被病理化,因为它们并不表明体验并流畅表达情绪状态的能力匮乏,而是反映了缺乏对这些状态的重视。作者还强调,现在正逐步发现躯体症状常见于世界各地,躯体化(somaticization)并非华人样本所特有。所以,更合适的观点是,心理化(psychologization)是一种西方特有文化现象。

S.Lee 和 Kleinman(2007)采用实验方法来研究抑郁症的症状,呈现了与中国广州一家临床机构的 40 位抑郁症患者的民族志访谈(ethnographic interviews)结果。研究者编码了六个额外的体验和表达:

1. 描述属于部分疾病分类系统的症状的区域性表达,例如属于快感缺乏的闷闷不乐或"无聊和不满"和属于注意力集中问题的思想混乱或"脑子乱"。

2. 具体情绪体验结合了情感症状与身体体验,通常都涉及心,如心烦("heart vexed")或心痛("heart pain")。

3. 社交不和谐,或人际关系中表示压力的词,如烦躁,这意味着"心烦意乱"。这些术语通常不被认为是抑郁症状的指标,但由于关系在中国文化中的核心重要性,所以他们成为抑郁体验的一个重要组成部分并不奇怪。

4. 难言之痛(Pre-verbal pain):许多患者发现很难确切表达自己的痛苦,称这是难以形容的,或者使用相关的词,如辛苦或"艰难"。

5. 极度悲伤的隐晦交流。对于许多患者,他们不会自发使用词语"悲伤"。事实上,当特意询问他们是否感到难过的时候,他们很惊奇询问者居然还没有理解到他们的悲伤。

6. 睡眠的中心地位。即使许多患者描述他们是在环境应激源出现之后才开始失眠,他们仍然将自己问题定位于失眠是原因而不是说失眠是他们面临困境的一个症状。

S.Lee 和 Kleinman(2007)的研究为丰富抑郁症相关文献作出了突出的实践和理论贡献。研究为非华人临床医师提供了华人抑郁患者体验的概述,为培训中国从业人员提升鉴别抑郁患者的能力提供了信息。这也可能会影响流行病学家,因为它解释了使用西方开发的标准化工具和由受训练的非临床医师施测来进行筛查诊断的困难。

抑郁和*神经衰弱*(neurasthenia)之间的联系也受到了一些关注。在中国内地和香港,一些患者表现出医学上难以解释的慢性疲劳,同时也有情绪障碍的症状。与那些符合*神经衰弱*标准的患者相比,这些患者表现出了更多的功能损伤。这表明*神经衰弱*代表一系列阈值下症状。*神经衰弱*是对 neurasthenia 的中文翻译,它在西方 1869 年被确认,而在 1902 年引入中国,很快就成为 20 世纪 80 年代以前中国最常被诊断的精神障碍。更近些时候,许多伴随符合*神经衰弱*症状的患者不再符合标准,因为 CCMD-3 为了与 DSM-Ⅳ 和 ICD-10 接轨,要求诊断需要排除情绪障碍和焦虑障碍。有可能大量本土化障碍已经被涵盖在抑郁症的范围内(S.Lee,2002)。

S.Lee 和 Kleinman 针对*神经衰弱*到抑郁的"转型"这一过程伴随的社会文化改变进行了有趣的分析。Chang 等人(2005)也认为尽管诊断上有了分类学变化,不过,在偏远地区许多具有情绪和躯体主诉的患者仍然去神经科寻求帮助,因为在这种疾病和神经病学的"神经科"这个词语之间具有词义上的联系。因为神经衰弱或者神经弱化(weakness of nerves)而去神经科就诊的这部分患者也比情绪障碍这个精神病性诊断受到的歧视较少。将这些表现重新归类为精神疾病可能对患者寻求帮助产生不利的影响。

进食障碍

进食障碍一度被认为是一种"文化限定（culture-bound）"现象。在90年代早期，Sing Lee开始报告华人女性中存在的神经性厌食症（anorexia nervosa）或厌食症。2001年，他报告说，在他的诊所内，截至2000年，厌食症案例以每星期一例的比例出现，比十年前的一年2例增加很多（S.Lee, 2001b）。在其早期论文中，他写道，这些疾病在以前没有记录，这说明，或者是患病率增加了，或者是在香港接受西方训练的精神病学家对诊断的意识提高了。他还提到，在中国和西方厌食症患者之间在一些特征上存在差别。具体来说，多数华人病患来自较低的社会经济阶层。而且许多患者说回避进食的初衷是为了避免胃部不适（"胃胀"）而不是渴望减轻体重。最后，大部分病患并没有表现出对他们的体形不满。S.Lee和Hsu（1993）继续探索西方数据中厌食症表现上的变化，注意到，只是最近才出现"肥胖恐惧（fat phobia）"，现在诊断神经性厌食症的一种必需症状。他们强调通过考察这些症状很可能有机会研究这种精神障碍的文化普遍性和文化特异性表现。最近，S.Lee（2001b）提出肥胖恐惧与其说是神经性厌食症的一种核心症状，更可能是这种精神障碍的文化特异性的西方表现。

对三种华人群体的研究显示（S.Lee & Lee, 2000），接触西方媒体和价值观的社群中对体形不满的表现比更传统的社群中更多一些，这表明对身体的关注受文化改变的影响。Katzman和Lee（1997）进一步提出，在异常进食行为中，害怕失控而不是害怕肥胖是至关重要的因素。以此种观点，进食紊乱是需要控制感和过度自我控制的表现，是无力感（feelings of powerlessness）的结果（S.Lee, 2001b）。

大部分针对西方以外进食障碍的流行病学研究在方法学上预先假定DSM-Ⅳ包含的是普遍的心理病理学核心症状。于是，在肥胖恐惧不是普遍现象的文化背景中，患病率的统计容易出现错误。因此，S.Lee对华人病患的观察也提升了对当前基于一种文化传统开发出的诊断系统的隐患意识。

自　杀

在中国，自杀模式具有某种独特的特点。具体来说，与其他地方相比，中国女性相对男性具有格外高的自杀率，相对死亡数目也更多，使用致死力极强的方法，乡村比城镇自杀完成（completed suicide）比率更高（Ji, Kleinman, & Becker, 2001; Qin & Mortensen, 2001）。关于中国自杀人群是否和西方研究显示的一样频繁遭受精神疾患的痛苦，存在一些猜测。全国心理解剖研究在中国23个代表性地域中随机选取1608例3—5年间死于自杀、外伤或者心理疾病的个体，提供了相当多的关于这一群体特征的新信息（Phillips et al., 2002, 2007; Conner et al., 2005, G.H.Yang et al., 2005, J.Zhang, Conwell, Zbou, & Jiang, 2004）。

在中国,自杀排在死亡原因第五位,在15—34岁的个体死因中排在首位(Centers for Disease Control and Prevention,2004;World Health Organization,2003)。在中国某些地区,例如香港,1997年至2003年间,自杀完成率增加了50%(C.N.Chen et al.,2006)。这种增加似乎和某种应激源有关,例如有一些和继1997年回归之后的经济衰退有关。有一些理论解释中国人群高发的自杀率。在中国对于自杀没有很强的道德禁忌(Miller,2006)。选择诸如杀虫剂和自高处跳下这样的致死自杀方式意味着,原本可能不会导致死亡的冲动性尝试出现了致死性后果(Conner et al.,2005;Eddleston & Gunnell,2006)。媒体对烧炭这种在1998年首次使用的方法的广泛报道被认为导致了1997年至2002年间香港与台湾自杀率增加20%(K.Y.Liu et al.,2007)。

即使老年人自杀率在全世界都很高,然而,同讲英文的国家相比——其中澳大利亚自杀率最高(每10万人中7.6人)——中国乡村中老年人自杀率非常之高(每10万人中93.2人)(Pritchard & Baldwin,2002)。这个发现和中国敬老的传统价值观形成鲜明对比。香港一项案例对照的心理解剖研究显示,完成自杀的老人中,85%具有精神病性疾患,而对照组只有9%(Chiu et al.,2004)。在中国大陆,乡村地区具有独一无二的更高比例的自杀完成率(Ji et al.,2001)。既在乡村(Jianlin,2000)又是老年人自杀(Chiu et al.,2004)的情况下,缺少精神健康服务也被认为是自杀率上升的原因。

在中国,抑郁症相对较少而自杀率却更高,这种矛盾引起了注意。Phillips等人(2007)考察了是否西方分类工具的局限造成了心理解剖研究中精神病性诊断和完成自杀之间较大的差距。他们发现措辞改编使自杀个体以心理解剖(autopsy)为基础的诊断数目从26%增加至40%。他们保留了工具的核心结构和必需的实际症状,主要增加了措辞修订和文化上敏感的指标。

一种相反的观点认为,中国与西方相比,完成自杀的个体中精神疾患事实上并没有那么常见。G.H.Yang及其同事(2005)报告,据他们对893名自杀者的心理解剖研究,相当一部分(37%)没有罹患可以确诊的精神疾患。

Phillips等人(2007)提出这种"矛盾"可能和确定疾病的分类方法有关。分类诊断用于流行病学研究中,而带有显著的阈值下病理的个体并不被算作患有精神障碍。然而,和西方一样,中国人群中,阈值下症状较重者和疾病确诊者具有同等程度的功能紊乱。Phillips等人(2007)同样发现,在不符合抑郁标准的自杀完成者中,许多存在足以考虑接受治疗的阈值下水平的痛苦。一些研究者在使用维度测量而不是分类诊断时,发现在死亡前时期内的严重抑郁症状区分了尝试或实施自杀的个体和对照组(Li,Phillips,Zhang,Xu, & Yang,2008;X.Liu,Sun & Yang,2008;Phillips et al.,2002)。这些发现强调了,在针对需预防性干预的群体时,使用抑郁的维度测量而不是分类诊断的重要性。

中国乡村自杀的性别比例引起了一些研究兴趣,因为世界上很少有地区女性完成自杀比男性更频繁。妇女地位低下被认为是中国与其他地区性别比例不同的原因（J. Zhang, Jia, Jiang, & Sun, 2006）。乡村年轻女性服杀虫剂的比例最高,在事件之前遭受急性应激比例最高,和城镇对照组女性、完成自杀的城乡男性相比,精神疾病的发病率较低（G.H.Yang et al., 2005）。

Pearson、Phillips、He 和 Ji（2002）研究了自杀尝试者,他们也发现冲动性比例高,能确诊的精神疾患比例低。成人中精神疾患和自杀死亡之间的联系（G.H.Yang et al., 2005）和青少年一样（Li et al., 2008）,受性别调节,也就是说,实施自杀的男性更可能患有精神病性障碍。同样有意思的数据显示,冲动性在自杀尝试中起主要作用,尤其是在女性中（Conner et al., 2005）。致死性方式的可获得性也可能造成了冲动性自杀尝试性别比例异常（Pearson et al., 2002）。疾控中心研究了 1990 年至 2002 年之间的自杀和尝试自杀（the Centers for Disease Control and Prevention, 2004）,报告说,在中国超过一半的死亡是由服用杀虫剂引起的,45% 的自杀尝试是在考虑自杀不超过 10 分钟之后实施的冲动性举动。医疗复苏不成功导致了大部分死亡（G.H.Yang et al., 2005）。

因而,总的来说,死亡的强烈意图在致死死亡中发挥重要作用。一些研究者注意到高强度急性应激而不是心理病理可能是引起致死性尝试的另一途径。在缺乏复苏所需医疗资源的地区,尝试自杀的妇女频繁地遭受急性应激并选择致死性方法来结束生命。

治疗与疗效

中国文化中的精神治疗一直紧密伴随着对心理病理和精神疾病的主流观念。例如,以前曾将精神障碍和不正确的政治思想联系起来,加剧了精神障碍的社会污名。治疗就以强制改正错误思想的形式进行。这些治疗似乎更重视再教育而不是关心和支持,非常严格和死板的心理教育在中国文化中轻易地被采纳,并成为干预的形式,例如在治疗药物成瘾方面。这种附加在精神疾病上的强烈污名可能造成中国人偏爱以躯体化症状的形式来表现心理和精神痛苦的倾向（Chang, Myers et al., 2005）。F. Cheung（2004）在其研究中注意到,和预期一致,只使用躯体概念的患者更少利用精神健康资源来解决他们的精神问题。然而,在澳门华人老年群体的一项研究中,Da-Canhota 和 Piterman（2001）提醒说,"在这类人群中,也有可能在其他华人群体中,对心理疾病躯体化表现的觉察在检测抑郁时是非常关键的"。

然而,随着中国和世界其他地区的接轨,对西方观点的更多尝试和认同表现得越来越明显,包括关于精神疾病的那些观点。正如 Szasz（2007）所说,在中国,心理障碍已经更加广泛地被接受,电视和广播中对心理治疗和缓解各种"生活问题"的传播广受欢迎就是证据。越来越多患有各种精神不适的人涌现出来,谈论他们的经历,从越来越熟知或受训于西方传统的当地专家那里公开寻求专业帮助。

如前所述,中国精神病分类系统已经经过改良,与西方诊断系统更加接轨并相容。在最近与 WHO 合作的关注精神分裂症长期病程和预后的研究中,北京作为合作研究中心之一(C.Chen & Shen,2007)积极参与,顺利招募并成功跟进精神分裂症患者,追踪他们的长期病程及预后。事实上,随着标准化诊断和涵盖标准与西方精神病学趋于一致,这些研究能够发现,中国精神分裂症患者的预后和西方相比没有实质的不同。

Chang、Tong,Shi 和 Zeng(2005)给他们的论文起了高度描述性的标题《Letting a thousand flowers bloom:Counseling and psychotherapy in the People's Republic of China(百花齐放:中华人民共和国的咨询和心理治疗)》,作者乐观地提到西方心理干预的模式在中国人中具有很好的潜力。自从逐步开放,尤其如此,全球媒体渗透和商业化影响中国,精神障碍的形式和内容正越来越与西方同步。针对社区与社会支持的减弱和工作场所的巨大竞争,抑郁、焦虑、自杀、暴力和物质滥用的比率相应上升。精神病学问题和主题一面保留独特的中国特色,另一方面也和西方越来越类似。

尽管受到许多西方影响,家庭—社区—社会中心仍然是中国家庭中社会化的主流形式。对孩子们的首要期望就是,他们是父母老年的保障。也存在期望是,不管孩子们多优越成功,父母,尤其是父亲,仍然是在家庭事务上应当"发号施令"的主要人物。内疚(guilt)和羞耻(shame)可能在华人精神疾病的表现中尤为突出。当人感觉到他们违背了家庭的道德秩序,需要为不想要的结果或者"没面子"负责时,就会感到内疚(De-Rivera,1984)。对个人责任的有力的承诺是被期待的。

因此,在家庭的"孩子"不能履行他或她首先对家庭,其次对社会秩序的责任和义务时,内疚就会出现。另一方面,羞耻感和失败的体验有关,因为人们感到由于失败丧失了社会地位(Creighton,1988)。儒家关于得体行为和对社交网络义务的观念,包括君臣、父子、夫妻、兄弟姐妹和朋友,仍然是华人社会化的普遍形式。履行这些义务被认为是正当的。不履行会受到厌弃和羞辱(参阅本书第 28 章 Hwang & Han)。施加在华人身上的社会期许和评判带来了压力和束缚,任何有效的心理健康干预模式中都不能低估这些压力与束缚。同时,这种重视也为干预提供了信息。在香港青少年中,虽然不管是人际因素还是个人因素都促使抑郁症状产生,不过更多的心境变化是被关系质量解释,而不是被个人变量,例如自我效能所解释(Stewart et al.,2003)。

因为有严格的传统秩序和责任观念的背景,西方资本主义的影响和价值观在香港和台湾华人以及最近几十年的大陆人中导致了混乱和冲突。文化接触就像是湖海交汇,每一方都注定要影响另一方,反之也受到影响。为了维持完满和心理幸福感,必须在新旧价值观之间获得巧妙的平衡。对个人成功和进步的渴望不得不与人际和谐以及"适宜的"正当行为保持平衡。Hsiao、Klimidis、Minas 和 Tan(2006)在记录华人社会中"文化对心理健康疾患的影响"时,强调中国人的幸福感"明显是由与所在社会和文化背景中他人的和谐关系决定",并告诫说,"强调个人成长自主的心理治疗可能忽略了中国文化中维持人际和谐的重要性"（也请参阅本书第 20 章 Lu）。

精神性和人类与宇宙的相互依存一直在中国人的价值观和思维中发挥主导作用（参阅本书 Cheng, Lo, & Chio; Shek）。"欲知前世因，今生受者是，欲知后世果，今生作者是"，这种佛教主流观点深深影响了华人心理问题的表现和概念化。心理问题时常被比作邪灵附体，需要某种形式的苦修和精神净化来重获心灵幸福感。

有个相关案例，因为惊恐障碍（panic disorder）接受治疗的一个商人，具有典型的心悸、头晕、窒息感和突发的濒死感。他接受了典型认知行为疗法（cognitive behavioral therapy, CBT）。在第四阶段结束的时候，他有了很大的进步，虽然仍然有残余症状。患者已经比较容易接受惊恐的认知模型，然而他还是深信还有其他问题。最后，患者主动谈起了大约 18 年前的事情。那时，他和他的妻子经济很紧张，仅供糊口，他妻子意外怀孕了。由于这个患者的坚持，妻子终止了妊娠。现在，时隔多年，患者开始坚信是他早夭的"女儿"回来纠缠他，因为是他终结了她的生命。对这种问题的治疗超出了传统西方心理治疗的范围。最后，在 CBT 之外，再加上行善，做一个"更好的""更有爱心的"人让这个患者得到帮助。他的精神健康看上去和对曾犯下的过错进行悔改和补偿有联系。同样值得注意的是，中国人对精神疾病的"因果报应"传统观念能轻而易举地和最近强调积极心理的研究整合（Lyubomirsky, 2008）。做好事来赎罪的基本观点与幸福感文献一致，这些文献强调减少对自身的关注并努力提升他人幸福感以此来获得幸福感（参阅本书第 20 章，Lu）。

西方开发的精神病治疗普遍应用于华人，不过，在有效性方面很少有疗效对照研究。心理治疗尤其如此，除了确实减轻了症状，"软的"影响可能更难确定，例如，对生活质量、一般幸福感，感受完满和幸福的影响（参阅本书第 20 章，Lu）。虽然如此，在当前文献中也不难找到西方心理治疗干预措施应用到华人的成功案例。Wong、Chau、Kwok 和 Kwan（2007）报告说，CBT 小组的改编形式成功用于香港慢性身体疾病患者。不过，小组疗程强调更大的结构、更小的不确定性、更多指导性的引导，关注技巧的学习。Luk 和他的同事们（1991）证明 CBT 小组治疗可能有益于抑郁、神经症、适应性障碍和人格障碍患者的积极恢复。

Lin（2002）认为 CBT 方法适合华人使用，因为他们期望咨询师是"指导性的、家长式的、培养式的坚定引导者"。认知行为治疗很好地契合了这种角色期待，因为他们往往更关注信息提供和建议（心理教育），以及解决问题和建议解决方案（例如使用行为实验，学习技巧）而不是像心理动力学模型指导的治疗方式那样。情绪背后的认知在华人群体中普遍存在（Stewalt et al., 2004, 2005），这提供了认知干预的理论依据。G. Cheung 和 Chan（2002）相当肯定地指出，华人很少从情绪上受关注，可能会在疏导情绪的治疗中受益于更结构化的方式。中国文化中具体的、结构完备的具有明确角色的等级情景，和 CBT 过程是相匹配的。CBT 方法也可能对这类患者有用：那些过于严苛遵守社会规范的中国患者可能会从对其绝对化("非理性")假设的温和挑战中受益(Ellis & Bernard,1985),从而缓和或重构认知,从而对他们自己以及他们生活的社会更加宽容。Hsiao、Lin、Liao 和 Lai(2004)在他们的华人患者中成功应用了一种"聚焦结构化治疗小组(focused, structured therapy group)",首先强调在小组成员之间建立"拟亲"(pseudo-kin)或"自己人"关系,然后治疗性地关注人际关系和人际问题。

Hodges（2007）和 Oei 在一篇有趣的文章《Would Confucius benefit from psychotherapy?（儒家自心理治疗中获益了吗?）》中提到,中国文化有许多方面和 CBT 存在概念联系和相容性,例如个人主义—等级制度、个人主义—声明、纪律—声明和有秩序的自主。这些属性普遍符合 CBT 治疗过程,此过程强调结构和方向、教授技巧、强调家庭作业、关注现在/未来体验,提供信息和作用于非理性信念和思维的认知过程。在治疗中,可能需要各种改动。例如,治疗师需要将自己当作治疗中的专家,但为了不轻视患者自身的重要感受,患者会被假定是自己生活的专家。更长时间的治疗也有望在维持患者(译者注:原文为 parents,联系上下文,应为 patients)的中心角色和主要社会秩序之间达成平衡,也使认知得以建构,容许质疑决定个人选择、方向和行为的绝对权威。

污名:心理困扰和求助的接受度

中国人附加在心理疾病上的污名受许多不同因素驱动(参阅本书 Mak & Chen)。接下来的分析中,我们希望指出,在对精神心理疾病患者的综合心理干预中,除了污名之外,还有其他有利因素可能影响到求助的最终结果和可接受性。这些因素中,有心理困扰本身的性质。例如,精神病性障碍,因为症状更夸张和不寻常,可能会因为害怕和排斥受到厌弃。具有较温和形式的情绪障碍患者越来越多地受到帮助。另一方面,心理健康知识缺乏和较少感知到需要可能部分解释了在某些情况中对治疗资源的利用率低下。然而,经济因素也在求助行为中具有关键影响。因为在中国大陆,健康护理的花费巨大,同时总体上缺少医疗保障,需要帮助的个体可能仅仅是无法获得合适帮助,而无关乎他们自己是否有意愿接受。

虽然人们对有严重精神障碍的个体(以及他们的家庭成员)有歧视和排斥,在对心理治疗的接受度上还是有变化的。本文第二作者在中国大陆不同地域进行教学时深受触动。出乎他的意料,患者以及医生和治疗师热切地拥护并支持帮助情绪障碍的需求。对情绪障碍的药物干预已经被接受,并和传统中药同时使用。确实,中国大陆正成为药物工业的主要发展市场,产生了遍及大陆的众多代理商。然而由于越来越意识到单纯药物治疗情绪障碍和精神性障碍的局限,人们也亟须寻求心理干预。

在北京和上海进行的对精神障碍治疗的需求和普遍性的调查进一步说明了这种现

象（Shen et al.，2006）。研究发现，高收入人群在阈值下症状甚至没有症状时即具有高治疗率。同样的研究也提到，在过去12月，显著比例的中度或严重障碍患者在治疗上欠缺甚至缺乏。这种差异可能归因于几个因素：第一，健康护理花费有所增长，而医疗保险几乎没有覆盖，一些人不能获取需要的治疗；第二，较温和的阈值下症状更少受污名化，因为他们只在很小的程度上干扰社会期待角色，从而更有可能使个体更公开地求助。

因此，情绪或精神障碍相关污名看上去不完全取决于疾病是否存在，而是取决于疾病是否让一个人不能达到标准的期望角色和社会附加的责任。于是，在那些被认为不利于一个人达到感知到的期望和/或责任的疾病上，污名会具有更尖锐的影响。

有个相关案例，一个年轻女性抱怨低落的心境和深深的自卑感。进一步探究时，在广州医院大约100名医护人员的面前，这位年轻女性为她的"疾病"深感抱歉，不过仍尽力求治。她是一位促销人员，在日常工作中不得不与人群互动。不过，她说，在遇到男性客户时，她不由自主开始感到她的脸红了，最后会涨得通红。她越在意她的情况，她就越紧张，结果不仅是她的脸，她的脖子也涨得通红。对这位年轻女孩来说，"祸根"就是这样的解释：因为在男性面前脸红，她会被看做他人眼中的一个"坏"人，因为脸红代表着对她面前男性不加掩饰的性欲。

从她的问题和症状中可以观察到两点：首先，如果认为症状会导致个人达到社会期望的能力受损时，症状就会被附以严重的污名。在这个案例中，脸红的症状被认为是直接违背了这位女性的儒家教养，这种教养非常看重个人礼节。所以，强烈的罪恶感和自卑感解释了她需要反复为她的症状道歉，这是不受她控制的，甚至是在医院治疗机构也会这样做。污名和自我污名明显在此处发挥作用。其次，尽管症状因其文化意义被附加了严重污名，不过，对心理治疗的开放性和接受度也是非常明显的。

人们注意到，污名更强烈地附加在中国人的精神病性障碍上。Goffman（1963）首次提醒道，污名"非常破坏名声"，而且被污名化的人可能"从一个完整的正常人变成了一个声名狼藉的卑贱人"（p.3）。Link、Yang、Phelan和Collins（2004）进一步注意到标签化（labeling）、刻板印象（stereotyping）、认知分离（cognitive separation）、情绪反应（emotional reactions）、地位丧失（status loss）和歧视都包括在污名之内。虽然很少有研究与西方对比，然而中国人对精神疾病的污名是显而易见的。例如，Chong及其同事（2007）发现，在新加坡华人中，38%的调查对象认为有心理问题的人是危险的，50%的人觉得公众应当受到保护，避开他们。P.W.H.Lee等人（2005）告诫说，对精神疾病的污名不仅来自于社会，还有40%的精神分裂症患者受到来自家庭成员、伴侣和朋友的污名和排斥。显然，附加在精神病性疾病上的污名更强，其重要原因和患者达到社会标准与赋加责任的能力明显受损有关。

在本文第二作者尚未发表的关于精神分裂症长期病程和预后的研究中，在不同时间阶段募集了两组被试及其父母。第一组被试在 1977/1978 年初次发现精神分裂症，追踪了长期病程和预后。第二组精神分裂症被试时间较近，在 2000 年被募集，被纳入一个 CBT 治疗疗程。两组被试都进行了 10 年时段的研究，患者对其家庭的依赖性上没有差异：据报告，四分之三的患者非常依赖家庭照顾。两组被试中，来自邻居的帮助为零。来自其他亲戚的帮助也是有限的，有 6% 的年长精神分裂症患者报告受到帮助，相比起来，发病时间较近一组中有 17%。57% 的年长组和 42% 的较近募集组的父母为有一个精神分裂症的后代感到悲伤和抑郁。

其他原因还有，悲伤和抑郁源于感受到自己未能履行责任，为延续家族血脉生一个好儿子或女儿。有意思的是，年长精神分裂症患者的父母中，有更多人（23%，相对较近募集组的 11%）责怪自己，认为有一个精神分裂症的孩子是他们自己的错。这种差别可能归因于这样的事实：年长组父母受教育程度更低。55% 的年长组与 26% 的新近募集组报告说，不知道孩子患病的任何原因。正是不清楚原因这个事实最终让这些父母感到责任和内疚，尤其是在年长组中。8% 的年长组和 51% 的近期组提到遗传是精神分裂症的原因。当遗传被认为是基本原因时，父母因为有一个精神分裂症孩子而感受到的污名同时增加了，因为父母开始有理由责怪自己有坏基因，不仅因为孩子不能履行社会责任，而且也因为父母自身没有能够为社会带来一个健康有贡献的成员。

结　论

中国人民的文化、个人和历史背景与疾病分类学、症状表现和治疗提议、规定与计划有关。其中的中国人"特色"可能总结为家庭—社区—社会中心（family-community-social focus），在社会责任和个人进步之间的平衡，根深蒂固的生死信念影响以及成因、行为和后果的循环影响。最近的典范研究和评论使用西方科学家能够理解的语言和概念，推进了对华人群体的精神病理学和治疗的了解。同时，这些工作也抓住了那些在中国文化中独一无二的东西。更广义上说，他们成为在一种文化中兼具文化普适性和特异性的工作典范。

华人可能受西方价值观影响，同样地，西方心理学概念和治疗，不管是在形式上还是内容上，也可能以同样方式从传统中国价值观和思维中获益。逐步意识到关系位于满意生活的核心，对可替代药物和传统药物越来越感兴趣，将佛教冥想技术例如正念活动纳入主流技术中，诸如随遇而安的中国概念干预技术的出现，同情和关怀人与自然的更广阔世界从而打造更美人生，尊重权威、传统和历史等，这些现象都可能反映中西方相互理解与整合是双向过程。

参考文献

Bond, M.H. (1991). Beyond the Chinese face: Insights from psychology. Hong Kong: Oxford University Press.

Centers for Disease Control and Prevention (2004). Suicide and attempted suicide: China, 1990 - 2002. Morbidity and Mortality Weekly Report, 53, 481-484.

Chan, K.P., Hung, S.F., & Yip, P.S. (2001). Suicide in response to changing societies. Child and Adolescent Psychiatric Clinics of North. America, JO, 777-795.

Chan, K..P., Yip, P.S., Au, J., & Lee, D.T. (2005). Charcoal-burning suicide in post-transition Hong Kong. British journal of Psychiatry, 186, 67-73.

Chang, D.F., Myers, H.F., Yeung, A., Zhang, Y., Zhao. J., & Yu, S. (2005). *Shenjing shuaiuo* and the DSM-Ⅳ: Diagnosis, distress and disability in a Chinese primary care setting. Transcultural Psychiatry, 42, 204-218.

Chang, D.F., Tong. H., Shi, Q., & Zeng, Q. (2005). Letting a thousand flowers bloom: Counseling and psychotherapy in the People's Republic of China. Journal of Mental Health Counseling, 27, 104-117.

Charland, L. (2007). Does borderline personality disorder exist? Canadian Psychiatry Aujourd'hui, 3. Retrieved March 15, 2008, from http://publications.cpa-apc.orglbrowsc/documents/285.

Chen, C. & Shen, Y. (2007). Beijing/China. In K. Hopper, G. Harrison, A. Janca, & N. Sartorius (eds), Recovery from schizophrenia: An international perspective (pp. 243 - 244). Oxford, UK: Oxford University Press.

Chen, C.N., Wong, J., Lee, N., Chan-Ho, M.W., Lau, J.T.F., & Fung, M. (1993). The Shatin community mental health survey in Hong Kong: IT. Major Findings. Archives of General Psychiatry, 50, 125-133.

Chen, E.Y., Chan, W.S., Wong, P.W., Chao, S.S., Chan, C.L., Law, Y.W., Beh, P.S. et al. (2006). Suicide in Hong Kong: A case-control psychological autopsy study. Psychological Medicine, 36, 815-825.

Chen, Y.F. (2002). Chinese classification of mental disorders (CCMD-3): Towards integration in international classification. Psychopathology, 35, 171-175.

Cheng, S.T. (1997). Epidemic genital retraction syndrome: Environmental and personal risk factors in southern China. Journal of Psychology and Human Sexuality, 9, 57-70.

Cheung, F. (2004). Conceptualization of psychiatric illness and help-seeking behavior among Chinese. Culture, Medicine and Psychiatry, 11, 97-106.

Cheung, G. & Chan, C. (2002). The Satir Model and cultural sensitivity: A Hong Kong reflection. Contemporary Family Therapy, 24, 199-215.

Chinese Psychiatric Society (2001). The Chinese classification of mental disorders (3rd edn). Shan dong, China: Shandong Publishing House of Science and Technology. (in Chinese)

［中华医学会精神科分会(2001),《CCMD-3 中国精神障碍分类与诊断标准(第三版)》,山东科学技术出版社］

Chiu, H.F., Yip, P.S., Chi, I., Chan, S., Tsoh, J., Kwan, C.W. et al. (2004). Elderly suicide in Hong Kong: A case-controlled psychological autopsy study. Acto Psychiatrica Scandinavica, 109, 299-305.

Chong, S. A., Verma, S., Gaingankar, J. A., Chan, Y., Wong, L. Y., & Heng, B. H. (2007). Perception of the public towards the mentally ill in developed Asian country. Social Psychiatry and Psychiatric Epidemiology, 42, 734-739.

Conner, K. R., Phillips, M. R., Meldrum, S., Knox, K. L., Zhang, Y., & Yang, G. (2005). Low planned suicides in China. Psychological Medicine, 35, 1197-1204.

Creighton, M. (1988). Revisiting shame and guilt culture: A forty-year pilgrimage. Ethos, 18, 279-307.

Da-Canhota, C. M., & Piterman, L. (2001). Depressive disorders in elderly Chinese patients in Macau: A comparison of general practitioners´consultations with a depression screening scale. Australian and New Zealand journal of Psychiatry, 35, 336-344.

Demyttenacre, K., Bruffaerts, R., Posada-Villa, J., Gasquet, L., Kovess, V., Lepine, J. P. et al. (2004). Prevalence, severity and unmet need for treatment of mental disorders in the World Health Organization World Mental Health Surveys. Journal of the American Medical Association, 291, 2581-2590.

DeRivera. J (1984). The structure of emotional relationships. Review of Personality and Social Psychology, 5, 1 16-144.

Eddleston, M. & Gunnell, D. (2006). Why suicide rates are high in China. Science, 311, 1711-1713.

Ellis, A. & Bernard, M. E. (eds) (1985). Clinical applications of rational-emotive therapy, New York: Plenum.

First, M. B., Spitzer, R. L, Gibbon, M., & Williams, J. B. (1996). Structured clinical interview for DSMJV axis I disorders. Washington, DC: American Psychiatric Press.

Goffman, E. (1963). Stigma: Notes on tile management of spoiled identity. New York: Simon & Schuster Inc.

Hodges, J. & Oei, T. P. S. (2007). Would Confucius benefit from psychotherapy: The compatibility of cognitive behaviour therapy and Chinese values. Behaviour Research and Therapy, 45, 901-914.

Hsiao, F. H., Klimidis, S., Minas. H. & Tan, E. S. (2006). Cultural attribution of mental health suffering in Chinese societies: the views of Chinese patients with mental illness and their caregivers. Journal of Clinical Nursing, 15, 998-1006.

Hsiao, F. H., Lin S. M., Liao, H. Y., & Lai, M. C. (2004). Chinese inpatients'subjective experiences of the helping process as viewed through examination of a nurses´focused, structured therapy group. Journal of Clinical Nursing, 13, 886-894.

Hwu, H. G., Yeh, E. K., & Chang, L. Y. (1989). Prevalence of psychiatric disorders in Taiwan defined by the Chinese Diagnostic Interview Schedule. Acta Psychintrica Scandinavica, 79, 136-147.

Ivanova, M. Y., Achenbach, T. M., Dumenci, L, Rescorla, L. A., Almqvist, F., Bilenberg, N. el al. (2007). Testing the 8-syndrome structure of the Child Behavior Checklist in 30 societies. Journal of Clinical Child and Adolescent Psychology, 36, 405-417.

Ivanova, M. Y., Achenbach, T. M., Rescorla. L. A., Dunenci, L., Almqvist, F., Bilenberg, N., et al. (2007). The generalizability of the Youth Self-Report syndrome structure in 23 societies. Journal of Consulting and Clinical Psychology, 75, 729-738.

Ji, J., Kleinman, A., & Becker, A. E. (2001). Suicide in contemporary China: A review of China's distinctive suicide demographics in their sociocultural context. Harvard Review of Psychiatry, 9, 1-12.

Jianlin,J.(2000).Suicide rates and mental health services in modern China.Crisis,21,1 18-121.

Katzman,M. & Lee,S.(I 997).Beyond body image:The integration of feminist and transcultural theories in the understanding of self-starvation.International Journal of Eating Disorders,22,385-394.

Kessler,R.C.,Bergland,P.,Demler,0. ,Jin,R., & Walters,E.(2005).Lifetime prevalence and age-of-onset distributions of DSM-IV disorders in the National Comorbidity Survey replication.Archives of General Psychiatry,62,593-602.

Kessler,R. & Ustun,T.B.(2004).The World Mental Health(WMH)Survey Initiative version of the World Mental Health Organization(WHO)Composite International Diagnostic Interview(CIDI).International Journal of Methods in Psychiatric Research,13,93-121.

Kirmayer,L.J,(2001).Cultural variations in the clinical presentation of depression and anxiety:Implications for diagnosis and treatment.Journal of Clinical Psychiatry,62,22-28.

Kleinman,A.(1982).Neurasthenia and depression:A study of somatization and culture in China.Culture,Medicine,and Psychiatry,6,117-189.

Lee,P.W.H.,Lieh-Mak,F.,Fuog,A.S.M.,Wong,M.C., & Lam,J.(2007).Hong Kong.In K.Hopper,G.Harrison,A.Janca, & N.Sartorius(eds),Recovery from schizophrenia:Art international perspective(pp.255-265).Oxford,UK:Oxford University Press.

Lee,S.(1998).Higher earnings,sting trains and exhausted bodies:The creation of travelling psychosis in post-reform China.Social Science and Medicine,47,1247-1261.

Lee,S.(1999).Diagnosis postponed:*Shenjing shuairuo* and the transformation of psychiatry in post-Mao China.Culture,Medicine and Psychiatry,23,349-380.

Lee,S.(2001a).From diversity to unity:The classification of mental disorders in 21st-century China.Psychiatric Clinics of North America,24,421-431.

Lee,S.(2001b).Fat phobia in anorexia nervosa:Whose obsession is it? In M.Nasser,M.Katzamn & R.Gordon(eds),Eating disorders and cultures in transition(pp.40-65).New York:Taylor & Francis.

Lee,S.(2002).Socio-cultural and global health perspectives for the development of future diagnostic systems.Psychopathology,35,152-157.

Lee,S. & Hsu,L.K.(l993).Is weight phobia always necessary for a diagnosis of anorexia nervosa? American Journal of Psychiatry,150,1466-1471.

Lee S. & Kleinman,A.(2007).Are somatoform disorders changing with time:The case of neurasthenia in China.Psychosomatic Medicine,69,846-849.

Lee,S.,Lee,M.T.Y.,Chiu,M.Y.L., & Kleinman,A.(2005).Experience of social stigma by people with schizophrenia in Hong Kong.British Journal of Psychiatry,186,153-157.

Lee,S. & Lee,A.M.(2000).Disordered eating in three communities of China:A comparative study of female high school students in Hong Kong, Shenzhen, and rural Hunan. International Journal of Eating Disorders,27,317-327.

Lee,S.,Tsang,A., & Kwok,K.(2007).Twelve-month prevalence,correlates,and treatment preference of adults with DSM-IV major depressive episode in Hong Kong.Journal of Affective Disorders,98,129-136.

Lee,S.,Tsang,A.,Zhang.M.-Y.,Huang,Y.Q.,He,Y.L.,Liu,Z.R.et al.(2007).Lifetime prevalence and inter-cohort variation in DSM-IV disorders in metropolitan China.Psychological Medicine,37,61-73.

Leung,P.W.L.,Kwong,S.L.,Tang.C.P.,Ho,T.P.,Hung,S.F.,Lee,C.C.et al.(2006).Test-retest relia-bility and criterion validity of the Chinese version of CBCL,TRF,and YSR.Journal of Child Psychology and Psychiatry,47,970-973.

Leung,S. & Leung,F.(2009).Construct validity and prevalence rate of borderlinepersonality disorder a-mong Chinese adolescents.Journal of Personality Disorders,23(5),494-513.

Li,X.Y.,Philips,M.R.,Zhang,Y.P.,Xu,D, & Yang,G.H.(2008).Risk factors for suicide in China's youth:A case-control study.Psychological Medicine,38,397-406.

Lin, Y. N. (2002). The application of cognitive-behavioral therapy to counseling Chinese. American Journal of Psychotherapy,56,46-58.

Link,B.G.,Yang,L.H.,Phelan,J.C. & Collins,P.Y.(2004).Measuring mental illness stigma.Schizo-phrenia Bulletin,30,511-541.

Lin,K.Y.,Beautrais,A.,Caine,E.,Chan,K.,Chao,A.,et al.(2007).Charcoal burning suicides in Hong Kong and urban Taiwan:An illustration of the impact of a novel suicide method on overall regional rates.Jour-nal of Epidemiology and Community Health,61,248-253.

Liu,X.,Sun,Z., & Yang,Y.(2008).Parent-reported suicidal behavior and correlates among adolescents in China.Journal of Affective Disorders,105,73-80.

Luk,S.L.,Kwan, C.S.F., Hui, J.M.C., Bacon-Shone, J., Tsang, A.K.T, Leung, A.C.et al.(1991). Cognitive-behavioral group therapy for Hong Kong Chinese adults with mental health problems.Australian and New Zealand Journal of Psychiatry,25,524-534.

Lyubomirsky,S.(2008).The how of happiness.New York:Penguin.

Marsella,A.J.,Sartorius,N.,Jablensky,A., & Fenton,F.(1985).Cross-cultural studies of depressive disorders:An overview.In A.Kleinman & B.Good(eds),Culture and depression(pp.299-324).Berkeley,CA:University of California Press.

Mattelaer,J. & Jilek,W.(2007).*Koro*:The psychological disappearance of the penis.Journal of Sex and Medicine,4,1509-1515.

Miller,G.(2006).China:Healing the metaphorical heart.Science,311,462-463.

Parker,G.,Gladstone,G., & Chee,KT.(2001).Depression in the planet's largest ethnic group:The Chi-nese.American Journal of Psychiatry,158,857-864.

Pearson,V.,Phillips,M.R.,He,F., & Ti,H.(2002).Attempted suicide among young rural women in the People's Republic of China:Possibilities for prevention.Suicide and Life Threatening Behavior,32,359-369.

Phillips,M.R.,Shen,Q.,Liu,X.,Pritzker,S.,Streiner,D.,Conner,K.et al.(2007).Assessing depressive symptoms in persons who die of suicide in mainland China.Journal of affective Disorders,98,73-82.

Phillips,M.R.,Yang,G.,Zhang,Y.,Wang,L.,Ji,H., & Zhou,M.(2002).Risk factors for suicide in China:A national case-control psychological autopsy study.Lancet,360,1728-1736.

Pritchard,C. & Baldwin,D.S.(2002).Elderly suicide rates in Asian and English-speaking countries.Asia Psychiatrica Scandinavica,105,271-275.

Qin,P. & Mortensen,P.B.(2001).Specific characteristics of suicide in China.Acta Psychiatrica Scandi-navica,103,117-121. Retrieved from http://en.Wikipedia.org/wiki/Chinese_Classification_of_Mental_Dis-orders.

Rescorla,L,Achenbach,T.M.,Ginzburg,S.,Ivanova,M.,Dumenci,L.,Almqvist,F.et al.(2007).Consistency of teacher-reported problems for students in 21 countries.School Psychology Review,36,91-110.

Ryder,A.G.,Yang,J., & Heini,S.(2002).Somatization vs.psychologization of emotional distress:A paradigmatic:example for cultural psychopathology. In W. J. Lonner, D. L. Dinnel, S. A. Hayes, & D. N. Sattler (eds),Online readings in psychology and culture.Retrieved fromhttp://www.wwu.edu/~culture.

Ryder, A. G., Yang, J., Zhu, X., Yao, S., Yi, J., Heini, S. et al. (2008). The cultural shaping of depression:Somatic symptoms in China,psychological symptoms in North America? Journal of Abnormal Psychology,1 17,300-313.

Shen,Y.C.,Zhang,M.Y.,Huang,Y.Q.,He,Y.L.,Lin,Z.R.,Cheng,H.et al.(2006).Twelve month prevalence,severity,and unmet need for treatment of mental disorders in metropolitan China.Psychological Medicine,26,257-267.

Shi,Q.C.,Zhang,J.M.,Xu,P.Z.,Phillips,M.R.,Xu,Y.,Eu,Y.L.et al.(2005).Epidemiological survey of mental illnesses in the people aged 15 and older in Zhejiang Province,China.Zhonghua Yu Fang Yi Xue Za Zhi.39,229-236.

[石其昌,章健民,徐方忠等(2005),浙江省15岁及以上人群精神疾病流行病学调查,中华预防医学杂志,39,229—236]

Simon,G.E.,vonKorff,M.,Piccinelli,M.,Fullerton,C., & Ormel,J.(1999).An international study of the relations between somatic symptoms and depression.New England Journal of Medicine,341,1329-1335.

Stewart,S.M.,Lewinsohn,P.,Lee,P.W.H.,Ho,L.M.,Kennard,B.D.,Hughes,C.W.et al(2002).Symptom patterns in depression and'subthreshold'depression among adolescents in Hong Kong and the United States.Journal of Cross-Cultural Psychology,33,55.9-576.

Stewart,S.M.,Byrne,B.M.,Lee,P.W.H.,Ho,L.M.,Kennard,B.D.,Hughes,C.et al.(2003).Personal versus interpersonal contributions to depressive symptoms among Hong Kong adolescents.International Journal of Psychology,38,160-169.

Stewart,S.M.,Kennard,B.D.,Lee,P.W.H.,Hughes,C.W.,Mayes,T.,Emslie,G.et al.(2004).A cross-cultural investigation of cognitions and depressive symptoms in adolescents.Journal of Abnormal Psychology,113,248-257.

Stewart, S. M., Kennard, B. D., Lee, P. W. H., Mayes, T., Hughes, C. W., & Emslie, G. (2005). Hopelessness and suicidal ideation among adolescents in two cultures.Journal of Child Psychology,Psychiatry and Allied Disciplines,46,364-372.

Szasz, T. S. (2007). The medicalization of everyday life: Selected essays. Syracuse, NY: Syracuse University Press.

Wong,D.P.K.,Chau,P.,Kwok,A., & Kwan,J.(2007).Cognitive-behavioral treatment groups for people with chronic physical illness in Hong Kong:Reflections on a culturally attuned model.International Journal of Group Psychotherapy,57,367-385.

World Health Organization(2003).Suicide rates(per 100,000),by country,year,and gender.Retrieved March 25,2008,from http://www.who.int/mental_health/ prevention/suicide/suiciderates/en/print.html.

Yang,G.H.,Phillips,M.R.,Zhou,M.G.,Wang,L.J.,Zhang,Y.P., & Xu,D.(2005).Understanding the unique characteristics of suicide in China:National psychological autopsy study.Biomedical and Environmental

Sciences,18,379-389.

　　Yang,J.,Bagby,R.M.,Costa,P.T.Jr,Ryder,A.G., & Herbst,J.H.(2002).Assessing the DSM-IV structure of personality disorder with a sample of Chinese psychiatric patients.Journal of Personality Disorders,6, 317-331.

　　Yang,J.,McCrae,R.R.,Costa,P.T.Jr,Yao,S.,Dai,X.,Cai,T.et al.(2000).The cross-cultural generalizability of Axis-II constructs:An evaluation of two personality disorder assessment instruments in the People's Republic of China.Journal of Personality Disorders,14,249-263.

　　Zhang,J.,Conwell,Y.,Zhou,L., & Jiang,C.(2004).Culture,risk factors and suicide in rural China:A psychological autopsy case control study.Acta Psychiatrica Scandinavica,110,430-437.

　　Zhang,J,Jia,S.,Jiang,C., & Sun,J.(2006).Characteristics of Chinese suicide attempters:An emergency room study.Death Studies,30,259-268.

　　Zhang.W.X.,Shen,Y.C., & Li,S.R.(1998).Epidemiological investigation of mental disorders in 7 areas of China.Chinese Journal of Psychiatry,31,69-71.

　　Zhong,J. & Leung,F.(2007).Should borderline personality disorder be included in the fourth edition of the Chinese classification of mental disorders? Chinese Medical Journal,120,77-82.

第 23 章　中国的临床神经心理学

陈瑞燕（Agnes S.Chan）　　梁颖文（Winnie W.Leung）
张美珍（Mei-Chun Cheung）

这一章总结了临床神经心理学在中国的历史，回顾了神经心理学自美国引入中国的过程，综述了最新进展，具体参考了香港、台湾和大陆这三个主要的中国人群体。本章集中于临床训练、认证、测量和评定工具等领域，特别介绍了中国人患者群体中一些有趣的研究发现。本文既以国际文献为基础，也以在中国大陆、台湾和香港的地方研究为依据。

20 世纪 90 年代，在北美接受教育的年轻中国学者们回国时，首次将神经心理学引入中国。这群年轻的受西方教育的神经心理学家直至今日仍然是这一领域发展的主要驱动力，他们一直踊跃地推进临床研究与实践，促成了临床神经心理学在中国的职业化。在他们的努力下，专业的神经心理学协会蓬勃发展。1997 年成立了香港神经心理学协会（Hong Kong Neuropsychological Association），这是中国神经心理学迈向职业化发展的第一步，由地方大学以及不同的神经心理学协会和平台提供临床培训。

除了临床培训的正式化，过去十多年已经开发了许多神经心理学测量工具，有的是本土开发的，有的改编自西方版本，这些西方工具经过生态学上的修订，建立了适用于三个中国人群体的常模。在临床研究领域，由于中国人相对于西方具有独特的语言和文化背景，以下领域的脑功能研究开启了新篇章，如语言与记忆，诸如学习障碍、自闭症、脑损伤和痴呆之类的脑病理学领域，还开展了传统中医方法应用于临床神经心理学的新研究。

虽然在中国，临床神经心理学的历史较短，然而，本章将会展示，该领域在仅略长于十年的短暂时期内发展势头迅猛，成绩瞩目。

中国临床神经心理学是相对崭新的领域，只有短短 20 年的历史。中国作为世界人口最多的国家（超过 13 亿人），临床神经心理学在中国的发展不会千篇一律。这主要是因为香港与台湾具有独特的历史背景，二者在政治上独立于中国大陆长达 50 年和 150 年之久，造成了这两地与中国大陆的经济、科学、文化和语言上的差异。尤其是香港，一直受到浓重的西方影响，科学和医学实践中采用了众多西方实证观念。除此之外，数目众多的年轻一代，尤其是追求高级职业教育的人们，一直在西方接受教育。我们会发现,这些都造成了中国大陆、香港和台湾三地临床神经心理学的不同发展态势,后两者是除中国大陆外最大的华人社会。

临床神经心理学行业,如同心理学的许多领域,特别能反映伦理、语言、政治和文化差异(见本卷 Blowers)。中国大陆、香港和台湾这三大华人社会存在显著不同的社会特征,造成了临床神经心理学研究和实践的差异,本章的以下内容中,我们会在恰当的时候分别涉及这三个地域。

中国临床神经心理学历史概述

中国大陆

在 20 世纪 80 年代,临床神经心理学第一次进入中国大陆,是三个华人社会中最早的。

第一届全国神经心理学大会于 1987 年在大陆举行,这个广为人知的事件标志着神经心理学在中国大陆作为一个学科领域的建立。这个组织每两年举办全国神经心理学会议,每次会议均有大约 80 名参与者和 50 个会议报告。

早些年,这一领域在中国大陆的发展主要聚焦在脑疾病造成的症状和损伤的描述(Gao,2003),其中,失语和痴呆是最受关注的。研究主要检查这两种障碍的特点、制定诊断标准、定义亚型,开发评估工具,检测认知损伤,获得一些知识和临床工具以理解这两种疾病(Gao,2003;Wang & Wang,2005)。在改编西方测试和工具用于本土应用上开展了大量工作,例如韦氏成人智力量表(Wechsler Adult Intelligence Scales)、韦氏记忆测试(Wechsler Memory Tests)、霍里神经心理成套测验(Halstead-Reitan Neuropsychological Test Battery,HRB)(见 Yuan,2000)。除了失语和痴呆,研究也关注儿童疾病包括精神发育迟滞、读写困难(见 Wang & Li,2006)、学习障碍和注意缺陷多动症(Hu & Yu,1999)。然而,这些主题经常被认为是发育儿科或者教育的课题,大多被临床神经心理学论著忽略了。

在 21 世纪,经过来自香港的临床神经心理学家的努力,这一领域的发展进一步提升,后续内容将概述这些发展。这也导致了临床活动的扩展。痴呆的相关研究已经转为关注轻度认知功能障碍(mild cognitive impairments,MCI),而且这一研究也提升了对疾病症状的认识,增强了诊断标准的生态效度,同时推进了影像学研究和实验室测试的发展,所有这些都旨在促成痴呆的早期鉴定和干预(见 Gao,2003)。失忆、忽视、失认和失用等均已开展了临床神经心理学研究(Wang & Wang,2005)。

同中国大陆其他领域的科学家和从业者一样,临床神经心理学家也相对不被西方了解。部分因为中国信息流入和流出水平较低,也部分因为语言障碍。因为大部分论著都是以中文发表在地方杂志上。发表神经心理学研究的主要杂志包括中国精神健康杂志、中国临床心理学杂志、中国行为医学杂志（Hong，2003）和中国神经病学杂志。这些杂志多数以中文印刷，地方发行，因而不能被西方神经心理学家获得。不过，因为技术的进步，中国大陆信息流通更加广泛，这些地方发表的研究的电子数据库也逐步开放，能被西方获得。即使这样，多数研究的全文是中文的，只有一小部分有英文摘要。最后，这一领域的许多进展只局限在国家内部，几乎与世隔绝。

香　港

20世纪80年代和90年代，在中国内地临床神经心理学逐步发展的时期，在中国南部一个小城市，香港，神经心理学呈现崭新的发展景象。这里的学科独立于中国内地，由一批年轻的学者进行，大部分都在美国和北美受教育，他们在20世纪90年代返回香港工作，随之带回了西方这一领域的科学研究方法和实证实践特色。虽然与中国内地相比，这里的神经心理学历史更为短暂，但其发展却远比内地迅速。

香港这一小部分临床神经心理学家因为具有国际背景，因而独具优势，能够与世界其他地方，尤其是在此领域的前沿国家美国，进行良好的沟通和信息交流。他们容易获得最新的知识、研究技能和技术，香港的这些神经心理学家在推动学科进展上做出了重要的贡献。随着香港神经心理学协会在1998年的成立，这一领域成为香港临床心理学这一大学科中的固定专业。

接下来10年，研究和临床实践活动蓬勃发展。研究方面，与西方同步更新技术，例如核磁共振，功能性核磁共振（functional magnetic resonance imaging，FMRI）和定量脑电图等已经应用于研究儿童和成人的脑与行为的联系，同样也应用于不同脑疾病的患者，例如自闭症，诵读困难，癫痫引发的颞叶损伤，老年人的轻度认知功能障碍和阿尔茨海默症等，关注神经心理功能，包括注意、语言、记忆和执行功能。许多临床实践努力发展神经心理学评估工具，或者通过改编西方工具或者发展本土工具，以期对地方人群具有生态效度。

台　湾

神经心理学在台湾是更为新鲜的领域，只有少数神经心理学家从事研究、教学和临床实践。在台湾，一些神经心理学家和香港同行一样，是接受心理学教育的临床心理学家，而有一些则是行为神经学家，和大陆的情况一样。和大陆与香港不同的是，台湾仍然没有自己的神经心理学协会，而有两个与临床神经心理学有关的学术团体，叫做台湾临床心理学会和台湾神经病学学会（Hua & Lu，2003）。这一领域仍然没有在台湾获得职业认证，学科发展没有大陆那么迅速，甚至也不如香港。在研究方面，使用脑成像方法和认知实验程序，神经心理学的临床部分比正常人群的认知功能受到的关注更少。

　　全中国的整合

　　由于有一群年轻的接受过西方教育的临床神经心理学家,临床神经心理学一直在香港迅猛发展,他们具有成熟的强大网络和途径获得西方研究和实践的科学知识。在这群年轻的学术从业人员中,一些人有意推进中国大陆的学科发展,已经和大陆研究人员、临床从业人员和机构建立合作关系,旨在向大陆引入最新的知识与技术。20 世纪90 年代末,开始了教学和研究合作,于 2003 年在香港举办国际会议,将来自亚洲、北美和欧洲的从业人员集合起来,鼓励在大陆和西方之间进行思想交流,建立联系。接下来一年,由一位热情的中国香港临床神经心理学家发起,在中国大陆、中国台湾、澳大利亚和美国的华人神经心理学家支持下,中国神经心理学委员会(the Chinese Board of Neu-ropsychology) 于 2004 年建立,旨在促进中国这一领域的正规化和职业化。委员会的主要目标之一就是推动培训,建立临床神经心理学研究和临床实践的注册系统。为了中国神经心理学家的职业发展,中国大陆需要持续为组织培训的程序与课程上付出努力。

临床培训和认证

　　全中国的临床神经心理学培训均未成体系。在中国大陆,培训通常在医学院作为硕士和博士课程进行。从事临床活动的大部分是神经病学家和中级医师,他们不一定具有非常扎实的神经心理学基础。神经心理学评估和系列测试通常都是由没有任何神经心理学背景的个人施测,因而测试的有效性存在明显问题。我们需要更多工作以更系统和正规的方式培训临床从业人员和研究型神经心理学家(Yuan,2000)。

　　中国香港的情况稍有不同。培训基本都是由两个地方大学的心理学系进行,作为临床心理学的硕士课程。神经心理学培训也由香港神经心理学会定期提供。总的来说,医院的临床神经心理学家进行神经心理学评估和干预(Chan,2003),地方大学师资中的神经心理学家做研究。既然香港临床神经心理学家和西方同行联系紧密,享有信息流通和在国际期刊上发表文章的自由,这确保了他们的研究质量符合国际标准。关于脑疾病的评估和干预的知识稳步更新,因而也产生了高标准的临床服务。

　　在中国台湾,是临床心理学家的临床神经心理学家归于台湾临床心理学会,是行为神经病学家的临床神经心理学家隶属于台湾神经病学会(Hua & Lu,2003)。

　　美国的神经心理学是平台认证的专业,和美国相反,在中国的神经心理学家不需要从业的认证或者注册。事实上,在 2004 年中国神经心理学委员会(Chinese Board of Neuropsychology) 成立之前,在中国大陆、香港和台湾这三大华人社会中没有临床神经心理学的注册系统。为了改善这个局面,平台引入了中华民族神经心理学家的注册系统,开放进行自愿注册。这个系统包括两个部分:研究分部和临床分部。完成培训和实际的神经心理学工作经历,作为研究神经心理学家或者临床神经心理学家注册才会被批准。目前,注册系统仍然不是强制性的,注册也不是从事实际工作所必需的。然而,同美国一样完成平台认证系统是委员会的终极目标。对于中国在此领域的职业化以及确保研究和临床服务质量,这是至关重要的一步。

测评工具

神经心理学特别强调认知功能,包括注意、记忆、语言、运动和执行功能。既然许多测试和测评都是使用文本施测,语言的影响以及较小程度上的文化差异在这个领域显得十分重要。如前所述,由于独特的历史发展背景,中国大陆、香港和台湾存在显著的语言、文化和生活方式的差异。最显著的差异是语言方面,粤语是香港人的母语,而大陆和台湾都说华语,可是,香港和台湾书写使用相同的繁体字系统,而大陆采用简体中文。另外,同一个概念在三个社会中会用不同的词语指代,而日常生活中的一些概念只适用于其中一种社会。

既然一些测试对文化敏感,这些测试的直译可能对测试结果的有效性存在负面影响(Tamayo,1987)。神经心理学测评属于这种文化敏感的测试,而且对语言和文化差异非常敏感,这种差异不仅存在于西方和东方之间,而且也存在于大陆、香港和台湾。因而,在其中一个群体中的测试不能直接用于其他两个群体。于是,三个社会中的从业人员不得不研发自己的工具。一个明显的例子是韦氏成人和儿童智力测验的改编。中国大陆已经研发了自己的韦氏成人智力量表中国版(WAIS-R;Dai,Gong,& Zhong,1990;Gong,1989),香港和台湾也有自己的改编版本(香港:WAIS-R-HK;Hong Kong Psychological Society,1989;台湾,WAIS-Ⅲ,Chen & Chen,2002)。

随着神经心理学在三个地域的发展,研究者需要用于中国人群体的神经心理学测评工具。中国神经心理学测评工具的发展通常有三阶段模式:西方工具的直译和改编、最后是本土测试的构建。在测试研发早期,中国所有三地的社会主要翻译和改编西方测试工具(见 Chan,Shmn,& Cheung,2003)。既然中国人和西方人具有显著的文化差异,神经心理学家觉得有必要开发自己的本土化测试,这种测试会提供更好的生态效度。因而,新的本土测试发表时需要建立地区常模(见 Chan,Shum,& Cheung,2003)。

Chan 等(2003)检索并综述了亚洲过去20年间神经心理学测评工具的发展,发现改编测试与本土开发测试的比例是30:6,较高比例(95%)的测试是应用于老年人的,其他年龄段的相对较少。最多的测评工具是针对痴呆的筛查,然后是记忆、学习、语言和执行功能的测试。表23.1总结了他们在中国大陆、香港和台湾的发现。

Chan 及其同事使用以下五种标准来评价应用于地方人群的工具的临床效度:

1. 测试开发过程的完整文献记录

2. 已经检验过测试的效度

3. 有相当样本数量的标准化数据

4. 进行了翻译和回译

5. 已经进行了跨文化比较

在总共 36 个工具中只有 8 个符合以上所有的标准,成为有效的测评工具。其中 3 个是地方开发的本土工具,5 个是改编自西方测试。8 个测试中两个是大陆开发的,3 个是由香港开发的。剩余 28 个测试部分符合 5 个标准。例如,许多改编测试除了没有跨文化比较之外其他标准都符合,即香港的阿尔茨海默症行为病理评分量表的中文版 (Lam,Tang,Leung, & Chiu,2001) 和大陆的霍里神经心理学成套测试 (Gong,1986)。其他一些测试募集样本太少或者没有地方人群的代表性样本,例如香港的西方失语症系列的粤语版 (Yiu,1992),香港的嗅觉鉴别测试 (Chan,Tam,Murphy,Chiu, & Lam, 2002) 和中国计算机化神经行为测试系统 (Computerized Neurobehavioral Test System) (Li et al.,2000)。

表 23.1 过去 20 年内中国大陆、香港和台湾修订或开发的神经心理学
测评工具 (adapted from Chan,Shum, & Cheung,2003,p.261)

中国大陆			中国香港
阿尔茨海默症测评量表 (中文版)	中文标准失语症量表	手指敲击测验	Blessed-Roth 痴呆量表中文版
失语症测验	扩充痴呆量表中文版	钉板测验	粤语失语症成套测验
听觉词汇记忆测验	临床记忆测试	手势测验 (Handed test)	类别流畅性测验中文版
Bender 视觉运动完形测验	认知能力筛查工具 2.0	Hiscock 必答题数字记忆测验	中文异常句测验
Benton 线段方向判定测验	认知能力筛查工具(跨文化研究版本)	霍里神经心理学成套测试中文版	阿尔茨海默症行为病理评分量表的中文版
Blessed-Roth 阿尔茨海默症量表			
Benton 视觉保持试验	中国计算机化神经性为测试系统	语言能力测试	Mattis 痴呆评分量表中文版
中国神经行为评估 2	数字符号试验	Luria-Bebraska 神经心理学测试	时钟画测试
中文简易精神状态检查 MMSE	Senile 认知功能量表	连线测验	颜色连线测验
儿童 HRNB 中文修订版	分类测验	口语和视空间处理速度和工作记忆	香港列表学习测试

续表

中国大陆			中国香港
视觉空间测验	（WAIS-R）韦氏成人智力量表中国版	威斯康辛卡片分类测验	神经精神问卷（中文版）
	（WMS）韦氏记忆量表	西方失语症成套测验	嗅觉鉴别测试
			连线测验

自西方改编的测试

类别流畅性测验中文版 Chinese version of the Category Fluency Test（Chan & Poon，1999）

在香港，这个测试是一种对痴呆和精神分裂症很敏感的检测方法。作者使用动物和交通工具的分类，根据 316 名 7—95 岁的香港中国人的资料建立了常模数据。该测试的心理测量属性与西方研究报道的原始测试是一致的。Chiu（1997）等人建立了另一组限于香港老年人的常模数据（见 Chan，Shurn，& Cheung，2003）。

Mattis 痴呆评分量表中文版 Chinese version of the Mattis Dementia Rating Scale（CDRS）（Chan et al.，2003，Chan，Poon，Choi，& Cheung，2001）

香港用于测评痴呆的这个测试改编自原始 Mattis 痴呆评分量表（Mattis，1988）。除了原始版本的直译之外，在四个条目上进行了文化上的修订。依据 83 名健康老年人和 40 名具有阿尔茨海默症的成年人建立常模。区分分值定为 112 时，测试具有 80% 的敏感性和 91.6% 的特异性。和美国老年人相比，香港老年人 DRS 均分较低（见 Chan，Shum，& Cheung，2003）。这可能归因于中国人的一个特点，就是，因为历史原因（通常是战争），同一年龄段的老人比美国老人受教育水平更低，对女性来说，这种情况尤其显著。可见，在解释认知和神经心理测评结果的时候，应当考虑受教育水平这一因素。

中文简易精神状态检查（CMMS, Chinese Mini Mental State Examination）（Katzman，Zhang，Qu，Want，Liu，Yu et al.，1988）

中国大陆的这个测试通过翻译原始条目，改编自 The Mini Mental State Examination（MMSE：Folstein，Folstein，& McHugh，1975）。对上海成年人中的痴呆群体，它具有 69.5% 的诊断敏感性和 90.2% 的特异性，被认为是中国最好的预测痴呆的工具之一。与芬兰和美国的跨文化比较显示，当教育水平被校正后，数据具有可比性（见 Chan，Shum，& Cheung，2003）。MMSE 的粤语版也在香港由 Chiu，Lee，Chung，& Kwong（1994）开发，推荐使用 19/20 分的分界值作为进一步评估痴呆的指标。

本土化测试

香港列表学习测试 Hong Kong List Learning Test（HKLLT）（Chan，2006）

这个测试是香港开放的用以检测记忆功能的词汇学习测试，依据 394 位 6—95 岁的香港中国人的数据建立常模。测试已在许多患有精神和神经疾病的临床患者身上得以实施，包括精神分裂症（Chan，Kwok，Chiu，Lam，Pang，& Chow，2000）、颞叶坏死（Cheung，Chan，Law，Chan，& Tse，2000，2003；Cheung & Chan，2003）或者颞叶癫痫（Cheung，Chan，Chan，& Lam，2006a，2006b）以及阿尔茨海默症（Au，Chan，& Chiu，2003），结果显示，测试能够区分急性和慢性精神分裂症，能够区分合并与不合并颞叶坏死的鼻咽癌患者，能够区分正常成人和患有轻度和中度阿尔茨海默症的人（见 Chan，Shum，& Cheung，2003）。

与一些常见的西方词汇表学习测试相比，比如加利福尼亚词语学习测试（California Verbal Learning Test，CVLT）（Delis，Kramer，Kaplan，& Ober，1987）和瑞氏听力词语学习测试（the Rey Auditory Verbal Learning Test，RAVLT）（Rey，1964；见 Lezak，Howeison，& Loring，2000）。HKLLT 有一个改良，它包含了最新的失忆实验范式，以期使测试在区分不同病理情况（例如额叶和颞叶失忆）以及不同病因（例如精神分裂症和抑郁）时有更高的敏感性。随机和模块式列表重在评估组织策略，这对不同情况的额叶病理变化很敏感。另外，对比个人在随机和模块列表中的表现，能够为评估记忆干预有效性提供重要的临床信息（Chan，2006）。

临床记忆测试（Clinical Memory test）（Xu & Wu，1986）

这个测试是中国大陆用来测评记忆的。测试对左脑和右脑损伤的患者比较敏感，但是没有更多关于这个测试的细节。

最新科研成果

由于香港对科研工作的支持性环境，该领域已经实行并发表了许多研究。一些研究在特定患病群体中进行，包括儿童（患有自闭症）、成人（患有颞叶损伤）和老人（患有阿尔茨海默症）。接下来简要总结了作者研究团队的一些研究结果。

儿童自闭谱系障碍（Autism spectrum disorders，ASD）

ASD 是一组持续终生的进展性疾病，它的特点是与他人缺少社会交往，语言发育迟滞或者语言功能损伤，以及重复的刻板行为。3 岁前即可做出诊断，许多患有这种疾病的儿童生活不能自理，甚至在成人后仍然如此。有证据显示，最近几年 ASD 在世界范围有所增加（Baird et al.，2000；Bertrand et al.，2001），部分因为对症状认识的提升

（Charman，2002），部分因为诊断标准的改变（Baird，Cass，& Slonims，2003；Wing & Potter，2002）。最近来自美国国家自闭症协会（2007）的统计数据报告的患病率是，在150个儿童即有一个 ASD 患儿。在三个华人社会中的数据显示的患病率较低。中国大陆的最近研究报告发病率为，2—6 岁儿童中每 1000 个有 1.10 个案例（Zhang & Ji，2005）。虽然香港还没有类似的数据（Wong & Hui，2007），不过境内儿童评估中心统计的案例数呈现增长趋势，自 1995 年的 198 例增加至 2004 年的 658 例（Mak，Lam，Ho，& Wong，2006）。在台湾文献检索没有发现关于 ASD 发病率的任何信息。

香港在诊断 ASD 时传统地使用 ICD‐10（World Health Organization，1990）或者 DSM‐Ⅳ（American Psychiatric Association，2000）诊断标准，从西方翻译过来的常用观察量表作为补充，包括儿童自闭症评分量表（the Childhood Autism Rating Scale CARS：Scholpet，Reichler，& Renner，1986）、自闭诊断观察表（ADOS，Autism Diagnostic Observation Schedule，Lord，Rutter，Goode，Heemsbergen，Jordan，Mawhood et al.，1989）和自闭症诊断面谈修订版（ADI‐R，the Autism Diagnostic Interview-Revised：Le Couteur，Rutter，Lord，Rios，Roberston，Holdgrafer et al.，1989）。

本文作者和同事们最近也致力于发展香港 ASD 的客观测量方法（Chan & Leung，2005；Chan，Sze，& Cheung，2007）。他们研究了定量脑电图（qEEG，quantitative electroencephalography）在区分 ASD 儿童和正常儿童的应用价值，结果显示患有 ASD 的儿童定量脑电图图谱和正常儿童显著不同，尤其是在 α 波和 δ 波（Chan，Sze，& Cheung，2007）。他们还使用 qEEG 客观测量了执行功能（Chan，Cheung，Han，Sze，Leung，Man，et al.，in press）。另一个关于 ASD 儿童语言缺陷的研究显示，在区分年龄相当的 ASD 儿童和正常儿童方面，语言表达测试比理解测试更加敏感（Chan，Cheung，Leung，Cheung，& Cheung，2005）。另外，陈与他的同事们（Chen，Liu，& Weng，2008）也进行了两个 ASD 儿童的志愿研究，发现使用电针短期高强度训练能够改善这些儿童包括感官功能和刻板行为在内的一些核心症状。

成人颞叶损伤

中国南方人因为饮食习惯，比其他地区患有鼻咽癌（NPC，nasopharyngeal carcinoma）的比例显著增高。NPC 通常需要放射治疗，放疗常常导致额外的颞叶损伤。颞叶被认为是在人类高级认知功能包括语言和记忆方面发挥重要作用。因而，中国南部这一独特状况为研究因 NPC 治疗中的放疗坏死导致的颞叶损伤患者的语言和记忆功能提供了契机。

在香港，有相当数量患者因为 NPC 的放疗患有颞叶损伤，这导致了患者的认知功能紊乱（Cheung et al.，2000，2003）。这些患者的记忆状况与颞叶失忆患者一样，进一步发现记忆受损程度和毁损体积相关。一些 NPC 患者的颞叶损伤很特别，损伤主要位于外侧颞叶而海马保留完整,这在西方很少见。作者的研究团队(Chan et al.,2003;Cheung & Chan,2003)研究了这个课题,发现双侧外侧颞叶损伤也与词汇和视觉记忆功能异常有关,而且记忆损伤相当于合并海马损伤的患者。除了 NPC 患者外,还用功能性 MRI 研究了颞叶癫痫(TLE,temporal lobe epilepsy)患者的记忆过程(Cheung et al.,2006b),结果显示颞叶癫痫进行性影响记忆功能,也就是说,病程越长,脑活动和记忆行为水平越低。另外,这种影响不局限于痉挛一侧,而且也包括对侧大脑半球。

香港具有独特的语言环境,为研究人类语言功能提供了又一个契机。1997 年香港回归中国之前,香港被英国统治超过 150 年。这在香港创立了中英双语环境,几乎所有香港人都从 6 岁开始学习英文作为第二语言(见 Cheung,本书第 9 章),这使研究者们有机会比较像素中文语系和阿拉伯英文语系之间人类语言加工过程的差异。

在这一领域,作者的研究团队已经进行了一系列研究,关注 TLE 造成的颞叶损伤华人患者的语言单侧化(Cheung et al.,2006a;Cheung,Cheung,& Chan,2004)。西方研究已经充分说明语言是由左半球加工的,而这个研究团队发现了一些证据,提示中文的语言加工的神经基础和英文不同(Cheung et al.,2006a)。使用功能性 MRI,香港的中英双语 TLE 患者发现在处理英文时是通常的左半球优势,如同讲英语的人一样,这个结果和西方研究发现一致。

进一步研究发现,左侧 TLE 患者比右侧 TLE 患者在阅读英文单词时更有可能呈现双边激活现象。这似乎是神经可塑性的结果,右脑接管了左脑部分的英文加工功能。然而,在一个中文词语阅读任务中,不管是左侧 TLE 还是右侧 TLE 患者都出现额叶和颞叶区域的双边激活。因为在正常被试中发现,中文加工往往需要双侧大脑半球参与,在阅读中文的 TLE 患者中没有观察到单独的右侧转移模式。另一个研究(Cheung,Cheung,& Chan,2004)进一步显示,左侧和右侧颞叶损伤的华人患者表现出相同程度的命名功能缺损。这个发现和西方研究相反,西方研究发现左侧而不是右侧颞叶损伤才与语言功能受损相关。这一系列关于颞叶损伤患者的研究为临床医师测评华人患者语言功能提供了重要信息。

老年人中的痴呆

研究显示,与西方相比,中国痴呆的发病率相对较低。最近美国的一项研究显示,大于 71 岁的老年人中有 13.9% 的发病率,显著高于中国香港、中国大陆和中国台湾的报告,这三地的发病率依次递减。据 Zhou 等人(2006)的报告,在中国大陆 50—54 岁之间的老年人有 0.33% 的痴呆发病率,55—64 岁之间的发病率是 0.89%,65—74 岁之间的发病为 3.43%,75 岁以上的老年人发病率是 8.19%;Chiu 等人(1998)报告,在香港,70—74 岁之间发病率是 1.7%,75—79 岁之间为 4.7%,80—84 岁之间为 10.7%,85—89 岁之间为 18.8%,超过 90 岁为 25.8%;Liu 等人(1995)报告,在台湾,60—69 岁之间发病率是 0.21%,70—79 岁之间是 2.67%,80—88 岁之间是 5.98%。阿尔茨海默症(Alzheimer's disease)是西方最常见的痴呆的病因,中国大陆和台湾也有相似的发现(Liu et al.,1995;Zbou et al.,2006)。Lam(2004)也报告香港痴呆患者中 80%是由 AD 引发的。正如报告所提,这些 AD 的发病率在华人社会比西方要低(Chiu et al.,1998;Liu et al.,1995;Zhou et al.,2006)。实际上,最近几年 AD 在中国大陆越来越受关注,有论文综述了 AD 的发病机理和药物干预(Jia, Yang, & Wang,2008)、流行病学(Yang, 2008)以及中医疗法(Zhu,2008)。

在三地华人社会中,通常根据西方测量工具的翻译和改编对痴呆进行诊断,例如简易精神状态检查(MMSE; the Mini Mental State Examination, Folstein, Folstein, & McHugh,1975)、钟面画测试(Clock Drawing Test,Critchley,1953)、痴呆评分量表(DRS; Dementia Rating Scale, Mattis, 1988)和 Blessed 痴呆量表(the Blessed Dementia Scale, Blessed,Tomlinson, & Roth,1968)。如前所提,这些测试中一些已经有了有效的中文版本,例如 Blessed-Roth 痴呆量表中文版(Lam,Chiu,Li,Chan,Chan,Wong, et al.,1997)和钟面画测试(Lam,Chiu,Ng, & Chan,1998);一些也已经建立常模,例如 CDS(Lam et al.,1997)、MMSE 中文版(Chiu et al.,1994;Katzman et al.,1988)和 DRS 中文版(Chan et al.,2003)。

作者的研究团队进行了一项临床研究评估 DRS 中文版的有效性(Chan,Choi, & Salmon,2001),比较中国香港老人和美国老人的行为。结果显示,中国老年人和美国人的总分相当,而分量表得分差异显著。中国香港老年人在结构分量表中的得分显著高于美国被试。而美国老人在记忆起始与保持和记忆的分量表上得分显著高于中国香港被试。这个研究凸显了一个重要信息,即 DRS 中文版的分量表对文化差异很敏感,强调了使用西方测试测评华人群体时进行文化上的改编是多么重要。

该研究还强调了临床神经心理学测评工具的跨文化应用时的另一重要问题:研究结果显示,教育对中国香港老人得分的影响比对美国老人的影响更大。如前所述,这个发现可能是因为在三地华人社会中老年人受教育水平较低。联系到这个情况,临床医师也应当发现华人社会存在大量文盲群体,尤其是在老年人和中国大陆偏远地区的人们中。这可能严重影响文字测试的有效性。事实上,缺乏正式教育和偏远地区被认为是痴呆的危险因素(见 Liu et al.,1995),所以,在测评中国人时需要考虑到这些人口学变量。

临床神经心理学和脑功能异常的中医疗法

除了临床神经心理学领域的主流研究,也研究者对异常脑功能的临床神经心理学干预和治疗中的中医治疗很感兴趣。本文作者所在的研究团队是最先开始该领域研究的团队之一,他们积极探索不同中医治疗对香港正常人群和患者群体认知功能的影响。

皮电刺激(*Cutaneous stimulation*)　　在中国,电针是一种治疗身体疾病的传统医疗手段。和针灸不同,刺激使用粗钝的针头进行。使用这种方法治疗一位小脑损伤的慢性患者,这位患者患有严重的共济失调和下肢痉挛。治疗进行了 8 个月,结果非常鼓舞人心(Chan,He,Cheung,Bai,Poon,Sun et al.,2003)。患者的功能改善了 40%,共济失调和肌力减退得到改善,他抓取物体、直立、控制平衡和操控电动轮椅的能力恢复了。有一项功能型 MRI 研究(Chan,Cheung,Chan,Yeung, & Lam,2003)在丹田进行皮电刺激,不仅在运动皮层发现了双边激活,而且也在负责计划、注意和记忆的皮层区域发现双边激活,提示经皮电刺激可能对神经心理功能有影响。第三项研究对一群 ASD 儿童进行了经皮电刺激(Chan,Cheung,Sze, & Leung,2009),结果显示,6 周干预显著改善了这些儿童的语言和社会交往能力。这些结果全都提示,中国经皮电刺激疗法可以有效增强香港正常人群和患病群体的神经心理学功能。而且,Wong 及其同事考察了舌头和身体上针灸用于治疗皮层视觉损伤(Wong et al.,2006)、脑瘫儿童(Wong,Sun, & Yeung,2006)以及电针对自闭症儿童的影响(Chen,Liu, & Wong 2008),结果提示这些中国医疗方法在提升某些脑功能方面是有一定效果的。

中国心身锻炼(*Chinese mind-body practices*)　　为了强身健体,中国人一直以来都进行诸如太极之类的心身锻炼。除了太极,还有其他的华人心身锻炼能提高成人和儿童的认知功能。本文第一作者以中国传统武术为基础,为儿童创立了一组易于练习的心身活动,利用这种训练方式为有行为问题的小学生进行了 40 个疗程的干预(Chan,Cheung, & Sze,2008)。结果显示,和在辅导班的对照组相比,干预组的儿童在退缩和注意问题方面有显著的减少,他们在包括记忆和认知灵活性的认知功能方面也有改善。

另一项研究中,作者研究团队使用 EEG 在健康年轻人进行一种传统正念活动—三线放松功(Triarchic Body Pathway Relaxation Technique,TBRT)时测量脑活动,结果提示左侧大脑活跃和额区中线能量增加,提示正念练习提升积极情绪体验和内化注意力专注。

第三个研究比较了老年人的中国心身锻炼和心血管锻炼,研究发现练习传统中国心身锻炼或者心血管锻炼比不做任何锻炼的老人具有更好的记忆功能(Chan,Ho,Cheung,Albert,Chiu, & Lam,2005),两种锻炼方式对保持老年人的记忆似乎具有同样的效果。这种结果具有显著的临床应用价值,因为对于不能进行费力的身体锻炼的老人来说,传统的心身练习可能被看作一种替代方式。这些方式与中国文化传统也更相容。

德建身心疗法(*Dejian mind-body intervention*)　　作者最近研究方向是德建心身干预。这是少林寺德建大师创立的一种简化的锻炼程序。这种疗法建立在百余年的少林禅武医文化(禅宗、武术和医疗活动)和德建大师 20 余年执行禅武医帮助患者的临床

经验基础上(Shi & Chan,2008)。这种疗法具有四个内容,包括禅修改变思想、草药保健品、内在增强训练和素餐。

已有初步研究使用西方脑科学方法调查了这种疗法中内在增强训练和草药保健品两个内容。使用 fMRI 和 EEG 测评*丹田*呼吸过程中脑活动模式。结果显示*丹田*呼吸和额叶皮层的活动有关,其中包括扣带回,一个控制高级认知功能的区域。而在日常呼吸时没有类似激活。既然初步结果提示*丹田*呼吸提高了脑活动水平,那么他可能和这部分脑区介导的认知功能有关。在德建大师进行*丹田*呼吸的 EEG 研究中,团队研究结果发现,和未练习这种呼吸方法的平常人相比,德建大师的呼吸和增强的额叶活性相关(Shi & Chan,2008)。这些初步研究提示作为长期练习,这种呼吸技术可能增强额叶功能,人类计划创造力和意志力的控制中心。

这些志愿者研究提供了最初的证据提示,在德建心身治疗中至少两个成分,也就是中药医疗和作为强身健体活动的德建呼吸法有益于脑活动和功能(Shi & Chan,2008)。研究,团队正在计划进行进一步研究,科学探讨德建心身疗法的其他成分及其对人脑功能的影响。

草药保健品　在中国医疗传统中,为了强身健体,人们经常服用草药保健品,这种活动已经有千余年历史。在一系列初步研究中,作者的研究团队研究了中药的效果,制备了经鼻孔滴注的滴鼻剂。结果提示这种草药和另一种对照粉末相比,提高了中国健康成人的认知功能。

另外,第一作者和在西方传统训练下的医师研究了一些常见中草药对认知功能的影响。关于葛根(一种中国妇女容易买到的经常服用的常见中药),研究结果显示葛根能够提高绝经期妇女在 MMSE 的得分以及弹性思维水平(Woo,Lau,Ho,Cheng,Chan,Chan,Haines et al.,2003)。然而,关于大豆异黄酮提取物,另一种中国妇女的常用中药,却没有发现其对绝经后的认知功能有什么影响(Ho,Chan,Ho,So,Sham,Zee et al.,2007)。需要进一步研究来探讨其他中药对认知功能是否存在有益的影响。

经此简短一章内容,我们总结了中国临床神经心理学的发展历史。短短 10 余年的时间内,这一领域的发展取得了卓越成绩,令人印象深刻。在以后的岁月里,可以预期临床神经心理学研究范围继续扩展,其中一个大有希望的方向即是应用西方科学方法探索临床神经心理学干预的传统中医方法。

作者注释

联系方式:陈瑞燕(Agnes S. Chan,PhD),香港中文大学心理学系(Department of Psychology,The Chinese University of Hong Kong),Shatin,NT,Hong Kong SAR,China. Tel:(852)2609-6654;fax:(852)2603-5019;email:aschan@psy.cuhk.edu.hk。

梁颖文（Winnie W.Leung,Mphil）,香港中文大学心理学系神经心理学实验室 Neuropsychology Laboratory,Department ofPsychology, The Chinese University of Hong Kong, Shatin, NT, Hong Kong SAR, China.Email:winnieleung@ cuhk.edu.hk。

张美珍（Mei-Chun Cheung,PhD）,香港科技大学纺织服装学院 Institute of Textiles and Clothing,The HongKong Polytechnic University,Hung Hom,Kowloon,Hong Kong SAR,China.Tel:（852）2766-6536;fax:（852）2773-1432;email:tccmchun@ inetpolyu.edu.h.k。

参考文献

American Psychiatric Association.（2000）.Diagnostic and statistical manual of manual disorders（4th edn text rev.）.Washington DC:author.

Au, A., Chan, A. S., & Chiu, H.（2003）. Verbal memory in Alzheimer's disease. Journal of the International Neuropsychological Society,9,363-375.

Baird,G.,Cass,H., & Slonims,V.（2003）.Diagnosis of autism.British Medical Journal,327,488-493.

Bertrand,j.,Mars, A.,Boyle, C.,Bove, F.,Yeargin-Allsopp,M., & Decoufle,P.（2001）.Prevalence of autism in a United States population: the Brick Township, New jersey, investigation. Pediatrics, 108, 1155-1161.

Blessed,G.,Tomlinson,B.E., & Roth,M.（1968）.The association between quantitative measures o f dementia and o f senile change in the cerebral grey matter of elderly subjects.British Journal of Psychiatry,114, 797-811.

Chan, A.（2003）.Recent development of neuropsychology In Hong Kong.Paper presented at the International Conference on Neuropsychology,Hong Kong,December,9-12.

Chan,A.S.（2006）.Hong Kong List Learning Test（2nd edn）.Hong Kong:Department of Psychology and Clinical Psychology Centre,The Chinese University of Hong Kong.

Chan,A.S. & Po on,M.W.（1999）.Performance of7-to 95-year-old individuals in a Chinese version of the category fluency test.Journal of the International Neuropsychological Society,5,525-533.

Chan,A.S.and Leung,W.W.M.（2006）.Differentiating autistic children with quantitative encephalography:A three-month longitudinal study.Journal of Child Neurology,21,39 1-399.

Chan,A.S.,Cheung,J.,Leung,W.W.M.,Cheung,R.,and Cheung,M.（2005）.Verbal expression and comprel1ension deficits in young children with autism.Focus o11 A11tism and Developmental Disorders,20, 117-124.

Chan,A.S.,Cheung,M.C.,Chan,Y.L,Yeung,D.K.W., & Lam,W.（2003）.Bilateral frontal activation associated with cutaneous stimulation of Elixir field:An fMRl study.American Journal of Chinese Medicine, 34,207-216.

Chan,A.S.,Cheung,M.C., & Sze> S.L.（2008）,.Effect. of mind-body training on children with behavioral and learning problems:A randomized controlled study. In B. N. DeLuca（ed.）,Mind-body and relation research focus Hauppauge,NY:Nova Science,165-193.

Chan,A.S.,Cheung,M.C.,Sze,S.L., & Leung,W.w.（2009）.Seven-star needle stimulation. improves language and social interaction of children with autism spectrum disorder.American Journal of Chinese Medicine,37,495-504.

Chan,A.S.,Chui,M., & Salmon,D.P.(2001).The effects of age,education,and gender on the Matis Dementia.Rating Scale performance of elderly Chinese and American individuals.Journal of Gerontology,568,356-363.

Chan,A.S.,Han,Y.M.Y., & Cheung,M.C.(2008).Electroencephalographic(EEG)measurements of mindfulness-based Triarchic Body-Pathway Relaxation Technique:A pilot study.AppliedPsychophysiology and Biofeedback,33,39-47.

Chan,A.S.,Cheung,M.C.,Han,Y.M.Y.,Sze,S.L.,Leung,W.W,Man,H.S., & To,C.Y.(2009).Executive function deficits and neural discordance in children with Autism Spectrum Disorders.Clinical Neurophysiology,120,1107-1115.

Chan,A.S.,He,W.J.,Cheong,M.C.,Bal,Z.X.,P0on,W.S.,Sun,D.,Zhu,X.L., & Chan,Y.L.(2003).Cutaneous stimulation improves function of a chronic patient with cerebellar damage.E11ropean Journal of Neurology,10,165-269.

Chan,A.S.,Ho,Y.C.,Cheung,M.C.,Albert,M.S.,Chiu,H.F.K., & Lan1,L.C.(2005).Association between mind-body and cardiovascular exercises and memory in older adults.Journal of the American Geriatrics Society,53,1754-1760.

Clan,A.S.,Kwok,I.C.,Chiu,H.,Lam,L.,Pang,A., & Chow,L.(2000).Memory and organizational strategies in chronic and acute schizophrenic patients,Schizophrenia Research,41,431-445.

Chan,A.S.,Poon,M.W.,Cboi,A., & Cheung,M.C.(2001).Dementia Rating Scale.Hong Kong:The Chinese Universityof Hong Kong.(in Chinese)

Chan,A.S.,Sbum,D., & Chenng,R.W.Y.(2003).Recent development of cognitive and neuropsychological assessment in Asian conn tries.Psychological Assessment,15,257-267.

Chan,A.S.,Sze,S.L., & Cheung,M.(2007).Quantitative electroencephalographic profiles for children with autistic spectrum disorder.Neuropsychology,21,74-81.

Chan,A.S.,Tam,J.,Murphy,C.,Cbiu,H., & Lam,l.(2002).Utility of Olfactory identification Test for diagnosing Chinese patients with Alzheimer's disease.Journal of Clinical and Experimental Neuropsychology,24,251-259.

Chan,A.,Choi,A.,Chiu,H., & Lam,L.(2003).Clinical validity of the Chinese version of Mattis Dementia Rating Scale in differentiating dementia of Alzheimer's type in Hong Kong.Journal of the International Neuropsychological Society,9,15-55.

Chen,W.,Liu W.,Wong,Y C.N.(2008).Electroacupuncture for children with autism spectrum disorder:Pilot study of 2 cases.Journal of Alternative and Complementary Medicine,14,1057-1065.

Chen,Y.H. & Chen,X.Y.(2002).Wechsler Adult Intelligence Scale-ill(Chinese).Taiwan:Chinese Behavioral Science Corporation.(in Chinese)

Cheung,M.C. & Chan,A.S.(2003).Memory impairment in humans after bilateral damage to lateral temporal neocortex.NeuroReport,14,371-374.

Cheung,M.C.,Chan,A.S.,law,S.C.,Chan,).H., & Tse,V.K.(2003).lmpact of radionecrosis on cognitive dysfunction in patients after radiotherapy for nasopharyngeal carcinoma.Cancer 97,201 9-2026.

Cheung,M.C.,Chan,A.S.,Chan,Y.L., & Lam.M.K.(2006a).Language lateralization of Chinese—English bilingual patients with temporal lobe epilepsy:A functional MRI study.Neuropsychology,20,589-597.

Cheung,M.C.,Chan,A.S.,Chan,Y.L.,Lam,M.K., & Lam,W.(2006b).Effects of illness duration.on memory processing of patients with temporal lobe epilepsy.Epilepsia,47,1320-1328.

Cheung,M.C.,Chan,A.S.,Law,S.C.,Chan,J.H., & Tse,V.K.(2000).Cognitive functions of patients with nasopharyngeal carcinoma with and without temporal lobe radionecrosis.Archives of Neurology,57,1347-1352.

Cheung,R.W.,Cheung,M.C., & Chan,A.S.(2004).Confrontation naming in Chinese patients with left,right or bilateral brain damage.Journal of the lt1ternmional Neuropsychological Society,10,46-53.

Chiu,H.F.K.,Lan1,L.C.W.,Chi,1.,Leung,T.,Li,S.W.,Law,W.T.,Chuog,D.W.S.,Fuog,H.H.L.,Kan,P.S.,Lum,.M.,Ng,J., & Lau,J.(1998).Prevalence of dementia in Chinese elderly in Hong Kong.Neurology,50,1002-1009.

Chiu, H. F. K., Lee, H. C., Chung, W. S., & Kwong, P. 1C(1 994). Reliability and validity of the Cantonese version of MiniMental State:Examination-A preliminary study.Journal of Hong Kong College of Psychiatrists,4,(Suppl 2),25-28.

Chiu,W.T.,Yeh,K.H.,Li,Y.C.,Gan,Y.H.,Chen,H.Y., & Hung,C.C.(1997).Traumatic brain injury registry in Taiwan.Neurology Research,19,261-264.

Critchley,M.(1953).The parieral lobes.New York:Hafner.

Dai.X.Y.,Gong,Y.X., & Zhong,L P.(1990).Factor analysis of the Mainland Chinese version of the Wechsler Adult Intelligence Scale.Psychological.Assessment,2,31-34.

Delis,D.C.,Kramet,J.H.,Kaplan,E., & Ober,B.A.(1987).California Verbal Learning Test.New York:Psychological Corporation.

Folstein, M. F., Folstein, S. E., & McHugh, P. R.(1975).Mini Mental State:A practical method for grading the cognitive rune of patients for the clinician.Journal of Psychiatric Research,12,189-198.

Gao,X.(2003).Review of neuropsychology in China.Journal of Postgraduates of Medicine,6,1-3.(in Chinese)

[高素荣(2003):《神经心理学现状与展望》,《中国医师进修杂志》2003 年第 6 期,第 1—3 页。]

Gong,Y.X.(1986).The Chinese revision of the Halstead-Reitan Neuropsychological Test Battery for adults.Acta Psychologica Sinica,18,433-442.(in Chinese)

[龚耀先(1986):《H.R.神经心理测验修订协作组:H.R.成人成套神经心理测验在我国的修订》,《心理学报》1986 年第 18 期,第 433—442 页。]

Gong,Y.X.(1989).Manual for the Wechsler Adult Intelligence Scale:Revised in China.Changsha,Hunan,China:Hunan Medical University.(in Chinese)

Ho,S.C.,Chan,A.S.Y.,Ho,Y.P.,So.E.K.F.,Sham,A.,Zee,B., & Woo,J.L F.(2007).Effects of soy isoflavone supplementation on cognitive function in Chinese menopausal women A double-blind,randomized,controlled trial.Menopause,14,489-499.

Hong Kong Psychological Society(1989).Wechsler Adult Intelligence Scales(rev.edn)-Hong Kong.Hong Kong:author.

Hong,Z.(200S).Brief history of Chinese neuropsychology.Paper presented at the International Conference on Neuropsychology,Hong Kong,Dec.9-12.

Hu, Y. & Yu, J. (1999). Research on children with attention deficit hyperactivity disorder. International Social Medicine, 16, 62-66. (in Chinese)

Hua, M.S. & Lu, L.H.J. (2003). Neuropsychology in Taiwan: The present and the future. Paper presented at the International Conference on Neuropsychology, Hong Kong, December, 9-1 2.

Jia, X., Yang, L., & Wang, G. (2008). The pathological mechanism of dementia of the Alzheimer's type and advances in pharmacological intervention. Xinjian Chinese Medicine, 26, 62-64.

Katzman, R., Zhang, M.Y., Qu, O.Y., Want, Z.Y., Lin W.T., Yo, E. et al. (1988). A Chinese version of the Mini Mental State Examination: Impact of illiteracy in a Shanghai dementia survey. Journal of Clinical Epidemiology, 10, 971-978.

Lam, L.C.W., Chiu, H.F.K., Li, S.W., Chan. W.P., Chan, C.K.Y., Wong, M., & Ng, K.O. (1997). Screening for dementia-a preliminary study on the validity of the Chinese version of the Blessed-Roth Dementia Scale. International Psychogeriatrics, 9, 39-46.

Lam, L.C.W., Chiu, H.P, K., Ng, K.O., & Chan, C. (1998). Clock-face drawing, reading and setting tests in the screening of Dementia in Chinese elderly adults. Journal of Gerontology: Psychological Sciences, 53B, 353-357.

Lam, L.C.W., Tang, W.K., Leung, V., & Chiu, H.F.K. (2001). Behavioral profile of Alzheimer's disease ill Chinese elderly: A validation study of the Chinese version of the Alzheimer's Disease Behavioral Pathology Rating Scale. International Journal of Geriatric Psychology, 16, 368-373.

Lam, T.C.P. (2004). Update on dementia. HKMA CME Bulletin, 2004 June, 1-5.

Le Couteur, A-, Rutter, M, Lord, C., Rios, P., Robertson, S., Holdgrafer, M. et al. (1989). Autism Diagnostic Interview: A standardized investigator-based instrument. Journal of Autism and Developmental Disorders, 19, 363-387.

Lezak, M.D., Howieson, D.B., & Loring, D.W. (2004). Neuropsychological assessment (3rd eds). New York: Oxford University Press.

Li, X., Wu, X., Han, L., Wang, J., Want, T., Zhuang, Y., et al. (2000). A computerized neurobehavioral test system. Chinese Mental Health Journal, 14, 309-311. (in Chinese)

［李学义、吴兴裕、韩厉萍、王家同、王涛、庄勇、杜建英、万自立、付川、沈小凤(2000):《计算机化神经行为测试系统的编制》,《中国心理卫生杂志》2000 年第 14 期,第 309—311 页。］

Liu, H., Lin, K., Teng. E.L., Wang, S., Fuh, J., Guo, N. · Chou, P., Hu, H., Chiang, B.N. (1 995). Prevalence and subtypes of dementia in Taiwan: A community survey of 5297 individuals. Journal of the American Geriarrics Society, 43, 144-149.

Lord, C., Rutter, M., Goode, S., Heemsbergen, J., Jordan, H., Mawhood, L. et al. (1989). Autism Diagnostic Observation Schedule: A standardized observation of communicative and social behavior. Journal of Autism and Developmental Disorders, 19, 182-212.

Mak, R.H.L., Lam, C.C.C., Ho, C.C.Y., & Wong, M.M.Y. (2006). A primer in common developmental disabilities: Experience a Child Assessment Service, Hong Kong. Hong Kong: Child Assessment Service, Department of Health.

Mattis, S. (1988). Dementia Rating Scale professional manual. Odessa, FL: Psychological Assessment Resources.

National Autism Association. (2007). Downloaded from the NAA website on October 31, 2007 (http://www.natioualautismassociation.org/defi.nitions.php).

Plassman, B.L., Langa, K. M., Fisher, G. G., Heeringa, S. G., Weir, D. R., Ofstedal, M. B. et al. (2007). Prevalence of dementia in the United States: The aging, demographics, and memory study. Neuroepidemiology, 29, 125-132.

Rey, A. (1964). L'examen clinique en psychologie. Paris: Presses Universitaires de France.

Schopler, E., Reichler, R.J., & Renner, B.R. (1 986). The Childhood Autism Rating Scale (CARS). New York: lrvington.

Shi, D. & Chan, A.S. (2008). Dejian Mind-body Intervention Hong Kong: Chan Wu Yi Culture. (in Chinese)

［释德建、陈瑞燕(2008):《德建身心疗法:禅武医文化》。］

Tamayo, J.M. (1987). Frequency of use as a measure of word difficulty in bilingual vocabulary test construction and translation. Educational and Psychological Measurement, 47, 893-902.

Wang, H. & Li, X. (2006). Reason and essence of developmental dyslexia. Chinese Journal of Clinical Rehabilitation, 10, 138-140. (in Chinese)

［王晓平、李西营(2006):《发展性阅读障碍的原因及其本质研究》,《中国临床康复》2006 年第 10 期,第 138—140 页。］

Wang, S. & Wang, Y. (2005). Retrospect and prospect of neuropsychology in China. The Chinese Journal of Neurology, 38, 151-153. (in Chinese)

Wing, L. & Potter, D. (2002). The epidemiology of autism spectrum disorders: Is the prevalence rising? Mental Retardation and Developmental Disabilities Research Review, 8, 151-161.

Wong, V.C.N. & Hui, S.L.H. (2007). Brief report: Emerging services for children with autism spectrum disorders in Hong Kong (1960-2004). Journal of Autism and Developmental Disorders, published online, June 29, 2007.

Wong, V.C.N., Sun J., & Yeung, D.W.C. (2006). Pilot study of efficacy of tongue and body acupuncture in children with visual impairment. Journal of Child Neurology, 21, 462-473.

Wong, V.C.N., Sun J., & Yeung, D.W.C. (2006). Pilot study of Positron. Emission Tomography (PET) brain glucose metabolism to assess the efficacy of tongue and body acupuncture in cerebral palsy. Journal of Child Neurology, 21, 455-462.

World Health Organization. (1990). International classification of diseases (10th eds). Geneva: author.

Woo, J., Lau, E., Ho, S.C., Cheng, F., Chan, C., Chan, A.S.Y., Haines, C.J., Chan, T.Y.K., Li, M. & Sham, A. (2003). Comparison of pueraria lobata with hormone replacement therapy in treating the adverse health consequences of menopause. Menopause, 10, 352-361.

Xu, S. & Wu, Z. (1986 }. The construction of 'The Clinical Memory Test'. Acta Psychologica Sinica, 18, 100-108. (in Chinese)

［"临床记忆量表"编制协作组(许淑莲,吴振云执笔)(1986):《"临床记忆量表"的编制》,《心理学报》1986 年第 18 期,第 100—108 页。］

Yang, X. (2008). Epidemiological features of senile dementia and its prevention. Occupation and Health, 24, 1317-1318.

Yiu,E.M.L.(1992).Linguistic assessment of Chinese-speaking aphasics:Development of a Cantonese a-phasia battery.Journal of Neurolinguistics,7,379-424.

Yuan,G.(2000).Improving the development of neuropsychology in China.The Chinese Journal of Neu-rology,33,133-134.(in Chinese)

Zhang,X. & Ji,C.(2005).Autism and mental · retardation of young children in China.Biomedical & Environemntal Sciences,18,334-340.

Zhou,D.P.,Xu,C.S.,Qi,H.,Fan,J.H.,Sun,X.D.,Como,P.,Qiao,Y.L.,Zhang,L., & Kieburrtz:,K.(2006).Prevalence of dementia in rural China:Impact of age,gender and education.Ada Neurology of Scandi-navia,114,273-280.

Zhu,R.(2008).Approach of a pathogenesis and therapy of Alzheimer Disease in TCM.Shanxi Journal of Traditional Chinese Medicine,24,1-3.

第 24 章　中国人应对之道(途径)

郑思雅(Cecilia Cheng)　　罗传意(Barbara C.Y.Lo)

赵骞雯(Jasmine H.M.Chio)

在一项关于企业家感知压力水平[1]的多国调查中(Grant Thornton International,
2005),中国台湾企业家位居前列,60%的中国台湾参与者报告在过去几年中体验到越
来越多的压力,中国香港企业家位列第二,超过50%处于高水平压力之下。值得注意
的是,仅两个区域的华人被试参与了此次调查,但都处于压力水平的顶端。与此相对,
来自于加拿大、荷兰、瑞典的企业家压力水平最低,只有不超过四分之一的参与者报告
在过去的几年中经历了越来越高的压力。

尽管台湾和香港企业家具有最高的压力水平,不过,这不一定意味华人身处心理问
题的危机之中。中国人的教育提倡"危中有机",如果处理得当,压力经历可以转化为
能促进个人发展的机会或挑战。

本章尝试探讨中国人应对压力的独特方式。下文中,我们会指出,大量文献证实中
国人具有以下特点:a)更倾向于使用回避和情绪聚焦应对(emotion-focus coping);b)应
对策略具有对各种应激情境更强的灵活性;c)社会支持寻求和利用较少。我们会基于
传统文化信念和当代文化心理学理论对每一种应对特征进行探讨。

"被动"应对之道

跨文化研究发现(如 Maxwell,Sukhodolsky,Chow, & Wong,2005;Selmer,2002),中
国人更倾向使用回避和情绪聚焦应对方式。在西方文化中,这两种方式一般均被称为
被动应对方式(例如 Majer,Jason,Ferrari,Olson, & North,2003;Neria,2001)。中国人的
这种"被动"应对方式可能与其特有的个人控制感有关,这种独特感知可能来自于中国
社会传统文化价值观。

知觉到的控制(perceived control)和传统文化观念

与西方文化传统不同,东方哲学的教导和文化信念特别重视通过改变内部思想和
自身欲求来处理压力和痛苦情绪,而不是去改变外部环境。比如,忍(forbearance)就是

儒家重视的一种品德。正如儒家信条所宣称的,个体应该忍受压力或痛苦,因为这种"负面的"体验能增强意志、提高韧性,弥补不足。

> 故天将降大任于是人也,必先苦其心志,劳其筋骨,饿其体肤,空乏其身,行拂乱其所为,所以动心忍性,曾益其所不能。

——《孟子·告子下》

面对压力情境,需要这样主动改变消除他们,而不是将他们解释为负面的。儒家思想提倡人们深入理解逆境带来的积极方面和结果。这样,负面事件能使个人苦壮成长,因此,对中国人来说,接受和忍受痛苦是理所当然的。在此意义上,忍尤其是一种关系到对他人的道德义务和责任的美德,与维持社会和谐及群体凝聚力有关。

同样,佛学也宣称压力和痛苦主要源于个体精神的失衡,比如欲求和对快感的寻求(与对痛苦的厌恶相对)。转移压力相关痛苦的最好方法是鼓励个体留意自己的心理状态,将欲望转变为具建设性的思想。这样的正念练习及转化会让人心平气和(Y. Chen,2006a)。生活中各种事物的成因和意义千变万化,不管是积极的方面还是消极的方面,人们应该把它们作为一个整体,接纳生活,拥抱人生。当观察自己的心理和情绪反应时,也应该采取一种非批判性的角度。自痛苦中解脱的根本途径在于改造内在的思想和欲望。

道家思想也强调接纳和知足的重要性。道家哲学的一个核心概念是无为,即顺应生活中发生的一切,不干涉或什么都不做。值得注意的是,道家的无为并不是鼓励中国人消极等待,避免建功立业。相反,无为的终极目的是为了做并做成很多事情:

> 道常无为而无不为,侯王若能守之,万物将自化。

——《道德经》

为了积极处理压力和逆境,道家学说鼓励人们认识和理解自然变化之道,转变思想,这样就可以与环境变迁保持和谐一致(Y.Chen,2006b)。比如,道家学说讲到世间万物本质上都是相对的。没有绝对的好或坏。"好"与"坏"这样的反义词只是循环往复的暂时评估:当消极的一面消退时,积极的一面将呈现,反之亦然。因而,道家思想认为不需要因为遭遇逆境而忧心忡忡,也不需要激烈反应去消灭它,因为自然会自我矫正,重新恢复其平衡。

总而言之,儒释道三家东方传统哲学一致倡导通过改变精神或目标结构去应对逆境。控制感并不来源于对外部环境的操控,而应来自于对外部事物变化的原因及路径的深思。值得重申的是,这些哲学教导并不是简单地指导人们毫无反应,忽视或回避他们的问题,而是强调人们应该通过态度变化和个人转变来直面和重新评估这些心理压力的来源。理所当然地,在这种哲学传统中会重视使用情绪调节的认知应对策略和次级控制应对(例如理解,放手)。

知觉到的控制和当代文化理论

传统文化价值观不仅代表数百年前人们的思想和行为，而且在当今社会中仍持续影响特定文化中的人们（Triandis，1995）。西方人，个体主义文化和东方人的集体主义文化多有不同，尤其是在与他人关系中诠释自己的方式（Markus & Kitayama，1991；Singelis，1994）。Markus 和 Kitayama 提出了两个模型——独立自我和互依自我——来解释自我建构上的文化差异。根据他们的文化理论，个体主义文化中的个体存在更多的独立的自我建构取向。个体倾向于把自己看作是独立自主的、独特的和抽离于环境的。相反，集体主义文化存在更多的互依自我建构取向。个体往往把自己看作是其社会网络中必需的一部分，因而自己的行为会受到他人思想、感受和行为的影响。换句话说，集体主义文化中的个体倾向于把各自的"自我"看作在本质上相关，并且受到人际关系的影响（参见 Hwang，本书第 28 章；Kwan，Hui，& McGee，本书第 17 章）。

文化自我建构可能影响到归因和个人控制感的认知过程。认为自己和他人紧密联系的中国人可能会认为群体和环境对自己或他人的思想/感觉\行为具有重要影响。与认为自己独立于他人的西方人群相比，中国人更可能采用外向归因模式，即多用外部或环境因素解释行为或事件发生原因（例如 Buchanan & Seligman，1995）。Peng 和 Knowles（2003）的研究结果与此观点一致：在该研究中，给中国人和欧裔美国人呈现一系列事件并要求被试解释事件发生的原因。结果显示，中国人更注意情景线索，从背景因素方面解释事件的原因。而欧裔美国人倾向于考虑当事人的内在归因，以性情因素来解释事件的原因。

因为中国人在归因过程中更关注情境因素，他们可能相对不易出现基本归因错误。基本归因错误指的是无视环境限制而高估性情因素对行为的影响（Ross，1977）。Norenzayan、Choi 和 Nisbett（1999）发现，当缺少环境信息时，亚洲和欧美被试均采用性情归因的方式，而在提供了情境线索时，亚洲被试在归因时更多考虑这些情境线索，而欧美被试倾向于忽视这些哪怕是显而易见的线索。

除了外部的归因风格，中国人的个人控制感也可能比西方人群要弱。特别是中国人在追求目标和决定命运时较少感受到自主性。这些假设得到了跨文化研究的证实。Sastry 和 Ross（1998）分析了 1990 年世界价值观调查得来的数据，比较了亚洲集体主义国家的个体和西方个人主义国家个体的个人控制感，他们发现亚洲人的个人控制感普遍少于西方人。后续 O'Connor 和 Shimizu（2002）的研究也进一步重现了这一结果。该研究发现，与英国被试相比，日本被试对环境的个人控制感也比较低（也见于 Bond & Tornatsky，1973），而相较于英国对照组，中国管理者对其行为的外部控制感更多（Lu，Kao，Cooper，& Spector，2000）。

文化差异不单体现于对环境的一般控制感上,也表现在健康维持和增强这一具体方面。Wrightson 和 Wardle(1997)比较了在英国的亚洲人、欧洲人和英国人感知的健康控制点。研究请参与者描述他们的健康如何受到他们能够加以控制的内部因素(如通过其行为控制),以及他们不能够控制太多的外部因素(如受有权力的他人或机遇)的影响。与欧洲和非洲被试相比,亚洲被试更倾向于觉得其健康水平受有权力的他人或机遇的影响。然而,在对健康状况的自我评价方面,种族群体间并无显著差异。个体对健康的自我报告并不基于其对健康后果的解释。

总之,这些跨文化研究一致表明,相比于来自于个人主义国家的个体,来自于集体主义文化中的个体更倾向于对行为和事件进行外部归因,集体主义文化中的个体体验到较少的对所处环境和自身健康的个人控制。

知觉到的控制和"被动"应对之道

因为研究发现控制感可影响应对策略(例如 Anderson,1977;Birkimer,Johnston,& Dearmond,1993;Endler,Speer,Johnson, & Flett,2000;Osowiecki & Compas,1999),集体主义文化中个体的个人控制感相对较低,可能是他们比西方个体更倾向于使用逃避或情绪聚焦(emotion-focused)应对的原因之一。对价值观和信念的考察可能有助于更深入地探索这些应对策略的使用(见于 Leung & Li,本书第 15 章)。集体文化高度重视社会凝聚力和社会和谐(见于 Triandis,Bontempo,Villareal,Asai, & Lucca,1988)。在这种文化中,个体积极地回避人际冲突,因此,为减少与他人直接的人际冲突,中国人会更倾向于调整自己的行为和思想而不是改变他人或环境。在需要改变他人或环境时,他们也会预期到社会阻力而拒绝那么做。

中国人情绪聚焦应对方式的好处 在西方文化中(例如 Farone,Fitzpatrick, & Bush:eld,2007;M,Thomas,Charles,Epitropaki, & McNamara,2005),具有强烈的控制感与积极心理后果相关,反之,感知外部控制与消极的心理后果相关。尽管,相比那些个人主义国家中的被试,中国人一般会具备较少的自我控制感,但这并不意味着中国人会经历更多的心理失调。这很可能因为中国人并不像个人主义国家中的个体那样重视自主。与此观点一致,一些跨文化研究并未发现个人控制和心理幸福感之间存在稳定相关。Sastry 和 Ross(1998)的研究发现控制感和主观幸福感显著负相关。然而,这种相关性在亚洲人中要弱得多。与此一致,O'Connor 和 Shimizu(2002)的研究表明,在英国被试中,控制感可缓解应激相关的苦恼,而在日本人中无此效应。

出乎意料的是,对于中国人,具备外部控制感与适应性后果有关。Jose 和 Huntsinger(2005)发现压力对适应结果的影响受到华裔美国青少年被试的具体应对方式的调节,而并不会被欧裔美国青少年的具体应对方式调节。西方研究中一致发现问题聚焦应对方式与适应后果之间存在相关(Elfering et al.,2005;Stoneman & Gavidia-

Payne,2006），与此相反,这次结果提示,对于华裔美国青少年被试在中或高压力水平下,问题聚焦应对与更高的心理不适相关,在华裔美国青少年被试中,高压力状态下回避策略是最有效的调节压力相关痛苦的方式。这一结果提示来自于不同文化中的个体使用同一种应对策略可能会获得不同的压力相关后果。没有哪一种应对策略在不同文化间具有等同效果。

逃避或情绪聚焦策略效果的文化差异可能归因于其在不同文化中所具备的具体意义。对于中国人,表现出逃避或情绪聚焦策略并不像在西方文化中一样一定意味着被动。有可能通过一种"被动"应对方式,中国人能主动地间接获得控制感。这种观点与Rothbaum、Weisz、和 Snyder（1982）的论点相一致,他们认为个体可循两种途径获得控制,分别为初级和次绩控制,初级控制指的是努力尝试改变外在或环境—心理因素去适应个体的需求。相对应的,次级控制指的是改变个体自身的想法或行为去适应环境。将这些构想应用于中国背景,这些控制寻求方式可能构成了常见于中国人的被动应对方式的一部分。这种回避或情绪聚焦应对方式可能通过增加控制感而在现实中具有益处。

与此论点相一致,Spector 及其同事（2004）认为改变自身以适应环境可被看做一种保存和激活社会资源以应对压力的积极有效方法,特别是在集体主义文化中的个体中。他们认为,对他人敏感以及采用被动应对策略具有培养所谓"社会工具性控制（socio-instrumental control）"的功能,指的是一种通过社会手段改变外部环境的能力。为检验其假设,研究者考察了在美国、中国内地和中国香港的大学生及成人雇员中的工作压力。结果提示,社会工具性控制可以解释由控制点解释之外的工作压力和倦怠相关变量。但这种结果只在香港华人中出现。虽然已出现了不一致的结果,这些发现仍非常有趣,提示逃避或情绪聚焦策略并不一定意味着被动,相反,这种应对策略可能反映出中国人处理应激事件的另一种可选途径,比如（利用）社会资源。

情绪聚焦应对中的个体差异　虽然中国集体主义文化似乎促使人们更多使用回避和情绪聚焦策略,然而需要注意的是中国人也存在群体内差异。比如,有研究发现,在不同家庭背景的中国青少年中会使用不同的应对策略。Hamid、Yue 和 Leung（2003）考察了家庭背景对中国青少年应对模式的影响。他们的发现提示,家庭环境影响了中国传统价值观在多大程度上转化为中国青少年对情绪聚焦策略的使用。具体而言,在温暖、支持及娱乐导向家庭中的中国青少年与在控制和矛盾重重家庭中成长的中国青少年相比,更多地采用"无为"。这些发现暗示,对情绪聚焦应对方式的使用在中国青少年中可能存在差异,而这种差异可以部分地为其家庭背景所解释。

除了家庭的影响,性别是另一个在使用情绪聚焦应对方面与个体差异相关的可能因素。Liu、Tein 和 Zhao（2004）发现中国男孩和女孩之间在情绪聚焦应对上存在稳定的差异。结果显示较之于中国男孩,中国女孩倾向于使用更多的情绪聚焦应对策略

（比如，"自己哭泣"，"感到不安"）。在中国成年人中也发现了性别差异。Shek（1992）和 D. W. Chan（1994）的研究提示，中国成年男性更倾向于采用个人应对，而中国成年女性在处理应激源时更倾向于寻找外部帮助。研究结果与重视性别角色刻板印象的中国传统信念相一致。具体而言，中国男性被期待为强韧有力，而中国女性被期待为温柔体贴（如 X. Chen，2000；Lii & Wong，1982）。值得注意的是其他中国人研究（D. W. Chan，1995；Gerdes & Pig，1994；Wang & Chen，2001）显示在应对策略上并无性别间差异。以此，在应对策略方面的性别差异仍未有定论。另一些重要但未测量的变量如社会公理（见 Leung 和 Li，本书第 15 章）等可能使结果变得复杂。

　　问题聚焦和情绪聚焦应对的均衡运用　迄今为止的讨论认为在中国人中广泛地采用情绪聚焦策略。不过，这并不一定意味着对问题聚焦应对的使用不普遍。一些研究支持了这一观点，这些研究中同时考察了中国人样本中问题聚焦应对和情绪聚焦应对。Liu、Tein 和 Zhao（2004）详细考察了中国青少年中的应对行为，结果提示中国青少年并不认为他们自己只使用一种应对策略，相反，他们倾向于采用多种应对方式，包括问题聚焦模式（尽量改善状态）以及情绪聚焦模式（不再去想它）。另一项由王桂平和陈会昌（2001）进行的研究探讨了中国高中学生是如何应对学业压力的，发现中国学生也会同时采用问题聚焦应对（问题解决和寻求社会支持）和情绪聚焦应对（逃避、离群、积极重评以及自我控制）。

　　对中国成年人的研究得到了相似的结果。Hwang 及其同事（2002）考察了中国大陆、中国台湾和美国教师与护工的应对方式，与欧裔美国人对照组相似，两个地方的华人都倾向于既采用问题聚焦（如计划解决问题）也采用情绪聚焦应对（如离群及积极重评）。Cheng、Wang 和 Golden（2011）的研究表明，尽管中国大学生通常会比欧美同龄人较少地采用问题聚焦应对而更多地采用情绪聚焦应对，但在处理应激源时，确实是使用了两种应对策略。这些研究提示，中国人往往具有一种既包括问题聚焦也包括情绪聚焦应对方式的均衡应对方案，而不仅仅以使用情绪聚焦应对为主。使用这些应对策略的顺序在将来的研究中值得进一步探讨。

　　总之，对于中国人对回避和情绪聚焦应对的使用，需要注意以下几点：首先，虽然西方研究一致表明在情绪聚焦应对与异常适应结果之间稳定相关，但这种相关性在中国人中要弱得多。其次，跨文化比较研究表明，中国人较之于其西方对照组要更倾向于采用情绪聚焦应对，不过也能发现和预期在情绪聚焦应对的使用上存在个体差异。再次，Gerdes 和 Ping（1994）认为，多数人均同时采用问题聚焦和情绪聚焦两种方式来处理应激源，但这两种应对方式的权重也许存在差异。一些研究发现中国人确实同时采用这两种应对方式，为此观点提供了支持。这种均衡使用两种方式的应对方案使得个体能够采用不同的策略灵活应对千变万化的环境。

灵活应对之道

如上所述，与西方对照组人群相比，中国人往往更多采用回避或情绪聚焦策略。值得注意的是，这些跨文化研究采用应对的综合评分。仔细检查结果发现，对于西方被试，应对方式的得分普遍在"低"的范围之内，表明他们在大多数的应激情境下不经常使用回避或情绪聚焦，而虽然中国被试给分高于西方对照，但中国被试的分数普遍在"中等"而非"高"的范围之内。这种在采用应对策略上的中等水平，提示中国人可能只在某些而非所有应激状况下使用回避或情绪聚焦策略。

与此观点相一致，Cheng、Wang 和 Golden（2011）采用了一种情境依赖的测量方式，发现在不同情境下，中国被试表现出更大程度的应对灵活性。他们倾向于多样化使用"相反的"应对策略（如接近对回避、问题聚焦对情绪聚焦、主动对被动），可能反映了较高的辩证思维的能力，辩证思维以对变化、矛盾和事件意义的独特视角为特征（见于 Hou & Zhu, 2002；Peng & Nisbett, 1999）。基于变化的角度，辩证思维者倾向于知觉到世界以及其中的所有事件总是在变化，基于矛盾的角度，辩证思维者倾向于接受貌似矛盾的命题能够以一种平衡和谐的方式共存。基于意义的角度，他们倾向于认为某事件的意义能反映在其相反的可能性或其他相关的可选项。任何事物的具体意义均受制于该事物所处情境。

辩证思维和中国传统信念

辩证思维根植于古老的中国哲学（见于 Cheng, Lee, & Chiu, 1999），这种被中国学者和思想者广泛采用的思考方式在中国典籍中得到最好的表现，如《易经》、《道德经》、《中庸》、《吕氏春秋》等，这些典籍阐述了宇宙及生存方式的辩证观，位于中国传统信念的核心部分。

道教基本经典《易经》反映了中国古代关于宇宙的辩证观，围绕着三个超自然主题：a）宇宙变化之永恒；b）接受变化的无可避免；c）对立面之间的动态平衡。与这一经典著作相一致，这一世界的所有实体均是相互联系的，存在于永恒的流动和变化之中。在这永恒的变化中仍能获得秩序和规律。如果*阴*和*阳*这两个貌似相对而又相互联系的自然力量之间处于和谐的平衡状态，则可以保持相对稳定，这两种相互对立的基本力量并不是简单的反映二元论，而是认为*阴阳*之间稳定互动以产生变化。

> 日往则月来，月往则日来，日月相推而明生焉；寒往则暑来，暑往则寒来，寒暑相推而岁成焉．往者屈也，来者信也，屈信相感而利生焉。

——《易经·系辞下》

辩证理论不单能在古代道家宇宙论中找到，也见于儒学经典《中庸》。在该书中，

*中庸*包含了三个基本概念：中等、平衡和适度。事实上，这种关于平均与和谐的信条可以用来指导中国人生活方式。具体说来，所有行为都有两极，都有其长处和弱点，这两极都应被考虑到，只关注其中之一被认为是不充分的。为在千变万化的环境中举止得当，个人需要避免极端，让自己处于"中间道路"（*中道*）。如果他们能依从自然的潮起潮落，他们就能够在某种情况下利用一极而在情况变化时利用另外一极。以此途径，这两极相互补充，达到一种和谐的状态。

总之，辩证理论（主义）是道家和儒家两种学说的思想基础（见如 Pang，1984；Qian，2001 对此问题的讨论）。中国辩证观强调采用灵活方式处理复杂事物应对环境变化。中国成语"*因时制宜*"就反映出适应千变万化环境的辩证观。

辩证思维和当代文化理论

尽管辩证理论根源于古代，它也对当代中国人思维方式发生着影响。Peng 及其同事（Peng & Nisbett，1999；Peng，Spencer-Rodgers，& Nian，2006）构建了一种关于朴素辩证主义的理论来解释思维方式的文化差异（也见于 Ji，Lee，& Guo，本书第 11 章）。具体而言，北美人被认为以综合的思维方式为特点，而东亚人被认为以辩证性思维为特点。

Peng 和 Nisbett（1999）对中国和美国谚语进行了内容分析。他们发现大量中国谚语包括相反内容，如"*物极必反*"和"*过犹不及*"，然而，非辩证性美国谚语更普遍，如"one against all is certain to fall（一个人对抗所有人一定会失败）""For example is no proof（例子不是证据）"。当被要求指出他们偏爱的谚语时，中国大学生通常表现出更喜欢辩证性谚语，而欧美大学生则更喜欢非辩证性谚语（Peng & Nisbett，1999，研究 1 和研究 2）。这些结果已经在解决日常生活矛盾（Peng & Nisbett，1999，研究 3）及感知形式论证等研究中（Peng & Nisbett，1999，研究 4 和研究 5）被重复验证。

自我评价也表现出朴素辩证主义中的文化差异。有些研究（Bond & Cheung，1983；Kanagawa，Cross，& Markus，2001；Spencer-Rodgers，Peng，Wang，& Hou，2004）考察了中国和欧美大学生的自我评价过程，结果显示，较之于欧美大学生，中国大学生倾向于在自我观念中表现出更多的矛盾。具体而言，中国大学生更容易赞同一个相对平衡的自我观念，表现为在评价自己时既同意积极陈述也同意消极陈述。相反，欧美大学生倾向于赞同那些相对更极端的自我观念，表现为更倾向于赞同积极的自我评估（Ip & Bond，1995）。

辩证思维和灵活应对之道

如上所述，文献中已经确定了不同的应对策略，每种应对策略都有其突出的特点和功能。为应对不断变化的环境，个体不可能只使用一种特定的应对策略，相反，他们可能需要灵活地采用多种应对策略去满足基于大量应激状况出现所产生的要求（Cheng，2003；Chiu，Hong，Mischel，& Shoda，1995）。以此，应对灵活性被定义为：1）在不同应激情况下，认知评价和应对方式的可变性；2）应对策略性质适合情况要求（Cheng，2001，p.816）。

Cheng 和 Cheung（2005a）详细考察了应对灵活性的认知机制，确定了两种应激—评价过程：分化和整合。分化指的是一种识别感知领域中的多种维度，并就这一领域采用不同视角的心理能力（见 Stephan，1977；Tramer & Schudermann，1974）。整合指的是一种在相互结合或互动的替代选择中权衡的心理能力（也见于 Stewin，1976；Suedfeld & Coren，1992）。结果表明，应对更加灵活的中国被试倾向于区别对待具有不同知觉维度的应激事件，采用整体策略去处理具不同程度可控性的应激源。这种整合策略包括在状况可控下更多地采用问题解决策略，而在不可控状况下较少地采用这种策略。

应对灵活性被认为特别与中国人应对方式相关，因为这一概念与辩证思维相联系。近期 Cheng（2009）的研究证明，表现更灵活的应对方式的中国人以辩证思维方式为特点。这些个体持一种独特观点，倾向于将环境感知为不断变化，事件意义是受限于其所处特定环境。他们倾向于认为，特定应对策略在处理所有应激源时并不是总有效。当应激源发生改变时，任何类型应对策略的有效性也会发生改变。他们还倾向于接受不同应对策略在特点和功能上存在差异，以此准备着在处理不同性质应激源时改变他们所采用的应对策略。

尽管这些研究表明，中国人比欧美人更可能采用辩证思维模式，这并不一定意味着所有中国人均具有辩证思维模式和灵活应对方式的特点。相反，对应对灵活性的研究（例如 Cheng，2005；Chow，Au，& Chiu，2008；Gan，Shang，& Zhang，2007；Lam & McBride-Chang，2007）一致表明，关于应对应激源的应对策略上的偏好，中国人具有相当大差异。应对灵活性存在三种主要方式，每一种以其独有的跨越应激情境的应对方式为其特点。第一种，有些中国个体以灵活的应对方式为特点，他们倾向于在可控的应激情境下更多地采用问题聚焦应对，而在不可控的应激情境中采用情绪聚焦应对。第二种，有些中国人以主动—不灵活（active-inflexible）应对方式为特点，他们倾向于采用更多问题聚焦应对而无视应激情境的特性。第三种，有些中国人以被动—不灵活（passive-inflexible）应对方式为特点，他们倾向于采用更多的情绪聚焦应对而无视应激事件的特性。

灵活的应对方式　应对灵活性描述了个体如何根据应激源特性的变化而改变自己的应对策略的基本过程，以此强调与心理适应相联系的稳定、有意义的应对形式。与此观点相一致，对中国人的研究揭示应对灵活性与许多有益的心理效果有关，比如低水平的焦虑和狂躁（Cheng，2001，2003，2009；Cheng，Chiu，Hong，& Cheung，2001；Chow et al.，2008；Lam & McBride-Chang，2007）、较少的应激相关症状如担忧和耗竭的倾向（Cheng，2001，2003，2009；Cheng，Chiu，Hong，& Cheung，2001；Chow et al.，2008；Lam &

McBride-Chang,2007）、更具适应性的人际功能（Cheng et al.,2001；Chow et al.,2008；Lam & McBride-Chang,2007）以及更好的整体生活质量。

应对灵活性与适应性心理后果之间的关系得到了纵向研究的有力检验。这些研究（Cheng,2001,研究 3；Cheng,2003,研究 3）在基线水平检测了应对灵活性以及整个研究时间内它与应对后果之间的关系。结果表明,应对灵活性可预测焦虑和抑郁的减少,症状严重程度减轻,整体生活质量提高。纵向研究的结果为中国人的应对灵活性和有益的心理结果之间的因果联系提供了一些有力的证据。

主动—不灵活应对方式 除了以健康人为被试,有些中国人研究比较了功能性胃肠疾病患者的应对灵活性的程度。这些患者的症状并无器官或生化原因（详见 Wong,Cheng,Hui, & Lam,2003；Wong,Cheng,Hui, & Wong,2003；Wong,Cheng,Wong, & Hui,2003）。心理因素对胃肠道病变的影响已被大量的文献所证实（如 Drossman,1993；Haug,Svebak,Wilhelmsen,Berstad, & Ursin,1994；Kane,Strohlein, & Harper,1993；Morris,1991）。

Cheng 及其同事的研究（A. O. Chan et al. 2005；Cheng,Chan,Hui, & Lam. 2003；Cheng,Hui, & Lam,1999,2000,2002,2004；Cheng,Hui,Lai, & Lam,1998；Cheng,Wong et al.,2003；Chang,Yang,Jun, & Hutton,2007）发现,具有胃肠道功能障碍的中国患者具备主动不灵活应对方式,具体而言,在多种应激情况下,这些中国患者倾向于表现出无差别的行动导向应对形式。即,无视事件的变化而总是采用问题聚焦应对方式。这些患者倾向于将大多数的应激状况知觉为自己加以控制的对象,经历高水平焦虑以及更多应激诱发的症状。

研究还仔细考察了实际生活中功能性胃肠疾病的中国患者在遇到应激时的应对行为。Cheng 及其同事（2002）观察了患有功能性胃肠道疾病的中国患者第一次接受内窥镜检查的应对行为。这些应对行为与那些患有十二指肠溃疡（一种器质性的胃肠道病变）的中国患者的应对行为进行比较。患有功能性胃肠疾病的中国患者表现出更多的问题聚焦策略和较少的情绪聚焦策略。患有功能性胃肠道疾病的患者还在内窥镜检前和后报告了更高的焦虑水平,在内窥镜检过程中有更多的疼痛和不适,以及更多的对医疗程序的不满。

被动—不灵活的应对方式 与具主动—不灵活的应对方式的个体主要采取问题聚焦应对相反,具被动—不灵活的应对方式的个体主要采取情绪聚焦的应对方式而无视情境特异性。Cheng(2001)采用情景分析,发现使用被动不灵活应对方式的个体具有知觉到不可控的固执的认知方式,具体而言,他们倾向于将多数应激事件知觉为超过其自身的控制,这种固执的知觉方式与功能异常的抑郁归因类似,强调:(1)内在性,意味着事情靠自身无法改变;(2)稳定性,意味着随着时间持续存在（译者注:原文为 inconsisency）;(3)整体性,意味着在不同情境中的一致性（译者注:原文为 inconsisency）。

与抑郁的认知理论假设（Abramson, Alloy, & Metalsky, 1986; Abramson, Metalsky, & Alloy, 1986; Beck, 1976, 1983）相一致, Cheng 的发现更进一步表明具有被动不灵话应对方式的个体较之偏好其他应对方式的个体经历更高水平的抑郁状态。

Gan 及其同事（2006）扩展了 Cheng 的工作, 考察了神经衰弱和单相抑郁的中国患者的应对方式。与没有这些心理问题的中国人相比, 患者倾向于较少地使用问题解决应对而更多地使用情绪聚焦应对。患有单相抑郁的个体倾向于将大多数情境知觉为不可控的, 应对比神经衰弱患者更缺少灵活性, 后者比没有心理问题的中国人缺少应对灵活性。这些结果揭示了被动—不灵活应对方式与抑郁症状之间的关系。

情境对应对灵活性的影响 以上对于应对灵活性的研究认为应对灵活性是一种个体差异因素, 然而, 在北京和香港 SARS（"非典"）暴发严重的地区中进行的研究中并没有发现大的个体差异（Cheng & Cheung, 2005b; Gan, Liu, & Zhang, 2004）。这些研究开展于"非典"暴发之初, 对"非典"及其治疗方法还缺乏了解, 民众害怕、紧张甚至抑郁的时候（见于 Cheng & Ng, 2006; Cheng & Tang, 2004; Cheng, Wong, & Tsang, 2006; Tsang et al., 2003）。在那个时期, 大部分的中国被试具有被动不灵活的应对特点, 表现为主要采用回避或情绪聚焦策略去应对健康危机。具体来说, 他们会避免外出就餐和购物、避免和人握手、避免与咳嗽、打喷嚏或刚从"非典"流行区域回来的人接触（Cheng & Cheung, 2005b）。

这些发现表明, 尽管应对灵活性上存在个体差异, 但在类似"非典"暴发时的"强烈"应激且存在着有力社会规范及行为控制指导个体如何行动时, 应对方式的个体差异并不大（见 Mischel, 1977; Snyder & Ickes, 1985）。在这种情形下, 情境特征的影响会变得非常强大以至于超过影响个人行为的个性特点。因为集体主义文化中的个体有强烈的遵从社会规范的动机, 那么, 在"非典"暴发期间, 应对灵活性的个体差异性减弱（至少暂时减弱了）, 就不令人吃惊了。因此, 他们的应对方式受到特定社会规范的影响要多于自身应对灵活性应对类型。

总之, 研究发现, 灵活应对方式与中国人的辩证思维有关, 虽然中国人中普遍存在着辩证思维, 但也存在着个体差异。有些偏爱采取灵活的应对方式, 而另外一些则更倾向于采用不灵活应对方式。而尽管存在着这样的个体差异, 在应对"强烈"应激状况, 如"非典"暴发时, 大多数中国人的应对行为变得不灵活了。

寻求社会支持之道

面对压力时, 个人并不总是依靠自己应对, 也会去寻找社会网络的支持（见 Cobb, 1995; Shinn, Lehmann, & Wong, 1984）。因为中国人具有互依自我建构特性, 在经历应激时, 他们应比独立自我建构的欧美人更主动地去从其他人那寻找帮助。与此预期相反,跨文化研究(Pines,Zaidman,Wang,Cbengbing, & Ping,2003;S.E.Taylor et al.,2004)一致证明,亚洲人比其西方对照组更少地去寻找社会支持。虽然中国人倾向于较少寻找社会支持,但中国被试比犹太族被试更看重社会支持(Pines et al.,2003),这些发现提示,中国人可能以一种区别于西方文献中典型社会支持概念的方式来利用社会支持。为分析在中国人中社会支持寻求行为的文化意义,需要探讨中国传统社会中社交网络的特点。

传统中国社会的集体主义

中国传统社会的一个显著特征是集体主义,在该社会中,重视紧密联系的社会结构,群体目标被置于个人需要之上(Hofstede & Bond,1988)。儒家哲学对中国人及其家庭、家族、社会网络及整个社会之间的联系产生了巨大影响。儒家哲学中的社会概念中,经典范例即"五伦"总结了基本的社会成对关系:君臣、父子、兄弟、夫妻、友友。前四对涉及等级关系,第五对指的是双方地位平等的社会关系。与此一致,每个个体以特定的方式与社会中的他人相联系——至少在最基础的朋友——朋友之间关系的水平上。在儒家社会中,个体间动态关系得到重视。个体不仅仅被视为符合其特定社会网络角色的被动存在,还能对其他部分和社会主动做出贡献。

值得注意的是,五伦并不仅仅指人与人之间的关系。在等级关系中这种关系"按地位排序(尊卑有序)",在儒家社会中,注意这种秩序是重要的。具体而言,每一方都被规定了特定社会地位及一系列行为规范,即礼或礼仪。为了维持关系和社会和谐,每一方都需要履行自己的角色要求和礼仪礼节。

社会关系中采用互惠原则,具体而言,被赋予较少社会权力的一方(如臣、子、弟、妻)应该尊重和服从被赋予更多社会权力的另一方(如君、父、兄及夫)。作为回报,较少社会权力的一方将获得另一方的仁爱和支持。比如,在父子关系中,儿子要服从父亲,父亲则应公正和蔼地对待儿子。礼仪体现了社会联系的理想标准,在人际关系中引导合适行为。如果任何一方没能遵循这一理想标准,关系和谐与社会秩序将可能被毁坏(也见于 Hwang & Han,本书第 28 章)。

儒家礼仪思想提供了中国社会中的社会互动结构。另一重要的儒家信条,仁(benevolence),构成了所有社会关系的基础。仁的核心是"爱人"(《论语·颜渊》)。仁也意味着一系列道德价值观,比如尊敬、和蔼、忠诚及宽容。在儒家教义中,培养仁的最好方法是与他人共情并依此对待他人。正如孔子所说:

> 己所不欲,勿施于人。

——《论语·卫灵公》

在儒学思想中,优秀的人应遵循礼仪和仁的原则生活,应当在多种角色中表现出合乎礼节的正直行为。比如,作为臣子,应忠于其君,作为丈夫,应该公正地对待妻子。这些在许多世纪之前形成的儒家教义，随着时间流逝，已经成为中国社会的行为惯例和标准。

集体主义和当代文化理论

孔子关于礼和仁的教义仍影响着现在的人们。具体而言，儒家的仁强调关心他人以维持人际和谐（见 Yu，1988）。对于中国人，了解自己与他人的关系是做人或"构建"自我的重要内容。而且，儒家礼仪准则代表着人际关系中一个行为得当和恪守礼仪的系统。对于中国人，他人面前的不合适行为是一种礼的缺失（失礼）或没面子（丢脸）。中国人仍旧在意顾面子，因此在社会关系中往往要避免丢脸或失礼。

面子（face）的概念对理解中国社会中人际互动非常重要（见于 Gao，1998；D.Y.F. Ho，1976）。对于中国人，面子的影响如此突出以至于它"体现出一种对社会网络中的每一成员的相互限制甚至是强制的力量"（D.Y.F.Ho，1976，p.873）。中国文化中的"face"有两种：*脸*和*面子*。据 Hu（1944）分析，*脸*与个人正直和道德特征有关，丢*脸*会"让人不能再在社会上正常活动（p.45）"。*面子*与通过成功获得的公众自我意象有关，在他人面前暴露某人的弱点或问题会导致没*面子*。丢脸（losing face）不光导致社会地位受损也会给家人带来难堪，因此，在中国人中，丢脸是非常不受欢迎的人际事件（D.Y.F.Ho，1994）。这些观点认为，中国人往往过度关注他人对自己的评价。这种对关系的关注往往会让人们担心他人意见，避免直接交流以及为了获得社会接受而迎合他人期待，保持关系和谐，维护面子，避免社会惩罚（见于 Hwang & Han，本书第 28 章；Yang，1981）。

Kim、Sharkey 和 Singelis（1994）的研究为相互依存型自我建构与关注关系之间的联系提供了一些实验证据。与具独立自我建构的个体相比，那些相互依存自我建构的个体更关心他人的感受，比如避免伤害他人的感受。Singelis 及其同事的研究也表明，与北美被试相比，中国人和亚裔美国人报告了与相互依存性自我建构相联系的更强的窘迫感。

其他研究者考察了关注关系（relational concerns）及其对交流行为的影响。爱面子的个人会倾向于过滤掉或隐藏那些可能导致窘迫或引起羞耻的信息，进而，爱面子（face saving）与自我暴露密切相关。Ow 和 Katz（1999）的研究考察了有慢性病儿童患者的中国人家庭公开疾病的意愿，结果表明，在中国人中家庭问题可以部分暴露，但这种暴露具有高度选择性。大多数中国人不愿意向非家庭成员暴露自己家庭的问题，除非他们觉得这种暴露能为家庭带来实际好处。这些结果一致符合中国的谚语："家丑不可外扬。"

除了家庭问题，还发现顾面子（face concerns）与公开其他类型问题及寻求帮助相关。对中国人（如 L.L.Chen，1987；F.M.Ceung，1984）和亚裔美国人（如 F.K.Cheung，

1980；Sue，Wagner，Ja，Margullis，& Lew，1976）的研究一致，发现当存在心理问题，亚洲人偏爱自己处理问题而不去寻找他人的帮助，甚至当他们寻求他人帮助时，他们偏爱去找他们的家庭成员和好友而不是心理健康专家。此外，Chiang 和 Pepper（2006）的研究在中国护士样本中考察了报告医疗管理相关失误时所感到的阻碍。顾面子在该研究中是减少失误报告概率的重要阻碍因素。这些研究表明，顾面子在影响着集体主义人群中的暴露趋向以及多种问题的求助行为。

除了顾面子之外，偏爱间接交流方式也是中国人常见的一种社会行为（Yum，1988）。谈吐隐晦、和第三方而不是目标对象谈话，就是间接交流的例子。集体主义文化规定个体不能宣扬自己，不能对他人提出要求，不能拒绝或批评他人（Okabe，1987）。与西方对照组相比，来自于集体主义社会中的个体倾向于采用一种更间接的交流方式以遵循这些规范。更重要的是，因为中国人特别关注留面子，他们有强烈的动机去采用间接交流方式。这是因为间接交流能避免伤害他人，避免因为他人拒绝或不一致引发的尴尬，以此给双方留面子，保持关系和谐（Ting-Toomey，1988；Yum，1988）。

中国集体主义社会中的寻求社会支持之道

关注关系（relational concerns）以及不愿寻求支持　在西方文献中，社会支持减轻应激相关痛苦的作用得到了大量研究支持（见 Cobb，1995；综述见 Cohen，1992）。顾面子和窘迫感是阻碍中国人求助行为的主要障碍（D.Y.F.Ho，1994），他们可能倾向于避免对他人暴露问题。与此观点相一致，Pine 及其同事的研究（2003）表明，较之犹太人对照组，中国被试更不愿意将个人问题带给其他人。这种不愿意将问题暴露于他人面前的特点可能部分解释为什么中国人比西方人较少寻找或利用社会帮助。

这些结果表明，中国人在接受帮助时可能感到窘迫或不舒服，而不从社会支持中获得助益减少应激相关的痛苦。这可能是因为，求助可能需要将自己问题和弱点放大，以得到他人关注，这意味着丢脸。在这方面，中国人可能会觉得要面子较之利用社会支持解决自身问题更重要。这一观点得到 Taylor 及其同事（2004）研究的支持。该研究要求欧裔美国人和亚裔美国人被试给出寻求社会支持的理由。与欧裔美国人被试相比，亚裔被试更多关注这五个问题：维持和谐，认为说出他们的问题会让事情变得更糟的信念，对让其他人知道自己问题后自己可能受到批评的担忧，爱面子和自我依赖。所以这些亚裔美国人给出的理由都与留面子以及保持人际关系和谐有关而不是自身问题是否得到解决。

Lau 和 Wong（2008）进行的研究为临产的中国母亲爱面子与寻求社会支持之间的联系提供了实验依据。如预期一致，结果表明在爱面子和向他人求助的意愿之间存在负相关。具体而言，更爱面子的中国妈妈们对丢面子情况更敏感，而且有更强的动机去避免会产生窘迫的状况。作为结果，这样的个体可能更不愿将自己问题暴露于他人，更倾向于将自己与他人分隔开。这种结果提示，中国人暴露个人问题，寻求他人帮助的意愿可能包含有一个对过程中收益和成本进行评估的过程，如果预期寻求支持需要以丢面子为代价，寻求社会支持将会是一种不被赞同的行为。因此，中国人如果感到寻求支持会让他们的面子受到威胁，就更不可能寻求他人支持。

这些发现提示，关注关系可能是解释中国人社会支持寻求倾向的一个影响因素。这个观点在一项由 Kim 和 colleagues（2006）进行的跨文化研究中得到证实。他们的研究采用如下的实验方案：每个实验组的被试需要写下下列选项之一的五个最重要的目标：他们自己、内群体、外群体。亚裔美国被试在被要求思考他们内团体的主要目标时，较少去寻找社会支持，但在他们思考他们自己的重要目标时，他们有更强的意愿去寻找社会支持。欧裔美国被试在不同的实验条件下寻求社会支持的倾向无差异。这一实验研究进一步支持，看重群体目标能导致较少从他人那寻求支持。

社会支持寻求中的情境差异　除了关注关系可能降低社会支持效果，还存在另外一种可能性，即社会支持仍可能对中国人是有益的，但他们只在需要的时候去寻求它。在目前文献中，两种模型即主效应模型和缓冲效应模型被用来解决社会支持中的情境影响（见 Cohen & Wills，1985）。主效应模型假设社会支持和应激相关痛苦之间存在直接的负相关关系，换句话说，在任何环境下，社会支持均可减轻应激相关的痛苦，甚至在应激程度较低的时候。缓冲效应模型认为社会支持和应激水平之间存在相互作用，以此社会支持只有在应激程度高的时候才能调节应激所致的痛苦。

在 Cheng（1997）的研究中，这两种关于社会支持的模型在中国人中得到了检验。研究发现为缓冲效应模型提供了支持，表明对于中国人，只有在经历高强度应激的情况下，社会支持能发挥一种"缓冲"的作用。中国人在高应激状态下而不是在所有情况下寻求社会支持，这是因为当经历高应激状况时他们感到寻求帮助的需要相对更强一些。当应激水平低的时候，中国人可能觉得，他们能依靠自己处理应激源而无须打扰其他人。在这方面，他们较少利用社会支持可能反映了中国人社会支持寻求行为中的情境差异，也就是说，他们倾向于只在需要时而不是在所有时候去寻找社会帮助。

这一观点得到了 Boey（1999）研究的支持，该研究考察了中国大学生中的社会支持寻求，结果表明，中国大学生在解决问题时，普遍偏爱凭自己的力量而非寻找他人的帮助。值得注意的是，当意识到问题很严重需要帮助时，中国学生愿意去从其家庭成员和朋友那获取帮助。然而他们通常不倾向于去从专家那寻找帮助。这一发现提示，中国人倾向于重视社会支持，但只在他们无法依靠自己力量独立完成时才愿意去寻求社会支持（也见于 Leung & Liu，本书第 27 章）。而且，他们往往在寻找求助对象时具选择性，倾向于去接近那些与他们较亲近而不是那些与自己较疏远甚至毫无关系的人（也见于 Leung & Liu，本书第 27 章），最近 M.Y.Ho 及其同事（2008）的研究发现，在浪漫关系中来自同伴的较多社会支持与较少回避相联系。这一联系在中国被试中要强于美国对照组。这些发现证实,中国人倾向于在亲密他人那寻找帮助,这一帮助对期望的人际关系后果具有更大影响。

社会支持的类型和功能差异　上述讨论的社会支持寻求主要包括开放暴露或与他人分享压力经验及问题。Taylor 及其同事(2007)将这种类型的社会支持称为"显性"社会支持,指的是一方给另一方的帮助。他们设想这种"显性"社会支持应与隐性社会支持相区别,隐性社会支持是指"不需要暴露或讨论自己麻烦就从社会网络获得的情感上安慰(Taylor 等 2007,p.832)"。因为不需要公开讨论个人问题,隐性社会支持被认为在文化上更适用于集体主义文化中的个体。

为检验这一假设,Taylor 及其同事(2007)利用实验比较了欧裔美国人和亚裔美国人之间隐性和显性社会支持的效应。每个文化群体中的被试均被随机分配到显性社会支持、隐性社会支持或对照组中。在显性社会支持条件下,被试被要求写一封信给重要他人以寻求建议或帮助以解决一个具挑战性的问题。在隐性社会支持的条件下,被试被要求写一封关于重要他人为什么对他们重要的信。他们发现,与另外两组被试相比,被分配到显性支持条件下的亚裔被试表现出更高的皮质酮反应并体验到更多的痛苦。与此相反,被安排在隐性支持组的欧裔美国人比另两种条件下的被试表现出更高水平的皮质酮反应。此结果为这样的观点提供了一些支持,即隐性社会支持更有益于亚洲人而显性社会支持更有益于欧裔美国人。

尽管显性和隐性社会支持存在概念上的分别,不过这两种社会支持均属于同一种实际社会支持类型(S.E.Taylor et al.,2007)。Barrera(1986)认为,社会支持是一个多维度结构,包含有相对独立的三个方面。首先,网络支持(network support)指的是个人社会网络中个体的数量和身份。其次,实际支持(enacted support)指的是社交网络中的成员发起的现实支持行为。最后,感知支持(percieved support)指的是个人对其社会环境是否支持或有帮助的评价。因为社会支持似乎"只有在其被感知时才能发挥作用"(House,1981,p.27),在个人意识到社会支持缓冲应激的作用之前,个人应将社会支持评价为可获得的。仅仅是感到社会支持可获得就能减轻应激相关痛苦(如 Swickert,Rosentreter,Hittner,& Mushrush,2002;Thoits,1995)。

Cheng(1998)考察了这三种社会支持可能对中国人的益处。发现在感知社会支持、实际社会支持和网络支持间存在差异。结果进一步显示,感知社会支持比另外两种社会支持更好地预测应激的减轻。这些研究提示,仅仅是被关照和在需要时会获得社会支持的评估对中国人也是有益的。因为知觉到能获得支持可以提高控制感和应对效能(例如 Thoits,1985;Wethington & Kessler,1986),中国人能依靠自己处理应激事件而不冒影响与他人和谐关系的风险,因此,即便没有要求或出现明显的帮助行为,社会支持的好处依然存在。

简而言之,中国人往往较少寻求和利用社会支持,不过这并不一定反映社会他人所给予的支持对他们不重要。可能是因为中国人因为担心丢面子或危害与他人间的和谐关系而不愿意向他人寻求支持,也可能是中国人选择性地只在他们急切需要的时候而不是所有时间去寻求社会支持。第三种可能性是,中国人可以以微妙的间接的方式自社会支持中获益,这体现了中国人与西方被试之间在求助过程中的差异。

接下来是什么? 应对之道的将来

本章综述的中国人研究主要描述了,在千变万化的环境中,中国人处理生活变化的多种方法。将来的研究将超越已有的意识形态领域,去进一步考察存在于中国人独特的应对方式之下的调节机制。在近期的富有洞察力的综述中,Taylor 和 Stanton(2007)提出了应对方式研究的一个新领域,应该揭示应对过程的生物学基础。将要被探索的可能生物机制包括:(a)应对方式偏好的遗传和神经生物机制(如多巴胺和五羟色胺系统,行为激活和抑制系统);(b)在早期发展阶段,他们与环境间的相互作用。

既然中国人倾向于将自己知觉为社交网络或整体社会环境不可分割的一部分,那么,探索环境和遗传因素是否同样发挥作用,以至于家庭环境和教养方式可能调节遗传或者早年气质特性对个人应对方式的影响,这些将可能是有趣的研究方向,因此我们鼓励中国人应对方式的研究者去解决这些尚未被探索却又十分重要的问题。比如,未来研究可以考察中国人是否在不同于西方的情绪调节过程中具有独特的遗传或生物倾向。遗传和生物倾向是否引发了中国人在应对过程中更偏好次级控制,也是值得探索的问题。

Connor-Smith 和 Flachsbart(2007)进行的元分析进一步表明了这种人种学差异,个体的国别可以调节人格和应对方式之间的关系。具体而言,他们广泛综述文献,发现西欧和澳大利亚样本与东欧和北美样本相比,神经质与离群的应对方式之间的联系要弱得多,尽管这些分析仅限于西方不同地区(如北美、欧洲和澳大利亚)的样本,他们仍为研究中国人应对方式的亚文化差异带来了新视角。进一步研究可以探讨不同地理区域的华人(如中国内地华人、中国香港华人及新加坡华人、美裔华人等)中人格与应对方式之间联系上存在的差异。因为这些地区在社会—文化背景上有明显区别,这些研究将为了解中国人应对方式的社会—历史发展提供有价值的信息。

除了探索新的研究领域,中国研究者仔细考察应对方式的新策略也很重要。Folkman 和 Moskowtz(2004)指出,应对方式术语的维度要比20世纪60年代提出这种结构时心理学家所想象的要复杂得多。他们推测,新的构念,如未来导向的前摄应对以及宗教应对,可能加入到已有应对策略中。因为中国人比西方人更为社会取向,应付出更多努力抽提应对方式的人际维度内部成分。比如,不同类别的社会相关应对,诸如社会支持寻求和公共应对,在未来中国人研究中应得到更明确的区分和更广泛的研究。

为考察这些与中国背景相关的维度,中国研究者们可能会依据中国文化价值观以及中国人中独特的应对方式,概念化应对方式的新类型。以这种概念化为基础,可构建测评中国人此类构念的本土化测量工具。迄今为止,对中国人应对方式的研究非常依赖西方翻译量表。专为研究中国人的本土应对方式测量的发展相对有限,但有一些工作正在进行了(如 Maxwell & Siu,2008;Siu,Spector, & Cooper,2006)。

结　语

正如我们在本章所指出的,同样的应对策略在一些而不是另一些应激情形下具有适应性。读者可能会想知道:中国人应当选用哪种应对策略,更能有效应对应激源呢?这一宏大问题不能简单通过指定任一应对方式来回答。根据道家学说:

道可道,非常道,名可名,非常名。

——《道德经》

在这个变化无穷的世界,应对应激源的最好方法可能是首先观察应激源。当个人逐渐理解了压力情境的特点以及整体文化背景,不难找到合适的应对之道。

作者注释

本文的准备工作由 Research Grants Council's Competitive Earmarked Research Grant[研究资助委员会(局)的竞争性指定研究资助] HKU7418/07H 以及 Seed Funding Programme(种子基金项目) 200711159093 支持。

与此文章相关的邮件请寄往 Cecilia Cheng,Department of Psychology,The University of Hong Kong, Pokfulam Road,Hong Kong;email:ceci-cheng@ hku.hk。

章节注释

1 应激的构想可以指:(a)诱发不适或紧张感的应激事件或应激源的客观部分;(b)应激感受的主观部分。为将应激的客观方面与主观方面相区分,在本章中前者被称为"应激源(stressor)",后者被称为"应激(压力,stress)"。

参考文献

Abramson,L.Y.,Alloy,L.B., & Metalsky,G.L(J 986).The cognitive diathesis-stress theories of depression:Toward an adequate eval11ation of the theories' validities.New York:Guilford Press.

Abramson,L.Y.,Metalsky,G.1. , & Alloy, L.B.(1986).The hopelessness theory of depression:Does the research test the theory? New York:Guilford Press.

Anderson,C.R.(1977).Locus of control,coping behaviors and performance in a stress setting:A longitudinal study.Journal of Applied Psychology,62,446-541.

Barrera,M.,Jr(1986).Distinctions between social support concepts,measures,and nwdels.American Journal of Community Psychology,14,413-445.

Beck,A.T.(1976).Cognitive therapy and the emotional disorders.New York:International Universities Press.

Beck,A.T.(1983).Cognitive therapy of depression:New perspectives.ln I.P.Clayton & J.Barrett(eds), Treatment of depression:Old controversies and new approaches(pp.265-290).New York:Raven Press.

Birkimer,J.C.,Johnston,P.L., & Dearmond,R.(1993).Health locus of control and ways of coping can predict health behavior.Journal of Social Behavior & Personality,8,111-122.

Boey,K.W.(1999).Help-seeking preference of college students in urban China after the implementation of the'open-door'policy.International Journal of Social Psychiatry,45,104-116.

Bond,M.B. & Cheung,T.(1983).College students'spontaneous self-concept The effect of culture among respondents in Hong Kong,Japan,and the United States.Journal of Cross-Cultural Psychology,14,153-171.

Bond,M.B. & Tornatsky,L.C.(1973).Locus of control in students from Japan and the United States:Dimensions and levels of response.Psychologia,16,209-213.

Buchanan,G.M. & Seligman,M.E.P.(1995).Explanatory style.Hillsdale,NJ:Lawrence Erlbaum Associates.

Chan,A.O.,Cheng,C.,Hui,W.M.,Hu,W.H.C.,Wong,N.Y.H.,Lam,K.E.,et al.(2005).Differing coping mechanisms,stress level and anorectal physiology in patients with functional constipation. World Journal of Gastroenterology,11,5362-5366.

Chan,D.W.(1994).The Chinese Ways of Coping Questionnaire:Assessing coping in secondary school teachers and students in Hong Kong.Psychological Assessment,6,108-116.

Chan,D.W.1995).Depressive symptoms and coping strategies among Chinese adolescents in Hong Kong. journal of Youth and Adolescence,24,267-279.

Chen,L.L.(1987).A study of the process of psychological help-seeking among college students in Taiwan.Chinese Journal of Mental Health,3,125-138.(In Chinese).

Chen,X.(2000).Growing up in a collectivist culture:.socialization and socioemotional developmenr in Chinese children.In A.L.Comunian & G.Gielen(eds),International perspectivesoll human development(pp. 331-353).Lengerich,Germany:Pabst Science.

Chen,Y.(2006a).Coping with suffering:The Buddhist perspective. In P.T.P.Wong & L.C.J.Wong (eds),Handbook of multicultural perspectives on stress and coping(pp.73-89).New York:Springer.

Chen,Y.(2006b).The way of nature as a healing power.In P.T.P.Wong & L.C.J.Wong(eds),Handbook of multicultural perspectives on stress and coping(pp.91-103).New York:Springer.

Cheng,C.(1997).Role of perceived social support on depression of Chinese adolescents:A prospective study examining the buffering model.Journal of Applied Social Psychology,27,800-820.

Cheng,C.(1998).Getting the right kind of support:functional differences in the types of social support on depression for Chinese adolescents.Journal of Clinical Psychology,54,845-849.

Cheng,C.(2001).Assessing coping flexibility in reality and laboratory settings:A multimethod approach. journal of Personality and Social Psychology,80,814-833.

Cheng,C.(2003).Cognitive and motivational processes underlying coping flexibility:A dual-process model.Journal of Personality and Social Psychology,84,425-438.

Cheng,C.(2005).Processes underlying gender-role flexibility:Do androgynous individualsknow more or know how to cope? Journal of Personality,73,645-673.

Cheng,C.(2009).Dialectical thinking and coping flexibility:A multimethod approach.Journal of Personality,77,471-493.

Cheng,C.,Chan,A.O.O.,Hui,W.M.,& Lam,S.K.(2003).Coping strategies,illness perception,anxiety and depression of patients with idiopathic constipation:A population-based study.Alimentary Pharmacology & Therapeutics,18,319-326.

Cheng,C. & Cheung,M.W.(2005a).Cognitive processes underlying coping flexibility:Differentiation and integration.Journal of Personality,73,859-886.

Cheng,C. & Cheung,M.W.(2005b).Psychological responses to outbreak of severe acute respiratory syndrome:A prospective,multiple time-point study.Journal of Personality,73,261-285.

Cheng,C.,Chin,C.,Hong,Y.,& Cheung,J.S.(2001).Discriminative facility and its role in the perceived quality of interactional experiences.Journal of Personality,69,765-786.

Cheng,C.,Hui,W.,& Lam,S.(1999).Coping style of individuals with functional dyspepsia.Psychosomatic Medicine,61,789-795.

Cheng,C.,Hui,W.,& Lam,S.(2000).Perceptual style and behavioral pattern of individuals with functional gastrointestinal disorders.Health Psychology,19,146-154.

Cheng,C.,Hui,W.,& Lam,S.(2002).Coping with first-time endoscopy for a select sample of Chinese patients with functional dyspepsia and duodenal ulcer:An observation study.Psychosomatic Medicine,64,867-873.

Cheng,C.Hui,W.,& Lam,S.(2004).Psychosocial factors and perceived severity of functional dyspeptic symptoms:A psychosocial interactionist model.Psychosomatic Medicine,66,85-91.

Cheng,C.,Hui,W.M.,Lai,K.C.,& Lam,S.K.(1998).Coping behavior as a risk factor of functional dyspepsia.Gastroenterology,114,A90.

Cheng,C.,Lee,S.,& Chiu,C.(1999).Dialectic thinking in daily life.Hong Kong Journal of Social Sciences,15,1-25.

Cheng,C. & Ng,A.(2006).Psychosocial factors predicting SARS-preventive behaviors in four major SARS-affected regions.Journal of Applied Social Psychology,36,222-247.

Cheng,C. & Tang,C.S.(2004).The psychology behind the masks:Psyd1ological responses to the severe acute respiratory syndrome outbreak in different regions.Asian Journal of Social Psychology,7,3-7.

Cheng,C.,Wang,F.,& Golden,D.L.(2011).Unpackaging cultural differences in interpersonal flexibility:Role of culture-related personality and situational factors.Journal of Cross-Cultural Psychology.

Cheng,C.,Wong,W.,Lai,K.,Wong,B.C.,Hu,W.H.C.,Hui W.,et al.(2003).Psychosocial factors in patients with noncardiac chest pain.Psychosomatic Medicine,65,443-449.

Cheng,C.,Wong,W.,& Tsang,K.W.(2006).Perception of benefits and costs during SARS outbreak:

An 18-month prospective study.Journal of Consulting and Clinical Psychology,74,870-879.

Cheng,C.,Yang,F.,Jun,S., & Hutton,J.M.(2007).Flexible coping psychotherapy for functional dyspeptic patients:A randomized controlled trial.Psychosomatic Medicine,69,81-88.

Cheung,F.K.(1980).The mental health status of Asian Americans.Clinical Psychologist.34,23-24.

Cheung,F.M.(1984).Preferences in help-seeking among Chinese students.Culture,Medicine and Psychiatry,8,371-380.

Chiang,H. & Pepper,G.A.(2006).Barriers to nurses´reporting of medication administration errors in Taiwan.Journal of Nursing Scholarship,38,392-399.

Chiu,C.,Hong,Y.,Mischel,W., & Shoda,Y.(1995).Discriminative facility in social competence:Conditional versus dispositional encoding and monitoring-blunting of information.Social Cognition 13,49-70.

Chow,D.S.,Au,E.W.M., & Chiu,C.(2008).Predicting the psychological health of older adults:.Interactio11 of age-based rejection sensitivity and discriminative facility.Journal of Research in Personality,42,169-182.

Cobb,S.(1995).Social support as a moderator of life stress.In A.M.Eward & J.E.Dimsdale(eds),Toward an integrated medicine:Classics from Psychosomatic Medicine,1959 - 1979 (pp. 377 - 397).Washington,DC:American Psychiatric Press.

Cohen,S.(1992).Stress,social support,and disorder.In H.0. Y.Veiel & U.Baumann(eds),The meaning and measurement of social support(pp.109-124).New York:Hemisphere.

Cohen,S. & Wills,T.A.(1985).Stress,social support,and the buffering hypothesis.Psychological Bulletin,98,310-357.

Connor-Smith,J. K., & Flachsbart, C. (2007). Relations between personality and coping:A meta-analysis.Journal of Personality and Social Psychology,93,1080-1107.

Drossman,D.A.(1993).Psychosocial factors in chronic functional abdominal pain.New York:Elsevier.

Elfering,A.,Grebner,S.,Semmer,N.K.,Kaiser-Freiburghaus,D.,Ponte,S.L.-D., & Witschi,I.(2005).Chronic:job stressors and job control:Effects on event-related coping success and well-being.Journal of Occupational and Organizational Psychology,78,237-252.

Endler,N.S.,Speer,R.L.,Johnson,J.M., & Flett,G.L.(2000).Controllability,coping,efficacy,and distress.European Journal of Personality,14,245-264.

Farone,D.W.,Fitzpatrik,T.R., & Bushfield,S.Y.(2007).Hope,locus of control,and quality of health among elder Latina cancer survivors.Social Work in Health Care,46,51-70.

Folkman,S. & Moskowitz,J.T.(2004).Coping:Pitfalls and promise.Annual Review of Psychology,55,745-774.

Gan,Y.,Liu,Y., & Zhang,Y.(2004).Flexible coping responses to severe acute respiratory syndrome-related and daily life stressful events.Asian Journal of Social Psychology,7,55-66.

Gan,Y.,Shang,J., & Zhang,Y.(2007).Coping flexibility and locus of control as predictors of burnout among Chinese college students.Social Behavior and Personality,35,1087-1098.

Gan,Y.,Zhang,Y.,Wang,X.,Wang,S., & Shen,X.(2006).The coping flexibility of neurasthenia and depressive patients.Personality and Individual Differences,40,859-8-71.

Gao,G.(1998).An initial analysis of the effects of face and concern for'other' in Chinese interpersonal communication.International Journal of b1tercultural Relations,22,467-482.

Gerdes,E.P. & Ping,G.(1994).Coping differences between college women and men in Chinaand the U-nited States.Genetic,Social,and General Psychology Monographs,120,169-198.

Grant Thornton International (2005). International Business Owners Survey. London, England：Grant Thornton International.

Hamid,P.N.,Yue,X.D., & Leung,C.M.(2003).Adolescent coping in different Chinese family environ-ments.Adolescence,38,111-130.

Haug,T.T., Svebak, S. Wilhelmsen, 1. , Berstad, A., & Ursin, H. (1994). Psychological factors and somatic symptoms in functional dyspepsia：A comparison with duodenal ulcer and healthy controls.Journal of Psychosomatic Research,38,281-291.

Ho,D.Y.F.(1976).On the concept of face.American Journal of Sociology,81,867-884.

Ho,D.Y.F.(1994).Face dynamics：From conceptualization to measurement.In S.Ting-Toomey(ed.) ,The challenge of facework(pp.269-286).New York：State University of New York.

Ho,M..Y.,Zhang,H.,Iin,D.,Lu,A.,Bond,M.H.,Chan,C.,et al.(2008).Saving graces：The impact of current partner support and current maternal attachment on partner attachments in an individualistic and a collectivist cultural context Unpublished manuscript.

Hofstede,G.H. & .Bond, M.H. (1988). The Confucian connection：from cultural roots to economic growth.Organizational Dynamics,16,4-21.

Hou, Y. & Zhu, Y. (2002). The effect of culture on the thinking style of Chinese people. Acta Psychologica Sinica,34,106-111(In Chinese).

［侯玉波、朱滢(2002):《文化对中国人思维方式的影响》,《心理学报》2002 年第 34 期,第 106—111 页。］

House,J.S.(1981).Work stress and social support.Reading,MA：Addison-Wesley.

Hu,H.C.(1944).The Chinese concepts of'face'.American Anthropologist,46,45-64.

Hwang,C.,Scherer, R.F,Wu,Y.,Hwang,C.-H., & Li,J.(2002).A comparison of coping factors in Western and non-Western cultures.Psychological Reports,90,466-476.

Ip,G.W.M. & Bond,M..H.(1995).Culture,values,and the spontaneous self-concept.Asian Journal of Psychology,1,29-35.

Jose,P.E. & Huntsinger,C.S.(2005).Moderation and mediation effects of coping by Chinese American and European American adolescents.The Journal of Genetic Psychology,166,16-43.

Kanagawa,C.,Cross,S.E., & Markus,H.R.(2001).'Who am I?'The cultural psychology of the con-ceptual self.Personality & Social Psychology Bulletin,27,90-103.

Kane,F.J.,Jr,Strohlein,J., & Harper,R.G.(1993).Nonulcer dyspepsia associated with psychiatric dis-order.Southern Medical Journal,86,641-646.

Kim,H.S.,Sherman,D.K.,Ko,D., & Taylor,S.E.(2006).Pursuit of comfort and pursuit of harmony：Culture,relationships,and social support seeking.Personality and Social Psychology Bulletin,32,1595-1607.

Kim,M.,Sharkey,W.F., & Singelis,T.M.(1994).The relationship between individuals'self-construals and perceived importance of interactive constraints. International Journal of Intercultural Relations, 18, 117-140.

Lam,C.B. & McBride-Chang,C.A.(2007).Resilience in young adulthood:The moderating influences of gender-related personality traits and coping flexibility.Sex Roles,56,159-172.

Lau,Y. & Wong.D.F.K.(2008).Are concern for face and willingness to seek help correlated to early-postnatal depressive symptoms among Hong Kong Chinese women? A cross-sectional questionnaire survey.International Journal of Nursing Studies,45,51-64.

Lii,S. & Wong,S.(1982).A cross-cultural study on sex-role stereotypes and social desirability.Sex Roles,8,481-491.

Liu,X.,Tein,J,-Y., & Zhao,Z.(2004).Coping strategies and behavioral emotional problems among Chinese adolescents.Psychiatry Research,126,275-285.

Lu,L.,Kao,S.,Cooper,C.L., & Spector,P.E.(2000).Managerial stress,locus of control,and job strain in Taiwan and UK:A comparative study.International Journal of Stress Management,7,209-216.

Majer,J.M.,Jason, L.A., Ferrari,J.R., Olson,B.D., & North,C.S.(2003).Is self-mastery always a helpful resource? Coping with paradoxical findings in relation to optimism and abstinence self-efficacy.American Journal of Drug and Alcohol Abuse,29,385-399.

Markus,H.It & Kitayama,S.(1991).Culture and the self:Implications for cognition,emotion,and motivation.Psychological Review,98,224-253.

Martin,R.,Thomas,G.,Charles,K.,Epitropaki,O., & McNamara,R.(2005).The role of leader-member exchanges in mediating the relationship between locus of control and work reactions.Journal of Occupational and Organizational Psychology,78,141-147.

Maxwell,J.P. & Siu,O.L(2008).The Chinese coping strategies scale:Relationships with aggression,anger,and rumination in a diverse sample of Hong Kong Chinese adults.Personality and Individual Differences,44,1049-1059.

Maxwell,J.P.,Sukhodolsky,D.G.,Chow,C.C.F., & Wong,C.F.C.(2005).Anger rumination in Hong Kong and Great Britain:Validation of the scale and.a cross-cultural comparison.Personality and Individual Differences,39,1147-1157.

Mischel,W.(1971).The interaction of person and situation.Hillsdale,NJ:Erlbaum.

Morris,C.(1991).Nonulcer dyspepsia.Journal of Psychosomatic Research,35,129-140.

Neria,Y.(2001).Coping with tangible and intangible traumatic losses in prisoners of war.Israel Journal of Psychiatry and Related Sciences,38,216-225.

Norenzayan,A.,Choi,L & Nisbett,R.E.(1999).Eastern and Western perceptions of causality for social behavior:Lay theories about personalities and situations. In D.A Prentice & D.T.Miller(eds), Cultural divides:Understanding and overcoming group conflict(pp.239-272).New York:Russell Sage Foundation.

O'Connor,D.B. & Shimizu,M.(2002).Sense of personal control,stress and coping style:A cross-cultural study.Stress and Health,18,173-183.

Okabe,K.(1987).Indirect speech acts of the Japanese. In D.L.Kincaid(ed.), Communication theory:Eastern and Western perspectives(pp.127-136).New York:Academic.

Osowiecki,D.M. & Compas,B.E.(1999).A prospective study of coping,perceived control,and psychological adaptation to breast cancer.Cognitive Therapy and Research,23,169-180.

Ow,R. & Katz, D.(1999).Family secrets and the disclosure of distressful information in Chinese families.Families in Society,80,620-628.

Pang,P.(1984).*Ru jia bian zheng fa yan jiu*,Being,China:Zhonghua.(in Chinese)

［庞朴(1984):《儒家辩证法研究》,北京:中华书局。］

Peng,K. & Knowles, E. D. (2003). Culture, education, and the attribution of physical causality. Personality & Social Psychology Bulletin,29,1272-1284.

Peng,K. & Nisbett,R.E.(1999).Culture,dialectics,and reasoning about contradiction.American Psychologist,54,741-754.

Peng,K.,Spencer-Rodgers,J., & Nian,Z.(2006).Naive dialecticism and the Tao of Chinese thought.In IT.Kim,K.S.Yang & K.K Hwang(eds),Indigenous and cultural psychology:Understanding people in context (pp.247-262).New York:Springer Science & Business Media.

Pines, A.M.,Zaidman,N.,Wang,Y.,Chengbing,H., & Ping,L.(2003).The influence of cultural background on students' feelings about and use of social support.School Psychology International,24,33-53.

Qian,M.(2001).*Zhongguo wen hua shi er jiang*.Taipei,Taiwan,ROC:Lan Tai.(In Chinese).

［钱穆(2001):《中华文化十二讲》,台北:东大图书公司。］

Ross,L.(1977).The intuitive psychologist and his shortcomings.Advances in Experimental Social Psychology,10,173-220.

Sastry,J. & Ross,C.E.(1998).Asian ethnicity and the sense of personal control.Social Psychology Quarterly,61,101-120.

Selmer,J.(2002). Coping strategies applied by Western vs overseas Chinese business expatriates in China.International Journal of Human Resource Management,13,19-34.

Shek,D.T.L.(1992).Reliance on self or seeking help from others:Gender differences in the locus of coping in Chinese working parents.The Journal of Psychology,126,671-678.

Shinn,M.,Lehmann,S., & Wong,N.W.(1984).Social interaction and social support.Journal of Social Issues,40,55-76.

Singelis,T.M.(1994).The measurement of independent and interdependent self-construals.Personality & Social Psychology Bulletin,20,580-591.

Singelis,T.M.,Bond,M.H.,Sharkey, W.F., & Lai,C.S.Y.(1999).Unpackaging culture's influence on self-esteem and embarrass ability:The role of self construals. Journal of Cross-Cultural Psychology, 30, 315-341.

Siu,O.,Spector,P.E., & Cooper,C.L.(2006).A three-phase study to develop and validate a Chinese coping strategies scales in Greater China.Personality and Individual Differences,41,537-548.

Snyder,M. & Ickes,W.(1985).Personality and social behavior.In G.Lindzey & E.Aronson(eds),Handbook of social psychology(pp.883-947).New York:Guilford Press.

Spector,P.E.,Sanchez,J.l.,Siu,O.L.,Salgado,J., & Jianhong,M.(2004).Eastern versus Western control beliefs at work:An investigation of secondary control,socioinstrumental control,and work locus of control in China and the US.Applied Psychology:An International Review,53,38-60.

Spencer-Rodgers,J., Peng, K., Wang, L., & Hou, Y.(2004).Dialectical self-esteem and East-West differences in psychological well-being.Personality and Social Psychology Bulletin,30,1416-1432.

Stephan,W.G.(1977).Cognitive differentiation in intergroup perception.Sociometry,40,50-58.

Stewin, L.L. (l976). Integrative complexity: Structure and correlates. Alberta Journal of Educational Research, 22, 226-236.

Stoneman, Z. & Gavidia-Payne, S. (2006). Marital adjustment in families of young children with disabilities: Associations with daily hassles and problem-focused coping. American Journal on Mental Retardation, 111, 1-14.

Sue, S., Wagner, N., Ja, D., Margullis, C., & Lew, L(1976). Conceptions of mental illness among Asian and Caucasian-American students. Psychological Reports, 38, 703-708.

Suedfeld, P. & Coren, S. (1992). Cognitive correlates of conceptual complexity. Personality and Individual Differences, 13, 1193-1199.

Swickert, R.J., Rosentreter, C.J., Hittner, J.B., & Mushrush, J.E. (2002). Extraversion, social support processes, and stress. Personality and Individual Differences, 32, 877-891.

Taylor, S.E., Sherman, D.K., Kim, H.S., Jarcho, J., Takagi, K., & Dunagan, M.S. (2004). Culture and social support: Who seeks it and why? Journal of Personality and Social Psychology, 87, 354-362.

Taylor, S.E. & Stanton, A.L. (2007). Coping resources, coping processes, and mental health. Annual Review of Clinical Psychology, 3, 377-401.

Taylor, S.E., Welch, W.T., Kim, H.S. & Sherman, D.K. (2007). Cultural differences in the impact of social support on psychological and biological stress responses. Psychological Science, 18, 831-837.

Thoits, P.A. (1985). Social support and psychological well-being: Theoretical possibilities. lui. G. Sarason & B.R. Sarason(eds), Social support: Theory, research, and applications(pp.51-72). The Hague, The Netherlands: Martinus Nijhoff.

Thoits, P.A. (1995). Stress, coping, and social support processes: Where are we? What next? Journal of Health and Social Behavior, 35, 53-79.

Ting-Toomey, S. (1988). Intercultural conflict styles: A face negotiation theory. In Y.Y. Kim & W.B. Gudykunst(eds), Theories in intercultural communication(pp.213-238). Newbury Park, CA: Sage.

Tramer, R.R. & Schludermann, E.H. (1974). Cognitive differentiation in a geriatric population. Perceptual and Motor Skills, 39, 1071-1075.

Triandis, H.C. (1995). Individualism and collectivism. Boulder, CO: Westview.

Triandis, H.C., Bontempo, R., Villareal, M.J., Asai, M., & Lucca, N. (1988). Individualism and collectivism: Cross-cultural perspectives on self-ingroup relationships. Journal of Personality and Social Psychology. 54, 323-338.

Tsang, K.W., Bo, P.L., Ooi, G.C., Yee, W.K, Wang, T., Chan-Yeung, M., et al. (2003). A cluster of cases of severe acute respiratory syndrome in Hong Kong. New England Journal of Medicine, 348, 1977-1985.

Wang, G. & Chen, H. (2001). Coping style of adolescents under academic stress: Their locus of control, self-esteem and mental health. Chinese Mental Health Journal, 15, 431-434.

［王桂平、陈会昌（2001）：《中学生面临学习应激的应对方式及其与控制点、自尊和心理健康的关系》，《中国心理卫生杂志》2001 年第 15 期，第 431—434 页。］

Wethington, E. & Kessler, R.C. (1986). Perceived support, received support and adjustment to stressful life events. Journal of Health and Social Behavior, 27, 78-89.

Wong, W., Cheng, C., Hui, W., & Lam, S. (2003). Invited review: Non-cardiac chest pain. Medical Progress,30,15-21.

Wong,W.,Cheng,C.,Hui,W., & Wong,B.C.(2003).Invited review:Irritable bowel syndrome.Medical Progress,30,50-56.

Wong,W.,Cheng, C., Wong, B.C., & Hui, W.(2003).Invited review:Functional dyspepsia.Medical Progress,30,112-119.

Wrightson,K.J. & Wardle,J.(1997).Cultural variation in health locus of control.Ethnicity & Health,2, 13-20.

Yang,K.S.(1981).Social orientation and individual modernity among Chinese students in Taiwan. Journal of Social Psychology,113,159-170.

Yum,J.O.(1988).The impact of Confucianism on interpersonal relationships and communication patterns in East Asia.Communication Monographs,55,374-388.

第25章 中国人的患病行为

麦颖思(Winnie W.S.Mak)　　陈晓华(Sylvia Xiaohua Chen)

　　本章关注文化可能怎样影响中国人的患病行为,尤其是和精神疾病相关的患病行为。在这一章内,患病(illness)是指个人在其所在社会环境中对疾病(disease)的主观诠释及理解,而疾病是指需要医疗或者专业关注的生物病理或功能紊乱状况(Chun, Enomoto, & Sue,1996;Tseng,1997)。患病行为(illness behavior)包括人们体验、解释和应对疾病的方式。人们在所处社会文化背景和家庭社会化的基础上体验自身的身体和情绪状态。文化体验也建构和塑造了人们的价值取向、情感和认知体验以及行为模式(Fabrega,1989)。因此,人们在如何感知和定义患病、疾病在他们身上的表现形式以及他们考虑和寻求的干预措施上根据文化背景而表现各异(Mechanic,1986)。在理解中国人的患病行为时,需要考虑这种社会心理体验的文化特异性观点。

　　患病行为的研究者提出了概念化模型来理解苦恼(distress)体验的过程(Angel & Thoits,1987;Mechanic,1986;Young & Zane,1994)。在患病标签化和评估的过程中,个人首次体验到内心苦恼。文化信仰和环境对行为的束缚之间的冲突会引发应激反应,而应激可能唤起和加剧他们的苦恼(Angel & Thoits,1987)。人们体验到的苦恼可以表现为生理症状、情绪和知觉改变以及其他情绪和行为反应等各种形式。

　　不过,他们通常遵循文化规范表现潜在的心理病理或者神经生物学改变。随着症状的展现,个体根据他们过去习得的经验和对健康的文化观念来识别和解释症状(Mechanic,1986)。他们对患病的建构和评价也与参考人群(例如他们认同的人)的期待和反应相互影响。于是,患病在现象上的体验也受到社会和文化规范的影响。个体不仅更可能以其所在文化没那么不可接受的方式表现症状,而且在达不到自己的预期或者文化标准时,他们也更容易陷入困境。

中国人心理苦恼的水平

　　中国是世界上人口最多的国家。而且,随着中国人的移居,炎黄子孙几乎遍布世界每一个角落。例如,在新加坡,华人约占75%,是这一国家最大的种族群体(Department of Statistics,Ministry of Trade & Industry,Republic of Singapore,2008)。在美国,境外出生的美国人中26%生于亚洲,其中,中国位于首位(US Census,2002)。为了深入理解他们苦恼的机制,为他们提供契合文化的服务,必须从文化视角来理解全世界华人的苦恼体验。这一章考察了华人患病行为相关的议题。重点是东亚、东南亚和北美的实证研究。大部分研究在这些区域进行,我们也参考了其他地域进行的研究。

在东亚和东南亚,中国人自我报告存在高水平的苦恼。在香港年轻人和青少年中,Shek(1991)使用贝克抑郁量表(Beck Depression Inventory)测量,发现在2150位中国中学生中过半报告一定程度的抑郁症状,超过20%的学生报告中等至严重水平的抑郁,表现为悲伤、悲观、失败感和自我厌恶以及哭泣等。女生的苦恼和躯体症状显著多于男生(Shek,1989)。在中国香港华人青少年的其他样本中重复了这些发现:有24%(使用儿童抑郁量表测量)至64%(使用贝克抑郁量表测量)的被试处于抑郁范围(Chan,1995,1997)。在年龄连续变量的另一端,一项对美国、日本、中国台湾和中国大陆的9923位老年人的研究发现,中国老年人饮酒更多,而且那些离婚或者独居的中国老年人比其他区域的对照人群具有更严重的抑郁症状(Krause,Dowler,Liang,Gu,Yatonli,& Chuang,1995)。

在北美,研究发现华人心理苦恼和适应不良的程度至少与其他种族的体验处于相当水平(Uba,1994)。无论在大学还是社区样本,外来移民的苦恼程度都是最高的(Abe & Zane,1990;Aldwin & Greenberger,1987;Okazaki,1997;Ying,1988)。既往研究发现,华人在体验心理苦恼的程度及其表现方式都和欧裔美国人不同。大学生中,中国人和华裔美国学生比欧裔美国学生报告更高水平的情绪困扰。在一项自我报告的研究中(Abe & Zane,1990),华裔美国学生报告的人际困扰和个人内心苦恼显著高于欧裔美国学生,即便控制了文化上衍生出的反应趋势(例如社会赞许性)和人格类型(例如自我意识和自我监控),结果仍是如此。这种差异在境外出生的华人学生中尤其明显(Abe & Zane,1990)。

应用各种自我报告测量方法,华裔美国学生也表现出更高水平的抑郁、交流、社交回避、孤独、精神病倾向和更低的自尊(Aldwin & Greenberger,1987;Cheng,Leong,& Geist,1993;Hsu,Hailey,& Range,1987;Okazaki,1997;D.Sue,Ino,D.M.Sue,1983)。华裔美国青少年报告了比美国青少年更高水平的抑郁、社交应激(Zhou,Peverly,Xin,Huang,& Wang,2003)、社交焦虑(Austin & Chorpita,2004)、孤独感(Xie,1997)和社会适应困难(Abe & Zane,1990)。还有研究发现旧金山的华裔美国人中主要于美国境外出生的人群(Ying,1988)和加拿大华人移民女性(Franks & Faux,1990)存在相同样高水平的抑郁。另外,社区研究一致发现,除了抑郁之外,华人和华裔美国人中还存在高水平的情绪紧张、焦虑、孤独和生理性损伤(Chung & Singer,1995;Loo,1982;Loo,Tong,& True,1989;Sastry & Ross,1998)。

虽然华人,尤其是移民报告了许多心理苦恼症状,但是在西方诊断系统中,他们的精神疾病发病率却普遍呈现较低水平。在 20 世纪 80 年代,在中国人中使用依据 DSM-Ⅲ 制定的诊断面谈表(theDiagnostic Interview Schedule,DIS)展开了三项社区研究。上海精神病流行病学研究显示,上海徐汇区 3098 名中国人中有 0.2% 的重症抑郁症(Wang et al.,1992)。同样,台湾精神病流行病学计划估计,在台北 5005 受访者中有 0.9% 的重症抑郁症(Hwu,Yeh,& Chang,1989),而香港沙田社区心理健康调查发现的比例是 1.9%(Chen et al.,1993)。

　　21 世纪的最新调查发现了更高的比例,但是仍然比其他种族要低。某项电话研究根据 DSM-Ⅳ 构建的量表工具,随机调查了 5004 名香港人,其中重度抑郁的 12 个月患病率为 8.4%(Lee,Tsang,& Kwok,2007),随机挑选的 3304 个人中广泛性焦虑症的 6 个月患病率是 4.1%(Lee,Tsang,Chni,Kwok,& Cheung,2007)。在世界卫生组织的世界精神卫生调查倡议下,使用复合性国际诊断交谈检查表(the Composite International Diagnostic Interview,CIDI),在 5201 名中国居民(北京 2633 名,上海 2568 名)中,任一 DSM-Ⅳ焦虑障碍的患病率是 2.7%(12 个月)和 4.8%(终生),任一情绪障碍的患病率是 2.2%(12 个月)和 3.6%(终生)。(12 个月患病率:Shen et al.,2006;终生患病率:Lee et al.,2007。)

　　华裔美国人患病比例也较低。以 1742 名洛杉矶华裔为样本,华裔美国人流行病学研究(Chinese American Epidemiological Study,CAPES)发现 DSM-Ⅲ-R 重症抑郁的终生患病率为 6.9%(Takeuchi,Chung,Lin,Shen,Kurasaki,Chun,& Sue,1998),这项研究与全美共病调查(the National Comorbidity Survey,NCS)使用相同的测量工具,即复合性国际诊断交谈检查表的密歇根大学版本。NCS 的 8090 位调查对象中(75.1%欧裔美国人,12.5%非裔美国人,9.1%拉裔美国人,3.3%其他),DSM-Ⅲ重症抑郁的终生患病率为 17.1%(Kessler et al.,1994)。在 NCS 的重复研究中,像 CAPES 一样采用 DSM-Ⅲ-R 诊断标准,9282 位调查对象中(72.1%欧裔美国人,13.3%非裔美国人,9.5%拉裔美国人,5.1%其他)情绪障碍的终生患病率是 20.8%,焦虑障碍的患病率是 28.8%(Kessler,Berglund,Demler,Jin,Merikangas,& Walters,2005)。总之,在东亚和北美进行的流行病学研究提示华人的抑郁和焦虑普遍处于较低水平(参见本书 Stewart,Lee,& Tao)。

　　依据诊断标准和依据自我报告的研究结果不一致。虽然流行病学研究显示中国人或华裔美国人比欧裔美国人精神疾病的患病率更低。然而在自我报告中,中国人或华裔美国人往往有更多的抑郁和焦虑症状,也比欧裔美国人报告更多苦恼。这种分离可能是因为诊断系统固有的文化偏差。DSM 是西方创立的诊断系统,可能没有敏锐地捕捉到华人体验到的症状类型和范围以及苦恼程度。而且,华人在不同情况下会有区别地表露苦恼,取决于他们是填写症状量表,还是面对面或者通过电话和访谈人员或者专家交流(Hwang,Myers,Abe-Kim,& Ting,2008;Stewart et al.,本书)。

心理苦恼的文化表达

心理学家和其他社会科学家讨论了文化对于心理健康症候学的影响。他们认为，人们根据其社会化环境中的文化价值观，不同程度地躯体化他们的心理状态。躯体化（somatization）被定义为"以抱怨身体症状甚至患病的形式专注于躯体，以替代不快情感"（Kleinman，1980，p.149）。躯体化现象在临床和非临床机构中都会出现，在不同种族中其频率和强度不同（Mumford，1993）。据报告，在不同种族文化群体中，亚洲人，尤其是中国人更倾向于以身体主诉来表现他们的心理问题（Chen，1995；Hong，Lee，& Lorenzo，1995；Parker，Gladstone，& Chee，2001；Tabora & Flaskerud，1994；又见 Stewart et al.，本书第 22 章）。在 Parker，Cheah 和 Roy（2001）进行的一项跨文化研究中，华裔马来西亚人更可能表现躯体症状，而澳大利亚白种人更可能抱怨抑郁情绪、认知和焦虑症状。

有些研究者试图从华人文化价值观、语言/语义结构和他们的健康概念来解释华人中的躯体化现象。例如，有人提出华人为了和谐相处会抑制负面情绪。然而，如果直接问及，华人也乐意用心理学语言表达苦恼（Cheung，1982a；Cheung & Lau，1982）。还有人认为华人缺乏从心理学角度表达情绪的词汇，于是他们依赖于身体隐喻来表述情感（Kleinman，1980；Kleinman & Kleinman，1986）。最后，还有人相信华人躯体化其情感状态是因为他们持有心身合一的整体概念，从而没有区分这两个系统的功能（Chaplin，1997；Kuo & Kavanagh，1994）。

尽管研究者声称躯体化存在跨文化差异，可是没有充分且确定的实证研究证据。虽然有研究报告，在临床机构中中国人和亚裔美国人报告更多的躯体症状（Kleinman，1980；Lin，1982）。然而其他研究却发现，要么在全科诊疗时，所有种族间躯体症状报告没有差别，要么在非临床人群中，报告躯体症状非常常见（Escobar，1987；Kellner，1990；Simon，VonKorff，Piccinelli，Fnllerton，& Ormel，1999）。在香港中国人社区中，调查对象报告的心理症状要多于心理生理和生理症状（Cheung，1982b）。另一项研究中，中国人精神患者在被直接问及的时候能够告知他们的情绪状态（Cheung，Lau，& Waldmann，1980-1981）。据他们求助的机构所说，他们报告的症状也有不同（Cheung，1982a）。因此，与其说中国人以躯体症状替代心理痛苦，还不如说华人报告不同类型的症状是取决于报告机构和他们求助的途径。

除了这些解释中国人躯体化症状的备择假设之外，研究还发现躯体化与抑郁和焦虑高度相关（Escobar，1987；Kellner，1990；Lieb，Meinlschmidt，& Araya，2007；Simon & VonKorff，1991）。在 CAPES 调查采用 SCL-90R 躯体化分数，发现 1747 名华裔美国人中有 12.9%符合躯体化症状指标（Somatic Symptom Index，SSI）的所有 5 项躯体化指标。

其中有 29.5% 和 19.6% 的人分别达到 DSM 抑郁和焦虑障碍的诊断标准（Mak & Zane，2004）。一项抑郁症状表现研究调查了 1039 名台湾人，发现中国人的躯体主诉而不是认知情感主诉普遍更多；然而那些有抑郁症状的调查对象比非抑郁的调查对象更少地强调躯体症状（Chang，2007）。

而且，中国人躯体化倾向可能代指而不是取代了精神疾病。最近的临床和流行病学研究提示，中国人并不是在躯体化他们的抑郁症状，而是在经历一种独特形式的痛苦，称作神经症（neurasthenia）或神经衰弱，这种痛苦独立于西方诊断系统之外。在 CAPES 研究中，根据 ICD-10 的定义，神经症的发病率在洛杉矶华裔美国人的随机样本中达到 6.4%（Zheng，Lin，Takeuchi，Kurasaki，Wang，& Cheung，1997）。其中的 43.7% 也符合 DSM 定义的情绪和焦虑障碍。换句话说，大部分人（56.3%）不符合 DSM 的任一诊断。

另一临床研究调查了湖南省中南大学第二附属湘雅医院的 139 名患者，其中 35.3% 符合中国精神障碍分类系统（the Chinese Classification System of Mental Disorders，CCMD-2-R）中的神经衰弱的诊断（Chang，Myers，Yeung，Zhang，Zhao，& Yu，2005）。在这些确诊人群中，19.4% 也被诊断患有 ICD-10 的神经症，65.1% 符合 DSM-Ⅳ 诊断，包括 30.6% 的未分化躯体形式障碍和 22.4% 的躯体形式疼痛障碍，4.1% 的躯体化障碍，2% 的疑病症。总之，患有神经衰弱的 44.9% 的患者不符合任一 DSM 诊断的标准。这些研究发现提示，躯体化症状的报告，例如临床和社区样本检测到的躯体化、神经症或者神经衰弱，也许反映了他们心理痛苦的严重状态，是与其他精神疾病并存的。而且，这些研究也显示神经症和神经衰弱是华人体验到的独有的临床状态，并不一定与任一西方诊断共存。

躯体化倾向也和求助方式、应激经历和社会资源的可获得性有关（Hoover，1999）。这一特点在移民人群中尤其突出，他们的经历通常综合了这几种因素：缺少卫生保健，应激水平和他们在移居社会中的体验到和实际收到的社会支持。符合 SSI 全部 5 项标准的华裔美国人与那些没有表现出躯体化症状的人相比，更有可能同时向西方医生和传统中医求助，既使用西药也服用中药。他们也比没有躯体化的人更愿意因为精神健康问题向精神病学家、其他医生和精神健康专家求助（Mak & Zane，2004）。与患有抑郁和焦虑障碍的同类华裔美国人相比，躯体形式障碍患者更愿意寻求专业帮助（Kung & Lu，2008）。最后，躯体化者比没有躯体化症状的人群往往报告经历更加多的应激（日常琐事和资金紧张），从家人和朋友获取的支持甚少（Mak & Zane，2004）。总而言之，躯体化的体验可能是华人中严重心理痛苦、过度生活压力和应对应激时缺少社会支持的结果。因此，华人将自己的心理不适转变为躯体症状这一观点看上去过度简化了华人群体表现出的躯体化现象。

文化价值观与苦恼

除了理解文化如何影响华人苦恼体验的表现形式，研究者也试图理解文化对苦恼体验本身的影响。换句话说,为什么华人比其他种族报告更高水平的心理痛苦? 为了解释这些一致表明华人痛苦更多的结果,研究者使用多种文化适应和文化价值取向的测量方法,尝试理解文化在精神健康中的作用。然而,因为前期研究采用综合评分办法,涉及多种亚裔美国人样本,因此可能无法准确判定在痛苦产生过程中发挥显著作用的特定文化变量。

为了研究文化适应对苦恼的影响,研究者使用文化适应的综合评分(例如 the Suinn-Lew Asian Self-Identity AcculturationScale; Suirm, Rickard-Figueroa, Lew, & Vigil, 1987),整体文化价值持有(如亚洲价值观量表 Asian Values Scale; Kinl, Atkinson, & Yang,1999),或者将种族或国别作为文化价值观代表考察了文化对心理痛苦的影响。对主流美国文化的文化适应或者增强幸福感(例如 Organista, Organista, & Kurasaki, 2003)或者加剧了移民者的苦恼(例如 Mak,Chen,Wong, & Zane,2005),何种效应要看研究观察的人群和使用的测量方法。这些混杂的发现提示我们需要考察更多具体文化概念和识别造成人们痛苦体验的动力学。在某种文化中具有重要影响的概念可能影响人们解释日常生活和表达苦恼的方式。因此,直接考察这些变量可以帮助我们更好地理解不同文化群体的精神健康。在众多文化变量中,顾面子(face concern)可能对理解中国背景中的心理苦恼尤为重要(又见 Cheng,Lo, & Chio,本书第 24 章)。

顾面子(face concern)被认定为东亚文化中关键的人际关系动力(Bond,1991;Ho, 1976;Hu,1944;Ting-Toomey,1994;Yang,1945;又见 Hwang & Han,本书第 28 章)。作为社会性生物,人们出现在他人面前时,有意无意地都会以性格、态度和价值观的形式表明个人特点。其他人会识别和接受个人声明的"面子(face)"或者"界限(line)"。这一系列的声明构成了这个人的面子。有面子(Face given)代表着个人因为人际交往环境中的表现而收获的社会形象和社会价值(Choi & Lee,2002;Hwang,1997−1998)。它代表一个人扮演特定的社会角色时获得的社会地位或者社会威望(Hu,1944)。它不止于满足个人社交网络中的道德伦理标准,在达不到这种道德标准时个人会觉得羞耻。(Ho,1976;Hwang,1997−1998)。根据面子协商理论(face negotiation theory),"面子和我们施加于自身的社会自我价值和他人社会自我价值的衡量及情绪意义紧密联系在一起。"(Ting-Toomey,2005,p.73)。于是,个人面子的尊严内涵将个体扩展至他或她的人际关系和群体地位。考虑到面子的社会情境性质,顾面子可能是影响华人痛苦体验的一个有力的结构。

与美国这样的个人主义社会相比,面子的社交意义在东亚社会关系中更加重要(Kam & .Bond,2008;Oetzel et al.,2001)。面子是维持群体和谐和保护内群体完整性的重要机制。对丢脸(loss of face)的顾虑可能潜在影响了应激经历和心理痛苦之间的关系,加剧了个体的痛苦体验(见 Liao & Bond,in press)。既然避免丢脸(face loss)对自己的社会形象和群体的社会形象都至关重要,爱面子的个体可能牺牲情绪上的良好感觉来减少冲突和维持社会次序(Ho,1991;Ting-Toomey & Kurogi,1998)。

　　对避免丢脸的高度警惕性可能在心理上使个体不堪重负,进而带来苦恼。Mak 和 Chen(2006)的最近一项研究发现,在 1503 位华裔美国人的社区样本中,面子与心理痛苦正相关,甚至将之前的心理苦恼,各种面子相关的应激源(例如日常琐事,财务紧张等)、家庭与朋友给予的实际和情感支持都考虑在内,结果仍是如此。因此,与较少顾面子的对照人群相比,越顾面子的人越容易体验到更高水平的苦恼。

　　顾面子并不是一个统一的结构,它在中国文化中比其他文化中更复杂。Mak、Chen、Lam 和 Yiu(2009)在中国内地、中国香港和美国对大学生和社区人群都进行了一系列研究,考察了顾面子在心理困扰中的作用。在所有样本中,顾面子显著与心理困扰正相关,远远大于年龄、性别和种族的影响。而且,Zane 和 Yeh(2002)提出的顾面子的单因素结构,在华裔美国人和欧裔美国人中也得到证实。然而,在中国内地和香港两地的大学生和社区人群中,顾面子都被解构成两因子结构。在两个因子中,自己的面子与苦恼正相关,而他人面子并不显著相关。自己的面子代表个体维持自己面子的动机,而他人面子指的是个体对维护他人面子的关注(又见 Singelis, Bond, Sharkey, & Lai, 1999,关于自我和他人的窘迫感受性)。因此,只有自我面子才与心理苦恼密切相关。面子结构的微调可能反映出华人的日常人际交往中顾面子扎根的程度(Bond, 1981; Bond & Hwang, 1986.;Gao, Ting-Toomey, & Gudy:kunst, 1996;又见 Hwang & Han,本书第 28 章)。这些发现都强调了在咨询时照顾特定文化动力学的重要性。

　　顾面子不仅影响了中国人和华裔美国人的痛苦体验,它还影响对心理健康治疗和相应行为的选择。在一项以亚裔美国学生和欧裔美国学生为被试的研究中,高度顾面子的人认为咨询师以指导性方式比以非指导性方式更可靠(Park,1999)。这个发现可以这样理解,咨询创造了一种对于接受治疗的个体来说全新的环境和治疗关系,这时社会角色期望是不确定的,个体不清楚如何才能举止得当,丢脸的风险增高了。因此,更顾面子的个体可能会偏爱一种指导性的咨询方式,因为这种方式让治疗关系中的不确定性和丢脸的威胁减至最小(Zane & Mak,2003)。然而,指导性治疗师应当意识到,在另一项亚裔美国大学生的实验研究中,顾面子与自我表露负相关,因为高度顾面子的学生更不愿意表露人格上的、消极的以及亲密关系方面的内容(Zane,Umemoto, & Park, 1998)。

　　中国文化的其他变量,例如极其强调人际和谐,也可以预测心理苦恼。更偏重互依自我结构的个体更容易形成社会认知敏感性(sociotropic cognitive vulnerability),这使他们容易抑郁和焦虑(Mak,Law, & Teng,2011)。在中国香港人中的研究发现,关系和谐和抑郁症状负相关,而家庭功能失调甚至可以预测自杀意念(Chen,Chan,Bond, & Stewart,2006;Chen,Wu, & Bond,2009)。这个结果符合中国人群中痛苦的文化归因。因为儒家典范的影响,中国人认为人际和谐是心理健康的关键成分。一项研究对澳大利亚华人患者的访谈进行叙事分析,结果发现,因为不能满足人际尤其是家庭义务而产生的内疚和羞耻感,导致了他们的精神疾病(Hsiao,Klimids,Minas, & Tan,2006)。

文化对求助的影响

因为求助对长期预后的影响,人们越来越重视对心理健康求助行为的理解。在精神健康问题的病程中,早期治疗能减少患病个体的痛苦,防止心理问题恶化为慢性精神疾病(Birchwood,McGorry, & Jackson,1997;Linszen,Lenior,De Haan,Dingemans, & Gersons,1998)。因此,理解求助行为的拖延有可能减少精神病干预和漫长康复过程的长期成本。

尽管早期干预有好处,然而在多个亚洲区域包括中国香港(Chin,2002,2004;Rudowicz & Au,2001)、中国台湾(Lin,2002)、中国大陆(Boey,1999;Boey,Mei,Sui, & Zeng,1998;Chang,Tong,Shi & Zeng,2005;Jiang & Wang,2003)和新加坡(Ow & Katz,1999;Quah & Bishop,1996)的华人中,一致发现了精神健康服务需求和实际应用之间的差距。尽管存在高水平的心理苦恼,中国人和华裔美国人却较少因为他们的精神健康问题寻求专业服务(Leong,1994;Mak et al.,2005;Matsuoka,Breaux, & Ryujin,1997;Snowden & Cheung,1990;Sue,Zane, & Young,1994;Ying & Hu,1994)。中国香港人和中国内地人比华裔美国人和欧裔美国人更少寻求帮助。

关于香港精神健康服务利用率的研究一致显示,人们对寻求治疗缺乏热情和服务利用率低(Chiu,2002,2004;Rudowicz & Au,2001;Shek,1998)。根据香港卫生福利局(2001)的报告,估计有9.5万人患有精神健康问题,需要康复治疗。然而,在同一年,只报告了不足1.8万例精神病案例(Hong Kong Government Information Centre,2001)。这么低的求助率和华裔美国人中对精神健康服务的低利用如出一辙,即使他们体验到的应激和心理痛苦同其他种族人群一样多(Kung,2003,2004;Leong;1994;Nguyen & Anderson,2005;Ying & Hu,1994)。

CAPES得到的数据发现,在患有情绪问题、焦虑、药物、酒精或者精神健康问题的华裔美国人中,只有17%的人曾在过去6个月内寻求帮助,其中不到6%的人去见精神健康专家(Matsuoka,Breaux, & Ryujin,1997)。在全美拉美裔和亚裔美国人研究中(the National Latino and Asian American Study,NLAAS),抽取了全美范围内600名华人,其中7.34%在过去一年内曾求助任一服务机构,4.03%求助特殊精神健康服务,2.85%求助于一般医学机构(Abe-Kim et al.,2007)。在确诊为某种DSM-IV精神疾病的人群中,只有31.02%曾经在过去一年求助于精神健康服务。在中国大陆,中国世界精神健康调查计划(the Chinese World Mental Health Survey Initiative)显示,精神疾病未接受治疗以及延迟就诊的现象极其严重。城市范围内,患有精神疾病的7个人中只有一个人曾接受过专业治疗(Lee et al.,2007b)。其中,针对北京和上海的 5201 名成年人的多级访谈发现,44.7%患有焦虑,25.7%有物质滥用障碍,7.9%有情绪障碍曾接触过治疗。患有焦虑和物质滥用障碍的人们迟迟不去治疗,能长达 17—21 年。

文化规范上的差异也可以解释求助行为的表现(Atkinson, Lowe, & Matthews, 1995;Gim, Atkinson, & Whitely,1990;Ying & Miller,1992)。Sue(1999)认为,文化因素造成中国人即便有更多心理痛苦也很少利用精神健康服务(见 Cheng et al.,本书第 24 章)。在亚裔美国人中,对精神健康服务的好感和文化适应相关(Atkinson & Gim, 1989;Tata & Leong,1994;Zhang & Dixon,2003)。反之,秉持更多传统亚洲价值观的亚裔美国人不太喜欢寻求专业帮助,也不太愿意去见咨询师(Kim & Omizo,2003)。

除了对美国文化的适应水平(对移民和华裔美国人而言)和对传统亚洲价值观的认可,探索与求助相关的文化因素以及在求助时面临的困难也很重要。中国文化价值观和精神健康治疗自身价值观互不相容,这可能可以解释低求助模式。求助在中国文化里携带许多负面含义(Leong,1986),人们会认为求助者在解决个人问题时缺乏自我控制,暗示其存在性格缺陷、坏念头或者缺乏意志力(Chan & Parker,2004)。中国传统文化看重自我约束,要求人们控制和压抑他们的情绪问题,或者对这些问题不予重视(Tracey,Leong, & Gidden,1986)。附加于精神疾病的严重污名和对羞耻与没面子的顾虑也妨碍中国人去寻求精神健康服务(Kung,2004;Pearson,1993)。

中国人受佛家、道家和儒家哲学的影响很大,往往认为自己与他人和环境构成整体不可或缺的一部分(Cheng et al.,本书第 24 章)。而且,中国高度密集的人口和紧密联系的社会生态使个人形成了紧密联系的生态系统与关系,这又影响了个人对自我的感知(Ekblad,1996;Yang,1986)。在这种社会和文化环境下,顾面子成为中国人中重要的人际动力,可能导致个体容易进一步污名化精神疾病,进而回避任何可能暴露他们精神健康状况的行为,例如积极求助。

求助途径假定,从最初觉察至有问题到最终利用精神健康服务,这之间有一系列环节(Rogier & Cortes,1993)。在整个过程中,实际上的考虑可能会影响到服务措施的使用。不知道哪里可以获得精神健康治疗,治疗的成分和复杂性,以及花费的时间都在实际上严重阻碍了人们获取精神健康服务(Kung,2004)。华裔美国人的研究显示,被试评价实际障碍是比文化障碍更为重要的顾虑(Kung,2004;Tabora & Flaskerud,1996);在华裔美国人中,这些实际障碍是减少使用健康服务的唯一显著因素(Kung,2004)。

文化世俗信念与求助行为

在态度因素中值得关注的是,对精神疾病及其治疗的世俗观念如何影响求助模式。世俗观念指社会中普通大众用来解释某些事件和社会行为的观念。Luk 和 Bond

（1992）考察了十个中国文化普遍的而且是文化限定的心理社会问题,将对精神疾病成因的世俗观念分为两个因子:环境/遗传和社会人际因素。环境/遗传因素包含产生心理问题的生理和躯体原因,例如遗传倾向,脑/神经系统,工作环境和个人健康状态;而社会人际因素与社会心理资源有关,例如生活质量,过去经历,正规教育和宗教信仰,等等。

Chert 和 Mak(2008)考察了精神疾病病因学的文化信念如何影响四类文化群体向精神健康专家求助的行为,包括中国内地人、中国香港人、华裔美国人和欧裔美国人。关于精神疾病成因的世俗信念和求助史显著预测了求助的可能性。他们提出,社会人际因素属于以集体主义精神健康世界观为特征的病因观,这种观念将心理问题看做是个人的失败;环境遗传因素与西方咨询师持有的病因观类似,他们多强调环境的影响。因为与咨询师具有类似病因观的个体更可能从心理治疗感受到效果,环境/遗传成因与求助倾向正相关;反之,社会人际成因与求助倾向负相关。这些研究发现展现了在中国文化背景中理解求助模式的重要性,也说明了西方世界观对引导求助倾向的效果。

中国社会中,关于精神疾病的其他世俗观念可以追溯至传统中医。中医认为健康意味着阴(冷和黑暗)阳(温暖和明亮)调和,而疾病则是身体功能和情绪之间的失衡。在新加坡,相当比例的精神病患者(11%—13%)认为他们的疾病是因为被附身了(Kua,Chew,& Ko,1993),因为好灵魂(神)影响阳,坏灵魂(鬼)影响阴。为了治疗疾病,患者或者亲属咨询术士或者灵媒来找出闹事儿的灵魂,驱鬼除妖。如果这些传统术士无法消除症状,他们才会求助于医生或者精神健康专家(Kua,Chew,& Ko,1993)。

同样,台湾人对正规途径的求助也不积极(Hong,2000;Hsiao,1992;Lin,1998;Nu,1987;Pan,1996)。Lin(2002)运用民族心理学方法,确认了台湾人在求助和接受帮助时的一些根本问题。求助象征着软弱和羞耻。于是,人们更喜欢非正式的求助而不是正式求助。人们把正规的求助当做情况严重时的最后对策。不管问题的类型是什么,台湾的中国人往往会通过向朋友和家庭成员求助,在社会关系中处理应激,而不是获取专业服务(Chang,2008)。

除了确认影响中国人求助行为的特定文化因素和世俗观念之外,利用现有理论模型去理解中国人求助行为也很重要。计划行为理论(theory of planned behavior)(TPB;Ajzen,1985,1991)的研究是最为广泛的。TPB 认为一个人的态度,主观规范和感知到的行为控制影响了他(或她)采取某种行为的意愿,而意愿是最接近行为本身的决定因素。基于个人的变量(态度和感知到的行为控制)和意愿高度相关,而主观规范可能对中国人求助决策至关重要。西方文化尤其看重个人独立性,而中国文化看重人际之间的联系,包括与他人和睦相处,礼尚往来,对他人丢脸的顾及,以及依据家庭和社会关系看待自我(Cheung,Leung,Zhang,Sun,Gan,Song, & Xie,2001;Oyserman,Kemmelmeier,& Coon,2002;Triandis,1995;Triandis et al.,1986)。集体至上而对个人自我不予重视,中国人的自我概念常常围绕对其自我观念必不可少的重要人物演化而来（见 Kwan，Hui，& McGee,本书第 17 章）。

最近研究表明,态度、主观规范、感知到的行为控制和感知到的求助障碍显著预测了求助意愿(Mo & Mak,2009)。更重要的是,除了与求助意愿有直接联系之外,主观规范也和人们对求助的态度和他们感知到的行为控制高度相关。最后,在中国人之间,重要他人的规范是决定自己求助意愿的一个重要因素。

中国人患病行为周遭的污名

如前所述,患病行为包括个人体验、解释和应对疾病的方式。在既定文化环境中,基于文化上的逻辑和优先顺序,人们如何感知和定义患病,如何表现痛苦,如何考虑和寻求治疗,这些都各有不同(Mechanic,1986)。同样,污名也和文化价值观一样影响个体如何看待心理痛苦、求助态度和求助行为。对遭受心理疾病的人来说,精神疾病周遭的污名是他们收获关心和赢得生机的首要社会障碍(U.S.Department of Health and Human Services,1999)。它的影响在集体主义的中国人中尤其深远。中国人往往迟于治疗,很少利用精神健康服务(U.S.Department of Health and Human Services,2001;Zhang,Snowden, & Sue,1998).在澳大利亚的中国移民中,污名限制了人们获取精神卫生保健的途径,降低了保健质量(Blignault,Ponzio,Rong, & Eisenbruch,2008)。中国香港人对精神疾病保密成为应对污名最常用的方式(Chung & Wong,2004)。

与世界其他地区观察到的附加于精神疾病的污名相似(World Health Organization,2008),香港普通大众确实存在实实在在的污名。尽管在 20 世纪 80 年代进行了公众教育(例如 Cheung,1990),90 年代进行的三次大范围电话调查中,仍有 40%的回应者不想和患有精神疾病的人做邻居(Chou & Mak, 1998,Lau & Cheung,1999;Tsang,Tam,Chan, & Cheung,2003)。7685 名回应者中超过 90%的人拒绝在他们的社区内成立康复机构(Cheng,1988)。

他们反对的主要原因包括:对中途之家(halfway house)服务对象的恐惧,精神疾病被认为是不能治愈的,对中途之家附近居民的威胁和风险。他们的恐惧可能归结于对严重精神疾病患者的刻板印象。通常,民众认为严重的精神疾病就是疯子(Cheung,1990)。在精神疾病分类方面,传统中医也强调最严重的精神疾病,例如精神病。使用的标签,"颠"和"狂",指代过度的情绪和疯狂,有不可预测和失控的意思(Cheung,1986)。患有精神疾病的人往往知道这种公众看法,他们隐瞒他们的状态,将他们被歧视的可能最小化。他们可能以自我污名的形式内化这些社会污名,自我污名会减弱自尊和寻求治疗的意愿(Corrigan & Watson,2002;Mak & Cheung,2010)。鉴于中国社会高度污名化环境,理解对精神疾病基于文化上的看法如何影响人们的求助态度和模式是必不可少的。

除了患有精神疾病的个人之外，他们的亲人也可能被公众污名化。家庭成员不仅要承担在一个缺乏支持的社会中照料患有精神疾病亲属的责任（Wong，2000；Wong，Tsui，Pearson，Chen，& Chiu，2004），还要面对社区充斥的误解和歧视。精神疾病常常被认为是对祖先罪过的惩罚，使得整个家庭都要为某位成员的疾病负责。既然精神疾病被认为是世代相传的，并且关系到祖上不轨行为的遗传，患病者及其同胞被认为不适合结婚和养育孩子（Ng，1997），这进一步加深了隔离。研究显示精神疾病或者智力障碍患者的家人遭受附加污名（或者自我污名），而这与照顾人主观负担较重相关（Mak & Cheung，2008）。结果也显示，很爱面子的家庭成员和正在照顾从精神疾病中恢复的患者的家庭成员报告了更严重的附加污名，这增加了照料者的负担和心理痛苦（Mak & Cheung，2012）。同样，和新加坡华人家庭的深入访谈也显示，他们有选择地公开这些痛苦，将秘密局限在直系家庭中以保全颜面。

总之，污名会对中国人产生特别有害的影响，它会推迟中国人求助，妨碍他们接收精神健康关怀和被社会与公众接受。公众污名可以通过限制精神疾病患者的社交机会产生不欢迎甚至有敌意的环境，而自我污名可能削弱自尊、减少求助或继续治疗的意愿，从而进一步加重个体痛苦（Corrigan，2004）。因此，反污名工作对改变公众和患病者对精神疾病的态度是很有必要的，对促进精神疾病的早期发现和治疗也是必需的。

塑造中国人患病行为的结构问题

在任一时刻，大约 1/10 的成年人，粗略估计全世界有 4.5 亿人受精神障碍影响，因此，我们必须认真对待阻碍精神关怀渠道的因素（Thornicroft & Main gay，2002）。香港过去三年分配给精神健康服务（mental health services）的资源中，医疗服务占了大部分，而社区康复服务明显缺少关注。另外，在香港，成年人精神病门诊服务平均需要等待 5 周时间（针对儿童的服务甚至更长一点，大约 6 个月），中途之家平均需要 6 个月，2004 年到 2005 年间的长期康复病房需要等待 6.3 年（Legislative Council，2005；Social Welfare Department，2005）。因为服务资源的匮乏，许多个体长期得不到治疗。因为不能获得和利用精神卫生服务，即使渴望帮助的人也被剥夺了治疗和康复的机会。漫长的等待时间可能是许多人没有第一时间寻求治疗的基本原因。

尽管有这些缺陷，香港特区政府仍持续努力提升人们的心理健康，工作重心从住院护理转向社区和日常看护服务。医院方面已经尝试通过社区精神病服务、社区精神病护理服务和老年精神病服务开展更广泛的基于社区的治疗方法。与此同时，特区政府正在采取预防措施，例如进行公众教育，宣传精神健康的重要性和早期鉴定干预的方法。人们会有更多的途径寻求帮助，获得恰当的支持、咨询和医疗服务。

香港可以作为其他华人社会的范例。然而在华人群体内,精神健康服务的结构存在地域的差异性,导致服务可获得性在不同华人群体中存在差别。例如,在中国大陆,精神健康服务的结构和程序从医学治疗模型演变而来(Hou & Zhang,2007)。因为中国的咨询和心理治疗深受医学影响,大多数提供精神健康服务的专家在健康护理机构例如医院工作,他们接受的是内科医生的训练,例如精神病学家、神经病学家和全科医生,因而他们被认为是"心理医生"(Zhang,Li, & Yuan,2001)。而且,中国来访者更偏爱短期的问题聚焦治疗,可以从中获得直接建议、心理教育、支持性聆听和医疗处方(Chang et al.,2005)。

因为对精神疾病的传统观点和世俗观念,华人也从非精神病学服务和本土治疗方法寻求帮助。例如,中国大陆精神分裂症患者中,超过一半的人尝试中药、针灸和气功(呼吸锻炼),和其他民间治疗方法(Tang,Sevigny,Mao,Jiang, & Cai,2007)。寻求替代服务的常见原因包括羞耻感、精神病院的污名、不能获得专业服务和害怕被关起来、害怕受到电击治疗。在这些原因中,无法利用精神健康服务在中国占据了主要因素。因此,为了促进早期监测和干预,可能有必要训练传统治疗者鉴别精神健康问题的,训练和教育正规精神健康专家,并进行关于精神健康以及精神疾病去污名的公众教育,建立更好更有效的精神健康服务。结构化因素不仅在华人社会存在,也同样出现在其他精神康复系统。在加拿大的华人移民曾报告对临床医生的不满意经历,因为患者感到他们生活的社会背景和他们问题的本质没有得到充分理解。经济紧张也限制他们自己选择治疗方法,因而,他们更多地倚重于自我帮助(Lee,Rodin,Devins, & Weiss,2001)。

改变精神健康服务分配结构可能可以减少个体对向精神健康专家求助的排斥。途径之一是将精神健康服务和基本护理整合。通过将精神健康服务和其他健康护理服务整合,可能减少向精神健康服务求助的污名和没面子的威胁。这样的安排符合中国人看待躯体和精神健康的功能一体的方式。这种整合服务已经出现在纽约和波士顿的华裔美国人社区,已经表明是有效的(Fang & Chen,2004;Yeung,Kung,Chung,Rubenstein,Roffi,Mischoulon, & Fava,2004)。同样的模型可以用于世界各地华人地区的其他社区和以大学为基础的健康诊所(又见 Chan,本书)。除了将整合健康服务作为增加路径和求助的策略,精神健康服务可以并入大学内的其他服务(例如学术建议、国际学生项目等)和华人社区的社会服务(Constantine,Chen, & Ceesay,1997)。为了有效地满足可能不熟悉传统咨询和心理治疗的中国人的需要,精神健康专家必须通过文化敏感的新颖途径去走入社区。

理解导致关心不够的内在机制,研究者和从业者就能更好地设计文化相关的和有效的社区项目,增强公众在经历心理苦恼时求助的意愿。个体因为心理苦恼求助越快,康复机会越大,就生产力流失、社会不稳定和健康护理耗费而言,社会损耗就越少。随着精神疾病成为排名第二(在心血管疾病之后)的全球疾病重荷(Murray & Lopez,

1996），理解阻碍个体求助的内在机制能让专业人士更好地准备为罹患精神疾病的个体提供有效关怀。

未来方向

应当指出，在中国人群内存在着很大的差异。事实上，"中国人"是一个总称，包括具有不同的文化背景和社会规范的各种各样的群体。虽然被称为集体主义文化，中国大陆、中国香港、中国台湾和新加坡具有不同的政治制度、社会经济环境。我们对患病行为和求助方式的综述显示，当我们研究中国人的心理健康时，应考虑群体内差异。

由于中国社会多样性，使用的语言问题可能造成了自我报告和临床医生/面试评估的患病行为的研究结果混杂不一。社会认知的研究表明，华人双语者在被某种语言启动后，其自我概念、价值观和归因均向相应文化中的常模偏移，他们的反应也适应于这种文化中的标准模式（例如 Hong, Morris, Chiu, & Benet-Martinez, 2000；Oyserman & Lee；2008；Ross, Xun, and Wilson, 2002）。当华人双语者使用第二语言或在不同文化中表露自己的心理症状时，例如西方国家中的华人、中国香港的内地新移民、中国内地的少数民族（除了汉族），他们会调整自己的报告，去向感知到的文化规范看齐吗？当他们用第二语言与心理健康专业人员互动时，痛苦的经验和患病行为表现会有差异吗？这些问题有待于进一步的实证研究来回答。

对研究者和医生来说，更好地理解和服务于中国人民是他们的科学兴趣和伦理责任。中国作为世界上人口最多的国家，对全球社会的许多方面具有重要影响。关于疾病行为，有必要进行更基础的研究理解对中国人的精神疾病的诊断分类，以使精神疾病分类系统能更好匹配他们真正存在的问题。在鉴别他们的症状和功能时，必须使用多策略，这样可以防止方法学偏差。神经生物学措施，不依靠自我报告的措施或诊断性访谈，可以被用来更客观地获取人们内部生理和心理变化。在了解人们的社会功能时应当考虑多方面信息来源，因为在不同的社会环境中可能会有不同的解读。

为了促进早期鉴别和干预，需要系统化研究去理解什么构成精神疾病的污名，中国价值观输送了什么造成了顽固的污名，这样才有可能开展文化相关的有效的反污名活动。通过教育公众心理健康是全人健康的一部分，也许可以去除对精神疾病的污名。为了推动人们求助，不仅在个人层面上，还需要在社会层面上改变对精神疾病的误解和刻板印象，改变对疾病的归因。在系统水平，为了更好地利用卫生服务，为了更有效的治疗模式，有必要进行应用研究了解心理健康服务体系目前存在的优势与不足。如果不对中国人疾病行为持续进行文化上的具体研究，医生就不能更好地满足他们的需求，提供更好的服务。

参考文献

Abe,J.S. & Zane,N.W.S(1990).Psychological maladjustment among Asian and White American college students：Controlling for confounds.Journal of Counseling Psychology,37,437-444.

Abe-Kim,J.,Takeuchi, D. T., Hong, S., Zane, N., Sue, s., Spencer, M. S., Appel, H., Nicdao, E., & Alegria,M.,(2007).Use of mental health-related services among immigrant and US-born Asian Americans：Results from the National Latino and Asian American Study.American Journal of Public Health,97,91-98.

Ajzen,I.(1991).The theory of planned behavior.Organization Behavior and Human Decision Processes,50,179-211.

Aldwin,C. & Greenberger,E.(1987).Cultural differences in the predictors of depression.American Journal of Community Psychology,15,789-813.

Angel,R. & Thoits,P.(1987).The impact of culture on the cognitive structure of illness.Culture,Medicine & Psychiatry,11,465-494.

Atkinson,D.R. & Gim,R.H(1989).Asian-American cultural identity and attitudes towards mental health services.Journal of Counseling Psychology,36,209-212.

Atkinson,D.R,Lowe,S., & Matthews,L.(1995).Asian-American acculturation,gender,and willingness to seek counseling.Journal of Multicultural Counseling and Developnent,23,130-138.

Austin,A.A. & Chorpita,B.F.(2004).Temperamant,anxiety,and depression：Comparisons across five ethnic groups of children.Journal of Clinical Child & Adolescent Psychology,33,216-226.

Birchwood,M.,McGorry,P., & Jackson,H.(1997).Early intervention in schizophrenia.British Journal of Psychiatry 170,2-5.

Blignault,I.,Ponzio,V.,Rong,Y., & Eisenbruch,M.(2008).A qualitative study of barriers to mental health services utilization among migrants from mainlan China in South-East Sydney.International Journal of Social Psychiatry,54,180-190.

Boey, K. W., (1999). Help-seeking preference of college students in urban China after the implementation of the'open-door'policy.International Journal of Social Psychiatry,45,104-116.

Boey,K.W., Mei, J., Sui, Y., & Zeng,j.(1998). Help-seeking tendency of undergraduate students. Chinese Journal of Clinical Psychology,6,210-215.

Bond,M.H. & Lee,P.W.H.(1981).Face-saving in Chinese culture：A discussion and experimental study of Hong Kong students.In A.King & R.Lee(eds),Social life and development in Hong Kong(pp.288-305). Hong Kong：Chinese University Press.

Bond,M.H.(1991).Beyond the Chinese face：Insight from psychology.Hong Kong：Oxford University Press.

Bond,M.H. & Hwang,K.K.(1986).The social psychology of Chinese people.In Bond,M.H.(ed.),The psychology of the Chinese people(pp.213-266).New York：Oxford University Press.

Chan,B. & Parker,G.(2004).Some recommendations to assess depression in Chinese people in Australasia.Australian and New Zealand Journal of Psychiatry,38,141-147.

Chan,D.W.(1995).Depressive symptoms and coping strategies among Chinese adolescents in Hong King.Journal of Youth and Adolescence,24,267-279.

Chan, D. W. (1997). Depressive symptoms and percieved competence among Chinese secondary school students in Hong Kong. Journal of Youth and Adolescence, 26, 303-319.

Chang, D. F., Myers, H. F., Yeung, A., Zhang, Y., Zhao, J., & Su. S. (2005). *Shenjing shuairuo* and the DSM-Ⅳ: Diagnosis, distress, and disability in a Chinese primary care setting, Transcultural Psychiatry, 42, 204-218.

Chang, D. F., Tong, H., Shi, Q., Zeng, Q. (2005). Letting a hundred flowers bloom: Counseling and psychotherapy in the People's Repubic of China. Journal of Mental Health Counseling, 27, 104-116.

Chang, H. (2007). Depressive symptom manifestation and help-seeking among Chinese College students in Taiwan. International Journal of Psychology, 42, 200-206.

Chang, H. (2008). Help-seeking for stressful events among Chinese College students in Taiwan: Roles of gender, prior history of Counseling, and help-seeking attitudes. Journal of College Student Development, 49, 41-51.

Chaplin, A. L. (1997). Somatization. In W. W. Tseng & J. Streltzer (eds), Culture and psychopathology: A guide to clinical assessment, (pp. 67-86). New York: Brunner/Mazel.

Chen, C. N., Wong, J., Lee, N., Chan-Ho, M. W., Lau, J. T. F., & Fung, M. (1993). The Shatin community mental health survey in Hong Kong Ⅱ. Major findings. Archives of General Psychiatry, 50, 125-133.

Chen, D. (1995). Cultrual and psychological influences on mental health issues for Chinese Americans. In L. L. Adler & B. R. Mukherji (eds), Spirit versus scalpel: Traditional healing and modern psychotherapy, (pp. 185-196). Westport, CN: Bergin & Garvey.

Chen, S. X., Chan, W., Bond, M. H. & Stewart, S. M. (2006). The effect of self-efficacy and relationship harmony on depression across culture: Applying level-oriented and structure-oriented analyses. Journal of Cross-Cutural Psychology, 37, 643-658.

Chen, S. X., & Mak, W. W. S. (2008). Seeking professinal help: Etiology beliefs about mental illness across cultures. Journal of Counseling Psychology, 55, 442-450.

Chen, S. X., Wu, W. C. H., & Bond, M. H. (2009). Linking family dysfunction to suicidal ideation: The mediating roles of self-views and world-views. Asian Journal of Social Psychology, 12, 133-144.

Cheng, D., Keong, F. T. L., & Geist, R. (1993). Cultural differences in psychological distress between Asian and Caucasian American college students. Journal of Multicultural Counseling and Development, 21, 182-190.

Cheung, F. (1982a). Somatization among Chinese: A critique. Bulletin of the Hong Kong Psychological Society, 8, 27-35.

Cheung, F. M. (1982b). Psychological symptoms among Chinese in urban Hong Kong. Social Science and Medicine, 16, 1339-1344.

Cheung, F. M. (1986). Psychopathology among Chinese people. In M. H. Bond (ed). The psychology of the Chinese people (pp. 171-212). Hong Kong: Oxford University Press.

Cheung, F. M. (1988). Survey of community attitudes toward mental health facilities: Refletions or provocations? American Journal of Community Psychology, 16, 877-882.

Cheung, F. M. (1990). People against the mentally ill: Community opporition to residential treatment facilities. Community Mental Health Journal, 26, 205-212.

Cheung,F.M. , & Lau,B.W.K.(1982).Situation variations of help-seeking behavior among Chinese a-mong Chinese patients.Comprehensive Psychiatry,23,252-262.

Cheung,F.M. ,Lau,B.W.K. , & Waldmann,E.(1980-1981).Somatization among Chinese depressive in general practice.International Journal of Psychiatry and Medicine,10,361-374.

Cheung,F.M. ,Leung,K. ,Zhang,J.X. ,Sun,H.F. ,Gan,Y.Q. ,Song,W.Z. & Xie,D.(2001).Indigenous Chinese personality constructs:Is the Five-Factor model complete? Journal of Cross-cultural Psychology,22, 407-433.

Chiu,M.Y.L.(2002).Help-seeking of Chinese families in a Hong Kong new town.Journal of Social Policy and Social Work,6,221-240.

Chiu,M.Y.L.(2004).Why Chinese women do not seek help:A cultural perspective on the psychology of women.Counseling Psychology Quartely,17,155-166.

Choi,S.C. , & Lee,S.J.(2002).Two-COMPONENT MODEL OF CHEMYON-ORIENTED BEHAVIORS IN Korea:Constructive and defensivechemyon.Journal of Cross-cultural Psychology,33,332-345.

Chou,K.L. & Mak,K.Y.(1998).Attitudes to mental patients in Hong Kong Chinese:A trend study over two years.International Journal of Social Psychiatry,44,215-224.

Chun,C. ,Enomoto,K. , & Sue,S.(1996).Health care issues among Asian Americans:In1plications of somatization.In P.M.Kato & T.Mann(eds),Handbook of diversity issues in health psychology(pp.347-366). New York:Plenum.

Chung,R.C. & Singer,M.K.(1995).Interpretation of symptom presentation and distress:A Southeast A-sian refugee example.The Journal of Nervous and Mental Disease,183,639-648.

Chung,K.F. & Wong,M.C.(2004).Experience of stigma among Chinese mental health patients in Hong Kong.Psychiatric Bulletin,28,451-454.

Constantine,M.G. , Chen,E.C. , & Cessay,P.(1997).Intake concerns of racial and ethnic minority students at a university counseling center:Implications for developmental programming and outreach.Journal of Multicultural Counseling & Development,25,210-218.

Corrigan,P.(2004).How stigma interferes with mental health care.American Psychologist,59,614-625.

Corrigan,P.W. & Watson,A.C.(2002).The paradox of self-stigma and mental illness.Clinical Psychol-ogy:Science & Practice,9,35-53.

Department of Statistics,Ministry of Trade & Industry,Republic of Singapore(2008).Monthly digest of statistics Singapore,November 2008.

Ekblad,S.(1996).Ecological psychology in Chinese societies.In M.H.Bond(ed.),The handbook of Chi-nese psychology,(pp.379-392).Hong Kong:Oxford University Press.

Escobar,J.I.(1987).Cross-cultural aspects of the somatization trait.Hospital and Community Psychiatry, 38,174-180.

Fabrega,H.(1989).Cultural relativism and psychiatric illness.Journal of Nervous and Mental Disease, 177,415-425.

Fang,L. & Chen,T.(2004).Community outreach and education to deal with cultural resistance to mental health services. In N.B.Webb(ed.), Mass trauma and violence:Helping families and children cope(pp. 234-255).New York:Guilford Press.

Franks, F. & Faux, S.A. (1990). Depression, stress, mastery, and social resources in four ethnocultural women's groups. Research in Nursing and Health, 13, 283−292.

Gao, G., Ting-Toomey, S., & Gudykunst, W. (1996). Chinese communication processes. In M.H. Bond (ed.), The handbook of Chinese psychology(pp.280−293). Hong Kong: Oxford University Press.

Goldberg, D.P. & Hillier, V.F. (1979). A sealed version of the General Health Questionnaire. Psychological Medicine, 9, 139−145.

Ho, D.Y.F. (1976). On the concept of face. American Journal of Sociology, 81, 867−884.

Ho, D.Y.F. (1991). The concept of 'face' in Chinese American interaction. In W.C. Hu & C.L. Grove (eds), Encountering the Chinese: A guide for Americans(pp.111−124). Yarmouth, ME: Intercultural Press.

Hong, G.K., Lee, B.S., Lorenzo, M.K. (1995). Somatization in Chinese American clients: Implications for psychotherapeutic services. Journal of Contemporary Psychotherapy, 25, 105−118.

Hong, L. (2000) Chinese needs and reactions within the counseling contexts. Counseling and Guidance, 173, 20−24.

Hong Kong Government Information Centre(2001). Provision of psychiatric services and counseling services. Press Release (21/11/2001). Retrieved February 16, 2009 at http://www. mfo. gov. hk/gia/general/200111/21/1121215. htm.

Hong Kong Health and Welfare Bureau. (2001). Services for mentally ill persons. Towards a new rehabilitation era: Hong Kong rehabilitation programme plan(1998−99 to 2002−03). Hong Kong: Government Secretariat.

Hoover, C.R. (1999). Somatization disorders. In E.J. Kramer, S.L. Ivey, & Y.W. Ying (eds), Immigrant women's health: Problems and solutions(pp.233−241). San Francisco, CA: Jossey-Bass.

Hofstede, G. (1980). Culture's consequences: International differences in work-related values. Beverly Hills: Sage.

Hong, Y.Y., Morris, M.W, Chiu, C.Y., & Benet-Martinez, V. (2000). Multicultural minds: A dynamicconstructivist approach to culture and cognition. American Psychologist, 55, 709−720.

Hou, Z.J. & Zhang, N. (2007). Counseling psychology in China. Applied Psychology: An International Review, 56, 33−50.

Hsiao, F.-H., Klimids, S., Minas, H., & Tan, E.-S. (2006). Cultural attribution of mental health suffering in Chinese societies: The views of Chinese patients with mental illness and their caregivers. Journal of Clinical Nursing, 15, 998−1006.

Hsiao, W. (1992) Chinese behavioural patterns in counseling contexts. Newsletter of Student Guidance, 22, 12−21.

Hsu, L.R., Hailey, B.J., & Ranger, L.M. (1987). Cultural and emotional components of loneliness and depression. Journal of Psychology, 121, 61−70.

Hu, H.C. (1944). The Chinese concepts of 'face'. American Anthropologist, 46, 45−64.

Hwang, K.K. (1997−8). Guanxi and mientze: Conflict resolution in Chinese society. Intercultural Communication Studies, 7, 17−42.

Hwang, W.C., Myers, H.F., Abe-Kim, J., Ting, J.Y. (2008). A conceptual paradigm for understanding culture's impact on mental health: The cultural influences on mental health(CIMH) model. Clinical Psychology

Review,28,211-227.

Hwu,H.G.,Yeh,E.K., & Chang,L.Y.(1989).Prevalence of psychiatric disorders in Taiwan defined by the Chinese Diagnostic Interview Schedule.Acta Psychiatric Scandanavia,79,136-147.

Jiang,G.-R. & Wang,M.(2003).A study on help-seeking propensity of Chinese undergraduates.Chinese Journal of Clinical Psychology,11,180-184.

Kam,C.C.S. & Bond,M.H.(2008).The role of emotions and behavioral responses in mediating the impact of face loss on relationship deterioration:Are Chinese more face-sensitive than Americans? Asian Journal of Social Psychology,11,175-184.

Kellner,R.(1990).Somatization:Theories and research.Journal of Nervous and Mental Disease,178,150-160.

Kessler,R.C.,McGonagle,K.A.,Zhao,S.,Nelson,C.B.,Hughes,M.,Eshleman,S.,Wittchen,H.U., & Kendler,K.S.(1994).Lifetime and 12-month prevalence of DSM-Ⅲ-R psychiatric disorders in the United States:results from the National Comorbidity Survey.Archives of General Psychiatry,51,8-19.

Kessler,R.C.,Berglund,P.,Demler,O.,Jin,R.,Merikangas,K.R., & Walters,E.E.(2005).Lifetime prevalence and age-of-onset distributions of DSM-Ⅳ disorders in the National Comorbidity Survey Replication.Archives of General Psychiatry,62,593-602.

Kim,B.S.K.,Atkinson,D.R.,Yang,P.H.(1999).The Asian values scales:Development,factor analysis,validation,and reliability.Journal of Counseling Psychology,46,342-352.

Kim,B.S.K. & Omizo,M.M.(2003).Asian cultural values,attitudes toward seeking professional psychological help,and willingness to see a counselor.The Counseling Psychologist,31,343-361.

Kleinman A.(1980).The cultural construction of illness experience and behavior,2:A model of somatization of dysphoric affects and affective disorders.In A.Kleinman(ed.),Patients and healers in the context of culture:An exploration of the borderland between anthropology,medicine,and psychiatry,(pp.146-178).Berkeley,CA:University of California Press.

Kleinman,A. & Kleinman,J.(1986).Somatization:The interconnections in Chinese society among culture,depressive experiences,and the meanings of pain.In A.Kleinman(ed.),Social origins of distress and disease:depression,neurasthenia,and pain in modem China,(pp.449-490).New Haven,CN:Yale University Press.

Krause,N.,Dowler,D.,Liang,J.,Gu,S.,Yatomi N., & Chuang,Y.L.(1995).Sex,marital status,and psychological distress in later life:A comparative analysis. Archives of Gerontology and Geriatrics,21,127-146.

Kua,E.H.,Chew,P.H.,Ko,S.M.(1993).Spirit possession and healing among Chinese psychiatric patients.Acta Psychiatrica Scandinavica,88,447-450.

Kung,W.W. & Lu,P.C.(2008).How symptom manifestations affect help seeking for mental health problems among Chinese Americans.The Journal of Nervous and Mental Disease,196,46-54.

Kuo,C.L. & Kavanagh,K.H.(1994).Chinese perspectives on culture and mental health.Issues in Mental Health Nursing,15,551-567.

Kung,W.W.(2003).Chinese American's help seeking for emotional distress.Social Service Review,77,111-133.

Kung, W.W. (2004). Cultural and practical barriers to seeking mental health treatment for Chinese Americans. Journal of Community Psychology, 32, 27-43.

Lau, J.T.F. & Cheung, C.K. (1999). Discriminatory attitudes to people with intellectual disability or mental health difficulty. International Social Work, 42, 431-444.

Lee, R., Rodin, G., Devins, G., & Weiss, M.G. (2001). Illness experience, meaning and help-seeking among Chinese immigrants in Canada with chronic fatigue and weakness. Anthropology & Medicine, 8, 89-107.

Lee, S., Tsang, A., Chui, H., Kwok, K., & Cheung, E. (2007a). A Community Epidemiological Survey of Generalized Anxiety Disorder in Hong Kong. Community Mental Health Journal, 43, 305-319.

Lee, S., Tsang, A., & Kwok, K. (2007b). Twelve-month prevalence, correlates, and treatment preference of adults with DSM-Ⅳ major depressive episode in Hong Kong. Journal of Affective Disorders, 98, 129-136.

Lee, S., Tsang, A., Zhang, M.Y., Huang, Y.Q., He, Y.L., Liu, Z.R., Shen, Y.C., & Kessler, R.C. (2007). Lifetime prevalence and inter-cohort variation in DSM-Ⅳ disorders in metropolitan China. Psychological Medicine, 37, 61-71.

Legislative Council (2005). Agenda for May 25, 2005. Retrieved on February 16, 2009 at http://www.legco.gov.hk/yr04-05/english/counmtg/agenda/cmtg0525. htm.

Leong, F. (1986). Counseling and psychotherapy with Asian-Americans: Review of the literature. Journal of Counseling Psychology, 33, 196-206.

Leong, F.T.L. (1994). Asian Americans' differential patterns of utilization of inpatient and outpatient public mental health services in Hawaii. Journal of Community Psychology, 22, 82-96.

Liao, Y. & Bond, M.H. (in press). The dynamics of face loss following interpersonal harm for Chinese and Americans. Journal of Cross-Cultural Psychology.

Lieb, R., Mienlschmidt, G., & Araya, R. (2007). Epidemiology of the association between somatoform disorders and anxiety and depressive disorders: An update. Psychosomatic Medicine 69, 860-863.

Lin, T. (1982). Culture and psychiatry: a Chinese perspective. Australian and New Zealand Journal of Psychiatry, 16, 235-245.

Lin, Y. (1998). The effects of counselling style and stage on perceived counsellor effectiveness from Taiwanese female college freshmen. Unpublished doctoral dissertation, University of Iowa.

Lin, Y.N. (2002). Taiwanese university students' perspectives on helping. Counselling Psychology Quarterly, 15, 47-58.

Linszen, D., Lenior, M., De Haan, L., Dingemans, P., & Gersons, B. (1998). Early intervention, untreated psychosis and the course of early schizophrenia. British Journal of Psychiatry-Supplementum, 172, 84-89.

Loo, C. (1982). Chinatown's wellness: An enclave of problems. Journal of the Asian American Psychological Association, 7, 13-18.

Loo, C., Tong, B., & True, R. (1989). A bitter bean: Mental health status and attitudes in Chinatown. Journal of Community Psychology, 17, 283-296.

Luk, C.-L. & Bond, M.H. (1992). Chinese lay beliefs about the causes and cures of psychological problems. Journal of Social and Clinical Psychology, 11, 140-157.

Mak, W.W.S. & Chen, S.X. (2006). Face concern: Its role on stress-distress relationships among Chinese

Americans.Personality and Individual Differences,41,143-153.

Mak,W.W.S. & Cheung,R.Y.M.(2008).Affiliate stigma among caregivers of people with mental illness or intellectual disability.Journal of Applied Research in Intellectual Disabilities,21,532-545.

Mak,W.W.S. & Cheung,R.Y.M.(2010).Self-stigma among concealable minorities in Hong Kong:Conceptualization and unified measurement.American Journal of Orthopsychiatry,80,267-281.

Mak,W.W.S. & Cheung,R.Y.M.(2012).Psychological distress and subjective burden of caregivers of people with mental illness:The role of affiliate stigma and face concern.Community Mental Health Journal,48,220-274.

Mak,W.W.S.,Law,R.W.M., & Teng,M.Y.(in press).Cultural model of vulnerability to distress:The role of self-construal and sociotropy on anxiety and depression among Asian Americans and European Americans.Journal of Cross-cultural Psychology,42,75-88.

Mak,W.W.S.,Chen,S.X.,Lam,A.G., & Yiu,V.F.L.(2009).Understanding distress:The role of face concern among Chinese Americans, European Americans, Hong Kong Chinese, and Mainland Chinese.The Counseling Psychologist,37,219-248.

Mak,W.W.S.,Chen,S.X.,Wong,E.C., & Zane,N.W.S.(2005).A psychosocial model of stress-distress relationship among Chinese Americans.Journal of Social and Clinical Psychology,24,422-444.

Mak,W.W.S. & Zane,N.W.S.(2004).The phenomenon of somatization among community Chinese Americans.Social Psychiatry and Psychiatric Epidemiology,39,967-974.

Matsuoka,J.K.,Breaux,C., & Ryujin,D.H.(1997).National utilization of mental health services by Asian Americans/ Pacific Islanders.Journal of Community Psychology,25,141-145.

Mechanic,D.(1986).The concept of illness behaviour:Culture,situation and personal disposition.Psychological Medicine,16,1-7.

Mo,P.K.H., & Mak,W.W.S(2009).Help-seeking for mental health problems among Chinese:The application and extension of the Theory of Planned Behavior.Social Psychiatry and Psychiatric Epidemiology,44,675-684.

Mumford,D.B.(1993).Somatization:A transcultural perspective.International Review of Psychiatry,5,231-242.

Murray,C.J.L. & Lopez,A.D.(1996).The global burden of disease.Geneva,Switzerland:World Health Organization,Harvard School of Public Health,World Bank.

Ng,C.(1997).The stigma of mental illness in Asian cultures.Australian Zealand Journal of Psychiatry,31,382-390.

Nu,G.(1987).Meaning and function of counselling work at university counselling center in Taiwan.Counselling and Guidance,20,2-7.

Octzel,J.,Ting-Toomey,S.,Masumoto,T.,Yokochi,Y.,Pan,X.,Takai,J., & Wilcox,R.(2001).Face and facework in conflict:A cross-cultural comparison of China,Germany,Japan,and the United States.Communication Monographs,68,235-258.

Okazaki,S.(1997).Sources of ethnic differences between Asian American and White American college students on measures of depression and social anxiety.Journal of Abnormal Psychology,106,52-60.

Organista,P.B.,Organista,K.C., & Kurasaki,K.(2003).The relationship between acculturation and ethnic minority health.In K.M.Chun,P.B.Organista, & G.Marin(eds),Acculturation:Advances in theory, measurement,and applied research(pp.139-161).Washington,DC:American Psychological Association.

Ow,R.Si Katz,D.(1999).Family secrets and the disclosure of distressful information in Chinese families. Families in Society,80,620-628.

Oyserman,D.,Coon,H.M., & Kemmelmeier,M.(2002).Rethinking individualism and collectivism:E-valuation of theoretical assumptions and meta-analyses.Psychological Bulletin,128,3-72.

Oyserman,D. & Lee,S.W.S.(2008).Does culture influence what and how we think? Effects of priming individualism and collectivism.Psychological Bulletin,134,311-342.

Pan,T.(1996)Difficulties with and solutions of counselling at university counselling centres in Taiwan. Guidance Quarterly,22,2-9.

Park,S.S.(1999).A test of two explanatory models of Asian-Americcm and White students' preferences for a directive counseling style.Unpublished doctoral dissertation,University of California,Santa Barbara.

Parker,G.,Gladstone,G. & Chee,K.T.(2001).Depression in the planet's largest ethnic group:The Chinese.American Journal of Psychiatry,158,857-864.

Parker,G.,Cheah,Y.C., & Roy,K.(2001).Do the Chinese somatize depression:A cross-cultural study. Social Psychiatry and Psychiatric Epidemiology,36,287-293.

Pavuluri,M.N.,Luk,S.L. & McGee,R.(1996).Help-seeking for behavior problems by parents of pre-school children:A community study.Journal of the American Academy of Child and Adolescent Psychiatry, 35,215-222.

Pearson,V.(1993)Families in China:An undervalued resource for mental health.Journal of Family Therapy,15,163-185.

Quah,S.H. & Bishop,G.D.(1996).Seeking help for illness:The roles of cultural orientation and illness cognition.Journal of Health Psychology,1,209-222.

Rogler,L.H. & Cortes,D.E.(1993).Help-seeking pathways:A unifying concept in mental health care.American Journal of Psychiatry,150,554-561.

Ross,M.,Xun,W.Q.E., & Wilson,A.E.(2002).Language and the bicultural self.Personality and Social Psychology Bulletin,28,1040-1050.

Rudowicz,E. & Au,E.(2001).Help-seeking experiences of Hong Kong social work students. International Social Work,44,75-91.

Sastry,J. & Ross,C.E.(1998).Asian ethnicity and the sense of personal control.Social Psychology Quarterly,61,101-120.

Shek,D.T.(1991).Depressive symptoms in a sample of Chinese adolescents:An experimental study using the Chinese version of the Beck Depression Inventory.International Journal of Adolescent Medicine and Health,5,1-16.

Shek,D.T.(1989).Sex differences in the psychological well-being of Chinese adolescents.Journal of Psychology:Interdisciplinary and Applied,123,405-412.

Shek,D.T.L.(1998).Help-seeking patterns of Chinese parents in Hong Kong.Asia Pacific Journal of Social Work,8,106-119.

Shen,Y.C.,Zhang,M.Y.,Huang,Y.Q.,He,Y.L.,Liu,Z.R.,Cheng,H.,Tsang,A.,Lee S., & Kessler,R.

C. (2006). Twelve-month prevalence, severity, and unmet need for treatment of mental disorders in metropolitan China,Psychological Medicine,36,257-267.

Simon,G.E. & VonKorff,M.(1991).Somatization and psychiatric disorder in the NIMH Epidemiologic Catchment Area study.American Journal of Psychiatry,148,1494-1500.

Simon,G.,VonKorff,M.,Piccinelli,M.,Fullerton,C., & Ormel,J.(1999).An international study of the relation between somatic symptoms and depression.New England Journal of Medicine,341,1329-1335.

Singelis,T.M.,Bond,M.H.,Sharkey,W.F., & Lai,C.S.Y.(1999).Unpackaging culture's influence on self-esteem and embarrassability: The role of self-construals. Journal of Cross-Cultural Psychology, 30, 315-341.

Snowden,L.R. & Cheung,F.H.(1990).Use of inpatient mental health services by members of ethnic minority groups.American Psychologist,45,347-355.

Social Welfare Department.(2005).Stocktaking on residential services for people with disabilities.Hong Kong:Author.Retrieved on February 16,2009 from http://www.legco.gov.hk/yr04-05/english/counmtg/agenda/cmtg0525. htm.

Sue,D.,Ino,S., & Sue,D.M.(1983).Nonassertiveness of Asian Americans:An inaccurate assumption? Journal of Counseling Psychology,30,581-588.

Sue,D.W. & Frank,A.C.(1973).A trypological approach to the psychological study of Chinese and Japanese American college males.Journal of Social Issues,29,129-148.

Sue,D.W. & Kirk,B.A.(1973).Differential characteristics of Japanese-American and Chinese American college students.Journal of Counseling Psychology,20,142-148.

Sue,S.(1999).Asian American mental health:What we know and what we don't know.In D.L.Dinnel, W.J.Lonner et al.(eds), Merging past,present,and future in cross-cultural psychology:Selected papers from the Fourteenth International Congress of the Intenuitional Association for Cross-Cultural Psychology (pp. 82-89).Lisse,The Netherlands:Swets & Zeitlinger.

Sue,S.,Zane,N., & Young,K.(1994).Research on psychotherapy with culturally diverse populations.In S.L.Garfield & A.E.Bergin(eds), Handbook of psychotherapy and behavior change(4th ed., pp.783-817). Oxford,England:Wiley.

Suinn,R.M.,Rickard-Figueroa,K.,Lew,S., & Vigil,P.(1987).The Suinn-Lew Asian Self-Identity Acculturation Scale:An initial report.Educational and Psychological Measurement,47,401-407.

Tabora,B. & Flaskerud,J.H.(1994).Depression among Chinese Americans:A review of the literature.Issues in Mental Health Nursing,15,569-584.

Takeuchi,D.T.,Chung,T.C.,Lin,K.,Shen,H.,Kurasaki,K.,Chun,C., & Sue,S.(1998).Lifetime and twelve-month prevalence rates of major depressive episodes and dysthymia among Chinese Americans in Los Angeles.American Journal of Psychiatry,155,1407-1414.

Tang,Y.-L.,Sevigny,R.,Mao,P.-X.,Jiang,F., & Cai,Z.(2007).Help-seeking behaviors of Chinese patients with Schizophrenia admitted to a psychiatric hospital.Administration and Policy in Mental Health and Mental Health Services Research,34,101-107.

Tata, S. P. & Leong, F. T. L. (1994). Individualism-collectivism, social-network orientation, and acculturation as predictors of attitudes toward seeking professional psychological help among Chinese Americans.Journal of Counseling Psychology,41,280-287.

Thornicroft G. & Maingay,S.(2002).The global response to mental illness.British Medical Journal,325, 608-609.

Ting-Toomey,S.(1994).The challenge of facework:Cross-cultural and interpersonal issues.Albany,NY: State University of New York Press.

Ting-Toomey,S.(2005).The matrix of face:An updated face-negotiation theory. In W. B. Gudykunst (ed.),Theorizing about intercultural communication,(pp.71-92).Thousand Oaks,CA:Sage.

Ting-Toomey,S. & Kurogi,A.(1998).Facework competence in intercultural conflict:An updated face-negotiation theory.International Journal of Intercultural Relations,22,187-225.

Tracey,T.J.,Leong,F.T.L., & Glidden,C.(1986).Help seeking and problem perception among Asian Americans.Journal of Counseling Psychology,33,331-336.

Triandis,H.C.(1995).Collectivism and individualism.Boulder,CO:Westview.

Triandis, H. C., Bontempo, R., Betancourt, H., Bond, M. H., Leung, K., Brenes, A. et al. (1986). The measurement of the etic aspects of individualism and collectivism across cultures.Australian Journal of Psychology,38,257-267.

Tsang,H.W.H.,Tam,P.K.C.,Chan,F., & Cheung,W.M.(2003).Stigmatizing attitudes towards individuals with mental illness in Hong Kong:Implications for their recovery.Journal of Community Psychology,31, 383-396.

Tseng,W.S.(1997).Overview:Culture and psychopathology. In W.S.Tseng & J.Streltzer(eds),Culture and psychopathology:A guide to clinical assessment(pp.1-27).New York:Brunner/Mazel.

Uba,L.(1994).Asian Americans:Personality patterns,identity,and mental health.New York:Guilford Press.

US Census Bureau.(2002).A Profile of the Nation's Foreign-Boni Population from Asia(2000 Update) * Census Brief:Current Population Survey. Retrieved February 16, 2009 at http://www. census. gov/ prod/2002pubs/cenbr01-3. pdf.

US Department of Health and Human Services.(1999).Mental health:A report of the Surgeon General. Rockville,MD:US Department of Health and Human Services,Substance Abuse and Mental Health Services Administration,Center for Mental Health Services,National Institutes of Health,National Institute of Mental Health.

US Department of Health and Human Services.(2001).Mental health:Culture,race,and ethnicity—A supplement to mental health:A report of the Surgeon General.Rockville,MD:US Department of Health and Human Services,Substance Abuse and Mental Health Services Administration,Center for Mental Health Services.

Wang,C.H.,Liu,W.T.,Zhang,M.Y.,Yu,E.S.H.,Xia,Z.Y.,Fernandez,M.,Lung,C.T.,Xu,C.L., & Qu,G.Y.(1992).Alcohol use,abuse,and dependency in Shanghai.In J.E.Helzer & G.J.Canino(eds),Alcoholism in North America,Europe,and Asia(pp.264-286).New York:Oxford University Press.

Wong,D.F.K.(2000).Stress factors and mental health of careers with relatives suffering from schizophrenia in Hong Kong:Implications for culturally sensitive practices.British Journal of Social Work,30,365-382.

Wong,D.F.K.,Tsui,H.K.P.,Pearson,V.,Chen,E.Y.H., & Chiu,S.N.(2004).Family burdens,Chinese health beliefs, and the mental health of Chinese caregivers in Hong Kong. Transcultural Psychiatry, 41, 497-513.

World Health Organization. (2008). Policies and practices for mental health in Europe-meeting the challenges. Copenhagen, Denmark: WHO Regional Office for Europe.

Yang, M.C. (1945). A Chinese village: Taitou, Shatung Province. New York: Columbia University Press.

Yang, K.-S. (1986). Chinese personality and its change. In M. H. Bond (ed.). The psychology of the Chinese People (pp.106-170). Hong Kong: Oxford University Press.

Yeung, A., Kung, W.W., Chung, H., Rubenstcin, G., Roffi, P., Mischoulon, D., & Fava, M. (2004). Integrating psychiatry and primary care improves acceptability to mental health services among Chinese Americans. General Hospital Psychiatry, 26, 256-260.

Ying, Y. (1988). Depressive symptomatology among Chinese Americans as measured by the CES-D. Journal of Clinical Psychology, 44, 739-746.

Ying, Y. & Hu, L. (1994). Public outpatient mental health services: Use and outcome among Asian Americans. American Journal of Orthopsychiatry, 64, 448-455.

Ying, Y.-W. & Miller, L.S. (1992). Help-seeking behavior and attitude of Chinese Americans regarding psychological problems. American Journal of Community Psychology, 20, 549-556.

Young, K. & Zane, N. (1994). Ethnocultural influences in evaluation and management. In P. Nicassio & T.W. Smith (eds), Psychosocial adjustment to chronic illness (pp.163-206). Washington, DC: American Psychological Association.

Zane, N., Umemoto, D., & Park, S. (1998). The effects of ethnic and gender match and face concerns on self-disclosure in counseling for Asian American clients. Unpublished manuscript.

Zane, N. & Mak, W. (2003). Major approaches to the measurement of acculturation among ethnic minority populations: A content analysis and an alternative empirical strategy. In K. M. Chun, P. Balls Organista, & G. Marin (eds), Acculturation: Advances in theory, measurement, and applied research (pp. 39-60). Washington, DC: American Psychological Association.

Zane, N. & Yeh, M. (2002). The use of culturally based variables in assessment: Studies on loss of face. In K. Kurasaki, S. Okazaki, & S. Sue (eds), Asian American mental health: Assessment theories and methods (pp.123-138). New York: Kluwer Academic/Plenum.

Zhang, N. & Dixon, D.N. (2003). Acculturation and attitudes of Asian international students toward seeking psychological help. Journal of Multicultural Counseling and Development, 31, 205-222.

Zhang, N., Li, J., & Yuan, Y.G. (2001). Investigation of counseling in China. Journal of Health Psychology, 9, 389-391.

Zhang, A.Y., Snowden, L.R., & Sue, S. (1998). Differences between Asian-and White-Americans, help-seeking and utilization patterns in the Los Angeles area. Journal of Community Psychology, 26, 317-326.

Zheng, Y. P., Lin, K. M., Takeuchi, D., Kurasaki, K., Wang, Y., & Cheung, F. (1997). An epidemiological study of neurasthenia in Chinese Americans in Los Angeles. Comprehensive Psychiatry, 38, 249-259.

Zhou, Z., Peverly, S., Xin, T., Huang, A.S., & Wang, W. (2003). School adjustment of first-generation Chinese American adolescents. Psychology in the Schools, 40, 71-84.

第 26 章　中国社会的社区心理学

陈清海(Charles C.Chan)

社区心理学的核心要素是,在某个特定社会背景和人们各自生活的时代背景内理解他们。社区心理学采用的是生态学的视角。因此,它并不止步于与个人直接相关的家庭、朋友或者工作环境,而且包括中观(译者注:原文为 messo,疑为 meso)水平和宏观水平的环境。在这个意义上,社区心理学不管是在概念化和方法学上都明显不同于其他心理学。

有趣的是,第一本《Handbook of community psychology(社区心理学手册)》一开始并未对社区心理学下定义,而是介绍了预防科学与实践演变中的概念和方法学问题(Rappaport & Seidman,2000)。这一取向意味着,在社区心理学尝试解决具有政策意义的社会问题、关注社会机构和致力于改变社会时更接近公共卫生[1],而不是心理学的其他学科。在那本手册中,Feiner、Feiner 和 Silverman(2000)书写的那章没有给社区心理学下一个单独的定义,而是详细阐明了一个发展的生态学模型,将人视为在学习适应现实环境,反复强调了社会环境在理解发展轨迹和行为中的必要性和重要性。

社区心理学宣称自己不同于心理学的其他分支学科。兹事体大,而且坚守立场也没那么容易。如果要阐明存在的区别,需要清晰地辨析在此领域里是如何进行研究的。为了说明这一点,我要详细介绍社区心理学的中心价值观和一般原则,然后再讨论中国社会的社区心理学。

在检索文献时,我们不得不面对这样一个事实:我们并没有关于社区心理学的发展史,更别提在中国社会的社区心理学的一系列文献。不过,我们收集到的资料确实可以证实这一领域的发展特点和力度。我们会详细说明香港社区心理学,特别是回归后十年的情况。这可能会是中国社会社区心理学发展的首选模型之一。

定义社区心理学

在最早的社区心理学教材中,Rappaport(1977)提到,对一个基于新的范式、视角和思维,并仍处于持续发展阶段的领域,下定义的过程困难重重。在 1990 年,在《Researching community psychology:Issues of theory and methods(研究社区心理学:理论与方法）》这本书中,Tolan、Key、Chertok 和 Jason 提供了关于这一领域从 1965 年(就在这一年 Swampscott 会议在波士顿举行,标志着社区心理学运动的开端)创立以来 20 年的成绩。

这本书开篇并没有给出这一领域的定义,而是首先表述了一系列在社区研究中应谨遵的准则。40 年过去了,在最近一本书《International community psychology(国际社区心理学)》中,Reich 和她的同事们仍然觉得很难在社区心理学的定义、核心原则和价值观上达成一致(Reich,Riemer,Prilleltensky, & Montero,2007)。抛开一致性的问题,为什么定义社区心理学如此困难?

Dalton、Elias 和 Wandersman(2007,p.15)曾给社区心理学下了一个描述性定义:

> (它)关注个人与社区及社会之间的联系。它将研究和实践活动进行整合,力求理解和提高个体、社区和社会的生活质量。社区心理学受其核心价值观指导,即个体和家庭幸福、社区意义、尊重人的多样性、尊重社会公正、尊重公民参与、合作和社区力量以及实证根基。

在此意义上,社区是用来满足人们需求的社会系统。因此,社区心理学(community psychology,CP)可以被定义为对人们需求以及为满足需求可获得资源的理解。

理解社区有助于 CP 关注干预措施制定,为其中的人们提供最优改善措施,因为缺少资源(个人、组织和社区水平)可能会对他们的心理健康产生负面影响。例如,Bhatia 和 Sethi(2007,p.181)在写到印度的社区心理学时,强调说“很明显,贫困,疏离感,社会隔绝这些社会状况,以及总体上社会资源的缺少导致了心理健康问题的产生,这属于 CP 的另一个重要研究领域”。

因而我们应当意识到在定义 CP 时存在的困难。早在 20 世纪 30 年代,Kurt Lewin(1935)和 Henry Murray(1938)及其同事们就在关于人类行为的方程式($B = f(P,E)$)里考虑了人与环境的交互作用。不幸的是,从那时起,在心理学期刊发表的主流实证研究中,对人类行为的心理学解释一直更关注人,而环境被当做调节因子或者需要被校正的混杂变量。确定影响人们行为和思想的关键“环境”同样重要,而这种重要性即使没有完全缺位也常常被研究者忽略了(Seeman,1997)。

Sasao 和 Yasuda 在写到日本社区心理学历史和理论取向时,提到心理学的复兴,研究者开始意识到“人的行为和问题都包容于社会背景和环境中”(2007,p.167),而且是丰富多变的。就好像 CP 使用环境的钥匙,打开了一扇门,此门通向政治科学、社会学、经济学、文化研究等学科,它们具有对社会环境的丰富理解和知识(Angelique & Culley,2007)。而且,心理学中关注环境的理论和研究,比如生态系统理论(ecological systems theory)(Bronfenbrenner,1979),将个人改变和环境背景相联系,表述个人及其环境如何以“相互影响(transactional)”的方式彼此关联。这种“环境”心理学涉及可能对人的行为、健康和幸福施加直接和间接影响的自然世界或者人造世界,最终提供一种通过设计或者重新规划环境来缓解或者预防人类问题的可能性。

现在我们开始看到区分社区心理学和它的近亲是多么复杂,需要多么精确的工作了。这些近亲不仅包括环境心理学(Bell,2001)、生态心理学(Barker,1968)、公共卫生心理学(Hepworth,2004)、社会心理学和应用社会心理学(Schneider,Grwnan, & Coutts, 2005),还有那些社会学、公众健康、社区医疗、政治和经济学的盟友。研究者不得不准确甄别许多领域的研究者,他们共享同一种认识论观点,认为应当在其社会和文化背景中理解人类行为,研究中使用相似的多层次方法。社区心理学家与他们合作,采取重要措施去解决本质上属于结构的、性别的、文化的社会经济政治环境问题。鉴于这种复杂的相互影响,亟须及时精准地定义社区心理学。

核心价值观和原则(**central values and principles**)

CP 通常在实行研究和预防人的问题时参照一系列核心价值观和原则。这些价值观,包括权力(power)和赋权(empowerment)、尊重人的多样性和参与性(respect for human diversity and participation)、社会公正(social justice)和社会改变(social change)、关怀(caring)和同情(compassion)以及健康(health)与幸福(well-being),他们既用于批判以价值中立的名义维护社会现状的主流心理学,又用于稳固 CP 的理论、研究和行动(Angelique & Culley,2007;Dalton et al.,2007;Prilleltensky & Nelson,1997)。例如,Prilleltensky、Peirson、Gould 和 Nelson(1997)在一家正在重组的儿童心理健康机构进行咨询时使用这些价值观。同样,Nelson、Lavoie 和 Mitchell(2007)写到,加拿大社区心理学家们使用许多基于赋权、社区融合和社会公正的理论概念来指导工作。当然,Nelson 及其同事们不是唯一的团队;社区心理学家,连同政治家,迅速发掘出巨大潜能,转向环境中可获取的政府和社区资源来解决社会问题,例如发达国家中糟糕的健康问题和逐步增加的卫生保健成本。一些政府政策已经强调了社会网络工作、健康促进和社区资源在实现全民健康中的重要性(Epp,1986;Paquet et al.,1985;Trainor,Pomeroy, & Pape, 1999),很好地展示了这些价值观和原则如何在社区心理学家积极影响政府决策的工作中占据中心地位。

英国资深社区心理学家 Orford(2008)批评主流心理学过多关注个人能动性(agency)、管理(mastery)、控制(control)和地位(status)的个人主义价值观,导致人们常把心理学和"应激管理"或者增强"应对技巧"画等号,而没有充分关注心理苦恼也与权力和社会等级有关(例如 Sampson,1981)。所以,"弱势"群体不能处理苦恼时便充满了耻辱感,他们因为一些事实上不是自己的错,也无法在个人或互动的微观层次上得到改变的事情责怪自己。为了解决这些人的问题,需要进行高层次的分析,包括支配社会中家庭和两性关系的主流规范,以及个人机遇和资源上的社会和物质约束。社区心理学常常把赋权过程看做许多研究的重要切入点。

权力和赋权

一般说来,人群、组织机构和社区通过赋权过程来获得对重要问题更好的掌控感(Rappaport,1987)。赋权是这样一种机制,人们通过赋权来获得对他们生活的更有力的控制感,提升他们民主参与社区和社会政治环境的意识(Perkins & Zimmerman,1995)。Prilleltensky、Nelson 和 Peirson(2001)进一步指出,赋权是"一种状况,在这种状况下,人们有足够的权利来满足他们的需要和与他人合作来提升集体目标"(p.36)。Orford(2008,p.38)认为增强人们"改变(弱势环境)的权力"使人们转变为积极主动的能动体。

然而,许多人指出了赋权存在的问题。Zimmerman(1995)区分了心理上的赋权和实际权力的获得。Riger(1993)指出人们往往以赋权感夸大了实际权力。Smail(1994,1995)谈论这种膨胀的权力感和把权力从心理学上解释为个人内在态度的危险。如果说个人掌握权力,可能导致责任也转移给个人,而实际上权力是在一些群体手中,直接和其他群体的未赋权有关。因此,赋权不是心理事件,而是社会事件。它要求参与,特别是要相关个人和群体参与决策过程,学习或准备作出自己的决定而不是让其他人代为决定。

尽管如此,赋权仍具有许多方面的优势:第一,它是在专家控制上的合作;第二,它要求检验和增加现行力量和竞争;第三,它激励自然的多层次分析而不是毫无新意的"专家控制的"程序(Rappaport,1981)。Francescato 和 Tomai(2001)提出欧洲具有增加社会资本的政治考虑传统。它基于这种观念"人人出生的社会环境都包涵于历史创造出的等级背景之下⋯⋯一个未赋权的人很少能够单纯通过自己的努力赋权于自身,人类有记载的历史表明,个人的赋权是通过为文明、人类和社会权益的集体斗争而自然发生的"(p.373)。为了影响被社会系统边缘化的人们,社区心理学提供了一个工作框架,该框架关注价值导向的公众参与性工作和工作联盟的建立(Burton,Boyle,Psy, & Kagan,2007)。

多样性和参与性

同样,Orford(2008)认为 CP 应当更加尊重群体多样性和差异性,支持在各种群体间的平权。赋权的观念将会削弱"专家"和"普通"民众之间的界限,因为参与者才是处理他们问题和处境的真正专家。良师益友、家庭成员和他人是人的发展中促成改变的动力,而不只是心理学家和其他社会学家们(Angelique & Culley,2007)。

对一些人来说,接受这一原理作为中心价值观意味着去专家化(de-professionalization)。关注于向公众提供教育和训练,尊重公众关于他们自身问题的经验,赋予他们解决问题的权利可能是"放弃心理学(give psychology away)"[2]的必然结果(Miller,1969)。尊重多样性,推动参与性意味着研究者必须从人们的立场着手,而不是假定我们身为专家知道他们应当在哪里。我们必须诊断和解决人们认为他们存在的问题,而不是我们作为专家判断他们存在的问题。更重要的是,CP 推动导致这些问题的社会、经济和环境条件的改变,为人们留下发展空间和以自己的方式解决问题的可能性。我们也应同等关注政府资源,通过提高参与性,"澄清社会心理过程和具体社会系统之间的关系,最好要考虑社会改变"(Bhatia & Sethi,2007,p.185)。

合作(collaboration)

在"放弃心理学"这一劝诚的核心,是使用参与式的方法和建立联盟来推动社会、组织机构和经济网络的发展,长期目标是增加社会凝聚力和社会资本(Orford,2008),尤其是在边缘化和未赋权群体中。社区心理学家必然会通过更加公开的政治途径受到召唤,通过社区群体达成与教育、社会福利和卫生部门的合作。

在这种合作中,个人选择自己的角色,是领导者、大众教育者、变革的推动者、咨询人员、评估人员还是系统组织者(Bennett et al.,1966)。不过,社区心理学家作为研究者的角色会一直存在,那就是确定针对具体行为改变的相关解释性结构以及社会影响。促进社区中的长期合作有希望让社区心理学家发挥更广泛的作用,参与改变组织机构的结构和活动,参与公共政策,可能作为社会活动家倡议修改法律(Albee & Gullotta,1997;Blair,1992;Levine,1998)。

公　正

社区心理学作为一门科学学科,并不会因此而放弃社会公正这一核心价值观和原则。正如经济学、公众卫生和医学等学科理应去研究贫穷、全球化和移民,社区心理学也同样应该把自身定位为广阔社会中的一个学科,而不仅仅只是一门在实验室围墙内进行的传统科学。

接受这些核心价值观和原则需要对如何推动社会改变有新的理解。CP 的目标是社会系统而不是个人;工作取决于通过背景来理解变量,包括时间、文化和权力结构。重要的是使用注重价值观、语言和系统以及生成对话的利益相关方的理论框架,探究一个过程可能适用于哪种背景和哪些人。最后,在社区心理学家进行的评估研究中,推动积极的过程而不是专注于具体的最终状态或者结果指标会被认为是另一个甚至是更为适宜的目标。

例

2008 年 5 月四川地震,中国生动展示了,CP 采用的以上核心价值观和原则不仅将它和其他心理学的分支学科区分开,而且人们也由此获得更大幸福感。四川经历了严重的地震,据里氏震级(the Richter scale)测量为 8.0 级。地震中超过 9 万人死亡和失踪,500 多万人无家可归。从其他华人社会和世界的反应很迅速。从一开始一直到接下来的数周内,关注幸存者的心理需求不仅被心理学的人们重复提起,而且也被所有的当代媒体以及中国共产党的领导者和中央政府反复提及。

在心理学权威提供的心理咨询中,几乎所有反应都集中在幸存者的诊断上(是否确认为创伤后应激障碍),以及如何帮助人们表达震惊、悲伤和负罪的情绪。当利害问题变成在幸存者中建立复原力时,重点仍然频繁地放在个人身上。例如,如何面对应激事件,个人如何评价应激事件,然后地震被看做一种预兆,预测一个人是否能够学会在紧急环境中利用可获得的家庭外部资源。

然而,社区心理学家超越个人之外,去观察个人可获取的非家庭支持网络,包括政府官员、警察、部队、志愿者[3]和社会服务机构。他们也关注在临时居住地中的人道主义活动(权力和赋权)、日常活动的补给(多样性和参与性)、政府颁布的解决涉嫌未达标准学校建筑的政策(公正)、民间组织和其他非政府组织将散发福利和补给包裹作为理解地震幸存者主要途径时的态度(关怀和同情;合作)。

听取社区心理学家提供的精细生态学分析不仅可以使个人捍卫自己"房产(house-land)"的行为重获尊重,而且还可能直接产生更可取的国民土地登记措施,预防进一步恶化的个人焦虑及频繁的大规模不信任甚或冲突和身体暴力。预后最差的案例常常超乎寻常地康复了,这些鲜活的故事数不胜数,直接挑战了许多预测人类灾难的传统临床研究模型。清晰可见的是,源自社区心理学家视角的贡献如果不是大于也等同于仅仅关注个人的狭窄临床视角。

中国社会的社区心理学

采用这些新增视角,社区心理学如何区别于一般的社会干预和社会发展或者更平常的人道主义工作呢? 值得一提的是,社区心理学中许多并非众所周知的工作发生在中国以外的其他社会中。Shadish、Matt、Navarro 和 Phillips(2000)发现,关于社区概念应当在何种程度上成为这一领域的主导隐喻,一些社区研究者自己的态度也是矛盾的。他(译者注:可能指代上一句的作者,也可能指 Cowen)指出,《*Annual review of psychol-*

ogy》中关于这一主题最早的一章,以及自那以后的所有章节都没有命名为"社区心理学",而是起了一个更广义的题目"社会和社区干预"(Cowen,1973)。事实上,直至今日,这一领域最好采用哪种视角仍然存在争议:贴上更广义的解决社会问题的标签? 还是更具体的基于赋予人们独特身份的社区概念的标签? 简而言之,这两者间存在显著的交叉重叠。

系统综述中国社会中的社区心理学文献将不得不直接面对现实问题,这是一个极度分散的知识体系,通常都发表在看似无关的期刊上,或者深藏在这样那样的未发表的报告中。在过去 20 年,中国香港有两篇关于社区心理学的综述(Cheng & Mak,2007;Lam & Ho,1989),中国大陆有一篇(Yu & Yang,2008),对这项工作贡献巨大。就我所知,其他包括中国台湾和新加坡的华人社会中,没有类似文章发表。

中国香港的社区心理学

Lam 和 Ho(1989)认为自 20 世纪 60 年代以来,医院和门诊的精神健康服务显著增加,这种社区精神健康运动对香港 CP 的发展是一个主要的推动力。对他们而言,基于社区的服务机构中的心理医师逐渐增多,他们提供的服务代表着 CP 的主要力量。值得注意的是,在他们的综述文章里没有参考实证的应用研究文献。在社区机构的咨询工作方面,他们提到训练咨询中的非专业人士,但也没有文献提供更多细节。文章引用了有限的公众对精神疾病态度的研究来支持 CP 来进行公众教育。接下来,他们继续讨论主流文献中的 6 种假设[4]及其在香港的应用,积极肯定了这些核心观念在香港的中国文化背景下的普适性。

继 Lam 和 Ho 的综述发表近 20 年之后,Cheng 和 Mak(2007)指出,在香港,社区心理学并不是一个组织有序的领域,而是由一些接受过社区取向训练的心理学家进行的特质活动。他们从主要建构于地方社会政治分析文献上的历史视角看待社区意义,他们这样描绘香港,"自 1997 之后几乎没有变化,政府的主要职责是维持秩序和稳定,同时创造可持续发展繁荣的经济环境"(p.204)。他们强调,在社会福利、社区精神健康、自助群体、预防和政策发展的领域中,只有个人的和孤立的成绩。这种发展的景象,受制于国际标准,归结于缺少基础设施和资金来源。他们总结道,"在香港,社区心理学要对社区和社会发展有所贡献,还有很长的路要走"(p.200)。

想要理解这个对香港 CP 发展有点缺乏热情的评估,我们可以认为 Cheng 和 Mak(2007)是把 CP 发展的西方模型当作模板,来审查香港的情况。这种方式,在进行对比研究是不可避免的,不过也存在风险,会错失一些由一个社会自身独有而又转瞬即逝的社会政治背景产生积极发展的证据。使用他们选择的模板,产生了一个明显的疏漏,就是忽略了香港特别行政区政府(the Hong Kong Special Administration Region,HKSAR)支持的所有举措。1997 后 HKSAR 进行了许多重大政策改革,设立了许多专门针对大范围社区项目的基金。于是,高等院校的众多学者提出了各自的专业意见去实施继而促进在社区的特定人群中的社会实验。

为此,我们必须回答两个重要的问题。首先,对 CP 在中国社会中的成长和发展来说,这种西方发展模型是切实可行的途径吗?其次,我们有任何证据支持 CP 可能沿用另一种形式发展吗?特别是一种体现"对变革社会产生持久影响的文化敏感性的途径(a culturally sensitive way to imprint a lasting effect on the changing society)"的形式(Cheng and Mak,2007,p.200)。这两个问题都很重要。因为对第一个问题说"是"会有助于引领未来致力于 CP 在中国社会的发展。如果答案是否,那么以后对中国社会 CP 的综述和评估将不得不避免使用西方发展模型来进行参考对比。接下来,我会根据中国大陆发表的一篇关于该主题的综述来回答第一个问题。在回答第二个问题时,我会举例说明,如何证明一个解决确定社会问题的政府计划可以成为建立中国社会中社区心理学发展的文化敏感模型的重要证据。

中国内地关于社区心理学的研究

于华林和杨毅(2008)搜集了 30 篇早至 2001 年在中国内地发表的实证研究,综述了中国的社区心理学研究。作者没有提供研究的范围和方法,这意味着读者不可能判断这些研究覆盖范围或者代表性如何。他们强调研究的目标是环境中的人,而且,除了将社区心理学当作心理学的分支学科,作者们还将它看做助人的职业。2008 年的类似文献研究发现了和他们综述非常相似的结果[5]。这说明,他们的综述包含的这一小部分研究可能根据对社区心理学的精准理解,使用了一系列精挑细选的标准。

于华林和杨毅(2008)强调了社区心理学的 5 项原则:预防应当具有比治疗更多的权重;采用生态学的视角看待人与环境的相互作用;重视在改变环境和帮助个人适应环境上的协调共进;应当尊重多样性,所以要注意社会中少数和边缘化的群体;人们应当获得对生活的主动控制权。有了清晰明确目标,他们将选择的公开发表的研究分类为,青少年、老年人和社区中其他的群体,包括健康不佳的女性、康复人群和外来人群。

不幸的是,大量此类研究使用调查方法,依赖于小样本的自我报告来产生相关数据。几个干预研究则是专家引导教育和治疗程序的孤立工作。明显缺少在目标人群中进行社区范围预防工作的大样本研究。没有研究符合在社区内实施和由社区分配的原则。

因为这些局限性,于华林和杨毅(2008)建议,未来研究应当反映由此时此刻的中国大陆特有性质和需要而产生的首要问题。他们鼓励更多注意社会公正问题,尤其是在大城市的外来群体中。他们呼吁采用宏观视角,通过在可获得资源和城郊以及乡村社区需要之间建立联盟,形成地域性社区。在进行社区心理学研究的方法和途径方面,他们建议打破传统,多观察既定社会问题的相互关系而不是固守聚焦单一问题的方式,引入群体和社区变量,例如社区资本和建立社区支持联盟以发展和评价和谐社会。

熟悉大陆学术期刊文章写作特点的读者会意识到于华林和杨毅在努力将实质性问题和政府政策指导相联系。作者开篇引用了时任中国国家主席胡锦涛的构建和谐社会的宣言,作为心理学家对社区心理学逐步关注的推动力。通过与公开的国家政策相关联增强了文章的影响力,也是一种在等级社会系统中保护社区从业人员的必要手段。

从于华林和杨毅的综述中可以清楚地看到,为了增加研究的影响力和质量,心理学家需要坚持不懈地在未来研究中应用 CP 的目标、方法和途径,最终对建设更和谐社会作出贡献。同样明确的是,他们绝没有无视在既定政策和政治背景中中央政府在决定孰优孰劣中的作用。从这个角度来看,他们的文章很好地反映了中国大陆社区心理学研究的当前状态。

政府主导的项目:社区心理学,香港模式

继续关注政府的功能,笔者注意到,从 20 世纪 90 年代中期,香港政府成功建立了许多指定用途基金,用在健康服务领域和推动健康、社会服务和教育等研究领域,标志着政府在首要政策改革上的举措。尽管还没有正式评估这些基金总体上对香港社会的影响以及具体对香港政府政策议程的影响,但是这些基金在何种程度上帮助了社区心理学的发展,在以下讨论中清晰可见。

大范围政府指定基金(*Large-scale government-designated funds*) 在 1993 年和 1995 年,政府首次采用公共资助的方式,开创了两种专用通道支持健康服务和社区健康促进方面的地方学术研究(Collins et al., 2008)。这些资源对所有来自香港学术机构、公众和私人健康以及社会康复机构的专业人士开放。截至 2007 年 12 月,在卫生服务研究基金(the Health Service Research Fund)——2002 年之后叫做健康和卫生服务研究基金(Health and Health Service Research Fund, HHSRF)——和健康护理及促进基金(the Health Care and Promotion Fund, HCPF)中,975 份申请中有 224 个计划被获批资助[6],价值 8724 万港币(7.8 港币等于 1 美元)(Collins et al.,2008)。申请要经过国际和地方专家严格的预审,经过 HKSAR 政府的健康和福利署的研究办公室处理。自从 2002 年以来,HCPF 资助了一共 150 项非研究的健康推动计划,价值 4150 万港币,用在社区健康促进和预防性关怀有关的资金活动。获批的研究申请中,大部分申请者(90.6%)是以高校学术机构为基础的,而在非研究性的健康推动计划中大约 3/4 属于非政府组织(NGOs)的专业工作[7]。香港医学杂志增刊(The Hong Kong Medical Journal-Supplement)自 2008 年 6 月起,迄今已经持续出版结项项目研究报告到第九刊。

在社会服务领域,2001 年设立了 3 亿港币的社区投资共享基金(Community Invest-ment and Inclusion Fund,CIIF),明确提出,目标是促进三方模型的工作效益,即在政府、企业和社区之间的合作关系。有什么证据证实三方工作的影响呢?关于如何让有效的公众健康和福利计划持续下去,我们知道些什么呢?抛开制度化的问题,我们知道是否成功创造了可持续性的多方融资的社会结构吗?

CIIF 委托高校专业学者进行的许多评估报告是可以公开获得的,根据这些报告[8],可以观察到 5 种现象,依照实证研究影响的显著程度排序:第一,大部分受资助的项目很受欢迎,例如,公众参与度高,接受性良好,在许多研究中公众是目标人群;第二,通过在社区中项目实施的过程加强了政府和项目提供者(主要是非营利的 NGOs),之间的合作;第三,为了使执行工作进展顺利,建立了非正式的联盟;第四,很少提到合作关系的维持性,而这对于起初提出的干预计划的实施是至关重要的;第五,通常情况下,在许多鉴定良好的案例中,直到资助周期的尾声,也完全没有提及,这些广受好评的项目如何实施的,实施者是哪些有资质的人士和社区合作者,受到了哪种项目分配机制的支持,而这些情况有利于阐释项目如何严格完成了初始计划。

在教育改革领域,政府在 1998 年设立了 50 亿港币的优质教育基金(Quality Educa-tion Fund,QEF),目标是推动香港素质教育的社区计划[9]。这个基金和我们的讨论有关,因为,在执行的十年内,赞助了 6357 项 QSF 计划,资助金额达 33.5 亿港币。其中大多数(81%)计划在学龄前、小学、中学进行,涉及 5670 项计划中的 1373 所学校,大约每所学校 4 个计划,总共 16 亿港币。这些计划关注 5 个领域,即有效学习、全面教育、基于学校的管理、教育研究和信息技术。大量资金涌入(不局限在教育师资)香港 7 所大学。简而言之,超过三分之二的地方院校被授权,大学部门的参与非常充分。

QEF 具有相关性的另一个重要原因是,在执行的最初十年,它设立了一个明确的目标:促进在学校、政府、NGOs 和私立部门之间的合作来推进素质教育。另外,QEF 建立了一个专业网络,叫做优质专题网络(Quality Thematic Networks,QTNs),集中在为目标学校的可持续性发展和能力建设的某些计划主题/类别。这又一次在教育方面明确支持了 CIIF 提出的三方模型,得到了 HKSAR 政府的长期庞大资金支持。迄今为止,只有 QEF 授权进行了一项大范围评估研究,目的在于评估基金对增强香港素质教育学校文化的影响。因此,在关于社区心理学发展的任何讨论中都不能也不应该忽视这些大范围的政府启动计划[10]的协同效应。

社区心理学的行动精神重视来自多种背景的利益相关者之间的合作,他们都可能参与社会关怀和社会公正问题,目的在于赋权于社区中的人们和群体,维护他们在提升幸福感中自我决定的权力。在参与性方面,常规邀请数百名专家和民众利益相关者为高级政府委员会成员,为基金服务。委员会设立的目的是指引方向,评估项目实行质量,推动和宣传这些有时限的"社会实验"的产出结果。在机构方面,这些受资助的项目通常发生在学校、医院、老人院、各种社会服务机构和地方社区。事实上，有关"自下而上"的项目的公众言论不仅发生在委员会会议紧闭的大门之后，而且也发生在个人和社区中的"巡回宣传"上。政府常规委托制作一系列接踵而至的电视节目，被资助项目在免付费电视台播出，其中一些还在黄金时间播出。

这些政府启动计划已经为香港社区心理学的发展奠定了必要的基础。公众开始支持社区心理学运动，赞同这些社会实验是将各方面"优秀案例"制度化的必要前驱工作，只要他们属于政府政策改革议程之内，有时叫做"研究主题优先"。

在政府基金之间的协作：儿童发展基金的范例　2005 年，HKSAR 政府设立了高级扶贫委员会（Commission on Poverty，CoP），由当时的财政部长，现在的政务司司长唐英年先生任主席。紧密的议程安排包括一系列协作性努力，目的指向下列问题：局部综合性审查缓解老年群体贫困状况的有效措施，贫富差距加大的可能性，在弱势家庭长大的新生儿、儿童和青少年存在代际贫困的可能性，以及在社区、第三部门、私立部门以及政府之间建立合作。

CoP 成立大约 1 年后，CoP 利用儿童和青少年发展基金和信托基金[11]主持了一个著名的研讨会，一些来自美国、中国台湾和英国的国际专家进行主题发言，向中国香港社会介绍了一些利用儿童和青少年发展基金和信托基金的著名大范围社会实验。委员会还举办了多次公众咨询，都有很多利益相关者和相关公共团体出席。一家地方电视台（译者注：亚洲电视）被授权播出多期节目，讨论关于代际贫困的问题在世界范围内如何被解决，以及在香港可能如何被解决[12]。

这时，CoP 注意到一项由 QEF 资助，地方规划和评估，由包括社区和临床心理学家、社会学家、学校校长、教师和社工等多学科团队领导的社区精英（成长向导）计划（the IntensiveCommunity Mentoring program，ICM）[13]（Chan，2004；Chan & Ho，2006，2008）。多方磋商后，该项指导方法被正式采用为儿童发展基金（the Child Development Fund，CDF）志愿者计划的三个部分之一［其他两个是目标储蓄计划（the target savings plan[14]）和个人发展计划］，授权给 7 个地区的 6 个非政府组织在香港范围进行实验，始于 2008 年末，持续 3 年。

借由最近诸多范例之一——300 百万港币 CDF[15]出台过程，可以说明，在代际贫困预防项目这一案例中，HKSAR 政府如何决定工作，来自社区、专业学者和专业人员的行动如何在新近的系统中对政府在形成政策优先的社区项目产生相当程度的影响。该范例同样清晰地说明了已验证有效的西方著名项目如何引入全港工作，然后才被正式采用（或者体制化）。

政府基金的协作也发生在其他水平。高级委员会成员们通过提高资助标准和宣传优质项目选择资助目标和结果指标，以此方式致力于"持续自我提升"。例如，HCPF 在2007 年除了常规的年度申请规定之外，还宣布了另一项名叫种子基金的方案。种子基金的申请条件在常规年度规定之上增加了两条,即在目标社区建立长期保健平台的潜力,从而建设社区能力,扩大计划的可持续性和有效性。另一方面,QEF 在 2006 年宣布成立优质专题网络(Quality Thematic Networks,QTNs),邀请一些成功完成项目,实施良好,结果也广受欢迎的受资助人为其他有兴趣采用类似项目的学校提供支持和训练[16]。

这些改变从表面上看,基金已经开始明确考虑到,批准和问责过程应当更加"循证",以及受资助者是否在确定的目标人群中开展了确证有效的项目。进一步解读游戏规则循序渐进而又确定无疑的改变,可以说,就政府基金或者代表基金利益的人们而言,这些改变标志着某种成熟完备的衡量方式,表现了通过培训和执行的合作关系网在社区内正确实施项目的诚意。笔者认为,这对香港社区在本章开头提到的社区心理学核心价值观和原则上的成熟水平具有深远意义。

社区心理学的支持者们会逐步发现,这些发展过程和基金持续运转的哲学原理和基于社区的多层次公共卫生干预模型不谋而合(Green & Mercer, 2001;Mercer, DeVinney, Fine, Green, & Dougherty, 2007;Naylor, Wharf-Higgins, Blair, Green, & O'Connor, 2002)。有一个著名模型,基于理论推导,旨在和社会生态学途径相匹配,用于评估社区项目的有效性(Glasgow, Bull, Gillette, Klesges, & Dzewaltowski, 2002;Glasgow, Klesges, Dzewaltowski, Estabrooks, & Vogt, 2006;Glasgow, McKay, Piette, & Reynolds, 2001;Glasgow, Vogt, & Boles, 1999)。缩写为 RE-AIM :范围(Reach)、功效(Efficacy)、采纳(Adoption)、执行(Implementation)和保持(Maintenance),正是在以上基金发展的段落里总结的那些成分(尽管是一个内部人士的看法)[17]。

重整中国社会社区心理学的发展

Glasgow 及其同事再三申明了在鉴定评估社区项目成功的关键因素时使用 RE-AIM 模型的重要性,在这五个方面建立了精准的定义和编码方案。本章的目的并不在于说明模型"是什么"和"怎么做"——在香港已经有一个优秀范例说明这个模型在社区卫生项目的评估上的应用(Chan & Chan, 2006)。而是关于该模型在整合中国社会社区心理学研究方向和方法学上的可能性,尤其是该模型的所有核心成分已经出现在刚才讨论过的各种大范围政府基金中的时候。

香港 CP 发展的积极因素可能并不完全适用于其他华人社会的情况,不过也有参考价值。更重要的问题是,是否应当鼓励其他华人社会,尤其是中国大陆,在自己的发展阶段里采用相似措施。James Kelly(2006,p.140)列出了进行以社区为基础的干预研究时的 7 项原则,和传统心理学要求恰恰相反。本文以此作为出发点,为中国社会社区心理学发展提供一个统一的目标和方法。

1. 选择表现个人、群体和社会发展过程的变量

2. 同时测量社会机构和个人

3. 开发测量个人和社会机构交互效应的方法

4. 测量干预的直接和间接效应以及副作用

5. 为参与者创建社会机构，用来促进研究和从研究中获益

6. 成立社会机构评估干预的伦理问题

7. 创建进行预防研究的新组织形式

这些原则指出，为了完成优质的社区心理学研究，需要多水平行动计划的方向和技巧以及跨学科的专业意见。心理学家不应垄断和这些原则有关的方法和经验。心理学家不可能独自实现对政府政策改革的积极影响。正是因为如此，Cheng 和 Mak（2007）的综述里香港社区心理学家的成绩才如此有限。

推动社区心理学发展不仅需要来自心理学家内部的力量。笔者已经阐明，在过去十年中，香港特区政府在推动政策改革的时候如何不知不觉地为优质社区心理学发展"添砖加瓦"。像香港这样的地方，政府政策和资助计划已经表明了对确切证据的偏好和官方需求，以上原则可以被用以逐步指导研究设计、执行、数据分析和组织建设，这些在进行值得探讨的干预研究时都是必需的。

对 CP 发展来说，像香港这种自上而下途径的成绩，以及旨在进行大样本研究（这些研究关注的是构建实证支持可持续发展社区工作模型的可能性）的优质社会实验的果实会适时证明其对其他华人社会具有同等重要性。例如，在中国大陆，以可持续发展社区项目为目标的指定范围基金的发展历史和香港不在同一水平。尽管如此，对社区心理学家来说，重要的是发现通过什么方法可能在社区水平解决类似社会问题。我们肯定需要特别重视在进行以社区基金为基础的社区项目和研究的时候应用 Kelly7 项原则的重要性。

结　论

Cronbach，因为其对心理测量内在效度的卓越贡献而闻名于世。1983 年，他在一次关于在社会科学中知识应用潜力的会议上，对提高外部效度的重要性做了以下评论：

某项调查研究首选的类型和程序可能并不适用另一个主题或知识演变的另一个阶段或身处不同环境的研究者。怀此谨慎态度，我扼要说明我的几个意见：进行更多探索性的工作，别太看重"效果量"的大小和统计学显著性，更加努力地记录有助于解释局部变化的伴随事件和中介事件，多和不同背景的同人们讨论研究计划和解释。每一个研究碎片都应当是一次努力，努力对在某个时间、地点和背景下发生的事件给出一个无懈可击、合情合理的完整故事。对手中信息的多元解释通常会比另外收集数据成本更低，更具指导性。我提倡对研究方法及其进一步的发

展进行批判性分析,同时对结果的外推进行大量考证。提倡对备选解释的多元宽容决不是提倡凭空设想。

——Kelly,2006,pp.178-179

问题仍然存在:当中国再次发生地震——但愿不会如此——的时候,会有和临床心理学家同样多的社区心理学家出现在电视屏幕上或者在报纸首栏,为大范围的政府救援工作提供咨询吗?我对此持谨慎的乐观态度。但是,如果我们改问,是否心理学家的观点会更多关注社区而不是停留在个人水平,我很确信答案是肯定的。个人和个人生活的社会生态系统之间的平衡掌握在为中国人民的福祉努力做出贡献的社区心理学家手中。

章节注释

1　本章中,Rappaport 和 Seidman 确实高度评价 Felner 等人采用的途径是"一次对传统公共卫生框架的明确的突破,在精神卫生领域发挥了从临床到社区模型的桥梁作用"。避开质料和预防的传统(混杂的)观点(确认预防的哪一级———一级、二级、三级),有利于更明确地区分个人临床工作和指向群众或者关注群体的预防,其目标是改变在生活中导致风险的过程和中介条件(Rappaport & Seidman,2000,p.2)。因此,和我这里使用公共卫生这一术语并无分歧。

2　美国心理学协会的前任会长 George Miller 曾说(1969),心理学真正的影响并不会通过交付给权力阶层的科技产物而实现,而是通过影响广大公众,树立关于人之所能,人之所求的新异公众观念来实现(p.1074)。

他也认为心理学必须由不是心理学家的人来实践。事实应当被自由传递给所有需要和能够利用它们的人。科学结果必须"以实用和可用的形式进入公众意识"(p.1074)。"由非心理学家实践有效的心理学必然会改变人们对自我的观念和对自己能做什么的观念。"(p.16)Miller 进一步宣称一个人不需要社会组织层面的权威来改造他。理解系统比控制系统更重要。有效的系统概念能允许一个人引入具有深远影响的细小改变。其他往届会长,例如 Philip Zimbardo,Robert Sternberg 和 Ronald Levant 继续强调这一点,并用它作为竞选主题。

3　《亚洲周刊》(2008 年 12 月 21 日)发行头版新闻,据四川省中国共青团的报告,在地震发生的第六天,登记在册的身在四川的中国各地志愿者已达 118 万人。

4　这 6 个假设和本章讨论的核心价值观和原则没有区别:

(1)如果干预在目标个体更熟悉的机构进行,会更有效;(2)精神疾病,事实上生活中的所有问题都受心理或生物学之外的社会环境因素影响;(3)社会因素是合乎情理的干预目标;(4)社区心理学家必须擅长执行不同的功能;(5)社区干预的焦点是高危人群或者整个群体;(6)社区成员应当是积极的参与者而不是被动的接受者(Lam & Ho,1989)。

5　这个研究在香港理工大学应用社会科学系的健康和福利研究网络中进行,使用了中国学术期刊全文数据库(the China Academic Journals Full-text Database,CAJ)。CAJ 是世界上最大的可检索全文和全图像的多学科中文期刊数据库,覆盖自 1994 年以来的超过 8460 种期刊(5058 种科学技术期刊和3402 种社会人文科学期刊),至 2007 年末,收录文章总数超过 2500 万篇。使用标题检索"社区+心理+干预",发现46条,其中包括31条实证研究。5篇文章在标题中使用了"社区干预",其中两篇文章是实证研究。增加主题词"政策"在标题检索"社区+心理"出现了6条,3篇是实证研究,其中一篇关于农民工,两篇和慢性疾病患者有关。就我们能够确定的而言,多数研究是由医学研究人员而不是心理学家开展的。

6 申请成功率是23%,和英国医学研究委员会24%和美国国家卫生研究所的31.5%具有可比性。

7 网址:http://www.fhb.gov.hk/grants/english/funds/funds_hcpf/funds_hcpf_abt/funds_hcpf_abt.html 和 http://fhbgrants.netsoft.net/ english/funded_list/funded_list.Php。

8 网址:Website:http://www.ciif.gov.hk/en/evaluation/index_e.html。

9 网址:http://qef.org.hk/eng/index.htm。

10 我们并未包括对公众申请开放的基金和由政府部分的法定团体操作的基金,例如职业健康安全委员会或其他在政府部门水平下操作的较小范围的基金。

11 网址:http://www.info.gov.hk/gia/general/200611/10/P200611100314. htm。

12 网址:http://www.hkatv.com/infoprogram/06/careforchildren。

13 这项计划受到来自香港特别行政区政府教育局的优质教育基金(the Quality Education Fund)(Project EMB/QEF/2003/0727)对作者的资助。

14 如果参加的儿童及其家庭在两年内存下预定数目的钱,社区或者私人捐助就会提供至少1:1的匹配基金。当此类"成熟的"案例呈交给CDF,香港特别行政区政府会奖励这个儿童的家庭共3000港币,唯一的目的就是实现参与儿童和青少年的个人发展计划。

15 网址:http://www.cdf.gov.hk/english/aboutcdf/aboutcdf_int.html。

16 网址:http://qef.org.hk/eng/user/function_display.php? id=ll8。

17 在这里应当说明我与此事的利害关系。在我作为大学专业学者和具有职业资质的临床心理学家,我被香港特别行政区政府任命为优质教育基金(Quality Education Fund),健康护理及促进基金委员会(Health Care and Promotion Fund),健康和卫生服务研究基金(Health and Health Services Research Fund)等相关的诸多高级委员会的其中一员。所以,我在基金发展方面处于知情位置,能够接触基金的规划文件。不过,不管是作为专业心理学家还是作为这些委员会的成员,我严格遵守二者的职业操守,在本章中表达的观点和信息全部都可从公众开放网页上获得的,不包括我所知的任何有关委员会的内部非公开信息。

18 在香港,在儿童伤害预防和青少年积极发展的领域已经开发了进行预防研究的"新的组织形式"(http://www.apss.polyu.edu.hk/nhws/, http://www.childinjury.org.hk/ and http://www.hkcnp.org.hk/,etc.),符合以上的原则,或者确切地说,是受到这些原则的启发,并仅仅遵循这些原则。重要的经验是,虽然存在普适性原则支配着个人和社会机构的交互影响,但预防研究的设计和分析不可避免具有地域性。

参考文献

Albee,G.W. & Gullotta, T.P. (1997). Primary prevention's evolution. ln G. W. Albee & T. P. Gullotta (eds), Primary prevention works(pp.3-22).Thousand Oaks, CA:Sage.

Angelique, H. & Culley, M. (2007). History and theory of community psychology:an international perspective of community psychology in the United States: returning to political, critical and ecological roots. In S. M. Reich, M. Riemer, I. Prilleltensky, & M. Montero (eds), International community psychology: History and theories (pp.37-62). New York: Springer.

Barker, R. G. (1968). Ecological psychology. Palo Alto, CA: Stanford University Press.

Bell, P. A. (2001). Environmental psychology (5th ed.). fort Worth, TX: Harcourt College Publishers.

Bennett, C. C., Luleen, A., Saul, C., Leonard, H., C., K. D., & Gershen, R. (1966). Community psychology: A report of the Boston conference on the education of psychologists for community mental health. Boston, MA: Boston University Press.

Bhatia, S. & Sethi, N. (2007). History and theory of community psychology in India: An international perspective. In S. M. Reich, M. Riemer, l Prilleltensky, & M. Montero (eds), International community psychology: History and theories (pp.180-199). New York: Springer.

Blair, A.. (1992). The role of primary prevention in mental health services: A review and critique. Journal of Community and Applied Social Psychology, 2, 77-94.

Bronfenbrenoer, U. (1979). The ecology of human development experiments by nature and design. Cambridge, MA: Harvard University Press.

Burton, M., Boyle, S., Psy, C.. & Kagan. C. (2007). Community psychology in Britain. In S. M. Reich, M. Riemer, L Prilleltensky, & M. Montero (eds), International community psychology: History and theories (pp. 219-237). New York: Springer.

Chan, C. C. (2004). Intensive community mentoring-An international initiative and a Hong Kong response. Hong Kong: Network for Health and Welfare Studies, Department of Applied Social Sciences, The Hong Kong Polytechnic University.

Chan, C. C. & Chan, K. (2006). Programs effectiveness, process outcomes, and sustainability of health promotion interventions in Hong Kong: Applying the RE-AlM framework. Journal of Psychology in Chinese Societies, 7, 5-28.

Chan, C. C. & Ho, W. C. (2006). The Intensive Community Mentoring Scheme in Hong Kong: Nurturing police-youth intergenerational relationships. Journal of Intergenerational Relationships: Programs, Policy, and Research, 4, 101-106.

Chan, C. C. & Ho, W. C. (2008). An ecological framework for evaluating relationship-functional aspects of youth mentoring. Journal of Applied Social Psychology, 38, 837-867.

Cheng, S.-T. & Mak, W. (2007). Community psychology in a borrowed place with borrowed time: The case of Hong Kong. In S. M. Reich, M. Riemer, L Prilleltensky, & M. Montero (eels), International community psychology: History and theories (pp.200-216). New York: Springer.

Collins, R. A., Johnston, J. M., Tang, A. M. Y., Chan, W. C., Tsang, C. S. H., & Lo, S. V. (2008). Summary of research projects supported by the Health Services Research Fund (HSRF) and the Health Care and Promotion Fund (HCPP). Hong Kong Medical journal, 14(3(53)), S4-S8.

Cowen, E. L. (1973). Social and community interventions-Introduction-Scope of the field. Annual Review of Psychology, 24, 423-472.

Dalton, J., Elias, M., & Wandersman, A (2007). Community psychology linking individuals and communities (2nd ed.). Belmont, CA: Thomson Higher Education.

DuBois, D. L., Holloway, B. E., Valentine, J. C., & Cooper, H. (2002). Effectiveness of mentoring programs for youth: A meta-analytic review. American Journal of Community Psychology, 30, 157-197.

Epp, J. (1986). Achieving health for all: A framework for health promotion. Health Promotion International, 1, 419-428.

Feiner, R. D., Feiner, T. Y., & Silverman, M. M. (2000). Prevention in mental healthand social intervention: Conceptual and methodological issues in the evolution of the science and practice of prevention. In J. Rappaport & E. Seidman (eds), Handbook of community psychology (pp. 9-42). New York: Kluwer Academic./Plenum Publishers.

Francescato, D. & Tomai, M. (2001). Community psychology: Should there be a European perspective? Journal of Community and Applied Social Psychology, 11, 371-380.

Glasgow, R. E., Bull, S. S., Gillette, C., Klesges, L. M., & Dzewaltowski, D. A. (2002). Behavior change intervention research in healthcare settings-A review of recent reports with emphasis on external validity. American Journal of Preventive Medicine, 23, 62-69.

Glasgow, R. E., Klesges, L. M., Dzewaltowski, D. A., Estabrooks, P. A., & Vogt, T. M. (2006). Evaluating the impact of health promotion programs: Using the RE-AlM framework to form summary measures for decision making involving complex issues. Health Education Research, 21, 688-694.

Glasgow, R_ E., McKay, H. G., Piette, J. D., & Reynolds, K. D. (2001). The RE-AlM framework for evaluating interventions: What can it tell us about approaches to chronic illness management? Patient Education and Counseling, 44, 119-127.

Glasgow, R. E., Vogt, T. M., & Boles, S. M. (1999). Evaluating the public health impact of health promotion interventions: The RE-AlM framework. America11 Journal of Public Health, 89, 1322-1327.

Green. L. W. & Mercer, S. L. (2001). Can public health researchers and agencies reconcile the push from funding bodies and the pull from communities? American journal of Public Health, 91, 1926-1929.

Hepworth, J. (2004). Public health psychology: A conceptual and practical framework. Journal of Health Psychology, 9, 41-54.

Herrera, C., Grossman, J. B., Kauh, T. J., Feldman, A. F., McMaken, J., & Jucovy, L. Z. (2007). Making a difference in schools: The Big Brothers Big Sisters school-based memo ring impact study. Philadelphia, PA: Public/Private Venture.

Kellv, J. G. (2006). Becoming ecological: An expedition into community psychology. New York: Oxford University Press.

Lam. D.. J & Ho, D. Y. F. (1989). Community psychology in Hong Kong-Past, present, and future. American Journal of Community Psychology, 17, 83-97.

Levine, M. (1998). Prevention and community. American journal of Community Psychology, 26, 189-206.

Lewin, K. (1935). A dynamic theory of personality. New York: McGraw-Hill.

Mercer, S. L, DeVineny, B. I., Fine, L. J., Green, L. W., & Dougherty, D. (2007). Study designs for effectiveness and translation research-Identifying trade-offs. American Journal of Preventive Medicine, 33, 139-154.

Miller, G. A. (1969). Psychology as a means of promoting human welfare. American Psychologist, 24,

1063-1075.

Murray, H.A. , Barerrt, W.G. , Hamburger, E. , et al. (1938) . Exploration in personality: A clinical and experimental study of fifty men of college age. New York: Oxford University Press.

Kaylor, P.J. , Wharf-Higgins, J. , Blair, L. , Green, L. , & O'Connor, B. (2002) . Evaluating the participatory process in a community-based heart health project. Social Science & Medicine, 55, 1173-1187.

Nelson. G. , Lavoie, F. , & Mitchell, T. (2007) . The history and theories of community psychology in Canada. In S.M. Reich, M Riemer, I. Prilleltensky, & M Montero(eels) , Imcmotional community psychology: History and theories(pp.13-36) . New York: Springer.

Oxford, J. (2008) . Community psychology: Challenges, controversies, and emerging consensus. Chichester, England: Wiley.

Paque R. , Lavoie, F. , Harnois, G. , Fitzgerald, M. , Gourgue, C. , & Fontaine, N. (1985) . La sante men tale: Roles et place desresources alternatives. In Collection: Avis du Comite de la Sante men tale du Quebec. Quebec City, Canada: Gouvernement du Quebec.

Perkins, D.D. & Zimmerman, M.A. (1995) . Empowerment theory, research, and application. American Journal of Community Psychology, 23, 569-579.

Pluye, P. , Potvin, L. , & Denis, J.L. (2004) . Making public health programs last: Conceptualizing sustainability. Evaluation and Program Planning, 27, 121-133.

Prilleltensky, L, & Nelson, G. (1997) . Commuruty psychology: reclaiming social justice. In D. Fox & L Prilleltensky(eds) , Critical psychology: an introduction(pp.166-184) . London: Sage Publications.

Prilleltensky, L, Nelson, G. , & Peirson, L(2001) . The role of power and control in children's lives: An ecological analysis of pathways toward wellness, resilience and problems. Journal of Community and Applied Social Psychology, 11, 143-158.

Rappaport, J. (1977) . Community psychology: Values, research, and action. New York: Holt, Rinehart and Winston.

Rappaport, J. (1981) . In praise of paradox-a social policy of empowerment over prevention. American Journal of Community Psychology, 9, 1-25.

Rappaport, J. (1987) . Terms of empowerment/exemplars of prevention: toward a theory for community psychology. American Journal of Community Psychology, 15, 121-148.

Rappaport, T. & Seidman, E. (2000) . Handbook of community psychology. New York: Kluwer Academic/Plenum Publishers.

Reich, S. , Riemer, M. , Prilleltensky, L, & Montero, M. (2007) . An introduction to the diversity of community psychology internationally. In S.M. Reich, M. Riemer, L. Prilleltensky, & M. Montero(eds) , International community psychology: History and theories(pp.1-9) . New York: Springer.

Riger, S. (1993) . What's wrong wjth empowerment American. Journal of Community Psychology, 21, 279-292.

Sampson, E.E. (1981) . Cognitive psychology as ideology. American Psychologist, 36, 730-743.

Sasao, T. & Yasuda, T. (2007) . Historical and theoretical orientations of community psychology practice and research in Japan. ln S.M. Reich, M. Riemer, L. Prilleltensky, & M. Montero(eds) , International community psychology: History and theories(pp.164-179) . New York: Springer.

Schneider,F.W.,Gruman,J.A., & Coutts,L M.(2005).Applied social psychology:Understanding and addressi11g social and practical problems.Thousand Oaks,CA:Sage.

Seeman,M.(1997).The neglected,elusive situation in social psychology.Social Psychology Quarterly, 60,4-13.

Shadish,W.R.,Matt,G.E.,Navarro,A.M., & Phillips,G.(2000).The effects of psychological therapies under clinically representative conditions:A meta-analysis.Psychological Bulletin,126,512-529.

Smail,D.(1994).Community psychology and politics.Journal of Community and Applied Social Psychology,4,3-10.

Smail,D.(1995).Power and the origins of unhappiness:Working with individuals.Journal of Community a11d Applied Social Psychology,5,347-356.

Tierney,J.P.,Grossman,B., & Besch,N.L.(1995).Making a difference.An impact study of big brothers/big sisters.Philadelphia,PA:Public/Private Ventures.

Tolan,P.,Key,C.,Chertok,F., & Jason,L.(1990).Researching community psychology:Issues of theory and methods.Washington,DC:American Psychological Association.

Trainor,J.,Pomeroy,E., & Pape,B.(1999).Building a framework for support a community development approach to mental health policy.Toronto,Canada:Canadian Mental Health Association.

Tseng,V.,Chesir-Teran,D.,Becker-Klein,R.,Chan,M.L.,Duran,V.,Roberts,A.,et al.(2002). Promotion of social change:A conceptual framework.American journal of Community Psychology,30, 401-427.

Yu,H.L. & Yang,Y.(2008).Review of Community Psychology Research in China.Journal of Shandong Institute of Commerce and Technology,8,13-18.

［于华林、杨毅(2008):《我国社区心理学研究述评》,《山东商业职业技术学院学报》2008 年第 8 期,第 13—18 页。］

Zimmerman,M.(1995).Psychological empowerment:Issues and illustrations.American Journal of Community Psychology,23,581-599.

第 27 章　中国人的心理治疗:近十年工作进展

廖慧心(Wai-Sum Liu)　梁永亮(Patrick W.L.Leung)

文化在心理治疗中至关重要。文化或者所谓"心灵的集体程序(collective programming of the mind)"(Hofstede,2001,p.9),本身融汇在各种人类体验中,毫无例外,也融汇在心理苦恼(distress)及其引发的应对过程中。人们早已意识到,每一种治疗过程都包涵于某种文化背景中,有效的应对在某种程度上是服务于某种社会文化目的(Draguns,1975)。

这样的观点本身并不新鲜,不过,人们的全球流动和科学知识的世界传播给研究不同文化背景下的心理治疗提供了新动力。当代心理治疗往往被视为欧美产物,人们越来越关注各种形式的当代心理治疗如何应用于不同文化世界观的来访者。事实上,现在认为,以文化为中心的干预是心理治疗的第四种力量,与心理动力学、人本主义以及认知行为流派的思想与实践并驾齐驱(Pederson,1999)。此外,已经有实证支持文化敏感的心理健康干预的实效性(Griner & Smith,2006)。

人们逐渐意识到文化在心理干预中的重要性,这种觉醒与中国人高度相关。在这本手册的第一版(Bond,1996)中,P.W.L.Leung 和 Lee 回顾了中国人的心理治疗从文化绑定的本土治疗方法到引入西方干预方法的漫长历程。他们说,中国的文化背景由于其极具多样性和快速变化,可以提供一个"天然实验室"来研究文化与心理治疗之间复杂的相互作用。他们的综述出版已过十年,这个"天然实验室"无论是在研究(C.Xu,Wang,Miao, & Ouyang,2002;S,Zhao,Wu & Neng,2003)还是临床应用(Yue & Yan,2006)都取得了许多进展。无论是从业人员还是研究人员都对西方疗法正如何应用以及能够如何最好地应用于中国人深感兴趣,同样也对本土治疗方法在现代的价值甚感兴趣。

本章旨在描述这些迅速累积的知识。我们首先综述了在中国文化背景下的本土疗法与西方心理治疗方法。然而,如果我们不了解被治疗疾病的相关心理病理过程,我们就不能完全理解治疗的有效性。因此,本章还探讨在中国发现的心理病理过程,以及他们和西方理论的相容性。最后,我们来看看东方哲学如何被整合到一些西方治疗变式中以形成新的治疗方法。

我们承认一个等质的中国人实体(a monolithic Chinese entity)是不存在的,本章综述了各种各样的中国人群的研究,既有不同华人社群之间的也有同一社群内部的。综述的议题既引人入胜又错综复杂。我们尽可能地将所有碎片聚集在一起,希望提供一个中国人心理治疗的全景。我们还希望这篇综述能够为我们10年前探讨过的那个主题带来新鲜血液:旧话重提,讨论心理治疗的文化特异性或普适性。

因为文献很丰富,而单独一个章节涵盖内容简短,我们不能说这篇综述毫无遗漏,不过,我们尽可能地确保它的严谨。在检索文献时,我们使用了以下数据库:SSCI(the Social Sciences Citation Index at Web of Science)、PsycInfo、万方数据库(一个中文期刊数据库)加上相关文章的参考文献。我们主要关注自1996年第一版手册(P.W.L.Leung & Lee,1996)出版之后10年内的研究,也包括了一些较早的重要文献。应当注意,这篇综述并不是要详细描述中国心理治疗发展史。关于这个主题,感兴趣的读者可以参考其他综述(D.F.Chang,Tong,Shi, & Zeng,2005;Qian,Smith,Chen, & Xia,2001)。

本土心理治疗(Indigenous psychotherapy)

本土心理治疗指的是在特定文化环境或者社会中为其居民发展出的治疗活动(D.W.Sue & Sue,2003)。它通常涉及几个心理治疗的关键成分,即治疗者、求助者、治疗关系和消除痛苦的目标(P.W.L.Leung & Lee,1996)。通过考察现存的本土治疗方法,可以更好地理解文化观如何影响这些方法处理来自于特定文化环境中的各种问题。

因此,这一部分首先综述了支撑中国文化的哲学思想,接着是中国医师进行的心理治疗和超自然民间疗法的进展。我们放弃了之前综述里提出的关于"共产主义心理治疗(communist psychotherapy)"的讨论(P.W.L.Leung & Lee,1996)。虽然政治因素仍然存在于中国大陆心理治疗活动中(S.A.Leung,Guo, & Lam,2000),不过这种特定形式的"共产主义心理治疗",也被称作"快速整合心理治疗(rapid integrated psychotherapy)"已经终止使用,成为中国历史上在特定时期服务于特定社会政治需要的历史遗迹(Tseng,Lee, & Lu,2005)。

儒家、佛家和道家(儒释道)

儒家、佛家和道家(儒释道)是中国人的三大主要哲学系统。虽然三者并不属于心理治疗,但是他们强调自我修为(self-improvement)和人性(humanity),这些原则发挥了心理治疗的功能(P.W.L.Leung & Lee,1996)。儒家主张人际和谐和等级关系。它强调人性本善、仁爱和中庸,要求人们陶冶自己来获取道德理想。从积极观点来看,这些哲学观念可以被轻松地引入对中国人的心理治疗中(Yan,2005)。然而,儒家主张更积极的姿态,鼓励人们履行行为和道德的理想准则(Yan,2005;Y.Zhang et al.,2002)。这样的要求只有在事事顺利时用于提高人民生活的道德标准,而在心理痛苦时就没那么有用。

佛家和道家都主张从俗世的欲求中解脱出来。佛家教育的前提建立在这样的观点上:生命因为过度渴求短暂尘世中的虚幻物质而充满苦难(S.C.Chang & Dong-Shick,2005)。放手对过度欲望的执念是一种减少苦难的方法。佛家还强调在一个人的个人和社会生活之间的内在关联,过去行为和未来后果之间的内在联系。因此,为了从苦难中解脱,获得宁静,一个人必须承担责任,正直生活,以德性和诚信与他人交往。

有人尝试将佛家教导应用到中国人的治疗中。例如,Yeung 和 Lee(1997)根据临床经验提出,将佛家故事引入心理治疗对包括中国人在内的亚洲人有好处。另外,也有人提出森田疗法(Morita therapy),一种融合了禅宗佛教的日本治疗方法,在中国大陆非常流行(Tseng et al.,2005)。它的流行可能是因为森田治疗中包含的佛家思想是中国文化的一部分(Cui,被引用于 Tseng et al.,2005;Qian,Smith et al.,2001)。

道家(Taosim,Daoism)主要的哲学道义是"道",自然界的基本法则。道家认为人类是宇宙这一整体的部分,生命具有自己自然的过程。人们需要做的就是放轻松,顺其自然和无为(不去干扰)。反对贪欲,但是鼓励满足。意识到了道家在中国人应对和思维方式的影响,中国大陆发展了中国道家认知治疗(Chinese Taoist Cognitive Therapy,CTCP),以切合中国人的文化背景(Young,Tseng, & Zhou,2005;又见 Cheng,Lo, & Chio,本书第 24 章)。

这一创新方法本质上是包含道家价值观的一种西方认知治疗。除了理解应激因素、信念系统和应对方式之外,临床医生也将道家哲学应用到治疗过程中(Y.Zhang & Yang,1998)。通过纳入放弃过度欲求、遵行自然过程的观念,治疗师希望心理痛苦的人们能够应用这些原则处理他们生活中的心理社会应激源和困难。有研究已经证实 CTCP 有益于中国人(见 J.Wang & Wu,2005;Y.Zhang et al.,2002)。

以上综述表明,经过过去 10 年,研究者和临床医生借鉴传统中国哲学的财富来改善中国人的心理治疗。中国哲学的心理治疗功能不再是单纯的学术思考。值得提出的是,CTCP 成为中国文化融入西方心理治疗的表率,而且它对中国人是有好处的。

中医进行的心理治疗

传统中医(Traditional Chinese medicine,TCM)采用一种动态的整体的取向来理解一个人的幸福感(well-being)。Flaws 与 Lake(2001)和 Y.Zhang(2007)对 TCM 和精神病性或者情绪相关障碍之间的关系做出了清楚的解释。本质上,人体和心灵持续受到宇宙中两极互补的力量影响,即阴和阳。这两种力量的失调和失衡可能导致对疾病易感。气——或生命力(vitality)——与血提供了身体各种活动的精华。正气使身体充满活力,而邪气扰乱身体机能。过度的情绪可能导致对内脏器官的损伤等,然后可能表现在情绪、行为和躯体症状上。阴阳平衡、气血调节也可能以这种方式被破坏。心、身和自然之间的和谐关系作为一个协调的整体被认为是身体和精神健康的基石。

这种推论指导了 TCM 的临床实践。既然情绪相关问题和内脏功能是相互联系的,情绪问题往往被概念化为躯体疾病,治疗通常针对身体功能紊乱(Z. Li,2006;Qian,Smith et al.,2001;Y. Zhang,2007)。常见的治疗形式包括气功、针灸和草药。进一步综述这种躯体干预超出了本章的范围,不过我们注意到一些研究报告了这些干预方式对抑郁和精神分裂症的益处(Edzard,Rand, & Stevinson,1998;Rathbone et al.,2007;Tsang,Fung,Chan,Lee, & Chan,2006)。

尽管高度强调处理躯体功能失调,"心理学"和"心理治疗"并非在 TCM 程序考虑之外。我们认为在躯体疾病和情绪失调之间的联系早 2000 年前的文献中已被提及,而且心理治疗也确实出现在传统文献中(Z. Li,2006;S. H. Xu,1996)。一个被确认的重要治疗技巧就是通过一种相反的情绪来抵消过度的情感。一个古代案例报告描述了一个男性,在他父亲死后一直头疼。有一个人胡说八道让他大笑,治愈了他的悲伤。这个例子展示了愉悦如何克服悲伤(S. H. Xu,1996)。许多研究者也看到了中医心理治疗和西方心理治疗常用来处理情绪问题的行为和认知策略上的相同之处(Z. Li & Chen,2007;H. Xiang & Zuang,2006;Q. Yang,2006)。

许多研究者试图将 TCM 情境下的中国心理治疗写入史册,不过我们还是应当谨慎对待上面提到的有趣的医疗案例。在 TCM 的现代活动中,很少见到以上治疗技巧的系统使用。"言语治疗"通常不过是给一些一般的建议(Flaws & Lake,2001)。在中国大陆进行的种族田野调查中,Y. Zhang(2007)发现,虽然临床医生解决了患者的情绪和社交困难,不过方法类似于和亲密朋友或者家庭成员的谈话,这种谈话常常会传授适合文化的解决方案。

尽管如此,和十年前 TCM 的发展相比,我们注意到人们做了更多的努力去解释TCM 和现代科学之间的关系。零零散散的研究(不幸使用了低标准的方法学)考察了中医心理治疗的治疗效果(例如 Guan & Hu,2007;Jiang,Xu,Zheng, & Zhou,2002)。尽管有这些进步,还是要呼吁应当更加系统地组织和实证地研究这种心理治疗技术。

超自然取向的民族心理治疗

自古以来中国人就使用超自然取向的治疗方法。常见的治疗方法包括萨满、算命、占卜和风水(geomancy)。这些治疗的形式深深蕴含在传统中国文化中。在萨满活动中,进行宗教仪式来建立人类和精神层面交流的桥梁(B. Lee & Bishop,2001;Tseng,1999)。许多萨满教徒将精神困扰看做是被祖先的灵魂引发的,因此,常常用一些活动来恢复适当的家庭功能,例如祭祖。占卜是靠卦象预示来算命(Tseng,1999)。占卜的一种特别的形式是画或者掷签(一种竹棍)和签文的解释。签文据说包含上苍的信息,通常包括文化上认同的应对方式。而且,一个人的命运也可能通过看手相(palm reading）和占星术（astrology）来判断。这些手段能帮助人们找到适应命运、与自然和谐共存的方法（Tseng，1999）。风水活动是以这种观点为前提：人与环境之间的不和谐可能会导致问题发生。建议通过改变环境来恢复平衡。尽管在这些历史悠久的治疗活动之间存在程序上的差别，但是他们都包含了情绪宣泄和提供明确建议（Jilek，1993），目的在于恢复超自然世界、环境、社会文化系统和当事人之间的平衡。

既然中国人对治疗持有实用和多元的态度，那么中国人及其家庭至今仍求助于传统民间治疗师就不罕见了（J.K.So，2005）。新加坡的一个研究考察了 100 名中国精神病患者，其中 36% 在寻求精神病机构的服务之前都咨询过传统治疗者（Kua，Chew，& Ko，1993）。在中国台湾的一项研究中，41 名精神分裂症患者中，超过 70% 曾从萨满寻求帮助或者祭拜民间宗教的神灵来寻求缓解（Wen，1998）。居住在中国大陆农村的精神分裂症患者中，54.5% 都报告接受过传统灵性治疗（Ran，Xiang，Li et al.，2003）。

超自然取向的治疗还没有进行过系统化的实证考察。这种形式的治疗结果很大程度上还不明确，这导致对它声称的治疗效果的质疑。在台湾一项早期的萨满教的人类学研究中，提出这样的假设，在治疗者和来访者之间共享的解释模型和世界观可能产生有力的安慰剂效应（Kleinman & Sung，1979）。我们需要更加系统化地努力并详细考察这种治疗可能的优缺点。不幸的是，它的活动有时可能妨碍对精神障碍进行恰当的精神病性治疗。例如，有人发现寻求传统灵性治疗阻碍了精神分裂症的长期精神病治疗，因为大部分家庭会在精神病初始治疗没有立竿见影时就转向灵性治疗（Ran，Xiang，Li et al.，2003）。

这些本土疗法即便不太符合现代科学，也不应当被彻底抛弃（D.W.Sue & Sue，2003）。Tang（2007）报告的一个案例研究形象地展现了这种谨慎态度。作者描述了她治疗的一位中国女性，这位女性承受着巨大的丧亲之痛。她没有从标准的心理治疗中获益。而只有通过去算命和祭拜一位本土灵神，她才能找到一些安慰。治疗师主动在治疗阶段讨论传统信仰和算命，从中来访者能够在她的创伤经历中发现文化相关的意义。这才打破了僵局。Tang（2007）警告说，不注意文化问题会妨碍治疗过程，可能导致治疗过早终止。虽然自 10 年前综述发表以来，超自然治疗的实证研究没有取得大的进展（P.W.L.Leung & Lee，1996），不过，仍偶有研究，就像 Tang（2007）的报告，一直提醒我们，将文化的超自然信念纳入心理治疗过程是多么重要。

中国人的西方心理治疗

适用性

前面关于本土心理治疗的综述阐明了文化如何渗透在治疗活动中。中国人的本土治疗方法强调群体中心论的文化特点,诸如和谐、集体主义和中庸的价值观。他们主张适应环境,也就是集体主义导向。这些文化价值观从根本上不同于西方。例如,Draguns(2008)指出,西方心理治疗的发展深受美国价值观影响,诸如"乐观、个人主义、平等、赞美社会流动和鼓励个人改变"(p.24)。这些价值观会鼓励来访者积极改变生活环境来达到个人目标。这些中西方之间的文化差异如何对治疗产生阻碍,或者相反,是否可能为西方心理治疗用于中国人提供新机遇?

中国人利用西方心理健康服务的比例也许可以用来测量西方心理治疗对中国人的适用性。可以合理地推测,对治疗的期望、关于病因的观念和对结果的目标等一系列冲突会阻碍中国人采用西方治疗。研究证实亚洲人,包括中国人,更少使用西方精神健康服务(Leong,Chang, & Lee,2007;Ng,Fones, & Kua,2003;S.Sue,Fujino,Hu,Takeuchi, & Zane,1991;P.S.Wang et al.,2007;又见 Mak & Chen,本书第 25 章)。Kim 和他的合作者在他们的研究中将文化价值观作为计划变量(planned variable),发现在亚裔美国大学生中,持有诸如集体主义、情绪自控和回避耻感等亚洲价值观与对求助的消极态度相关(Kim & Omizo,2003;Kim,2007)。其他亚洲文化价值观,例如关于精神疾病是由内在身体原因导致的(Leong & LAU,2001),以及家丑不外扬的倾向(Ho & Chung,1996;Leong & Lau,2001),也被认为会干扰及时利用心理健康服务。

我们也应注意,不要轻视其他重要的文化因素以外的障碍,比如精神健康服务的缺失或者落后,尤其是在中国大陆的农村区域(Ho & Chung,1996;Kung,2004;P.S.Wang et al.,2007)。在华裔美国人的一项研究中,求助时面临的实际障碍比文化障碍更加显著(Kung,2004)。随着人们越来越多地接触和使用西方心理治疗服务,服务利用率也有可能上升,同时更积极地求助。事实上,最近一项研究发现,中国大陆大学生对寻求心理帮助持有普遍积极的态度,而且这种态度和之前的咨询经历以及心理学和咨询相关知识存在联系(Goh et al.,2007)。另外,其他有关心理治疗的近期研究也考察了中国被试对西方心理治疗的态度,获得了普遍积极的结果(Shen,Alden,Sochting, & Tsang,2006;C.Y.C.So,Leung, & Hung,2008)。

对那些愿意接受治疗的中国人来说,与治疗师之间在心理问题和解决办法上产生分歧是一个可能出现的障碍。中国人可能不容易接受西方心理治疗默认的典型个人主义的治疗目标,因为这样的目标违背了强调关系和谐,加强人际联系的集体主义文化价值观(Draguns,2004)。提出个人主义的目标通常会让中国患者感到与治疗模式存在隔阂,感到需要被迫妥协或者放弃他们自己的文化价值观(G.Cheung & Chan,2002)。自信训练就是很好的一个例子,这一训练的目的在于帮助一个人表达自己的个人需求,有人注意到在中国人中实施这项训练很困难,因为这可能导致人际关系不和谐与冲突(S.W.H.Chen & Davenport,2005;Lin,2002)。

接下来的案例充分展示了持有家庭主义的中国集体主义价值观而不是追求个人主

义的自我解放的重要性。P.W.L.Leung 和 Sung-Chan(2002)报告了一名中国女性,她的腰背部疼痛,这和性负罪感有关。治疗师强调来访者的责任是履行妻子和母亲的家庭角色而不是关注她个人的自我解放,这帮助了她。所以,此类案例中,向集体主义治疗目标努力有助于缓解痛苦,因为这是以文化相关概念为基础的。

来访者和治疗师双方的互动也会受文化价值观影响。中国人强调服从权威。在所有中国文化群体中,高权力距离是一种根深蒂固的价值取向(Bond,1996)。既然中国人通常将治疗师看作专家,治疗师的角色就是给指导和建议,那么他们更不太可能接受一种非指导性的治疗方式,例如来访者中心治疗和精神分析。另外,中国患者更愿意服从而不愿意公开反对权威给出的建议(S.W.H.Chen & Davenport,2005;Lin,2002;Qian,Smith et al.,2001)。这些行为都和西方治疗中强调合作关系、来访者更加独立的惯例背道而驰。而且,中国人的社会化使他们控制情绪和表情(Bond,1993;S.W.H.Chen & Davenport,2005;Lin,2002;又见 Yik,本书第 14 章)。情绪训练或者宣泄可能存在难度,造成来访者的尴尬,尤其是在治疗初期。

还应当注意治疗师和来访者一样免不了受到文化冲突的影响。W.Zhang(1994),来自中国大陆的一名学校咨询师,描述他在 USA 接受训练时,在同学的个人主义和他自己的集体主义观点之间一再发生冲突。他难以理解和认可美国同伴对案例的解构和治疗策略,他们会将个人需要置于家庭、家族和国家利益之上。W.Y.Lee(2004),一个经验丰富的家庭治疗师,描述了一个案例,在咨询阶段结束的时候,妻子能够在婚姻中坚持自己的需要,并且对她抑郁中的丈夫提出更多的要求。然而,这种案例情节激发了一群中国精神病学家和心理学家听众对西方和中国的家庭婚姻价值观的辩论。这些事例凸现的问题是,治疗师们为了识别影响他们心理治疗活动的价值观,可能需要接受另一种世界观的文化训练(Koltoko-Rivera,2004)。

然而,在我们之前的综述里面(P.W.L.Leung & Lee,1996),我们注意到中国来访者不仅采用集体主义目标也会采用个人主义目标。平衡,作为中国文化价值观即便不是最重要,也是比较重要的一种,可能在中国来访者中发挥调节集体主义和个人主义治疗目标的作用(又见 Ji,Lee,& Guo,本书)。而且,当我们回顾更多最近关于中国文化和西方心理治疗的文献时,对探索文化相容性而不是不相容性更感兴趣。

例如家庭治疗,将个人置于家庭背景中,以一种系统化视角来处理心理问题。它被认为适合集体主义文化中的中国人(G.Cheung & Chan,2002)。因为文化强调父母在监管孩子上的角色,家长训练也对中国人意义重大。鼓励亲社会行为也和中国的养育活动一致,他们关注孝顺的行为培养(Wang & Chang,本书;Ho et al.,1999;C.Y.C.So et al.,2008)。另外 Hodges 和 Oei(2007)探索了在认知行为治疗(cognitive behavioral therapy,CBT)和中国核心价值观之间的相容性。他们认为中国人的高权力距离符合 CBT 治疗师确定问题、设定目标和进行评估的主动姿态。CBT 的教育部分也和中国人喜欢实际解决问题方案的实用主义特点相一致。布置家庭作业,作为 CBT 的基本成分,也深受中国人欢迎,他们看重修身养性(self-cultivation)和勤奋。作者认为 CBT 和中国文化高度相容。

还有许多研究者也持有这个观点(例如 S.W.H.Chen & Davenport,2005;Foo & Kazantzis,2007;Ho et al.,1999;Hodges & Oei,2007;Hwang,Wood,Lin,& Cheung,2006;Lin,2002;Stewart,Lee,& Tao,本书第 22 章)。为了使治疗对中国人来说更容易接受,他们提出了许多建议,例如,治疗师应表现为一个专家,教育患者关于心理治疗过程的知识,提供更缓和的自信心训练,在治疗初期避免讨论紧张情绪等等。总的来说,在临床经验的基础上推荐采用这些策略。如同 Leung 和 Lee(2006)所说,我们不能断定治疗时考虑文化因素一定会让治疗更有效。我们仍然需要实证研究来确定这些努力在临床上的优势。

疗效研究(Outcome studies)

在这一部分,我们综述了在中国人中实施西方心理治疗的疗效研究。这是一个选择性的综述,主要关注了使用对照试验的研究。不过,关于一些研究较少的治疗方法,我们也收集了一些没那么精细的研究,例如案例报告和没有对照的前后测研究。

认知行为治疗(Cognitive behavioral therapy) 在这个综述里,CBT 是一个广义的名词,指的是一系列广泛的干预策略,包括那些又称为认知治疗、理性情绪治疗、行为治疗/行为校正的治疗方法。在这个广泛的定义下,我们确认了许多关于 CBT 的疗效研究。在中国大陆进行的对比研究一致显示在治疗焦虑障碍(Feng,Han,Gan,& Liu,2003;Guo,Guo,Yang,& Zhang,2004;Ren,2003;H.Su,Wang,& Liu,2005;C.Zhao,Wang,Shen,& Geng,2003)、抑郁(Long,Wang,Liu,& Zhang,2005;Zheng,Li,& Liu,2007)以及焦虑共患抑郁(H.Chen,Cui,& Wang,2007;Niu,Xie,& Pei,2006)时,药物合并 CBT 治疗比单纯使用药物更加有效。

也有研究采用团体 CBT 方法来治疗焦虑和抑郁障碍,结果发现该方法对治疗中国人的社交焦虑(D.F.K.Wong & Sun,2006)和焦虑/抑郁(T.Chen,Lu,Chang,Chu,& Chou,2006;Dai et al.,1999;Shen et al.,2006)有效。

在综合医疗机构中也发现 CBT 对中国患者有用。在 HIV 感染患者(I.Chan et al.,2005;Molassiotis et al.,2002)、癫痫患者(Au et al.,2003)、慢性病患者(Wong,Chan,Kwok,& Kwan,2007)和子宫切除术的妇女中,CBT 可以提高生活质量、应对能力或者术后疗效。然而,有一项研究发现 CBT 对癌症患者无效(Y.M.Chan et al.,2005)。

在一些关于中国精神分裂症患者的研究中,随机对照试验证实 CBT 作为药物辅助手段,有助于提高患者的社会功能,减少症状,降低住院率和复发率(F.Li & Wang,1994;Mak,Li,& Lee,2007;Y.Xiang et al.,2007;Zhou & Li,2005)。患者家庭的心理教育,作为 CBT 的一个部分,能够增强治疗依从性和减少复发率(Z.Li & Arthur, 2005; Ran, Xiang, Chan et al., 2003; M.Zhang, He, Gittelman, Wong, & Yan, 1998)。

较少研究关注对中国儿童和青少年情绪问题的治疗。有一个研究报告了 CBT 能够减少青少年的认知失调,但是对缓解焦虑和抑郁症状没有效果(Q.Su et al., 2006)。相反,另一项研究发现 CBT 能够阻止中国大陆儿童抑郁症状的发展(Yu & Seligman, 2002)。更多研究针对外化心理障碍(externalizing disorder)。一个随机对照试验(C. Leung, Sanders, Leung, Mak, & Lau, 2003)和两个前后测的单组研究(Ho et al., 1999; H. L.Huang, Chao, Tu, & Yang, 2003)都表明父母培训 能够减少孩子的破坏行为,改善亲子关系。最近一项随机对照研究也表明行为和药物综合治疗对注意缺陷多动障碍儿童的有效性。

以上提到的研究中,有些不仅记录了治疗前后的效果,还发现在随访阶段这种效果仍然保留。这些治疗效果会维持 6 周至 2 年之久(Feng et al., 2003; Ho et al., 1999; C. Y.C.So et al., 2008; Y.Xiang et al., 2007; Zheng et al., 2007)。

中国道家认知治疗(Chinese Taoist cognitive therapy)　如前所述,CTCP 是西方 CBT 引入了中国道家哲学的一种变式。有些原始资料证实它的效益。将 CTCP 和药物结合起来在治疗中风后抑郁(J.Wang & Xu, 2005)、生命晚期抑郁(J.Yang, Zhao, & Mai, 2005)、广泛性焦虑(Y.Zhang et al., 2002)和大学生中的神经质患者时比单纯使用药物(X.Huang, Zhang, & Yang, 2001)更有效。疗效维持了 6 个月到一年之久。根据 Y.Zhang 等人(2002)所说,对焦虑性神经症(anxiety neurosis)和抑郁治疗效果比对特定形式的焦虑障碍例如强迫症(obsessive compulsive disorder, OCD)或者惊恐发作更有效。以上发现确实振奋人心,不过我们没有听说 CTCP 相对于传统 CBT 有什么额外疗效。

家庭治疗(Family therapy)　一些案例研究(Ma, Chow, Lee, & Lai, 2002; Ma, 2005; Mei & Meng, 2003)显示家庭治疗对进食障碍有效。在对照实验中,在治疗厌食症(anorexia)和儿童强迫症时,结构式家庭治疗结合药物治疗比单纯使用药物效果更好(Y.Li, Wang, & Ma, 2006; Cai, 2007)。对戒毒(drug rehabilitation)的治疗效果也有报道(Sim, 2005)。

精神分析(Psychoanalysis)　尽管 Y.Zhang 和他的同事们(2002)认为在中国社会几乎不存在精神分析,然而中国大陆已经出现并实践了一种经过文化修饰的短期心理动力学疗法,称作“认知洞察治疗(cognitive insight therapy)”(Qian, Smith et al., 2001; Y. B.Zhong, 1988)。这种治疗方式假定心理症状与早期创伤和不成熟的应对方式有关。服用药物加上认知洞察治疗在治疗一些心理问题时比单纯使用药物要好,包括强迫症(Q.Li, Yue, & Qian, 2007)和社交恐惧(H.Liu & Ma, 2002)。案例研究也记载了它对治疗性欲倒错的效果(S.Chen & Li, 2006)。

其他形式的心理治疗　还有一些其他形式疗法用以治疗中国人。对照实验或者

案例研究记录了问题解决治疗（F.R.Yang,Zhu，& Luo,2005）、眼动脱敏与再加工（Wu，2002）和催眠（Poon,2007）的效果。然而,到目前为止,我们几乎不知道辩证行为治疗（dialectical behavior therapy，DBT）、接纳和承诺治疗（acceptance and commitment therapy，ACT）、正念认知行为治疗（mindfulnesscognitive behavior therapy，MCBT）和人际关系治疗在中国人中的应用和疗效如何。

疗效研究的注意事项

第一,我们注意到,在过去十年内研究标准已经有了稳步提高。这一领域已经不再仅仅使用个案研究,还采用了包括随机对照实验在内的多种研究方法。用以测量疗效的标准化评估工具使用得更加频繁。不仅是前后症状的改善,有些研究还监测了复发率、疗效维持、生活质量等等。他们提供了更全面的关于治疗结果的信息。然而,有时难以评估一些研究方法学的严密性。例如,在中文期刊上发表的文章往往很简短,很难充分评估研究设计的科学严谨性。

以上引用的许多研究主要考察了一线临床实践中心理治疗的有效性,研究的实施总是掣肘于实际临床机构中经常存在的一些限制。在数据收集时会出现这样的状况,诸如没能使用治疗手册来确保治疗的完整性（例如见 Ren,2003；Q.Su et al.,2006）,未能设置严谨的对照治疗,不随机或是收集资料的研究人员没有践行盲法（例如 Q.Su et al.,2006；C.Zhao et al.,2003）。患者有不同共患病,情况各异（例如 Ho et al.,1999）以及非标准化的治疗师培训（例如 Feng et al.,2003）都威胁到研究的内部效度,会使研究结果出现偏差。He 和 Li(2007)在一项中国精神分裂症患者进行森田治疗的元分析中发现,他们所综述的研究质量处于中下等,研究发现很可能存在偏差,有40%的研究高估了疗效。

第二,需要使用多种类型设计进行研究。许多研究,特别是在中文期刊上发表的研究,考察了药物和心理治疗联合使用的效果。这可能反映了对精神疾病的生物医学概念化的主流影响,也许是制药工业的影响（D.F.Chang & Kleinman,2002）。这样的研究能增强我们对心理治疗作为药物辅助手段的理解,不过为了理解什么类型的治疗对什么类型的障碍有效,我们也需要考察单独心理治疗,比较对各种障碍的不同形式的心理治疗（Chambless & Hollon,l998）。例如,西方发现对一些焦虑障碍,心理治疗可以产生等同于甚至优于药物治疗的效果（Lambert & Archer,2006）。尚不清楚在中国人中是否也有相似的治疗效果。这类资料会让临床医生重视心理治疗的临床应用。

第三,许多研究报告了统计学上显著的疗效,不过明确记录效果量或者改善程度的研究就少多了。而且,几乎没有看到尝试使用元分析来综合大量中国人心理治疗研究的文章（Rosenthal,1984）。

第四,缺少关于中国人心理治疗副作用的信息。Lambert 和 Archer(2006)考察了西方进行的研究,估计有 5%—10% 的来访者在治疗中恶化,而另外 15%—15% 没有可以观测到的改善。然而,必须警惕的是并非所有的退步都是由治疗本身造成的。虽然如此,考察阴性结果、副作用以及他们之间的相关性是至关重要的,因为这有助于评估心理治疗的成本和收益,为防止治疗的有害结果提供线索。

最后,大多数此类研究关注中国大陆人、香港人和台湾人。除了几篇试点研究和案例简述(Dai et al.,1999;Hwang et al.,2006;Shen et al.,2006),缺少对外国文化下海外中国人的治疗研究。因此我们需要更多研究来理解海外华人的心理需要。他们具有对居住地文化不同水平的文化适应,因而需要管理更复杂的文化身份认同(见 Ward & Lin,本书)。当前心理治疗是否能够帮助这些海外华人迎接这样的挑战?或者现存的心理治疗如何适应这些特殊情况?

过程研究(Process studies)

过程研究试图鉴别心理治疗的治疗成分以及改变发生的机制(Kopta,Lueger,Saunders, & Howard,1999)。许多研究发现,在中国人中,使用指导性方式与来访者对帮助、治疗师的可信度和技能以及良好的工作同盟的评估有关(Kim & Omizo,2003;L.C. Li & Kim,2004;Snider,cited in Draguns,2004;Wei & Heppner,2005)。在这一确定趋势之外,在中国来访者中,另一些治疗因素,例如治疗师的共情和积极态度也与治疗师的可信度有关(Akutsu,Lin, & Zane,1990;Wei & Heppner,2005)。

另一条重要研究路线探索治疗师和来访者的种族匹配是否能够增强治疗效果。早期的一系列档案研究发现,在亚裔美国人中,治疗师—来访者在种族特点上的匹配与参加治疗的疗程数目增加和提前终止率减少相关(Fujino,Okazaki, & Young,1994;S.Sue et al.,1991)。然而,最近的类似研究中,关于种族匹配的效应却有相反发现(Kim & Atkinson,2002;Kim,Li, & Liang,2002)。

我们认为种族匹配并不必然意味着在文化观点或者其他性质上匹配。例如,中国香港家庭治疗师发现他们的世界观和信念与来自中国大陆、中国台湾和新加坡的来访者迥然不同(W.Y.Lee,2002;Ma,2007)。关于这个问题,Zane 等人(2005)建议跳出种族匹配的研究思路,而是去关注在治疗师和来访者之间的认知匹配,解决这个与治疗结果和疗程正相关的问题。

前期综述发现中国人过程研究相当欠缺。P.H.Chen 和 Tsai(1998)综述了在台湾实施心理治疗过程的 50 项研究,由于这些研究规模都比较小,他们并没有得到明确结论。Leung 等人(2007)也补充说,有限的方法学也阻碍了亚裔美国人的过程研究,例如使用模拟研究、样本量小以及研究集中在大学生群体。因此,我们急切呼吁进行更好的研究。

实证研究的收获

有相当多的研究考察 CBT 治疗中国人的效果（C. Xu et al., 2002；S. Zhao et al., 2003），这一疗法得到了广泛应用（见 Stewart et al., 本书第 22 章）。研究一致发现，CBT 在治疗中国人的多种情绪障碍、反社会/外化障碍和精神分裂症时具有有益的治疗效果。这些结果总的来说符合西方提倡的实证验证疗法的指导原则（Chambless et al., 1998）。而且，也有研究支持 CTCP 这一经过文化修饰的 CBT 变式。

针对中国人的其他形式心理治疗，例如心理动力学或者家庭治疗，研究少得多。鉴于收集的资料数量不同，还不能肯定心理治疗在中国人中是"一个结果均等的现象"，这种说法意味着所有形式的心理治疗都可能对中国人同等有效。尽管我们在之前的综述（P.W.L.Leung & Lee, 1996）中提出了这样的可能性，不过这个结论仍然是暂时的。情况就是这样。

而且，在我们之前的综述（P.W.L.Leung & Lee, 1996）里，我们不能回答这个重要问题："在这种环境下对于有具体问题的个人，什么治疗，由谁实施，才是最有效的？"（Paul, 1967, p.111）我们现在仍然不能回答这个问题。主要原因是，不合规范的研究方法损害了研究发现作为证据的价值。从这点来说，也许我们不应忽略更基本的问题：对从事中国人心理治疗的治疗师进行充分的训练。如同其他研究者指出的（S.A.Leung et al., 2000；Yue & Yan, 2006），许多中国大陆治疗师受训有限，专业资历可疑。不充分的训练不可避免地会干扰到各种形式心理治疗的有效性（Cheung, 2000）。因此，要回答 Paul（1967）提出的这个问题，需要对那些经过严格训练的治疗师实施的治疗进行设计良好的研究。

心理病理学过程

心理治疗应当是基于理论的实践活动。每一种治疗方式都有关于人性和行为的假设，伴随着导致疾病的心理病理学过程的相关理论。它们是案例概念化和干预策略的关键。因此，如果我们想要考察一种心理治疗的形式是否真的适用于一个群体，我们不能忽略一个基础问题，就是，在一种治疗方式中假定的心理病理学过程是怎样的？相应地，在这个群体中实际发现了什么？

在一个群体中发现的任何独有的心理病理学过程都可能对临床实践具有重要意义。它们提示了一些方法去修改干预方式的治疗成分，从而让这些成分与根植于文化的心理病理学过程更有关联。接下来，我们在中国文化背景下讨论这个问题。这个领域的知识建立了文化与能够适应中国人心理病理学过程的各种心理治疗之间原本缺失的联系。

如上所述,CBT 是一种经过实证验证在中国人中有效的心理治疗形式。CBT 主张,认知是在情绪和外在行为之间起中介作用的关键因素。这种认知模型在何种程度上与中国人的心理病理过程相关呢? Yu 和 Seligman(2002)进行的一项关于中国大陆儿童抑郁症状的研究显示,悲观的认知类型可能通过与负性生活事件的交互效应预测抑郁症状。他们还发现,以 CBT 为基础的防范程序有助于矫正这些儿童的抑郁症状。其疗效以认知类型的改善为中介。这一系列精心设计的纵向研究成功地将抑郁的认知理论应用于中国儿童。它还有助于我们理解为什么疗效研究中建立在认知理论基础上的 CBT 对中国人有效。

Anderson(1999)进行的中美大学生跨文化研究有类似关于认知类型的发现。他的研究发现,适应不良的认知类型、抑郁症状和孤独感之间的联系几乎没有文化差异。这个研究又一次证实了心理病理学的认知理论和基于该理论的 CBT 对中国人的适用性。

在另一系列的研究中,Stewart 及其同事(Stewart et al.,2003,2004,2005)考察了认知变量、抑郁症状和自杀观念之间的联系。他们发现,自我效能感、消极认知错误和无望感与中国青少年的抑郁症状和自杀观念有关,并能预测抑郁症状和自杀观念,这和西方的研究发现相同。然而,除了共性之外,研究者们一致发现,与美国人相比,自我效能在中国人中是不那么显著的心理病理学的决定因素。在其中一项研究中,使用水平和结构分析考察预测抑郁方面的文化差异(S.X.Chen,Chan,Bond,& Stewart,2006)。从自我效能到抑郁的路径在美国学生中更强,而人际关系的路径对美国和中国香港学生都同样重要。

这些研究者(S.X.Chen et al.,2006;Stewart et al.,2003,2004,2005)解释说,在集体主义的中国文化下,个体较少关注他们的内在状态,积极感觉相对更多来自于和他人建立积极联系。因此,注意人际关系可能比有控制感(例如自我效能感)更加重要。这是一个有可能的假设,仍有待证实。

P.W.L.Leung 和 Poon(2001)发现有证据支持中国青少年中 CBT 的认知特点模型。与西方文献的推测相同,抑郁与丧失和失败感相关,焦虑与感知到危险和威胁相关,而攻击性则与不公平感相关。也有尝试通过信息处理程序来考察心理病理学的认知模型。使用类似 Stroop 任务和点探测任务,发现高度焦虑的中国人中存在注意和认知偏差(X Liu,Qian,Zhou,& Wang,2006;X.Liu,Qian,& Zhou,2007;Qian,Wang,& Liu,2006;但要注意 X.Chen,Zhong,& Qian,2004 的研究有不同的发现)。

除了 CBT,也有研究关注家庭治疗。家庭治疗认为一个人的问题和他们痊愈的机制源自于家庭背景。针对进食障碍的治疗,Ma 及其同事(2002)报告说,中国家庭的研究中也发现有病因与西方研究相似,例如三角关系(triangulation)或者把拒绝进食作为一种控制的方法。另一方面,他们也确定了文化因素,例如孝顺和中国社会中女性传统社会地位较低等因素,为这种绝食提供了独特的文化意义。关于治疗过程,帮助中国家庭扮演家庭剧同样重要,不管家庭来自于哪种文化,家庭剧都是家庭治疗的基本组成部分(W.Y.Lee,2004)。

以上发现都来自于客位研究方式,这种方式研究西方构念在中国文化中的相关性。这些发现表明,不管是一般的过程(例如认知偏差、三角关系)还是文化特异性的过程(例如不强调自我效能感而更偏重人际关系,孝顺等)都存在于中国人的心理病理发展过程中。我们也采用了主位方式从文化特异性的视角来考察心理病理学。羞耻感(shame)和心理病理学在中国人中的独特联系这一领域正引起人们的关注。羞耻是一种自我意识的情绪,产生于他人对自己的看法。有羞耻感受的人极其自卑,尤其是在他人面前(Fung,Lieber, & Leung,2003;Qian,Liu, & Zhu,2001)。羞耻与中国社会中心文化更相关,因为这种文化特别强调人际关系。事实上,有人提出羞耻是中国人在抚养孩子时的一个主要部分(见 Wang & Chang,本书第5章),它用来抑制不恰当行为,引导孩子遵从评价行为的道德标准。

中国大陆进行的研究发现羞耻倾向与精神疾病和社交焦虑相关(B.Li,Qian, & Ma,2005;B.Li,Zhong, & Qian,2003;Zhong,Li, & Qian,2002)。最近在中国大学生中进行的一项研究发现,教养方式和社交焦虑之间的关系以自尊、人格和羞耻为中介因素。后者与社交焦虑有最高的相关性(B.Li,Qian, & Zhong,2005)。有趣的是,在美国大学生中没有发现这种由羞耻中介的联系(J.Zhong et al.,2008;又见 Lee,Kam, & Bond,2007)。

这些关于羞耻感的研究具有启发性,因为他们确认中国人中文化特异性的心理病理学过程。在治疗水平上,针对羞耻相关认知和行为的 CBT 在治疗中国人社交焦虑时的效果优于传统 CBT(Li,Qian, & Ma,2006)。这一系列研究提示关注羞耻可以帮助案例概念化,增强社交焦虑的疗效。

对中国人来说,存在其他文化特异性的风险过程。例如,为获得高等级和学业优异而竞争的学习动机(见 Hau & Ho,本书第13章)在中国青少年的情绪问题发展中尤为突出(Essau,Leung,Conradt,Cheng, & Wong,2008;Greenberger,Chen,Tally, & Dong,2000)。另外,适应性的和适应不良的内涵在不同文化中也可能不同。Hwang 和 Wood(2007)提出自我挫败(self-defeating)对中国人的精神健康不利影响较少。事实上,它可能具有不同的意义,能够作为自我驱动力而不是达到目标的阻碍(又见 Kwan,Hui, & McGee,本书第17章)。

另外,中国人可能具有一种表征问题的文化偏好。一个例子就是中国人心理学问题的躯体化,尤其是抑郁(Parker,Gladstone, & Chee,2001;但有不同发现见于 Yen,Robins, & Lin,2000)。关注身体症状而不是心理症状可能与疾病世俗概念的影响有关(见 Cheng et al.本书第24章;Ji et al.,本书第11章),或者是由于对身体问题的污名较少(见 Mak & Chen,本书第25章)。尽管有这样的偏好,进一步探究之后,对身体症状的关注可能不会持续很久(Parker et al.,2001;又见 Stewart et al.,本书第 22 章)。和其他文化的人群一样,中国人也体验到抑郁的情绪和认知症状(Hwang et al.,2006)。

如同 Lopez 和 Guarnaccia(2000)指出,研究普适性的和文化特异性的心理病理学过程和它们的相互影响在心理健康及其治疗的研究中至关重要。错过任一过程都会使整个蓝图不完整。以上简短综述说明,在中国人的背景中,文化、心理病理学过程和心理治疗之间的关系错综复杂。需要更多的研究关注中国人的心理病理学过程,因为这些发现会毫无疑问地为中国人心理治疗的必要的有效因素提供资料。在此期间,在跨文化的心理病理学的起因方面,少量的研究从认知偏差共同点这一角度解释了 CBT 对中国人的适用性。同时,在对中国人进行治疗活动时应当注意一些文化特异性的过程,例如更强调人际关系而非自我效能,羞耻和躯体化,等等。

模式的迁移:东西融合

迄今为止,我们已经关注了西方治疗模式如何灵活应用于东方。但是在东西方精神和治疗之间的联系并不是单向的传输。接下来,我们综述东方哲学如何影响了西方心理治疗的发展。佛教或者禅宗是一种极具影响力的亚洲文化世界观。虽然佛教并不完全是中国起源,但是这种宗教或者生活方式自古传至中国后就广为传播并茁壮成长(Kwee & Ellis,1998)。

认知治疗的创始者们承认在诸如 CBT 之类的认知疗法和佛教之间的相容性。Kwee 和 Ellis(1998)提出二者都关注痛苦的缓解,都认为痛苦是"虚幻的",取决于个人的观点。另外,两种方式都强调个人从世俗欲求中解脱自己的责任。同样,Beck(2005b)认为,CBT 关注理性,通过评估自己的思维来达到缓解精神痛苦的佛学目标。

虽然佛教是和 CBT 最相容的哲学,不过认知疗法和佛教之间的一个基本差异在于处理认知的方式(Beck,2005c;Dowd & McCleery,2007;Kwee & Ellis,1998)。CBT 主张积极重构认知,而佛教重在接受认知。这种明显的区别为从认知到治疗的进一步发展提供了动力。

过去十年,CBT 的多种新形式在西方异军突起,包括正念认知行为治疗(mindfulness cognitive behavioral therapy,MCBT)、接纳和承诺治疗(acceptance and committment therapy,ACT)和辩证行为治疗(dialectical behavioral therapy,DBT)。有趣的是,这些丰富的 CBT 形式(Hofrnarm & Asmundson,2008)在其理论基础上明显包含了佛教的成分(Dowd & McCleery,2007;Hayes,2002;Robins,2002)。例如,DBT 的理论前提是辩证哲学,尤其强调在禅宗哲学的接纳原则和 CBT 对适应不良的认知行为的改变原则之间的辩证关系(Heard & Linehan,1994;Robins,2002)。

DBT 治疗师意识到在不可能改变外部困境时,单纯关注改变可能会适得其反,这会引起失控感和无效感，于是他们也提倡接受那些不可改变和不能回避的事情。于是，在 DBT 过程中，改变取向（change-oriented）的策略和接纳取向（acceptance-oriented）的策略同等关键。这种清晰的平衡架构融汇了两种看似相反的哲学和文化取向：西方"改变（change）"和"我能行（can do）"的乐观主义与东方的接纳或称"无为"和"道"。与此相似，MCBT 强调问题去中心化和接纳问题；ACT 主张接纳苦难和同情。显而易见，在 CBT 的基础理论外，接纳的中国哲学是他们的核心成分。

Dowd 和 McCleery（2007）发现，这些丰富的 CBT 形式可以成功治疗西方传统治疗难以处理的问题。例如，曾有发现 DBT 成功治疗了边缘人格障碍；MCBT 治疗了复发型抑郁障碍。最近，Hofmann 和 Asmundson（2008）综述了 CBT 和 ACT 用于情绪调节的海量文献。他们认为，CBT 策略首先是关注前因的情绪调节策略，因为他们提倡对诱发情绪的前因进行认知重评。另一方面，ACT 策略通过阻止无效的回避或者抑制情绪，极力反对那些聚焦反应的不良情绪调节策略。于是，CBT 和 ACT 分别持有的改变和顺其自然的原则看上去是一枚硬币的两面：二者在我们情绪过程的相对两端发挥作用，而两种策略都有利于情绪的适应性调节。

以上简要地陈述了东方哲学和西方心理治疗文化上的兼收并蓄。丰厚的成果使我们设想：看上去源自于某种文化的应对方式，不一定局限于那种文化。具体说来，东方和西方应对哲学之间看似存在截然不同的差别，分别以接纳和改变为特点，不过它们在处理不同文化中负性情绪和痛苦时确实可以彼此互补。

虽然那些丰富的 CBT 形式（如 DBT、MCBT 和 ACT）明显吸收了亚洲文化哲学，还对西方人有用（例如 Forman，Herbert，Morita，Yeomans，& Geller，2007；Kabat-Zinn et al.，1992；Linehan et al.，2006；S.H.Ma & Teasdale，2004），然而我们在中国社会里还看不到关于它们工作成效的研究证据。虽然如此，它们在西方初有成效可能说明东西方人性具有共同之处，我们同属一个地球村的居民。事实也强调了这一点：本章前一部分指出了西方心理治疗在中国人中的成功，而这一部分描述了反向影响的新近趋势，例如吸收亚洲文化成分来增强西方心理治疗的效果。

未来方向

在过去十年，中国人的心理治疗研究的增长率相当可观。从庞大的文献总量，我们发现，在中国文化背景下，本土心理治疗仍在进行，而且在某种情况下正在复兴。另外，西方心理治疗逐渐在中国人中生根发芽。已有实证证据支持各类疗法，尤其是 CBT，这与在西方观察到的结果一致（Beck，2005a）。

尽管文章发表的数目显著增长，但是，我们仍只能对中国人心理治疗做一个暂时的总结。值得一提的是，许多研究方法学的缺陷。这里有些建议可能推进中国人心理治疗研究。第一步也是最重要的一步,是确保更完善和更系统地培训研究人员和治疗师。大量训练有素的专业人士是有效治疗和优质研究工作的必要前提和基础。第二,临床功能异常和取样群体的鉴别和分类应当更精确。第三,关于治疗实施,应当采用可操作化的治疗手册以及经过验证的标准化测量工具。这有助于确保治疗的完整性,以便其他研究者复制或者交叉验证。第四,应当采用更加多样和精细的研究方法。例如,在随机对照实验时,我们可以使用解构或者建构的设计,目的在于通过将给定的治疗程序一步一步地分解或者建构,分析它的各个单独成分。第五,应当考虑信息量大但是使用较少的统计方法,例如计算效果量或者元分析。

综述这些文献时,我们一直关注对中国人而言特异性的和普适性的治疗成分。Draguns(2008)评论说,跨文化研究往往突出了差异。有趣的是,我们却发现了人们适应不良和治疗方法的许多共同之处。西方治疗方法(例如 CBT)成功迁移至中国人,说明心理病理学和心理治疗的认知途径总体上在理解和处理人的精神和行为方面是通用的。而且,东方哲学丰富了西方治疗方法,说明看似独有的文化成分可以用来帮助全世界的人们,强调了心理治疗的普适性。所有这些都提示,来自不同文化的人群在一定程度上具有潜在共通的人性。

对心理病理学和心理治疗的这种理解对心理治疗本土化具有重要的意义。心理治疗本土化是在中国研究者和从业人员之间颇有争议的话题(Hodges & Oei,2007;又见 Smith,本书第 40 章)。根据 Shek(1999)的文献,本土化应当建立在西方心理病理学和治疗理论对中国人既无效也不适合的基础上,同样,也应当证明本土治疗对中国人更有效、更适合。根据我们的综述,我们没有发现对这些论述的有力支持。西方心理病理学和心理治疗的理论(例如心理病理学的认知模型和它的 CBT)对中国人是适用的。因此,看上去没有硬性需求要创造出一个全新形式的本土治疗。

另一方面,上述所说并不意味着当前的心理治疗在中国人中实施时不再需要些许微调。治疗中国人的临床医生需要更强大的文化技能(Tseng,1999)。例如,在以上关于心理病理学的综述中,我们意识到中国人的特异性过程,包括相对于人际关系、羞耻和躯体化,中国人对自我效能感不那么重视。我们对中国人实施治疗时都应当注意这些。

只有同时具备文化和心理治疗的扎实知识,临床医生才能领会在治疗过程中普遍的、文化的和个人的因素之间的相互关系。为了成功处理这个复杂的网络,治疗师必须实行"动态规则(dynamic sizing)",它的核心是灵活性:知道什么时候综合文化知识,什么时候对个体特定情况进行个体化治疗(S.Sue,1998;又见 Hwang,2006)。这种平衡方式能够防止对任意种族群体成员产生过度概化和刻板印象。因为中国人存在大范围的亚文化群体,多年来传统价值观持续现代化,这种谨慎态度对中国人心理治疗尤其重要(W.Y.Lee,2002;2004)。

P.W.L.Leung 与 Lee(1996)在之前的综述里提出,因为大众传媒发展和旅行便利,所有文化都会变得更加多元化,因此我们需要大量不同形式的心理治疗来处理这种多样化。和预期一样,在过去十年,心理治疗的发展包含了这种多样化的趋势。传统的、现代的、东方的和西方形式的心理治疗同时并存地用于中国人。同时也有一种联合的趋势来形成心理治疗的新变式(例如 CTCP、DBT、MCBT 和 ACT)。我们汲取多种文化的智慧并融会贯通,以解决我们现代世界中生活在这个"地球村"中的问题。在某种意义上说,随着我们越来越理解人的适应不良及其治疗的普适性,在心理治疗领域中的文化界限正在变得模糊不清。在未来十年,我们希望有蓬勃发展的科学研究关注心理治疗多样化和联合性的并行趋势。

我们用中国哲学的核心,代表平衡和整合的*阴*和*阳*,来结束本章内容再合适不过了。与此类似,在心理治疗的发展中,联合性和多样化这两股看似相反的力量可以促使我们系统地整合,融合东西方文化之间关于人性及其疗愈(例如心理治疗)独有的与共同的特点。本章的初衷仅仅是局部聚焦中国人的心理治疗,但是,在某种程度上也展示了心理治疗本质更为广阔的蓝图。

参考文献

Akutsu,P.D.,Lin,C.H., & Zane,N.W.(1990).Predictors of utilization intent of counseling among Chinese and white students:A test of the proximal-distal model.Journal of Counseling Psychology,37,445-452.

Anderson,C.A.(1999).Attributional style,depression,and loneliness:A cross-cultural comparison of American and Chinese students.Personality and Social Psychology Bulletin,25,482-499.

Au,A.,Chan,F.,Li,K.,Leung,P.,Li,P., & Chao,J.(2003).Cognitive-behavioral group treatment program for adults with epilepsy in Hong Kong.Epilepsy & Behavior,4,441-444.

Beck,A.T.(2005a).The current state of cognitive therapy.Archives of General Psychiatry,62,953-959.

Beck, A. T. (2005b, spring). From the president:Buddhism and cognitive therapy. Beck Institute Newsletter. Retrieved April 14, 2008 from http://www. beckinstitute. org/Library/InfoManage/Guide. asp? FolderiD=227 & SessionID=[7D31F2AS-4B9B-4675-8EB7-9613A9AE45ES].

Beck,A.T.(2005c,Fall).From the president:Reflections on my public dialog with the Dalai Lama.Beck Institute Newsletter.Retrieved April 14,2008 from http://www.beckinstitute.org/Library/InfoManage/Guide. asp? FolderiD=238 & SessionID=[7D31F2AS-4B9B-4675-8EB7-9613A9AE45ES].

Bond,M.H.(1993).Emotions and their expression in Chinese culture.Journal of Nonverbal Behavior,17,245-262.

Bond,M.H.(1996).Chinese values.In M.H.Bond(ed.),The halldbook of Chinese psychology(pp.208-226).Hong Kong:Oxford University Press.

Cai,J.(2007).Observation of structural family therapy combined with Clomipramine in treating adolescent obsessive-compulsive disorder.China Journal of Health Psychology 15,831-833.(in Chinese)

[蔡经宇(2007):《结构式家庭疗法结合氯米帕明对儿童强迫症的治疗观察》,《中国健康心理学杂志》2007 年第 15 期,第 831—833 页。]

Chambless, D.L., Barker, M.J., Baucom, D.H., Beutler, L E., Calhoun, K.S., Crits-Christoph, P., et al. (1998). Update on empirically validated therapies, II. The Clinical Psychologist, 51, 3−16.

Chambless, D.L. & Hollon, S.D. (1998). Defining empirically supported therapies. Journal of Consulting and Clinical Psychology, 66, 7−18.

Chan, L, Kong, P., Leung, P., Au, A., li, P., Chung, R., et al. (2005). Cognitive-behavioral group progran1 for Chinese heterosexual HTV-infected men in Bong Kong. Patient Education and Counseling, 56, 78−84.

Chan, Y.M., Lee, P.W.H., Fong, D.Y.T., Fung, A.S.M., Wu, L.Y.F., Choi, A.Y.Y., et al. (2005). Effect of individual psychological intervention in Chinese women with gynecologic malignancy: A randomized controlled trial. Journal of Clinical Oncology, 23, 4913−4924.

Chang, S.C. & Dong-Shick, R. (2005). Buddhist teaching: Relation to healing. In W. Tseng, S.C. Chang, & M. Nishizono(eds), Asian culture and psychotherapy: Implications for East and West. (pp.157−165). Honolulu, HI: University of Hawaii Press.

Chang, D.F. & Kleinman, A. (2002). Growing pains: Mental health care in a developing China. Yale-China Health Studies Journal, 1, 85−89.

Chang, D.F., Tong, H., Shi, Q., & Zeng, Q. (2005). Letting a hundred flowers bloom: Counseling and psychotherapy in the People's Republic of China. Journal of Mental Health Counseling, 27, 104−116.

Chen, H., Cui, Z., & Wang, Q. (2007). Paroxetine plus cognitive behavior therapy in treatment of depression associated with anxiety. BMU Journal, 30, 274−275. (in Chinese)

[陈红生、崔中兰、王泉英(2007):《帕罗西汀合并认知行为疗法治疗伴焦虑症状抑郁症的对照研究》,《滨州医学院学报》2007 年第 30 期,第 274—275 页。]

Chen, P.H. & Tsai, S.L. (1998). Review and vision of Taiwanese counseling process research in the past decade. In Chinese Guidance Association(ed.), The great trends of guidance and counseling(pp.123−164). Taipei, Taiwan: Psychological Publishing. (in Chinese)

Chen, S. & Li, S. (2006). Cognitive and insight therapy for fetishism. Chinese Journal of Clinical Rehabilitation, 10, 161−163. (in Chinese)

[陈四军、李曙亮(2006):《认识领悟疗法治疗恋物症》,《中国临床康复》2006 年第 10 期,第 161—163 页。]

Chen, S.W.H. & Davenport, D.S. (2005). Cognitive-behavioral therapy with Chinese American clients: Cautions and modifications. Psychotherapy: Theory, Research, Practice, Training, 42, 101−110.

Chen, S.X., Chan, W., Bond, M.H., & Stewart, S.M. (2006). The effects of self-efficacy and relationship harmony on depression across cultures: Applying level-oriented and structure-oriented analyses. Journal of Cross Cultural Psychology, 37, 643−658.

Chen, T., Lu, R., Chang, A., Chu, D., & Chou, K. (2006). The evaluation of cognitive-behavioral group therapy on patient depression and self-esteem. Archives of Psychiatric Nursing, 20, 3−11.

Chen, X., Zhong, J., & Qian, M. (2004). Attentional bias in social anxious individuals. Chinese Mental Health Journal 18, 846−849. (in Chinese)

［陈曦、钟杰、钱铭怡(2004)：《社交焦虑个体的注意偏差实验研究》，《中国心理卫生杂志》2004 年第 18 期，第 846—849 页。］

Cheung, G. & Chan, C. (2002). The Satir model and cultural sensitivity: A Hong Kong reflection. Contemporary Family Therapy, 24, 199−215.

Cheung, L., Callaghan, P., & Chang, A.M. (2003). A controlled trial of psycho-educational interventions in preparing Chinese women for elective hysterectomy. International Journal of Nursing Studies, 40, 207−216.

Dai, Y., Zhang, S., Yamamoto, J., Ao, M., Belin, T.R., Cheung, F., et al. (1999). Cognitive behavioral therapy of minor depressive symptoms in elderly Chinese Americans: A pilot study. Community Mental Health Journal, 35, 537−542.

Dowd, T. & McCleery, A. (2007). Elements of Buddhist philosophy in cognitive psychotherapy: The role of cultural specifics and universals. Journal of Cognitive and Behavioral Psychotherapies, 7, 67−79.

Draguns, J.G. (1975). Resocialization into culture: The complexities of taking a worldwide view of psychotherapy. In R.W.Brislin, S.Bochner, & W.J.Lonner (eds), Cross-cultural perspectives on learning (pp. 273−289). Beverly Hills, CA: Sage.

Draguns, J.G. (2004). From speculation through description toward investigation: A prospective glimpse at cultural research in psychotherapy. In U.P.Gielen, J.M.Fish, & J.G.Draguns (eds), Handbook of culture, therapy, and healing (pp.369−387). Mahwah, NJ: Erlbaum.

Draguns, J.G. (2008). Universal and cultural threads in counseling individuals. In P.B.Pedersen, J.G. Draguns, W.J.Lonner, & J.E.Trimble (eds), Counseling across cultures (6th edn, pp.21−36). Los Angeles, CA: Sage.

Edzard, E., Rand, J.L., & Stevinson, C. (1998). Complementary therapies for depression. Archives of General Psychiatry, 55, 1026−1032.

Essau, C.A., Leung, P.W.L, Conradt, J., Cheng, H., & Wong, T. (2008). Anxiety symptoms in Chinese and German adolescents: Their relationship with early learning experiences, perfectionism and learning motivation. Depression and Anxiety, 25, 801−810.

Feng, D., Han, Z., Gan, L., & Liu, J. (2003). Treatment effectiveness of Paroxetine and cognitive therapy for generalized anxiety disorder. Guangdong Medical Journal24, 407−408. (in Chinese)

［冯冬梅、韩自力、甘露春、刘金英(2003)：《认知疗法结合帕罗西汀治疗广泛性焦虑症的疗效观察》，《广东医学》2003 年第 24 期，第 407—408 页。］

Flaws, B. & Lake, J. (2001). Chinese medical psychiatry: A textbook & clinical manual. Boulder, CO: Blue Poppy Press.

Foo, K.H. & Kazantzis, N. (2007). integrating homework assignments based on culture: Working with Chinese patients. Cognitive and Behavioral Practice, 14, 333−340.

Forman, E.M., Herbert, J.D., Morita, E., Yeomans, P.D., Geller, P.A. (2007). A randomized controlled effectiveness: A trial of acceptance and commitment therapy and cognitive therapy for anxiety and depression. Behavior Modification, 31, 772−799.

Fujino, D.C., Okazaki, S., & Young, K. (1994). Asian-American women in the mental health system: An examination of ethnic and gender match between therapist and client. journal of Community Psychology, 22, 164−176.

Fung,H.,Lieber,E., & Leung,P.W.L.(2003).Parental beliefs about shame and moral socialization in Taiwan,Hong Kong,and the United States.In K.S.Yang,K.K.Hwang,P.l3. Pederson, & I.Daibo(eds),Progress in Asian social psychology:Conceptual and empirical contributions(pp.83-109).Westport,CT:Praeger.

Goh,M.,Xie,B.,Wahl,K.H.,Zhong,G.,Lian,F., & Romano,J.L.(2007).Chinese students'attitude towards seeking professional psychological help.International journal for the Advancement of Counseling,29,187-202.

Greenberger,E.,Chen,C.,Tally,S.T., & Dong,Q.(2000).Family,peer,and individual correlates of depressive symptomatology among US and Chinese adolescents.Journal of Consulting and Clinical Psychology,68,209-219.

Griner,D. & Smith, T. B.(2006).Culturally adapted mental health interventions:A meta-analytical review.Psychotherapy:Theory,Research,Practice,Training,43,531-548.

Guan,X. & Hu,S.(2007).A comparative study of Chinese medical psychotherapy pins *Caihushugansan* and hypnotherapy for neurosis.Beijing Journal of Traditional Chinese Medicine,26,649-650. (in Chinese)

[关晓光、胡苏佳(2007):《中医心理疗法联合柴胡疏肝散与催眠术疗法治疗神经症临床比较》,《北京中医》2007 年第 26 期,第 649—650 页。]

Guo,K.F.,Guo,S.,Yang,W., & Zhang,J.(2004).Psychotherapy and drug treatment for anxiety neurosis:A randomized control study.Chinese Journal of Clinical Rehabilitation,8,412-413. (in Chinese)

[郭克锋、郭珊、杨文清、张建设(2004):《心理与药物治疗焦虑性神经症的随机对照观察》,《中国临床康复》2004 年第 8 期,第 412—413 页。]

Hayes,S.C.(2002).Buddhism and acceptance and commitment therapy.Cognitive and Behavioral Practice,9,58-66.

He,Y. & Li,C.(2007).Morita therapy for Schizophrenia.Cochrane Database Systematic Reviews,1. doi:10.1002/14651858. CD006346.

Heard,H.L. & Linehan,M.M.(1994).Dialectical behavior therapy:An integrative appwach to the treatment of borderline personality disorder.Journal of Psychotherapy Integration 4,55-82.

Ho,T.P.,Chow,V.,Fnng,C.,Leung,K.Chiu,K.Y.,Yu,G.,et al.(1999).Parent management training in a Chinese population:Application and outcome.Journal of the American Academy of Child and Adolescent. Psychiatry,38,1165-1172.

Ho,T.P. & Chung,S.Y.(l996).Help-seeking behaviors among child psychiatric clinic attenders in Hong Kong.Social Psychiatry and Psychiatric Epidemiology,31,292-298.

Hodges,J. & Oei,T.P.S,(2007).Would Confucius benefit from psychotherapy? The compatibility of cognitive behavior therapy and Chinese values.Behavior Research and Therapy,45,901-914.

Hofmann,S.G. & Asmundson,G.J.G.(2008).Acceptance and.mindfulness-based therapy:New wave or old hat? Clinical Psychology Review,28,1-16.

HofStede,G.H.(2001).Culture's consequences:Comparing values,behavior's,institutions,and organizations across nations(2nd edn).Thousand Oaks,CA:Sage.

Huang,H.L.,Chao,C.C.,Tu,C.C., & Yang,P.C.(2003).Behavioral parent training for Taiwanese parents of children with attention-deficit/hyperactivity disorder.Psychiatry and Clinical Neurosciences,57,275-281.

Huang,X.,Zhang,Y., & Yang,D.(2001).Chinese Taoist cognitive therapy in prevention of mental health problems of college students.Chinese Mental Health Journal,15,243-246.(in Chinese)

[黄薛冰、张亚林、杨德森(2001):《中国道家认知疗法对大学生心理健康的预防干预》,《中国心理卫生杂志》2001年第15期,第243—246页。]

Hwang,W.C.(2006).The psychotherapy adaptation and modification framework(PAMF):Application to Asian Americans.American Psychologist,61,702-715.

Hang,W.C. & Wood,J.J.(2007).Being culturally sensitive is not the same as being culturally competent Pragmatic Case Studies in Psychotherapy,3,44-50.Retrieved March 5,2008,from http://pcsp.libraries.rutgers.edu/index.php/ pcsp/article/viewArtide/906.

Hwang,W.C.,Wood,J.J.,Lin,K.M., & Cheung,F.(2006).Cognitive-behavioral therapy with Chinese Americans:Research,theory,and clinical practice.Cognitive and Behavioral Practice,13,293-303.

Jacobson,N.S. & Christensen,A.(1996).Studying the effectiveness of psychotherapy:How well can clinical trials do the job? American Psychologist,51,1031-1039.

Jiang,L.,Xu,Q.,Zheng,C., & Zhou,Y.(2002).Clinical observation of Chinese medical psychotherapy for apoplexy with depression in 30 cases.Shanghai Journal of Traditional Chinese Medicine,8,17-18.(in Chinese)

[蒋玲玲、徐前方、郑超英、周芸(2002):《中医心理疗法配合治疗中风病伴抑郁症30例》,《上海中医药杂志》2002年第8期,第17—18页。]

Jilek,W.G.(1993).Traditional medicine relevant to psychiatry.lu N.Sartorlus,G.De Girolamo,G.Andrews,G.A.German, & L.Eisenberg(eds),Treatment of mental disorders:A review of effectiveness(pp.341-390).Washington,DC:American Psychiatric Press.

Kabt-Zinn,J,Massion A.O.,Kristeller,f.,Peterson,L.G.,Fletcher,K.E.,Phert,L.,et al.(1992).Effectiveness of a meditation-based stress reduction program in the treatment of anxiety disorders.American Journal of Psychiatry,149,936-943.

Kim,B.S.K.(2007).Adherence to Asian and European American cultural value and attitudes toward seeking professional psychological.help among Alien American college students.Journal of Counseling Psychology,54,474-480.

Kim,B.S.K. & Atkinson,D.R.(2002).Asian American client adherence to Asian cultural values,counselor expression of cultural values,counselor ethnicity,and career counseling process.Journal of Counseling Psychology,49,3-11.

Kim,B.S.K.,Li,L.C., & Liang,C.T.(2002).Effects of Asian-American client adherence to Asian cultural values,session goal,and counselor emphasis of client expression on career counseling process.Journal of Counseling Psychology,49,342-354.

Kim,B.S.K. & Omizo,M.M.(2003).Asian cultural values,attitudes toward seeking professional psychological help,and willingness to see a counselor.Counlseling Psychologist,31,343-361.

Kleinman,A & Sung,L.H.(1979).Why do indigenous practitioners successfully heal? Social Science and Medicine,13B,7-26.

Koltko-Rivera,M.E.(2004).The psychology of worldviews.Review of General Psychology,8,3-58.

Kopta,S.M,Lneger,R.J.,Saunders,S.M., & Howard,K.I.(1999).Individual psychotherapy outcome and process research:Challenges leading to greater turmoil or a positive transition? Annual Review of Psychology,50,441-469.

Kua,E.H.,Chew,P.H & Ko,S.M.(1993).Spirit possession and healing among Chinese psychiatric patients.Acta Psyahiatrica Scandinavica,88,447-450.

Kung,W.W.(2004).Cultural. and practical barriers to seeking mental health treatment for Chinese Americans.Journal of Community Psychology,32,27-43.

Kwee,M & Ellis,A.(1998).The interface between Rational Emotive Behavior Therapy(REBT)and Zen. Journal of Rational Emotive and Cognitive Behavior Therapy,16,5-43.

Lambert,M.J. & Archer,A.(2006).Research findings on the effects of psychotherapy and their implications for practice.In R.J.Sternberg,C.D.Goodheart, & A.E.Kazdin(eds),Evidence-based psychotherapy: Where practice and research meet(pp.111-130).Washington,DC:American Psychological Association.

Lee,B. & Bishop,G.D.(2001).Chinese clients'belief systems about psychological problems in Singapore. Counseling Psychology Quarterly,14,219-240.

Lee,W.Y.(2002).One therapist,four cultures:Working with families in greater China.Journal of Family Therapy,24,158-275.

Lee,W.Y.(2004).Three depressed families'in transitional Beijing.Journal of Family Psychotherapy,15, 57-71.

Lee,Y.Y.,Kam,C.C.S., & Bond,M.H.(2007).Predining emotional reactions after being harmed by another.Asian Journal of Social Psychology,10,85-92.

Leong,F T.L.,Chang,D.P., & Lee,S.(2007).Counseling and psychotherapy with Asian Americans: Process and outcomes.in A.G.lnman,L.H.Yang,P.T.L.Leong,A.Ebreo, & L.Kinoshita(eds),Handbook of Asian American psychology(2nd edo,pp.429-447).Thousand Oaks,CA:Sage.

Leong,F.T_ L. & Lau,A.S.L.(2001).Barriers to providing effective mental health services to Asian Americans.Mental Health Services Research,3,201-214.

Leung,F.T.L. & Lee,S.(2006).A cultural accommodation model for cross-cultural psychotherapy:illustrated with the case of Asian Americans.Psychotherapy:Theory,Research,Practice,Training,43,410-423.

Leung,C.,Sanders,.M.R.,Leung,S.,Mak,R., & Lau,J.(2003).An outcome evaluation of the implementation of the Triple P-Positive Parenting Program in Hong Kong.Family Process,42,531-544.

Leung,P.W.L. & Lee,P.W.H.(1996).Psychotherapy with the Chinese.TI1e handbook of Chinese psychology(pp.441-456).Hong Kong:Oxford University Press.

Leung,P.W.L. & Poon,M.W.L.(2001).Dysfunctional schemasand cognitive distortions in psychopathology:A test of the specificity hypothesis.Journal of Child Psychology and Psychiatry,42,755-765.

Leung,P.W.L. & Su.ug互联网背景下的区域传播力提升 Chan,P.P.L.(2002).Cultural values and choice of strategic move in therapy.A case of low back pain in a Chinese woman.Clinical Case Studies,1, 342-352。

Leung,S.A.,Guo,L., & Lam,M.P.(2000).The development of counseling psychology in higher educational institutions in China:Present conditions and needs,future challenges. Counseling Psychologist,28, 81-99.

Li,B.,Qian,M., & Ma,C.(2005).The influential effect of undergraduates'Shame process on social anxiety：A longitudinal study.Chinese Journal of Clinical Psychology,13,156-158. (in Chinese)

　　［李波、钱铭怡、马长燕（2005）：《大学生羞耻感对社交焦虑影响的纵向研究》,《中国临床心理学杂志》2005 年第 13 期,第 156—158 页。］

　　Li,B.,Qian,M.,& Ma,C.(2006).Group therapy on social anxiety of college students.Chinese Mental Health Journal,20,348-349. (in Chinese)

　　［邓明星、王芳、李业平（2006）,团体认知治疗对大学生社交焦虑的影响,《中国健康心理学杂志》,2006 年第 20 期,348—349. ］

　　Li,B.,Qian,M.,& Zhong,J.(2005).Undergraduates'social anxiety：A shame proneness model.Chinese Mental Health Journal,19,304-306. (in Chinese)

　　［李波、钱铭怡、钟杰（2005）：《大学生社交焦虑的羞耻感等因素影响模型》,《中国心理卫生杂志》2005 年第 19 期,第 304—306 页。］

　　Li,B.,Zhong,J.,& Qian,M.(2003).Regression analysis on social anxiety proneness among college students.Chinese Mental Health Journal,17,109-112. (in Chinese)

　　［李波、钟杰、钱铭怡（2003）：《大学生社交焦虑易感性的回归分析》,《中国心理卫生杂志》2003 年第 17 期,第 109—112 页。］

　　Li,F. & Wang,M.(1994).A behavioral training program for chronic schizophrenic patients：A three month randomized controlled trial in Beijing.British Journal of Psychiatry,165(suppl 24),32-37.

　　Li,L C. & Kim,B.S.K(2004).Effects of counseling style and client adherence to Asian cultural values on counseling process with Asian American college students.journal of Counseling Psychology,51,158-167.

　　Li,Q.,Yue,G.,& Qian,L.(2007).Effects of Zhong Youbin's psychoanalytic therapy in obsessive 互联网背景下的区域传播力提升 compulsive disorders.China Journal of health Psychology,15,596-597。(in Chinese)

　　［李倩、岳光、钱丽菊（2007）：《认知领悟疗法在强迫性神经症中的作用》,《中国健康心理学杂志》2007 年第 15 期,第 596—597 页。］

　　Li,Y.,Wang,J.,& Ma,J.(2006).A controlled clinical trial of Citalopram and Citalopram combined with family therapy in the treatment of anorexia nervosa.Shanghai Archives of Psychiatry,18,158-160. (in Chinese)

　　［李铁琛、王继中、马筠（2006）：《单用西酞普兰与合并家庭治疗对神经性厌食症患者的疗效》,《上海精神医学》2006 年第 18 期,第 158—160 页。］

　　Li,Z.(2006).Research on psychotherapy in traditional Chinese medicine.Journal of Shanghai Jiaotong University(Medical Science),26,1182-1185. (in Chinese)

　　［李兆健（2006）：《中医心理治疗研究》,《上海交通大学学报（医学版）》2006 年第 26 期,第 1182—1185 页。］

　　Li.Z. & Arthur,D.(2005).Family education for people with schizophrenia in Beijing,China：Randomized controlled trial British Journal of Psychiatry,187,339-345.

　　Li,Z. & Chen,X.(2007).Exploring behavior therapy in ancient medical case records.Shanghai Archives of Psychiatry,19,118-121. (in Chinese)

　　［李兆健、陆新茹（2007）：《古代医案中的行为疗法探析》,《上海精神医学》2007 年第 19 期,第 118—121 页。］

Lieber,E.,Fung,H., & Leung,P.W.L(2006).Chinese child-rearing beliefs：Key dimensions and contributions to the development of culture-appropriate assessment.Asian Journal of Social Psychology,9,140-147.

Lin, Y. N. (2002). The application of cognitive-behavioral therapy to counseling Chinese. American Journal of Psychotherapy,56,46-58.

Linehan,M.M.,Comtois,K.A-,Murary；A.M.,Brown,M.Z.,Gallop,R.J,Heard,H.L.,et al.(2006).Two-year randomized trial and follow-up of Dialectical Behavior Therapy vs.Therapy by experts far suicidal behaviors and borderline personality disorder.Archives of General Psychiatry,63,757-766.

Liu, H. & Ma,Z.(2002).A comparative study of cognitive insight therapy.and medication on social anxiety.Health Psychology Journal,10,265-266. (in Chinese)

［刘浩志、马智文(2002)：《认知领悟疗法治疗社交恐怖症的对照研究》,《中国健康心理学杂志》2002 年第 10 期,第 265—266 页。]

Liu,X.,Qian,M., & Zhou,X.(2007).Patterns of attentional bias of highly anxious individuals by repeating the occasions of word stimulus.Chinese Mental Health Journal,21,769-772. (in Chinese)

［刘兴华、钱铭怡、周晓林(2007)：《高焦虑个体对威胁性词语的注意偏向及习惯化》,《中国心理卫生杂志》2007 年第 21 期,第 769—772 页。]

Liu,.X.,Qian,M.,Zhou,X., & Wang,A.(1006).Repeating the stimulus exposure to investigate what happens after initial selective attention to threatening pictures. Personality and Individual Differences, 40, 1007-1016.

Long,J.,Wang,Y.,Liu,X., & Zhang,h.(2005).Efficacy of Citalopram combined with cognitive therapy in treatment of the post-stroke depression patients.Chinese Journal of Health Psychology.(in Chinese)

［龙金亮、王永学、刘向阳、张惠芳(2005)：《西酞普兰及认知治疗对脑卒中后抑郁的疗效》,《中国健康心理学杂志》2005 年第 13 期,第 302—303 页。]

Lopez,S.R. & Guarnaccia, P.J.J. (2000). Cultural psychopathology：Uncovering the social world of mental illness.Annual Review of Psychology,51,571-598.

Ma,J.L.C.(2005).Family treatment for a Chinese family with an adolescent suffering from anorexia nervosa：A case study.The Family Journal,13,19-26.

Ma,J.L.C.(2007).Journey of acculturation：Developing a therapeutic alliance with Chinese adolescents suffering from eating disorde.rs in Shenzhen,china.Journal of Family Therapy,29,389-402.

Ma,J.L.C.,Chow,M.Y.M.,Lee,S., & Lai,K.(2002).Family meaning of self-starvation：Themes discerned in family treatment in Hong Kong.Journal of Family Therapy,24,57-71.

Ma,S.H. & Teasdale,J.D.(2004).Mindfulness-Based Cognitive Therapy for depression：Replication and exploration of differential relapse prevention effects.Journal ofConsulting and Clinical Psychology,72,31-40.

Mak,G.K L,Li,F.W.S., & Lee,P.W.H.(2007).A pilot study on psychological interventions with Chinese young adults with schizophrenia.Hong Kong Journal of Psychiatry,17,17-23.

Mei,Z. & Meng,F.(2003).The structural family therapy of anorexia nervosa：A case report.Shanghai Archives of Psyd1iatry,15,30-32. (in Chinese)

［梅竹、孟馥(2003)：《1 例神经性厌食患者的结构式家庭治疗》,《上海精神医学》2003 年第 15 期,第 30—32 页。]

Molassiotis,A.,Callaghan,P.,Twinn,S.F.,Lam,S.W.,Chung W.Y., & Li,C.K.(2002).A pilot study of the effects of cognitive-behavioral group therapy and peer support/counseling in decreasing psychologic distress and improving quality of life in Chinese patients'with symptomatic HIV disease.AIDS Patient Care and STDs,16,83-9-6.

Ng,T.P.,Fones,C.S.L., & Kua,E.H.(2003).Preference,need and utilization of mentalhealth services, Singapore National Mental Health Survey.Australian and New Zealand Journal of Psychiatry,37,613-6-19.

Niu H.,Xic,Y., & Pei,G.(2006).Sertraline plus psychotherapy in the treatment of comorbid depression and anxiety.Journal of Clinical Psychosomatic Disease,12,250-251. (in Chinese)

［牛慧明、谢玉凤、裴根祥(2006):《舍曲林联合心理治疗抑郁和焦虑障碍共病临床研究》,《临床心身疾病杂志》2006 年第 12 期,第 250—251 页。］

Parker,G.,Gladstone,G., & Chee,K.T.(2001).Depression in the planet's largest ethnic group:The Chinese.American Journal of Psychiatry,158,857-864.

Paul,G.L.(1967).Outcome research in psychotherapy.Journal of Consulting Psychology,31,109-118.

Pedsen,P.B.(ed.)(1999).Multiculturalism as a fourth force.Philadelphia,PA:Brunner/Mazel.

Poon,M.W.L.(2007).The value of using hypnosis in helping an adult survivor of clilldbood sexual abuse.Contemporary Hypnosis,24,30-37.

Qian,M.,Liu,X., & Zhu,R.(2001).Phenomenological research of shame among college students. Chinese Mental Health Journal,15,73-75. (in Chinese)

［钱铭怡、刘兴华、朱荣春(2001):《大学生羞耻感的现象学研究》,《中国心理卫生杂志》2001 年第 15 期,第 73—75 页。］

Qian,M.,Sntilh,C.W.,Chen,Z., & Xia,G.(2001).Psychotherapy in Chinru A review ofits history and contemporary directions.Internatio11al Journal of Mental Health,30,4-8.

Qian,M.,Wang,C., & Liu,X.(2006).The attentional bias of different threatening words among high social anxiety subjects.Psychological Science,29,1296-1299. (in Chinese)

［钱铭怡、王慈欣、刘兴华(2006):《社交焦虑个体对于不同威胁信息的注意偏向》,《心理科学》2006 年第 29 期,第 1296—1299 页。］

Ran,M.,Xiang,M.,Chan,C.L.W.,Leff,J.,Simpson,P.,Huang,M.S.,et al.(2003).Effectiveness of psychoeducational intervention for rural Chinese families experiencing schizophrenia.A randomized controlled trial Social Psychiatry and Psychiatric Epidemiology,38,69-75.

Ran,M.,Xiang,M.,Li,S.,Shan,Y.,Huang,M.,Li,S.,et al.(2003).Prevalence and course of schizophrenia in a Chinese rural area.Australia and New Zealand journal of Psychiatry,37,452-457.

Rathbone,J.,Zhang,L.,Zhang,M.,Xia,J.,Liu,X.,Yang,Y.,et al.(2007).Chinese herbal medicine for schizophrenia:Cochrane systematic · review of randomized trials.British journal of Psychiatry,190,379-384.

Reo,X.(2003).Fluoxetine combined with cognitive behavior therapy In treatment of obsessive-compulsive disorder.Journal of Clinical Psychological Medicine,13,338-339. (in Chinese)

［任显峰(2004):《氟西汀合并认知行为疗法治疗强迫症对照研究》,《临床精神医学杂志》2004 年第 13 期,第 338—339 页。］

Robins,C.J.(2002).Zen principles and mindfulness practice in dialectical behavior therapy.Cognitive and Behavioral Practice,9,50-57.

Rosenthal,R.(1984).Meta-analytic procedures for social research.Beverly Hilsl,CA:Sage.

Shek,D.T.L.(1999).The development of counseling in four Asian communities:A critical review of the review papers.Asian Journal of Counseling,6,97–114.

Shen,E.K., Alden, L. E., Sochting, l., & Tsang, P. (2006). Clinical observations of a Cantonese cognitive-behavioral treatment program for Chinese immigrants. Psychotherapy: Theory, Research, Practice, Training,43,518–530.

Sim,T.(2005).Familiar yet strange:Involving family members in adolescent drug rehabilitation in a Chinese context.Journal of Systemalic Therapies,24,90–103.

So,J.K.(2005).Traditional and cultural healing among the Chinese.In R.Moodley & W.West(eds),Integrating traditional healing practices into counseling and psychotherapy(pp.100–111).Thousand Oaks,CA:Sage.

So,C.Y.C.,Leung,P.W.L., & Hung,S.(2008).Treatment effectiveness of combined medication/behavioral treatment with Chinese ADHD children in routine practice. Behavior Research and Therapy, 46, 983–992.

Stewart,S.M.,Byrne,B.M.,Lee,P.W.H.,Ho,L.M.,Hennard,B.D.,Hughes,C.,et al.(2003).Personal versus interpersonal contributions to depressive symptoms among Hong Kong adolescents.International Journal of Psychology,38,160–169.

Stewart,S.M,Kennard, B.D., Lee, P.W.H., Hughes, C.W., Mayes, T.L., Emslie, G.J.et al.(2004).A cross-cultural investigation of cognitions and depressive symptoms in adolescents.Journal of Abnomal Psychology,113,248–257.

Stewart,S.M.,Kennard,B.D.,Lee,P.W.H.,Mayes,T.,Hughes,C., & Emslie,G.(2005).Hopelessness and suicidal ideation among adolescents in two cultures. journal of Child Psychology and Psychiatry,46, 364–372.

Sn,Q.,Wang,X.,Su,L.,Li,G.,Chen,J., & Ren,G.(2006).A study on cognitive therapy for adolescent patients with first-onset major depressive disorder. Chinese Journal of Behavioral Medical Science, 15, 1079–1080. (in Chinese)

[苏巧荣、王秀云、苏林雁、李功迎、陈菁(2006):《认知行为治疗青少年首发抑郁症患者的临床疗效》,《中国行为医学科学》2006 年第 15 期,第 1079—1080 页。]

Su,H.,Wang,J.T., & Lin,X.F.(2005).Clinical application of the cognitive exposure therapy to the acute stress disorder.Chinese Mental Health Journal,19,97–99. (in Chinese)

[苏衡、王家同、刘旭峰、马磊、吕静(2005):《急性应激障碍认知暴露疗法的临床应用》,《中国心理卫生杂志》2005 年第 19 期,第 97—99 页。]

Sue,D.W. & Sue, D.(2003).Counseling the culturally diverse:Theory and practice (4th edn). New York:Wiley.

Sue, S. (1998). In search of cultural competence in psychotherapy and counseling. American Psychologist,53,440–448.

Sue,S.,Pujino,D.C.,Hu,L.T.,Takeuchi,D.T., & Zane,N.W.S.(1991).Community mental health services for ethnic minority groups:A test of the cultural responsiveness hypothesis.Journal of Consulting and Clinical Psychology,59,533–540.

Tang,C.S.K.(2007).Culturally relevant meanings and their implications on therapy for traumatic grief:

Lessons learned from a Chinese female client and her fortune-teller.In B.Drozdek & J.Wilson(eds) ,Voices of trauma:Treating psychological trauma across culture(pp.127-149).New York:Springer.

Tsang,H.W.H.,Fung,K.M.T.,Chan,A.S.M.,Lee,G & Chan,F.(2006).Effect of a qi gong exercise programme on elderly with depression.International Journal of Geriatric Psychiatry,21,890-897.

Tseng,W.(1999).Culture and psychotherapy:Review and practical guidelines.Transcultural Psychiatry, 36,131-179.

Tseng,W.,Lee,S., & Lu,Q.(2005).The historical trends of psychotherapy in China:Culturalreview.ln W.Tseng,S.C.Chang, & M.Nishizono(eds) ,Asian culture and psychotherapy:Implications of east and west (pp.249-279).Honolulu,Hf:University of Hawaii Press.

Wang,J. & Xu,J(2005).Effects of Taoist cognitive psychotherapy in the treatment of post-stroke depression.Chinese Journal of Behavioral Medical Science,14,490-491,521.(in Chinese)

［王俊平、许晶(2005):《道家认知疗法治疗脑卒中后抑郁的临床研究》,《中国行为医学科学》 2005 年第 14 期,第 490—491、521 页。］

Wang,P.S.,Aguilar Gaxiola,S.,Alonso,J.,Angermeyer,M.C.,Borges,G.,Bromet,E.J.,et al.(2007). Use of mental health services for anxiety,mood,and substance disorders in 17 countries in the WHO world mental health surveys.Lancet,370,841-850.

Wei,M. & Heppner,P.P.(2005).Counselor and client predictors of the initial working alliance:A replication and extension to Taiwanese client-Counselor dyads.Counseling Psychologist,33,51-71.

Wen,J.(1998).Folk belief,illness behavior and mental health in Taiwan.Chang Gung Medical Journal, 21,1-12.

Wong,D.P.K. & Sun,S.Y.K.(2006).A preliminary study of the efficacy of group cognitive-behavioral therapy for people with social anxiety in Hong Kong.Hong Kong Journal of Psychiatry,16,50-56.

Wong,D.F.K.,Chan,P.,Kwok,A., & Kwan,J.(2007).Cognitive-behavioral treatment groups for people with chronic physical illness in Hong Kong:Reflections on a culturally attuned model.International Journal of Group Psychotherapy,57,367-385.

Wu,K.K.(2002).Use of eye movement desensitization and reprocessing for treating post-traumatic stress disorder after a motor vehicle accident.Hong Kong Journal of Psychiatry,12,20-24.

Xiang,I-L & Zuang,G.(2006).Review and reflection of indigenous psychotherapy in China.Medicine and Philosophy,27,64-65.(in Chinese)

［向慧、张亚林、黄国平(2006):《中国本土化心理治疗的回顾与思考》,《医学与哲学(人文社会医 学版)》2006 年第 27 期,第 64—65 页。］

Xiang,Y.,Weng,Y Li,W.,Gao,I.,Chen,G.,Xie,L.,et al.(2007).Efficacy of the community re-entry module for patients with schizophrenia in Beijing,China:Outcome at 2-year follow-up.British Journal of Psychiatry,190,49-56.

Xu,C.,Wang,J.,Miao,D., & Ouyang,L.(2002).Comparison of psychotherapy literature increase in China and abroad.Journal of the Fourth Military Medical University,25,1908-1912.(in Chinese)

［许昌泰、王家同、苗丹民、欧阳仑(2002):《国内外心理疗法文献增长规律及其比较》,《第四军医 大学学报》2002 年第 25 期,第 1908—1912 页。］

Xu,S.H.(1996).The concept of mind and body in Chinese medicine and its implication for psychotherapy.In W.Tseng(ed.),Chinese psychology and psychotherapy(pp.391-415).Taipei,Taiwan:Gui Guan Tu Shu Gu Fen You Xian Gong Si.(in Chinese)

〔曾文星主编:《华人的心理与治疗》,台北:桂冠图书。〕

Yan,H.(2005).Confucian thought:implications for psychotherapy.ln W.Tseng,S.C.Chang, & M.Nishizono(eds),Asian culhm attd psychotherapy:Implications for East and West(pp.129-141).Honolulu,HI:University of Hawaii Press.

Yang,F.R., Zhu,S.l., & Luo, W.F. (2005). Comparative study of Solution-Focused Brief Therapy (SFBT)combined with Paroxetine in the treatment of obsessive-compulsive disorder.Chinese Mental Health Journal,19,288-290. (in Chinese)

〔杨放如、朱双罗、罗文凤(2005):《焦点解决短期疗法合用帕罗西汀治疗强迫症的对照研究》,《中国心理卫生杂志》2005 年第 19 期,第 288—290 页。〕

Yang,J.,Zhao,L, & Mai,X.(2005).A comparative study of Taoist cognitive psychotherapy from China and Mianserin in the treatment of depression in late life.Chinese Journal of Mental and Nervous Diseases,31, 333-335. (in Chinese)

〔杨加青、赵兰民、买孝莲(2005):《中国道家认知疗法并用盐酸米安色林与单用盐酸米安色林治疗老年抑郁症的对照研究》,《中国神经精神疾病杂志》2005 年第 31 期,第 333—335 期。〕

Yang,Q. (2006). An investigation of behavior therapy in Chinese medical psychotherapy. Journal of Guangzhou University of Traditional Chinese Medicine,23,189-192. (in Chinese)

〔杨倩(2006):《中医心理治疗的行为疗法初探》,《广州中医药大学学报》2006 年第 23 期,第 189—192 页。〕

Yen,S.,Robins,C.J., & Lin,N.(2000).A cross-cultural comparison of depressive symptoms manifestation:China and the United States.Journal of Counseling and Clinical Psychology,68,993-999.

Yeung,W.H. & Lee,E.(1997).Chinese Buddhism:Its implications for counseling.In E.Lee(eds), Working with Asian American:A guide for clinicians(pp.452-476).New York:Guilford.

Young,D.,Tseng,W., & Zhou,L.(2005).Daoist philosophy:Application in psychotherapy.In W.Tseng, S.C.Chang, & M.Nishlzooo(eds), Asian culture and psychotherapy:Implications for East and West(pp. 142-155).Honolulu,HI:University of Hawaii Press.

Yu,D.L. & Seligman,M.E.P.(2002).Preventing depressive symptoms in Chinese children.Prevention & Treatment,5.

Yue,X. & Yan,F.(2006).The development of psychological counseling in China mainland:Problems and countermeasures.International Chinese Application Psychology Journal,3,193-199. (in Chinese)

〔岳晓东、严飞(2006):《中国大陆心理咨询本土化发展:问题与对策》,《国际中华应用心理学杂志》2006 年第 3 期,第 193—199 页。〕

Zane,N.,Sue,S.,Chang,J.,Huang,L.,Huang,J.,Lowe,S.,et al.(2005).Beyond ethnic match:Effects of client-therapist cognitive match in problem perception,coping orientation,and therapy goals on treatment outcomes.Journal of Community Psychology,33,569-585.

Zhang,M.,He,Y.,Gittelman,M.,Wong,Z., & Ya n,H.(1998).Group psychoeducation of relatives of schizophrenic patients:Two-year experiences. Psychiatry and Clinical Neurosciences, 52 (Suppl.), S344-S347.

Zhang, W. (1994). American counseling in the mind of a Chinese counselor. Journal of Multicultural Counseling and Development, 22, 79–85.

Zhang, Y. (2007). Negotiating a path to efficacy at a clinic of traditional Chinese medicine. Culture, Medicine and Psychiatry, 31, 73–100.

Zhang, Y. & Yang, D. (1998). The cognitive psychotherapy according to Taoism: A technical brief introduction. Chinese Mental Health Journal 12, 188–190. (in Chinese)

［张亚林、杨德森（1998）：《中国道家认知疗法——ABCDE 技术简介》，《中国心理卫生杂志》1998 年第 12 期，第 188—190 页。］

Zhang, Y., Young, D., Lee, S., Li, L., Zhang, H., Xiao, Z., et al. (2002). Chinese Taoist cognitive psychotherapy in the treatment of generalized anxiety disorder in contemporary China. Transcultural Psychiatry, 39, 115–129.

Zhao, C., Wang, Y., Shen, X., & Geng, D. (2003). Venlafaxine plus cognitive behavior therapy in treatment of panic disorder. Shandong Archives of Psychiatry, 16, 12. (in Chinese)

［赵长银、王永萍、沈学武、耿德勤（2003）：《博乐欣合并认知行为疗法治疗惊恐障碍对照研究》，《山东精神医学》2003 年第 16 期，第 12 页。］

Zhao, S., Wu, H., & Neog, C. (2003). The curves of document increase in the field of psychotherapy, a comparison between Chinese and international documents. Chinese Mental Health Journal, 17, 794–795. (in Chinese)

［赵山明、吴汉荣、能昌华（2003）：《国内外心理疗法文献增长规律及其分析》，《中国心理卫生杂志》2003 年第 17 期，第 794—795 页。］

Zheng, S., Li, X., & Liu, Y. (2007). A comparative study of cognitive therapy and extended release Venlafaxine in the treatment of depression in old age. Journal of Psychiatry, 20, 287–288. (in Chinese)

［韦有芳、夏传红（2007）：《艾地苯醌合并度洛西汀对脑卒中后抑郁患者抑郁症状、认知功能和生活质量疗效研究》，《精神医学杂志》2007 年第 20 期，第 287—288 页。］

Zhong, J., Li, B., & Qiao, M. (2002). Esteem in the personality, shame, and mental health relation model: The direct and moderate effect. Chinese Journal of Clinical Psychology, 10, 24, 1–245. (in Chinese)

［钟杰、李波、钱铭怡（2002）：《自尊在大学生人格、羞耻感与心理健康关系模型中的作用研究》，《中国临床心理学杂志》2002 年第 10 期，第 1—245 页。］

Zhong, J., Wang, A., Qian, M., Zhang, L., Gao, J., Yang, J., et al. (2008). Shan1e, personality, and social anxiety symptoms in Chinese and American clinical samples: A cross-cultural study. Depression and Anxiety, 25, 449–460.

Zhong, Y. B. (1988). Chinese psychoanalysis. Shenyang, China: Liaoning People's Publishing Co.

Zbou, B. & Li, C. (2005). Influence of cognitive therapy combined with drug therapy on the social function of convalescent schizophrenic patients. Chinese Journal of Clinical Rehabilitation. 9, 46–47. (in Chinese)

［周保慧、李春红（2005）：《认知疗法配合药物治疗对恢复期精神分裂症患者社会功能的影响》，《中国临床康复》2005 年第 9 期，第 46—47 页。］

索　引

译 后 记

翻译工作本身即是一种跨文化交流。而本书由中国人或"中国通"使用英文撰写，介绍关于中国人心理的研究进展，翻译过程更为有趣，似乎穿梭于东西方文化时空之中。原作中，许多文字来自于中文翻译，翻译时要将它们回译为中文，再去找寻原始文献对比译文。在此过程中，我深刻体会到语言如何成为文化之载体，更由衷感慨于不同语言背后不同文化间的碰撞和交融。

本书全面系统地集合了2008年以前中国人心理学研究结果，研究对象包括华人散居族裔、中国大陆、中国香港、中国澳门、中国台湾、新加坡等各地的中国人，主题涉及多个心理学领域，量化和质性研究兼收，既有文化比较，也有本土心理，既重视传统，又强调发展。与此同时，本书还为未来研究中国人的心理绘制了宏大蓝图。而我检索相关文献时发现，书中相当多的引用文献在大陆没有被引记录，这似乎提示，大陆心理学研究仍然较少将文化差异纳入研究设计之中，对研究对象（中国人）独有文化特点缺少足够重视。笔者认为，直至今日，中国人心理学研究乃至对中国心理学研究的发展仍然可从此蓝图中获取帮助。

笔者翻译专业术语时，除了参考专业词典（如《心理学名词》和《现代英汉—汉英心理学词汇》），更着重参考了中国知网内相关文献，尤其是引用的文献原文。主要有以下几种情况：首先，专业术语来自于中文资料的，依照原始资料用词，而不机械对应词典或常规翻译用词，例如"中国人个性测量表（Chinese Personality Assessment Inventory, CPAI）"和"社区精英［成长向导］计划（the Intensive Community Mentoring program, ICM）"。第二种情况，原始文献中表述不一时，例如"interpersonal relatedness"，在不同引用文献中有不同表述："人际关系性（张建新）"和"人际取向（张妙清）"。笔者认为，"取向"一词通常对应"oriented"，而"relatedness"更侧重于关系，因而取"人际关系性"。而"领导能量（social potency/expansiveness）"，有时又称为"领导性"，和其分维度"leadership"容易混淆，因此，取原始文献中"领导能量"。最后，没有查找到原文的其他专业词语，根据专业文献翻译的原则和趋势，更多采用异化原则，选择和来源语言更贴近的翻译用词。例如，"etic"和"emic"这是两种文化比较研究途径。《心理学名词》中将"emic"翻译为主位，未收录"etic"，采用的是异化原则。而《现代英汉—汉英心理学词汇》中，"etic"译作"文化普遍性"，"emic"译作"文化特殊性"，则更贴近中文内涵和表述习惯。亦有人在期刊文章中翻译为文化共通性(etic)和文化特异性(emic)，或者译为客位(etic)和主位(emic)。综上考虑，译文多将"emic"译作"主位"，"etic"译作"客位"。而在某些位置为了表述流畅，采用另一种翻译，如"部分因为柯永河更多关注心理健康的模型，他没有增加任何文化特殊性(emic)人格结构……"。在有争议之处，保留原英文词。诸如此类，数不胜数。

译文的斟酌得到过诸多同行及前辈的协助。武汉大学哲学学院心理学系姜兆萍、徐华女、尤瑾、张文娟等多位老师大力支持了翻译工作，中国科学院心理研究所的张建新老师审校了人格一章，在此致以最真挚诚恳的谢意！武汉大学哲学学院心理学系副教授张春妹对全书进行了内容通读、统一格式，钟年教授进行了最后的审校、疑点确定。虽然如此，鉴于译者水平有限，其中难免错漏之处，敬请读者诸君指正，欢迎来信至 lijie @ whu.edu.cn。

最后还要衷心感谢给予我无限支持的家人：我的父母帮助家务，照顾孩子。我的丈夫也是我的同行鞠平，他协助我完成这项工作，参与了本书三个章节的初译，也反复和我讨论文字翻译问题。至于孩子们……我爱你们。

李　杰

武汉大学哲学学院心理学系

2018 年 9 月 18 日

本书为武汉大学"70"后学者学术团队建设项目（人文社会科学）——"当代文化心理学研究"成果，得到"中央高校基本科研业务费专项资金"资助

目　　录

第 28 章　儒家社会中的脸面与道德

Kwang-Kuo Hwang　Kuei-Hsiang Han

　　对于许多初次接触中国人的西方人而言,脸面的概念过于复杂而难以理解。为了追溯脸面这一中国概念的文化起源,很有必要理清它与儒家伦理学之间的关系。对普通人而言,在儒家伦理学的影响下,所有"个体都处于某种关系中"(如下)并身处某一特定事件中,而该事件可被视为构成了某一特定个体的心理社会关系图,在该图中人们不得不谋求他人的积极评价并维护自身公共形象,以维持其心理社会的平衡。人们觉得有脸面或没脸面的感受在某一特定情境中可以被界定为其社会性偶联自尊。

　　中国人所说的脸面词汇可以分为两大类,即道德脸面和社会脸面。二者都与儒家的道德概念有关。下面我们会从三种不同的伦理角度出发,对儒家道德的相关特征进行分析和讨论。由此获得的概念性框架将用于解释独立的两个实证研究所获得的共同发现,它们是在中国台湾和大陆分别进行的有关丢脸情境的研究。

　　在儒家社会中,不仅维护和获得脸面构成了人格的重要取向,而且诸如做面子(获得面子)和挣面子(维护面子)这些本土性概念同样也可能具有可以进行测量和研究的重要的心理学含义。在儒家关系论的影响下,中国人不仅关注个人"小我"脸面的提升或丢失,而且同样也关注在重要的道德或社会情境中的个人"大我"脸面的提升或丢失。个人在这些情境中所产生的情绪反应模式,包括维护或失去脸面的感受,都取决于身处其中的行动者关系,并且能够从儒家伦理学为双方所界定的行动者义务的角度来进行解释。例如,对于某行动者在学术追求或其他成就目标中所获得的成功或失败,其父母、老师和同学所产生的脸面感受类型就各不相同。学者们已经运用了各种社会心理学方法进行了一些研究,本章通过这些研究发现进行论述说明。

儒家社会中脸面的秘密

　　自 20 世纪早期以来,当东西方接触日益频繁之际,许多传教士、外交官和旅行者都曾经试图向其本国民众描述自己在东方的经历。许多人都提到了一个事实,即中国人强调脸面的重要性,这是理解中国人心理和行为的一个关键概念(Gilbert,1927;Smith,1894;Wilhelm,1926)。他们指出,任何无视脸面作用的人在与中国人打交道时必然都会碰壁。他们也都赞同,西方人难以理解中国人脸面概念的原因就在于其中包含了远超其论述能力的复杂含义。然而无论如何,我们还是要尝试一下。

西方人之所以认为中国人的脸面概念如此深奥难以理解,其原因就在于他们对儒家文化博大精深的构成缺乏深刻理解。实际上,如果一个中国人对儒家文化的深邃内容了解不多的话,甚至他都可能会有这种感受。例如,在五四运动期间,将毕生精力用于研究中国人的国民性以及中国文化重构的著名作家鲁迅曾经说过:"'面子'到底是怎么一回事呢? 不想还好,一想可就觉得糊涂。"(鲁迅,1991 年,第 126 页)

20 世纪 40 年代,中国人类学家 Hu(1944)解释了日常生活中许多常用的与脸和面子有关的中国术语和短语的含义。受 Hu 工作的启发,美国社会学家 Goffman(1955)研究了人际交往中的脸面。Goffman 将脸面界定为行动者为了赢得掌声所树立的公共形象。在任何社会交往中,其中一方可能会宣称拥有社会所赞许的一些价值,例如财富、成就或能力。当他人对此表示承认并接受时,这个人就有了脸面;如果他人对此表示质疑或拒绝,那么这个人就没了脸面。根据这一定义,个体并不一直都具有脸面;个体的脸面随情境而发生变化(Goffman,1955)。

Goffman 的工作(1955,1959,1967)引发了一系列实验研究。由于个体的脸面依赖于社会情境,心理学家在研究中人为设计了一些会威胁个体自我感的情境,然后记录下个体的反应以进行进一步分析。例如,他们要求大学生吮吸奶嘴、在公共场合唱歌、告知他们在一场能力测试中表现糟糕以及在谈判中受挫(Brown,1968,1970;Brown & Garland,1971;Garland & Brown,1972)。然而,对 Goffman 研究的仔细审视以及随后的研究都表明,实际上这些研究考察的都是美国社会的交际礼仪,它们与中国文化中的*面子*和*脸*概念大相径庭。

美国人类学家 Brown 和 Levison(1987)进一步考察了脸面和日常生活中礼貌用语之间的关系。在他们看来,维护脸面是人类的一种需要。每个社会中任何有能力的成年人都需要它,并且知道他人同样也需要它。人们学会了如何使用"礼貌用语"来维护他人的脸面,并且保护自己的脸面不受威胁。Brown 和 Levison 将脸面分成了两类。*积极面子*是指个体需要在其高度自我评价的某一方面被特定他人所认可或赞扬。*消极面子*是指个体需要行动的自由以及不受阻碍或逼迫的自由。尽管 Brown 和 Levison 认为脸面是一种普遍需要,然而在他们的论述中,脸面概念,尤其是消极面子所强调的独立公共形象,承载了与儒家文化中脸面概念所不同的某些特定文化价值。

中国人脸面概念的文化起源

德国传教士 Wilhelm(1926)曾经在中国生活了 25 年,他是第一个追溯中国人脸面概念文化起源的作者。他提出儒家和道家是中华特征的文化根源。儒家对和谐的强调在传统上导致了中国人在其宗族的社会秩序内努力奋斗,以获得应得的东西。这种奋斗会导致二种不同的特征,即*爱面子*和*没面子*。

20 世纪 40 年代,Hu(1944)采用人类学取向分析了中国社会生活中使用*脸*和*面子*相关词语的各种情境。她指出,正如中国古代文献所言,在汉语交流中*面子*这一词语的出现要远早于*脸*这一词语。公元 4 世纪以前,*面子*这一词语被象征性地用于指代个体与社会之间的关系。然而,*脸*仅仅只用于相对更现代的时期。它首次出现在康熙字典中,与元朝有关(1227—1367 年)。*脸*这一词语起源于中国北方。它在使用中逐渐替代了*面子*(个体身体的脸部)的身体含义,并且随后被赋予了象征意义。

在日常用法中,*面子*代表了中国人非常看重的一种社会尊重。它是一种名誉,是个体在其一生中通过努力和成就而刻意积累起来的,会使个体的骄傲之情油然而生。为了获得这种脸面,个体必须依赖于社会环境,以确保来自他人的认可。脸面是一个群体给予道德感高的某一个体的社会尊重。一个有脸的人无论遇到何种困难都会举止得体,并且会在任何情境中都表现得行为端正。*脸*代表了公众对个体道德的信任。一旦失去它,个体将无法在群体中正常发挥功能。*脸*不仅是一种维持道德标准的社会约束,同时也是一种内化了的自我约束力量。*面*则比*脸*更具有多样性。每个人都只有一张脸,但却在不同的社会情境中具有各种水平的*面*。*脸*和*面*之间的关系就如同儒家所强调的人格和称呼之间的区别。在现实生活中,个体只有一个人格,但却可能具有许多称呼。

社会学家 King(1988)指出,Hu 对*脸*和*面子*的区分只适用于讲普通话的中国北方。在讲粤语和客家话的中国南部地区,*面*这一词语同时包含了*脸*和*面子*两种含义。King 指出,中国南部方言,尤其是粤语,比普通话发展得更早。南部方言中没有*脸*这一词,这表明*脸*这一概念的出现要晚于*面子*的概念;*面子*和*脸*的含义在粤语中是混淆的。

Ho(1976)曾发表了一篇文章"论脸面的概念",文中探讨了脸面与其他概念之间的区别,诸如地位、尊严、荣誉、尊重、人格和行为标准。随后他对脸面进行了界定(1976,第 883 页):

> 脸面是个体凭借在其社会网络中所占据的相对位置,以及他人认为该个体在此位置上行使其功能的恰当程度及其一般行为的可接受程度,从而可以从他人身上为自己所宣称的可尊重性和/或敬重;脸面通过他人而延伸至某一个体,这是个体对其整个生活状况,包括其行为以及与该个体紧密联系的其他人的行为,以及他人所赋予他的社会期望二者之间和谐程度的一种功能。就互动的双方而言,脸面是互惠的妥协、尊重以及/或者敬重,一方期望从另一方获得这些并将其延伸至另一方。

Ho(1976)指出,其脸面的界定需要澄清脸面概念在中国和西方所存在的一些基本差异(又参见 Chou & Ho,1993)。中国人的脸面与纵向关系和亲密他人有着密切联系。

其操作遵循了一种不可抗拒的互惠原则。与之相反,西方的面子则强调了个体的分离性。不要求个体假定对亲人或家庭成员的行为负责。虽然社会互动也遵循互惠原则,但是它们更倾向于维持个体的自主性。

Ho(1976)对脸面的界定强调了中国文化中的一些显著特征,激发了社会科学家对这一问题的兴趣,但是它并未对中国人的脸面概念描绘出一个清晰的画面,明确指出它是什么。那么中国人的脸面概念到底有哪些特定特征,从而使得它如此难以理解并且令社会科学家深感困惑呢?

作为中国社会科学本土化运动的一个结果,许多中国心理学家(Chen,1988;Chou & Ho,1993;Chu,1989,1991)研究了脸面和道德的关系问题。Cheng(1986)指出对中国人而言,脸面的基本成分是儒家的五个基本伦理原则。同样,Zai(1995)和 Zuo(1997)也出版了相关论著,有助于我们理解中国人的脸面概念。Zuo 指出尽管*脸*和道德之间、*面子*和社会成就之间均存在一种粗略的联系,但是*脸*或*面子*在某些情境中会涉及道德,而在其他情境中却并不涉及道德。换而言之,我们无法依据是否涉及道德,而将*脸*和*面子*完全区分开来。在哪些类型的情境下,*脸*和*面子*与道德有关?而在哪些类型的情境中它们与道德无关?为了回答这些问题,首先必须明确中国道德概念的特定特征。

儒家的世俗伦理学

Hwang(1987)提出了一个理论模型,以解释中国社会中的个体如何根据不同的交换原则而与各种关系他人互动。基于这种理论模型,他随后分析了儒家思想的内在结构(Hwang,1988,1995,2001)。根据其分析,儒家世俗伦理系统中的仁爱—正路—规范强调了在社会互动中要遵守两个基本原则,即尊敬上级原则和关照密友原则。

与对方互动时,在父子、兄弟、夫妻、朋友和君臣这五种主要关系中,个体都会依据以下两个认知维度而认识到行动者双方间的关系:第一个维度是其地位的尊卑,第二个维度是其关系的亲疏(又参见 McAuley,Bond, & Kashima,2002)。根据西方社会心理学中的公正理论,儒家提出,在社会互动情境中,双方不得不根据"尊敬上级原则"和"关照密友原则"而确定"谁是资源分配者"。从世俗的儒家理论观点来看,双方关系的亲疏远近指的是儒家价值观中的仁(仁爱);社会价值交换中选择恰当的原则指的是儒家价值观中的义(正路);双方恰当的社会互动行为强调了儒家价值观中的礼(规范)(见图 28.1)。

在该模型中,关系矩形被一条斜线分割成为两个部分。灰色部分称为表达成分,白色部分则称为工具成分。这一区分表明儒家的仁原则提倡关照密友而非对所有人一视同仁。关系矩形被一条实线和一条虚线划分成了三个部分。根据关系中所包含的表达成分,它们分别称为表达关系、混合关系和工具关系。个体在与它们互动时应该

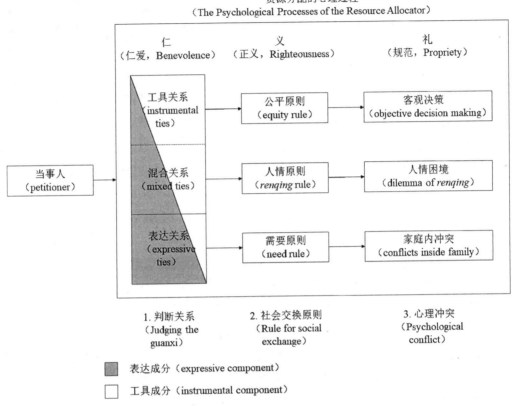

图 28.1　儒家仁爱—正路—规范的世俗伦理系统

（摘自 Hwang，1995，第 233 页）

遵循不同的社会交换原则，即需要原则、人情原则和公平原则。工具关系和混合关系被一条虚线分开，这表明通过拉关系或"加强联系"，工具关系也可以成为混合关系的一种。然而，家庭内的表达关系和家庭外的混合关系被一条实线分开，这意味着儒家认为在家庭内部成员和外部成员之间存在一种不可渗透的社会心理界限。

中国社会中的心理社会圈

在 Ho（1991）提出的"方法论关系主义"观点看来，"儒家世俗伦理学"描述了在儒家社会中个体如何与具有各种关系的他人进行互动。这些"关系中的人"构成了 Hsu（1971）提出的心理社会圈。

"心理社会圈"观点对于理解中国人脸面的概念非常关键。从生物学的观点来看，每个人都有一张脸。它是代表个体身份的最独特特征。在社会互动中，每个人都试图通过他人脸部所传递的信息来理解对方；而且同样也试图通过自己的面部或其他表情向他人传递自己的某些信息。

因此,"脸"是个体对自己在某特定社会情境中的行为所造成的影响进行反省后,对自身公众形象的评价(Brown & Levinson,1987)。它是个体在某一特定社会情境中的自我认同,因此可以称为个体的情境同一性(Alexander & Knight,1971;Alexander & Lauderdale,1977;Alexander & Rudd,1981;Alexander & Wiley,1980)。个体通过想象社会对其在该情境中的表现所给予的评价后,可能会认为自己丢了脸面、维护了脸面或者提升了脸面。因此,自我觉知的脸面也可以称为社会一致性自尊(Hwang,2006)。

个体当然会在日常生活中涉及各种社会事件。卷入这些社会事件中的他人构成了其"关系他人"(Ho,1991);个体对自己与这些他人之间关系的觉知就形成了心理社会圈。在特定情境中与某个体进行互动的关系他人的数量是不固定的,而且其社会互动的持续时间或长或短。个体与工具关系中他人的互动可能在该事件结束后就终止了。然而,个体与表达关系中他人的互动则可能导致稳定而持续的关系。在这种情况下,保护个体的脸面从而与这些关系他人维持心理平衡就变得极其重要。当个体觉察到自己的行为可能会导致这些关系他人对其产生消极评价时,就会预期丢脸,并通过避免作出导致丢脸的行为以恢复心理平衡。

在儒家传统文化的影响下,对中国人而言,最重要的社会关系与家庭成员有关。如何在家庭成员面前维护个体的自我形象成为维持个体心理平衡的主要考虑内容。例如,Han 和 Li(2008)的研究建构了两种情境:一种情境中个体俞楚发现自己感染了一种性疾病;在另一种情境中同一个体则是患有胆结石。关于谁能够为俞楚提供帮助的信息描述如下:

> 自幼时起俞楚的父母就很关心他们的教育。俞楚家中的所有孩子都具有良好的教育背景和职业。俞楚的哥哥和姐姐恰好都是泌尿科医生(在另一种情境中是外科医生)。尽管俞楚并不学医,由于他(她)曾经就读于一所著名的高中,他(她)的有些同学是医生。其中一个同学也是泌尿科医生。

阅读了这一情境后,研究被试要回答二个假设问题:

1. 在一种情境中,俞楚不得不到某一专业领域的医生那里寻求治疗,假设以下所有选项都可以为俞楚提供同样的治疗,并且便利程度也相似,你认为俞楚会选择找谁治疗?(单项选择,请在□中打√)

□俞楚的哥哥(姐姐)

□俞楚的高中同学,也是个泌尿科医生

□俞楚不认识的泌尿科医生

2. 假设你就是这个行动者俞楚,如果以下所有三个选项都可以帮助你,并且便利程度也相似,那么你会从谁那里寻求帮助?(请在□中打√)

□你的家人(哥哥或姐姐)

☐你的朋友或同学

☐你不认识的泌尿科医生

研究结果表明,在俞楚不会丢脸面的情境中(患胆结石),大多数被试都建议俞楚去找具有表达关系的家人寻求帮助(92%);只有很少部分被试建议去找混合关系中的朋友(8%);没有人选择工具关系中的陌生人。在俞楚可能会丢脸面的情境中(患性疾病),大多数被试的建议都是工具关系中的陌生人(91%)。只有极少数被试选择了混合关系中的朋友(9%),没有人选择表达关系中的家人。

Han 和 Li(2008)提出,中国人之所以在可能会威胁其"道德脸面"的情境中"舍近求远"而向陌生人求助,其主要原因在于他们倾向于"保存脸面",希望自己因为所患的疾病而带来的丢脸面不会被熟人知道。为了验证这一假设,他们要求被试评估当"情境中的行动者"或"他自己"从不同人那里寻求帮助时,会考虑的三个主要因素,包括"维护脸面"("这种事情不被熟人知道更好","这样做我不会觉得丢脸面")、"更好的帮助"("由于我和他/她之间的关系,会得到更好的帮助"以及"我可以信任他/她的职业能力")和"欠人情"("我以后不会存在欠他人人情的问题")。在被试选择了求助者之后,他们必须评估这三个因素在其选择过程中的重要性。

结果表明在"丢脸面"情境(患性疾病)中,对于"维护脸面"的重要性评估要显著高于"不会"丢脸面的情境(患胆结石)。另一方面,他们对"获得更好帮助"的重要性评估要显著低于"不会"丢脸面的情境。他们对于"欠人情"的考虑没有显示出任何显著性差异。在他们必定"会"丢脸面的情境(患性疾病)中,如果只有"家人"和"朋友"可以选择,那么被试对"维护脸面"、"获得更好帮助"和"欠人情"这三个因素的评估没有表现出任何显著性差异。

这些结果表明,当中国人在脸面不会受到威胁的情况下不得不向他人寻助,并且家人、朋友和陌生人都可以提供相同的帮助时,他们倾向于到具有表达关系的家人那里寻求帮助。求助的顺序依次为"由近及远"或者"从朋友到陌生人"。然而,如果处于"脸面"可能会受到威胁的情境中,那么求助的顺序就会颠倒过来,变成"由远及近";他们宁肯求助于工具关系中的陌生人而不是朋友或家人。被试之所以在求助中采纳"由远及近"的策略,其原因在于患有性疾病意味着个体违背了性道德,并有可能在家人面前颜面扫地(Han & Li,2008)。

这种策略有助于个体维护其脸面。然而,违背性道德并不是使中国人丢脸面的唯一方式。在儒家文化中,有许多其他原因会使个体感觉到丢脸面。在儒家社会中,能够使个体感到丢脸面的这些因素是什么呢?

儒家社会中的道德

为了解释儒家学说基于义务的伦理与西方个体主义中基于权利的伦理之间存在的

差异,Hwang(1998)从西方学者提出的完全的/不完全的与消极的/积极的义务之间的差异角度出发,描述了儒家伦理的重要特征。他指出,西方理性主义的伦理学并不适用于理解儒家伦理学,并且提出了一个修订后的系统,以指代建构于人际情感之上的儒家伦理学的重要特征(表28.1)。

　　根据 Nunner-Winkle 的观点(1984,第349页),完全的与不完全的义务之间存在差异这一观点最早是由康德(Kant)在其著作《道德形而上学》(*Metaphysik der Sitten*)中提出的(1797/1963),并且随后 Gert(1973)在其著作《道德原则》(*The Moral Rules*)中将它们各自发展完善为消极的和积极的义务。消极义务仅仅要求避免做出某些行为(如不杀戮、不欺骗、不偷盗)。它们是不作为的义务。只要不与其他义务相冲突,任何人在涉及所有他人的任何情境中都能够严格遵守它们。在康德的道德形而上学中,它们被称为完全义务。

　　积极义务常常被称为指导行为的规则(例如行为慷慨,帮助有需要的人)。它们是道义责任,但是却并未明确指出哪些以及有多少善行是应该去做的,从而使得我们可以说自己已经做了善行。任何积极善行的应用都要求行动者考虑到所有的具体条件,并且行使判断的权力。由于个体不可能在任何时候都作出任何积极善行并考虑到任何人,因此在康德的伦理学术语中积极义务被称为不完全义务。

　　从西方判断行为的伦理学观点(Gert,1973)来看,儒家的黄金法则"己所不欲,勿施于人"应被归类于消极义务,而儒家的士人伦理学核心则是强调忠诚,它应被归类于积极义务(见表28.1)。

表28.1　从行动、理性和情感的角度看儒家伦理学的重要特征

儒家伦理学概念	Gert 的行动观	康德的理性观	Hwang 的情感观
黄金法则	消极义务	不完全义务	消极义务(完全义务)
世俗伦理学	积极义务	不完全义务	无条件积极义务
士人(忠诚)	积极义务	不完全义务	积极义务(不完全义务)

　　尽管如此,根据康德的伦理学观点,来自于儒家人性观的任何要求,无论它们是积极的或消极的义务,都应被视为不完全义务。康德是一个理性主义者。他提出了一种适用于所有理性主义者的单一分类规则:作出行动从而使个体的行为结果是"普遍意志"。来自于某个体的情感、感受、意向或偏好原则可能并不普遍适用于他人,应该仅仅被视为主观原则。个体要想遵守黄金法则,就必须依赖其个人情感和偏好,而这一事实导致了康德在其《道德形而上学》中标示了一个脚注,指出这一儒家格言并非普遍法则,因为它:

　　　　……并不包含了基础来指定自己的义务或对他人的善行(例如许多人都赞同

他人不应该去帮助那些不自助的人），或者清晰的/界定的对他人的义务（否则，罪犯就能够反驳惩罚他的法官，诸如此类）。

康德，1797/1963，第 97 页

由此，根据康德的理性观，儒家的世俗伦理学、士人伦理学以及黄金法则都属于不完全义务。基于对西方理性主义本质的元理论学分析，Hwang（1988）进一步论证说，根据道德行动者对行为的不作为/作为，儒家人性论可以分为三类：消极的、无条件积极的以及积极的义务（表 28.1）。如上所述，黄金法则是一种消极义务，其作用是生活行为法则（《论语·颜渊篇》）。只要禁令与其他义务不矛盾，那么每个人在所有情境中都能够也应该遵循它。

孟子强调"行一不义，杀一不辜，而得天下，皆不为也"（《孟子·公孙丑上》第 2 章）。他的观点可以视为对黄金法则的一种补充。但是根据康德的伦理学观点，作为道德的主体，任何个体生而都具有人权和尊严。除非个体因为违背道德而受到惩罚，否则他们不应该成为达到某些目的的工具而被牺牲或利用，哪怕是获取皇位！

孝道作为儒家世俗伦理学的基本核心，是一种积极义务。所有人都应该以一种约定的方式对待自己的父母。根据儒家的观点，个体并没有决定是否孝敬父母的选择权。儒家的生命观强调个体的生命是其父母的延续，因此尽孝显然是一种责任，而不遵守孝道是一种无法原谅的过失：

> 父母有过，下气怡色，柔声以谏……父母怒，不说，而挞之流血，不敢疾怨……号泣随。

《礼记》

然而，君臣之间的关系则完全不同。有一次，齐宣王曾就重臣问题向孟子请教。孟子回答说重臣身为王亲国戚或是与大王不同姓，这两种关系之间存在区别。对于和王室存在血缘关系的第一类人，如果大王犯下了严重过失而不听从他们恭敬的劝告，那么当大王可能危害国家时，大臣就应该推翻他并取代其统治。

与大王不同姓的大臣则与大王没有不可分割的联系。如果大王犯了错而不听从其多次劝谏，那么他们只要离开去另一个国家就好了。如果仅有的统治者是暴君而不施行仁政，那么国家掌权的人就应该站出来，"诛其君而吊其民"（《孟子·梁惠王下》）。

显然，尽管根据儒家的界定，做仁君和忠臣对双方来说都是一种积极义务，但是大臣在决定君王是否值得自己效忠时应该考虑到所有的客观条件。换而言之，在康德看来，忠诚是一种典型的不完全义务，可以称为一种"有条件的义务"或者仅仅就是一种"积极义务"。

台湾人的丢脸面

考察儒家伦理学的显著特征有助于我们理解在传统儒家文化中使个体感到丢脸面

9

的各种因素。近半个世纪以前,美国人类学家 Eberhard(1967)收集了曾经流行于传统中国社会的各种小说和出版物(包括有关义的书籍),对记载的故事进行了分析,并将传统中国社会中的罪恶分为四类:性罪恶、社会罪恶、钱财罪恶和宗教罪恶。这些几乎包括了儒家伦理学所提出的一切"积极义务"和"消极义务"。他所收集的故事表明,如果有人犯下了这些罪恶,那么他本人及其家庭就会遭到他人鄙视。即使他的罪恶未被发现,那么他死后也会下地狱并受到阎王的惩罚。这些主题反映出了传统中国社会所建构出的"神性伦理学"(Shweder,Much,Mahapatra,& Park,1997),并将儒家文化和佛教结合了起来。

在论文《对脸面的威胁及其应对行为》中,Chu(1991)在台湾对脸面问题进行了一项调查。她询问了共 201 位被试,要他们描述自己感到羞愧或没脸面的一次经历,得到了 110 个会导致丢脸面的情境。基于这些案例,Chu 编制了一个量表并请 745 名大学生评价了每种不同情境中感到丢脸面的程度。对结果进行因素分析后得到了四个因素:能力和地位、道德和法律、名誉和尊重以及性道德。其中两个,道德和法律以及性道德均与道德脸面有关。

将这些结果和 Eberhard 的研究发现进行比较之后可以看到,显然 Chu 和 Eberhard 的性罪恶与性道德因素有关。道德和法律因素与社会罪恶和钱财罪恶有关。Eberhard 的宗教罪恶则在 Chu 的研究中未被提及。之所以遗漏的一个原因可能在于 Chu 的研究是从中国人脸面概念的角度出发的,而它根植于儒家的团体伦理学(Shweder 等,1997)。佛教徒的神性伦理学强调了宗教罪恶。后者可能会导致内疚感或罪恶感。显然,Chu 的被试中没有一人在其报告的片段中表现出了佛教的观点。

Chu(1991)的发现中有些方面值得进一步考察。首先,在四个因素中以下三个因素所有项目的被试反应平均数都高于中间值:道德和法律、名誉和尊重、性道德。但是能力和地位因素中只有四个项目的平均数高于中间值。这些与成就有关的项目是:1. 孩子是窝囊废,2. 被抛弃或踹掉,3. 个人隐私曝光,4. 遭到解雇或裁员。这些事实都是可能会导致感到丢脸面的严重社会事件,但是它们都与道德无关。换言之,对 Chu 的被试来说,较之与个体能力或地位有关的事件,道德事件更有可能导致感到丢脸面。这一发现支持了以下观点:对中国人而言,道德相关事件远比成就相关事件更易引发羞愧感(Cheng,1986;King,1988;Zai,1995)。

其次,在道德和法律因素中,可能会导致丢脸面感的道德情境不仅包括违背消极义务,例如偷盗、抢劫、撒谎,也包括不愿意履行儒家家庭伦理中所界定的积极义务,例如教子无方、不守妇道、不孝、错怪朋友、不守诺言、抛弃妻子。性道德因素中那些违背性道德的行为也可以归到此类。从儒家的关系论来看,毫无疑问,所有这些行为都与家庭圈子里的儒家世俗伦理相冲突。

其他可能导致丢脸面的事件包括那些违背公共道德的事件,例如随地大小便、随地吐痰、乱扔垃圾或者在公共场合大声喧哗。其他丢脸面的方式包括背叛自己所属的社会团体，例如背叛国家、接受贿赂、逃避兵役、为外国机构充当间谍、挣黑钱等。根据儒家关系论，后面的行为类型违背了儒家的士人伦理，它提倡的是个体将忠诚和承诺延伸到其家庭和更广阔的社会。

一些行为诸如没有恰当地履行职责或尽职工作、愚弄他人、游手好闲、对社会毫无贡献、生活悲观等，在儒家传统背景下都具有深刻含义。由于这些行为都隐含着不符合儒家所提倡的自我修养，因此出现这些行为的人们会感到丢脸面。

大陆人的丢脸面

有人可能会猜测，如果 Chu（1991）的研究是在不同的时间或地点进行，那么结果可能会不同。然而，Zuo（1997）在中国大陆的武汉对 192 名市民进行了类似研究后得到了类似结果。Zuo 要求被试对 30 个特定情境中每个情境的丢脸程度进行评定。被试主要由 120 名大学生构成，其余人则是干部、商人和大学老师。Zuo 使用了因素分析技术对资料进行了分析，最后得到了如下四个聚类（Zuo，1997，第 63 页）：

1. 违反道德的行为。违反社会所公认的伦理和道德规范的任何言行，或者任何违反国家法律的犯罪行为都会导致行动者感到丢脸。相反，如果一个人遵纪守法、举止良好正直，则会感到有脸面而不是没脸面。

2. 无能行为。如果他人相信个体具有某种能力而其本人却无法顺利完成一项重要任务，或者在某个关键领域中个体的行为表现明显落后于其他人，那么他会感到丢脸。

3. 恶习。日常生活中的恶习和不雅行为，例如随地吐痰、不讲卫生、进餐时解皮带、扣错扣子、在小钱上斤斤计较、辱骂、说脏话都会导致丢脸。整洁干净、举止优雅、慷慨大方、有教养、有礼貌都会使个体的脸面得到维护或者获得脸面。

4. 隐私暴露。一般来说，如果发生一些事件例如意外暴露身体、隐私被侵犯或者自己头脑中的邪恶念头或计划被他人猜到，个体都会感到非常羞愧。

Zuo（1997）和 Chu（1991）的研究在评估事件的内容上并不完全相同。此外，其中一项研究是在台湾进行的。它在时间和空间上独立于另外一项在大陆进行的研究。尽管如此，两项研究都获得了相似的发现，虽然实际上它们分别采用了因素分析和聚类分析的方法对其材料进行了分析。

根据仁义礼的儒家伦理系统，人际关系中强调的是恰当的行为，个体应该对他人表达出恰当的尊重，并且同时也获得他人的尊重。一个声名狼藉的人很难获得他人的尊重。同样地，由于其个人性格而社会地位低下的人也很难获得他人的尊重。对他人行为粗鲁、举止恶劣的人很可能被认为"缺乏教养"并在他人面前丢脸。因此，儒家社会中的脸面与个人在其人际网络中的地位和名誉紧密相连。任何可能会影响个体地位的因素，或者可能会动摇其人际网络地位的任何事件都会让个体感到丢脸，当然其前提假设是个体已经足够社会化了，认识到了其行为是不恰当的。

维护与获得脸面的导向

为了维持个人在其人际网络中的地位，儒家社会中的个人必须被动地维护自己的脸面，并且主动地采取行动以提高其社会地位和名誉。不过，保护脸面和挣脸面的动机需要是个体社会化历史的结果；它们存在极大个体差异。一般而言，错误行为曝光后"薄脸皮"的人更容易觉得丢脸。另一方面，"脸皮厚"的人则不那么容易产生这种感觉。即便他们作出了不道德行为，他们也不在乎，就像什么事都没有发生过一样。这样其他人就会说他们"没皮没脸"。

与之类似，在特定社会情境中具有高成就动机和高期望的个体会以"保存脸面"的方式采取行动。如果他在社会竞争中获得了成功，就有了脸面；如果失败了，就会丢脸面。

既然个体挣脸面的倾向程度和脸皮的厚薄取决于社会化经验，因此考察个体人格可以使我们了解脸面。Chou(1997)采用了 Akins(1981)的自我呈现方式，将是否关心脸面分成了两种脸面类型导向：维护的和获得的。维护脸面导向保护个体不丢脸面。具有这种导向的人拥有五个重要特征：(1)关心的是不丢脸，(2)避免公众暴露，(3)对消极评价敏感，(4)保守谨慎，(5)倾向于自我保护。获得脸面导向促使个体提高其公众形象。这种导向的人同样也有五个重要特征：(1)追求脸面，(2)爱卖弄，(3)爱冒险好竞争，(4)渴望社会称赞，(5)攻击性的自我推销。

根据这些构念，Chou(1997)编制了维护和获得脸面倾向量表，并将其用于 300 名新加坡成人。其研究表明，这两种脸面导向类型呈现出了区分效度，它们与社会称许性、成就导向、自我管理、社会焦虑和人际关系的相关模式上都存在差异。这两个导向与近来的阻止与提升导向研究(Higgins,1998)之间有何关系？这是一个有趣的问题。

做脸面和挣脸面

在儒家社会中，由于在特定领域获得的成就或社会地位，个体会觉得自己"有脸面"。Chen(1988)编制了一个量表来测量个体的脸面需要，其中包括两个分量表：爱脸面量表是用于测量光彩事件对个体的意义；而薄脸皮量表则用于测量个体对于不光彩事件的敏感性。

然而，有些并未获得实际成就的人也喜欢使用象征性的修饰、行动和语言来宣称自己具有特殊地位。在中国文化中,这些策略被用来"做脸面"或"赢脸面"。通过这种方式建立起来的脸面被称为虚脸面(虚拟的脸面)。Chen(1988)同样也编制了虚脸面量表来测量个体是否在乎脸面。它包括二个分量表:做脸面量表和挣脸面量表。前一个工具是用于测量个体是否倾向于付出努力以获得他人的关注或敬仰。后一个是用于测量个体是否使用所有印象管理形式来掩盖自己的不足。

根据西方心理学的术语,做脸面和挣脸面都可以视为印象管理或脸面工作的策略。根据 Tedeschi 等(如 Tedeschi,1981;Tedeschi,Schlenker, & Ronoma,1971)提出的印象管理理论,印象管理的主要目标是维持自我形象的一致性。但是,根据 Chen(1988)的概念分析,做脸面或挣脸面的特定目标是获得脸面或赢得他人外在表现出的赞赏,而不是维持一致的自我形象。以 412 名台湾大学生为被试,Chen 的研究表明大学生的脸面需要与其虚脸面量表得分之间的相关为 r = 0.46(p<0.001)。

不过,在中国社会中,爱脸面或要脸面不仅会引发各种为了获得虚拟脸面(虚脸面)的行为,而且可能会引发个体采取行动通过竞争来获得脸面(争脸面),或要求获得成就。Chou(1989)同样编制了另一个与脸面需要有关的量表,它测量了可能会使被试觉得没脸面的能力相关事件的影响作用。299 名大一学生参与了调查,脸面需要的得分与社会导向成就动机之间的相关为 r = 0.43(p<0.001)。与 Chen(1988)的研究结果相比较,显然在中国社会中,一个爱脸面的人会努力奋斗以获得现实的或虚拟的脸面。前一种脸面类型意味着个体会不辜负所获得的荣誉或称号,而后者则意味着个体并不一定有能力不辜负所获得的称号。

大我和小我

上述研究涉及由个体自身的伦理或成就所导致的脸面感受。可以称之为"小我"的脸面。中国人脸面的独特之处在于个体做出某些行为不仅只是为了小我,也可能是为了"大我"。大我的脸面同样也与儒家伦理有着密切关系。和西方个体主义伦理学相比较,儒家世俗伦理学的一个主要特征就是强调孝道这一"无条件积极义务"的核心价值。

儒家与基督教的本质区别可以追溯到它们在解释生命起源时的根本差异(Hwang,1999)。基督教认为每个人都是由上帝创造的一个独立实体。个体可以奋起抗争以保卫身体附近的自我领域。与之相反,根据儒家思想,个体的生命是其父母生命的延续,后者反过来又继承自其祖先。因此,个体的家庭成员,尤其是父母和子女,都包括在其自我领域之内。在中国人眼中,父母和孩子通常是一个身体。家庭成员被亲密地描述为骨肉相连。因此,在大我的建构下,家庭成员尤其容易共同体会到荣誉感或羞愧感。

儒家世俗伦理学建构于仁爱的核心价值观之上(Hwang,2001)。儒家的孝道义务强调了"父慈子孝"的重要性：父母应该对待子女和蔼,而子女应该竭尽所能获取成就以满足父母的期望。Hwang、Chen、Wang 和 Fu(待出版)回顾了一系列实证研究后指出,儒家社会中的父母更多地鼓励孩子去追求社会所赞许的纵向杰出目标。当孩子达到这类目标后,他们甚至其父母都会觉得有脸面。相反,如果孩子在追求纵向杰出目标中失败了,那么孩子及其父母都会觉得丢脸。

　　基于这一推理,Sun 和 Hwang(2003)使用了一种配对比较技术,让退休人员和大学生考察由于其品格或学业(职业)表现而带来的"有脸面"感,以及由于孩子(父母)或者自己朋友的品格或学术(职业)表现而带来的"有脸面"感。图 28.2 呈现了研究结果。相同的方法也被用于比较由于自己(或家人或朋友)的不道德行为或学业(职业)失败被公之于众时所产生的"丢脸面"感。图 28.3 呈现了这些研究结果。这些数值代

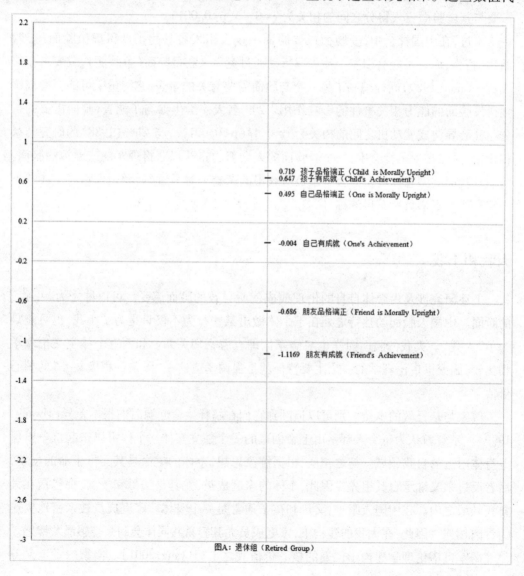

图A：退休组（Retired Group）

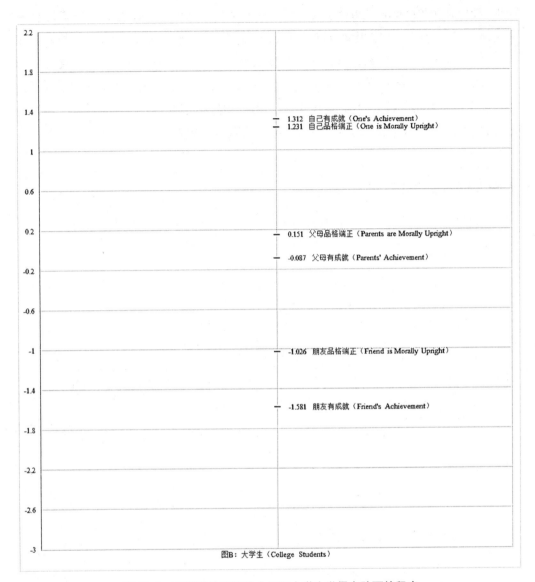

图B：大学生（College Students）

图 28.2　两类事件使退休人员和大学生觉得有脸面的程度

表了个体在各种事件中感受到的有脸面或丢脸面的程度。

　　如图 28.2 所示，让退休人员感到最"有脸面"的两个事件是孩子品格端正、有成就。随后两个事件和他们自己的表现有关，而最后两个则与朋友的表现有关。大学生的前两个配对则与退休人员相反。由于大学生预期很快将进入职场，因此他们大多觉得学业有成会使自己"有脸面"，其次是品格端正。再次重要的是自己的父母品格端正、有成就，最后一个是朋友品格端正、有成就。

　　该数据反映出了中国人脸面的一个重要事实：通常来讲，对大多数人而言，相对于通过自身成就或其家庭而获得的社会脸面，道德脸面更为基础和重要（Cheng，1986）。

此外,自身成就和道德表现可能会使大学生比其父母更觉得自己有脸面,这一态度反映了个体主义的导向。与之相反,相对于自己的道德表现和职业成就,子女的道德表现和成就会让退休人员更觉得有脸面,这一态度反映了一种社会的(Yang,1981)或关系的(Ho,1991;Hwang,2001)导向。由于大学生即将步入职场,他们更看重通过个人资质、能力和努力所获得的社会脸面;退休人员已经离开职场,因此他们不再关注自己是否杰出,而是更多关注和自己有血缘关系的那些人所获得的成就。

丢脸面的社会事件

道德脸面是作为一个正直个体的底线,是在任何情况下都不应该失去的名誉。一

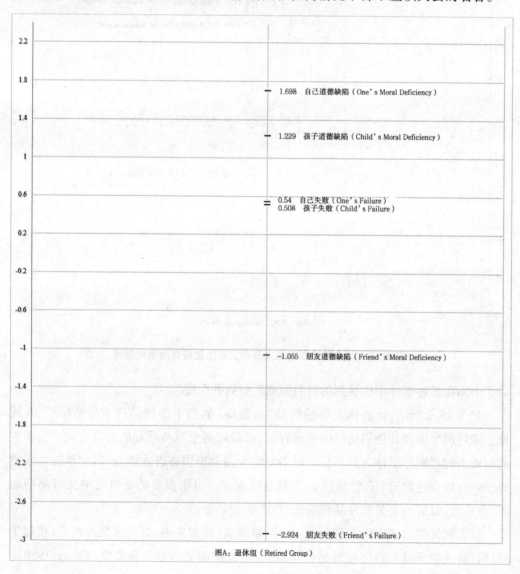

图A:退休组（Retired Group）

图B：大学生（College Students）

图 28.3　两类事件使退休人员和大学生觉得丢脸面的程度

且失去它,个体就很难在团体中维持自己的地位。如图 28.3 所示,让退休人员最感到丢脸的事件是个人道德缺陷。其次严重的是子女的道德缺陷、个人职业失败,然后是子女的失败。朋友的道德缺陷和职业失败则评为最低。整个顺序反映了中国关系论的差异化结构:个体倾向于通过由亲及疏地安排与他人的人际关系而维持心理社会的动态平衡(Fei,1948;Hsu,1971;Hwang,2000,2001)。

关系和有/没脸面

　　由于大学生准备进入职业生涯,相对于道德正直,学业成就更让他们觉有脸面。换言之,在使他们觉得有脸面的积极事件中,社会脸面比道德脸面更重要。不过,道德脸面是建立人格的社会性正直的底线。尽管个体可能不会刻意去追求它,道德脸面在任何情境中都不应该丢掉。换而言之,就导致人们觉得丢脸的消极事件而言,道德脸面比社会脸面更重要。然而,在儒家关系论的影响下,一旦个体在成就或道德上经历了成功或失败,不仅该个体本身而且和他有关的人都会感到有脸面或没脸面,而感受的强度则依据个体与行动者的关系亲密性而发生改变。

　　与之类似,正如 Liu(2002)的研究所表明的那样,相对于积极道德事件,大学生通常认为积极成就事件更让他们觉得有脸面。相对于消极成就事件,消极道德事件会让他们觉得更"没脸面"。此外,对于有脸面的积极事件,熟人(包括好友、同学和老师)所体验到的情感强度通常比家庭成员要低。不过,相对于没脸面的消极事件,这一差异并不算太大。

　　换句话说,被试认为熟人和家人都会为某人的积极事件感受到同等程度的有脸面。当一个人由于没脸面的消极事件而感到痛苦时,家人同样也会觉得没脸面,但是熟人可以脱离关系,因此并不会也同样地感到没脸面。情绪反应模式反映了中国人将家庭界定为共同感受到有脸面或没脸面的一个整体。虽然熟人可以分享积极事件,但是他们似乎并不分享消极事件。

角色义务和成就类型

　　从儒家关系论的观点来看,与行动者具有不同关系的人会对其表现产生不同的期望,因此他们会对行为后果产生不同的脸面感受。人们的期望随着事件本质以及不同人对行动者的角色义务而发生变化。Hwang、Chen、Wang 和 Fu(待出版)强调在儒家社会中学生追求的成就目标有两种。"纵向杰出目标"是普通大众所赞许的目标,达到这一目标后,行动者会获得整个社会的赞许。"横向杰出目标"是行动者出于个人兴趣而追求的目标。虽然同辈人群可能会和行动者具有同样的兴趣并赞许这些目标,但是重要他人和社会普通大众却未必如此。

　　在考察这两种成就时,Liang、Bedford 和 Hwang(2007)设计了一系列情境和工具来对其进行测量。每个情境都有一个行动者和两个相关他人。行动者在纵向或横向杰出目标事件中得到了不同的结果。被试分别对三种类型的相关他人会产生的面子感受进行评估,这三种类型是父母、老师和同学。

　　研究者比较了被试在成功和失败情境中对相关他人的面子感受所进行的评估。相对于横向杰出目标中的表现,纵向杰出目标中的表现会使父母和老师感觉在成功或失败情境中很有面子或很没面子。然而,对于成功或失败情境中的面子感受,同学表现出了相反的效应(见图 28.4、图 28.5)。

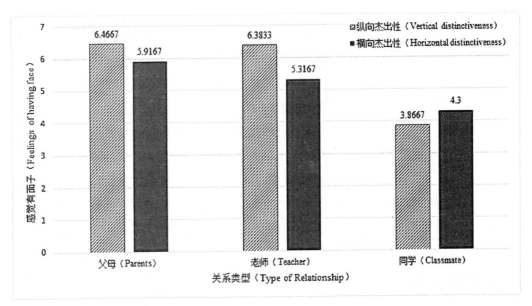

图 28.4　关系类型与杰出类型对相关他人由于某人的成功而觉得有面子的相互作用

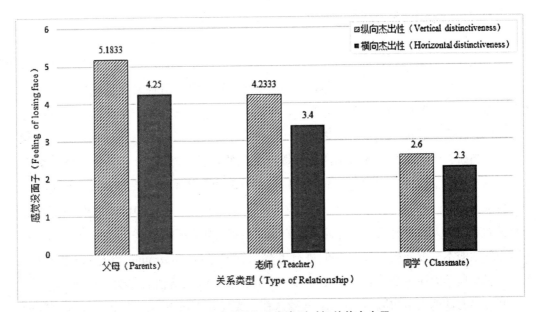

图 28.5　关系类型与杰出类型对相关他人由于某人的失败而觉得没面子的相互作用

中国父母在养育孩子时通常会鼓励孩子追求社会赞许的"纵向目标",并由此希望获得更多的社会成就(参见 Wang & Zhang,本手册)。尽管如此,对于孩子个人追求的"横向目标",中国父母并不一定会支持。尽管中国人有"家庭是一个整体"的观念,但是相对于纵向杰出目标,对于孩子在横向杰出目标上的成功或失败,父母没有那么强烈地觉得有面子或没面子。

师生之间的互动拥有明确的角色标准。学生在纵向事件上获得成就会赢得社会的赞许,而且同时也与老师的角色义务密切相关。与此相反,学生在横向目标上的表现则与老师的角色义务毫无关系。相对于横向杰出性,行动者在纵向杰出性情境中的成功或失败会让老师和父母更感到有面子或没面子。

在同辈关系中,一方面,个体不得不追求社会所赞许的纵向成就,另一方面,个体又不得不追求其所属群体的认可。为了追求纵向杰出目标,行动者不得不承受社会比较的压力。作为一个整体,在追求纵向杰出性时同辈之间更容易引发激烈的竞争;而在追求横向杰出性时,行动者更容易获得同辈群体的称赞。不过,相对于在纵向成就上失败,在横向成就上失败会让同学们更觉得丢脸。

送礼和消费行为

本章采用了 Hwang(2004;2005a,b;2006)所提倡的本土心理学研究策略,建构了一系列基于儒家关系论的理论模型,并将其作为指导方针进行了实证研究,以考察儒家社会中脸面和道德的联系。这种取向明显不同于从一种理论观点出发,对东西方进行比较的跨文化取向(参见 Wyer & Hong,本手册)。

与送礼和消费行为有关的研究就说明了这一点。Bao、Zhou 和 Su(2003)所进行的一项实证研究指出,脸面意识和风险逃避是区别美国和中国消费者决策风格的两个文化维度。Wong 和 Ahuvia(1998)论证说个人喜好和家庭脸面这两个文化因素隐藏在西方和儒家社会的奢侈品消费行为之下。

这类研究者通常会描述区别西方和儒家文化的背景。然而,什么是界定儒家文化的集体主义价值观呢?我们是否能够使用包罗万象的集体主义概念来理解这些儒家人格因素,例如社会力量、可信任性、和解或人际关系(Cheung 等,2001)?它们如何普遍地影响了中国人社会行为?采用跨文化心理学的研究策略很难回答这类问题。但是采用心理学的本土取向则可以对它们进行考察。例如,Qian、Razzaque 和 Keng(2007)考察了春节期间天津市消费者的送礼行为。他们发现中国人价值观作为一个整体,与该研究考察的其他大多数因素一样,对各种送礼行为具有积极效应。然而,研究发现脸面因素只对送礼的重要性、送礼金额和品牌选择产生影响。

组织中的脸面动力

关系和*面子*的概念在理解中国的社会互动时具有根本的重要性,并且可以扩展到研究公司与政府机构之间的关系。Buckley、Clegg 和 Tan(2006)建议中国的外国投资者必须理解这些关键概念,并运用自己的知识与当地的合作方和政府官员建立更好的机构联系。运用这些概念来建立信任是与当地所有股东互动的核心。

Kim 和 Nam(1998)提出脸面是一个关键变量,它能够解释许多亚洲组织中的互动复杂性(又参见 Chen & Farh,本手册)。他们争论说学者们必须超越西方组织行为理论中所隐含的对人类行为的个人主义假设,只有这样才能更好地理解为什么相对于内部归因如欲望、情绪和认知,个体的外部归因如脸面,能够更好地预测亚洲组织行为的丰富性。

受儒家文化中脸面概念研究发现的启发,Earley(1997)在其组织脸面理论中提出,脸面是对个体为了其自我界定而进行的奋斗的一种反省和理解,其目的是为了在社会环境中寻求自我相对于他人的位置。他提出了自我呈现和社会评价意义上的一种文化和脸面模型,该模型描述了两种一般类型的脸面,即*脸*和*面子*,而它们在各种社会的社会交换行为中都可以观察到。*脸*指的是一种一般性的社会规范和道德的依附和执行。一旦它们确定,*脸*的关键部分也就成为*面子*或社会地位的关键部分(Earley,2001)。为了跨越文化界限来理解脸面,应该运用具有文化差异性的两个关键概念,即个体主义对集体主义和权力距离,来考察脸面的这两个方面。

在跨文化心理学家对世界各地文化中的社会行为进行概念化时,这是一种流行的方法。例如,为了考察多文化和全球背景下的冲突,Ting-Toomey(1994)提出了一种脸面谈判理论,该理论将个体主义和集体主义维度与权力距离高低维度交叉后,区分出了各种不同的冲突取向:*公正取向*由个体主义和低权力距离价值导向结合而成;*地位成就取向*是指个体主义和高权力距离价值导向结合而成;*仁慈取向*由集体主义和高权力距离价值导向结合而成;*公共取向*由集体主义和低权力距离价值导向结合而成。但是这种取向适用于我们所要解释现象的实际情况吗?

Lee(1998)指出与脸和脸面有关的脸面工作是中国人日常生活和正式功能的一个组成部分。场合的正式程度会增强对脸面威胁的敏感性。在非正式场合中,中国人对脸面威胁的敏感性可能不如正式场合。场合的正式性意味着在该场合中,要求个体根据其角色关系而进行互动,并且所有参与者都受到敦促去履行各自的义务。工作单位、婚礼、葬礼都是极其正式场合的例子。当互动的双方涉及人际冲突,并要求对方履行其角色义务时,社会互动的正式性会增强。

对于西方跨文化心理学理论来说,相对而言,将儒家文化中的角色义务与场合正式性结合起来是不多见的(另参见 Triandis,1977)。提出脸面谈判理论的学者宣称,它可以用于解释多文化工作场所中的人际互动。然而,该理论建构于个体主义的假设之上,没有仔细考虑在儒家文化中具有特殊意义的关系以及它所伴随的角色义务。为了研究中国社会中的社会互动,应该将儒家关系论的文化传统(Hwang,2000,2001)融合到一种新的理论模型中。例如,Hwang(1997-1998)提出了一种中国社会中的冲突解决模型。它将人际关系分为三类:群体内纵向、群体内横向、群体外横向。在考虑了目标、维持和谐对个人目标追求、追求目标的和谐性、所采取图式的主导反应后,针对三种人际关系,提出了十二种冲突解决方式。

当处于纵向关系中的下属和上级发生冲突时,为了维持人际和谐他们必须维护上级的脸面。在这种情况下,主导反应可能是忍耐。如果个体要追求个人目标,那他可能假装服从,但私下却追求个人目标。

个体在横向关系中所使用的冲突管理策略则取决于对方是否属于群体内成员。当行动者与群体内成员发生冲突时,他们可能会直接交流。为了维持和谐关系,他们可能会彼此"给脸面"并达成一种妥协。当其中一方不顾对方感受而坚持追求其个人目标时,双方可能会发生一时的争斗。另一方面,如果双方都坚持追求其个人目标,他们可能会作为群体外成员而对彼此产生威胁,直面对方。与此同时,他们可能会打破人际和谐并且努力维护各自的脸面。为了解决冲突情境,他们可能会邀请第三方进行调解。冲突之后的主导反应可能是断绝关系。

该模型可以被视为一种新产物,它整合了脸面妥协理论和儒家关系论。我们已经在冲突解决中对它进行了充分讨论,因此在本章不会再详细描述(参见 Leu & Au,本手册)。将该理论与面面妥协进行比较后发现,纵向关系或权力距离是其共同关心的问题,但是集体主义的概念被更精细的差异化理论结构所替代。以前曾有研究试图使用集体主义建构来研究中国人的脸面互动,但却都证明这样做并不完全恰当(如 Singelis,Bond,Sharkey,& Lai,1999)。它的意义在于以后可以激发学者去研究中国社会的动力,深入考察在本章所描述的儒家关系论中人际关系的重要塑造力量。是否能够将其作用整合到现有的社会功能跨文化模型(参见 Smith,Bond,& Kağitçibaşi,2006),以及如何进行整合,这些都还需拭目以待。

参考文献

Alexander,C.N. & Knight,G.W.(1971).Situated identities and social psychological experimentation.*Sociometry*,*34*,65-82.

Alexander,C.N. & Lauderdale,P.(1977).Situated identities and social influence.*Sociometry*,*40*,225-233.

Alexander,C.N. & Rudd,J.(1981).Situated identities and response variables.In J.T.Tedeschi.(ed.), *Impression management theory and social psychological research*(pp.83-103).New York:Academic Press.

Alexander,C.N. & Wiley,M.C.(1980).Situated activity and identity formation.In M.Rosenberg & R.Turner(eds),*Sociological perspectives on social psychology*(pp.269-289).New York:Basic Books.

Arkin,R.M.(1981).Self-presentation styles.In J.T.Tedeschi(ed.),*Impression management:Theory and social psychological research*(pp.311-333).New York:Academic Press.

Bao,Y.,Zhou,K.Z., & Su,C.(2003).Face consciousness and risk aversions:Do they affect consumer decision-making? *Psychology & Marketing*,*20*,733-755.

Brown,B.R.(1968).The effects of need to maintain face on interpersonal bargaining.*Journal of Experimental Social Psychology*,*4*,107-122.

Brown,B.R.(1970).Face-saving following experimental-induced embarrassment.*Journal of Experimental Social Psychology*,*6*,255-271.

Brown,B.R. & Garland,H.(1971).The effects of incompetency,audience acquaintanceship,and anticipated evaluative feedback on face-saving behavior.*Journal of Experimental Social Psychology*,*7*,490-502.

Brown,P. & Levinson,S.C.(1987).*Politeness:Some universal in language usage*.New York:Cambridge University Press.

Buckley,P.J.,Clegg,J., & Tan,H.(2006).Cultural awareness in knowledge transfer to China:The role of *guanxi* and *mianzi*.*Journal of World Business*,*41*,275-288.

Chen,C.C.(1988).The empirical research and theoretical analysis of face in psychology.In K.S.Yang (ed.),*The psychology of Chinese people*(pp.7-55).Taipei,Taiwan:Laureate Book Co.(in Chinese)

Cheng,C.Y.(1986).The concept of face and its Confucian roots.*Journal of Chinese Philosophy*,*13*,329-348.

Cheung,F.M.,Leung,K.,Zhang,J.X.,Sun,H.F.,Gan,Y.G.,Song,W.Z. & Xie,D.(2001).Indigenous Chinese personality constructs:Is the five-factor model complete? *Journal of Cross-Cultural Psychology*,*32*,407-433.

Chou.M.L.(1997).*Protective and acquisitive face orientations:A person by situation approach to face dynamics in social interaction*.Unpublished doctoral dissertation,University of Hong Kong.

Chou,M.L. & Ho,D.Y.F.(1993).A cross-cultural perspective of face dynamics.In K.S.Yang & A.B.Yu (eds),*The psychology and behaviours of the Chinese:Conceptualization and methodology*(pp.205-254).Taipei,Taiwan:Laureate Book Co.(in Chinese)

Chu,R.L.(1989).Face and achievement:The examination of oriented motives in Chinese society.*Chinese Journal of Psychology*,*31*,79-90.

Chu,R.L.(1991).The threat to face and coping behavior.*Proceedings of the National Science Council,Republic of China:Humanities and Social Science*,*1*,14-31.

Earley,P.C.(1997).*Face,harmony,and social structure:An analysis of otgarrizational behavior across cultures*.New York:Oxford University Press.

Earley,P.C.(2001).Understanding social motivation from an interpersonal perspective:Organizational face theory.In M.Erez,U.Kleinbeck, & H.Thierry(eds),*Work motivation in the context of a globalizing economy*(pp.369-379).Mahwah,NJ:Erlbaum.

Eberhard, W. (1967). *Guilt and sin in traditional China*. Berkeley, CA: University of California Press.

Fei, S. T. (1948). *Rural China*. Shanghai, China: Observer. (in Chinese)

Garland, H. & Brown, B. R. (1972). Face saving as affected by subjects'sex, audiences'sex and audience expertise. *Sociometry, 35*, 280–289.

Gert, B. (1973). *The moral rules*. New York: Harper & Row.

Gilbert, R. Y. (1927). *What's wrong with China*. London: J. Murray.

Goffman, E. (1955). On face-work: An analysis of ritual elements in social interaction. *Psychiatry, 18*, 213–231.

Goffman, E. (1959). *The presentation of self in everyday life*. New York: Doubleday, Anchor.

Goffman, E. (1967). *Interaction ritual: Essays on face-to-face behaviour*. London: Penguin.

Han, K. H. & Li, M. C. (2008). Strangers are better than the familiar ones: The effect of 'face-threatening' on Taiwanese choice of helper. *Chinese journal of Psychology, 50*, 31–48.

Higgins, E. T. (1998). Promotion and prevention: Regulatory focus as a motivational principle. In M. P. Zanna(ed.), *Advances in experimental social psychology*(vol. 30, pp. 1–46). New York: Academic Press.

Ho, D. Y. F. (1976). On the concept of face. *American Journal of Sociology, 81*, 867–884.

Ho, D. Y. F. (1991). Relational orientation and methodological relationalism. *Bulletin of the Hong Kong Psychological Society, 26–27*, 81–95.

Hsu, F. L. K. (1971). Psychological homeostasis and jen: Conceptual tools for advancing psychological anthropology. *American Anthropologist, 73*, 23–44.

Hu, H. C. (1944). The Chinese concepts of 'face'. *American Anthropologist, 46*, 45–64.

Hwang, K. K. (1987). Face and favor: The Chinese power game. *American Journal of Sociology, 92*, 944–974.

Hwang, K. K. (1988). *Confucianism and East Asian Modernization*. Taipei, Taiwan: Chu-Liu Book Co. (in Chinese)

Hwang, K. K. (1995). *Knowledge and action: A social-psychological interpretation of Chinese cultural tradition*. Taipei, Taiwan: Sin-Li. (in Chinese)

Hwang, K. K. (1997–8). Guanxi and mientze: Conflict resolution in Chinese society. *Intercultural Communication Studies, 7*, 17–37.

Hwang, K. K. (1998). Two moralities: Reinterpreting the findings of empirical research on moral reasoning in Taiwan. *Asian Journal of Social Psychology, 1*, 211–238.

Hwang, K. K. (1999). Filial piety and loyalty: The types of social identification in Confucianism. *Asian Journal of Social Psychology, 2*, 129–149.

Hwang, K. K. (2000). The discontinuity hypothesis of modernity and constructive realism: The philosophical basis of indigenous psychology. *Hong Kong Journal of Social Sciences, 18*, 1–32.

Hwang, K. K. (2001). Morality: East and West. In N. J. Smelser(ed.), *International encyclopedia of the social and behavioral sciences*(pp. 10039–10043). Amsterdam, The Netherlands: Pergamon.

Hwang, K. K. (2004). The epistemological goal of indigenous psychology: The perspective of constructive realism. In B. N. Setiadi, A. Supratiknya, W. J. Lonner, & Y. H. Poortinga(eds), *Ongoing themes in psychology and culture*(pp. 169–186). Amsterdam, The Netherlands: Swets and Zeitlinger.

Hwang, K. K. (2005a). From anticolonialism to postcolonialism: The emergence of Chinese indigenous psychology in Taiwan. *International Journal of Psychology*, *40*, 228-238.

Hwang, K.K. (2005b). A philosophical reflection on the epistemology and methodology of indigenous psychologies. *Asian Journal of Social Psychology*, *8*, 5-17.

Hwang, K. K. (2006). Moral face and social face: Contingent self-esteem in Confucian society. *International Journal of Psychology*, *41*, 276-281.

Hwang, K.K., Chen, S.W., Wang, H.H., and Fu, B.J. (in press). Life goals, achievement motivation and value of effort in Confucian society. In U. Kim & Y.S. Park (eds), *Asia's educational miracle: Psychological, social and cultural perspectives*. New York: Springer.

Kant, I. (1797/1963). Groundwork of the metaphysic of morals. (H.J. Paton, trans. and analyzed). New York: Harper & Row.

Kim, J. Y. & Nam, S. H. (1998). The concept and dynamics of face: Implications for organizational behavior in Asia. *Organization Science*, *9*, 522-534.

King, A.Y.C. (1988). Face, shame and the analysis of Chinese behaviors. K.S. Yang (ed.), *The psychology of the Chinese* (pp.319-345). Taipei, Taiwan: Laureate Book Co. (in Chinese)

Lee, S. H. (1998). Facework in Chinese cross-cultural adaptation. *Dissertation Abstracts International Section A: Humanities and Social Sciences*, *59*, 539-539.

Liang, C.J., Bedford, O., & Hwang, K.K. (2007). *Face due to the performance of a related other in a Confucian society*. Working paper for In Search of Excellence for the Chinese Indigenous Psychological Research Project, Department of Psychology, National Taiwan University.

Liu, D.W. (2002). *Relational others' emotional reactions to negative episodes of agency evaluated by college students in Taiwan*. Unpublished master's thesis, National Taiwan University.

Lu, X. (1991). On 'face'. In Editorial Office of People's Literature Publishing House (ed.), *Complete Works of Lu Xun* (Vol.6, pp.126-129). Beijing, China: People's Literature Publishing House.

McAuley, P., Bond, M.H., & Kashima, E. (2002). Towards defining situations objectively: A culture-level analysis of role dyads in Hong Kong and Australia. *Journal of Cross-Cultural Psychology*, *33*, 363-380.

Nunner-Winkler, G. (1984). Two moralities? A critical discussion of an ethic of care and responsibility versus an ethic of rights and justice. In W.M. Kurtines & J.L. Gewintz (eds), *Morality, moral behavior, and moral development* (pp.348-361). New York: Wiley.

Qian, W., Razzaque, M.A., & Keng, K.A. (2007). Chinese cultural values and gift-giving behavior. *Journal of Consumer Marketing*, *24*, 214-228.

Shweder, R.A., Much, N., Mahapatra, M., & Park, L. (1997). The 'big three' of morality (autonomy, community, and divinity), and the 'big three' explanations of suffering, as well. In A.M. Brandt & P. Rozin (eds), *Morality and health* (pp.119-169). New York: Routledge.

Singelis, T.M., Bond, M.H., Sharkey, W.F., & Lai, C.S.Y. (1999). Unpackaging culture's influence on self-esteem and embarrassment: The role of self-construals. *Journal of Cross-Cultural Psychology*, *30*, 315-341.

Smith, A.H. (1894). *Chinese characteristics*. New York: F.H. Revell Company.

Smith, P.B., Bond, M.H., & Kağitçibaşi, Ç (2006). Understanding social psychology across cultures. London: Sage.

Su,S.Y. & Hwang,K.K.(2003).Face and relation in different domains of life:A comparison between senior citizens and university students.Chinese Journal of Psychology,45,295-311.

Tedeschi,J.T.(ed.)(1981).Impression management theory and social psychological research.New York:Academic Press.

Tedeschi,J.T.,Schlenker,B.R., & Bonoma,T.V.(1971).Cognitive dissonance:Private ratiocination or public spectacle? *American Psychologist*,26,185-695.

Ting-Toomey,S.(1994).Face and facework:An introduction.In S.Ting-Toomey(ed.),*The challenge of facework:Cross cultural and interpersonal issues*(pp.1-14).Albany,NY:State University of New York Press.

Triandis,H.C.(1977).*The psychology of interpersonal behavior*.Belmont,CA:Brooks-Cole.

Wilhelm,R.(1926).*Die seele Chinas*.Berlin:Reimar Hobbing.(in German)

Wong,N.Y. & Ahuvia,A.C.(1998).Personal taste and family face:Luxury consumption in Confucian and Western societies.*Psychology & Marketing*,15,423-441.

Yang,K.S.(1981).Social orientation and individual modernity among Chinese students in Taiwan.*Journal of Social Psychology*,113,159-170.

Zai,S.W.(1995).*Chinese view of lian and mian*.Taipei,Taiwan:Laureate Book Co.(in Chinese)

Zou,B.(1997).*Chinese'lian' and'mianzi'*.Wuhan,China:Huazhong Normal University Press.(in Chinese)

第 29 章　中国人的合作与竞争

Hildie Leung　Winton W.T.Au

在本章开头我们摘录了与中国人的合作与竞争有关的两组相互矛盾的文献。
关于合作：

> 研究发现中国人和华裔美国人要比白种美国人更具有合作性和平等性。
>
> Gabrenya & Hwang,1996,第 316 页

> 相对于澳大利亚人，中国人作出的决策更缺乏合作性，中国人更关注自我中心利益和随机应变。
>
> X.P.Chen & Li,2005,第 632 页

关于竞争：

> 中国人将冲突视为一种零和游戏，其中必定会有失败者而关系也会结束。通过回避策略和妥协可以避免冲突。
>
> Gabrenya & Hwang,1996,第 319 页

> 在中国与西方一样，冲突能够产生积极效果并且……在中国可以直接地、辅助性地和建构性地解决冲突。
>
> Tjosvold,Hui, & Sun,2004,第 365 页

这些相互矛盾的节选描述了中国人的合作与竞争，它们分别出自《中国心理学手册》(*The Handbook of Chinese Psychology*,Bond,1996) 的第一卷和新近的研究，将其进行比较后发现，在过去几十年中合作与竞争领域的研究已经发生了巨大变化。近来已经有更多的研究揭示了文化的复杂性及其对合作与竞争的作用，这些研究直接考察了先前对中国人的刻板印象。许多这样的研究都有助于我们理解中国人的合作或竞争是否以及如何与西方相联系。

尽管大多数研究都考察了来自个体主义和集体主义的概念，并且关注它们与合作和竞争之间的关系，但是我们希望研究能够超越寻找文化价值观差异的这一最初想法，更进一步地解析在东西方的合作与竞争中所发现的各种变量。为了达到这一目的，我们会对以下各种发现进行回顾，即各种个体内与个体间变量如何隐藏于合作与竞争行为的文化差异之下。我们首先会看看个体内变量，例如信念和价值观、风险偏好性、调控关注度、冲突—管理风格，并且解释这些变量对不同文化背景中的合作与竞争所产生

的不同作用。然后我们探究了与合作冲突、谈话风格、权力、公平、互动公正性和信任有关的个体间变量，并且评估了这些变量如何在不同国家间影响了合作与竞争的概念。在结论中我们会讨论竞争的多种观点。

个体内水平

集体主义

正如《中国心理学手册》（Gabrenya & Hwang, 1996）第一卷所指出的, 社会心理学一直都在评估个体在互动任务中的合作与竞争倾向, 例如各种信任游戏、公共利益困境以及资源困境。惰化效应是指当个体属于某一群体时更倾向于不太努力, 惰化效应的已有相关研究（Latané, Williams, & Harkins, 1979）表明, 惰化效应发生于个体主义群体内部, 但不会发生于集体主义群体中。当要求中国学生完成中等难度的智力任务时, 作为群体一员时他们会完成得更好, 而在美国学生中情况却恰好相反（Gabrenya, Latané, & Wang, 1983；Karau & Williams, 1993）。与此类似, 也被认为属于高集体主义的日本学生（Hofstede, 1991）在群体中的表现同样也要好于单独完成任务时的表现（Matsui, Kakuyama, & Onglatco, 1987）。因此, 显然那时一直关注的主题是相对于白种美国人, 中国人（Domino, 1992）和华裔美国人（如 Cox, Lobel, & McLeod, 1991）的行为方式通常更具有合作性。其中隐含着集体主义越强就会导致更多的合作, 而个体主义越强则会导致更多的竞争。许多文章都支持了这些发现, 研究者甚至得出结论认为这一现象无须再进行更多研究（如 C.C.Chen, X.P.Chen, & Meindle, 1998）。

不过, 更新近的跨社会研究则得出了与先前已确立范式不同的结果（如 Koch & Koch, 2007；Yamagishi & Yamagishi, 1994）。Yamagishi（1988）比较了美国和日本被试在社会困境中的合作倾向后发现, 相对于先前对于集体主义和合作之间存在积极关系的预测, 日本被试实际上比美国被试表现出了更少的合作性。Yamagishi（2003）提出了一种制度文化观来解释这些发现。他假定日本人更愿意归属于群体并将群体利益置于个人利益之上的原因并非是由于天生的倾向性, 而是因为存在一种正式和非正式的共同管理和惩罚的系统。一旦没有这些惩罚, 例如在某些情况下彼此互动的成员完全是陌生人, 这时个体的行为就不需要考虑他人, 其结果就是他们会更可能表现出自我中心的一面, 并且作出与此相应的行为。

Yamagishi（2003）提出的文化制度观以一种新的视角, 解释了已有的跨国家社会惰化研究结果。它特别指出, 已有研究中的被试之所以表现出了合作行为, 原因可能是他们认识其他被试。他们可能在实验前与其他被试有过互动, 或者预期以后会有互动, 或者将自己视为实验群体中的一员；由此, 服务于社会惰化的非正式共同管理或惩罚会作为一种社会现实而呈现。X.P.Chen 和 S.Li(2005)检验了 Yamagishi(2003)的文化制度观,他们比较了中国人和澳大利亚人后得到了支持性结果,发现在混合动机商业情境中,中国人所做的决策比澳大利亚人更缺乏合作性。当中国被试脱离群体,处于没有正式惩罚的情境时,他们表现出更关心自我利益并且作出与此相应的行为。尽管其研究表明中国人比澳大利亚人更缺乏合作性,但是研究者提醒说不要将其研究发现不加鉴别地推广到其他情境中。日益清楚的是,中国人并非一直都更具有合作性;尽管如此,我们不应该得出结论说"中国人更缺乏合作性",因为这一现象仅仅只发生于某些情境中(详细内容参见 X.P.Chen & S.Li,2005)。

的确,采用一个特定的中国样本并将该样本推广到整个国家,这样做并没有什么大不了的,过去的研究向来如此。这些中国样本主要来自更加发达或经济更加繁荣的地区,例如北京、上海和广州。经过以往这些年的发展,中国不同地区之间的经济出现了很大差异。Koch 和 Koch(2007)特别提出,为了更好地理解合作与竞争之间的关系,考察中国较为发达和较不发达地区之间的差异颇为重要。他们在群体水平上运用 Hofstede 的个体主义—集体主义量表(1980),考察了一项实证研究所测量的集体主义与合作性之间预设的关系。他们发现相对于来自中国内陆地区的被试,比来自更发达沿海地区的被试表现出了更多的个体主义,并且个体主义得分更高的群体比集体主义得分更高的群体更具有合作性。

在本质上,这些研究表明集体主义—合作性之间的联系并非如先前想象得那样简单和直接。X.P.Chen 和 S.Li(2005)与 Koch 和 Koch(2007)都认为只有在某些类型的关系和情境中,集体主义才会促进合作;尤其是,他们将自己的发现推广到了包括群体外成员的群体研究中。这两项研究都极大地有助于我们理解个体主义—集体主义与合作—竞争之间的联系,并且揭示了关系的复杂性。

社会公理

Hofstede(1980)试图从个体主义—集体主义的维度对文化进行界定和测量,除此之外,Leung 等(2002)扩展了跨文化分析中所包含的概念工具的范围,提出应用社会公理,或者人们关于世界如何运行的信念,将其作为一种不同类型的一般导向以增强价值观的预测力。Leung 和 Bond(2004)在 40 个国家开展了一项量化研究,发现存在五个相互垂直的社会公理维度,即社会犬儒主义、社会复杂性、应用回报、宗教虔诚和命运控制。Bond 及其同事在香港进行的一项研究(2004)同样也表明,运用社会公理较好地补充了以往对价值观的测量,通过三类社会行为能够更有效地预测社会表现,这三类社会行为是冲突解决方式、应对方式和职业兴趣。特别是,研究发现宗教虔诚、社会犬儒主义和社会复杂性这三个公理维度在处理相互依赖性时与合作和竞争相联系。

首先,研究发现在冲突解决中宗教虔诚与容忍以及竞争之间都存在一种明显的

"矛盾"关系,这意味着相信宗教机构具有积极社会功能的个体更有可能对他人屈服或抗争。他们将该现象归因于信仰宗教的个体更信任或偏好第三方或机构程序介入并解决冲突。当面对冲突却没有这类机构支持时,一方面,信仰宗教的个体会选择向其竞争者屈服或抗争。另一方面,宗教虔诚性较低的个体在解决冲突时具有不同的心态,他们会扮演更加积极主动的角色,寻求共识和各种讨价还价的机会。此外,研究还发现在面对冲突时,社会复杂性与协作和承诺具有正相关。相信可以通过多种途径达到某一特定目标的个体通常能明白行动者和机构之间的相互依赖性;此外,他们相信人类行为随情境而改变,这种信念导致他们去寻求将相关各方都考虑在内的多种解决之道。最后,研究发现社会犬儒主义与合作和妥协存在负相关,这一发现并不令人感到惊讶:既然对社会和社会机构持悲观态度的个体相信人际间的相互依赖只能导致一方控制另一方,那么在解决冲突时他们就会拒绝合作和妥协。

Kaushal 和 Kwantes(2006)近来所做的一项研究结果与 Bond 及其同事(2004)在社会犬儒主义方面的研究结果是一致的。他们运用了价值观和社会公理对文化进行了操作化后,考察了它们与冲突管理策略之间的关系。他们发现社会犬儒主义能够预测主要的冲突管理策略,此时的个体高度关注其自身利益,不太关心他人。

以往关注于冲突管理和社会公理的许多研究都在个体水平进行了分析。然而,社会公理同样也可能作为一个群体水平结构而存在,并且已有证据显示与在个体水平上一样,冲突也有可能在群体水平上出现。例如,当群体间争夺有限的资源时,群体冲突自然就会出现。因此,该领域的未来研究可以调查在群体水平上,泛化的社会信念或社会公理如何影响了群体间冲突的各个水平(Kwantes & Karam,2008)。

风险偏好

社会困境中的风险效应分析表明,个体的风险偏好会影响基于互惠的交换中的合作(Taylor,1987)。一般认为在反复出现的社会困境互动中,风险厌恶会促进合作,或者反之,风险寻求会削弱合作(Snijders & Raub,1998;van Assen,1998)。这种互动中的互惠集中体现在"未来阴影"中,其作用在于阻止理性的被试进行欺骗,因为他们预计到可能会出现不想要的结果,即未来可能会失去他人的合作。在这种情境下,风险厌恶会促进合作,因为根据有条件合作逻辑,理性的行动者面临着一个问题,即不得不衡量剥削有条件合作伙伴的短期好处,它与所期望的这种竞争行为的长期成本相冲突。一个厌恶风险的行动者会倾向于合作,而同时与之相反,一个寻求风险的行动者会倾向于竞争(Raub & Snijders,1997)。

Hsee 和 Weber(1999)考察了美国人和中国人进行选择时的风险偏好跨国差异。根据刻板印象,美国人通常被描述为比中国人具有更高的冒险性、攻击性和风险寻求。这一假设与 Hsee 和 Weber 的发现一致,即美国和中国被试都*预测*美国人的风险寻求会更高。然而,与这一深入人心的刻板印象恰恰相反,研究发现了一种强效应,即实际上中国人在做出经济决策时比美国人具有更高的风险寻求。研究者提出了一种垫子假设,以解释相对于美国人,中国人作出风险选择却遭遇相反结果后的心理过程。一般认为身处集体主义文化中的中国人具有密切的家庭与社会纽带;因此,当发生经济困境时,他们可以向亲密家人和朋友这一更广阔的网络寻求经济帮助。其结果就是,当面临相同风险时,他们比美国人的风险意识程度更低,因为当他们摔下来时会有"垫子"接住。因此,与美国人相反,他们可以承受更大的经济风险。不幸的是,Hsee 和 Weber 的研究并没有直接验证这一推测,但是今后的研究可以很容易地验证它。

在解释类似情境时,除了文化差异,不同国家间根深蒂固的文化价值观差异,正如传统文化产物所反映和显示的那样,例如经典著作、格言警句、寓言故事,它们同样也可以解释不同国家间在风险寻求上的差异。的确,Weber、Hsee 和 Sokolowska(1998)发现相对于美国格言,中国格言给出了更多的风险寻求建议,而相对于中国格言,在社会领域中美国格言更不适用于风险问题。

以上关于合作、风险偏好及其跨国差异的发现表明,比美国人有更高风险寻求的中国人更不可能与他人合作。虽然这与广为流传的观点不符,即中国人比个体主义文化中的人们更具有集体性和合作性。但是 X.P.Chen 和 S.Li(2005)的研究的确发现在混合动机商业情境中,中国被试比澳大利亚被试具有更低的合作性。这些有趣的发现回应了 Hsee 及其同事(1999)的风险偏好差异研究结果。目前尚无研究考察风险偏好及其对合作倾向跨国差异的影响。今后需要开展进一步研究,从合作和竞争的压力角度出发,使风险偏好的跨国差异结果更加明确。

调节焦点

基于其调节焦点理论,Higgins(1997)提出了一个框架以检验趋近积极结果和避免消极结果的不同策略。他提出的两个大框架,即提升焦点和预防焦点,会影响个体的合作或竞争倾向。一方面,对于受成长需要驱使的提升焦点,其特点就是个体对自身行为所导致的积极结果较为敏感。提升倾向更强的个体将其行为调控朝向前进、渴望和成就。另一方面,受安全需要驱使的预防焦点会使得个体对其行为所导致的消极结果更加敏感;预防倾向的个体将其行为调控朝向保护和安全问题(Florack & Hartmann,2007)。

提升和预防倾向都来自于社会学习。强调责任和义务的社会化会使个体养成预防焦点倾向:长期关注于安全、保护和避免损失。强调权力和成就的社会化会逐渐灌输提升焦点:长期关注于成长、成就和收获。中国人的社会化过程灌输的似乎是一种预防倾向,因为来自集体主义文化的个体更倾向于具有较强的互助性自我建构,它将自我界定为人际关系网络的一部分(Markus & Kitayama,1991)。个体受到驱使,以适应其群体以保持社会和谐。结果就是,他们通常关注自己对他人的责任和义务,同时也尽量避免做出一些可能会导致社会关系瓦解的行为。相对于成功信息,来自集体主义文化的个体更多将失败信息与自尊联系起来(Kitayama,Markus,Matsumoto, & Norasakkunkit,1997;又参见 Kwan,Hui, & McGee,本手册)。

一些研究已经发现了预防框架与决策之间的联系,例如 Lee、Aaker 和 Gardner(2000)发现,相对于北美人,东亚人(预防倾向)认为网球比赛中避免失败更重要,而相对于东亚人,北美人则认为保证网球比赛获胜更重要。此外,研究还发现在决策情境中,预防焦点的诱发会增加选择失败最小化的可能性(Briley & Wyer,2001)。

基于这些研究,Briley、Morris 和 Simonson(2005)对双文化的香港人进行了实验,将妥协作为预防焦点的一个指标,对其进行了考察。研究者尤为感兴趣的是,操纵语言(广东话和英语)是否会导致在避免损失或追求收益上的一般策略的改变,中国人通常比西方人更多表现出这一点。他们的研究结果显示,在选择谚语时,双文化被试用以进行交流的语言影响了其决策指导原则的使用。尤其是,它导致被试选择了更温和的格言建议(与极端相反)。此外,当实验中使用中文而非英文时,被试更有可能是预防焦点的,他们更偏好妥协,希望避免损失或失望。在这类情境中语言的作用就像一种提示,它通过增强特定规则或文化准则的易得性以及同时增强行为方式与这些提示线索保持一致的动机,从而影响了行为(例如使中国人倾向于预防焦点)。中国环境下的社会化所支持的文化理念是责任,我们预期,在接受了中国社会化的个体身上所发现的这一预防倾向将促进合作,而与此同时,其损失最小化的选择倾向则会减少竞争。

冲突—管理风格

在任何要求人类进行沟通与协调的文化体系中,即所有文化中,都存在人际冲突。在双方的互动中,只要双方知觉到了目标的不一致以及资源的稀缺,冲突就会产生(Ross,1993)。尽管出现在任何文化中,但是不同文化间如何对其进行表达、知觉和处理却各不相同。已有研究基于 Rahim(1979)对人际冲突风格的界定,即关注自我和关注他人,探究了工作场所中冲突解决风格的跨文化差异。关注自我是指个体在多大程度上(高或低)试图满足自己关心之事;关心他人是指个体在多大程度上(高或低)试图满足他人关心之事。这两种维度结合之后就会产生五种处理人际冲突的特定风格,即:整合型(高度关注自我和他人)、责任型(低关注自我高关注他人)、控制型(高关注自我低关注他人)、回避型(低关注自我和他人)和妥协型(位于关注自我和他人之间)。

实证研究已经证明,文化背景影响了冲突风格,相对于日本人或韩国人,美国人更倾向于使用控制型风格来解决冲突,而相对于美国人,中国大陆人和中国台湾人更倾向于使用责任型或回避型冲突解决风格(Ting-Toomey 等,1991)。大陆人和台湾人更倾向于使用责任型冲突解决风格这一发现反映了其集体主义的本质,它将无私倾向的一种形式进行了社会化,即不顾个体自身需要而去满足他人,从而表现出和谐与合作(Hocker & Wilmot,1998;又参见 Chen,本手册;Wang & Chang,本手册)。

近来一项研究进一步考察了文化、人格与冲突解决风格之间的关系(Kaushal & Kwantes,2006),研究结果支持了在解释冲突解决策略选择的差异上,文化发生了作用。特别是,研究发现控制型与垂直个体主义和垂直集体主义之间均存在正相关,而它一般强调的是个体和关注自我。与此相反,责任型与垂直集体主义的正相关则根植于基于群体的集体主义认同感。此外,研究发现回避型与水平个体主义存在负相关,它较少强调个体以及群体。Kaushal 和 Kwantes 相信,Rahim(1979)对冲突—管理策略的界定是基于对自我和他人的关注,但它忽略了个体主义与集体主义的维度(Singelis,Triandis,Bhawuk, & Gelfand,1995),而这两个维度通过交互作用,决定了不同文化中个体的冲突解决策略。

个体内冲突

合作冲突

一般认为,作为集体主义者,中国人看重人际和谐,希望避免冲突(如 Leung,1997);冲突常常被视为与团队功能相对立,因此集体主义者并没有受过训练如何处理它们,而是希望避免爆发冲突。然而,冲突一般并不会削弱团队的合作。虽然人际关系的冲突会削弱群体表现,但是在风险问题上产生冲突常常有助于群体的工作(如 De Dreu,Van Vianen,Harinck, & McCusker,1998)。因此,考察团队如何管理风险就格外重要了。

基于 Deutsch 的界定,Tjosvold 及其同事区分了两种冲突解决取向:领导者可能追求一种*合作目标*,即相信可以达到一种双赢情境,或者一种*竞争目标*,相信一方的胜利就是另一方的失败。如果通过双方的共同努力而解决了冲突,那么它实际上提供了一种机会,可以在获得共同利益的过程中,培养团队成员间的信任并加强联系。当冲突被视为双方零和的竞争游戏时,关系中的信任会削弱,而群体的效率也会降低。

Tjosvold 对人们普遍渴望合作与竞争的理论论证和实证研究发现都表明,东西方人同样都能够从以下获益,即以一种合作的方式对冲突进行公开的管理。该理论与先前的观点相冲突,后者认为中国人会避免公开处理冲突(如 Nibler & Harris,2003),并且认为相对于西方人,中国人更偏好避免冲突,而且避免冲突也更有效(如 Tsi,Francis, & Willis,1994)。

Tjosvold、Pond 和 Yu(2005)在上海进行了一个包括 100 多个项目的研究,他们发现有综合证据表明,合作中的冲突促进了信任关系并且反过来又提高了团队效率和承诺,而在西方也同样如此。只要注意到了脸面问题,对冲突和矛盾进行开诚布公和直截了当的讨论会启发思路,提高接受性,因此人们会提出更多问题,探讨不同观点,进行更充分的辩论,更渴望达成整合的立场(Tjosvold,Hui, & Sun,2004)。

特别是,与高压方式相反,使用说服方式对各方面进行沟通为解决冲突提供了至关重要的合作背景(Tjosvold & Sun,2001)。以合作的方式开诚布公地讨论冲突,它同样还会促进任务的自反性,由此团队成员能够反省他们是如何一起工作、如何发展和完善计划、收集反馈信息并依据反馈采取行动,从而提高了团队的活力和表现(Tjosvold,Hui, & Sun,2003)。当群体处理合作问题时,发言者同样也直接针对特定目标,而不是将问题踢给任意个体。在合作的群体中,成员之间的轮流发言时间也更短,倾听他人的发言也更专注,并且会邀请他人参与(Chiu,2000)。在讨论中采取合作倾向会促进冲突的解决。

Brew 和 Cairns(2004)的研究提供了更多证据,支持了中国人有能力直接解决冲突。他们发现只有在面对上级时,中国人才不会直接解决冲突。当与同辈互动时,中国人并不比澳大利亚人更转弯抹角。中国人确实也能够直接面对决策冲突,以达成真正一致。

除了有能力合作性地解决冲突以外,在影响他人时,中国人也能够认可使用软策略(Leong,Bond, & Fu,2006)。既然中国社会具有高权力距离,有人可能会预期在影响他人,尤其是下属时,中国人会偏好使用硬策略。Leong 及其同事研究了来自美国、中国大陆、中国台湾和中国香港的管理者,却发现了与预期截然相反的有趣结果。针对两种广泛的影响维度,他们考察了被试对其有效性的知觉:更具有成长性的温和说服(gentle persuasion,GP),以及更具有能动性的因情况而异的控制(contingent control,CC)。所有四种文化中的管理者都认为 GP 是比 CC 有效得多的影响策略。

这些发现都与 Sun 和 Bond(2000)较早的研究一致,即中国人人格特点中的两个突出成分即和谐与脸面,都与 GP 的运用有关。他们发现关心和谐与脸面的中国管理者更看重人际关系;因此他们偏好使用 GP 来获得目标的服从。以上研究中观察到中国雇员更偏好 GP 而不是 CC,而这一现象说明,首先,中国管理者意识到了 CC 可能导致的消极后果,如来自其目标的厌恶、抵制和报复;其次,知觉到 GP 比 CC 更有效可能是一种语音学现象。

谈话风格

争论中的谈话风格同样可能影响了团队工作中的合作与冲突。Yeung(2001)调查了在中国香港和澳大利亚各个银行的参与性决策讨论中,中国和澳大利亚会谈模式中的间接性问题。她考察了用来调整不良计划的不同语言装置(即更经常使用的语言装置,例如修辞学问题、对可能性和建议的提及、更加间接的提议)。

研究结果似乎与一直以来的观点相矛盾:中国人在交流时更偏好非直接的方式;相反,研究发现澳大利亚人更间接,他们避免正面回答问题的次数是中国人的三倍。此外,中国人和澳大利亚人在形成提议时所使用的礼貌策略也不相同。一方面,对于中国香港人,他们倾向于使用广东话如"hommohoyi"(【我们】/【这样】可不可以)来征求同意,"juiho"(最好)来给出建议和推荐,以及"heimong"(希望)来表达愿望。另一方面,澳大利亚人使用词语如"我想我们应该"来表达对于责任或必做之事的态度,以及"我想我们能够"来表达对能力或可能性的评估。中国人使用的礼貌策略证实了以下理论,即中国人的人际交流倾向于维持人际关系并与他人建立合作。除此之外,语句分析显示,中国人比澳大利亚人使用了更多的修辞问题。修辞问题的功能在于强烈地暗示了一个答案,从而否定了存在的另一种观点。修辞问题的作用在于将听者更深地带入其中,然而有时候会产生非预期的作用,即听者会提出一种反驳。因此,中国人更频繁使用修辞问题这一现象表明,与人们的观念相反,中国人同样也能够在与他人不一致时直截了当地提出问题,并不害怕直面问题(Yeung,2001)。

除了发现在谈话策略与语言装置使用策略上存在差异,研究同样显示出不同文化群体的成员在语句特征上也存在差异。Stewart、Setlock 和 Fussell(2004)发现与美国人相比,中国人倾向于参与到更复杂的争论中。中国人同样也花更多的时间进行互动(Setlock,Fussell, & Neuwirth,2004)。但更重要的是,中国人在讨论后表现出了对合作者更多的赞同,而美国人则表现出了更多的不一致(Setlock 等,2004)。显然,在讨论中美国人的综合论述(如同意、承认、让步)占了更大的比例;但是实际上,说服、观点的转变和真正的辩论却更少(Stewart 等,2004)。

相对于西方人,中国人在互动时可能有一种维持和谐关系的优势。有一项研究考察了中国和加拿大的医生/患者角色扮演对话。Li(2001)发现当二人互相打断时,这是一种很常见的轮流对话形式,如果双方都是中国人,那么打断就会更具有合作性,但是如果双方都是加拿大人,那么打断就会更具有入侵性。中国人的打断不是破坏性的——他们打断对方是为了帮助发言者或者对其表示赞同,有助于发言者澄清或解释先前的信息。这些打断实际上促进了正在进行的谈话,并且我们预期,也将会促进双方中国人一致达成合作。

权　力

人们对于权力的信念影响了他们会采取合作还是竞争的目标倾向。权力信念类型共有三种(Tjosvold,Coleman, & Sun,2003)。可扩展权力是指相信权力可以扩展。当经理授权下属时,经理和下属都变得更有权力和成功。相信权力有限的经理限制下属与自己分享权力,因为他相信如果与他人分享权力,个体的权力就会减弱。在一项实验室研究中,Tjosvold 等(2003)发现,如果引导被试相信权力可以扩展,那么他们更有可能知觉到合作目标,更愿意分享其信息权力以帮助他人。关系、组内关系、促进和谐动机、仁爱与参与性领导也都有助于采纳合作性目标(Tjosvold,Leung, & Johnson,2000)。

与此类似,更关注上下级之间情感联系的文化则会出现更集体主义的或自下而上的决策,它表明上级给下属下放了更多做决定的权力(Fukuda,1982)。相对于美国人,中国人较少作出强迫性的、专制的、自上而下的决策,而日本人则更支持了这种集体主义的和自下而上的决策文化(Bi,Xi, & Wang,2003)。与日本人相比,中国香港人的上下级人际关系更强调的是理性承诺,而它与一种正式的阶梯结构相一致(Fukada,1982)。在中国人的次群体中,中国人与下属分享权力的倾向也存在差异(Tse,Lee,Vertinsky, & Wehrung,1988)。这项跨文化研究比较了中国香港人、中国内地人和加拿大人在一项测量被试决策的文件篮练习中的表现,中国香港人的表现类似于加拿大人但却不同于中国内地人。特别是,中国香港人和加拿大人都倾向于作出参与性的决策,而中国内地人却授予领导者更多的权威。对几个合资企业的质性研究同样也报告了类似的证据,都表明中国大陆人倾向于将权力集中到少数几个上层领导者手中(如 Eiteman,1990;Hendryx,1986;Redding & Wong,1986)。

需要特别指出的是,这些发现都发表于几乎 20 年前,而相对于当初,当下的中国状况可能已经发生了变化。确实,当今中国也正朝向分享权力而不是收紧权力的方向发展(参见 Chen & Farh,本手册)。一项近来的研究比较了城镇与乡村的中国人以及城镇加拿大人,发现两个国家的青少年都更支持基本的民主原则,例如代表制、发言权和多数性的原则(Helwig,Arnold,Tan, & Boyd,2007)。当今中国似乎正在认可一种更加具有扩展性的权力观,而它促进了合作目标的建立。

公 平

要想达成合作,就必须公平对待所有参与方。然而,中国人对公平的认识可能与其他人不同,这取决于是要求他们对公平进行评估还是按照公平原则行事(Bian & Keller,1999)。当中国人和美国人对有关健康和安全风险的社会决策的公平性进行评价时,两组被试的公平评价知觉是类似的。二者都认为公平对待更加公正。例如,在所有人都有 1% 的死亡概率情境中,以及一个人的牺牲能够换取 99 名他人存活的情境中,中国人和美国人都认为公平情境(即后者)更公正。然而,当要求人们在这两个行为中做出选择时,美国人比中国人更倾向于选择公平行为。就本质而言,中国人倾向于将集体利益置于公平之前。

Bian 和 Keller(1999)同样也在一项访谈研究中发现,中国政府和商界人士都认为商业与经济成就比关注公平更加重要。似乎中国人在进行决策时更多考虑到背景因素,而美国人在其信念和行动中则更加坚持公平原则。这些结果支持了 Leung 和 Bond(1984)较早的研究结果,他们发现在工作情境下的分配决策中,对于群体外成员,中国人比美国人更依赖于公平原则,但对于群体内成员则并非如此。与此类似,Wong 和 Hong(2005)进行的文化启动研究同样也发现,文化启动影响了朋友之间的合作,但对陌生人却并非如此。中国人的合作行为对于情境及其所涉及的成员更加敏感。

互动公正

与公平知觉紧密相关的是同样也影响合作行为的互动公正。在谈判中受到人际间公平对待的中国人(例如,对方愿意倾听和解释、提出开放式的问题、感谢给出的建议等),更少陷入僵局,更快解决问题,更可能赞同对其不利的解决办法(Leung,Tong, & Ho,2004)。对于中国人而言,互动公正中的一个特殊因素可能是人情和关系。人情是指一个人对另一个人所具有的感情或情感(Zhang & Yang,1998)。中国人通过体现人情,即表现出关心和照顾、表达积极情感和好感,从而维持与他人的和谐关系。但是向他人表现出人情的程度取决于二者之间的关系。因此我们推论,接受对方的人情会导致互动公正印象的减弱。作为一种互换行为,我们同样也预期,亏欠了人情的个体会在谈判中给予更多让步,以此来回报好感(或者人情)(又参见 Hwang & Han,本手册)。

通过人情和关系,我们可以理解中国人为什么会偏离 Bian 和 Keller(1999)在健康与安全风险研究中指出的公平原则。建议牺牲 1 人来拯救其他 99 人的中国被试所给出的解决办法之一是,选择一个本就该死的罪犯。显然我们可以预见,将要牺牲的罪犯与决策者没有既有的关系。另外一个解决办法是,找一个人自愿地、光荣地为他或她所爱的其他人而牺牲自己。帮如此大的忙,即为了所爱的人而牺牲自己的生命,它同样也显示了对某个关系密切的个体所给予的人情。这两个例子也许说明了中国人如何调整其公平行为取决于他们和不同人之间的关系和人情。

Zhang 和 Yang(1998)在一项调查中考察了不同关系中的合作伙伴,正如研究所显示的那样,中国人在分配奖励时遵循的是合理标准(合情合理),即既强调理性也强调情感。理性类似于公平公正原则,而情感关注于人情与关系之间的相互作用。具有亲密关系的合作伙伴,例如父母和兄弟姊妹,则会比熟人和陌生人得到更多的配给。这种分配类似于要求被试"合理地"分配时得到的结果。所有这些发现都表明,除公平之外,在与他人分配资源时,中国人同样也会考虑人情和关系。

信 任

公民行为显示了工作场合中的合作,而研究发现管理者的信任会促进公民行为(Konovsky & Pugh,1994)。信任的前提是对过程和分配公正性的知觉,而权力距离影响了公正知觉与管理者信任之间的联系。权力距离是指管理者应该拥有多大权力管理下属的信念。低权力距离的个体相信等级较小的权力比较好。在这些权力距离较低的个体中,过程的公正性较大地影响了他们对管理者的信任。对于权力距离较高的个体,过程的公正性较小地影响了员工们的信任。我们预期,由于中国人是高权力距离,因此至少从其价值观的角度(Bond,1996),可能会发现过程公平性会对信任产生较小的影响,并且由此对公民行为产生较小影响。

这也是另一个证据,表明了缺乏信任可能会削弱中国人的合作。Wang 和 Clegg(2006)考察了上下级之间的关系,区分了两种信任类型:(1)上级对下属心理成熟性的信任,(2)上级对下属工作成熟性的信任(即相关技能和技术知识)。他们发现相对于澳大利亚管理者,中国管理者更不信任其下属的心理成熟性。然而,澳大利亚和中国管理者对下属工作成熟性的信任则不存在差异。中国人相信其下属有能力完成工作,但却不信任其下属愿意承担工作责任。研究者认为这一文化差异与文献中的争论是一致的,即人际关系中的信任程度与权力距离相关(Porta 等,1997)。中国社会的特点是权力距离更大,以至于通常进行管理控制的权威常常并不信任下属,经常将下属视为依赖性的、服从的"孩子"。当下属向老板寻求指示时,他们似乎缺乏主动性,而这进一步强化或引导老板认为下属不愿意承担责任。两项研究都倾向于表明,中国人的高权力距离削弱了上下级之间的信任,而它反过来又影响了合作。

中国人身上所表现的权力距离对信任的负面作用可能被中国的经济发展所抵消。Henrich、Boyd、Bowles、Camerer、Fehr、Gintis 和 McElreath(2001)发现,国家信任水平受到了经济繁荣性的影响。在市场整合程度更高的社会中,其公民的信任程度也更高。这类社会中的机构更有可能"向公平性拉伸"。其成员在最后通牒游戏中的出价更高,并且对更低出价的拒绝率(惩罚)也更高。Allik 和 Realo(2004)分析了 42 种文化中的个体主义—集体主义和信任后,得出了有趣的研究结果,他们发现中国人几乎具有最高水平的人际信任。这一发现与 Zhang 和 Bond(1993)的研究发现相一致,后者发现相对于中国香港或美国被试,中国内地被试对熟人或被试给予了更多的信任。因此,也许,中国的经济发展和现代化有助于减弱中国人的权力距离对信任的影响。

合作者之间的信任同样也影响了如何解决冲突。一种冲突解决策略是强制,即高压策略,它通过威胁、承诺和/或法律诉求而对另一方施加压力,迫使其立即作出反应。在一项考察香港建筑师和承包商的研究中,Lui、Ngo 和 Hon(2006)发现,具有更高人际信任的合伙人在更小的范围内使用强制策略。此外,在彼此相似并且具有较高名誉的机构合作人之间,较少使用强制策略;在人际间与组织间水平上,信任都完全调节了这一效应。有人可能会预期,当赌注更大时,例如在合作人身上投入了更多的时间和金钱,给予的信任就更多。但是恰恰相反,投入的赌注更大反而会削弱组织间的信任,但是却对人际间的信任没有影响。更重要的是,投入资产越多,使用强制策略的人也越经常彼此操纵。总而言之,彼此之间越类似,并且给予对方更多尊重的合伙人较为信任对方,无论在人际水平还是组织水平上都是如此,而他们也更少彼此使用强制策略来解决问题。

在另一项同样基于该香港建筑师样本的研究中,Lui 和 Ngo(2004)区分了好意信任和竞争信任,并考察了这两种信任类型如何通过风险知觉而影响了公司间的合作。他们发现好意信任影响了关系风险的知觉,而竞争信任则影响了公司间合作的表现风险知觉。

竞争的多种观点

中国人不仅擅长通过引入合作而直接面对冲突;他们同样还认为竞争并不一定是坏事。Fülöp 及其同事(2006)考察了在个人水平和经济水平上对竞争的态度和信念。他们区分了四个因素:(1)个人积极因素认为竞争促使人们去追求目标,而人们需要竞争以生存繁荣;(2)个人消极因素认为竞争会产生压力和焦虑,并导致人际的紧张和冲突;(3)经济积极因素认为在隐含着自由竞争的市场经济中,每个人都会遵循商业道德规范,只有努力工作的人才会成功;(4)经济消极因素认为竞争是社会的一个消极组成部分,它会诱发战争和不公,人们通过利用他人而发财致富。

相对于法国人(作为来自发达国家的人)和匈牙利人(作为来自后社会主义国家的人),中国大陆的青少年(作为来自社会主义国家的人)对竞争表达出了中等程度的积极态度:在个人积极性方面,中国人与法国人和匈牙利人没有差异,但在个人消极性方面,中国人却低于其他两个国家。最有趣的是,中国青少年在经济积极性和经济消极性方面都显著要高于匈牙利人和法国人。总而言之,在个人水平上,中国人对竞争持中等水平的积极态度,并且看到了市场经济的优势和缺陷。一项更早的研究同样也发现了中国人对竞争的矛盾态度,该研究比较了中国人、美国人和俄国人(Hemesath & Pomponio,1995)。中国学生与美国和俄国学生一样,也渴望物质收益,并相信在市场经济中物质刺激的重要性,但是这些中国学生却更支持政府对于市场的干预。就本质而言,中国青少年在商业生涯中对竞争有更强烈的承诺;他们同样也认为竞争是剥削性的。

合作的一致观点

中国人一方面不憎恨竞争,另一方面也同样欢迎合作。相对于匈牙利的学龄前儿童,中国儿童更有可能选择一种公平的态度,虽然不平等的态度会让他们更有优势(Sándor,Berkicks,Fülöp,& Xie,2007)。这种偏好不需要在根深蒂固的社会中养成;文化价值观可以被启动而引发合作行为。中美双文化者被中国图像所启动后,例如中国龙或中国功夫,在囚徒困境游戏中会对朋友表现出更多的合作性(Wong & Hong,2005)。这些中国文化启动可能激活了对群体内其他成员的信任和利他主义动机,而这是社会两难情境中进行合作所必需的(Markoczy,2004)。

未来研究方向

跨文化心理学的先前研究一般将竞争视为个体主义社会,尤其是西方社会的一种特征,而合作被视为集体主义社会,即东方社会的一种特征。文献认为竞争与合作是互不相容的概念,并认为合作更好。但是正如本章所提及的那样,近来研究已经表明,首先,对于个体主义—集体主义与竞争—合作之间存在的联系,普遍存在的刻板主义观念并不再如先前所认为的那样直接明确。

其次,组织学研究的一个新动向,称为"合作竞争",关注于研究合作与竞争的共同发生和相互作用。尽管组织中的合作竞争行为早就被注意到了,但是直到近来,该主题才得到学术界的关注(Walley,2007)。根据一项对中国大都市 500 家公司管理者的研究,在公司内部层面上,研究者发现合作的出现使得跨功能团体之间出现了知识的传递。与此同时,竞争促进了这种知识的传递,假定雇员有潜在的动机和诱因去理解竞争功能的状况(Luo,Slotegraaf,& Pan,2006)。通过促进对顾客需要的共享理解,以及提供组织内合作与有效决策的土壤,竞争部门之间的深度合作不仅能够促进信息与知识的共享,而且还能够激发更好的表现(Ghoshal,Korine,& Szulanski,1994)。这种合作与竞争的交流已经表明能够创造协同配合,而它会转换为竞争优势,从而培养创造性的互动,进而促进内部效率,由此导致更好的整体表现(Luo 等,2006)。如果管理者和团体成员希望提高组织或团体的表现,这些研究发现为他们提供了颇有意义的内涵。因此,未来研究可以关注于范式的发展,考察超越了常见的排他性假设的、竞争—合作之间的相互作用,并且调查在这种范式中,两种概念的跨文化差异。

除了合作与竞争的排他性假设,合作一直被假定为是人们所期望的,而竞争则是有害的。然而,Fülöp 及其同事(Fülöp,1992,1992a,1999b,2001-2002,2002;Fülöp & Berkics,2002;Watkins,Fülöp,Berkics,& Regmi,2003)考察了年轻人的竞争感受,被试来自于各个国家如加拿大、美国、英国、日本、尼泊尔和匈牙利,结果发现来自北美和英国的被试认为自己生活在相对具有竞争性的国家,并认为竞争理所当然,但对它持中立态度。日本和尼泊尔被试甚至能够提出复杂的竞争观点,及其对自己的生活和社会所产生的积极影响。

一项类似的研究以香港青少年为被试,调查了他们对竞争在中国香港的作用有何看法(Watkins,2006)。该研究结果表明,与 Fülöp 对日本和尼泊尔被试的研究结果一致,中国香港青少年认为竞争非常重要,是一种积极力量,会促进香港在社会和个人层次上的进步。以上发现表明,对竞争的认识并非如人们曾经认为的那样是单方面的,并且它随文化不同而不同。相对于个体主义社会及其成员,集体主义社会及其成员同样也可以具有竞争性,甚至有时候竞争性还更强。未来比较有趣的研究是,进一步调查对跨文化竞争作用的评估,例如社会与个人的价值观与信念如何影响了对该概念的评估。

正如其他文化一样,中国文化是一个动态的实体。我们兴奋地看到了中国人的合作与竞争如何随着时间而发生变化,并且希望我们的认识能够跟随上正在发生的现实。

参考文献

Bi, P. C., Xi, Y. M., & Wang, Y. Y. (2003). Cross-cultural impact on group think: A comparison of China, America and Japan. *Forecasting*, 6, 1–10.

Bian, W. Q. & Keller, L. R. (1999). Chinese and Americas agree on what is fair, but disagree on what is best in societal decisions affecting and safety risks. *Risk Analysis*, 19, 439–452.

Bond, M. H. (1996). Chinese values. In M. H. Bond (ed.), *The handbook of Chinese psychology* (pp. 208–226). Hong Kong: Oxford University Press.

Bond, M. H., Leung, K., Au, A., Tong, K. K., de Carrasquel, S. R., Murakami, F. et al. (2004). Culture-level dimensions of social axioms and their correlates across 41 cultures. *Journal of Cross-Cultural Psychology*, 35, 548–570.

Brew. F. P. & Cairns, D. R. (2004). Do culture or situational constraints determine choice of direct or indirect styles in intercultural workplace conflicts? *International Journal of Intercultural Relations*, 28, 331–352.

Briley, D. A., Morris, M. W., & Simonson, L (2005). Cultural chameleons: Biculturals, conformity motives, and decision making. *Journal of Consumer Psychology*, 15, 351–362.

Briley, D. A. & Wyer, R. S. (2001). Transitory determinants of values and decisions: The utility (or nonutility) of individualism and collectivism in understanding cultural differences. Social Cognition, 19, 197–227.

Chen, C. C., Chen, X. P., & Meindl, J. R. (1998). How can co-operation be fostered? The cultural effects of individualism and collectivism. *Academy of Management Review*, 23, 285–304.

Chen, X. P. & Li, S. (2005). Cross-National differences in cooperative decision making in mixed-motive business contexts: The mediating effect of vertical and horizontal individualism. *Journal of International Business Studies*, 36, 622–636.

Chiu, M. M. (2000). Group problem-solving processes: Social interactions and individual actions. *Journal for the Theory of Social Behaviour*, 30, 27–49.

Cox, T. H., Lobel, S. A., & McLeod, P. L. (1991). Effects of ethnic group cultural differences on cooperative and competitive behavior on a group task. *Academy of Management Journal*, 34, 827–847.

DeDreu, C. K. W., Van Vianen, A. E. M., Harinck, F., & McCusker, C. (1998). *Social-emotional and task-related conflict in groups: Implications for contextual and task performance.* Paper presented at the Society for industrial and Organizational Psychology Conference, Dallas, Texas, USA, July.

Deutsch, M. (1980). Fifty years of conflict. In L. Festinger (ed.), *Retrospections on social psychology* (pp. 46–77). New York: Oxford University Press.

Domino, G. (1992). Cooperation and competition in Chinese and American children. *Journal of Cross-Cultural Psychology*, 23, 456–467.

Eiteman, D. K. (1990). America executives' perceptions of negotiating joint ventures with the People's

Republic of China：Lessons learned.*Columbia journal of World Business*,*25*,59-67.

Florack,A. & Hartmann,J.(2007).Regulatory focus and investment decisions in small groups.*Journal of Experimental Social Psychology*,*43*,626-632.

Fukuda,K.J.(1982).Decision-making in organizations：A comparison of the Japanese and Chinese Models.*Hong Kong Journal of Public Administration*,*4*,176-183.

Fülöp,M.(1992).Cognitive concepts on competition.*International Journal of Psychology*,*27*,316.

Fülöp,M.(1999a).Students' perception of the role of competition in their respective countries：Hungary, Japan and the USA.In A.Ross(ed.),*Young citizens in Europe*(pp.195-219).London：University of North London.

Fülöp,M.(1999b).Japanese students' perception of the role of competition in their country.*Asian and African Studies*,*3*,148-174.

Fülöp,M.(2001-2).Competition in Hungary and Britain as perceived by adolescents.*Applied Psychology in Hungary*,*3-4*,33-53.

Fülöp,M.(2002).Intergenerational differences and social transition：Teachers' and students' perception of competition in Hungary.In E.Nasman & A.Ross(eds),*Children's understanding in the new Europe*(pp.63-89).Stoke-on-Trent,England：Trentham Books.

Fülöp,M. & Berkics,M.(2002).Economic education and attitudes towards enterprise,business and competition among adolescents in Hungary.In M.Hutchings,M.Fülöp, & A.Van Den Dries(eds),*Young people's understanding of economic issues in Europe*.Stoke-on-Trent,England：Trentham Books.

Fülöp,M.,Roland-Levy.C.,Ya,Y., & Berkics,M.(2006).*Chinese,Freuch and Hungarian adolescents' perception and attitude towards competition in economic life*.Paper presented at the 18th International Congress of the International Association of Cross-Cultural Psychology,July 11-15,Spetses,Greece,July.

Gabrenya,W.K.Jr & Hwang,K.K.(1996).Chinese social interaction：Harmony and hierarchy on the good earth.In M.H.Bond(ed.),*The handbook of Chinese psychology*(pp.309-321).Hong Kong：Oxford University Press.

Gabrenya,W.K.Jr,Latané,B., & Wang,Y.E.(1983).Social loafing in cross-cultural perspective.*Journal of Cross-Cultural Psychology*,*14*,368-384.

Ghosbal,S.,Korine,H., & Szulanski,G.(1994).Interunit communication in multinational corporations. *Management Science*,*40*,96-110.

Helwig,C.C.,Arnold,M.L.,Tan,D., & Boy,D.(2007).Mainland Chinese and Canadian adolescents' judgments and reasoning about the fairness of democratic and other forms of government.*Cognitive Development*,*22*,96-109.

Hemesath,M. & Pomponio,X.(1995).Student attitudes toward markets：comparative survey data from China,the United States of America and Russia.*China Economic Review*,*6*,225-238.

Hendryx,S.R.(1986).The China trade：Making the deal work.*Harvard Business Review*,*64*,75,81-84.

Henrich,J.,Boyd,R.,Bowles,S.,Camerer,C.,Fehr,E.,Gintis,H., & McElreath,R.(2001).In search of homoeconomicus：behavioral experiments in 15 small-scale societies.*American Economic Review*,*91*,73-78.

Higgins,E.T.(1997).Beyond pleasure and pain.*American Psychologist*,*52*,1280-1300.

Hocker,J.L. & Wilmot,W.W.(1998).*Interpersonal conflict.*(5th edn).Madison,WI：Brown & Benchmark.

Hofstede,G.H.(1980).Culture Consequences:International Differences in Work-related Values.London: Sage.

Hofstede,G.H.(1991).Cultures and organizations:Software of the mind.London:McGraw-Hill.

Hsee,C.K.,Loewenstein,G.F.,Blount,S. & Bazerman,M.H.(1999).Preference reversals between joint and separate evaluations of options:A review and theoretical analysis.*Psychological Bulletin*,*125*,576-590.

Hsee,C.K. & Weber,E.U.(1999).Cross-national differences in risk preferences and lay predictions for the differences.*Journal of Behavioral Decision Making*,*12*,165-179.

Karau.S.J. & Williams,K.D.(1993).Social loafing:A meta-analytic review and theoretical integration. *Journal of Personality and Social Psychology*,*6*,681-706.

Kaushal,R. & Kwantes,C.T.(2006).The role of culture and personality in choice of conflict management strategy.*International Journal of Intercultural Relations*,*30*,579-604.

Kitayama,S.,Markus,H.R.,Matsumoto,H., & Norasakkunkit,V.(1997).Individual and collective processes in the construction of the self.Self-enhancement in the United States and self-criticism in Japan. *Journal of Personality and Social Psychology*,*72*,1245-1267.

Koch,B.J. & Koch,P.T.(2007).Collectivism,individualism,and outgroup cooperation in a segmented China.*Asia Pacific Journal of Management*,*24*,207-225.

Konovsky,M.A. & Pugh,S.D.(1994).Citizenship behavior and social exchange.*Academy of Managentent Journal*,*37*,656-669.

Kwantes,C.T. & Karam,C.M.(in press).Social axioms and organizational behavior.In K.Leung & M.H. Bond(eds),Beliefs around the world:Advancing research on social axioms.New York Springer SBM.

Latané,B.,Williams.K., & Harkins,S.(1979).Many bands make light the work:The causes and consequences of social loafing.*Journal of Personality and Social Psychology*,*37*,822-832.

Lee,A.Y.,Aaker,J.L., & Gardner,W.L.(2000).The pleasures and pains of distinct self-construals:The role of interdependence in regulatory focus.*Journal of Personality and Social Psychology*,*78*,1122-1134.

Leung,K.(1997).Negotiations and reward allocations across cultures.In P.C.Earley & M.Erez(eds), *New perspectives on international industrial/organizational psychology*(pp.640-675).San Francisco,CA: Jossey-Bass.

Leung,K. & Bond,M.H.(1984).The impact of cultural collectivism on reward allocation.*Journal of Personality and Social Psychology*,*47*,793-804.

Leung,K.,Bond,M.H.,Reimel de Carrasquel,S.,Muñoz,C.,Hernández,M.,Murakami,F.,et al. (2002).Social axioms:The search for universal dimensions of general beliefs about how the world functions. *Journal of Cross-Cultural Psychology*,*33*,286-302.

Leung,K.,Tong,K.K., & Ho,S.S.-Y.(2004).Effects of international justice on egocentric bias in resource allocation decisions.*Journal of Applied Psychology*,*89*,405-415.

Li,H.Z.(2001).Cooperative and intrusive interruptions in inter-and intra-cultural dyadic discourse.*Journal of Language and Social Psychology*,*20*,258-284.

Lui,S.S, & Ngo,H.-Y.(2004).The role of trust and contractual safeguards on cooperation in non-equity alliances.*Journal of Management*,*30*,471-485.

Lui,S.S.,Ngo,H.-Y., & Hon,A.H.-Y.(2006).Coercive strategy in interfirm cooperation：Mediating roles of interpersonal and interorganizational trust.*Journal of Business Research*,*59*,466–474.

Luo,X.,Slotegraaf,R., & Pan,X.(2006).Cross-functional coopetition：the simultaneous role of coopera-tion and competition within firms.*Journal of Marketing*,*70*,67–80.

Markoczy,L.(2004).Multiple motives behind single acts of co-operation.*The International Journal of Human Resource Management*,*15*,1018–1039.

Markus,H. & Kitayama,S.(1991).Culture and the self：Implications for cognition,emotion,and motiva-tion.*Psychological Review*,*98*,224–253.

Matsui,T.,Kakuyama,T., & Onglatco,M.L.U.(1987).Effects of goals and feedback on performance in groups.*Journal of Applied Psychology*,*72*,407–15.

Morris,M.W. & Peng,K.(1994).Culture and cause：American and Chinese attributions for social and physical events.*Journal of Personality and Social Psychology*,*67*,949–971.

Nibler,R. & Harris,K.L.(2003).The effects of culture and cohesiveness on intra-group conflict and ef-fectiveness.*Journal of Social Psychology*,*143*,613–631.

Rahim,A.(1979).Managing conflict through effective organization design：An experimental study with the MAPS design technology.*Psychological Reports*,*44*,759–764.

Raub,W. & Snijders,C.(1997).Gains,losses,and cooperation in social dilemmas and collective action：The effects of risk preferences.*Journal of Mathematical Sociology*,*22*,263–302.

Redding,G. & Wong,G.Y.Y.(1986.).The psychology of Chinese organizational behaviour.In M.H.Bond (ed.),*The psychology of the Chinese people*(pp.267–295).New York：Oxford University Press.

Ross,M.H.(1993).The management of conflict：Interpretations and interests in comparative perspective. New Haven,CN：Yale University Press.

Sándor, M., Fülöp, M., Berkics, M., Xie, X. (2007) A megosztó viselkedés kulturális és helyzeti meghatározói magyar és kinai óvodáskorú gyerekeknél.(Cultural and situational determinants of sharing be-haviour among Hungarian and Chinese kindergarten children)*Pszichológia*,*27*,281–310.(in Hungarian)

Setlock,L.D.,Fussell,S.R., & Neuwirth,C.M.(2004).Taking it out of context：Collaborating within and across cultures in face-to-face settings and via instant messaging.*Proceedings of the ACM Conference on Com-puter Supported Collaborative Work*,*6*,604–613.

Singelis,T.M.,Triandis,H.C.,Bhawuk,D.S., & Gelfand,M.(1995).Horizontal and vertical dimensions of individualism and collectivism：A theoretical and measurement refinement. *Cross-Cultural Research*, *29*, 240–275.

Snijders,C. & Raub,W.(1998).Revolution and risk.Paradoxical consequences of risk aversion in inter-dependent situations.*Rationality and Society*,*10*,405–425.

Stewart,C.O.,Setlock,L.D., & Fussell,S.R.(2004).Conventional argumentation in decision making：Chinese and US participants in face-to-face and instant-messaging interactions. *Discourse Processes*, *44*, 113–139.

Taylor,M.(1987).*The possibility of cooperation*.Cambridge,England：Cambridge University Press.

Ting-Toomey,S.,Gao,G.,Trubisky,P.,Yang,Z.,Kim,H.S.,Lin,S.-L, & Nishida,T.(1991).Culture, face maintenance,and styles of handling interpersonal conflict：A study in five cultures.*International Journal of Conflict Management*, *24*, 275-296.

Tjosvold, D., Coleman, P.T., & Sun, H.F. (2003). Effects of organizational values on leaders' use of informational power to affect performance in China. *Group Dynamics: Theory, Research, and Practice*, *7*, 152-167.

Tjosvold, D., Hui, C., & Sun, H. (2004). Can Chinese discuss conflicts openly? Field and experimental studies of face dynamics in China. *Group Decision and Negotiation*, *13*, 351-373.

Tjosvold, D., Hui, C., & Yu, Z. (2003). Conflict management and task reflexivity for team in-role and extra-role performance in China. *International Journal of conflict Management*, *14*, 141-163.

Tjosvold, D., Leung, K., & Johnson, D.W. (2000). Cooperative and competitive conflict in China. In M. Deutsch & P.T. Coleman (eds), The handbook of conflict resolution: Theory and practice (pp.475-495). San Francisco, CA: Jossey-Bass.

Tjosvold, D., Poon, M., & Yu, Z.-Y. (2005). Team effectiveness in China: Cooperative conflict for relationship building. *Human Relations*, *58*, 341-367.

Tjosvold, D. & Sun, H.F. (2001). Effects of influence tactics and social contexts in conflict: An experiment on relationships in China. *International Journal of Conflict Management*, *12*, 239-258.

Tse, D.K., Francis, J., & Willis, J. (1994). Cultural differences in conducting intra-and inter-cultural negotiations: A Sino-Canadian comparison. *Journal of International Business Studies*, *24*, 537-555.

Tse, D.K., Lee, K.H., Vertinsky, L, & Wehrung, D.A. (1988). Does cultural matter? A cross-cultural study of executives' choice, decisiveness, and risk adjustment in international marketing. *Journal of Marketing*, *52*, 81-95.

VanAssen, M. (1998). Effects of individual decision theory assumptions on predictions of cooperation in social dilemmas. *Journal of Mathematical Sociology*, *23*, 143-153.

Walley, K. E. (2007) Coopetition: An Introduction to the Subject and an Agenda for Research. *International Studies of Management and Organization*, *Special Issue on Coopetition*, *37*, 11-31.

Wang, K.Y. & Clegg, S. (2002). Trust and decision making: Are managers different in the People's Republic of China and in Australia? *Cross-Cultural Management*, *9*, 30-45.

Watkins, D. (2006). The role of competition in today's Hong Kong': The views of Hong Kong Chinese adolescents in comparative perspective. *Journal of Social Sciences*, *2*, 85-88.

Watkins, D., Fülöp, M., Berkics, M., & Regmi, M. (2003). *The nature of competition in Nepalese schools*. Paper presented at European Regional Conference International Association of Cross-Cultural Psychology, Budapest, July.

Weber, E.U. & Hsee, C.K. (1998). Cross-cultural differences in risk perception but cross-cultural similarities in attitudes towards risk. *Management Science*, *44*, 1205-1217.

Weber, E.U., Hsee, C.K., & Sokolowska, J. (1998). What folklore tells us about risk and risk taking: Cross-cultural comparisons of American, German, and Chinese proverbs. *Organizational Behavior and Human Decision Processes*, *75*, 170-186.

Wong, R.Y.-M. & Hong, Y.Y. (2005). Dynamic influences of culture on cooperation in the prisoner's Dilemma. *Psychological Science*, *16*, 429-434.

Yamagishi, T. (1 988). The prQvisiotl of a sanctioning system in the United States and Japan. Social Psychology Quarterly, 51, 265-271.

Yamagishi, T. (2003). Cross-societal experimentation on trust: A comparison of the United States and Japan. In E. Ostrom & J. Walker (eds), *Trust and reciprocity* (pp. 352-370). New York: Russell Sage Foundation.

Yamagishi, T. & Yamagishi, M. (1994). Trust and commitment in the United States and Japan. *Motivation and Emotion*, 18, 129-166.

Zhang, J.X. & Bond, M.H. (1993). Target-based interpersonal trust: Cross-cultural comparison and its cognitive model. Acta Psychologia Sinca, 164-172. (in Chinese with English abstract)

Zhang, Z. & Yang, C.F. (1998). Beyond distributive justice: The reasonableness norm in Chinese reward allocation. *Asian Journal of Social Psychology*, 1, 253-269.

第 30 章　剧变中的中国社会人际关系

Darius K.S.Chan　Theresa T.T.Ng　Chin-Ming Hui

自 20 世纪 70 年代以来,中国大陆经历了社会和经济改革,这些改革已经带来了惊人的经济繁荣。在大陆,GDP 连续两位数的增长意味着台湾海峡两岸的许多中国人正享受着财富的增加。中国的工业化和现代化步伐在最近的 20 年里正全速前进(Chia,Allred, & Jerzak,1997)。这些社会经济的变化也导致了中国人的人际关系以及家庭结构和过程的许多改变,包括婚姻从制度控制向更大程度的个人选择转变(Thornton & Lin,1994;Xu & Whyte,1990)。重要的是,这些关系规则的变化并不仅仅只限于中国大陆,在诸如中国香港、新加坡和中国台湾等其他中国人或华人居住地也可以看到。

在这一章,我们将关注过去十年中进行的中国人关系研究,并且考察中国社会中快速的经济和社会变化如何对各种类型的人际关系产生了影响。我们也会考察中国的传统价值观(如儒家思想和集体主义)如何继续塑造着日益受到现代化和全球化影响的人际关系。

对相关文献的搜索显示,自 Goodwin 和 Tang(1996)对该相同主题的最近一次回顾以来,已发表的中国人人际关系实证研究数量已经有了稳定的增长。以下回顾的研究主要来自心理学、社会学、家庭研究、老年医学以及健康研究等不同学科。虽然其中某些研究是跨文化的比较研究,但是对中国人的单一文化研究数量在增长,这反映了中国社会中关注中国人关系的研究在增加,以及它们可能具有的独特特征。同样令人兴奋的是,我们看到,在中文杂志上已经发表了一些比较不同地区中国人的研究以及关系研究。本章试图整合所有这些可用的经验证据。在人际关系方面,我们关注了四大领域,即友谊、恋爱关系、婚姻关系和家庭关系,对每个领域的相关研究进行了回顾。

友　谊

近来的中国人友谊研究大致可以分成三类。第一类研究结果表明,对于中国人与西方人的友谊发展一般机制,二者的相似之处要多于不同之处。第二类研究包括使用本土化测量工具考察中国人友谊的单一文化研究。第三类研究包括友谊的两个新兴主题,即网络交友和中国老年人的友谊。

与西方友谊的相似之处

尽管在解释东西方之间的文化差异时,个人主义—集体主义的文化结构是经常使用的一个变量,然而过去十年中对中国被试的友谊研究似乎表明,不同文化之间的相似性多于差异。如下所述,来自单一文化研究和跨文化比较研究的结果表明,尽管文化意味着在友谊的某些测量结果上存在差异,但是中国人友谊发展的一般机制或过程及其社会心理相关性与西方样本中的发现是相似的。

关于友谊感知,Li(2002)修订了自我量表(Aron,Aron, & Smollan,1992)中的他人部分,以研究加拿大和中国大陆被试如何与家人和朋友构建彼此间的关系。与个人主义—集体主义结构相一致的是,相对于加拿大人,中国大陆人的自我和家人联系的相互依赖性更高。然而,在友谊上没有发现文化的作用;与中国大陆人一样,加拿大人也感觉与自己最亲密的朋友关系密切。Li、Zhang、Bhatt 和 Yum(2006)也有类似的发现。

关于友谊质量,Lin 和 Rusbult(1995)使用投资模型的构念,解释了美国和中国台湾的大学生在异性之间友谊和恋爱关系中的关系承诺。研究结果表明,投资模型变量之间的关联,如满意度的投资大小和两种类型关系的承诺,在两个样本中是相似的。换而言之,诸如投资大小和满意度等因素是预测两种文化中被试的关系承诺的重要解释变量(参见 Ho、Chen、Bond、Chan, & Friedman,2008)。因此,这些结果并没有支持研究者的假设,即投资模型应在美国人中具有更大的预测力,而这又是基于另一个假设,即诸如投资和替代选择的个人主义的"计算"在很大程度上是西方的概念。

中国人友谊的单一文化研究也揭示出了重要的社会心理相关性,而西方样本的研究一直发现这种相关具有预测性。例如,Chou(2000)研究了朋友间亲密关系的作用,证明了它对于中国香港青少年心理发展的重要性,这个发现与西方研究是一致的(如 Bubrmester,1990;Giordano, Cernkovich, Groat, Pugh, & Swinford, 1998)。Wong 和 Bond(1999)研究了香港的大学室友中的友谊发展,发现在其他性格特征中,被试的自我表露行为与友谊强度存在显著相关,这个发现与西方理论一致,例如 Altman 和 Taylor(1973)关于关系发展的社会渗透理论和研究(综述参见 Collins & Miller,1994)。

友谊的一个有趣方面是其自愿性(如参见 Fehr,1996),中国人的友谊也不例外。在不同的中国社会中,个体通常自由选择自己的朋友。在本章回顾的四类关系中,规范的影响似乎对于友谊的影响最少,我们将在下文中进行讨论。因此,随着快速的现代化和西化,中国人的友谊发展一般机制实际上与西方是类似的,而这并不令人感到惊讶。

本土的中国研究

一些中国人友谊的研究采用了本土的方法。Bond 及其同事已经开发出了本土工具,以测量中国香港的大学生人格和友谊强度,他们对其室友友谊进行了一系列的研究,以找出中国室友中促进和睦关系的重要因素。

Lee 和 Bond(1998)使用本土的人格测量工具,即中美个人知觉量表(Sino American Person Perception Scale,SAPPS;Yik & Bond,1993),考察了大学室友之间人格特质和相互友谊评价的关系。应该指出的是,在已有文献中很少看到有关友谊中相互关系的研究。研究结果表明,与相互友谊有关的人格变量是室友对以下四个维度的感知更高,即乐于助人、理解力、经验开放性以及外倾性,而这四个维度都属于中国人人格的八个理想维度。除了在人际吸引的文献中不断发现相似性效应,这些研究者还指出,理想的人格特征在预测中国室友的关系质量方面可能更重要。随后 Wong 和 Bond(1999)的一项研究也报告说,除了自我表露的效果外,室友乐于助人和聪颖的品质也有助于预测对友谊的评价。这些结果强调了在中国人的友谊发展中,某种人格特征的重要性,即乐于助人和聪颖性(又参见 Bond & Forgas,1984)。

Tam 和 Bond(2002)扩展了前人通常只关注单一心理测量(如人格维度)的友谊发展研究,考察了香港的中国大学生样本中人格特征和室友行为如何与友谊质量相关。研究发现即使控制了由 SAPPS 所引起的人格变量,人际行为的两个本土因素,即善行和克制,也依然与友谊强度相关。除了常用的人格测量工具的影响,这两种行为也有助于解释中国人之间友谊互动的复杂性。

友谊研究中出现的问题

鉴于我们对全球日益增长的网络交友现象了解有限,Chan 及其同事进行了一些研究,以考察在中国香港的年轻人中,网络交友的性质和质量。例如,Chan 和 Cheng(2004)比较了线下友谊和网络交友,发现网络交友与线下友谊在诸如表露模式、理解和承诺等友谊质量方面是相似的,尤其是那些已经发展了较长时间的友谊质量。更有趣的是,他们还发现,异性网络交友的质量比同性网络交友的质量更高,这意味着在网络环境中,与性别有关的、通常发现于面对面互动中的那些结构与规范,其产生的约束作用可能是不同的。

Cheng、Chan 和 Tong(2006)考察了性别构成对网络交友质量的影响。与线下友谊的发现一致,涉及各种性别构成的网络交友的质量随着关系的发展逐步提高。然而,男性之间的网络交友评价始终低于其他性别构成的友谊。虽然这些发现来自中国样本,但它们扩展了我们对于网络交友的一般理解,而这种友谊是没有地域界限的。

还有一些有趣的研究,考察了友谊在中国老年人中的作用,以及各种社会支持与其心理幸福感的相关。例如,Siu 和 Phillips(1999)研究了香港老年女性(60 岁或以上)的友谊、家庭支持与心理幸福感之间的关系。一个有趣的发现是,老年女性对其友谊重要性的感知可以预测其积极情感,而对家庭重要性的感知则没有这种预测力。

与西方社会中的发现一致,这些研究者解释认为,中国老年女性可能不得不依赖来自朋友而非家人的情感性与工具性支持,因为由于快速的工业化和现代化,在香港,核心家庭变得越来越普遍。然而,Boey(1999)以中国香港老年人(平均年龄 77 岁)为样本,考察了家庭网络、友谊网络与各种心理幸福感指标之间的关系,其研究发现友谊网络与幸福感得分之间的相关要低于家庭网络与幸福感得分之间的相关。Lam 和 Boey(2005)以及 Yeung 和 Fung(2007)近来的研究也表明,家庭支持,尤其是情感支持,比朋友支持更加有助于中国老年人的心理幸福感。然而,Lee、Ruan 和 Lai(2005)比较了香港和北京的老年人,发现家人和朋友对其被试所提供的情感支持同等重要。基于相同的数据资料,Chan 和 Lee(2006)指出,在两个城市中社交网络更大的中国老年人都更幸福,并且他们感知到的社会支持对其幸福感的解释产生了中介作用。

虽然令人鼓舞的是,已经有些研究考察了中国老年人友谊网络的社会心理相关性,然而对于友谊的重要性,已有发现是相互矛盾的,这还需对此进行更多的实证研究。一些因素可能导致了这些看似相互矛盾的结果,诸如考察的支持类型(如工具性支持 vs. 情感性支持)、样本特征(如社会经济地位)以及使用的幸福感测量工具类型等。此外,很少有研究关注老年人友谊的结构和过程。例如,对于性别成分对中国老年人友谊的影响,我们知之甚少。随着不同的中国社会中不可避免的老龄化趋势,我们期盼更多对于年老的中国人中友谊动力学的研究。

恋爱关系

过去十年里,关于中国人恋爱关系的研究也一直在不断增加。在中国大陆,约会已经变得日益普遍,因为自从 1950 年新婚姻法通过后,自由恋爱已经逐渐取代了包办婚姻(Xu,1994;Xu & Whyte,1990)。在此之前,父母完全决定了子女的婚姻,所以个人没有权利选择未来的婚姻伴侣或与其约会。然而,在社会变革的洪流中,自由恋爱已经成为迈向婚姻的合法一步。

许多中国人认为约会是为了找到一个婚姻伴侣,而不是一个社会合作伙伴。根据 Tang 和 Zuo(2000)的研究,42%的大学生持有这样的观点。此外,中国人的恋爱关系中有两个重要特征。首先,相对于西方社会,中国社会中的恋爱关系似乎更少是为了满足享乐,而有更多的关系义务和相互尊重。其次,相对于西方人,中国人在心理上对恋爱伴侣更加亲近和依赖。为了说明这两个特征,我们回顾了两组证据,它们来自对恋爱伴侣与恋爱风格的偏好以及人际关系和性行为的研究。

对恋爱风格的偏好

在跨文化研究文献中,研究者普遍认同,对恋爱伴侣和恋爱风格的偏好不仅是生理预设的,而且在很大程度上也取决于文化系统(如 Buss,1989;Goodwin & Tang,1991;

Lucas 等,2004)。确实,近来的实证研究已经表明,在关系偏好中存在一些中西差异。

　　一个重要的主题是,中国人更少强调个人需要,但更看重伴侣之间的共同兴趣。第一个证据是,与西方人相比,虽然中国的男女性也都重视伴侣的外表吸引力,但程度却更低,而这在西方研究中通常被认为是浪漫爱情的一个重要元素(Dion,Pak, & Dion,1990;Toro-Morn & Sprecher,2003)。此外,Gao(2001)用 Sternberg 的爱情三角理论量表(Sternberg,1986)评估了中国人当前的恋爱关系,结果表明中国人在激情上的得分低于西方人,但是在承诺和亲密方面则没有差别。

　　与西方人强调自我满足相比,中国人似乎更强调恋爱关系中的相互依赖性。例如,Wan、Luk 和 Lai(2000)考察了中国香港大学生是否认可 Hendrick 和 Hendrick(1986)提出的六种恋爱风格,结果发现 *agape* (奉献式爱情)和 *storge* (友谊式爱情)最受认可。对华裔加拿大人和欧裔加拿大人的比较研究也发现了一个类似的结果模式(Dion & Dion,1993)。这些结果反映了恋爱关系中传统中国集体主义价值观(超过个人主义或享乐主义;Markus & Kitayama,1991;Oyserman,Coon, & Kemmelmeier,2002)的潜在影响,以及迈向婚姻的约会关系的本质(Tang & Zuo,2000)。虽然伴侣偏好的跨文化研究一直表明男性更看重伴侣的外表吸引力,女性更看重伴侣的社会地位,而对中国人的研究也发现了这一模式(如 Shackelford,Schmitt, & Buss,2005),但是以上所讨论的研究强调了恋爱风格中的一些中西方差异。

　　值得注意的是,个体对于理想恋爱伴侣偏好的自我报告并不直接对应于实际上渴望的潜在伴侣(Eastwick & Finkel,2008)。至于个体实际上是否依据其伴侣选择的内在标准来要求和选择潜在的伴侣,我们知之甚少。例如,仍不确定的是,中国人在选择其潜在的恋爱伴侣进行约会或结婚时,是否比西方人更不看重潜在伴侣的外表吸引力。我们鼓励进一步的研究,以考察这个将会硕果累累的问题。

与恋爱伴侣的经验和依恋

　　近来的研究表明,相对于西方人,中国人与其恋爱伴侣的亲密度更高。许多研究都表明,由于相互依赖性的水平更高(如 Li,2002;Li 等,2006),中国人比西方人更加渴望,也更多体验到与群体内成员的亲密感(除了友谊,如上所述)。同样,Moore 和 Leung(2001)也指出,与澳大利亚人相比,居住在澳大利亚的中国人更喜欢与其伴侣建立更高水平的亲密,正如显示的那样,他们偏好“黏人和易变的”恋爱风格。研究者解释说,易变的恋爱风格是指在趋近和避免成熟的伴侣关系之间摇摆不定,它反映了这一中国样本所体验到的个人主义与集体主义规范的内心冲突。鉴于他们对关系需要的重视,研究同样也发现中国人比西方人体验到了更多的孤独感(DiTommaso,Brannen, & Burgess,2005;Moore & Leung,2001)。

　　然而,中国人实际上是否比西方人体验到了更高水平的依赖不安全感,目前仍不确定（DiTommaso 等，2005；Doherty，Hatfield，Thompson，& Choo，1994；Schmidt 等，2004）。尽管对于依恋类型的个体认可还存在争议，但是已有研究报告说中国人标准的或理想的依恋类型是焦虑型或专注型（Schmidt 等，2004；Wang & Mallinckrodt，2006）。研究者认为，焦虑型依恋风格使得个体对于关系的期望和需要更加敏感。并且这种焦虑型依恋风格对应于中国的集体主义文化需要。

还应指出的是，中国人的依恋类型在近年来已经引起了更多的研究关注。一般而言，中国人的依恋类型（即自我与他人模型）和维度（即焦虑和回避）与西方文化中的发现非常相似（Ho 等，2008；Schmidt 等，2004；Wang & Mallinckrodt，2006）。研究还表明依恋类型与恋爱关系中的关系结果有关。例如，研究发现依恋回避与关系承诺呈负相关（Chan，2005），与关系驱动的自我完善呈负相关（Hui & Bond，出版中）。我们期待有进一步的研究，将依恋理论应用于中国人的恋爱关系。

恋爱伴侣之间的人际关系和性行为

中国人在约会关系中表现出了高度的自制，这可能是尊重其恋爱伴侣的一种标志。例如，当与恋爱伴侣在对话中出现冲突时，华裔美国人比欧裔美国人更少表现出愤怒的情绪（Tsai & Levenson，1997；Tsai，Levenson，& McCoy，2006）。研究还发现中国人比西方人更容纳其恋爱伴侣（Yum，2004）。此外，基于其伴侣的报告及其自我评价，中国男性也比西方男性较少表现出不受欢迎的性示好（Tang，Critelli，& Porter，1995）。中国人的容纳本质可能是社会化的结果，即通过牺牲自身利益而建立起关系或者满足群体内利益（Bond，1991；Yang，1986）。

已有大量研究表明，与西方人相比，中国人在性方面更保守（如 Chan & Cheung，1998；Higgins，Zheng，Liu，& Sun，2002；Ng & Lau，1990；Tang & Zuo，2000），并且不鼓励甚至禁止婚前性行为。然而，可能由于晚婚日益流行（Wei，1983；Wong，2003），在中国社会的年轻人当中，婚前性行为已经在迅速增长（如参见香港计划生育协会，2006 年香港数据；Yeh，1998，台湾统计数据）。Pan（1993）的报告显示，1979 年后结婚的中国大陆人中，有 81.2%的人有过婚前性行为。Tang 和 Zuo（2000）也发现，在一个拥有约会对象的上海大学生样本中，有 62%的大学生承认有过性行为。在年龄为 27 岁或以下的香港人中，约有 47%的男性和 39%的女性承认自己有过性经验（香港计划生育协会，2006）。与性行为的增加相一致的是，研究者报告说，未婚堕胎者的比率正在增加（Bullough & Ruan，1994）。这些发现与以下事实一致，即尽管存在性行为，但是将近一半性活跃的青少年和年轻人仍然对使用避孕套或其他避孕措施一无所知（香港计划生育协会，2006；Zhao，Wang，& Guo，2006）。要解决这个日益严重的社会问题，必须在制度上和教育上做出努力。

鉴于婚前性行为在中国社会已经变得十分普遍，对其本质进行考察就变得十分重要了(如随意性行为 vs.与专一恋爱伴侣的性行为)。这一信息可能揭露了性保守主义的一种进化形式,而它是对现代化的一种反应。一般来说,中国人在其性行为上往往是保守的,他们可能很少与不会成为其未来配偶的人发生性关系。Yeh(2002)进行了个人访谈,研究表明对于中国台湾的青少年,无论男女,他们发生婚前性行为的一个主要原因是为了保存浪漫天真的幻想,即维持其专一恋爱关系的感觉。此外,在一项跨文化比较中,约有 35%的中国大陆人(相对于 2.3%的英国人)认为应与婚前性行为对象结婚(Higgins 等,2002)。与该社会逻辑一致的是,Pan(1993)的研究也显示,婚前性行为对象是预期的唯一未来配偶(89.2%),而与之相反的是男朋友/女朋友(8.9%;又参见 Li & Yang,1993b 类似的发现)。

总之,结果模式表明,尽管婚前性行为在中国社会变得越来越普遍,但是中国人在选择其婚前性行为伴侣方面仍然十分保守。具体来说,他们往往主要是与预期的未来配偶发生性行为;婚前性行为被当作促进潜在的长期恋爱关系的一种手段。

对缘和人格可塑性的文化信仰

跨文化研究已经表明,中国人习惯性地承认环境因素在人类结果中的重要性(如 Knowles,Morris,Chiu, & Hong,2001;Nisbett, Peng, Choi, & Norenzayan,2001;Peng & Nisbett,1999),但也承认个人特质的可变性。人们认为这些社会化了的敏感性影响了中国人的关系取向。

在经营恋爱关系时,中国人也往往将关系的未来归因于称为缘的隐秘力量(如 Chang & Chan,2007;Goodwin & Findlay,1997;Lu,本手册)。缘是一个佛教术语,指的是"允许环境因素影响关系发展和过程的主要力量"(Chang & Chan,2007,第 66 页)。因为中国人往往将关系的成功更多归因于外部因素而不是个人控制(Chang & Chan,2007),所以他们对恋爱关系的看法并不那么乐观,而是预期未来会遭受更多的痛苦,正如中国流行的情歌中所隐含的那样(Rothbaum & Tsang,1998)。另一方面,对缘的认可使其可以将负面人际交往事件归因于外部力量,从而导致了保护关系的归因模式(Stander,Hsiung, & MacDermind,2001)。来自以往研究的结果往往用缘来解释研究结果的因果关系,但是我们鼓励未来的研究进一步考察缘在恋爱关系中的性质,以及缘如何与诸如恋爱风格或依恋动力等其他心理结构相关。

此外,跨文化研究表明,中国人比西方人可能更相信其个人特质具有可变性(Chiu, Hong, & Dweck,1997;Chiu,Morris,Hong, & Menon,2000)。个人特质可变性的信念指的是相信一个特定的特质随着时间的变化而发生改变或者保持不变(Dweck,2006)。这方面的研究表明,持有可变性信念的个体对伴侣更加宽容,所以伴侣的评估对双方关系满意度的预测性更低(Ruvolo & Rotondo,1998)。

此外,持有可变性信念的个体更主动地表达出他们在关系冲突中的担忧

（Kammrath & Dweck，2006）。Hui（2007）将这些西方结构用于中国背景，个体在评价其伴侣所做的努力时，可变性信念的作用，具体而言，在回应伴侣为了改善关系所作出的努力时，持可变性信念的中国人显示出了更多的调节行为和关系满意度。这一结果的模式并不适用于那些不认可这种信念的人。鉴于可变性信念在中国人中要比西方人中更为普遍这一事实，这可能部分解释了为什么中国恋人更加谅解和适应自己的伴侣（Yum，2004）。

婚姻关系

在现代化的中国社会，许多社会变革已经开始了，并且这些社会变革可能会冲击传统的中国家庭价值观（Wei，1983；Wong，2003；又参见 Kulich，本手册）。例如，自从 1950 年中国大陆新的婚姻法实施以来，选择伴侣的自由已经放开了，并且在中国内地，恋爱结婚很快取代了包办婚姻（Evans，1995）。在中国社会，大家族已经逐渐被更小的核心家庭单元所取代。此外，对男女平等权利的倡导也减少了二者在社会地位上的性别差异。所有这些变化对将要讨论的两个主要领域，即婚姻的新意义以及晚婚和离婚问题，都产生了深远的影响。

婚姻的新意义

作为对社会变革和女权运动的响应，婚姻的决定已经主要变成了彼此选择伴侣，而不是社会责任（Chang & Chan，2007；Wong，2003）。然而，值得注意的是，一些不相关的因素如父母的认可、对缘的文化信念等，在影响伴侣选择方面仍然与相关因素一样，扮演着同样重要的作用（Chang & Chan，2007；Goodwin，1999）。此外，在中国人对于婚姻的态度中，这些年来已经出现了更多的性别差异。

具体而言，中国女性对于婚姻似乎比以往任何时候都持有更加平等主义的态度（Chia 等，1986）。例如，Wong（2003）最近对中国香港女性关于其婚姻意义的态度进行了访谈。结果表明，对于大多数（71.3%）香港女性而言，婚姻不再是家庭责任，而是个人渴望与所爱的人分享生活。只有 30% 的女性在谈到婚姻的目的时提及"生儿育女"。此外，不到 20% 的女性选择了"家庭责任"和"经济保障"。颇为有趣的是，约有 20% 的女性更愿意单身，并且这种模式在各年龄层都没有改变。这些数据表明，现在中国女性结婚是为了自己的兴趣，而不是为了履行中国传统价值观中的家庭责任。

虽然中国男性对于婚姻的态度可能也已经发生了变化，但据报道，他们的改变比女性更慢（Chia 等，1986）。与此相一致的是，新近的研究报告指出，中国大陆男性仍然强烈偏好那些想要孩子并且是好家庭主妇的伴侣（Toro-Morn & Sprecher，2003）。与中国女性不同的是，中国男性往往喜欢遵循传统性别角色的伴侣。中国男性对婚姻的态度似乎在过去几十年中保持了稳定不变。

鉴于中国男性对于婚姻往往比女性持有更多的传统的态度,并且这些态度的差异在增加,潜在的婚姻问题可能由于婚姻期望中的性别差异而被激发出来。

我们将回顾两个相关问题中的下一个研究,即中国社会中晚婚和离婚的增加。

晚婚和离婚的增多

在中国社会中,随着经济的增长、核心家庭的引入以及高等教育的普及,初婚年龄日益推迟(如参见香港特区政府统计处,2007;Wei,1983)。随着经济的快速增长,传统的大家族已经分裂成更小的核心家庭单元。随着这种转变,作为家庭主妇和照料者的传统女性角色在现代中国社会中已经在很大程度上减少了。此外,正如两性之间相对地位缩小所显示的那样,超过 50% 的香港女性选择在进入婚姻之前,将建立经济基础和工作保障作为先决条件(Wong,2003)。在中国内地也发现了一种类似的模式(Wei,1983)。这些原因可能部分解释了为什么在中国社会中晚婚已经变得普遍。

有趣的是,尽管中国女性在最近解放了的中国社会中比以往任何时候都享有更多的自由,但是没有证据表明单身女性的人数在上升(Wong,2003)。一个主要的原因可能是社会压力。如果中国女性在成年中期仍然保持单身,就会感受到来自父母和朋友的沉重压力,催促其恋爱结婚(Liu,2004)。父母以及有时候朋友也会不断寻找潜在的伴侣,并且对于自己的女儿或朋友仍旧单身表现出严重的担忧。此外,未婚的中国女性仍然是偏见和歧视的对象。根据 Liu 的研究,当她们进入成年中期时,这种现象会更加明显。

自从中国大陆新的婚姻政策实施以来,离婚率一直在不断增长,在其他中国社会中也已经看到了这一趋势(如参见 Engel,1984;香港特区政府统计处,2007;Liao & Heaton,1992;Sullivan,2005)。例如,2006 年香港的离婚率是 1981 年的八倍。这一戏剧性的变化可能是由于女性对于婚姻的意义有了新的理解,即与所爱的人生活而不是履行家庭责任(Wong,2003)。此外,由于社会变革,对离婚的制约以及来自家庭的反对已经大大减少了(Engel,1984)。鉴于这些变化,中国人是否维持婚姻已经成为了个人自愿的决定。

那么,是什么导致个体作出了离婚的决定呢? 被试给出的主要原因是"性格不合"(引自 Li & Yang,1993a)。尽管可以理解,性格不合会影响婚姻的质量(Ye,Wan,& Wang,1999),然而 Li 和 Yang(1993a)却发现它并不能较好地预测离婚。研究者推测,被试可能提供了一个社会更易接受的原因,而不是真正的原因,比如性不满(Pan,1993)和家庭暴力(Tang & Lai,2008)。过去,中国女性往往忍受家庭暴力而不是选择离婚(Liu & Chan,1999)。然而,鉴于中国社会的解放,对女性的暴力行为已经受到了越来越多的关注(Tang,Wong,& Cheung,2002),并且为了避免婚姻问题继续下去,离婚已经成为女性的一个可行选择。

值得注意的是,离婚的研究主要依赖于离婚后的丈夫或妻子进行的回顾性自我报告。我们无法确定,夫妻双方是否会认同并给出同样的原因。此外,回顾性自我报告可能会受到许多方法论上的影响,如社会赞许性与记忆扭曲。由于这些局限性,还应该进行更多的二元与纵向分析,以追踪中国社会中离婚的(对应于相守的)夫妻真实的发展轨迹。

家庭关系

在回顾中国人家庭关系研究时,我们更关注的是家庭互动,诸如各种代际支持、生活安排及其内在结构如孝顺;我们相对较少关注养育风格这一领域(以及相关问题,如中国大陆独生子女政策等),因为本手册有一章完全是关于该主题(参见本手册 Wang & Chang 撰写的章节)。我们的分析表明,过去十年里在中国社区进行的家庭研究中,相当多的研究都关注于结果变量,如心理幸福感,其目标人群则是年迈父母和青少年。

中国家庭中的代际支持

中国老年人的家庭研究主要集中于代际支持与其他因素之间的关系,如年迈父母的健康与经济状况、心理幸福感。其中许多研究是为了考察在应对中国香港、中国大陆以及中国台湾的人口老龄化问题时,政府应该采取的措施(如 Chen & Silverstein,2000;Chou,Chi,& Chow,2004;Weinstein 等,2004)。具体而言,研究已经考察了老年人从其家人或朋友中得到的各类社会支持,其中包括经济与情感支持,以及机构支持如何与这些社会支持相互作用,从而影响了他们的幸福感(又参见 Cheng,Lo,& Chio,本手册)。

研究发现,在中国社会中,如中国内地和中国香港,父母经常得到子女的经济支持(如 Pei & Pillai,1999;Silverstein,Cong,& Li,2006;Yan,Chen,& Murphy,2005)。研究发现子女给予父母经济上的支持不仅只是一种社会要求,它也与年迈父母更高的心理幸福感有关(Chen & Silverstein,2000)。Chou 等(2004)报告说,相对于收入主要不是来自于成年子女、儿媳或女婿的老年人,收入来自于这些人的老年人不太可能报告出抑郁症状。

虽然研究已经发现,父母受益于子女的经济支持,但研究还表明,父母也提供了工具性支持作为对子女的回报,比如照料孙子或料理家务(Chen & Silverstein,2000;Silverstein 等,2006)。根据 Chen 和 Silverstein 的研究,对子女提供这一工具性支持也对老年人的心理幸福感产生了积极的影响。

另有研究考察了中国传统价值观如何影响了代际关系和支持的交换。正如 Cheung、Kwan 和 Ng(2006)所总结的那样,在中国文化中孝顺是一种美德,人们通过给予关心、尊重以及经济支持来照顾年迈的父母;表现出顺从和重视,从而令他们愉快。因此,孝道的范围不仅仅涵盖了对年迈父母提供工具性和经济上的支持,并且研究表明,孝道在中国社会中仍然颇受重视(如 Chinese Culture Connection,1987;Yan 等,2005;又参见 Hwang & Han,本手册)。

有趣的是,在西方国家进行的研究表明,钱财转移主要是向下的,即从老年人流向子女或孙子,而时间转移却通常是向上发生的(如 Attias-Donfut,Ogg, & Wolff,2005)。有些研究者可能将这种差异归因于传统儒家教义对孝道的强调。然而,鉴于西方与中国的社会保障和养老保险制度不同,我们很难确定这种不同是文化差异的结果,还是东西方老年人经济地位差异的结果。

同样值得注意的是,西方研究揭示出在女儿和年迈母亲之间,其依恋风格和代际支持交换二者存在一种关系(Schwarz & Trommsdorff,2005)。研究发现中年被试对子女的依恋与他们对其年迈父母的孝顺程度有关(Perigg-Chiello & Hopflinger,2005)。尽管还需进一步研究来更清晰地了解这些因素如何相互作用,但是这些结果表明,在研究代际关系时,应该考虑到这些持久的发展动力(Litwin,2005)。除了孝道这一传统美德,今后中国代际关系研究应该以一种发展的视角,考察中国父母和子女之间关系的具体特点,如依恋,是如何形成的,以及这些发展如何影响了以后生活中的代际关系。

生活安排

住房安排与支持的代际交换这二者间的关系也引发了许多研究兴趣。两代甚至三代人共同生活在一起,使得经济资源和服务交换的共享变得更加有效,而这在中国传统家庭中历来如此(Yeh,2002)。然而,由于现代化所伴随的住房、人口以及社会的转变,大量研究指出,老年人与其子女共同生活已经不再那么普遍(如 Pei & Pillai,1999;Silverstein 等,2006;Sun,2002;Yeh,2002)。研究结果普遍都表明,在中国社会中,和子女同住与 55 岁或更年长父母更好的精神状态二者之间存在相关(如 Chen & Silverstein,2000;Pei & Pillai,1999;Silverstein 等,2006)。Sun(2002)考察了中国大陆城市中父母与子女之间的各种支持交换,他报告说,地理距离在一些特定的支持形式中起着重要作用:远离父母生活的子女更可能提供经济的支持而不是在日常生活中提供支持。Chen和 Silverstein(2000)指出,年迈父母的精神面貌与和子女共同生活之间存在积极效应,而它受到了子女所给予的经济和情感支持的调节。研究发现,反过来,受到子女经济和情感支持有助于提高父母对子女的满意度。同时,这些发现似乎表明,与子女共同生活的积极影响可能导致了中国老年人更有可能得到情感支持并交换以工具性支持。

有趣的是,尽管研究结果揭示了与子女共同生活对年迈父母的心理幸福感具有积极影响,但是有些研究发现,它已经不再是老年人居住的主要选择。研究发现,更多受到更好教育的香港专业人士更喜欢独自生活(Lam,Chi,Piterman,Lam, & Lauder,

1998）。此外，Lam 等也发现，老年残疾女性更愿意独自生活，这一发现与 Yeh（2002）的研究相一致，Yeh 报告说，年迈父母将自己不愿与子女共同生活的原因归结为性格、价值观以及生活方式存在差异。随着中国大多数城市变得越来越个体主义，许多年迈的父母喜欢与子女分开生活以避免成为子女的负担，或与其产生人际冲突。

父母角色与亲子互动

中国式养育问题继续吸引着研究者的关注。这些研究中有许多探讨了养育与结果变量之间的关系，例如孩子的自尊（如 Bush 等，2002；Stewart 等，1998）、学业成绩（如 McBride-Chang & Chang，1998）以及心理障碍（如抑郁和饮食紊乱；Cheng，1997；Ma 等，2002；Wang & Crane，2001）。还有研究致力于界定中国式养育，并将它与西方式养育进行比较。例如，研究人员希望发现，在多大程度上 Baumrind（1971）的养育风格分类适用于中国，或者在当代中国养育中，如何理解本土的养育概念（Stewart 等，1998；对该研究的全面回顾参见 Wang & Chang，本手册），如 *chiao xun* （教训）和 *guan* （管；Chao，1994）。

为了理解中国式养育，已经有研究致力于探讨传统中国的家庭关系观如何影响了当代的中国养育。正如 Shek（2001）所提出的那样，在中国家庭中，传统上认为父亲的角色享有更高的地位，也更重要：一家之主，即家庭的主人。与这种家庭中父亲角色的传统观念相一致的是，Shek 对中国香港被试的研究也显示，父亲与青春期子女的二元关系及其知觉到的婚姻质量，对于家庭功能的影响要比母亲更大。

除了强调对父亲的尊重，在父母角色方面，中国的父亲被视为主要负责教导孩子纪律，而母亲负责照顾和养育他们（Shek，2007）。"严父慈母"这一传统的父母角色在当代完整和不完整的中国家庭中继续发挥着作用。Shek（2000）报告说，香港的青少年认为，相对于母亲，父亲对其回应得更少、要求更少，关心更少、更严厉。父亲的养育一般比母亲的养育没那么讨人喜欢。如果严格被定义为严肃，Shek 的研究支持了中国传统的"严父慈母"说法。不过，他也指出，如果严格被定义为要求更高，那么其数据表明，母亲实际上比父亲更严格。

在不完整的家庭环境中，西方和香港的研究发现，相对于不居住在家的母亲，不居住在家的父亲更少给予孩子关心和照料。值得注意的是，香港不居住在家的父亲更关注教导孩子纪律，不像西方不居住在家的父亲，后者在与孩子互动时表现得更幽默（Lau，2006）。它回应了以下研究，即在中国完整家庭中，传统的父母角色强调父亲教导纪律而母亲给予关心，在不完整的家庭中也是如此。

值得注意的是，西方对学前儿童父母的研究表明，配偶所报告的感知到的养育风格差异比自我报告出的差异更大（Winsler，Madigan，& Aquilino，2005）。根据 Winsler 等的研究，这种感知到的差异似乎符合父亲是权威人物而母亲更宽容更多作出回应的传统刻板印象。此外,Simons 和 Conger(2007)报告说,在西方最常发现的养育风格是父母都显示出相同类型的养育风格,这意味着父母在养育风格上感知到的差异可能并没有反映出真实情况。因为先前的中国养育研究大多采用自我报告、配偶报告或子女报告的方法,我们仍然不清楚的是,父母养育方式之间的差异是否只有在独立测量时才会被感知到或者存在。未来该领域的研究可以考虑使用多种评价来源以解决这一问题。

除了父母的角色,已有研究还考察了现代中国社会环境下亲子冲突的问题。Yau 和 Smetana(1996)报告说,尽管中国人的特征是集体主义,强调和谐,然而香港低社会经济地位的青少年与父母在日常问题上存在频繁的但一般性的轻微冲突。Shek(2002)对香港青少年进行了一项纵向研究,发现亲子冲突和感知到的养育风格之间存在消极的交互效应。消极的养育风格与一年后更多的亲子冲突相关,而冲突反过来又影响了感知到的养育风格。随着冲突的日渐增多,一年之后,父亲被认为更缺乏热情并且更严厉,而母亲则采取了更多的监控行为。理解这些冲突有重要的意义;Chen、Wu 和 Bond(2008)的研究表明,在香港年轻人当中,家庭功能失调会导致抑郁的自我观和消极的世界观,这反过来导致更易产生自杀念头。

近来,Yau 和 Smetana(2003)进行了深度访谈,以比较香港和深圳青少年中的亲子冲突。与这两个城市之间的社会文化差异一致,如生活空间、对于学业成就的强调等,研究发现香港被试比深圳被试有更多的家庭琐事和人际关系冲突,而深圳被试比香港被试有更多的家庭作业的冲突。研究者还在讨论中提出,相对于西方青少年,中国青少年的自主行为出现得更晚及其与父母冲突后的反应,都可能受到了传统儒家中家庭价值观的塑造,这表明传统的家庭观念在当代中国社会中仍然发挥着作用。

值得一提的是,Yau 和 Smetana(2003)对香港和深圳青少年的比较只是一个例子,日益增多的研究比较了中国不同的亚群体家庭,例如 Pei 和 Pillai(1999)对中国大陆农村和城市老年人的比较研究;Yin、Jing 和 Shi(2007)对中国大陆维吾尔族和汉族青少年的比较研究;Zhang 和 Lin(1998)对中国大陆农村和城市青少年的比较研究。正如其他研究者如 Tardif 和 Miao(2000)所指出的,不同的中国社会之间存在着本质的区别,如中国的香港、台湾和大陆诸如北京这样的大城市之间,城市和农村地区之间,甚至中国不同民族的内部。为了更好地理解中国的家庭,未来对于家庭关系的研究应该继续探索那些就理论上而言,相关维度存在差异的中国亚群体之间的差异。

结　论

正如本章开篇强调的那样,我们旨在重点回顾中国人的友谊、恋爱关系、婚姻以及家庭关系领域中的实证证据。鉴于每一领域相关研究的发表途径不同,我们可能忽略了一些重要的研究。由于我们的回顾只局限于这四个领域,我们可能也忽视了对一些众所周知的中国概念的关系研究。其中一个例子就是对于关系的研究,而近来对这一概念的多数实证研究是在组织/工作背景中进行的,并不在本章范围之内(参见 Chen & Farb,本手册)。此外,由于重点是回顾已经发表的实证研究证据,我们可能忽视了针对中国人的关系研究而发展出的理论和/或概念框架(参见 Lu,本手册;Smith,本手册)。

在承认了这些潜在的缺陷后,我们想总结一下对于三种观察的回顾,即中国人的关系研究中令人鼓舞的趋势,需要进一步改进的领域,以及跨越不同关系领域的其他研究问题。

中国人的关系研究中令人鼓舞的趋势

中国人的关系研究中最积极的趋势是在过去十年中,中国人人际关系的实证研究数量有了增加。虽然我们不会将这种增长描述为扩散性的,但是在各种领域中,大量的实证研究一直在稳步增加。如果发展出中国人关系的更多相关理论或对其进行概念化(如参见 Ho,1998),以指导或激发这一日益增长的资料收集,那么就会令人更加振奋了。

随着以中国人为目标的心理测量的发展,我们也见证了更多使用本土测量对中国人关系的研究,例如 Man 和 Bond(2005)在其友谊研究中发展和使用了一种本土的关系测量工具;Shek(2007)在其养育研究中对父母控制的本土测量。有学者呼吁进行更多的本土心理学研究,例如 Yang(1999),作为一种回应,这些研究提供了对于中国人关系的一些独特视角和理解,而如果没有本土研究的帮助,它们是西方研究所无法完成的。

除了很多比较中国和其他文化群体的跨文化研究,我们所回顾的有些研究是单一文化的,旨在促进对于某一特定人际关系研究领域的一般性理解。例如,Chan 和同事(Chan & Cheng,2004;Cheng,Chan, & Tong,2006)对于网络交友的研究不仅是为了说明香港背景下的情形。对于全球日益增长的网络交友现象,我们了解有限,而他们的研究结果有助于填补这一空白。研究本身就颇具价值,并且显然可以扩展到跨文化领域。

需要改进之处

第一,大部分研究回顾中所收集到的数据都来自于单一来源。在关系研究中,从多个来源收集数据很重要,例如,使用二元分析。第二,大部分研究都主要侧重于结果变量,如关系满意度、心理幸福感等,而较少强调过程变量,如人际互动的测量或人际知觉的变化。第三,正如 Goodwin 和 Tang(1996)十年前所指出的,考察不同民族群体以及不同地理位置的中国人之间可能存在的差异是十分重要的。如上所述,我们可以找到为数不多的研究,它们比较了不同地区或民族群体的中国人的关系。然而,我们需要更多这样的比较研究,以进一步促进我们对于中国人的复杂性和多样性的理解。

跨越不同关系领域

除了在每个领域的回顾中已经提到的问题,还有两个跨越了关系领域的更具挑战性的研究:首先,研究人际关系不同领域中假定的中西方差异效应的大小,这是个有趣的问题。Oyserman 等(2002)的元分析表明,中国人确实比其他文化群体更加集体主义。然而,他们没有考察个体主义—集体主义如何与不同的关系领域相关。从我们的回顾来看,在某种关系领域中,如友谊,以下推测似乎是合理的,即中西方差异可能并没有许多跨文化心理学家所预期的那样大。随着累积了更多的实证研究,这个问题可以通过元分析来进行考察,可以将出版年代作为潜在的调节变量。

其次,考察不同人生阶段和年龄的中国人如何试图平衡与优化其人际关系,这也是个重要问题。很少有实证研究考察中国人一生中社会网络和人际关系的变化。Chow 和 Ng(2004)研究了香港成年人关系的特点,发现相对于家人,被试与亲近的同伴(朋友或同事)分享得更多,这意味着香港家庭单元的弱化。Ruan 等(1997)发现,与七年前进行的一项研究相比,天津人报告说与朋友以及工作和家庭之外的同伴有更多的联系,与同事的联系更少,而与家人的联系就更少了。

近来有一项研究考察了香港人的社会网络特点,揭示了西方的社会关系研究没有发现的一些有趣的年龄差异(Yeung,Fung, & Lang,2008)。更多的关系研究应该采用一种整体的、毕生的方法,考察随着年龄的增长,不同的人际关系在中国人眼中的相对重要性,以及控制着这些差异的潜在机制(参见 Fung & Cheng,本手册)。Yeung 等提出,独立的对相互依赖的自我结构是一个潜在的因素。另一种可能性是面子的概念。根据 Su 和 Hwang(2003)对台湾人的研究,面子概念似乎对中国老年人和大学生的人际行为产生了不同的影响,这支持了 Hwang(1987;又参见 Hwang & Han,本手册)对面子概念化的研究。

结束语

正如社会心理学家所了解的那样,对未来行为最好的预测指标是以往的行为。过去十年里,我们已经见证了中国人关系研究的发展,我们希望并相信,这种进步的趋势将会继续下去,并且对于中国人人际关系的理解也会进一步加深。

参考文献

Altman,I. & Taylor,D.(1973).*Social penetration:The development of interpersonal relationships*.Rinehart & Winston:New York.

Aron A., Aron, E.N., & Smollan, D. (1992). Inclusion of others in the Self Scale and the structure of interpersonal closeness. *Journal of Personality and Social Psychology*, *63*, 596–612.

Attias-Donfut, C., Ogg, J., & Wolff, F.C. (2005). European patterns of intergenerational financial and time transfers. *European Journal of Ageing*, *2*, 161–173.

Baumrind, D. (1971). Current patterns of parental authority. *Developmental Psychology Monograph*, *4*. (1, Pt.2).

Boey, K.W. (1999). Social factors of subjective well-being of the elderly. *Chinese Mental Health Journal*, *13*, 85–87. (in Chinese)

Boey, K.W. (2005). Life strain and psychological distress of older women and older men in Hong Kong. *Aging and Mental Health*, *9*, 555–562.

Bond, M.H. (1991). *Beyond the Chinese face*. Hong Kong: Oxford.

Bond, M.H. & Forgas, J. (1984). Linking person perception to behavior intention across cultures: The role of cultural collectivism. *Journal of Cross-Cultural Psychology*, *15*, 337–352.

Buhrmester, D. (1990). Intimacy of friendship, interpersonal competence, and adjustment during preadolescence and adolescence. *Child Development*, *161*, 1101–1111.

Bullough, V.L., Ruan, F.F. (1994). Marriage, divorce and sexual relations in contemporary China. *Journal of Comparative Family Studies*, *25*, 383–393.

Bush, K.R., Peterson, G.W., Cobas, J.A., Supple, A.J. (2002). Adolescents' perceptions of parental behaviors as predictors of adolescent self-esteem in mainland China. *Sociological Inquiry*, *72*, 503–526.

Buss, D. (1989). Sex differences in human mate preferences: Evolutionary hypotheses tested in 37 cultures. *Behavioural and Brain Sciences*, *12*, 1–49.

Chan, C. (2005). *Romantic attachment in Hong Kong: Its relationship with parental attachment, relationship outcomes and psychological well-being*. Unpublished master thesis, Chinese University of Hong Kong, Hong Kong.

Chan, D.K.S. & Cheung, S.F. (1998). An examination of premarital sexual behavior among college students in Hong Kong. *Psychology & Health*, *13*, 805–821.

Chan, D.K.S. & Cheng, H.L. (2004). A comparison of offline and online friendship qualities at different stages of relationship development. *Journal of Social and Persona/ Relationships*, *21*, 305–320.

Chan, Y.K. & Lee, R.P.L. (2006). Network size, social support and happiness in later life: A comparative study of Beijing and Hong Kong. *Journal of Happiness Studies*, *7*, 87–112.

Chang, S.C. & Chan, C.N. (2007). Perceptions o f commitment change during mate selection: The case of Taiwanese newlyweds. *Journal of Social and Personal Relationships*, *24*, 55–68.

Chao, R.K. (1994). Beyond parental control and authoritarian parenting style: Understanding Chinese parenting through the cultural notion of training. *Child Development*, *65*, 1111–1120.

Chen, S.X., Wu, W.C.H., & Bond, M.H. (under review). *Linking family dysfunction to suicidal ideation in counseling and psychotherapy: The mediating roles of self-views and world-views*. Manuscript submitted for editorial consideration.

Chen, X. & Silverstein, M. (2000). Intergenerational social support and the psychological well-being of older parents in China. *Research on Aging*, *22*, 43–65.

Cheng,C.(1997).Role of perceived social support on depression in Chinese adolescents:A prospective study examining the buffering model.*Journal of Applied Social Psychology*,*27*,800−820.

Cheng,H.L.,Chan,D.K-S., & Tong,P.Y.(2006).Qualities of online friendships with different gender compositions and durations.*CyberPsychology & Behavior*,*9*(1),14−21.

Cheung,C.K.,Kwan,A.Y.H, & Ng,S.H.(2006).Impacts of filial piety on preference for kinship versus public care.*Journal of Community Psychology*,*34*,617−634.

Chia,R.C.,Chong,C.J.,Cheng,B.S.,Castellow,W.,Moore,C.H., & Hayes,M.(1986).Attitude toward marriage roles among Chinese and American college students.*Journal of Social Psychology*,*126*,31−35.

Chinese Culture Connection(1987).Chinese values and the search for culture-free dimensions of culture. *Journal of Cross-Cultural Psychology*,*18*,143−164.

Chin,C.Y.,Hong,Y.Y., & Dweck,C.S.(1997).Lay dispositionism and implicit theories of personality. *Journal of Personality and Social Psychology*,*73*,19−30.

Chin,C.Y.,Morris,M.W.,Hong,Y.Y., & Menon,T.(2000).Motivated cultural cognition:The impact of implicit theories on dispositional attribution varies as a function of need for closure.*Journal of Personality and Social Psychology*,*78*,247−259.

Chou,K.L.(2000).Intimacy and psychosocial adjustment in Hong Kong Chinese adolescents.*Journal of Genetic Psychology*,*161*,141−151.

Chou,K.L.,Chi,I., & Chow,N.W.S.(2004).Sources of income and depression in elderly Hong Kong Chinese:Mediating and moderating effects of social support and financial strain.*Aging & Mental Health*,*8*, 212−221.

Chow,I.H.S. & Ng,I.(2004).The characteristics o f Chinese personalities(guanxi):Evidence from Hong Kong.*Organization Studies*,*25*,1075−1093.

Collins,N.L. & Miller,C.(1994).Self-disclosure and liking:A meta-analysis.*Psychological Bulletin*, *116*,457−475.

Dion,K.L. & Dion,K.K.(1993).Gender and ethnocultural comparisons in styles of love.*Psychology of Women Quarterly*,*17*,463−473.

Dion,K.K.,Pak,A.W., & Dion,K.L.(1990).Stereotyping physical attractiveness:A sociocultural perspective.*Journal of Cross-Cultural Psychology*,*21*,158−179.

DiTommaso,E.,Brannen,C., & Burgess,M.(2005).The universality of relationship characteristics:A cross-cultural comparison of different types of attachment and loneliness in Canadian and visiting Chinese students.*Social Behavior and Personality*,*33*,57−68.

Doherty,R.W.,Hatfield,E.,Thompson,K., & Choo,P.(1994).Cultural and ethnic influences on love and attachment.*Personal Relationships*,*1*,391−398.

Eastwick,P.W. & .Finkel,E.J.(2008).Sex differences in mate preferences revisited:Do people know what they initially desire in a romantic partner? *Journal of Personality and Social Psychology*,*94*,245−264.

Engel,J.W.(1984).Divorce in the People's Republic of China:Analysis of a new law.*International Journal of Family Therapy*,*6*,192−204.

Evans,H.(1995).Defining difference:The ' scientific ' construction of sexuality and gender in the People's Republic of China.*Signs*,*20*,357−394.

Fehr, B. (1996). *Friendship processes*. Thousand Oaks, CA: Sage.

Gao, G. (2001). Intimacy, passion, and commitment in Chinese and US American romantic relationships. *International Journal of Intercultural Relations*, 25, 329–342.

Giordano, P.C., Cernkovich, S.A., Groat, H.T., Pugh, M.D., & Swinford, S.P. (1998). The quality of adolescent friendships: Long term effects? *Journal of Health and Social Behavior*, 39, 55–71.

Goodwin, R. (1999). *Personal relationships across cultures*. London: Routledge.

Goodwin, R. & Findlay, C. (1997). 'We were just fated together' …Chinese love and the concept of *yuan* in England and Hong Kong. *Personal Relationships*, 4, 85–92.

Goodwin, R. & Tang, C.K.S. (1996). Chinese personal relationships. In M.H. Bond (ed.), *The handbook of Chinese psychology* (pp.294–308). Hong Kong: Oxford University Press.

Goodwin, R. & Tang, D. (1991). Preferences for friends and close relationships partners: A cross-cultural comparison. *Journal of Social Psychology*, 131, 579–581.

Hendrick, C. & Hendrick, S.S. (1986). A theory and method of love. *Journal of Personality and Social Psychology*, 50, 392–402.

Higgins, L.T., Zheng, M., Lin, Y., & Sun, C.H. (2002). Attitudes to marriage and sexual behaviors: A survey of gender and culture differences in China and United Kingdom. *Sex Roles*, 46, 75–89.

Ho, D.Y.F. (1998). Interpersonal relationships and relationship dominance: An analysis based on methodological relationalism. *Asian Journal of Social Psychology*, 1, 1–16.

Hong Kong Census and Statistics Department (2007). Marriage and Divorce Trends in Hong Kong, 1981 to 2006. http://www.censtatd.gov.hk/products_and_services/products/publications/statistical_report/feature_articles/population/index.jsp.

Hong Kong Family Planning Association. (2006) FPAHK youth sexuality study 2006. The Family Planning Association of Hong Kong. http://www.famplan.org.hk/fpahk/ en/ templatel.asp? style = templatel. asp & content = info/research.asp.

Hui, C.M. (2007). *Why does(n't) partner's effort count? The role of implicit theories on relational self-regulation*. Unpublished manuscript, Chinese University of Hong Kong, Hong Kong.

Hui, C.M. & Bond, M.H. (in press). To please or neglect your partner? Attachment avoidance and relationship-driven self-improvement. *Personal Relationships*.

Hwang, K.K. (1987). Face and favor: The Chinese power game. *American Journal of Sociology*, 92, 944–974.

Kammrath, L.K. & Dweck, C. (2006). Voicing conflict: Preferred conflict strategies among incremental and entity theorists. *Personality and Social Psychology Bulletin*, 32, 1497–1508.

Knowles, E.D., Morris, M.W., Chin, C.Y., & Hong, Y.Y. (2001). Culture and the process of person perception: Evidence for automaticity among East Asians in correcting for situational influences on behavior. *Personality and Social Psychology Bulletin*, 27, 1344–1356.

Lam, C.W. & Boey, K.W. (2005). The psychological well-being of the Chinese elderly living in old urban areas of Hong Kong: a social perspective. *Aging Mental Health*, 9, 162–166.

Lam, T.P., Chi, I., Piterman, I., Lam, C., & Lauder, I. (1998). Community attitudes toward living arrangements between the elderly and their adult children in Hong Kong. *Journal of Cross-Cultural Gerontology*,

13,215-228.

Lau,Y.K.(2006).Nonresidential fathering and nonresidential mothering in a Chinese context.*The American Journal of Family Therapy*,*34*,373-394.

Lee,R.P.L.,Ruan,D., & Lai,G.(2005).Social structure and support networks in Beijing and Hong Kong.*Social Networks*,*27*,249-274.

Lee,Y.P. & Bond,M.H.(1998).Personality and roommate friendship in Chinese culture.*Asian Journal of Social Psychology*,*1*,179-190.

Li, H. Z. (2002). Culture, gender and self-close-other (s) connectedness in Canadian and Chinese samples.*European Journal of Social Psychology*,*32*,93-104.

Li,H.Z.,Zhang,Z.,Bhatt,G., & Yum,Y.O.(2006).Rethinking culture and self-construal:China as a middle land.*Journal of Social Psychology*,*146*,591-610.

Li,L. & Yang,D.(1993a).A control study on the personality of 100 couples in divorce proceedings.*Chinese Mental Health Journal*,*7*,70-72. (in Chinese)

Li,L. & Yang,D.(1 993b).Sexual bebavior,wife abuse,and divorce proceedings,*Chinese Mental Health Journal*,*7*,131-134. (in Chinese)

Liao,C. & Heaton,T.B.(1992).Divorce trends and differentials inChina.*Journal of Comparative Family Studies*,*23*,413-429.

Lin Y.H.W. & Rusbult,C.E.(1995).Commitment to dating relationships and cross-sex friendships in America and China.*Journal of Social and Personal Relationships*,*12*,7-26.

Litwin,H.(2005).Intergenerational relations in an aging world.*European Journal of Ageing*,*2*,213-215.

Liu,J.(2004).Holding up the sky? Reflections on marriage in contemporary China.*Feminism and Psychology*,*14*,195-202.

Liu,M. & Chan,C.(1999).Enduring violence and staying in marriage:Stories of battered women in rural China.*Violence against Women*,*5*,1469-1492.

Lucas,T.W.,Wendorf,C.A.,Imamoglu,E.O.,Shen,J.,Parkhill,M.R.,Weisfeld,C.C., & Weisfeld,G.E.(2004).Marital satisfaction in four cultures as a function of homogamy,male dominance and female attractiveness.*Sexualities,Evolution and Gender*,*6*,97-130.

Ma,J.L.C., Chow, M.Y.M., Lee,S., & Lai, K. (2002). Family meaning of self-starvation:themes discerned in family treatment in Hong Kong.*Journal of Family Therapy*,*24*,57-71.

Man,M.M.M. & Bond,M.H.(2005).A lexically derived measure of relationship concord in Chinese culture.*Journal of Psychology in Chinese Societies*,*6*,109-128.

Markus,H.R. & Kitayama,S.(1991).Culture and the self:Implications for cognition,emotion,and motivation.*Psychological Review*,*98*,224-253.

McBride-Chang,C. & Chang,L.(1998).Adolescent-parent relationsin Hong Kong:Parenting styles,emotional autonomy,and school achievement.*The Journal of Genetic Psychology*,*159*,421-436.

Moore,S.M. & Leung, C. (2001). Romantic beliefs, styles, and relationships among young people from Chinese,southern European,and Anglo-Australian backgrounds.*Asian Journal of Social Psychology*,*4*,53-68.

Ng,M.L. & Lau,M.P.(1990).Sexual attitudes in the Chinese.*Archives of Sexual Behavior*,*19*,373-388.

Nisbett,R.E.,Peng,K.,Choi,I., & Norenzayan,A.(2001).Culture and systems of thought:Holistic versus analytic cognition.*Psychological Review*,*108*,291-310.

Oyserman,D.,Coon,H.M., & Kemmelmeier, M.(2002).Rethinking individualism and collectivism:E-valuation of theoretical assumptions and meta-analysis.*Psychological Bulletin*,*128*,3-72.

Pan,S.M.(1993).A sex revolution in current China. Journal of Psychology and Human Sexuality,6,1-14.

Pei,X. & Pillai,V.K.(1999).Old age support in China:The role of the state and the family.*International Journal of Aging and Human Development*,*49*,197-212.

Peng,K. & Nisbett,R.E.(1999).Culture,dialectics,and reasoning about contradiction.*American Psychologist*,*54*,741-754.

Perrig-Chiello,P. & Hopflinger,F.(2005).Aging parents and their middle-aged children:demographic and psychosocial challenges.*European Journal of Ageing*,*2*,183-191.

Rothbaum,F. & Tsang,B.Y.P.(1998).Love songs in theUnited States and China:On the nature of romantic love.*Journal of Cross-Cultural Psychology*,*29*,306-319.

Ruan,D.,Freeman,L.C.,Dai,X., & Pan,Y.(1997).On the changing structure of social networks in urban China.*Social Networks*,*19*,75-89.

Ruvolo,A.P. & Rotondo,J.L.(1998).Diamonds in the rough:Implicit personality theories and views of partner and self.*Personality and Social Psychology Bulletin*,*24*,750-758.

Schmitt,D.P.,Alcalay,L.,Allensworth,M.,Allik,J.,Ault,L.,Austers,I.et al.(2004).Patterns and universals of adult romantic:attachment across 62 cultural regions:Are models of self and of other pancultural constructs? *Journal of Cross-Cultural Psychology*,*35*,367-402.

Schwarz,B. & Trommsdorff,G.(2005).The relation between attachment and intergenerational support.*European Journal of Ageing*,*2*,192-199.

Shackelford,T. K.,Schmitt, D. P., & Buss, D. M.(2005). Universal dimensions of human mate preferences.*Personal and Individual Differences*,*39*,447-458.

Shek,D.T.L.(2000).Differences between fathers and mothers in the treatment of,and relationship with,their teenage children:Perception of Chinese adolescents.*Adolescence*,*35*,135-146.

Shek,D.T.L.(2001).Paternal and maternal influences on family functioning among Hong Kong Chinese families.*The Journal of Genetic Psychology*,*162*,56-74.

Shek,D.T.L.(2002).Parenting characteristics and parent-adolescent conflict:A longitudinal study in the Chinese culture.*Journal of Family Issues*,*23*,189-208.

Shek,D.T.L.(2007).Perceived parental control based on indigenous Chinese parental control concepts in adolescents in Hong Kong.*The American Journal of Family Therapy*,*35*,123-137.

Silverstein,M.,Zhen,C., & Li.,S.(2006).Intergenerational transfers and living arrangements of older people in rural China:Consequences for psychological well-being.*Journal of Gerontology*,*61B*,256-266.

Simons,L.G. & Conger,R.D.(2007).Linking mother-father differences in parenting to a typology of family parenting styles and adolescent outcomes.*Journal of Family Issues*,*28*,212-241.

Siu,O.L. & Phillips,D.R.(2001).A study of family support,friendship,and psychological well-being among older women in Hong Kong.*International Journal of Aging and Human Development*,*55*,299-319.

Stander,V.A.,Hsiung,P.C., & MacDermind,S.(2001).The relationship of attributions to marital distress：A comparison of mainland Chinese and US couples.*Journal of Family Psychology*,*15*,124-134.

Sternberg,R.J.(1986).A triangular theory of love.*Psychological Review*,*93*,119-135.

Stewart,S.M.,Rao,N.,Bond,M.H.,McBride-Chang,C.,Fielding,R.,& Kennard,B.(1998).Chinese dimensions of parenting：Broadening western predictors and outcomes.*International Journal of Psychology*,*33*, 345-358.

Su,S.Y. & Hwang,K.K(2003).Face and relation in different domains of life：A comparison between senior citizens and university students.*Chinese Journal of Psychology*,*45*,295-311.

Sullivan,P.L.(2005).Culture,divorce,and family mediation in Hong Kong.*Family Court Review*,*43*, 109-123.

Sun,R.(2002).Old age support in contemporary urban china from both parents' and children's perspectives.*Research on Aging*,*24*,337-359.

Tardif,T. & Miao,X.(2000).Developmental psychology in China.*International Journal of Behavioral Development*,*24*,68-72.

Tam,B.K. & Bond,M.H.(1002).Interpersonal behaviors and friendshipin a Chinese culture.*Asian Journal of Social Psychology*,*5*,63-74.

Tang,C.S.K.,Critelli,J.W.,& Porter,J.F.(1995).Sexual aggression and victimization in dating relationships among Chinese college students.*Archives of Sexual Behavior*,*24*,47-53.

Tang,C.S.K. & Lai,B.P.Y.(2007).A review of empirical literature on the prevalence and risk markers of male-on-female intimate partner violence in contemporary China,1987 - 2006. *Aggression and Violent Behavior*,*13*,10-28.

Tang,C.S.K.,Wong,D.,& Cheung,F.M.C.(2002).Social construction of women as legitimate victims of violence in Chinese societies.*Violence against Women*,*8*,968-996.

Tang,S. & Zuo,J.(2000).Dating attitudes and behaviors of American and Chinese college students. *Social Science Journal*,*37*,67-78.

Torn-Morn,M. & Sprecher,S.(2003).A cross-cultural comparison of mate preferences among university students：The United States vs.the People's Republic of China(PRC).*Journal of Comparative Family Studies*, *34*,151-170.

Tsai,J.L. & Levenson,R.W.(1997).Cultural influences on emotional responding：Chinese American and European American dating couples during interpersonal conflict.*Journal of Cross-Cultural Psychology*,*28*, 600-625.

Tsai,J.L.,Levenson,R.W.,& McCoy,K.(2006).Cultural and temperamental variation in emotional response.*Emotion*,*6*,484-497.

Wan,W.W.N.,Luk,C.L.,& Lai,J.C.L.(2000).Personality correlates of loving styles among Chinese students in Hong Kong.*Personality and Individual Differences*,*29*,169-175.

Wang,C.C. & Mallinckrodt,B.S.(2006).Differences between Taiwanese and US cultural beliefs about ideal adult attachment.Journal of Counseling Psychology,53,192-204.

Wang,L. & Crane,D.R.(2001).The relationship between marital satisfaction,marital stability,nuclear family triangulation,and childhood depression.*The American Journal of Family Therapy*,*29*,337-347.

Wei,Z.(1983).Chinese family problems：Research and trends.*Journal of Marriage and the Family*,*45*,

943-948.

Weinstein,M.,Glei,D.A.,Yamazaki,A.,Chang,M.C.(2004).The role of intergeneraltional relations in the association between life stressors and depressive symptoms.*Research on Aging*,*26*,511-530.

Winsler,A.,Magdigan,A.L., & Aquilino,S.A.(2005).Correspondence between maternal and paternal parenting styles in early childhood.*Early Childhood Research Quarterly*,*20*,1-12.

Wong,O.H.(2003).Postponement or abandonment of marriage? Evidence from Hong Kong.*Journal of Comparative Family Studies*,*34*,531-554.

Wong,S.C. & Bond,M.H.(1999).Personality,self-disclosure and friendship between Chinese university roommates.*Asian Journal of Social Psychology*,*2*,201-214.

Xu,X.(1994).The determinants and consequences of the transformation from arranged marriages to free-choice marriages in Chengdu,the People's Republic of China.In P.L.Lin,K.W.Mei, & H.C.Peng(eds),*Marriage and the family in Chinese societies*(pp.249-266).Indianapolis,IN:University of Indianapolis Press.

Xu,X. & Whyte,M.K.(1990).Love matches and arranged marriages:A Chinese replication.*Journal of Marriage and the Family*,*52*,709-722.

Yan,J.,Chen,C., & Murphy,M.(2005).Social support for older adults in China.*Psychological Science (China)*,*28*,1496-1499.(in Chinese)

Yang,K.S.(1986).Chinese personality and its change.In M.H.Bond(ed.),*The psychology of the Chinese people*(pp.106-170).Hong Kong:Oxford.

Yang,K.S.(1999).Towards an indigenous Chinese psychology:A selected review of methodological,theoretical,and empirical accomplishments.*Chinese Journal of Psychology*,*41*,181-211.

Yau,J. & Smetana,J.(1996).Adolescent-parent conflict among Chinese adolescents in Hong Kong.*Child Development*,*67*,1262-1275.

Yau,J. & Smetana,J.(2003).Adolescent-parent conflict in Hong Kong and Shenzhen:A comparison of youth in two cultural contexts.*International Journal of Behavioral Development*,*27*,201-211.

Ye,M.,Wen,S., & Wang,L.(1999).Quality of marriage and personality match of couples.*Chinese Mental Health Journal*,*13*,298-299.(in Chinese)

Yeh,C.Y.(1998).Determinants of condom use intention in the prevention of HIV/AIDS among Taiwanese junior college students.*Nursing Research*,*6*,264-278.

Yeh,C H.(2002).Sexual risk taking among Taiwanese youth.*Public Health Nursing*,*19*,68-75.

Yeh,K.H.(2002).Is livingwith elderly parents still a filial obligation for Chinese people? *Journal of Psychology in Chinese Societies*,*3*,61-84.

Yeung,D.Y.,Fung,H.H., & Lang,F.R.(2008).Self-construal moderates age differences in social network characteristics.*Psychology and Aging*,*23*,222-226.

Yeung,G.T.Y. & Fung,H.H.(2007).Social support and life satisfaction among Hong Kong Chinese older adults:Family first? *European Journal of Ageing*,*4*,219-227.

Yik,M.S.M. & Bond,M.H.(1993).Exploring the dimensions of Chinese person perception with indigenous and imported constructs:Creating a culturally balanced scale.*International Journal of Psychology*,*25*,333-341.

Yin,W.J.,Jing,C.H. & Shi,J.N.(2007).Parenting styles of parents of Uygur and Han adolescents.*Chi-

nese Journal of Clinical Psychology, *15*, 516−518. （in Chinese）

Yum, Y. O. （2004）. Culture and self-construal as predictors of responses to accommodative dilemmas in dating relationships. *Journal of Social and Personal Relationships*, *21*, 817−835.

Zhang, W. & Lin, C. （1998）. The relationship of adolescent self-esteem to parenting style——Consistencies and differences in different subgroups. *Psychological Science* （*China*）, *6*, 489−493. （in Chinese）

Zhao, F., Wang, L., & Guo, S. （2006）. Investigation on sexual behavior with non-spouse and condom use among reproductive age men and women. *Chinese Journal of Public Health*, *22*, 1309−1310. （in Chinese）

第 31 章　中国人社会关系与行为的性别视角

Catherine So-Kum Tang　Zhiren Chua　Jiaqing O

近几十年来,中国社会经历了急剧的社会、经济和政治变革。这些变革显著地影响了中国人的日常生活方式,也影响了他们看待自己及其周围世界的方式(Chan & Lee,1995;Croll,1995;Goodwin & Tang,1996;Yang,1996)。在本章中,我们从性别视角出发,采用社会建构论(Gergen,2001)回顾了当代中国人社会关系与行为的实证研究文献。我们也采纳了社会角色理论假设(Eagly,Wood,& Diekman,2000)和女权主义建构视角(Bohan,1993),根据以上观点,社会角色、性别刻板印象和性别社会化过程都是调节社会行为的重要心理机制。本章的第一部分简要介绍了解释男女性社会行为的基本取向。然后考察了传统与当代经济和社会对中国人社会关系的影响。尤其是,对于男女性在家庭内和社会中所扮演的传统与非传统社会角色,本文回顾了中国人在该问题上的态度。紧接着,探索了当中国男女性由于现代化,而承担了相似的社会角色或者表现出不同的行为倾向时,他们是否表现出了相似的行为。本章后面的部分回顾了家庭内和社区中有关性别冲突和暴力的文献,并关注于当下流行的性别观念与正在发生改变的社会角色对中国人社会关系的影响。

理解男女性的社会行为的基本取向

有两种基本取向通过性别的视角研究社会行为。本质主义认为,个人的内部属性导致了社会行为中的性别不对称。这种取向的主要支持者是进化论心理学家(Buss,1995;Buss & Kenrick,1998),他们论证说,这些基本属性是通过早期人类试图最大限度地提高存活力而产生的。例如,男性祖先为了延续香火必须与其他男性竞争,以获得与女性的性接触来繁衍后代。因此男性进化的心理特征包括侵略、竞争、冒险,以及控制女性的性行为以增加亲子确定性。本质主义预测,在各个社会的社会行为中,具有一种一致而稳定的性别差异模式。

另一方面,社会建构论(Gergen,2001)认为,社会行为在社会结构和系统中被情景化了。我们对于社会行为的了解依赖于语言、团体以及已经创建和维持它们的文化环境。男女性根据符合性别行为的社会期望来表现自己。文化传统和实践都是为了维持这种性别期望。一般而言,社会建构主义吸收了文化相对主义,并预测跨社会文化语境的社会行为具有可变性(Stein,1996)。在社会建构取向中,社会角色理论(Eagl 等,2000)认为男女性依据其限定的社会角色表现出行为。由于女性通常在家庭和团体中被分派负责照顾他人,因此她们被期待展示温暖、抚育和富有同情心的行为(Williams & Best,1990)。相应地,女权建构主义视角(Bohan,1993)认为,行为、特点和能力都反映了男女性在任何特定社会中的相对地位和权力,并且这种相对地位随着时间和文化的变化而变化(http://www.wef orum.org/pdf /gendergap/report2008.pdf)。

本质主义和建构论取向各自提出的预测相互矛盾,而来自实证研究的证据也是模棱两可(Eagly,1995;Eagly & Wood,1999;Hyde,2005;Wood & Eagly,2002)。Hyde(2005)近来回顾了 1985—2003 年的元分析研究,他发现除了攻击性,在多数社会属性和人格特点上,性别的差异并不大。他还指出,除去社会角色的影响后,攻击性的性别不对称也消失了(Lightdale & Prentice,1994)。有研究追踪了美国近来的性别差异研究后发现,女性对于自信、支配以及男子气的自我报告已经变得更类似于男性在这些方面的自我报告,该现象与最近几十年来女性开始扮演先前由男性占主导地位的角色有关(Twenge,1997;2001)。这些发现通常证实了社会建构论。然而,在对工业化和后工业化社会中的男女性社会行为进行的文化分析中,Wood 和 Eagly(2002)提出了家庭中劳动分工的一个系统的、性别化的模式,即男性更多从事与生存有关的活动,而女性的活动则更多与抚育和家务有关。这些研究者还发现了一种过度延伸的跨文化倾向,即在权力、地位和控制资源方面,相对于男性,女性是弱势群体,尤其在非工业化社会中(又参见 http://www.weforurn.org/pdf /gendergap/report2008.pdf)。基于这些发现,Wood 和Eagly(2002)将本质主义和社会建构论整合后,提出了一种新的生物社会学取向。根据这种新取向,男性和女性的社会行为反映了文化上共同的社会期望和自我评价,它们通过社会化和生物过程得以形成。由于生理构造的差异,男女性能够更加有效地完成不同的活动。男性可以更容易地完成能够获得地位和权力的活动,他们因此在性别层级上处于有利地位。

在这一章,我们采用了社会建构论(Gergen,2001)来研究快速的社会变化对于中国男女性的社会关系与行为的影响。根据社会角色理论(Eagly 等,2000)和女权建构主义视角(Bohan,1993),我们认为,社会角色分配、共同期望以及社会中的相对权力和地位是调节中国男女性行为的重要心理机制。在这一章,考虑到其共同的文化传统,我们涵盖了中国大陆主要地区、中国香港、中国台湾和新加坡,尽管它们各自的社会经济和政治发展各不相同。我们同样也认识到了城乡划分,以及这些社会中的少数民族和宗教少数派之间的亚文化差异,尽管缺乏数据,但我们还是将考察这些问题。

传统与当代对于中国人社会行为的影响

传统的影响

几个世纪以来,儒家"五伦"道德规范一直深深影响着中国人的社会关系和行为,这"五伦"是关于君臣、父子、夫妇、兄弟、朋友之间的关系(Goodwin & Tang, 1996; Gabreya & Hwang, 1996; 参见 Hwang & Han,本手册)。鉴于在家庭和社会中的不同角色分配,男性通常比女性拥有更高的权力和地位。直到最近几十年,还只有男性能够传承家族姓氏和遗产、完成祭祖、追求教育和职业目标以及成为省市和国家领导人。男性是实际上的经济支柱,是在家庭中作出重大决定的一家之主。在社会关系中,男性被期望根据仁(仁爱)、义(正义)和礼(公正)的大原则来行事。对于女性,其社会行为受到了三从四德的儒家规范控制。这些规范强调,年轻时要服从和从属于父亲,结婚后要服从和从属于丈夫,丈夫死后要服从和从属于儿子。女性的社会角色在家庭内被狭隘地定义为繁衍后代、伺候和照料家人以及保持家庭的整洁有序。除了女儿、妻子和母亲这些社会角色之外,通常没有分配给女性其他社会角色,并且她们不外出工作。即便出于生计需要被迫工作,她们也仍然是在其他人家里,扮演奶妈、女仆、厨娘或者其他的服务性角色。一般来说,很少会有争论和公开挑战来探讨对特定性别角色和相关行为的共同期望(Honig & Hershatter, 1988; Wolf, 1987)。就其本身而言,这些严格的性别规范和性别化的社会等级一直服务于维持性别和谐,以及保护中国男性的权力及其在社会中的地位。

传统的性别角色与性别刻板印象

性别图式理论(Bem, 1981)认为,性别是一个主要构成部分,而个体会围绕它来组织信息。性别角色和刻板印象是指对于男性或女性应该是怎样的以及他们应该如何行为,它是人们所共有的或个体的主观认知。中国社会通常被归入集体主义文化,强调个体应该服从共同的社会规范,包括性别角色规范(Marshall, 2008)。19 世纪 80 年代对中国社会中性别角色的早期研究证实了西方研究中发现的性别角色刻板印象。研究发现幼童和成人持有对性别角色的刻板认知,并且对男性和女性有明显不同的特定性别期望(Cheung, 1986; Keyes, 1983; Lai & Bond, 1997)。我们更常常使用聪明的、有能力的来描述男性,而女性则常常被认为是无能的、被动的,尽管她们也被积极地描述为温暖的、善于表达的。一般来说,较之女性,男性特征被认为在私人和公共领域中都更可取、更受偏爱(Francesco & Hakel, 1981; Lai & Bond, 1997)。个体对性别角色的评价也各不相同,而较之认同于女性角色的个体,认同于男性角色和性别角色特征不明显的个体通常报告了更高的自尊(Lau,1989;Lai & Bond,1997)。儒家性别观念和规范仍然是中国大陆、中国台湾、中国香港和新加坡的美满家庭生活的原型(Chan,2000;Chan & Lee,1995;Wong,1972)。根据性别角色刻板印象,男女在家庭中的劳动分工各不相同,男性主导家庭中的重大决策,女性负责照顾孩子和其他家庭成员。家庭内部的打骂、特定的父母对孩子以及丈夫对妻子的体罚,这些作为家庭规则中的男性特权得到了合法化和维护,即家法,以确保成员按照性别角色期望和文化规则行事。

当代的经济、政治和社会变革

在过去的一个世纪中,中国社会已经从计划经济演变为不同形式的市场经济——一种自下而上的社会系统。在该系统中,由供需自由决定的定价体系决定了商品和服务的价格。市场经济的基本功能是使人们能够相互协作,而没有来自于中央政府的强制和过分的干预。与传统中华民族精神中强调既定角色和权力不同,市场经济的意识形态关注个人选择和自由,并且被视为公民自由和政治自由的创造性和持续性的一个必要条件(Friedman & Friedman,1980)。

随着经济的自由化,近几十年来政治变革和法律改革也已经对当代中国社会中的男女性相对地位产生了影响(Chan,2000;Cheung & Tang,2008),正如其他地区通常发生的那样(参见 http://www.weforum.org/pdf/gendergap/report2008.pdf)。在中国大陆、中国香港、中国台湾和新加坡的地方和国家立法中,已经明确规定了女性具有平等权利。甚至在私人领域,婚姻和家庭法规也已经进行了修订,以在这些领域将性别平等明确下来。保护女性的重要国际条约,例如消除对女性一切形式歧视公约(the Convention on the Elimination of All Forms of Discrimination Against Women,CEDAW)也已经获得了认可。

中国社会快速的经济和社会变革已经带来了教育和就业机会的增加,尤其对于女性。这些变革反过来改变了传统的中国家庭结构(Chan,2000;Cheung & Tang,2008;Thornton & Lin,1994)。男女性的初婚年龄以及随后的分娩年龄在所有中国社会中都已经推迟了。不管是自愿的还是强制性的节育,它们已经导致了生育率的总体下降,以及一对夫妇平均不到两个孩子的更小的家庭规模。越来越多的情侣选择同居并且与父母分开生活,核心家庭的比例近年来也大幅增加。家庭成员变得相互孤立,提供的相互支持和帮助也更少。对于婚姻状况的担忧也日益增加。在 20 世纪初,婚姻几乎是普遍的。如今,许多男性和女性的成年期大部分都是单身度过的。婚姻的瓦解和离婚率也在所有中国社会中不断攀升。

鉴于当代中国社会中的以上变革,我们要问的第一个问题是:男性和女性的社会角色已经改变了吗? 一个相关的问题是:特定性别角色分配和行为的共同期望与个人认知已经改变了吗? 更重要的是,中国男性和女性不同的行为表现是现代化的结果吗?

社会建构者们似乎对这些问题给出了截然不同的回答。根据社会角色理论(Diekman & Eagly,2000),如果分配给中国男女性的角色是相似的,那么社会行为中的性别差异将会削弱。鉴于先前分配给中国女性的角色是限制性的,因此女性的性别刻板印象尤其会发生改变,并且相比中国男性,这对她们的影响将深远得多。然而,女权建构主义视角(Bohan,1993)认为,社会角色的功能在于维护中国男性的权力和地位,并由此使其不受变革的影响。社会行为中的性别不对称将持续下去,并且相对于男性,女性将继续在性别层级中处于不利地位。在下文中,我们将考察这些截然不同的预测在多大程度上促进了我们对当代中国男女性社会关系和行为的理解。

社会角色的变化和性别刻板印象

社会角色的变化

如今,约有一半的中国女性期望在不同的人生阶段中,在家庭之外参与有偿就业,而不是只局限于家庭内的活动(Cheung & Tang,2008)。和其他国家一样,相比中国男性,中国女性的就业状况更容易受到其婚姻状况和家庭生命周期阶段的影响,并且通常取决于照料孩子和家庭的责任(Tang, Au, Chung, & Ngo,2000;Yi & Chien,2002)。女性更有可能兼职工作、失业或未充分就业,特别是在经济萧条时。在中国台湾(Bowen,2003)、中国香港(Tang 等,2000)和新加坡(Chan,2000),由于性别而产生的水平与垂直职业隔离现象依然明显。相对于男性,女性更有可能在农村务农,或者在城市从事文秘和服务行业。在女性工作者中也存在不平等,尤其是在服务行业。年轻的、貌美的、城市的女性更受青睐,而中年的、农村的女性却不受重视(Hanser,2005)。女性在管理、行政、立法和政府部门的职位中只占少数。女性进入高级职位工作时所面临的阻碍与其家庭责任有关。尽管法律适当地保护了怀孕女性和肩负家庭责任的女性的就业权利,但是雇主的偏见与实际的家庭责任为许多女性的晋升制造了一种玻璃天花板(Bowen,2003;Cheung & Tang,2008;McKeen & Bu,2005;Tang 等,2000)。

随着女性越来越多地成为劳动力,双职工家庭的数量也已经按照同一比例增长了,女性给家庭带来了额外的经济收入(Tang 等,2000)。然而,对家务的分担却仍然依据传统的性别角色——女性承担大部分的家务劳动并照料家庭成员。在中国,尽管男女性共同分担家务,但他们在家务劳动的时间量上存在显著差异(Lu, Maume, & Bellas,2000)。在台湾,女性做家务的参与率超过 75%,而男性的参与率只有 31%—35%(女性权利促进与发展基金,2005)。在香港,2001 年进行的一项时间分配研究表明,职业女性平均每天花费 1.7 个小时做家务,而男性只花费 0.7 个小时(调查与统计署,2003)。即使家庭中有帮佣,女性仍然承担照顾孩子、照顾病人与老人的主要责任(Choi

& Lee,1997）。西方的研究发现,职位更高的女性可能拥有更多的权力与丈夫商议家务的分工,而 Hu 和 Kama（2007）的研究则与西方相反,他们发现在台湾,如果妻子比丈夫挣的钱更多,那么她们花费了相对更多的时间在家务上,特别是那些大家庭中。研究者称这种现象为"异常中和效应",即高薪职业女性必须花更多的时间在家务上,以补偿其非传统的角色。

对性别角色共同的和个人的认知以及性别刻板印象

有关态度的社会学研究认为,教育是最有可能改变价值观和态度的先行者（Stember,1961）。这在当代中国社会中也很明显。在中国大陆（Chia,Allred, & Jerzak,1997）、中国香港（Leung & Ng,1999）、中国台湾（Zhang,2006）和新加坡（Teo,Graham,Yeoh, & Levy,2003）,受过良好教育的个体通常认可灵活的、平均主义的性别角色态度,尤其是女大学生。Sue（2004）研究了中国大陆的个人与团体样本后发现,教育影响了女性对职业、婚姻权力、性自由以及生儿育女重要性的态度。这项研究发现,受过良好教育的个体,尤其是女性,倾向于持有更加平等主义的性别态度。此外,平等的性别态度也通过教育在渗透,因为团体中受过高等教育（城市）比教育程度不高（农村）的个体更赞同平等的态度。在中国社会中,来自于受教育程度相对更高地区（例如香港和台湾）的个体比来自于受教育程度较低地区（中国大陆）的个体对于男性和女性的非传统角色持有更开明的态度（Tang,Cheung,Chen, & Sun,2002;Tu & Liao,2005）。在一项颇有影响力的针对大学生的跨文化研究中,Williams 和 Best（1990）发现,新加坡、美国和加拿大的被试对性别角色的态度位于相似水平上,都在平等主义的中间范围。在最近的一项研究中,Zhou、Dawson、Herr 和 Stukas（2004）发现,相比美国大学生,中国大陆大学生对于职业、家务责任和爱好更不具有性别偏见。

尽管人们倾向于对性别角色的态度更加平等,但是许多传统的性别态度仍然在当代中国社会中盛行。在中国香港（Yim & Bond,2002）、中国台湾（Hong,2004;Hong,Veach, & Lawrenz,2003）和新加坡（Tay & Gibbons,1998;Ward,1990）的学校和大学中,性别刻板印象继续在传播和增强。例如,通过考察中国台湾高中生的一个大样本,Hong 等（2003）发现普遍存在性别刻板思维模式,比如认为男孩比女孩更擅长逻辑思维、数学和理科,而女孩更擅长语言和文科。这项研究中的学生同样认为,男孩应该是勇敢坚强的而不是软弱和逃避的,而女孩应该是温柔友好的并且热爱室内活动。男孩相对于女孩、表现不好的学生相对于表现良好的学生,前者都表现出了更强的性别刻板思维模式。在另一项对中国台湾大学生的研究（Hong,2004）中,相比其他专业的大学生,主修舞蹈、室内设计、美术和产品设计的女大学生表现出了最强烈的性别主义态度,而这种态度会限制女性在社会、政治、经济和心理上的发展。相对于男性,女性被认为更体贴、善良、富有同情心、柔弱、被动和胆怯。女性被视为属于家庭;因此,她们被期待待在家里照顾孩子。相比之下,男性被视为养家糊口的人,他们勇敢、有进取心,是家庭事务的决策者,性欲旺盛(又参见 Lai & Bond,1997)。研究发现教师鼓励男孩选择理科而鼓励女孩选择文科。与其他国家中的研究结果类似(Debacker & Nelson,2000;Eagly,1995),这些刻板印象与学生选择的学习科目和职业以及女学生更低的学术追求相关。诸如电视、杂志等各种媒体中的传统性别角色信息以及中国社会中的大众文化也强化了性别刻板印象,认为男性通常扮演权威的角色,而女性扮演从属的角色(Furnbam,Mak, & Tanidjojo,2000;Tan,Ling, & Theng,2002)。在一项 1984—1999 年间新加坡政治家媒体形象的研究中,Chew(2002)发现,女性候选人所呈现和描述的形象不同于男性候选人。女性候选人的形象通常符合性别刻板印象——作为"弱者",她们是家庭框架之内的妻子和母亲。

研究还表明,在中国社会中,性别刻板印象和对家庭角色的保守态度仍然被普通大众以及社会服务人士所认可(Tang,Pun, & Cheung, 2002;Tang,Wong, & Cheung,2002)。尽管相对于男性,对于女性在教育、职业和社会领域中的角色和地位,中国人已经变得不再那么古板,尤其是在年轻的大学生中(Zhou,Dawson,Herr, & Stukas,2004),但是许多中国人仍然认为,适合女性的地方应该是家庭,主要负责家务以及照料丈夫和孩子。公众对于成功职业女性的态度既有积极的一面,也有消极的一面。一方面,这些女性被视为成就导向的、支配性的、理性的、坚定的以及能干的;另一方面,她们也被批评为不照料孩子的、自私的、咄咄逼人的、不顾家的(Lee & Hoon,1993;Tang,Pun 等,2002;Zou,2003)。当出现婚姻冲突和婚姻问题时,中国人倾向于责备女性(Tang,Wong 等,2002)。公众对于离婚女性和单身母亲的态度是消极的,并且她们常常在社会中遭到孤立,再婚的机会低(Cheung & Liu, 1997,Tang & Yu, 2005;Kung,Hung, & Chan,2004)。

性别刻板印象在工作场所明显存在,并且常常影响着招聘和晋升决策。在一项对中国香港雇主的研究中,Tang(2006)发现他们的招聘决策与其性别刻板印象密切相关。性别角色态度保守的雇主更有可能强调应征者的体能和性别,而不那么重视应征者的责任感和面试表现。这些雇主在招聘决策中也严格坚持工作的性别类型,即更喜欢男性从事"男性的工作",女性从事"女性的工作"。在招聘个体从事男性类型的工作时,体能被视为一个重要的选择,而在女性类型的工作中却并非如此;在招聘个体从事女性类型的工作时,看重性格开朗,而在男性类型的工作中却并非如此。在新加坡,Lee 和 Hoon(1993)指出这些年来在管理中对于女性的态度几乎没有改变。相比女性,男性更不接受已婚育的职业女性,并且男性和女性都更喜欢有一个男老板。公众通常认为女性管理者获得成功依靠的是一个支持系统,它包括男性的指导、支持她的丈夫以及母亲或佣人在家务上的帮助;而男性管理者的成功则完全依靠他自己。Zou(2003)发现,男子气是在中国城市中成功的关键。然而,如果女性表现得像男性,公众会对她们很苛刻,并且将其男子气的行为解释为傲慢或自私的表现,除非她们也履行了家庭中的女性角色。

性别角色压力和多重角色卷入

性别角色压力

对西方样本的研究表明,深刻的性别刻板印象会扭曲个体对情境的认知评价,并且限制了可运用的应对策略类型(Eisler & Blalock,1991;Gillespie & Eisler,1992)。在一项对中国香港的大学生和在职人士的研究中,Tang 和 Lau(l996a)发现,当需要作出决策、表达情感以及上级为女性时,中国男性倍感压力。另一方面,中国女性在认为自己相貌平平而且无法照料家人、不得不行为果断以及不得不应对可能受到的伤害时,她们会感受到压力。相比中年在职人士,在力求达到性别角色标准或者在正式或亲密的社会关系中自己的行为违反了性别角色要求时,大学生感受到了更多的压力。中国男性比女性更被迫遵守性别刻板印象。对西方样本的研究发现,性别角色压力与心理健康状况不佳之间存在关系,而在中国人中也是如此。相对于从事中性职业的人士(高中教师),从事性别明显职业的中国男性和女性(护士和警察)在工作中报告出了更多的心理压力和倦怠症状(Tang & Lau,1996b)。Zhou 等(2004)也发现,当配偶在收入、成就和社会地位方面更优越时,中国男性比女性更感到不自在。

性别角色冲突和多重角色卷入

随着越来越多的双职工家庭出现,当今的中国男女性身兼带薪工作者、配偶和父母的社会角色,过着非常充实的生活。多重社会角色的卷入使中国女性倍感压力,因为平衡家庭与工作需要的责任更多地落到了她们身上(Choi & Lee,l997,Hu & Kama,2007;Lu 等,2000)。中国女性通常依据内化了的性别角色信息来评估其角色体验和表现,并且在她们扮演的各种社会角色中,家庭角色仍然是最核心的(Tang & Tang,2001)。在近来一本关于身负家庭责任的高层女性领导者的书中,Halpern 和 Cheung(2008)发现,香港和内地的女性领导者仍然首先考虑孩子和/或家庭。只有少数女性领导者认为工作和家庭需要存在冲突。特别是中国内地的一些高层女性领导,她们对于自己在工作和家庭中的成功获得了认可而感到骄傲。家庭幸福是衡量其工作成功的一个指标。其他的研究者也认为,与美国文化相反,在中国文化中,个人和家庭的社会角色变得模糊不清,工作的功能是功利性的,是为了家庭的长远利益(Aryee,Luk,Leung,& Lo,1999;Tang,2009a;Yang,2005)。因此,家庭和工作之间的冲突并非不可避免。家庭的扩展支持以及工作带给家庭的贡献都会促进对家庭和工作两种角色的承诺和满意度。

与性别角色压力研究一致,Tang 和 Tang(2001)发现,相对于支持自由性别角色观念的中国职业女性,持有传统性别角色观念的中国职业女性对自己的母亲角色感受更消极,并且出现了更多的躯体化症状。Tang、Lee、Tang、Cheung 和 Chan(2002)指出,与中国女性的心理健康相关的是社会角色的质量,而不是数量本身。这些研究者还发现,并非所有的社会角色都具有类似的心理健康作用,相对于家庭内部角色如妻子和母亲,带薪工作者的角色似乎更有利于女性的心理健康。扩张主义理论(Barnett & Hyde,2001)认为这可能与以下事实有关,即作为带薪工作者的女性能够给家庭带来额外的经济来源,在获得配偶的额外帮助和雇佣家务帮手方面有更多的话语权,并且有了更多机会去接触那些能够提供社会支持的人。此外,就业也给女性带来了自尊、控制以及家庭外的其他社会支持。然而,对于中国内地(Lai,1995)和香港(Yeung & Tang,2001)的低收入但急需工作的女性,工作角色反而影响了她们的心理健康。

研究表明,在一种社会角色中的体验可能会溢出到另一种社会角色,进而影响心理健康(如 Grzywacz & Marks,2000)。依据溢出的方向和性质,兼顾家庭和工作角色会对个体的健康产生有益的或有害的影响。在一项对中国香港职业母亲的研究中,Tang(2009a)发现角色体验对于心理健康、以及家庭和工作界限的渗透是不对称的。尤其是,积极的工作体验通过家庭边界可以渗透到家庭体验中,从而减少心理压力。然而,积极的家庭体验却没有溢出,影响工作体验的总体质量,从而增强心理健康。对于中国台湾职场人士来说,工作要求与工作—家庭冲突有关,而工作和家庭的要求与家庭—工作冲突有关(Lu,Kao,Chang,Wu, & Cooper,2008)。Aryee(1992)也报告说,在新加坡,无法解决工作和家庭之间的冲突与已婚职业女性的心理疾病有关。在几乎所有的中国社会中,研究不断发现,配偶的支持(Aryee 等,1999;Ngo & Lau,1998;Shaffer,Harrison,Gilley, & Luk,2001;Yang,2005)和工作场所的灵活性(Lu,Kao,Chang,Wu, & Cooper,2008;Jones 等,2008)较大地影响了工作与家庭的连接及其相应的心理健康状况。

当代中国的社会关系和行为

性和性行为

在社会关系和行为的各个方面,我们关注快速的经济和社会变革对性和性行为、配偶偏好和选择以及中国男女性婚姻关系的影响。几个世纪以来,中国人的性行为深受赋予男性优越地位的儒家伦理的控制。相对于女性,男性可以有更多的性滥交以及对于性行为和生殖决策的控制。然而,有证据表明当代中国社会对于性和性行为的态度已经发生了改变,包括更自由的性行为态度、婚前和婚外性行为、自慰、同性恋以及卖淫

（Chia & Lee,2008；Pei, Ho, & Ng, 2007；Tang, 2004；Wang & Hsu, 2006；Watts, 2008）。
这些变化通常在女性身上表现得比男性更加明显。Pei 等（2007）批判性地回顾了自
1980 年以来中国关于女性性行为的研究,发现当今的女性并不都认为自己是好妻子和
没有性欲的。相反,她们可以谈论自己的性经验。女性也通过性来获得权力,因此,
"好女孩"和"坏女孩"之间的边界已经变得模糊。

如今,除了生育功能,中国男女性之间的性行为也越来越多地为了共同的快乐。在
中国台湾,性行为活跃的少女已经从 1983 年的 1%增加到了 1995 年的 6%,而 2004 年
已经增加到 17.8%（Wang & Hsu, 2006）。在中国台湾,从 20 世纪 80 年代到 21 世纪
初,尽管有固定男友的少女常常报告说控制了其性行为,但是青少年怀孕和人工流产的
人数也相应增加了（Sun,2005）。在中国香港,20 世纪 80 年代报告有婚前性行为的大
学生比例是男性 6.25%、女性 3.5%,而 20 世纪 90 年代中期,这一比例在不同性别中都
约为 11%（Tang,Lai, & Chung,1997）。新加坡大学生也赞同自由的性态度,并认为自
己的同龄人明显比上一代有更多的性行为（Chia & Lee,2008）。在中国成年人当中,男
女性之间的性活动不再局限于夫妻之间。Watts（2008）发现,如今约 70%的中国成年人
在婚前就已经有了性行为,而在 20 世纪 80 年代末期只有 16%。与陌生人随意的性接
触和不正当性关系也被更多地接受。

在中国,快速的经济和社会变化也导致了与人口流动、增长的性产业以及同时增加
的性传播疾病（sexually transmitted diseases,STD）和艾滋病病毒（HIV）感染有关的重大
问题（Tang,2008；Watts,2008）。与其他国家一样,研究发现中国女性比男性更容易感
染艾滋病毒（Cutter,Lim,Ang,Lyn, & Chew,2004；Lin,McElmurry, & Christiansen,2007；
Tang,2008）。Hong 和 Li（2008）回顾了一项关于 1990—2006 年中国女性性工作者的行
为研究,他们发现这些女性都较为年轻并且流动性大,大多数都有商业的和非商业的性
伴侣,坚持使用避孕套的比率低,STD 和 HIV 感染率高,并且有些人还滥用药物。Tang
（2008）发现,由于经济原因而导致婚姻破裂的已婚女性容易遭遇这些性健康问题。近
年来,许多流动的、跨境的工作者是已婚男性,在周末或长假期间,他们来回往返于中国
内地的工作场所与香港的家庭之间。随着自由、收入盈余以及远离家庭后孤独感的增
加,中国内地的这些流动工作者频繁进行随意的/商业的性行为（Lau & Thomas,2001；
Tucker 等,2005）。他们在周末或长假期间回到香港的家中后,由于妻子常常在经济上
依赖于丈夫,因此她们不敢询问他们在中国内地的性交往,或者反抗他们对于无保护措
施的性行为的需求,以免激怒自己的丈夫（Tang,2008）。

伴侣的选择和偏好

当前的文献表明,中国人在选择配偶或婚姻伴侣时,儒家价值观仍然盛行。在一项
考察 37 个国家或地区伴侣选择偏好的研究中,Buss 等（1990）发现,相比其他国家或地

区样本,中国大陆和台湾的被试是相似的,都看重良好的遗传,而不那么重视可靠性、相互吸引、社交能力、讨人喜欢的性格、活泼的个性、外貌以及宗教相似性。Toro-Morn 和 Sprecher(2003)在最近一项研究中发现,中国社会的择偶标准存在显著的性别差异。相比男性,女性更重视幽默感、健康、物质财富、权力以及身体素质,而相比女性,男性则重视伴侣的持家能力。男性也日益表达出了对更年轻、漂亮、看起来性感的女性伴侣的强烈偏好。

其他研究表明,人们在选择恋爱对象和丈夫时所偏好的人格特质并不相同。Hofstede(1996)发现,中国香港和新加坡的女性认为丈夫的重要品质为"健康、富有和理解",而男朋友应该有更多的"个性"、情感、智力和幽默感。在最近一项关于伴侣偏好特质的研究中,相对于美国大学生,中国大陆大学生更重视社会地位和孝道,但是两个群体都偏好坚定的支持和可靠性,而不是社会地位和外表吸引力(Kline,Horton,& Zhang,2008)。许多中国人仍然持有传统的婚姻模式,即丈夫是年长的、受过良好教育的,妻子是年轻的、受教育程度低的。相比英国大学生,更多的中国大学生在伴侣选择中偏好这种传统的"男性更优秀"的模式,并且女大学生比男大学生更偏好这种模式(Higgins,Zhang,Liu,& Sun,2002)。研究发现中国的职业女性,尤其是大陆女性,更喜欢丈夫的工作比自己的工作薪水更高、地位更高(McKeen & Bu,2005)。

婚姻关系和婚姻解体

当前的文献表明,传统的中国家庭观念已经逐渐向西方靠拢,即在婚姻角色和决策权上平等的性别观念。在中国香港进行的一项研究中,Tang(1999)考察了夫妻权力在以下各方面的分配,即家庭娱乐、与亲属的互动、在食物上的花费、买房或买车等主要经济决策、在家庭外工作以及是否要孩子等。她发现,约有一半的受访者表示自己与婚姻伴侣共同享有平等的决策权,15%的被试表示自己或伴侣对不同的决策拥有最终决定权,只有28%的被试表示由婚姻伴侣决定。在职业女性或者至少受过大学教育的女性中,婚姻决策中权力平等分配的可能性更大。然而,Xu 和 Lai(2004)认为,平等的性别观念可能不会直接导致更高或更低水平的婚姻质量,除非它可以成功地转化为婚姻角色表现中的平等主义。这些研究者认为,如果平等的性别观念可以导致劳动分工和决策权在婚姻关系中的公平分配,那么,反过来,婚姻纽带会得到加强,婚姻幸福感也会提高。

在一系列研究中,Quek 和 Knudson-Martin(2006;2008)描述了新加坡的双职工新婚夫妇如何重塑其婚姻权力,从而创造出平等。他们发现这些夫妇通常将自己与伴侣的职业作为关系的中心、灵活分配家务、面对冲突开诚布公、具有平等的决策权、不断对婚姻关系进行自我反思。男性同样也学着改变对妻子的职业角色期望、承担更多的家务、尊重妻子在家务和经济上的贡献并在情感上关心妻子。然后,通过在家庭内创建一种性别结构,即丈夫保留权力转移的最终选择权,妻子则寻找方法影响丈夫的决策,从而使夫妻之间逐渐实现平等。

在其他的中国社会中,女性会使用不同的策略来获得婚姻的权力。有些女性采取更加积极的措施来抵制传统的婚姻角色,以重建妻子和母亲之外的身份。Ho(2007)指出,许多中国香港中年女性拒绝将女性的身份集中于母亲角色,并且反对师奶这一贬义称呼,它专指无知的、肥胖的、贪小失大的中年已婚女性。步入中年后,通过将自己的生活空间从母亲积极扩展到多元化的领域,而不是仅仅只扮演年轻时的家庭角色,这些女性学习成为了"灵活的家庭主妇"。她们寻求自我实现、不断评价自己的生活,为自己的生活创造其他的意义,并且通过参加职业培训、做义工、投资以及从休闲活动甚至婚外恋中寻求快乐,从而获得认可。

与其他国家一样,婚姻解体也在中国社会中正变得日益常见。例如,Wang(2001)发现,在中国,每1000位已婚人口中的离婚数量从1979年的0.82增加到1997年的1.71,他估计离婚率还将继续上升。中国社会中总体离婚率的增长被归结于对离婚更自由的态度、简化了的结婚和离婚法律、女性经济更独立、更多接触民主思想以及支持追求个人幸福的态度。与过去几十年相比,有更多的中国女性主动提出离婚申请(Cheung & Tang,2008),被殴打的女性也通过离婚申请来结束丈夫对自己的虐待(Tang,1999)。

对于男女性而言,适应离婚并向单亲角色过渡都是一段颇有压力的时期。那些已经被特定性别价值观和信念社会化了的单身母亲或父亲可能会面临不同的单身挑战,并且会遭遇独特的调整体验。对于离异的单身父亲,僵化的男性性别角色社会化可能已经以一种特别消极的方式影响了他们对离婚、经济压力以及做家务和照顾孩子职责的看法。这些内化了的、僵化的性别刻板印象会让他们觉得,承认自己的脆弱并向他人求助是可耻的(又参见 Cheng,Lo, & Chio,本手册)。Tang 和 Yu(2005)发现,香港的离异单身父亲在适应"母亲"或育儿角色方面体验到了更大的困难。单身父亲发现在家中监管孩子及其学校学习时倍感压力。他们还发现,为家人做饭、送孩子上学以及接孩子放学都耗费大量的时间。他们从事"女性的工作"时感到不自在,比如做饭、洗衣服、到市场买食品等。对于离异的单身母亲,受到僵化的女性性别观念影响的女性将自己视为无法面对人生挑战的"失败的妻子和母亲"。Tang 和 Yu(2005)发现,香港的离异女性通常拥有孩子的抚养权,并且往往家庭收入会明显减少。许多女性离婚感到羞愧,并且在社交上被孤立起来。尽管娘家人有时会对她们提供情感上的支持,但是她们经常遭到前夫的家人或其社交网络的拒绝。在 Tang 和 Yu(2005)的研究中,男女性都报告说在离婚和单亲的第一年里心理健康水平较差,并且常常有自杀念头。

两性关系和暴力

两性冲突和暴力

当代中国社会的现代化和快速的经济发展带来了男女性社会角色的分配以及家庭内部与社会中两性关系模式的变化。社会角色理论（Eagly 等，2000）提出，中国男女性更相似的社会角色将减小二者之间在权力和地位方面的传统差异。两性关系将因此变得更加和谐。然而，女权主义建构视角（Bohan，1993）认为，中国男女性在家庭内部和社会中的权力结构的任何变化都将造成更高水平的两性冲突，因为男性特权正在受到挑战。这将加剧两性的不和谐以及离婚的发生，男性对女性的殴打、强奸以及性骚扰也会增加。通过实际的暴力行为或创建一种恐惧文化，不让女性进入公共领域或将女性限制在家庭事务中，从而男性能够控制她们的行为。由此，通过阻止女性全面发展和针对女性的暴力行为，这些同样也有助于维护性别间的不平等（Brownmiller，1975；Dobash & Dobash，1992）。

有证据表明，尽管男性和女性的社会角色正在改变，但是在当代中国社会中，延续了男性对女性的暴力行为的传统性别观念和文化传统仍然盛行。近来在中国的大陆、香港和台湾进行的一项研究（Tang，Wong 等，2002）中，研究者发现，中国人往往认为女性遭受性侵犯是因为她们触发了男性的性冲动，或者挑起他们进行性暴力。遭到丈夫殴打的女性通常被视为未能履行自己的家庭职责、有婚外情对丈夫不忠、未能取悦丈夫，如无法生育并且/或者拒绝发生性关系。许多中国人认为她们的丈夫对其进行体罚是应该的。新加坡的华人也持有类似的受害者指责态度（Choi & Edleson，1996）。此外，研究还发现女性对自己的婚姻角色持有传统的性别态度（Tang，2008；Tang，Wong，& Lee，2001）。她们认为自己应该满足丈夫的性需求，并且认为这些迁就是"贤妻"固有的组成部分，尽管这会与满足自身性需求以及保护自己免受性病或艾滋病病毒感染的需要相冲突。

在年龄较大、受教育程度较低的中国男性中，上述支持暴力的文化传统和受害者指责态度普遍存在（Tang，Pun 等，2002；Tang，Wong 等，2002）。将女性视为合法的暴力受害者为男性的暴力行为提供了正当性，并且削弱了对其行为的限制。其他研究也表明，对女性持传统态度并认可受害者指责解释的中国男性更多报告了对亲密伴侣的暴力行为（Chan，2004；Tang，1999）。研究发现香港的虐妻者严格遵守了对男性的传统性别角色期望（Chan，2004）。他们认为男儿流血不流泪，只有不成熟和无能的男性才会在他人面前表达自己的情绪。然而，在中国大陆、香港和台湾，更年轻的并相对受过较好教育的中国人并不接受各种关于性别暴力的文化传统，他们反对受害者指责的解释，挑战那些支持暴力的观念(Ng & Wong,2002;Tang,Wong 等,2002)。

近来在美国进行的研究考察了对男性亲密伴侣实施暴力的女性,挑战了女权主义者认为这些女性的暴力行为并不那么严重、并属于自我防卫的观点(如 Archer,2000;Carney,Buttell, & Dutton,2007)。尽管偶尔有媒体报道了情侣和夫妇之间女性对男性的暴力,但在中国社会中缺乏对这一话题的系统研究。在最近一项关于中国恋爱关系中女性攻击性的定性研究中,Wang 和 Ho(2007)发现,男性和女性都拒绝将女性的攻击称作暴力,认为它很正常,并认为它提供了许多功能,如作为一种玩笑打闹的形式、一种交流的方式以及一种增加感情的方法。在约会对象不忠的情境下,女性认为自己的暴力行为并非暴力,而是惩罚前者的一种正义形式。在相互实施暴力的情境下,女性忽视自己的攻击性行为,认为自己是受害者,并将相互实施暴力重新界定为个人私事。

亲密关系中的身体暴力

随着女性在当代中国社会中接受教育和就业的机会越来越多,她们已经开始要求对各种家庭事务拥有更多的决策权力,并且对丈夫的性不忠也变得不那么宽容。然而,男性可能并不愿意放弃传统儒家伦理所设定的婚姻权力和性特权。这将产生更高水平的婚姻冲突,并且夫妻双方可能通过相互攻击来解决纷争(Chen,1999;Tang,1999)。鉴于妻子和母亲角色的核心性,家庭责任也对于女性继续从事工作或者在工作中获得高职位制造了壁垒。职业成功经常成为女性与丈夫之间产生挫折和冲突的一个根源(Tang 等,2002)。作为经济上越来越独立并且享有家庭外更多机会的女性,她们对结束痛苦的婚姻以及离婚的态度将更加开放(Tang & Yu,2005)。然而,在中国农村,仍处于资源控制弱势地位的女性可能不会作出这种选择。对于她们来说,忍受丈夫的虐待和暴力、维持婚姻可能是唯一的选择(Liu & Chan,1999)。夫妻冲突还继续表现为离婚过程中的赡养费和生活费、孩子的监护权以及其他经济和住房安排问题。男性可能使用暴力来报复妻子的"背叛",以恢复权力和控制妻子,并作为强迫和解的最后一搏。事实上,西方国家当前的文献已经表明,男性对女性伴侣的暴力普遍存在于离婚协商、离婚申请以及分居时期(Brownridge,2006)。

Tang 和 Lai(2008)近来回顾了中国内地和香港在过去 20 年里关于亲密伴侣暴力(intimate partner violence,IPV)的已有实证研究文献,以更好地理解这一问题的性质和范围。文献来自于 19 个实证研究以及居住于这两个地方的共 49201 位中国成年人。在男性对女性 IPV 的平均终生普遍率和年普遍率上,所有类型都分别是 19.7% 和16.8%,心理暴力分别是 42.6% 和 37.3%,身体暴力分别是 13.5% 和 6.7%。来自医疗机构的研究以及使用标准化量表评价 IPV 的研究表明,农村的受访者在所有的 IPV 类型中都报告了更高的终生普遍率。女性遭受 IPV 的可能性在以下情况下会增加:她们和/或伴侣的受教育水平和社会经济地位不高、在农村长大以及表现出吸烟、酗酒和使用非法药物等行为问题。IPV 也与以下因素有关：婚姻时间长、婚姻质量较差、婚姻冲突更频繁、因爱生妒和婚外情、伴侣间的地位/权力差距、缺乏社会支持以及扩展的家庭结构有关。文化和社会风险因素包括宗法信仰、殴打妻子的传统以及对暴力的政治/法律制裁。在另一项对 1143 位台湾当地女性的研究（Yang, Yang, Chou, Yang, & Wei, 2006）中，约有 15.3%的女性经历过来自丈夫或亲密伴侣的身体暴力，另外还有 7%的女性在最近怀孕期间遭受过身体虐待。这项研究还发现，当地孕妇遭受虐待的风险因素是受教育水平较低、丈夫失业、婚姻内的权力不平等以及丈夫酗酒、抽烟和使用非处方药物。

Xu（1997）还考察了在多大程度上，社会中的婚姻法以及对女性权利的法律保护与男性对女性 IPV 的普遍率有关。通过比较中国从 1933 年到 1987 年五种婚姻同龄组，他发现，相对于中华人民共和国成立之前，在 1949—1965 年，虐待妻子的事件减少了。他将这一减少归结于政府致力于提高女性的社会经济地位，因为女性的合法权利第一次在 1950 年写入了婚姻法。然而，他发现在"文化大革命"期间，虐待妻子事件增长了许多。"文化大革命"结束后到 20 世纪 80 年代晚期，虐待妻子的事件倾向于减少或呈平稳状态。

也有研究考察了亲密伴侣的暴力对中国女性的负面影响。香港（Tang, 1997）和台湾（Hou, Hsiu, & Chung, 2005）曾遭受丈夫身体或非身体暴力的已婚女性常常报告了高水平的躯体问题、失眠、抑郁情绪、自杀念头以及创伤后反应。那些在怀孕期间经历过伴侣虐待的女性也在分娩后表现出了产后抑郁症状（Leung, Kung, Lam, Leung, & Ho, 2002）。与关于家庭暴力的已有文献一致的是，儿童常常成为父母暴力有意无意的受害者。Tang（1997）发现，目睹了父母暴力的儿童往往表现出内化和外化的行为问题。人们通常认为受虐待的妻子会殴打孩子，但是事实上相反，研究发现对妻子使用身体暴力的男性也使用身体惩罚手段来教训自己的孩子。

性暴力

在男性对女性的各种形式暴力中，强奸和性暴力是各国女性最害怕的。它主要是由亲密伴侣实施，并且常常在战争和武装冲突中被用作武器（世界健康组织，2002）。相比美国女权主义学者强调强奸的暴力方面（Brownmiller, 1975），在中国文化背景下，强奸的性方面更加突出（Luo, 2000）。在中国古代社会中，少数男性实施强奸以获得与心仪女性的性接触，借此获得社会的接受并与之结婚。甚至在当今台湾，遭到熟人强奸的女性仍被鼓励与强奸犯结婚以保护她的贞洁，避免社会对其家庭的羞辱（Chou, 1995；Luo, 2000）。在过去，法律体系也将强奸事件视为女性的个人问题，应该私下解决以保护家庭的声誉。例如，台湾的刑事方面的法规直到 1999 年还允许检察官选择不起诉强奸犯，以尊重强奸受害人的意愿。许多中国人也对婚内强奸的概念存在争议，并认为满足丈夫的性需求是"贤妻"角色的固有组成部分（Tang 等,2001;Tang,Wong 等, 2002）。

在中国社会中,鉴于遭受性侵犯会带来巨大的耻辱,对于强奸和性暴力的普遍性, 我们知之甚少。在台湾,犯罪学家估计每天会有 20—27 件性侵犯事件,但只有 10%的 报告率（Luo,2000）。在大陆和香港,由亲密伴侣或丈夫实施的性暴力的终生普遍率和 年普遍率分别是 9.8%和 5.4%（Tang & Lai,2008）。关于性侵犯的研究调查显示,在香 港有 2%—5%的受访年轻成年女性（Tang,Critelli, & Porter,1995）以及 4%的受访少女 （Chiu & Ng,2001）报告说曾被男性约会伙伴强奸。在香港的教育背景中,约有 5%的受 访女大学生报告曾被强迫与老师或同学发生性关系（Tang,2009b）。有 1%—2%的受访 女高中生报告曾被强迫与同学发生性行为（Tang,2004）。在香港的工作背景中,有 1%—4%的受访女秘书承认曾被上级或同事强迫或贿赂发生性行为（Chan,Tang, & Chan,1999）。在另一项对香港大学生的大型调查（Tang,2002）中,报告说儿童期曾遭 受性虐待的总体普遍率为 6%,女性遭受性侵犯的数量是男性的两倍。近来对中国城 镇的一次大型全国概率研究中,报告说在 14 岁之前的儿童期曾遭受成人或同伴性虐待 的总体概率为 4%（Luo,Parish, & Laumann,2008）。

在对台湾 35 位女性强奸受害者的一项研究中,Luo（2000）确定了这些女性所经历 的八个反复出现的主题:对失去童贞或贞洁感到可耻;认为自己是不完整的并且以后不 会再有性欲望了;对于强奸事件可能暴露于社交网络感到极度恐惧和担忧;对于给自己 的家庭尤其是性伴侣带来耻辱感到内疚;责备自己没能提高警惕或注意滥交的可能线 索;来自社交网络的负面反应对其造成的心理创伤,如嘲笑和指责;被同一个性侵者反 复强奸;受性侵者的哄骗而考虑与其结婚。

遭到性侵犯的中国女性通常在许多方面表现出了强奸创伤综合征,并且对其身体、 心理和人际功能产生了不利影响。Cheung 和 Ng（2004）发现,香港的女性性暴力受害 者在寻求危机干预时,经常报告有严重的心理压力和自杀念头。在遭到性侵犯后,她们 中几乎有一半的女性出现了自残行为,并且约有 20%的女性实际上尝试过自杀行为。 中国内地和香港的研究也表明,不管其遭受性暴力时年龄多大,遭到性侵犯的儿童都表 现出了创伤性行为的许多情感和行为症状;即便性侵犯已经停止,这些症状也常常会持 续存在（Chen,Dunne, & Han,2006;Luo,Parish, & Laumann,2008;Tsun,1999）。例如, Tsun（1999）发现,遭受到性侵犯的香港儿童通常感到羞耻、内疚、困惑和无能为力。当 罪犯是其父亲或家人时,她们感到自己遭到了背叛,然而有时却发现自己在情感上依赖他 们。如果罪犯在性侵犯中使用了威胁,她们会变得焦虑和恐惧,并且担心他们的性联系会 暴露。这些儿童也为自己和其他成人未能阻止性侵犯而感到愤怒。在一个兄妹乱伦的例 子中,Tsun（1999）还指出,甚至在性虐待已经停止了近 10 年后,该幸存女性仍然体验到了 强烈的情绪反应,而且儿童期的性创伤也对其当下与男性的关系产生了负面影响。

性骚扰

性骚扰在各国是普遍存在的,大多发生在教育和工作情景中,通常把女性作为目标,并且是指各种不同的行为。它已经被确定为女性在追求高等教育(Paludi,1996)、职业成功和工作满意度(Willness,Steel,& Lee,2007)时最具破坏性并无处不在的壁垒之一。性骚扰在中国社会中是一个相对较新的概念,它出现在公共话语和近来的法律史中只有二十年。根据采用分层概率抽样法所获得的中国大陆成人大样本,Parish、Das和Laumann(2006)发现,所有女性中的12.5%以及城市女性中的15%报告说在过去一年中经历了某些形式的骚扰。多数异性骚扰不是来自上级或主管,而是来自同事、陌生人、约会对象或男朋友。相比1992年进行的另一项早期研究(Tang,Yik,Cheung,Choi,& Au,1996),对整个香港的全日制大学生进行的一项大型调查发现,性骚扰和不受欢迎的亲密身体接触的普遍率略有下降,而由同学和老师实施的性强迫事件在增加(Tang,2009b)。在工作情景中,20世纪80年代早期进行的一项调查显示,约有一半的受访女职员报告说过去三年中,在工作时受到了性骚扰(Dolescheck,1984)。20世纪90年代后期,另一项研究考察了香港女秘书的一个小样本,该研究显示,这些女性中约有30%在工作中遇到过性别歧视的言论和黄色笑话,有22%的女性遇到过不必要的身体接触,有1%—4%的女性被男性雇主、上级或同事贿赂或强迫进行性行为(Chan等,1999)。

男性和女性对于性骚扰的知觉和容忍度均极不相同。Rotundo、Nguyen和Sackett(2001)对62项性骚扰认知的性别差异研究进行了元分析,他们发现,相对于性提议或性胁迫,在工作环境中的敌意骚扰、对女性的蔑视、约会压力或者身体的性接触方面,性别差异更大。在中国香港大学生中发现了相似的性别差异(Tang等,1996;Tang,2009b)。相比女大学生,男大学生更能容忍性骚扰行为,并且更有可能责备女性小题大做、反应过度。研究发现对性骚扰的容忍度与性别平等理念和灵活的性别角色有关。在新加坡这样一个多民族国家中,Li和Lee-wong(2005)发现,文化和语言影响了对性骚扰的解释。他们的研究表明,在新加坡,不同民族群体对诸如个人空间等某些线索的判断各不相同,并且英语作为一种交流语言,使得在理解受害者对情境的反应时,变得更加复杂。

在学校、工作或社区中遭到性侵犯或性骚扰的中国女性通常使用间接的、逃避的应对策略,如希望攻击没有发生、忽略这一事件、回避侵犯者/骚扰者或者离开攻击或骚扰发生的地方和环境(Chan等,1999;Cheung & Ng,2004;Tang,2004;Tang等,1996)。约有1/3的受害女性还报告了自尊的降低、抑郁、不安全感以及遭受性骚扰后对于机构/组织的归属感降低(Chan等,1999;Tang,2009b;Tang等,1996)。相对于其他暴力行为的受害者,公众(Tang,2009b)以及诸如警察、社会工作者和医务人员等公共服务人员(Tang,Pun 等,2002)对性骚扰受害者给予的同情更少。

结 论

许多社会学家认为,中国目前处于现代主义和传统主义的十字路口(Chan & Lee,1995;Croll,1995;Edwards & Roces,2000)。在回顾当代中国社会中关于社会关系和行为的已有实证研究文献时,我们注意到快速的经济、社会和政治变革所产生的影响存在性别差异。相比中国男性,这些变革对中国女性的生活产生的影响更大,尤其在教育、就业、婚姻和家庭领域。正如社会角色理论(Eagly 等,2000)所预测的那样,对性别角色和性别刻板印象的一般与个人认知正在遭受挑战和发生改变,因为中国女性持续不断扩展她们在家庭以外的活动。同样,与女权主义建构视角(Bohan,1993)的预测相一致,传统的性别意识形态和性别规范依然存在,尽管两性的社会角色已经变得更加相似。一般而言,相比中国女性,中国男性更不愿意放弃传统的性别信念。在家庭和社会中已经出现了更加平等和谐的性别关系新趋势,然而性别暴力在家庭、教育领域以及工作场所也变得更加明显。由于中国社会的现代化需要重新界定男女性之间的相对地位和权力,我们预测性别关系的属性将变得越来越多样化和动态性。

在回顾中,我们注意到当前已有研究侧重于快速的社会变革对中国女性的影响。中国女性已经成功地扮演了传统上由男性扮演的社会角色,并对男性特权提出了挑战,然而除了讲述性别暴力,以上研究则相对较少。已有文献告诉我们,中国男性倾向于持有男性性别刻板印象,并且当其行为无法符合内化了的、文化限定的性别期望时,他们会感受到压力。男性在性、婚姻关系以及职场方面对女性的支配也逐渐面临女性的竞争。中国男性如何面对这些挑战? 我们不能过于简单地得出结论认为,当男性的男子气遭到威胁时他们就转向暴力。我们需要认识到中国男性如何支持新的性别秩序,及其如何与女性协商,以重新定义在家庭和社会中的自己。发达国家的"新男性运动"(Connell,2005)在当代中国社会中同样也表现明显吗? 当代的父母亲如何使子女完成社会化以使其适应新兴的性别角色?

关于这些主题的多数研究是以大学生和城镇居民为被试的。对于中国社会中的现代化如何影响了农村的男女性,以及中国社会中各少数民族的性别关系和行为如何,我们知之甚少。也没有文献告诉我们,那些社会角色和生命轨迹并未遵循传统的个体,例如终生未婚或未再婚的男女性、单身父母亲,以及性别取向不同的个体,他们如何挑战了传统的性别角色刻板印象。总之,我们认为有必要通过性别的视角,继续考察中国人的社会关系和行为,以便更好地理解当代社会中的中国人生活经历。

参考文献

Archer, J. (2000). Sex differences in aggression between heterosexual partners: A meta-analytic review. *Psychological Bulletin, 126*, 651-680.

Aryee, S. (1992). Antecedents and outcomes of work-family conflict among married professional women: Evidence from Singapore. *Human Relations, 45*, 813-837.

Aryee, S., Luk, V., Leung A., & Lo, S. (1999). Role stressors inter-role conflict and well-being: The moderating influence of spousal support and coping behaviors among employed parents in Hong Kong. *Journal of Vocational Behavior, 54*, 259-278.

Barnett, R.C. & Hyde, J.S. (2001). Women, man, work, and family: An expansionist theory. *American Psychologist, 56*, 781-796.

Bem, S.L. (1981). Gender schema theory: A cognitive account of sex typing. *Psychological Review, 88*, 354-364.

Bohan, J.S. (1993). Regarding gender: Essentialism, constructionism, and feminist psychology. *Psychology of Women Quarterly, 17*, 5-21.

Bowen, C. (2003). Sex discrimination in selection and compensation in Taiwan. *International Journal of Human Resource Management, 14*, 297-315.

Brownmiller, S. (1975). Against our will: Men, women, and rape. New York: Simon & Schuster.

Brownridge, D. (2006). Violence against women post-separation. *Aggression & Violence, 11*, 514-530.

Buss, D.M. (1995). Evolutionary psychology: A new paradigm for psychological science. *Psychological Inquiry, 6*, 1-30.

Buss, D.M. & Kenrick, D.T. (1998). Evolutionary social psychology. In D.T. Gilbert, S.T. Fiske, & G. Lindzey (eds), *The handbook of social psychology, 4th edn, 2*, (pp.982-1026). Boston, MA: McGraw-Hill.

Bus, D.M., Max, A., Alois A., & Armen, A. et al. (1990). International preferences in selecting mates. *Journal of Cross-cultural Psychology, 21*, 5-47.

Carney, M., Buttell, F., & Dutton, D. (2007). Women who perpetrate intimate partner violence: A review of the literature with recommendations for treatment. *Aggression and Violent Behavior, 12*, 108-115.

Census and Statistics Department (2003). *Thematic household survey report no.14: Time use pattern.* Hong Kong: Hong Kong SAR Government.

Chan, D., Tang, C., & Chan, W. (1999). Sexual harassment: A preliminary analysis of its effects on Hong Kong Chinese women in the workplace and academia. *Psychology of Women Quarterly, 23*, 661-672.

Chan, H. & Lee, R.P.L. (1995). Hong Kong families: At the crossroads of modernism and traditionalism. *Journal of Comparative Family Studies, 26*, 83-99.

Chan, J. (2000). The status of women in a patriarchal state: The case of Singapore. In L. Edwards & M. Roces (ed.), *Women in Asia: Tradition, modernity and globalization* (pp. 188-207). Melbourne, Australia: Allen & Unwin.

Chan, K.L. (2004). Correlates of wife assault in Hong Kong Chinese families. *Violence & Victims, 19*, 189-201.

Chen,J.,Dunne,M.P., & Han,P.(2006).Child sexual abuse in Henan province,China:Associations with sadness, suicidality, and risk behaviors among adolescent girls. *Journal of Adolescent Health*, *38*, 544-549.

Chen,R.(1 999).Violence against women in Taiwan:A review.In F.M.Cheugn,M.Karlekar,A.de Dios, J.VichitVadakan, & L.R.Quisumbing(eds), *Breaking the silence:Violence against women in Asia*(pp. 174-184).Hong Kong:Equal Opportunities Commission.

Cheung,C. & Liu,E.(1997).Impacts of social pressure and social support on distress among single parents in China.*Journal of Divorce and Remarriage*,*26*,65-82.

Cheung,F.M.(1986).Development of gender stereotype.*Educational Research Journal*,*1*,68-73.

Cheung,F. & Ng,W.C.(2004). *Rainlily build-in study report*.Hong Kong:The Chinese University of Hong Kong and The Association Concerning Sexual Violence Against Women.

Cheung,F.M. & Tang,C.(2008).Women's lives in contemporary Chinese societies.In U.P.Gielen & J.L. Gibbons(eds), *Women around the world:Psychosocial perspectives*.Greenwich,CT:Information Age Publishers.

Chew,P.(2002).Political women in Singapore:A socio-linguistic analysis.*Women's Studies International Forum*,*24*,727-736.

Chia,R.C.,Allread,L.J., & Jerak,P.(1997).Attitudes toward women in Taiwan and China:Current Status,problems,and suggestions for future research.*Psychology of Women Quarterly*,*21*,137-150.

Chia,S.C. & Lee,W.(2008).Pluralistic ignorance about sex:The direct and the indirect effects of media consumption on college students' misperception of sex-related peer norms.*International Journal of Public Opinion Research*,*20*,52-73.

Chiu,S. & Ng,W.C.(2001). *Report on sexual violence among secondary school students in Hong Kong*. Hong Kong:The Association Concerning Sexual Violence of Women.

Choi,A. & Edleson,J.L.(1996).Social disapproval of wife assaults:A national survey of Singapore.*Journal of Comparative Family Studies*,*27*,73-88.

Choi,P.K. & Lee,C.K.(1997).The hidden abode of domestic labour:The case of Hong Kong.In F.M. Cheung(ed.).*Engendering Hong Kong society:A gender perspective of women's status*(pp.157-200). Hong Kong:The Chinese University Press.

Chou,Y.C.(1995).*Marital violence*.Taipei,Taiwan:Gu-Lyn.

Connell,R.W.(2005).Change among the gate keepers:Men,masculinities,and gender equality in the global arena.*Signs:Journal of Women in Culture and Society*,*30*,1801-1825.

Croll, E. (1995). *Changing identities of Chinese women: Rhetoric, experience and self-perception in twentieth-century China*.Hong Kong:Hong Kong University Press.

Cutter,J.,Lim,W.,Ang,L.,Tun,Y.,James,L., & Chew,S.(2004).HIV in Singapore-Past,present,and future.*AIDS Education and Prevention*,*16*,110-118.

Debacker,T.K. & Nelson,R.M.(2000).Motivation to learn science:Differences related to gender,class type,and ability.*Journal of Educational Research*,*93*,245-254.

Diekman A.B. & Eagly,A.(2000).Stereotypes as dynamic constructs:Women and men of the past,present,and future.*Personality and Social Psychology Bulletin*,*26*,1171-1188.

Dobash,R. & Dobash,R.(1992).*Women,violence,and social change*.New York:Routledge.

Dolecheck, M.M. (1984). Sexual harassment of women in the workplace-a bush-hush topic in Hong Kong. *Hong Kong Manager*, *20*, 23-27.

Eagly, A.H. (1995). The science and politics of comparing men and women. *American Psychologist*, *50*, 145-158.

Eagly, A. H. & Wood, W. (1999). The origins of sex differences in human behavior. *American Psychologist*, *54*, 408-423.

Eagly, A.H., Wood, W., & Diekman, A.B. (2000). Social role theory of sex differences and similarities: A current appraisal. In T. Eckes & H. M. Taunter (eds), *The developmental social psychology of gender* (pp. 123-174). Mahwah, NJ: Erlbaum.

Edwards, L. & Roces, M. (2000). *Women in Asia: Tradition, modernity and globalization.* Melbourne, Australia: Allen & Unwin.

Eisler, R.M. & Blalock, J. A. (1991). Masculine gender role stress: Implications for the assessment of men. *Clinical Psychology Review*, *11*, 45-60.

Foundation of Women's Rights Promotion and Development (2005). *Images of women in Taiwan 2005.* Retrieved October 10, 2008 from http://v1010. womenwebpage. org. tw.

Francesco, A.M. & Jakel, M. (1981). Gender and sex as determinants of hireability of applicants for gender-typed jobs. *Psychology of Women Quarterly*, *5*, 747-757.

Friedman, M. & Friedman, R. (1980). *Free to choose: A personal statement.* New York: Harcourt Brace Jovanovich.

Furham, A., Mak, T., & Tanidjojo, l. (2000). An Asian perspective on the portrayal of men and women in television advertisements: Studies from Hong Kong and Indonesian television. *Journal of Applied Social Psychology*, *30*, 2341-2364.

Gabrenya, W. & Hwang, K.K. (1996). Chinese social interaction: Harmony and hierarchy on the good earth. In M.H. Bond (ed.), *The handbook of Chinese psychology* (pp. 309-321). Hong Kong: Oxford University Press.

Gergen, M. (2001). *Feminist reconstructions in psychology: Narrative, gender, and performance.* Thousand Oaks, CA: Sage.

Gillespie, B.L. & Eisler, R.M. (1992). Development of the feminine gender role stress scale: A cognitive-behavior measure of stress, appraisal, and coping for women. *Behavior Modification*, *16*, 426-438.

Goodwin, R. & Tang, C. (1996). Chinese personal relationships. In M. H. Bond (ed.), *The handbook of Chinese psychology* (pp. 294-308). Hong Kong: Oxford University Press.

Grzywacz, J.G., & Marks, N.F. (2000). Reconceptualizing the work-family interface: An ecological perspective on the correlates of positive and negative spillover between work and family. *Journal of Occupational Health Psychology*, *5*, 111-126.

Halpern, D. & Cheung, F. (2008). *Women at the top: Powerful leaders tell us how to combine work and family.* New York: Wiley.

Hanser, A. (2005). The gendered rice bowl: The sexual politics of service work in urban China. *Gender and Society*, *19*, 581-600.

Higgins, L.T., Zhang, M., Liu, Y., & Sun, C.H. (2002). Attitudes to marriage and sexual behaviors: A survey of gender and culture differences in China and United Kingdom.*Sex Roles*,*46*,75–89.

Ho,P.(2007).Eternal mothers or flexible housewives? Middle-aged Chinese married women in Hong Kong.*Sex Roles*,*57*,249–265.

Hofstede,G.(1996).Gender stereotypes and partner preferences of Asian women in masculine and feminine cultures.*Journal of Cross-Cultural Psychology*,*27*,533–546.

Hong,Y. & Li,X.(2008).Behavioral studies of female sex workers in China：A literature review and recommendation for future research.*AIDS and Behavior*,*12*,623–636.

Hong,Z.(2004).An investigation of Taiwanese female college students'sexist attitudes.*Sex Roles*,*51*, 455–467.

Hong,Z.,Veach,P.M.,& Lawrenz,F.(2003).An investigation of the gender stereotyped thinking of Taiwanese secondary school boys and girls.*Sex Roles*,*48*,495–504.

Honig,E. & Hershatter,G.(1988).*Personal voices：Chinese women in the 1980's*.Stanford,CA：Stanford University Press.

Hou,W.,Wang,H.,& Chung,H.(2005).Domestic violence against women in Taiwan：Their life-threatening situation,post-traumatic responses,and psycho-physiological symptoms.An interview study.*International Journal of Nursing Studies*,*42*,629–636.

Hu,C.Y. & Kama,Y.(2007).The division of household labor in Taiwan.*Journal of Comparative Family Studies*,*38*,105–124.

Hyde,J.S.(2005).The gender similarities hypothesis.*American Psychologist*,*60*,581–592.

Jones,B.L.,Scoville,P.E.,Hill,J.,Childs,G.,Leishman,J.M.,& Nally,K.S.(2008).Perceived versus used workplace flexibility in Singapore：Predicting work-family fit.*Journal of Family Psychology*,*22*, 774–783.

Keyes,S.(1983).Sex differences in cognitive abilities and sex-role stereotypes in Hong Kong Chinese adolescents.*Sex Roles*,*9*,853–870.

Kline,S.,Horton,B.,& Zhang,S.(2008).Communicating love：Comparisons between American and East Asian university students.*International Journal of intercultural Relations*,*32*,200–214.

Kung,W.W.,Hung,S.,& Chan,C.L.W.(2004).How the socio-cultural context shapes women's divorce experiences in Hong Kong.*Journal of Comparative Family Studies*,*35*,33–50.

Lai,G.(1995).Work and family roles and psychological well-being in urban China.*Journal of Health & Social Behavior*,*36*,11–37.

Lai,M. & Bond,M.H.(1997).Gender stereotypes and the self-concept in Hong Kong.*Bulletin of the Hong Kong Psychological Society*,*38/39*,17–36.

Lau,S.(1989).Sex role orientation and domains of self-esteem.*Sex Roles*,*21*,411–418.

Lau,J. & Thomas,J.(2001).Risk behaviors of Hong Kong male residents traveling to mainland China：A potential bridge population for HIV infection.*AIDS Care*,*13*,71–81.

Lee,J. & Hoon,T.H.(1993).Rhetorical vision of men and women managers in Singapore.*Human Relations*,*46*,527–542.

Leightdale,J.R.,& Prentice,D.A.(1994).Rethinking sex differences in aggression：Aggressive behavior in the absence of social roles.*Personality and Social Psychology Bulletin*,*20*,34–44.

Leung, W., Kung, F., Lam, J., Leung, T., & Ho, P. (2002). Domestic violence and postnatal depression in a Chinese community. *International Journal of Gynaecology & Obstetrics*, 79, 159–166.

Leung, A.S. & Ng, Y.C. (1999). From Confucianism to egalitarianism: Gender role attitudes of students in the People's Republic of China. *International Review of Women and Leadership*, 5, 57–67.

Li, S. & Lee-Wong, S. (2005). A study on Singaporean's perceptions of sexual harassment from a cross-cultural perspective. *Journal of Applied Social Psychology*, 35, 699–717.

Lin, K., McElmurry, B.J., & Christiansen, C. (2007). Women and HIV/AIDS in China: Gender and vulnerability. *Health Care for Women International*, 28, 680–699.

Liu, M. & Chan, C. (1999). Enduring violence and staying in marriage: Stories of battered women in rural China. *Violence Against Women*, 5, 1469–1492.

Lu, L., Kao, S., Chang, T., Wu, H., & Cooper, C. (2008). Work/family demands, work flexibility, work/family conflict, and their consequences at work: A national probability sample in Taiwan. *International Journal of Stress Management*, 15, 1–21.

Lu, Z.Z., Maume, D.J., & Bellas, M.L. (2000). Chinese husbands' participation in household labor. *Journal of Comparative Family Studies*, 31, 191–215.

Luo, T. (2000). 'Marrying my rapists?' The cultural trauma among Chinese rape survivors. *Gender & Society*, 14, 582–597.

Luo, Y., Parish, W., & Laumann, E. (2008). A population-based study of childhood sexual contact in China: Prevalence and long-term consequences. *Child Abuse & Neglect*, 32, 721–731.

Marshall, T.C. (2008). Cultural differences in intimacy: The influence of gender-role ideology and individualism collectivism. *Journal of Social and Personal Relationships*, 25, 143–168.

McKeen, C.A. & Bu, N. (2005). Gender-roles: An examination of the hopes and expectations of the next generation of managers in Canada and China. *Sex Roles*, 52, 533–546.

Ng, I. & Wong, M. (2002). Public opinion on rape and services for rape victims. Hong Kong: The Hong Kong Polytechnic University and Association Concerning Sexual Violence Against Women.

Ngo, H.Y. & Lau, C.M. (1998). Interferences between work and family among male and female executives in Hong Kong. *Research & Practice in Human Resource Management*, 6, 17–34.

Paludi, M.A. (1996). Sexual harassment on college campuses: Abusing the ivory tower. Albany, NY: State University of New York Press.

Parish, W., Das, A., & Laumann, E. (2006). Sexual harassment of women in urban China. *Archives of Sexual Behavior*, 35, 411–425.

Pei, Y., Ho, P., & Ng, M.N. (2007). Studies on women's sexuality in China since 1980: A critical review. *Journal of Sex Research*, 44, 202–212.

Quek, K. & Knudson-Martin, C. (2008). Reshaping marital power: How dual-career newlywed couples create equality in Singapore. *Journal of Social and Personal Relationships*, 25, 511–532.

Quek, K. & Knudson-Martin, C. (2006). A push toward equality: Processes among dual-career newlywed couples in collectivist culture. *Journal of Marriage and Family*, 68, 56–69.

Rotundo, M., Nguyen, D., & Sackett, P.R. (2001). A meta-analytic review of gender differences in perceptions of sexual harassment. *Journal of Applied Psychology*, 86, 914–922.

Shaffer,M.A.,Harrison,D.A.,Gilley,K.M., & luk,D.M.(2001).Struggling for balance amid turbulence on international assignments:work-family conflict, support and commitment. *Journal of Management*, 27, 99-121.

Stein,H.F.(1996).Cultural relativism.In D.Levinson & M.Ember(eds), Encyclopedia of cultural anthropology,1(pp.281-285).New York:Holt.

Stember,C.H.(1961).Education and attitude change.New York:Institute of Human Relations Press.

Su,X.(2004). Education and gender egalitarianism:The case of China. *Sociology of Education*, 77, 311-336.

Sun,T.(2005).Adolescent sexuality and reproductive health in Taiwan.*International Quarterly of Community Health Education*,23,139-149.

Tan,T.,Ling,L., & Theng,E.(2002).Gender-role portrayals in Malaysian and Singaporean television commercials:An international advertising perspective.*Journal of Business Research*,55,853-861.

Tang,C.(1997).Psychological impact o f wife abuse:Experiences of Chinese women and their children. *Journal of Interpersonal Violence*,12,466-478.

Tang,C.(1999).Marital power and aggression in a community sample of Hong Kong Chinese families. *Journal of Interpersonal Violence*,14,586-602.

Tang,C.(2002).Childhood experience of sexual abuse among Hong Kong Chinese college students.*Child Abuse & Neglect*,26,23-37.

Tang,C.(2004).*A study on adolescent sexuality and peer sexual abuse in Hong Kong*.Hong Kong:The End Child Sexual Abuse Foundation.

Tang,C.(2006).Gender stereotypes and recruitment decisions:A study of Chinese employers in Hong Kong.In J.A.Arlsdale(ed.), *Advances in social psychology research*(pp.97-110).New York:Nova Science Publishers.

Tang,C.(2008).The influence of gender-related factors on HIV prevention among Chinese women with disrupted marital relationship.*Sex Roles*,59,119-126.

Tang,C.(2009a).The influence of mastery on family-work role experience and psychological health of Chinese working mothers.*Journal of psychology*,in press.*Paper presented to the 2nd Asian Psychological Association*,*Kula Lumpur,Malaysia*.

Tang,C.(2009b).*Sexual harassment in tertiary institutions in Hong Kong:Revisted after 10 years*.Manuscript in submission.

Tang,C.,Au,W.,Chung,Y.P., & Ngo,H.Y.(2000).Breaking the patriarchal paradigm:Chinese women in Hong Kong.In L.Edwards & M.Roces(ed.), *Women in Asia:Tradition, modernity and globalization*(pp.188-207).Melbourne,Australia:Allen & Unwin.

Tang,C.,Cheung,F.,Chen,R., & Sun,X.(2002).Definition of violence against women:A comparative study in Chinese societies of Hong Kong,Taiwan,and the People's Republic of China.*Journal of Interpersonal Violence*,17,671-688.

Tang,C.,Critelli,J., & Porter,J.(1995).Sexual aggression and victimization in dating relationships among Chinese college students.*Archives of Sexual Behavior*,24,47-53.

Tang,C. & Lai,B.(2008).A review of empirical literature on the prevalence and risk markers of male-on-female intimate partner violence in contemporary China,1987-2006. *Aggression and Violent Behavior,13,* 10-28.

Tang,C.,Lai,F., & Chung,T.(1997).Assessment of sexual functioning for Chinese college students.*Archives of Sexual Behavior,26,*79-90.

Tang,C. & Lau, B. (1996a). The Chinese gender role stress scales: factor structure and predictive validity.*Behavior Modification,20,*321-337.

Tang,C. & Lau,B.(1996b).Gender role stress and burnout in Chinese human service professionals in Hong Kong.*Anxiety,Stress,and Coping,9,*217-227.

Tang,C.,Lee,A.M.,Tang,T.,Cheung,F.M., & Chan,C.(2002).Role occupancy,role quality,and psychological distress in Chinese women.*Women & Health,36,*49-66.

Tang,C.,Pun,S., & Cheung,F.(2002).Responsibility attribution for violence against women: A study of Chinese public service professionals.*Psychology of Women Quarterly,26,*175-185.

Tang,N. & Tang, C. (2001). Gender role internalization,multiple roles,and Chinese women's mental health.*Psychology of Women Quarterly,25,*181-196.

Tang,C.,Wong,C., & Lee,A.(2001).Gender-related psychosocial and cultural factors associated with condom use among Chinese married women.*AIDS Education and Prevention,13,*329-342.

Tang,C.,Wong,D., & Cheung,F.(2002).Social construction of women as legitimate victims of violence in Chinese societies.*Violence against Women,8,*968-996.

Tang,C., Yik, M., Cheung, F., Choi, P., & Au, K. (1996). Sexual harassment of Chinese college students.*Archives of Sexual Behavior,25,*201-215.

Tang,C. & Yu,J.(2005).*Challenges of single parenthood in Hong Kong.*Paper submitted to the 1st Asia-Pacific Conference on Trauma Psychology:Life Adversities and Challenges,Hong Kong.

Tay,I. & Gibbons,J.L.(1998).Attitudes toward gender roles among adolescents in Singapore.*Cross-cultural Research,32,*257-278.

Teo,P.,Graham,E.,Yeoh,B., & Levy,S.(2003).Values,change and inter-generational ties between two generations of women in Singapore.*Ageing and Society,23,*327-347.

Thorton,A. & Lin,H.(1994).Social changes and the family in Taiwa.n,Chicago,IL:University of Chicago Press.

Toro-Morn,M. & Sprecher,S.(2003).A cross-cultural comparison of mate preferences among university students:The United States vs The People's Republic of China.*Journal of Comparative Family Studies,34,* 151-170.

Tsun,A.(1999).Sibling incest:A Hong Kong experience.*Child Abuse and Neglect,23,*71-79.

Tu,S. & Liao,P.(2005).Gender differences in gender-role attitudes:A comparative analysis of Taiwan and coastal China.*Journal of Comparative Family Studies,36,*545-566.

Tucker,J.,Henderson, G., Wang, T., Huang, Y., Parish, W., Pan, S. et al. (2005). Surplus men, sex work,and the spread of HIV in China.*AIDS,79,*539-547.

Twenge,J.M.(1997).Changes in masculine and feminine traits over time:A meta-analysis.*Sex Roles,36,* 305-325.

Twenge,J.M.(2001).Changes in women's assertiveness in response to status and roles:A cross-temporal meta-analysis,1931-1993. *Journal of Personality and Social Psychology*,*81*,133-145.

Wang,Q.(2001).China's divorce trends in the transition toward a market economy.*Journal of Divorce and Remarriage*,*35*,173-188.

Wang,R. & Hsu,H.(2006).Correlates of sexual abstinence among adolescent virgins dating steady boyfriends in Taiwan.*Journal of Nursing Scholarship*,*38*,286-291.

Wang, X. & Ho, P. (2007). My sassy girl: A qualitative study of women's aggression in dating relationships in Beijing.*Journal of Interpersonal Violence*,*22*,623-638.

Ward,C.(1990).Gender stereotypes in Singaporean children.*International Journal of Behavioral Development*,*13*,309-315.

Watts,J.(2008).Sex,drugs,and HIV/AIDS in China.*Lancet*,*37*,103-104.

Williams,J.E. & Best,D.L.(1990).*Measuring sex stereotypes:A thirty-nation study*.Beverly Hills,CA: Sage.

Willness,C.R.,Steel,P., & Lee,K.(2007).A meta-analysis of the antecedents and consequences of workplace sexual harassment.*Personality Psychology*,*60*,127-162.

Wolf,M.(1987).*Revolution postponed:Women in contemporary China*.London,England:Metheun.

Wong,F. M. (1972). Modern ideology, industrialization, and conjugalism: The Hong Kong case. *International Journal of Sociology of the Family*,*2*,139-150.

Wood,W. & Eagly,A.(2002).A cross-cultural analysis of the behavior of women and men:Implications for the origins of sex differences.*Psychological Bulletin*,*128*,699-727.

World Health Organization.(2002).*World report on violence and Health*.Geneva,Switzerland:Author.

Xu,X.(1997).The prevalence and determination of wife abuse in urban China.*Journal of Comparative Family Studies*,*28*,280-303.

Xu,X. & Lai,S. (2004). Gender ideologies, marital roles, and marital quality in Taiwan. *Journal of Family Issues*,*25*,318-355.

Yang,K.S.(1996).The psychological transformation of the Chinese people as a result of societal modernization.In M.H.Bond(ed.),*The handbook of Chinese psychology*(pp.479-498).Hong Kong:Oxford University Press.

Yang,M.,Yang,M.,Chou,F.,Yang,H., & Wei,S., & Lin,J.(2006).Physical abuse against aborigines in Taiwan:Prevalence and risk factors.*International Journal of Nursing Studies*,*43*,21-27.

Yang,N.(2005).Individualism-collectivism and work-family interfaces:A Sino-US comparison.In Steven A.Y.Poelmans(ed.),Work and family-An international research perspective(pp.287-318).Mahwah,NJ:Erlbaum.

Yeung,D. & Tang,C.(2001).Impact of job characteristics on psychological health of Chinese single working women.*Women and Health*,*33*,85-100.

Yi,C. & Chien,W.(2002).The linkage between work and family:Female's employment patterns in three Chinese societies.*Journal of Comparative Family Studies*,*33*,451-474.

Zhang,N. (2006). Gender role egalitarian attitudes among Chinese college students. *Sex Roles*, *55*, 545-553.

Zhou,L.,Dawson,M.,Herr,C., & Stukas,S.(2004).American and Chinese students' predictions of people's occupations, housework responsibilities, and gender influences. *Sex Roles*, *50*, 547–563.

　　Zuo, J. (2003). From revolutionary comrades to gendered partners: Marital construction of bread winning in post-Mao urban China. *Journal of Family Issues*, *24*, 314–337.

第 32 章　中国文化心理学与当代交流

Shi-xu　Feng-bing

　　大体而言,对人类心理的研究仍然采取了普适主义者的视角,然而实际上,通常采纳的是以西方为中心的模型和哲学(Cole,1996;Shweder,1990)。在某种程度上,甚至跨文化心理学似乎也受到这一主导观点的引导。其结果就是,根植于本土的观点在国际论坛上没有得到应该有的足够重视,尤其在文化方面。

　　在本研究中我们试图对一种文化差异心理学进行基本的、概括性的描述,尤其是中国文化心理学,不是从传统的、众所周知的角度,而是从当代中国的语言交流的优势。换而言之,我们不会将中国文化心理学假定为一套抽象的心理属性、过程和策略,相反,它们会被具体化为各种形式的社会文化实践,正如在历史与文化情境中的语言活动或"语句"中所发现的那样。同样地,它们会被认为是资源、规则、价值观、立场和框架等,与之相关并通过它们,人们彼此之间互相作用,尤其在语言上,从而达到目标。从另一种观点来看,可以说当人们进行语言交流时,他们在其实践生活中(再)创造、起草、使用、维持、转换和改变了"心理的"机制、过程和策略等(Billig,1997;Shi-xu,2007)。

　　此处我们将要提出的中国心理学这一特殊类型可能具有以下特征,即它是一个具有不同分类、特征和规则的系统,它将中国文化与其他东西方文化区别开来。例如,一些独特的中国概念,像仁、礼、和、面子、缘、世界观(如天人合一)、推理方式(如阴阳)、道德价值观(如中庸)与和气、集体记忆(如现代中国历史)、对其他文化群体的态度(反对霸权主义,同情第三世界)以及对祖国的情感(如爱国主义)。

　　同时,这些特定的文化特征、偏好和规则也可以体现于中国人在日常生活中如何表现自己的各种方式中,尤其在语言交流中。问题是,尽管有许多文化心理学概念和原理与语言的使用和交流直接有关,但是迄今为止,对于中国当代文化和交流之间的关系,系统的相关知识却很少。①

　　在本文中,根据中国已有的心理学和语言学研究洞见,我们还将试图进行一种初步的整合(Feng-bing,2005;Shi-xu,2006)。特别是,我们将找出关键的文化心理特征,并

---

　　① 中国语言和交流研究,从古代孔子的《论语》到现代 Chen(1979)的《修辞学发凡》,至少有两千多年的历史,其中包含了丰富的价值观、观点、概念、理论和方法(Chen,2004;Heisey,2000;Shen,1996;Shen,2001;Xing,2000)。

且试图将它们与当代中国人交流时说话与写作的典型模式联系起来。此外,我们将提出如何运用这种中国话语心理学框架,不仅用来理解当代中国社会中的文本和谈话,而且用来对其进行批判性评价。

尽管对文化心理学的兴趣在复苏(如 Bond,1986,1991,1996,2000;Wang & Zhang,2005;Yan,1998),但是学者们却很少关注它与汉语交流的关系,而我们认为语言交流并非次要的,它反而是文化心理学的核心。另一方面,对于中国人交流的研究,通常都受到了西方政治经济模型的影响,其结果就是,在表述和解释当代中国人的交流时,中国人的心理作用常常被忽视了。本研究目的在于去整合地理解中国人的心理和当代交流。

中国人的心理特点与交流

学者们已经从各种角度、分类和过程对中国人的心理进行了研究,例如世界观、价值观、自我概念、分类、信念、态度、立场和情绪(Chu,1985)。这些问题的性质本身就可能是基于各种特殊的价值观、信念和世界观;与此类似,中国文化心理学作为一个整体,可以视为分别根植于儒家、道家和佛教的中国哲学及宗教传统(例如和、中庸、道、天人合一)。Wang 和 Zheng(2005,第334—352页)从七种偏好的"思维方式"角度出发,描述了中国人的心理特征:(1)整体论,(2)辩证法,(3)中庸,(4)直觉,(5)崇拜权威,(6)实用主义,(7)图像倾向,(8)循环思维。以下论述会在某些问题上与该方法相互重叠,但在另一些方面则有所差异。首先,我们不仅会谈及偏好的"思维方式"或心理策略,以上研究者也论述了这些,而且也会提及其他心理分类,例如规范、信念或世界观以及记忆。其次,我们强调了中国文化中的新内容,例如道和近代史,它们对于当代中国文化而言是独特的。

下面首先会介绍中国人心理所特有的一种核心属性,然后从语句的角度将其表达出来。我们会使用当代中国人语言交流中的例子来说明这种观点。

道

在中国人的信念系统或世界观中,隐藏的最核心构成部分之一是道,即老子和庄子这二位中国古代哲学家所创立的道教核心概念,传统上也将其译为"Way"(又参见 Ji、Lam、& Guo,本手册;Lu,本手册)。

在老子和庄子看来,道既是世界万物的起源,也是其根基。它的存在不是外显的、独立的,尽管它不可改变,但是却常常化身为具体事物或过程;我们无法直接触及道,而是必须找到或发现间接的方法去到达它。

这解释了为什么中国人倾向于持续不断地超越所有外在,以确定存在的真正本质和意义。这同样也解释了为什么中国人偏好通过无为的方式而达成秩序。在中国文学研究中,这种心理属性被赋予了一种具体的形式。换言之,它被理解为具有超越了符号表达的含义和意义。因此,刘勰的《文心雕龙》提出了中国语句的这一独特观点,即言不尽意(不要使用或在语言中表达出所有含义)、风骨(本质)和神思(无限想象)。

如此理解道与行动、语言与涵义之间关系的一个结果就是,形成了一些语句方法以解决该情况,并克服表达含义和道时所面临的困难:言简意赅、引经据典、以形传意等(Cao 等,2001)。

天人合一

中国人世界观中的一个基本信念是天人合一,即,所有事物,从自然到人,都是一个统一整体不可分割的一部分。这一观念可以至少追溯到《易经》,并且同样也是具有二千年历史的儒家学说的基本信条之一。对宇宙的这一基本理解启发了中国人民的各种思维方式,它们都强调(1)事物的整体性,(2)事物间的和谐。它们的共同特点就是"整体思维方式"。

在语言交流中,例如可以看到中国人很重视和(基于差异的和谐)。出于相同原因,他们会特别关注人与自然间的和谐。因此不难理解为什么和谐与和谐社会已经成为当下中国政治与社会交流中的流行语和基石:

> 胡锦涛指出,我们所要建设的社会主义和谐社会,应该是民主法治、公平正义、诚信友爱、充满活力、安定有序、人与自然和谐相处的社会。这些基本特征是相互联系、相互作用的,需要在全面建设小康社会的进程中全面把握和体现。

新华网,2005 年 2 月 19 日

> 人民日常生活与一个民族的未来息息相关,而社会建构与人民的幸福形影不离。具有中国特色社会主义进程的整体结构包括经济结构、政治结构和社会结构。这里……四个因素互为补充不可分割。

《优先提高人民的日常生活》,《文汇报》2007 年 11 月 5 日

同样还有:

> 中医理所当然地认为人的健康取决于人与自然、人与社会以及人内在阴阳的动态平衡。

Zhang 等,2006 年,第 81—82 页

读者可能注意到文中都强调了联系、内在关系、整体性、平衡等。然而,应该指出的是,相对于英语里的"和谐",天人合一的复杂信念是一个宽泛得多的概念;它包括了差异和平衡,以此为基础,和谐生于此也落于此。出于该原因,当面对美国政府在人权问题上的文化霸权主义时,中国的公共媒体使用了各种语句策略来抵消其刺耳的、强硬的立场(Shi-xu,Cheng,待出版)。

辩　证

英语中与这一偏好相对等的是思维二分法。它是一种依托于中国古代阴阳思想的心理习惯或推理方式,这种思想可以追溯到《易经》。换而言之,任何事物都是由相互联系、相互改变和相互渗透的两个部分所组成。这种世界观导致中国人体验和看到了(1)对立事物的相互关系,以及(2)事物的动态本质。

在语句中,其结果就是中国人倾向于避免使用绝对的词语和表达方式,强调事物之间的联系并且关注所有事物的对立面:

> 任何社会都不可能没有矛盾,人类社会总是在矛盾运动中发展进步的。
>
> 《中共中央委员会关于构建社会主义和谐社会若干重大问题的决定》
>
> 新华社,2006 年 10 月 18 日

还有:

> 中医理所当然地认为人的健康取决于人与自然、人与社会以及人内在阴阳的动态平衡。
>
> Zhang 等,2006 年,38(6),第 81—82 页

在高水平的中国中部创新经济与企业融资论坛上,中国风险投资研究院院长陈工孟说:"经济是一把双刃剑。当前金融'危机'处于危险的一面;如果金融危机的泡沫持续增长,那么中国会遭受重创。但是另一方面,'危机'也提供了机遇。"他相信中国当前的金融危机会对中国的资本市场产生积极作用。此外,在这一金融动荡中,中国可以尝试着从华尔街吸引到优秀的海外中国人在中国创业。

> http://www.chinahrd.net/zhi_sk/jt_page.asp? articleid = 149052

在这些例子中,读者可以看到,与强调整体观相一致的是,事物的对立面及其统一性也都得到了强调。此外,作为中国文化的特征,人们认识到了对立面之间关系的长期变化。

中　庸

它的特点是在各种不同的甚至极端的选择中偏好一种中间道路或立场。这种思维方式来自于儒家社会行为的核心信条之一。更明确地说,它是一种道德教导,教导个体不要走极端,不要在选择的连续体上选择任何一端,而是应该(就字面而言!)选择中间立场,正如其表述的那样。这种道德准则促使中国人对一切事物都采取中间态度,避免在任何事情上引人注目。

这一心理倾向对于中国人在社会环境中的说话方式显然产生了影响。它不仅表现在发言交流时,也表现在日常语言实践中。下面来听听一位中国商人的发言:

> 我觉得一个企业不应该发展太快,而是应该追求稳健。不应该吃得太饱,但也

不应该饿着。我希望逐步建立一个稳健的生意,一个至少会持续百年的生意。

www.51Labour.com,2006 年 5 月 20 日

不要表现出你的优越感,不要告诉别人你更聪明……宽容和忍让是一种大智慧……在批评别人时,要给对方留些脸面……世上没有绝对的公平;不要过分追求完美……

宋天天,2008 年,第 2 页,目录

目前,我国社会总体上是和谐的。但是,也存在不少影响社会和谐的矛盾和问题。

《中共中央委员会关于构建社会主义和谐社会若干重大问题的决定》
新华社,2006 年 10 月 18 日

这里不仅提倡和支持中庸,并且在进行消极评价时同样也运用了语言的平衡。

直 觉

然而,在知觉和理解世界时还存在另外一种典型的中国人心理策略。相对于以上我们看到的其他思维类型,可以相对容易地将其译为"(凭借)一种直觉和/或者基于经验的思维方式"。换而言之,中国人不仅常常在进行判断或作出决定时使用直觉,而且在大量各种情景中同样如此,包括诗歌阐释和学术研究。这同样也意味着他们所做的判断是一般性的、简单化的和模糊的,并且很迅速。

我们不仅常常可以在每天的交流形式中看到这种心理倾向性,而且在文学甚至科学中都可以看到它。

张爱玲:缘可以理解为一句话中的某种东西例如:"哦,你也在这里吗?"

张,1949 年,第 10 页

还有:

在过去几年里,我突然认识到,西方的印欧语言与中国的汉语不是一类东西。西方思维模式是分析性的,而东方思维模式,当然也包括中国,是系统性的。

季,1997/2002 年,第 7 页

特别需要指出的是,汉语与印欧语言是一种广泛而复杂的现象,而对该现象及其思维方式特点的发现却是基于"突然认识",作者是当代中国最著名的汉学家之一。

权 威

在中国过去二千多年的历史中,主导的思维方式是习惯将地位最高、最博学或最权威的人当做真理或道德秩序的权威,在汉语中就是"权威"。这种可以称其为权威心理的思维方式当然与传统的中国社会等级伦理体系有关:即,我们应该对国家领袖、年长者和父亲给予最高的尊重,如今这种道德秩序延伸到了更广阔的社会中(参见 Chen &

Farh,本手册;Hwang & Hau,本手册)。

这种文化心理模式导致了以下随处可见的现象,即引用、谈及那些有权力的、有知识的、年长者的话,并向其表达尊重或敬畏,将他们当作真理、标准或道德规范的权威人士或保证者。以下论述可以作为这一心理的证据:

> 专家对情况进行了分析后指出,相对于唐山大地震,汶川地震死亡人数更少主要是因为前者发生在晚上,当时许多人都在熟睡中,而后者发生在白天。此外,前者发生在市区,而后者发生在人口密度不大的山区农村。
>
> http://www.newsxinhuanet.com/politics/2008-05/18/content_8197178.htm
>
> (专家详细分析了为什么汶川地震所造成的破坏要大于唐山大地震)

在该事例中,专家应该提出他们的观点,然而他们所说的不过都是常识。当然,由此人们一致被调动起来去跟随"常识"。

以下也同样如此:

> 昨天,许多 SARS 专家和联合国安全组织中国官员在接受《早报》采访时说,目前他们还不确定广州 SARS 疑似病例身上的回缩病毒是否来自老鼠,但是他们并不排除这一可能性。
>
> 《东方早报》2004 年 2 月 5 日

2003 年首次发现了 SARS,但在 2004 年"SARS 专家"的尊称就已经出现了。然而,他们这里提出的解决方法不过是常识性的。这种浅显简单的讲话是必要的,因为在未知情况下,只有专家或专家们的出现和发言才被认为是恰当的,无论他们是否擅长该领域。

近代史

在中国人的集体记忆中,与当代交流有关并且特别值得关注的一页就是,自从 19 世纪 40 年代鸦片战争以后,西方殖民帝国主义列强的侵略、剥削和统治的历史经验。这些集体记忆充满了耻辱、痛苦和愤怒。可以说,正是这一系列记忆导致了对文化霸权主义"自然而然的"反感以及对祖国的热爱或爱国主义(Shi-xu,2006)。一些著名的纪录片如《中国可以说不》(Song Qiang & Zhang zangzang,1996)以及《呼唤:当今中国的五种声音》(Lin Zhijun & Ma Licheng,1999)就最好地证明了这一立场。但是我们常常可以看到,在当代中国公共交流中,一方面是反对外国压迫,另一方面是爱国主义或对祖国的热爱,它们是中国形成其在国际关系中立场的潜在原因。

> 八十年前,在中国各族人民反帝反封建的壮阔斗争中,在世界无产阶级革命的澎湃运动中,中国共产党成立了。这是近代中国社会矛盾发展和人民斗争深入的必然结果。一八四〇年以后,由于西方列强的入侵,中国逐渐成为半殖民地半封建社会,中国人民受到帝国主义、封建主义的双重压迫。……
>
> 江泽民:《在庆祝中国共产党成立八十周年大会上的讲话》,2001 年 7 月 1 日

同样:

　　将国家和民族利益放在首位、永远不向外国侵略者低头是我们伟大民族爱国主义的基石。20 世纪 30 年代,日本向中国发动了全面战争,将她拖入了灾难的边缘。

光明网,www.wuhai.gov.cn,2005 年 9 月 19 日

此处提及了现代中国遭受外国入侵与耻辱的历史,从而首先纪念中国共产党,其次加强爱国主义。

结　论

在本文中我们提倡必须关注当地的、本土的、文化的心理学,它是理解人类心理、取得真正的社会科学创新以及最终促进各文化间交流和关系的先决条件。我们同样还提出了这样做的紧迫性,因为心理的特殊文化形式,尤其是非西方的,正在逐渐被边缘化并日渐衰落(参见 Smith,本手册)。

针对心理学中文化不平衡性这一日益严重的问题,我们已经仔细考察了中国文化心理学的一般画面。我们认为不必将心理现实视为社会行为的一种外显独立实在。相反,我们可以将其理解为心理实体和过程,它在情境下的语言交流中表现得最为明显。为了说明这一社会现实,我们给出了当代中国语句的多个举例。

我们希望本文提出的中国人心理轮廓有助于理解当代普遍存在的中国文化,尤其是当今中国人的语言和交流。同时,它也可以作为评判其交流行为的一种规范性标准。

中国文化本身就是多元的,因此是广博的、多样的、复杂的、动态的。未来对中国人心理的各个方面进行的研究还需更具有包容性,更关注细微差异。关于这一点,必须注意到的是,由于全球化和国际交流的影响,在描述中国人交流中出现的心理过程时,同样还需要考虑到文化转换过程(Yang,1996)。

参考文献

Billig, M. (1991). *Ideology and opinions*. London: Sage.

Bond, M.H. (ed.) (1986). *The psychology of the Chinese people*. Hong Kong: Oxford University Press.

Bond, M.H. (1991). *Beyond the Chinese face: Insights from psychology*. Hong Kong: Oxford University Press.

Bond, M.H. (ed.) (1996). *The handbook of Chinese psychology*. Hong Kong: Oxford University Press.

Bond, M. H. (2000). Distant anguish and proximal brotherhood: Using psychology to move beyond the Chinese face. *Journal of Psychology in Chinese Societies*, *1*, 143–148.

Cao, S. Q. (2001). *Zhongguo gudai wenlun huayu* (*Chinese classical literary-theoretical discourses*).

Chengdu, China: Bashu Shushe. (in Chinese)

Chen, G.M. (2001). Towards transcultural understanding: A harmony theory of Chinese communication. In V.H.Milhouse, M.K.Asante, & P.O.Nwosu(eds), *Transculture: Interdisciplinary perspectives on cross-cultural relations*(pp.55−70). Thousand Oaks, CA: Sage.

Chen, W.D. (1979). *Xiuci xue fafan (Development of rhetorics)*. Shanghai, China: Shanghai Educational Press. (in Chinese)

Chu, G.C. (1985). The changing concept of self in contemporary China. In A.J.Marsella, G.de Vos, & F.L.K.Hsu(eds), *Culture and self: Asian and Western perspectives*(pp.252−277). New York: Tavistock.

Cole, M. (1996). *Cultural psychology: A once and future discipline*. Cambridge, MA: Harvard University Press.

Feng-bing. (2005). *Ethnicity, children and habitus: Ethnic Chinese school children in Northern Ireland*. Frankfurt/New York: P.Lang.

Heisey, R. (ed.) (2000). *Chinese perspectives in rhetoric and communication*. Greenwood, CN: Ablex.

Ji, X.L. (1997/2002). Preface. In G.Qian, *Hanyu wenhua yuyong xue (Pragmatics in Chinese culture)* (2nd edn). Beijing, China: Qinghua University Press. (in Chinese)

Jia, W.S., D.R.Heisey & X.Lu(eds) (2002). *Chinese communication theory and research*. Greenwood, CN: Ablex.

Shen, K.M. (1996). *Xiandai hanyu huayu yuyan xue (Modern Chinese text linguistics)*. Beijing: The Commercial Press. (in Chinese)

Shen, X. (2001). *Hanyu yufa xue (Chinese grammar)*. Nanjing, China: Jiangsu Educational Press.

Shi-xu. (2005). *A cultural approach to discourse*. Basingstoke, England: Palgrave Macmillan.

Shi-xu. (2006). Mind, self, and consciousness as discourse. *New Ideas in Psychology*, 24, 63−81.

Shi-xu & Cheng, W. (forthcoming). A discourse approach to contemporary Chinese media on human rights. *Journal of Asia pacific Communication*.

Shweder, R. A. (1990). Cultural psychology—What is it? In J. W. Stigler, R. A. Shweder & G. Herdt (eds), *Cultural psychology: Essays on comparative human development*(pp.1−43). Cambridge, England: Cambridge University Press.

Song, T.T. (2008). *To be low-key as a person and use the middle in action*. Beijing, China: Zhaohua Chuban She. (in Chinese)

Wang, F. & Zheng, H. (2005). *Zhongguo wenhua xinlixue (Chinese cultural psychology)*. Guangzhou, China: Jinan University Press. (in Chinese)

Xing, F. (ed.) (2000). *Wenhua yuyan xue (Cultural linguistics)* (revised). Wuhan, China: Hubei Educational Press. (in Chinese)

Yan, G. (1998). *Zhongguo xinlixue shi (History of Chinese psychology)*. Hangzhou, China: Zhejiang Educational Press. (in Chinese)

Yang, K.S. (1996). Psychological transformation of the Chinese people as a result of societal modernization. In M.H.Bond(ed.), *The handbook of Chinese psychology*(pp.479−498). Hong Kong: Oxford University Press.

Zhang, J.X., Hou, D.F., Sun, J., & Jiang, R. (2006). Thoughts on a Chinese-medicine approach to parahealth.*New Chinese Medicine*,*38*,81–82.

Zhang,A.L.(1949).Love.*Monthly Magazine*,*13*(1).(in Chinese)

Zhou,Q.G.(2002).*Zhongguo gudian jieshi xue daolun*(*Introduction to classical Chinese hermaneutics*).
Beijing,China:Zhonghua shuju.(in Chinese)

第 33 章　华人政治心理学：华人社会中的政治参与

Isable Ng

西方学者将政治参与定义为一种旨在改变政府政策的行为。比如，Verba、Nie 和 Kim(1978)认为政治参与是"个体公民的那些或多或少想要直接影响政府官员选举或者行动的合法行为"。在西方民主社会已经出现大量关于政治参与形式的研究，诸如选举投票、政治游说、不合作主义。然而，这些政治参与的行为方式可能无法代表政治体制不同的社会，比如华人社会，与西方民主社会不同，华人通过其他方式表达其政治观点。

本章探究了关于华人政治参与的文献，涉及了三个问题：(1)华人如何参与政治活动？(2)为什么华人要参与政治活动？(3)参与政治活动对个人意味着什么？在过去二十年，出现了大量关于华人社会中政治参与的文章，所以梳理现有成果并确认未来研究方向是大有裨益的。更重要的是，希望本章可以作为一个研究纲领，用来引导心理学家、政治学家以及有兴趣研究华人政治心理学领域(一个生机勃勃、开放、科学的心理学分支)的社会科学研究者。

我们将主要关注中国大陆，然后是中国香港、中国台湾、新加坡。中国大陆市场化改革三十年以来，社会的诸多方面发生了根本性变化；因此，中国大陆的政治参与特别值得注意。对现有资料的系统性回顾可能会给我们提供一些思路，主要是关于中国大陆经济体制改革对政治体制的影响。由于在大多数人印象中，中国香港人都不太关心政治，因此香港的政治参与情况可能存在特殊之处。在 1997 年主权回归中国大陆之后，香港的政治文化是否发生了改变？其次，中国台湾可以为那些探讨西方式政治体制是否或如何影响个人态度、价值观及意识形态的研究者提供信息。因此，本章将重点关注那些考察人们的态度是如何随时间而变化的纵向研究。最后，本章也提到了新加坡政治参与的一些研究(尽管很少)。

由于收集和政治参与相关的代表性数据需要投入大量的精力，因此我们注意到，关于政治参与的文章主要是由少数几个研究者发表的，比如 Tianjian Shi、Wenfang Tang 和 Siu Kai Lau，在该研究领域的早期更是如此。这些学者已出版一些关于政治参与的著作并且/或者在相关杂志上发表过文章，文献中的实证论据来源于其本人或其他人所进行的大规模调查。亚洲指标项目是华人政治参与的另一个重要实证资料来源。这是一个正在进行中的项目,它考察了 17 个亚洲政治体系中对政治、权力和公民政治行为的态度和价值观。由于时间、资料和篇幅所限,我们在这一初步研究中关注的是英文杂志。我们承认,本回顾的资料不可避免都是西方视角的,采用了内在的西方框架,尤其在民主问题上。我们希望今后有更多来自华人内部的学者对政治行为和心理学这一主题感兴趣。

本章其余内容包括 3 个部分,依次考察了以上 3 个问题。第一部分是华人表达其观点的途径种类,以及这些途径的有效性。第二部分回顾了政治参与的已有研究。一方面,随着社会的现代化,人们能够积累更多的客观资源,由此参与政治的能力获得了提高。另一方面,一个社会的政治文化决定了那些有能力参与政治的人是否参政。如果人们认为它不符合社会期望,或者与个体的价值观相矛盾,那么就不会参政。因此,为了评估这些似乎彼此对立的观点,我们首先进行了文献回顾,找出华人传统的价值观如儒家学说,如何影响了华人对政治或政治参与的态度;然后,我们还会在文献中寻找证据,证明经济发展是否会促进政治参与。在最后的第三部分,我们考察了政治参与的结果。它对个体有何影响? 它是自由的吗? 参与改变了个体的态度吗? 增加了个体的认识吗? 改变了个体对他人或政治机构的情感评价吗? 例如,随着台湾长期实行西方式的民主制度,与香港人和大陆人相比,台湾人是否会表现出一系列不同的政治心理特质(如内部/外部效能感、政治信任、对民主的理解、政治意识形态)? 还有,自愿与大陆联系的政治参与会带来什么样的结果?

政治参与的多样化和模式

中国大陆的政治参与

20 世纪 50、60 年代研究集权制度的文献错误地认为政治参与和共产主义制度毫无关系,并代之以政治动员的概念。已经积累起来的证据表明,中国大陆的政治参与情况显然和这一消极的(或仅仅是被动员起来的)公民观相矛盾。由于在 20 世纪 70 年代末的后毛泽东时期开始了经济和政治改革,因此据报告,无论在城市还是农村,已有越来越多的普通百姓参与到公众事务和政治中(Jennings,1997;Manion,1996;Shi,1997;Tang & Parish,2000),至少根据西方国家的标准是如此。

在本章,将政治参与广义定义为"由普通公民所实施的行为,旨在直接或间接影响政府官员的选拔或者政府官员制定的政策"(Bennett & Bennett,1986,第 160 页)。中国大陆之前的政治参与研究已经确认,尽管受列宁主义的政党国家限制,但中国公民平常确实会通过各种行动去影响政府的政策,特别是在政策执行阶段。例如,在对北京地区政治参与情况的调查中,Shi(1997)发现在调查的前五年中,90% 被访者至少会参加一种政治活动。除了投票(研究中唯一由政府积极发动公民参与的活动)之外,73%的被访者至少参加了一项政治活动,57%参加了两项及以上。Shi 的调查数据显示,北京公众的政治参与普遍性并不比很多采取西方民主制度的国家低,只是形式不同。

Shi(1997)还指出中国大陆在政治参与方面的一些独特之处。第一,在中国大陆的城市里,工作单元(单位)是许多市民的生活中心,往往是单位代表政府为其员工提供一系列服务,而不是政府的职能部门。单位会起到政治、经济和社会的作用,从分配住房到提供教育,从解决婚姻问题到保持基本社会秩序。Shi(1997)认为,在中华人民共和国,单位的特征决定了大多数政治参与活动是在单位内部进行的,这一社会背景与其他形式的社会大不相同。第二,中国大陆的政治参与主要是集中在政策执行阶段,而不是政策制定阶段。

在西方国家式的民主社会中,人民影响政府政策的方式通常有两种,即选举和以群体为基础的政治活动。在中国大陆并非如此,许多政府政策的提出主要是为了服务基层群众。由于政策制定倾向于地方群众,人民追求其利益的策略也发生了根本变化。Shi(1997)认为,争取利益的重要策略变为说服其领导,让领导将物质资源或者非物质资源分配给某个体而不是其群体。因此,中国大陆的大部分政治问题中的政治行为都是高度忠诚的行为,或者是以个人而不是群体为基础去进行活动。对于下级社会群体中的成员来说,追求其利益的方式不是组织在一起以群体为单元进行统一活动,而是建立起成员和领导者之间的个人联系,个体用忠诚交换拥有更高地位或权力的领导者的青睐,Walder(1986)称这种交换为"赞助人—当事人联系"(又参见 Chen & Farh,本手册;Hwang & Han,本手册)。

在 Shi 关注的特定时间段内,其调查数据很好地支持了他的论断。北京人民确实会在很大程度上表达他们的诉求,个体也会建立与领导之间的个人联系。诉求的方式包括在不同层面上与政府工作人员进行商谈,或者是与各级单位领导进行交流。北京人民经常会进行以上活动,超过半数的被访者报告他们曾经与其单位领导交流过。其他被访者会通过另外的渠道表达自己的诉求,例如政府机关(43%)、商业协会(19%)、政治组织(15%)、人大代表(9%)。个人联系则是通过经营工具性个人纽带来诉求利益(搞关系)。中国大陆机构的设置允许人们在政策执行阶段去争取其利益。

Shi 开展研究的时间是 20 世纪 80 年代,之后人们表达意见的方式有没有发生变化呢? Tang(2005)比较了多种意见表达方式的有效性,从比较传统而按部就班的单位渠道开始,到政府机构、社会团体、公众传媒、个人社交、新兴选举和被选代表。在 1987 年(8 个城市)、1992 年(40 个城市)、1999 年(6 个城市)关于公众意见访谈研究的数据中,Tang(2005)发现在 1987—1999 年间出现了一些变化。首先,尽管表达意见的传统渠道一直居于统治地位,但是传统渠道的重点已经从单位变成了政府机构。与政府机构(包括政府机关和社会团体)的交流在 1987 年仅占 37%,到 1999 年则成为了解决问题的主要方式。在个人的政治世界中,曾经是中国大陆人民生活全部的单位,则变得不那么重要。

其次,所有渠道做出的整体反应都随时间而增加了,特别是在政府机关、社会团体、工作场合或者当地官员选举上。从1987年到1999年,非工作问题上访的解决率翻了一番。尽管如此,与Shi(1997)早期所得出的结论一致,人们希望得以解决并能对其发表意见的问题范围都比较小,或者仅是一些较低层次的政治问题,从个人福利到公众政策问题,比如通货膨胀、环境问题、公众服务。

香港和台湾的政治参与

Shi将政治参与的研究扩展到了其他两个中国社会——香港和台湾。他发现香港的投票参与率明显低于台湾和大陆的比例。在选举活动中,台湾有91%的人民参与了投票,而在香港,根据反馈的数据仅有29.6%的人参与了投票(Shi,2004)。台湾投票参与率较高可能与台湾长久以来实行选举的历史有关。分析相关资料可以得出结论,即制度的限制会阻碍公众参与投票,比如登记制度,而动员工作则会鼓励群众参与投票(Verba,Nie,& Kim,1978;Wolfinger & Rosenstone,1980)。在三种中国人中,大陆的公民在选举活动中最为积极,其次是台湾人,最后是香港人。约1/4的大陆人口报告说在选举期间参与了活动;台湾人口中则有17.5%参与了选举;而仅有7.3%的香港人口报告说自己曾经参与选举。至于利用个人关系去追逐利益,涉及此类行为的台湾和香港人数则远远少于大陆人数。在台湾,人们对于政府工作的不满可以很容易通过定期选举而表达出来,如上所示,他们参与投票或选举活动的比例较高。

当我们将目光转移到诸如抵抗和反抗之类的非传统、质疑政府高层的行为上时,局面就完全不同了。香港人在抗议行动上要远比台湾人积极(Shi,2004)。超过14%的香港被访者报告他们曾经参与过抗议活动,有9.1%的香港人选择通过抗议行为去诉求他们的利益。在香港,曾参与抗议活动的政治参与者比例几乎是台湾的10倍以上。

新加坡的政治参与

新加坡的政治参与研究非常少,仅能找到两篇已发表的文章。Ooi、Tan和Koh(1999)在1997—1998年之间展开了一次全国性的调查。其研究结果显示,虽然大量被访者表示想更多参与政治(87%)并希望政府花更多的时间倾听公民的建议(73%),但是相对来讲只有相当少的公民(24%)表示会参与到政府管理中,无论是地方政府还是国家政府皆是如此;只有9%的被访者曾经在制定某项公共政策的过程中向政府表达过观点。大部分被访者表示他们从未表达过观点,其中54%的被访者认为之所以如此,是因为自己没有非常强烈的观点。有15%被访者认为没有合适的表达观点的渠道,也有16%的被访者认为任何表达渠道都无效,因此放弃了表达自己的观点。至于那些表达过观点的被访者,运用最广泛的渠道是给当地报纸写信,或者是当地方议会开会时,在下议院议员与群众接触环节向议员陈述观点。

综上所述,这些研究表明华人社会中的政治参与特征可能并不是公民被动地受政府的动员,以达到政府的预期目的。中国内地人民参与政治活动最为积极,特别是基层人民。他们试图通过呼吁当局或动用个人关系去解决日常生活中的问题(Kuan & Lau,2002)。香港人民参与的最少,但当他们参与政治时,抗议是首选方式。相比工具性的活动,香港人民的抗议活动更具表现力,并且很少会导致暴力行为或者财产损失。

华人世界的政治参与历史

讨论完华人是如何参与政治活动之后,自然而然会想要知道华人参与政治活动的原因。从历史上看,在预测政治参与时,政治科学领域有两大主导理论——现代化理论和政治文化理论。

我们普遍意识到经济的发展与政治参与水平存在联系。基本观点是经济发展会导致一系列社会变化,这些社会变化改变了一个社会的结构、机构和政治文化,并塑造了人们的心理倾向和偏好。例如,Inglehart(1997)指出,当经济发展到足以供给人口基本的物质需要、能够创造出一种第三产业强大的多样化经济、能够使较高比例的人口接受教育时,就会出现两个尤为明显的心理变化:认知水平提高,价值观由物质主义转变为后物质主义。Inglehart 认为,这两个心理变化反过来又会增加两个可能性,即人们希望得到民主以及得到民主的手段更为熟练。因此,从一定程度上来说,社会经济发展是促进人们的自由主义价值观和公民自由需求发生变化的动力。

与此相反,有些研究者倾向于将政治看作一种历史产物,一种内心深处对权威的态度,这种态度会影响公民对不同政治体制的可接受度。因此,一个社会的经济情况发生变化与政治毫无关系。Lucian Pye(1992)是研究华人政治文化的先驱之一,通过分析,他确定了在形成和维持一种家长式政治秩序的过程中,一些从古代延续至现代历史的重要特点。

因此,现代化理论和政治文化理论针对文化与经济发展的关系提出了两种截然不同的观点。

在 20 世纪,中国启动了市场经济体制改革,持续时间超过了 20 年。社会经济状况的迅速发展是否会导致政治体制的发展? 如果是,那是怎样促进的呢? 现代化理论假定随着社会经济的飞速发展和基层民主的实行,都会促进对自由、政治参与和公民责任的更多、更普遍的需求,尤其是在沿海省市。另一方面,根据政治文化理论,尽管存在现代化、全球化的推动以及民主制度的实行,儒家社会的价值观改变一直相当缓慢而不均匀。对于普通群众,与传统哲学更相容的价值观相对来说更易接受。自由主义价值观与传统观念并不那么相容，这将会让自由主义价值观比如个人主义、多元主义和法制观念，非常难以融入主流的价值观结构。中国在过去几十年里经历了极为快速的经济和社会变化，这恰好为检验以上两种理论提供了丰富的土壤。

对现代化观点的检验

人们之所以参与政治活动，是因为会从中获益。由于政治参与会消耗人们仅有的资源，因此相关活动经常会付出一些代价，公民是否选择参与政治也就取决于个体对其投资收益比的衡量。跨国研究表明，在计算投资收益比的过程中，某些社会资源会起到直接或间接的作用，比如收入水平、受教育水平、城市住房以及是否为白领。一个社会的经济发展会增加全社会的社会资源。在这一部分，我将回顾现有文献，并考察是否如现代化观点所认为的那样，中国社会的社会资源分配随其经济发展水平不同而不同。

经济发展与社会资源。关于西方国家的投票研究发现，经济地位越高，在选举活动中越积极。这个现象可以用马斯洛的需要层次理论来解释，个体只有基本需要满足后才会去追求政治兴趣和公共利益。还有一些人认为，由于经济地位较高的人在政治中有更大的利害关系（即既得利益），因此他们更倾向于参与其中（Verba & Nie，引自Zhong & Kim，2005）。大体上讲，此类观点都可以称为"资源假说"。然而，有人认为低收入者会更频繁地参与政治活动，因为他们有更多的社会问题，对较差的经济状况有更多的抱怨，更希望通过政治参与来呼吁政府解决他们的问题。此类观点称为"剥夺假说"。

已有中国社会的研究似乎表明两种假设都正确，关键取决于研究中的政治参与形式。根据Shi(1997)20世纪80年代后期在北京所收集的中国城镇居民调查数据，弱势群体更可能参与到政治活动中。相反，如果考察资源和投票之间的联系，那么"资源假说"似乎更符合调查结果。同样，Tang(2005)从中国工会联合会组织的1997年员工调查中发现，两种假说均可以找到证据。对于劳动纠纷这一更自发性的行为，Tang(2005)发现在私人公司工作的低收入、男性、农村籍、无党派员工参与其中的可能性更大。与此相反，相对于那些社会经济地位低的人，在大型企业或半国有企业工作的、职位更高、教育水平更高、参与党派的那些员工，通过在工作中提建议并被采纳的形式参与政治活动的可能性更大。另一方面，另一项研究(Shi，2004)发现，在台湾，收入与所有形式的政治参与之间呈线性关系。

现代化除了增加收入外，还可能提高全社会受高等教育的人数。导致受教育水平与政治兴趣、政治参与程度呈正相关的原因有多种。其一，教育使公民拥有接受和理解政治信息的认知能力；其二，教育会提高公民理解政治事件对自身意义的能力，如果条件合适，还会提高公民依靠自身能力影响政治的信心。

在台湾和香港，政治参与和教育水平、政治知识、媒体报道呈正相关（Kuan & Lau,

2002)。Shi(2004)的研究发现,在香港、台湾和大陆三者之中,教育与政治参与相关最密切的是香港。在中国大陆农村,Jennings(1997)发现受教育水平较高的农民参与公共事务时更积极。Zhong 和 Kim(2005)最近的研究表明,在其中国大陆农村样本中,受教育水平与政治兴趣呈正相关。此外,相比年轻人、受教育水平低的老年女性,受教育水平高的男性对政治和公共事务表现出的兴趣更大(Zhong & Kim, 2005)。Chen 和 Zhong(1999)对北京农民的研究也发现,政治参与和公共事务参与程度与受教育程度呈正相关。综上所述,来自中国的台湾、香港和大陆的研究数据似乎都支持以下观点:诸如收入和教育等社会资源的提高会促进公民的政治参与活动。

经济发展和心理资源。经济发展除了增加社会资源外,还可能促进公民在参与政治活动时产生良好的心理倾向,这种心理倾向在以后的政治活动参与中可能会起到重要的作用。是否有证据表明经济发展会带来人们在心理倾向上的改变呢?这些心理倾向的改变包括对政治的心理投入(政治信息和政治兴趣)、效能(内在或外在效能)的改变及其对权力或当局者的倾向。

政治活动中的心理资源投入与经济发展存在正相关并且相关程度较高,无论是政治信息还是政治兴趣均是如此(Shi, 2004)。中国社会中对政治的兴趣从高到低依次是香港、台湾、大陆。经济能力与政治兴趣之间的联系与机构的效率并无关联。中国大陆关于政治兴趣分布情况的研究表明,富裕地区人民的政治兴趣要高于欠发达地区的人民。

经济发展强烈影响了人们对权威和当局的心理倾向,在香港则只有35%的人口认为他们与政府当局的关系带有等级制度性质,持这种观点的台湾人则处于35%—85%之间。

相反,经济发展程度与政治效能感并不相关。物质财富既不会增加公民对于自身参政能力的信心,也不会提升公民对政府反馈能力的评价。在香港、台湾,内在政治效能感最高的是中等发达的台湾,香港公民对自身理解政治事件的能力和参与政治的能力最缺乏信心。

令人惊讶的是,与大多数人的直觉相反,研究发现中国大陆人民的外在效能感最高(参见 Leung,本手册,论命运控制与申请奖赏之间的区别)。相比台湾人和香港人,中国大陆人民更相信自己政府对人民需求的回应是及时的。这个现象不仅在跨社会(香港、台湾、中国大陆)研究中存在,而且在中国大陆跨区域(经济发展水平不同)研究中也存在。综上所述,这些研究结果与现代化理论相符,即物质财富仅与心理资源存在相关。

经济发展与机构设置。Shi(2004)的发现挑战了现代化理论支持者的逻辑,尽管在香港、台湾和中国大陆这三个中国社会中,中国大陆的社会资源和心理资源最少,但是人民参与政治的程度却比其他两个中国社会高。这一结果使 Shi(2004)想到了以下

可能性：经济发展水平不同，政治参与者在参与政治活动中的策略和资源需求也不同。一项在中国大陆进行的跨区域（沿海发达区域、中等发达区域、内陆省市以及落后的西北部）研究能够直接证实这个可能。在研究过程中政权类型和政治文化不变，同时也可以检验经济发展与政治参与之间的联系。正如所预期的那样，当政治参与者处于由当局直接控制社会资源的组织（比如中国大陆城市中的国企和集体企业）中时，他们更愿意通过上诉或者裙带关系这种小范围的政治活动来与政府当局协商（Shi，2004）。

　　一种重要的含义是，经济发展不仅增加了现代化理论支持者所说的政治参与者的社会资源，而且还改变了当局政府的功能。尽管这些变化经常会伴随着经济发展，但是经济发展并不一定会改变当局政府的功能。

对文化主义观的检验

　　在描述华人社会认同的章节中，Liu、Li 和 Yue（本手册）认为，华人和西方人心中对于理想社会结构的看法并不相同。在华人心中当局的形象是仁慈的、以私人关系为中心而建立的，而西方人则认为当局的权威是由法律授予的，他们认为由法律授予权力的个人无法凌驾于公平的法律之上。在西方人心中，始终秉承"法律高于所有个人权力""人人平等"，而在儒家社会中，领导者个人和仁慈的权威人物处于权力结构的最顶层（见图 33.1）。

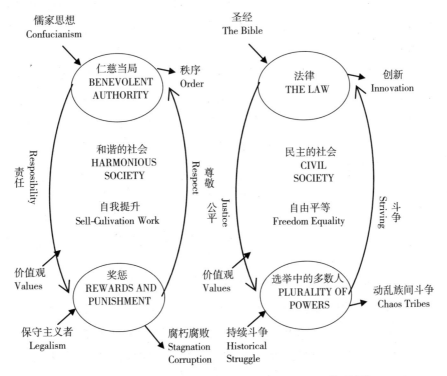

图 33.1　权威的历史承载（摘自 Liu & Liu，2003，第 47 页）

图 33.1 中,最上层是两种理想模式,最底层代表的是维持整个社会良好运转的基础,此基础是各种斗争的结果。在东亚地区,斗争的结果是一个中央集权的、等级观念森严的奖惩制度;而在西方,则是一个由法律规范及其机构所构成的系统,各种力量和群体在这种系统下为各自的利益而斗争。西方的社会模式是民主性社会,各种利益群体在法律的限制下相互为战,而法律建设是为了保证斗争的公平,以及出于社会稳定的考虑将斗争限定在特定的范围之内。传统东亚地区的社会模式是和谐社会,统治者照顾人民,人民尊敬统治者,为了保证社会秩序,各个等级均存在以上这种不公平但是互惠的交易(Liu & Liu,2003)。

在有些文献中,研究者考察了华人的传统价值观在其政治文化形成过程中起到了什么作用,尤其是儒家思想。以下两个文化因素的研究较多:(1)对权力和当权者的心理倾向;(2)对冲突的心理倾向。

*权力和权威倾向。*正如仁慈型权威模型所示,华人政治文化中的领导者经常是道德品质高尚、家长作风、温文儒雅的,而西方原型中的领导者则是官僚。在东方,人民关注的重点不是领导层的稳定制度,而是领导者的个人品质和道德特征(Hofstede,1991)。由于东西方对领导层处事风格的偏好不同,因此对政治领导者在社会中所扮演角色的期待也不相同。

Shi(2001)对台湾的政治信任度进行了研究,他对政治文化进行了操作化定义,称之为"等级定向指数"(hierarchical orientation index,HOI)。Shi 预测 HOI 得分高的人会认为自己与政府是等级关系,而不是互惠关系(人民对当权者的服从和尊重取决于当权者的行为方式)。根据 1993 年从台湾收集到的数据,在台湾只有少数人(29.9%)会将自己与政府当局之间看成是互惠关系。Shi(2001)还发现,政府对公众需求的反应速度在台湾和大陆扮演的角色不同,台湾人的政治信任度和政府表现(比如对公众需求的反应)一致,在大陆,政治信任度与传统价值观的联系相对来说更大。

Kuan 和 Lau(2002)指出了"仁慈权威"模式与广泛的道德暗示之间的联系。以下论述说出了道德论断的含义:"如果社会出现了大量道德问题,那么就是政府的过错";"如果政治领导者正直无私,我们就可以将一切留给他处理"。对于什么是"道德的政府"和"道德的领导者",中国大陆人民有较高的共识,而台湾人和香港人却并非如此。在 1997 年以前,由于香港的殖民地属性,即使香港政府想要进行道德说教,但是也无法直接宣扬类似思想。在台湾,20 世纪 80 年代中期以前,人们处于国民党的道德式统治之下,但是经过十多年的民主化,台湾人对于政府的观念变得更为实用。

在 Kuan 和 Lau(2002)的研究中,他们也陈述了"家长式领导"的概念,即"政府领导者类似一个大家庭的酋长,子民需要服从酋长在公共事务上所做的决定"。根据他们的研究,在台湾,不到三分之一的被访者认可家长式领导;而在香港,只有极少数人认可家长式领导。

冲突/利益倾向。华人政治文化的另一个方面是其处理冲突的特殊方式。在儒家思想中,理想自我的定义及其形成都是根据与他人的关系。由于个体与他人联系在一起,华人个体有义务为其所属群体而付出。因此,人们在考虑个人需要和权利时,必须将其置于所属群体的利益和个人责任之下。如果华人政治文化中控制社会的理想方式是"建立在自律基础上"(Pye,1992,第86页),并且华人"与西方人的逻辑相反"(Bond,1991,第66页),那么不足为奇,在传统政治文化熏陶下,华人会愿意牺牲个人利益以保证社会和谐。如果华人发现政府对人民需求的反应不够,他们就会选择自愿放弃自己的利益,而不是批评和对抗政府。

此外,华人政治文化的另一个持久特点是害怕骚动(乱),这也导致许多人认为与他人发生冲突是想要引起骚乱。当华人的自身利益与其他个体发生冲突时,他们会选择非对抗的方式来解决矛盾,也愿意为了整个社会的和谐而牺牲自己的利益(又参见Au & Leung,本手册)。实证研究表明,华人倾向于选择合作,即使合作并不符合其个人利益时也是如此(Bond,1991,第65—66页)。当处于这种政治文化影响下的人们发现政府对民众需求的反馈不够时,他们可能会为了社会和谐而选择放弃个人利益,而不是放弃对政府的支持。Shi用冲突回避指数(Conflict Avoidance Index,CAI)对这一冲突倾向进行了量化。根据Shi(2001)的研究,当个体在追逐个人利益时,台湾51.3%的被访者选择宁愿与他人发生冲突。这一现象引发了人们对华人会避免冲突这一刻板印象的思考,最起码在公民问题上如此。

Kuan和Lau(2002)将这种文化倾向操作化定义为"国家主义"(比如将"个人优先,个人高于国家"反过来,"不要问国家为你做了什么,而要问你为国家做了什么")和"迷恋秩序"。中国大陆的被访者非常符合这种定义,但是台湾人和香港人却不符合。Kuan和Lau认为个体主义在台湾和香港盛行,而诸如"国家高于个人""我为国家"的概念则不太普及,而这二种观点在"国家主义"上的对抗可能与香港人模糊的国家概念有关,而台湾在民族和国家问题上一直就存在激烈争论。

一个更为显著的问题是,在香港、台湾和中国大陆,人们都非常担心社会多元论可能产生负面影响。中国大陆的社会多元论不多,接近40%的被访者反对各种社会团体的扩张,担心它会危害社会稳定。尽管香港数十年来一直是多元社会,并且经济社会得到了长足的发展,但是数据却显示香港居民头脑中根深蒂固的"不要无风生浪"观念却沿袭下来(Kuan & Lau,2002;Lau & Kuan,1988)。此外,在台湾,超过50%的被访者对社会多元化表现出了担忧。

文化倾向对政治参与的影响

研究调查显示,与台湾和香港相比,中国大陆人民的政治倾向最传统(Kuan & Lau,2002;Shi,2001)。Shi(2001)发现,无论政府表现如何,对权威和政府当局具有秩序观念的人都对政府表现出了最高水平的信任;而对权威和政府当局采取互惠观念的人表现出的政府信任度则随政府的表现而变化。Shi(2004)在随后的研究发现,具有秩序观念的公民倾向于参与精英导向的、传统的政治活动;而具有互惠观念的公民则倾向于参与反抗精英阶层的政治活动。Kuan 和 Lau(2002)还发现,在中国大陆,传统的政治倾向对保守的政治参与有积极影响,但对反抗和抵制活动的影响则是消极的,而在台湾和香港则并非如此。

政治参与的结果

政治参与对个体意味着什么? 是否会带来思想解放? 是否会改变个体的态度? 是否会增加个体的知识? 是否会改变对其他个体或者政治体制的情感评价? 在本部分,我们将尝试从两个层次来回答这些问题。在较低层次上,参与政治组织是否会导致个体态度上的改变? 在国家层面,实施民主制度几十年后的台湾人民是否拥有一些与其他中国人不同的政治心理特质(比如内外部效能感、政治信任度、对民主的理解、政治意识形态)?

参加自愿组织的结果

在中国大陆,公民能加入的正式组织有四种:中国共产党、中国共青团、其他"群众组织"、公民性组织。"群众组织"名称来源最初是作为共产党和群众之间的双向交流纽带,组织成员根据"群众路线"严格执行共产党的思想路线和政策,并且同时反馈信息到党内。

据新华社(2008)报道,完全由政府出资和雇用员工的国家群众组织接近 200 个,其中最著名的有中华全国总工会、中华全国妇女联合会和中国共青团。加入中国共产党或共青团需要正式申请,然后是一系列详密的调查加上支部的同意。由于共产党和群众组织内部的等级性和垂直领导性质,参与其中并不会增加工作单位或行政单位之外的社会联系和凝聚力。另外,共产党和群众组织会严格限制其成员的政治参与范围,特别是涉及一些非常规活动时。为了维持党员对党中央的意识形态和政治方针高度统一,党员必须严格服从党章规定。共产党的"传递纽带"触角遍布社会各个角落,群众组织也有责任控制和限制其成员的政治活动,特别是那些可能分裂国家和破坏社会稳定的集体活动(Chen,2003)。

研究发现,参与正式组织的活动和社会交往、外部效能感、人际间相互信任存在显著正相关(Guo,2007)。Guo(2007)还提出假设,认为这些正式组织在其成员参与政治活动时会带来不同的内部效能感。首先,他假设参加中国共产党、共青团、群众组织会通过官方渠道带来积极的政治参与影响,给个人联系带来的影响暂时不明,给非常规的政治参与方式带来负面影响;而公民性组织会给所有形式的政治参与都带来积极影响。

Guo(2007)对 Tianjian Shi 和中国社会调查研究中心收集的调查数据进行分析后发现,正如以上假设,在以上四种组织中,公民性组织是唯一一种能够在任何政治活动中都具有重大和积极"内部效能感"的组织形式。参加共产党或共青团对官方形式的政治参与具有积极作用,不过,它对非常规政治参与形式具有消极作用的假设并未得到证实。相反,通过非常规形式参与政治活动却对政治参与产生了虽小但却重要的积极影响。Tang(2005)在一项研究中比较了党员和非党员知识分子,结果显示党员知识分子相对来说更倾向改革。

台湾实施民主制度的影响

从 20 世纪 70 年代开始,Fuhu、Yun-han Chu、Huo-yan Shyu 及其同事对台湾的意识形态变化过程持续追踪了二十多年,涵盖了岛内政权交替的全部过程,从集权制度的衰退到民主制度的建立(Shin & Shyu,1997;Chu & Chang,2001)。按照 Fu 和 Chu(1996)的观点,政治体制的运作机制包括三个维度:(1)政治共同体成员之间的权力关系;(2)台湾当局与普通公民之间的权力关系;(3)台湾当局内部之间的权力关系。

对政治平等的价值取向是第一个维度。一种价值取向认为所有政治共同体成员应该享有平等的公民权利,不应因种族、性别、教育程度、宗教、阶级、社会经济地位、政治地位等的不同而不同。与此相反,在有些社会中,大多数人认可不公平的等级制度,他们认为特定群体享有特权而其他人则会被剥夺相应权力或者受到歧视。

第二个维度可以再分为三个次维度:(1)政治自由的价值取向,即个体应该享有个人自由,当局不应侵犯和控制这种自由;(2)多元价值取向,即应该建立公民性社会,享有成立公民性组织的自由、言论的自由、诉求自身利益的自由,当局不应干预;(3)民主责任制的价值取向,即台湾地区当局应该向人民负责,民众应该拥有控制和干预当局的有效渠道。在有些社会中,人们持相反观念,即个人自由应该最小化、社会应该服从当局的领导和控制、民众控制当局是极其危险的并且根本行不通。

权力分离的价值取向属于第三个维度。一种价值取向认为台湾管理部门应该分为几个部分,通过制衡原则或平等问责的制度设计以形成合理的政治体制。与此相反,有些社会的人民则认为台湾地区应该形成统一的最高政权,立法、执法、司法机构应该合为一体。综上所述,合理的政治体制应该从以下五个维度(民主对集权的价值取向)来进行评价:政治平等、民主责任制、政治自由、政治多元化、权力分离(水平问责制)。

考察了研究民主对集权的价值取向的五个关键维度后发现,人们在各个维度上形成民主价值观倾向的时间顺序并不完全相同,这说明传统价值观对人的观念会产生持续影响。最初人民对政治平等的呼吁最高,从 1984 年到 1993 年之间,对民主责任制的认可度急剧提升(虽然政治多元化的认可还是比较低,但是也取得了极大提高)(Fu &

Chu,1996;Shin & Shyu,1998;Chu & Chang,2001)。研究数据还显示,截止到20世纪90年代,相对个人自由的渴望程度来讲,台湾的大部分公民还是更担心社会秩序混乱并且更倾向社会的整体和谐,Pye(1992)认为全亚洲人对权力和政府当局的态度都有这种偏向。

　　研究者除了考察以上五种价值取向之外,还研究了其他意识形态倾向是如何影响社会变革和政权的,比如社会支配倾向等。社会控制倾向量表(social dominance orientation scale,SDO;Pratto 等,1994)测量了个体在不平等和等级结构社会体系偏好上的态度差异,而在等级结构社会体系中存在高度竞争和内部控制。Liu、Huang 和 McFedries(2008)对台湾2004年当局领导人大选前后的三轮调查数据进行了横断研究和纵向研究,旨在考察民众 SDO 和 RWA 的变化。国民党执掌台湾政权长达50年,其支持者比对手民进党成员在 SDO 和 RWA 上的得分都要高,这支持了群体社会化模型的假设。另外,先前较弱势的民进党在取得胜利之后,其成员在 SDO 和 RWA 的得分上增加了,但是他们对统治阶层的政治态度并未发生变化。该研究结果表明,形成跟权威相关的观念比抛弃它要更容易。纵向路径建模同样表明,在经过一场导致社会和政权发生变化的选举之后,SDO 的得分与政党身份的相关程度减弱;而 RWA 的得分变化则更具有戏剧性,在选举前后,RWA 与政党和社会认同的相关完全相反。

总　结

　　本章重点阐述了与华人政治参与有关的三个主要问题——华人如何参与政治、华人为何参与政治、政治参与对华人个体有什么心理影响。关于第一个问题,研究结果和刻板印象相反,中国大陆人民并不是消极的(或仅仅是被动员起来的)公民,他们用传统政治参与的方式通过各种渠道积极表达观点,甚至比香港公民更为频繁。中国大陆公民通过申诉、找关系或私人关系来达到非常实用的目的(解决日常生活中的问题)。台湾公民参与到投票和选举活动中的比例最高,而香港公民最少。香港公民参与政治活动的最普遍方式是抗议。

　　当需要对政治参与情况进行预测时,一般会选择现代化理论和政治文化理论。现代化理论的验证方式是对中国香港、台湾、大陆三个地区的经济发展和政治参与进行比较研究,当然还包括对中国大陆经济发展水平不同的各个区域进行研究。研究结果显示,经济发展水平和政治参与既存在直接相关,又存在间接相关。一方面,经济发展通过直接提高政治参与者的社会资源和心理资源而促进政治参与。诸如收入和教育会促进政治参与,来自台湾、香港和中国大陆的研究数据能够支撑此观点,因此也支持现代化理论。然而,研究还发现物质基础只与特定的心理资源相关,而与其他心理资源并不相关,比如政治效能感,因此这也和现代化理论观点相左。

另一方面，经济发展还能通过改变社会体制（比如改变当局的职能），间接影响政治参与，进而改变人民争取其利益时的策略。至于政治文化理论，它在解释特定的政治参与方式而不是政治参与整体水平时解释力最强。

最后，本章还提到政治参与的影响。参与中国大陆的各种组织能够扩大社交网络、提高外部效能感、增加人际间相互信任。研究还发现，参加中国共产党与非传统的政治参与相关，但是相关程度较低。尽管台湾实施西方式民主化进程已经有了相当长的时间，台湾人民形成西方式民主价值取向的程度在各个维度上并不相同，与华人传统价值取向相容程度高的价值观，如政治平等就比相容程度低的政治多元化更易于被接受。

我们希望通过本章的描述能够激发更多学者投身于华人政治心理领域。政治心理学是一门涉及政治学和心理学的交叉学科。作为一个术语，"政治心理学"出现于20世纪60年代。心理学和政治学的学者已经在态度、社会化、社会认同、领导力等领域研究了许多年，但是由于这两个学科的重点不同，心理学家更关注个体行为过程中的心理活动，而政治学家更关注个体行为的结果，其结果是他们经常各说各话（Sears，Huddy，& Jervis，2006）。

这两个关注点不同的学科是否有可能进行建设性的对话呢？Sears 等（2006）和Wituski 等（1998）都认为这种对话不仅有可能，而且值得开展。未来可能开展的工作包括：首先，不仅宏观层面的变量如现代化的推动和文化价值观，有助于我们理解政治参与，而且研究者已经开始注意到心理变量在解释政治参与上的重要性。Kuan 和 Lau（2002）比较了三个中国地区（香港、台湾、大陆）的政治参与后指出："认知心理因素最重要，其次是体制影响和现代化的推动。在所有因素中传统政治取向的影响最小。"（第311页）

研究者从心理学出发，应该怎样研究政治态度或行为？Keung 和 Bond（2002）为有志于该领域的研究者给出了一个较好的范例。他们假设了一个期待—价值框架，此框架认为价值观和期望（信念）对行为影响不同。在香港，Keung 和 Bond 分别对期望和价值观在解释两个基本政治维度（平等主义和自由主义）上的效度进行了验证。研究发现，被访者社会期望（用社会通则衡量，参见 Leung，本手册）的解释效力比价值观的解释效力要高。比如，在自由主义维度上，价值观只能解释16%的变异。当包含社会期望这个因素时，则能解释35%的变异。他们的研究也表明了在其他中国社会中，个人价值观和期望（即社会通则）如何共同解释了政治态度和政治行为。由于政治态度的这两个基本维度具有跨区域和跨时间的一致性（Ashton 等，2005），因此可以用这两个维度进行跨学科的研究。

其次，香港的非传统意义上的政治参与可能是研究的另一个方向。例如，对于大量抗议活动和社会运动，怎样从心理学角度解释？Lee（2005）发现在香港地区，集体效能感与支持民主、支持政治参与之间存在正相关，集体效能感与内部效能感有很大区别，它是一种坚定的信念,即认为社会公众作为一个行为整体能够获得社会成果和政治成果。除了传统的二维概念(内部效能感和外部效能感),未来的研究可以更多关注集体效能感在华人社会中的政治参与方面所扮演的角色。

最后,迄今为止,毛泽东之后的中国大陆在社会性组织数量上有了急剧增长,该现象引发了大量研究,其中大部分研究都从宏观层面关注这些组织与国家之间的关系。除了 Guo(2007)之外,很少有其他学者从微观层面去探讨一些关于其成员心理作用的理论和实际问题。这些研究都可以从本章所提到的政治心理学角度去开展。

参考文献

Almond,G.A & Verba,S.(1989).*The civic culture revisited*.Newbury Park,CA:Sage.

Altemeyer,B.(1981).*Right-wing authoritarianism*.Winnipeg,Canada:University of Manitoba Press.

Ashton,M.C.,Danso,H.A.,Maio,G.,Esses,V.M.,Bond,M.H., & Keung,D.(2005).Two dimensions of political attitudes and their individual difference correlates:A cross-cultural perspective.In R.M.Sorrentino,D.Cohen,J.M.Olsen, & M.P.Zanna(eds),*Culture and social behavior*,Volume 10(pp.1-30).Manwah,NJ:Erlbaum.

Bennett,S.E. & Bennett,L.L.M.(1986).Political participation.*Annual Review of Political Science*,*1*,157-204.

Bond,M.H.(1991) Beyond the Chinese face.*Insights from psychology*.Hong Kong:Oxford University Press.

Chen,F.(2003).Between the state and labour:The conflict of Chinese trade unions' double identity in market reform.*China Quarterly*,*176*,1006-1028.

Chen,J. & Zhong,Y.(1999).Mass political interest(or apathy)in Urban China.*Communist and Post-Communist Studies*,*32*,281-303.

Chu,Y.H. & Chang,Y.T.(2001).Culture shift and regime legitimacy:Comparing Mainland China,Taiwan and Hong Kong.In S.P.Hua(ed),*Chinese political culture*(pp.320-347).New York:M.E.Sharp.

Fu H. & Chu,Y.H.(1996).Neo-authoritarianism,polarized conflict and populism in a newly democratizing regime:Taiwan's emerging mass politics.*Journal of Contemporary China*,*5*,23-41.

Guo,G.(2007).Organizational involvement and political participation in China.*Comparative Political Studies*,*40*,457-482.

Gurr,T.R.(1970).*Why men rebel*.Princeton,NJ:Princeton University Press.

Hofstede,G.(l991).*Cultures and organizations*:*Software of the mind*.London:McGraw-Hill.

Inglehart,R.(1997).*Modernization and post-modernization*:*Cultural*,*economic*,*and political change in 43 societies*.Princeton,NJ:Princeton University Press.

Inglehart,R.(1999).Trust,well-being and democracy.In M.E.Warren,*Democracy and trust*(pp.88-120).Cambridge,England:Cambridge University Press.

Jennings,K.(1997).Political participation in the Chinese countryside.*American Political Science Review*,*91*,361-372.

Keung, D.K.Y. & Bond, M.H. (2002). Dimensions of political attitudes and their relations with beliefs and values in Hong Kong. *Journal of Psychology in Chinese Societies*, *3*, 133-154.

Kuan, H.C. & Lau, S.K. (2002). Traditional orientations and political participation in three Chinese societies. *Journal of Contemporary China*, *11*, 297-318.

La, S.K. & Kuan, H.C. (1988). *The ethos of the Hong Kong Chinese*. Hong Kong: The Chinese University of Hong Kong Press.

Lee, F.L.F. (2005). Collective efficacy, support for democratization, and political participation in Hong Kong. *International Journal of Public Opinion Research*, *18*, 297-317.

Liu, J.H., Huang, L.L., & McFedries, C. (2008). Cross-sectional and longitudinal differences in social dominance orientation and right wing authoritarianism as a function of political power and societal change. *Asian Journal of Social Psychology*, *11*, 116-126.

Liu, J.H. & Liu, S.H. (2003). The role of the social psychologist in the 'Benevolent Authority' and 'Plurality of Powers' systems of historical affordance for authority. In K.S. Yang, K.K. Hwang, P.B. Pedersen, & I. Daibo (eds) *Progress in Asian social psychology: Conceptual and empirical contributions*. Vol.3, pp. 43 – 66. Westport, CT: Praeger.

Manion, M. (1996). The electoral connection in the Chinese countryside. *American Political Science Review*, *90*, 736-748.

Ooi, G.L., Tan, E.S., & Koh, G. (1999). Political participation in Singapore: Findings from a national survey. *Asian Journal of Political Science*, *7*, 126-140.

Pratto, F., Sidanius, J., Stallworth, L., & Malle, B. (1994). Social dominance orientation: a personality variable predicting social and political attitudes. *Journal of Personality and Social Psychology*, *67*, 741-763.

Putnam, R.D. (1995). Bowling alone: America's declining social capital. *Journal of Democracy*, *6*, 65-78.

Putnam, R.D., Leonardi, R., & Nanetti, R.V. (1993). *Making democracy work: Civic tradition in modern Italy*. Princeton, NJ: Princeton University Press.

Pye, L.W. (1992). *The spirit of Chinese politics*. Cambridge: Harvard University Press.

Sears, D.O., Huddy, L., & Jervis, R. (2003). *Oxford handbook of political psychology*. New York: Oxford University Press.

Shi, T. (1997). *Political participation in Beijing*. Cambridge, MA: Harvard University Press.

Shi, T. (2001). Cultural values and political trust: A comparison of the People's Republic of China and Taiwan. *Comparative Politics*, *33*, 401-419.

Shi, T. (2004). Economic development and political participation: comparison of mainland China, Taiwan, and Hong Kong. *Asian Barometer Project. Working Paper Series: No.24.*

Shin, D.C. & Shyu, H. (1997). Political ambivalence in South Korea and Taiwan. *Journal of Democracy*, *8*, 109-124.

Tang, W. (2005). *Public opinion and political change in China*. Stanford, CA: Stanford University Press.

Tang, W. & Parish, W. (2000). *Chinese urban life under reform*. New York: Cambridge University Press.

Verba, S., Nie, N.H., & Kim, J. (1978). *Participation and political equality: A seven-nation comparison*. Cambridge, UK: Cambridge University Press. *Communist neo-traditionalism: Work and authority in Chinese industry*. Berkeley and Los Angeles, CA: University of California Press.

Wituski, D.M., Clawson, R.A., Oxley, Z.M., Green, M.C., & Barr, M.K. (1998). Bridging a interdisciplinary divide: The Summer Institute in Political Psychology. *Political Science and Politics*, *31*, 221-226.

Wolfinger, R.E. & Rosenstone, S.J. (1980). *Who votes*? New Haven, CN: Yale University Press.

Xinhua News Agency. (2008, September). *Mass organizations & social groups* (online). Available at http://news.xinhuanet.com/ziliao/2002-01/28/content_285782. htm.

Zhong, Y. & Kim, J. (2005). Political interest in rural southern Jiangsu province in China. *Journal of Chinese Political Science*, *10*, 1-19.

第34章 华人的社会认同和群际关系：
仁慈型权威的作用

James H.Liu Mei-chih Li Xiaodong Yue

目前,开展华人社会认同和群际关系的相关研究需要结合三个方面的基础知识:跨文化心理学中的互依自我和独立自我;群际心理学中的社会认同和自我分类;历史分析法,将这些知识的影响与华人文化语境及其背景下的本土心理学结合起来。在过去二十年中,互依自我和独立自我的理论(Markus & Kitayama,1991)、社会认同和自我分类理论(Tajfel & Turner,1979;Turner,Hogg,Oakes,Reicher, & Wetherell,1987),都获得了相当大的发展;并且,华人本土心理学也是当今世界最炙手可热的研究方向之一(Yang,1995;Hwang,2005)。在对华人社会认同和群际关系开展动态研究时,三个方面的知识都能起到相应作用,但是仅只依靠一种理论则无法进行相关研究。

如果想将抽象概念具体化,理论则必须结合以下社会历史背景进行阐述(Liu & Hilton,2005):(1)将中华文明在古代的发展作为一个多语种民族及其成功的事件;(2)中国人的爱国主义在近代发展的时代背景是屈辱和失败。如果在自我这类概念中缺乏华人本土概念(如关系)的内容和错综复杂的社会关系背景,那最终可能沦为虚构的抽象概念(Yang,1995,2005;Hwang,1987,2005;Ho,1998)。这些本土概念通过其所包含的儒家伦理所规定的社会等级关系,将一般描述融入到了文化内涵中,并且有助于我们理解华人如何看待其社会认同。

在过去两个世纪里,中华文化在西方帝国主义的冲击下轰然倒塌,先进的中国知识分子(参见 Levenson,1959)和政治领袖也将中华传统美德视为一种缺陷。人们认为儒家的国家观念,即将国家视为家庭关系和其他特殊社会关系的延伸,是导致中国无法抵抗欧洲列强以及随后日本入侵的原因之一。几代知识分子和政治领袖都试图向中国人灌输国家主义和爱国主义的思想,以此动员广大群众抵抗外族入侵(Unger,1996)。

这就是华人当代形式的社会认同产生的背景,它符合西方思想中的国家概念,也符合社会认同和社会归类理论所述的以群体为基础的社会比较过程。中华民族遭受西方列强长达两个世纪的侵略,这一经历促使先前特殊社会关系背景下的道德/伦理认同发生了转变,转化为与世界(以国家为单位所形成的体系)上其他民族相似的国家认同,这种国家认同的群体内外界限更为明确。

通过典型的基于历史的权变方法研究社会认同和群际关系（Liu & Hilton,2005），我们认为在现如今，来自于道德和亲属关系的传统华人社会认同是唯一能从文化上预测华人如何处理文化多样性和国际关系的渠道。最重要的几项预测有：(1)华人的自我认同是基于角色的社会关系所决定的，而不是按照某种极为明确的规则加以分类来确定；(2)华人在危险程度较低的情况下处理其与群体外人员之间的矛盾时，传统华人关系的性质决定了华人在处理与群体外成员关系时的默认脚本是"仁慈的家长式制度"，而非对群体外成员进行打压；(3)在危险程度较高时，会出现爱国主义形式的防卫反应，这种爱国主义是在中华民族的近代苦难史和灿烂辉煌的伟大文明之间的鲜明对比中产生的。这三项预测将华人传统意义上的自我认同融入到近代苦难史这种社会政治背景中，让研究者在考察自我认同时，既不受西方式观念的支配，也不会刻意排斥这种观念，能够客观地考察华人传统和现代化进程的交流。

跨文化心理学的转变

1991年，Markus和Kitayama对跨文化心理学和美国人的社会认知别出心裁地进行了融合。虽然跨文化心理学家在20世纪后20年就已经知晓欧美国家的个体主义观念与其理想和实际人格大相迥异（Hofstede,1980/2001），尤其是美国人的个体主义观念；但是绝大多数美国人却并未意识到这些区别。Markus和Kitayama（1991）所做的仅仅是将跨文化心理学已经确认的那些文化差异的主要维度转化为社会认知的范畴，即个体主义—集体主义。在一项经典的实证研究中，他们认为主流社会心理学视为科学真理的所有研究结果，从认知失调到自控的益处和持续的自我强化，实际上都是一种特定文化下的自我建构形式，他们称之为独立自我。独立自我是一个"有界整体"，区别于其他人并独立于情境；它是一个独立的、原发的概念，其内在属性是唯一的，并且外在行为主要由内在属性决定。

他们将个体主义文化中的独立自我与集体主义文化中的互依自我对立起来进行比较。这种全或无的方法非常容易引起关注，但是由于对集体主义文化和互依自我的定义都比较模糊（Shimmack,Oishi, & Diener,2005），因此以上比较方式目前已经引发一些争议（参见 Oyserman,Koon, & Kemmelmeier,2002）。

自我分类理论的自我

作为一种完全独立而又在理论上暂时平行的观点，Tajfel和Turner(1979)提出了社会认同理论，它是西方看待群体心理学中的美国式个体主义的另一种角度。根据社会认同理论，自我是通过与他人进行社会比较而产生的，有时是与其他个体进行比较，有时则是其他群体。在某种程度上，个体的自我主要由其所属群体的部分特点所组成。人们倾向于将本群体的某些特征或者个人的社会身份与其他群体进行比较，以凸显自身优势，例如"我是一个女人（不是男人）"，"我是中国人（不是日本人）"，或者"我姓刘（不姓李）"。

Turner、Hogg、Oakes、Reicher 和 Wetherell（1987）进一步将自我分类理论发展为一种更加完整的理论模型，认为所有心理现象都随自我建构的不同而不同。在自我分类理论中，个体在理论上并没有唯一或稳定的自我意识，而是在不同层面上都拥有对应的自我，从个体层面（正如独立自我）到群体层面（群体理论所重点分析的层面），并且自我还可能上升到人性层面。这些不同的自我意识会在不同情境中被激发，所以个体有时会按照其本身属性行事（我很淘气），有时会按照群体规则行事（我是一个尊敬女性的绅士）。

自我分类是群体行为中的关键心理过程，该过程就是一个"去个体化"的过程，在归类过程中会暂时忽略个人特征，而按照群体原型进行分类，这个原型包含群体的诸多理想特质。因此在自我分类理论中，将独立自我和互依自我作为文化传承的结果而进行讨论显得毫无意义。当然，每个人在不同情境中都会有相应的行为脚本（如参见 Sarbin & Allen，1968）。有时，个体行为会遵从个人爱好或信念；而有时候，群体意识会显得更重要，这时个体会遵从群体规则。但是，看待行为的方式还是具有二分性，即个体认同和群体认同的行为。

集体主义：核心是关系取向，而非基于分类的差异

Yuki 和 Brewer 最近已经开始尝试抛开这种二分的思维模式（即个体认同和群体认同），并对群际间相关研究结果和跨文化心理学中个体主义—集体主义这二者之间的关系进行理论探讨。其基本观点是群体对人类生存具有重要意义，所以个体主义其实并不排斥集体行为。另外，在一篇颇有影响的文章中，Yuki（2003）认为群体内合作是东亚集体主义的最大特征，而群体由人际间的关系网络组成。为了证明自身观点的正确性，他以儒家学说的关系取向为例，即东亚集体主义是"一种群体内而非群际间现象"（第169页）。如果在自我分类时集体主义是体现群体认同的形式之一，则集体主义文化比个体主义文化中的人们应该更偏好自己所属的群体，但是 Yuki 回顾了众多文献后却没有找到证据支持这种偏好。

按照 Brewer 和 Gardner（1996）以及 Kashima 和 Hardie（2000）的思路，Yuki 区别了集体自我和关系自我，最后认为东亚集体主义的主要特征应该是关系自我。集体自我是根据群体内成员的典型共有特质而形成的去个体化的自我，关系自我是根据个体与群体内其他成员间的稳定联系和关系所形成的自我。Yuki（2003）发现日本人对所属

群体的认同度和忠诚度与以下三点相关：个体对群体内关系结构的了解、个体对群体内个体差异的了解、个体与其他群体成员之间的关联度；而美国人对所属群体的认可度和忠诚度则与以下两点相关：个体对群体同质性的感知、个体对自身在群体内所属地位的感知。Yuki、Maddux、Brewer 和 Takemura（2005）进一步报告说，日本人更相信那些可能与自己存在潜在间接联系的陌生人，而美国人更相信那些同属于某群体的陌生人。Brewer 和 Chen（2007）将结论延伸后，认为集体主义更适合关系取向，而不是传统社会认同中的对某个特殊群体的认同倾向，关系取向主要体现在个体对关系的认同、对关系中介的信任、对关系的责任感／价值观。

关于华人认同的本土心理学

近年来，本土华人心理学家也支持集体主义的核心应该是关系取向。Yang（1995，2005）认为非常注重关系的华人在其接近三十年的职业生涯中，会采取社会取向的态度。Hwang（1987）二十多年前关于华人人情和面子的经典论述目前仍然是阐述华人关系主义的最佳理论之一，Ho（1998）则将关系主义作为其开展研究工作或分析研究结果的基本方法论。

本土华人心理学家一致认为，华人在给人格下定义时，是围绕以社会角色和责任为基础的伦理观展开的。在此基础上，许多研究者都指出儒家思想对传统和当代华人社会存在广泛的影响。华人以传统的五种人伦关系（五伦）为基础，建立各自的关系框架。在本章中，我们重点关注五伦中涉及家庭的三种关系。许多研究者认为另外两种关系中的君臣关系实际上就是家庭中父子关系的反映。华人传统社会的中心是仁慈的家长（参见 Liu & Liu，2003），即父亲、丈夫和统治者。在这五种关系中，其中四种关系中的角色都是不平等和互补的关系，一般都是处于劣势者用其忠诚换取另一方的仁慈。至于陌生人之间的关系，则完全被忽视。简而言之，儒家的治国论就是家庭管理原则的延展。每个人可能都只需要对某些人尽社会责任，但是整个社会则是由众多以五伦为基础的关系网络编织而成。根据这种观点，可以将儒家思想视为一种普遍的伦理观，用以规范特定社会关系中的行为（又参见 King & Bond，1985）。

华人治国方略和认同的历史实践

儒家伦理学对特定的、效忠的社会关系提出了高标准，而对一般公民社会却并非如此。它是内部联系极为密切的一种系统，家庭（或家族）是地方和国家层面管理的基本社会单位。然而，重要的是要认识到儒家只是*阳*的一面，或者说中国治国方略中较为清晰的一面。实际上，理想中的仁爱和道德经常伴随着*阴*，即一种广泛的、精心设计的但却严厉的法律制度（参见 Chien，1976；Fitzgerald，1961 年对中国历史的概述）。普通百姓害怕官员和法律，将法律机构视为最后的解决途径，而非管理日常社会生活的一种方式。

社会关系伦理学体现在了基于规则的官僚习气中。较之其他古代文明如中世纪的欧洲，中国的官僚气息更为浓厚。中国社会通过科举制度让普通人成为国家官员（从而改变他们整个家族的命运），这在古老文明中是较为罕见和独特的。需要说明的是，只有极少人能够通过这些严格的考试，因为中国文字是象形文字（参见 Him，本手册），因此在一个农业社会中，教育所需的时间和精力是大部分人难以承受的。尽管如此，科举制度使得华人推崇读书人，也使教育成为了华人认同中的一个主要标志，同时还保持了一条人才向上流动的途径。

古罗马公民身份的官方标志是血统和合法财富，而与之不同，中国古代的公民和非公民之间没有正式划定界限。相反，在权力和实际生活中，文化层次较高的儒家君子和文化层次较低的农民只有程度上的差异。通过海外贸易致富的商人想让自己的儿子接受教育。正是这种强调效忠的社会关系、重视学习和艺术的文化观，作为背后推动力量，塑造了中国古代人们的社会认同原型。

罗马帝国和汉朝的同时崩溃为我们提供了一个检验该模型的精彩历史思想试验。与我们的常识相反，中国人所谓的"方言"都是真正意义上的方言，不同的"方言"之间相互不知所云：讲普通话的北方人和讲粤语的南方人相互之间根本就难以理解，就像德语之于荷兰语或法语之于意大利语。秦始皇（公元前 259—前 201）只是统一了中国的官方文字。他的臣民们说着几十种难以理解的方言，如果他们想跻身上流社会，只有学会这种官方文字。

在这两个案例中，都是疆域广阔的帝国，统治着各种语言互不相通的人民，最终分崩离析，罗马分裂成为几十个小国，而中国在 360 余年以后再次统一。这种统一是如何获得的呢？根据 Anderson（1991）的观点，这应该是不可能的；其国家成立理论的核心原则就是国人的方言是产生国家认同的重要因素，也是在全国范围内建立统一专制制度的工具。

一个显而易见的答案是地理因素（Diamond，1999）：由于中国没有什么自然壁垒，中原地区很容易获得统一。除了这一环境支持以外，在所有华人心中还存在一个"理想中的集体"（引自 Anderson，1991），中国作为一个奇异的文明中心，其强大的重生能力要胜于罗马。我们认为，中华文明之所以绵延不断是因为以下三个基本因素的相互结合：第一，儒家哲学建构了一种统一的社会关系模型，这是一种父权主义的家长式统治方式。儒家的仁慈型家长作风模型为男性提供了父亲、丈夫和统治者的全部行为准则，家庭/家族观念从思想上联系着整个民族/国家。第二，华人的这种关系主义淡化了分类界限和特权，因此，对于华人身份也没有正式的界定，例如继承权或公民身份，但是高素质的形成需要以文化和道德修养为基础。第三,这种文化推崇通过教育创建一个文化素养高、渗透性强的知识阶层,其理想是进行官僚式管理和保持其文化素养,而不是军事统治。这种高级官员可以和任何人合作,包括外国人,在战乱纷呈的时期,他们也可以撤退到较小的行政单位进行管理。这些因素综合起来,促使了唐朝的建立(公元 618—907),在中国形成了一个政治和文化复兴的时代。

由于中华文明在地理上与其他古代文明相互隔离,因此中华文明没有竞争者。所以,中华文明的国际关系模型是一种君主—归属国模型。韩国和日本等其他国家的人们直接借用中华文化来形成自己的国家,但中华文化却从其邻国借鉴甚少,除了佛教从很远的地方越过喜马拉雅山传入了中国。在政治上,中国不承认任何其他国家可以与自己平起平坐。

然而,从最初秦始皇修筑长城时,中国就遇到了来自北方牧民或马背上民族的军事骚扰。在中国历史上持续时间最长的六个朝代中,头两个都是由来自长城外的非汉族(清和元)统治,第三个则是由汉朝分裂时崛起的北方民族统治(唐),而第四个王朝(宋)为了维持其政权,不得不持续向北方邻国进献大量贡物。凭借其庞大的人口和老练的官僚谋划,以及服务于任何顺应天命者,中国文化自有其同化统治者的方式。尽管满人从 1644 年至 1911 年统治着中国,但是其文化和语言在这一过程中几乎消失殆尽,而中国文化则利用满族的军事优势将其疆域扩大到蒙古、新疆、西藏等。如果外族励精图治,中国人似乎很乐于服务这些外来统治阶级,比如满族,尽管在通俗文学和历史中,非中国人通常被称为野蛮人。这显然赋予了中国人一个使命,即教化其统治者,如果事实证明这样是不可行的,则推翻他们,就像推翻蒙古族元王朝那样。

迈向现代化的痛苦转变

在某些方面,满清王朝是中国传统社会的顶点。他们已经解决了北方入侵的问题,因为其自身就是北方民族中最强悍的,即使蒙古人也被其征服。然而,在面对西方的现代化形式时,无论是实践还是意识,他们都显得手足无措。中国传统具有极强的同化能力,从某种程度上来讲,是因为相对于其他文化,其高度发达的文化被认为在道德和政治上具备优势。然而,19 世纪的西方不仅在军事上领先,而且在政治制度上也体现出越来越多的优势(参见 Pye,1996)。根据中国的传统文化,任何一个王朝失去天命都应该被推翻,从 1839 年鸦片战争开始,清朝在一系列与外国列强的冲突中都被击败。

但是西方对衰败的清王朝的支持延缓了它的倾覆。对于这种支持,清王朝付出的代价之一就是签订租借口岸条约,从而损害了国家主权。这些新的征服者不仅在科学和工业上更强大,而且政治体制也明显优于最后一个封建王朝。到了 19 世纪末期,中国知识分子第一次开始认识到有一个文化体系等于或高于其自身。在通商口岸,所有中国社会成员都被视为低于西方人，无论是满族或汉族。这样的分类体系(其中一个群体的身份优越于另一个群体，如阶级、性别、职业和其他社会职务)让中国人非常震惊，中国传统的社会关系模型与个体在社会中的角色有关(Stets & Burke，2000)，而不是依照种族或群体进行分类。

中国的知识分子开始将西方形式的国家主义整合到新的认同形式中(Levenson，1959)。在古代，如矛、剑、马和弓等战斗技能需要接受终生训练，因此动员广大群众没有多大意义。农民在军事上是无用的，其身份认同意识根植于经典儒学所说的本地和特定社会关系。这种社会逻辑随着枪和大炮等技术的改进而发生了改变。只要扣动扳机，训练了一辈子的技能就随之陨灭。大部分中国人是农民，他们置身于传统的家庭/家族社会关系，由少数官僚精英进行等级式管理，当全体中国人需要团结起来，一起驱逐外国侵略者或者推翻统治阶级之时，这种文化就成了一个弱点。因此，从 19 世纪末开始，中国知识分子就致力于在本国创建西方式的分类意识，但是收效甚微；这种意识形式不仅包括自我分类理论，还有西方式的帝国主义和欧洲民族主义。

如果考察西方历史，我们就会发现，仁慈型家庭作风和儒家思想与罗马天主教中关于教皇的教义和君权神授等欧洲意识形态之间有着许多相似之处。在 18 世纪末的工业和民主革命之前，欧洲的农民与中国农民也比较相似，同样是生活在特殊的社会关系中，同样是缺乏民族意识(Anderson，1991；Smith，1971)。但是在欧洲，邻国之间的相互战争促进了民族意识的建立，因为在拿破仑之后，普通男性逐渐成为了战争的主力，而非专业的战士(Tilly，1975)。

西方的殖民化和帝国化进程进一步强化了这种分类意识，在帝国殖民过程中，任何阶层的欧洲白人都可以首先在社会角色上进行转变，然后优越于任何殖民地当地的人种，诸如中国人、非洲人、美洲原住民或阿拉伯人。我们对历史社会表征的视角(Liu & Hilton，2005；Liu & László，2007；Liu & Atsumi，2008)是基于 Yuki(2003)所描述的东西方跨文化差异，它是一种生态学的(Berry，2001)和表征的(Moscovici，1988)框架，在该框架下，意识形态与其时代特征相关。19 世纪后期 20 世纪早期，虎视眈眈的帝国主义列强威胁的不仅仅是中国的统治阶层，而且也威胁到了中华文化，整个民族的意识形态都挣扎在生存线的边缘(时至今日，在香港人中，战争故事也被用于激发中国人的社会认同，参见如 Hong，Wong，& Liu，2000)。可以说，从历史上讲，这种民族认同的分类意识与现代国家的机构形式有很大关系(参见 Anderson，1991；Liu & Hilton，2005)。

许多社会科学家认为，现代民族主义是 18、19 世纪欧洲民主和工业革命的产物，由这个时代的技术和思维所推进。Anderson(1991)认为国家作为一个"想象共同体"，其官僚体制内先进的技术推进了民族主义，如绘制地图和在流行出版物中使用当地的方言；Tilly(1975)从军事的角度补充这一观点，"战争造就了民族国家而民族国家也造就了战争"(第 42 页)。Smith(1971)曾经是一些西方学者的代表，他们认为我们所了解的民族主义是从传统社会演化而来,传统社会中的农民阶层不大参与政治,由精英统治阶级对其进行管理,而当今政治参与的基本单位则是公民和国家、个人和民族。在传统中国和现代化之前的欧洲,二者的群体意识都具有关系性和网络性的特点,而这种意识形态注定要被不可阻挡的现代文明(如识字、个人权利)和技术(工厂和征召军队)所驱逐。

华人叙事心理学

以上叙事(Liu & László,2007;Liu & Atsumi,2008)能够为我们提供思考的框架,但是根据主流心理学的实证主义标准,这些观点都无法证实。在进行历史解释时,研究者在许多方面肯定会受到当代政治和认识论的影响,而这会歪曲史实(Wertsch,2002)。因此,除了回顾历史,我们还要验证通过与现代化的交互作用,传统华人社会的组织和表现形式是如何从认知、动机和行为方式这些方面影响当今华人的社会认同和群际行为。

如今,如同天主教对于欧洲一样,在中国大陆儒家也并未在意识形态上占据统治地位。但是两者都还继续发挥着作用,一是作为社会组织和人际关系方面的内隐理论(Hong & Chiu,2001),二是其外显作用表现为两者影响下形成的价值观和信仰会对意识形态和科研成果产生影响。由于种种原因,关于华人社会认同和群际关系的政治方面的、认知方面的以及实证方面的研究都略显单薄,因此我们回顾了现有文献,一方面能为未来研究提供参考意见,一方面也能总结现有的实证研究。

当代华人的社会认同和群际关系

我们主要在以下三个假设和主题的基础上进行文献回顾:(1)文化的改变需要很长时间,所以当今华人认同建立的核心还是基于角色的社会关系,而不是分析得出的群体界限;(2)华人在危险程度较低的情况下处理其与群体外人员之间的矛盾时,其默认脚本是"仁慈式家长作风/仁慈型权威",而不是对群体外成员进行打压,这是由传统华人注重关系所决定的;(3)华人的爱国主义是外部入侵所激发的,因此我们可以假设在危险程度较高时,为了捍卫祖国和国人的权利,就产生了一种具有反抗性质的爱国主义,这种爱国主义是在中华民族的近代苦难史和灿烂辉煌的伟大文明二者的鲜明对比中产生的。

1. 华人认同:基于角色的社会关系

几位举足轻重的华人本土心理学家将其理论体系建立在以下观点之上:华人社会

的基础是基于角色的社会关系（Yang，1995，2005；Hwang，1987，2005；Ho，1998）。但是这几位心理学家还没有找到足够多的实证来支撑其理论体系。自我分类的很多观点都与美国跨文化心理学家 Nisbett 及其学生所得到的研究结果一致（Nisbett，Peng，Choi，& Norenzayan，2001），尤其是 Peng，他认为华人的社会认同由其关系而非分类所决定，其中关系的性质取决于分离度而不是绝对的、分析的或逻辑的界限。

Nisbett 等人（2001）基于文化的认知模型认为，社会组织的形式决定了每个人会注意什么，即影响每个人对世界的本质及其因果关系的信念和感知。而这些与社会组织/实践一起又反过来促进每个人形成并运用一些认知方式，而如此形成的认知方式存在一些缺陷（包括缺乏对因果关系的质疑、缺乏辩证或分析推理）。

我们发现，虽然 Nisbett 等人花 4—5 页的篇幅总结了 2500 多年的历史，但是其实证研究结果更让人感兴趣。简而言之，即"作者发现东亚人倾向于用全局的观点，注重整体背景及其因果循环，相对来说，他们很少运用范畴逻辑和形式逻辑，更多地运用辩证推理；而西方人更倾向于分析的方式，更注重客观及其所属种类，更多地运用规律理解客体行为，包括形式逻辑"（第 291 页）。他们对自我分类和社会认同采取了中立的视角，并引用了一些研究表明，华人根据关系对客体进行分类（例如将女性和孩子归为一类，因为女性照顾孩子），而美国人则因为男人和女人同属于成年人而将其分为一类（第 300 页）。在回顾文献时他们发现，华人很少按照正式的规则对客体进行分类或者推理。另外，Peng 和 Nisbett（1997）认为华人的思维方式具有辩证的特点，辩证是基于变化、矛盾和整体关系进行思考（又参见 Ji，Lam，& Guo，本手册）。很多研究都发现，华人倾向于中庸的推理，而美国人则更多地运用形式逻辑、分析和规则推理。

以上研究均显示，即使在今天，相对西方人更多地认同于国家本身来说，华人的社会认同可能还是围绕关系展开，但是跨文化的实证研究仍然很少。Bresnahan、Chiu 和 Levine（2004）报告说，中国台湾人围绕关系进行自我构建的比例要大于美国人，美国人更多地围绕独立和集体主义进行自我构建。

除去这项研究和先前 Yuki 及其同事引用的文献之外，剩下的就只有间接证据了。一个间接证据就是，2008 年 6 月编写本手册时，在 psycinfo 的摘要栏中输入"最简群体"和"华人"两个词组进行搜索后，根本没有符合检索条件的文献。最简群体范式（参见 Brewer，1979）利用模拟分类展示了在没有关系或其他因素影响的情况下，自我分类会对所属群体产生偏好；这证明了自我分类具有积极效应，但是还没有在华人群体中对其进行验证。以上叙述并非想说明最简群体范式在华人中不会起作用，在我们检索的 197 篇最简群体范式的文献中，其中有 5 篇是以日本人为被试，而 Nisbett 等人（2001）认为日本人与华人的认知加工方式比较相似。Yamagishi 是日本研究最简群体的先驱人物（例如参见 Yamagishi，Jin，& Kiyonari，1999），他根据其个人经验指出，建立最简群体范式需要花费很大的精力，并且实验者在对被试进行分组时，是按照他们对于 Klee

和 Kandinsky 的真实喜好程度而不是*随机*进行分配。更改标准程序后,相对于美国人是进行抽象分类的结论,日本人是进行抽象分类的结论则显得不那么可信。

然而,在描述社会取向和思维方式时,研究者将华人和日本人统称为"东亚人",但却不包括韩国人,这一点值得商榷(例如参见 Bond & Cheung,1983)。Takahashi、Yamagishi、Liu、Wang、Lin 和 Yu(2008)在最近一项关于东亚网上贸易的研究中发现,在实验室制造的两难社会困境中,当考察被试是否愿意相信对方和采取互惠行为时,华人和日本人存在显著差异。相对于日本人,华人在作出涉及利益得失的选择时,更愿意相信陌生人,中国大陆和中国台湾的华人都是如此。

Takahashi 等(2008)发现华人在世界各处都存在聚集区,而日本人则更倾向于留守在家,因此他们假设日本人之间的关系仅在一定范围内有效,或者说日本人的关系不支持其向外发展,而华人的关系则有更广泛的效力,为了建立潜在有价值的社交网络,他们更愿意向外探索寻求新的关系。Hwang(1987)在研究脸面和偏好时,也假设华人可能在资源交换/分配上有明确的规则:人与人之间的亲密和情感纽带由一种需求规则来界定,利益性或不太热络的关系就用公平的规则,介于以上两种之间的关系则用"人情"或人际关系的规则。

以上社会关系中的资源交换规则不仅能很好地维持稳固的社会关系,而且在面对陌生人时还能通过"一报还一报"式的公平规则去拓展新的社交网络,最初是遵循呆板的公平规则,继而发展为遵循人情或人际关系规则。Cheung 及其同事在研究华人的人格时也曾指出,对待人际关系的态度实际上也是人格的一部分,但是这部分却无法整合到"大五因素"中(Cheung 等,2003)。

这些论述说明,以后的研究中可以将社会认同理论与华人本土心理学的角色关系或关系联合起来,它可能会卓有成效地激发目前尚未出现的一种对话,即关于社会认同的心理学理论与基于社会角色社会学的认同理论之间的一种对话(参见 Stets & Burke,2000)。例如,Li、Liu、Huang 和 Chang(2007)以台湾历史为例,阐述了关系如何导致了基于分类的冲突。

2. 华人群际间行为的特点:低威胁情境下的仁慈型权威

我们认为华人群际关系的核心特征并不只是思维方式的不同,更重要的是华人心中理想的社会运行模式。在 Liu 和 Liu(2003,第 48 页)看来:

> 传统的东亚模范社会是和谐社会:统治者照顾其子民,子民尊敬统治者,为保持整个社会的秩序,在每个层面上都存在这种不平等但却有互惠性的交换体系。西方社会是一个公民社会,每个人都为各自的利益在法律规范下展开斗争,法律规范在保证斗争处于可控范围内的基础上对个体进行约束。前者注重自我修养和勤劳,后者注重平等和自由。

虽然本章主要关注实证研究，但是也不能忽视实证研究结果的社会建构作用：S.H. Liu（1993）的"高度心理学"概念就强调了理想和抱负，同时还描述了华人的现状。前文已经展示了在中国古代，仁慈的家长式作风是调整社会关系的理想管理方式，接下来，我们将展示仁慈型权威在当代如何产生影响。术语发生变化并非偶然。高度心理学不仅关注过去也放眼未来：当今华人社会中，越来越多的女性扮演了权威角色并发挥着影响作用，所以使用性别歧视的术语来形容当下的权威关系已经不恰当了（Halpern & Cheung，2008）。

我们反复重申了当代华人社会中理想权威模式的力量和仁慈型权威的现实情况，实际上是在细化已经过时的意识形态并且为有价值的传统价值观进行辩护。虽然我们的辩护主要是功能性的、实证主义的，但是有一项研究值得我们关注，即 Inglehart 和 Baker（2000，第 49 页）对 65 个社会的价值观转变的总结：

> 新教、伊斯兰教和儒家思想这三种历史传统导致了拥有不同价值体系的文化区域，而控制了经济发展的影响后，其作用依然存在……令人质疑的是，在不久的将来，现代化的力量会产生一种同质化的世界文化。

在类似 Inglehart 和 Baker 或者 Hofstede（2001）的跨文化研究中，始终将华人社会视为"高权力距离的和集体主义的"或者是传统/保守取向的文化（参见 Bond，1996）。因此，无论我们是否承认，传统思想都的确影响了华人的态度和行为。在高度心理学中，我们倾向于将其影响形容为在管理和群际关系中，能够形成更好的、更现代形式的仁慈（参见 Chen & Farh，本手册）。

Cheng 和 Farh 对华人的"家长式领导"重新进行研究后获得了一些发现。Farh 和 Cheng（2000）认为 Silin 这些西方学者们的工作（参见 Farh & Cheng 引用部分，2000）不仅清晰地描述了当代华人商界领导的典型特质，而且还对专制型和非民主型的领导风格提出了异议。Cheng、Chou、Wu、Huang 和 Farh（2004）等并不赞同西方世界的观点，而是将家长式领导定义为在强调人文关怀的气氛下，将严明的纪律和强大的权威与家长式仁慈和道德自律结合起来的一种方式。它包括三种相关的领导方式：专制型、仁慈型和德行型。

在已有文献中，Cheng 等（2004）发现仁慈型和德行型领导风格之间存在正相关，而两者都与专制型领导风格存在负相关，因此将后两种风格结合起来称为仁慈型权威，并将其与专制型领导方式区分开来（第 30 页）。仁慈型领导就是对下级的个人或家庭幸福进行人性化和全面的关怀，而德行型领导则是领导本人拥有良好的个人品德、自律思想和无私精神（参见 Cheng 等，2004，第 91 页）。所有这些领导风格都属于儒家思想的理想模式之一。仁慈型领导强调两者之间互惠而不平等的关系，领导像对待家人一样对待下级，通情达理而且宽容仁慈，如果有必要，在紧急情况下还会尽可能为下级提供帮助。这种领导方式会培养下级对上级的感激之情和报答行为。德行性领导不是基于互惠或交换,而是基于品行,拥有这种品行的人不会因为个人利益而滥用权力,并且将集体利益置于个人利益之前。Farh 和 Cheng(2000)认为这种领导方式会促进下级对上级个人价值观的认同,并且会引发下级对上级的模仿。这与儒家的治国理论比较接近,即通过领导者端正的品性来营造一种向上的氛围:

为政以德,譬如北辰,居其所而众星共之。

《论语》(第 2 章,第 1 句)

Cheng 等(2004)发现,正如预期,中国台湾地区的仁慈型领导引发了下级对上级的感激和报答行为。但是,仁慈型领导也会导致下级对上级的认同和模仿,这也比较符合儒家思想所认为的关系取向重要于道德取向。在下级对上级的服从上,事实可能和我们想象中的不同,因为德行型领导的效果要好于专制型领导。即使除去西方式变革型领导行为的影响,这些效应也非常显著。

实证研究表明,两种仁慈型权威与专制型领导存在负相关,专制型领导要求绝对的权威以及下级的绝对服从(Cheng 等,2004,第 91 页)。其特点是由上自下,还要求下级表现优秀,当表现较差时则予以惩罚,而且直接给下级指明方向并提出相关建议。领导者的行为透露着威严、极度自信,同时他们还对信息进行管制,也不想将权力下放。这种领导方式会促生下级的依赖、服从以及对领导事无巨细的关注,并且经常会导致下级对上级的恐惧而不是感激。当它与仁慈型权威结合使用时,领导效果极好(Farh & Cheng,2000;Cheng 等,2004),就像"胡萝卜加大棒"的结合。这也是儒家思想政治化形式的历史根源,在中国两千多年的封建王朝统治时期,结合儒家与法家形成从上至下的思想控制极为盛行,一阴一阳相辅相成(Liu & Liu,2003;King,1996)。

从高度心理学的角度来看待专制型管理确实比较有效,尤其是在下级由衷渴望上级实施由上及下的管理方式的社会背景中(Farh & Cheng,2000)。我们想挖掘也鼓励学者更深入地探讨怎样修正传统的专制型领导方式,使其更好地结合法治(法治能够高效地管理当代西方社会)并更多地接受下级意见,继而为儒家学说带来新的活力。

本土女性主义心理学家 Huang 的研究与第二个问题有关。Huang(1999)的和谐—冲突模型主要关注动态的关系管理。Huang 和 Huang(2002)用一项实验证明了台湾母亲更倾向于运用说教式的推理去引导孩子完成学习任务,但是当孩子开小差时,则会采取强制性或权威性的措施。以往我们认为成年华人在教育子女时,要求其绝对服从并且不过多置疑,但是与我们长久以来的看法相反,台湾母亲在实验中的表现却是以说教和比较温和的方式教育孩子,而这种方式与 Farh 和 Cheng(2000)所说的家长式领导方式完全相悖。

关于组织行为,Huang、Jone 和 Peng(2007)发现在台湾,下级向上级反馈问题时并不局限于单一的解决方式,在与老板打交道或发生冲突时,他们经常会首先选择直接面对/反抗,然后才是妥协。只有三分之一的被试在冲突刚开始时就直接采取避免冲突或者适应老板要求的策略。Huang 等(2007)报告说，那些与上级关系较好的下级经常会选择直接面对冲突或者先直面冲突再妥协，而那些与上级保持表面上很和谐的下级则倾向于选择适应或者回避的方式。当下级遭到上级的断然拒绝并且只能选择适应或回避的方式时，下级与上级的关系常常就会变成"表面和谐"。这也与 Cheng 等回顾文献后得出的结论相同，即"有些价值观仍然存在，但是专制已经逐渐消失，因为它可能不太适应当今世界的发展趋势"(第 96 页)。台湾雇员面临与上级之间的冲突时，如果没有其他解决方法，他们会选择传统的适应或顺从方式，但是并不会因此而欣赏老板，因为他们是被迫的。

Yeh 和 Bedford(2004)的孝道双元模型也得出了类似结论。互惠型孝道被定义为，出于对父母养育之恩的感激，当父母年岁渐长时给予其情感、精神、物质和经济上的关怀(第 216 页)。在年轻人中，互惠型孝道与高水平的代际关系相关。专制型孝道被定义为，由于角色限制，必须强行压制个人愿望而顺从父母要求(第 216 页)。专制型孝道与低情感组成、高水平等级倾向态度和高水平顺从态度相关。

数据和理论均显示，对家族、小群体内的组织行为和社会认同而言，华人社会的仁慈型权威仍然存在，并且发生了改变，能够很好地适应现代社会(参见 Yang，1996)。来自台湾的宏观社会学证据对以上微观证据形成了补充。Hu、Chu、Shyu 及其同事已经跟踪研究台湾政治意识心态的变化长达二十多年，囊括了岛内这段时间内所有的政治变化，从 20 世纪 70 年代开始，包括专制主义的衰退到民主化的完成(Chu & Chang，2001；Hu，1997；Shin & Shyu，1997)。这些学者发现，政治平等的支持度从最初起就比较高，对公众责任的支持度从 1984 年到 1993 年有了显著提升(虽然政治多元化的支持度还比较低，但是也有了显著提升)。研究数据还显示，截至 90 年代末期，还有相当大一部分台湾人对无序状态表示担忧，相对个体自由而言，他们更倾向于整体社会的和谐。台湾已经从专制社会平稳地过渡到了西方式的民主社会，公民的政治态度也随之发生了变化，兼具西方和中华传统的理想社会观(又参见 Ng，本手册；Huang 等，2004)。

在中国大陆，许多观察者都记载了政府对少数民族的优待政策，尤其是 Safran(1998)和 Mackerras(2003)。Sautman(1998)的观点与之前所述的仁慈型权威理论相同，"优待政策是当局一项至关重要的策略"(第 86—87 页)。中国大陆学者基本都认为现在少数民族受到各种形式的优待。最重要的就是占中国总人口 8.4%(2002 年)的少数民族不受计划生育的约束，而每个汉族家庭却只能生一个小孩。这是最有说服力的优待政策，其他方面还包括大学录取分数相对更低、少数民族地区税率更低。

对一般人而言，不太能够理解中国大陆和西方国家在社会政策上的差异程度有多大。不过，最能说明这种差异的方法就是让读者想象一下这种场景：美国诞生了一部法律，规定非洲裔、拉丁裔和亚裔美国人可以生养四个孩子，而欧裔美国人却只能生养一个孩子，如果违反这项规定，则不再享受国家福利并且需要强制进行结扎。

正如西方国家一样,中国的民族优待政策与经济紧密相连;中国大陆的少数民族收入更低,并且更多居住于欠发达区域,远离快速发展的沿海地区和中心城市。然而,中国共产党在制定财富再分配政策时,将赋予少数民族更多机会作为基本的政策导向(Sautman,1998,第87—88页),与此同时,西方国家却开始探讨这种优待少数民族的政策制定方式会引起对大多数人"新的不公平"(Sibley,Liu,& Kirkwood,2006;van Dijk,1993)。在西方社会基本保持着公平,并有一系列辩护机制解释了为什么实际上会出现不公平现象(Sibley,Liu,Duckitt,& Khan,2008),但是在中国大陆"最终目的就是'事实上的平等'"(Sautman,2008,第88页)。

Sautman 引用了一段官方语言来解释这种现象,即"经济更发达的汉族的帮助对于少数民族的发展极为重要,汉族人民认为这种无私的帮助是他们的责任"(第88页)。他将中国大陆的少数民族政策总结如下(第88页):

> 江泽民向少数民族人民表示,如果他们选择继续留在中国大陆,则会享受到优待政策和待遇,包括大量刺激经济发展和提高生活水平的政策。然而,政府不能容忍任何分裂行为,并且一旦发现某个少数民族有分裂企图,就会迅速实施打压。

无论如何,中国大陆为少数民族提供诸多机会的政策还是值得称赞的,西方国家就难以或者不会实施这种政策,对于那些弱势的少数民族来说,西方国家原则上平等的政策并不总是比当代中国大陆的政策好,中国大陆采用的是家长式做法,采取从上至下的政策对资源进行再分配。

用 Liu 和 Liu(2003)的话来说,相对西方国家而言,中国大陆的仁慈型权威模型提供了一系列处理少数民族—非少数民族关系的方法,这些处理方法带来的深远影响反过来又会决定中国大陆内部的民族结构(参见 hoddie,1998,他认为由于中国大陆的优待政策,更多的满族人民对自己的民族有认同感)。

总 结

Hong、Chiu 及其同事关于双文化自我框架转换理论表明,将华人的现代性和传统性结合起来是有可能的。Hong、Morris、Chiu 和 Benet-martinez(2000)用符号化的图片来启动双语香港人的社会认同,比如孔子和长城的图片代表中华文化,而超人和美国国旗代表西方文化。结果表明,当用图片诱导被试对中华文化更认同时,他们倾向于运用情境归因,而用图片诱导被试对西方文化更认同时,他们倾向于运用特质归因。我们经常将全局的、情境的归因方式看做是东亚人的典型思维方式,而认为特质的归因方式则是西方人的典型思维方式(Nisbett 等,2001)。Lu 和 Yang(2006)提出了更进一步的猜测,认为这种框架转换可能意味着华人受到的现代化影响远比我们想象的要深远。其基本观点就是,华人在某些情境中会保持对中华文化的认同,会根据情境自然而然地采用相应的思维和行为方式,但是在另外某些情境中则会运用西方的内隐理论(例如运用特质推理)。

Hong 等(2000)的实证研究说明,当社会和历史背景需要华人(尽管大多数被试都是双语者)保持一种割裂的和群体形式的社会认同时,他们能很好地适应这种环境。中国香港作为英国殖民地被其统治了接近 150 年,中国香港的英国人掌控着行政权,以从上至下的方式管理着香港,并且都拥有较高的社会地位,但是他们不会干预当地人民的私人生活。在这种情况下,间隔式社会认同就显得极具适应性,这种社会认同之间的转换由粤语和英语诱发(参见如 Yang & Bond,1980)。

随着历史洪流的前进,过去 200 年里,世界的中心主要都在西方(参见 Liu 等,2005),所以在由西方国家控制的社会中,现实会青睐那种能切换认同框架的非西方人士;Lu 和 Yang(2006)提出了假设,即当华人遭遇西方式现代政权时,是否会更普遍地切换认同框架。Chen 和 Bond(2007)最近的工作支持这一假设,其研究证明,有明确的语言提示时,不仅香港人会切换认同框架,双语的内地人也是如此。Hong 等(2001)从文化视角提出假设,即在人们头脑中存在一个文化导航系统,让人们碰到不同的情境线索时,可以遵照相应的内隐理论或者文化规范行事。

还有更大的一个问题,即如何看待分别建立在伦理和规则基础上的社会秩序? 社会认同(华人或西方人)肯定不仅仅是对因果关系进行归因(情境或个人特质)的内隐理论。Liu 和 Liu(2003)按照历史偶然事件模型绘制了一张华人社会的观念变化图,华人社会的秩序由一种以仁慈型权威人物为中心的社会关系模型所决定,而西方社会的秩序则是由建立在历史事件基础上的公正法律所控制,法律对每个人都有效。

如果该论述是正确的,那么通过文化框架切换的范式,我们应该能够找到证据证明权力关系的内隐理论。当华人认同被启动或者比较重要时,无论是从群体典型性或综合评价的角度,评价领导的主要标准都是其道德品质和仁慈性;并且还有可能导致领导者会更在意那些事关面子的行为(Choi,Kim, & Kim,1997;Hwang,2005)。当启动西方文化认同时,评价领导者的标准则是其守法情况和胜任工作的能力。这些假设都还没有被实验证实,但是现有的技术手段却能让社会科学家更为清晰地描述仁慈型权威的理论。

即使有新加坡、中国台湾为例,但还是没有回答"仁慈型权威"体制的可持续生存能力到底有多强。诸如 Fukuyama(1992)这样的自由主义理论家鼓吹,西方式的民主国家会是人类历史上最终的国家形式,最后所有国家都将发展成这种形式。俄国和伊拉克近年历程正好与以上观点相左,这说明可能会存在例外,即有些国家即使不实施西方式的自由民主(或者资本主义)也会发展得很好。那些很早就获得发展的西方式国家之所以能够从西方式的自由民主体制中获益,不仅仅因为它们没有经历过暴君的统治,同时还因为它们用工业革命所带来的强大力量去奴役世界上的其他国家,也因此提升了非精英阶层的社会生活水平。与此相反,三个最明显的特例(即德国普鲁士、日本明治时期、苏联)在第一次学习西方国家的工业化和民主化进程时,都处于专制统治而非自由民主政权统治之下。按照 Meisner(1996)等历史学家的观点,造成这种现象的部分原因在于,专制政权保护了其民众和国家利益免受全球资本主义和西方帝国主义国家的侵扰。对于发展中国家来说,如果其民主体制是由外界强行安置的话,经常会导致灾难性的后果。最近开展了一项关于伊拉克战争的全球性调查,被调查的 6 个社会中有4 个社会的年轻人认为乔治·布什和阿道夫·希特勒是影响世界历史的十大人物之一,并且对希特勒的评价要高于布什(Liu 等,出版中)。很明显,大家不认为"自由世界的领导者"有多仁慈,并且民主的种子也没有给伊拉克人民带来多少幸福。

鉴于文化框架切换和文化融合现象,我们没有理由说为什么华人社会不能将来之不易的仁慈型权威文化脚本用于限制当权者,而西方国家是通过不断发展个体主义来限制当权者。Liu(1993)提出的高度心理学的核心是培养仁慈。当代新儒学认为其新模型是理想的发展目标,并且承认有必要依法按照当代管理理论不断调整模型。合理运用"脸面工作"的一些要素,比如呼吁爱心,以及用舆论引导人们对不良行为形成羞愧感,这两种方式是培养和引导华人形成良好行为习惯的传统方式(普通群众和政治精英均适用)。

随着本土华人心理学家在家长式领导、和谐—冲突、孝道领域获得了可喜的实证研究成果,领导的仁慈型权威又展现出了新的生命力。我们非常希望这些工作能够鼓励华人领导者对下级更仁慈,希望华人文化能够为急需新的前进路线的世界文化贡献新的道德引导和政治管理模型。

参考文献

Anderson, B. (1991). *Imagined communities: Reflection on the origin and spread of nationalism*. London: Verso.

Bass, C. (2005). Learning to love the motherland: Educating Tibetans in China. *Journal of Moral Education*, 34, 433–449.

Berry, J.W. (2001). Contextual studies of cognitive adaptation. In J.M.Collis & S.Messick (eds), *Intelligence and personality: Bridging the gap in theory and measurement* (pp.319–333). Mahwah, NJ: Lawrence Erlbaum Associates.

Bond, M.H. (1996). Chinese values. In M.H.Bond (ed.), *The handbook of Chinese psychology* (pp. 208–226). Hong Kong: Oxford University Press.

Bond, M.H. & Cheung, T.S. (1983). The spontaneous self-concept of college students in Bong Kong, Japan, and the United States. *Journal of Cross-Cultural Psychology*, 14, 153–171.

Chen, S.X., Benet-Martinez, V., & Bond, M.H. (2008). Bicultural identity, bilingualism psychological adjustment in cultural societies: Immigration-based and globalization-based acculturation. *Journal of Personali-*

ty,*76*,803-838.

Chen,S.X. & Bond,M.H.(2007).Explaining language priming effects：Further evidence of ethnic affirmation among Chinese-English bilinguals.*Journal of Language and Social Psychology*,*26*,398-406.

Cheng,B.S,Chou,L.F.,Wu,T.Y,Huang,M.P., & Farh,J.L.(2004).Paternalistic leadership and subordinate responses：Establishing a leadership model in Chinese organizations.*Asian Journal of Social Psychology* *7*,89-117.

Huang,L.L.(1999).*Interpersonal harmony and conflict Indigenous Chinese theory and research*.Taipei, Taiwan：Tu Kui Publishing House.(in Chinese)

Huang,L. L. & Huang, H. L. (2002). Prototypes of mother-child conflict in Chinese society：An indigenous dynamic approach to parenting.*Journal of Psychology in Chinese Societies*,*3*,15-36.

Huang,L.L.,Jone,K.Y., & Peng,T.K.(2007).Conflict resolution patterns and relational context：An exploratory study combining etic and emic theories in Taiwan.In J.H.Liu,C.Ward,A.Bernardo,M.Karasawa, & R.Fischer(eds)(in press).*Progress in Asian social psychology：Casting the individual in societal and cultural context*,*Vol.6*,(pp.61-82).Seoul,South Korea：Kyoyook Kwahaksa.

Hwang,L.L.,Liu,J.H., & Chang,M.(2004).The'Double identity'of Taiwanese Chinese：A dilemma of politics and culture rooted in history.*Asian journal of Social Psychology*,*7*,149-189.

Hwang,K.K.(2005).The theoretical structure of Chinese social relations(*guanxi*).In K.S.Yang,K.K. Hwang, & C.F.Yang(eds),*Chinese indigenized psychology*(pp.215-248).Hong Kong：Yuan Liu University Press.(in Chinese)

Hwang,K. K. (1987). Face and favor：The Chinese power game.*American Journal of Sociology 92*, 944-974.

Inglehart,R. & Baker, W. E. (2000). Modernization, culture Change, and the persistence of traditional values.*American Sociological Review*,*65*,19-51.

Kashima,E.S. & Hardie,E.A.(2000).The development and validation of the Relational,Individual,and Collective self-aspects(RIC)scale.*Asian Journal of Social Psychology*,*3*,19-48.

Kashima,Y.(2005).Is culture a problem for social psychology? *Asian Journal of Social Psychology*,*8*, 19-38.

King,A.Y.C.(1996).State Confucianism and its transformation：The restructuring of the state-society relation in Taiwan.In W.M.Tu(ed.) ,*Confucian traditions in East Asian modernity*(pp.228-243).Cambridge, MA：Harvard University Press.

King,A.Y.C. & Bond,M.H.(1985).The Confucian paradigm of man.In W.S.Tseng & D.Y.H.Wu(eds), *Chinese culture and mental health：An overview*(pp.29-45).Orlando,FL：Academic Press.

Lam,S.F.,Lau,I.Y.,Chin,C.Y.,Hong,Y.Y., & Peng,S.Q.(1999).Differential emphasis on modernity and Confucian values in social categorization：The case of Hong Kong adolescents in political transition.*International Journal of Intercultural Relations*,*2*,237-256.

Lee,R.M,Noh, C. Y., Yoo, H. C., & Doh, H. S. (2007). The psychology of diaspora experiences：Intergroup contact,perceived discrimination, and the ethnic identity of Koreans in China.*Cultural Diversity and Ethnic Minority Psychology*,*13*,115-124.

Levenson,J.R.(1959).*Liang Ch'i-chao and the mind of modern China*,2nd edn.Berkeley,CA：University of California Press.

Li,M.C.(2003).The basis of ethnic identification in Taiwan.*Asian Journal of Social Psychology*,*6*, 229–237.

Li,M.C.,Li,J.H.,Huang,L.L., & Chang,M.L.(2007).Categorization cues and the differentiation of in-group-outgroup in Taiwan from past to present.In A.Bernardo,M.Gastardo-Conaco, & M.E.C.D.Liwag(eds) *Progress in Asian social psychology: The self relationships,and subjective well-being in Asia*,Vol.5(pp.39–60) Seoul,South Korea:Kyoyook Kwahaksa.

Liu,J.H. & Atsumi,T.(2008).Historical conflict and resolution between Japan and China: Developing an applying a narrative theory of history and identity.In T.Sugiman,K.J.Gergen,W.Wagner, & Y.Yamada (eds),*Meaning in action: Constructions,narratives,and representation*(pp.327–344).Tokyo,Japan:Springer-Verlag.

Liu,J.H.,Hanke,K.,Huang, L.L.,Fischer, R.,Adams, G.,Wang,F.X.,Atsumi,T., & Lonner,W.J. (2008).*The relativity of international justice concerns: Attitudes towards the Iraq War and the Cross Straits relationship between China and Taiwan in 5 societies*.Manuscript submitted for review.

Liu,J.H. & Hilton,D.(2005).How the past weighs on the present: Social representations of history and their role in identity politics.*British Journal of Social Psychology*,*44*, 537–556.

Liu,J.H. & Laszl6,J.(2007).A narrative theory of history and identity: Social identity social representations,society and the individual.In G.Moloney & I.Walker(eds),*Social representations and identity Content, process and power*,p 85–107. London,England:Palgrave Macmillan.

Liu,J.H. & Liu,S.H.(2003).The role of the social psychologist in the'Benevolent Authority'and'Plurality of Powers' systems of historical affordance for authority.In K.S.Yang,K.K.Hwang,P.B.Pedersen, & I. Daibo(eds)*Progress in Asian social psychology Conceptual and empirical contributions*.Vol.3(pp.43–66). Westport,CT:Praeger.

Liu,S.H.(1993).The psychotherapeutic function of the Confucian discipline of Hsin(mind-heart).In L. Y.Cheng,F.Cheung, & C.N.Chen(eds),*Psychotherapy for the Chinese*(pp.1–17).Hong Kong:Department of Psychiatry,Chinese University of Hong Kong.

Lu,L. & Yang,K.S.(2006).Emergence and composition of the traditional-modern bicultural self of people in contemporary Taiwanese societies.*Asian Journal of Social Psychology*,*9*,167–175.

Mackerras,C.(2003).*China's ethnic minrities and globalization*.New York:Routlege Curzon.

Markus,H. & Kitayama S.(1991).Culture and self Implications for cognition,emotion and motivation. *Psychological Review*,*98*,224–253.

Meade,R.D. & Wittaker,J.O.(1967).A cross-cultural study of authoritarianism.*Journal of Social Psychology*,*72*,3–7.

Meisner,M.J.(1996).*The Deng Xiaoping era: An inquiry into the fate of Chinese socialism,1978–1994*. New York:Hill and Wang.

Moscovici,S.(1988).Notes towards a description of social representations.*European Journal of Social Psychology*,*18*,211–250.

Nisbett,R.E.,Peng, K.Choi, I., & Norenzayan, A.(2001).Culture and systems of thought: Holistic versus analytic cognition.*Psychological Review*,*108*,291–310.

Oyserman, D., Coon, H.M., & Kemmelmeier, M. (2002). Rethinking individualism and collectivism valuation of theoretical assumptions and meta-analyses. *Psychological Bulletin*, *128*, 3-72.

Peng, K. & Nisett, R.E. (1999). Culture, dialectics, and reasoning about contradiction. *American Psychologist*, *54*, 741-754.

Pratto, F., Liu, J.H., Levin, S., Sidanius, J., Shih, M., Bachrach, H. (2000). Social dominance orientation and the legitimization of inequality across cultures. *Journal of Cross-Cultural Psychology*, *31*, 369-409.

Pye, L. (1996). How China's nationalism was Shanghaied. In J. Unger (ed.), *Chinese nationalism* (pp. 86-112). New York: East Gate.

Safran, W. (1998) (ed.). *Nationalism and ethnoregional identities in China*. London: Frank Cass.

Sarbin, T.R. & Allen, V.L. (1968). Role theory. In G. Lindzey & E. Aronson (eds), *Handbook of social psycflology*, 2nd edn, (Vol.1, pp.488-567). Reading, MA: Addison-Wesley.

Sautman, B. (1998). Preferential policies for ethnic minorities in China: The case of Xinjiang. In W. Safran (ed), *Nationalism and ethnoregional identities in China* (pp.86-118). London: Frank Cass.

Shimmack, U., Oishi, S., & Diener, E. (2005). Individualism: A valid and important dimension of cultural differences between nations. *Personality and Social Psychology Review*, *9*, 17-31.

Sibley, C.S., Liu, J.H., Duckitt, J., & Khan, S.S. (2008). Social representations of history and the legitimation of social inequality: The form and function of historical negation. *European Journal of Psychology*, *38*, 542-565.

Sibley, C.G., Liu, J.H., & Kirkwood, S. (2006). Toward a social representations theory of altitude Change: The effect of message framing on general and specific attitudes toward equality and entitlement. *New Zealand Journal of Psychology*, *35*, 3-13.

Shin, D.C. & Shyu, H. (1997). Political ambivalence in South Korea and Taiwan. *Journal of Democracy*, *8*, 109-124.

Stets, J.E. & Burke, P.J. (2000). Identity theory and social identity theory, *Social Psychology Quarterly*, *63*, 224-37.

Smith, A.D. (1971). *Theories of nationalism*. New York: Harper & Row.

Tajfel, H. & Turner, J.C. (1979). The social identity theory of intergroup behaviour. In S. Worchel & W. Austin (eds) *Psychology of intergroup relations* (pp.33-48). Chicago, IL: Nelson-Hall.

Turner, J.C., Hogg, M.A., Oakes, P.J., Reidler, S.D., & Wetherell M.S. (1987). *Rediscovering the social group: A self-categorization theory*. New York: Basil Blackwell.

Takahashi, C., Yamagishi, T., Liu, J.H., Wang, F.X., Lin, Y.C., & Yu, S.H., (2008). The intercultural trust paradigm: Studying joint cultural interaction and social exchange in real time over the internet. *International Journal of Intercultural Relations*, *32*, 215-228.

Tilly, C. (1975). *The formation of national states in Western Europe*. Princeton, NJ: Princeton University Press.

Unger, J. (1996). *Chinese nationalism*. New York: East Gate.

Van Dijk, T. (1993). *Elite discourses and racism*. London: Sage.

Wertsch, J. (2002). *Voices of collective remembering*. Cambridge, England: Cambridge University Press.

Yamagishi, T., Jin, N., & Kiyonari, T. (1999). Bounded generalized reciprocity: Ingroup boasting and in-group favoritism.*Advances in Group Processes*,*16*,161-197.

Yang,K.S.(2005).Theoretical analysis of Chinese social orientation.In K.S.Yang,K.K.Hwang, & C.F. Yang(eds),*Chinese indigenized psychology*(pp.173-214).Yuan Liu University Press:Hong Kong.(in Chinese)

Yang,K.S.(1995).Chinese social orientation:An integrative analysis In T.Y.Lin,W.S.Tseng, & E.K. Yeh(eds),*Chinese societies and mental health*(pp.19-39),Hong Kong:Oxford University Press.

Yang,K.S.(1996).The psychological transformation of the Chinese people as a result of societal modernization.In M.H.Bond(ed.),*The handbook of Chinese psychology*(pp.479-498).Hong Kong:Oxford University Press.

Yang,K.S. & Bond,M.H.(1980).Ethnic affirmation by Chinese bilinguals.*Journal of Cross-Cultural Psychology*,*11*,411-425.

Yeh,K.H. & Bedford,O.(2003).A test of the dual filial piety model.*Asian Journal of Social Psychology*, *6*,215-228.

Yuki,M.(2003).Intergroup comparison versus intragroup comparison:A cross-cultural examination of social identity theory in North American and East Asian cultural contexts.*Social Psychology Quarterly*,*6*, 66-183.

Yuki,M.,Maddux,W.W.,Brewer,M.B., & Takemura,K.(2005).Cross-cultural differences in relationship-and group-based trust.*Personality and Social Psychology Bulletin*,*31*,48-62.

第 35 章　华人领导研究进展:家长式领导及其完善、修正与其他领导方式

Chao C.Chen　Jiing-Lih Farh

中国大陆已经完全融入了全球经济体,在过去几十年中它既对全世界产生了一定影响,也受到了其他国家的影响。目前已经发表了大量关于华人社会的领导者、政府、管理水平、传统哲学和传统政治的文章,同时与华人领导有关的理论研究和实证研究也呈现井喷式增长。仅仅在过去十年,关于华人领导的文献就出现了戏剧性增加,其中还有一部分文章发表在组织和管理方面的国际学术期刊上。

十几年前,Smith 和 Wang(1996)回顾了与华人领导有关的文章后,认为以下方面均属于领导研究的范围:组织结构、一般管理信念和价值取向、中外合资企业中的问题。Smith 和 Wang 回顾了大量文献后发现,这些研究似乎都集中在描述或比较华人管理者的组织和管理实践(与中国大陆内外西方管理者的区别),以及华人管理者经历市场化改革和经济全球化时所面临的挑战。这些研究能促进对华人领导方面的理解,但是Smith 和 Wang(1996)指出这些研究还存在概念和方法论上的缺陷,并且呼吁对华人领导层的理论研究要本土化。另外,系统地建立和验证领导理论模型的前提、框架和结论也尤为迫切。在接下来的几十年中,这个方向的华人领导研究可能会获得重大发展。

华人组织的领导是一个极为复杂的问题,包括全世界的共性文化方面和华人的独特文化方面的影响。现代化会从生活的各方面促进华人社会和华人组织的改变,进而产生共性影响,现代化包括市场经济、全球竞争、技术革命和个体主义(比如呼吁人权)。然而,中国大陆延续 5000 年而未曾中断的悠久历史产生了丰富和独特的文化传统,它主要包括意识形态(儒家思想、道家思想、佛教思想、法家思想——参见如 C.C.Chen & Lee,2008a;Li,Lam,& Guo,本手册)、关系规则(关系、人情、脸面、尊重权威——参见如 Hwang & Han,本手册)、社会体制(家庭主义——参见如 Chan,本手册)以及象形文字语言(参见如 McBride,Lin,Fong,& Shu,本手册)。另外,在共产党持续几十年的执政期间,通过教导社会主义价值观以及成功建立社会主义制度,社会主义已经在中国人内心烙下了深刻的痕迹(即毛泽东思想、计划经济、国有企业——参见如Kulich,本手册)。

复杂和多变的社会背景导致华人组织内的领导相关研究很难开展,只能通过共性

文化和个性文化两个方面去探讨。一方面,有相当多的学者以西方社会领导的相关概念和理论为基础对华人组织进行了研究,或者在其中验证这些理论,当然也找到了一些依据。比如,在 Web of Science(1990 年 1 月至 2008 年 8 月发表的文章)检索出 187 篇在华人社会背景下与领导相关的文献,剔除与华人领导无关(比如市场营销方面领导力所需投入和产出)的文章后还剩下 66 篇。经过详尽分析后发现,这 66 篇文章涵盖了一系列主题,有接近四分之三是验证西方式领导的相关理论在华人背景下是否成立,比如变革型领导和魅力型领导、代表制度与授权、支持性领导、领导成员交换、互动公平。

另一方面,也有一些研究关注了华人领导的人格,或者在华人特殊社会背景和文化传统下的形成的相关领导概念和理论。这些文章部分发表在英文期刊上(如 Cheng,Chou,Wu,Huang, & Farh,2004),大部分都编撰成书(如 C.C.Chen & Lee,2008a;Li,Tsui, & Weldon,2000;Tsui,Bian, & Cheng,2006)或者发表在中文期刊上。

本章将从共性和个性两种取向梳理华人领导的相关理论和研究进展。通过对文献的理论或实证贡献进行衡量后,我们发现有相当多的文章需要梳理。衡量一篇文章的实证贡献主要是考虑其对相关理论的支持,而衡量理论贡献则是考虑它与其他理论的关系。本章将从本土华人对领导的理解开始,分析以这些观念为基础如何建立了领导方面的理论模型,以及这些理论模型是如何看待其他地区华人或西方领导理论(主要是那些已经用来研究一些华人领导相关现象的理论)。

本章将采用 Wagner 和 Berger(1985)关于理论发展方式的观点,我们将选取其中三种方式:细化、竞争和整合(又参见 C.C.Chen & Zhang,2008)。细化是指通过增加新的思想到现有理论中,以使新形成的理论更加全面(例如为了解释新现象而增加自变量或因变量)或者更加精确(例如为了让理论更精确而增加中介条件或中间状态)。细化经常是从某种程度上修正原有理论,但是理论的基础假设和基本原理大致上并未发生变化。相反,竞争是指提出一种新的观点或理论,以挑战现有理论的基础假设,它对同一现象的预测经常会出现不同结果。最后,整合则是指在两个或更多现有理论的基础上创立一个新理论,好的新理论比原来任何一个现有理论的解释能力都要强。

在所有华人领导的相关理论中,家长式领导模型的研究最深入、系统和本土化(Farh & Cheng,2000;Farh,Cheng,Chou, & Chu,2006;Farh,Liang,Chou, & Cheng,2008)。因此我们在回顾已有文献时,将以家长式领导为基础并且对其描述也最多。首先,本章简短介绍了家长式领导及其根源。其次,本章将探索华人本土领导模型与西方领导模型的联系,以及华人本土领导模型是如何加入了西方领导模型的元素。然后,本章将呈现与华人传统领导相悖或者不同的观点或理论。最后,本章将整合中西方关于领导方面的观点,提供未来研究方向以供参考。

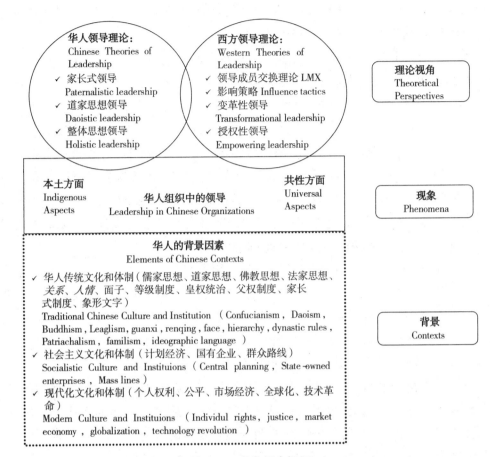

图 35.1　整体概念框架

家长式领导的初始模型

20 世纪后半叶,对世界华人企业家的研究不仅在以华人为主的区域(如中国香港、新加坡、中国台湾)开展,而且在华人占少数的区域(即东南亚国家,如印度尼西亚、马来西亚、泰国和菲律宾)也进行了研究(Weidenbaum,1996)。对此现象感兴趣的学者针对海外华人商业模式展开了一系列研究。20 世纪 60 年代,Robert Silin 在中国台湾研究了由个体掌控的大型私有企业。在一年内,他对执行总裁(也包括"老板"、"负责人"或"经理")、中层管理者和普通员工进行了长达 100 小时的访谈,然后得出了一份关于领导哲学和企业领导行为方式的详尽报告(Silin,1976)。Silin 确定了家长式领导的基本特点,不过他并未将其形容为"家长式"。他发现管理者的领导风格特点包括:德行式领导(道德高尚且没有以自我为中心的冲动)、说教式领导(将个人取得成功的方法传授给下级)、集权式权威、与下级保持一定距离、模糊个人意图(为保持权威和控制下级而隐藏个人意图)、玩弄权术(如为了保持权力均衡分配而采取分而治之策略,或将心腹分派到各个部门,或极少对下级表现出信心)。

20 世纪七八十年代,世界华人家族企业取得了巨大成功,因此,80 年代时 Redding 对中国香港、新加坡、中国台湾和印度尼西亚成功企业的管理模式集中进行了研究(Redding,1990;Redding & Wong,1986)。通过对 72 位企业家的深度访谈,他发现了华人经济文化的特点,并将其称为华人资本主义,家长式作风是其中的一个关键元素。在 Silin(1976)、Deyo(1978,1983)和 Pye(1985)的基础上,Redding 将家长式作风分解为七个要素:(1)下级依赖上级的心理定式;(2)个人忠诚,它导致下级愿意服从上级;(3)对下级的意见采取悉心修正后的专制主义做法;(4)当个体拥有权力后,权力无论何时何地都无法与个体分离;(5)等级制度下的冷漠和社会距离;(6)允许领导隐藏意图或随意行事;(7)领导也是榜样和导师(Redding,1990,第 130 页)。

20 世纪 80 年代后期,Cheng(1995c)开始采用个案分析的研究方法考察台湾家族企业所有者的管理方式。在对一位 CEO 进行深度访谈时,Cheng 发现他会运用 Silin(1976)和 Redding(1990)所提及的全部管理方式。按照 Cheng(1995a,1995c)的观点,台湾家族企业中的家长式领导包括两种行为类型:施恩和立威。Cheng 对两种行为类型均进行了细分,并建立了对应的下级反映模式。

以上三种表意研究描述了世界华人家族企业广泛应用的管理模式。显然,源于华人传统家族结构的家长式作风不仅只局限于家庭内部,而是已经延伸到了工作场所。公司主管与家庭中的家长角色相似,需要扮演道德榜样的角色,保持权威和控制力,关心下级并为其提供指导和保护;反过来,下级则像孝顺的子孙,需要对主管忠心和恭顺。家长式作风已经成为华人组织中上下级交流的明显特征。

家长式领导的发展与修正

家长式领导的三维模型

Farh 和 Cheng(2000)研究了大量相关文献后提出了家长式领导的三维模型(见图 35.2),模型中将家长式领导定义为一种强权和关怀、照顾、道德因素相结合的领导方式。模型的核心是家长式领导的三个维度(专制型领导、德行领导、仁慈领导)及其对应的下级反应方式。三个维度皆是一种领导者的行为方式。德行型领导是指,道德高尚、为人正直,并且毫无自私行为。专制型领导是指,对下级实行强权控制并且要求其无条件服从。最后,仁慈型领导是指对下级因材施教、因人而异,并且对下级的个人幸福及其家庭幸福表现出全方位的关心。

Farh 和 Cheng 进一步提出假设,在家长式领导的每个维度上,下级均有相应行为与其一一对应。专制型领导的行为会导致下级的依赖和服从,仁慈领导会换来下级的感激和效忠,德行领导会获得下级的尊敬和认可。他们还认为下级的回应行为可以溯源到中国的传统文化。中国传统文化强调,在等级关系中下级需要对上级依赖和服从,下级对上级负责则会换来其青睐,以及道德说教的重要性。

因此,Farh 和 Cheng 假定家长式领导的现象只有在一系列社会/文化和组织因素的促进下出现,并在此背景下发展。关键的社会/文化因素包括强调家族主义并尊重权威的儒家思想、人格主义/特殊主义、互惠规则(报)、人际和谐以及由道德模范领导。关键的组织因素包括家族所有权(以家庭为基础的模型可以迁移至商业组织)、权力集中(赋予领导极高的权力)、企业式架构(避免管理者的官僚作风)、工作环境简单和技术更新缓慢(使管理者的工作较少依赖下级的创新)。可以预测,相对于非家族式企业,家族式企业更有可能实行家长式领导或者实行家长式领导更有效率。相对于其他个体,拥有华人传统文化价值观的个体可能对家长式领导作风的评价更为肯定。相比产品生产线多样化、工作环境复杂和技术更新频繁的大型组织,对于产品生产线单一、工作环境简单和技术更新缓慢的小型组织,实行家族式管理更有可能获得较好的效果。

总而言之,为了促进对家长式作风的理解和相关研究,在 Silin(1976)、Redding(1990) 和 Cheng(1995c) 所提出的理论基础上,Farh 和 Cheng(2000) 对其进行了扩展并提出了家长式领导的三维模型。模型勾勒出了家长式领导的三个重要维度,并针对每个维度建立了相应的下级反映模式,并且列出了有利于家长式领导的一系列文化和组织条件。所有这些都为家长式领导的后续研究提供了繁衍的沃土。

家长式领导的实证研究

在 Farh 和 Cheng(2000) 的模型基础上,出现了一系列检验其有效性的实证研究。首先,主要集中在发展家长式领导三维模型中三个维度的测量方式上;然后,转为验证关于家长式领导模型中下级的心理反应(无条件服从、感激和回报、认同和模仿);最后,考察了家长式模型对下级行为的影响,比如工作情绪、工作表现、工作态度和组织公民行为(参见 Farh,Cheng,Chou, & Chu,2006)。

迄今为止的实证研究均证明,在华人社会背景中,Farh 和 Cheng(2000)关于家长式领导的概念框架模型确实行之有效。无论从理论还是实证角度,该模型的三个维度的确存在(Cheng,Chou, & Farh,2001)。从西方直接移植过来的领导模型无法解释下级的某些心理反应、态度和行为,而 Farh 和 Cheng 的模型却能很好地进行解释(比如Cheng,Chou,Wu,Huang, & Farh,2004;Cheng,Hsieh, & Chou,2002)。

由于 Farh 和 Cheng 的家长式领导模型加入了社会/文化/组织条件,因此,需要在一定情境下才能对下级的行为和态度进行解释。目前研究涉及两个情境因素:下级的传统性和下级对上级的资源依赖。

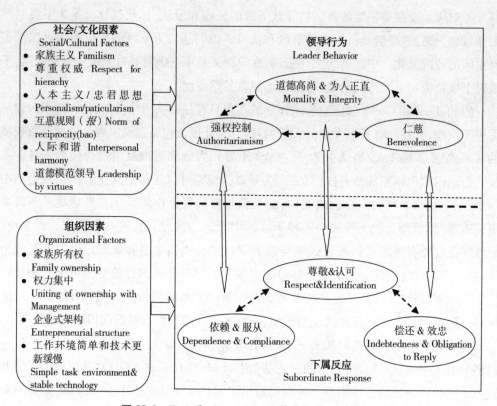

图 35.2　**Farh 和 Cheng（2000）的家长式领导模型**

*下级的传统性。*20 世纪 80 年代，K.S.Yang 开始构思哪些因素组成了华人的传统性，最后将其定义为：一种在某种程度上与动机、评价、态度和气质相关的典型范式，在华人传统社会中的个体身上最为常见，依然存在于当代华人社会（比如中国台湾、中国香港、中国大陆）的个体身上（K.S.Yang，2003：265）。Farh、Earley 和 Lin（1997）最先将这种特性融入了组织学中。他们挑选出五个项目，用来测量华人传统价值观中所特有的等级观念。在华人传统社会中，社会秩序的基础是儒家的"五伦"：君臣、父子、夫妻、兄弟和朋友。在这五种基本关系中，其中四种具有等级性。个人对政府当局的忠诚和服从是社会和谐的前提条件（Bond & Hwang，1986）。

如今，华人的现代化程度、受教育程度、富有程度和价值观发生了巨大变化。对政府当局的无条件服从不再在所有华人看来都是理所当然的，尤其是受过教育的新一代群体（Cheng & Farh，2001；K.S.Yang，1996；参见 Kulich，本手册）。有实证研究显示，无论在何种组织中，华人个体的传统性程度会影响其工作态度和行为（如 Farh 等，1997；Farh，Hackett, & Liang, 2007；Hui, Lee, & Rousseau, 2004；Xie, Schaubroeck, & Lam, 2008）。

家长式领导模型认为，相比其他人，拥有华人传统价值观的个体更可能对家长式领导模型做出正面评价。在检验个体传统价值观是否有调节作用的三项研究中，其中两项支持了以上观点。例如,Cheng(2004)在家长式领导模型的三种心理反应(认同、服从、感激)基础上指出,专制型领导对低传统性的下级没有影响,但是对高传统性的下级却有积极影响;Farh 等(2006)指出,当上级面对低传统性的下级时,专制会让下级产生不满。综上所述,有证据证实下级对专制主义的反应随其自身的传统性而发生变化,但是并非所有研究结果都是如此。

下级对上级的资源依赖。除了传统性,下级对上级的资源依赖也会影响下级在家长式领导模型中的反应。Redding(1990)认为在海外华人家族企业中存在一个显著特征,即下级对上级的强烈依赖。因此可以预计,当下级对上级所掌握的资源不那么依赖时,他对家长式领导做出积极反应的可能性更小。

Farh 等(2006)针对此问题展开了相关研究,即下级对上级的资源依赖在家长式领导和下级反应间的调节作用。研究结果与预计大体相同:(1)当下级对上级的资源依赖度较高时,专制主义与畏惧领导之间的相关程度更高;(2)当下级对上级的资源依赖度较高时,仁慈对下级的认同、服从和组织承诺产生了积极影响。综合以上研究,这表明当下级对上级的资源非常依赖时,专制型领导和仁慈型领导对下级的影响更大。

Farh 等(2006)指出了一个令人关注的现象,在德行型管理中,下级对上级的资源依赖具有相反的调节作用,即当下级对上级的资源依赖度较低时,领导者的德行对下级的认同、服从和组织承诺会有较大的积极影响。他们认为如果这些研究具有可复制性,则表明家长式领导影响下级的态度和行为时,三个维度之间的心理机制并不完全相同。

总结和讨论。实证研究表明,当下级具有传统价值观并且对上级的资源依赖程度较高时,家长式领导模型更适用。这些研究证明,整体而言,在华人背景下家长式领导模型是适用的,并且一系列情境因素能够调节模型中下级的行为和态度。未来研究应该更系统地验证情境因素如何调节了模型中的工作成果以及下级的行为和态度。我们应该在不同文化背景下开展研究,这有助于检验理论的普遍适用性并找出理论中疏漏的过程。

领导—员工交换与家长式领导

在西方所有的领导理论中,领导—员工交换理论最受华人领导研究者的关注。虽然 Hui 和 Graen(1997)指出了领导—员工交换和领导—员工关系之间的一些重要差异,但是在我们看来,中国大陆大部分关于领导—员工交换的研究主要还是用以完善和证实中华传统领导哲学的基础结构,其次是家长式领导的基础结构。研究主要集中在领导与员工双向关系中的基本单元,这一双向关系关注于个人长期关系的建立、等级性和互惠性关系中领导与员工的责任、因个人忠诚和表现而产生的成员差异。我们回顾了六篇关于领导—员工交换理论的实证研究文献,大部分都关注于领导—员工交换的质量,研究发现其质量影响了结果,例如组织公民行为、工作满意度、工作绩效、下级的退缩行为(Aryee & Chen,2006;Hackett,Farh,Song, & Lapierre,2003;Hui,Law, & Chen, 1999;Liang,Ling, & Hsieh,2007)、参与型领导以及领导与下级就各自观点进行的公开讨论(Y.F.Chen & Tjosvold,2006,2007)。还有研究发现,领导—员工关系的质量会影响变革型领导的效果、消极情绪和共同目标(Hui,Law, & Chen,1999;Wang,Law,Hackett,Wang, & Chen,2005)。

在领导—员工交换理论的基础上,华人领导的相关研究以一系列方式完善和丰富了华人领导的传统研究。首先,从实证上说明了领导—员工双向的积极影响会蔓延到对同事或组织的态度和行为上,比如提高组织承诺、增加同事或组织导向的公民行为、降低离职倾向,而不仅仅局限于下级的工作态度和表现以及领导与员工间的社会心理动力。其次,下级感知到的领导—员工交换质量没有引发家长式领导模型所提及的心理动力(如依赖、认同和效忠),但是似乎能引起领导—员工关系在社会情感上的亲密度发生变化(X.P.Chen & Chen,2004)。因此,领导—员工交换质量可能是领导行为和员工反应之间的重要调节变量。从某种程度上说,领导—员工交换质量可能是家长式领导模型所涉及的心理机制的变体。最后,由于领导—员工交换质量具有综合的心理作用,这就为研究与家长式领导行为不同但可能共存的维度提供了机会。例如领导对奖励的控制权,团体的信任氛围、开放氛围、舆论氛围,领导与下级间的共同目标,影响华人领导—员工交换质量但对下级态度和行为有积极影响的变革型领导行为(Aryee & Chen,2006;Y.F.Chen & Tjosvold,2006,2007;Wang 等,2005)。

以上因素提高了领导—员工交换质量,但是也并不与家长式领导理论相悖。在华人等级关系中,领导本来就牢牢控制着奖励和资源,并且也是决定关系策略的先决条件(Bond & Hwang,1986;Hwang,1987);共同目标本身就位于仁慈型领导关系中;在实施德行型领导和亲社会领导时,自然而然就会使整个团体产生信任的工作氛围。

值得注意的是,在领导—员工交换理论基础上探讨华人领导相关问题的研究者都选择了关注领导—员工交换理论与华人领导理论的共同点而不是区别。接下来,我们将讨论这些区别对传统的华人领导理论提出了哪些挑战。

变革型领导和家长式领导

由于相比传统的交易型领导理论,变革型领导理论更有现代意义,因此人们可能会认为两者之间存在巨大差别。然而,它们之间却最易共生共存。首先,变革型领导比交易型领导更以领导者为中心(Meindl,1990),领导者本人就是变革的代言人,而组织和下级就是变革的对象;这种设想与华人领导模型的等级结构非常一致。其次,变革型领导的特点就是能够团结下级,使他们以组织的集体利益为工作重点而非个人利益。这种定位与儒家思想中的明君或君子极为相似(X.H.Yang,Peng, & Lee,2008)。变革型领导的这种特点在家长式领导模型(德行型领导)中也有所反映。然后,变革型领导的个人特质非常符合儒家思想中对于仁慈的定义,也就是家长式领导模型中的仁慈型领导。最后,变革型领导及其智慧的基本要求就是下级对领导的认同。同样,在华人传统儒家思想所推崇的领导中,下级在社会情感上都会对上级非常的忠诚和认可。

变革型领导是建立在魅力型领导的基础上,其权威来自于个人的高素质,而儒家统治则是建立于君主的良好品行基础之上,毫无疑问,变革型领导和儒家家长式领导有着非常多的相似之处。然而,两者之间存在一个重要区别,即家长式领导强调领导者持续的自我提高,而变革型领导则对此并不看重(C.C.Chen & Lee,2008b)。大量家长式领导以及其他华人领导的相关研究显示,在当代华人的组织中道德品质极其重要。例如,通过对华人工厂里大量员工进行调查,Ling 及其同事(1987)发现除了已有的两种领导模式(美国的任务导向和人导向、日本的表现导向和维持导向)之外,还有第三种领导模式,他们称之为品行(Misumi,1985)。品行指的是下级眼中领导者的道德品质,与领导效能有关(又参见 Peterson,1988)。

因此,人们可能会认为在华人领导情境中可以推行变革型领导,尤其是市场经济体制和计划经济改革的出现,为领导者提供了权威基础和诸多机会(允许商业领域中出现变革型领导者和魅力型领导者)。下文将展示华人组织中变革型领导的适用性。

Javidan 和 Carl(2005)进行了一项比较研究,他们分别让加拿大和中国台湾中高级管理者评价其直接上司的管理行为,研究发现了魅力型领导的三个共同因素:有远见、有象征性(理想形象)、有自我牺牲精神。这表明华人管理者非常熟悉西方研究者构想的魅力型领导的特质。在儒家管理思想中,领导者理应承担一项极为重要的任务——创造文化(Peng,Chen, & Yang,2008)。尤其是高层管理人员,他们应该是企业文化的缔造者。Tsui 及其同事(2004,2006)在中国大陆开展了一项针对中层管理者的研究,通过专题小组讨论、个人访谈以及对数百个公司接近 1500 名中层管理者的调查,最终确定了领导的六种行为特点:承担风险、联系和交流、描绘未来、表现仁慈、监视、权威展示。我们发现在上述变革型领导行为的研究中,有些行为(例如承担风险和描绘未来)与家长式领导的仁慈和权威行为是能够共存的。Wang 及其同事(2005)在另外一项针对中国大陆的管理者和下级的研究中发现,领导的变革行为会显著影响下级的角色内和角色外表现。他们还发现,领导—员工交换质量(衡量下级对领导者的忠诚和尊重的程度)会调节变革型领导的领导效果。变革型领导和领导—员工交换质量存在高度相关(r =0.71,p <0.001)。

虽然该研究的作者并未明确强调就理论性而言,变革型领导、领导—员工交换质量与华人传统领导的相容性极强,但是研究本身表明了这种相容性。其他研究者已经找到了证据来证明变革型领导与集体主义价值观比我们之前认为的更为相容。例如,Walumba 及其同事(Walumbwa,Lawler, & Avolio,2007;Walumbwa & Lawler,2003)对华人、印度人、肯尼亚人和美国人进行了研究后发现,对于集体主义上得分更高的下级,变革型领导能够更好地增强其工作满意度和组织承诺,并降低其离职意向。

有人认为变革型和魅力型领导理论不仅与儒家领导思想和家长式领导相容,并且丰富和扩展了儒家领导思想和家长式领导的内涵。例如,愿景型领导属于变革型领导的分支维度之一,而愿景型领导的概念起源于儒家思想(Fernandez,2004;Peng,Chen,& Yang,2008),从某种程度上属于家长式领导(比如领导的教导行为)。此外,变革型领导引发人们开始关注制度所致的领导行为,使研究从人际层面转移到组织层面。在当代商业组织中,不仅在人际层面上需要魅力型和愿景型领导,而且在组织和集体层面上也需要;因此将研究从人际层面提升到组织层面极为重要,也非常有必要。在组织或集体层面确定出这些领导行为有助于理解系统层面的特征,比如组织文化。

领导的有效性日益在组织层面显示了出来。例如,Tsui 及其同事(2006)确定的大部分领导者行为维度都是系统层面的或者针对全体组织成员。这些行为使研究者可以从理论上探讨领导和组织文化之间的联系。Tsui 及其同事在两个公司样本中(72%和60%)发现,大部分员工对各个领导者行为维度和文化各维度的评价之间存在高相关。最后,以上研究回顾确定了影响变革型领导和魅力型领导有效性的重要因素。Walumbwa 和 Lawler(2003)提出,下级的特质具有调节作用,比如其价值观取向;而 Tsui 及其同事(2006)指出了组织层面上会阻碍领导者改变组织文化的一些因素,如公司规模大、资源缺乏以及国有制。

影响他人的策略和传统中国领导

跨文化研究发现,一些中国领导的传统价值观会影响其策略选择。一项对中美管理者的比较研究(Fu & Yukl,2000)发现,需要向下级、同事或上级提出过分的请求时,美国管理者认为直接针对目标人物的影响策略会更为有效,而中国管理者认为通过第三方间接施加影响的策略更为有效,比如向更高级的领导申诉或向其他人求助以形成联盟。这些研究结果与华人领导者的某些价值观比较一致,比如尊重权威、爱面子、求和谐。研究者还调查了中美管理者各自的策略选用顺序,美国人经常优先选用直接影响策略,而中国人在直接接触目标人物前,倾向于非正式地向第三方申诉或求助。在美国,向上申诉或者寻求联盟是压力极为沉重时才会采用的策略;而在中国,这些策略可能经常被当做避免直接冲突的有效途径,以让双方都保留脸面、和谐相处。

传统、专制型领导之外的其他观点和理论

华人领导哲学和实践的多样性

本土华人领导理论和研究都是以华人传统和儒家思想为基础,而中国大陆的西方

风格研究者经常会比较当代西方人与中国人在价值观和行为方式上的差别。华人的价值观和行为方式通常可以从古代儒家思想中找到根源。这从某种程度上说明儒家思想对华人文化有持续和重大的影响,但是也忽略了一个事实,即当代中国大陆并不是古代封建时期的翻版,并且古代中国并非只有儒家思想的存在。在一篇专题论文中,C.C.Chen 和 Lee(2008a)描述了中华思想的多样性及其对当代华人的内部作用,中国古代的儒道法家,近代和当代的毛泽东思想、邓小平理论以及西方思想。C.C.Chen 和 Lee(2008b)还总结分析了中国古代诸子百家对一些问题的看法,包括相同和不同之处,比如:(1)人性善恶论;(2)德治与法治;(3)个体主义、关系主义、集体主义;(4)社会等级制度和平等制度;(5)个人、双向和组织水平的领导;(6)无为领导。研究者随后还讨论了中国古代思想和近代西方思想对当代华人家长式领导和社会主义领导的影响。

Z.X.Zhang 及其同事(2008)在大量访谈的基础上,确定华人商界领导追求和践行的七种领导格言:诚信、追求卓越、社会责任、和谐、中庸之道(以折中的方式行事)、专业化、科学管理。这些商界领导者兼顾东西方思想,形成了自己的管理和领导哲学。一般而言,他们在处理战略和人际关系问题时选择中国古代思想,但是在完成特定任务时则选择西方思想作为指导方针。

Tsui 及其同事(2004)的论文题目为"百花齐放",它强调了华人思想来源的多样化。研究者通过六种领导行为模式,即承担风险、联系和交流、描绘未来、表现仁慈、监视、权威展示,确定了四种领导风格。它们是:高级型,即除了展示权威之外,其他行为模式的选用都高于平均水平;权威型,即权威性很高,但是其他行为模式都低于或处于平均水平;进取型,即所有行为模式都高于平均水平;无为型,所有行为模式都低于平均水平。有几点值得说明一下:第一,进取型和高级型均结合了权威之外的行为模式;第二,四种领导风格中只有一种是纯权威性的;第三,无为型和权威型相同,都是华人式的领导风格,无为型符合道家传统思想,而专制型是儒家传统思想之一。确实如前所述,高级型和进取型领导风格结合了多种传统和现代的华人领导思想和行为方式。

以上回顾工作对单一的、静止的华人文化观和华人领导观提出了质疑。总之,这些工作扩大了研究者对华人领导的研究和思考范围,从传统到当代、从儒家到其他学派。

领导风格的公平视角

专制型领导是家长式领导的三大维度之一。德行型领导和仁慈型领导是华人领导传统的基础,而专制型领导则是最突出也是最具代表性的特点,至少在西方研究者眼中如此。专制型领导是基于权力的不平等以及权利因角色而异是合法的,即上级的权力和权利要大于下级。诚然,儒家专制主义赋予上级更多的权力和权利,但是同时他们也需要承担更大的道德、社会和经济责任和义务。理论上,儒家所说的专制型领导与仁慈型、德行型领导是紧密相连的。

儒家专制主义的合理性可能会面临越来越大的挑战,挑战主要来自平等主义价值观的拥护者。首先,权利和义务实际上经常并不平衡,上级常常会滥用权力,但是却不承担相应的道德和社会义务(King & Bond,1985)。除非上级极度残暴专制,一般下级会完全服从上级的专制,但是儒家专制主义并未给下级提供足够的资源和机制,以保护其权利或者废黜滥用权力的上级。其结果就是上级拥有极不对称的权力,这也导致了潜在滥用权力行为的出现。其次,世界在改变和进步,越来越多的人认为全人类,无论其性别、年龄、社会地位和角色,都拥有基本人权。例如,上级有权做出工作决策,但是如果该决策会影响下级的工作绩效,上级应该适时地以尊重的方式通知下级。即使上级是善意的并且拥有道德权威,下级也可能对上级那种侵犯下级尊严的专制行为表示愤怒。

Aryee 及其同事(2007)继续沿着上述推理思路,利用上下级的双向研究数据,探索了专制型领导、不当管理及其对下级态度和行为影响之间的关系。除此之外,研究者还考察了上下级相互知觉到的公平程度对上述关系的影响。研究发现,专制型领导与不当管理之间存在较高正相关,而与组织承诺和组织公民行为之间存在负相关。此外,下级知觉到的相互公平程度对不当管理的消极影响具有调节作用。研究还发现了一个有趣现象,即老板对待上级的方式也会影响上级在专制型领导过程中的不当管理,比如上级与老板之间的公平感。具体而言,对高专制型领导水平的上级来说,他们与老板之间的不公平感对其不当管理存在显著负面影响,但是对低专制型领导水平的上级却并非如此(参见图 35.2,Aryee 等,2007)。

我们对相互作用重新进行了解释,即上级的公平感会减少专制型领导中的不当管理。换句话说,如果专制型上级被其老板公平相待,他们发生不当管理的可能性越小。这些研究提供了初始证据证明:专制型领导和不当管理之间存在相关,以及相互公平感在解释和调节这种相关上的重要性。员工的相互公平感不仅会诱发下级对组织的积极行为和态度,而且会削弱专制型领导的某些负面效果。人们可能会想,如果人际间的相互公平感能够延伸到群体或组织水平(如公平氛围),那么这种延伸是否具有类似的积极效果。

其他研究也显示了专制型领导的消极效果。例如,Liang、Ling 和 Hsieh(2007)在最推崇家长式领导的军事单位对家长式领导进行了研究后发现,仁慈型领导和德行型领导对下级的组织公民行为有积极影响,而专制型领导则有消极影响。另外,研究者还发现领导—员工交换质量对仁慈型领导和德行型领导在组织公民行为中的影响具有调节作用。人们可能会想,下级对上级无礼行为的愤怒是否导致了专制型领导对领导—员工交换质量的消极影响,比如较低程度的相互公平感。

授权型领导

专制主义领导方式无法达到其预期目的这一点饱受批评。一般来说,专制型领导的主要目标是通过下级的顺从和服从,以创造整个组织或者全社会的秩序和稳定,此幅组织图景远比毫无秩序、混乱和分裂的组织情景令人满意。然而,在当今持续变化和充满竞争的环境下,组织保持需要活力和创新,而有秩序和稳定的组织缺乏竞争优势。为了保持创新和活力,组织必须要更强大的动力,比如情感承诺和信任,而不仅仅是服从和顺从。专制型领导的局限性在于它无法让员工产生较高水平的承诺和主动性。另外,劳动力已经发生了巨变,越来越多的员工受过高等教育,他们渴望更多的自主权、更大的决策权,需要更多机会展示自己的天赋,以及为组织做贡献。当上级没有提供相应机会时,其不公平感更强烈。

为应对组织及员工的新要求,西方学者提出了各种领导方式,从员工代表制、员工入股到教练法、发展制,许多都属于广义下的授权型领导范围(Arnold,Arad,Rhoades,& Drasgow,2000;Konczak,Stelly, & Trusty,2000)。近几年已经出现了对华人组织中授权型领导的研究。Huang 及其同事(2006)考察了参与型领导(即鼓励下级发表意见、并在管理决策中考虑这些意见)对1997 年前后加入国企的员工是否有不同影响,当年国企进行了市场经济改革。研究发现,参与型领导与改革后加入公司的员工的组织承诺存在正相关,与改革前加入的员工不存在相关。另外,胜任感和知觉到的授权大小都有调节作用。

研究结果支持了以下论断:当员工的传统等级观念和计划经济意识较薄弱时,参与型领导引发组织承诺的效果越好。Z.X.Chen 和 Ayee(2007)研究了中国大陆的代表制对员工行为的影响及其调节机制与调节过程,代表制即给予下级更多的责任并赋予他们更多权力去践行责任。研究发现代表制对员工工作满意度、组织情感承诺、工资绩效和创新行为有积极影响。另外,影响的结果受两种自我意识的调节,即组织自尊感和组织地位感;工作满意度部分受这两种自我意识的调节。最后,传统性(即个体对等级制度的尊重程度)调节了代表制与组织自尊感和组织地位感之间的正相关,削弱了这些联系。

C.C.Chen、Wang 和 Zhang(2008)在另一项对华人授权型领导的研究中发现,分权和代表制对员工工作满意度、工作绩效和组织公民行为有积极作用,并且其结果受心理授权的调节。研究者还发现管理者的控制性行为能加强与下级分享更大权力的积极影响,比如设置绩效目标和监控员工工作过程。

以上研究表明,授权型领导对华人员工的态度和行为有积极影响,另外有些研究考察了授权型领导的前提条件。Tjosvold、Hui 和 Law(1998)研究了上下级的共同目标对领导风格感知的影响。无论被试是领导或下级,均被要求回忆重大的领导性事件,包括发生原因、动态交互过程和事件结果。这些被编码为研究者感兴趣的关键变量。研究发现,共同目标对领导—员工关系、工作绩效和领导的民主感知产生了积极影响。而开放式讨论、建设性争议对这些积极影响有调节作用。另外一项研究也考察了相似的问题(Y.F.Chen & Tjosvold,2006),但研究采用调查法,收集了与美国人和华人领导者共事的中国大陆人的资料。研究中对领导—员工关系和领导—员工交换质量进行了区分,将前者定义为下级与领导工作之外建立的关系,后者则是工作内的关系。研究发现共同目标对领导—员工关系和领导—员工交换质量均有促进作用,这种促进反过来又影响了参与型领导的感知(由联合决策和建设性争议进行测量)。

研究报告了两个有趣的跨文化差异,它们与目标定向和领导—员工关系作用有关。首先,无关目标(既不相同也不冲突)对华人员工和华人领导的领导—员工交换质量和领导—员工关系有消极影响,但是华人员工与美国领导之间却没有这种影响。其次,当华人员工与华人领导共事时,领导—员工关系对建设性争议有积极影响,但是当华人员工与美国领导共事时领导—员工关系则没有显著影响。这些研究结果说明,当领导与员工文化相同和相异时,员工与领导的关系产生了不同的作用。华人员工和华人领导似乎都认为,共同目标对于建立良好关系是必不可少的,并且建立工作之外的关系是促进相互信任的基本途径,而相互信任是产生建设性争议的必要条件。但是,与美国领导进行互动时,并不需要这些严格的条件。

以上关于授权型领导的研究虽然并未直接将其与传统的专制型领导进行对比,但是却凸显出授权型领导的某些优势:(1)导致了更多积极的、内在的激励过程,如组织自尊、能力和心理授权;(2)激发了更多的积极态度,如工作满意度和组织承诺;(3)促进了积极的自主行为,如组织公民行为、建设性争议和创新。研究还表明,虽然授权型领导在华人文化中比较陌生、较少提及并且不明显,但却与华人文化中的某些元素能够共存。例如,在华人传统等级社会中,如果上级认为下级比较忠诚、能力比较强、与其关系较亲近(比如亲属关系),上级会赋予下级更多权力(Cheng,1995b)。

回到领导—员工交换理论

前面讨论了领导—员工交换和华人领导—员工关系之间的相容部分,现在我们重点阐述领导—员工交换理论对儒家领导思想的挑战。首先,儒家思想规定上下级之间是严格的等级关系,而领导—员工交换理论在这一点上并未作强行要求。美国式的领导—员工交换更加开放和透明,理论上,下级在与上级进行协商和交换的过程中,施一受的合法性和机会与上级相同。而在儒家基本关系体系内,这都是不允许的,也不现实。领导—员工交换最终能够达到领导—员工关系中的亲密程度,但是领导—员工交换的建立过程和动力却与领导—员工关系迥然不同(X.P.Chen & C.C.Chen,2004;Y.F.Chen & Tjosvold,2006;Law,Wong, & Wong,2000)。如果研究者对东西方背景下的关系建立过程进行更多的比较,可能会发现差异要比目前中国大陆领导—员工交换研究结果所显示的更大。

其次,虽然领导—员工交换理论和儒家思想均提倡区别对待下级,然而这一区别的含义并不相同。例如,Cheng(1995b)发现华人领导者经常将下级按关系、个人忠诚度和能力进行分类,Hui 和 Graen(1997)称之为忠诚和能力的较量。我们相信在人员选拔、人事考核和奖励中,能力的强弱是华人组织和领导层进行评判的重要标准。在华人社会里,并非人们不重视能力和表现,而是还需要考虑其他同等重要甚至更为重要的因素,即亲属关系、个人忠诚度或正确的毛泽东思想政治观。结果就是,评价标准实际上由能力变为关系,或能力成为考虑的第二个标准。

最后,西方社会中的群体界限比华人社会背景里的界限要模糊,可变性也较大。华人社会里的领导—员工关系要么建立在个人关系的基础上,比如亲属或老乡,要么建立在同属某一群体或机构的基础上,比如母校或工作单位相同。这些关系基础之间还会相互促进和加强联系,导致社会学家所说的共生,其结果就是极端排外。诚然,领导—员工交换在西方也面临着相同的问题,比如所谓的校友关系网。然而,由于规定了在工作场所中评价只能基于能力和表现以及反歧视法律的制定,人们很少怀疑领导—员工交换是造成偏袒和歧视的原因,他们相信领导—员工交换能够提高组织内核心成员的表现,而核心成员良好的能力和表现是组织非常重要的竞争优势。

领导—员工交换理论与华人传统领导中以关系为特点的领导方式的主要原则不同,也因此可能被用来批判华人传统领导。在个人水平上,关系会导致双方的领导—员工交换质量获得提升,对工作也会产生积极作用。然而,对关系双方之外的人来说,比如全体组织或群体成员,关系会减少对领导的信任,降低组织内的相互信任程度,削弱组织内的公平感,阻碍员工提出合理化建议(C.C.Chen & Chen,2009;C.C.Chen, Chen, & Xin,2004)。总而言之,如果研究者的考察范围不局限于领导—员工交换和领导—员工关系的结果变量,而是扩大到对其前提条件和关系构成的动力的研究,领导—员工交换理论可能会提出一些设想和实践方式,从而对华人领导—员工关系理论造成冲击。

华人领导的未来研究方向

本土研究

家长式领导的本土研究就是华人本土研究如何为全世界管理研究做贡献的例证。华人家长式作风的研究者在华人传统领导哲学、华人组织、华人进行领导的背景基础上,对其研究对象进行了持续而系统的构想和理论化。另外,研究者也尝试提出了能够经受检验的假设、精确的测量方式,并且收集了支撑或反驳其假设的实验证据。最后,他们在中文杂志、华人管理学相关书籍以及主流英文杂志上发表并传播了其理论和研究。随着华人学者在亚太、北美和中东地区对家长式作风所进行的具有国际领先水平的本土研究,我们也发现其对西方文化中的领导研究产生的影响也越来越大,比如美国 (Pellegrini & Scandura,2008;又参见 Smith,本手册)。

对专制型领导的重新定义。随着家长式领导的适用性日渐增强,它不再是单纯的华人本土概念。为了对家长式领导进行进一步研究,必须解决最近出现的一些概念性问题(Pellegrini & Scandura,2008)。在我们看来,华人家长式领导模型所面临的最重要问题是专制主义的概念化和操作化。家长式领导模型最明显的困难来自于专制主义与家长式领导的其他两个核心维度(仁慈型领导和德行型领导)之间存在负相关(Farh 等,2008),而在建立三维模型之初,研究者假设这些维度之间存在互补性和一致性,很明显实证研究结果与假设相矛盾。另外,有些研究结果也让人感到困惑,即专制主义对下级的态度和行为都有消极影响,而仁慈型领导和德行型领导则有积极影响(Farh 等,2008)。

有些研究者根据以上研究结果,推测家长式领导并非一个统一结构(Aycan,2006),应该将家长式领导的三个维度分别进行探讨,而不是将其作为一个整体(Farh 等,2006)。为了解决这一概念上的问题,Aycan(2006)认为家长式领导应该按两个维度分成四种独立的领导方式:(1)上级对下级的真实意图(关爱或剥削);(2)上级对下级的行为(关心或控制)。按上述方式进行分类似乎主要是区分了仁慈型家长式作风和剥削型家长式作风。

出于以下原因,我们并不赞同这种新的界定:首先,将意图引入领导理论可能导致理论难以证实或证伪。其次,这种新界定一方面会从定义上难以区分展示权威和展现仁慈的差别,另一方面也难以区分仁慈型领导行为和德行型领导行为。这些区别在华人家长式领导模型中非常重要,而在其他文化中也可能比较重要。

在我们看来,之所以专制主义及其结果变量之间、专制主义与家长式领导的另两个维度之间存在负相关,部分原因在于西方学者最初所定义的负性概念(参见如 Altemeyer,1996;又参见 Wang & Chang,本手册)。因此我们建议,根据华人本土观点,将专制型(authoritarian)领导这一维度重新建构为权威型(authoritative)领导,这样就能清除那些负性因素。我们相信重新修订的概念能符合家长式领导的理论基础(三个维度之间存在正相关并且一致)。值得注意的是,即使对概念重新进行修订,前文中讨论的儒家权威型领导所面临的挑战(如公平性)可能仍然存在,关于权威型领导消极影响的实证结果则需要重新考虑。

接下来我们会解释专制主义的负性因素与华人权威型领导概念之间的联系。在《新牛津英语词典》中,权威的(authoritative)是指:(1)因为其精确性或真实性而可以相信,可靠的;(2)威严的、自信的,可能受尊敬和被服从;(3)有正式出处,需要被服从和遵守。而专制的(authoritarian)是指:(1)支持或者强制要求服从权威(尤其是国家),并且会丧失个人自由;(2)无视他人的愿望和意见,独裁形式的。根据以上定义,

"专制主义"(authoritarianism)这一词语本身在英文中就带有贬义色彩,而"权威的"则不是。在西方管理学文章中,"专制管理方式"与过时的 X 理论经常联系在一起,X 理论认为人生来就不喜欢承担责任,并且普通员工都希望被控制(Pellegrini & Scandura,2008)。因此专制型领导方式经常就会传达出压迫、控制、剥削以及对下级的严厉批评(Aycan,2006)。

在汉语里,一般用"威权型或权威型领导"来形容组织中命令型或威严型领导,"威权或权威型领导"是中性词,不像专制主义一样带有贬义。与中文"威权或权威型领导"相对应的英文单词应该是 authoritative leadership 而不是 authoritarian leadership,尤其是在以华人家族企业为背景时更应该使用 authoritative leadership。然而,西方学者在最初对海外华人家族企业领导的管理风格进行表意研究时,使用的就是"专制主义"这一单词(Silin,1976;Redding,1990)。我们认为,今后对家长式领导进行研究时,之所以要用"权威型领导"来替代"专制型领导"或"专制主义",有两个原因:首先,权威型领导的意思和含义更符合中国大陆关于高权力距离文化的本土观点(Hofstede,1980),等级较低的华人认为尊重或服从上级权威是理所当然的,特别当上级权威是合法的,更是如此。其次,我们对家长式领导进行了更深入的研究后发现,用专制主义来形容权威型领导不太适合。Silin(1976)和 Redding(1990)的报告均指出,华人家族企业的领导者通常都是公司创始人/所有者或与其关系非常亲密,因此其权力完全合法合理,而且由于这些领导者经过了长期的领导实践,他们也拥有极为丰富的专业管理知识和灵敏的商业头脑。例如 Silin(1976,第 128 页)报告说,在他所研究的华人家族企业所有者和经理中,那些被下级认为非常出色的领导者一般在以下两种能力上都异于常人:(1)将经济和商业的抽象构想转化为具体现实;(2)为追求高尚的德行而放弃以自我为中心的个人冲动。从华人下级的观点中可以看出,用"权威"来形容这些领导的行为比"专制"更适合。

综上所述,我们认为未来对家长式领导进行研究时,应该用"权威型领导"替换"专制型领导","权威型领导"可定义为一种依靠合法权威和专业知识影响下级的领导行为,如在重要决策时中要求下级必须服从、期望下级遵从命令,并要求下级遵守工作条例和保持高绩效水平。因此,需要重新修订目前 Cheng、Chou 和 Farh(2000)提出的家长式领导模型。应该摒弃专制主义中的消极行为,例如"轻视下级的贡献""因下级表现欠佳而对其进行惩罚""无视下级的建议"。Farh 等(2008)最近提出了修正专制型领导定义的具体建议,以消除其消极因素。我们同意 Farh 等人的呼吁,并认为研究者将来应该修订权威型领导的测量标准,以区别权威型领导。

家长式领导的多层面取向。过去十年中,按照 Farh 和 Cheng(2000)的思路,家长式领导的实证研究都集中于领导者(通常为基层管理者)对下级的影响,而这种研究与最初由 Silin(1976)和 Redding(1990)进行的表意/人类学研究相反,Silin 和 Redding 通常关注首席执行官的家长式领导风格及其对整个组织的影响。由于组织实际上是一个复杂的系统,在多个层面之间都存在相互作用,因此需要从多个层面对组织中家长式领导的影响进行更为全面的研究。Farh 等(2008,第 197—200 页)最近已经构建出家长式领导的多层次模型。在管理的较高层次上,家长式领导是指关注首席执行官和高层管理团队的整体管理风格和实践。家长式领导会在管理实践中表现出来,例如集权化的组织结构、自上而下的决策方式、以对待家庭成员的方式对待下级,并且会导致工作场所形成一种家庭式的氛围,而这种氛围会影响基层组织的表现以及基层管理者的管理风格。在管理的较低层次上,家长式领导是指中层或基层领导者对待下级时的家长式领导行为。家长式领导通过影响下级的认知—动机状态(恐惧、感激、认同),从而影响其行为和态度(工作角色的扮演、组织公民行为、工作态度)。根据此模型,两个层次通过几种有趣的方式产生相互作用,进而影响个体或基层组织。多层次研究方式通过员工的个体经验和基层组织的共享经验这两个角度,检验了领导行为的影响,这是将来开展家长式领导研究的一个比较好的方向。

　　*家长式领导的结构化取向。*家长式领导研究的另一个未来重要方向是将其结构化。正如 Farh 和 Cheng(2000)所说,家长式领导是一个复杂的概念,其社会文化背景特殊、概念内容相互矛盾(比如极权与人性化关心)、心理机制复杂。这也导致了对家长式领导的研究需要采用结构化的方式。最近,Farh 等(2008,第 184—192 页)以家长式领导的三个核心维度(专制型、仁慈型领导、德行型或品性型领导)的绝对水平(高对低)为基础,区分了不同风格的家长式领导者。由于每个维度都分为两个水平,也就产生了八种家长式领导风格。例如,高专制主义、高仁慈和高德行的领导被称为"真正的家长式领导者",由于它最接近 Farh 和 Cheng(2000)所定义的家长式领导的理想形式,所以被称为"真正的"。

　　Farh 等(2008)在以下方面取得了初步进展:(1)何种形式的家长式领导最符合台湾私人公司员工心中的理想领导;(2)八种家长式领导风格在台湾的比例,以及台湾两种组织中(公立小学和民营企业集团)的下级对不同领导风格的反应。其中最引人关注的研究结果之一是,组织背景对不同风格的家长式领导产生了不同的影响。例如,高专制主义的家长式领导在民营企业中的比例和受欢迎程度比公立小学要高。Farh 等推测,对专制主义的不同态度可能源自于在两种组织背景下,专制的本质大相迥异。私人公司的权力源于个人对企业的所有权并且完全属于管理层,而在公立小学中,政府条令、专业教师以及教师的自主地位大大约束了个体的权力。这些研究结果表明,在家长式领导的专制维度上,员工的反应与情境因素高度相关,远远超过了仁慈型领导和德行型领导。这是一个令人振奋的全新研究方向。除了研究家长式领导模型之外,其他华人本土观点也是较好的研究方向。

　　*道家领导。*道家思想对华人认知产生了巨大影响,尤其是道家辩证观,如阴阳观、

整体观，即以全局的而非单独的主体或客体角度去看待事物（Lee 等，2008；Nisbett 等，2001；参见 Ji，Lam，& Guo，本手册）。相关的重要概念包括遵循自然法则、积极无为以及矛盾双方的共生、和谐和控制。管理学研究者在不同程度上都会运用这些概念。Davis（2004）区别了道家思想的各种原理，并用这些原理解释了全球性实体团队特殊的领导需求。在 Z.X.Zhang 及其同事（2008）的访谈研究中，商界领导者报告了其中庸的领导哲学。Tsui 及其同事（2006）发现了一个遵从无为领导哲学的领导者。Sun 及其同事（2008）运用道家思想和儒家思想，分析了孙子的《孙子兵法》。毛泽东在其革命事业中也运用了道家的对立面相互转化这一原理，尤其是在进行军事领导时（Lu & Lu，2008）。以上研究成果说明，通过道家思想去理解华人领导具有巨大的潜力。将道家哲学原理引入管理领域只是一个开始，如果今后要有计划地进行实证研究，研究者必须系统地发展道家思想的概念及其理论模型，以便对现代华人组织中的领导行为进行操作化和实证考察。这样，研究者才能持续地、系统地和严密地对家长式领导研究中的范例进行探讨。

领导的全局观。全局观是指通过审视所研究问题的诸多方面并结合各种已有观点，从而综合理解该问题。根据这一观点，不同的领导风格和观点并非彼此不相容的、或具有排他性，而是彼此间互为补充（C.C.Chen & Lee，2008b）。通过对领导研究的回顾，有证据显示华人可能倾向于折中主义和全盘考虑。Cheung 和 Chan（2005）试图探究组织和管理的伦理基础，因此对五位杰出的首席执行官进行了深度访谈。结果发现，这五位首席执行官在管理实践时会从各种学派（儒家思想、道家思想、墨家思想和法家思想）中析取精髓形成综合性的管理方式，而非遵循单一的某种思想进行管理。Z.X.Zhang 及其同事（2008）对中国大陆的管理者进行了访谈研究后，同样也发现，中国管理者在实践过程中会结合中西方的管理和组织理念。Fu 及其同事（2004）发现，当允许受访者综合运用各种影响策略解决开放式问题时，中国大陆和台湾人在不同情境下选取影响策略时存在典型的模式，即在构建不同的影响行为时会结合多种不同的影响策略（有时甚至会结合 16 种策略中的 5 种）。

华人与非华人的视角与理论的整合

正如本章开篇所述，随着世界逐渐全球化，社会科学想要通过具有排外性的本土化研究来获得发展是不可能的。例如，华人领导研究想要取得进步，必须同时采取"文化本位"和"文化客位"两种研究方式，将华人本位和华人客位的概念和理论整合起来，尤其是西方学者的华人客位研究。本语境中的整合是指，为了更好地理解华人组织和管理问题，并对普遍概念和理论的发展作出贡献，我们需要运用本土华人提出的概念和理论，以及非华人学者尤其是西方社会科学家提出的概念和理论。具体来说，在这种整合研究中，可以比较和对照华人本位和华人客位的假设、概念、理论的有效性，并找出它们共同关注、相互补充、相互支撑、可相互交换的地方。整合的程度可以通过华人本位和华人客位的概念和理论之间的额外解释差异、调节关系来衡量。华人本位研究如何使两变量间的关系比实际强度有所增强或减弱的例子之一就是,华人文化中的权力距离和传统性之间的调节关系。接下来,我们将尝试探索其他可能的研究方向。

领导—员工关系的建立。如前所述,目前对领导—员工交换和关系的研究大多都集中于领导—员工交换的作用或关系质量,而忽略了其建立的过程和前提。虽然有理论探讨了华人的关系建立和关系运用(C.C.Chen,Chen,& Xin,2004;Hwang,1987)以及领导—员工交换的建立前提和过程(Graen,2003),但是这两个领域都缺少实证研究。关于华人和美国人分别如何建立上下级关系的对比研究极有前景。与美国人的人口统计学背景相比,华人关系基础(如亲戚、老乡、同学)扮演了什么角色(Farh,Tsui,Xin,& Cheng,1998)?在特定时间里,这些背景与关系质量有何联系?随着时间的推移,又如何以它们为基础而导致人们建立起群体内关系?这些关系基础与能力、表现之间如何相互作用,并进而影响了领导和员工之间关系的建立过程?工作外的相互作用如何影响关系的质量?

如果客观地看待领导—员工交换和关系,我们可以提出如下问题:比较领导和员工、群体内成员和群体外成员、华人和美国人或其他西方人后,他们对于不同的关系基础和交换行为的公平感是否有差异?公平感如何影响了群体内外成员的表现、整个基层组织成员的表现以及领导的信心?最后,研究者还可以根据公平感、动机强度和工作绩效来考察群体内外是否存在差别以及存在哪些差别。以上问题都是关注差异性,研究者还可以探索问题中相关变量的权变关系。换句话说,关系建立的基础和行为、群体内外是否存在差别、圈内外存在哪些差别,这些都可能与情境、制度和文化因素相关。

变革型领导。需要补充的是,虽然授权型领导与专制主义的基本假设相悖,但是也能够与家长式领导和变革型领导进行整合。首先,今后的研究可以将家长式领导中的德行成分与变革型领导结合起来,考察德行型领导与其他维度或整体模型的区分效度。其次,是否能根据变革型领导对待下级的方式对其进行分类?一些人可能更偏向于权威型,一些人可能更偏向参与式或授权式,抑或随情境而相应发生变化。华人领导研究似乎证明了这种可能性的存在(Tsui 等,2006)。最后,在变革型领导中是否存在仁慈因素?一方面,变革型领导中的个性化关怀是否与仁慈领导部分相似?或者,智力激发与仁慈领导也有部分相似?另一方面,仁慈或家长式作风或许与变革型领导是对立的,甚至有研究者明确表示它们之间存在对立关系。虽然西方价值观强调个人利益优先于组织集体利益,但是变革型领导方式并不需要领导者致力于保护和关心下级,以使其不受变革的负面影响。有一个很有趣的研究方向,即考察组织成员在什么情况下会认为变革型领导是仁慈的——这可能与文化有关。有人可能会认为,仁慈即使不是华人变革型领导的基本元素,也是其重要成分,但是对于美国的变革型领导者,可能并非如此。

授权型领导。过于宽泛的界定限制了授权型领导的研究。心理授权本身就是根据多个维度而界定的,任何能够启发、鼓励和支持下级的行为都可能属于在心理授权基础上形成的授权型领导行为。许多研究者致力于探索授权型领导各维度的测量,这些维度经常会与已有的测量或概念重合。例如,Arnold 及其同事(2000)认为授权型领导包括五个维度,并发展出了各维度的测量方式,这五个维度分别为:以身作则、参与性决策、教导、信息分享、关怀。然而,研究者已经开发出了代表型/参与型领导(Kirkman & Rosen,1999)、支持型领导(House,1998)、发展型领导(House,1998)和导师型指导(Scandura & Schriesheim,1994)的测量方式。因此,授权型领导可以用来描述任何弱化或减少上下级之间权力和地位差别的行为,这些行为是为了开发或利用下级的潜能和动机。在一些有特殊需要的研究中,则可能单独考察五个维度中的某一个在华人组织中的适用性,而非考察整体结构的适用性。在探讨授权型领导时,中西方的整合观点将不同文化下的概念置于同等地位(例如 Cheung、Zhang 和 Cheung 在本章中通过一系列论证后,将人际交往作为人格的一个维度),因此尤为引人关注并且有助于拓展研究范围。例如,Z.X.Chen 和 Rryee(2007)发现代表型领导对华人组织中下级的态度和表现有积极影响,而最初是由美国学者对代表型领导进行了界定并将其操作化。然而,代表型领导影响华人下级的机制在概念上与西方文化中的机制相同,即基于组织的自尊和地位的相关机制。Y.Zhang、Chen 和 Wang(2008)发现,仁慈型领导行为(如关心下级的职业发展)在东西方文化下都会影响下级的工作满意度、组织公民行为和工作绩效,在东方文化中是通过家长式领导所提出的那些与上级认同相关的行为,而在西方文化中则是通过那些基于个体主义与自我决策相关的行为。另外,C.C.Chen、Wang 和 Zhang(2008)发现,在增加华人下级的心理授权方面,上级的权力分享和管理控制会产生积极的相互作用,而心理授权又会促进下级产生积极的工作态度和表现。今后需要验证这些初始研究,并且将其扩展到其他领域,虽然在扩展到其他领域时,从文化定式的角度来看,某些观念可能存在冲突,但是比起单独进行研究,这些冲突最终可能会碰撞出更多的知识火花。

各领导风格的前提条件。已有的华人领导研究更多关注于领导结果,而不是其前提条件。由于中国大陆和组织经历了巨大变化,其程度、速度和彻底性都是前所未有的,因此研究中国领导的前提条件显得非常重要。中国领导既是这些变化的动力也是这些变化的产物。那么这些变化会导致中国社会内不同地区、不同体制、不同群体内的领导哲学和领导风格趋于统一还是趋于分化? 中国领导者和非中国领导者的领导哲学和领导风格又是怎样的趋势呢? 这需要根据纵向研究和历史数据来查明。除了领导实践中的情境性前提条件之外,个人特质、信念、价值观和能力分别在领导风格取向上扮演了什么角色呢? 该研究还存在一个有趣领域,即随着越来越多的证据表明专制型领

导对组织和下级有负面影响,而目前它在华人组织中又较盛行,那么是什么原因导致了它的长期存在? 组织的权力机构、领导者的个人特质、领导—员工关系、下级的性格,这些分别在多大程度上能够解释专制型领导存在的原因? 对授权型领导行为的前提条件,也可以提出以上类似问题。由于授权型领导行为相对比较新颖,普及程度较低,因此有必要找出其阻碍和促进因素。

下级的观点。无论在华人或西方文化中,大多数观点和理论都是从上级的角度展开的(Meindl,1990;Chen,Belkin, & Kurtzberg,2007)。然而,在现代组织中,想要管理扁平化的组织、推动群体工作、激发下级的主动性和创新精神,下级的观点和想法正在变得日益重要。虽然领导研究通常是从下级的角度测量领导风格和领导有效性,但是涉及领导概念和实践时,下级的观念、偏好和反馈却经常遭到忽视。

从下级的角度出发,可以提出许多关于华人领导研究的有趣问题:下级的特点及其自我利益、需求、价值观如何影响了其领导评价和归因(C.C.Chen 等,2007;Pastor,Mayo, & Shamir,出版中)? 下级心中的完美领导者应该具备哪些典型特点? 下级更喜欢哪种领导风格或者哪几种风格进行结合(Casimir & Li,2005)? 华人下级如何影响了上级及其影响策略的有效性(参见 Leong,Bond, & Fu,2006)? 下级对上级的反馈如何影响领导者的管理风格,什么性质的反馈会影响领导者的风格,再者,不反馈会产生什么样的影响? 例如,可以通过最后一个问题考察当华人下级不喜欢上级的专制型领导风格时,他们会在多大程度上表达其不满或者给予真实的反馈,以及这种不满和反馈是否会影响上级的领导风格。

总 结

对华人领导研究的回顾表明,过去十年中,无论是文献的范围、数量还是质量,都有了长足的进步。我们阐述了家长式作风的本土观念如何发展为成熟的家长式领导理论模型,以及如何在华人组织中进行实证研究。我们还回顾了西方学者建立的华人领导概念和理论(如变革型领导、代表型领导和互动公平),以及其他本土的领导思想(如道家思想、全局观)。

我们强调了华人社会中领导研究的理论和哲学观点的多样性,分析了西方的领导概念和理论如何丰富或挑战了盛行的传统华人领导概念和理论。我们提议在某些领域中,华人本土和非本土的领导理论和观点可以相互融合,以促进对华人领导和世界其他社会领导的理解。我们相信华人领导的研究领域始终保持着开放和进步的态势,这也为中国大陆和其他地方的学者提供了更多创造、发展和验证诸多领导理论的机会。

作者注

非常感谢 Zhijun Chen 和 Guohua Huang 在文献搜索和参考文献核对中所提供的帮助。本研究得到了中国香港特别行政区研究资助局的部分资助,以及香港科技大学对 Jiing-lih Farh、Rick Hackett 的资助。

参考文献

Altemeyer,B.(1996).*The authoritarian specter*.Cambridge,MA:Harvard University Press.

Arnold,J.A.,Arad,S.,Rhoades,J.A., & Drasgow,F.(2000).The empowering leadership questionnaire:The construction and validation of a new scale for measuring leader behaviors.*Journal of Organizational Behavior*,*21*,250-260.

Aryee,S.,Chen,Z.X.,Sun,L.Y., & Debrah,Y.A.(2007).Antecedents and outcomes of abusive supervisor:Test of a trickle-down model.*Journal of Applied Psychology*,*1*,191-201.

Aryee,S. & Chen,Z.X.(2006).Leader-member exchange in a Chinese context Antecedents,the mediating role of psychological empowerment and outcomes.*Journal of Business Research*,*59*,793-801.

Aycan,Z.(2006).Paternalism:Towards conceptual refinement and operationalization.In K.S.Yang,K.K.Hwang, & U.Kim,(eds),*Scientific advances in indigenous psychologies:Empirical philosophical,and cultural contributions*(pp.445-466).London:Cambridge University Press.

Bond,M.H. & Hwang,K.K.(1986).The social psychology of the Chinese people.In M.H.Bond(eds),*The psychology of the Chinese people*(pp.213-266).New York:Oxford University Press.

Casimir,G. & Li,Z.(2005).Combinative aspects of leadership style:A comparison of Australian and Chinese followers.*Asian Business and Management*,*4*,271-291.

Chen,C.C.,Belkin,L.Y., & Kurtzberg,T.R.(2007).A follower-centric contingency model of charisma attribution:The importance of follower emotion. In B.Shamir, R.Pillai, Bligh, M. & M.Uhl-Bien (eds), *Follower-centered perspective on leadership:A tribute to the memory of James R.Meindl* (pp. 115 – 134). Greenwich,CT:Information Age Publishing.

Chen,C.C. & Chen,X P.(2009).Negative externalities of close guanxi within organizations.*Asia Pacific Journal of Management*,*26*,37-53.

Chen,C.C.,Chen,Y.R., & Xin,K.(2004).Guanxi practices and trust in management:Aprocedural justice perspective.*Organization Science*,*15*,200-209.

Chen,C.C. & Lee,Y.T.(2008a).*Leadership and management in China:Philosophies,theories,and practices*.New York:Cambridge University Press.

Chen,C.C. & Lee,Y.T.(2008b).The diversity and dynamism of Chinese philosophies on leadership.In C.C.Chen & Y.T.Lee(eds),*Leadership and management in China:Philosophies,theories,and practices*(pp.1-27).New York:Cambridge University Press

Chen,C.C.,Wang,H., & Zhang,Y.(2008).*Bounded empowerment:Main and joint effects of supervisory power sharing and management control*.Paper presented at LACMR Conference,Guangzhou,China,August.

Chen,C.C. & Zhang,Z.X.(2008).Theory construction in management research.In X.P.Chen,A Tsui, & J.Farh(eds),*Empirical method in organization and management research*(pp.60-81).Beijing,China:Peking University Press.(in Chinese)

Chen,X.P. & Chen,C.C.(2004).On the intricacies of the Chinese guanxi:A process model of guanxi development.*Asia Pacific Journal of Management*,*21*,305-324.

Chen,Y.F. & Tjosvold,D.(2006).Participative leadership by American and Chinese managers inChina: The role of relationships.*Journal of Management Studies*,*43*,1727-1752.

Chen,Y.F. & Tjosvold,D.(2007).Guanxi and leader member relationships between American managers and Chinese employees:Open-minded dialogue as mediator.*Asia Pacific Journal of Management*,*24*,171-1 89.

Chen,Z.X. & Aryee,S.(2007).Delegation and employee work outcomes:An examination of the cultural context of mediation processes inChina.*Academy of Management Journal*,*50*,226-238.

Cheng,B.S.(1995a).*Authoritarian values and executive leadership:The case of Taiwanese family enterprises*.Report prepared for Taiwan's National Science Council.Taiwan:National Taiwan University.(in Chinese)

Cheng,B.S.(1995b).Hierarchical structure and Chinese organizational behaviour.*Indigenous Psychological Research in Chinese Societies*,*3*,142-219.(In Chinese)

Cheng,B.S.(1995c).Paternalistic authority and leadership:A case study of a Taiwanese CEO.*Bulletin of the Institute of Ethnology Academic Sinica*,*79*,119-173.(in Chinese)

Cheng,B.S.,Chou,L.F., & Farh,J.L.(2000).A triad model of paternalistic leadership:The constructs and measurement.*Indigenous Psychological Research in Chinese Societies*,*14*,3-64.(in Chinese)

Cheng,B.S.,Chou,L.F.,Huang,M.P.,Farh,J.L., & Peng,S.(2003).A triad model of paternalistic leadership:Evidence from business organization in MainlandChina. *Indigenous Psychological Research in Chinese Societies*,*20*,209-252.(in Chinese)

Cheng,B.S.,Chou,L.F.,Wu,T.Y.,Huang,M.P., & Farh,J.L.(2004).Paternalistic leadership and subordinate response:Establishing a leadership mode in Chinese organizations. *Asian Journal of Social Psychology*,*7*,89-117.

Cheng,B.S. & Farh,J.L.(2001).Social orientation in Chinese societies:A comparison of employees from Taiwan and Chinese mainland.*Chinese Journal of Psychology*,*43*,207-221.(in Chinese)

Cheng,B.S.,Shieh,P.Y., & Chou,L.F.(2002).The principal's leadership,leader-member exchange quality,and the teacher's extra-role behavior:The effects of transformational and paternalistic leadership.*Indigenous Psychological Research in Chinese Societies*,*17*,105-161.(in Chinese)

Cheung,C.K. & Chan,A.C.F.(2005).Philosophical foundations of eminent Hong Kong Chinese CEO's leadership.*Journal of Business Ethics*,*60*,47-62.

Davis,D.(2004).The Tao of leadership in virtual teams.*Organizational Dynamics*,*33*,47-62.

Deyo,F.C.(1978).Local foremen in multinational enterprise:A comparative case study of supervisory role-tensions in Western and Chinese factories of Singapore.*Journal of Management Studies*,*15*,308-317.

Deyo,F.C.(1983).Chinese management practices and work commitment in comparative perspective.In L.P.Gosling & L.Y.C.Lim(eds), *The Chinese in Southeast Asia:Identity,culture and politics*(Vol.2,pp.

214-230).Singapore:Maruzen Asian.

Farh,J.L. & Cheng,B.S.(2000),A cultural analysis of paternalistic leadership in Chineseorganizations. In J.T.Li,A.S.Tsui, & E.Weldon(eds),*Management and organizations in the Chinese context*(pp.94-127). London:Macmillan.

Farh, J. L., Cheng, B. S., Chou, L. F., & Chu, X. P. (2006). Authority and benevolence: Employees' responses to paternalistic leadership in China.In A.S.Tsui,Y.Bian, & L.Cheng(eds),*China's domestic private firms:Multidisciplinary perspectives on management and performance*(pp.230-260).New York: M.E.Sharpe.

Farh,J.L,Earley,P.C., & Lin,S.C.(1997).Impetus for action:A cultural analysis of justice and organizational citizenship behavior in Chinese society.*Administrative Science Quarterly*,*42*,421-444.

Farh,J.L.,Hackett,R., & Liang,J.(2007).Individual-level cultural values as moderators of perceived organizational support-employee outcome relationships inChina:Comparing the effects of power distance and traditionality.*Academy of Management Journal*,*50*,715-729.

Farh,J.L.,Lin,J.,Chu,L.F., & Cheng,B.S.(2008).Paternalistic leadership in Chinese organizations: Research progress and future research directions.In C.C.Chen & Y.T.Le(eds),*Leadership and management in China:Philosophies,theories,and practices*(pp.171-205).London:Cambridge University Press.

Farh,J.L.,Tsui,A.S.,Xi,K., & Cheng,B.S.(1998).The influence of relational demography and guanxi:The Chinese case.*Organization Science*,*9*,471-488.

Fernandez,J.A.(2004).The gentleman's code of Confucius:Leadership by values.*Organizational Dynamics*,*33*,21-31.

Fu,P.P.,Kennedy,J.,Tata,J.,Yuk,G.,Bond,M.H.,Peng,T.K.,Srinivas,E.S.,Howel,J.P.,Prieto,L., Koopman,P.,Boonstra,T.J.,Pasa,S.,Lacassagne,M.F.,Higashide,H., & Cheosakul,A.(2004).The impact of societal cultural values and individual social beliefs on the perceived effectiveness of managerial influence strategies:A meso approach.*Journal of International Business Studies*,*35*,284-305.

Fu,P.P. & Yuki,G.(2000).Perceived effectiveness of influence tactics in the United States and China. Leadership Quarterly,*11*,251-266.

Graen,G.B.(2003).Interpersonal workplace theory at the crossroads:LMX and transformational theory as special cases of role making in work organizations.In G.B Graen(ed),*Dealing with diversity*(pp.145-182).Charlotte,NC:Information Age Publishing.

Hackett,R.D.,Farh,J.L.,Song.L.J., & Lapierre,L.M.(2003).LMX and organizational citizenship behavior:Examining the links within and across Western and Chinese samples.In G.B.Graen(ed.),*Dealing with diversity*(pp.219-264).Charlotte,NC:Information Age Publishing.

House,R.J.(1998).Measures and assessments for the charismatic leadership approach:Scales,Latent constructs,loadings,Cronbach alphas,and interclass correlations.In E.Dansereau & F.J.Yammarino(eds), *Leader.The multiple-level approaches contemporary and alternative*(Vol.24,Par B,pp.23-30).London:JAI Press.

Huang,X.,Shi,K.,Zhang,Z., & Cheung,Y.L.(2006).The impact of participative leadership behavior on psychological empowerment and organizational commitment in Chinese state-owned enterprises:The moderating role of organizational tenure.*Asia Pacific Journal of Management*,*23*,345-367.

Hill,C. & Graen,G.(1997).Guanxi and professional leadership in contemporary Sino-American joint ventures in mainland China.*Leadership Quarterly*,*8*,451-465.

Hui,C.,Law,K.S., & Chen,Z.X.(1999).A structural equation model of the effects of negative affectivity,leader-member exchange,and perceived job mobility on in-role and extra-role performance:A Chinese case.*Organizational Behavior and Human Decision Process*,*77*,3-21.

Hui,C.,Lee,C., & Rousseau,D.M.(2004).Employment relationships inChina:Do workers relate to the organization or to people? *Organization Science*,*15*,232-240.

Hwang,K.K.(1987).Face and favor:The Chinese power game. *American Journal of Sociology 92*, 944-974.

Javidan,M. & Carl,D.E.(2005).Leadership across cultures:A study of Canadian and Taiwanese executives.Management International Review,45,23-44(eds), *Chinese culture and menial health:A overview* (pp. 29-45).Orlando,FL:Academic Press.

Kirkman,B.L. & Rosen,B.(1999).Beyond self-management:The antecedents and consequences of team empowerment.*Academy of Management Journal*,*42*,58-74.

Konczak,L.J.,Stelly,D.J., & Trusty,M.L.(2000).Defining and measuring empowering leader behaviors:Development of an upward feedback instrument.*Educational and Psychological Measurement*,*60*, 302-308.

Law,K.S.,Wong,C.S.and Wong,L.(2000).Effect of supervisor-subordinate guanxi on supervisory decisions inChina:An empirical investigation.*International Journal of Human Resource Management*,*11*,715-29.

Lee,Y.,Han,A.,Byron,T.K., & Fan,H.(2008).Daoist leadership:Theory and application.In C.C.Chen & Y.T.Lee(eds), *Leadership and management in China:Philosophies,theories,and practices* (pp.83-107). New York:Cambridge University Press.

Leong,J.L.T.,Bond,M.H., & Fu,P.P.(2006).Perceived effectiveness of influence strategies in the United States and three Chinese societies.*International Journal of Cross-Cultural Management*,*6*,101-120.

Liang,S.K.,Ling,H.C., & Hsieh,S.Y.(2007).The mediating effects of leader-member exchange quality to influence the relationships between paternalistic leadership and organizational citizenship behaviors.*Journal of American Academy of Business*,*10*,127-137.

Ling,W.Q.,Chen,L., & Wang,D.(1987).The construction of the CPM scale for leadership behavior assessment.*Acta Psychological Sinica*,*19*,199-207.(in Chinese)

Lu,X. & Lu,J.(2008).The leadership theories and practices of Mao Zedong and Deng Xiaoping.In C.C. Chen & Y.T.Lee(eds), *Leadership and management in China:Philosophies,theories,and practice* (pp.206- 238).New York:Cambridge University Press.

Meindl,J.R.(1990).On leadership:An alternative to the conventional wisdom. *Research in Organizational Behavior*, *12*,159-203.

Misumi,J.(1985).*The behavioral science of leadership*.Ann Arbor,MI:University of Michigan Press.

Nisbett,R.E.,Peng,K.,Choi,I, & Norenzayan,A.(2001).Culture and systems of thought Holistic-versus analytic cognition.*Psychological Review*,*108*,291-310.

Pastor,J.C.,Mayo,M., & Shamir,B.(in press).Adding fuel to fire:Impact of followers' arousal on rations of charisma.*Journal of Applied Psychology*.

Pellegrini,E.K & Scandura,T.A.(2008).Paternalistic leadership:A review and agenda for future research.*Journal of Management*,*34*,566-593.

Peng,Y.Q.,Chen,C.C., & Yang,X.H.(2008).Bridging Confucianism and legalism:Xunzi's philosophy of sage-kingship.In C.C.Chen & Y.T.Lee(eds) *Leadership and management in China:Philosophies,theories, and practices*(pp.51-79).New York:Cambridge University Press.

Peterson,M.F.(1988).PM theory inJapan and China:What's in it for the United States? *Organizational Dynamics*,*16*,22-38.

Pye,L.W.(1985).*Asia power and politics*.Cambridge,MA:Harvard University Press.

Redding,G. & Wong,G.Y.Y.(1986).The psychology of the Chinese organizational behavior.In M.H. Bond(eds),*The psychology of the Chinese people*(pp.267-295).New York:Oxford University Press.

Scandura,T.A. & Schriesheim C.A.(1994).Leader-member exchange and supervisory career mentoring as complementary constructs in leadership research.*Academy of Management Journal*,*37*,1588-1602.

Silin,R.H.(1976).*Leadership and value:The organization of large-scale Taiwan enterprises*.Cambridge, MA:Harvard University Press.

Smith,P.B. and Wang,Z.M.(1996).Chinese leadership and organizational structures.In M.H.Bond (ed.),*The handbook of Chinese psychology*(pp.322-337).Hong Kong:Oxford University Press.

Sun,H.,Chen,C.C. & Zhang,S.H(2008).Strategic leadership of Sunzi's'The Art of War'.In C.C.Chen & Y.T.Lee(eds),*Leadership and management in China:Philosophies,theories,and practices*(pp.143-168). New York:Cambridge University Press.

Tjosvold,D.,Hui,C., & Law,K.S.(1 998).Empowemlent in the manager-employee relationship inHong Kong:Interdependence and controversy.*Journal of Social Psychology*,*138*,624-636.

Tsui,A.S.,Bian,Y., & Cheng,L.(2006).*China's domestic private firms:Multidisciplinary perspectives on management and performance*.New York:M.E.Sharpe.

Tsui,A.S.,Wang,H.,Xin,K.R.,Zhang,L.H., & Fu,P.P.(2004).Let a thousand flowers bloom: Variation of leadership styles in Chinese firms.*Organization Dynamics*,*3*,5-20.

Tsui,A.S.,Zhang,Z.X.,Wang,H.,Xi,K.R., & Wu,J.B.(2006).Unpacking the relationship between CEO leadership behavior and organizational culture.*Leadership Quarterly*,*17*,113-137.

Wagner,D.G. & Berger,J.(1985).Do sociological theories grow? *American Journal of Sociology*,*90*, 697-728.

Walumbwa,F.O. & Lawler,J.J.(2003).Building effective organizations:Transformational leadership,collectivist orientation,work-related attitudes and withdrawal behaviors in three emerging economies.*International Journal of Human Resource Management*,*14*,1083-1101.

Walumbwa,.F.O,Lawler,J.J., & Avolio,B.J.(2007).Leadership,individual differences,and work-related attitudes:A cross-culture investigation.*Applied Psychology:An International Review*,*56*,212-230.

Wang,H.,Law,K.,Hackett,R,Wang,D., & Chen,Z.X.(2005).Leader-member exchange as a mediator of the relationship between transformational leadership and followers' performance and organizational citizenship behavior.*Academy of Management Journal*,*48*,420-432.

Weber,M.(1968).*Economy and society*.Translated by G.Roth and C.Wittich.Berkeley,CA:University of California.

Weideubaum, M. (1996). The Chinese family business enterprise. *California Management Review, 38*, 141-156.

Xie, J. L., Schaubroeck, J., & Lam, S. S. K. (2008). Theories of job stress and the role of traditional values: A longitudinal study in China. *Journal of Applied Psychology, 93*, 831-848.

Yang, K. S. (1996). Psychological transformation of the Chinese people as a result of societal modernization. In M. H. Bond (ed.), *The psychology of the Chinese people* (pp. 479-48). Hong Kong: Oxford University Press.

Yang, K. S. (2003). Methodological and theoretical issues on psychological traditionality and modernity research in an Asian society: In response to Kwang-Kuo Hwang and beyond. *Asian Journal of Social Psychology, 6*, 263-285.

Yang, X. H. Peng, Y. Q, & Lee, Y. T. (2008). The Confucian and Mencian philosophy of benevolent leadership. In C. C. Chen & Y. T. Lee (eds), *Leadership and management in China: Philosophies, theories, and practices* (pp. 31-50). New York: Cambridge University Press.

Zhang, Y., Chen, C. C., Wang, H. (2008). *How does individualized consideration foster OCB? A comparison of three psychological mechanisms.* Paper presented at the Academy of Management. Anaheim, CA, July.

Zhang, Z. X, Chen, C. C., Liu. L. A., & Liu, X. F. (2008). Chinese traditions and Western theories: influences on business leaders in China. In C. C. Chen & Y. T. Lee (eds), *Leadership and management in China: Philosophies, theories and practices* (pp. 239-271). New York: Cambridge University Press.

第 36 章　华人消费行为：内容、过程和语言效应

Robert S.Wyer, Jr　Jiewen Hong

　　如果要为《中国心理学手册》撰写关于消费行为的一章内容，那么马上就会面临两个相互关联的问题。首先，本章应该关注于华人消费行为心理学或是消费行为的华人心理学，抑或是二者？我们采纳了第一种观点。然而，在这一过程中，我们却发现，如果脱离非华人消费行为而对华人的消费行为进行界定，那么即使有可能，也是一件难事。当然，我们已经积累了一些普遍消费行为的知识，而它们对于华人的消费行为也是有意义的。在这一点上，Markman、Grimm 和 Kim（2009）提出心理学的目标就是，从导致某种行为的情境和个体差异变量的角度去全面彻底地描述和预测该行为。有时候我们需要进行文化研究，以确定行为的重要决定因素，否则可能会将其遗漏。然而，一旦这些或其他因素被整合到了一种普遍的人类功能定义中，那么就可以从该定义的角度，去解释行为中的文化差异（不过还存在另一种对立的观点，参见 Hong，2009）。

　　然而，显而易见的是，要想提出这样一种定义，我们还任重而道远。因此，以下研究是颇为有用的：考察主要（尽管不是仅仅）属于华人个体特征的情境和个体差异变量，并探究它们在消费者的判断和决策过程中的意义。我们将回顾一些因素，而实证研究已经显示，它们不仅是中国文化中的被试在解释自己所接收到的信息时所提取出的知识特征，而且也是他们运用这一知识进行判断和决策时所使用的方式的特征。有些讨论会不可避免地重复某些内容，而这些内容在本手册其他章节或别处都有更为详细的描述（如 Kitayama & Cohen，2007；Wyer，Chiu，& Hong，2009）。然而，它提供了一种框架，使我们可以对许多当前的消费行为研究进行界定，正如随后会看到的那样。

　　在这一点上，根据所强调的是*内容*（即不同社会成员共有的特殊的规范、信念、价值观和目标，以及区分他们的维度）或*过程*（即个体用于接收信息的认知过程和思维风格），可以对文化研究进行区分。在所有情况下，研究都或明或暗是基于互不相同的两种假设之一。一种相对传统的观点其本质主要是社会学的，它将文化界定为代表了特定社会或社会群体特征的、相对稳定的规范和价值观实体。然而，另一种更新近的观点则起源于知识可达性理论及其研究（Förster & Liberman，2007；Higgins，1996；Wyer，2008）。根据这一观点，某种特定文化所特有的认知和动机因素在特点上是动态的，而它们对于任何特定情境的影响则部分取决于当时的记忆可得性（Hong，2009；Chiu &

171

Hong, 2007)。例如，Oyserman & Sorensen(2009)假设了各种"文化综合征"，它们在一定程度上存在于许多社会中，但其普遍性和强度却在这些社会中各不相同。

　　尽管动态的文化界定在细微处存在差异(参见 Hong, 2009; Oyserman & Sorensen, 2009)，然而其结论都认为，虽然由于在日常生活中经常面对特定的规范、信念、目标和价值观，它们可能会"慢慢地"被特定社会的成员所接受，但是过渡性的情境因素同样也能够影响这些认知的可得性，以及运用它们的可能性。当然，其他影响判断和决策的概念和知识也储存于记忆中，而且情境变量同样也能够将这些认知唤醒，并带入心理加工过程。其结果就是，有时后者的认知作用能够覆盖文化相关概念和知识的作用。这种可能性在双文化个体中尤其明显，他们的判断和行为很可能取决于情境因素，它们使个体注意到其中一种文化认同(Hong, Morris, Chiu, & Benet-Martinez, 2000; Lau-Gesk, 2003)。

　　简而言之，文化对于判断和行为决策的影响既是长期因素也是特定情境因素的一种功能。此外，如果不同时考虑另一方面因素，那么将无法理解某一方面因素的作用。在消费情境中(例如广告吸引)，个体对所接收信息的反应以及基于这些反应而做出的决策，都可能不仅仅取决于其文化背景中的一般差异，而且还取决于当下情境的特征，这些情境特征会唤醒不同的文化相关(或非相关)知识并将其带入心理加工过程。在随后的讨论评价中，重要的是要考虑到这种依赖性。

　　在以下讨论中，我们将首先回顾中国文化的"内容"及其对消费行为的意义，关注中国文化样本可能遵守的规范、信念和价值观，以及可能应用它们的情境。在该背景下，我们引述了当前的消费行为研究，以举例说明本讨论的意义。然后我们会转而讨论中国消费者可能进行的信息阐释过程，以及他们所做的决策。最后，我们回顾了因素之一，即在接收信息和进行交流时所使用的语言，它影响了消费者可能会遇到的信息内容和过程。虽然我们在本章所回顾的研究主要采用的是中国被试，但是同样也引用了来自其他东亚社会的资料，就我们所考虑的特质而言，这些社会可能是类似的。

内容的作用：文化差异的维度

　　学者们已经进行了广泛的研究，以确定规范、信念和价值观可能会存在差异的基本维度(Hofstede, 1980; Inglehart & Baker, 2000; Schwartz, 2009; Triandis, 1989, 1995)。这些维度大多都直接或间接地与个体在人际关系中的自我知觉有关(Triandis, 1989)。然而，该研究关注的是不同文化群体的特征化，并非组成它们的个体。正如 Wan 和 Chiu (2009)所指出的那样，以下二者之间可能存在重要差别：(1)被其中个体所知觉到的一种文化群体所特有的规范和价值观，(2)这些个体实际持有的规范和价值观。尽管如此，在思考该问题时某些维度是较为重要的。在这一部分，我们会考察四个维度：个体主义对集体主义、独立性对相互依赖性、权力距离、预防对提升动机。

集体主义—个体主义和相互依赖性—独立性

集体主义对个体主义。最常见的文化区分是从人们在多大程度上认为自己是独特个体，又或者属于某一群体的成员。亚洲人通常被认为是对立于个体主义的高集体主义。例如，相对于西方社会成员，他们更多从所承担的社会角色出发来描述自己，而不是从个人特质或特征的角度（Ip & Bond, 1995；Rhee, Uleman, & Lee, 1996；Triandis, 1989；Wang, 2001）。这一群体关注倾向还反映在更关注责任和义务，而非个人权利（Hong, Ip, Chiu, Morris, & Menon, 2001；Markus & Kitayama, 1991）。尽管如此，在讨论这些问题时集体主义还是可能存在边界。Rhee 等（1996）指出，在某种特定文化中，东亚人明确区分了群体成员和群体外成员，并且其集体主义通常会局限于界定相当狭隘的小团体成员（例如家庭成员或亲密朋友）。

个体主义—集体主义通常被用于作为一个整体的社会。然而，它指出了这些社会的个体成员常常会面对的规范、信念和价值观的特点，因此，它们可能会慢慢地储存到记忆中。但是，这些规范和价值观的可得性并没有保证它们会得到应用（Wan & Chiu, 2009）。Oyserman 和 Sorensen（2009）将个体主义和集体主义视为多个"文化综合征"或者松散连接结构网络中的两个，而后者作为独立的知识体系储存在记忆中。如果经常面对构成它的概念和知识，其结果就是一种特殊的症状可能会慢慢地进入记忆，尽管如此，情境因素通常可以激活其他症状，由此覆盖其他影响作用。

相互依赖性对独立性。Markus 和 Kitayama（1991）提出了一种方法对自我结构的个体差异进行了界定，该方法将个体主义—集体主义的许多特征整合了起来。他们提醒说，人们可能在人际关系中界定自己，又或者独立于他人来界定自己。然而，一种相互依赖的自我结构则可以通过多种途径显示出来。例如，它可以反映在对他人的责任感，或者在社会和物质支持上对他人的依赖性。另一方面，它可以引发竞争和不希望被他人超越。

在 Briley 和 Wyer（2001）对 Triandis 和 Gelfand（1998）的个体主义—集体主义量表所进行的因素分析中，就确定了这些不同的社会倾向性。该分析得到了五个因素：个体性、情绪联系性、自我牺牲（即将自我利益置于他人利益之下）、竞争性以及不希望过于优秀的动机（关于集体主义—个体主义的其他维度，参见 Triandis 等，1986）。中国人在第一个维度上的得分要低于北美人，但在情绪联系性、自我牺牲和不希望过于优秀上的得分则高于北美人。此外，向中国人呈现文化图标（例如长城、龙等的图片）后，不仅增强了他们对自我牺牲所赋予的价值，而且还增强了他们对不希望过于优秀和（不显著的）竞争性所赋予的价值。（与之相反，采用美国文化符号启动了美国人后，其竞争性和不希望过于优秀的动机却下降了。）由此，通过与颇为不同的社会行为类型有关的价值观,体现了中国人在人际关系中看待其自身的这一特点,而它取决于该行为所处的情境。请注意,中国被试所报告的价值观启动效应证明了以下假设:文化规范、信念和价值观并非总是可以进入记忆的。也就是说,如果要激活它们,那么使个体注意到这些认知的情境因素可能是必需的。

对于消费者行为的意义。如果规范和价值观决定了人们赖以为基础而作出行为决策的标准,那么它们就可能会影响产品评价和购买意向。因此,如果华人一般是集体主义倾向的,并且在人际关系中看待自己,那么他们就可能会在更大程度上受到他人看法以及强调社会关系的说服诉求的引导。

这一猜测得到了实证研究的支持。例如,Han 和 Shavitt(1994)发现,相对于西方广告,韩国广告使用了更多的强调和谐、家庭互动和群体内部利益的诉求。此外,强调了这些内容的广告更具有说服力,尤其当推销的产品通常是他人使用时。Aaker 和 Williams(1998)发现中国被试更容易被运用了他人关注情绪(如移情)的广告所说服,而美国被试则发现自我关注的情绪诉求(如自豪)更有说服力。

我们不应该将这些发现的意义过于普遍化。尽管一项更近的研究对中国的电视广告进行了内容分析后,其结果表明它们仍然强调了传统的中国价值观,然而目标人群是青年人的个体主义主题正在广告中逐渐出现。事实上,Zhang 和 Shavitt(2003)发现中国广告常常强调与个体主义有关的价值观,当刊登广告的杂志目标人群是年轻的、受过教育的、高收入个体时,情况尤其如此。如果人们购买推销的产品是出于个人用途,而不是在群体背景下使用时,这一倾向会变得更加明显。这些研究结果都表明,虽然中国文化的特点是集体主义规范、信念和价值观,但是个体主义规范、信念和价值观也相对较为普遍,因而承载了它们的广告常常也可能产生效果。这些发现与以下推测是一致的:作为独生子女政策的一个后果,中国的年轻一代倾向于具有一种更可得的人际自我结构(Lee & Gardner,2005)。

个体主义的效果在双文化中也较为明显,尽管该效果的本质可能会有所不同。在 Lau-Gesk(2003)的一项研究中,双文化的中国人阅读了一段广告诉求,它要么与个体主义有关,要么与人际关系有关,要么整合了这两种价值观。当分别呈现这两种价值观时,被试受到的影响是相同的,无论广告诉求强调了个体主义价值观或是人际价值观。然而,当广告诉求中整合了这两种价值观时,整合了这两种倾向的双文化被试受到了积极影响,而倾向于将这两种彼此对立的文化倾向分裂开来的双文化被试则受到了消极影响。

后一个发现对于中国年轻一代的消费者具有更为普遍的意义。在某种程度上集体主义和个体主义的规范对于中国年轻一代的消费者都具有潜在的可得性,并且这两套规范、信念和价值观在记忆中是分别进行表征的,因此,如果广告只关注其中一种价值观,而不是将两种规范和价值观整合起来,两个都强调,那么诉求的效果就会更好。

上述研究表明，情境以及独立自我结构和人际自我结构在可得性上慢慢形成的差异，都能够影响个体对产品信息的反应。然而，该研究主要是在以下情境中完成的：被试不可能努力去进行正确的评估。正如 Lee 和 Semin（2009）所指出的那样，当被试没有能力或者动机去仔细考虑其判断和决策时，长期性的或情境性的可得性规范和价值观一般会产生更大的作用。例如，Briley 和 Aaker（2006）发现，如果个体有能力并且有动力去更仔细地思考先前获得的信息，那么他们在解释信息上的文化差异就不明显了。这表明，当被试不想对自己所做的判断和决策进行深入思考时，文化差异对规范的作用才会变得明显。不过，我们马上就会谈及对该结论更进一步的思考。

礼物交换的回报原则。它是在与他人的关系中看待自己这一倾向所导致的另一种结果，而它对礼物交换中的消费行为具有特殊意义。接受礼物既可以激活感谢的积极情感，也可以激活义务或亏欠的消极情感（Fong，2006；Watkins，Scheer，Ovnicek，& Kolts，2006），并且回报礼物的意愿取决于这些情感及其激活的规范的相关影响。相应地，它也随着文化的不同而不同。西方人具有颇为独立的自我结构，他们关注的是积极的决策后果，在接受礼物时更多的是感谢之情。他们的互换是基于想为收到的礼物相应地做些什么，从而来表达这种感谢之情，尽管他们并不觉得这样做是一种义务。

相反，华人的自我结构是相互依赖的，并且尤其关注自身行为的消极后果，他们可能相信他人期待自己会投桃报李，会感觉有亏欠并有义务回报礼物。其结果就是，如果华人觉得自己没有能力或者不想对自己收到的礼物给予回报，那么就有可能拒绝该礼物，以避免如果自己接受，就会产生亏欠感这一消极情感。另一方面，西方人则会接受礼物却没有体验到这种消极情感。

Shen、Wan 和 Wyer（2009）进行的一系列研究支持了这种可能性。在一系列引导性的情境中，相对于加拿大被试，中国被试报告了明显更少的意愿去接受非正式朋友所赠送的礼物。然而，当赠送礼物的是密友，回报礼物的预期没有那么明显时，这种差异就消失了（Joy，2001）。在两项行为研究中，有一项任务看上去需要花费很多或很少的时间，而同意帮助某人完成这项任务的中国被试随后接受糖果的意愿则与其同意提供的帮助时间多少成比例，但是加拿大被试却接受了相同数量的糖果，无论他们报告说自己同意提供多少帮助。

权力距离与垂直性

文化差异的第二个重要维度是*权力距离*（Hofstede，1980），或者一个社会层次性组织的程度。Triandis 和 Gelfand（1998；又参见 Shavitt，Lalwani，Zhang，& Torelli，2006）从社会的垂直或水平角度，或者与该结构有关的个体自我知觉角度，对一个相关变量进行了界定。然而，该维度上的差异可能存在质的不同，它取决于个体在其他维度上的特点。例如，垂直集体主义者鼓励对权威的服从，垂直个体主义者则关注社会地位的提升,并根据成就和社会权力来区分个体。水平集体主义者关注社交能力和平等主义,水平个体主义者则鼓励独特性、独立性和自我依赖。根据这种分类,华人具有垂直的、集体主义的特点。

华人既关注其自身所属的集体中的地位差异,也关注其群体内与群体外的社会差异,而不是强调社交能力和平等主义(参见 Bond,1996)。这一取向对消费者的信息加工具有几种意义。例如,亚洲人可能对于权威或者社会地位高者的意见格外敏感。与此同时,他们可能受到以下诉求的影响,即提示说使用一种产品可能会获得个人地位和声望。因而,品牌知名度而非其自身质量可能对他们的影响更大。尽管显然,在此方面并非只有亚洲人会是这样,但是相对于个体主义和平等主义取向的个体,他们更易受这类诉求的影响。

Shavitt、Lalwani、Zhang 和 Torelli(2006)总结了中国人的这一关注特点所具有的几种意义。例如,相对于美国人,日本人(与中国人一样,也是垂直集体主义者)更可能对本国产品给予更积极的评价(Gürhan-Canli & Maheswaran,2000)。此外,这种偏好似乎是基于对声望和地位的关注,而非该产品的卓越品质。Shavitt、Zhang 和 Johnson(2006)提出了其他的证据,证明垂直集体主义社会的广告诉求强调了地位和声望。

不过,我们应该将这些诉求与垂直个体主义社会中常见的诉求区分开来。在后者的诉求中,个人的地位和声望可能会比集体的地位更加重要。与该推测一致的是,Choi、Lee 和 kim(2005)发现,在美国(垂直个体主义文化)的广告中,对名人代言的识别是基于其姓名和职业,同时也强调其个体地位。然而在韩国(垂直集体主义文化),根据其姓名来识别名人代言人则少得多。相反,他们在广告中为自己设定一个强调集体主义价值观(家庭、归属等)的角色,而非展现其本人。

名人代言在中美两国广告中所扮演的角色值得进一步探究。正如 Kelman(1996)多年前指出的那样,信息的传递者能够影响接收者的原因在于:(1)传递者代表了一个群体,它具有权力或者控制了接收者的幸福,(2)传递者的态度提供了社会所期望的一种观点,(3)传递者是相关信息领域的专家。不同类型名人代言的影响以及该影响何时发生则可能取决于所代言广告的类型和接收者的价值观。但是,一般而言,消费者研究很少考察这些问题,我们尤其不清楚的是,对于广告诉求在中国和其他东亚国家中所产生的作用,这些问题具有哪些意义。未来的研究应该思考这些问题。

预防与提升倾向

华人的特点是将自己视为群体的一部分,而该特点的表现之一则是强化了对他人的责任感(Hong 等,2001)。这种感觉可能反映为一种倾向,即妥协以及使自己的决定尽可能不对他人造成消极后果。此外,该动机一旦被激活,则会诱导出一种避免消极后果的一般倾向(即预防关注;Higgins,1997),它会独立地影响行为决策,即这些决策是

否会对他人或者仅仅只对自己具有意义。Lee、Aaker 和 Gardner（2000）以及 Aaker 和
Lee（2001）证明了这种可能性，他们的研究表明，与其他接受刺激后将自己视为群体成
员的被试一样，香港人也特别注意行为的消极后果，不愿使行为决策可能产生消极后果
（又参见 Yates & Lee，1996）。

　　华人的预防关注可能根植于童年的养育和社会化实践（参见 Wang & Zhang，本手
册）。Peggy Miller 及其同事在研究中提出了这种可能性（Miller，Fung，& Mintz，1996；
Miller，Wiley，Fung，& Liang，1997）。他们观察了中国台湾和美国的母亲在与孩子讨论
其错误行为时的互动。中国台湾母亲倾向于将错误行为视为一种性格缺陷，需要努力
改正。与此相反，美国母亲虽然也认识到了孩子错误行为的严重性，但是却将其视为成
长过程中的自然现象，并非孩子的性格有缺陷。此外，中国台湾父母将自己树立为孩子
效仿的榜样，而美国父母常常会承认自己年轻时的错误行为，传递的信息是人人都会犯
错。Oisis、Wyer 和 Colcombe（2000）的研究揭示了这些差异对个体今后生活的影响，他
们发现亚洲人更多为其行为的消极后果承担责任，而北美人通常将其归因于他们无法
控制的外在情境因素。

　　这些取向差异对于消费者的判断和决策显然是有意义的。例如，Chen、Ng 和 Rao
（2003）发现，如果广告强调了积极后果（如更早享受产品），那么美国被试（研究假设他
们具有提升倾向）报告说更愿意为快速运货而付款。然而，如果广告强调了消极后果
（拖延），那么新加坡被试（研究假设他们具有阻止取向）则报告说更愿意为快速运货而
付款。与此类似，Aaker 和 Lee（2001）发现，如果领导者认为自己是人际依赖的，并且广
告诉求强调了安全和保障而非所做选择的积极特征，那么诉求的影响作用就会增强。

　　关注决策的积极或消极后果可能反映了一种更加普遍的思维倾向，它一旦被激活，
则会泛化到各种刺激范围中。Briley 及其同事（Briley，Morris，Simonson，2000；2005；
Briley & Wyer，2002）的一系列研究显示了这种可能性。在一项研究中，Briley 和 Wyer
（2002）首先诱导被试相信他们是作为一个群体参与研究。随后，在一个看上去毫无关
系的情境中，被试更多地作出了以下产品决策，即产生消极后果的可能性最低，而没有
考虑其他会产生积极后果的选择。因此，例如，他们选择了具有最少消极特征的产品，
即使这些产品的诱人之处同样也最少。此外，将被试的注意力吸引到文化认同上，由此
使其认识到自己是某种界定了的文化集体中的一员，也具有同样的作用。

　　然而，当中国个体的文化认同并未明确引起其注意时，其预防关注则可能被一种通
过社会学习而获得的、更加普遍的倾向所控制（Miller 等，1997）。尽管如此，这种倾向
不会有太大作用，除非情境因素增强了它在记忆中的可得性。Briley 等（2000）发现，只
有要求对其选择进行解释时，华人才会更倾向于选择出现消极后果可能性最小的产品，
而这一刺激显然激活了他们进行判断时的相关文化基础。由此，华人可能具有避免其
选择出现消极后果的倾向性。然而，只有当他们受到情境因素的刺激，考虑到相关文化

规范和价值观时，这种倾向才可能显示出来，否则这些规范和价值观不会是立即可得的。

激活华人组织取向的情境因素非常微妙。在随后进行的一系列研究中（Briley 等，2005），要求双文化的香港人进行产品决策，而 Briley 等（2000）在实验中也对被试提出了类似要求。然而，实验要么用中文要么用英文进行。当实验以中文进行时，这些被试明显更倾向于作出最不可能出现消极后果的决策。

有两种可能解释了这一发现。一方面，研究中使用的语言自发地激活了相关文化规范和价值观，而它们引导了被试的选择行为。另一方面，它可能刺激了被试去思考，在当下情境中研究者*期待*自己运用的标准，从而刻意运用了这些标准，以迎合这些期待。

为了区分这些可能性，Briley 等（2005）要求被试一边记忆 8 位数一边完成决策任务。如果被试在交流中使用的语言自发地激活了相关文化的决策标准，那么使其处于加工负荷中就会增大使用这些标准的可能性，并由此加强语言差异效应。然而，如果语言影响了被试刻意运用的标准，以迎合内在的社会期望，那么加工负荷就会减弱其参与该项认知任务的能力，并且减少语言的作用。事实证明是后者。第三个研究肯定了本实验所得出的结论，表明被试的决策受到了其所属国家的影响，而表面上这些被试所进行的学习与研究中使用的语言无关。

Briley 等（2005）的发现对于理解双文化背景下呈现的广告颇有意义。例如，在香港，电视商业广告和广告牌可以用中文、英文或者同时用两种语言传递信息。消费者对于广告产品的态度受到了以下因素的影响，即知觉到的、在特定情境下拥有或使用该产品的渴望。在这种情况下，传递广告的语言就会激活社会渴望的规范标准，而它会影响接收者对广告含义的接受。这表明广告的有效性取决于两种背景的一致性，即渴望使用广告产品的背景与推广产品时的语言在其日常生活中的运用背景。

我们还应注意到 Briley 等（2005）的研究所具有的其他意义。当被试无法仔细思考其决策时，阻止取向中的文化差异并不明显，而在 Lee 和 Semins（2009）的研究背景下，这一现象尤其值得注意，他们观察到当被试深入地思考自己的决策时，这些差异同样也会消失（Briley & Aaker，2006）。也许要求华人对自己不太感兴趣的事情做决策时，他们可能不会思考太多，因此也就不会想到相关的文化规范、信念和价值观。另一方面，当对其决策进行深入思考时，他们可能除了相关文化标准之外，还会提取相关决策知识，因此前者的标准也就不会对这些情境产生多大影响。所以，对于决策动机位于这两种极端之间的被试，文化规范产生的影响最大。

华人倾向于避免消极后果，这一结论的第二个条件体现在风险承担研究中。Hsee 和 Weber（1999）发现，尽管相对于北美人，在不涉及经济问题的风险承担情境中，华人更少作出"安全的"选择，但是相对而言，他们却比西方人更倾向于承担经济风险（又参见 Yates & Lee，1996）。尽管乍一看，这一意外结果让人惊讶，但是它可能表明，华人一方面认为自己应该在社会情境中对他人负责（并且由此希望避免消极的决策后果），一方面可能又认为在经济情境中，自己能够依赖于他人（如家庭），因此会对承担风险觉得相对安心。（自我结构启动效应的类似证据，参见 Mandel，2003。）

华人似乎过于强调了其决策的消极后果，这可能反映在其冲动性里。正如 Zhang和 Shrum（待发表）所发现的那样，其自我结构是相互依赖的，更有可能压制冲动消费，而研究预测它们是预防关注的。在这种情形下，相对于其他文化中的被试，华人应该更少进行冲动购物和消费。的确，对澳大利亚、美国、中国香港、新加坡和马来西亚（Kacen & Lee，2002）这几个国家和地区的消费者所进行的调查已经证实，相对于白人消费者，亚洲消费者更少进行冲动购物。

加工差异

一般性思考

在对产品信息作出反应、进行购买决策时，对于个体可能会考虑到的相关文化知识类型，前文所进行的讨论颇有意义。然而，文化差异同样也可能存在于判断相关信息的加工方式，以及该过程得出的推论。过程知识的角色研究（Dhar，Huber，& Kahn，2007；Shen & Wyer，2008；Xu & Wyer，2007，2008）表明，在信息的加工方式上，个体通常有一种普遍倾向，即在内容领域内进行一般化的加工。其结果就是，对某领域内一个程序的激活可以影响信息的加工方式，以及其他无关情境中的决策。我们有理由推测，这些加工策略既可能是长期的，也可能是情境诱发的，它们一旦被激活，无论信息的相关个体、目标或事件是什么，都会被独立地应用于信息加工。

此外，各个文化中的加工策略可能各不相同。在某些情况下，这些策略可能是前文提及倾向的副产品。例如，将自己视为集体中的成员，这种倾向可能表明了一种更普遍的倾向，即对刺激进行分类思考，而非关注其独特特征。与之类似，在与他人的关系中看待自己，这种倾向可能反映了一种普遍倾向，即在思考刺激时考虑到与他人的关系，或者与所处情境的关系。

Kühnen 和 Oyserman（2002）找到了这种泛化能力的证据。他们的研究假设是，激活一种相互依赖的自我概念后，会促使个体更倾向于在人际关系中看待自己，而研究发现，这样的确会诱导出一种更加普遍的倾向，即在与他人的关系中看待刺激，而无论被试是否关注自己。因此，例如，它使被试更有可能记住物体在一张纸上的位置，而无论他们对于物体本身的记忆如何。

如果情境诱发的加工风格在刺激领域内产生了泛化，那么长期的风格同样可能如此。就此而言,华人倾向于在人际关系中看待自己可能是一种更普遍的现象,即在关系中思考问题。Nisbett、Pen、Chen 和 Norenzayan(2001;又参见 Ji, Pen, & Nisbett, 2000; Nisbett, 2003)所综述的资料表明,事实的确如此。例如,相对于西方人,华人在进行事物分类时更多依据其主题相关性,而非特征相似性(Ji, Zhang, & Nisbett, 2004)。因此,在对男人、女人和孩子进行分类时,华人倾向于将女人和孩子归为一类,因为母亲照料孩子。与此类似,在对猴子、香蕉和熊猫进行分类时,华人和东亚人对于信息的背景特征则相对更加敏感。例如,Masuda 和 Nisbett(2006)发现,当差异与焦点事物有关时,尽管亚洲人和西方人都擅长于区分和记忆差异,但是在确定情境特征中的差异方面,亚洲人的表现要好得多。

在一项特别有趣的研究中,Park、Nisbett 和 Hedden(1999)要求亚洲和美国被试看一系列单词,每个单词都呈现于一张独立的卡片上。在某些情况下,每张卡片上只有单词出现。在另一些情况下,单词四周围绕着人和物的图片,而它们与单词的含义无关。随后,要求被试回忆刚才看到的单词。有人可能会预期,无关的背景刺激会分散和减弱被试对单词的注意力。然而,事实上,当呈现背景刺激时,亚洲人对单词的回忆会更好。美国人则并非如此。华人关注背景特征,这一倾向同样也泛化到了社会刺激中。例如,在判断个体行为背后的动机时,华人会更多地考虑情境因素(Choi, Dalal, Kim-Prieto, & Park, 2003;又参见 Ji, Lam, & Guo,本手册)。

这些研究都表明,背景特征促进了中国个体的理解和记忆,即便背景刺激是无关的。然而,我们不应该过于泛化这一结论。当背景特征与焦点刺激的含义不相容时,亚洲人对这些特征的关注则是有害的。Krishna、Zhou 和 Zhang(2008)在一项研究中,要求被试对物理刺激作出判断,其中所使用的背景特征会提高或者降低判断的准确性。研究假设中国被试会在背景下思考刺激,而研究结果表明,在完成第一个任务时,中国被试的准确性要高于北美被试,但是在完成第二个任务时,中国被试的准确性则要低于北美被试。

两项颇为不同的研究提供了进一步的证据,证明了关注背景可能是有害的。首先,当周围方框被命名时,在棒框任务中,东亚人的表现要差于西方人(Ji 等, 2000)。此外,在依据前提推导结论的任务中,相对于欧裔美国人,华人更易受已有经验的影响,并且更少注意到信息的逻辑一致性(Norenzayan, Smith, Kim, & Nisbett, 2002)。

对消费者行为的含义

尽管已经明确了华人的加工风格(Nisbett, 2003;Oyserman & Sorensen, 2009),但是却没有实证研究考察它在消费者进行信息加工时的作用。尽管如此,几种推测是合理的。例如,华人对于交流背景特征的敏感性会对以下问题具有意义,即广告的次要特征对其有效性的影响。电视商业广告和杂志广告常常在刺激背景下呈现产品信息,而该刺激与所呈现产品的特性并无多大关系。相对于西方消费者，中国消费者可能更易受这些背景特征的影响。此外，根据 Park 等（1999）的研究而将其结果泛化到产品领域后表明，事实上，广告中与产品无关的特征有助于中国消费者记忆更为核心的产品相关特征（例如品牌名称和特定属性），而这些特征正是广告所关注的。

类似的推测提出，产品的次要特征会过多地影响中国消费者对核心特征的评估，而这些核心特征对于产品的质量和使用具有更为直接的意义。例如，Aaker 和 Maheswaran（1997）发现，华人经常受到他人对产品质量看法的影响而忽视产品特性的信息。他们的结论是，华人尤其容易在判断中使用启发式基础。尽管华人的这一特点可以归因于动机因素，但是它同样可能也反映了一种普遍的加工策略，而这种策略增强了对背景信息的敏感性。

华人消费者倾向于在关系中思考问题，而这同样也影响了他们对品牌延伸的反应。由于他们更关注事物之间的关系，因此相对于西方消费者，他们可能对于某品牌与其上位品牌的相似性更加敏感，并且更倾向于以该因素为基础来进行评价（Ahluwalia，2008；Monga，John & 2007）。正如本章前文所述，名人代言效应或者产品的原产国同样也能够部分地影响华人对背景信息的一般敏感性。

不过，我们应该对这种预测持谨慎态度，除非有实证研究证明了其有效性。相对于作为一种启发式运用，原产国的作用更加复杂。S.T.Hong 和 Kang（2006）所进行的一项研究提供了一个例子。在某些情况下，与勤奋或敌意有关的语义概念对韩国被试产生了启动效应，而他们却并未觉察。随后，作为一个表面上似乎完全不同的实验的一部分，他们对原产于日本、德国或未注明原产国的产品进行了评价。当勤奋被启动时，原产国信息提高了被试对于低科技产品的评价，但是当敌意被启动时，原产国信息降低了被试对这些产品的评价。激活与敌意有关的概念显然使被试想起了日本和德国在第二次世界大战期间的侵略行为，产生了憎恶，从而降低了被评价产品的吸引力（关于文化憎恶影响了中国人对日本产品认可的其他证据，参见 Klein，Ettenson，& Morris，1998）。

相反，当注明了产品的原产国时，无论启动的是勤奋或敌意，被试对高科技产品的评价都更加积极。因此，当产品质量尤为重要时，制造高质量产品的国家声誉就会超越文化憎恶的作用。尽管 Hong 和 Kang 的研究并未考察西方被试，但是在任何事件中，这些效应似乎都在亚洲人身上格外明显，而这是他们相对更关注背景信息的结果。

语言效应

尽管呈现文化相关图标可能会激活相关的文化概念和知识，然而这些认知同样也可以通过更微妙的、决策情境中的日常生活特征而激活。一个显而易见的因素就是呈现信息与进行交流判断时所使用的语言。例如，双文化个体在不同的语言背景下会获得不同的知识子集,而在特定语言下的交流会提高该知识的可得性。因此,正如前文所言,Briley 等(2005)发现相对于使用英文进行交流,在使用中文进行交流时,双文化被试倾向于做出最不可能出现消极后果的决策。

然而,在 Briley 等(2005)的研究中,语言对这些不同倾向的作用似乎来自于它对被试以下知觉的影响,即被试对交流对象的文化归属性的知觉。例如,用中文交流的被试预期其信息的接收者可能是华人。该预期可能激活了相关文化概念,而这些概念影响了他们所使用的决策策略。

尽管有时候,与语言相关的社会规范和价值观会引导信息加工中的语言效应,但是有时候其效应同样也会受到语言自身特点的影响(Pierson & Bond,1982)。本章的最后部分考察了这些效应(又参见 Ji 等,本手册)。

分类与知觉

Whorf(1956)提出,语言能够影响对经验进行分类的标签,而这种分类反过来又能够影响对信息的理解以及由此得出的推论。正如 Chiu 和 Hong(2007)所指出的那样,只有一点儿证据支持了 Whorf 的以下假设,即理解认知策略上的*世界性*差异受到了语言的影响。然而,确实有更为明显的特殊证据。

例如,刺激可以进行各种分类,而它取决于对分类的界定(Ervin,1962;Roberson,Davies, & Davidoff,2000;Sera 等,2002)。有限的证据表明,以不同的特定语言方式对事物进行分类的个体实际上对事物的知觉也各不相同(Chiu & Hong,2007)。尽管如此,Schmitt 及其同事进行的研究(Pan & Schmitt,1996;Schmitt,Pan, & Tavassoli,1994;Schmitt & Zhang,1998)是令人兴奋的。与英文或欧洲语言不同的是,中文的名词前面有"量词",而它们传递了该名词所属类别的更为一般性的特征。例如,张用于区别那些平坦的、延展性的物体(桌子、纸等)类别,而把用于一只手就能拿起来的物体(例如伞)类别。这些量词可以使华人对物体的属性变得敏感,而西方人则不考虑这些(例如功能性)。在一系列研究中,Schmitt 和 Zhang(1998)发现,相对于说英文的人,华人更可能会识别出物体的量词相关特征。此外,相对于说英文的人,他们认为通常具有相同量词的物体(例如纸和动画片)彼此之间更相似。

这些差异对于消费者行为的意义来自于以下事实,即许多物体都可以赋予不止一个量词,而这些量词的含义都各不相同。例如,"唇膏"的前面可以是支(指长而瘦的物体)或者管(指管状的、厚的物体)。在这些情况下,Schmitt 和 Zhang(1998)发现被试对产品的属性做出了不同的推测,而这取决于使用的量词。因此,在上例中,如果使用支作为量词,那么相对于使用管做量词,他们推测说唇膏更小、数量更少。

不过,需要注意的是,基于量词而推测属性的可能性也许部分取决于量词所应用的物体范围。在这个问题上,相对于普通话,在广东话中一个相同的量词常常被用于更广泛的物体范围。与该观察一致的是，Schmitt 和 Zhang（1998）发现，相对于说普通话的人，说广东话的人更少基于某一特定的量词—名词组合来推测物体的属性。

正如所指出的那样，这些差异来自于物体的语言描述，并不一定会影响物理事物的知觉本身（Chiu & Hong，2007）。然而，尽管如此，它们可能间接地产生作用。知识可得性的研究（Förster & Liberman，2007；Higgins，1996；Wyer，2008）显示，如果人们从更为一般的概念出发来解释某一刺激的相关信息，那么他们随后对该刺激的判断通常就会基于这一概念的含义，而不是基于导致该概念被应用的特征。例如，假设人们已经知道某人在考试中给朋友传递了答案，并且将这种行为解释为"友好的"。他们随后就会基于自己最初判断的评价含义，而推测这个人是"诚实的"，却不去思考其最初的行为（Carlston，1980）。在这个问题上，当呈现某刺激时，个体会对该物体进行语义分类，在随后刺激不再呈现时，这种语言差异却仍然能够影响个体记忆和判断。

第二个问题出现了。也就是说，当人们在社会背景下学习语言时，背景特征与该语言所描述的刺激产生了联系。因此，尽管在不同语言中使用的概念在其外延含义上是相似的，但是其隐藏意义却可能不同。例如，对于以色列和中国成长起来的个体，"月亮"可能会引发不同的联想。在这个问题上，广告中使用相似的术语可能会在不同语言中引发不同的形象，由此产生不同的效果。

听觉对视觉加工

语言差异可能不仅存在于传递的信息内容中，而且还可能存在于其呈现的方式里。例如，英文通常是从左向右阅读，而中文常常还可以垂直阅读。这些阅读习惯可以泛化到其他领域，从而导致相对于说英文者，华人相对而言更擅长扫描所呈现的视觉材料（Freeman，1980；Hoosain，1986）。

中文所传达的信息加工与英文信息加工不同，二者之间一个更重要的差异是中文字词"看上去"的方式与"听上去"的方式之间缺乏联系。不过相对于欧洲语言（如德语），在英文中这种关系又要弱一些。尽管如此，个体看到单词就可以猜到它的发音。在这些情境下，当说和写单词时，可以同样传递其含义。因此，学习读写英文的儿童能够识别写出来的单词，就像他们经常听到的那样"说出来"。中文却并非如此。因此有人可能会推测，相对于英文或欧洲语言，在对中文书写信息进行加工时，单词发音起到的作用不那么重要，而视觉线索会相应地产生更大作用（又参见 Cheung，本手册）。

Tavassoli（1999）指出了这种差异对分类和记忆的影响。研究要求中国被试学习二类物体（水果和动物）。在某些情况下，物体是画出来的。在另外一些情况下，它们用汉字呈现出来。与此相应，美国被试也被要求学习相同的二类物体，它们也是用图片或英文表示的。随后要求被试回忆这些物体。对它们的回忆顺序表明，当物体以图片方式呈现时，中国人和美国人在记忆中组织刺激时都是根据其所属的语义分类。当用汉字呈现物体时,中国被试同样也是如此。与此相反,美国被试对单词的回忆则反映了单词呈现的顺序(或者,在某些情况下,它们的语言类似性),并且表现出了很少的语义分类组织。

两个系列研究确定了在口头交流中,中国人和西方人对视觉和听觉特征的注意存在差异。Pan 和 Schmitt(1996)要求中国和美国被试评价产品的品牌名称,这些产品要么是男性使用的(即电钻),要么是女性使用的(如唇膏)。在听觉呈现条件下,刺激是一名男性或者女性通过口头传达的。在这些情况下,当传递者的性别与所描述的产品相匹配时,美国被试对品牌名称的评价更加积极,而中国被试的评价则没有受到传递者性别的影响。在视觉呈现条件下,品牌和产品被写在一个典型的面孔上,通常要么是男性的,要么是女性的。在这种情境下,当脚本与被描述的产品相匹配时,中国人对品牌名称的评价更加积极,而美国人的评价则不受影响。

Tavassoli 和 Lee(2003)认为,这些加工风格的差异是传递信息的语言的一种功能,而非文化本身。新加坡的双语言被试阅读了一段描述网球拍特征的文字,它或者是英文的或者是中文的。在某些情况下,这段文字伴随有大声的、欢快的音乐,而在另外一些条件下,它伴随着与文字内容无关的图片。当文字是英文时,相对于视觉干扰刺激,在听觉干扰刺激下它对被试的产品评价产生的影响要更小。然而,当文字是中文时,结果正相反。因此,双语言者的加工策略在很大程度上受到了传递信息时所使用的语言特征的影响。

无论如何,我们都有理由推测,仅说母语的单语言者形成了一种视觉信息加工中的一般倾向,他们自发地将其应用到自己所接收到的信息上。也就是说,与西方人不同,华人可能倾向于从视觉上加工信息,并且可能自发地建构刺激的心像,无论它是以图片或者文字描述的。

Jiang 及其同事(Jiang,Steinhart, & Wyer,2009;Wyer,Hung, & Jiang,2008)的一系列研究说明了这种可能性对消费者信息加工的意义。这些研究者发现,如果个体长期倾向于通过视觉加工信息(根据被试对 Childer,Houston, & Heckler,1985 量表的回答而推测出来),那么当相关信息所诱发的视觉形象彼此之间不相容(例如信息描述了不同的物理地点),而他们无法从整体上建构产品的单一视觉表征时,他们对产品的评价就是消极的。对于新产品,由于记忆中没有先前已形成的视觉表征,所以同样也是如此。与此相反,具有口头加工信息倾向、没有形成视觉形象的个体则不会受这些因素的影响。因此,如果华人具有视觉加工信息的一般倾向,那么 Jiang 等的发现就表明,华人难以理解那些要求建构不相容的、不熟悉的视觉形象的广告,从而导致了相对于西方人,他们对产品的反应更加消极。

交流的规范性原则

在社会背景下,消费者的信息会内隐地或外显地传递出来。在有些情境下,信息是在消费者和销售员的直接互动中进行交换的。然而,电视商业广告与杂志广告同样也是社会互动,它们通常指向一个特定的社会群体。与一般交流一样,对这些信息的反应同样也会受到社会习俗的引导,而它们会影响个体如何解释所交换的口头信息,以及伴随传递出的非语言线索。尽管很少有消费者行为的研究考察了这种可能性,但是无论如何,有些研究值得注意。

Grice(1975)明确了在社会交流中,传递者发送信息和接收者解释信息所使用的一些内隐原则。例如,接收者预期传播者会传递自己不知道的信息、告知其眼中的事实以及传递的信息与当下话题有关。因此,当传递出的字面含义违背了这些原则时,接收者会试图以一种与被违背的原则相一致的方式,对其重新进行解释。例如,广告宣传"品牌 X 不含 hydropropine",对于不知道 hydropropine 是什么的个体而言,它没有提供任何信息。然而,为了使陈述符合传递信息原则,他们可能推测(1)hydropropine 是一种不受欢迎的属性,(2)X 之外的品牌可能含有它。

然而,在一种文化背景中很重要的交流原则可能在另一种文化背景下就不再那么重要了(参见 Freeman & Haberman,1996;Xu & Feng,本手册)。此外,在某种文化中传递了信息并且相关的交流在另一种文化中则可能未必如此。这些差异对于比喻在广告中的运用具有意义。也许只有当传递者使用的比喻在字面上没有提供信息、是无关的、错误的时候,该比喻的含义才能被认识到。在这个问题上,广告中的比喻可能在不同文化中是无法普遍化的,除非考虑到了个体用于解释其字面含义的知识储备。

非语言交流。不同文化中的个体出现信息传递错误的主要根源之一是非语言的。也就是说,个体的许多非语言行为在无意中表现了出来。面部表情、目光接触、身体接近和姿势所传递的含义可能在不同文化中各不相同(参见 Smith,Bond, & Kağitçibaşi,2006,第 8 章)。

由于感情和情绪是先天的个人的,在鼓励个体性和独特性的社会里,其外在表现更容易被接受。相反,鼓励依赖性的集体主义社会则不鼓励公开表达那些可能会威胁人际和谐与一致性的情感(Matsumoto 等,2008)。Bond(1993)同样指出,华人相信克制的情绪行为促进了社会和谐。在这个问题上,相对于西方社会,情绪的面部表达在中国和东亚文化中没有那么普遍。实际上,Matsumoto 等(2008)发现,集体主义与更多的情绪克制存在正相关。

在情感表达的社会恰当性上,不同文化规范之间存在差异,而这可能导致了不同的非语言交流规则。例如,微笑可以传递喜悦,但同样也可以是对他人的评论或行为感到可笑、同情和理解,以及安慰对方一切并没有看上去的那么糟糕。因此,当顾客抱怨服务糟糕时,销售员的微笑是为了传递安慰和理解,但是顾客可能将它解释成销售员认为自己的抱怨很可笑,并没有认真对待它。不满意和不赞同的表达尤其容易产生这种误解(Bond,Zegarac, & Spencer-Oatley,2000)。

目光接触通常是个体情感强度一个线索（Ellsworth & Carlsmith，1968）。然而，目光接触程度的标准随着文化的不同而不同。如果在个体所属的文化中，目光接触程度的标准相对较低，那么当他与来自目光接触程度标准通常较高的文化中的个体进行互动时，前者会认为后者的行为传递了过分的亲密，而后者则会认为前者的行为是冷漠的、疏远的。在人际交换中（例如与餐馆侍者的互动），这些因素会影响对他人行为的知觉，以及基于这些知觉的评价。接近性的作用，以及引导了人际距离和触摸行为的文化规范的影响，它们同样也是误解中的一个敏感区域（Smith 等，2006，第 8 章）。

如果互动中的一方在交流所使用的语言上不太熟练，那么一个可能更加明显的因素就会出现。熟练掌握语言的个体可能会在交流中使用委婉的表达方式（"请""我想"等），而语言不熟练的个体则更有可能在传递请求或想法时不具有这些特征。在这个问题上，惯于使用这些表达方式的个体会将对方的行为解释成冷漠的、无法忍受的和不礼貌的。

这些因素如何进入信息加工过程并且影响中国消费者行为的特定方式尚不清楚，就我们所知，还没有直接针对这方面的研究。尽管如此，为了全面了解中国消费者的信息加工过程，必须研究这些问题。

结束语

我们探讨了三个一般的研究领域对于中国消费者行为的意义：中国消费者在解释消费信息时可能会使用的规范、信念和价值观，在解释该信息以及基于该信息进行推测时所运用的加工策略，语言的角色与交流。许多讨论都是猜测性的。此外，文献回顾并不全面；消费者研究的一些重要领域并未纳入讨论领域中，如果提及的话也很表浅。然而，尽管存在这些局限，我们希望这些讨论足以使人们大体上能够了解中国消费者行为之下的重要主题，并激发该领域更多的研究。

作者注

本章的撰写得到了中国香港特别行政区研究基金委员会的资助，资助号为 GRF641308。还要感谢 Angela Lee 和 Sharon Shavitt 对本章初稿提出的宝贵意见。

参考文献

Aaker，J.L. & Lee，A.Y.（2001）.'I' seek pleasures and 'we' avoid pains：The role of self-regulatory goals in information processing and persuasion.*Journal of Corrsumer Research*，28，33-49.

Aaker,J.L. & Maheswaran,D.(1997).The effect of cultural orientation on persuasion.*Journal of Consumer Research*,*24*,315–328.

Aaker,J.L. & Williams,P.(1998).Empathy vs.pride:The influence of emotional appeals across cultures. *Journal of Consumer Research*,*25*,241–261.

Ahluwalia,R.(2008).How far can a brand stretch? Understanding the role of self-construal.*Journal of Marketing Research*,*45*,337–350.

Bond,M.H.(1993).Emotions and their expression in Chinese culture.*Journal of Nonverbal Behavior*,*17*, 245–262.

Bond,M.H.(1996).Chinese values.In M.H.Bond(ed.),*The handbook of Chinese psychology*(pp. 208–226).Hong Kong:Oxford University Press.

Bond,M.H.,Zegarac,V., & Spencer-Oatley(2000).Culture as an explanatory variable:Problems and possibilities.In H.Spencer-Oatley(ed.),*Culturally speaking:Managing relations in talk across cultures*(pp. 47–71).London:Cassell.

Briley,D.A. & Aaker,J.L.(2006).When does culture matter? Effects of personal knowledge on the correction of culture-based judgments.*Journal of Marketing Research*,*43*,395–408.

Briley,D.A.,Morris,M.W., & Simonson,I.(2000).Reasons as carriers of culture:Dynamic versus dispositional models of cultural influence on decision making.*Journal of Consumer Research*,*27*,157–178.

Briley,D.A.,Morris,M.W., & Simonson,I.(2005).Cultural chameleons:Biculturals,conformity motives and decision making.*Journal of Consumer Psychology*,*15*,351–362.

Briley,D.A. & Wyer.R.S.(2001).Transitory determinants of values and decisions:The utility(or nonutility)of individualism and collectivism in understanding cultural differences.*Social Cognition*,*19*,198–229.

Briley,D.A. & Wyer,R.S.(2002).The effect of group membership salience on the avoidance of negative outcomes:Implications for social and consumer decisions.*Journal of Consumer Research*,*29*,400–416.

Carlston,D.E.(1980).Events,inferences and impression formation.In R.Hastie,T,Ostrom,E.Ebbesen, R.Wyer,D.Hamilton, & D.Carlston(eds).*Person memory:The cognitive basis of social perception*(pp.89– 119).Hillsdale,NJ:Erlbaum.

Chen,H.,Ng.,S., & Rao,A.R.(2005).Cultural differences in consumer impatience. *Journal of Marketing Research*,*42*,291–301.

Childers,T.L.,Houston,M.J., & Heckler,S.E.(1985).Measurement of individual differences in visual versus verbal information processing.*Journal of Consumer Research*,*12*,125–134.

Chiu,C.Y. & Hong,Y.Y.(2007).*Social psychology of culture*.New York:Psychology Press.

Choi,L.,Dalal,R.,Kim-Pietro,C., & Park,H.(2003).Culture and judgment of causal relevance. *Journal of Personality and Social Psychology*,*84*,46–59.

Choi,I.,Nisbett,R.E., & Norenzayan,A.(1999).Causal attribution across cultures:Variation and universality.*Psychological Bulletin*,*125*,47–63.

Choi,S.M.,Lee,W.N., & Kim,H.J.(2005).Lessons from the rich and famous:A cross-cultural comparison of celebrity endorsement in advertising.*Journal of Advertising*,*34*,85–98.

Dhar,R.,Huber,J. & Khan,U.(2007).The shopping momentum effect.*Journal of Marketing Research*, *44*,370–378.

Ellsworth, P.C. & Carlsmith, J.M. (1968). Intimacy in response to direct gaze. *Journal of Experimental Social Psychology*, *10*, 15-20.

Ervin, S.M. (1962). *The connotations of gender. Word*, *18*, 149-261.

Förster, J. & Liberman, N. (2007). Knowledge activation. In A. Kruglanski & E.T. Higgins (eds), Social psychology: Handbook of basic principles (2nd edn, pp.201-231). New York: Guilford.

Fong, C. P. S. (2006). The impact of favor-elicited feelings on reciprocity behavior across time. Unpublished doctoral dissertation, Hong Kong University of Science and Technology.

Freeman, N.H. & Habermann, G.M. (1996). Linguistic socialization: A Chinese perspective. In M.H. Bond (ed.), The handbook of Chinese psychology (pp.87-99). Hong Kong: Oxford University Press.

Freeman, R.D. (1980). Visual acuity is better for letters in rows than in columns. *Nature*, *286*, 62-64.

Grice, H.P. (1975). Logic and conversation. In P. Gale & J.L. Morgan (eds), *Syntax and semantics: Speech acts* (pp.41-58). New York: Academic Press.

Gürhan-Canli, Z. & Maheswaran, D. (2000). Cultural variations in country of origin effects. *Journal of Marketing Research*, *37*, 309-317.

Higgins, E.T. (1996). Knowledge activation: Accessibility, applicability, and salience. In E.T. Higgins & A. Kruglanski (eds), *Social psychology: Handbook of basic principles* (pp.133-168). New York: Guilford.

Higgins, E.T. (1997). Beyond pleasure and pain. *American Psychologist*, *55*, 1217-1233.

Higgins, E.T. (1998). Promotion and prevention: Regulatory focus as a motivational principle. In M.P. Zanna (ed.), *Advances in experimental social psychology* (Vol.30, pp.1-46). San Diego, CA: Academic Press.

Hofstede, G.H. (1980). *Culture's consequences: International differences in work-related values*. Beverley Hills, CA: Sage.

Hofstede, G.H. (2001). *Culture's consequences: Comparing values, behaviors, institutions and organizations across nations*. Thousand Oaks, CA: Sage.

Hong, S.T. & Kang, D.K. (2006). Country-of-origin influences on product evaluations: The impact of animosity and perceptions of industriousness and brutality on judgments of typical and atypical products. *Journal of Consumer Psychology*, *16*, 232-240.

Hong, Y.Y. (2009). A dynamic constructivist approach to culture: Moving from describing culture to explaining culture. In R.S. Wyer, C.Y. Chiu, & Y.Y. Hong (eds). *Understanding culture: Theory, research and application* (pp.3-24). New York: Psychology Press.

Hong, Y.Y., Ip, G., Chiu, C.Y., Morris, M.W., & Menon, T. (2001). Cultural identity and dynamic construction of the self. Collective duties and individual rights in Chinese and American cultures. *Social Cognition*, *19*, 251-269.

Hong, Y.Y., Morris, M.W., Chiu, C.Y., & Benet-Martinez, V. (2000). Multicultural minds: A dynamic constructivist approach to culture and cognition. *American Psychologist*, *55*, 709-720.

Hoosain, R. (1986). Language, orthography and cognitive processes: Chinese perspectives for the Sapir-Whorf hypothesis. *International Journal of Behavioral Development*, *9*, 507-525.

Hsee, C.K. & Weber, E.U. (1999). Cross-national differences in risk preference and lay predictions. *Journal of Behavioral Decision Making*, *12*, 1 65-179.

Inglehart, R. & Baker, W.E. (2000). Modernization, cultural change, and the persistence of traditional values.*American Sociological Review*, *65*, 19-51.

Ip, G. W. M. & Bond, M. H. (1995). Culture, values and the spontaneous self-concept. *Asian Journal of Psychology*, *1*, 29-35.

Ji, L., Peng,, K., & Nisbett, R. E. (2000). Culture, control, and perception of relationships in the environment. *Journal of Personality and Social Psychology*, *78*, 943-955.

Ji, L., Zhang, Z., & Nisbett, R. E. (2004). Is it culture or is it language? Examination of language effects in cross-cultural research on categorization. *Journal of Personality and Social Psychology*, *87*, 57-65.

Ji, M. F. & McNeal, J. U. (2001). How Chinese children's commercials differ from those of the United States: A content analysis. *Journal of Advertising*, *30*, 79-92.

Jiang, Y., Steinhart, Y., & Wyer, R. S. (2008). *The role of visual and semantic processing strategies in consumer information processing*. Unpublished manuscript, Hong Kong University of Science and Technology.

Joy, A. (2001). Gift-giving in Hong Kong and the continuum of social ties. *Journal of Consumer Research*, *28*, 239-256.

Kacen, J. J. & Lee, J. A. (2002). The influence of culture on consumer impulsive buying behavior. *Journal of Consumer Psychology*, *12*, 163-176.

Kelman, H. C. (1961). Processes of opinion change. *Public Opinion Quarterly*, *25*, 57-78.

Kitayama, S. & Cohen, D. (eds). (2007). *Handbook of cultural psychology*. New York: Guilford.

Klein, J. G., Ettenson, R., & Morris, M. D. (1998). The animosity model of foreign product purchase: An empirical test in the People's Republic of China. *Journal of Marketing*, *62*, 89-100.

Krishna, A., Zhou, R., & Zhang, S. (2008). The effect of self-construal on spatial judgments. *Journal of Consumer Research*, *35*, 337-348.

Kühnen, U. & Oyserman, D. (2002). Thinking about the self influences thinking in general: Cognitive consequences of salient self-concept. *Journal of Experimental Social Psychology*, *38*, 492-499.

Lau-Gesk, L. G. (2003). Activating culture through persuasion appeals: An examination of the bicultural consumer. *Journal of Consumer Psychology*, *13*, 301-315.

Lee, A. Y., Aaker, J. L., & Gardner, W. L. (2000). The pleasures and pains of distinct self-construals: The role of interdependence in regulatory focus. *Journal of Personality and Social Psychology*, *78*, 1122-1134.

Lee, A. Y. and Gardner, W. (2005). *Family size matters: The evolution of the self in modem China*. Unpublished manuscript, Northwestern University.

Lee, A. Y. & Semin, G. R. (2009). Culture through the lens of self-regulatory orientations. In R. S. Wyer, C. Y. Chiu, & Y. Y. Hong (eds). Understanding culture: Theory, research and application (pp. 299-310). New York: Psychology Press.

Lin, C. A. (2001). Cultural values reflected in Chinese and American television advertising. *Journal of Advertising*, *30*, 83-94.

Luna, D., Ringberg, T., & Peracchio, L. A. (2008). One individual, two identities: Frame switching among biculturals. *Journal of Consumer Researcl4*, *35*, 279-293.

Mandel, N. (2003). Shifting selves and decision making: The effects of self-construal priming on consumers' risk taking. *Journal of Consumer Research*, *30*, 30-40.

Markman, A. B., Grimm, L. R., & Kim, K. (2009). Culture as a vehicle for studying individual differences. In R. S. Wyer, C. Y. Chiu, & Y. Y. Hong (eds). *Understanding culture: Theory, research and application* (pp.93－107). New York: Psychology Press.

Markus, H.R. & Kitayama, S. (1991). Culture and the self: Implications for cognition, emotion and motivation. *Psychological Review, 98,* 224－253.

Masuda, T. & Nisbett, R.E. (2006). Culture and change blindness. *Cognitive Science, 30,* 381－399.

Matsumoto, D., Yoo, S.H., Fontaine, J., Anguas-Wong, A.M., Ariola, M., Ataca, B. et al. (2008). Mapping expressive differences around the world: The relationship between emotion display rules and individualism versus collectivism. *Journal of Cross-Cultural Psychology, 39,* 55－74.

Miller, P.J., Fung, H., & Mintz, J. (1996). Self-construction through narrative practices: A Chinese and American comparison of early socialization. Ethos, 24, 237－280.

Miller, P.J., Wiley, A.R., Fung, H., & Liang, C.H. (1997). Personal storytelling as a medium of socialization in Chinese and American families. *Child Development, 68,* 557－568.

Monga, A.B. & Roedder, John, D. (2007). Cultural differences in brand extension evaluation: The influence of analytic versus holistic thinking. *Journal of Consumer Research, 33,* 529－536.

Nisbett, R.E. (2003). *The geography of thought: How Asians and westerners think differently.* New York: Free Press.

Nisbett, R.E., Peng, K., Choi, I., & Norenzayan, A. (2001). Culture and systems of thought: Holistic vs. analytic cognition. Psychological Review, 108, 291－310.

Norenzayan, A., Smith, E.E., Kim, B.J., & Nisbett, R.E. (2002). Cultural preferences for formal versus intuitive reasoning. *Cognitive Science, 26,* 653－684.

Oishi, S., Wyer, R S., & Colcombe, S. (2000). Cultural variation in the use of current life satisfaction to predict the future. *Journal of Personality and Social Psychology, 78,* 434－445.

Oyserman, D. & Sorensen, N. (2009). Understanding cultural syndrome effects on what and how we think: A situated cognition model. In R.S.Wyer, C.Y.Chiu, & Y.Y.Hong(eds). *Understanding culture: Theory, research and application* (pp.25－52). New York: Psychology Press.

Pan, Y. & Schmitt, B. (1996). Language and brand attitudes: The impact of script and sound matching in Chinese and English. *Journal of Consumer Psychology, 5,* 263－278.

Park, D.C., Nisbett, R.E., & Hedden, T. (1999). Culture, cognition, and aging. *Journal of Gerontology, 54B,* 75－84.

Pierson, H.D. & Bond, M.H. (1982). How do Chinese bilinguals respond to variations of interviewer language and ethnicity? *Journal of Language and Social Psychology, 1,* 123－139.

Rhee, E., Uleman, J., & Lee, H.K. (1996). Variations in collectivism and individualism by ingroup and culture: confirmatory factor analysis. *Journal of Personality and Social Psychology, 71,* 1037－1054.

Roberson, D., Davies, L., & Davidoff, UJ. (2000). Color categories are not universal: Replications and new evidence from a stone-age culture. *Journal of Experimental Psychology: General, 129,* 369－398.

Schmitt, B.H., Pan, Y., & .Tavassoli, N.T. (1994). Language and consumer memory: The impact of linguistic differences between Chinese and English. *Journal of Consumer Research, 21,* 419－431.

Schmitt, B.H. & Zhang, S. (1998). Language structure and categorization: A study of classifiers in consumer cognition, judgment and choice. *Journal of Consumer Research, 25,* 108－122.

Schwartz,S.H.(2009).Culture matters:National value cultures,sources and consequences.In R.S.Wyer, C.Y.Chiu, & Y.Y.Hong(eds).*Understanding culture:Theory,research and application*(pp.127-150).New York:Psychology Press.

Sera,M.D.,Elieff,C.,Forbes,J.,Burch,M.C.,Rodriquez,W., & Dubois,D.P.(2002).When language affects cognition and when it does not:An analysis of grammatical gender and classification.*Journal of Experimental Psychology:General*,*131*,377-397.

Shavitt,S.,Lalwani,A.K.,Zhang,J., & Torelli,C.J.(2006).The horizontal/vertical distinction in cross-cultural consumer research.*Journal of Consumer Psychology*,*16*,325-342.

Shavitt,S.,Zhang,J., & Johnson,T.P.(2006).*Horizontal and vertical cultural differences in advertising and consumer persuasion.*Unpublished data,University of Illinois.

Shen,H.,Wan,F., & Wyer,R.S.(2009).*A cross-cultural study of gift acceptance in a consumption context:The mediating role of feelings of appreciation and indebtedness.*Unpublished manuscript,Hong Kong University of Science and Technology.

Shen,H. & Wyer,R.S.(2008).Procedural priming and consumer judgments:Effects on the impact of positively and negatively valenced information.*Journal of Consumer Research*,*34*,727-737.

Smith,P.B.,Bond,M.H., & Kağitçibaşi,Ç.(2006).*Understanding social psychology across cultures.*London:Sage.

Tavassoli,N.T.,(1999).Temporal and associative memory in Chinese and English.*Journal of Consumer Research*,*26*,170-181.

Tavassoli,N.T. & Lee,Y.H.,(2003).The differential interaction of auditory and visual advertising elements with Chinese and English.*Journal of Marketing Research*,*40*,468-480.

Triandis,H.C.(1989).The self and social behavior in differing cultural contexts.*Psychological Review*,*96*,506-520.

Triandis,H.C.(1995).Individualism and collectivism.Boulder,CO:Westview.

Triandis,H.C.,Bonempo,R.,Betancourt,H.,Bond,M.H.,Leung,K.,Brenes,A.,Georgas,J.,Hui,H.C. C.,Marin,G.,Setiadi,B.,Sinha,J.B.P.,Verma,J.,Spangenberg,J.,Touzard,H., & de Montomollin(1986). The measurement of the etic aspects of individualism and collectivism across cultures.*Australian Journal of Psychology*,*38*,257-267.

Triandis,H.C. & Gelfand,M.J.(1998).Converging measurement of horizontal and vertical individualism and collectivism.*Journal of Personality and Social Psychology*,*74*,118-128.

Wan,C. & Chiu,C.Y.(2009).An intersubjective consensus approach to culture:The role of intersubjective norms versus cultural self in cultural processes.In R.S.Wyer,C.Y.Chiu & Y.Y.Hong(eds).*Understanding culture:Theory,research and application*(pp.79-92).New York:Psychology Press.

Wang,Q.(2001).Culture effects on adults' earliest childhood recollections and self-description:Implications for the relation between memory and the self.*Journal of Personality and Social Psychology*,*81*,220-233.

Watkins,P.,Scheer,J.,Ovnicek,M., & Kolts,R.(2006).The debt of gratitude:Dissociating gratitude and indebtedness,*Cognition and Emotion*,*20*,217-241.

Whorf,B.L.(1956).*Language,thought and reality:Selected writings of Benjamin Lee Whorf.*New York: Wiley.

Wyer, R.S. (2008). The role of knowledge accessibility in cognition and behavior: Implications for consumer information processing. In C.P. Haugtvedg, P.M. Herr, & F.R. Kardes (eds), *Handbook of consumer psychology* (pp.31-76). Mahwah, NJ: Erlbaum.

Wyer, R.S., Chiu, C.Y., & Hong, Y.Y. (2009). *Understanding culture: Theory, research and application.* New York: Psychology Press.

Wyer, R.S., Hung, I.W., & Jiang, Y. (2008). Visual and verbal processing strategies in comprehension and judgment. *Journal of Consumer Psychology*, *18*, 244-257.

Xu, A.J. & Wyer, R.S. (2007). The effect of mindsets on consumer decision strategies. *Journal of Consumer Research*, *34*, 556-566.

Xu, A.J. & Wyer, R.S. (2008). The comparative mindset: From animal comparisons to increased purchase intentions. *Psychological Science*, *19*, 859-864.

Zhang, J. & Shavitt, S. (2003). Cultural values in advertisements to the Chinese X-generation. *Journal of Advertising*, *32*, 23-33.

Zhang, Y. & Shrum, L.J. (in press). The influence of self-construal on impulsive consumption. Journal of Consumer Research.

第 37 章　运动心理学研究及其在中国的应用

Gangyan Si　Hing-chu Lee　Chris Lonsdale

最初,中国运动心理学研究的目的是为了提高运动员在高水平竞技体育中的成绩。这一导向是出于政治与社会的考虑(Y.Z.Lu,1996)。在本章中,我们会回顾中国运动心理学在过去 30 年中的发展,使用的资料主要来自中国内地,有少部分来自香港。为了反映这种发展,我们按照时间顺序呈现了以下四个重要领域的进展,即人才选拔、运动认知、心理训练模型、场上心理支持。

从 20 世纪 80 年代早期到 90 年代中期,运动心理学研究主要集中于人才选拔。人才选拔工作是基于以下信念,即运动能力和潜质是天生的,但是个体成长的环境也能够塑造其未来的运动成就。因此,一些因素如中枢神经系统的特点、人格、情绪稳定性、身心韧性,以及正式开始训练的年龄,都被认为是人才选拔的重要方面。这些研究工作的结果令人振奋,其中包括发展出了一系列人才选拔的参考标准和评估工具。

20 世纪 90 年代后期,中国学者开始考察运动中的认知。Liang(2007)证实了在许多不同的运动项目中,运动员身上都存在运动特定认知,这些运动项目包括棒球、剑术和乒乓球。他进一步得出了以下结论,竞技体育中的认知具有四个特殊特征,即认知加工资源的窄化、比赛中无法进行逻辑思维、无法加工心像、需要快速决策。

近年来,一些心理学家,尤其是 S.H.Liu(2001)和 Si(2006)提出了心理训练模型,以用于训练和备战比赛。S.H.Liu 总结了自己多年来训练射击运动员的经验,提出了一种系统的、整合的模型用于心理重构,其重点是以一种"身心"技术为基础,使运动员建立积极的自我形象和思维模式。另一方面,为了在比赛中提高最佳表现,Si 发展出了一种概念框架以成功应对逆境。该框架是对传统心理训练模式及其不足进行了深层分析和回顾后提出的。应用运动心理学家可以运用这一框架来帮助运动员评价和应对比赛中的各种不利局面。S.H.Liu 和 Si 的模型都已经得到了广泛应用,以使运动员在比赛中表现出高水平。

近年来,场上心理支持的功效也在中国运动心理学研究中日益受到关注。这种支持是运动心理学家在比赛中提供服务的最直接方式。Si、Lee、Cheng 和 S.H.Liu(2006)研究了香港的优秀运动员和教练后发现,他们对场上心理支持的知觉是积极的,并且指出了运动员和教练从该服务中获得的好处。然而,这只是一项初步研究,还需要更多考察,以更加全面地检测这些场上干预的有效性。

运动心理学中的人才选拔

中国的人才选拔

中国的运动心理学研究始于 20 世纪 60 年代早期,但是在"文化大革命"(1966—1976)期间中断了。直到"文化大革命"末期,运动心理学研究者和实践者得到允许开始其工作。始于 20 世纪 80 年代初期的人才选拔研究被认为是中国当代运动心理学研究的开端。

运动心理学中的人才选拔是指对运动员心理活动的评估,包括其知觉、认知和行为。各种技术被用于挑选合格的运动员以接受更多的训练。受俄国运动心理学以及强调竞技比赛重要性的国家运动政策的影响,在 20 世纪 80 年代到 90 年代,中国大陆的运动心理学研究关注于人才选拔。在 Qiu(Cox & Qiu,1993)的带领下,中国学者完成了许多实证研究(篮球、排球、田径运动、游泳、体操和划船),以检验人才选拔的理论和方法。

历史背景

在 20 世纪 50 年代以及 60 年代早期,中苏二国关系良好,中国社会深受当代俄国文化与科学的影响。运动心理学也不例外。苏联运动心理学家通过对运动员苗子的中枢神经系统特点及其运动能力进行评估,从而选拔具有运动天赋的个体(W. Y. Wang & Zhang,1989),他们使用了各种测验和工具(Z. N. Lu,1984:Qiu,1990)。在最初进行人才选拔研究时,中国运动心理学家运用了相似的理论概念和研究方法。他们还发展出了大量的本土研究工具,例如 W. Y. Wang 和 Zhang(1989)编制的 808 中枢神经系统活动性测试,一系列研究都选择了顶尖中国运动员作为被试。成果是令人鼓舞的,这些研究发现不仅为教练提供了非常有用的运动员信息(例如对其特点的了解),而且使中国运动心理学家有机会将人才选拔中的知识和经验相互结合进行研究(Qiu,1986;1990)。

20 世纪 60 年代末,中苏关系恶化,中国运动心理学家转向西方,寻求对运动心理学研究的指导。中国的运动人才选拔追随了当时的潮流,即高水平运动员的人格考察(Andrews,1971;Fraternity & Epsilon,1977)。特别是卡特尔 16 人格因素理论/调查表和艾森克人格理论/问卷被广泛运用于评估中国运动员的人格特点。在当时,人们普遍相信遗传和环境因素共同决定了心理能力(Plomin,1986;Szopa,1985)。研究者使用了一种范式,它比较了各种运动中的熟练运动员和新运动员之间的表现,试图通过对优秀运动员人格特点的了解,来预测有志于此的运动员在其所选择运动项目中的未来成就。

中国人才选拔中的基本原理和方法

　　中国运动心理学人才选拔所依赖的方法论基础是由其他运动科学相关专业发展起来的,例如形态学、生物学和生理学(X.W.Liu & Lin,1987)。中国学者(例如 Qiu,1990)提出人才选拔需要纵向研究和横断研究。为了满足纵向研究的需要,Tian(1986)提出人才选拔应该与长期练习训练的最终目标紧密结合。换言之,选拔运动员的关键年龄应该与特定运动发展所要求的特殊年龄范围内的运动员特点联系起来。青春期被认为是选拔的关键时期(X.W.Liu & Lin,1987)。

　　另一方面,Qiu(1986)提出人才选拔应该考虑到在运动员的发展表现中,可能出现的困难和挫折。因此,帮助运动员达到其最终目标,即获得冠军或达到巅峰状态,同样也是人才选拔的一个目的。Qiu(1986)提出需要与教练紧密合作,对运动员的发展进行纵向研究。研究者找到判断和评估运动员天赋的方法,教练则可以运用相同的方法监控其日常训练。

　　对于横断研究中的人才选拔,中国运动心理学家(Qiu,1986;1990;L.W.Zhang & Ren,2000)采用了各种指标来评估运动员的心理能力,已经完成了下列各类研究:

　　运动相关能力。运动相关能力是指运动员在练习和比赛中所表现出的实际能力,以及今后的进步潜力(Qiu,1990)。Qiu、Bay 和 Liu(1986)编制了一个测验,以评估来自各种运动项目的初级运动员的心理能力,他们使用了大样本以评估测验的信效度。该测验包括七个分量表,其目的分别是测量注意力稳定性、抽象推理、视觉追踪、手腕运动速度、手眼协调、空间判断(方块旋转)以及空间整合能力。研究结果表明,该测验具有可接受的信效度和区分力,可以推荐用于鉴别目的和人才选拔(Gao & Yang,2000;He,Shi,Guo, & Guo,2002)。

　　智力。Pan 和 Liu(1990)使用韦克斯勒成人智力量表(Wechsler Adult Intelligence Scale,WAIS)测量了羽毛球运动员的智力水平,发现顶尖水平运动员的 IQ 分数显著高于较低水平的运动员。L.W.Zhang 和 Tao(1994)将相同的量表(WAIS)运用于中国国家队的顶尖乒乓球运动员,然而其研究结果显示,运动员的 IQ 水平与普通人群大致相同。S.H.Liu(1989)使用瑞文标准推理测验(Raven,1938)比较了运动专业的大学生与其他专业的大学生,结果在两个群体间没有发现差异。由于这些研究发现相互矛盾,因此无法下结论说智力是否可以作为人才选拔中的一个关键因素(L.W.Zhang & Ren,2000)。

　　人格特点。相对于人才选拔的其他相关主题,在中国进行的更多研究是关于运动员的人格特点。H.C.Zhang(1987)使用镶嵌图形测验和棒框测验,分别比较了个人项目和团体项目运动员的场依赖和场独立(个体的知觉是否依赖于或独立于其所处的环境)。其研究发现表明,更强的场独立性是竞技体育运动员的核心特征之一。X.K.

Chen(1989)测量了 100 名国家队运动员的中枢神经系统活动性,以预测其气质类型,包括胆汁质、多血质、抑郁质和黏液质。他发现中枢神经系统活动性的三个基本特性,即强度(强对弱)、灵活性(灵活对不灵活)和平衡性(平衡对不平衡),可靠地预测了运动员所属的气质类型。

S.Y.Chen、Yang、Qiu、Bay 和 Li(1983)所做的进一步研究采用修订后的 MMPI 中文版本,考察了中国顶尖水平女排球运动员的人格类型,发现多数运动员都属于外向型。其他研究者考察了射击、篮球以及短跑运动员,确定了每种特定项目运动员的特殊人格模式(Qiu,1986;Xie & Hu,1983)。W.Y.Wang 和 Zhang(1989)编制了 808 中枢神经系统活动性测验,试图对儿童、年幼、青少年和优秀运动员的人格类型进行分类。X.K.Chen(1989)运用俄国学者 AHφbIHOB 修正过的方法(Z.N.Lu 翻译自俄文,1984),对女篮运动员的中枢神经系统工作模式进行了评估,结果发现存在明显的运动相关特征。多数运动员都属于灵活平静型,许多属于易兴奋型。

Qiu(1986)使用修订后的中文版 16PF 调查表评估了篮球、排球、划船、短跑、跳水、射击男女运动员以及男足运动员的人格。他发现各种项目的运动员之间存在相似性,并且男运动员的稳定性和冒险性要高于男大学生。虽然这些运动员表现出的行为符合社会规范,但是他们却对新东西缺乏求知欲。同时,女运动员的独立处理问题能力要高于女大学生,但却更固执己见,并且对新东西缺乏求知欲。

研究考察了不同项目运动员在卡特尔 16PF 人格特征上的分布,结果发现在射击和划船运动员、射击与篮球运动员、划船与篮球运动员之间,存在相对较大的差异。由于这些是中国的第一个此类研究,研究者提醒说,在解释所发现的这些不同项目间的差异时,不要过早地下结论。

认知特性。运动表现中较为重要的特性包括敏感性与知觉敏锐性、运动反应的速度与准确性、运动形象的理解性和清晰性、操作性思维的速度、集中性和记忆力(Qiu,1990)。这些特性的指标就是简单的视觉与听觉反应时、与视觉、听觉和动觉有关的时间知觉和预测、空间判断、深度知觉、视觉记忆、操作思维、综合反应时(即手腿协调)、选择反应时、肌肉力量感觉、身体部位知觉(如手和胳膊)、双手协调、体位知觉、漂浮知觉、旋转导向。Qiu 等(1986)的研究表明,这些都是各项运动人才选拔的有用指标,包括排球、篮球、乒乓球、短跑、划船和游泳。

人才选拔中存在的争议。尽管迄今为止已取得了很多进展,然而在当代运动心理学中人才选拔仍然是一个存在争议的问题。首先,人才选拔的含义是什么? 才能的本质是什么以及哪些因素能够可靠地用于人才选拔过程,不同学者之间还存在相当大的分歧。Abbot 和 Collins(2004)提出需要对"才能"一词重新进行界定,人才选拔与才能发展过程不应该被视为动态的、相互联系的。

其次,人才选拔中使用的参数是否应为体育运动所特有的? 对于这个问题也存在争论。Qiu 及其同事(Qiu,1990;Qiu 等,2003)相信,相对于基本的一般参数(如人格与智力),体育特有参数(如操作思维与速度知觉)在人才选拔中也同等重要,甚至可能更重要。需要指出的是,用于运动人才选拔的指标主要是与所研究的体育项目自身特点、其任务要求以及运动员的人格特点有关。特定运动能力随研究的运动项目不同而不同。然而,在中国的人才选拔中,对特定运动项目的参数研究则相对而言更少一些。

小　结

总体而言,中国运动人才选拔有效性的评估是一个不断发展的过程,对于已有研究结果,还有待进一步考察检验。相对于其他领域的身体才能选拔,如身体形态、身体功能或运动技巧,相关的人才选拔心理学证据相对比较薄弱(X.W.Liu,1991)。已有的中国研究受限于所使用的指标太少,而且它们之间的关系也不够清晰。此外,有些研究者,例如 Lidor Côté 和 Hackfort(2007),注意到一般而言,对认知技巧进行评估的测验还比较缺乏,例如对比赛的理解、预期、决策与问题解决。

我们所处的阶段仍然还是试图寻找人才选拔中敏感的、有效的特定运动项目指标。另外,中国大多数研究都是横向研究,采用的范式是将专家与新手进行比较。这类方法的局限性在于无法控制成熟或训练对运动员的影响。因此需要纵向研究以检验各种心理参数的预测值,及其在运动员不同发展阶段的作用。

鉴于这些局限,中国运动心理学家无法呈现出符合人才选拔要求的心理特征综合画面,或者建立起检验这些特征的数学模型(Qiu,Liu,Wang,& Ma,2003)。尽管存在这些局限,但是在人才选拔参数的确定方面,还是获得了一些进展。这些研究者提出在选拔人才时,应该强调其多维的本质,并且重要的是,要认识到在帮助有才华的运动员充分发挥其潜能时,心理学所起到的必要作用。一般而言,这些理念在中国已经得到了重视,并且国家体育政策的制定者也已经日益认识到心理学的作用(例如,过去十年中,有更多的运动心理学专家受邀参与团队工作),尤其是 2008 年北京奥运会及其作用(如获得了更多奖牌)。

认知运动心理学研究

西方的认知运动心理学研究始于 20 世纪 70 年代,当时信息加工取向被用于运动技巧的研究(Lindquist,1970)。随后,C.M.Jones 和 Miles(1978)使用了录像以考察网球运动员的能力,预测运动中的球的落点。被试分为老手和新手两组。录像被定格在击球前的 1/24 秒以及击球后的 1/8 秒和 1/3 秒。要求被试预测球的准确落点。老球员的预测显著好于新球员的预测。

从那以后,认知运动心理学研究获得了很大进展。学者们进行了一些研究,包括决策研究(如 Straub & William,1984),以及运动情境中认知策略的运用(如 Tenenbaum & Lidor,2005)。过去十年里,中国大陆的研究者将问题结合了起来,以更好地了解运动员在竞赛中使用的思维模式。以下简要介绍这一重要领域的一些概念和研究。

运动智力

什么使运动员成为了冠军? 这是从事竞技体育者关注的核心问题。当代文献已经明确了一些重要因素,例如适应度、技巧、策略和心理韧性(X.P.Chen,2005;Tian & Wu,1988)。然而,对于心理韧性的研究尤其是运动智力方面的研究,仍然还比较缺乏。什么是运动智力? 它存在吗? 作为运动智力核心的运动相关思维又如何呢? Gardner(1999)的多元智力理论提醒了中国大陆的运动心理学家,可能在运动中存在一种独立而特殊的智力类型。特别是在高水平的竞技运动中,认知能力以及在比赛中解决问题这一更为特殊的能力在运动员的表现中起到了决定性的作用。但是起到决定性作用的思维能力到底是什么?

1965 年俄国学者 Pecking(Z.N.Lu,1984)提出了"操作思维"的概念。操作思维可以定义为既涉及问题解决,同时又进行任务操作或从事某一特定行为的思维类型。在运动中,操作思维的经典例子是俄国的"三筹码"研究(Z.N.Lu,1984)。研究者向被试呈现一个有五个格子的木板,上面以特殊方式放置了三个筹码。然后研究者将薄片打乱成另外一种顺序。要求被试(包括职业的和非职业的运动员和大学生)以尽量少的步骤将薄片排放成它们最初的顺序。研究者记录了被试思考和完成任务所花费的时间以及需要的步骤数。该实验中问题解决和任务操作所涉及的思维显示了"操作思维"的典型特征。

运动心理学家一般认为"三筹码"研究评估了运动相关的操作思维。然而,这类研究迄今为止并未获得太多进展。进展不大的原因是什么呢? Liang(1996)认为在该实验中,彻底思考清楚任务的时间受到了严格控制。被试有充足的时间来思考任务。当最终作出决策时,被试会开始移动筹码。这样,他们就可能在该过程中使用了逻辑思维,因此实验情境无法准确地模拟在许多运动中都要求限时完成的操作思维过程。

运动相关思维的情境与特征

尽管 Liang(1996)质疑"三筹码"的方法在多大程度上真正考察了运动相关思维,但是他也不否认存在一种独立的运动相关思维。他相信,运动员基本思维模式的发展方式起初与普通人是相同的,包括动机、形象和逻辑思维。然而,由于长期训练、比赛经验和运动要求特点的影响,在基本模式的最上端,运动员身上发展出了一种独特的运动相关思维。

运动相关思维(Qi,2001)是指运动员从事竞技运动时的思维过程。这类思维包括以下内容：对外部信息和运动员内部运动反馈信息的选择性注意与加工。更确切地说，这种思维要求在选择和执行某一特殊行动前，从长时记忆中提取一定数量的运动知识和经验，并且（运动员）有能力运用该信息作为基础，建构一种信息网络，或者为某特殊问题而创造一种新的信息环。

与日常生活中的一般思维模式相比，运动相关思维，尤其当运动员用于解决问题时（例如在篮球防守中），具有三种特殊性质：首先，在竞技运动中，一些问题可能出现在相对短暂的时间里，它们是连续的、随机的、不可预测的。其次，问题需要在很短的时间内得到解决，没有犹豫的时间。最后，绝大多数问题需要在竞赛的同时得到解决。换而言之，运动员需要在运动的同时作出决策，手、腿、身体和头脑要同时工作，通常不能奢望在运动中停顿下来。因此，运动中的问题解决必须快速、连续，并在比赛中完成。这种思维模式必然是独特的，因为它不是形象的、逻辑的或行动导向的，而后者是人们在日常生活中通常使用的思维类型。因此，Liang 和 Han（2002）假设运动员身上存在一种直觉思维。

自 2000 年到 2006 年，Liang 及其同事（如 Fu，2004；C.Han & Liang，2000；Li，2005；Liang & Han，2002；Qi，2001；B.Wang，2002）完成了一系列实证研究，考察了某些运动相关思维。其结论是，运动员对运动项目越熟悉，对其认知资源的要求就越少，表现就越好。下文概要介绍了他们对棒球、乒乓球和剑术运动员的运动相关思维研究结果。

棒球。Han & Liang（2000）考察了专业和业余棒球运动员的运动相关思维模式。该 2×2×3 三因素设计中的自变量包括被试的表现水平（专业对业余）、投掷时间（投掷前 40 毫秒，以及投掷后 40 毫秒和 120 毫秒）、压力程度（低、中等、高）。因变量包括判断击球手好坏击打的反应时以及判断的准确性。结果表明在所有压力水平下，专业和业余选手的平均正确判断率分别是 44% 和 35%。在反应时方面，专业选手（830 毫秒）和业余选手（1238 毫秒）所花费的时间都显著低于一般人作出最简单逻辑推理所需的 2000 毫秒最低加工时间。

这一发现表明，被试的思维不大可能反映出被试真正存在的思维活动。此外，这种思维不大可能是一种常见的形象或逻辑思维，而是一种独特的思维模式。C.Han 和 Liang 把它简单地称为"直觉思维"，并认为它是运动相关思维的核心。

乒乓球。Li（2005）的研究运用时间和空间画面考察了乒乓球运动员接到对方球时的决策特点。时间画面是指当关键的时间相关信息出现时，定格一个特定的录像画面，而空间画面是指当关键的运动相关信息出现时，定格一个录像画面。被试包括优秀的、次优的和平均水平的乒乓球运动员。被试在电脑上观看录像，然后要求被试在时间和空间画面条件下，尽可能准确而快速地判断打过来的球的落点。时间画面的研究结果发现，优秀运动员对旋转着的球的判断准确率显著高于其他两组的被试。至于空间画面，结果表明发球方的身体运动极大地影响了接球方对球旋转的判断准确性，但对速

度的判断没有影响。

Li(2005)的结论是接球时,乒乓球运动员对球落点的判断是一个连续的过程,但对旋转的判断却是在球真正接触到球拍前的 800 毫秒短暂时间内。因此,优秀运动员接球时的主要思维特点是能够接收并整合相关信息以解决接球"问题",与此同时,在极短的时间内过滤掉所有其他无关的干扰信息。

击剑。通过录像分析和反应时法,Fu(2004)编制了一种软件程序以分析击剑手的表现。软件的目的在于考察信息量和击剑手的认知风格对出击决策的速度、正确性和稳定性的影响。信息量分为大(从计分点开始倒数 7—26 秒)和小(从计分点开始倒数 3—6 秒)。认知风格是指 Driver 和 Mock(1975)所发展出的概念。他们提出了一种决策风格理论,将决策的信息加工分为两个维度,即聚焦维度与使用的信息量维度。这两个维度形成了包括四种风格的矩阵,即决策的、灵活的、层次的和整合的风格。

被试选自三种不同的能力水平(即优秀的、次优的、平均的)。他们在电脑上观看了 54 个击剑片段的录像。有一个小黄圆圈出现在电脑屏幕的左边或右边,标志着得分击剑手的位置。要求被试想象自己就是这个击剑手,密切观察对手。被试的任务就是一旦作出出击决策,立刻用主导手按下一个按钮。按下按钮后画面就会消失,随后会向被试提出三个多项选择题。问题是:(1)你在对手身上看到了什么信息从而作出出击的决定? (2)你想用剑击中对手身上的哪个准确部位? (3)你想使用什么方式出击? 一旦被试做出选择后,就会呈现下一段录像片段。

结果表明,信息量和击剑手的认知风格对出击决策的速度、正确性和稳定性都产生了显著影响。与平均水平的击剑手相比,优秀的花剑和重剑击剑手作出正确出击决策的速度明显更快。花剑击剑手的水平越高,其出击频率就越高,并且其表现的一致性就越高。另一方面,过多信息会阻碍平均水平花剑击剑手的决策,但是却对优秀的花剑击剑手没有影响。总体而言,所有水平被试的认知风格不仅影响了花剑击剑手决策的正确性,而且还影响了重剑击剑手决策的正确性和决策速度。

基于这些以及其他实证研究(Abernethy, 1987; Tenenbaum & Bar-Eli, 1993; Tenenbaum & Lidor, 2005),Liang(2006;2007)得出结论认为运动相关思维具有以下四个特点。

认知加工资源的窄化。出现这一现象是因为运动员无法在训练或比赛的短时间里同时运用身体和心理。运动着的运动员的思维模式不得不简单、持续时间短、聚焦面前的事物。运动员对技术和运动越熟悉,就越具有更高的认知能力以进行运动相关思维,反之亦然。

比赛中无法进行逻辑思维。在重大比赛进入白热化时尤其如此,因为运动员不得不快速地对大量因素(如他/她、对手以及环境)进行加工。此外,认知心理学的研究(Huang,2000;Libert,Wright,Feinstein, & Pearl,1979)表明,形成一个概念至少需要 400

毫秒,而推论的最简单形式至少需要三个概念,其中两个还要彼此相关。如果只有不到2 秒的时间,那么即使简单的推论也不可能完成,更不用说复杂推论了。在许多竞技体育中,运动员根本没有 2 秒钟的时间去做出决策和执行动作。因此,正常的推论思维是不可能的。

无法加工形象。根据同样的思路,在激烈的比赛中也不可能进行形象加工。在大脑中形成字母表中最简单字母的形象至少需要 550 毫秒,而从至少三个形象的组合中选出正确的形象类型需要 2 秒多的时间(Bisanz, Danner, & Resnick, 1979;Le, 1986)。如果执行单一运动所花费的时间少于 2 秒,那么就不可能在竞技体育中进行形象加工。

需要快速进行决策。在比赛中,为了获胜,运动员不得不进行快速决策,而且越快越好。反应上的任何犹豫或拖延肯定都会导致失去对比赛的控制或者获胜的机会。

小　结

中国大陆的认知运动心理学研究始于 20 世纪 90 年代,迄今为止,在运动相关思维方面已经获得了很大进展,尤其在直觉思维概念的介绍方面。直觉思维的重要性已经在各种运动中得到了验证,包括棒球、乒乓球和击剑。通过在实验室中比较优秀、次优和平均水平运动员的决策表现,运动心理学家已经对运动相关思维的特点获得了更加深入的了解。自从 B.Wang(2002)研究手球运动员以来,中国学者对一般运动相关思维的研究焦点已经逐渐转向考察运动员的决策能力,试图针对每个特殊技巧而形成一种心理训练模型。换言之,该领域的研究方向已经开始从考察运动相关思维的含义转向考察体内训练问题,以及在运动员身上培养这种能力。

中国的心理训练及其应用

发挥自身的最大潜能不仅是运动员在身体训练和比赛中的目标,而且也是其心理训练的目的。迄今为止,西方运动心理学一直关注于相关研究发现的应用。自从 20 世纪 80 年代以来,中国的运动心理学同样也在国家队的顶尖运动员备战国际比赛尤其是奥运会期间,为他们提供了相关的服务。过去,西方的运动心理学模型,例如冰山剖面模型(Morgan,1980)、最佳功能个体化区域(Hanin,1989)、多维焦虑理论(Materns, Vealey, & Burton,1990)、巨灾模型(Hardy & Parfitt,1991)以及流动状态理论(Jackson, 1996),一直主导着中国学者提供的心理服务;然而,近来中国的运动心理学家们已经开始为提供服务而发展出自己的模型。当前,有两种代表性的概念框架:(1)S.H.Liu(2001)的心理结构;以及(2)Si(2006)的逆境应对。

心理结构框架

基于自己训练射击运动员的经验以及对国际比赛要求的了解,S.H.Liu(2001)提出了一种包含三个水平心理结构的概念框架。心理和技术训练构成了其基础,积极思维是其核心理念,而积极的自我形象与其他两个部分相交织,从而形成了心理结构的一种整体构架。

S.H.Liu(2001)认为应该将心理训练作为出发点和初级层次,融入技术和策略训练中,其目的在于建立一种习惯化的身(技术的)—心(心理的)相结合的基础。经过长期训练,这种身心基础可以自动发挥作用。有了这个坚实的基础,运动员在应对压力和消极情绪时仍然可能会遇到困难。因此,为了提高其应对能力,运动员需要接受第二个层次的积极与理性思维、以及自我控制的训练,它包括情绪、注意力和行为。在这两个层次的顶端,就是第三个层次即积极自我形象训练,其目的在于促进运动员的自我了解及其进行自我教育和发展的能力。他们可能会提出以下这类问题,如:"我是谁? 我能做什么? 我想要什么? 我怎样才能达到目标?"在提出和回答这些问题的过程中,运动员就会在比赛中更具有自我指导性。

在帮助一位射击运动员备战 2000 年悉尼奥运会时,S.H.Liu(2006)遵循其框架中所提出的指导原则,设计了一个系统的训练计划。该计划包括增强行为应对能力的基础训练,它通过增强在练习和比赛中的心理负荷,使运动员逐渐形成一种习惯化的技术—心理相结合的基础。随后是第二个层次的比赛备战,它使用了积极思维、逆境应对以及认知重构,以增强运动员的信心和成就动机。此外,通过积极自我形象训练(采用意象和模拟),运动员变得更有信心去获得更好的自我控制和自我指导。三年的付出得到了回报,该运动员在 2000 年的奥林匹克运动会射击项目上获得了一金一银二块奖牌。

S.H.Liu(2007)的结论是,三个层次的训练水平紧密相连、同等重要,无法相互替代。总而言之,这种心理结构框架反映了将心理教育、心理训练和咨询整合起来的重要性。如她所述,"整合就是创新"。

逆境应对框架

Si(2006a)的框架不是对各种方法的整合,而是开创了一条新的道路。Si 讨论了将传统的心理训练模式运用到运动员身上时,运动心理学家所遇到的困难。主要困难在于对最佳表现概念的强调。最佳表现背后的核心理念是,如果运动员有了最佳心理状态,就会有最佳表现。该概念的一些例子包括,心境的理想冰山剖面模型(Morgan,1980)、最佳焦虑水平(Materns 等,1990)、最佳功能个体化区域(Hanin,1989)、生理唤醒与认知焦虑的最佳结合(Hardy & Parfitt,1991)以及流动状态(Jackson,1996)。

应用运动心理学家运用这些传统模型,通过考察运动员的以往经历,试图找到其独特的最佳表现,然后,通过各种心理技巧训练,试图激活并维持这种"最佳"状态。经过了长期的心理训练后,运动员常常仍然无法确定在需要时,自己实际上是否能够到达这种"最佳"状态。

这些心理训练模型存在以下三个问题:(1)如何在操作中发现运动员的这种主观最佳状态,有些年轻运动员还没有机会在其先前的比赛中体验到这种最佳状态;(2)当运动员需要时如何在操作中激活其最佳状态;(3)由于环境的变化和广告的出现,最佳状态会遭到干扰或者破坏,那么如何在比赛中一直保持最佳状态。

基于实际经验和应用研究发现(Si & Liu,2004),Si(2006a)提出了一种新的最佳表现定义,即比赛中成功地应对逆境。在 Si 看来,比赛中遭遇逆境很正常,而运动员成功应对各种逆境与其成功的表现密切相关。换而言之,即使运动员在比赛时没有达到最佳状态,如果他们能够合理地应对大多数或者全部逆境,有效地克服其失误或者弥补其过失,那么仍然可以认为其表现是成功的。

照此推理下去,可以将最佳表现定义为比赛中的一种动态的、持续的调节过程。按照这种方法,心理训练的目的主要不再是发现或寻找比赛中运动员最佳表现的解释机制,而是探寻运动员处于极端压力情境下的适应机制。

基于这一新定义,Si(2006a)发展出了一种四阶段逆境应对训练框架:(1)识别并确定运动员的典型逆境;(2)寻找恰当的应对方法;(3)实施个性化的训练;(4)评价训练效果。和传统的心理训练计划相比,Si 的计划用运动员的典型逆境情境替代了其"最佳"状态,随后进行恰当的心理训练,使运动员能够成功地、理性地应对这些情境。一般而言,这种训练模式的特征是主观的(既包括运动员也包括教练)评价和客观的(如运动员在比赛中成功应对逆境所需时间、比赛结果)评价之间的一致性、方向明确、教练密切参与其中。在过去几年里,Si 的框架已经被用于香港和中国内地,得到了令人鼓舞的效果(L.Han,2008;Si,2006b;2007a;2007b;2007c;Si,Lee, & Liu,2008)。

在备战 2004 年雅典奥运会期间,Si 及其同事(Si 等,2008)将逆境应对运用于合作的香港乒乓球选手。通过运用观察数据、以往比赛录像以及来自教练、运动员及其搭档的评价,找到了其主要问题在于挫折耐受性较低。问题通常都是由特定逆境所引发的,例如在比赛中自己或搭档出现了技术或策略失误。随后采用了理性情绪行为疗法(Ellis & Dryden,1997)和心理技巧训练(如放松、想象、积极的自我对话和认知重构),帮助选手改变其问题行为。在随后为期十个月的训练中,Si 与选手、教练及其搭档进行了密切的合作。结果是积极的,选手在奥运会期间表现出了良好的自我控制,并在乒乓球双打比赛中获得了银牌。

小　结

总之,这两个具有代表性的训练框架不仅在中国大陆的运动心理学家中,而且也在运动员及其教练中间得到了较好的接受。尽管如此,它们在比赛中的有效性和应用还需要在一段更长的时间内、在更广泛的运动项目中进行更多的检验。

场上心理支持

场上心理支持是指运动心理学家出现在比赛现场,并向正在参赛的运动员和教练提供服务。近年来,运动心理学家是否应该提供场上心理支持已经成为了一个有趣但却存在争议的问题(Desharnais,1983;Gorbunov,1983;Hahn,1983;Rushall,1981)。有些学者相信场上支持对于竞技体育非常重要。例如,Rushall(1981)提出,"对于有些界定明确的任务,由经过训练的能够胜任的心理学家而非教练在场上完成会更好,他会对运动员及其比赛表现的结果产生情感共鸣。"(第3页)然而,有些人则质疑向运动员提供此类服务的有效性。Desharnais(1983)说他并不相信运动心理学家能够通过场上干预最好地帮助运动员,并且担心由于心理学家出现在比赛中而出现"拐杖效应"。

尽管在运动心理学家中存在这一争论,过去20多年里,有些国家派遣了运动心理学家在各种国际比赛中提供场上支持。1987年,美国奥委会第一次在该年度的美国奥林匹克节医疗队中派遣了一位运动心理学家,而在1988年的首尔奥运会上,它又派遣了两位运动心理学家作为美国代表队的官方成员,为其团队提供服务(Murphy & Ferrante,1989)。1984年,澳大利亚奥委会为洛杉矶奥运会指定了一位随团心理学家。这只是运动心理学家长期参与澳大利亚奥林匹克代表团的一个开始。高潮是在1996年的亚特兰大奥运会,有九个完全获得认可的位置留给了运动心理学家(Bond,2002)。甚至在1984年以前,加拿大就已经开始在夏季和冬季奥运会期间派遣运动心理学家与其运动员一起工作(Orlick,1989)。近来,在2006年的多哈亚运会上,中国香港、马来西亚、新加坡、泰国、韩国、中国台湾、菲律宾同样也为其运动员提供了场上心理支持(Si,2007d)。因此,场上心理支持不仅已经变得日益流行,而且还成为了运动心理服务的一个重要方面。

场上心理支持的相关研究

尽管场上心理支持已经变得日益流行,但是却只有相对较少的研究评估了这种做法的有效性。研究至今局限于服务经验和个别心理学家的自我反思(Bond,2001;Gipson,McKenzie, & Lowe,1989;Haberl & Peterson,2006;Hardy & Parfitt,1994;May & Brown,1989;McCann,2000;Murphy,1988;Murphy & Ferrante,1989;Orlick,1989;Van Raalte,2003),运动员和教练在比赛结束后对服务的评价(Aderson,Miles,Mahoney, & Robinson,2002;Gould,Murphy,Tammen, & May,1989;Orlick & Partington,1987;Partington & Orlick,1987),或者是理论和哲学思考(Pocrdowski,Sherman, & Henschen,1998;Poczwardowski,Sherman, & Ravizza,2004;Si,2003)。

Giges和Petitpas(2000)详细描述了场上支持的应用,它是以短暂接触的方式呈现的。两位研究者认为其工作特点是时间有限、行动导向以及聚焦于呈现事物,他们相信这些短暂接触会对运动员的表现产生滚雪球效应。这一效应的先决条件是,一方面在心理学家之间,另一方面在运动员和教练之间,都存在一种先验的关系。Bond(2001)同样也非常详细地讨论了自己某一天的场上支持工作,包括计划和实施其服务的方式。除了这些研究,有关场上心理支持对运动员表现的作用,依然缺乏系统的考察。

为了弥补这一空白,来自香港的一小队运动心理学家(Si,Lee,Cheng, & Liu,2006)在该领域进行了一项开创性的研究,其目的在于发现运动员和教练如何看待场上心理支持,以及如何才能最好地提供这种支持服务。根据其场上支持经验,以及对相关文献资料的回顾,这些研究者形成了运动员和教练的访谈提纲。被试包括来自香港的优秀运动员和教练,他们至少体验过一次场上支持。半结构化的访谈平均持续了 1 到 1/2 个小时,对其内容进行了录音。然后运用 Côté 和 Salmela(1994)所提出的步骤,对质性材料进行了内容分析。

研究结果从四个方面反映了香港场上心理支持的当下状况,即先决条件、服务准备、服务提供过程、服务有效性。先决条件基于五个因素:(1)运动员与心理学家之间的关系;(2)教练与心理学家之间的关系;(3)心理学家的能力;(4)运动员对心理学家的需要与信任;(5)相关部门的支持。

至于服务准备,被试希望心理学家告知运动员他们会出现在比赛中,参与赛前会议,从教练那里获得相关信息,与运动员和教练建立一种信任关系,评估运动员的心理状态,告知运动员和教练服务的内容以及其他相关细节。从提供服务的角度来看,运动员和教练都相信心理学家参与赛前和赛后会议的重要性。他们同样还强调了在各种时间和地点提供服务、使用各种途径交流想法以及主动提供服务的重要性。

最后,对服务质量的评价包括四个方面,即心理学家是否能够:(1)帮助运动员在赛场上调节和改善心理状态;(2)帮助运动员在赛场外调节和改善心理状态;(3)帮助运动员改善人际关系;(4)提供其他类型的服务,包括个人问题的咨询、提供信息、促进运动员对比赛环境的适应。此外,有些运动员还评价说,向心理学家咨询不仅使自己的表现得到了提高,而且也使得他们能够有效地处理比赛中的突发事件和危机。

小 结

总而言之,该研究发现提供了重要的第一手资料,为建构场上心理支持模型提供了实证基础。它们同样表明,心理学不仅应该为手头上的比赛任务提供高质量的服务,而且还应该思考如何在未来比赛中更好地改进其服务,同时将年轻学生培养成能够胜任的心理学家。最后,我们认为场上支持研究不应只关注比赛,而且也应该关注日常训练,因为只有从日常训练中,运动员才能够真正得益于运动技术、策略和心理方面的整合训练。只有通过成功地完成从训练到比赛的能力转换,心理服务的最终目标才能够得到完全的实现。

未来趋势

　　基于强调成就(参见 Hau & Ho,本手册)和经济发展的中国社会的快速进步,以及中国人民对健康的日益关注(参见 Mak & Chen,本手册),我们相信中国运动心理学的未来研究趋势是双重的:首先,体育心理学研究会变得日益重要。的确,在逐渐富裕的中国社会,日益突出的肥胖问题引起了人们的担忧(Y. Wang, Mi, Shan, Wang, & Ge, 2007),因此与体育活动有关的研究兴趣(Lonsdale, Sabiston, Raedeke, Ha, & Sum, 2009; J. Wang & Wiese-Bjornstal, 1997)将会继续蓬勃发展。其次,在竞技运动心理学中所获得的经验和知识会被用于寻求更优秀的表现,不仅是在运动竞技场上,在其他应用领域也是如此,例如经营管理、表演艺术、医疗训练、引导测试、警察的压力应对。在西方已经可以看到对运动心理学洞察和知识的应用(Gould, 2002; Hays, 2002; G. Jones, 2002; Le Scanff & Taugis, 2002; Martin & Cutler, 2002; Newburg, Kimiecik, Durand-Bush, & Doell, 2002; Poczwardowski & Conroy, 2002; Weinberg & McDermott, 2002),而且它们肯定会扩展到中国人的思维和心理学研究中。

参考文献

Abbott, A. & Collins, D. (2004). Eliminating the dichotomy between theory and practice in talent identification and development: Considering the role of psychology. *Journal of Sports Sciences*, 5, 395–408.

Abernethy, B. & Russell, D. G. (1987). Expert-novice differences in an applied selective attention task. *Journal of Sport Psychology*, 9, 326–345.

Anderson, A. G., Miles, A., Mahoney, C., & Robinson, P. (2002). Evaluating the effectiveness of applied sport psychology practice: Making the case for a case study approach. *The Sport Psychologist*, 16, 432–453.

Andrews, J. C. (1971). Personality, sporting interest and achievements. *Educational Review*, 2, 126–134.

Bisanz, J., Danner, F., & Resnick, L. B. (1979). Changes with age in measures of processing efficiency. *Child Development*, 50, 132–141.

Bond, J. W. (2001). The provision of sport psychology services during competition tours. In G. Tenenbaum (ed.), *The practice of sport psychology* (pp.217–230). Morgantown, PA: Fitness Information Technology.

Bond, J. W. (2002). Applied sport psychology: Philosophy, reflections, and experience. *International Journal of Sport Psychology*, 33, 19–37.

Chen, S. Y., Yang, B. M, Qiu, Y. J., Bay, E. B., & Li, J. N. (1983). Evaluation on some variables related to personality. *A collection of Chinese sport psychology research papers from 1979 to 1983*, China, 202–203. (in Chinese)

Chen, X. K. (1989). A research on the nerve pattern of Chinese first league female basketball players. In

T.F.Zhong(ed.) ,*Sport psychology of basketball*(pp.166–171).Beijing: Chinese Geographic University Press. (in Chinese)

Chen, X.P.(2005).*The hot topics of contemporary sports training*.Beijing, China: Beijing Sport University Press. (in Chinese)

Côté, J. & Salmela, J.H.(1994).A decision-making heuristic for the analysis of unstructured qualitative data.*Perceptual and Motor Skills*, *78*, 465–466.

Cox, R. & Qiu, Y.J.(1993).Overview of sport psychology.In R.Cox(ed.) , *Hand book of research on sport psychology*(pp.3–31).New York: Macmillan.

Desharnais, R.(1983).Reaction to the paper by B.S.Rushall: On-site psychological preparations for athletes.In T.Orlick, J.T.Partiogton, & J.H.Salmela(eds) , *Mental training for coaches and athletes*(pp.150–151).Ottawa, Canada: Coaching Association of Canada.

Driver, M.J. & Mock, T.J.(1975).Human information processing, decision style theory and accounting information systems.*Accounting Review*, *2*, 495–505.

Ellis, A. & Dryden, W.(1997).*The practice of rational emotive behavior therapy*(2nd edn).New York: Springer.

Fraternity, K. & Epsilon, P. (1977).*Sport personality assessment: Facts and perspectives*.New York: The Physical Educator.

Fu, Q.(2004).*The influence of amount of information and cognitive style on speed, accuracy and stability of fencers' decision-making*. Unpublished doctoral dissertation, Beijing Sports University, Beijing, China. (in Chinese)

Gao, J. & Yang, D. (2000).A study on psychological abilities of Chinese elite decathletes.*China Sport Science and Technology*, *36*, 28–30. (in Chinese)

Gardner, H. (1999).*Intelligence reframed multiple intelligences for the 21st century*. New York: Basic Books.

Giges, B. & Petitpas, A.(2000).Brief contact interventions in sport psychology.*The Sport Psychologist*, *14*, 176–187.

Gipson, M., McKenzie, T., & Lowe, S. (1989). The sport psychology program of the USA women's national volleyball team.*The Sport Psychologist*, *3*, 330–339.

Gorbunov, G.(1983).Psychological training of Soviet athletes for the Olympics: Self-command teaching. In T.Orlick, J.T.Partington, & J.H.Salmela(eds) , *Mental training for coaches and athletes*(pp.153–156).Ottawa, Canada: Coaching Association of Canada.

Gould, D.(2002).Moving beyond the psychology of athletic excellence.*Journal of Applied Sport Psychology*, *14*, 247–248.

Gould, D., Tammen, V., Murphy, S., & May, J.(1989).An examination of US Olympic sport psychology consultants and the services they provide.*The Sport Psychologist*, *3*, 300–312.

Haberl, P. & Peterson, K.(2006).Olympic-size ethical dilemmas: Issues and challenges for sport psychology consultants on the road and at the Olympic Games.*Ethics and Behavior*, *16*, 25–40.

Hahn, E.(1983).The psychological preparation of Olympic athletes: East and West.In T.Orlick, J.T.Partington, & J.H.Salmela(eds) , *Mental training for coaches and athletes*(pp.156–158).Ottawa, Canada: Coaching Association of Canada.

Han,C.(2000).*The influence of problem situation and skill level to athlete's intuition thinking:An experiment of reaction time and accuracy in baseball's pitch-bat.* Unpublished master's thesis, Beijing ports University,Beijing,China.(in Chinese)

Han,L.(2008).Sport psychology consultant's working diary for the 2007 National Rhythmic Gymnastic Championship.*Chinese Journal of Sports Medicine*,*27*,511-517. (in Chinese)

Hanin,Y.L.(1989).Interpersonal and intragroup anxiety:Conceptual and methodological issues.In D. Hackfort & C.D.Spielberger(eds),*Anxiety in sports:An international perspective*(pp.19-28).Washington, DC:Hemisphere Publishing Corporation.

Hardy,L. & Parfitt,G.(1991).A catastrophe model of anxiety and performance.*British Journal of Psychology*,*82*,163-178.

Hardy,L. & Parfitt.G.(1994).The development of a model for the provision of psychological support to a National Squad.*The Sport Psychologist*,*8*,126-142.

Hays,K.F.(2002).The enhancement of performance excellence among performing artists.*Journal of Applied Sport Psychology*,*14*,299-312.

He,Y.,Shi,Y.,Guo,R.L., & Guo,J.X.(2002).Research on talent selection indexes and criterion of China junior archers.*China Sport Science and Technology*,*38*,60-61. (in Chinese)

Huang,B.X.(2000).*The advanced function and the nervous network.*Beijing,China:Science Press.(in Chinese)

Jackson,S.A.(1996).Toward a conceptual understanding of the flow experience in elite athletes.*Research Quarterly for Exercise and Sport*,*67*,76-90.

Jones,C.M. & Miles,T.R.(1978).Use of advance cues in predicting the flight of a lawn ball.*Journal of Human Movement Studies*,*4*,231-235.

Jones,G.(2002).Performance excellence:A personalperspective on the link between sport and business. *Journal of Applied Sport Psychology*,*14*,268-281.

Le,G.A.(1986).*Comments on modern cognitive psychology.*Harbin,China:People's Press of Heilongjiang Province.(in Chinese)

LeScanff,C. & Taugis,J.(2002).Stress management for police special forces.*Journal of Applied Sport Psychology*,*14*,330-343.

Li,J.L.(2005).*The characteristics of thinking of table-tennis players when receiving a service.*Unpublished doctoral dissertation,Beijing Sports University.Beijing,China.(in Chinese)

Liang,C.M.(1996).*The rationale of general psychology.*Beijing,China:Chinese Three Gorges Press.(in Chinese)

Liang,C.M.(2006).*Practical psychology.*Beijing,China:People's Press of Sports.(in Chinese)

Liang,C.M.(2007).Recent advance in research on cognitive sports psychology.In China Association for Science and Technology(ed.),*Report on advances in sport science*(pp.131-144).Beijing,China:China Science and Technology Press.(in Chinese)

Liang,C.M. & Han,C.(2002).*Intuition and the empirical study of intuition in sports situation.*Paper presented at the 4th international conference of Chinese psychologists,Taipei,Taiwan.(in Chinese)

Libet,B.,Wright,E.W.,Feinstein,B., & Pearl,D.(1979).Subjective referral of the timing for a conscious sensory experience: A functional role for the somatosensory specific projection system in man.*Brain*, *102*,193-224.

Lidor,R.,Côté,J., & Hackfort,D.(2007).To test or not to test? The use of physical skill tests in talent detection and in early phases of sport development.*International Society of Sport Psychology*,*17*(Winter),4.

Lindquist,E.L.(1970). An information processing approach to the study of a complex motor skill. *Research Quarterly*,*3*,396-401.

Liu,S.H.(1989).Exploration on intelligence level of the PE major students.*Journal of Beijing Sport Normal University*,*1*,1-5.(in Chinese)

Liu,S.H.(2001).A study on improving shooters' performance in the Olympic Games.In Chinese Psychological Society(ed.), *Contemporary Chinese psychology*(pp.446-453). Beijing,China: People's Education Press.(in Chinese)

Liu,S.H.(2006).*Research and application of shooting psychology*.Beijing,China: Beijing Sport University Press.(in Chinese)

Liu,S.H.(2007).Psychological consultation and mental training provided to the Chinese Olympic athletes.In China Association for Science and Technology(ed.), *Report on advances in psychology*(pp.102-111). Beijing,China: China Science and Technology Press.(in Chinese)

Liu,X.W.(1991).*Talent identification in sport*.Beijing,China: People's Press of Sports.(in Chinese)

Liu,X.W. & Lin,W.T.(1987).*General introduction to the genetics of sport talent*.Guangzhou,China: High Education Press of Guangdong Province.(in Chinese)

Lonsdale,C.,Sabiston,C.M.,Raedeke,T.D.,Ha,S.C.A., & Sum,K.W.R.(2009).Self-determined motivation and students' physical activity in PE classes and free-choice periods.*Preventive Medicine*,*48*,69-73.

Lu,Y.Z.(1996).*Chinese sports sociology*.Beijing,China: Beijing Sports University Press.(in Chinese)

Lu,Z.N.(1984).*The psycho-diagnosis of sports ability*.Wuhan,China: Wuhan Institute of Physical Education,Sport Psychology Research Center.(in Chinese)

Martin,J.J. & Cutler,K.(2002).An exploratory study of flow and motivation in theater actors.*Journal of Applied Sport Psychology*,*14*,344-352.

Materns,R.,Vealey,R.S., & Burton,D.(1990).*Competitive anxiety in sport*.Champaign,IL: Human Kinetics.

May,J.R. & Brown,L.(1989).Delivery of psychological services to the US Alpine Ski Team prior to and during the Olympics in Calgary.*The Sport Psychologist*,*3*,320-329.

McCann,S.C.(2000).Doing sport psychology at the really big show.In M.B.Andersen(ed.), *Doing sport psychology*(pp.209-222).Champaign,IL: Human Kinetics.

Morgan.W.P.(1980).Test of champions: The iceberg profile.*Psychology Today*,*14*,92-108.

Murphy,S.M.(1988). The on-site provision of sport psychology services at the 1987 US Olympic Festival.*The Sport Psychologist*,*2*,337-350.

Murphy,S.M. & Ferrante,A.P.(1989).Provision of sport psychology services to the US team at the 1988 summer Olympic Games.*The Sport Psychologist*,*3*,374-385.

Newburg,D.,Kimiecik,J.,Durand-Bush,N., & Doell,K.(2002).The role of resonance in performance excellence and life engagement. *Journal of Applied Sport Psychology*, *14*, 249-267.

Orlick, T. (1989). Reflections on sportpsych consulting with individual and team sport athletes at summer and winter Olympic Games. *The Sport Psychologist*, *3*, 358-365.

Orlick, T. & Partington, J. (1987). The sport psychology consultant: Analysis of critical components as viewed by Canadian Olympic athletes. *The Sport Psychologist*, *1*, 4-17.

Pan, Q. & Liu, Z.M. (1990). A research on relationship between intelligence and sport-related aptitude of female badminton players in Fujian province. *Chinese Sports Science and Technology*, *10*, 23-26. (in Chinese)

Partington, J. & Orlick, T. (1987). The sport psychology consultant evaluation form. *The Sport Psychologist*, *1*, 309-317.

Plomin, R. (1986). *Development, genetics, and psychology: Genetic change and developmental behavioral genetics*. Hillsdale, NJ: Erlbaum.

Poczwardowski, A. & Conroy, D.E. (2002). Coping responses to failure and success among elite athletes and performing artists. *Journal of Applied Sport Psychology*, *14*, 313-329.

Poczwardowski, A., Sherman, C.P., & Henschen, K.P. (1998). A sport psychology service delivery heuristic: Building on theory and practice. *The Sport Psychologist*, *12*, 191-207.

Poczwardowski, A., Sherman, C. P., & Ravizza, K. (2004). Professional philosophy in the sport psychology service delivery: Building on theory and practice. *The Sport Psychologist*, *18*, 445-463.

Qi, C.Z. (2001). *Expert-novice difference in problem representations and characteristics of sport thinking in simulated competitive situation in badminton*. Unpublished doctoral dissertation, Beijing Sports University, Beijing, China. (in Chinese)

Qiu, Y.J. (1986). *Research on personality of elite athletes*. Wuhan, China: Wuhan Institute of Physical Education, Sport Psychology Research Center. (in Chinese)

Qiu, Y.J. (1990). *Psychological diagnosis in sports*. Beijing, China: Chinese Geographic University Press. (in Chinese)

Qiu, Y.J., Bay, E.B., & I.iu, L.X. (1986). A study on psychomotor tests for young athletes. *Proceedings of the 3rd national conference of Chinese sport science*, China, *3*, 134. (in Chinese)

Qiu, Y.J., Liu, X.M., Wang, B., & Ma, H.Y. (2003). A review on the research and development of sports psychology in China from 1980s to 1990s. *Journal of Shenyang Institute of Physical Education*, *1*, 47-50. (in Chinese)

Raven, J.C. (1938). *Progressive matrices: A perceptual test of intelligence*. London: H.K.Lewis.

Rushall, B.S. (1981). On-site psychological preparation for athletes. *Science Periodical on Research and Technology in Sport*, *1*, 1-8.

Si, G.Y. (2003). A model of immediate on-field support in sport psychology. *Sport Science*, *23*, 97-101. (in Chinese)

Si.G.Y. (2006a). Pursuing 'ideal' or emphasizing 'coping': The new definition of 'peak performance' and transformation of mental training pattern. *Sport Science*, *26*, 43-48. (in Chinese)

Si, G.Y. (2006b). Sport psychologist's working diary on the 48th World Team Table Tennis Championship I. *Chinese Journal of Sports Medicine*, *25*, 732-736. (in Chinese)

Si, G.Y. (2007a). Sport psychologist's working diary on the 19th Asian Tenpin Bowling Championship I.

Chinese Journal of Sports Medicine,26,360-363.（in Chinese）

Si,G.Y.（2007b）.Sport psychologist's working diary on the 19th Asian Tenpin Bowling Championship II.*Chinese Journal of Sports Medicine*,26,488-492.（in Chinese）

Si, G. Y. （2007c）. Sport psychologist's working diary on the 48th World Team Table Tennis Championship.*Chinese Journal of Sports Medicine*,26,105-108.（in Chinese）

Si,G.Y.（2007d）.Sport psychology consulting at the 15th Asian Games.*International Society of Sport Psychology*（Spring）, *17*,13.

Si,G.Y.,Lee,H.C.,Cheng,P., & Liu,J.D.（2006）.*A conceptual framework of on-field psychological support to athletes in Hong Kong*.Unpublished manuscript,Hong Kong Sport Institute.（in Chinese）

Si,G.Y.,Lee,H.C., & Liu,J.D.（2008）.Intervention and evaluation for changing low frustration tolerance.*Acta Psychologica Sinica*,*40*,240-252.（in Chinese）

Si,G.Y., & Liu,H.（2004）.Adversity coping in high level sports.*Proceedings of the 7th national sports science congress*.Beijing,China,7,100-101.（in Chinese）

Straub,W.F., & William,J.M.（1984）.*Cognitive sport psychology*.New York:Sport Science Associates.

Szopa,J.（1985）.Genetic and environmental factors of development of fundamental psychomotor traits in man:Results of population study on family resemblances.*Wychowanie-fizyczne-i-sport*（Warsaw）, *29*,19-36.

Tenenbaum,G. & Bar-Eli,M.（1993）.Decision making in sport:A cognitive perspective.In R.N.Singer, M.Murphy, & L.K.Tennant（eds）,*Handbook of sport psychology*（2nd edn,pp.171-192）.New York:MacMillan.

Tenenbaum,G. & Lidor,R.（2005）.Research on decision-making and the use of cognitive strategies in sport settings.In D.Hackfort,J.L.Duda, & R.Lidor（eds）,*Handbook of research in applied sport and exercise psychology:International perspectives*（pp.75-91）.Morgantown,PA:Fitness Information Technology.

Tian,M.J.（1986）.*Sport training*.Beijing,China High Education Press.（in Chinese）

Tian,M.J. & Wu,F.Q.（1988）.*An exploration of scientific sports training*.Beijing,China:People's Press of Sports.（in Chinese）

VanRaalte,J.L.（2003）.Provision of sport psychology services at an international competition:The XVI Maccabiah Games.*The Sport Psychologist*,*17*,461-470.

Wang,B.（2002）.*An experiment on intuitive decision-making in handball situation and the preliminary theoretical construction on sport institution*. Unpublished doctoral dissertation,Beijing sports University, Beijing,China.（in Chinese）

Wang,J. & Wiese-Bjornstal,D.M.（1997）.The relationship of school type and gender to motives of sport participation among youth in the People's Republic of China.*International Journal of Sport Psychology*,*28*, 13-14.

Wang,W.Y. & Zhang,Q.H.（1989）.The patterns of central nervous system and athlete's talent identification.*Sport Science*,*3*,71-75.（in Chinese）

Wang,Y.,Mi.J.,Shan,X.Y.,Wang,Q.J., & Ge,K.Y.（2007）.Is China facing an obesity epidemic and the consequences? The trends in obesity and chronic disease in China.*International Journal of Obesity*,*31*, 177-188.

Weinberg,R. & McDermott,M.（2002）.A comparative analysis of sport and business organizations:Factors perceived critical for organizational success. *Journal of Applied Sport Psychology*, *14*, 282–298.

Xie, S.C. & Hu, Z. (1983). Research on personality characteristics of Chinese shooting athletes. *A collection of Chinese sport psychology research papers from 1979 to 1983*, China, 76–95. (in Chinese)

Zeng, F.H., Wang, L.D., & Xing, W.H. (1992). *The science of talent identification on athletes*. Beijing, China: People's Press of Sports. (in Chinese)

Zhang, H.C. (1987). *Cognitive style: An experimental research in the dimension of personality*. Beijing, China: Beijing Normal University Press. (in Chinese)

Zhang, L. W. & Ren, W. D. (2000). *The new development of sport psychology*. Beijing, China: High Education Press. (in Chinese)

Zhang, L.W. & Tao, Z.X (1994). A research on intelligence development of Chinese table tennis players. *Sport Science*, *4*, 73. (in Chinese)

Zheng, R.C. (1984). A study on the temperaments of Chinese first league female volleyball players. *Psychological Science*, *20*, 22–27. (in Chinese)

第 38 章　四海为家：海外华人的文化移入和适应

Colleen Ward　En-Yi Lin

海外华人的数量已经达到了 3500 万人，这使他们成为了世界上最大的移民群体（Li，2007）。因此，毫不奇怪，华人如何在新环境中完成文化移入和适应的问题在世界舞台上正变得日益重要。如何回答这些问题，不仅对于华人移民及其家庭有着重要影响，而且对于大多数接收移民的社会成员也有着重要影响，因为他们开始接纳越来越多的华人出现在自己的生活中。本章考察了海外华人的文化移入和适应。主要关注华人旅居者和移民的体验，但也涉及那些已经加入了多元文化社会中已成立的种族团体的华人。

文化移入是指由于持续的、直接的跨文化接触而导致的变化（Berry，1990；Redfield，Linton，& Herskovits，1936）。尽管可以研究的文化移入变化的数量和类型实际上是无限的，但在心理学研究中，最受关注的因素主要是认同、跨文化关系、主观幸福感和文化能力。文化移入模型考察了认同和跨文化关系，该模型评估了移民者在更广阔社会中的短期和长期文化保持和参与（Berry，1997），此外，在移民和旅居者的心理和社会文化移入过程的研究中，文化能力和幸福感是两个重要组成部分。

本章回顾了来自这两个概念框架的实证研究证据。然而，这些方法的个人主义取向仅仅向我们呈现了华人文化移入的部分图景。为了克服这一缺陷，我们还考察了家庭背景下的文化移入过程。然后在本章总结中，综合评价了华人文化移入与适应的理论和研究，并对该领域未来的工作提出了建议。

文化移入的模型

文化移入的单维模型

文化认同是大多数文化移入模型的核心，而原文化和移民国或"主流"文化则是关注的基本问题。早期研究基于相对简单的、单维和单向的认同和文化移入模型，将移民描绘成放弃对原文化的认同，并且通过适应移民国社会的态度、行为和价值观，从而"发展"出对其接触的新文化的认同（Ward，Bochner，& Furnham，2001）。这种取向的一个例子是 Gordon(1971)的同化模型,该模型被用于解释 G.Wong 和 Cochrane(1989)有些过时的研究,它考察了华人在英国的文化、结构和认同的文化移入。

文化移入的单维界定具有测量的意义,例如 Suinn-Lew 的亚洲人自我认同文化移入量表(Suinn-Lew Asian Self-Identity Acculturation Scale, S-LASAS; Suinn, Rickard-Figueroa,Lew, & Vigil,1987)。该量表测量了关于态度和行为的以下几个维度,包括语言的使用和熟练性、认同、友谊网络和文化实践,它已经广泛应用于美国的华人移民。S-LASAS 有 21 个项目,每个项目采用 5 点计分,得分从低到高为高亚洲/低西方到低亚洲/高西方取向。Suinn 及其同事认为,可以根据被试的平均得分将其分为亚洲认同型、西方认同型或二元文化型。在 5 点计分中得分接近 1 的为亚洲认同型,得分接近 5 的为西方认同型,而平均得分大约为 3 的属于二元文化型。

这种二元文化分类的界定尤其存在问题,因为它没有必然地反映出对两种文化的强烈依附,而仅仅只是一种既非明显亚洲的,又非明显西方的取向。Tata 和 Leong(1994)考察了华裔美国人对心理求助的态度,他们在该研究中指出了 S-LASAS 作为一种文化移入测量工具的局限性。Ward(1999)在其移民和文化移入的跨国研究中也对这种取向进行了更一般性的批评,其中包括对新加坡华人移民的研究。

文化移入的二维模型

当代取向主要是基于以下假设,即对原文化的认同和对移民国的认同是交互的或是相互独立的,因此,二维模型更好地捕捉到了文化移入经验的本质。尽管对这个问题的讨论已经以各种形式进行了 30 年,主要是围绕 Berry(1974,1984)更复杂的文化移入模型和 Ward 对文化移入指数的后续建构(Ward & Kennedy,1994;Ward & Rana-Deuba,1999),而 Ryder、Alden 和 Paulhus(2000)对第一代和第二代加拿大华人的研究的发表似乎成为北美文化移入研究的一个转折点。这些研究者的结论是,虽然文化移入的单维测量可以与人格和适应一致地联系起来,但是对原文化和主流文化的认同是独立的,正如它们与外部关联的关系模式。

Ryder 等(2000)使用了 Suinn-Lew 的亚洲自我认同量表作为对文化移入的一种单维测量,还使用了两个新编制的量表,以从二维来测量对原文化和"主流"文化的认同。研究者发现,文化移入的单维和二维测量显示出了与大五人格因素的不同关系模式。更确切地说,文化移入(如低亚洲/高西方取向)预测了加拿大华人有更高水平的开放性和外向性,以及认同于主流文化。相比之下,认同原文化则预测了更高的尽责性和更低的神经质。他们还发现在两种测量和自我建构之间存在不同的关系模式。高度适应的加拿大华人报告了更强的独立自我建构;强烈认同于主流文化的个体也是如此。然而,认同原文化则预测了更强的相互依赖型自我建构。

移民的原文化和当下文化取向之间存在独立性,这一点如今已经获得了广泛的认可，并在许多华人研究中得到了验证，例如，对美国的中国留学生研究（Wang & Mallinckrodt，2006）、对澳大利亚中国留学生的研究（Zheng，Sang，& Wang，2004）以及对新西兰华人青少年移民的研究（Eyou，Adair，& Dixon，2000）。然而，研究者也承认这两个领域之间的关系会受到背景因素的影响。例如，Ward（1999）报告说，对于来自中国香港、中国台湾和中国大陆的新加坡华人，他们对移民国和原国家的认同之间存在显著正相关（r=0.32）。由于新加坡人口中大约80%也是华人，在某种程度上原国家和移民国的认同可能会重叠，因此这一结果并不令人惊讶。

Costigan 和 Su（2004）对加拿大第一代华人父母及其子女的研究表明，对原文化和移民国文化认同的独立性同样在家庭成员间存在差异。在评估了文化认同、取向和价值观后，研究者发现了清晰的证据，支持了在父亲和子女身上存在文化移入的正交模型，但是对于母亲，却在中加认同（-0.36）、取向（-0.29）和价值观（-0.23）上存在中等程度的负相关。Costigan 和 Su 认为母亲可能更担心孩子在生活中丢失了华人文化的独特性。他们还指出，华人母亲可能缺乏更广泛的社会经验，因而不太可能发展出分离不同文化取向的策略，从而维持了双重文化身份。

文化移入的分类模型

概念化和测量。Berry（1974，1984）认为来自非本国种族文化群体的、正在进行文化移入的个体在跨文化接触中面临着两个重要问题：（1）保持自己原来的文化传统重要吗？（2）与其他群体，包括主流文化的成员，进行跨文化交流重要吗？如果这些问题的答案是二分的是否回答，那么就可以确定出四种文化移入取向（也称为态度、策略、期望、偏好和模式）。如果文化的维持和接触都被视为重要的，则形成了整合型取向；如果两者都被视为不重要的，则会出现边缘型。只有当重视接触时，同化型才出现；而当仅仅关注文化维护时，则属于分离型。这里还应该提到 Berry 模型的第一个维度，即文化维持，它已经在跨国研究中得到了证实，这意味着对它的研究一直在按照 Berry 的理论进行着。然而，第二个维度"维护与其他群体的关系"有时被定义为接触或参与更广泛的种族文化（如 Berry，Kim，Power，Young，& Bujaki，1989），但有的研究则从适应或认同种族文化的角度来考察它（如 Snauwaert，Soenens，Vanbeselaere，& Boen，2003；Ward & Rana-Deuba，1999）。

研究者使用了各种不同的测量方法来对整合型、同化型、分离型和边缘型进行量化。Berry 及其同事通常会对以上各种类型的态度和行为进行评估，有时会在实际和期望的选择之间做出区别（如 Berry 等，1989；Berry，Phinney，Sam，& Vedder，2006）。这种方法可以得出连续的数据，反映出对这四种类型的各自反应。尽管这种技术易招致心理测量学的批评，包括测量量表的自比性（Rudmin，2003），但它仍然是一种颇受欢迎的评估技术。其他研究者考察了文化移入的以下两个维度，即反映了原文化和移民国文化取向,然后将其结合起来采用中位数分割法,将移民分为整合型、分离型、同化型或边缘型。Ward 及其同事的文化移入指数就属于这种方法(Ward & Kennedy,1994;Ward & Rana-Deuba,1999)。

文化移入偏好和行为实践。Berry 及其同事的研究表明,短期和长期的移民强烈地偏好整合型,这个发现通常与采用独立评估技术对华人被试的研究结果相一致。基于回答的态度是同意—不同意,Ward 的研究发现新西兰年轻华人在行为实践中有 80% 支持整合型,不到 20% 赞同同化型、分离型或边缘型(Ward & Lin,2005)。

然而,偏好可能并不总是反映在行为实践中。Eyou 等(2000)使用中国和新西兰(欧洲)认同的两个维度和标量中点分割法,对 427 位第一代移民进行了分类,他们发现,44% 的中小学生属于整合型,36% 属于分离型,6% 属于同化型,还有 14% 属于边缘型。研究还表明,偏好和行为实践会随时间而改变。Ho(1995)报告说,初入新西兰的中国香港青少年偏好分离型,但在定居的头四年后这种偏好会下降,而对整合型的支持越发强烈。Chia 和 Costigan(2006)对加拿大土生土长华人大学生的研究也显示了从分离型和边缘型转向整合型或同化型。在所有的可能性中,对主流文化的日益熟悉以及获得了更多的特定文化技能增强了对整合型的偏好以及整合能力。新加坡的研究支持了这一观点,它表明,相比英国或美国的同龄人,来自中国香港、中国台湾和中国大陆的居民可能更偏好整合型(Ward,1999)。

青少年人类文化学跨国比较研究使用了一种略有不同的文化移入方法,该研究将 Berry 的文化移入模型与文化认同和群际关系的理论和研究结合起来(Berry 等,2006)。该项目包括 13 个国家、30 多个种族文化团体和 5000 多位青少年移民,使用聚类分析考察了一系列因素,以探索基本的文化移入类型。研究结果显示出了四种类型:整合型、国家型、种族型和扩散型,它们大致分别符合 Berry 的整合型、同化型、分离型和边缘型。

整合型青少年的特征是强烈的种族和国家认同,认可整合,精通所在国语言,对种族语言的熟练程度为中等,并且与种族和所在国的同龄人都有联系。国家型青少年的国家认同高而种族认同低,认同同化;他们也精通并经常使用所在国语言,和所在国同龄人有着广泛联系。相比之下,种族型青少年则有着强烈的种族认同,精通并经常使用种族语言,认同分离,对所在国的认同较弱,与所在国的同龄人很少联系。最后,扩散型青少年的情况则比较复杂,他们经常使用并精通其种族语言,但种族认同较低。他们还报告说不精通所在国语言,对所在国的认同较低,与所在国同龄人的联系也少,认同分离型、同化型和边缘型。

不同国家和群体的聚类结果各不相同,但是澳大利亚华人的模式表明有 41% 属于整合型(范围为 11%—69%)、29% 属于国家型(2%—87%)、4% 属于种族型(0—62%)、25% 属于扩散型(0—65%)。在澳大利亚的青少年华人中,整合型人数略高于所有样本的中位数百分比,扩散型人数远高于中位数百分比,国家型人数为最高四分位数,种族型为最小四分位数。这些结果令人感到鼓舞:整合型已经成为华人青少年的反应模式;然而,让人担忧的是,仍然有相当大比例的青少年属于扩散型,他们对于华人或澳大利亚文化都缺乏强烈的文化认同。纵向地跨时间考察他们在移民国的文化移入结果是颇为重要的。

Chia 和 Costigan(2006)也采用聚类分析法研究了加拿大华人,他们不仅测量了华人和加拿大人的认同、价值观和行为,也进行了群体内种族评估,研究结果表明它们尤其与集体主义成员文化存在相关。其结果与 Berry 的模型有重叠之处,但并不完全相同。更具体地说,在加拿大华人学生中发现了五种聚类模式:整合型(21%)、分离型(22%)、同化型(10%)、缺乏华人行为实践的整合型(15%)以及具有华人行为实践的边缘型(32%)。缺乏华人行为实践的整合型群体将自己视为高度加拿大的而中等华人的;他们对于华人内部群体成员给予了非常积极的评价,但却一般并不参与华人活动。该群体被划分为土生土长的华人和海外出生的华人,后者在加拿大居住的时间相对更长。这一整合型群体与边缘型群体形成了鲜明的对比,尽管后者对华人和加拿大人都缺乏强烈的认同,并且倾向于负面评价华人群体内成员,但是他们却保持了华人行为实践。作者反对为了进行测量,而将华人的文化移入过程过于简单化,并将态度、价值观、认同和行为混杂后形成一种毫无组织的分类(又参见 Feldman,Mont-Reynaud,& Rosenthal,1992)。他们还反对基于如语言熟练性或出生地等背景因素来确定文化移入状态。

认同冲突与认同整合

研究已经清楚地表明,在华人移民中对原文化和移民国文化的认同是独立的,但是背景因素可能导致了在这些认同问题上的一致或分歧。因此,随之出现的问题是,在文化认同过程中,文化取向可能以和谐的或冲突的形式出现。Baumeister、Shapiro 和 Tice (1985)对认同危机进行了讨论,在该讨论的引导下,Leong 和 Ward(2000)在对新加坡寄居中国人的一项研究中,首次考察了文化移入与认同冲突。研究表明来自中国大陆的海外留学生,其认同冲突的强度处于低度到中度之间(7 点计分量表$M = 3.10$),而以下因素预测了这一水平,即对不确定性的低容忍、低归因复杂性、低华人认同、受歧视感更强以及与新加坡人更频繁地接触。最后一个研究结果令人吃惊,作者推测,与新加坡人更频繁地互动可能导致某些中国旅居者产生了更大的困惑和冲突,因为他们将新加坡人视为华人,*同时*又认为他们是不同的。

近来,E.Y.Lin(2008)考察了文化和群际因素的基础作用,探索了中国青少年在文化移入中的认同冲突。Lin 报告说,脆弱的文化连续感、知觉到了不可渗透的群际边界、与移民国居民接触较少以及更强的受歧视感预测了新西兰的中国台湾和中国大陆青少年会有更多的认同冲突。除了较低的英语水平而不是较少的移民国接触预测了更大的冲突,该模式类似于对新加坡的中国台湾和中国大陆学生的研究结果。Lin 的研究同样还表明,新西兰的中国青少年比新加坡的中国青少年体验到了更大的冲突,它显示了文化背景的重要性,从而表明了文化距离对文化移入的影响。

Benet-Martinez 和 Haritatos(2005)考察了第一代美国华人的二元文化认同整合(Bicultural Identity Integration,BII),从不同的角度研究了本质相同的问题。BII 包含了两个方面:冲突(与和谐相对)和距离(与混合相对)。前者是一种基于情感的反应,包括在两种文化取向之间被"撕扯"的感觉;后者指的是认同分离对重合的觉知。Benet-Martinez 和 Haritatos 的研究表明,人格和文化移入的压力可以分别预测这些方面。他们进行路径分析后报告说,随和性和神经质与文化冲突有关,不确定的跨文化关系调节了前者的作用,而后者通过跨文化关系和贫乏的语言技能而具有直接和间接的路径。与之相反,外向性和开放性导致了更低水平的文化距离。文化孤立调节了前者的影响,而后者通过语言能力、二元文化能力和分离主义而产生了直接和间接的影响。尽责性与文化冲突和距离无关。因此,他们的结果在某种程度上与 Ryder 等(2000)的结果重合。

对二元文化的认同整合和认同冲突研究都为我们理解华人的认同和文化移入提供了新的方法,它们应该用于今后的研究。

文化移入和适应

毫无疑问,跨文化接触引起了改变。然而,短期和长期移民者的改变是积极的或消极的、适应良好的或适应不良的,这些都是研究者关心的主要问题。已有许多框架来评估这些变化,然而文化移入的跨国研究文献主要是基于对心理和社会文化移入的区分(Berry & Sam,1997;Ward,2001;Ward 等,2001)。心理适应是指心理和情感上的幸福。它强调的是对文化改变的情感反应,它既有积极的指标如生活满意度,也有消极的指标如心理症状。社会文化移入指的是"适合"或有效地进行跨文化互动的能力。它反映了一种跨文化移入的行为视角,对它的评估常常是通过文化能力或困难以及特定领域的成就,例如外籍人士的工作表现、跨国或移民学生的学业成绩。Searle 和 Ward(1990)研究了居住在新西兰的来自马来西亚和新加坡的华人学生,并以此为基础首次提出了心理和社会文化移入的区别,本章采纳了这一观点。

认同、文化移入和适应

一系列研究特别考察了作为文化移入预测因子的文化移入态度和策略。大部分研究表明,整合无论是作为一种偏好或一种采取的策略,都与最积极的结果相关,而边缘化则与最消极的结果相关。同化和分离则根据与适应结果的关系而位于中间的某个位置。

Ying(1995)根据在文化活动中的参与情况,将旧金山地区 143 位 19—85 岁的华人分为二元文化型(整合型)、分离型、同化型或边缘型,研究了文化移入和文化适应。总体而言,二元文化取向的被试表现出了更低的抑郁、更多的积极影响、更少的消极影响以及更高的生活满意度。在所有情况下,二元文化型的表现优于分离型。分离型群体比同化型群体的生活满意度更低,边缘型群体比二元文化型群体和同化型群体的生活满意度更低。最后,同化型的华裔美国人比分离型或边缘型的华裔美国人表现出了更少的消极情感。

在澳大利亚和新西兰进行的研究也报告了类似的结果,这些研究表明,整合型的华人学生比同化型、分离型或边缘型的华人学生表现出了更高水平的自尊和主观幸福感(Eyou 等,2000;Ho,2004;Zheng 等,2004)。Chia 和 Costigan(2006)对加拿大籍华人大学生的研究进一步表明,边缘型个体面临着特殊的风险。更具体地说,他们比整合型和同化型群体表现出了更低的自尊和更高的抑郁症状。然而,研究者谨慎地指出,在边缘型群体中调整的绝对水平处于中间而不是低端,而整合型和同化型群体得分位于这些结果量表的正向尾端。

尽管对华人旅居者和移民的文化移入及文化适应的跨国研究在很大程度上是汇集的,但是研究结果并不一致,特别是使用定性评估技术时。Yip 和 Cross(2004)在其对美籍华人的文化移入和文化适应的日记研究中采用了一种创新的方法。依据每天的日记是否超过两周都与种族显著有关,研究者将被试分为华人取向(47.5%)、美国人取向(31.5%)或二元文化取向(21%)。然而,当依据心理调适而进行文化移入分类时,这些群体在抑郁、疲劳、愤怒、躯体症状或焦虑上没有显著差异。

一些研究者提出,Berry(1990)模型的基本构成内容是原文化和移民文化取向的,而不是四种策略本身,因此能够更好地预测适应结果。对美国华人留学生的研究发现,美国取向与更少的社会文化移入问题和更少的心理症状相关(Wang & Mallinckrodt,2006)。该结果与其他华裔加拿大人的研究结果是一致的,后者发现,即便控制了外向性和神经质的作用后,更广阔的加拿大文化取向也与更少的心理症状和更好的社会学业适应相关(Ryder 等,2000)。然而,Ward 对新加坡华人移民的认同与适应研究发现,更高的综合认同与更少的抑郁症状相关,而更高的移民国认同与更好的社会文化移入相关。这些结果表明,原文化与移民国文化的特征以及二者间的关系是影响华人文化移入和适应过程的重要因素。

Cheung-Blunden 和 Juang(2008)对华人文化移入采用了一种新取向,他们将 Berry 的模型扩展到了殖民情境中,考察了中国香港学生及其父母对华人和西方文化的取向(价值观和行为)。这些研究结果表明:(1)华人和西方取向是独立的,二者都是中等强度;(2)两种取向都预测了社会文化移入——华人取向与更高水平的平均值相关,而西方取向则与更多的不端行为相关;(3)两种取向都没有预测心理适应(即抑郁症状);(4)代表四种文化移入类型的任何互动水平(华人×西方)都没有预测适应结果。

另有些研究考察了认同冲突、认同整合和适应结果。E.Y.Lin(2006)报告说在其新西兰和新加坡华人移民青少年的研究中,认同冲突与更差的心理和社会文化移入相关。S.X.Chen、Benet-Martínez 和 Bond(2008)考察了二元文化认同整合对中国香港的内地移民的心理调节所产生的作用。他们发现,双文化认同解释了幸福感的额外差异,其影响超过了自我效能和神经质,这表明先前那些考察认同取向的适应结果研究并不仅仅测量了适应不良的人格特点。

文化移入的压力、应对与适应

Lazarus 和 Folkman(1984)提出的压力与应对的动力过程支持了文化移入和适应研究中使用的主要概念框架。与该观点一致,跨文化转换和跨文化接触被视为有压力的、并需要重新调整的生活事件。核心过程所涉及的生活事件有跨文化接触、对改变的评价、压力与应对反应以及良好或不良的适应结果(Berry,1997,2006;Ward,2001,2004)。个体和情境变量以及遗传因素共同影响了压力与应对(如人格、社会支持),而这些变量与因素可以调节和减弱核心过程,并且特定文化问题也会对适应结果产生影响(Ward 等,2001)。本章节概括了华人旅居者和移民广义上的压力与应对研究,着重于两个重要问题:1)哪些因素预测了适应;2)适应如何随时间而变化?

压力与应对。文化移入压力是指根植于文化移入经验并来自生活事件的压力反应(Berry,2005)。从根本上,可以从两种方式来看待这些生活事件。第一,对于近来刚完成跨文化转变的移民,可以通过社会再调节评估量表(Social Readjustment Rating Scale,SRRS)考察其生活变化,它是基于一些规范的或非规范的生活事件,并包括了生活变化单位(life change units,LCUs)的一些指标,而这些指标对每个生活事件所要求的再调节的数量进行了量化(Holmes & Rahe,1967)。Furnham 和 Bochner(1986)指出生活变化单位通常与移民有关,例如生活条件、居住和社会活动的变化,生活变化单位超过 300 个,80% 的重大疾病风险。相应地,毫不令人惊讶,对新西兰的马来西亚和新加坡学生以及新加坡的马来西亚学生(主要是华人)进行的研究报告说,SRRS 评估的近期生活变化大小与抑郁之间存在显著相关(Searle & Ward,1990;Ward & Kennedy,1993)。

第二种方法是考察源自文化移入过程的更为长期的压力(Berry,2005)。Ying 和 Han(2006)对美国的台湾学生进行了纵向研究,为分析文化移入压力提供了一个有用的框架,研究考察了社会压力如思乡和孤独、文化压力如文化距离(特别是价值观差异)、功能压力如学业和环境挑战。在被试到达美国两个月后对这些压力进行了评估,而它们预测了一年之后抑郁水平会增高,而功能性调适水平会降低。Wei 等(2007)和 S.X.Chen 等(2008)的横断研究结果与这些结果一致。文化移入压力,包括文化冲击、歧视、交流困难和思乡,这些压力与在美华人留学生更高水平的抑郁有关,与中国香港的内地移民较差的心理调整有关。

Berry 及其同事认为,并非生活变化本身、而是个体的评价对适应结果产生了重要作用。Zheng 和 Berry(1991)探讨了加拿大华人旅居者、华裔加拿大人以及非华裔加拿大人的压力评估。其研究结果揭示,相对于华裔或非华裔的加拿大人,华裔旅居者在语言交流、歧视、孤独和思乡上都感到存在更多的问题。Chataway 和 Berry(1989)在其研究中提出了类似的结果,该研究发现相对于法裔加拿大人或英裔加拿大人,来自中国香港的学生评价说在交流困难和歧视上都存在更多的问题。

Chataway 和 Berry(1989)还研究了香港的华人学生所喜爱和使用的应对策略。他们使用了 Folkman 和 Lazarus(1985)修订的应对方式问卷后发现,积极思考的学生对自己的应对能力更满意,消极思考和愿望式思考的学生不太满意自己的应对能力。然而,采用的应对方式与心理焦虑只存在较弱的相关。更具体地说,分离作为应对方式与更多的心理和生理症状有关。Zheng 和 Berry(1991)发现,愿望式思考是海外华人学生和加拿大华人最常用的应对策略之一,然而,他们没有发现应对策略是身心健康的重要预测因子。

其他研究已经证明了"高阶"应对方式与亚洲(主要是中国)留学生的适应存在相关。Cross(1995)从 Carver、Scheier 和 Weintraub(1989)的 COPE 的积极应对和规划分量表中提取了项目,考察了美国的东亚学生(70%是中国人)样本的直接应对策略。这些策略对减少感知到的压力产生了直接影响。同样,Kennedy(1999)发现,直接应对增强了海外新加坡学生的心理适应,但逃避型应对方式如脱离和否认,则不利于其心理幸福感。

Kuo(2002)认为,传统的压力和应对研究,包括对文化移入和文化适应的研究,没有恰当地说明不同文化群体和背景下策略的使用范围。他特别指出,亚洲人采用集体主义应对方式,而它们反映了群体指向策略、人际互动和基于价值观的反应,这些应对方式包括整合、相互依存、谦卑、社会和谐以及对等级结构的尊重。为了验证这一观点,Kuo 基于自己对 500 多位华裔加拿大人的研究,构建并检验了跨文化应对量表,其中包括个体取向(焦点问题与回避的因素)成分和集体取向(群体指向与基于价值观的因素)成分。

其研究表明,文化移入压力导致个体主义的应对方式,但文化移入状态预测了集体主义应对方式的使用。更具体地说,这些同化程度较低的被试更易使用群体指向和基于价值观因素的集体主义应对方式。Lau(2007)采取了略有不同的方法考察了集体主义应对方式,他发现,"被动的集体主义应对"结合了忍耐和宿命论,它部分地调节了中国留学生的各种文化移入压力之间的关系,如受歧视感、抑郁、焦虑。

社会支持。虽然在华人文化中,相互依赖自我、互联性和群体嵌入性的重要性被广泛认可(Markus & Kitayama,1991),Taylor 等(2004)给出了令人信服的证据表明,相对于欧裔美国人,包括中国人在内的东亚人和亚裔美国人更少去寻求社会支持。他们将这些差异归因于亚洲人更相信寻求社会支持会破坏集体和谐,使自己的问题变得更糟,并导致丢面子。简言之,亚洲人担心寻求社会支持可能会使关系中断。尽管存在这些担忧,仍有可靠证据表明,社会支持对华人旅居者和移民的心理适应产生了直接、积极的影响。

澳大利亚的研究表明,社会支持直接有助于减少华人中小学生的绝望、焦虑和创伤(Sondregger,Barrett,& Creed,2004),并且社会支持有助于提高其总体健康状况和学业成绩(Leung,2001a)。它也有助于新加坡的华人留学生进行更好的总体调节(Tsang,2001)。在一项大型流行病学研究中,Shen 和 Takeuchi(2001)发现,社会支持直接降低了华裔美国人的压力,它反过来又导致了抑郁的降低。相反地,Abbott 等(2003)发现,低水平的情感支持预测了新西兰老年华人移民更高水平的抑郁。

研究还显示,社会支持可以来自各种途径。Ye(2006)对传统和在线支持网络的研究显示,尽管初来乍到的中国留学生通过在线种族社会群体获得了更大的支持,但是对在线和传统社会支持资源的使用都与文化移入有关。更具体地说,移民国的在线和人际网络与更少的社会文化移入问题相关,并且来自祖国的人际网络和长途网络与更少的情绪障碍相关。

虽然华人移民更有可能依赖共同的种族网络,但来自移民国成员的社会支持也有助于对社会和心理压力的处理,有助于更好地适应。A.S.Mak 和 Nesdale(2001)报告说,盎格鲁人的友谊对第一代澳大利亚华人移民的心理适应产生了积极的影响,然而,Ying 和 Han(2006)发现,中国台湾学生到美国两个月后与美国人的友好关系导致他们一年后有更好的功能调整。此外,和当地人的友好关系导致新加坡的华人学者能更好地互动调整,工作表现也更好(Tsang,2001)。

D.F.K.Wong 和 Song(2006)对中国香港的内地女性移民的定居阶段进行了研究,有证据表明,对支持网络的依赖随着时间的推移可以改变。他们对 15 位移民的纵向定性研究表明,在早期,女性需要来自家庭延伸成员的工具性的和信息方面的支持,特别是在诸如经济、住房和照顾孩子等实际问题上。在定居的第二阶段,她们对情感支持的需要变得更加突出,而其他女性移民则主要给予他人支持。研究还表明,女性不太可能通过正式网络寻求帮助,而只会偶尔依赖邻居或同事的支持。可以广泛看到的是,中国移民和来自亚洲的留学生,包括中国大陆、中国香港和中国台湾,他们偏爱使用人际友谊网络的支持,而不愿依赖正式的服务(如 Yeh & Inose,2002;Zhang & Dixon,2003;又参见 Chan,Ng, & Hui,本手册)。

在一项质性研究中，Matsudaira（2003）探索了社会支持对于日本的华人移民所具有的意义以及对它的运用。该研究表明，社会支持的意义与脸面问题紧密联系在一起，脸面问题与*脸*（通过遵守社会规范而获得的、对个人品质和正直的认可）和*面子*（通过成功和炫耀而获得的声誉）有关。并且社会支持的意义反映了特定文化的印象管理策略（参见 Hwang & Han，本手册）。对于寻求社会支持的矛盾情感来源于对独立、丢面子和社交债务的观念和期望。首先，Matsudaira 认为华人移民坚信，自己应该独立去完成目标、解决问题。这些目标的实现被认为反映了行动者的*脸*。

然而，如果获得了支持，那么来自于内部群体和外部群体的支持就会出现差别，而它们对于保存脸面也具有不同意义。家庭被视为华人移民获得支持的主要内部群体；相互依存性促使家庭成员对移民给予支持，而移民通过将其成功归因于家庭援助来表达感激之情。Matsudaira 认为，这些动力为移民者提供了机会去挣面子，并且与提供支持的家庭成员分享它。

最后，当移民的社会支持来自群体外部成员时，例如移民国是日本，那么伴随互惠期望的社交债务就会出现。Matsudaira（2003）提出，来自群体外部，特别是教育和商务背景下的非预期支持可能导致华人移民失去*面子*，但随着利益的互惠，*脸*可以重新获得。然而，她同样指出，华人和日本人对给予和接受社会支持的看法可能是不同的，因为日本人缺乏脸的概念。因此，华人对仁慈、社交债务和互惠的解释以及与这些有关的行为动力可能都与移民国的日本人不同。

个人和情境因素。个人和情境因素影响了文化移入压力的应对过程和结果这两方面。对于前者，在对华人旅居者、移民和已建立的种族群体成员的研究中，人格的作用备受关注。研究表明，随和性、尽责性、坚韧性、自我效能感和内控点与心理幸福感存在广泛的相关（Mak，Chen，Wong，& Zane，2005；Tsang，2001；Ward & Kennedy，1993；Ward，Leong，& Low，2004）。与之相反，神经质、个人消极性（缺乏控制、悲观、对不确定性的低容忍）和适应不良的完美主义与消极的心理结果相关（Shen & Takeuchi，2001；Wei 等，2007）。

除了这些因素，研究发现在纵向和横向研究中，华人旅居者在外向性和积极结果之间存在强相关（Searle & Ward，1990；Ward 等，2004；Ying & Han，2006）。然而，应该结合接受社会的特点来解释这些结果（美国、新西兰、澳大利亚），接受社会在大五人格调查表和艾森克人格调查表两个量表上的外向性得分往往高于华人社会（McCrae，2002；Ward & Chang，1997；Ward 等，2004）。问题在于，是否外向性本身就有利于华人移民和旅居者的心理健康，抑或是由于它与特殊文化准则是否匹配从而影响了适应和不适应的结果。考察亚洲背景下的华人旅居者和移民的人格和适应，有助于阐明这一过程。事实上，对新加坡的中国学生和学者的研究发现，外向性的确预测了更好的跨文化交流，但与整体调节无关（Tsang，2001）。

　　在华人旅居者和移民的调节过程中,现实的与感知的文化距离的影响在跨文化研究中已经一再得到了证明。感知到更大的文化和价值观差异导致美国的台湾学生出现了更多的调节问题(Ying & Liese,1994)。比较研究发现,相对于来自北美、南美和欧洲的学生,新西兰的中国大陆学生有着更低的生活满意度(Ward & Masgoret,2004);相对于来自撒哈拉以南非洲和苏联的学生,俄罗斯的中国交换生感知到了更大的文化距离,并体验到了更差的调节(Galchenko & van de Vijver,2007);相对于来自欧洲南部的第二代移民,澳大利亚的海外华人和移民学生报告了更高的孤独感、更低的学术满意度和更低的社会自我效能感(Leung,2001b)。相反,相对于英国、美国和新西兰的中国香港和中国内地居民,新加坡的中国香港和中国内地居民报告了更好的社会文化移入,即显著更少的社交困难(Ward & Kennedy,1999)。

　　这些发现表明,可能由于共有、共享一种文化传统,移居至其他华人社会的华人移民相对而言没有遇到困难。然而,对中国香港派到内地工作的经理的研究表明,事实并非总是如此。Selmer(2002)比较了西方和中国的外派经理在文化新奇性的感知、常规适应、工作适应、互动适应以及主观幸福感上的差异。比较结果表明,相对于西方同行,中国香港派到内地工作的经理体验到了更少的文化新奇性,但报告了较差的适应,特别是在工作领域。两个群体在主观幸福感方面没有显著差异。基于其早期的访谈定性研究,Selmer 和 Shui(1999)提出,共同的华人文化传统使外派至上海和北京的香港经理更加难以适应。更具体地说,他们发现,感知到的相似性掩饰了对文化敏感性和变化的需要,而它导致了当困难出现时,香港人产生了更大的挫折感、愤恨和退缩。研究者还指出,对文化接近性的感知影响了中国内地员工的反应,当香港或西方经理出现了违反文化传统的行为时,他们倾向于更严厉地批评前者。

　　文化能力的特例。虽然在华人文化移入和适应的研究中,心理调节受到了大量的关注,然而,文化能力的发展也颇为重要,它常常放到社会文化移入标题下进行讨论。文化学习理论将特殊文化技能的习得看做文化移入的重要指标,它为在该领域中理解和解释文化移入过程提供了一个总体理论框架(Ward,2004;Ward 等,2001)。交流能力是这一过程的核心,它促进了与移民国居民的互动,而他们是更广泛社会文化环境的文化提供者。与移民国居民更频繁、满意和有效的互动促进了文化能力的更好发展以及更好的社会文化移入。适应通过学习而提高,它随着时间的推移而得到改善,受到了文化相似性而不是文化距离的推动(Masgoret & Ward,2006)。

　　与 Masgoret 和 Ward(2006)的社会文化移入模型相符,研究已经证实了华人青少年移民和留学生的英语熟练程度与美国同龄人友谊之间的联系(Tsai,2006;Ying,2002)。Kuo 和 Roysircar(2004)对加拿大华裔青少年的研究发现了相似的结果。他们的研究结果表明,在加拿大的居住时间长短和英语阅读能力两者预测了与占主导地位的白人社会更强的联系。此外,在早期的移民群体中,这种联系最强。研究者的结论是,语言熟练有助于掌握文化知识,促进跨文化交流,减少文化冲突和误解的可能性。

当移民国居民提供了有用的信息支持和帮助文化学习时,形成跨文化友谊就成为了一项艰巨的任务,对于华人留学生(Spencer-Oatey & Xiong,2006;Ward & Masgoret,2004),和华人青少年移民都是如此(Tsai,2006)。尽管面临挑战,但是研究已经证明,与移民国同龄人的友谊和更频繁的互动有助于更少的心理和社会文化移入问题(Searle & Ward,1990;Ward & Kennedy,1993;Ying & Liese,1994)。与之相反,有证据表明,与华人居民更频繁的互动导致了华人留学生更大的社会文化移入问题,以及更低的生活满意度(Ward & Kennedy,1993;Ward & Masgoret,2004)。

然而,从文化学习的角度看,社会文化能力的习得是文化移入的一种适应性结果,也可以将其视为有助于旅居者和移民心理幸福感的一种资源。事实上,源于不同族文化青少年跨文化比较研究的心理和社会文化适应模型就提出,社会文化适应直接导致了心理适应,其中包括高生活满意度和低心理症状,而该模型对社会文化适应的界定则是从学校调节和行为问题的角度(Sam,Vedder,Ward, & Horenczyk,2006;Vedder,van de Vijver, & Liebkind,2006)。

当然,已有充分的证据证实了华人旅居者和移民的社会文化移入与心理适应之间存在联系。Wang 和 Mallinckrodt(2006)研究了美国的华人留学生样本,报告在社会文化移入问题和心理症状之间存在中等程度的相关,Spencer-Oatey 和 Xiong(2006)也指出,英国大学的华人学生的社交困难和抑郁之间存在强相关。Ward 和 Kennedy(1999)报告说,新加坡的中国香港和中国内地学生的社会文化移入问题和抑郁之间存在较低但显著的相关(0.20);在新加坡的马来西亚学生中(主要为华人样本),二者间存在更强的相关(0.54);在美国的新加坡人中,二者间存在更强的相关(0.53);在新西兰的新加坡和马来西亚学生中,二者相关系数为0.41;在世界各地的新加坡学生中,二者相关系数为0.31。研究者认为,社会文化移入和心理适应之间的关系可以被解读为旅居者和移民整合并参与到更广泛社会的一个指标。

跨时间的文化移入。考察华人移民和旅居者随着时间的推移,而发生的文化移入的纵向研究相对较少。然而,有限的研究发现,出发前和到达后的适应存在差异,并且可以预测定居第一年发生的波动。Ying 和 Liese(1991)的调查表明,超过一半的中国台湾学生到达美国后体验到了幸福感的下降。Zheng 和 Berry(1991)对加拿大华人学者的研究同样也表明,到达加拿大三四个月之后,他们的心理健康水平下降了。Ward 和 Kennedy(1996)研究了新西兰的新加坡和马来西亚学生(主要是华人)的一个小样本,同时还考察了其心理和社会文化移入,结果发现,相对于中间六个月的时间点,他们在定居一个月与一年时抑郁水平显著增加了。初来乍到时,社会文化移入的问题最大,随后在最初六个月里该问题显著下降,并在一年里继续保持一种下降的趋势。在到达一个月后对其进行访谈,要求他们回顾和评价初来乍到时的情况时,68%的学生给出的

描述是完全负面的,相比之下,只有 5% 的学生使用了完全正面的描述。

　　总体而言,这些发现都与压力和应对以及文化学习理论相一致。在跨文化迁移的早期阶段遇到的生活变化可能会对心理幸福感造成负面影响。此外,如果这时很缺乏当地的社会支持网络,那么就会发生明显的变化。因此,压力和应对理论会预测,在出发前和到达初期的这段时间里,心理适应会下降,但在最初的六个月里,心理适应会提高,因为旅居者和移民适应了这种变化并建立了社会支持网络。关于社会文化移入,文化学习理论预测,适应问题随着时间的推移呈现出了一种反向学习曲线。更具体地说,在到达后的最初几个月里,社会问题会大幅度减少,随后下降速度会变慢,直到最终保持稳定(Ward,Okura,Kennedy,& Kojima,1998)。

　　个人和家庭。前文已经介绍了文化移入和文化适应研究的主要概念框架,这些研究可以在跨文化文献中找到。也有大量的实证研究阐述了华人的体验。然而,与大多数心理学领域的理论和研究一样,也有可能这些研究虽然将指导范式和概念框架应用于华人被试,但却并未捕捉到与其最相关的一些基本问题(参见 Hong,Yang,& Chiu,本手册;Yang,本手册)。与其他许多心理学研究主题一样,文化移入研究主要采用了个体主义的科学观。对于华人个体如何跨越文化、经历文化移入并适应新的、相对陌生的环境,我们已经知道了很多。但是,华人社会建立在集体主义价值观和信仰之上,所以,应在家庭背景中对华人移民的文化移入进行研究。因此,下一节将考虑华人家庭文化移入的动力。

华人家庭和文化移入

家庭和谐与孝道

　　一种基本的华人价值观是看重家庭(Phillips & Pearson,1996)。不同于大多数西方社会的普遍逻辑,华人将家庭而不是个人视为基本的社会单位。每个华人从小就知道家庭是第一位的,并且要努力保持密切、和谐而有凝聚力的家庭关系(Hwang,1999;Li,1998;Mak & Chan,1995)。个人的认同被定义为其在家庭中的角色和人际关系,而不是作为独立个体对于自己是谁的自我感觉(Hsu,1971;Hwang,1999)。由于家庭生活是华人文化的轴心,因此华人家的构建方式是,对于父母的遵从、依赖和服从是至关重要的(Mak & Chan,1995),而大多数华人父母认为,对家庭表现出忠诚的青少年是理想的孩子,他们会与家庭成员保持良好关系并承担家庭责任(Shek & Chan,1999)。

　　这种对家庭的承诺和忠诚甚至在非华人社会的华人家庭中仍然突出,并且在华人和西方人的偏好中存在差异(Feldman 等,1992;Feldman & Rosenthal,1991;Hwang,1999;Stewart 等,1999)。对家庭的情感依恋以及对家人的责任和义务感不会轻易地受到更加独立的文化规范的影响。例如,Feldman 及其同事(1992)发现,即便是明显表现出了文化移入的第二代华人年轻人,他们仍然比其西方同龄人更加重视家庭。此外,在对家庭的忠诚上,这些第二代年轻人与保持了更多传统价值观的第一代年轻人并没有什么不同。此外,Fuligni 及其同事发现,华裔美国青少年比欧裔美国青少年更加重视对家庭的支持和帮助,并且这些差异在青少年的代际、性别、家庭组成和社会经济背景上是一致的(Fuligni,Tseng,& Lam,1999)。因此,显而易见,这种对家庭的忠诚被视为一种责任而不是一种选择,并且它植根于华人认同的核心。

华人父母也证明了家庭的重要性,他们认为孝道、尊重和服从是儒家最重要的准则。有采访询问了 420 位香港父母心中理想孩子的特点,结果显示,超过60%的父母认为与家庭有关的特点,如良好的亲子关系和履行家庭责任,是理想孩子的特点(Shek & Chan,1999)。这一发现与华人文化中非常强调孝顺、家庭团结和相互依赖的观察相一致(Yang,1981)。

为数不多的对海外华人孝道的研究也发现了对于孝顺义务的强烈认可,即使在个体主义西方价值观的社会,它也产生了广泛的影响(Lin,2006;Liu,Ng,Weatherall,& Loong,2000)。看来,尽管为了适应不断变化的社会,华人调节了其生活方式和价值体系,但孝道的某些方面依然存在,并在人们的生活中继续发挥着重要作用(Hwang,1999;Lin,2000,2004,2006;Yeh,1997,2003;Yeh & Bedford,2003)。

由于家庭既是华人文化的坚实基础,又是个人生活和认同的基础,因此华人青少年自主性的形成年龄会晚得多,家庭仍在很长一段时间内对其产生重要影响。事实上,很多对华人移民的研究发现,相对于西方同龄人,华人青少年的自主性预期更晚(Deeds,Stewart,Bond,& Westrick,1998;Feldman & Rosenthal,1990,1991;Fuligni,1998;Greenberger & Chen,1996),华人父母也比欧美父母更强调父母的控制,并且对子女的保护也更多(Chiu,Feldman,& Rosenthal,1992;Kelly & Tseng,1992;Lee & Zhan,1998;Lin & Fu,1990)。

家庭关系在跨文化转换中的重要性

研究表明,华人与西方家庭之间的这些差异可能会使华人青少年移民更有可能成功地适应移民国社会。例如,强调家庭成员相互依赖和维持紧密家庭结构的文化可以帮助华人移民的家庭保持完整性,为其子女提供一个更加稳定和安全的环境。Florsheim(1997)考察了 113 名美国的华人青少年后发现,那些认为自己的家庭是井井有条的、合作的、更少争吵的华人青少年报告了更少的心理调节问题、更低的情感和文化移入压力。E.Y.Lin(2006)也发现,与家庭成员之间情感纽带更强的华人青少年在跨文化转换中体验到的认同冲突更少。

最近,关于"降落伞孩子"和"宇航员父母"的研究进一步强调了在跨文化转换中家庭和父母陪伴的重要性（Alaggia，Chau，＆Tsang，2001；Aye & Guerin，2001；Chiang-Hom，2004；Irving，Benjamin，＆Tsang，1999；Pe-Pua，Mitchell，Iredale，＆Castles，1996；Waters，2003；Zhou，1998）。[1]Hom（2002）发现，相对于与父母共同生活的美国华人移民青少年，没有与父母一起生活的美国华人移民青少年，例如降落伞孩子，出现了更多的行为失调，如使用药物、更早更频繁的性行为和团伙帮派争斗等。

E.Y.Lin（2006）最近进行的一项研究也提供了证据表明，父母的陪伴在跨文化转换过程中的重要性。该研究发现，在国外没有与父母共同生活的华人青少年比国外与父母共同生活的华人青少年体验到了更强的认同冲突。换句话说，由于独自移民并缺乏父母现场的指导，国际学生和降落伞孩子更有可能产生"撕裂"感，体验到文化混乱和不适应。此外，Lin（2006）还发现，有父母陪伴时，不管是否对自己与父母的关系感到满意，青少年都不太可能体验到认同冲突。然而，当父母在海外时，即缺乏父母陪伴时提供的保护伞，亲子关系则对个体的认同冲突水平产生了影响。

代际冲突与文化移入差异

已有研究也记录了移民家庭特有的代际冲突。Baptiste（1993）确定了移民家庭所面对的五个代际问题。它们是：（1）家庭边界和代际层次结构的宽松化；（2）父母对子女权威的降低；（3）害怕孩子迷失于移民国文化中；（4）对于作为移民经验一部分的变化和冲突的失当；（5）扩大家庭的陷入—脱离问题。Baptiste将这些代际冲突归因于父母和孩子对移民国文化的互渗/适应的比率不同，它导致了家庭两极化的加剧。

事实上，大量研究表明，青少年移民比其父母更快地适应了新的态度和价值观（Berry等，2006；Kwak，2003；Phinney，Ong，＆Madden，2000；Portes & Rumbaut，2001）。随着华人青少年开始愤恨和反抗父母的高度控制、期望和限制，而这些在西方同龄人的生活中是没有的，文化移入速度的这一差异就会增加发生亲子冲突的可能性。反过来，这种升级的家庭冲突使得华人青少年和年轻人更可能出现抑郁和反社会行为，例如吸烟、饮酒、学校不当行为等问题行为，以及更低的生活满意度和更差的学业成绩（Chen，Greenberger，Lester，Dong，＆Guo，1998；Costigan & Dokis，2006；Crane，Ngai，Larson，＆Hafen，2005；Greenberger，Chen，Tally，＆Dong，2000；Juang，Syed，＆Takagi，2007；Lee & Zhan，1998；Rumbaut，1997；Weaver & Kim，2008）。

Sung（1985）确定了华人青少年在西方社会所面临的一系列文化冲突。这些冲突包括：攻击性对非暴力；物质的对精神的发展和成就；社会从众性对种族价值观；情感表达；性；社会认可对学术成就；物质主义对节约俭朴；独立对依赖；尊重权威；角色榜样的标准；集体主义对个体主义。这些文化冲突还只是在其种族认同发展和文化移入过程中，华人移民孩子必须与父母交流的少数几个障碍。与父母在许多文化移入问题上存在冲突，例如以上所列问题、家庭义务的水平和友谊的选择，可能所有青少年都是如此，而不仅仅是来自华人移民家庭的青少年。然而，由于华人文化比其他许多文化都更强调家庭和谐、尊敬父母（华夏文化协会，1987），因此华人青少年及其父母都不太容易接受这些冲突，对此更感到不安。此外，与文化移入差异有关的语言障碍，即父母不精通英语而孩子不精通汉语，可能会使父母和孩子在微妙或困难的情感问题上更难以进行交流；因此，他们可能会彼此在情感上感到更加疏远（Tseng & Fuligni，2000）。

英语学习速度的差异也可能导致父母和孩子之间角色的颠倒。当孩子比其父母更快地学会并使用英语时，在要求英语流利的情境中，父母需要依赖孩子替自己说话以及与移民国社会进行互动。这种依赖性与华人亲子间的通常模式形成了鲜明的对比，可能导致父母感到无助、愤恨、混乱和抑郁。另一方面，由于孩子成为了家庭的翻译者和发言人，他们不可避免地面对了一些通常不会接触到的信息和情境，从而对其造成额外的负担和压力（Baptiste，1993）。

老年华人移民的文化移入

关于移民国社会中的老年华人的文化移入和家庭生活，研究表明，抑郁、社会隔离和家庭冲突是主要问题（Abbott 等，2003；Mak & Chan，1995；Mui，1996；Wong，Yoo，& Stewart，2006）。大多数老年华人晚年进行移民是为了与已在移民国居住了较长时间的成年子女团聚。老年华人这一群体到这里常常是为了承担家务，比如照顾孙辈、帮助其成年子女干家务。尽管他们可能在原来国家非常受人尊敬，但老年华人变得高度依赖其子女（或孙子）为其提供交通、翻译和援助，即使是简单的任务，如购物和看病。此外，老年华人为了家庭常常牺牲个人利益，但研究表明，尽管作出了牺牲，但他们却经常得不到儿孙辈的感激和尊重。

S.T.Wong 及其同事（2006）的研究发现，许多老年华人感到自己在家庭中的位置从中心转移到了边缘。此外，随着西方社会着重强调核心家庭，他们在代际家庭中不再被视为权威人物。因此，为了维护家庭和谐，一些老年华人报告说他们倾向于保留自己的感受和想法，态度变得更加宽容和灵活，学会了自我依赖，并且扩大了家庭成员之外的社交网络（Wong 等，2006）。

总之，本节描述了华人家庭文化移入的动力。与华人文化（属于集体主义、以家庭为中心、关系型的文化）相反，大多数移民国信奉的是个体主义价值观，即个人权利和需要位于群体和家庭需要之上。因此，刚到达新的移民国时，华人移民面临着复杂的任务，即平衡以下二者的关系：忠于家庭和华人文化，需要形成一种个体认同并获得移民国社会的认可。因此，毫不奇怪，其跨文化转换伴随着压力和冲突，特别是当家庭成员的文化移入速度存在差异时。然而，同样重要的是，我们要注意到，虽然对于移民家庭，文化移入差异肯定面临着挑战，但是研究表明大多数华人家庭有效地应对了这些挑战，而华人移民在许多移民国社会仍旧被认为是"少数模型"（Costigan & Dokis，2006；Ma，2002）。

结　论

由于全球海外华人形成了最大的移民群体,因此不足为奇,关于华人文化移入和适应的实证证据相当多。的确,华人是经常被研究的文化移入群体。然而,对该研究的回顾揭示了一些明显不足。

第一,文化移入研究的背景有限。到目前为止,所进行的研究(至少以英文和中文发表的研究)主要是在西方国家完成的,尤其是诸如加拿大、美国、澳大利亚和新西兰等移民国家。无论对于理论发展或实际应用,研究背景都应该扩展和覆盖到更广泛的移民社会。其中包括亚洲国家,在这些国家中,移民的文化移入体验预期可能十分不同,并且移民国对"理想移民"的看法可能显著不同于北美和大洋洲。在中国香港、新加坡和日本进行的研究仅仅开始关注亚洲社会中的华人在文化移入过程中出现的问题(如 Chen 等,2008;Matsudiara,2003;Ward & Kennedy,1999),对于各种变量在适应文化语境中的作用,还需进行更多研究。

第二,华人文化移入和文化适应的视角具有局限性。大多数情况下,对文化移入的研究就好像它是一个普遍过程,而较少考虑这一过程中的任何特殊文化的动力。华人的文化移入有何独特之处吗? 诸如华人在文化移入中的应对方式等研究是朝着正确方向迈出的一步(Kuo,2002;Lau,2007)。与此类似,新的研究表明,相对于较小的群体,像华人这样的大种族群体可能在长期的文化移入策略上存在重要差异,而该研究可能提供了一种新视角(Gezentsvey,2008)。未来的研究应该进一步探索华人文化移入的特殊文化动力。

第三,华人文化移入研究的目标具有局限性。迄今为止,我们已经知道了许多关于华人青少年和成年人的文化移入体验。但对于老年人文化移入的了解相当少,并且几乎不了解儿童的文化移入。此外,在许多情况下一个更大的问题是,在研究中哪种做法更好? 是将华人作为文化移入个体或者将其作为体验跨文化接触和改变的文化移入家庭? 从这个角度来看,文化移入过程中的代际问题应该受到特别关注。

最后,华人文化移入的跨时间研究相对较少。它既指的是对华人移民的纵向研究,如 Ying 及其同事进行的研究(Ying & Han,2006;Ying & Liese,1991),也指的是对代际间文化移入变化的研究(如 Feldman 等,1992)。这两种方法都应该得到发展。最后,如果背景、视角、目标和方法在未来的研究中得到了扩展,对于华人如何形成文化移入和文化适应,我们会有一个更全面的了解。

章　注

1　降落伞孩子是指青少年独自来到另一个国家留学,而其父母仍然留在原来国家。宇航员家庭是指那些移民到另一个国家、而父母一方或双方都回到原来国家居住(通常是经济原因),而留下"卫星"青少年子女在新的国家求学。

参考文献

Abbott,M.,Wong,S.,Giles,L.C.,Wong,S.,Young,W., & Au,M.(2003).Depression in older Chinese migrants to Auckland.*Australian and New Zealand Journal of Psychiatry*,*37*,445-451.

Alaggia,R.,Chau,S., & Tsang,K.T.(2001).Astronaut Asian families:Impact of migration on family structure from the perspective of the youth.*Journal of Social Work Research and Evaluation*,*2*,295-306.

Aye,A.M.M.T., & Guerin B.(2001).Astronaut families:A review of their characteristics,impact on families and implications for practice in New Zealand.*New Zealand Journal of Psychology*,*30*,9-15.

Baptiste,D.A.(1993).Immigrant families,adolescents and acculturation:Insights for therapists.*Marriage and Family Review*,*19*,341-363.

Baumeister,R.,Shapiro,J.P., & Tice,D.M.(1985).Two kinds of identity crises.*Journal of Personality*,*53*,407-424.

Benet-Martínez,V. & Haritatos,J.(2005).Bicultural identity integration:Components and psychosocial antecedents.*Journal of Personality*,*73*,1015-1050.

Berry,J.W.(1974).Psychological aspects of cultural pluralism.*Culture Learning*,*2*,17-22.

Berry,J.W.(1984).Cultural relations in plural societies:Alternatives to segregation and their socio-psychological implications.In M.Brewer & N.Miller(eds),*Groups in contact*(pp.11-27).New York:Academic Press.

Berry,J.W.(1990).Psychology of acculturation:Understanding individuals moving between cultures.In R.Brislin(ed.),*Applied cross-cultural psychology*(pp.232-253).Newbury Park,CA:Sage.

Berry,J.W.(1997).Immigration,acculturation and adaptation.*Applied Psychology*,*46*,5-68.

Berry,J.W.(2005).Acculturation:Living successfully in two cultures.*International Journal of intercultural Relations*,*29*,697-712.

Berry,J.W.(2006).Stress perspectives on acculturation.In D.L.Sam & J.W.Berry(eds),*The Cambridge handbook of acculturation psychology*(pp.43-57).New York:Cambridge University Press.

Berry,J.W.,Kim,U.,Power,S.,Young,M., & .Bujaki,M.(1989).Acculturation attitudes in plural societies.*Applied Psychology*,*38*,185-206.

Berry,J.W.,Phinney,J.,Sam,D.L., & Vedder,P.(eds).(2006).*Immigrant youth in cultural transition:Acculturation,identity and adaptation across international contexts*.Mahwah,NJ:Lawrence Erlbaum.

Berry,J.W. & Sam,D.L.(1997).Acculturation and adaptation.In J.W.Berry,M.H.Segall, & Ç,Kağitçibaşi(eds),*Handbook of cross-cultural psychology:Vol.3.Social behavior and applications*(pp.291-326).Boston,MA:Allyn & Bacon.

Carver,C.S.,Scheier,M.F., & Weintraub,J.K.(1989).Assessing coping strategies:A theoretically based approach.*Journal of Personality and Social Psychology*,*56*,267-283.

Chataway,C.J. & Berry,J.W.(1989).Acculturation experiences,appraisal,coping and adaptation:A comparison of Hong Kong Chinese,French and English students in Canada.*Canadian Journal of Behavioral*

Science,*21*,295-301.

Chen,C.,Greenberger,E.,Lester,J.,Dong,Q., & Guo,M.S.(1998).A cross-cultural study of family and peer correlates of adolescent misconduct.*Developmental Psychology*,*34*,770-781.

Chen,S. X.,Benet-Martínez, V., & Bond, M. H.(2008). Bicultural identity, bilingualism and psychological adjustment in multicultural societies.*Journal of Personality*,*76*,803-838.

Cheung-Blunden,V.L., & Juang,L.P.(2008).Expanding acculturation theory:Are acculturation models and the adaptiveness of acculturation strategies generalizable in a colonial context? *International Journal of Behavioral Development*,*32*,21-33.

Chia,A.L. & Costigan,C.L(2006). Understanding the multidimensionality of acculturation among Chinese Canadians.*Canadian Journal of Behavioral Science*,*38*,311-324.

Chiang-Hom,C.(2004).Transnational cultural practices of Chinese immigrant youth and parachute kids. In J.Lee & M.Zhou(eds),*Asian American youth:Culture,identity and ethnicity*(pp.143-158).New York:Routledge.

Chinese Culture Connection(1987).Chinese values and the search for culture-free dimensions of culture. *Journal of Cross-Cultural Psychology*,*18*,143-164.

Chiu,L.H.,Feldman,S., & Rosenthal,D.(1992).The influence of immigration on parental behavior and adolescent distress in Chinese families in two western nations.*Journal of Research on Adolescence*,*2*,205-239.

Costigan,C.L. & Dokis,D.P.(2006).Relations between parent-child acculturation differences and adjustment within immigrant Chinese families.*Child Development*,*77*,1252-1267.

Costigan,C.L. & Su,T.F.(2004).Orthogonal versus linear models of acculturation among immigrant Chinese Canadians:A comparison of mothers,fathers and children.*International Journal of Behavioral Development*,*28*,518-527.

Crane,D.R.,Ngai,S.W.,Larsen,J.H., & Hafen,M.,Jr.(2005).The influence of family functioning and parent-adolescent acculturation on North American Chinese adolescent outcomes. *Family Relations*, *54*, 400-410.

Gross,S.(1995).Self-construals,coping and stress in cross-cultural adaptation.*Journal of Cross-Cultural Psychology*,*26*,673-697.

Deeds,O.,Stewart,S.M.,Bond,M.H., & Westrick,J.(1998).Adolescents in between cultures:Values and autonomy expectations in an international school setting.*School Psychology International*,*19*,61-77.

Eyou,M.L.,Adair,V., & Dixon,R.(2000).Cultural identity and psychological adjustment of Chinese immigrants in New Zealand.*Journal of Adolescence*,*23*,531-543.

Feldman,S.S.,Mont-Reynaud,R., & Rosenthal,D.(1992).When East moves West:The acculturation of values of Chinese adolescent in the US and Australia.*Journal of Research on Adolescence*,*2*,147-173.

Feldman,S.S. & Rosenthal,D.A.(1990).The acculturation of autonomy expectations in Chinese high schoolers residing in two Western nations.*International Journal of Psychology*,*25*,259-281.

Feldman,S.S. & Rosenthal,D.A.(1991).Age expectations of behavioral autonomy in Hong Kong,Australian and American youth:The influence of family variables and adolescents' values.International Journal of Psychology,*26*,1-23.

Florsheim,P.(1997).Chinese adolescent immigrants:Factors related topsychological adjustment.*Journal of Youth and Adolescence*, *26*, 143-163.

Folkman, S. & Lazarus, R. (1985). If it changes, it must be a process: Studies of emotion and coping in three stages of a college examination. *Journal of Personality and Social Psychology*, *48*, 150-170.

Fuligni, A.J. (1998). Authority, autonomy, and parent-adolescent conflict and cohesion: A study of adolescents from Mexican, Chinese, Filipino, and European backgrounds. *Developmental Psychology*, *34*, 782-792.

Fuligni, A., Tseng, V., & Lam, M. (1999). Attitudes towards family obligations among American adolescents with Asian, Latin American, and European backgrounds. *Child Development*, *70*, 1030-1044.

Furnham, A. & Bochner, S. (1986). *Culture shock: Psychological reactions to unfamiliar environments.* London: Methuen.

Galchenko, I. & van de Vijver, F.J.R. (2007). The role of perceived cultural distance in the acculturation of exchange students in Russia. *International Journal of Intercultural Research*, *31*, 181-197.

Gezentsvey, M. A. (2008). *Journeys of ethno-cultural continuity: The long-term acculturation of Jews, Maori and Chinese.* Unpublished doctoral dissertation, Victoria University of Wellington, New Zealand.

Gordon, M.M. (1971). The nature of assimilation and the theory of the melting pot. In E.P. Hollander & R.G. Hunt (eds), *Current perspectives in social psychology* (3rd edn, pp. 102 - 114). New York: Oxford University Press.

Greenberger, E. & Chen, C. (1996). Perceived family relationships and depressed mood in early and late adolescence: A comparison of European and Asian Americans. *Developmental Psychology*, *32*, 707-716.

Greenberger, E., Chen, C., Tally, S., & Dong, Q. (2000). Family, peer, and individual correlates of depressive symptomatology among US and Chinese adolescents. *Journal of Counseling and Clinical Psychology*, *68*, 209-219.

Ho, E.S. (1995). Chinese or New Zealander? Differential paths of adaptation of Hong Kong Chinese adolescent immigrants in New Zealand. *New Zealand Population Review*, *21*, 27-49.

Ho, E.S. (2004, November). *Acculturation and mental health among Chinese immigrant youth in New Zealand: An exploratory study.* Paper presented at The Inaugural International Asian Health Conference, Auckland.

Holmes, T.H. & Rahe, R.H. (1967). The Social Readjustment Rating Scale. *Journal of Psychosomatic Research*, *11*, 213-218.

Hom, C.L. (2002). *The academic, psychological, and behavioral adjustment of Chinese parachute kids.* Unpublished doctoral thesis, University of Michigan, Ann Arbor.

Hsu, F.L.K. (1971). Psycho-social homeostasis and ren: Conceptual tools for advancing psychological anthropology. *American Anthropologist*, *73*, 23-44.

Hwang, K.K. (1999). Filial piety and loyalty: Two types of social identification in Confucianism. *Asian Journal of Social Psychology*, *2*, 163-183.

Irving, H.H., Benjamin, M., & Tsang, A.K.T. (1999). Hong Kong satellite children in Canada: An exploratory study of their experience. *Hong Kong Journal of Social Work*, *33*, 1-21.

Juang, L.P., Syed, M., & Takagi, M. (2007). Intergenerational discrepancies of parental control among Chinese-American families: Links to family conflict and adolescent depressive symptoms. *Journal of Adolescence*, *30*, 965-975.

Kelley,M. & Tseng,H.M.(1992).Cultural differences in child-rearing: A comparison of Chinese-and-Caucasian-American mothers.*Journal of Cross-Cultural Psychology*,*23*,444–455.

Kennedy,A.(1999).*Singaporean sojourners: Meeting the demands of cross-cultural transition.*Unpublished doctoral thesis,National University of Singapore.

Kuo,B.C.H.(2002).Correlates of coping of three Chinese adolescent cohorts in Toronto,Canada: Acculturation and acculturative stress.*Dissertation Abstracts International*,*62*(8-B),3806.

Kuo,B.C.H. & Roysircar,G.(2004).Predictors of acculturation for Chinese adolescents in Canada: Age of arrival,length of stay,social class,and English reading ability.*Journal of Multicultural Counseling and Development*,*32*,143–154.

Kwak,K.(2003).Adolescents and their parents: A review of intergenerational family relations for immigrant and nonimmigrant families.*Human Development*,*46*,115–136.

Lau,J.S.N.(2007).Acculturative stress,collective coping and psychological well-being of Chinese international students.*Dissertation Abstracts International*,*67*(12-B),7380.

Lazarus,R.S. & Folkman,S.(1984).*Stress,coping and appraisal.*New York: Springer.

Lee,L.C. & Zhao,G.(1998).Psychosocial status of children and youth.In L.C.Lee & N.W.S.Zane (eds),*Handbook of Asian American psychology*(pp.137–163).Thousand Oaks,CA: Sage.

Leong,C.H. & Ward,C.(2000).Identity conflict in sojourners.*International Journal of intercultural Relations*,*24*,763–776.

Leung,C.(2001a).The socio-cultural and psychological adaptation of Chinese migrant adolescents in Australia and Canada.*International Journal of Psychology*,*36*,8–19.

Leung,C.(2001b).The psychological adaptation of overseas and migrant students in Australia.*International Journal of Psychology*,*36*,251–259.

Li,M.C.(1998).Content and functions of Chinese family relationships: A study of university students.*Indigenous Psychological Research in Chinese Societies*,*9*,3–52.(in Chinese)

Li,X.(2007).A survey of overseas Chinese.In S.Li & Y.Wang(eds),*The yellow book of international politics: Report of global politics and security*(pp.195–213).Beijing: Institute of World Economics and Politics,Chinese Academy of Social Sciences.

Lin,C.C. & Fu,V.R.(1990).A comparison of child-rearing practices among Chinese,immigrant Chinese,and Caucasian-American parents.*Child Development*,*61*,429–433.

Lin,E.Y.(2000).*A comparison of Asian and Pakeha values and perceived intergenerational value change in New Zealand.*Unpublished Honours thesis,University of Auckland,Auckland,New Zealand.

Lin,E.Y.(2004).*Intergenerational value differences and acculturation of Chinese youth in New Zealand.*Paper presented at the Third Biennial International Conference of the International Academy of Intercultural Research,Taipei,Taiwan.

Lin,E.Y.(2006).*Developmental,social and cultural influences on identity conflict in overseas Chinese.*Unpublished doctoral thesis,Victoria University of Wellington,Wellington,New Zealand.

Lin,E.Y.(2008).Family and social influences on identity conflict in overseas Chinese.*International Journal of Intercultural Relations*,*32*,130–141.

Liu,J.H.,Ng,S.H.,Weatherall,A., & Loong,C.(2000).Filial piety,acculturation and intergenerational communication among New Zealand Chinese.*Basic and Applied Social Psychology*,*22*,213-223.

Ma,X.(2002).The first ten years in Canada:A multi-level assessment of behavioral and emotional problems of immigrant children.*Canadian Public Policy*,*28*,395-418.

Mak,A.S. & Chan,H.(1995).Chinese family values in Australia.In R.Hartley(ed.),*Families and cultural diversity in Australia*(pp.70-95).St.Leonard's,NSW:Allen & Unwin.

Mak,A.S. & Nesdale,D.(2001).Migrant distress:The role of perceived racial discrimination and coping resources.*Journal of Applied Social Psychology*,*31*,2632-2647.

Mak,W.W.S.,Chen,S.X.,Wong,E.C., & Zane,N.W.S.(2005).A psychological model of stress-distress relationship among Chinese Americans.*Journal of Social and Clinical Psychology*,*24*,422-424.

Markus,H. & Kitayama,S.(1991).Culture and self:Implications for cognition,emotion and motivation. *Psychological Review*,*98*,224-253.

Masgoret,A.M. & Ward,C.(2006).Culture learning approach to acculturation.In D.L.Sam & J.W.Berry (eds),*The Cambridge handbook of acculturation psychology*(pp.58-77).New York Cambridge University Press.

Matsudaira,T.(2003).Cultural influences on the use of social support by Chinese immigrants in Japan: 'Face' as a key word.*Qualitative Health Research*,*13*,343-357.

McCrae,R.R.(2002).NEO-PI-R data from 36 cultures.In R.R.McCrae & J.Allik(eds),*The five factor model of personality across cultures*(pp.105-126).New York:Kluwer Academic.

Mui,A.(1996).Depression among elderly Chinese immigrants:An exploratory study.*Social Work*,*41*, 633-646.

Pe-Pua,R.,Mitchell,C.,Iredale,R., & Castles,S.(1996).*Astronaut families and parachute children: The cycle of migration between Hong Kong and Australia*.Canberra:Australian Government Publishing Service.

Phillips,M.R. & Pearson,V.(1996).Coping in Chinese communities:The need for a new research agenda.In M.H.Bond(ed.),*The handbook of Chinese psychology*(pp.429-440).Hong Kong:Oxford University Press.

Phinney,J.,Ong,A., & Madden,T.(2000).Cultural values and intergenerational value discrepancies in immigrant and non-immigrant families.*Child Development*,*71*,528-539.

Portes,A. & Rumbaut,R.(2001).*Legacies:The story of the second generation*.Berkeley,CA:University of California Press.

Redfield,R.,Linton,R., & Herskovits,M.J.(1936).Memorandum on the study of acculturation. *American Anthropologist*,*38*,149-152.

Rudmin,F.W.(2003).Critical history of the acculturation psychology of assimilation,separation,integration and marginalization.*General Review of Psychology*,*7*,3-37.

Rumbaut,R.G.(1997).Ties that bind:Immigration and immigrant families in the United States.In A. Booth,A.D.Grouter, & N.Landale(eds),*Immigration and the family*(pp.3-46).Mahwah,NJ:Lawrence Erlbaum.

Ryder,A.G.,Alden,L.E., & Paulhus,D.L.(2000).Is acculturation uni-dimensional or bi-dimensional? A head-to-bead comparison in the prediction of personality,self-identity and adjustment.*Journal of Personality and Social Psychology*,*79*,49-65.

Sam,D.L.,Vedder,P.,Ward,C., & Horenczyk,G.(2006).Psychological and socio-cultural adaptation. In J.W.Berry,J.Phinney,D.L.Sam, & P.Vedder(eds),*Immigrant youth in cultural transition:Acculturation, identity and adaptation across national contexts*(pp.117-142).Hillsdale,NJ:Lawrence Erlbaum.

Searle,W. & Ward,C.(1990).The prediction of psychological and socio-cultural adjustment during cross-cultural transitions.*International Journal of Intercultural Relations,14*,449-464.

Selmer,J.(2002).The Chinese connection? Adjustment of Westerners vs.overseas Chinese expatriate managers in China.*Journal of Business Research,55*,41-50.

Selmer,J. & Shui,L.S.C.(1999).Coming home? Adjustment of Hong Kong Chinese expatriate business managers assigned to the People's Republic of China.*International Journal of Intercultural Relations,23*, 447-465.

Shek,D.T.L. & Chan,L.K(1999).Hong Kong Chinese parents' perceptions of the ideal child.*The Journal of Psychology,133*,291-302.

Shen,B.J. & Takeuchi,D.T.(2001).A structural model of acculturation and mental health status among Chinese Americans.*American Journal of Community Psychology,29*,387-418.

Snauwaert,B.,Soenens,B.,Vanbeselaere,N., & Boen F.(2003).When integration does not necessarily imply integration:Different conceptualizations of acculturation orientations lead to different classifications. *Journal of Cross-Cultural Psychology,34*,231-239.

Sondregger,R.,Barrett,P.M., & Creed,P.A.(2004).Models of cultural adjustment for child and adolescent migrants to Australia:Internal processes and situational factors.*Journal of Child and Family Studies,13*, 357-371.

Spencer-Oatey,H. & Xiong,Z.(2006).Chinese students' psychological and socio-cultural adaptationt o Britain:An empirical study.*Language,Culture and Curriculum,19*,37-53.

Stewart,S.M.,Bond,M.H.,Deeds,O., & Chung,S.F.(1999).Intergenerational patterns of values and autonomy expectations in cultures of relatedness and separateness.*Journal of Cross-Cultural Psychology,30*, 575-593.

Suinn,R.M.,Rickard-Figueroa,K.,Lew,S. & Vigil,P.(1987).The Suinn-Lew Asian Self-identity Acculturation Scale:An initial report.*Educational and Psychological Measurement,47*,401-402.

Sung,B.L.(1985).Bicultural conflicts in Chinese immigrant children.*Journal of Comparative Family Studies,16*,255-289.

Tata,S.P. & Leong,F.T.L.(1994).Individualism-collectivism,social network Orientation and acculturation as predictors of attitudes toward seeking professional psychological help among Chinese Americans.*Journal of Counseling,41*,280-287.

Taylor,S.E.,Sherman,D.K.,Kim,H.S.,Jarcho.J.,Takagi,K., & Dunagan,M.S.(2004).Culture and social support:Who seeks it and why? *Journal of Personality and Social Psychology,87*,354-362.

Tsai,J.H.C.(2006).Xenophobia,ethnic community and immigrant youth's friendship network formation. *Adolescence,41*,285-298.

Tsang,E.(2001).Adjustment of Chinese academics and students to Singapore.*International Journal of Intercultural Relations,25*,347-372.

Tseng,V. & Fuligni,A.J.(2000).Parent-adolescent language use and relationships among immigrant families with East Asian, Filipino, and Latin American backgrounds. *Journal of Marriage and the Family*, *62*, 465-476.

Vedder, P., van de Vijver, F. J. R., & Liebkind, K. (2006). Predicting immigrant youth's adaptation across countries and ethnocultural groups. In J. W. Berry, J. Phinney, D. L. Sam, & P. Vedder (eds), *Immigrant youth in cultural transition: Acculturation, identity and adaptation across national contexts* (pp. 143-166). Hillsdale, NJ: Lawrence Erlbaum.

Wang, C. C. & Mallinckrodt, B. (2006). Acculturation, attachment, and psychosocial adjustment of Chinese/Taiwanese international students. *Journal of Counseling Psychology*, *53*, 422-433.

Ward, C. (1996). Acculturation. In D. Landis & R. Bhagat (eds), *Handbook of intercultural training* (2nd edn, pp. 124-147). Thousand Oaks, CA: Sage.

Ward, C. (1999). Models and measurements of acculturation. In W. J. Lonner, D. L. Dinnel, D. K. Forgays, & S. A. Hayes (eds), *Merging past, present and future in cross-cultural psychology* (pp. 221-229). Lisse, The Netherlands: Swets & Zeitlinger.

Ward, C. (2001). The ABCs of acculturation. In D. Matsumoto (ed.), *Handbook of culture and psychology* (pp. 411-445). New York: Oxford University Press.

Ward, C. (2004). Psychological theories of culture contact and their implications for intercultural training. In D. Landis, J. Bennett, & M. Bennett (eds), *Handbook of intercultural training* (3rd edn, pp. 185-216). Thousand Oaks, CA: Sage.

Ward, C., Bochner, S., & Furnham, A. (2001). *The psychology of culture shock*. London: Routledge.

Ward, C. & Chang, W. C. (1997). Cultural fit: A new perspective on personality and sojourner adjustment. *International Journal of Intercultural Relations*, *21*, 525-533.

Ward, C. & Kennedy, A. (1993). Where's the culture in cross-cultural transition? Comparative studies of sojourner adjustment. *Journal of Cross-Cultural Psychology*, *24*, 221-249.

Ward, C. & Kennedy, A. (1994). Acculturation strategies, psychological adjustment and socio-cultural competence during cross-cultural transitions. *International Journal of Intercultural Relations*, *18*, 329-343.

Ward, C. & Kennedy, A. (1996). Crossing cultures: The relationship between psychological and socio-cultural dimensions of cross-cultural transition. In J. Pandey, D. Sinha, & D. P. S. Bhawuk (eds), *Asian contributions to cross-cultural psychology* (pp. 289-306). New Delhi: Sage.

Ward, C. & Kennedy, A. (1999). The measurement of socio-cultural adaptation. *International Journal of Intercultural Relations*, *23*, 659-677.

Ward, C., Leong, C. H., & Low, M. (2004). Personality and sojourner adjustment: An exploration of the 'Big Five' and the 'Cultural Fit' proposition. *Journal of Cross-Cultural Psychology*, *35*, 137-151.

Ward, C. & Lin, E. Y. (2005). Immigration, acculturation and national identity in New Zealand. In J. Liu, T. McCreanor, T. McIntosh, & T. Teaiwa (eds), *New Zealand identities: Departures and destinations* (pp. 155-173). Wellington: Victoria University Press.

Ward, C. & Masgoret, A. M. (2004). *The experiences of international students in New Zealand: Report on the results of the national survey*. Wellington: Ministry of Education.

Ward, C., Okura, Y., Kennedy, A., & Kojima, T. (1998). The U-curve on trial: A longitudinal study of psychological and socio-cultural adjustment during cross-cultural transition. *International Journal of*

Intercultural Relations,22,277-291.

Ward,C. & Rana-Deuba,A. (1999). Acculturation and adaptation revisited. *Journal of Cross-Cultural Psychology*,30,372-392.

Waters,J. (2003). Flexible citizens? Transnationalism and citizenship amongst economic immigrants in Vancouver. *The Canadian Geographer*,47,219-234.

Weaver,S.R. & Kim,S.Y. (2008). A person-centered approach to studying the linkages among parent-child differences in cultural orientation,supportive parenting,and adolescent depressive symptoms in Chinese American families. *Journal of Youth and Adolescence*,37,36-49.

Wei,M.,Heppner,P.P.,Mallen,M.J.,Ku,T.Y.,Liao,Y.H., & Wu,T.F. (2007). Acculturative stress, perfectionism,years in the United States and depression among Chinese international students. *Journal of Counseling Psychology*,54,385-394.

Wong,D.F.K. & Song,H.X. (2006). Dynamics of social support:A longitudinal qualitative study on Mainland Chinese immigrant women's first year of resettlement in Hong Kong. *Social Work in Mental Health*,4, 83-101.

Wong,G. & Cochrane,R. (1989). Generation and assimilation as predictors of psychological well-being in British-Chinese. *Social Behavior*,4,1-14.

Wong,S.T.,Yoo,G.J., & Stewart,A.L. (2006). The changing meaning of family support among older Chinese and Korean immigrants. *Journal of Gerontology:Social Sciences*,61B,S4-S9.

Yang,K.S. (1981). The formation and change of Chinese personality:A cultural-ecological perspective. *Acta Psychologica Taiwanica*,23,39-56. (in Chinese)

Ye,J. (2006). An examination of acculturative stress,interpersonal social support,and the use of online ethnic social groups among Chinese international students. *Howard Journal of Communication*,17,1-20.

Yeh,C. & Inose, M. (2002). Difficulties and coping strategies of Chinese, Japanese and Korean immigrant students. *Adolescence*,37,69-82.

Yeh,K.H. (1997). Changes in the Taiwanese people's concept of filial piety. In L.Y.Cheng,Y.H.Lu, & F.C.Wang(eds), *Taiwanese society in the 1990's*(pp.171-214). Taipei,Taiwan:Institute of Sociology,Academia Sinica.(in Chinese)

Yeh,K.H. (2003). The beneficial and harmful effects of filial piety:An integrative analysis. In K.S.Yang, K.K.Hwang,P.B.Pederson, & I.Daibo(eds), *Asian social psychology:Conceptual and empirical contributions* (pp.67-82). Westport,CN:Greenwood Publishing.

Yeh,K.H. & Bedford,O. (2003). A test of the dual filial piety model. *Asian Journal of Social Psychology*, 6,215-228.

Ying,Y.W. (1995). Cultural orientation and psychological well-being in Chinese Americans. *American Journal of Community Psychology*,23,893-911.

Ying,Y.W. (2002). Formation of cross-cultural relationships of Taiwanese international students in the United States. *Journal of Community Psychology*,30,45-55.

Ying,Y.W. & Han, M. (2006). The contribution of personality, acculturative stressors and social affiliation to adjustment:A longitudinal study of Taiwanese students in the United States. *International Journal of Intercultural Relations*,30,623-635.

Ying,Y.W. & Liese,L.H.(1991).Emotional well-being of Taiwan students in the United States:An examination of pre-to post-arrival differential.*International Journal of Intercultural Relations*,*15*,345-366.

Ying,Y.W. & Liese,L.H.(1994).Initial adjustment of Taiwanese students in the United States:The impact of post-arrival variables.*Journal of Cross-Cultural Psychology*,*25*,466-477.

Yip,T. & Cross,W.E.(2004).A daily dairy study of mental health and community involvement outcomes for three Chinese American social identities.*Cultural Diversity and Ethnic Minority Psychology*,*10*,394-408.

Zhang,N. & Dixon,D.N.(2003).Acculturation and attitudes of Asian international students toward seeking psychological help.*Journal of Multicultural Counseling and Development*,*31*,205-222.

Zheng,X. & Berry,J.W.(1991).Psychological adaptation of Chinese sojourners in Canada.*International Journal of Psychology*,*26*,451-470.

Zheng,X.,Sang,D., & Wang,L.(2004).Acculturation and subjective well-being of Chinese students in Australia.*Journal of Happiness Studies*,*5*,57-72.

Zhou,M.(1998).'Parachute Kids' in Southern California:The educational experience of Chinese children in transnational families.*Educational Policy*,*12*,682-704.

第39章　跨文化互动:华人语境

David C.Thomas　　Yuan Liao

> 知己知彼,百战不殆。
>
> 《孙子兵法》

许多华人心理学著作识别并描述了心理学中的华人特定文化。这种对文化特性(语言学)的识别很重要,但这只是理解华人跨文化交流的第一步。仅用这种方法并不能评价文化交互作用的影响,因为它无法准确地识别出,这些文化特性如何影响了华人与不同文化中的个人或群体进行交流时所发生事件的序列。在这一章,我们将讨论一系列中间机制或渠道,华人文化通过它们而影响了这些交互。这些机制涉及华人如何看待、评价和应对不同文化中的人们。

我们首先介绍的是跨文化交流中文化影响的一般模型(Shaw,1990;Thomas,2008)。我们描述了不同文化的行动者之间的一种行为序列,它涉及很多渠道,这些渠道受到了华人文化特定方面的影响,如情境线索的突出性、基于文化的脚本和预期、选择性知觉、群体外部的识别和对外部群体的态度,以及自我概念的动机作用。以这种交互序列为框架,我们回顾了影响跨文化交流的华人文化独特性的已有文献。其中社会互动的儒家伦理非常重要(Gabrenya & Hwang,1996),它包括社会交换规则(Hwang,1987)、对群体外互动、相对缺乏明确的规则来指导群体外的互动(Bond & Wang,1983)、面子工作的重要性(Hu,1994;Ting-Toomey,1988)、华人文化特有的交流行为(如Gao,Ting-Toomey, & Gudykunst,1996)、社会中心自我的动力作用(Markus,1977;Kashima,Yamaguchi, & Kim,1995)以及语境在华人文化的归因过程中的重要性(如Kashima,2011)。

基于这一个体互动序列,并结合群体动力学文献,我们进一步讨论了在跨文化交流和不同文化群体中,华人文化对互动的影响。我们考察了华人文化在这些社会情境中产生作用的认知和动力机制。我们特别关注了华人规则对群体(社会)互动的影响、知觉到的群体内多样性对华人群体行为的影响(如Spencer-Rodgers,Williams,Hamilton,Peng, & Wang,2007)以及与其他群体成员的相对文化距离对华人行为的影响。本章最后讨论了我们对华人心理学研究的这些回顾和讨论有何意义。

跨文化互动序列

为了明确说明华人文化如何影响了跨文化交流，考察构成了典型跨文化接触的一系列行为反应是颇为有益的。图 39.1 呈现了互动序列，这一互动序列虽然没有列出所有组成元素，但它呈现了在各种跨文化语境中出现的典型元素。

图 39.1 中给出的互动序列呈现了作为一个起点，来自另一种文化的个体的一些行为。个体 A 可能通过基于文化的一些情境脚本表现出行为，或者出于一种行为如何被感知的预期来调整其行为。情境线索将激活一个已经存在的行为序列或存在于某情境的脚本（通常是基于文化脚本）。如果一个脚本不存在或者个体受到了暗示，他/她就可能对于如何表现行为或该行为会如何被感知等问题进行更多的思考。随后，感知到该行为的个体 B 会解释这些行动的意义。这种解释可能发生在两个阶段。第一个阶段是对行为的识别。这种识别会受到基于文化的选择性知觉的影响。行为识别的一个重要部分是对作为另一种文化（群体外）成员的个体进行分类。这种分类会影响表现出的行为在多大程度上符合了观察者的预期。符合预期的行为可能受到更多的自动化加工，而与预期不一致的行为则需要更多积极的认知加工。

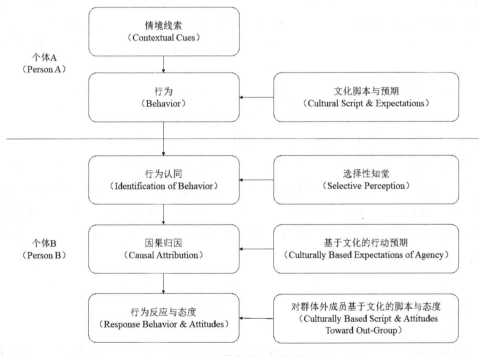

图 39.1　基本的跨文化序列

该过程的第二部分是将观察到的行为进行归因。观察者对其他文化个体的基于文

241

化的预期影响了这种归因。行为原因的情境线索在多大程度上展现了出来以及观察者对其他文化认知表现的相关了解,都影响了这种归因。我们可能会预期,对其他文化很了解的个体在评价时可能不会那么极端(会更准确地评估任何个体可能出现的行为,即较少的刻板印象)。在行为线索仅提供了有限信息的情况下,人们更加依赖储存在记忆中的信息(通常是刻板信息)来做出判断。

最后,观察者的态度和行为反应取决于如何归因观察到的行为。如果行为被归因于观察者熟悉的原因,那么行为反应就可以原样照搬。然而,如果观察到的行为不符合现有的分类,就可能创建一个新的脚本以指导行为。

观察者的反应开始了另一个交互序列。在不同语境下的跨文化交流中,这种行为序列会有不计其数的变化。在下文中,我们介绍了包括感知、归因和反应的这一基本行为序列,以考察华人文化的特殊影响。虽然我们简要介绍了该交互序列的一般过程,但是我们不能盲目地认为只存在这一种序列,否认不同文化的个体在其认知过程中可能存在重要差异(前文已讨论过该问题)(Nisbett, Peng, Choi, & Norenzayan, 2001; Ji, Lam, & Guo,本手册)。相反,将该想法作为试金石,我们考察了华人案例的特殊性。同时,如果要对交互序列进行全面的分析,我们就必须考虑到参与者的动机和情境的要求。

由于来自语境、当下任务的特点、物理特征和社会规则的信息不同,情境也各不相同,而根据情境的变化程度,可以对情境的要求进行界定和分类(Hattrup & Jackson, 1996)。更广泛地说,这些特征相互结合后形成了心理上或"强"或"弱"的情境(Mischel, 1977)。强情境的定义明确并且结构清晰,因而为行为提供了重要线索,更有可能社会共享。相比之下,弱情境是模糊的、非结构化的,因而提供了更少的行为线索。因此,相对于更易受各种倾向性因素影响的弱情境,在强情境中我们预期人际行为的差异会更少。此外,在弱的、模糊的情境中,个体会参照记忆中的信息,如熟悉的脚本或者对互动中的他人(或来自其文化群体的人)的刻板预期,从而填补空白(减少不确定性)。完成这一情境矩阵是为了考察在文化内部或跨文化间是否发生了交流,而后者是本章关注的问题。因此,如图39.2所示,我们可以区分出四种可能的情境,并根据情境的影响对其进行比较。虽然这里我们最感兴趣的是跨文化单元,但是为了进行比较,考察文化内情境也很重要。

选择性知觉

知觉研究一致发现,尽管呈现了相同刺激,但是人们的知觉却各不相同。对于我们所接触的刺激,随时间推移而内化的文化模式决定了其优先次序(Forgas & Bond, 1985; Markus & Kitayama, 1991)。华人与西方人的一个基本认知差异是整体性思维取向对分

强情境 （Strong situation） 文化内 （Intra-cultrual）	强情境 （Strong situation） 文化间 （Inter-cultrual）
弱情境 （Weak situation） 文化内 （Intra-cultrual）	弱情境 （Weak situation） 文化间 （Inter-cultrual）

图 39.2　四种互动情境

析性思维取向(Peng & Nisbett,1999;又参见 Ji 等,本手册)。整体性思维将语境或场知觉为一个整体,而分析性思维则将物体从其语境中分离出来(去语境化),并根据其属性进行分类。也就是说,华人认为世界是相互关联的物质的集合;而西方人则认为世界是由各具特性的物体组成的。根据 Nisbett 等(2001)的研究,整体性思维和分析性思维的区别源自于根深蒂固的哲学和社会体制的差异。这种区别与知觉中的*场独立*和*场依赖*概念(如 Witkin & Goodenough,1997)、*高语境*对*低语境*的交流方式(Gudykunst,Ting-Toomey, & Chua,1998;Hall,1976)是一致的。

许多研究已经证实,思维上的整体性与分析性差异以及个体的知觉差异还从个体延伸到了社会情境。例如,Abel 和 Hsu(1949)发现,相比只关注罗夏卡片某一方面的欧裔美国人,华裔美国人更有可能对卡片进行整体描述。Park、Nisbett 和 Hedden(1999)报告了相似的结果,当回忆描述社会情境的卡片背面的文字时,华人的表现要好于美国人。这表明社会背景信息(语境)有助于提取该语境中物体的有关记忆。然而,尽管关于场依赖的研究结果相互矛盾(Bagley,1995),一些新近证据表明了以下事实:相对于具有独立自我构念的个体,具有相互依赖自我构念的个体对场的依赖性更高(更难将物体与场分离开来)(Kühnen & Oyserman,2002)。同样,观察还发现,高语境(间接)的交流方式与华人集体主义文化相关,而低语境的交流方式则与个体主义文化相关(Gudykunst,2001),这一观察正在得到一些实证支持(如 Park & Kim,2008)。该证据表明,华人更注意物理环境和社会互动中的情境线索(参见 Ji 等,本手册;Kwan,Hui,& McGee,本手册)。

除了整体的视角,华人在构建社会事件时所使用的维度也不同于西方人。例如,Forgas 和 Bond(1985)发现,华人学生判断社会事件时所使用的维度(人们普遍认可的循环互动序列,如与某人共进午餐或看病)反映了强调人际关联、社会效用和尊重权威的集体主义文化价值观,而澳大利亚学生使用的维度则反映了强调自我依赖、竞争和自由的个体主义文化价值观。因此,个体知觉的另一个重要元素是,跨文化互动中其他文化参与者的社会分类结果。也就是说,不同文化中的个体可能会相信,他们正面临双方都身处其中的一种不同的社会情境。

群体内/群体外分类

用特殊的文化群体界定我们就是在自己所属的群体(群体内)周围设置了边界,并且将非群体成员界定为群体外成员。群体内和群体外的区分有助于描述文化内部和跨文化边界群体的态度和行为(参见 Gudykunst & Bond,1997)。例如,研究表明,与美国人相比,中国香港学生更可能与朋友公平分享奖赏(Leung & Bond,1984),更不可能与亲密朋友产生冲突(Leung,1988)。作为某一文化群体中的成员,它有助于我们如何看待自己、我们的自我认同以及我们如何看待他人。将人分为不同群体是一种简单的分类,而这种分类导致了对群体内和群体外的许多假设。也就是说,某一群体中的成员具有相似的信仰和行为,其行为传达的个人信息更少,而相对于个人特点,群体特点被认为是其行为的更重要原因(Wilder,1986;又参见 Leung & Au,本手册)。

这种群体内和群体外的分类在华人交流中扮演着重要角色。华人文化已经被确认为集体主义文化的一个典范,在这种文化里人们融入其群体中(Hofstede,1980;2001)。来自典型个体主义文化的成员,如美国人和英国人,倾向于将自己与其他个体区分开来。相比之下,华人的群体内和群体外区分非常明显,他们将群体而不是个人作为基本单位,并且忠于其群体内。由于华人将群体内作为其自我概念的一部分,因此毫不奇怪,他们倾向于依据其群体成员的身份来对待他人(又参见 Liu,Li, & Yue,本章)。

虽然一个人的社会身份源自其所属的群体内,但是在不同文化中个体形成其社会身份的方式并不相同(Brewer & Yuki,2007;Yuki,2003)。具体来说,在个体主义文化中,社会身份的形成是基于去个体化的成员身份,而在集体主义文化中却是基于人际关系。这表明,对于可能通过共享的成员身份或人际联系而成为群体内成员的其他人,人们可能会有不同的反应。在一项研究中(Buchan,Croson, & Johson,2003),为了引入基于去个性化的成员身份的一种社会认同,研究者对互不认识的被试进行了任意的分类。他们发现,美国人对他人的信任水平提高了,而华人并没有显示出群体内偏见。这一发现表明,华人并没有基于共享的成员身份(如俱乐部成员)而将陌生人区别于群体内成员,而是将该个体定位于其社交网络之中(如妹妹的高中朋友)。因此,陌生人也有可能被接受为群体内成员,只要他/她发现通过一种人际联结方式,可以将自己与目标华人个体联系起来。

华人更整体性的认知取向对与跨文化互动模型有关的个人知觉产生了许多影响。其中最有趣的影响之一就是,整体性的认知加工对群体内外分类和刻板印象的影响。根据直觉,我们可能预测,由于华人更可能采取整体性的取向,因此就更有可能将群体视为一个具有相似特性和目标的集体,而不是随机个体的集合。与该预测一致,Spencer-Rodgers 等(2007)最近的研究发现,相对于美国人,华人认为社会群体更具有实体性(被视为一个实体,独立于周围的环境)。因此,他们比美国人更有可能基于群体成员身份来推断个人特质。

华人的知觉偏差,比如更倾向于看到整体而不是部分、在知觉场中更易知觉到元素间的关系以及将社会群体视为更实体性的,它们对于他人行为的归因有着重要意义,下文就来讨论这些。

归因差异

归因通过将观察到的事件与其原因联系起来而帮助人们理解和应对其环境。华人在多大程度上理解其社会世界(特别是不同文化的他人)影响着图 39.1 中所呈现的跨文化互动过程。虽然归因的一般加工可能具有跨文化类似性(Schuster, Fosterlung, & Weiner, 1989),但是认为因果加工偏好普遍存在的观点(如基本归因错误,Ross, 1977)是不正确的(如 Morris & Peng, 1994; Ross & Nisbett, 1991)。除了对行为的情境解释和外在解释的偏好不同之外,上文已对此进行过讨论,新的证据有助于我们了解文化如何影响了认知加工(自动化加工对受控制的加工)和归因(如 Knowles, Morris, Chiu, & Hong, 2008)的方式。遇到来自不同文化的他人时,华人对其行为的偏好以及归因方式都对跨文化交流产生了重要影响。

基于上文有关知觉差异的讨论,假定个体更可能将因果关系归结为其所处的情境因素,这似乎是合理的。也就是说,如果华人更可能注意到语境(场)和语境中目标物的关系,则他们更有可能将因果关系归结为语境和情境。许多研究都为这一观点提供了证据。例如,当呈现的卡通描绘了鱼儿彼此间以各种方式相互游动时,中国被试比美国被试更可能将单个鱼儿的行为归因为外部因素(Hong, Chiu, & Kung, 1997; Morris & Peng, 1994)。对于我们的讨论重要的是,这种归因偏好扩展到了社会情境中。例如,一项研究发现,华人更可能依据情境或社会因素解释谋杀,而美国人则将原因归结为犯罪者的特点(Morris & Peng, 1994)。对情境的这种关注也表明,华人可能使用了更广泛、更复杂的归因,它导致了对事件结果认知的差异。例如,Maddux 和 Yuki(2006)发现,东亚人比美国人更多地意识到了事件的间接和远端后果。

整体性和分析性取向似乎也影响了内隐归因理论。在三项研究中,Menon、Morris、Chiu 和 Hong(1999)发现,东亚人更可能将组织中的丑闻归因于群体,而不是像美国人那样,将其相对地更多归因于个人。同样,Chiu、Morris、Hong 和 Menon(2009)的另一项研究发现,美国人会责备药剂师开错了处方而导致病人生病,而华人则将整个药店看成事件的起因。

　　人们不仅将原因归结于身处其中的各种要素,而且,在缺乏足够的信息时,人们会将因果关系归因为易于提取的内隐理论。例如,美国人易于提取的理论是将个体视为自动的行动者,而华人易于提取的类似理论是将集体视为行动者(Menon 等,1999)。也就是说,在面对一种行动者模糊不清的结果时,相对于北美人,华人在知觉时更可能关注于集体行动者,并且华人不愿将个体行为归因于其性格,但这种不情愿没有延伸到群体的归因中。换而言之,华人认为群体是自动化的,而美国人认为个体是自动化的。

　　将归因视为两阶段的加工有助于我们更清楚地了解华人和西方人之间可能存在的差异。归因的双重加工模型(Lieberman,Gaunt,Gilbert, & Trop,2002)认为,归因始于自动的、目标关联的因果关系推论,但是随后理论驱动过程更正了这种归因。在五项系列研究中,Lieberman、Jarcho 和 Obayashi(2005)发现,当认知负荷处于不同条件时,东亚人(来自中国内地、中国香港、韩国和日本)的归因不同于美国人。当处于认知负荷时,两个群体都作出与推理目标一致的归因。然而,在无负荷条件下,东亚人倾向于情境归因,而美国人倾向于性格归因。这种对比与其他研究是一致的,其他研究表明,闭合需要高的个体在归因中表现出了文化偏见(如 Chiu 等,2000),并且当接受了华人文化意象的启动后,二元文化(中美)被试的归因符合了华人社会规则(Hong,Morris,Chiu, & Benet-Martínez,2000)。然而,Lieberman 等(2005)还发现,与有认知负荷的美国被试相比,无负荷美国被试根据情境所提供的信息纠正了自己的归因,而东亚无负担被试则朝着情境归因的方向纠正其归因,即使提供的信息表明了性格推断。也就是说,在东亚人当中存在一种"情境主义错误",忽略了情境呈现的特定内容。

　　行动者是否属于我们自身文化群体中的一员,这影响了对其行为的归因。由于我们的认同部分来自于与所属的文化群体的联系,因此我们偏向该群体。对西方被试的研究与以下发现一致,即个体更可能将群体内成员的好行为归因于性格,而将群体外成员的好行为归因于暂时的外部原因(例如 Hewstone,1990)。对几种文化群体的研究都支持了这一服务群体的归因偏见(参见 Thomas,2008)。然而,在华人身上却并未发现这一现象(Hewstone & Ward,1985;Morris & Peng,1994)。对于这些出乎意料的结果,可能有许多原因。第一,在有些情况下,一种文化群体的成员可能无法找到一个积极的基础,以将自身群体与另一群体进行比较(Tajfel,1981)。第二,在纵向的、集体主义的华人文化中,弱势群体可能认为其他群体具有更高地位是合理的(Smith & Bond,1999,第6章)。第三,由于华人的自我认同来自群体成员身份,因此他们倾向于更强调自我完善而不是自我提升。所以,华人的归因方式可能是群体完善的,而不是群体提高的(又参见 Kwan 等,本手册)。

　　总之,与行为有关的性格或情境归因偏见似乎是一种文化制约现象。虽然有研究表明,性格归因倾向主要是一种西方视角(如 Shweder & Bourne,1982),但似乎可能的是,虽然华人的确也会将行为归因于个人,但是他们相对偏向于情境的、群体行动者的解释(如 Knowles,Morris,Chiu, & Hong,2001)。与我们的跨文化交互模型有关的另一种华人归因模式概括起来是,相对于关系事件,华人对成就更不可能做出自我提升的归因(Crittenden,1996)。此外,华人归因中的最后一个复杂因素是固有的因果范畴,比如缘(Yang,1988;Leung,本手册)。缘根植于佛教的命运观,决定了人们之间的关系。作为形式既稳定又可变的外部因果范畴,缘强调了华人的情境解释倾向。

行为规则

到目前为止,将我们的跨文化互动模式应用于华人与其他文化成员互动的特定情境时,就引发了对华人知觉和归因过程更深入的思考。为了阐明华人在跨文化互动中的行为,首先需要注意社会互动中独特的华人规则和动力。在紧张社会中,社会规则尤为重要。中国社会的紧张度已经高于平均水平(M.J.Gelfand,个人交流,2009)。在这些社会中,社会规则的数量多并且强度高,对异常行为的容忍度低(Gelfand,Nishii, & Raver,2006)。

学者们假设认为社会紧张对与此处讨论有关的个体有许多影响。例如,根据 Gelfand 等(2006)的观点,紧张导致的后果有:感觉到个体的行为易受评价的影响,并且对这种评价存在潜在的惩罚,这称为感觉责任(Tetlock,1985);对规则要求更高的认知易得性;对避免犯错的指导规则的关注;偏好那些强调确定步骤的问题解决方式。因此,社会紧张增强了中国社会的独特规则在跨文化互动中的指导作用。

当然,对于可能影响跨文化交互序列的广泛的行为社会规则,我们不可能在短短的一章内进行公正的评价(参见 Chan,Ng, & Hui,本章;Cheng,Lo, & Chio,本章;Leung & Au,本章;Shi & Feng,本章;Tang,本章)。因此,我们的讨论集中于受到最异于西方规则的儒家观念影响的两套行为。我们称之为关系型人格主义、和谐与面子工作(Gabrenya & Hwang,1996;Hwang & Han,本章)。在本章结尾处,我们简要讨论了一个相关问题,即华人的自我概念及其与社会互动中动机的关系。

关系型人格主义

Yang(1992)认为,华人对生人(即局外人)、熟人(即内部人)和家人(家庭)有一种根本性的区分。这种区分类似于 Hwang(1987)所描述的对工具关系、混合关系和表达关系的分类。表达关系是对家庭成员,混合关系指的是对亲密朋友的关系,工具关系则是对没有长期关系的群体外成员。每个华人都出身于一个家庭成员网络中,并且通过教育、职业、居住地等获得其他群体内成员身份。这些复杂关系伴随着个体的一生。相对长久的关系有助于华人社会算计信息交换规则(Gabrenya & Hwang,1996)。与西方人采用短期的、对称的和互惠的交换规则相反,华人采用的交换规则是基于特定关系的性质(Hwang,1987)。对于家庭成员,需要构成交换的基础,而对于其他群体内成员,与关系有关的复杂规则占主导地位。在这一称为混合关系的分类中,关系涉及人情规则(Hwang,1987;又参见 Hwang & Han,本手册)。也就是说,人情同时具有情感的和工具的特点,而它们描述了社会交换的本质。当人情涉及互惠原则时,这种互惠性就显著不同于公正或需求原则所描述的性质。对于群体外成员,关系是暂时的、匿名的,并且只是为了达到即刻的个人目标。因此,与群体内成员互动时会涉及一系列复杂规则,而与群体外成员的互动则正相反,它更具有工具性,更少考虑规则(Bond & Wang,1983)。

和谐与脸面工作

与关系这一概念整体相关的是*面子*概念。Lin(1939)把脸面、喜好和命运称为"统治中国的三个缪斯"(第 191 页)。Hu(1944)明确了华人文化中的两种脸面,即脸和*面子*。忠实地遵守社会规则就可以保存住脸;然而*面子*更接近于西方的声望概念,是个体获得的一种名誉。脸面的功能在于维护群体秩序,并且在人际关系调节中产生着重要作用(如 Bond & Lee,1981;Hwang,1997—1998;Redding & Ng,1982;Ting-Toomey,1988)。不给他人面子在中国是非常无礼的,并且伤害他人面子会严重损害双方之间的关系(Kam & Bond,2008)。Ho(1974)将在冲突情境中给他人留*面子*看作华人社会中的一种关键社会技能。根据 Gabrenya 和 Hwang(1996)的观点,即便是手下败将,也应该给对方留面子。"脸面工作"的概念非常类似于西方的印象管理概念,印象管理的目标是在他人心中逐渐灌输良好形象(如 Schlenker,1980)。个人*面子*的一种功能是感知自己在社会网络中的地位,但个人*面子*也可以来源于社会地位、外貌、家庭背景等。它可能来自于所获得的地位,而这种地位的获得要么是通过知识、力量、诚实等个人特质,要么是通过财富、地位权威、社会关系、家庭背景等非个人因素(Ho,1976)。

然而,脸面工作不仅只是维护*面子*。它还包括提升他人的*面子*,这样可以避免遭到他人的批评,尤其是在公共场合来自上级的批评,而且也包括对那些善于保护他人*面子*的人给予更多的回报(Hwang,1987)。Oetzel 等(2001)比较了中国、德国、日本和美国的脸面工作后发现,相对于来自个体主义、低集权文化的个体,来自集体主义、高集权文化(如中国)的个体会更多考虑他人的脸面,有更多的回避性脸面工作,有更少的主导性面子工作。Leung 和 Chan(2003)确定了(对脸面工作的陈述进行了因素分析后)脸面工作的四种维度,分别为互惠、回应、尊重和名誉。他们发现,中国香港谈判人员巧妙地运用了这四种维度,与强大的内地建立起联系。通过这种方式,脸面工作成为了一种复杂的权力游戏的一部分,它维持了关系导向社会的和谐。

Gabrenya 和 Hwang(1996)提出，"等级内和谐"一词最恰当地描述了华人社会中的社会行为取向。Bond 和 Hwang(1986)称该过程为在适当的关系中，与合适的人做了正确的事。旨在增强个体在等级中地位的*面子*提升行为是合乎规则的，因为在社会情境中，等级是评价行为表现的一个重要考虑因素(如 Bond，Wan，Leung，& Giacalone，1985)。儒家教义规定了关系中的和谐、等级和一致性(King & Bond，1985)。高语境社会中的成员，如中国人，会尽可能地做脸面工作，将其作为避免公开冲突的一种手段(Ting-Toomey，1988)。也就是说，脸面工作是集体主义的自我概念(如前所述)与为维持秩序而进行冲突情境管理这二者间的中介因素(Oetzel & Ting-Toomey，2003)。

实证研究证据支持了以下事实，即华人比美国人表现出了更多的冲突解决行为，例如约束、回避、妥协和整合(Trubisky，Ting-Toomey，& Lin，1991)。等级内的和谐也影响了华人交流的行为规则，包括情绪控制、礼貌以及在劝说中避免咄咄逼人(Shenkar & Ronen，1987；Shi & Feng，本手册)。Gao、Ting-Toomey 和 Gudykunst(1996)发现了华人交流行为的五个特征。它们是含蓄(内隐交流)、听话(关注地听)、客气(礼貌)、自己人(关注群体内部个体)以及*面子*(脸面指向的交流策略)，对于在不同的社会传统和逻辑中完成社会化的个体，以上每种特征都可能导致其在跨文化交流中遇到困难。此外，正如 Gelfand 等(2006)所说，紧张的社会结构是华人社会的特征，而该特征促进了一种社会化，即高度发达的管控和制裁行为的系统，同时它也强调了在社会交往中这些规范行为的重要性。

华人的自我认同

所有文化中的个体都了解其身体的独特性以及独立于他人(Hallowell，1955)。然而，人们也有一个内在的或私人的自我，它包含了无法被他人直接了解的思想和感情。一个关键的区别是，人们在多大程度上认为自己独立于他人或与他人相联(Markus & Kitayama，1991)。当文化强调独立、目标取向以及社会关系中的工具性行为和思想时，个体将其自身视为具有独特属性的自主个体，他们参照其内部想法和感受而对自身的行为进行组织并赋予意义(Kitayama，Duffy，& Uchida，2007)。相反，当文化强调相互依存以及社会关系中他人取向的共同实践和思想时，在该文化中完成了社会化的个体更少认为自己是与众不同的、更认为自己与他人是相互联系的，其行为在很大程度上取决于更大社会单位中他人的思想、感受和行为(Markus & Kitayama，1991)。

Bochner(1994)使用二十题陈述测验研究了自我概念，他发现，来自集体主义文化的个体报告了更多的群体分类陈述。与以上讨论一致，来自集体主义文化的成员可能会将其群体成员身份整合到其自我认同中(又参见 Ip & Bond，1995)。Yang(2006，第342 页)修正了 Hsu(1971)的一种观点，以下列方式描述了华人的自我认同：

自我不是一个固定的东西,甚至不是一个概念,而是与其他集体主义术语搭配使用,以表征许多/整体的部分关系。从这一角度看,自我最重要的方面是自我总是处于(同心圆的)中心,并且被相互联系的他人所包围。

在我们的跨文化交互模型中,这种自我观的最重要的意义在于行为的动机。就根本而言,自我通过指导行为并减少个人失调而推动行为(Kitayama 等,2007)。对于此处所描述的具有相互依存自我概念的人来说,当其行为选择威胁到了他们希望保持的公众形象时,个体就会体验到失调。同样,还可能是群体内成员的选择激发了个体的内部动机。它与华人成就动机的描述是一致的,华人感到亏欠父母的恩情,渴望履行社会义务并报答曾受到的帮助,特别是来自于群体内成员的帮助(Yang,1986)。

这种强调与具有独立自我概念的个体的自我提升动机形成了对比,并导致研究者将东亚人的动机分为自我完善和自我提升(Kitayama, Markus, Matsumoto, & Noraskkunkit,1997;又参见 Kwan 等,本手册)。近来,Heine 和 Hamamura(2007)认为,做个好人是一种普遍动机,但在维护面子很重要的东亚社会,对自我完善的持续关注服务于这一目标。所有证据都表明,华人将群体内和集体主义文化的要求整合到了其自我概念中。华人将自己视为由复杂的、相互联系、相互影响的个体所组成的更大关系网中的一部分,而不是独立的个体。

情境语境

回到我们的跨文化互动模型,我们就可以考察前文所指的一般交互序列中的那些华人规则、动机和机制。我们尤其关注的是跨文化交流中的强弱情境之间的差异。在强情境下,语境指出了适当行为,并且华人很有可能服从情境线索。然而,当与来自其他文化的个体进行交流时,由于缺乏起指导作用的语境信息,华人的行为动机就可能是考虑等级内的和谐以及与自我完善有关的规则。在跨文化交流中,将其他参与者划分为群体内或群体外成员对他们的行为具有很大影响。并且,由于更多的整体性加工,他们可能具有知觉和归因的情境偏见。这些特点会使华人在面对群体外成员(陌生人)时产生困难。也就是说,明确区分群体内成员和群体外成员,对群体内互动有十分明确的规则,但缺乏群体外互动的规则,这些导致大多数华人面临着一种不确定的情境(Gao 等,1996)。

应 用

在考察华人的跨文化交流以及多元文化团队互动中,就可以看到我们的跨文化互动序列模型在华人案例中的效用。在这些情境中,华人都面对着群体外成员。所以,对涉及认知、动机和语境元素的交互过程进行考察,为理解接下来的过程提供了一种视角,它是考察任何单一元素所无法获得的。

*跨文化交流与谈判。*所有谈判都面临的事实是,它们是存在利益冲突但都需要达成一致的两方或多方之间的交流(Hofstede & Usunier,1996)。显然跨文化交流比单一文化内部交流的难度更大。一个明显的问题是使用的语言;个体必须找到双方都能有效运用的共同语言。在实践中,这意味着两方中至少有一方必须使用第二语言。由于美国人(控制着商务)通常是单语言的,并且事实上英语经常被用作桥梁语言(Ferraro,2006),华人在跨文化交流中经常使用英语。近来的研究表明,华人在跨文化互动中的交流意愿依赖于自我感知到的语言能力,而这一效应在美国人中并不存在(Lu & Hsu,2008)。研究者将该结果归因为华人对与可能丢面子有关的他人评价的敏感性(参见Ho,1976)。

除了语言问题,对跨文化交流中其他方面的关注超越了所使用的语言。也就是说,基于文化的规则决定了使用语言的方式、习惯和实践。例如,直接交流通常与个体主义文化有关,而间接交流则与集体主义文化有关(Sanchez-Burks 等,2003)。Yeung(2000)比较了中国香港人和澳大利亚人对决策的参与过程,部分地证实了人们一直持有的观点,即华人交流是一种间接的方式。与这一观点相符,Yeung 发现,华人下属常常使用了推断他人回答或决定的问题形式,以请求得到许可,并且通常省略主语"我"。这两种语言特征结合在一起,造成了华人的交流是低调和间接的印象。然而,与预期相反,华人下属在向对方和经理表达不同意见时,是明确而直率的,而澳大利亚人在表达不同意见时则要含蓄得多。跨文化交流中的这些文化差异具有哪些意义,值得我们思考。

研究还发现了华人在交流中不同于母语为英语者的其他非语言特征。在一系列的研究中,Li(2001;2004;2006)比较了文化内部交流和跨文化交流中的打断、注视和反馈语回应。三项研究汇聚后的结果呈现出了一致的景象:人们对非语言线索的理解并不相同,而它会导致跨文化交流中的误解。例如,在跨文化交流中,对话的华人比对话的加拿大人显示出了更多的合作性打断(Li,2001),注视的频率和时间也更短(Li,2004),并且给予了更多的反馈语回应(听者使用了短句子,这样就不会打扰或取代当前说话者)(Li,2006)。

然而,在跨文化语境中,交流过程改变了。Li(2004)发现,在华人与加拿大的交流中存在更多的侵入性和不成功的打断。Li(2006)还报告说在文化内部和跨文化语境中,反馈语回应存在不同。当双方都是华人或加拿大人时,反馈语回应与听者的回忆得分呈正相关,它表明这些回应提升了交流的有效性。然而,当双方来自不同的文化时则呈现负相关,它表明人们误解了来自不同文化个体的反馈语回应,并且误导性的反馈阻碍了信息的交换。此外,这些结果支持了在跨文化语句中存在一种适应,因为它们表明,华人与华人交流中的反馈语回应最多而注视最少,其次是华人与加拿大人的交流,最后是加拿大人与加拿大人的交流。

跨文化交流问题的一个重要扩展领域就是面对面的谈判。对跨文化谈判的研究包括各种描述性取向,用以记录谈判过程中的差异和不同文化的行为;一种是文化维度取向,它将文化的作用归因于文化价值观和规则;以及近来出现的一些更具整体性的取向,它们既考虑了参与者的知识结构,同时也考虑了谈判所发生的语境(Brett & Crotty, 2008)。第三类取向最清晰地表现出了交互作用论取向的价值观。

许多研究考察了来自不同文化的个体的谈判风格,结果发现在初始谈判立场和让步模式、说服方式和冲突解决模式等方面都存在差异(如 Leung & Wu,1990)。华人也不例外,华人的谈判风格颇受研究者的关注(如 Fang,1997;Pye,1982)。尽管有些研究使用了华人固有的一些概念,如关系和脸面,来解释华人的谈判风格,但是对于所观察到的差异有着什么更根本性的基础,它们提供的信息却很少,而对于特定跨文化情境下的谈判,它们提供的信息就更少了。

将文化维度,如个体主义和集体主义或权力距离,与谈判联系起来进行研究使我们可以更好地解释和预测文化对谈判的影响。结果表明,集体主义者,比如华人,喜欢将讨价还价和调解作为解决冲突的策略,而个体主义者则更喜欢对抗、判决的程序(Leung,1987)。这一发现可以推导出一种合理的假设,即尽管集体主义者实际上可能更喜欢对抗的过程,但是该过程本质上的冲突性和竞争性却与支配社会互动的华人规则非常不一致,以至于降低了他们对该过程的偏好程度(参见 Bond,Leung, & Schwartz, 1992;又参见 Leung & Au,本手册)。Graham、Kim、Lin 和 Robinson(1988)在另一项研究中发现,在买卖方的模拟情境中,更少采用问题解决取向(即更具竞争性的策略)的华人谈判者获得了更多的个人利益。虽然人们通常认为华人在社会互动中会试图避免冲突、维持和谐,但研究还表明,华人会依据特殊情境的目标而采用不同的行为模式。

文化维度与认知谈判过程的差异有关,如对冲突的知觉(Gelfand 等,2001)、对公正的自我中心的知觉(Gelfand 等,2002;Tinsley & Pillutla,1998)。文化维度也用于理解谈判期间所使用的交流。例如,研究发现在谈判中,来自高语境文化的谈判者表现出了更直接的信息共享和情感影响,而来自低语境文化的谈判者表现出了更直接的信息交换,以及谈判初期过程中的理性影响(Adair & Brett,2004;Brett & Crotty,2008)。

然而,与不同文化的成员谈判时,文化维度取向无助于我们了解到底发生了什么。例如,当试图解决分歧时,华人使用的策略旨在使其华人对手感到难堪,但是与美国人谈判时,华人则试图去解决问题并维护关系(Weldom 等,1996,引自 Smith & Bond, 1999)。然而,在加拿大人和华人谈判的另一项研究中,当进行跨文化谈判时,两个群体都没有改变其谈判策略(Tse,Francis, & Walls,1994)。这些例子表明,对于不同文化之间进行谈判时的跨文化互动,还需要更多交互作用论的视角。

新近提出的动态建构主义取向(Hong 等,2000)考察了人与情境之间的交互作用。

他们指出，文化作为知识结构存储在人们的脑海中。一旦被情境线索激活，文化知识就会影响行为。也就是说，仅仅当某一文化知识结构被提取后，人们才依赖其内化的文化规则。这种取向解释了为什么同一个体在不同情境中接受了不同的社会刺激后，会表现出不同的行为，尤其当涉及对互动中另一方文化的认同时。

在该取向的指导下，近来有些研究已经采取了一种更加复杂的取向，这种方法整合考虑了此处提到的交互序列类型。例如，Gelfand 和 Cai(2004)概述了对谈判中社会情境的文化建构如何能够影响相同文化双方的谈判行为。例如，谈判者在多大程度上认为自己对谈判结果负有责任，它与文化规则的交互作用共同影响了其行为。在这一问题上，先前研究普遍发现，责任感使谈判者的反应更具有竞争性。然而，最近的研究发现，责任感使谈判者的行为更符合文化规则(Gelfand & Realo，1999)。具体而言，独立的谈判者变得更有竞争性，而依赖的谈判者在高责任压力下变得更加合作。

同时，谈判者的闭合需要水平也影响了其行为在多大程度上符合一种文化原型(Fu，Morris 等，2007)。正如预测的那样，Fu 及其同事们(2007)发现，闭合需求较高的华人喜欢求助于存在联系的第三方，并倾向于寻求与调解有关的信息，而其美国对手更喜欢不存在联系的第三方(客观来源)，并倾向于寻求与调查有关的信息。影响知识结构激活过程的因素有三个，而其中两个就是社会情境的属性(高责任压力)和个人(闭合需要)(Morris & Fu，2001)。

除了关注知识结构的动态建构主义取向，其他几项研究已经明确了文化与情境因素之间的相互作用。Drake(2001)认为，由于谈判者角色的不同，文化对交流行为和结果的影响可能不同。有证据表明，华人和其他文化群体对谈判双方角色的解释并不相同(McAuley，Bond，& Kashima，2002)。与这一普遍发现一致的是，Cai、Wilson 和 Drake(2000)发现，相对于买方集体主义，卖方集体主义对交流行为及其相关结果产生了更加持久的影响。Brett、Tinsley、Shapiro 和 Okumura(2007)在一项研究中提到了另一个与中国人有关的例子，他们在研究中发现，对于中国人，决策者是上级或冲突中的平级影响了其冲突解决的文化规则，但是对于日本人或美国人却没有这种影响(又参见 Bond 等，1985)。显然，支配社会互动的规则影响了随后的行为，而规则来自于在中国文化的等级视角下对另一方的知觉。

在跨文化谈判中，人们会把自身所属文化的规则和习惯带到对话中。如果双方的文化不同，那么一个有趣的问题就是谁的规则支配了另一方。遵守谁的规则的一个指标是适应。由于适应意味着牺牲某人自身的原则去适应另一方的规则，因而核心问题是哪一方应该适应。适应的一个基本条件是，知道哪些行为在对方文化中是合乎规则的，以便做出适当的行为，因此，Weiss(1994)认为，更了解对方文化知识的那一方将会适应。某些文化可能使个体具有适应的倾向，从而促进这一过程。例如，由于集体主义文化重视社会责任和群体和谐，在这些文化中社会化的成员可能对互动规则中的差异更加敏感，并且更愿意适应（Adair & Brett, 2004）。

对日本谈判者的研究可能有助于理解华人的情况。在美国人与日本人的一场谈判中，Adair 等（2001）发现，日本谈判者而不是美国谈判者，出现了适应行为。其研究的一个重要方面是日本和美国被试都在美国工作。因此，根据假设，日本被试知道如何在美国文化中表现出适当的行为，而美国被试则缺乏日本文化的相关知识。与此类似，一个合理的预期是，社会化相同的华人有可能在相同类型的跨文化语境中表现出适应。华人在其"家"文化背景下将会发生什么，今后还需要对此进行研究。

当华人进入一种新环境时，会倾向于遵守当地规则，习语就反映了这一倾向，如"入乡随俗""客随主便"。然而，仔细考察这些习语后就会发现，在新环境中成为客人是华人适应的一个条件。也就是说，当与来自另一种文化的个体进行交流时，华人会根据更大的社会情境而改变自身行为。例如，如果一名中国商人去北美，他可能试图融入北美文化。然而，当同一个人在中国款待其美国商业伙伴时，他则期望美国人去适应中国文化，因此不会改变自身行为，但却预期其商业伙伴会出现典型的文化行为。事实上，坊间证据表明，中国人在本国领土上是坚韧的谈判者（Pye, 1982）！

谈判可能最清晰地表明了我们需要从一种交互作用论的视角去理解文化对跨文化接触的影响。显而易见，如果要解释和预测跨文化谈判中的行为，就必须考虑其他因素，而不仅仅只是谈判者符合文化规则的行为。也就是说，我们必须考虑对方的认知和分类，并且了解这一特定语境中的规范行为，以及参与者的动机和角色。

多元文化工作群体。对工作群体中文化作用的理解为我们提供了一个额外的机会，它展示了在考察文化的一般影响和华人特殊情况时，采用互动取向的效用。当群体成员在任务完成中必须一起工作时，个体间的文化差异就变得更加明显。工作群体的几个独特特征（Hackman, 1991）提高了其作为榜样的效用。首先，它们是成员间存在边界的社会系统，成员们已经分化为相互依赖的角色，需要完成一项任务。

工作群体的文化组成通过三种机制影响了其作用方式（Thomas, 2008）：第一种是在群体中出现的与群体功能有关的特定文化进行社会化后的一些取向（*文化规则*或*脚本*）；第二种是在群体中出现的各种不同文化（*文化多样性*）及其相对平衡；第三种是群体成员间的文化差异有多大（*相对文化距离*）。尽管这些机制与之前所描述的交互序列有关，但是每种机制都以不同的方式影响着群体运作的方式。

对于一个群体应该如何组织起来、如何发挥作用，在工作群体中什么是恰当的，不同的文化有着非常不同的取向（如 Thomas, Ravlin, & Wallace, 1996）。例如，如前所述，华人认为维持和谐在人际互动中十分重要。这与美国普遍的观念，即建设性冲突和魔鬼辩护，形成了鲜明的对比，而该观点来自于雅典民主的西方理想化。近来的研究表明，这些关于群体结构和功能的文化规则影响着人们如何思考群体行为。例如 Gibson和 Zellmer-Bruhn（2001）发现，群体的个体主义隐喻反映了清晰的群体目标（即不必问

"我们在这里做什么?",因为目标显然是赢得比赛)和自愿成为群体成员,如在西方体育群体中那样,然而在集体主义文化中,如华人文化,隐喻强调了一个广泛的活动范围和明确的成员角色,就如同在家庭中那样。

许多研究表明,人们将心理表征(隐喻或脚本)带入到了工作群体中,然后运用它去解释事件、行为、期望和其他群体成员(如 Bettenhausen & Murnighan,1991)。也有证据表明,对于在群体加工中什么是合适的,华人有不同的看法。例如,Earley(1989)比较了中国和美国被试后发现,美国人中普遍存在的社会惰化在中国人样本中几乎不存在,这反映了前面所说的关系型个体主义的华人规则。然而,在接下来的一项研究中,Earley(1993)发现,当华人在群体内情境中工作时,社会惰化在他们身上没有发生,但是当他们与群体外成员工作时,社会惰化的确发生了。因此,如果对群体的知觉和归类是群体外成员,那么华人作出的反应是中断其群体内行为规则,并采用一种更实用的互动规则(参见 Leung & Au,本手册)。

对工作群体的第二种影响是群体的文化多样性。一般而言,证据表明工作群体中的文化多样性既有积极影响又有消极影响(参见 Thomas,2008)。也就是说,多元文化群体由于不同的认知和交流模式,可能会出现更多的加工损失,因此其群体表现要差于同质群体。另一方面,由于对群体成员的知觉不同,文化多样性可能导致了更有创造性的、更高质量的群体决策(参见 Earley & Mosakowski,2000;Elron,1997;Mcleod,Lobel,& Cox,1996)。

关于工作群体文化多样性的大部分研究都是在不提及其中特殊文化的情况下,与同质群体比较了多样化。然而,其中有些研究与华人案例有关。即,当群体成员分别属于两种不存在交集的不同文化、而非来自多种不同文化时,有时候个体会更认同于其所属文化的亚群体,而非作为一个整体的工作群体。它导致了亚群体偏爱,并对信息传递出亚群体边界或*断层线*产生了消极影响(Lau & Murnighan,1998;2005)。在这里,群体内外的分类及其相关的人际互动规则似乎发挥了作用。也就是说,相对于断层线之间的工具性互动,华人亚群体与整个工作群体之间的互动可能反映出了一系列复杂得多的规则。因此,我们会预期亚群体内部以及亚群体之间的互动都会显著不同,而它取决于更大的工作群体内亚群体文化的组成。

文化影响群体加工的第三种方式是通过该群体中每个人所属的文化在多大程度上不同于其他的群体成员。不同文化群体的成员会意识到自己是与众不同的,而这种清楚的意识导致他们将自己与其他群体成员进行比较(Bochner & Ohasko,1997;Bochner & Perks,1971)。他们根据这种比较,来评价与其工作群体地位相关的行为的适当性(Mullen,1987;Mullen & Baumeister,1987)。其他群体成员所知觉到的相关差异也影响了相对于其自身的文化群体,他们在多大程度上认同于工作群体。

大体而言,群体成员的参与意愿取决于相对其文化群体,个体对工作群体的认同程度(如 Wit & Kerr,2002)。研究表明,华人与其他群体成员之间更大的文化差异影响了其群体冲突知觉,以及表达其想法的意愿(Thomas,1999)。对于华人而言,相对于群体内成员中面子和人情概念的激活,与群体外成员建立起共同的群体认同可能更加困难。

总之,通过基于文化规则、群体的文化多样性和群体成员的相对文化距离这三种机制,文化的影响是明显的。从交互作用论的视角来考察行为、知觉、归因和反应,以及群体语境中华人社会行为的特定规则和动机,这些都促进了我们对华人案例的了解。

结　论

在本章开篇,我们提出了跨文化互动中文化作用的一般模型。该模型呈现了不同文化行动者之间的一种行为序列,其中涉及了许多途径,而这些途径受到了华人文化特殊性的影响,如重视情境线索、基于文化的脚本和预期、选择性知觉、群体外认同和群体外态度、情境的语境以及自我概念的动机作用。然后,通过考察跨文化谈判与多元文化群体中的华人互动这一特定案例,展示了通过这种方式证实跨文化交流的效用。

在该过程中,我们强调了一个事实,即在任何跨文化交流中,我们都必须记住其中至少涉及两种文化。因此,通过考察受语境影响的跨文化知觉选择效应、不同的归因以及不同文化他人和社会情境定义的特殊性社会互动文化规则,可以大大促进我们的认识和了解。

作者注

与本章有关的通信可以寄给作者,Segal Graduate School of Business,Simon Fraser University,500 Granville Street,Vancouver,BC,V6C 1W6,Canada。

Email:dcthomas@ sfu.ca;yuan_liao@ sfu.ca。

参考文献

Abel,T.M. & Hsu,F.I.(1949).Some aspects of personality of Chinese as revealed by the Rorschach Test.*Journal of Projective Techniques*,*13*,285–301.

Adair,W.L. & Brett,J.M.(2004).Culture and negotiation process.In M.J.Gelfand & J.M.Brett(eds), *The handbook of negotiation and culture*(pp.158–176).Stanford,CA:Stanford University Press.

Bagley,C.(1995).Field independence in children in group-oriented cultures:Comparisons from China, Japan,and North America.*Journal of Social Psychology*,*135*,523–525.

Bettenhausen,K.L. & Murnighan,J.K.(1991).The development of an intragroup norm and the effects of interpersonal and structural changes.*Administrative Science Quarterly*,*36*,20-35.

Bochner,S. & Ohsako,T.(1977).Ethnic role salience in racially homogeneous and heterogeneous societies.*Journal of Cross-Cultural Psychology*,*8*,477-492.

Bochner,S. & .Perks,R.W.(1971).National role evocation as a function of cross-national interaction. *Journal of Cross-Cultural Psychology*,*2*,157-164.

Bond,M.H. & Forgas,J.(1984).Linking person perception to behavior intention across cultures:The role of cultural collectivism.*Journal of Cross-Cultural Psychology*,*15*,337-352.

Bond,M.H. & Hwang,K.K.(1986).The social psychology of the Chinese people.In M.H.Bond(ed.), *The psychology of the Chinese people*(pp.213-266).Hong Kong:Oxford University Press.

Bond,M.H. & Lee,P.W.H.(1981).Face saving in Chinese culture:A discussion and experimental study of Hong Kong students.In A.Y.C.King & R.P.L.Lee(eds),*Social life and development in Hong Kong*(pp. 289-304).Hong Kong:Chinese University Press.

Bond,M.H.,Leung,K., & Schwartz,S.(1992).Explaining choices in procedural and distributive justice across cultures.*International Journal of Psychology*,*27*,211-225.

Bond,M.H.,Wan,K.C.,Leung,K. & Giacolone,R.A.(1985).How are responses to verbal insult related to cultural collectivism and power distance? *Journal of Cross-Cultural Psychology*,*16*,111-127.

Bond,M.H. & Wang,S.H.(1983).Aggressive behavior in Chinese society:The problem of maintaining order and harmony.In A.P.Goldstein & M.Segall(eds),*Global perspectives on aggression*(pp.58-74).New York:Pergamon.

Brett,J. & Crotty,S.(2008).Culture and negotiation. In P.B.Smith,M.F.Peterson, & D.C.Thomas (eds),*Handbook of cross-cultural management research*(pp.269-284).Thousand Oaks,CA:Sage.

Brett,J.M.,Tinsley,C.H.,Shapiro,D.L., & Okumura,T.(2007).Intervening in employee disputes:How and when will managers from China,Japan,and the U.S.act differently? *Management & Organization Review*, *3*,183-204.

Buchan,N.R.,Croson,R., & Dawes,R.M.(2002).Swift neighbors and persistent strangers:A cross-cultural investigation of trust and reciprocity in social exchange.*American Journal of Sociology*,*108*,168-206.

Cai,D.,Wilson,S.R., & Drake,L.(2000).Culture in the context of intercultural negotiation:Individualism-Collectivism and paths to integrative agreements.*Human Communication Research*,*26*,591-617.

Chiu,C.,Morris,M.W.,Hong,Y., & Menon,T.(2000).Motivated cultural cognition:The impact of implicit cultural theories on dispositional attribution varies as a function of need fro closure. *Journal of Personality and Social Psychology*,*78*,247-259.

Crittenden,K.S.(1996).Causal attribution processes among the Chinese.In M.H.Bond(ed.),*The handbook of Chinese psychology*(pp.263-279).Hong Kong:Oxford University Press.

Drake,L.(2001).The culture-negotiation link:Integrative and distributive bargaining through an intercultural communication lens.*Human Communication Research*,*27*,317-349.

Earley,P.C.(1989).Social loafing and collectivism:A comparison of the US and the People's Republic of China.*Administrative Science Quarterly*,*34*,565-581.

Earley, P. C. (1993). East meets West meets Mid-East:Further explorations of collectivist and individualist work groups.*Academy of Management Journal*,*36*,319-348.

Earley,P.C. & Mosakowski,E.(2000).Creating hybrid team cultures:An empirical test of transnational team functioning.*Academy of Management Journal*,*43*,26-49.

Elron,E.(1997).Top management teams within multinational corporations:Effects of cultural heterogeneity.*Leadership Quarterly*,*8*,393-412.

Fang,T.(1997).*Chinese business negotiating style:A socio-cultural approach*.Linköping University Press:Linköping,Sweden.

Ferraro,G.P.(2006).The cultural dimension of international business.Englewood Cliffs,NJ:Prentice Hall.

Forgas,J.P. & Bond,M.H.(1985).Cultural influences on the perception of interaction episodes.*Personality and Social Psychology Bulletin*,*11*,75-88.

Fu,H.,Morris,M.W.,Lee,S.,Chao,M.,Chiu,C., & Hong,H.(2007).Epistemic motives and cultural conformity:Need for closure,culture and context as determinants of conflict judgments.*Journal of Personality and Social Psychology*,*92*,191-197.

Gabrenya,W.K. & Hwang,K.K.(1996).Chinese social interaction:Harmony and hierarchy on the good earth.In M.H.Bond(ed.),*The handbook of Chinese psychology*(pp.309-321).Hong Kong:Oxford University Press.

Gao,G.,Ting-Toomey,S., & Gudykunst,W.B.(1996).Chinese communication process.In M.H.Bond (ed.),*The handbook of Chinese psychology*(pp.280-293).Hong Kong:Oxford University Press.

Gelfand,M.J. & Cai,D.A.(2004).Cultural structuring of the social context of negotiation.In M.J.Gelfand & J.M.Brett(eds),*The handbook of negotiation and culture*(pp.238-257).Stanford,CA:Stanford University Press.

Gelfand,M.J.,Higgins,M.,Nishii,L.H.,Raver,J,L.,Dominguez,A.Murakami,F.,Yamaguchi,S., & Toyama,M.(2002).Culture and egocentric perceptions of fairness in conflict and negotiation.*Journal of Applied Psychology*,*87*,833-856.

Gelfand,M.J.,Nishii,L.H.,Holcombe,K.M.,Dyer,N.,Ohbuchi,K., & Fukuno,M.(2001).Cultural influences on cognitive representations of conflict:Interpretations of conflict episodes in the United Sates and Japan.*Journal of Applied Psychology*,*86*,1059-1074.

Gelfand,M.J.,Nishii,L.H., & Raver,J.L.(2006).On the nature and importance of cultural tightness-looseness.*Journal of Applied Psychology*,*91*,1225-1244.

Gelfand,M.J. & Realo,A.(1999).Individualism-collectivism and accountability in intergroup negotiations.*Journal of Applied Psychology*,*84*,721-736.

Gibson,C.B. & Zellmer-Bruhn,M.E.(2001).Metaphors and meaning:An intercultural analysis of the concept of teamwork.*Administrative Science Quarterly*,*46*,274-303.

Graham,J.L.,Kim,D.K.,Lin,C.Y., & Robinson,M.(1988).Buyer-seller negotiations around the Pacific rim:Differences in fundamental exchange process.*Journal of Consumer Research*,*15*,48-54.

Gudykunst,W.B.(2001).*Asian American ethnicity and communication*.Thousand Oaks,CA:Sage.

Gudykunst,W.B. & Bond,M.H.(1997).Intergroup relations across cultures.In J.Berry,M.Segall, & Ç.Kağitçibaşi(eds),*Handbook of cross-cultural psychology*,*Vol.3*(pp.119-161).Needham Heights,MA:Allyn & Bacon.

Gudykunst, W.B., Ting-Toomey, S. & Chua, E. (1988). *Culture and interpersonal communication*. Newbury Park, CA: Sage.

Hackman, J.R. (1991). *Groups that work (and those that don't)*. San Francisco, CA: Jossey-Bass.

Hall, E.T. (1976). *Beyond culture*. New York: Doubleday.

Hallowell, A.I. (1955). *Culture and experience*. Philadelphia, PA: University of Pennsylvania Press.

Hattrup, K. & Jackson, S.E. (1996). learning about individual differences by taking situations seriously. In K.R.Murphy (ed.), *Individual differences and behavior in organizations* (pp.507-547). San Francisco, CA: Jossey-Bass.

Hewstone, M. (1990). The 'ultimate attribution error'? A review of the literature on intergroup causal attribution. *European Journal of Social Psychology*, *20*, 614-623.

Hewstone, M. & Ward, C. (1985). Ethnocentrism and casual attribution inSoutheast Asia. *Journal of Personality and Social Psychology*, *48*, 614-623.

Ho, D. (1976). On the concept of face. *The American Journal of Sociology*, *81*, 867-884.

Hofstede, G. (1980). *Culture's consequences: International differences in work-related values*. Beverly Hills, CA: Sage.

Hofstede, G. (2001). *Culture's consequences: Comparing values, behaviors, institutions and organizations across nations*. Thousand Oaks, CA: Sage Publications.

Hofstede, G. & Usunier, J.C. (1996). Hofstede's dimensions of culture and their influence on international business negotiations. In P.Ghauri & J.C.Usunier (eds), *International business negotiations* (pp. 119-129). Oxford, England: Pergamon.

Hong, Y., Chiu, C., & Kung, T. (1997). Bringing culture out in front: Effects of cultural meaning system activation on social cognition. In K.Leung, Y.Kashima, U.Kim, & S.Yamaguchi (eds), *Progress in Asian social psychology* (vol.1, pp.135-146). Singapore: Wiley.

Hong, Y., Morris, M.W., Chiu, C., & Benet-Martinez, V. (2000). Multicultural minds: A dynamic constructivist approach to culture and cognition. *American Psychologist*, *55*, 709-720.

Hsu, F.L.K. (1971). Psychological homeostasis andjen: Conceptual tools for advancing psychological anthropology. *American Anthropologist*, *73*, 23-44.

Hu, H.C. (1944). The Chinese concept of 'face'. *American Anthropologist*, *46*, 45-64.

Hwang, K.K. (1987). Face and favor: The Chinese power game. *American Journal of Sociology*, *92*, 944-974.

Hwang, K.K. (1987). Human emotion andmien-tzu: The Chinese power game. In K.S.Yang (ed.), *The psychology of the Chinese* (pp.289-318). Taipei, Taiwan: Kui-Kuan Books, Inc. (in Chinese)

Hwang, K.K. (1997-8). *Guanxi* and *mientze*: Conflict resolution in Chinese society. *Intercultural Communication Studies*, *7*, 17-42.

Ip, G.W.M. & Bond, M.H. (1995). Culture, values, and the spontaneous self-concept. *Asian Journal of Psychology*, *1*, 30-36.

Kam, C.C.S. & Bond, M.H. (2008). The role of emotions and behavioral responses in mediating the impact of face loss on relationship deterioration: Are Chinese more face-sensitive than Americans? *Asian Journal of Social Psychology*, *11*, 175-184.

Kashima, Y. (2001). Culture and social cognition: Toward a social psychology of cultural dynamics. In D. Matsumoto (ed.), *The handbook of Culture and psychology* (pp.325-360). New York: Oxford University Press.

Kashima, Y., Yamaguchi, S., & Kim, U. (1995). Culture, gender, and self: A perspective from individualism-collectivism research. *Journal of Personality and Social Psychology*, 69, 925-937.

King, A.Y.C. & Bond, M.H. (1985). The Confucian paradigm of man. In W.S. Tseng & D.Y.H. Wu (eds), *Chinese culture and mental health: An overview* (pp.29-45). Orlando, FL: Academic Press.

Kitayama, S., Duffy, S., & Uchida, Y. (2007). Selfas a cultural mode of being. In S. Kitayama & D. Cohen (eds), *Handbook of cultural psychology* (pp.136-174). New York: Guilford.

Kitayama, S., Markus, H.R., Matsumoto, H., & Norasakkunkit, V. (1997). Individual and collective process in the construction of the self: Self-enhancement in the United States and self-deprecation in Japan. *Journal of Personality and Social Psychology*, 72, 1245-1267.

Knowles, E.D., Morris, M.W., Chiu, C., & Hong, Y. (2001). Culture and the process of person perception: Evidence for automaticity among East Asians in correcting for situational influences on behavior. *Personality and Social Psychology Bulletin*, 27, 1344-1356.

Kühnen, U. & Oyserman, D. (2002). Thinking about the self influences thinking in general: Cognitive consequences of salient self-concept. *Journal of Experimental Social Psychology*, 38, 492-499.

Lau, D.C. & Murnighan, J.K. (1998). Demographic diversity and faultlines: The compositional dynamics of organizational groups. *Academy of Management Review*, 23, 325-340.

Leung, K. (1987). Some determinants of reactions to procedural models of conflict resolution: Across-national study. *Journal of Personality and Social Psychology*, 53, 898-908.

Leung, K. (1988). Some determinants of conflict avoidance. *Journal of Cross-Cultural Psychology*, 19, 125-136.

Leung, K. & Bond, M.H. (1984). The impact of cultural collectivism on reward allocation. *Journal of Personality and Social Psychology*, 47, 793-804.

Leung, K. & Wu, P.G. (1990). Dispute processing: A cross-cultural analysis. In R. Brislin (ed.), *Applied cross-cultural psychology* (Vol.14, pp.209-231). Newbury Park, CA: Sage.

Leung, T.K.P. & Chan, R.K.K. (2003). Face, favour and positioning-a Chinese power game. *European Journal of Marketing*, 37, 1575-1598.

Li, H.Z. (2001). Co-operative and intrusive interruptions in inter-and intra-cultural dyadic discourse. *Journal of Language and Social Psychology*, 20, 259-284.

Li, H.Z. (2004). Gaze and mutual gaze in inter-and intra-cultural conversation in simulated physician-patient conversations. *International Journal of Language and Communication*, 20, 3-26.

Li, H.Z. (2006). Backchannel responses as misleading feedback in intercultural discourse. *Journal of Intercultural Communication Research*, 35, 99-116.

Lieberman, M.D., Jarcho, J.M., & Obayashi, J. (2005). Attributional inference across cultures: Similar automatic attributions and different controlled corrections. *Personality and Social Psychology Bulletin*, 31, 889-901.

Lieberman, M.D., Ochsner, K.N., Gilbert, D.T., & Trope, Y. (2002). Reflection and reflexion: A social-cognitive neuroscience approach to attributional inference. *Advances in Experimental Social Psychology*, 34,

199-249.

Lu,Y. & Hsu,C.F.(2008).Willingness to communicate in intercultural interactions between Chinese and Americans.*Journal of Intercultural Communication Research*,*37*,75-88.

Maddox,W.W. & Yuki,M.(2006).The'ripple effect':Cultural differences in perceptions of the consequences of events.*Personality and Social Psychology Bulletin*,*32*,669-683.

Markus,H.(1977).Self-schemata and processing information about the self.*Journal of Personality and Social Psychology*,*35*,63-78.

Markus,H.R. & Kitayama,S.(1991).Culture and the self:Implications for cognition,emotion,and motivation.*Psychological Review*,*98*,224-253.

McAuley,P.,Bond,M.H.,& Kashima,E.(2002).Towards defining situations objectively:A culture-level analysis of role dyads in Hong Kong and Australia.*Journal of Cross-Cultural Psychology*,*33*,363-380.

McLeod,P.L.,Lobel,S.A.,& Cox,T.H.(1996).Ethnic diversity and creativity in small groups.*Small Group Research*,*27*(2),248-264.

Menon,T.,Morris,M.W.,Chiu,C.,& Hong,Y.(1999).Culture and the construal of agency:Attribution to individual versus group dispositions.*Journal of Personality and Social Psychology*,*76*,701-717.

Mischel,W.(1977).The interaction of person and situation.In D.Magnusson & N.S.Endler(eds),*Personality at the crossroads:Current issues in interactional psychology*(pp.333-352).Hillsdale,NJ:Lawrence Erlbaum Associates.

Morris,M.W. & Fu,H.Y.(2001).How does culture influence conflict resolution? A dynamic constructivist analysis.*Social Cognition*,*19*,324-349.

Morris,M.W. & Peng,K.(1994).Culture and cause:American and Chinese attributions for social and psychical events.*Journal of Personality and Social Psychology*,*67*,949-971.

Mullen,B.(1987).Self-attention theory:The effects of group composition on the individual.In B.Mullen & G.R.Goethals(eds),*Theories of group behaviour*(pp.125-146).New York:Springer-Verlag.

Mullen,B. & Baumeister R.F.(1987).Groups effects on self-attention and performance:Social loafing,social facilitation,and social impairment.In C.Hendrick(ed.),*Review of personality and social psychology*(pp.189-206).Newbury Park,CA:Sage.

Nisbett,R.E.,Peng,K.,Choi,I.,& Norenzayan,A.(2001).Culture and systems of thought:Holistic versus analytic cognition.*Psychological Review*,*108*,291-310.

Oetzel,J.G. & Ting-Toomey,S.(2003).Face concerns in interpersonal conflict:A cross-cultural empirical test of face-negotiation theory.*Communication Research*,*30*,599-624.

Park,D.C.,Nisbett,R.E.,& Hedden,T.(1999).Culture,cognition,and aging.*Journal of Gerontology* *54*,75-84.

Park,Y.S. & Kim,B.S.K.(2008).Asian and European cultural values and communication styles among Asian American and European American college students.*Cultural Diversity and Ethnic Minority Psychology*,*14*,47-56.

Peng,K. & Nisbett,R.E.(1999).Culture,dialectics,and reasoning about contradiction.*American Psychologist*,*54*,741-754.

Pye,L.(1982).*Chinese commercial negotiating style*.Cambridge,MA:Oelgeschlager.

Ross, L. (1977). The intuitive psychologist and his shortcomings. In L. Berkowitz (ed.), *Advocates in experimental social psychology* (Vol.10, pp.173-220). New York: Academic Press.

Ross, L. & Nisbett, R.E. (1991). *The person and the situation: Perspectives of social psychology*. Philadelphia, PA: Temple University Press..

Redding, S.G. & Ng, M. (1982). The role of 'face' in the organizational perceptions of Chinese managers. *Organization Studies*, 3, 201-219.

Sanchez-Burks, Lee, F., Choi, I., Nisbett, R., Zhao, S., & Koo, J. (2003). Conversing across cultures: East-West communication styles in work and nonwork contexts. *Journal of Personality and Social Psychology*, 85, 363-372.

Schuster, B., Fosterlung, F., & Weiner, B. (1989). Perceiving the causes of success and failure. *Journal of Cross-Cultural Psychology*, 20, 191-213.

Shaw, J.B. (1990). A cognitive categorization model for the study of intercultural management. *Academy of Management Review*, 15, 626-645.

Shenkar, O. & Ronen, S. (1987). The cultural context of negotiations: The implications of Chinese interpersonal norms. *Journal of Applied Behavioral Science*, 23, 263-275.

Shweder, R.A. & Bourne, E.J. (1984). Does the concept of the person vary cross-culturally? In R.A. Shweder & R.A. LeVine (eds), *Culture theory* (pp.158-199). Cambridge, England: Cambridge University Press.

Smith, P.B. & Bond, M.H. (1999). *Social psychology across cultures*. Boston, MA: Allyn and Bacon.

Spencer-Rodgers, J., Williams, M.J., Hamilton, D.L., Peng, K., & Wang, L. (2007). Culture and group perception: Dispositional and stereotypic inferences about novel and national groups. *Journal of Personality and Social Psychology*, 93, 525-543.

Tajfel, H. (1981). *Human groups and social categories*. Cambridge, England: Cambridge University Press.

Tetlock, P.E. (1985). Accountability: The neglected social context of judgment and choice. In L.L. Cummings & B.M. Staw (eds), *Research in organizational behavior* (vol.7, pp.297-332). Greenwich, CT: JAI Press.

Thomas, D.C. (1999). Cultural diversity and work group effectiveness: An experimental study. *Journal of Cross-Cultural Psychology*, 30, 242-263.

Thomas, D.C. (2002). *Essentials of international management: A cross-cultural perspective*. Thousand Oaks, CA: Sage.

Thomas, D.C. (2008). *Cross-cultural management: Essential concepts*. Thousand Oaks, CA: Sage.

Thomas, D.C., Ravlin, E.C., & Wallace, A.W. (1996). Effect of cultural diversity in work groups. *Research in Sociology of Organization*, 14, 1-33.

Ting-Toomey, S. (1988). Intercultural conflict styles. In Y.Y. Kim & W.B. Gudykunst (eds), *Theories in intercultural communication* (pp.213-238). Beverly Hills, CA: Sage.

Ting-Toomey; S. (1988). A face-negotiation theory. In Y.Y. Kim & W.B. Gudykunst (eds), *Theory in intercultural communication*. Newbury Park, CA: Sage.

Trubisky, P., Ting-Toomey, S., & Lin, S. (1991). The influence of individualism-collectivism and self-monitoring on conflict styles. *International Journal of Intercultural Relations*, 15, 65-84.

Tse, D.K., Francis, J., & Walls, J. (1994). Cultural differences in conducting intra-and inter-cultural negotiations: A Sino-Canadian comparison. *Journal of International Business Studies*, 25, 537-555.

Wilder, D. A. (1986). Social categorization: Implications for creation and reduction of intergroup bias. In L. Berkowitz (ed.), *Advances in Experimental Social Psychology* (Vol. 19, pp. 291−355). New York: Academic Press.

Wit, A. P. & Kerr, N. L. (2002). 'Me versus just us versus us all' categorization and cooperation in nested social dilemmas. *Journal of Personality and Social Psychology*, 83, 616−637.

Witkin, H. A. & Goodenough, D. R. (1977). Field dependence and interpersonal behavior. *Psychological Bulletin*, 84, 661−689.

Yang, C. F. (2006). The Chinese conception of self: Toward a person-making perspective. In U. Kim, K. S. Yang, & K. K. Hwang (eds), *Indigenous and cultural psychology* (pp. 327−356). New York: Springer.

Yang, K. S. (1988). Will societal modernization eventually eliminate cross-cultural psychological difference? In M. H. Bond (ed.), *The cross-cultural challenge to social psychology* (pp. 67−85), Newbury Park, CA: Sage.

Yang, K. S. (1992). The social orientation of Chinese. In K. S. Yang & A. B. Yu (eds), *Chinese psychology and behaviors: Methods and concepts* (pp. 67−85). Taipei, Taiwan: Gui Guan. (in Chinese)

Yeung, L. N. T. (2000). The question of Chinese indirectness: A comparison of Chinese and English participative decision-making discourse. *Multilingua*, 19, 221−264.

第 40 章　独特的华人心理学;抑或:
我们都是炎黄子孙?

Peter B.Smith

心理学许多领域的基本研究框架主要来自于过去百年来所进行的广泛研究,而这些研究是由仅占世界人口一小部分的北美学者完成的。本手册的第二版提供了一个再好不过的机会,使我们可以评估,如果当代心理学主要来自于对华人的研究,那么心理学的研究结果在多大的程度上存在差异。

本章简要列出了一些主要领域,在这些领域中围绕华人心理的某些不同或特殊之处,存在着激烈的争论。在本手册的其他章节中,针对有些问题也存在着广泛的争论,诸如华人是否具有特殊的思维方式、不同的价值观、不同的信念、不同的人格结构、不同的影响方式、独特的家庭动力、注重关系和谐、特殊的面子观。本章的主要部分考察了在多大程度上,世界其他地区的研究同样也发现了一些假定华人才具有的特征。

基本问题

为了考察这些问题,需要首先进行一些澄清。第一,如果我们说一种心理现象是华人独有的,那么是否意味着,它必定不存在于其他文化背景中,或者它仅仅只意味着在华人中显示出了更强的效应?

第二,华人的概念应该如何进行操作化的界定? 是否仅只存在于中华人民共和国时,才能够称为一种独特的中国现象,或者也必须存在于其他华人为主的国家,以及那些居住于非华人为主国家的华人中间? 正如 Hong、Yang 和 Chiu(本手册)所指出的,这些问题非常重要,但却不容易回答。

第三,我们怎样才能知道某一效应是特有的? 普适论取向的研究者主要采用"强加式客位"的研究设计(Berry,1969),假设其测量在任何地方都是有效的,除非有证据显示并非如此。另一方面,本土研究者建立了当地显著现象的"主位"模型,但却很少去检验这些现象在其他文化背景中是否也同样显著或有效。很难将这两种取向进行整合,因为它们通常不仅在本质上不同,而且所偏好的研究方法也各不相同。如果研究方法上存在交集,那么就能够对存在的独特性进行检验。例如, Katigbak、Church、

Guanzon-Lapena、Carlota 和 del Pilar(2002)比较了大五人格调查表(Costa & McCrae, 1992)和本土编制的菲律宾人格调查表。研究发现了一些重要的重叠。在考察独特性时,常见的做法是将一个地方的问卷翻译或转换成另一个地方的语言。例如,Ayçiçegi(1993)将一种调查墨西哥人独特信念的工具应用于土耳其被试,结果发现所有项目在土耳其被试身上也非常适用。后一种取向是对独特性的首次检验,但比第一种更弱,因为它没有包括本地编制的测量工具。

可以理解的是,许多研究者之所以采用本土心理学取向,主要是为了寻找最恰当的方法来研究当地需要优先解决和关注的问题,而不是为了对全球心理学作出贡献(Allwood & Berry,2005;Yang,本手册)。在那些本土心理学发展得尤其繁荣的地区,例如中国台湾,当整合那些在本土和国外分别接受过训练的不同心理学家之间的观点和职业道路时,就出现了一些问题(Gabrenya,Kung, & Chen,2006)。中国台湾本土心理学家偏好用中文发表论文,但是台湾教育部门的官员却更喜欢在国际期刊上发表的论文。接受国外训练的中国台湾心理学家用国际化的美国标准来评价一个项目的价值,并且有时候瞧不起本土研究。

本章的观点采纳了 Kluckhohn 和 Murray 经常被引用的论述(1949):"每个人都在某种程度上(1)像所有人,(2)像某些人,(3)不像任何人。"(第53页)因此就最广泛的层次而言,我们没有理由预期华人与其他人群不同。然而,作为一种日益呈现的特殊分析水平,特殊效应可能会更加显示出来。本土心理学家通常更关注的正是后面这些效应。一旦有证据显示存在独特性,那么跨文化心理学家的责任就是提出理论,以解释为什么会出现这些效应。如果有理论能够达到这一目标,那么具有本土独特性的效应就同样也可以使全球心理学变得更加名副其实,因为迄今为止,全球心理学还主要来自于北美本土心理学的研究成果。

跨文化心理学家所进行的理论化主要都是为了明确 Hofstede(1980)、Schwartz(2004)以及其他人所提出的文化差异维度。依据集体主义与个人主义以及权力距离而对国家文化进行分类的这种方式尤其具有影响力。研究发现华人文化是集体主义的、高权力距离的(Bond,1996;Hofstede,2001),或者根据新近的资料,高嵌入性和高等级性的(Schwartz,2004)。所以,首先需要回答的问题是,在华人身上发现的这些独特现象是否也可以在具有大致相同文化的其他国家背景中找到。第二个问题则是,应将已发现的文化相似性和差异性程度视为根深蒂固、不可改变的,还是可能会随着环境变化而改变的一种适应。

本土华人现象

Ho、Peng、Lai 和 Chan(2001)认为个体间的关系是本土华人心理学关注的核心。

他们指出儒家思想中的自我在本质上是关系的,而在印度教、道教和佛教著作中则并非如此(又参见 Hwang & Han,本手册)。因此,关系可能是儒家文化的特征,正如在中国、日本和韩国所发现的那样,但是它并不等同于更广泛的集体主义概念。在他们看来,关系研究需要一种相应的方法论。这涉及角色关系研究而不是个体研究。已有研究中的例子包括角色关系分类(McAuley, Bond, & Kashima, 2002)、面子的概念化(Ting-Toomey, 1998;Hwang & Han,本手册)、关系的关系(Hwang & Han,本手册;Liu, Li, & Yue;本手册)、关系的和谐(Kwan, Bond, & Singelis, 1997)以及社会导向的成就目标(Hau,本手册;Yu, 1996)。

概念化的一个分支同样也强调了东亚儒家文化的相互关联性。Markus 和 Kitayama (1991)关注于日本个体间的相互依赖性而不是美国个体的独立性,他们的研究引发了一系列对东亚人和北美人认知的广泛研究。据说东亚人的思维是整体性的,而北美人的思维是分析性的(Ji, Lam, & Guo,本手册;Nisbett, Peng, Choi, & Norenzayan, 2000)。

第三类研究包括在中国进行的主位考察,这些研究对于将要考察的现象并没有提出任何特定的已有假设,但是采用了传统的调查方法论。这里我们发现的有,例如中国人人格评估调查表(Cheung, Cheung, Leung, Ward, & Leong, 2003)、中国精神疾病分类(Stewart, Lee, & Tao,本手册;Young, 1989)、家长式领导研究(Chen & Farh,本手册;Chen, Chou, Huang, Hu, & Farh, 2004)。

独特性的类型

在本章余下部分,将会考察支持或不支持华人两种独特性的各种证据。首先,有何证据表明,东亚之外的集体主义文化也表现出了与上述现象相类似的现象?其次,有何证据表明,在更具个体主义的文化背景中可以发现或者至少会引发上述现象?

集体主义文化的价值观与信念

在其人类价值观模型中,Schwartz(1992)提出所有文化中的成员都面临着三个基本问题:生理需要的满足、个体与他人互动的和谐、群体的生存和利益。在满足这些需要时,根据每种需要的突出性,文化中的成员对各种价值体系所赋予的重要性也各不相同。集体主义文化比其他文化都更看重嵌入性和等级性,但却更不看重自主性。Bond (1996)报告了一项聚类分析,它分析了 36 个国家或地区的价值观资料,资料来自于 Schwartz 数据库中的教师。其中的四个华人样本来自中国大陆、中国香港、中国台湾和新加坡。这些华人样本并未聚类在一起,每个更类似于来自各个颇为不同的国家或地区的样本。中国香港被试的价值观类似于以色列被试,新加坡被试类似于马来西亚被试,中国大陆被试与津巴布韦被试最接近。中国台湾样本则尤其不同于与其他三个华人样本。

有人可能会争辩说,华人样本之所以没有聚类到一起是因为施瓦茨价值观量表中所赋予的客位本质并不能够考察出华人独特的价值观。然而,Bond(1996)报告了一个类似的聚类分析,它使用的是个体资料,资料来自于 21 个国家或地区的学生所完成的华人价值观调查表(Bond,1988)。这些华人问卷结果再一次显示出了分散性。Leung和Bond(2004)采用相似程序,对来自于 40 个国家或地区的学生的信念相关材料进行了聚类分析。研究在中国香港、中国大陆和新加坡被试之间发现了一些相似性,但是中国台湾再次显示出了独特性。

这些发现并未否认,在种族上属于华人的国家文化间存在相似之处。然而,它们强调了华人文化与其他既非儒家又非亚洲的文化之间存在大量共同之处。价值观与信念是以相对泛化的、不受情境影响的方式表达出来的。通过考察这些价值观和信念是如何借助特定行为而被操作化的,我们就可能会发现更大程度的文化独特性。Schwartz(1992)所指出的三个主要问题中,每一个都可能存在其他解释。我们首先来看看Schwartz 所指出的一般目标,即群体的生存和利益。

达到和谐

许多研究者都强调了华人文化中的达到和谐。华人的生活满意度与关系的和谐有着明确相关(Kwan 等,1997;Lu,本手册)。这里要回答的问题是,华人获得和谐的途径是否具有独特性。我们可以从四个方面进行思考。

脸面。对于华人文化中的脸面概念,已经有了广泛的讨论和分析(Hwang & Han,本手册)。给脸面、维护脸面和挣脸面要求个体表现出符合角色要求的恰当行为。然而,几乎所有已发表的比较性脸面研究都涉及华人和美国被试的对比。对于非华人集体主义文化中的脸面管理,我们仅仅只有一些道听途说的证据。在华人文化中,一直强调*脸*(知觉到的品行端正)和*面子*(在某特定情境中的社会尊重)之间存在一种重要区别(又参见 Cheng,Lo, & Chio,本手册)。

一种类似区别也存在于许多非华人亚洲国家所使用的语言中。Chio 和 Lee(2002)指出*chemyon*(脸面)在韩国文化中是一个重要概念,它同样也可以细分为道德和成功这两个组成部分。他们提出,*chemyon*、面子以及日语中的*mentsu* 都指非常相近的概念和过程。在泰国,提倡和谐的价值体系强调了行为举止得体的个体责任(*kreng jai*)以及人际间的义务(*bunkhun*,"感恩的善")(Komin,1990)。这些研究同样表明了与华人的脸和面子相并行的东西。在马来西亚的马来人口中,我们在个体责任(*adab*)和人际间义务(*budi*)二者之间发现了区别(Abdullah,1996)。*Budi* 涉及一些持续的互惠义务,它们甚至会传递给下一代。因此,与华人文化中已经发现的那些现象相类似的语言区别同样也存在于华人仅占少数的邻近国家文化中。

交流风格。如果我们将网撒得更广,就会发现在其他许多集体主义文化中,和谐同样也是一种颇受推崇的价值观。的确,诸如"好感互惠"和"维护自己的公众脸面"这

样的价值观都构成了 Schwartz(2004)对嵌入性的界定,而它类似于集体主义。给他人面子、维护自己的面子既维护了和谐,同时也能够通过间接交流来维护和谐,在群体内部尤其如此。Hall(1966)首次指出了在高情境和低情境文化中存在一种区别。在高情境文化中,他提出个体之间的角色关系通常是良好的,因此较少需要直接明白地说出想要交流的内容。Kim(1994)提出了一种更完善的模型,在该模型中她明确了高情境文化下的谈话中可能会出现的约束。它们包括约束自己不去伤害对方的感情,不将自己的意见强加于他人(参见 Cheng 等,本手册;Xu,本手册)。

近来在 32 个国家或地区进行的情绪表达规则研究给我们提供了一个机会,可以对华人交流风格进行评定。该研究包含两个华人样本。研究发现中国香港被试的情绪表达性低于其他任何国家或地区的被试。然而,来自中国内地的数据则位于中间位置。相对于中国被试,来自其他 13 个国家或地区的被试报告了更多的情绪表达约束(又参见 Wong, Bond, & Rodriguez Mosquera, 2008)。Matsumoto 等采用的测量方法则在其被试表达积极情绪和消极情绪的约束性上没有发现差异,根据华人文化中情绪表达的已有研究,可以得出这一推测(Bond, 1993)。

为了探明华人维护和谐的方式到底具有多大程度的独特性,也许有必要区分情绪表达的类型并且比较不同情绪表达的强度。拉丁美洲文化中的和谐依赖于互动双方彼此之间的*simpatía*的创造和维持(Triandis, Lisansky, Martin, & Betancourt, 1984)。尽管还没有任何实证研究,但是群体内部关系的*simpatía*状态似乎涉及对消极情绪表达的约束以及积极情绪的外在表达。在华人文化群体内,可能也存在类似的不同社会情境下分化了的情绪表达,而这也值得进行研究。

谦虚。Hwang 和 Han(本手册)报告的研究显示,相对于由于自己的行为方式而使其水平性的不同所导致的丢脸面,台湾被试更害怕由于自己的行为方式而使其垂直性的不同所导致的丢脸面。这一效应与当前的如下争论有关:自我提升是一种普遍动机吗? 或者它在东亚文化中并不存在? 或者即使存在也更为微弱? Heine、Lehman、Markus 和 Kitayama(1999)提出的证据表明,东亚人并不试图以自我提升的方式展现自己。Sedikides、Gaertner 和 Toguchi(2003)则提出了相反的证据,支持了自我提升是一种普遍需要,但是他们使用了一种不同的研究方法。Kwan、Kwang 和 Hui(出版中)近来同样也表明,中国学生在自恋上的得分要高于美国学生。

现在有些研究对该争论提出了一种解决的办法(Sedikides, Gaertner, & Vevea, 2005)。Gaertner、Sedikides 和 Chang(2008)表明,当要求中国台湾被试在集体主义相关特征上进行自我评价时,他们的确显示出了自我提升,但是要求他们在个体主义相关特征上进行自我评价时,却并非如此。Kurman(2003)比较了新加坡华人和以色列高中生的自我提升。在两个国家中,对自我评价较低的被试在行为谦虚的重要性上的得分则较高。西方国家同样也积极评价谦虚(Sedikides, Gregg, & Hart, 2007),然而东亚国家

的独特之处在于,对谦虚的较高评价与较低的自我提升相关。在日本的一项研究中,
Muramoto(2003)要求学生评估当自己表现谦虚时他人会如何评价自己。她发现如果
被试预期自己是谦虚的,那么他人对自己的评价会更高。因此,Muramoto 的研究肯定
了以下观点:东亚的谦虚与自我关注的一般需要存在着独特的联系(又参见 Kwan,Hui,
& McGee,本手册)。

团体荣誉。在讨论脸面时,Hwang 和 Han(本手册)同样指出了"小脸面"和"大脸
面"之间的区别。大脸面是指一个团体的荣誉,尤其是家庭。通过其家庭成员的成就
或者道德污点,一个人可能会获得或者丢掉大脸面。这一构想让人想起了近来的非华
人集体主义文化中的荣誉文化研究。Mosquera、Manstead 和 Fischer(2000)比较了荷兰
和西班牙的学生与成人对荣誉相关情境反应的描述。相对于荷兰,在集体主义文化更
浓厚的西班牙,人们更看重荣誉,并且它与个人家庭的联系更密切。家庭荣誉的丧失或
获得与骄傲、耻辱和愤怒有关。

已有的荣誉文化研究相当强调群体成员有责任报复那些损害其群体荣誉的人(如
Vadello & Cohen,2003)。在中国被试身上却没有非常明确地发现这种现象。然而,
Brockner、Chen 和 Chen(2002)的研究表明,较之相同情境下的美国被试,当告知实验组
中的中国被试其小组表现不如其他小组时,他们对其他小组的评价会更消极。Tinsley
和 Weldon(2002)发现,在冲突情境下,较之美国管理者,中国管理者表现出了更强的欲
望去羞辱对方并给对方上道德课。这些研究提供了某种证据支持以下观点,即中国人
的确更强调其所属群体的荣誉和声誉的维护。

达成和谐:总结。许多集体主义文化似乎都非常强调人际和谐。尽管 Ho 等
(2001)提出关系论是源自于儒家,但却没有提出令人信服的原因,说明为什么偏好和
谐仅只来源于一种历史根源。对于东亚文化之外的集体主义文化中社会关系的本质,
相关研究则远没有这么充分。因此,目前仅仅只能猜测,脸面、非直接性、谦虚和荣誉的
相对独特性是群体内和谐的贡献因子。

解决问题

Schwartz(1992)提出的第二个一般目标是在个体间达成一致以完成共同目标。学
者们经常讨论的一个问题是,在华人文化的组织中基于关系的关系重要性(Nathan,
1993;Chen & Chen,2004;Hwang & Han,本手册)。Park 和 Luo(2001)总结认为,对于具
有共同联系的双方而言,关系的关系是互惠的、难以触摸的、功利主义的、可变的。现
在有些研究已经超越了简单的描述。例如,Farh、Tsui、Xin 和 Cheng(1998)考察了中国
台湾组织内的上级与下级。尽管他们都同意关系是存在的,但如果这种关系是亲戚或
者以前的邻居,那么信任度最高。当告知被试是同辈关系时,关系的类型再次与信任
有关。在随后的研究中,Chen、Chen 和 Xin(2004)考察了对他人运用关系的态度。他

们发现,对于通过走关系而获得某一职位的人,例如家庭关系或同乡关系,中国商科学生对其更加不信任。然而,如果通过校友或亲密朋友的关系而获得职位,那么他们并不会不相信这个人。这表明在当代中国的组织背景下,人们所认可的基于关系的关系的员工聘用程序,是聘用那些已经具有某种联系的人,其原因也许是这些任命更符合人们的预期、更规范。

　　毫无疑问,基于关系的关系是华人文化的一个主要特征。然而,仍然值得怀疑的是,对华人文化而言,其重要性究竟有多独特。在其他东亚文化中,基于韩国的 *inmak* 和日本的 *Kankei* ,Hitt、Lee 和 Yucel(2002)已经明确了类似关系类型的突显性。Park 和 Luo(2001)提出,使用社交网络以获取利益和好处是普遍存在的,但在不同文化背景下可能会有不同的形式。Yahiaoui 和 Zoubir(2006)提出,利用基于关系的关系以达到目的,它在本质上类似于阿拉伯文化中的 *wasta* 对心理过程的影响。因此,为了明确关系的文化特殊性,我们不仅需要对描述性资料进行比较,还需要进行更深入的研究,让来自不同文化背景的被试对不同文化背景下的情境进行评定。

　　Smith、Huang、Harb 和 Torres(2009)朝该方向迈出了第一步。研究要求来自中国、黎巴嫩、巴西和英国的学生对各种影响情境进行评定,这些情境描述了在以上四个地区所发生的事件,但是却并未告知被试事件的发生背景。相对于事件发生的其他情境,中国被试的确认为发生在中国的事件情境更具有关系的代表性。然而,对于发生在英国情境中的事件,他们同样也将其评定为代表了自己日常生活中体验到的事件。更值得注意的是,相对于事件发生地为本国的情境,巴西和黎巴嫩被试都显著认为关系情境更代表了各自国家的情境。这表明,与关系相似的心理过程同样也在其他集体主义的、高权力距离的文化中普遍存在。

　　同样也有研究探索了中国正式领导情境下的影响关系(Chen & Farh,本手册)。Chen 等(2004)的家长式领导模型考查了一种更为明确的关系取向。Chen 等的确发现了证据表明,在中国,家长式领导风格在某些方面确实有效,而在西方国家显然是看不到这种领导风格的。然而,研究还发现,在其他集体主义和权力距离得分高的非华人文化中,例如土耳其、伊朗和菲律宾,家长式领导风格同样也具有积极作用(Aycan,2008)。

　　管。在华人解决问题的独特办法中,还有另外一个研究领域,它与父母的行为有关。Chao(1994)提出,中国父母明确强调对孩子的训练(管),而这解释了美国研究者所确定的父母行为维度所没有解释的其他效应。然而,既测量了管又测量了父母独裁性和权威性的研究却并没有发现可以解释管的独立效应(Wang & Chang,本手册)。此外,研究发现不仅在中国,而且在巴基斯坦和美国,管同样都与父母给予的温暖有关(Stewart,Bond, & Kennard 等,2002)。

　　解决问题:总结。华人文化中的影响是关系性的,换言之,它根植于要求和规范,

告诉我们特定的角色关系背景。我们还缺乏证据表明,相对于其他高集体主义、高权力距离的文化,这一论述是否更符合华人文化。Fu 和 Liu(2008)提出,基于关系的关系无处不在,而这可能会使华人文化比其他文化更加具有关系的相互依赖性,但是现在还缺乏多文化的、比较性的证据来证实这一论断。

个人特征

Schwartz(1992)的第三个一般需要简单地描述就是生存需要。在这里,它是指最能够提高个体自身及其所属群体生存机会的个体特点。这个问题可以从人们的思维方式以及人格特征的角度来进行思考,而它们在其文化生态学背景中最佳地满足了生存需要。

整体性思维。广泛的证据表明华人与其他东亚人一样,更多通过整体性思维而非分析性思维来解决经验问题(Ji,Lam, & Guo,本手册;Nisbett 等,2001)。他们关注的是刺激背景,而非孤立地思考刺激。如果换一种方式描述该效应,就是正如本章前文所强调的华人人际关系的本质,所以这些研究强调了其思维的关系本质。

实验研究同样能有助于澄清整体性思维个体与分析性思维个体这二者之间的差异。例如,Ji、Peng 和 Nisbett(2000)比较了韩国人和美国人如何解释所看到的场景片段。美国人更多将行为原因归结于行动者的人格,而韩国人则更多将其归因于情境的作用。然而,在不呈现情境信息时,韩国人作出的个体归因则与美国人一样多。因此,整体性对分析性思维的差异最好从已牢固形成的情境反应习惯来进行思考,而不是从根深蒂固的认知角度。如果环境要求的话,多数人都可以采用任何一种方式进行思维。

人格。Cheung、Zhang 和 Cheung(本手册)描述了中国人人格评估调查表(Chinese Personality Assessment Inventory, CPAI)的编制,以及随后的跨文化运用。值得注意的是,在本土研究所确定的人际关系因素中,有些涉及本章前文所讨论的华人社会关系的几个方面。该研究令人印象深刻,其中与此处讨论有关的、最引人注目的发现就是在中华人民共和国之外的被试身上也找到了人际关联性因素。甚至当 CPAI 的项目与美国简化版大五人格调查表项目共同进行因素分析后,该因素在新加坡华人身上也是完好的(Cheung, Cheung, Leung, Ward, & Leong, 2003)。它同样也在白种美国学生样本(Cheung 等,2003)和非华人新加坡样本(Cheung, Cheung, Howard, & Lim, 2006)中出现了。

建立华人人格的有效维度同样也证明了,华人文化的关系本质并不意味着没有以下可能性,即华人能够并且的确从个体特点的角度出发来思考自己和他人。Kashima、Kashima 和 Chui 等(2005)发现,来自 8 个国家或地区的学生全都认为相对于群体,个体具有更稳定的、不可改变的特点。中国香港、日本和韩国被试相信群体与个体同样都能够启动行为,而他们仅仅在这一点上不同于其他国家或地区的被试。

幸福。快乐和幸福常常被认为是基于个体特质这类东西,类似于 Ekman、Friesen 和 O'Sullivan 等(1987)提出的基本情绪。Lu(本手册)提出华人文化中的幸福更多是基于履行了源于道德的个体角色义务,并且这些义务包括不要过于追求个人满足。跨国研究已经证明,来自东亚儒教国家的个体更不关注自己是否幸福,并且也花更少的时间思考它(Suh,2000)。

然而,在对 39 个国家或地区的生活满意度和自我结构得分之间的关系进行个体水平上的分析后(Singelis,Triandis 等,2005),却并未发现有证据支持华人文化中这些效应的独特性(Oishi,2000)。水平集体主义预测了中国台湾人的生活满意度,我们可以根据满意度的角色导向基础而提出这一预测。在中国大陆也发现了类似的但比较弱的效应。在新加坡,高满意度与低垂直集体主义有关,而在中国香港则没有显著的预测性。自我结构得分与道德责任无关,但是不同华人文化之间在这些效应上的变异表明,其他因素在决定生活满意度方面产生了更加重要的作用。正如 Kwan 等(1997)所显示的那样,自尊与关系和谐性都各自不同地缓解了自我结构对生活满意度的作用。

成就。关于华人成就态度的独特性,一直存在争论。Yu(1996)强调了华人成就动机的社会导向本质,而 Hau(本手册)则报告了更为复杂的发现。已有的成就态度研究大多都没有充分考虑到背景。正如在其他文化中一样,可能有些背景中的社会规则更鼓励个人奋斗,而在其它背景中,个人成就增强了集体荣誉。Hau(本手册)回顾的研究关注于学生成就这一特殊领域。对于其他生活领域中的主要态度,我们知之甚少。

讨　论

本章开篇探讨了评估华人心理的独特性所需的标准。全球主要华人社会的信念和价值观样本与非华人社会样本的比较结果表明,在华人种族领域内有着重要的心理变异。这四个社会在过去两个多世纪中经历了不同的历史,它使我们完全有理由预期它们之间的差异会不断扩大。毫无疑问,在中华人民共和国这样一个人口如此众多、民族如此之多、地域如此广阔的社会中,同样也存在重要差异。

移民到世界其他地区的华人同样也使得我们有机会去评估,在其他文化背景下,华人社会中所发现的关系模式在多大程度上保留了下来。Rosenthal 和 Freldman(1992)比较了第一代、第二代和第三代的澳洲和美国华人移民。他们发现,第一代华人移民的家庭行为减弱了,但是在其后代中则没有继续再减弱。他们同样记录了在美国,华人行为的持久性要强大得多,那儿的唐人街要比澳洲多,也重要得多。该研究要好于许多其他的移民文化适应研究,因为它还包含了非移民的控制组,通过比较可以更有效地评估移民所发生的变化。显然,华人的种族性会持续不断地发挥着重要作用,无论身处何方(又参见 Ward & Lin,本手册)。

本手册第二版的发行表明,在过去二十年里华人社会的研究已经获得了非常重要的进展。在此期间,北美和东亚的比较统治了跨文化心理学(Smith, Bond, & Kağitçibaşi,2006)。然而,显而易见,东亚华人社会至少与许多非华人为主的社会之间存在大量相似之处。

以下评估则困难得多:在多大程度上,华人文化中所发现的过程不同于在南美、非洲、南亚和阿拉伯地区的其他集体主义的、高权力距离的国家中所发现的过程。鲜有研究直接比较了中国和其他类似地区的社会过程。类似的概念化研究倒是有一些。例如,Cheng 等(2004)对中国家长式领导的分析类似于 Aycan(2008)在土耳其及其他地区进行的研究。此外,在中国家长式控制对维持秩序的研究中(Lau,Lew,Hau 等,1990),以及在 Dwairy、Achoui 和 Abouserie 等(2006)对阿拉伯文化中的独裁式对权威式教养中,同样也都发现了 Cheng 对独裁式领导和权威式领导的区分。然而,除非在这类研究中进行等同的测量,否则我们无法肯定他们是在研究一样的现象(参见 Stewart & Bond,2002)。

个体主义和华人社会之间的比较研究总是经常能在某个现象的发生频率和强度上发现显著差异。然而,在频率和强度上的差异并不能有力地证明独特性。例如,前文提及的 Kurman(2003)的研究发现,在以色列和新加坡,对谦虚的认可能够解释自我提升的水平,或者其对立面即自我谦让。自我提升在以色列表现得更加明显,但是导致自我提升的过程则在两种文化中是一样的。如果研究发现在这两个国家中,可以运用相似的解释变量来解释某一特定现象,那么它就是一个更好的全球心理学例子了。

在美国同样也发现了 Cheung 等(2003)的人际关联性人格维度,我们可以用同样的方式来思考这一结果——但是在美国其重要性相对更弱,而这可能是它被以往研究所忽视的原因。下一步我们需要确定,根深蒂固的关联性是否能够解释不同文化中以华人相同的方式所发生的现象(如参见 Zhang & Bond,1993)。它在别的地方也发挥了类似的人际功能或其他功能吗? 如果事实证明的确如此,那么它就是为数不多的研究例子之一。迄今为止,已有证据表明,该研究所发现的独特变量同样也构成了该国家之外其他地区的价值观。一个更早的例子是 Kwan 等(1997)对关系和谐性的研究。尽管关系和谐性是华人生活满意度中一个尤其独特的预测指标,然而该变量的确同样也解释了美国被试中的其他重要变异。在今后的心理学中,我们可以预期的是,确定哪些心理现象在某地区尤其独特将有助于阐明它们在先前未提及的一些情境中的意义,尽管这种意义较为微弱,但是却仍然发挥着作用。

因此,将华人心理视为独特的或者心理学全球化的一部分,这样有用吗? 我的结论是二者都有用,它取决于当下目的。如果今后能够看到和本手册一样内容丰富的印度、阿拉伯、非洲或者拉丁美洲的心理学手册,那是好事。有些研究成功地考察了各自的主题,以一种方式表明了文化差异如何能够阐释那些界定了人性并且使人类行为富有特点的一般潜在规则,如果能够看到将这些不同研究主题汇集起来的手册,那也不错。

作者注

感谢 Constantine Sedikides 对本章初稿提出的颇为有益的建议。

参考文献

Abdullah, A. (1996). *Going global: Cultural dimensions in Malaysian management*. Kuala Lumpur, Malaysia: Malaysian Institute of Management.

Allwood, C.M. & Berry, J.W. (2005). Origins and development of indigenous psychologies. *International Journal of Psychology*, *40*, 1-26.

Aycan, Z. (2008). Cross-cultural approaches to leadership. In P.B.Smith, M.F.Peterson, & D.C.Thomas (eds), *Handbook of cross-cultural management research* (pp.219-238). Thousand Oaks, CA: Sage.

Ayçiçegi, A. (1993). *The effect of the mother training program*. Unpublished master's thesis, Bogaziçi University, Istanbul, Turkey.

Berry, J.W. (1969). On cross-cultural comparability. *International Journal of Psychology*, *4*, 119-128.

Bond, M.H. (1988). Finding universal dimensions of individual variation in multi-cultural surveys of values: The Rokeach and Chinese value surveys. *Journal of Persor1ality and Social Psychology*, *55*, 1009-1015.

Bond, M.H. (1993). Emotions and their expression in Chinese culture. *Journal of Nonverbal Behavior*, *17*, 245-262.

Bond, M.H. (1996). Chinese values. In M. H. Bond (ed.), *The handbook of Chinese psychology* (pp. 208-226). Hong Kong: Oxford University Press.

Brockner, J., Chen, Y.R., & Chen, X.P. (2002). Individual-collective primacy and in-group favoritism: Enhancement and protection effects. *Journal of Experimental Social Psychology*, *38*, 482-491.

Chao, R. K. (1994). Beyond parental control and authoritarian parenting: Understanding Chinese parenting through the cultural notion of training. *Child Development*, *65*, 1111-1119.

Chen, C.C., Chen, Y.R., & Xin, K.R. (2004). *Guanxi* practices and trust in management: A procedural justice perspective. *Organization Science*, *15*, 200-209.

Chen, X.P. & Chen, C.C. (2004). On the intricacies of the Chinese *guanxi*: A process model of *guanxi* development. *Asia Pacific Journal of Management*, *21*, 305-324.

Cheng, B.S., Chou, L.F., Huang, M.P., Wu, T.Y., & Farh, J.L. (2004). Paternalistic leadership and subordinate reverence: Establishing a leadership model in Chinese organizations. *Asian Journal of Social Psychology*, *7*, 89-117.

Cheung, F.M., Cheung, S. F., Leung, K., Ward, C., & Leong, F. (2003). The English version of the Chinese Personality Assessment Inventory. *Journal of Cross-Cultural Psychology*, *34*, 433-452.

Cheung, S.F., Cheung, F.M., Howard, R, & Lim, Y.H. (2006). Personality across ethnic divide in Singapore. *Personality and Individual Differences*, *41*, 467-477.

Choi, S. C. & Lee, S. J. (2002). Two-component model of *chemyon*-oriented behaviors in Korea:

Constructive and defensive *chemyon*. *Journal of Cross-Cultural Psychology*, *33*, 332–345.

Costa, P.T., Jr & McCrae, R.R. (1992). *Revised NEO Personality Inventory*(*NEO-PI-R*) *and NEO Five Factor Inventory*(*NEO-FFI*). Odessa, FL: Psychological Assessment Resources.

Dwairy, M., Achoui, M., Abouserie, R., Farah, A.et al. (2006). Parenting styles in Arab societies: A first cross-regional study. *Journal of Cross-Cultural Psychology*, *37*, 230–247.

Ekman, P., Friesen, W.V., O'Sullivan, M. et al. (1987). Universals and cultural differences in the judgment of facial expressions of emotion. *Journal of Personality and Social Psychology*, *53*, 712–717.

Farh, J.L., Tsui, A.S., Xin, K., & Cheng, B.S. (1998). The influence of relational demography and *guanxi*: The Chinese case. *Organization Science*, *9*, 471–498.

Fu, P.P. & Liu, J. (2008). Cross-cultural influence styles and power sources. In P.B.Smith, M.F.Peterson & D.C.Thomas(eds), *Handbook of cross-cultural management research* (pp.239–252). Thousand Oaks, CA: Sage.

Gabrenya, W.K., Kung, M.C., & Chen, L.Y. (2006). Understanding the Taiwan indigenous psychology movement: A sociology of science approach. *Journal of Cross-Cultural Psychology*, *37*, 597–622.

Gaertner, L., Sedikides, C., & Chang, K. (2008). On pancultural self-enhancement: Well-adjusted Taiwanese self-enhance on personally valued traits. *Journal of Cross-Cultural Psychology*, *39*, 463–477.

Hall, E.T. (1966). The hidden dimension. New York: Doubleday.

Heine, S.J., Lehman, D.R., Markus, H.R. & Kitayama, S. (1999). Is there a universal need for self-regard? *Psychological Review*, *106*, 766–794.

Hitt, M.A., Lee, H.U., & Yucel, E. (2002). The importance of social capital to the management of multinational enterprises: Relational networks among Asian and Western firms. *Asia Pacific Journal of Management*, *19*, 353–372.

Ho, D.Y.F., Peng, S.Q., Lai, A.C., & Chan, S.F.F. (2001). Indigenization and beyond: Methodological relationalism in the study of personality across cultural traditions. *Journal of Personality*, *69*, 925–953.

Hofstede, G. (1980). *Culture's consequences: International differences in work-related values*. Beverly Hills. CA: Sage.

Hofstede, G. (2001). *Culture's consequences: Comparing values, behaviors, institutions and organizations across nations*(2nd edn). Thousand Oaks, CA: Sage.

Ji, L.J., Peng, K.P., & Nisbett, R.E. (2000). Culture, control and perception of relationships in the environment. *Journal of Personality and Social Psychology*, *78*, 943–955.

Kashima, Y. & Kashima, E. (1998). Culture and language: The case of cultural dimensions and personal pronoun use. *Journal of Cross-Cultural Psychology*, *29*, 461–486.

Kashima, Y., Kashima, E., Chiu, C.Y.et al. (2005). Culture, essentialism and agency: Are individuals universally believed to be more real entities than groups? *European Journal of Social Psychology*, *35*, 147–170.

Katigbak, M.S., Church, A.T., Gnanzon-Lapena, M.A., Carlota, A.J. & del Pilar, G.H. (2002). Are indigenous personality dimensions culture specific? Philippine inventories and the five factor model. *Journal of Personality and Social Psychology*, *82*, 89–101.

Kim, M.S. (1994). Cross-cultural comparisons of the perceived importance of interactive constraints. *Hu-*

man Communication Research, *21*, 128-151.

Kluckhohn, C. & Murray, H.A. (1948). *Personality in nature, culture and society.* New York: Knopf.

Komin, S. (1990). Culture and work-related values in Thai organizations. *International Journal of Psychology*, *25*, 681-704.

Kurman, J. (2003). Why is self-enhancement low in certain collectivist cultures? An investigation of two competing explanations. *Journal of Cross-Cultural Psychology*, *34*, 496-510.

Kwan, V.S.Y., Bond, M.H., & Singelis, T.M. (1997). Pancultural explanations for life satisfaction: Adding relationship harmony to self-esteem. *Journal of Personality and Social Psychology*, *73*, 1038-1051.

Kwan, V.S.Y, Kwang, L.L. & Hui, N.H.H. (in press). Identifying the sources of self-esteem: The mixed medley of benevolence, merit and bias. *Self and Identity.*

Lau, S., Lew, W.J., Hau, K.T., Cheung, P.C., & Berndt, T.J. (1990). Relations among perceived parental control, warmth, indulgence and family harmony of Chinese in Mainland China. *Developmental Psychology*, *26*, 674-677.

Leung, .K. & Bond, M.H. (2004). Social axioms: A model of social beliefs in multi-cultural perspective. In M.P.Zanna (ed.), *Advances in Experimental Social Psychology* (Vol.36, 119-197). San Diego, CA: Elsevier Academic Press.

Markus, H.R. & Kitayama, S. (1991). Culture and the self: Implications for cognition, emotion, and motivation. *Psychological Review*, *98*, 224-253.

Matsumoto, D., Yoo, S.H., Fontaine, J., & 58 co-authors. (2008). Mapping expressive differences around the world: The relationship between emotional display rules and individualism versus collectivism. *Journal of Cross-Cultural Psychology*, *39*, 55-74.

McAuley, P., Bond, M.H., & Kashima, E. (2002). Towards defining situations objectively: A culture-level analysis of role dyads in Hong Kong and Australia. *Journal of Cross-Cultural Psychology*, *33*, 363-380.

Mosquera, P.M.R., Manstead, A.S.R., & Fischer, A.H. (2000). The role of honor-related values in the elicitation, communication and experience of pride, shame and anger: Spain and the Netherlands compared. *Personality and Social Psychology Bulletin*, *26*, 833-844.

Muramoto, Y. (2003). An indirect enhancement in relationship among Japanese. *Journal of Cross-Cultural Psychology*, *34*, 552-566.

Nathan, A.J. (1993). Is Chinese culture distinctive: A review article. *Journal of Asian Studies*, *52*, 923-936.

Nisbett, R.E., Peng, K.P., Choi, I., & Norenzayan, A. (2000). Culture and systems of thought: Holistic versus analytic cognition. *Psychological Review*, *108*, 291-310.

Oishi, S. (2000). Goals as cornerstones of subjective well-being: Linking individuals and cultures. In E. Diener & E.M.Sub (eds), *Culture and subjective well-being* (pp.87-112). Cambridge, MA: MIT Press.

Park, S.H. & Luo, Y.D. (2001). *Guanxi* and organizational dynamics: Organizational networking in Chinese firms. *Strategic Management Journal*, *22*, 455-477.

Rosenthal, D.A. & Feldman, S.S. (1992). The nature and stability of ethnic identity in Chinese youth: The effects of length of residence in two cultural contexts. *Journal of Cross-Cultural Psychology*, *23*, 214-227.

Schwartz, S.H. (1992). Universals in the content and structure of values: Theoretical advances and empirical tests in 20 countries. In M.P.Zanna(ed.), *Advances in experimental social psychology*(Vol.25,pp.1-65). Orlando,FL:Academic Press.

Schwartz,S.H.(1994).Beyond individualism and collectivism:New cultural dimensions of values. In U. Kim,H.C.Triandis,Ç.Kağitçibaşi,S.C.Choi, & G.Yoon(eds),*Individualism and collectivism:Theory,method and applications*(pp.85-119).Thousand Oaks,CA:Sage.

Schwartz,S.H.(2004).Mapping and interpreting culturaldifferences around the world. In H.Vinken,J. Soeters, & P.Ester(eds),*Comparing cultures:Dimensions of culture in a comparative perspective*(pp.43-73). Leiden,Netherlands:Brill.

Sedikides,C.,Gaertner,J., & Toguchi,Y.(2003).Pan-cultural self-enhancement.*Journal of Personality and Social Psychology*,*84*,60-79.

Sedikides,C.,Gaertner,J., & Vevea,J.L.(2003).Pan-cultural self-enhancement reloaded:A meta-analytic reply to Heine(2005).*Journal of Personality and Social Psychology*,*89*,539-551.

Sedikides,C.,Gregg,A.P., & Hart,C.M.(2007).The importance of being modest. In C.Sedikides & S. Spencer(eds),*The self:Frontiers in social psychology*(pp.163-184).New York:Psychology Press.

Singelis,T.M.,Triandis,H.C.,Bhawuk,D., & Gelfand,M.(1995).Horizontal and vertical dimensions of individualism and collectivism:A theoretical and measurement refinement.*Cross-Cultural Research*,*29*, 240-275.

Smith,P.B.,Bond,M.H., & Kağitçibaşi,Ç.(2006).*Understanding social psychology across cultures: Living and working in a changing world*.London:Sage.

Smith,P.B.,Huang,H.J.,Harb,C., & Torres,C.(2009).*How distinctive are indigenous ways of achieving influence? A comparative study of guanxi,wasta,jeitinho and pulling strings*.Paper in preparation.

Stewart,S.M. & Bond,M.H.(2002).A critical look at parenting research fromthe mainstream:Problems uncovered while adapting Western research to non-western countries.*British Journal of Developmental Psychology*,*20*,379-392.

Stewart,S.M.,Bond,M.H.,Kennard,B.D.,Ho,L.M., & Zaman,R.M.(2002).Does the Chinese construct of guan export to the West? *International Journal of Psychology*,*37*,74-82.

Suh,E.M.(2000).Self,the hyphen between culture and subjective well-being. In E.Diener & E.M.Suh (eds),*Culture and subjective well-being*(pp.63-86).Cambridge,MA:MIT Press.

Ting-Toomey,S.(1988).A face negotiation theory. In Y.Y.Kim & W.B.Gudykunst(eds),*Theory in intercultural communication*(pp.215-235).Newbury Park,CA:Sage.

Tinsley,C.H. & Weldon,E.(2002).*Responses to a normative conflict among American and Chinese managers*.Unpublished paper:http://ssrn.com/abstract=332880.

Triandis,H.C.,Lisansky,J.,Marin,G., & Betancourt,H.(1984).Simpatia as a cultural script for Hispanics.*Journal of Personality and Social Psychology*,*47*,1363-1375.

Vandello,J.A. & Cohen,D.(2003).Male honor and female infidelity:Implicit scripts that perpetuate domestic violence.*Journal of Personality and Social Psychology*,*84*,997-1010.

Wong,S.,Bond,M.H., & Rodriguez Mosquera,P.M.(2008).The influence of cultural value orientations on self-reported emotional expression across cultures.*Journal of Cross-Cultural Psychology*,*39*,224-229.

Yahiaoui,D. & Zoubir,Y.H.(2006).HRM in Tunisia. In P.S.Budhwar & K.Mellahi(eds),*Managing* human resources in the Middle East (pp.233–249). London: Routledge.

Young, D. (1989). *Chinese diagnostic criteria and case examples of mental disorders*. Hunan, China: Hunan University Press.

Yu, A.B. (1996). Ultimate life concerns, self and Chinese achievement motivation. In M.H.Bond(ed.), *The handbook of Chinese psychology* (pp.227–246). New York: Oxford University Press.

Zhang, J. & Bond, M.H. (1998). Personality and filial piety among college students in two Chinese societies: The added value of indigenous constructs. *Journal of Cross-Cultural Psychology*, 29, 402–417.

第 41 章　华人的心理学科学研究迈入我们的 21 世纪：前进的道路

Michael Harris Bond

2009 年 3 月 1 日，我给《牛津中国心理学手册》(*Oxford Handbook of Chinese Psychology*)写下了这篇结束语，你手中这 40 章内容几乎全部都是受邀完成的，而我现在来给它们收尾。回顾了如此之多的杰出研究者在如此多样的中国人心理学领域内完成的工作后，对于这个如今还不算宽广的学术领域，当下研究已经发展到了何种阶段，我有了一个明确的认识。我将运用自己在这一编辑工作中的所学所得，对我们的工作状况，及其我们可能对这个星球所做的贡献，进行一些大胆的评价。我关注的将是如何进行中国人心理学研究，而不是要研究什么。感谢你们的辛勤劳动使本手册达到了这一目的，我会言简意赅。

迎接科学挑战

1993 年在面对"中华文化与众不同吗？"这一问题时，Nahan 回应说"尽管每一个研究它的人都一定相信是的，但我们还远不能清楚地说出它的不同到底在哪里，并且通过实证研究来证明它"(Nahan，1993，第 936 页)。在评价社会科学在回答华人独特性这一问题上具有的潜力时，Nahan 回答说："它应该做的是表明这种差异的存在、它由什么构成以及它对于社会表现会有何影响。"(Nahan，1993，第 923 页)

作为一名政治科学家，Nahan 一直关注社会的表现；作为心理学家，我们关注个体的表现。即便只对本手册进行粗略的浏览，也会同意 Nahan 的问题已经得到了肯定的回答。在与西方人进行比较时，华人当然会在心理结构水平以及围绕这些结构的心理功能上存在很多差异。这些差异是存在的，它们与 Nathan 的以下警告相一致，他说"如果要检验文化对于一种社会产物的影响的假设，那么就必须以一种大体上在各个文化间都有效的方式来界定文化特征"(Nathan，1993，第 933 页)。

总体而言，我们已经看到了科学测量与方法论上的狭隘性，而它们是收集文化群体差异资料所必需的，这些资料证明了文化是一个需要回答的问题。当提交论文到国际性杂志进行编辑评审时，事实的确如此，因为它们提供了更严格的质量保证。

华人有其特殊性，即较之其他文化群体中的个体，多数时候他们在所测量变量上的平均得分或高或低，而这些文化群体大多位于不同地区。更常见的是，文化差异还表现在这些测量变量的关联强度上（如 Bond & Forgas，1984；Liao & Bond，出版中）。的确，在华人群体的各种内部构成中，很少会看到存在一种联系，但是在一种比较性文化群体中却缺乏这种联系（不过另请参见 Bond & Forgas，1984；Hui & Bond，2009）。在这两种方式上，相对于那些更具有相似性、享有更多文化一致性的文化群体，它们是否会有所不同？当然，这是未来研究需要思考的问题。

华人独特吗？

虽然实证研究经常或偶尔地发现了差异，但是这些科学结果并不能为独特性提供证据。在生活中，任何事情或任何事件都是独特的；在科学中，没有什么是独特的。对于科学家而言，所有事情或者事件，无论云室中的粒子、涉及的社会系统或者两个人的接触，都是潜在结构的样例，并且其过程呈现了这些结构间的关系。对心理学家而言，这些是心理结构，它们在某种固定的心理背景下协调运作，以产生可观察的个体结果，称为行为或反应。

只要心理学家能够在其所处的文化背景下对不同个体与事件进行合理的比较，就会有许多独特的事件发生，但它们不是科学意义上的独特性；所有发生的事件都会被公式、方程式和模型所统一，科学家提出它们以解释这些结构在揭示出的世界中赖以运作的过程。每个华人及其生命历程都是独特的，正如任何文化中的任何人一样。但是，每个人成为一个人和度过其一生的方式都是可以用任何地方、任何时刻的相同结构和过程来描述、解释的。中华文化是独一无二的，但并非独特的；每个华人都是独一无二的，但并非独特的。正如孔子所言，"四海之内皆兄弟"；在该学术背景下，我们宁愿说，"所有文化的个体都统一于其共享的人性"。作为跨文化心理学家，我们致力于科学地表明这种统一性。

本土研究在心理科学中扮演的角色

随着心理学的研究中心偏离西方，不可避免的是，人类行为的概念和模型将会得到提升和丰富。由其支持者用本国语言、从一种不同于心理学话语的新体系出发而呈现出来，它们会显得独特，甚至独一无二（如参见 Hwang & Han，本手册）。然而，如果我们进行科学研究、测量这些结构及其内部联系，那么本土研究是否独特、有多大独特性的问题仍然悬而未决（参见 Smith，本手册）。

迄今为止，我想大胆地说，人际关联性、整体论、辩证自我、关系和谐、家长式领导、关心他人面子，这些结构的独特性都得到了较好的说明，它们是基于对中华文化仔细严谨的研究，是最引人注目的研究（分别参见 Cheung，Zhang，& Cheung；Ji，Lee，& Guo；Kwan，Hui，& McGee；Kwan 等；Chen & Farh；Hwang & Han，本手册）。然而，通过恰当的研究设计和使用翻译后的工具，这些结构可以从其他文化群体的个人反应中提取出来（参见前文，以及 Smith，本手册）。当然，它们在这些文化群体的个体身上表现得没有那么突出，而且也可能在"输入"文化中，它们对于相关心理结果的预测力不那么强（如参见 Hui & Bond，出版中，论中国香港人和美国人的丢面子和宽恕）。尽管如此，在仔细进行科学考察时，这些结构会呈现出来并发挥作用。

因此，本土理论的作用在于丰富那些描述和解释人类状况的结构和理论，而它们是通过最好的科学实践获得的。它们的终极功能是说明如何"四海之内皆兄弟"。其他非主流文化群体都不能像华人这样扩大我们的概念范围，将心理学完全扎根于整个人类现实，而不仅仅是西方的版本，而它通常是美国的（Arnett，2008）。许多人相信，这种扩展了的学科界限将产生于亚洲心理科学（如 Miller，2006）。

除了展示文化差异

对其他文化实体的兴趣是如何被激发的呢？根据人们的经验，就是体会到了差异。在那些具有这种倾向的人当中，这种经历能够导致发现新的思维工具，及其结构系统的重新组织，从而导致人际功能的改变（参见 Bond，1997）。在那些有这种倾向的行为科学家中，这种经历同样也能导致对新结构的认同，而这些结构是用于分析社会功能的，它还能导致新理论的形成或理论的扩展，以解释该功能。

许多华人心理学的目的就是为了展示这种差异；本手册中的许多章节就展示出，在广泛的人类功能上存在着这些差异。这些纲要呈现了提出问题并回答的案例。这些回答包括两种方式：

从分类比较到考察过程的解析研究。在心理科学的论述中，这些答案必须来自于对那些结构和过程的识别，而那些结构和过程解释了这些差异的"华人性"。这是一种文化"解析"的过程，它深入到分类差异以揭示驱动它们的潜在心理过程（Bond & van de Vijver，出版中）。从某种意义上说，通过说明潜在变量可以用于确定华人与其他群体个体之间的关系，并且它们导致了所研究的问题出现了可以观察到的差异，跨文化心理学家正试图使分类差异"消失"。因此，作为泛文化心理过程的样例，华人与来自其他文化群体的个体是统一的，这些心理过程解释了接受评估的所有文化群体中的人类行为。这一取向存在两种不同形式：

1. 平均差异的研究。当然，它解决的问题并不总是解析不同文化群体之间的差异。当在一个结构的平均水平上存在差异时，例如 Singelis、Bond、Sharkey 和 Lai（1999）

的移情尴尬能力,这种结构并不能完全解释文化差异,在本例中是自我结构。因此该结果会引发更多的思考,以完善相关机制,解释未能解决的差异。也许 Cheung 等(本手册)对人际关系的人格维度中"脸面"问题研究可以做这项工作。一个设计精密的研究将会回答这个问题。

因此科学研究会继续进行下去。许多研究都就其关心的问题在华人和其他人群之间发现了差异,通过针对这些差异而建立过程模型,本手册所进行的许多研究,尤其是那些较早的研究,都会得到丰富和完善。成功的解析会支持已有的模型,并且将更广泛的研究兴趣传递给那些关注人性的科学家,而不仅仅是关注华人的科学家。

2. 关联强度的差异研究。一旦尝试进行解析研究,一种新的文化差异就会出现,即涉及华人的文化差异可能是预测变量及其结果的关联强度上的差异。因此,例如 Singelis 等(1999)发现,相对于华人,独立的自我结构能够更好地预测美国人的自我尴尬能力。然而,在解释华人自我尴尬能力关联强度上的这种不足,会刺激其他文化动力理论的发展,而这些文化动力理论解释了为什么相对于其他文化群体,在有些文化群体中独立的自我结构的作用相对更弱。

然而,如果试图在科学上站住脚,在理论上有说服力,那么就需要扩大文化群体,而不仅仅局限于最初的两种文化比较,研究者是在对它们进行了比较后,才确定了结构对研究结果的影响存在差异。以下将对这一工作进行描述和分析。

3. 从分类比较到多元文化维度化。有些心理学家,与门外汉一样,对某些文化群体更感兴趣,这可以理解。这种兴趣通常集中于其自身所属的文化群体,并且只能通过与其他群体进行比较而体现出来。在心理学中,由于 Blowers(本手册)所说的各种历史原因,这个比较群体通常是美国人。尽管只占了世界人口的 5%,他们却提出了大约80%的理论、结构测量工具和资料(Arnett,2008)。如果文化产生了作用,而结果也常常表明的确如此(如 Smith,Bond, & Kağitçibaşi,2006),那么这种不平衡性就必须通过建立心理学家的文化运用模型而予以纠正(例如参见 Bond,2004)。

就科学性而言,这些文化模型需要明确的是,哪些维度可以进行跨文化比较,并且依据这些维度可以对它们进行整理。这种维度化需要的就不仅仅是两种文化群体了,而是越多越好;任何两种文化群体间的比较都无法标示出这样一种维度,而是只能提出一些貌似合理的可能性。就这一点而言,构成了本手册大部分内容的华人与美国人的比较,可能具有启发性和刺激性——它们促进了新思想的诞生。

不过,最终还是需要进行多元文化的比较。Hofstede(1940)在其对 40 个国家或地区进行的研究中提出了问题,并且该研究多次被扩展到所评估的国家和文化、所测量的心理结构种类以及资料的分析水平(国家水平或个人水平)。Smith 等(2006,第 3、4章)描述了这种实证的、多元文化的研究,他们常常会涉及来自不同社会政治实体的华人,即新加坡人、中国台湾人、中国大陆人和中国香港人。

从这些不同的资料中可以梳理出各种维度,增进对华人心理学的了解。首先,它们区分了各种华人社会及其公民,而它们彼此之间是相互联系的,并且也与其他社会及其成员存在联系。通常,研究发现不同的华人社会及其公民的情况并不相同,并非总是一致(参见 Kulich & Zhang;Leung,本手册),这揭示出就某些文化或心理结构而言,并不存在完全一样的华人。相反,对于潜在的社会或心理结构,这些华人社会及其成员显示出了不同的状况。

这些结构可以用于建构整合了文化变量的复杂的个体行为模型。因此,从多元文化研究中抽取出来的维度,其第二个用处就是使复杂的多水平研究成为可能,这些研究可以通过多层线性模型分析,考察不同文化群体之间在个人水平上的过程。这些研究使我们可以在同一研究中同时看到平均差异和关联差异。有时候这些研究所涉及的不同文化群体间显示出了差异,并且研究表明文化水平上的差异修正或调整了所考察的个体水平上的过程(如 Fu 等,2004;Liao & Bond,出版中);有时候却没有(如 Wong,Bond,& Rodriguez Mosquera,2008)。无论结果如何,这些研究使社会科学家开始采用实证方法去考察心理过程的普遍性。毋庸置疑,这是所有跨文化心理学研究的下一个目标(Bond,2009)。

我对中华文化和中国人民的感谢

这些洞见,正如它们所显示的那样,汇集自35年来香港所进行的心理学研究,它们主要是与中国内地的心理学家共同完成的。本手册已经描述了很多这样的研究。如果不是从早期就开始参与这些研究,我也无法产生这些体会。当然,它们几乎都不是我独自完成的,但是如今却在分支学科中被广泛地分享,在这个分支学科中,我作为本手册的作者之一,和地球上的其他人共同构成了一个庞大的部分。

我深深地认识到,对于中国内地的心理学同人,以及香港和中国其他地区的教育界同仁,我都亏欠得太多,是他们使我得以进行这一研究。他们给我提供了丰富的资源以及能够获得良好支持的工作环境,业务强而又热情的同事们给我提供了合作网络,辅助人员也颇有服务意识。尽管我已经在其他地方表达了对于愉快工作环境的感谢(Bond,1997,2003),但我还是想在本手册的结尾处感谢作出了贡献的作者们,并且表达我的终生感激之情。

饮水思源。

中国格言,源自庾信的一首诗

参考文献

Arnett,J.J.(2008).The neglected 95 percent:Why American psychology needs to become less American.

American Psychologist, *63*, 602-614.

Bond, M.H. (1997). Preface: The psychology of working at the interface of cultures. In M.H.Bond (ed.), *Working at the interface of cultures: 18 lives in social science* (pp. XI-XIX). London: Routledge.

Bond, M.H. (1997). Two decades of chasing the dragon: A Canadian psychologist assesses his career in Hong Kong. In M.H.Bond (ed.), *Working at the interface of cultures: 18 lives in social science* (pp.179-190). London: Routledge.

Bond, M.H. (1999). The psychology of the Chinese people: A Marco Polo returns to Italy. *Psychologia Italiana*, *17*, 29-33.

Bond, M.H. (2003). Marrying the Dragon to the Phoenix: Twenty-eight years of doing a psychology of the Chinese people. *Journal of Psychology in Chinese Societies*, *4*, No.2, 269-283.

Bond, M.H. (2004). Culture and aggression-from context to coercion. *Personality and Social Psychology Review*, *8*, 62-78.

Bond, M.H. (2009). Circumnavigating the psychological globe: From *yin* and *yang* starry, starry night… In A.Aksu-Koc & S.Beckman (eds), *Perspectives on human development, family and culture* (pp.31-49). Cambridge, England: Cambridge University Press.

Bond, M. H. & van de. Vijver, F. (in press). Making scientific sense of cultural differences. in psychological outcomes: Unpackaging the *magnum mysterium*. In D.Matsumoto & F.van de Vijver (eds), *Cross-cultural research methods*. New York: Oxford University Press.

Fu, P.P., Kennedy, J., Tata, J., Yukl, G., Bond, M.H. and 10 other co-authors. (2004). The impact of societal cultural values and individual social beliefs on the perceived effectiveness of managerial influence strategies: A meso approach. *Journal of International Business Studies*, *35*, 284-305.

Hui, V.K.Y. & Bond, M.H. (2009). Target's face loss, motivations, and forgiveness following relational transgression: Comparing Chinese and US cultures. *Journal of Social and Personal Relationships*, *26*, 123-140.

Liao, Y. & Bond, M.H. (in press). The dynamics of face loss following interpersonal harm for Chinese and Americans. *Journal of Cross-Cultural Psychology*.

Miller, G. (2006). The Asian future of evolutionary psychology. *Evolutionary Psychology*, *4*, 107-119.

Nathan, A.J. (1993). Is Chinese culture distinctive? -A review article. *The Journal of Asian Studies*, *52*, 923-936.

Singelis, T.M., Bond, M.H., Sharkey, W.F., & Lai, C.S.Y. (1999). Unpackaging culture's influence on self-esteem and embarrassability: The role of self-construals. *Journal of Cross-Cultural Psychology*, *30*, 315-341.

Smith, P.B., Bond, M.H., & Kağitçibaşi, Ç. (2006). *Understanding social psychology across cultures*. London: Sage.

Wong, S., Bond, M.H., & Rodriguez Mosquera, P.M. (2008). The influence of cultural value orientations on self-reported emotional expression across cultures. *Journal of Cross-Cultural Psychology*, *39*, 224-229.

索　引

译　后　记

离手册的翻译完稿,已经过去一年多了,而此时重新回顾这段时光,它无疑是我人生中最重要的一段历程。

手册的翻译时间在我人生中的特殊意义在于它正好跨越了我的四十岁。常言道:四十不惑。四十岁后不久的某一天,我的确似乎突然对许多世事有了新的看法。而手册的翻译地点,也比较特殊:前半部分在国内,而后半部分则是在美国。时间和地点的特殊性,这二者的叠加,使得我对文化差异有了更多的切身体验、感悟和理解。

过去近百年间,中国传统文化的巨大变迁是不言而喻的,这种变迁体现在日常的每一角落,我的名字也不例外。我出生于中原地区一个典型的大家族,父亲和各位叔伯们的名字中间都有一个"绍"字。父亲曾说过,依族谱我是"贝"字辈。然而在新时代下成长起来的父亲虽是中学语文老师,自小就抱我在腿上呀呀教诵"煮豆燃豆萁",但他却并未遵循祖制,而是给了我一个颇为男性化的单字,"毅"。

儿时记忆中还清晰地保留着传统文化的许多印记,例如一起玩耍、年纪与我相当的侄女总被大伯教导说不能对我直呼其名,要叫"姑姑";知道小脚奶奶偷偷塞给哥哥好吃的,我自然心中愤愤不平却又可怜她独自抚养遗腹子的爸爸长大成人;年时虽然要去拜访一堆总也认不清的亲戚,但是收获的厚厚压岁钱会让我高兴好久。与此同时,我也是改革开放之后成长起来的一代。"敢问路在何方""浪奔浪流""小虎队""霹雳舞""喇叭裤"等,伴随了我青春期对同一性的追寻。

自幼在这种氛围和环境下成长起来的我,加之这几年对文化心理学也有些关注,因此曾经自认为对中国文化是既有切身体会、实际经验,又有些高于日常生活的理论认知和了解的。恰在此时,我得到了国家留基委资助,有机会离开自己生活了近四十年的东方文化,到异国他乡一种截然不同的西方文化中生活一年。出国之前,我做好了心理准备,去迎接由于文化冲突所导致的各种不适。然而,我的访学之旅却顺利得出乎意料:文化差异确实无处不在,然而却没有任何不适和麻烦,除了饮食。

这让我在翻译、阅读本书的同时,开始重新思考一些问题:文化差异的边界在哪里?哪些差异是根源性的而哪些只是浅表性的? 即便有些差异难以真正逾越,但是有何途径使它们友好共存呢?

在全球化受阻、恐怖袭击时有发生、民粹主义抬头的当下世界格局中,文化差异成为了许多冲突的根源之一。因此，这时探讨文化心理学就格外具有现实意义。既然文化是人类的创造，也是以人类为载体来实现的，那么心理学家如何通过对人心的探索，促进在不同文化之间搭建起更加有效的沟通之桥，从而减少人世间的纷争、动乱和战争呢？我想，方法是有的。借用古人的十六个字：人同此心，心同此理。往古来今，概莫能外。

最后，还想很流俗地借用另外十六个字：各美其美，美人之美，美美与共，天下大同。费老这句话之所以广为流传，是因为它的确表达了我们内心深处那份共同的期盼。

本书的翻译由严瑜（负责第 33、34、35 章）和刘毅（负责本书其余章节）共同完成。赵俊华和张春妹负责了校对工作，最后由钟年定稿。特别感谢人民出版社洪琼的辛苦工作，他对本卷政治心理学等章节的用语在政治敏感性和恰当性上给予了把关，并对文字校对也给出了宝贵意见。

译　者